Emergências Toxicológicas

Princípios e Prática do Tratamento de Intoxicações Agudas

Emergências Toxicológicas

Princípios e Prática do Tratamento de Intoxicações Agudas

EDITOR

Carlos Augusto Mello da Silva

EDITORES ASSOCIADOS

Dirceu Solé

Ligia Véras Gimenez Fruchtengarten

Luciana Rodrigues Silva

Marilyn Urrutia-Pereira

sociedade brasileira de pediatria

manole editora

Produção Editorial: Rosana Arruda da Silva
Capa: Iuri Guião
Imagem da capa: www.istock.com
Projeto gráfico: Departamento de Arte da Editora Manole
Editoração eletrônica: Estúdio Castellani
Ilustrações: Estúdio Castellani

CIP-BRASIL. CATALOGAÇÃO NA PUBLICAÇÃO
SINDICATO NACIONAL DOS EDITORES DE LIVROS, RJ

E45
Emergências toxicológicas: princípios e prática do tratamento de intoxicações agudas / organização Carlos Augusto Mello da Silva ; editores associados Dirceu Solé ... [et al.]. – 1. ed. – Barueri [SP] : Manole, 2022.
576 p. ; 28 cm

Inclui bibliografia e índice
ISBN 9786555767544

1. Toxicologia. 2. Emergências toxicológicas. I. Silva, Carlos Augusto Mello da. II. Solé, Dirceu.

22-76853 CDD: 615.9
CDU: 615.9:616-083.98

Gabriela Faray Ferreira Lopes – Bibliotecária – CRB-7/6643

1ª edição – 2022

Editora Manole Ltda.
Alameda América, 876 – Tamboré
06543-315 – Santana de Parnaíba – SP – Brasil
Tel.: (11) 4196-6000

www.manole.com.br | https://atendimento.manole.com.br/
Impresso no Brasil | *Printed in Brazil*

"Só se pode entender um livro profundo depois de ter vivido, ao menos em parte, o que ele contém."

Ezra Pound

"Ver pacientes (prática) sem ter lido livros (teoria) é como atravessar um oceano sem cartas de navegação, mas ler livros e não ver pacientes é como nunca ter navegado."

Sir William Osler

DEDICATÓRIA

A meus pais James (*in memoriam*) e Lidia, pelo amor, pelo exemplo e pelo empenho permanente em prover a melhor educação e formação acadêmica a mim e minhas irmãs.

A Gabriel e Juliana, meus filhos da juventude, que participaram da minha formação e do sempre árduo início da atividade médica, e que foram o maior estímulo para que eu enfrentasse e fosse capaz, naqueles tempos, de transpor os obstáculos da vida pessoal e profissional.

A Anabel, meu amor e minha companheira há mais de duas décadas, e ao Guilherme, meu querido filho mais moço, pela renovação, equilíbrio e por tudo de melhor que trouxeram para a minha vida. E, por certo, pela paciência para comigo nestes dois anos em que estive dedicado ao trabalho no livro.

Carlos Augusto Mello da Silva

AGRADECIMENTOS

A todos os grandes professores de Pediatria e, mais tarde, de Toxicologia, com quem tive o privilégio de conviver e colher ensinamentos nos meus 44 anos de exercício da Medicina.

A todos os colegas de trabalho e amigos do Centro de Informação Toxicológica da Secretaria Estadual da Saúde do Rio Grande do Sul, pelo convívio enriquecedor e pela parceria permanentemente focada na prestação de um serviço de saúde pública de excelência, reconhecido nacionalmente há 45 anos, baseado no estado da arte do conhecimento em Toxicologia, e que também me impulsionou para a vida acadêmica.

A todos os colegas e amigos que colaboraram na produção deste livro, com experiência e amplo domínio dos conteúdos, em especial aos professores doutores Alvaro Pulchinelli, Dirceu Solé, Eduardo De Capitani, Ligia Fruchtengarten, Marilyn Urrutia-Pereira, Rinaldo Tavares e Sony de Freitas Itho.

À Diretoria da Sociedade Brasileira de Pediatria (SBP), pelo suporte que tem dado, por meio da sólida parceria com a Editora Manole nas últimas gestões, e aos colegas que decidem enfrentar o desafio de editar um livro.

À equipe de colaboradores e à direção da Manole, que acreditaram neste projeto desde seu início, em especial à coordenadora editorial Adriana e às dedicadas Vanessa e Rosana. Sem seu trabalho, esta obra não teria sido possível.

EDITOR

Carlos Augusto Mello da Silva

Professor do curso de especialização em Farmacologia e Toxicologia do Instituto de Toxicologia (InTox) da Pontifícia Universidade Católica do Rio Grande do Sul (PUC-RS). Médico do Centro de Informações Toxicológicas/Centro Estadual de Vigilância em Saúde (CIT/CEVS) do Rio Grande do Sul. Pediatra com área de atuação em Toxicologia Médica pela Sociedade Brasileira de Pediatria (SBP) e Associação Médica Brasileira (AMB). Presidente do Departamento Científico de Toxicologia e Saúde Ambiental da SBP. Membro da Comissão de Toxicologia Médica da AMB. Presidente da Sociedade Brasileira de Toxicologia (2010-2011). Diretor da Toxikonsult, Consultoria Especializada em Toxicologia de Porto Alegre (RS).

EDITORES ASSOCIADOS

Dirceu Solé

Professor titular e livre-docente da disciplina de Alergia, Imunologia Clínica e Reumatologia do Departamento de Pediatria da Escola Paulista de Medicina/Universidade Federal de São Paulo (EPM/Unifesp). Diretor dos Departamentos Científicos da Sociedade Brasileira de Pediatria (SBP). Diretor de pesquisa da Associação Brasileira de Alergia e Imunologia (ASBAI).

Ligia Véras Gimenez Fruchtengarten

Médica pediatra e ex-coordenadora clínica do Centro de Controle de Intoxicações (CCI) da Prefeitura de São Paulo. Especialista em Pediatria, com área de atuação em Toxicologia Médica pela Sociedade Brasileira de Pediatria (SBP) e Associação Médica Brasileira (AMB). Mestre em Toxicologia pela Universidade de São Paulo (USP). Membro do Departamento Científico de Toxicologia e Saúde Ambiental da SBP.

Luciana Rodrigues Silva

Professora titular de Pediatria e chefe do Serviço de Gastroenterologia e Hepatologia Pediátricas da Universidade Federal da Bahia (UFBA). Doutora e mestre pelo curso de pós-graduação em Medicina e Saúde da UFBA. Pós-doutorado pela Université Libre de Bruxelles. Especialista em Pediatria e em Gastroenterologia Pediátrica pela Sociedade Brasileira de Pediatria (SBP) e Associação Médica Brasileira (AMB). Presidente da SBP e membro da Academia Brasileira de Pediatria.

Marilyn Urrutia-Pereira

Professora adjunta do Departamento de Medicina da Universidade Federal do Pampa. Secretária do Departamento Científico de Toxicologia e Saúde Ambiental da Sociedade Brasileira de Pediatria (SBP). Secretária do Departamento Científico de Polución da Sociedad Latinoamericana de Asma, Alergia e Inmunología. Membro do Departamento Científico de Biodiversidade, Poluição e Alergia da Associação Brasileira de Alergia e Imunologia (ASBAI).

COAUTORES

Adriana Sosa

Médica pediatra, assistente do Departamento de Toxicologia da Unidad Pediátrica Ambiental da Facultad de Medicina de la Universidad de la República (Montevidéu, Uruguai).

Adriano Nori Taniguchi

Mestre em Pediatria pela Universidade Federal do Rio Grande do Sul (UFRGS). Médico hematologista pediátrico da Unidade de Hematologia e Transplante de Medula Óssea Pediátrica do Hospital de Clínicas de Porto Alegre e do Hospital Moinhos de Vento. Assessor médico do Laboratório Weinmann.

Alexandre Dias Zucoloto

Enfermeiro do Centro de Controle de Intoxicações (CCI) da Prefeitura de São Paulo. Mestre em Toxicologia e Análises Toxicológicas pela Universidade de São Paulo (USP).

Alonso Monteiro da Silva

Especialista em Saúde Pública, Medicina Intensiva e Toxicologia Clínica. Ex-preceptor de internato em Medicina de Urgência da Pontifícia Universidade Católica de Goiás (PUC-GO). Preceptor da Residência Médica em Medicina Intensiva da Santa Casa de Misericórdia de Goiânia. Médico plantonista e ex-diretor do Centro de Informação e Assistência Toxicológica de Goiás (CIATox-GO). Médico descobridor do acidente com o césio-137 em Goiânia (GO).

Alvaro Pulchinelli Jr.

Médico toxicologista e patologista clínico. Membro do Comitê de Toxicologia da Associação Médica Brasileira (AMB). Diretor científico da Sociedade Brasileira de Patologia Clínica/Medicina Laboratorial (SBPC/ML). Professor afiliado da Escola Paulista de Medicina/Universidade Federal de São Paulo (EPM/Unifesp). Assessor médico em Toxicologia e Bioquímica Clínica do Laboratório Fleury.

Amalia Laborde García

Médica toxicóloga, professora diretora do Departamento de Toxicologia do Centro de Información y Asesoramiento Toxicológico da Unidad Pediátrica Ambiental da Facultad de Medicina de la Universidad de la República (Montevidéu, Uruguai).

Ana Carolina da Silva Sousa Costa

Médica especialista em Pediatria com área de atuação em Toxicologia. Residência em Pediatria pelo Hospital Metropolitano Odilon Behrens, de Belo Horizonte (MG), e em Toxicologia Médica pelo Hospital João XXIII, da Fundação Hospitalar do Estado de Minas Gerais (Fhemig). Médica toxicologista do Hospital João XXIII e do Centro de Informação e Assistência Toxicológica de Minas Gerais (CIATox-MG). Médica pediatra do Hospital Metropolitano Odilon Behrens.

Andrea Franco Amoras Magalhães

Médica graduada e especialista em Toxicologia pela Universidade Federal do Pará (UFPA). Especialista em Medicina do Trabalho pela Universidade de Brasília (UnB). Título de especialista em Medicina do Trabalho pela Associação Nacional de Medicina do Trabalho (ANAMT). Especialista em Perícia Médica pela Universidade Gama Filho. Título de especialista em Toxicologia pela Associação Médica Brasileira (AMB). Mestre e doutora em Ciências da Saúde pela UnB. Médica do Centro de Informação e Assistência Toxicológica do Distrito Federal. Médica do Trabalho, preceptora da Residência em Medicina do Trabalho da Fundação de Ensino e Pesquisa em Ciências de Saúde/Governo do Distrito Federal (FEPECS/GDF). Docente e coordenadora do curso de Medicina do Centro Universitário Euro-americano (Unieuro)/DF. Editora-chefe da *Revista Brasileira de Medicina do Trabalho*-ANAMT. Diretora científica da Associação Brasileira de Centros de Informação e Assistência Toxicológica (Abracit).

Andressa Silva Abreu Pinasco

Médica plantonista do Centro de Informação e Assistência Toxicológica do Espírito Santo (CIATox-ES). Residência Médica em Clínica Médica pelo Hospital do Servidor Público Estadual de São Paulo (HSPE) e em Reumatologia pelo Hospital das Clínicas da Faculdade de Medicina da Universidade de São Paulo (HC-FMUSP).

Bruna Gauer

Farmacêutica graduada pela Universidade Federal do Rio Grande do Sul (UFRGS). Doutora em Ciências Farmacêuticas pela UFRGS. Perita criminal do Instituto-Geral de Perícias do Rio Grande do Sul, com atuação na seção de Drogas Apreendidas.

Bruno Alves Rocha

Pesquisador vinculado à Faculdade de Ciências Farmacêuticas de Ribeirão Preto da Universidade de São Paulo (FCFRP/USP). Atuou como professor visitante no Departamento de Química do Instituto de Ciências Ambientais, Químicas e Farmacêuticas da Universidade Federal de São Paulo (Unifesp), 2019-2021. Doutor em Ciência pelo Departamento de Química da Faculdade de Filosofia, Ciências e Letras de Ribeirão Preto da USP. Mestre em Ciências Farmacêuticas pela FCFRP/USP. Graduado em Farmácia-Bioquímica e pós-graduado (*lato sensu*) em Análises Clínicas pela Universidade Federal de Alfenas. Atuou como pesquisador (CNPq-RHAE) na Apis Flora Industrial e Comercial Ltda. e como *visiting scientist* no Wadsworth Center, do Departamento de Saúde do Estado de Nova Iorque.

Bruno Dutra Arbo

Professor de Farmacologia do Departamento de Farmacologia do Instituto de Ciências Básicas da Saúde da Universidade Federal do Rio Grande do Sul (UFRGS). Biomédico mestre e doutor em Ciências Biológicas (Fisiologia) pela UFRGS.

Bruno Mégarbane

Professor de medicina intensiva, Universidade Paris-Diderot, Paris, França. Chefe da Unidade de Terapia Intensiva Clínica e Toxicológica, Hospital Lariboisiére, Paris, França. Presidente da European Association of Poison Centers and Clinical Toxicologists (EAPCCT), 2017. Membro da Sociedade Francesa de Medicina Intensiva (SRLF). Membro da Sociedade Europeia de Medicina Intensiva (ESICM). Membro do Colégio Americano de Toxicologia Médica (ACMT). Editor associado do periódico *Clinical Toxicology*.

Bruno Pereira dos Santos

Toxicologista graduado em Toxicologia Analítica pela Universidade Federal de Ciências da Saúde de Porto Alegre (UFCSPA). Mestrando pelo Programa de Pós-Graduação em Ciências da Saúde da UFCSPA e graduando em Farmácia pela Universidade Federal do Rio Grande do Sul (UFRGS). Pesquisador do Centro de Pesquisa em Álcool e Drogas do Hospital de Clínicas de Porto Alegre (CPAD-HCPA).

Camila Carbone Prado

Médica pediatra e gastroenterologista pediátrica com área de atuação em Toxicologia Médica pela Associação Médica Brasileira (AMB). Especialista em Pediatria pela Sociedade Brasileira de Pediatria (SBP). Especialista em Nutrição Parenteral e Enteral pela Sociedade Brasileira de Nutrição Parenteral e Enteral (SBNPE) e AMB. Médica assistente do Centro de Informação e Assistência Toxicológica (CIATox) da Faculdade de Ciências Médicas da Universidade de Campinas (FCM/Unicamp).

Carlos Nunes Tietboehl Filho

Doutor em Pneumologia pela Universidade Federal do Rio Grande do Sul (UFRGS). Especialista em Medicina do Trabalho pela UFRGS e em Toxicologia Aplicada pela Pontifícia Universidade Católica do Rio Grande do Sul (PUC-RS), onde é professor do curso de pós-graduação em Medicina do Trabalho. Médico pneumologista do Hospital de Clínicas de Porto Alegre da UFRGS, do Hospital Sanatório Partenon (SES-RS) e do Serviço Social da Indústria do Rio Grande do Sul (Sesi-RS). Membro da Comissão de Doenças Ocupacionais e Ambientais da Sociedade Brasileira de Pneumologia e Tisiologia (SBPT) e da Comissão de Toxicologia Clínica da Associação Médica Brasileira (AMB).

Carlos Roberto de Medeiros

Médico pela Faculdade de Medicina da Universidade de São Paulo (FMUSP). Residência Médica em Clínica Médica e em Alergia e Imunologia Clínica pelo Hospital das Clínicas da FMUSP (HC-FMUSP) e doutor em Ciências pela FMUSP. Área de atuação em Toxicologia Médica pela Associação Brasileira de Alergia e Imunologia (ASBAI) e Associação Médica Brasileira (AMB). Ex-médico assistente e diretor do Hospital Vital Brazil do Instituto Butantan, onde é pesquisador do Laboratório de Ecologia e Evolução. Médico do Núcleo de Doenças Transmitidas por Vetores e Zoonoses/DVE/Covisa da Prefeitura do Município de São Paulo (PMSP). Gerente médico do Ceatox, do Instituto da Criança do HC-FMUSP, e professor do curso de Medicina do Centro Universitário São Camilo.

Carolina Juanena

Médica toxicóloga, doutora em Medicina. Professora adjunta do Departamento de Toxicologia da Facultad de Medicina da Universidad de la República (Uruguai).

Claudia Regina dos Santos

Farmacêutica graduada pela Universidade Federal de Santa Catarina (UFSC), onde é professora de Toxicologia. Mestre e doutora em Toxicologia e Análises Toxicológicas pela Faculdade de Ciências Farmacêuticas da Universidade de São Paulo (USP). Responsável pelo Laboratório de Toxicologia da Divisão de Análises Clínicas do HU-UFSC e supervisora do Centro de Informação e Assistência Toxicológica de Santa Catarina (CIATox-SC).

Cristiane Falcão de Almeida

Farmacêutica graduada pela Universidade Estadual da Paraíba (UEPB). Médica graduada pelo Centro Universitário Unifacisa de Campina Grande (Medicina de Saúde da Família), onde é professora de Semiologia Médica.

Cristina Targa Ferreira

Doutora em Gastroenterologia pela Universidade Federal do Rio Grande do Sul (UFRGS). Professora de Gastroenterologia Pediatria da Universidade Federal de Ciências da Saúde de Porto Alegre (UFCSPA). Chefe do Serviço de Gastroenterologia Pediátrica do Hospital da Criança Santo Antônio, de Porto Alegre (RS). Presidente do Departamento de Gastroenterologia Pediátrica da Sociedade Brasileira de Pediatria (SBP).

Daniel Takeshi Ito

Graduado em Ciências Biomédicas, mestre em Fisiofarmacologia e doutor em Biologia Molecular (Bioquímica Clínica) pela Escola Paulista de Medicina/Universidade Federal de São Paulo (EPM/Unifesp).

Débora Pereira Galvêas Negri

Médica do Centro de Informação e Assistência Toxicológica do Espírito Santo (CIATox-ES). Especialista em Toxicologia, com área de atuação em Toxicologia Médica pela Associação Médica Brasileira (AMB). Especialista em Medicina pela Associação Nacional de Medicina do Trabalho (ANAMT). Residência Médica em Clínica Médica pela Unimed Vitória e em Cardiologia pela Universidade Federal do Espírito Santo (Ufes).

Délio Campolina

Médico e farmacêutico-bioquímico. Especialista em Medicina Interna e Patologia Clínica, com área de atuação em Toxicologia pela Associação Médica Brasileira (AMB)/ Conselho Federal de Medicina (CFM)/Sociedade Brasileira de Clínica Médica (SBCM). Membro da Comissão de Toxicologia da AMB. Membro da Comissão de Medicina Legal do Conselho Regional de Medicina de Minas Gerais (CRM-MG). Médico aposentado do Serviço de Toxicologia de Minas Gerais, Hospital João XXIII, e perito criminal aposentado do Instituto Médico Legal (IML) de Minas Gerais. Ex-professor convidado da Disciplina de Toxicologia da Faculdade de Medicina da Universidade Federal de Minas Gerais (UFMG). Presidente da Sociedade Brasileira de Toxicologia (SBTox, 2008-2009) e da Associação Brasileira de Centros de Informação e Assistência Toxicológica (Abracit, 2014-2015).

Eduardo Freitas Hatanaka

Pediatra pela Sociedade Brasileira de Pediatria (SBP), com área de atuação em Nefrologia Pediátrica (SBP/Sociedade Brasileira de Nefrologia – SBN) e em Emergências Pediátricas (SBP/ Associação Brasileira de Medicina Diagnóstica – Abramed). Assistente da Nefrologia Pediátrica e do Pronto-Socorro Pediátrico da Escola Paulista de Medicina/Universidade Federal de São Paulo (EPM/Unifesp). Médico da Equipe de Nefrologia Pediátrica do Hospital Samaritano, São Paulo.

Eduardo Lopes Machado

Anestesiologista, mestre em Ciências da Saúde pela Universidade Federal de Ciências da Saúde de Porto Alegre (UFCSPA).

Eduardo Mello De Capitani

Professor associado do Departamento de Clínica Médica da Faculdade de Ciências Médicas da Universidade de Campinas (Unicamp), com atuação na disciplina de Pneumologia e no Centro de Intoxicação e Assistência Toxicológica (CIATox) da Unicamp desde 1988. Graduado em Medicina pela Faculdade de Ciências Médicas da Unicamp. Especialista em Medicina do Trabalho e em Toxicologia Médica pela Associação Médica Brasileira (AMB). Mestre em Medicina e doutor em Saúde Pública pela Unicamp. *Fellow* da European Association of Poisons Centres and Clinical Toxicologists (EAPCCT).

Eloisa Dutra Caldas

Professora titular de Toxicologia do Departamento de Farmácia da Universidade de Brasília (UnB). Responsável por pesquisas nas áreas de Toxicologia Experimental, Epidemiologia das Intoxicações, Toxicologia Forense, de Medicamentos, Alimentos e Ocupacional e Avaliação de Risco da Exposição Humana a Substâncias Potencialmente Tóxicas.

Fábio Bucaretchi

Professor associado do Departamento de Pediatria da Faculdade de Ciências Médicas da Universidade Estadual de Campinas (FCM/Unicamp). Vice-coordenador do Centro de Informação e Assistência Toxicológica (CIATox) da FCM/Unicamp. Médico pediatra com área de atuação em Toxicologia Médica pela Associação Médica Brasileira (AMB).

Fábio Chigres Kuschnir

Professor adjunto do Departamento de Pediatria da Universidade do Estado do Rio de Janeiro (Uerj). Orientador do Programa de Pós-Graduação da Faculdade de Ciências Médicas da Uerj. Membro do Departamento Científico de Alergia da Sociedade Brasileira de Pediatria (SBP). Membro do Comitê Científico de Rinite da Sociedade Latinoamericana de Asma, Alergia e Imunologia. Vice-presidente da Associação Brasileira de Alergia e Imunologia (ASBAI).

Florentino Fernandes Mendes

Professor associado de Anestesiologia da Universidade Federal de Ciências da Saúde de Porto Alegre (UFCSPA). Doutor em Medicina pela Faculdade de Ciências Médicas da Santa Casa de São Paulo (FCMSCSP).

Gabriela Göethel

Biomédica graduada pelo Instituto Porto Alegre da Igreja Metodista – Centro Universitário Metodista (IPA). Mestre e doutora em Ciências Farmacêuticas pela Universidade Federal do Rio Grande do Sul (UFRGS). Pesquisadora com bolsa PNPD da Capes, vinculada ao Programa de Pós-Graduação em Ciências Farmacêuticas (PPGCF) da UFRGS, e professora colaboradora de Toxicologia na Universidade Federal de Ciências da Saúde de Porto Alegre (UFCSPA).

Giovana Berger de Oliveira

Acadêmica do 7º semestre da Escola de Medicina da Pontifícia Universidade Católica do Rio Grande do Sul (PUC-RS), com formação em 2024. Instrutora de Suporte Básico de Vida (BLS) pela American Heart Association (AHA), por meio do Centro de Treinamento e Simulação de Emergências Médicas (CTSEM). Ex-bolsista do Grupo de Pesquisa em Endocrinologia e Diabetes da PUC-RS. Cofundadora e ex-presidente da Liga Interdisciplinar de Diabetes (LIDIA) da PUC-RS e presidente da Liga Acadêmica de Trauma da PUC-RS.

Giselle Marques de Rezende Dias Leite

Enfermeira do Centro de Controle de Intoxicações (CCI) da Prefeitura de São Paulo. Especialista em Terapia Intensiva Adulto pelo Centro Universitário São Camilo e em Sistemas de Gestão da Qualidade pela Universidade Estadual de Campinas (Unicamp).

Gustavo Falbo Wandalsen

Professor adjunto da disciplina de Alergia, Imunologia Clínica e Reumatologia do Departamento de Pediatria da Escola Paulista de Medicina/Universidade Federal de São Paulo (EPM/Unifesp). Secretário do Departamento Científico de Alergia da Sociedade Brasileira de Pediatria (SBP). Presidente da Associação Brasileira de Alergia e Imunologia (ASBAI) – Regional São Paulo.

Gustavo Marques de Medeiros

Médico graduado pela Universidade Federal do Rio Grande do Norte (UFRN). Residência em Clínica Médica pelo Hospital Universitário Onofre Lopes, da UFRN. Residência em Endocrinologia pelo Hospital Universitário Alcides Carneiro, da Universidade Federal de Campina Grande (UFCG).

Herberto José Chong Neto

Professor adjunto do Departamento de Pediatria da Universidade Federal do Paraná (UFPR). Vice-coordenador da Residência em Alergia e Imunologia Pediátrica do Complexo Hospital de Clínicas da UFPR. Presidente do Departamento Científico de Alergia da Sociedade Brasileira de Pediatria (SBP). Diretor de Educação Médica a Distância pela Associação Brasileira de Alergia e Imunologia (ASBAI).

Ho Chi Hsien

Doutor e mestre em Ciências pela Universidade Federal de São Paulo (Unifesp), com área de concentração em Pediatria. Professor do curso de Medicina da Universidade Nove de Julho (São Paulo, *campus* Vergueiro). Médico e preceptor da UTI Pediátrica e Neonatal do Hospital Municipal de São Bernardo do Campo (Fundação do ABC).

Ian Favero Nathasje

Psiquiatra pelo Grupo Hospitalar Conceição (GHC/RS) e residente de Psiquiatria da Infância e Adolescência do Hospital Psiquiátrico São Pedro, de Porto Alegre (RS).

Ilana Rodrigues Santos

Médica pediatra com atuação na área de Medicina do Adolescente pela Sociedade Brasileira de Pediatria (SBP) e Associação Médica Brasileira (AMB). Mestre em Assistência Materno-Infantil pela Universidade Federal da Bahia (UFBA). Médica do Ambulatório de Adolescência do Hospital Universitário Professor Edgar Santos (Ebserh/UFBA). Analista junguiana do Instituto de Psicologia Analítica da Bahia (IPABA) e membro didata da Associação Junguiana do Brasil (AJB) e da International Association for Analytical Psychology (IAAP).

Isabel Carmen Fonseca Freitas

Médica pediatra com atuação na área de Medicina do Adolescente pela Sociedade Brasileira de Pediatria (SBP) e Associação Médica Brasileira (AMB). Professora associada de Pediatria da Faculdade de Medicina da Bahia/Universidade Federal da Bahia (FMB/UFBA) e da Escola Bahiana de Medicina e Saúde Pública. Mestre e doutora em Medicina e Saúde pela UFBA. Responsável pelo Ambulatório de Adolescência do Hospital Universitário Professor Edgard Santos (Ebserh/UFBA). Coordenadora do Núcleo de Estudos em Medicina e Adolescência da FMB/UFBA.

Izabela Lucchese Gavioli

Médica graduada pela Universidade Federal do Rio Grande do Sul (UFRGS). Residência Médica em Medicina Interna pelo Hospital Nossa Senhora da Conceição e em

Reumatologia pelo Hospital de Clínicas de Porto Alegre. Especialista em Medicina do Exercício e Ciências do Esporte pela Pontifícia Universidade Católica do Rio Grande do Sul (PUC-RS). Médica do Centro de Informações Toxicológicas (CIT-RS)/Centro Estadual de Vigilância em Saúde (CEVS) do Rio Grande do Sul. Coordenadora do Plantão de Emergência do CIT-RS, 2000-2014. Professora adjunta do Departamento de Educação Física, Fisioterapia e Dança pela UFRGS.

Janine Alessi

Médica graduada pela Universidade Federal do Rio Grande do Sul (UFRGS). Especialista em Clínica Médica pela Pontifícia Universidade Católica do Rio Grande do Sul (PUC-RS). Doutora em Endocrinologia pela UFRGS. Pós-doutoranda em Ciências Médicas pela PUC-RS.

Janise Dal Pai

Graduada em Fisioterapia pela Universidade Luterana do Brasil (Ulbra/RS). Especialista em Anatomia Humana pela Universidade do Estado de Santa Catarina (Udesc). Mestre em Morfologia e doutora em Neurociência pela Escola Paulista de Medicina/Universidade Federal de São Paulo (EPM/Unifesp) – período sanduíche na New York University (NYU). Pós-doutoranda pelo Instituto do Cérebro do Rio Grande do Sul/Pontifícia Universidade Católica do Rio Grande do Sul (InsCer/PUC-RS).

Jaqueline Mallmann Michel

Médica graduada pela Pontifícia Universidade Católica do Rio Grande do Sul (PUC-RS). Residência em Clínica Médica pelo Hospital São Lucas, da PUC-RS.

Jaqueline Tonelotto

Médica intensivista pediátrica e neonatologista. Coordenadora médica do Núcleo de Segurança do Paciente do Hospital Municipal Universitário de São Bernardo do Campo, da Faculdade de Medicina do ABC (FMABC). Membro da Associação de Medicina Intensiva Brasileira (Amib), da Sociedade Brasileira de Pediatria (SBP) e da Health Technology Assessment International (HTAi).

Javier Naveros

Psiquiatra e professor honorário da Faculdade de Medicina da Universidad de Antioquia (Colômbia). Membro da Associação Argentina de Promoção da Saúde.

João Tomás de Abreu Carvalhaes

Graduado em Medicina pela Faculdade de Medicina de Botucatu/Universidade Estadual Paulista (Unesp). Residência Médica em Pediatria pelo Hospital das Clínicas da Faculdade de Medicina de Botucatu e em Nefrologia pelo Hospital São Paulo da Escola Paulista de Medicina/Universidade Federal de São Paulo (EPM/Unifesp). Doutor em Nefrologia no curso de pós-graduação em Nefrologia da disciplina de Nefrologia da EPM/Unifesp. Título de especialista em Pediatria pela Sociedade Brasileira de Pediatria (SBP), em Nefrologia pela Sociedade Brasileira de Nefrologia (SBN) e especialista com área de atuação em Nefrologia Pediátrica pela SBP e SBN. Professor aposentado e ex-chefe do Departamento de Pediatria da EPM/Unifesp, onde foi criador da Nefrologia Pediátrica. Ex-presidente da Sociedade de Pediatria de São Paulo.

José María Marucci

Médico especialista em Medicina do Trabalho, Toxicologia, Medicina de Emergência, Terapia Intensiva e Clínica Médica. Médico plantonista do Hospital Pirovano, em Buenos Aires (Argentina). Membro da Comissão de Urgência do hospital e da Comissão Central de Urgências. Membro e coordenador do Programa Permanente de Ensino e Instrução (PDIP) do Sistema de Atençao Médica de Emergências (SAME). Professor associado de Toxicologia da Fundação Barceló. Chefe de trabalho prático em Emergência da Fundação Favaloro. Presidente da Associação Latino-Americana de Toxicologia (Alatox), 2015-2021.

Juang Horng Jyh

Médico intensivista pediátrico, toxicologista médico pela Associação Médica Brasileira (AMB). Especialista em Nutrição Enteral e Parenteral pela Sociedade Brasileira de Nutrição Parenteral e Enteral (SBNPE-Braspen). Membro da Health Technology Assessment International (HTAi). Mestre em Ciências Biológicas/Farmacologia pelo Instituto de Biociências pela Universidade Estadual Paulista (Unesp). Doutor em Pediatria pela Faculdade de Medicina de Botucatu (Unesp). Coordenador da Gerência de Risco Sanitário Hospitalar do Núcleo Hospitalar de Epidemiologia e da Equipe Multiprofissional em Terapia Nutricional (EMTN) do Hospital Municipal Dr. Cármino Caricchio, de São Paulo (SP). Membro fundador do Ceatox, de Botucatu/Unesp.

Julio Cesar Razera

Médico graduado pela Pontifícia Universidade Católica do Rio Grande do Sul (PUC-RS). Especialista em Clínica Médica/Gastroenterologia e mestrando em Hepatologia pela Universidade Federal de Ciências da Saúde de Porto Alegre (UFCSPA). Especialista em Endoscopia pela Sociedade Brasileira de Endoscopia Digestiva (Sobed) e preceptor do curso de Endoscopia Digestiva da Irmandade Santa Casa de Misericórdia de Porto Alegre (ICSMPA).

Karine Kersting Puls

Médica de família e comunidade pelo Grupo Hospitalar Conceição (GHC/RS), atuando na Atenção Primária à

Saúde da Prefeitura Municipal de Florianópolis. Membro do Conselho Mundial da Organização Mundial dos Médicos de Família – Wonca (Rural Wonca).

Kátia Rosana Lima de Moura da Silva

Graduada em Ciências Biológicas pela Pontifícia Universidade Católica do Rio Grande do Sul (PUC-RS). Especialista em Toxicologia Aplicada pela PUC-RS. Mestre em Biologia Celular e Molecular pela Universidade Federal do Rio Grande do Sul (UFRGS). Bióloga do Centro de Informação Toxicológica do Rio Grande do Sul – Núcleo de Toxinas Naturais –, atuando na identificação e no manejo de animais de interesse toxicológico.

Laura Börgel

Pediatra, médica toxicologista e legista. Universidad de Chile. Centro de Informação para Intoxicações e Acidentes Químicos. Corporação RITA-Chile. Laboratório de Toxicologia Servitox.

Laura Cé da Silva

Graduada em Biomedicina pela Universidade Feevale, da qual é bolsista no mestrado acadêmico de Toxicologia e Análises Toxicológicas.

Leandro Pereira Monteiro

Médico generalista graduado pela Universidade Federal de Goiás (UFG). Emergencista do Hospital de Campanha para Enfrentamento ao Coronavírus em Goiânia (GO). Médico emergencista do Hospital Municipal de Aparecida de Goiânia e do Hospital Araújo Jorge, de Goiânia (GO). Médico emergencista do Hospital Estadual de Doenças Tropicais Dr. Anuar Auad, também em Goiânia (GO).

Leticia Nunes de Souza

Médica pediatra do Centro de Controle de Intoxicações (CCI) da Prefeitura de São Paulo. Graduada em Medicina e residência em Pediatria pela Pontifícia Universidade Católica de São Paulo (PUC-SP).

Liane Esteves Daudt

Doutora em Pediatria e professora associada de Pediatria da Faculdade de Medicina da Universidade Federal do Rio Grande do Sul (Famed/UFRGS). Chefe da Unidade de Hematologia e Transplante de Medula Óssea Pediátrica do Hospital de Clínicas de Porto Alegre e do Hospital Moinhos de Vento.

Lina Maria Peña Acevedo

Toxicologista clínica e professora da Facultad de Medicina da Universidad de Antioquia (Colômbia).

Luciana Grazziotin Rossato-Grando

Professora de Toxicologia da Universidade de Passo Fundo (UPF). Farmacêutica mestre em Toxicologia Analítica Clínica e Forense e doutora em Ciências Farmacêuticas/Toxicologia pela Universidade do Porto, Portugal.

Luisa Fernanda Diaz Velez

Toxicologista clínica e professora da Faculdade de Medicina da Universidade Cooperativa da Colômbia.

Luísa Mostardeiro Tabajara Franche

Aluna do curso de Medicina da Pontifícia da Universidade Católica do Rio Grande do Sul (PUC-RS).

Luiz Querino de Araújo Caldas

Professor titular aposentado de Toxicologia Clínica da Faculdade de Medicina da Universidade Federal Fluminense (UFF). Doutor em Farmacologia e Toxicologia pela University of Oxford. Pós-doutorado e professor visitante na Universidade de Harvard. Mestre em Farmacologia e Terapêutica Experimental pela Universidade Federal do Rio de Janeiro (UFRJ). Médico especialista em Alergia e Imunologia e em Medicina do Trabalho e Bacharel em Ciências Biológicas pela Universidade do Estado do Rio de Janeiro (Uerj).

Luiza Nader

Gastroenterologista e endoscopista pediátrica do Hospital da Criança Santo Antônio/Santa Casa de Misericórdia de Porto Alegre.

Magda Lahorgue Nunes

Professora titular de Neurologia da Escola de Medicina da Pontifícia Universidade Católica do Rio Grande do Sul (PUC-RS). Neurologista infantil com área de atuação em Medicina do Sono. Pós-doutorado em Neurociências pelo Albert Einstein College of Medicine, Nova Iorque. Presidente do Departamento Científico de Neurologia da Sociedade Brasileira de Pediatria (SBP).

Marcelo Dutra Arbo

Professor de Toxicologia do Departamento de Análises da Faculdade de Farmácia da Universidade Federal do Rio Grande do Sul (UFRGS). Farmacêutico mestre em Ciências Farmacêuticas pela UFRGS e doutor em Ciências Farmacêuticas/Toxicologia pela Universidade do Porto, Portugal.

Marcos Vinícios Razera

Médico graduado pela Universidade Federal do Rio Grande do Sul (UFRGS). Pediatra pela Universidade Federal de

Ciências da Saúde de Porto Alegre (UFCSPA). Pneumologista pediátrico pelo Hospital de Clínicas de Porto Alegre (HCPA). Professor do Curso de Medicina da Universidade Católica de Pelotas (UCPEL) e membro do Comitê de Toxicologia e Saúde Ambiental da Sociedade de Pediatria do Rio Grande do Sul (SPRS).

Maria Amélia de Castilhos

Quiropraxista e biomédica graduada pela Universidade Feevale, onde é mestranda em Toxicologia e Análises Toxicológicas.

Maria Aparecida de Paula Cançado

Mestre em Nefrologia pela Escola Paulista de Medicina/ Universidade Federal de São Paulo (EPM/Unifesp), onde é coordenadora do Ambulatório de Nefrologia Pediátrica e preceptora do Programa de Residência Médica em Nefrologia Pediátrica do Departamento de Pediatria.

Maria Cristina de Andrade

Professora adjunta e vice-chefe do Departamento de Pediatria da Escola Paulista de Medicina/Universidade Federal de São Paulo (EPM/Unifesp), onde é chefe do Setor de Nefrologia Pediátrica. Mestre e doutora em Ciências da Saúde pela EPM/Unifesp.

Maria da Graça Boucinha Marques

Médica veterinária graduada pela Universidade Federal do Rio Grande do Sul (UFRGS). Especialista em Toxicologia Aplicada pela Pontifícia Universidade Católica do Rio Grande do Sul (PUC-RS). Doutora em Fisiologia, Farmacologia e Toxicologia pela Universidad de León, título reconhecido no Brasil pela Universidade Federal Rural de Pernambuco (UFRPE). Servidora pública aposentada da Secretaria Estadual da Saúde (Centro de Informações Toxicológicas do Rio Grande do Sul) e docente do curso de Medicina Veterinária da Universidade Luterana do Brasil (Ulbra), 1993-2010.

Maria Gorete Rossoni

Bióloga doutora em Ciências Biológicas pelo Programa de Pós-Graduação em Botânica pela Universidade Federal do Rio Grande do Sul (UFRGS). Especialista em Saúde pelo Centro de Informações Toxicológicas/Centro Estadual de Vigilância em Saúde (CIT/CEVS) do Rio Grande do Sul.

Maria Veronica Torres Cerino

Pediatra e toxicologista, especialista em gestão e direção de instituições de saúde. Chefe de Toxicologia e Meio Ambiente do Hospital Universitario Austral. Professora de Toxicologia da Universidade Austral (Argentina). Médica da Unidade de Toxicologia do Hospital de Niños Ricardo Gutierrez, em Buenos Aires. Docente de Toxicologia da Universidade de Buenos Aires. Membro titular da Sociedade Argentina de Pediatria. Palestrante do Comitê de Saúde Ambiental Infantil e do Grupo de Trabalho em Adições.

Marina Venzon Antunes

Biomédica graduada pela Universidade Feevale, onde é professora adjunta. Mestre e doutora em Ciências Médicas pela Universidade Federal do Rio Grande do Sul (UFRGS).

Mario Octávio Thá Marques

Mestre em Ciências Médicas pela Universidade Federal de Santa Catarina (UFSC). Especialista em Clínica Médica pela Secretaria de Estado da Saúde de Santa Catarina. Supervisor do Programa de Residência Médica em Clínica Médica do Hospital Regional de São José Dr. Homero de Miranda Gomes, de São José (Santa Catarina), onde é médico do Departamento de Clínica Médica. Médico do Hospital Universitário Dr. Polydoro Ernani de São Thiago e do Centro de Informação e Assistência Toxicológica de Santa Catarina (CIATox-SC).

Mário Wiehe

Doutor em Cardiologia pela Universidade Federal do Rio Grande do Sul (UFRGS). Professor da Escola de Medicina da Pontifícia Universidade Católica do Rio Grande do Sul (PUC-RS). Coordenador da Residência de Cardiologia do Hospital São Lucas, da PUC-RS. Título de especialista em Cardiologia pela Sociedade Brasileira de Cardiologia (SBC).

Marlene Zannin

Professora titular aposentada de Toxicologia da Universidade Federal de Santa Catarina (UFSC). Supervisora do Centro de Informações Toxicológicas de Santa Catarina, 1995-2018. Mestre em Farmacologia pela UFSC. Doutora em Ciências Médicas pela Escola Paulista de Medicina/ Universidade Federal de São Paulo (EPM/Unifesp). Diretora científica da Associação Brasileira de Centros de Informação e Assistência Toxicológica (Abracit), gestão 2004-2005. Presidente na gestão 2008-2010, vice-presidente na gestão 2013-2014 e tesoureira nas gestões 2015-2016 e 2017-2018 da Abracit.

Melissa Schulthess

Médica veterinária, toxicologista e epidemiologista. Centro de Informações para Intoxicações e Acidentes Químicos. Corporação RITA-Chile.

Mirna Bainy Leal

Professora de Farmacologia do Departamento de Farmacologia da Instituto de Ciências Básicas da Saúde da Universidade Federal do Rio Grande do Sul (UFRGS). Farmacêutica mestre em Ciências Farmacêuticas e doutora em Ciências Biológicas/Bioquímica pela UFRGS.

Neice Muller Xavier Faria

Médica do trabalho. Mestre e doutora em Epidemiologia. Coordenadora de vários estudos sobre efeitos de agrotóxicos entre trabalhadores agrícolas. Professora visitante no Curso de Especialização em Medicina do Trabalho da Universidade Federal do Rio Grande do Sul (UFRGS) e pesquisadora associada ao Grupo de Pesquisas em Saúde do Trabalhador da Universidade Federal de Pelotas (UFPel). Editora associada da *Revista Brasileira de Saúde Ocupacional* e revisora de periódicos científicos.

Pablo Moritz

Médico do Centro de Informações e Assistência Toxicológica de Santa Catarina (CIATox-SC). Especialista em Pneumologia e Sono pela Sociedade Brasileira de Pneumologia e Tisiologia (SBPT). Mestre em Ciências Médicas pela Universidade Federal de Santa Catarina (UFSC), onde é pneumologista do Hospital Universitário.

Patrícia Gorisch

Pós-doutorado em Direitos Humanos pela Universidad de Salamanca, Espanha, e em Direito da Saúde pela Università Degli Studi di Messina, Itália. Doutora e mestre em Direito Internacional e professora do Programa de Mestrado em Direito da Saúde da Universidade Santa Cecília. Presidente Nacional da Comissão de Direitos dos Refugiados do Instituto Brasileiro de Direito de Família (IBDFAM). Advogada *pro bono* da Cruz Vermelha São Paulo. Consultora mundial em Humanitarian Action pela WOSM.

Paula Carpes Victório

Perita no Laboratório de Perícia Farmacêutica e Toxicológica e perita judicial no Tribunal de Justiça do Estado de São Paulo e no Tribunal Regional do Trabalho 2ª Região. Professora de Toxicologia e Toxicologia Clínica da Universidade Católica de Santos e do Instituto Racine de Pós-Graduação. Especialista em Juizado Especial Criminal e comentarista sobre Toxicologia na Rádio Jovem Pan FM e na Rádio Santos FM. Farmacêutica-bioquímica com Habilitação em Análises Clínicas e advogada pela Universidade Católica de Santos e mestre em Toxicologia e Análises Toxicológicas pela Universidade de São Paulo (USP).

Pedro Pereira de Oliveira Pardal

Médico formado pela Universidade Federal do Pará (UFPA). Especialista, mestre e doutor em Doenças Tropicais pelo Núcleo de Medicina Tropical da UFPA, de onde é professor aposentado. Tem experiência na área de Medicina, com ênfase em Medicina Tropical, atuando principalmente no atendimento a envenenamentos por animais peçonhentos e intoxicações exógenas.

Pilar Julieta Acosta González

Médica especialista em Toxicologia Clínica pela Universidad Colegio Mayor de Nuestra Señora del Rosario, de Bogotá (Colômbia).

Rafael Linden

Farmacêutico e mestre em Ciências Farmacêuticas pela Universidade Federal do Rio Grande do Sul (UFRGS). Doutor em Biologia Celular e Molecular pela Pontifícia Universidade Católica do Rio Grande do Sul (PUC-RS) e professor titular da Universidade Feevale.

Raísa Dallagnol Fiorentin

Médica pediátrica com atuação em Unidade de Pronto Atendimento de Novo Hamburgo (RS).

Renata Loureiro Vianna

Farmacêutica-bioquímica pela Universidade Federal do Rio Grande do Sul (UFRGS). Especialista em Manipulação Alopática pela Associação Nacional dos Farmacêuticos Magistrais (Anfarmag). Ex-sócia-proprietária da Farmácia de Manipulação Officinalis e ex-chefe do Laboratório do Centro de Informações Toxicológicas do Rio Grande do Sul.

Ricardo Tavares Monteiro

Médico formado pela Pontifícia Universidade Católica do Rio Grande do Sul (PUC-RS). Plantonista do Centro de Informações Toxicológicas do Rio Grande do Sul (CIT-RS), 2017-2019.

Rinaldo Tavares

Médico pediatra, professor da Universidade Federal Fluminense (UFF). Membro do Departamento Científico de Toxicologia e Saúde Ambiental da Sociedade Brasileira de Pediatria (SBP).

Rinara Angélica de Andrade Machado

Professora de Toxicologia Clínica do Curso de Medicina da Faculdade Multivix, de Vitória (ES). Médica do Centro de Informação e Assistência Toxicológica do Espírito Santo (CIATox-ES) e referência técnica em intoxicação exógena da Secretaria Estadual de Saúde do Espírito Santo (CIATox-ES). Especialista em Toxicologia Clínica pela Associação Médica Brasileira (AMB). Residência Médica em Pediatria pelo Hospital Infantil Nossa Senhora da Glória, de Vitória (ES).

Roberto Henrique Pinto Moraes

Biólogo com especialização em Entomologia Médica. Pesquisador científico aposentado. Ex-diretor do Laboratório Especial de Coleções Zoológicas do Instituto Butantan.

Sabrina Nunes do Nascimento

Farmacêutica-bioquímica graduada pela Universidade Federal do Rio Grande do Sul (UFRGS). Mestre e doutora em Ciências Farmacêuticas pela UFRGS. Possui dois pós-doutorados em Toxicologia pela UFRGS. Toxicologista no Grupo NC Farma, atuando na indústria farmacêutica EMS.

Sarah Carobini Werner de Souza Eller Franco de Oliveira

Professora de Toxicologia do Departamento de Farmacociências da Universidade Federal de Ciências da Saúde de Porto Alegre (UFCSPA). Farmacêutica mestre e doutora em Toxicologia e Análises Toxicológicas pela Universidade de São Paulo (USP).

Sayonara Maria Lia Fook

Farmacêutica formada pela Universidade Estadual da Paraíba (UEPB). Especialista em Metodologia do Ensino Superior e mestra em Ciências dos Alimentos pela Universidade Federal da Paraíba (UFPB). Doutora em Produtos Naturais e Sintéticos Bioativos, na área de concentração de Farmacologia. Professora de Toxicologia do Departamento de Farmácia da UEPB. Coordenadora do Centro de Informações e Assistência Toxicológica (CIATox) de Campina Grande.

Scheila Cristina Ghisolfi Pedrini Rocio

Médica do Centro de Informações e Assistência Toxicológica do Espírito Santo (CIATox-ES). Especialista em Pediatria e Neonatologia pela Sociedade Brasileira de Pediatria (SBP). Residência Médica em Pediatria pelo Hospital Infantil Nossa Senhora da Glória, de Vitória (ES).

Silvia Berlanga de Moraes Barros

Professora titular sênior do Departamento de Análises Clínicas e Toxicológicas (FBC) da Faculdade de Ciências Farmacêuticas da Universidade de São Paulo (FCF-USP). Farmacêutica-bioquímica mestre e doutora em Toxicologia pela FCF-USP. Livre-docente em Patologia Geral na FBC-FCF-USP. Diretora da International Union of Toxicology e secretária/tesoureira da Toxicology Education Foundation.

Sony de Freitas Itho

Médica fundadora do Centro de Atendimento Toxicológico do Espírito Santo (TOXCEN/CIAT-ES) e coordenadora do serviço de 1992 a 2013. Especialista em Pediatria pela Sociedade Brasileira de Pediatria (SBP). Doutora em Farmácia e Bioquímica, na área de concentração em Toxicologia pela Universidade de São Paulo (USP). Especialista em Toxicologia, na área de atuação de Toxicologia Médica pela Associação Médica Brasileira (AMB). Graduação em Medicina e em Farmácia e Bioquímica pela Escola Superior de Ciências da Santa Casa de Misericórdia de Vitória (Emescam).

Stephen Hyslop

Professor doutor do Departamento de Medicina Translacional da Área de Farmacologia da Faculdade de Ciências Médicas da Unicamp. Professor colaborador e membro titular do Conselho Técnico-Científico do Centro de Informações e Assistência Toxicológica (CIATox) de Campinas.

Vidal Haddad Jr.

Professor associado do Departamento de Infectologia e Dermatologia da Faculdade de Medicina de Botucatu/ Universidade Estadual Paulista (Unesp).

Viviane Cristina Sebben

Farmacêutica-bioquímica graduada pela Universidade Federal do Rio Grande do Sul (UFRGS). Professora da Universidade Luterana do Brasil (ULBRA). Mestre em Ciências Farmacêuticas pela UFRGS. Chefe do Centro de Informações Toxicológicas do Rio Grande do Sul.

SUMÁRIO

APRESENTAÇÃO 1

A coordenação desta obra de fôlego, *Emergências Toxicológicas: Princípios e Prática do Tratamento de Intoxicações Agudas*, é o êxito de uma trajetória perseverante de mais de quarenta anos em prol da segurança/saúde das crianças e jovens, empreendida por um médico pediatra tornado nesse tempo toxicologista e professor. Com efeito, Carlos Augusto Mello da Silva sempre equilibrou com maestria e espírito patente de liderança a dedicação a estes três campos: a clínica pediátrica, com ênfase progressiva nas emergências; a toxicologia clínica, com destaque à formação de recursos humanos, sobretudo em seu profícuo trabalho no Centro de Informação Toxicológica do Rio Grande do Sul; e a docência, com uma história de preleções e escreveduras que evidenciavam igual e sobeja competência. Tal percurso profissional reflete o imbricamento essencial entre a Pediatria e as intoxicações por causas externas – responsáveis por significativo dano em termos de morbimortalidade –, assim como seus atributos acadêmico-científicos.

Discorro sobre essa carreira e suas facetas com conhecimento de causa, pois mantenho uma colaboração fraternal com a personagem desde sempre.

A propósito, quando Carlos Augusto se graduava no curso médico, tive a honra de ser seu professor – estando eu no meu ano de estreia como docente na Universidade Federal do Rio Grande do Sul (UFRGS) –, e já então era notório o seu pendor acadêmico. Dois anos depois, concluída sua residência em Pediatria, voltamos a nos aproximar em virtude de seu interesse por meu primeiro artigo enfocando os então chamados acidentes na infância, publicado na *Revista AMRIGS*, periódico de abrangência regional, no qual, pouco tempo depois, ele também publicaria seu primeiro trabalho sobre o mesmo tema. Nessa época, confirmando sua vocação, Carlos Augusto, ao lado de assumir função de médico emergencista, fez um curso de especialização em Metodologia do Ensino Superior, na UFRGS.

Em vista de nosso entusiasmo comum pela questão da promoção da segurança, no ano de 1983 fomos ambos convidados pelo presidente da Sociedade de Pediatria do Rio Grande do Sul a organizar o Comitê de Acidentes na Infância, nos moldes do que havia na Sociedade Brasileira de Pediatria. Carlos Augusto assumiu a presidência e eu a secretaria, consolidando a parceria acadêmico-associativa que se estenderia por décadas, no âmbito nacional e além. As duas primeiras ações desse comitê já tinham um viés científico: uma pesquisa para apurar as atitudes dos pediatras gaúchos diante da questão da prevenção das injúrias por causas externas e a organização da 1ª Jornada Gaúcha de Acidentes na Infância, evento ambicioso – presidido por Carlos Augusto – que reuniu os maiores especialistas brasileiros na área, como Samuel Schvartsman, José Luiz Bohrer Pitrez, Alberto Rahde, Orlando Orlandi e José Américo de Campos, e deu realce às intoxicações.

Nos anos seguintes, Carlos Augusto mergulhou de vez no domínio da Toxicologia, ao fazer o curso de Especialização em Toxicologia Aplicada, na PUC-RS, e, em 1987, tornando-se médico do Centro de Informação Toxicológica do Rio Grande do Sul, onde teria atuação marcante de liderança e produção acadêmica, por longo tempo.

Ao assumir a presidência do então Comitê Científico de Acidentes e Intoxicações da Sociedade Brasileira de Pediatria, em 1988, logrou um feito notável que abriria a muitos pediatras brasileiros as portas do chamado *injury field*: presidiu, em Porto Alegre, o 1º Congresso Latino-Americano de Acidentes na Infância. Esse evento gerou como documento final, chancelado pela Organização Mundial da Saúde, a Carta de Porto Alegre, que propugnava a inclusão da promoção da segurança entre as ações básicas de atenção à saúde das crianças e dos adolescentes. A lista de signatários, encabeçada por Carlos Augusto, incluía alguém que viria a ter grande influência na sua presença internacional: Leif Svanström, chefe do Departamento de Medicina Social do Instituto Karolinska, em Estocolmo, o criador principal do movimento "Comunidades Seguras", da OMS, de amplitude global.

A expansão natural do foco de atuação de Carlos Augusto levou-o a participar de um programa de treinamento em intervenção comunitária para a prevenção de acidentes, no Instituto Karolinska, na qualidade de bolsista da OMS, além de integrar a histórica First World Conference on Accident and Injury Prevention, em 1989, na Suécia.

Em 1991, realizou um estágio na Unidade de Terapia Intensiva Toxicológica do Hôpital Fernand Widal, em Paris, França. Tais experiências propiciaram uma significativa inserção da Toxicologia no Congresso Brasileiro de Pediatria – realizado em Porto Alegre em 1991 – e o avanço dos movimentos para a criação de comunidades seguras na América Latina e fomentaram nossa participação na Second World Conference on Injury Control, em Atlanta, Estados Unidos (1993), na qual apresentamos o vídeo educativo "Proteção, um ato de amor: controle de acidentes na infância", produzido pela Sociedade Brasileira de Pediatria com subsídios da OMS.

Nesse passo, ao longo dos anos 1990, consolidou-se uma intensa atividade de palestras, conferências em congressos e redação de textos – sobretudo manuais para profissionais e capítulos de livros –, com direcionamento para a atuação docente: professor no curso de Especialização em Medicina do Trabalho da UFRGS, no curso de Especialização em Farmacologia e Toxicologia do Instituto de Toxicologia da PUC-RS e no curso de Especialização em Análises Toxicológicas da Feevale. Culminou com o convite para assumir posição como professor de Farmacologia, Toxicologia e Medicina de Emergência na Universidade de Caxias do Sul (UCS), posição, que exerceu de 1999 a 2012.

Enfim, o resto é história conhecida na área da Toxicologia, incluindo a presidência da Associação Brasileira de Centros de Informação e Assistência Toxicológica, em 2001, e a dedicação prioritária a publicações sobre intoxicações e riscos químicos ambientais, como foi o caso de artigo integrante de suplemento especial do *Jornal de Pediatria* sobre o pediatra e as causas externas de morbimortalidade. Em 2010, Carlos Augusto tornou-se presidente da Sociedade Brasileira de Toxicologia, completando de fato o processo do pediatra tornado toxicologista, ao qual aludi antes.

Mas, depois desse interlúdio de participação menos estrita na Sociedade Brasileira de Pediatria (SBP), voltou a atuar com muita energia na instituição, contribuindo com um capítulo sobre abuso de substâncias para o *Tratado de Pediatria* da SBP e, sobretudo, assumindo a presidência do novo Departamento Científico de Toxicologia e Saúde Ambiental, a partir de 2016.

Pois é o momento atual que vem propiciar a organização da presente obra, sob os auspícios da SBP, um verdadeiro tratado de emergências toxicológicas – abrangendo desde os princípios fundamentais do manejo clínico de envenenamentos até descrições detalhadas de tóxicos específicos, dentre 130 drogas e produtos químicos, toxinas e peçonhas animais –, um desenlace à altura dos anos de atenção e cuidado de Carlos Augusto Mello da Silva a essa condição tão onerosa à saúde da criança e do adolescente.

Danilo Blank
Professor titular do Departamento de
Pediatria da Faculdade de Medicina da
Universidade Federal do Rio Grande do Sul

APRESENTAÇÃO 2

As intoxicações representam uma das primeiras causas de admissão no pronto-socorro e na unidade de terapia intensiva. Em virtude das significativas morbidades e mortalidade decorrentes das intoxicações, o diagnóstico positivo adequado e o manejo rápido são necessários para garantir o melhor resultado para os pacientes. Todo médico que trabalha em unidade de medicina de emergência está sujeito a prestar cuidados, em algum momento, a um paciente supostamente intoxicado. A Toxicologia Clínica é uma área importante na Medicina de Emergência, exigindo estreita colaboração entre vários especialistas, incluindo intensivistas, internistas, radiologistas, laboratório de análises e até especialistas em transplantes de órgãos.

O livro *Emergências Toxicológicas: Princípios e Prática do Tratamento de Intoxicações Agudas*, editado pelo professor Carlos Augusto Mello da Silva é, portanto, uma grande conquista, dando a oportunidade a que todos os médicos clínicos e pediatras aprimorem seus conhecimentos em Toxicologia Clínica. Cada médico deve consultá-lo quase sistematicamente ao lidar com um paciente intoxicado à beira do leito. A intoxicação pode ser grave em caso de início de sintomas com risco à vida, incluindo perda de consciência, insuficiência respiratória e circulatória; exigência de monitoramento atento e contínuo em relação à exposição a altas doses de medicamentos e atenção aos casos com maior vulnerabilidade individual. A toxicidade resulta dos efeitos diretos do agente envolvido ou de complicações. No entanto, a ausência de sintomas graves na admissão não significa, necessariamente, que a intoxicação não seja grave. A avaliação de risco imediata na admissão deve considerar a dose, a formulação, as coingestões, o atraso no manejo desde a exposição, a vulnerabilidade do paciente e a potencial toxicidade tardia.

Os Centros de Informação e Controle de Intoxicações podem ajudar a informar e orientar o manejo específico de exposições a drogas. O diagnóstico é baseado no histórico de exposição e no reconhecimento da síndrome tóxica. A confirmação final do diagnóstico baseia-se na detecção e/ou medição da concentração do agente tóxico, idealmente no sangue. Para decisões à beira do leito, prognósticos disponíveis, incluindo parâmetros clínicos, indicadores biológicos, eletrocardiográficos e de análises laboratoriais específicas, são obrigatórios. No entanto, os prognósticos são específicos para certos agentes, fármacos ou outros, na maioria das exposições.

Durante os últimos 30 anos, fatores prognósticos foram determinados para antidepressivos, paracetamol, salicilatos, cloroquina, colchicina, paraquat, organofosforados, corrosivos e, mais recentemente, cardiotóxicos. Por outro lado, pontuações gerais (como SAPSII e SOFA) e pontuações específicas (como a Pontuação de Gravidade da Intoxicação/*Poisoning Severity Grade*, da Organização Mundial da Saúde) são interessantes para estratificação retrospectiva, mas de utilidade limitada para decisões à beira do leito.

Os tratamentos incluem medidas de suporte, descontaminação, terapias de aumento de eliminação e antídotos. Sua contribuição benéfica para o desfecho deve ser avaliada na melhora dos parâmetros farmacodinâmicos e/ou farmacocinéticos de interesse adequadamente escolhidos.

A França foi o berço da Toxicologia Clínica moderna, no início do século XVIII. A Escola de Toxicologia Clínica, fundada na década de 1950 no Hospital Universitário Fernand-Widal Lariboisière, é uma das mais conhecidas em todo o mundo. O Departamento de Cuidados Intensivos Médicos e Toxicológicos do Hospital Lariboisière, denominado RMT, é o único departamento de cuidados intensivos dedicado ao gerenciamento de intoxicações na França.

Durante os últimos 50 anos, estreitas relações científicas foram desenvolvidas com pesquisadores e clínicos de vários países diferentes. A cooperação entre a França e o Brasil está entre as mais notáveis, com trabalhos conjuntos, professores visitantes e participação mútua em congressos nacionais e internacionais. Saliento aqui a passagem do professor Carlos Augusto Mello da Silva pelo Centro Fernand-Widal Lariboisière na década de 1990.

Mais recentemente, foi criada a Federação de Toxicologia da Assistência Pública-Hospitais de Paris, reunindo a unidade de terapia intensiva, o departamento de medicina de emergência, os serviços médicos pré-hospitalares, o laboratório de toxicologia, o centro de controle de intoxicações e o centro de avaliação e informação sobre dependência de drogas. Essa colaboração clínica também conta com uma sólida equipe de pesquisa (UMR-S 1144), dedicada a investigações experimentais em ciências toxicológicas mais fundamentais e financiada pelo Instituto Nacional de Pesquisa Médica (Inserm).

O objetivo de toda a federação é promover o desenvolvimento da pesquisa, educação e gestão de pacientes no campo da Toxicologia Clínica. Esperamos que esta organização universitária e hospitalar dedicada à promoção da Toxicologia Clínica permita reforçar a Escola Francesa de Toxicologia Clínica e continuar o trabalho de nossos reconhecidos predecessores.

Longa vida ao *Emergências Toxicológicas: Princípios e Prática do Tratamento das Intoxicações Agudas*!

Professor Bruno Mégarbane
Departamento de Cuidados Intensivos Médicos e Toxicológicos, Hospital Lariboisière, Universidade Paris Cité, INSERM UMRS-1144, Paris, França

PREFÁCIO

Com muito orgulho e muita alegria, apresento a todos os pediatras e residentes em Pediatria o compêndio *Emergências Toxicológicas: Princípios e Prática do Tratamento de Intoxicações Agudas.*

Esta obra, idealizada e capitaneada pelo professor Carlos Augusto Mello da Silva, demonstra os detalhes de várias situações comuns em Pediatria, relacionadas com substâncias e agentes tóxicos que podem determinar muitas formas de efeitos, de leves a muito graves, em crianças e adolescentes. Além disso, é escrita de modo claro e agradável de ler.

Poucas têm sido as oportunidades em que esses eventos são discutidos de forma tão didática e oportuna pelo grupo de autores convidados a compartilhar suas experiências, discutindo aspectos relacionados com a faixa etária pediátrica, a farmacologia das substâncias, a prevenção das intoxicações, o emprego de técnicas laboratoriais, o diagnóstico precoce e a condução terapêutica imediata e adequada.

Considero, pois, um presente para nossa Sociedade Brasileira de Pediatria, em parceria com a Editora Manole, em prol de nossos médicos e pacientes tão especiais!

Luciana Rodrigues Silva
Presidente da Sociedade Brasileira de Pediatria

UNIDADES NO SISTEMA INTERNACIONAL

Alvaro Pulchinelli Jr.
Daniel Takeshi Ito

Desde o início da década de 1950, há um movimento na comunidade científica para a padronização das unidades de medidas e terminologia, para o estabelecimento de uma linguagem comum removendo ambiguidades e melhorando a comunicação entre as fronteiras científicas internacionais e interdisciplinares.[1]

Na avaliação quantitativa, a expressão em números é fundamental. A unidade identifica a dimensão – massa, volume ou concentração –, e o número indica quantas unidades estão contidas na propriedade.[2]

O Sistema Imperial Britânico de Pesos teve origem em várias culturas antigas. O sistema com base no número 12, por sua vez, é de origem romana. A jarda (91,44 cm) foi estabelecida por um decreto real como sendo a distância da ponta do nariz até o polegar do rei Henrique I, e a polegada (2,75 cm) foi definida como o tamanho de três grãos de cevada. O sistema métrico, em contrapartida, tem como base o número 10, ou sistema decimal, e correlaciona unidades básicas de medidas. A definição do que é exatamente 1 L parte do conceito de que esse volume equivale a 1 kg de água pura sob pressão de 1 atmosfera.[3,4]

Em 1870, 17 países assinaram a Convenção Métrica, que levou à formação do Escritório Internacional de Pesos e Medidas (Bureau International des Poids et Mesures – BIPM) – referência de padronização internacional laboratorial. No decorrer da nona Conferência Geral de Pesos e Medidas (Conférence Générale des Poids et Mesures – CGPM), em 1948, da décima em 1954 e da décima primeira em 1960, foi adotado o Sistema Internacional de Unidades (SI), os quais basearam os primeiros sistemas em centímetro, grama e segundo (CGS), e então em metro, quilograma e segundo (MKS).[1]

No SI, há três classes de unidades: básica (constituída de oito unidades fundamentais), derivada (proveniente de duas ou mais unidades básicas) e suplementar (que obedece ao SI, mas não foi classificada nas outras categorias, como radiano e esterradiano).

Os valores dos resultados laboratoriais são úteis para identificar indivíduos com doenças ou aqueles que estão em risco aumentado, para guiar decisões de tratamento e monitorá-los, avaliar o risco de recorrência e em estudos epidemiológicos para o desenvolvimento de estratégias públicas de saúde. Para isso, é crucial que diferentes metodologias de mensuração sejam comparáveis e de confiança. Na falta de padronização, os resultados podem diferir entre métodos e ensaios comerciais diferentes, perdendo todo seu valor.[5] Os valores mensurados devem ser comparáveis com os de outros laboratórios, reproduzíveis e práticos para serem compreendidos. A padronização do SI terminou com a desarmonia na comunicação entre as diversas áreas (p. ex., entre o laboratório clínico e o médico), que resultava na perda de eficiência no cuidado ao paciente, eliminando barreiras de incompreensibilidade.[1]

Na maioria das vezes, os valores que devem ser expressos nas unidades de medidas são muito pequenos, em poucos casos são grandes, e para facilitar são empregados alguns prefixos.

No campo das ciências médicas e da saúde, em especial na medicina laboratorial, tem-se o uso frequente de unidades de massa, volume, concentração, fluxo, densidade óptica e unidades arbitrárias, também conhecidas como Unidades Internacionais (UI).

A unidade da massa é o grama, com seus respectivos múltiplos e mais comumente submúltiplos (como o miligrama – mg). A abreviatura é sempre a letra g (minúscula).

O volume tem como unidade básica o litro, sua abreviatura é a letra L (maiúscula). Erro muito comum é abreviação em letra minúscula, como a abreviação de mililitro (0,001 L) como "ml", sendo a forma correta "mL".

A concentração segue a regra de se manterem as unidades como na origem. Assim, miligramas por decilitro serão representados por mg/dL. A notação mg% já está há muito tempo em desuso, pois não pertence ao SI. Atualmente usa-se a forma mg/dL, ou seja, 0,001 g no volume de 0,1 L (100 mL).

Note que os múltiplos e submúltiplos são abreviados sempre com letras minúsculas (mg, kg, mL etc.).

A medida de fluxo mais utilizada é o mL/min, na avaliação da taxa de filtração glomerular (*clearance* renal). O tempo em minutos também tem sua abreviação na forma min.

A densidade óptica é um número adimensional, pois estima o grau de dificuldade da passagem da luz, ou de formação de luz, dependendo do tipo de reação empregada. Essa estimativa se faz ao comparar a solução teste com uma solução de branco, na qual se supõe que a passagem de luz seja total. É muito utilizada em imunoensaios, os quais, no âmbito desta obra, são empregados na pesquisa de drogas ilícitas ou drogas terapêuticas.

Algumas discussões surgiram após a instituição do uso do SI de 1975. A falta de padronização das unidades poderia causar grande risco, mas também a adaptação ao uso. Bergeson e Smith comentam que a dosagem sérica de digoxina de 0,5 mg/dL, no SI, equivaleria a 5 mg/L, e um possível descuido na observação dos valores poderia levar a erro terapêutico.[3] Karnauchow e Suvanto comentaram a dificuldade da aplicação dessas medidas em dois hospitais canadenses, com a resistência dos profissionais em adotar o SI; porém, a repercussão disso não colocou em risco a segurança dos pacientes.[6]

Quadro 1 Unidades básicas do Système Internationale d'Unités

Quantidade	Nome	Símbolo
Comprimento	Metro	m
Massa	Quilograma	kg
Tempo	Segundo	s
Corrente elétrica	Ampère	A
Termodinâmica	Temperatura	Kelvin (K)
Quantidade de substância	Mole	Mol
Intensidade de luz	Candela	Cd
Atividade catalítica	Katal	Kat

Quadro 2 Exemplos de unidades derivadas do Sistema Internacional de Unidades, importantes na medicina clínica e expressas em termos de um idades básicas

Quantidade	Nome	Símbolo SI	Expressão em termos de outras unidades SI	Expressão em termos de unidades básicas SI
Volume	Metro cúbico	m^3		m^3
Densidade de massa	Quilograma por metro cúbico	kg/m^3		kg/m^3
Concentração de quantidade de substância	Mole por metro cúbico	mol/m^3		mol/m^3
Frequência	Hertz	Hz		s^{-1}
Força	Newton	N		$m \cdot kg \cdot s^{-2}$
Pressão	Pascal	Pa	N/m^2	$m^{-1} \cdot kg \cdot s^{-2}$
Energia, trabalho, quantidade de calor	Joule	J	$N \cdot m$	$m^2 \cdot kg \cdot s^{-2}$
Força	Watt	W	J/s	$m^2 \cdot kg \cdot s^{-3}$
Potencial elétrico, diferença de potencial, força eletromotriz	Volt	V	$W \cdot A^{-1}$	$m^2 \cdot kg \cdot s^{-3} \cdot A^{-1}$

Quadro 3 Prefixos métricos das Unidades SI*

Fator	Prefixo	Símbolo	Fator	Prefixo	Símbolo
10^{24}	yotta	Y	10^{-1}	decid	d
10^{21}	zetta	Z	10^{-2}	centi	c
10^{18}	exa	E	10^{-3}	milli	m
10^{15}	peta	P	10^{-6}	micro	μ
10^{12}	tera	T	10^{-9}	nano	n
10^{9}	giga	G	10^{-12}	pico	p
10^{6}	mega	M	10^{-15}	femto	F
10^{3}	kilo	k	10^{-18}	atto	a
10^{2}	hecto	h	10^{-21}	zepto	z
10^{1}	deka#	da	10^{-24}	yocto	Y

SI: Système Internationale d'Unités.

*A XIª Conférence Générale des Poids et Mesures (CGPM) (1960, Resolução 12) adotou as primeiras séries e símbolos de prefixos para formar os nomes e símbolos dos múltiplos decimais e submúltiplos das unidades SI. Prefixos para 10^{-15} e 10^{-18} foram adicionados na XIIa CGPM (1964, Resolução 8), e aqueles para 10^{15} e 10^{18}, na XVa CGPM (1975, Resolução 10); aqueles para 10^{21}, 10^{24} e 10^{-24} foram propostos pelo Comité International des Poids e Mesures CIPM (1990) para aprovação na XIXa CGPM (1991).

#Fora dos Estados Unidos, a ortografia "deca" é empregada extensivamente.

Fonte: adaptado de The International System of Units, 1991.[8]

REFERÊNCIAS BIBLIOGRÁFICAS

1. Lehmann HP. Metrication of clinical laboratory data in SI units. Am J Clin Pathol. 1976;65(1):2-18.
2. Stanley F. Princípios das técnicas básicas e de segurança no laboratório. In: Burtis CA, Ashwood ER, Bruns DE. Tietz Fundamentos de química clínica e diagnóstico molecular. 6. ed. Rio de Janeiro: Elsevier; 2008.
3. Bergeson PS, Smith, EI. The international system of units (si)and medicine. West J Med. 1981;135(6):526-9.
4. Lehmann HP. SI units. CRC Crit Rev Clin Lab Sci. 1979;10(2):147-70.
5. Vesper HW, Myers GL, Miller WG. Current practices and challenges in the standardization and harmonization of clinical laboratory tests. Am J Clin Nutr. 2016;104 Suppl 3(Suppl 3):907S-12S.
6. Karnauchow PN, Suvanto L. Experience with SI units in biochemistry. Can Med Assoc J. 1976;114(6):533-6.
7. White G. Metrological traceability in clinical biochemistry. Ann Clin Biochem. 2011;48(Pt 5):393-409.
8. The International System of Units (SI). Washington, DC: National Institute of Standards and Technology; 1991.

ORIENTAÇÕES PARA UTILIZAÇÃO DESTE LIVRO

Para facilitar a leitura e o acesso aos diversos temas abordados nesta obra, apresentamos a estrutura e organização do conteúdo.

A. Se você ainda não está familiarizado com os princípios e conceitos básicos da **Toxicologia** e está buscando informações nesse sentido, vá diretamente para a **Seção 1**.

B. Se você deseja aprofundar um pouco mais seu conhecimento em situações mais particulares, como exposições ambientais a agentes tóxicos, intoxicações agudas em gestantes e lactantes, abuso de substâncias psicoativas e síndromes tóxicas, vá diretamente para a **Seção 2**.

C. Se você está atendendo um caso suspeito ou confirmado de exposição a um **agente tóxico** e precisa de informações específicas e objetivas sobre esse agente (medicamento, produtos químicos de uso doméstico ou industrial, agrotóxicos, gases ou metais), vá diretamente para a **Seção 3**. Os agentes estão listados em ordem alfabética.

D. Se você está atendendo um caso de **acidente com animal venenoso ou peçonhento, plantas tóxicas ou exposição a toxinas de microrganismos**, vá diretamente para a **Seção 4.** Em se tratando de animais e plantas, caso o agente causador do acidente tenha sido levado ao atendimento, sua identificação poderá ser facilitada pelas **fotos coloridas** que você encontra no encarte no final do livro.

E. Os capítulos: 3 – O papel do laboratório (exames de rotina) e análise toxicológica de emergência; 21 – Antieméticos; 42 – Diuréticos; 47 – Inalação de fumaça de incêndios e 65 – Radiações ionizantes também oferecem imagens de testes laboratoriais, ilustrações, tabelas e imagens dos danos produzidos em pacientes expostos. Você pode encontrar as imagens coloridas correspondentes no encarte no final do livro.

Boa e proveitosa leitura!

Os Editores

SEÇÃO 1

INTRODUÇÃO: PRINCÍPIOS BÁSICOS E ASPECTOS PRÁTICOS DO DIAGNÓSTICO E ATENDIMENTO INICIAL EM INTOXICAÇÕES

CAPÍTULO 1

INTRODUÇÃO À TOXICOLOGIA GERAL

Silvia Berlanga de Moraes Barros

PONTOS-CHAVE
• A ciência toxicológica: histórico. • Áreas e ramos da toxicologia. • Conceitos de toxicocinética e toxicodinâmica. • Avaliação do risco toxicológico.

TOXICOLOGIA: UMA BREVE HISTÓRIA

Um conceito fundamental que acompanha a toxicologia é o de que a química permeia nossa existência. Afinal, todos os reinos terrestres, e de outros planetas, são formados por substâncias químicas, arranjadas de formas mais ou menos complexas, organizando na Terra os reinos mineral, vegetal e animal.

A toxicologia faz parte da humanidade desde os tempos primitivos. Ao procurar na natureza alimentos para sua sobrevivência, o homem aprendeu, empiricamente, a descartar aqueles que poderiam prejudicar sua saúde e a utilizar aqueles que poderiam lhe servir de alimento e curar suas doenças.

Stirling nos legou uma revisão preciosa sobre a história e a evolução da toxicologia, incluindo sugestões de leitura para os que buscam se aprofundar nesse tema fascinante.[1] E um documento muito interessante e bastante completo sobre a história da toxicologia foi produzido por Steven G. Gilbert e Antoniette Hayes, que traz de maneira didática e por meio de painéis os momentos fundamentais da evolução da toxicologia.[2]

Perpétuo et al. (2019) fazem menção ao imperador chinês Shen Nung (2696 a.C.), considerado o pai da medicina e da farmacologia chinesa, autor do primeiro tratado sobre drogas na China antiga. Esse médico classificou 365 drogas em três níveis, a saber: superior, não tóxicas (*wudu*), as que evitam o envelhecimento e prolongam a vida; intermediário, não tóxicas e tóxicas (*youdu*), as que previnem doenças e fortalecem o corpo; inferior, majoritariamente tóxicas, as que curam efetivamente as doenças.[3]

A historiografia da toxicologia cita, como um dos seus documentos-chave, o papiro de Ebers, datado de cerca de 1.550 a.C. e atualmente pertencente à Universidade de Leipzig, na Alemanha. Os egípcios usavam plantas e toxinas animais para curar doenças e sabiam calcular as doses corretas para evitar intoxicações.

Homero descreveu, nas epopeias *Ilíada* e *Odisseia*, o uso de venenos em flechas, escrita que deu origem ao nome *toxikon*, ou veneno das flechas, de onde se originou a denominação da toxicologia.[2] Mas foi o Renascimento, na pessoa de Paracelso, Philippus Aureolus Theophrastus Bombast von Hohenheim, médico e alquimista que viveu entre 1493 e 1541, que nos deixou o maior paradigma da toxicologia, "a dose faz o veneno", seguido até os nossos dias.

Os princípios de Paracelso, descritos em sua Terceira defesa, diziam que "todas as substâncias são venenos e nada que não seja veneno. Apenas a dose determina se uma substância não é um veneno". Grandjean indica que Paracelso abriu o caminho para que a moderna toxicologia definisse os conceitos de doses-limite e o de nível sem efeito adverso observado (*no observed adverse effect level*, ou NOAEL, na sigla em inglês), como a dose ou concentração de uma substância, com a qual nenhum efeito adverso é encontrado, valor que, em geral, é obtido experimentalmente.[4]

Igualmente importante foi que, ao definir a existência de uma dose em que os efeitos adversos não ocorriam, Paracelso, ainda segundo Grandjean, lançou as bases para a separação moderna entre perigo e risco. Os estudos de Paracelso também foram importantes na descrição do conceito de órgão-alvo e das doenças de trabalhadores de minas, servindo de base à toxicologia ocupacional.[4]

Outro nome, entre tantos, que não pode deixar de ser lembrado na história da toxicologia é o de Orfila. Mathieu Joseph Bonaventure Orfila (1787-1853) desenvolveu e aperfeiçou métodos analíticos, publicados no primeiro livro de toxicologia forense e experimental, *Traité des poisons*, visando à confirmação de casos de intoxicação de âmbito forense, sendo considerado o fundador da toxicologia.[5]

A toxicologia clínica teve seu desenvolvimento a partir dos trabalhos de Henry Johnston Scott Matthew (1914-1997). O Dr. Matthew, considerado o pai da toxicologia clínica moderna, foi o primeiro diretor do Regional Poisoning Treatment Centre, criado em 1964 em Edimburgo, Escócia. Segundo Proudfoot and Prescott (2009), o Dr. Matthew transformou a imagem da toxicologia clínica, estabelecendo uma disciplina cercada pelas complexidades diagnósticas, terapêuticas e laboratoriais em um caminho claro baseado em evidências e respeitado pela medicina.[6]

O século XIX foi marcado pela discussão sobre métodos de estudos dos seres vivos, por meio de observações e especialmente da experimentação, com publicações de livros como o de George Zimmermann (1728-1795) – *Traité de l'expérience en* général, *et en particulier dans l'art de guérir* –, o *Essai sur cette question: Qu'est-ce qui est requis dans l'art d'observer; et jusques-où cet art contribue-t-il à perfectionner d'entendement?*, de Benjamin-Samuel-Georges Carrard (1740-?), e o *Essai sur l'art d'observer et de faire des expériences*, de Jean Senebier (1742-1809). Além destes, merece destaque no século XIX o aprendiz de boticário e posteriormente médico Claude Bernard (1813-1878), em cuja obra *Introduction à l'étude de la médecine expérimentale* estabeleceu as bases da fisiologia e da experimentação animal como base para o conhecimento científico, e é por muitos considerado o fundador do método experimental.[7]

A experimentação animal tornou-se fundamento para o estabelecimento dos padrões de segurança do uso de substâncias químicas, incorporada à avaliação do perigo, um dos pilares da avaliação do risco toxicológico.

A publicação, em 1903, do *Pure Food and Drugs Act*, e a organização da Food, Drug, and Insecticide Organization em 1927, que em 1930 passou a ser denominada apenas Food and Drug Administration, nos Estados Unidos, trouxe uma nova dimensão ao uso de substâncias químicas em geral, com a regulamentação do registro de medicamentos, vacinas e alimentos. Dois fatos, entre eles, a morte de 107 pessoas em 1938, em sua maioria crianças, intoxicadas com dietilenoglicol adicionado a um elixir de sulfanilamida (https://www.fda.gov/about-fda/fda-history/milestones-us-food-and-drug-law), e os casos de crianças com alterações teratogênicas nascidas de mães que haviam usado talidomida para enjoos matinais, foram marcos para o suporte à necessidade de aumentar o rigor regulatório para registro de medicamentos.

Interessantemente, embora a talidomida tenha sido comercializada na Alemanha a partir de 1956 como medicamento sem necessidade de prescrição médica, foi apenas em 1961, após uma carta publicada pelo médico australiano William McBride, na revista *Lancet*, que foi descrita a associação entre o uso de talidomida e seus efeitos sobre o desenvolvimento fetal.

Em 1970, é fundada a Environmental Protection Agency, dos Estados Unidos, com a missão de "proteger a saúde humana salvaguardando o ar que respiramos, a água que bebemos e a terra onde vivemos" (https://www.epa.gov/history/milestones-epa-and-environmental-history).

No Brasil, a Anvisa (Agência Nacional de Vigilância Sanitária) é organizada como agência regulatória em 1999 e tem por "finalidade institucional promover a proteção da saúde da população, por intermédio do controle sanitário da produção e consumo de produtos e serviços submetidos à vigilância sanitária, inclusive dos ambientes, dos processos, dos insumos e das tecnologias a eles relacionados, bem como o controle de portos, aeroportos, fronteiras e recintos alfandegados" (https://www.gov.br/pt-br/orgaos/agencia-nacional-de-vigilancia-sanitaria).

O Ibama (Instituto Brasileiro do Meio Ambiente e dos Recursos Naturais Renováveis) é inaugurado em 1989, tendo, entre suas finalidades, a de executar ações das políticas nacionais de meio ambiente, referentes às atribuições federais, relativas ao licenciamento ambiental, ao controle da qualidade ambiental, à autorização de uso dos recursos naturais e à fiscalização, ao monitoramento e ao controle ambientais (https://www.gov.br/ibama/pt-br/acesso-a-informacao/institucional/20201027Portariasn_2542de23102020en_2547de26102020.pdf).

A industrialização e a evolução da química sintética na primeira metade do século XX, com a síntese de novos medicamentos e praguicidas, entre outros, levaram à necessidade de estudar os efeitos tóxicos dessas substâncias, o que foi feito por meio da experimentação animal, já bem estabelecida em seus princípios gerais.

A partir da metade do século XX, inicia-se um movimento que contesta o uso de animais para esse fim. O livro de Russel & Burch, *The principles of humane experimental technique*, publicado em 1959, dá início a uma nova era da experimentação animal com a introdução do princípio dos 3 Rs (*replacement, reduction and refinement*) – substituição, redução e refinamento, em português –, visando aperfeiçoar a experimentação animal com o uso ponderado de animais e diminuição de sofrimento. A condição ideal é a substituição, de modo a, por meio de métodos que não utilizem animais, podermos conhecer a toxicidade das substâncias. Além disto, vários autores são unânimes em afirmar que as diferenças entre os animais e o homem serão superadas com modelos humanizados de avaliação de perigo toxicológico e nos estudos de farmacologia.[8]

O século XX foi marcado por inúmeras transformações tecnológicas. Na área analítica, novos métodos e equipamentos, cada vez mais sensíveis, permitiram a detecção mais precisa e de quantidades cada vez menores das substâncias químicas em amostras biológicas e no meio ambiente, contribuindo para permitir uma correlação entre causa e efeito na exposição aos agentes químicos, bem como o estudo da toxicocinética das substâncias de modo direto, por meio da pesquisa de seus produtos de biotransformação.

A experimentação biológica foi pautada por novas metodologias, o que permitiu entre elas que o genoma fosse explorado, estabelecendo os mecanismos associados a alterações nos genes e suas relações com a exposição às substâncias químicas.

A evolução rápida da informática e dos modelos computacionais tem contribuído para, por meio de comparações com substâncias de estrutura similar, inferir sobre o potencial perigo de substâncias químicas, empregando metodologias de relação estrutura/atividade e por meio do conceito de *read-across* (https://echa.europa.eu/documents/10162/13628/raaf_en.pdf).

As culturas celulares estão cada vez mais sofisticadas, de modo que é possível construir tecidos a partir de células humanas, muitos deles substituindo o uso de animais na experimentação toxicológica e farmacológica.

Em todo o mundo, pesquisadores buscam modelos experimentais *in vitro* semelhantes aos humanos, com o desenvolvimento de tecidos biomiméticos e modelos denominados microfisiológicos, em que vários tecidos são combinados em uma placa, de modo a permitir estudos sofisticados de fármaco/toxicocinética e toxicodinâmica sem o uso de animais.

Em 2007, a Environmental Protection Agency (EPA) solicitou ao National Research Council dos Estados Unidos que desenvolvesse um documento que considerasse uma visão de longo prazo para os testes toxicológicos e um plano estratégico para a implementação dessa visão. A pergunta feita pela EPA foi sobre qual seria a melhor maneira de desenhar um programa de testes toxicológicos "modernos" que possibilitasse acessar o potencial risco humano da exposição aos agentes ambientais, considerando o amplo espectro de doses e compostos, e como usar essa informação para a avaliação do risco quantitativo à saúde humana. O documento, *Toxicity testing in the 21st century: a vision and a strategy* constitui hoje um marco para a evolução dos testes toxicológicos no século XXI.[9]

Vários países, incluindo o Brasil, propuseram resoluções que proíbem o uso de animais para avaliar o perigo de substâncias químicas, quando testes alternativos podem ser aplicados. Diversas agências regulatórias têm avançado nos estudos de protocolos que permitam minimizar ou eliminar o uso de animais para fins de avaliação de perigo e risco toxicológico. Vários modelos são comercializados hoje, em inúmeros países, e certamente permitirão o avanço das ciências toxicológica e farmacológica sem o uso de animais.

O ENSINO DA TOXICOLOGIA

A toxicologia desde sempre fez parte das matérias obrigatórias dos cursos de ciências farmacêuticas no Brasil e no mundo. Já na Escola de Farmácia, fundada em 1884 no Rio de Janeiro, figurava a disciplina de toxicologia, principalmente dedicada aos seus aspectos analíticos. A toxicologia aparece também na grade dos cursos de medicina veterinária e, mais recentemente, em alguns cursos de graduação, como os de química, engenharia química e biomedicina, os quais incluíram princípios gerais de toxicologia em seus curriculos. Na medicina, a toxicologia está afeita às áreas de medicina intensiva e pediatria.

Vale mencionar ainda que, no Brasil, o ensino de pós-graduação *stricto sensu* em toxicologia teve início em 1972, com a implantação do primeiro programa de mestrado em análises toxicológicas, na Faculdade de Ciências Farmacêuticas da Universidade de São Paulo, sob a liderança da prof.ª Ester de Camargo Fonseca Moraes. O curso, mais tarde, foi elevado a programa de doutorado. Ambos foram responsáveis, nas décadas de 1980 e 1990, pela formação de mestres e doutores que constituíram o corpo docente de toxicologia em todo o Brasil, particularmente na Faculdade de Farmácia. Hoje em dia, várias instituições oferecem cursos de pós-graduação e especialização em toxicologia geral, analítica e ocupacional etc.

Outro marco importante da toxicologia no Brasil foi a organização dos Centros de Informação e Assistência Toxicológica, que têm, entre seus objetivos, propiciar tratamento/diagnóstico laboratorial aos casos clínicos de intoxicações e orientar médicos e leigos sobre possíveis casos suspeitos de intoxicações. O primeiro embrião dos centros foi aquele fundado junto ao Hospital Menino Jesus da Prefeitura da Cidade de São Paulo, nos anos 60, cujo idealizador foi o Prof. Samuel Schvartsman. O desenvolvimento para o modelo atual foi alavancado em meados dos anos 1970, com os centros criados em Belo Horizonte, pelo dr. José Américo de Campos, e em Porto Alegre, pelo prof. dr. Alberto Furtado Rahde. No Brasil, são 31 centros.[10]

ÁREAS E RAMOS DA TOXICOLOGIA

A toxicologia está organizada em três grandes áreas, baseadas principalmente nas abordagens metodológicas e nos objetivos: clínica, analítica e descritiva ou experimental. A toxicologia clínica se ocupa do diagnóstico das intoxicações e explora as correlações entre a exposição e os sinais e sintomas dos pacientes/animais expostos, além de ser fundamental no estabelecimento de tratamentos que visem à recuperação dos pacientes.

Torna-se imprescindível aos toxicologistas clínicos conhecer os mecanismos pelos quais os agentes químicos promovem as doenças para não apenas tratar os sinais e sintomas, mas igualmente, quando possível, instituir terapias baseadas em antidototerapia.

A toxicologia analítica objetiva determinar quanto o homem, os animais e o meio ambiente estão ou foram expostos a um toxicante. É parte fundamental para o estabelecimento das relações dose-resposta ou causa-efeito, visando ao tratamento das intoxicações e à avaliação do risco da exposição. Por meio de métodos analíticos precisos e modernos, podem-se conhecer desde os valores externos de exposição até os valores internos que permitem caracterizar se realmente houve absorção da substância.

A toxicologia experimental é responsável por estudar os mecanismos envolvidos nos efeitos adversos, empregando as metodologias mais atuais disponíveis. Relaciona-se de perto com outras áreas da ciência, a saber, fisiologia, bioquímica, biologia molecular, genética etc. A experimentação em toxicologia permite conhecer os efeitos adversos mais relevantes para a avaliação do perigo e a relação dose-resposta de exposição a uma substância química – elementos fundamentais da avaliação do risco. É o conhecimento dos mecanismos de ação tóxica que possibilita, por exemplo, o desenvolvimento de antídotos para o tratamento de intoxicações.

Essas três áreas da toxicologia se dividem em inúmeros ramos, baseados principalmente nas condições de exposição, como a toxicologia ocupacional, a toxicologia forense, a toxicologia ambiental, a toxicologia de alimentos, a toxicologia social, a toxicologia da reprodução e do desenvolvimento e a toxicologia regulatória. Cada um desses ramos se caracteriza por objetivos e condições de exposição específicos, bem como por modelos de estudo particulares, mas que, com maior ou menor intensidade, adotam os princípios desenvolvidos pelas três áreas.

Os toxicologistas desempenham funções fundamentais para garantir a qualidade de vida da população e do meio ambiente, entre elas, estudar os mecanismos envolvidos nos efeitos adversos produzidos pelas substâncias químicas, garantir a segurança dos produtos químicos, incluindo medicamentos, praguicidas, cosméticos etc., assegurar que os alimentos sejam seguros para consumo e determinar o risco da exposição às substâncias químicas. De igual importância é o papel do toxicologista clínico, que, conhecendo os mecanismos de ação tóxica e unindo os valores apresentados pelas análises toxicológicas, estabelece as relações de causa-efeito e dose-resposta que permitem introduzir diagnósticos-tratamentos mais eficazes em casos de intoxicação. Ele ainda tem papel fundamental na prevenção de doenças ocupacionais associadas à exposição a substâncias químicas no ambiente de trabalho.

SOCIEDADES CIENTÍFICAS EM TOXICOLOGIA

Uma das mais antigas sociedades científicas dedicadas à toxicologia é a Sociedade Americana de Toxicologia dos Estados Unidos (Society of Toxicology), fundada em 1961. No Brasil, a Sociedade Brasileira de Toxicologia (SBTOX) foi fundada em 1972 e é uma das mais antigas do mundo. Em sua fundação, contou com a experiência dos toxicologistas analíticos e clínicos da época, tendo como seu primeiro presidente o prof. Samuel Schvarstman. Em 1980, um grupo de toxicologistas propôs a criação da International Union of Toxicology, que hoje congrega 63 sociedades de toxicologia de todos os continentes, incluindo a SBTOX, representando cerca de 25 mil toxicologistas. Por meio de congressos, *workshops* e, mais modernamente, de atividades por meios eletrônicos, essas sociedades científicas são o motor que possibilita atualizar, discutir e aperfeiçoar os conhecimentos da toxicologia em todas as suas áreas e ramos.

PRINCÍPIOS DA TOXICOLOGIA

Segundo Mitchell (2004) e, posteriormente, explorado por Hayes e Dixon (2017), a toxicologia se assenta em três princípios fundamentais: o primeiro de que a "dose" é fundamental (incluindo o momento do ciclo de vida e a circunstância da exposição); o segundo pilar é o de que as "coisas mudam", de modo que as substâncias são ou podem ser modificadas quando entram em contato com o organismo; o terceiro é o de que as "pessoas são diferentes", significando que a variabilidade genética individual acarreta efeitos adversos diferentes entre pessoas e populações.[11,12]

Um dos princípios básicos da toxicologia, estabelecido desde a idade média por Paracelso, é o conceito de dose/concentração × resposta. Por ele, os xenobióticos exercem seus efeitos tóxicos e farmacológicos a partir de doses específicas. Tal princípio fundamenta, de um lado, os esquemas terapêuticos para a prescrição de medicamentos e, de outro, os níveis de exposição humana animal e ambiental que não devem ser atingidos para permitir o uso seguro das substâncias químicas, impedindo o desenvolvimento de efeitos adversos. O tempo de exposição é outro fator que pode modificar a resposta do organismo à exposição, desencadeando, em caso de exposições repetidas ou crônicas, efeitos adversos diferentes de uma exposição única ou em curto prazo. Há de se considerar, igualmente, a fase da vida em que a exposição ocorre, considerando as diferenças de idade entre os indivíduos, bem como, por exemplo, as fases de exposição durante o desenvolvimento fetal ou as diferentes fases hormonais nos adolescentes e adultos.

A principais vias de exposição do homem às substâncias químicas são o trato gastrintestinal, a via respiratória e a pele. Outras vias de exposição incluem a parenteral e a intradérmica e a exposição placentária, além da exposição pelo leite materno. Para que a substância exerça seu efeito tóxico, não basta o contato dela com o organismo, mas que ela seja absorvida, distribuída aos diferentes tecidos, biotransformada (metabolizada) e eliminada do organismo. Essa sequência de eventos é denominada toxicocinética. "O que acontece entre a entrada e a saída de uma substância de um organismos tem papel fundamental na toxicidade".[12]

A via de exposição e a consequente absorção vão determinar a distribuição da substância no organismo, o que de alguma maneira interfere no processo de eliminação. Ao percorrerem os diferentes tecidos do organismo, as substâncias são alteradas por meio de enzimas que modificam sua estrutura química aumentando ou reduzindo, quer sua eliminação, quer sua toxicidade. Esse processo, denominado biotransformação, muitas vezes referido como metabolismo, transforma o xenobiótico em moléculas mais polares mais facilmente eliminadas do organismo. Ele ocorre por meio de sistemas enzimáticos que catalisam reações de hidroxilação, oxidação, redução e conjugação.

O fígado é o órgão mais rico em sistemas enzimáticos de biotransformação, mas outros tecidos, como rins, pulmão, pele, olhos, mucosa nasal e trato gastrintestinal, também apresentam essa propriedade. Mais recentemente, a participação do microbioma intestinal tem sido estudada como um componente importante da biotransformação de xenobióticos, quer produzindo alterações na estrutura dos xenobióticos diretamente no trato intestinal, quer reabsorvendo a circulação êntero-hepática, podendo acarretar aumento ou redução da toxicidade, a depender da atividade enzimática do nicho microbiano. Além disso, já se demonstrou que o microbioma também pode alterar a absorção intestinal de xenobióticos.[13]

A biotransformação pode dar origem a substâncias que são mais tóxicas que a molécula original, sendo estes produtos responsáveis pela ação tóxica, como ocorre na biotransformação de pró-carcinógenos, como a aflatoxina B1, e a do paracetamol. Alguns xenobióticos podem promover alteração na atividade dos sistemas enzimáticos de biotransformação, inibindo ou induzindo esses sistemas; esse processo de indução/inibição é importante quando ocorre a exposição a vários xenobióticos. Um exemplo é o da politerapia medicamentosa, em que uma substância, ao induzir sistemas de biotransformação, pode promover o aumento de biotransformação de um segundo fármaco, reduzindo seu efeito farmacológico.

A distribuição dos xenobióticos nos diferentes órgãos e tecidos depende, em grande parte, das características da substância ou de seus produtos de biotransformação. A distribuição define os órgãos-alvo onde a substância exercerá seu efeito. Para atuar sobre o sistema nervoso central, as substâncias precisam atravessar a barreira hematoencefálica, fenômeno reservado de maneira geral às moléculas lipossolúveis.

Alguns xenobióticos podem se acumular em determinados tecidos, como ocorre com alguns inseticidas organoclorados, que se depositam no tecido adiposo, e o chumbo, que se concentra nos ossos e pode ser encontrado no organismo anos após a exposição. Outro exemplo é o acúmulo de substâncias no folículo piloso e em outros tecidos, como o humor vítreo. Amostras de cabelo têm sido usadas para fins forenses para detectar a presença de drogas de abuso após certo tempo do consumo. O humor vítreo, por sua vez, tem sido usado para identificar casos de morte por suspeita de intoxicação.[14]

As principais vias de eliminação dos xenobióticos são os rins e o fígado. Compostos voláteis podem ser eliminados pela via respiratória. O leite e a placenta também podem ser considerados vias de excreção, com importância particular para lactentes e fetos, respectivamente, em condições de exposição materna.

O terceiro fator que contribui para a toxicidade é o de que as pessoas são diferentes. As diferenças se expressam por alterações no genôma, entre elas o polimorfismo. Um exemplo clássico é o que ocorre com a variabilidade de expressão gênica da aldeído desidrogenase. Essa enzima, responsável pelo metabolismo do acetaldeído no organismo humano, apresenta variações nos alelos, de modo que indivíduos que apresentam atividade reduzida dessa enzima não conseguem metabolizar o acetaldeído produzido pela biotransformação do etanol, acumulando esse composto no organismo. Tais diferenças se expressam também, por exemplo, nas respostas alérgicas, como a observada nas dermatites de contato desenvolvidas ante a exposição ao níquel.

O modo/mecanismo de ação dos xenobióticos é estudado pela toxicodinâmica, que descreve como eles podem causar dano aos tecidos e em que condições, em termos de concentração e tempo de exposição/dose, ocorrem os efeitos adversos na estrutura e nas funções do tecido, com manifestação do efeito tóxico. O conhecimento da toxicodinâmica é fundamental dentro da prática clínica, associando os sinais e sintomas de pacientes à suspeita de intoxicação à exposição a um xenobiótico, buscando caracterizar o quadro de intoxicação. Para que uma substância ou seu produto de biotransformação possa exercer um efeito adverso, ela necessita interagir com um receptor ou inibir ou ativar sistemas enzimáticos, alterando estruturas celulares, interferindo no transporte de membranas celulares, entre outros mecanismos. A resposta biológica depende das propriedades intrínsecas do xenobiótico ou de seus produtos de biotransformação e do alvo, de modo a promover uma ligação forte e específica.

Um exemplo é o mecanismo de ação neurotóxica dos praguicidas organofosforados. Os produtos de biotransformação desses compostos são capazes de se ligar à acetilcolinesterase, inibindo seu sítio ativo. Em consequência, a enzima perde a capacidade de hidrolisar a acetilcolina, que se acumula nas terminações nervosas colinérgicas, com consequentes manifestações neurotóxicas.[15]

AVALIAÇÃO DO RISCO TOXICOLÓGICO

A toxicologia, ao longo dos tempos, se desenvolveu como a ciência dos venenos, mas, graças à evolução do conhecimento científico, hoje é definida como a ciência que estuda os efeitos adversos das substâncias químicas no organismo humano, nos animais e no meio ambiente.[16] A Society of Toxicology expandiu esse conceito incluindo o estudo dos efeitos adversos produzidos pelos agentes físicos e biológicos sobre os organismos vivos e o ecossistema, incluindo a prevenção e a mitigação desses efeitos.[17]

A partir da segunda metade do século XX, a toxicologia experimentou uma mudança em seus objetivos e missão. Sem perder seu papel preponderante no diagnóstico clínico e laboratorial das intoxicações, ela passou da ciência dos venenos para a "ciência de prevenção dos efeitos adversos produzidos pelas substâncias químicas ao homem, aos animais e ao meio ambiente". Com o desenvolvimento da indústria química no século XX, tornou-se necessário avaliar em que circunstâncias a exposição às substâncias químicas poderia ser segura. Esse processo, denominado avaliação do risco toxicológico, se assenta em dois pilares: a toxicidade e a exposição.

É importante enfatizar os conceitos de risco e perigo, uma vez que muitas vezes são usados com um único significado. O perigo se refere à toxicidade intrínseca da substância, enquanto o risco é a probabilidade de ocorrência de um efeito em um indivíduo ou populações.

A avaliação do risco toxicológico, como é feita hoje, teve suas bases científicas definidas em um documento publicado pela National Academy of Sciences, dos Estados Unidos, em 1983. Esse documento, denominado *Redbook,* postulou a avaliação do risco em quatro etapas, com metodologias próprias, a saber: identificação do perigo, avaliação da relação dose-resposta, avaliação da exposição e, finalmente, a caracterização do risco.[18]

A identificação do perigo responde à pergunta se a substância química em estudo produz algum efeito adverso e qual seria. O perigo é avaliado por meio de observações laboratoriais e epidemiológicas diante da exposição à substância de interesse. A avaliação do perigo pode ser avaliada por diferentes metodologias, desde as técnicas *in sílico*, passando por ensaios *in vitro*, com culturas celulares, até ensaios em diferentes espécies animais. A pressão pela redução do uso de animais, a evolução das técnicas de cultivo celular e tecidual a partir de células humanas e a evolução da informática levaram a modificações na abordagem de avaliação do perigo.

A National Academy of Sciences relata, em uma publicação de 2007, como desenhar um programa moderno de testes toxicológicos para avaliar o potencial de risco humano diante da exposição a um grande número e dose de substâncias químicas, e como utilizar essas informações na avaliação quantitativa do risco à saúde humana. Conceitos como *organ-on-chips*, *adverse outcome pathways* e *integrated alternative testing strategy* fazem parte das modernas abordagens para avaliar a toxicidade de substâncias químicas sem o uso de animais.[18]

A etapa de avaliação dose-resposta tem por objetivo identificar a relação entre a dose e a incidência do efeito adverso. Essa relação é, em geral, obtida a partir de ensaios em animais expostos a altas doses da substância, de modo a identificar uma dose que não produza o efeito tóxico estudado e posteriormente extrapolar esses valores para a exposição humana-animal. As doses sem efeito adverso observado, denominadas na sigla em inglês NOAEL, são derivadas do efeito adverso mais significativo observado na espécie mais sensível. Em algumas situações, não é possível determinar a NOAEL nos ensaios em animais; o que se determina é a menor dose que causa um determinado efeito adverso. A extrapolação desse valor para a espécie humana se faz dividindo a dose sem efeito ou a menor dose sem efeito por fatores de incerteza, ou fatores de segurança, tornando a avaliação do risco um processo conservador. Os fatores de incerteza consideram a extrapolação do animal para o homem, a variação entre os seres humanos, a exposição subcrônica para crônica, de menor dose sem efeitos adversos observados (do inglês *lowest observable adverse effect level*) para NOAEL e aspectos da dinâmica e cinética da substância. Tais valores são escolhidos dependendo dos estudos e não fazem parte das opções dos órgãos regulatórios para a avaliação do risco.[19,20]

A terceira etapa da avaliação do risco identifica a exposição das populações (quando possível, por meio de estudos epidemiológicos ou de campo) ou antecipa prováveis exposições, como a ingestão média de determinado alimento que pode conter quantidades conhecidas de determinado praguicida. Nessa fase, caracterizam-se as populações para as quais se quer estimar o risco.

A união dos conhecimentos obtidos nas três fases anteriormente descritas permite a caracterização do risco que informa a incidência do efeito adverso observado em determinada população. Essas informações permitem que os órgãos regulatórios não apenas promovam o manejo do risco, como também informem os possíveis riscos, minimizando a ocorrência dos efeitos adversos.

A evolução do conhecimento científico nos ensina que temos muito o que aprender para conviver pacificamente com as substâncias químicas, de modo a extrair o máximo de benefício com o mínimo risco para os seres humanos e o meio ambiente. Esse é o papel dos toxicologistas.

REFERÊNCIAS BIBLIOGRÁFICAS

1. Stirling DA. History of toxicology and allied sciences: a bibliographic review and guide to suggested readings. Int J Toxicol. 2006;25(4):261-8.
2. Toxipedia. The milestone posters. [acesso em janeiro de 2022]. Disponível em: https://www.asmalldoseoftoxicology.org/milestones-posters
3. Perpétuo NC, Campos MG, Trincão PR, Coutinho AP. Breve história da toxicologia vegetal: alguns usos das plantas tóxicas ao longo do tempo. História da Ciência e Ensino. 2019;20:248-64.
4. Grandjean P. Paracelsus revisited: The dose concept in a complex world. Basic Clin Pharmacol Toxicol. 2016;119(2):126-32.
5. Watson KD. Poisoning crimes and forensic toxicology since the 18th century. Acad Forensic Pathol. 2020;10(1):35-46.
6. Proudfoot AT, Prescott LF. Henry Matthew: the father of modern clinical toxicology. J R Coll Physicians Edinb. 2009;39(4):357-61.
7. Felisberto ADS, Prestes MEB. O método experimental de Claude Bernard: uma breve introdução e apontamentos para sua utilização no ensino de biologia. Atas. 2011.
8. Russel WMS, Burch RL. The Principles of Humane Experimental Technique. Londres: Methuen & Co.; 1959.
9. National Research Council. Toxicity testing in the 21st century: a vision and a strategy. Washington, D.C.: The National Academies Press; 2007.
10. Costa AO, Alonzo HGA. Centros de Informação e Assistência Toxicológica no Brasil: descrição preliminar sobre sua organização e função. Saúde Debate. 2019;43:110-21.
11. Mitchell SC, Carmichael PL, Waring RH. The three cornerstones of toxicology. Biologist. 2004;51:212-5.
12. Hayes WA, Dixon D. Cornerstones of Toxicology. Toxicol Pathol. 2017;45(1):57-63.
13. Collins SL, Patterson AD. The gut microbiome: an orchestrator of xenobiotic metabolism. Acta Pharm Sin B. 2020;10(1):19-32.
14. Dos Santos MF, Yamada A, Seulin SC, Leyton V, Pasqualucci CAG, Munoz DR, et al. Liquid-phase microextraction and gas chromatographic-mass spectrometric analysis of antidepressants in vitreous humor: study of matrix effect of human and bovine vitreous and saline solution. J Anal Toxicol. 2016;40(3):187-93.
15. Richardson RJ. Toxicant interactions with macromolecular targets. In: Pope CN, Liu J. An introduction to interdisciplinary toxicology: from molecules to man. London: Academic Press; 2020. p.45-57.
16. Klassen C, editor. Casarett & Doull's Toxicology: The Basic Science of Poisons. 9. ed. New York: McGraw-Hill; 2018.
17. Society of Toxicology. [acesso em janeiro de 2022]. Disponível em: www.toxicology.org
18. National Research Council. Risk assessment in the federal government: managing the process. Washington, D.C.: The National Academies Press; 1983.
19. Lehman AJ, Fitzhugh OF. 100-fold margin of safety. Q B Ass Food Drug of USA. 1954;18:33-5.
20. Dourson ML, Stara JF. Regulatory history and experimental support of uncertainty (safety) factors. Regul Toxicol Pharmacol. 1983;3(3):224-38.

CAPÍTULO 2

ABORDAGEM INICIAL DO PACIENTE (PRIMEIRO ATENDIMENTO), MEDIDAS DE DESCONTAMINAÇÃO E DEPURAÇÃO

Carlos Augusto Mello da Silva
José María Marucci

PONTOS-CHAVE

- As intoxicações agudas, intencionais ou não, são responsáveis por um número significativo de atendimentos médicos de emergência de crianças e adolescentes em todo o mundo. As não intencionais costumam estar ligadas ao maior acesso de crianças pré-escolares a medicamentos e produtos químicos de uso domiciliar estocados de forma errada em locais ao seu alcance.
- Medicamentos administrados em doses incorretas ou a intervalos menores do que o recomendado também contribuem para a ocorrência de intoxicações.
- As intoxicações intencionais podem estar ligadas a situações de maus-tratos, experimentação de substâncias psicoativas e tentativas de suicídio, estas mais observadas a partir da adolescência.
- Os sintomas iniciais apresentados pelos pacientes podem auxiliar no diagnóstico etiológico, quando o agente causal é ignorado ("síndromes tóxicas"). Porém, como alguns agentes só produzem sintomas tardiamente, é necessário manter uma observação mínima por 12 horas, antes que se possa afastar a ocorrência de uma intoxicação.
- As etapas fundamentais do tratamento inicial de paciente intoxicado são: fornecer adequado suporte vital, evitar a absorção continuada de agente tóxico (medidas de descontaminação) e a administração de antídoto quando indicado e disponível.
- O carvão ativado, na dose de 1 g/kg de peso corporal do paciente, é considerado a medida de descontaminação de escolha quando administrado dentro da primeira hora de ingestão de um agente tóxico para o qual não haja contraindicação. Mas, apesar de adsorver de modo eficaz a maior parte dos medicamentos e outros produtos químicos, seu benefício quanto aos aspectos clínicos e desfechos dos quadros de intoxicação ainda não está completamente estabelecido.
- Medidas de depuração (como hemodiálise, hemoperfusão), quando indicadas, necessitam de internação hospitalar em unidade de cuidados intensivos e acompanhamento especializado.
- Nas intoxicações devidas a tentativas de suicídio, os pacientes não devem receber alta sem serem submetidos a avaliação psiquiátrica.

INTRODUÇÃO

Segundo a OMS (Organização Mundial da Saúde), estima-se que mais de 60 mil produtos químicos sejam comercializados globalmente,[1] além de 6 mil medicamentos aprovados,[2] cerca de 730 novas substâncias, 2 mil plantas tóxicas, 1.200 espécies de animais peçonhentos ou tóxicos e numerosos produtos domésticos, industriais ou cosméticos. É improvável que não estejamos expostos a um agente tóxico em algum momento de nossa existência e que essa exposição não resulte em algum dano à saúde ou mesmo em morte. Em muitos casos, o mecanismo não é determinado. A OMS considera que a intoxicação seja um problema de saúde grave e prevalente, com alta morbimortalidade.[3,4]

Na América Latina, existe uma grande diversidade no que diz respeito à assistência toxicológica em cada país, assim como no resto do mundo. Isso envolve a carência não só de centros de informação e assistência toxicológica, mas também de profissionais adequadamente treinados e preparados para o atendimento de pacientes intoxicados. Outro problema sério é a subnotificação.

CONDUTA INICIAL

É muito importante, em toxicologia, quando o paciente é atendido em nível pré-hospitalar, obter o máximo de informações sobre o local da ocorrência. Uma avaliação da cena contribui para a segurança da equipe de atendimento pré-hospitalar, como também é essencial para poder responder às perguntas que precisamos fazer no primeiro momento junto ao paciente e aos acompanhantes.[5]

O quê? Qual o agente envolvido na exposição (presença de embalagens de medicamentos, produtos químicos, seringas e objetos relacionados ao consumo de drogas, odor sugerindo vazamento de gás etc.).

Quando? Há quanto tempo ocorreu a exposição.

Como? Qual foi a via de exposição (ingestão, inalação, contato dérmico, injeção).

Quanto? Quantidade ou dose estimada de exposição (comprimidos, mililitros de um medicamento em forma líquida ou outro produto químico, gramas de um agente em pó etc.) e concentração do princípio ativo do agente no produto.

Outro aspecto a considerar é quando se deve enfrentar um evento adverso com múltiplas vítimas. Esses atendimentos envolvem muitas variáveis (número de vítimas, local, dia e hora, agente químico envolvido etc.) que exigem outros protocolos de intervenção, materiais (como equipamentos de proteção individual) e a ativação de medidas de triagem, de forma adequada para um evento maior envolvendo agentes tóxicos.[6]

1. Em todos os casos (atendimento pré-hospitalar e intra-hospitalar), nossas prioridades são as mesmas:

- A: Manter via aérea permeável (via aérea).
- B: Fornecer ventilação adequada (respiração).
- C: Manter circulação adequada (circulação).
- D: Avaliar o nível de consciência (usando qualquer uma das escalas conhecidas, como Glasgow, FOUR, AVPU), do diâmetro pupilar e resposta pupilar à luz.

Uma manifestação precoce de intoxicações agudas por inúmeros fármacos e outros agentes químicos é a ocorrência de convulsões, as quais devem ser combatidas vigorosamente com benzodiazepínicos intravenosos (diazepam, midazolam) ou outras vias, como intramuscular ou intranasal no caso do midazolam. Convém lembrar que, ao contrário de outras situações, não está indicado o uso de difenil-hidantoína (fenitoína) para o manejo de convulsões em pacientes intoxicados. Esse fármaco não controla a estimulação difusa produzida no sistema nervoso central (SNC) por medicamentos e outros agentes tóxicos. Quadros convulsivos persistentes, não controlados pelos benzodiazepínicos, podem exigir o uso de barbitúrico (tiopental intravenoso), com garantia de via aérea permeável (intubação traqueal) e suporte ventilatório.

Quanto ao monitoramento do sensório, é importante lembrar que crianças pequenas, que se apresentam muito sonolentas, podem estar hipoglicêmicas. Procede-se a um hemoglicoteste e, se necessário, administra-se glicose a 25%, 2 mL/kg de peso. Adolescentes e adultos que apresentem manifestações sugestivas de embriaguez (etilismo agudo) devem receber tiamina, 100 mg IV, e glicose a 50%, 50 mL IV (ver também Seção 2, Capítulo 9).

Da mesma forma, adolescentes e adultos com depressão do SNC e da função respiratória, com dados clínicos e de história que sugiram exposição ou *overdose* de opioides ou alguma nova substância psicoativa (NSP) devem receber administração de naloxona intravenosa (ver também Seção 2, Capítulo 10, e agentes específicos, Seções 3 e 4).

Em todos os cenários de atendimento, recomenda-se o contato com um centro de informação e assistência toxicológica (CIT ou CIATox). Uma lista atualizada dos centros em atividade no Brasil, com *e-mails* e telefones do plantão de emergência, está disponível em www.abracit.org.br.

2. Sempre, nos primeiros minutos, obter os sinais vitais (frequência cardíaca, frequência respiratória, saturação, temperatura e pressão arterial) e atuar conforme o estado do paciente, priorizando a estabilização e solicitando coleta de exames subsidiários logo que possível (p. ex., laboratoriais de sangue, urina, eletrocardiograma etc.). Após uma revisão completa, teremos uma avaliação primária capaz de orientar a resolução ou estabilização dos problemas críticos do paciente.

3. Na etapa anterior, é fundamental, principalmente para médicos que não tenham acesso a um toxicologista em seu hospital, consultar um centro de toxicologia. Com os dados da avaliação inicial, podemos enquadrar o paciente em alguma toxíndrome (Quadro 1), somados aos dados que surgem do monitoramento clínico continuado, como reavaliação do sensório, do diâmetro da pupila, e outros secundários, como peristaltismo, diaforese e outros sinais e sintomas possíveis (ver também Seção 2, Capítulo 8).

Quadro 1. Toxíndromes

- Anticolinérgica: midríase, visão turva, hipertermia, pele e mucosas secas, vermelhidão, redução do peristaltismo, retenção urinária, taquicardia, hipertensão, delírio, coma, convulsões, mioclonia
- Colinérgica: salivação, lacrimejamento, diarreia, vômitos, sibilos, sudorese, broncorreia, bradicardia, miose
- Hipnótica: estupor, confusão, perturbação da fala, apneia, coma
- Alucinógena: alucinações, psicose, pânico, midríase, hipertermia, sinestesias
- Simpaticomimética: hipertensão, taquicardia, midríase, diaforese, membranas mucosas úmidas
- Serotoninérgica: irritabilidade, hiper-reflexia, vermelhidão, diarreia, diaforese, hipertermia, trismo, tremores, mioclonia

Fonte: adaptado de Boyle et al., 2009.[7]

Identificada uma toxíndrome, um toxicologista pode orientar condutas ou mesmo indicar tratamento específico (antídotos), o que pode ser essencial para a evolução e o prognóstico, principalmente no atendimento de emergência.

4. Os exames laboratoriais de rotina auxiliam na avaliação do quadro geral, mas nem sempre o fazem no diagnóstico etiológico da intoxicação. No caso das análises toxicológicas especializadas, é importante saber o que pedir em cada caso e principalmente como coletar, conservar e enviar as amostras. Os laboratórios de análises toxicológicas iniciam o processo por testes qualitativos (por meio dos quais se pode detectar se existe determinada substância na amostra), seguidos de testes quantitativos (aqueles que nos informam a quantidade de determinada substância na amostra).

ALERTA IMPORTANTE

Para orientação detalhada sobre o suporte laboratorial ao atendimento do paciente intoxicado na emergência, ver Seção 1, Capítulo 3.

5. Para tratar um paciente intoxicado, é importante definir o local adequado para atender suas necessidades (sala de observação na emergência, unidade de terapia intensiva...). Use os recursos do hospital corretamente. Todos os intoxicados devem, idealmente, ser internados para tratamento e/ou observação por um período mínimo de 12 a 24 horas.

6. Muitas vezes, os tratamentos de emergência são padronizados e podem não funcionar para os casos toxicológicos, o que pode causar complicações. Portanto, é fundamental haver orientação especializada para evitar erros, em especial, nos casos envolvendo gestantes, extremos de vida (lactentes, pré-escolares e pacientes idosos) e pacientes com comorbidades. No caso dos pacientes pediátricos, isso é relevante,

pois representam a maior população envolvida em eventos tóxicos agudos não intencionais. As crianças não são pequenos adultos, mas uma população com características particulares. Além das intoxicações não intencionais nos pré-escolares, o problema se estende até a adolescência, envolvendo a experimentação de substâncias com fins recreativos e as tentativas de suicídio.

Um procedimento como a lavagem gástrica (LG) pode gerar complicações em uma criança pequena e costuma ser desnecessário em muitos casos. Além disso, não deve ser usado de forma punitiva.

O uso do carvão ativado (CA) também pode ser dificultado. A criança pode não aceitar ingerir o produto, por seu aspecto ou sabor, sendo necessário usar algum recurso (p. ex., copos descartáveis com tampa e canudo) para a ingestão sem resistência. Nos casos mais graves, as dificuldades e as complicações de utilizar um método de remoção extracorpórea também devem ser enfrentadas.

Outro ponto a ser considerado em pacientes pediátricos é que sua resposta à exposição a agentes químicos e toxinas depende da habilidade de seus órgãos e sistemas envolvidos na biotransformação e eliminação desses agentes (ver também Seção 2, Capítulo 12). Alguns agentes podem ser fatais em pequenas doses, portanto é necessário ter informações adequadas para avaliar o potencial de gravidade do caso. Lembrar, ainda, sobre agentes de ação retardada, que podem não produzir manifestações clínicas precoces. E, quanto aos mecanismos de ação, é preciso observar que alguns agentes podem causar efeitos idiossincráticos ou paradoxais, como agitação produzida em crianças por benzodiazepínicos (ver também agentes específicos, nas Seções 3 e 4).

Por fim, devemos pensar que na origem do caso pode haver um erro na administração de medicamentos (doses maiores que as prescritas ou a intervalos menores do que o indicado) por parte dos responsáveis. E que podemos estar diante de um caso de intoxicação intencional por parte de terceiros (com fins de abuso ou forma de violência e maus-tratos). Não são raras as situações como a síndrome de Münchhausen por procuração.

MEDIDAS DE DESCONTAMINAÇÃO

São medidas que servem para reduzir a exposição, diminuir a absorção e prevenir lesões. De qualquer forma, deve-se levar em consideração que apresentam riscos e que o benefício que podemos proporcionar deve ser sempre bem avaliado.[8]

- **Exposição cutânea:** remover vestimentas contaminadas, lavar a pele e o cabelo com sabão neutro e água corrente, durante 10 minutos ou mais. Os elementos usados para remover a substância não devem lesar a pele do paciente, para evitar o aumento da absorção do agente tóxico.[9]
- **Exposição através de mucosas:** a lavagem deve ser contínua, por 10 minutos ou mais, com água ou solução fisiológica. Algumas substâncias podem exigir tratamento específico para descontaminar, sendo importante consultar um centro de intoxicações a respeito.

ALERTA IMPORTANTE

O uso de medidas de neutralização na descontaminação de pele, mucosas e trato gastrintestinal é contraindicado![10]

- **Exposição por via inalatória:** no pré-hospitalar, retira-se a vítima do ambiente contaminado (atentando que alguns gases, vapores, aerossóis e fumaças podem exigir o uso de equipamentos de respiração autônoma por parte dos socorristas), mantêm-se as vias respiratórias desobstruídas e oferece-se O_2 (oxigênio). Em caso de vítimas de incêndio, lembrar sempre da possibilidade da inalação de fumaça de incêndios.[11]
- **Exposição por via oral (digestiva):** a indução de vômitos, por qualquer método, não é mais recomendada, descartada como método de descontaminação gastrintestinal.[12,13] A LG não deve ser empregada de rotina, ficando reservada a casos de ingestão de agentes tóxicos em doses muito elevadas ou potencialmente fatais, desde que na primeira hora após a exposição. Lembrar que, se o paciente apresentar deterioração do sensório, deve ser previamente intubado.[14,18]

O CA, quando indicado, deve ser administrado na dose de 1 g/kg de peso nas crianças, ou 50 g para adolescentes e adultos. Pode ser administrado por via oral (diluído a 10-20% em água) ou sonda nasogástrica (SNG). Na primeira hora pós-ingestão, é hoje terapia de primeira linha. Adsorve bem a maior parte dos agentes, medicamentos em especial, embora não adsorva algumas substâncias, como álcoois, glicóis, hidrocarbonetos, cáusticos).[19-24]

O CA em múltiplas doses (CAMD) é indicado e utilizado em substâncias que realizam circulação êntero-hepática (p. ex., antidepressivos tricíclicos). Deve ser administrado na mesma dose já citada, a cada 4 a 6 horas. Apesar de algumas fontes recomendarem o uso associado de catárticos, visando evitar constipação, essa indicação é controversa e não é consensual.[25-28] O emprego de catárticos (laxativos) como medida de descontaminação intestinal foi abandonado em toxicologia médica pela ausência de benefício no manejo de intoxicações.[29,30]

A irrigação intestinal total é um processo que consiste na administração de uma solução isotônica de polietilenoglicol e eletrólitos, por via oral ou por sonda, para descontaminação intestinal. Tem sido indicada em algumas situações, como na ingestão de medicamentos com revestimento entérico de liberação prolongada ou indivíduos que ingeriram embalagens com drogas (*body packers*).[31-33]

Procedimentos endoscópicos ou cirúrgicos podem ser usados em algumas situações em toxicologia médica, como diagnóstico e avaliação de lesões digestivas produzidas pela ingestão de cáusticos e corrosivos. Outra indicação, relativamente frequente hoje na literatura internacional, compreende a remoção endoscópica de minibaterias do tipo botão e de bezoares (ou concreções) formados por comprimidos ou drágeas de certos fármacos.[32-34]

MEDIDAS DE DEPURAÇÃO

Devemos considerar o uso desses métodos quando:

1. O estado clínico do paciente deteriora, apesar de todas as medidas de suporte terem sido instituídas.
2. A dose estimada do agente tóxico ou concentração sanguínea indica a ocorrência de toxicidade significativa ou fatal.
3. Há comprometimento das vias fisiológicas de detoxificação e excreção (insuficiência hepática, insuficiência renal).
4. Características toxicocinéticas do agente permitem sua efetiva remoção pelo método a ser utilizado.
5. O agente tóxico é biotransformado em metabólitos mais tóxicos, cuja produção continuada deve ser evitada.

Os métodos habitualmente indicados são:

- Diurese alcalina ou ácida: esquema terapêutico que aumenta a eliminação de agentes tóxicos por meio da administração intravenosa de bicarbonato de sódio, para produzir urina alcalina (pH igual ou superior a 7,5) e aumentar a excreção de agentes com características de ácidos fracos (salicilatos, barbitúricos).[35,36] Já a diurese ácida, pela administração de ácido ascórbico, entre outros agentes (para obter um pH urinário de cerca de 4-4,5), não tem sido muito utilizada, pelo alto risco de complicações relacionadas aos agentes para os quais seria indicada (bases fracas, como anfetaminas). A ocorrência de rabdomiólise e mioglobinúria, associada a urina de caráter ácido, levou pacientes à formação de cilindros e insuficiência renal aguda.
- Tratamentos extracorpóreos para intoxicações: nesse caso, devem-se buscar especialistas, como toxicologistas e nefrologistas.

Esses tratamentos devem ser considerados em intoxicações passíveis de causar morbidade ou mortalidade grave, quando não há antídoto disponível que possa ser usado, não há outro método que possa reduzir a absorção ou aumentar a excreção e o agente tem baixo volume de distribuição.

Os métodos mais indicados em toxicologia são a hemodiálise (para agentes de hidrossolúveis, pouco ligados a proteínas, de baixo peso molecular e baixo volume de distribuição como etanol, metanol, lítio) e a hemoperfusão (que utiliza cartuchos de CA e resinas), capaz de permitir a remoção mesmo de agentes com alta ligação a proteínas plasmáticas. A plasmaférese tem sido empregada em circunstâncias especiais. A literatura em farmacologia clínica e toxicologia apresenta listas de agentes dialisáveis, com seus parâmetros cinéticos, o que auxilia na decisão de buscar métodos de remoção extracorpórea.[37-41]

Métodos dialíticos mais sofisticados, com a incorporação de novos equipamentos e utilização de insumos de alto custo, como albumina humana, têm sido relatados recentemente. Recomendamos ver também as indicações para cada grupo químico, farmacológico ou agente específico (Seções 3 e 4).

REFERÊNCIAS BIBLIOGRÁFICAS

1. Galvão TF, Silva MT, Silva CD, Barotto AM, Gavioli IL, Bucaretchi F, et al. Impact of a poison control center on the length of hospital stay of poisoned patients: retrospective cohort. Sao Paulo Med J. 2011;129(1):23-9.
2. American Association of Poison Control Centers. Final report on the value of the poison center system. Falls Church: The Lewin Group; 2012.
3. Friedman LS, Krajewski A, Vannoy E, Allegretti A, Wahl M. The association between US poison center assistance and length of stay and hospital charges. Clin Toxicol (Phila). 2014;52(3):198-206.
4. Descamps AK, De Paepe P, Buylaert WA, Mostin MA, Vandijck DM. Belgian Poison Centre impact on healthcare expenses of unintentional poisonings: a cost–benefit analysis. Int J Public Health. 2019;64(9):1283-90.
5. Horton DK, Orr M, Tsongas T, Leiker R, Kapil V. Secondary contamination of medical personnel, equipment, and facilities resulting from hazardous materials events, 2003-2006. Disaster Med Public Health Prep. 2008; 2(2):104-13.
6. Georgopoulos PG, Fedele P, Shade P, Lioy PJ, Hodgson M, Longmire A, et al. Hospital response to chemical terrorism: personal protective equipment, training, and operations planning. Am J Ind Med. 2004;46(5):432-45.
7. Boyle JS, Bechtel LK, Holstege CP. Management of the critically poisoned patient. Scand J Trauma Resusc Emerg Med. 2009;17:29.
8. Houston M, Hendrickson RG. Decontamination. Crit Care Clin. 2005;21(4): 653-72.
9. Cibulsky SM, Kirk MA, Ignacio JS, Leary AD, Schwartz MD. Patient decontamination in a mass chemical exposure incident: national planning guidance for communities. Washington, D.C.: US Department of Homeland Security, US Department of Health and Human Services; 2014.
10. Mathieu L, Burgher F, Blomet J. Comparative evaluation of the active eye and skin chemical splash decontamination solutions Diphoterine and Hexafluorine with water and other rinsing solutions: effects on burn severity and healing. J Chem Health Saf. 2007;14(4):32-9.
11. Grupo de Consenso Científico Intersocietario para el asesoramiento, la evaluación y la respuesta médica en situaciones de víctimas en masa. Síndrome de lesión por inhalación de humo (SLIH) [Internet]. 2007 [acesso em fevereiro 2022]. Disponível em: https://www.sati.org.ar/images/files/trauma/2007-06-02-Documento-Final-2a-Parte-SLIH.pdf
12. Position paper: Ipecac syrup. J Toxicol Clin Toxicol. 2004;42(2):133-43.
13. Manoguerra AS, Cobaugh DJ, Guidelines for the Management of Poisoning Consensus Panel. Guideline on the use of ipecac syrup in the out-of-hospital management of ingested poisons. Clin Toxicol (Phila). 2005;43(1):1-10.
14. Benson BE, Hoppu K, Troutman WG, Bedry R, Erdman A, Höjer J, et al. Position paper update: gastric lavage for gastrointestinal decontamination. Clin Toxicol (Phila). 2013;51(3):140-6.
15. Comstock EG, Faulkner TP, Boisaubin EV, Oslon DA, Comstock BS. Studies on the efficacy of gastric lavage as practiced in a large metropolitan hospital. Clin Toxicol. 1981;18(5):581-97.
16. Donkor J, Armenian P, Hartman IN, Vohra R. Analysis of gastric lavage reported to a statewide poison control system. J Emerg Med. 2016;51(4):394-400.
17. Eddleston M, Haggalla S, Reginald K, Sudarshan K, Senthilkumaran M, Karalliedde L, et al. The hazards of gastric lavage for intentional self-poisoning in a resource poor location. Clin Toxicol (Phila). 2007;45(2):136-43.
18. Vale JA, Kulig K; American Academy of Clinical Toxicology; European Association of Poisons Centres and Clinical Toxicologists. Position paper: Gastric lavage. J Toxicol Clin Toxicol. 2004;42(7):933-43.
19. Bond GR. The role of activated charcoal and gastric emptying in gastrointestinal decontamination: a state-of-the-art review. Ann Emerg Med. 2002;39(3):273-86.
20. Chyka PA, Seger D, Krenzelok EP, Vale JA, American Academy of Clinical Toxicology; European Association of Poisons Centres and Clinical Toxicologists. Position paper: single-dose activated charcoal. Clin Toxicol (Phila). 2005;43(2):61-87.
21. Cooper GM, Couteur DG Le, Richardson D, Buckley NA. A randomized clinical trial of activated charcoal for the routine management of oral drug overdose. QJM. 2005;98(9):655-60.
22. Isbister GK, Kumar VV. Indications for single-dose activated charcoal administration in acute overdose. Curr Opin Crit Care. 2011;17(4):351-7.
23. Lapatto-Reiniluoto O, Kivistö KT, Neuvonen PJ. Activated charcoal alone and followed by whole-bowel irrigation in preventing the absorption of sustained-release drugs. Clin Pharmacol Ther. 2001;70(3):255-60.
24. Qureshi Z, Eddleston M. Adverse effects of activated charcoal used for the treatment of poisoning. Adverse Drug React Bull. 2011:1023-6.
25. Dorrington CL, Johnson DW, Brant R; Multiple Dose Activated Charcoal Complication Study Group. The frequency of complications associated with the use of multiple-dose activated charcoal. Ann Emerg Med. 2003; 41(3):370-7.
26. Eddleston M, Juszczak E, Buckley NA, Senarathna L, Mohamed F, Dissanayake W, et al. Multiple-dose activated charcoal in acute self-poisoning: a randomised controlled trial. Lancet. 2008;371:579-87.

27. Position statement and practice guidelines on the use of multi-dose activated charcoal in the treatment of acute poisoning. American Academy of Clinical Toxicology; European Association of Poisons Centres and Clinical Toxicologists. J Toxicol Clin Toxicol. 1999;37(6):731-51.
28. American Academy of Clinical Toxicology and the European Association of Poison Centres and Clinical Toxicologists: position paper: cathartics. J Toxicol Clin Toxicol. 2004;42:243-53.
29. American Academy of Clinical Toxicology and the European Association of Poison Centres and Clinical Toxicologists: position paper: whole bowel irrigation. J Toxicol Clin Toxicol. 2004;42:843-54.
30. Farmer JW, Chan SB. Whole body irrigation for contraband bodypackers. J Clin Gastroenterol. 2003;37:147-50.
31. Hays H, Casavant M, Jolliff H. 800 Pebbles in a stream: whole bowel irrigation and colonoscopy for staggered lead shot ingestion. Clin Toxicol. 2012;50:661-2.
32. Choudhary AM, Taubin H, Gupta T, Roberts I. Endoscopic removal of a cocaine packet from the stomach. J Clin Gastroenterol. 1998;27(2):155-6.
33. Olmedo R, Nelson L, Chu J, Hoffman RS. Is surgical decontamination definitive treatment of "body-packers"? Am J Emerg Med. 2001;19(7):593-6.
34. Sherman A, Zingler BM. Successful endoscopic retrieval of a cocaine packet from the stomach. Gastrointest Endosc. 1990;36:152-154.
35. Proudfoot AT, Krenzelok EP, Brent J, Vale JA. Does urine alkalinization increase salicylate elimination? If so, why? Toxicol Rev. 2003;22(3):129-36.
36. Proudfoot AT, Krenzelok EP, Vale JA. Position paper on urine alkalinization. J Toxicol Clin Toxicol. 2004;42:1-26.
37. Ghannoum M, Lavergne V, Gosselin S, Mowry JB, Hoegberg LCG, Yarema M, et al. Practice trends in the use of extracorporeal treatments for poisoning in four countries. Semin Dial. 2016;29:71-80.
38. Ghannoum M, Roberts DM, Hoffman RS, Ouellet G, Roy L, Decker BS, et al. A stepwise approach for the management of poisoning with extracorporeal treatments. Semin Dial. 2014;27(4):362-70.
39. Lavergne V, Nolin TD, Hoffman RS, Roberts D, Gosselin S, Goldfarb DS, et al. The EXTRIP (Extracorporeal Treatments In Poisoning) workgroup: guideline methodology. Clin Toxicol. 2012;50(5):403-13.
40. Nelson LS, Howland MA, Lewin NA, Smith SW, Goldfrank LR, Hoffman RS. Goldfrank's Toxicologic Emergencies. 11. ed. Nova Iorque: McGraw-Hill; 2019.
41. Klaassen C, editor. Casarett and Doull's Toxicology: The Basic Science of Poisons. 9. ed. Nova Iorque: McGraw-Hill; 2018.

CAPÍTULO 3

O PAPEL DO LABORATÓRIO (EXAMES DE ROTINA) E ANÁLISE TOXICOLÓGICA DE EMERGÊNCIA

Bruno Pereira dos Santos
Renata Loureiro Vianna
Viviane Cristina Sebben

PONTOS-CHAVE

- As análises laboratoriais (de rotina ou toxicológica) são essenciais para o bom manejo de uma intoxicação.
- Informações sobre o caso e manifestações clínicas auxiliam no direcionamento da análise toxicológica, acelerando o diagnóstico.
- O tipo de amostra e de metodologia analítica depende do agente tóxico em questão, do tempo da exposição e do escopo analítico do laboratório.
- Conhecer os parâmetros toxicocinéticos do agente tóxico é fundamental para uma boa interpretação dos resultados analíticos.
- Na maioria das vezes, resultados qualitativos são suficientes para o manejo e tratamento de uma intoxicação. No entanto, alguns casos necessitam de resultados quantitativos, os quais afetam diretamente o manejo do paciente intoxicado.

INTRODUÇÃO

No decorrer de uma intoxicação, o diagnóstico é uma etapa crucial, pois influenciará diretamente o manejo e o tratamento de um paciente intoxicado.[1] A análise toxicológica é o padrão-ouro no diagnóstico toxicológico, tendo como resultados dados qualitativos e/ou quantitativos da presença de um xenobiótico no organismo. Além disso, anamnese, exame clínico e exames de rotina podem auxiliar imensamente no processo, muitas vezes suficientes para a resolução de um caso.[1,2]

Para iniciar uma busca analítica, é importante conhecer a epidemiologia das intoxicações, por meio de dados como a incidência de casos nos últimos anos, classificados por variáveis como faixa etária, sexo e circunstâncias. Grande número das intoxicações tende a seguir um padrão, a partir do qual é possível restringir e focar as suspeitas em determinados agentes tóxicos, podendo assim direcioná-las ou excluí-las mais rapidamente.[3-5]

Desse modo, para qualquer tipo de intoxicação, é essencial saber o contexto geográfico das intoxicações, ou seja, o perfil de substâncias utilizadas pode variar por região, estado, país, em virtude do acessibilidade e dos padrões de uso. Quando pensamos em um caso de intoxicação por droga de abuso no Brasil, há grande probabilidade de se tratar de exposição à cocaína. No entanto, quando se pensa em abuso nos Estados Unidos da América (EUA), há chance muito maior de ser um caso envolvendo opiáceos/opioides, como heroína, morfina e fentanila, o que ocorre pelo fato de essas substâncias terem maior acessibilidade pelos estadunidenses. Por outro lado, a cocaína é uma droga relativamente barata no Brasil, por ser produzida principalmente na América do Sul, e, quando exportada aos EUA, torna-se dispendiosa, não tendo utilização na mesma escala que outras substâncias, como a heroína.[6]

Abordaremos mais adiante, neste capítulo, análises de triagem, as quais, em sua maioria, constam da pesquisa de agentes com maior probabilidade de presença em uma amostra. A escolha de quais substâncias incluir na triagem cabe à disponibilidade de testes comerciais e ao laboratório (na escolha desses testes ou no desenvolvimento de métodos analíticos), devendo sempre pautar-se pelos compostos mais passíveis de serem detectados, mostrando a importância de dados de toxicovigilância.

Na Tabela 1 estão apresentados os medicamentos com o maior número de casos de exposição em humanos registrados no estado do Rio Grande do Sul, Brasil, atendidos pelo Centro de Informação Toxicológica do Rio Grande do Sul (CIT/RS). Pode-se perceber que os agentes de maior incidência são aqueles que têm ação no sistema nervoso central (SNC) e/ou os que são mais acessíveis à população.

HISTÓRICO DA INTOXICAÇÃO

O histórico clínico do paciente com suspeita de intoxicação é de extrema importância para um bom diagnóstico por meio das análises toxicológicas. Ao ser atendido em uma emergência, um exame físico indicará as principais manifestações clínicas, e a partir delas se pode começar a traçar um perfil de intoxicação e prováveis agentes tóxicos envolvidos.[7]

Informações sobre exposição, como possíveis agentes, circunstância, dose, via e tempo de exposição, podem auxiliar em uma obtenção mais rápida e eficaz de um diagnóstico e, logo, um bom manejo e tratamento do paciente acometido. Autorrelato e/ou informações de familiares, responsáveis e acompanhantes do intoxicado podem ser extremamente úteis, mas não devem ser adotados como verdade irrefutável, pela possibilidade de serem informações falsas, por quaisquer que sejam os motivos.

Tabela 1. Casos de exposição a medicamentos atendidos pelo CIT/RS entre os anos de 2016 e 2020

Classe	Nº de casos por classe	Principal agente	Nº de casos por agente	%*
Benzodiazepínicos	12.550	Clonazepam	7.652	61,0
Antidepressivos	11.133	Fluoxetina	2.997	26,9
Analgésicos/antipiréticos	6.164	Acetaminofeno	4.643	75,3
Antipsicóticos	5.821	Risperidona	1.909	32,8
Anticonvulsivantes	4.692	Carbamazepina	1.866	39,8
Anti-inflamatórios não esteroides	3.226	Ibuprofeno	1.673	51,8
Anti-histamínicos	1.994	Dexclorfeniramina	414	20,8
Anti-hipertensivos	1.756	Atenolol	274	15,6
Estimulantes do SNC	1.540	Cafeína	1.198	77,8
Miorrelaxantes de ação central	1.353	Orfenadrina	506	37,4

* Porcentagem do agente em relação ao total de casos da sua respectiva classe. SNC: sistema nervoso central.

Além das informações anteriores, é de notável importância investigar se o paciente faz uso de medicamentos de modo contínuo ou se utilizou algum medicamento nos últimos dias, pois há a chance de estes serem os agentes envolvidos na intoxicação. Caso não se saiba se o indivíduo faz uso de medicamentos, deve-se questionar a presença de comorbidades, as quais são úteis para traçar agentes prováveis. Um exemplo seria a admissão de uma criança com epilepsia, em que os responsáveis não sabem o nome da medicação utilizada, porém, a partir da doença, pode-se deduzir que a criança faça uso de fármacos como fenobarbital, carbamazepina ou ácido valproico.

Por fim, uma informação primordial para a realização dos exames toxicológicos é a lista de fármacos administrados na unidade de saúde. Normalmente, a coleta de amostras é feita após a estabilização do paciente, e, muitas vezes, é necessário o uso de medicamentos como anestésicos, benzodiazepínicos, antiepilépticos, antipsicóticos, antiarrítmicos etc. Essas substâncias podem agir como fator de interferência nas análises toxicológicas, podendo fazer o analista laboratorial levar mais tempo até chegar aos resultados e uma conclusão. Ademais, é essencial para uma boa interpretação dos resultados pela equipe médica.

DIRECIONAMENTO DA ANÁLISE TOXICOLÓGICA

Como já visto, o início de uma análise toxicológica de emergência sempre será a investigação dos fatos acerca do caso da intoxicação e do quadro clínico do paciente. A partir desses achados, é possível fazer uma suspeição mais contundente de possíveis agentes tóxicos envolvidos, possibilitando um direcionamento do processo analítico.[2] Isso é de extrema importância, pois muitas vezes não há amostra suficiente para a realização de vários testes e as análises podem ser complexas, o que demanda muito tempo para a liberação do resultado.

Ao se pensar em suspeita na pediatria, deve-se considerar qualquer quantidade do agente como potencialmente tóxica para a criança. Muitos compostos em pequenas doses podem ser letais para recém-nascidos e bebês, como clorpromazina (2 a 4 comprimidos de 100 mg) e imipramina (1 comprimido de 150 mg).[7] Além disso, sempre se devem pesquisar quaisquer suspeitas levantadas, até mesmo o uso terapêutico de um fármaco pelo paciente, já que, por motivos intrínsecos ou extrínsecos, a dose pode estar sendo tóxica.

Outro ponto é nunca descartar a possibilidade de exposição a drogas de abuso em crianças. Isso porque, apesar de serem manipuladas e utilizadas por adultos ou adolescentes, essas substâncias podem estar ao alcance de bebês e crianças.[8] Há casos de lactentes expostos através do aleitamento materno e de recém-nascidos por via transplacentária de mães dependentes.[9] Adicionalmente, manifestações clínicas por exposição a determinadas drogas de abuso, como a maconha, podem confundir com agentes de uso comum (medicamentos depressores do SNC).[10] Dados do CIT/RS mostram um aumento expressivo no número de casos de pacientes menores de 10 anos intoxicados com algum tipo de droga de abuso, chegando a um aumento de quase 40% em 2020 quando comparado à média de 2016 a 2019.

Quando falamos em suspeição, saber reconhecer uma síndrome tóxica auxiliará a entender com quais xenobióticos o paciente pode ter tido contato. Dentre as síndromes tóxicas podem-se citar as síndromes colinérgica, anticolinérgica, simpaticomimética, serotoninérgica, opioide etc. Apesar de ser extremamente útil, o aumento do uso múltiplo de substâncias tem dificultado um diagnóstico baseando-se só ou majoritariamente nas síndromes tóxicas de forma global, o que explica a importância da análise toxicológica.[11,12]

De forma geral, a identificação de manifestações clínicas auxilia na proposição de um ou mais agentes tóxicos envolvidos na intoxicação. Muitas vezes, as substâncias induzem sinais e sintomas de certa forma específicos, o que auxilia no direcionamento da análise toxicológica.[1,2] No Quadro 1 estão dispostas manifestações clínicas com os agentes tóxicos passíveis de desencadeá-las. Obviamente, a presença da manifestação clínica não é um indicativo de que realmente

Quadro 1. Manifestações clínicas de acordo com o agente tóxico

Manifestação clínica	Agente tóxico
Ataxia	Barbitúricos, carbamazepina e etanol
Bradicardia	Betabloqueadores, carbamatos, clonidina, digoxina, imidazolinas, opioides e organofosforados
Boca seca	Antidepressivos tricíclicos, anti-histamínicos, atropina e MDMA
Broncorreia	Carbamatos e organofosforados
Cianose	Agentes metemoglobinizantes (cianeto, anilinas, nitritos e nitratos) e monóxido de carbono
Convulsão	Antidepressivos tricíclicos, anfetaminas, cocaína e estricnina
Coma	Ácido valproico, anti-histamínicos, barbitúricos, benzodiazepínicos, carbamazepina, cetamina, clonidina, etanol, fenotiazinas, GHB, hipoglicemiantes, monóxido de carbono, opioides
Depressão respiratória	Barbitúricos e opiáceos
Hipertensão	Anfetaminas, antidepressivos tricíclicos, canabinoides sintéticos, catinonas sintéticas, cocaína, efedrina, etanol, LSD, maconha e MDMA
Hipertermia	Anfetaminas, catinonas sintéticas, cocaína, MDMA e salicilatos
Hipotensão	Barbitúricos, betabloqueadores, carbamatos, clonidina, digoxina, imidazolinas, opioides, propranolol e organofosforados
Hipotermia	Barbitúricos, etanol, hipoglicemiantes e opioides
Midríase	Antidepressivos tricíclicos, anfetaminas, anti-histamínicos, atropina, cocaína e MDMA
Miose	Barbitúricos, etanol e opioides
Nistagmo	Carbamazepina, etanol e fenitoína
Quadros psicóticos e/ou alucinações	Cocaína, catinonas sintéticas, fenetilaminas sintéticas (NBOMe, NBOH), LSD e MDMA
Reação extrapiramidal	Fenotiazínicos, haloperidol e metoclopramida
Sialorreia	Carbamatos e organofosforados
Taquicardia	Anfetaminas, antidepressivos tricíclicos, atropina, cafeína, cocaína, efedrina, fenotiazinas e MDMA

Fonte: Nelson et al., 2011;[1] Olson, 2018;[7] Filho et al., 2013.[13]

se trata de um agente específico, assim como sua ausência pode não significar necessariamente ausência de exposição.

Ademais, quando disponíveis, resultados de exames de rotina podem ser importantes marcadores para alguns tipos de intoxicação. Biomarcadores da função hepática, por exemplo, podem indicar intoxicação por agentes hepatotóxicos, como o acetaminofeno, tornando imprescindível sua quantificação.[2,7]

EXAMES LABORATORIAIS DE ROTINA

Na prática médica, os exames laboratoriais de rotina são amplamente utilizados para a avaliação clínica de um paciente. São exames de ampla utilidade no diagnóstico e mais acessíveis quando comparados às análises toxicológicas, muitas vezes os únicos presentes para a resolução de um diagnóstico toxicológico.

Na toxicologia, os em razão da sua toxicodinâmica, terão como resultado alterações no organismo. A depender do mecanismo de ação, essas mudanças podem ser detectadas por meio de biomarcadores clínicos, os quais também avaliam funções vitais para que se realize um manejo adequado da intoxicação.[2,7] Um exemplo é a avaliação de função hepática e renal, já que o fígado e os rins estão, respectivamente, relacionados aos processos de biotransformação e excreção de xenobióticos. Estando esses parâmetros alterados, a conduta clínica a ser tomada pode ser direcionada.[7] No Quadro 2 estão dispostos os principais exames de rotina e suas alterações com os respectivos agentes tóxicos.

MATRIZES BIOLÓGICAS UTILIZADAS NAS ANÁLISES TOXICOLÓGICAS DE EMERGÊNCIA

Uma etapa essencial na análise toxicológica é a escolha da matriz biológica onde será(ão) pesquisado(s) o(s) agente(s) tóxico(s). Na toxicologia clínica, as principais matrizes disponíveis são sangue, urina, conteúdo gástrico e fluido oral.

O sangue e o fluido oral irão mostrar uma exposição mais recente, por no máximo algumas horas (em torno de 12 horas), podendo os resultados serem correlacionados com o estado clínico do paciente.[14] No entanto, uma desvantagem é que grande parte dos analitos se apresenta em concentrações baixas nessas matrizes, o que pode dificultar a análise, necessitando de metodologias mais sensíveis.[15,16] Adicionalmente, o sangue é uma matriz de difícil coleta, requerendo profissionais treinados. Muitas vezes, a punção em crianças é dificultada, assim como o volume coletado pode ser pequeno, não sendo suficiente para realizar todas as análises necessárias.[14]

Quadro 2. Alterações em exames laboratoriais de rotina causadas por agentes tóxicos

Exame	Níveis abaixo do normal	Níveis acima do normal
Amônia sérica	–	Ácido valproico
Ânion *gap*	–	Cianeto, etilenoglicol, metanol, monóxido de carbono e salicilatos
Biomarcadores de dano hepático (como AST, ALT e bilirrubinas)	–	Acetaminofeno, ácido valproico, arsênico, bifenilas policloradas, etanol, fenol, halotano e hidrocarbonetos clorados
Biomarcadores de dano renal (como creatinina e ureia)	–	Acetaminofeno, aciclovir, aminoglicosídeos, anfetaminas, ciclosporina, cocaína, estricnina, fenacetina, ibuprofeno, glicóis (dietilenoglicol, monoetilenoglicol) hidrocarbonetos clorados, levamisol e mercúrio
CK e CKMB	–	Cocaína e MDMA
Colinesterase	Carbamatos e organofosforados	–
Gap osmolar	–	Acetona, ácido valproico, álcoois, éter etílico e glicóis
Glicemia	Acetaminofeno, ácido valproico, agentes hipoglicemiantes orais, estreptozocina, etanol, insulina, propranolol e salicilatos	Agonistas beta-adrenérgicos do tipo β_2, cafeína, corticosteroides, diazóxido, diuréticos tiazídicos, ferro, glicose, glucagon e teofilina
Sódio sérico	Antidepressivos (inibidores seletivos da recaptação de serotonina, inibidores da recaptação de serotonina e noradrenalina, tricíclicos), carbamazepina, lorpropamida, diuréticos, fenotiazínicos e MDMA	Ácido valproico, catárticos, cloreto de sódio, lactulose, lítio e manitol
Potássio sérico	Agonistas beta-adrenérgicos, bário, cafeína, césio, cloroquina, diuréticos, epinefrina, salicilatos, teofilina e tolueno	Antagonistas beta-adrenérgicos, flúor, glicosídeos digitálicos, inibidores da enzima conversora de angiotensina, lítio e potássio
Tempo de protrombina	–	Acetaminofeno e cumarínicos

Fonte: Uges, 2011;[2] Olson, 2018;[7] Holstege, Borek, 2012.[11]

A urina é uma matriz que permite a pesquisa do(s) agente(s) tóxico(s) até após alguns dias da exposição e, em decorrência disso, pode não ser possível correlacionar seus resultados com o quadro clínico do intoxicado.[14] Além disso, a urina é uma matriz mais limpa quando comparada às demais, pela menor presença de interferentes, como proteínas e lipídios, tornando o processo analítico mais simples.[16] No contexto toxicológico, o ideal é que a coleta de urina sempre seja feita de forma assistida por um profissional de saúde, pelo fato de ser um tipo de matriz passível de adulterações, principalmente em casos envolvendo drogas de abuso ou em questões legais.[14]

O conteúdo gástrico, proveniente de êmese ou lavado gástrico, é uma alternativa em diversos tipos de intoxicações, principalmente intoxicações recentes. Uma vantagem é a possibilidade de encontrar o agente tóxico na sua forma e/ou cor intactas (comprimidos, cápsulas e até líquidos), o que aumenta as chances de detectabilidade do agente tóxico.[2]

Dados sobre a coleta, como data/hora e coletador, são importantes para a interpretação dos resultados, assim como para a rastreabilidade da amostra.[2] Ainda, deve-se sempre conferir com o laboratório o volume de amostra de cada tipo de matriz, pois, quando for inferior ao necessário, não será possível realizar a análise.[16]

Antes de realizar a coleta, é fundamental que a equipe médica saiba as especificações quanto ao tipo de amostra, temperatura de armazenamento e tempo entre a coleta e o envio ao laboratório, pois a preservação da amostra pode influenciar o resultado analítico. As substâncias podem sofrer degradação em determinadas condições, em razão da baixa estabilidade dos analitos.[16,17] Além disso, quando pensamos em análise de sangue, é essencial saber o tipo de tubo a ser utilizado, pois a presença ou não de determinado anticoagulante pode afetar o resultado.[18]

Quando pensamos na matriz a ser utilizada, outro tópico importante para escolha é a janela de detecção de cada composto em determinada matriz. A janela de detecção é o tempo em que a substância está presente na amostra, sendo assim possível detectá-la.[19] Matrizes como o sangue tendem a ter uma janela de detecção menor quando comparada à urina, por exemplo.[2,14] Na Tabela 2 estão apresentadas as janelas de detecção de alguns agentes tóxicos em sangue e urina. A partir da informação do tempo decorrido da exposição, pode-se escolher a matriz mais apropriada para análise, assim como entender a diferença de resultados positivos e negativos em cada tipo de matriz, assunto que abordaremos mais adiante neste capítulo.[14,19]

TÓPICOS IMPORTANTES PARA A ANÁLISE TOXICOLÓGICA

Ao solicitar uma análise a um laboratório de emergência, a realização pode não ser feita pelo fato de o local não ter disponível a análise em seu escopo. Muitas vezes, o laboratório

Tabela 2. Janela de detecção das principais substâncias inclusas em painel de análise toxicológica

Substância	Urina	Sangue
Anfetamina	2 a 4 dias	46 horas
Barbitúricos	Até 7 dias[a]	–
Benzodiazepínicos	Até 7 dias[b]	–
Cocaína	1 a 3 dias	12 horas[c]; 24 horas[d]
LSD	1 a 4 dias	–
Maconha (THC)	1 a 30 dias[e]	5 horas[f]; 36 horas[g]
MDMA	Até 2 dias	24 horas
Metanfetamina	2 a 5 dias	48 horas
Opiáceos	2 a 5 dias	-
PCP (fenciclidina)	5 a 6 dias	-

[a]O tempo dependerá do barbitúrico específico utilizado. [b]O tempo dependerá do benzodiazepínico específico utilizado. [c]Janela de detecção para cocaína inalterada. [d]Janela de detecção para benzoilecgonina, produto de biotransformação da cocaína. [e]Quanto maior a cronicidade no uso de maconha, maior a janela de detecção. Além disso, o tipo de exposição (direta ou passiva) influencia o tempo de permanência no organismo. [f]Janela de detecção para THC inalterado. [g]Janela de detecção para THC-COOH, produto de biotransformação do THC.
Fonte: Hadland, Levy, 2016;[14] Verstraete, 2004.[15]

pode não dispor de estrutura para realizar a procura de determinados xenobióticos, os quais muitas vezes requerem técnicas específicas. Além disso, para realizar a análise em uma amostra e liberar seu resultado, o laboratório deve ter uma metodologia validada para o xenobiótico ou biomarcador e, para isso, deve seguir um guia de validação analítico, como da Agência Nacional de Vigilância Sanitária (Anvisa). Na validação, são avaliados diversos parâmetros, os quais servirão para atestar a reprodutibilidade e exatidão da metodologia.[20] Por essa razão, os laboratórios dispõem de um escopo de análises passíveis de realização em matrizes biológicas específicas. No Quadro 3 estão os agentes tóxicos e biomarcadores mais comumente disponíveis para análises nos laboratórios de emergência.

O limite de detecção (LOD) é a menor concentração em que um método é capaz de detectar um determinado composto em uma amostra, enquanto o limite de quantificação (LOQ) é a menor concentração em que uma metodologia é capaz de quantificar uma substância em uma amostra. Com isso, em uma análise, o agente tóxico pode ser detectado, mas não estar em concentração suficiente para quantificação.[20] Análises qualitativas possuem apenas limite de detecção, tendo como resultado "detectado/indicativo" ou "não detectado/não indicativo". Enquanto isso, as análises quantitativas expressam em números a concentração do xenobiótico na matriz, sendo usualmente na ordem de mg/L, µg/mL e ng/mL.[2,20]

O *cut-off* é um ponto de corte, ou seja, um nível de decisão que determina se o resultado da análise é "detectado/indicativo" ou "não detectado/não indicativo". Os valores de *cut-off* das substâncias são definidos por agências reguladoras, como a Substance Abuse and Mental Health Services Administration (SAHMSA) e a Europe Workplace Drug Testing Society (EWDTS).[21,22] Esses valores variam conforme a matriz utilizada.[19] Na Tabela 3, estão apresentados os *cut-off* de algumas substâncias. Na teoria, se uma amostra apresenta concentração de 49 ng/mL para THC e o *cut-offs* adotado é de 50 ng/mL, o resultado é dado como negativo no laudo, por mais que a substância tenha sido detectada, já que as metodologias podem ter LOD e LOQ abaixo dos valores de *cut-off*.

O analito a ser pesquisado pode variar conforme a matriz utilizada. A urina, por exemplo, apresentará em sua grande parte os agentes tóxicos biotransformados (metabólitos) e uma pequena porcentagem na sua forma molecular

Quadro 3. Análises toxicológicas usualmente disponíveis nos laboratórios de emergência

Acetaminofeno	Dipirona
Ácido valproico	Estricnina
Anti-inflamatórios não esteroidais	Etanol
Anestésicos	Fenitoína
Anfetamina	Fenobarbital
Antidepressivos	Fenotiazínicos
Anti-histamínicos	Ferro
Antipsicóticos	Maconha
Benzodiazepínicos	MDMA/MDA
Carbamazepina	Metanfetamina
Carboxi-hemoglobina	Metemoglobina
Cocaína/*crack*	Opiáceos
Colinesterase	Opioides
Cumarínicos	

Tabela 3. Valores de *cut-off* de alguns medicamentos e drogas de abuso para amostras de urina

Substância/grupo	*Cut-off* de triagem	*Cut-off* de confirmação
Anfetamina e metanfetamina	500 ng/mL	200 ng/mL
Barbitúricos	200 ng/mL	200 ng/mL
Benzodiazepínicos	200 ng/mL	100 ng/mL
Cocaína	150 ng/mL	100 ng/mL[a]
LSD	1 ng/mL	1 ng/mL
Maconha (THC)	50 ng/mL	15 ng/mL[b]
MDMA	500 ng/mL	200 ng/mL[c]
Metadona	300 ng/mL	250 ng/mL
Opiáceos	300 ng/mL	300 ng/mL[d]
PCP (fenciclidina)	25 ng/mL	25 ng/mL
Propoxifeno	300 ng/mL	300 ng/mL

[a]O analito-padrão para a análise confirmatória é a benzoilecgonina, principal produto de biotransformação da cocaína. [b]O analito-padrão para a análise confirmatória é o 11-Nor-9-carboxi-Δ^9-tetra-hidrocanabinol (THC-COOH), principal produto de biotransformação do THC. [c]Considera-se a mesma concentração para a pesquisa de MDMA e MDA. [d]O analito-padrão para a análise confirmatória é a morfina, porém faz-se a procura de codeína, tendo o mesmo *cut-off* da morfina.
Fonte: Europe Workplace Drug Testing Society, 2015.[21]

inalterada. Com isso, na análise de urina, deve-se pesquisar o agente inalterado, tanto quanto seus produtos de biotransformação. Em contrapartida, no sangue detecta-se a substância inalterada em maior quantidade. Um exemplo é a maior presença de benzoilecgonina na urina de um paciente usuário de cocaína, enquanto no sangue há maior predominância de cocaína.[2]

Em algumas análises, pesquisa-se um biomarcador de efeito a um determinado agente tóxico em vez da própria substância. Citam-se como exemplos dosagem de colinesterase para intoxicação por organofosforados e carbamatos;[23] dosagem de metemoglobina (MeteHb) em intoxicações por naftalina, nitratos e nitritos;[24] dosagem de carboxi-hemoglobina (COHb) para intoxicações por monóxido de carbono.[25]

METODOLOGIAS ANALÍTICAS E TIPOS DE ANÁLISE

Na prática laboratorial, estão disponíveis inúmeras técnicas analíticas, as quais possuem diferenças entre si, por isso devem ser escolhidas de acordo com a finalidade da análise. Metodologias de triagem como imunoensaios fornecerão um resultado mais rápido, mas menos específico e seletivo quando comparadas a técnicas mais sensíveis, como as análises cromatográficas e espectrométricas.[2,18]

Imunoensaios

Os testes de triagem são técnicas de ampla utilização nos laboratórios de análises toxicológicas. Os mais comuns são os imunoensaios, como a imunofluorescência e, principalmente, a imunocromatografia. Baseiam-se em reações antígeno-anticorpo e são utilizados amplamente para análise em urina e, mais recentemente, para sangue e fluido oral, obtendo resultados somente qualitativos.[26] Comercialmente, estão disponíveis imunoensaios para drogas de abuso – como cocaína, maconha, anfetamina, metanfetamina, MDMA e fenciclidina – e medicamentos, como antidepressivos tricíclicos, barbitúricos, benzodiazepínicos e opiáceos.[18] Metodologias como a imunocromatografia (Figura 1) necessitam de pequena quantidade de amostra (poucas gotas), o que é ideal em pediatria. O tempo de realização da análise gira em torno de 5 a 10 minutos, além de serem baratos.[18,26] No entanto, são técnicas que não apresentam alta especificidade, podendo apresentar reações cruzadas, o que leva à necessidade de confirmação dos resultados positivos e inconclusivos por uma metodologia mais específica e sensível.[26,27] Podem-se citar como exemplos de reações cruzadas a pesquisa de

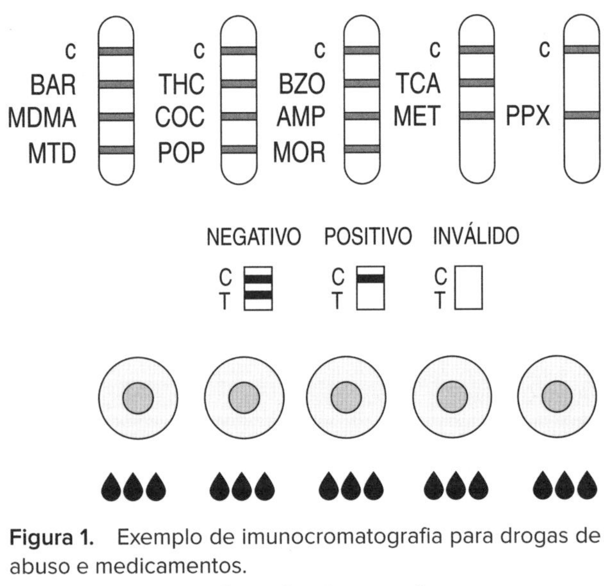

Figura 1. Exemplo de imunocromatografia para drogas de abuso e medicamentos.
Fonte: Bruno Pereira dos Santos (arquivo pessoal).

antidepressivos tricíclicos com compostos molecularmente semelhantes, como carbamazepina, quetiapina, ciclobenzaprina e fenotiazínicos, ou a pesquisa de anfetaminas com metilfenidato, clorpromazina, bupropiona e fluoxetina.[19,27] Além destes, os imunoensaios para fenciclidina (PCP) têm alta ocorrência de reações cruzadas, como substâncias como tramadol, venlafaxina e dextrometorfano.[28]

Testes colorimétricos

Outra metodologia usada como forma de triagem são os testes colorimétricos, de simples realização, com a adição de poucos reagentes, porém podem ter baixa sensibilidade. Um método colorimétrico bem estabelecido é a análise de paraquat, em que, a partir da adição de ditionito de sódio e um agente alcalinizante na amostra de urina, será gerada, no ensaio que realizar, uma coloração azul (Figura 2), indicando a presença do agrotóxico.[29]

Espectrofotometria

Os métodos espectrofotométricos, ou apenas fotométricos, são feitos utilizando um espectrofotômetro, o qual medirá a absorbância da solução analisada em um determinado comprimento de onda. Para isso, as substâncias a serem analisadas devem absorver luz no espectro UV/visível (190-700 nm).[30] A análise pode não apresentar tanta especificidade quando comparada a outros métodos, porém é de fácil manipulação, barata, de fácil implementação em um laboratório clínico e permite fazer a quantificação dos compostos.[18] Exemplos de substâncias passíveis de serem pesquisadas com a adoção dessa metodologia incluem acetaminofeno, salicilatos, ferro e anticonvulsivantes em amostras de sangue. Ademais, é por meio da espectrofotometria que é feita a dosagem da enzima colinesterase (plasmática e eritrocitária) ou de biomarcadores como COHb e MeteHb.[25,31,32]

Figura 2. Ensaio colorimétrico para detecção de paraquat em amostras de urina. No tubo mais à esquerda, a amostra é negativa para paraquat, sem alteração de cor. Nos outros dois tubos à direita, as amostras tiveram resultado positivo para o agrotóxico, tendo maior concentração no tubo mais à direita, pois ao fazer o seu ensaio observará que quanto mais azulada for a coloração, maior será a concentração de paraquat.
Fonte: Bruno Pereira dos Santos (arquivo pessoal).

Cromatografia

A cromatografia é uma técnica de separação química na qual uma mistura percorrerá uma fase estacionária através do fluxo de uma fase móvel. A interação com ambas as fases fará uma separação dos compostos, permitindo uma melhor identificação molecular. Dentre os principais tipos de cromatografia estão a cromatografia em camada delgada, a cromatografia gasosa (GC) e a cromatografia líquida (LC).[33]

Na toxicologia, as primeiras análises em amostras biológicas utilizando esse método de cromatografia foram através da cromatografia em camada delgada (CCD), em que o extrato da amostra é aplicado em uma cromatoplaca (normalmente composta de sílica), a qual é posteriormente colocada para eluição com solventes orgânicos, como metanol, acetona e clorofórmio.[18,33] Por meio da capilaridade, o solvente eluirá os compostos e, ao longo do tempo, estes serão separados. Por fim, é feita a análise da placa, podendo ser feita uma leitura em luz UV ou revelação com reagentes químicos cromogênicos.[33]

Em cada método, são aplicados padrões da substância que se procura na amostra, devendo tanto o padrão quanto a amostra comportar-se da mesma forma durante a leitura do resultado.[18,33] A CCD é uma técnica extremamente versátil, que permite a análise de inúmeros fármacos, algumas drogas de abuso e agrotóxicos, porém tem baixa sensibilidade, ou seja, altos limites de detecção, podendo gerar resultados falsos negativos, além da necessidade de o laboratório ter disponíveis grandes quantidades de padrões analíticos.[2,18,33]

Com o avanço da química analítica, surgiram técnicas cromatográficas de maior especificidade e sensibilidade, como a GC e a LC, permitindo uma excelente e rápida separação química. A performance dependerá, obviamente, do sistema de detecção que está acoplado.[33] A GC utiliza gases inertes como fase móvel, a qual percorrerá uma coluna capilar, que compõe a fase estacionária. Em razão do uso de gases inertes, é possível a injeção de amostras gasosas e líquidas. No entanto, é preciso que as moléculas a serem analisadas sejam voláteis ou termicamente estáveis, já que se faz o uso de altas temperaturas (até 325 °C) para a separação dos compostos. Além disso, compostos polares são de difícil detectabilidade, pela baixa interação com a coluna cromatográfica, normalmente de caráter apolar. Com isso, a análise de substâncias polares e/ou termolábeis requer processos adicionais no preparo, como reações de derivatização, as quais acoplam grupamentos funcionais nas moléculas de interesse, de forma a aumentar sua detectabilidade.[34,35]

A é ideal para análises de solventes orgânicos em amostras biológicas, como etanol, metanol, acetona etc. Em um laboratório de emergência, é a técnica padrão-ouro para a dosagem de etanol em sangue.[36] Além disso, a depender do tipo de detector acoplado, permite a análise de inúmeros compostos de interesse toxicológico. A GC pode ser acoplada a diversos detectores, comumente encontrada junto a um detector de ionização de chama (FID) ou um espectrômetro de massas (MS).[34]

Já a LC utiliza solventes, como água, metanol e acetonitrila, em sua fase móvel. É, de certa forma, mais versátil quando comparada à GC, em decorrência do uso de baixas temperaturas. Equipamentos como cromatógrafo líquido de alta eficiência (HPLC) conduzem suas corridas em pressões mais elevadas, com diminuição no tempo de análise.[35,37] A depender do detector, o preparo da amostra é mais simples ou utiliza quantidades pequenas, algo ideal na toxicologia de emergência. Permite a análise de centenas de compostos, mas, ao contrário da GC, a LC tem boa detectabilidade para compostos de elevada polaridade ou baixa estabilidade térmica, como barbitúricos, benzoilecgonina (principal produto de biotransformação da cocaína), carbamazepina, morfina e benzodiazepínicos.[38] A LC pode ser acoplada a diversos detectores, sendo comum junto a detector UV-visível, detector de arranjo de diodos (DAD), detector de fluorescência ou espectrômetro de massas (MS).[37,38] Na Figura 3 está disposto um resultado, no caso um cromatograma, de uma análise de anticonvulsivantes em plasma, feita em HPLC com detector UV-visível.

Espectrometria de massas

A espectrometria de massas (MS) é uma metodologia de identificação molecular, padrão-ouro em análises toxicológicas em matrizes biológicas. Seu princípio baseia-se na ionização dos compostos, os quais serão detectados de acordo com sua relação massa/carga (m/z).[35,39] Como cada substância tem seu peso molecular específico, a partir dos valores obtidos de m/z é possível fazer a identificação do agente tóxico presente na amostra. Comumente, a MS é acoplada à GC e à LC.[35] Adicionalmente, pode se apresentar em modo sequencial (GC-MS/MS ou LC-MS/MS), possibilitando análises mais sensíveis, sendo possível detectar os xenobióticos em concentrações ínfimas, além da análise simultânea de dezenas a centenas de compostos.[40,41] Nos tempos recentes, tem sido possível fazer a análise de forma direta no MS, principalmente na MS de alta resolução (HRMS), não necessitando da etapa de separação, tendo o resultado de forma muito rápida (segundos a minutos).[42]

A MS é de extrema versatilidade no contexto da toxicologia clínica, pelo fato de permitir a pesquisa de inúmeros compostos. Por isso, pode tanto ser feita a análise específica (ou *target*) de um composto, como a pesquisa específica de diazepam em amostras de plasma, como é possível realizar análises inespecíficas ou sistemáticas (ou *non-target*), nas quais não se sabe o agente a ser pesquisado, ideal em casos de intoxicação sem suspeitas. Para isso, é feito um preparo de amostras amplo, capaz de extrair inúmeros compostos, e o extrato é injetado, principalmente em um equipamento do tipo GC-MS ou LC-HRMS.[38,40]

Quando acoplada à GC, a MS permite a comparação dos resultados (espectros de massa), com bibliotecas contendo espectros de milhares de substâncias. Na Figura 4 está exemplificada a comparação entre um espectro de massas de amostra analisada por GC/MS e um espectro de massas de biblioteca. Já na HRMS, é possível fazer a procura do composto por meio do valor de massa exata da substância, em razão da alta resolução do equipamento. A análise da massa exata possui uma especificidade muito elevada quando comparada às demais, já que é possível prever a fórmula molecular do composto, podendo-se realizar análises mais específicas. Atualmente, assim como em GC-MS, já existem bibliotecas para HRMS, o que permite uma agilidade cada vez maior no processo da procura de um agente tóxico.[40,43]

No Quadro 4 estão dispostas as principais características das metodologias analíticas citadas neste capítulo.

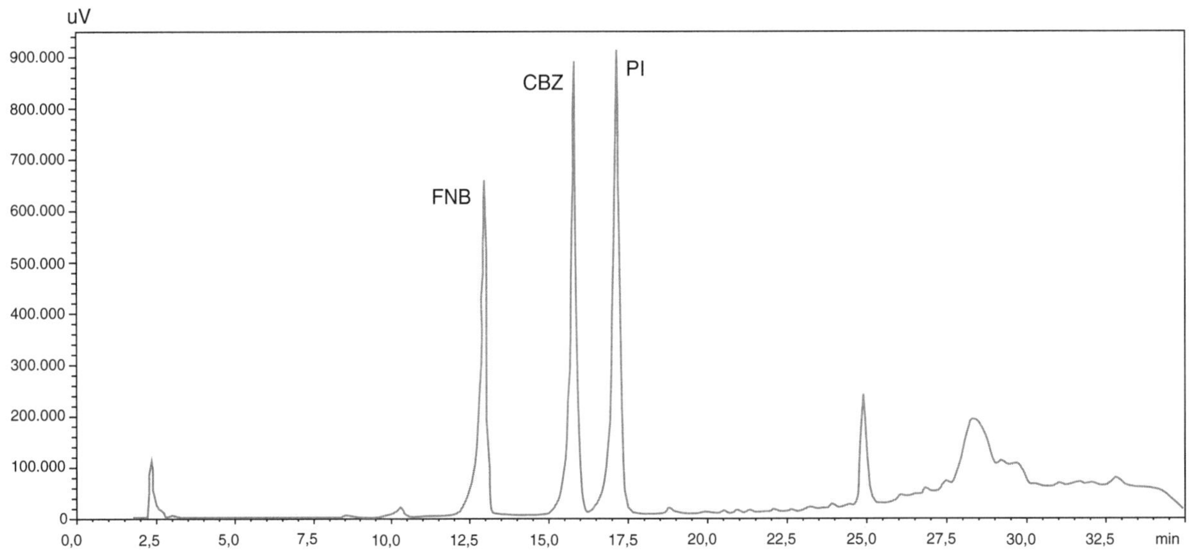

Figura 3 Cromatograma de análise de fenobarbital e carbamazepina em amostra de plasma por HPLC-UV.
CBZ, carbamazepina; FNB, fenobarbital; PI, padrão interno da análise.
Fonte: Bruno Pereira dos Santos (arquivo pessoal).

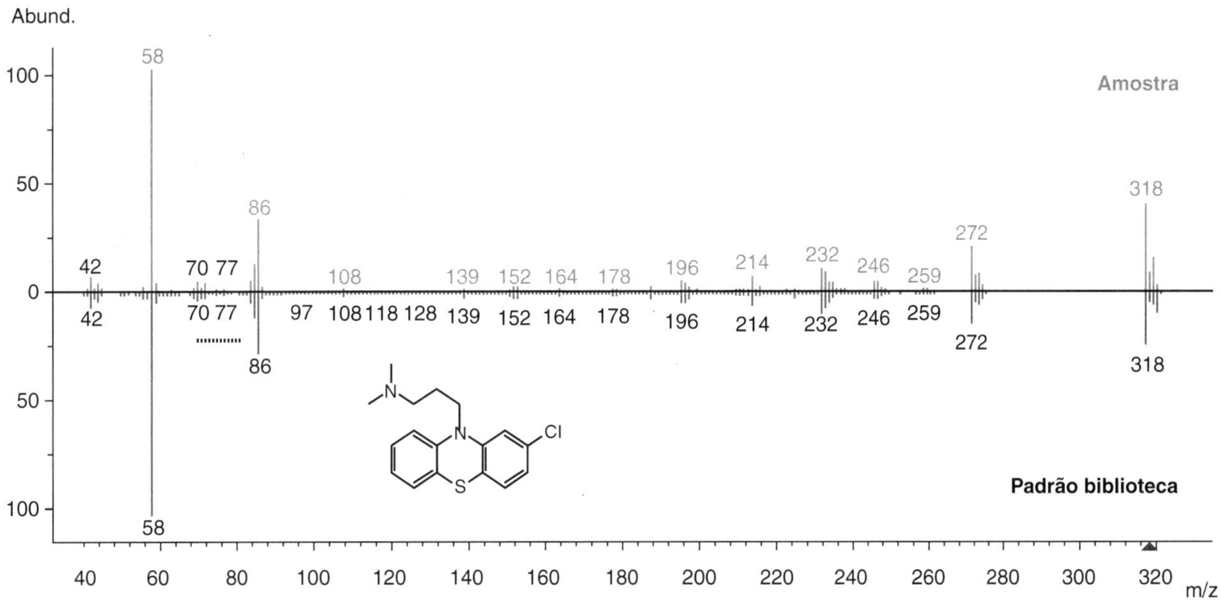

Figura 4. Comparação de espectro de massas (adquirido em GC/MS) de uma amostra positiva para clorpromazina com espectro de massas da clorpromazina disponível na biblioteca NIST 14.0.[44] O espectro superior refere-se a uma amostra de urina para clorpromazina, antipsicótico do grupo das fenotiazinas. O espectro inferior refere-se a um espectro padrão da biblioteca NIST 11.0. No GC/MS, usa-se uma energia constante de 70 eV, fazendo que a fragmentação ocorra sempre da mesma maneira. A partir disso, comparado à presença dos íons e suas respectivas abundâncias com os espectros de massas presentes em uma biblioteca, é possível inferir a substância presente na amostra.

Fonte: NIST 14.0, 2014.[44]

Quadro 4. Principais metodologias presentes em um laboratório de análises toxicológicas

Metodologia analítica	Principais tipos de análises	Sens.	Espec.	Preço	Manuseio
Imunoensaios	Medicamentos diversos e drogas de abuso	++	+	$	Simples. Requer pouco treinamento
CCD	Medicamentos diversos, algumas drogas de abuso, como THC, e agrotóxicos	+	+	$	Simples. Requer pouco treinamento
Espectrofotometria	Acetaminofeno, anticonvulsivantes, carboxi-hemoglobina, colinesterases, ferro, metemoglobina e salicilatos	+	+[a] ++[b]	$	Simples. Requer pouco treinamento
GC-FID	Compostos voláteis (etanol, metanol), biomarcadores de exposição a solventes orgânicos, medicamentos diversos e drogas de abuso	+ + +	+ +	$$	Moderado
GC-MS GC-MS/MS	Medicamentos diversos, drogas de abuso, agrotóxicos, solventes orgânicos	+ + +	+ + +	$$$	Elevado. Requer conhecimentos específicos
LC-UV LC-DAD	Medicamentos diversos e drogas de abuso	+ + +	+ +	$$	Moderado
LC-MS LC-MS/MS	Medicamentos diversos, drogas de abuso e agrotóxicos	+ + + +	+ + + +	$$$$	Elevado. Requer conhecimentos específicos
HRMS	Medicamentos diversos, drogas de abuso e agrotóxicos	+ + + +	+ + + +	$$$$	Elevadíssimo. Necessita de conhecimentos avançados

[a]Especificidade para métodos não enzimáticos. [b]Especificidade para métodos enzimáticos.
Fonte: Nelson, 2011;Viette et al., 2011.[38]

INTERPRETAÇÃO DO RESULTADO TOXICOLÓGICO

Na prática clínica, é de extrema importância que a equipe médica saiba interpretar o resultado de um exame toxicológico, de forma a entender se o em caso afirmativo, questão realmente é uma intoxicação e, em caso afirmativo, proceder ao melhor manejo e tratamento.[2,7] No momento de entender os achados toxicológicos, devem-se considerar diversos fatores da análise, como o tipo de amostra, a forma de expressão dos resultados, a metodologia analítica, o tempo entre a exposição e a coleta da amostra, além de medicamentos administrados no atendimento e aqueles usados na rotina pelo paciente.

Inicialmente, a matriz deve ser levada em conta. Resultados positivos no sangue indicarão um uso recente e que o paciente, no momento da coleta, estava sob efeito do agente tóxico, enquanto resultados positivos na urina podem ser associados a exposição de até dias, de acordo com a substância detectada. No entanto, a presença de uma substância na urina não significa que ela não esteja presente na circulação sanguínea, sendo distribuída aos tecidos-alvo para realizar sua ação tóxica.

Como forma de exemplificar, a seguir estão apresentadas três situações de um caso hipotético em que o paciente fez uso eventual de maconha:

1ª possibilidade: sangue positivo para THC e urina negativa para THC-COOH. Neste caso, o uso foi bem recente (p. ex.: menos de 1 hora), não tendo tempo para a substância ser biotransformada no fígado e ser excretada pelos rins.

2ª possibilidade: sangue positivo para THC e urina positiva para THC-COOH. Com as duas amostras positivas, pode-se considerar o uso recente, com tempo suficiente para a substância ser excretada.

3ª possibilidade: sangue negativo para THC e urina positiva para THC-COOH. A exposição foi há pelo menos 12 horas, não tendo a presença do princípio ativo presente na corrente sanguínea.

Com isso, é perceptível a importância de saber ou suspeitar do tempo de exposição, pela influência da janela de detecção no resultado. A partir disso, deve-se entender que resultados analíticos totalmente negativos não significam necessariamente que o indivíduo não esteve exposto a algum agente tóxico, mas que o tempo da coleta ultrapassou a janela de detecção, não sendo possível verificar a presença da substância na amostra pesquisada.[7,19]

Os resultados toxicológicos podem se apresentar de duas formas: qualitativos ou quantitativos. Resultados qualitativos são essenciais para o diagnóstico das intoxicações, e um valor quantitativo, ao contrário do que pensamos, nem sempre é fundamental. Achados quantitativos são requeridos em intoxicações nas quais é possível correlacionar com o estado do paciente, predizer um prognóstico, iniciar ou descontinuar uma terapia.[2] Além disso, os dados quantitativos são úteis quase unicamente para análises sanguíneas, porque a concentração urinária dependerá de diversos fatores adicionais quando comparada ao sangue, como frequência urinária e quantidade de água ingerida.

Por mais que muitos laboratórios forneçam as concentrações dos agentes tóxicos, na maioria das vezes só os resultados positivos ou negativos são suficientes para a resolução de um caso. Em contrapartida, certas intoxicações necessitam da dosagem do xenobiótico no sangue.[2] Na Tabela 4 estão dispostas as concentrações plasmáticas terapêuticas, tóxicas e letais de algumas substâncias em que a dosagem quantitativa é importante, podendo afetar diretamente o manejo do paciente.

Um fator imprescindível é entender a diferença de um resultado de análise toxicológica com o de monitoramento terapêutico de fármacos (TDM). Muitas vezes, na prática da emergência, é feito o doseamento sanguíneo de diversos fármacos, e, por vezes, esse resultado é usado como monitoramento de seu uso terapêutico. No entanto, apesar de a metodologia analítica ser capaz de dar esse dado quantitativo, no TDM as coletas são realizadas em horários específicos após a ingestão de dose predeterminada do medicamento,

Tabela 4. Concentrações plasmáticas terapêuticas, tóxicas e possivelmente letais dos principais agentes nas quais é necessário o resultado quantitativo

Substância	Conc. plasm. terapêutica (μg/mL)	Conc. plasm. tóxica (μg/mL)	Conc. plasm. possivelmente letal (μg/mL)
Acetaminofeno[a]	10-25	100-150	200-300
Ácido acetilsalicílico[b]	20-200	300-350	400-500
Ácido valproico	50-150	150-200	556; 720
Carbamazepina	4-12	15	20
Digoxina	0,0005-0,0009	0,0012-0,002	0,004-0,005
Etanol	–	1.000-2.000	3.500-4.000
Fenitoína	10-20	20	38; 43
Fenobarbital	10-40	40; 50	50-60

[a]A interpretação sempre deve ser feita de acordo com o nomograma de Rumack-Matthew. [b]A interpretação sempre deve ser feita de acordo com o nomograma de Done.
Fonte: Schulz et al., 2020.[45]

devendo ser feita de forma rigorosa.[46] Já na toxicologia, a coleta muitas vezes é feita por conveniência, de uma dose frequentemente não conhecida, no momento em que o paciente chega para ser atendido, onde está apresentando os efeitos tóxicos. Com isso, ao interpretar o resultado de uma análise quantitativa, a equipe médica deve ter cuidado para entender o que significa aquele número, a finalidade da análise, como foi feita a coleta e informações que a antecedem.

Os resultados laboratoriais corretamente interpretados são úteis para determinar a melhor conduta clínica no manejo do paciente, a fim de reverter o quadro de intoxicação. Tipos específicos de intoxicação podem ter conduta de acordo com a presença ou os níveis do agente tóxico, conforme exposto no Quadro 5. Contudo, nem sempre resultados negativos significam ausência de intoxicação, em virtude das várias considerações dispostas ao longo deste capítulo.

REFERÊNCIAS BIBLIOGRÁFICAS

1. Nelson LS, Lewin NA, Howland MA, Hoffmann RS, Goldfrank LR, Principles of managing the acutely poisoning or overdosed patient. In: Nelson LS, Lewin NA, Howland MA, Hoffmann RS, Goldfrank LR, Flomenbaum NE, organizadores. Goldfrank's Toxicologic Emergencies. 9. ed. Nova Iorque: McGraw-Hill Medical; 2011. p. 37-44.
2. Uges D. Hospital Toxicology. In: Moffat AC, Osselton MD, Widdop B, Watts J, organizadores. Clarke's Analysis of Drugs and Poisons. 4. ed. Londres: Pharmaceutical Press; 2011. p. 3-58.
3. Hoffman RS. Poison centers and poison epidemiology. In: Nelson LS, Lewin NA, Howland MA, Hoffmann RS, Goldfrank LR, Flomenbaum NE, organizadores. Goldfrank's Toxicologic Emergencies. 9. ed. Nova Iorque: McGraw-Hill Medical; 2011. p. 1789-95.
4. Magalhães AFA, Caldas ED. Two health information systems to characterize poisoning in Brazil-a descriptive study. J Public Heal (United Kingdom). 2019;41(1):203-11.
5. Maior M da CLS, Osorio-de-Castro CGS, Andrade CLT de. Internações por intoxicações medicamentosas em crianças menores de cinco anos no Brasil, 2003-2012. Epidemiol Serv Saúde. 2017;26(4):771-82.
6. United Nations Office on Drugs and Crime. World Drug Report 2020: Booklet 2. Viena; 2020.
7. Olson KR, Vohra R. Emergent evaluation and treatment. In: Olson KR, organizador. Poisoning & Drug Overdose. 7. ed. Nova Iorque: McGraw-Hill Education; 2018. p. 1-72.
8. Pianca TG, Sordi AO, Hartmann TC, von Diemen L. Identification and initial management of intoxication by alcohol and other drugs in the pediatric emergency room. J Pediatr (Rio J). 2017;93:46-52.
9. Sachs HC. The transfer of drugs and therapeutics into human breast milk: An update on selected topics. Pediatrics. 2013;132(3):e796-809.
10. Lucas CJ, Galettis P, Schneider J. The pharmacokinetics and the pharmacodynamics of cannabinoids. Br J Clin Pharmacol. 2018;84(11): 2477-82.
11. Holstege CP, Borek HA. Toxidromes. Crit Care Clin. 2012;28(4):479-98.
12. Waring WS. The acute management of poisoning. Med (United Kingdom). 2017;45(2):104-9.
13. Filho AA, Moura AD, Campolina D. Abordagem inicial do paciente intoxicado. In: Filho AA, Campolina D, Dias MB, organizadores. Toxicologia na prática clínica. 2. ed. Belo Horizonte: Folium; 2013. p. 1-30.
14. Hadland SE, Levy S. Objective testing: urine and other drug tests. Child Adolesc Psychiatr Clin N Am. 2016;25(3):549-65.
15. Verstraete AG. Detection times of drugs of abuse in blood, urine, and oral fluid. Ther Drug Monit. 2004;26(2):200-5.
16. Kerrigan S. Sampling, storage and stability. In: Moffat AC, Osselton MD, Widdop B, Watts J, organizadores. Clarke's Analysis of Drugs and Poisons. 4. ed. Londres: Pharmaceutical Press; 2011. p. 445-57.
17. Peters FT. Stability of analytes in biosamples-an important issue in clinical and forensic toxicology? Anal Bioanal Chem. 2007;388(7):1505-19.
18. Rainey PM. Laboratory principles. In: Nelson LS, Lewin NA, Howland MA, Hoffmann RS, Goldfrank LR, Flomenbaum NE, organizadores. Goldfrank's Toxicologic Emergencies. 9. ed. Nova Iorque: McGraw-Hill Medical; 2011. p. 70-89.
19. Moeller KE, Kissack JC, Atayee RS, Lee KC. Clinical interpretation of urine drug tests: what clinicians need to know about urine drug screens. Mayo Clin Proc. 2017;92(5):774-96.
20. Moein MM, El Beqqali A, Abdel-Rehim M. Bioanalytical method development and validation: critical concepts and strategies. J Chromatogr B Anal Technol Biomed Life Sci. 2017;1043:3-11.
21. Europe Workplace Drug Testing Society. Europe Guidelines for Workplace Drug in Urine. European Workplace Drug Testing Society; 2015. [acesso em janeiro de 2022]. Disponível em: http://www.ewdts.org/data/uploads/documents/ewdts-urine-guideline-2015-11-01-v2.0.pdf
22. Substance Abuse and Mental Health Services Administration. Mandatory Guidelines for Federal Workplace Drug Testing Programs. 2017. p. 7920-70.
23. Vohra R. Organophosphorus and carbamates insecticides. In: Olson KR, organizador. Poisoning & Drug Overdose. 7. ed. Nova Iorque: McGraw-Hill Education; 2018. p. 353-60.
24. Blanc PD. Methemoglobinemia. In: Olson KR, organizador. Poisoning & Drug Overdose. 7. ed. Nova Iorque: McGraw-Hill Education; 2018. p. 317-9.

Quadro 5. Manejo clínico de acordo com o resultado da análise toxicológica

Exame toxicológico (positivo ou alterado)	Conduta clínica
Acetaminofeno	Administração de N-acetilcisteína
Ácido valproico	Hemodiálise
Barbitúricos	Alcalinização da urina
Benzodiazepínicos	Administração de flumazenil
Carboxi-hemoglobina	Oxigênio 100%
Cianeto	Administração de hidroxicobalamina
Colinesterase	Atropinização e administração de pralidoxima
Cumarínicos	Administração de vitamina K (fitomenadiona)
Etilenoglicol e metanol	Administração de etanol
Fenotiazínicos e metoclopramida	Administração de biperideno
Metemoglobina	Administração de azul de metileno
Opiáceos/opioides	Administração de naloxona
Paraquat	Hemoperfusão

Fonte: Nelson et al., 2011;[1] Uges, 2011;[2] Olson, 2018.[7]

25. McAllister J, Kunsman GW, Levine BS. Carbon Monoxide/Cyanide. In: Levine BS, Kerrigan S, organizadores. Principles of forensic toxicology. 5. ed. Cham: Springer Nature Switzerland AG; 2020. p. 545-60.
26. Niedbala R, Gonzalez J. Immunoassays. In: Moffat AC, Osselton MD, Widdop B, Watts J, organizadores. Clarke's Analysis of Drugs and Poisons. 4. ed. Londres: Pharmaceutical Press; 2011. p. 496-506.
27. Saitman A, Park HD, Fitzgerald RL. False-positive interferences of common urine drug screen immunoassays: A review. J Anal Toxicol. 2014;38(7):387-96.
28. Rengarajan A, Mullins ME. How often do false-positive phencyclidine urine screens occur with use of common medications? Clin Toxicol. 2013;51(6): 493-6.
29. Widdop B. Colour tests. In: Moffat AC, Osselton MD, Widdop B, Watts J, organizadores. Clarke's Analysis of Drugs and Poisons. 4. ed. Londres: Pharmaceutical Press; 2011. p. 471-95.
30. Skoog D, Holler JF, West DM, Crouch SR. Instrumentos para a espectrometria óptica. In: Skoog D, Holler JF, West DM, Crouch SR, organizadores. Fundamentos de química analítica. 9. ed. São Paulo: Thomson Learning; 2014. p. 704-42.
31. Cole K, Levine BS. Ultraviolet-visible spectrophotometry. In: Levine BS, Kerrigan S, organizadores. Principles of Forensic Toxicology. 5. ed. Cham: Springer Nature Switzerland AG; 2020. p. 127-34.
32. Sebben VC, Lugoch R de W, Schlinker CS, Arbo MD, Vianna RL. Validação de metodologia analítica e estudo de estabilidade para quantificação sérica de paracetamol. J Bras Patol Med Lab. 2010;46(2):143-8.
33. Grabenauer M, Stafford DT. Chromatography. In: Levine BS, Kerrigan S, organizadores. Principles of forensic toxicology. 5. ed. Cham: Springer Nature Switzerland AG; 2020. p. 135-62.
34. Dawling S. Gas chromatography. In: Moffat AC, Osselton MD, Widdop B, Watts J, organizadores. Clarke's Analysis of Drugs and Poisons. 4. ed. London: Pharmaceutical Press; 2011. p. 636-717.
35. Wu AHB, Gerona R, Armenian P, French D, Petrie M, Lynch KL. Role of liquid chromatographyhigh-resolution mass spectrometry (LC-HR/MS) in clinical toxicology. Clin Toxicol. 2012;50(8):733-42.
36. Oliveira SCWSEF, Zucoloto AD, Oliveira CDR, Hernandez EMM, Fruchtengarten LVG, Yonamine M. Determinação de etanol e metanol em sangue por HS/GC-FID nos casos atendidos pelo Centro de Controle de Intoxicações de São Paulo. Brazilian J Forensic Sci Med Law Bioeth. 2016;6(1):61-71.
37. Maurer HH. Liquid Chromatography-mass spectrometry. In: Moffat AC, Osselton MD, Widdop B, Watts J, organizadores. Clarke's Analysis of Drugs and Poisons. 4. ed. London: Pharmaceutical Press; 2011. p. 594-9.
38. Viette V, Fathi M, Rudaz S, Hochstrasser D, Veuthey JL. Current role of liquid chromatography coupled to mass spectrometry in clinical toxicology screening methods. Clin Chem Lab Med. 2011;49(7):1091-103.
39. Vorce SP. Mass spectrometry. In: Levine BS, Kerrigan S, organizadores. Principles of forensic toxicology. 5. ed. Cham: Springer Nature Switzerland AG; 2020. p. 197-220.
40. Maurer HH. Mass spectrometry for research and application in therapeutic drug monitoring or clinical and forensic toxicology. Ther Drug Monit. 2018;40(4):389-93.
41. Franco de Oliveira SCWSE, Zucoloto AD, de Oliveira CDR, Hernandez EMM, Fruchtengarten LVG, de Oliveira TF, et al. A fast and simple approach for the quantification of 40 illicit drugs, medicines, and pesticides in blood and urine samples by UHPLC-MS/MS. J Mass Spectrom. 2019;54(7):600-11.
42. Chiang S, Zhang W, Ouyang Z. Paper spray ionization mass spectrometry: recent advances and clinical applications. Expert Rev Proteomics. 2018;15(10):781-9.
43. Maurer HH, Meyer MR. High-resolution mass spectrometry in toxicology: current status and future perspectives. Arch Toxicol. 2016;90(9):2161-72.
44. NIST Mass Spectrometry Data Center. NIST/EPA/NIH Mass Spectral Library (NIST 14). Gaithersburg: NIST; 2014.
45. Schulz M, Schmoldt A, Andresen-Streichert H, Iwersen-Bergmann S. Revisited: therapeutic and toxic blood concentrations of more than 1100 drugs and other xenobiotics. Crit Care. 2020;24(1):1-4.
46. Hefner G. Consensus guidelines for therapeutic drug monitoring in neuropsychopharmacology: Update 2017. Pharmacopsychiatry. 2018;25(3): 92-140.

CAPÍTULO 4

RESSUSCITAÇÃO E SUPORTE AVANÇADO DE VIDA AO INTOXICADO GRAVE

Juang Horng Jyh
Jaqueline Tonelotto

PONTOS-CHAVE

- Intoxicado grave é aquele paciente que, exposto a algum agente químico, chega ao atendimento com comprometimento importante de órgãos ou sistemas vitais.
- Indivíduos que se expuseram sabidamente a doses muito elevadas ou potencialmente letais também se enquadram nesta categoria.
- O uso de medicamentos no manejo do intoxicado grave deve ser cercado de muita cautela, levando em conta as possíveis interações com o agente tóxico envolvido, ou complicações associadas ao quadro vigente que possam sofrer agravamento (p. ex., hipoxemia, choque, convulsões, arritmias cardíacas, por exemplo).
- Medidas de ressuscitação no intoxicado grave devem seguir as diretrizes atualizadas.
- O reconhecimento das principais síndrome tóxicas, seu manejo e a correta indicação de antídotos específicos são fundamentais para o prognóstico de intoxicados graves.

INTRODUÇÃO

Paciente intoxicado grave é aquele que já chega com o comprometimento de órgãos e sistemas, traduzindo-se em alterações significativas dos sinais vitais. Ou, então, um indivíduo que apresenta ingestão ou exposição a produtos tóxicos em quantidades que podem ser consideradas letais.

Muitas vezes, os pacientes podem chegar em estado comatoso, ou mesmo com alterações hemodinâmicas e do sistema nervoso central (SNC), sendo fundamentais o diagnóstico diferencial precoce de uma intoxicação e a instituição de medidas adequadas para o tipo de veneno envolvido, com o objetivo de reduzir a morbidade e prevenir a mortalidade.[1]

O uso de medicamento no tratamento de pacientes intoxicados merece cuidados diferenciados, pois casos de arritmias cardíacas, tipo *torsades de pointes*, causadas pelas fenotiazinas, antidepressivos tricíclicos (ADT), carbonato de lítio, antirretrovirais e quimioterápicos, não devem ser tratados com sulfato de magnésio (disponível em setores de emergências), uma vez que pode acarretar a piora do estado hemodinâmico, principalmente naqueles que já apresentam hipotensão arterial.[2,3]

Os medicamentos antipsicóticos devem ser usados com muito cuidado, nas situações de agitações, em possíveis usuários de drogas que chegam aos serviços de emergência, pois também podem apresentar, distúrbios hidroeletrolíticos, o que poderia acarretar sérios efeitos adversos, como arritmias cardíacas e óbito.[1]

Não se deve prescrever fenitoína ou fosfenitoína para tratar convulsões de causas toxicológicas ou decorrente de abstinência às drogas, por serem ineficazes nessas situações. Assim, a fenitoína é ineficaz para tratar convulsões causadas por isoniazida, podendo até ser lesiva quando usada para convulsões causadas por teofilina (aminofilina) ou antidepressivos cíclicos. Nesses casos, devem-se usar diazepínicos, seguidos por agonistas de receptores gabaérgicos, como os barbitúricos. No caso de as convulsões serem decorrentes de intoxicação por isoniazida, deve-se administrar piridoxina rapidamente para que se obtenha um tratamento efetivo.[2-6]

Sempre é válida uma interconsulta com os serviços ou Centros de Informações Tóxico-Farmacológicas (CIT) para ajudar na condução mais adequada no manejo de casos de intoxicações agudas e evitar possíveis iatrogenias terapêuticas.

PACIENTE DE ALTO RISCO TOXICOLÓGICO

O conhecimento da toxicocinética e da toxicodinâmica dos venenos envolvidos é de extrema importância para uma condução terapêutica mais apropriada, assim como é fundamental saber o exato produto (veneno) ou substâncias envolvidas em determinada situação toxicológica. Existem produtos que acarretam um quadro gastrintestinal agudo logo após sua ingestão, mas que é seguido por um período de pausa ou latência, quando o paciente fica assintomático. Entretanto, após algum tempo assintomático, o paciente pode evoluir drasticamente para a outra fase mais crítica da intoxicação, com quadro clínico bastante grave;[3-5] por exemplo, a ingestão acidental de 1 frasco de sulfato ferroso por uma criança de 4 anos de idade. Devem ser consideradas situações de grande risco toxicológico e que necessitam de internação em unidade de terapia intensiva (UTI) para tratamento e monitoração intensiva:[1-3]

- Presença de sinais/sintomas respiratórios.
- Presença de sinais/sintomas cardiocirculatórios.
- Presença de sinais/sintomas neurológicos.
- Ingestão intencional de produtos potencialmente tóxicos.
- Ingestão de produto de liberação lenta (*retard*) com riscos tóxicos.
- Quantidade considerável de produtos potencialmente tóxicos.

- Ingestão de substâncias potencialmente cáusticas.
- Ingestão de coquetel de produtos desconhecidos ou pouco esclarecidos.

RESSUSCITAÇÃO EM PACIENTES TOXICOLÓGICOS

A reanimação do paciente intoxicado segue os mesmos princípios preconizados pelos programas elaborados e atualizados periodicamente pela American Heart Association (AHA), sendo o mais recente as Diretrizes de 2020. Vale lembrar que, entre os casos reversíveis de uma parada cardiorrespiratória (PCR), os casos de intoxicação estão inseridos (6 H e 5 T), segundo o Quadro 1.[7,8]

Quadro 1. 6 H e 5 T

6 H	5 T
Hidrogênio (acidose)	Tóxico
Hipovolemia	Tamponamento cardíaco
Hipóxia	Tensão no tórax (pneumotórax)
Hipotermia	Tromboembolismo pulmonar
Hiper/hipocalemia	Trombose coronariana
Hipoglicemia	

As diretrizes da AHA de 2020 trazem, ainda, o algoritmo para caso de suspeita de PCR associada a opioides (Figura 1).

Havendo suspeita de PCR com o envolvimento de bloqueadores dos canais de cálcio, grupo de fármacos ainda bastante utilizado no tratamento da hipertensão arterial, a administração de gluconato de cálcio é fundamental para o retorno das contrações cardíacas e o êxito na manobra de ressuscitação.[1] Portanto, nos serviços de emergência, são muito importantes o conhecimento e a disponibilidade de alguns antídotos utilizáveis como testes terapêuticos – lembrando que o antídoto é um produto que apresenta determinado mecanismo de ação, capaz de modificar tanto a toxicocinética como a toxicodinâmica dos venenos e que, ao ser administrado a um paciente intoxicado, diminui ou neutraliza a ação desse agente tóxico, ou opondo-se aos seus efeitos danosos e induzindo melhora clínica significativa. A seguir, temos o Quadro 2, com o resumo dos principais antídotos e suas doses.[1-6]

O uso de todos os antídotos deve ser criterioso, com o conhecimento das suas propriedades farmacológicas, para evitar seus possíveis efeitos adversos. Isso ocorre, por exemplo, com relação às convulsões desencadeadas pelo flumazenil quando aplicado na intoxicação por benzodiazepínicos em pacientes que já fazem o uso terapêutico desse grupo de medicamentos. De modo geral, os seguintes critérios devem ser observados na administração de antídotos:[1,6]

1. Especificidade de ação e eficácia comprovada por critérios de evidências científicas.
2. Condições clínicas que justifiquem seu uso (gravidade ou prognóstico de gravidade).
3. Concentração sanguínea do tóxico em nível potencial de acarretar risco letal.
4. Os benefícios terapêuticos devem superar seus possíveis riscos.
5. Ausência de contraindicação ao paciente em questão.
6. Disponibilidade e eficiência do antídoto.

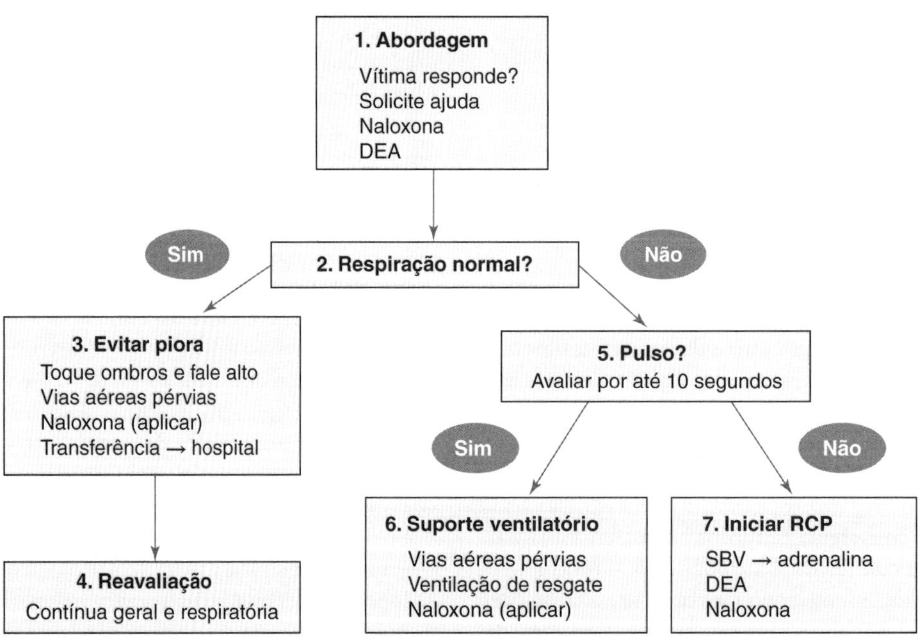

Figura 1. Suspeita de intoxicação opiácea. DEA: desfibrilador externo automático; RCP: reanimação cardiopulmonar; SBV: suporte básico de vida.

Fonte: adaptada de Topjian et al., 2020.[8]

Quadro 2. Principais antídotos e suas doses

Agente	Antídoto	Dose
Benzodiazepínicos	Flumazenil (Lanexat®)	0,01 a 0,02 mg/kg/DO (DM: 0,3 mg/DO) IV, ET
Carbamato e organofosforados	Atropina	Teste: 0,05 mg/kg. Man. 0,1 mg/kg (DM: 4 mg) a cada 5-10 min. IV, IM, IO, ET
Dapsona/anilina	Azul de metileno (metemoglobina > 30%)	0,1 a 0,2 mL/kg (1 a 2 mg/kg) sç a 1%, IV em 5 minutos, a cada 6 a 8 horas s/n
Dicumarínico (warfarina)	Vitamina K1	0,5 mg/kg (DM: 10 mg) IM, IV cada 8 a 12 horas s/n (DM: 50 mg)
Digitálico	Ac Monoclonal Fab (Digibind®)	5 a 10 ampolas IV → 1 ampola (38 mg) neutraliza 0,5 mg de digoxina, por ligação Ag-Ac
Fenotiazina/ haloperidol	Biperideno (Akinethon®) Difenidramina	• Biperideno: 0,06 a 0,1 mg/kg até dose de adulto (3 a 5 mg) a cada 6 horas, IV (1 ampola = 1 mL = 5 mg); ação anticolinérgica • Difenidramina: 1 a 2 mg/kg (DM: 50 mg) IM, IV lento
Ferro (Fe)	Deferoxamina	10 a 15 mg/kg/h (DM: 6 g) IV, até resolução da acidose e manter Fe sérico < 350 mcg/dL
Insulina	Glicose	1 g/kg IV
Isoniazida (INH)	Piridoxina (PDX)	1 g PDX/1 g INH (DM: 5 g) IV lento (1 hora) sç a 5-10%
Opiáceo	Naloxona (Narcan®)	0,1 mg/kg (DM: 2 mg) IV
Betabloqueador	Glucagon	*Bolus*: 0,1 mg/kg; depois: 0,07 mg/kg/h IV
Etilenoglicol/metanol	Etanol/fomepizol	• Etanol 10% (1 mL: 0,08 g): 10 mL/kg (0,8 g/kg) IV em 1 hora; man. 130 mg/kg/h. Uísque/cachaça a 20%: 2 mL/kg VO, SNG (até nível sérico de 100 a 150 mg/dL) • Fomepizol: 15 mg/kg IV 30 minutos, depois 10 mg/kg a cada 12 horas, 4 vezes; depois 15 mg/kg a cada 12 horas até [ ] etilenoglicol/metanol serem < 20 mg/dL
Metanol	Ácido fólico/ácido folínico	1 mg/kg (DM: 50 mg) IV, em 100 mL de SG 5% a cada 4 horas até a melhora (1 ampola: 10 mL → 5 mg/mL)
Cianeto	Hidroxicobalamina	70 mg/kg (DM: 5 g) IV em 15 minutos; repetir a dose (casos graves)
Antidepressivos tricíclicos	Bicarbonato de sódio	1 mEq/kg, IV em 1 a 2 horas, repetir s/n para manter pH 7,50 a 7,55 (DM: 8 mEq/kg/dia)
Paracetamol/ acetaminofeno	N-acetilcisteína	150 mg/kg IV em 15 horas com SG 5% ou SF 0,9%
Heparina	Protamina	1 ml (10 mg) inativa 1.000 U de heparina (DM: 50 mg)
Metais pesados	EDTA	3 a 5 mg/kg IM, a cada 4 a 12 horas (DM: 20 a 30 mg/kg/dia) por 5 a 14 dias, dependendo do metal
Sulfonilureia	Octreotida	1 a 2 mcg/kg IV/SC a cada 6 a 8 horas

[ ]: concentração; Ac: anticorpo; Ag: antígeno; DM: dose máxima; DO: dose; ET: endotraqueal; IM: intramuscular; IO: intraóssea; IV: intravenoso; man.: dose de manutenção; s/n: se necessário; SC: subcutânea; sç: solução; SF: soro fisiológico; SG: soro glicosado; SNG: sonda nasogástrica; VO: via oral.

SUPORTE AVANÇADO DE VIDA

O suporte avançado de vida ao paciente intoxicado deve ocorrer em ambiente hospitalar e de preferência em uma UTI, onde estão disponíveis as melhores tecnologias em saúde, como ventilação pulmonar mecânica (VPM), hemodiálise, hemoperfusão, monitorações hemodinâmicas e ventilatórias contínuas, sendo também o ambiente ideal para o uso de antídotos. Nessa fase de assistência, é muito importante verificar o quadro clínico do paciente que possa ser enquadrado com alguma síndrome toxicológica. Assim, é fundamental o conhecimento das seguintes síndromes:[1-6]

1. Anticolinérgica, caracterizada por febre, taquicardia, pele e mucosas secas, rubor facial, midríase, visão borrada, íleo paralítico, *delirium*, constipação e retenção urinária. Principais agentes tóxicos envolvidos: atropina, beladona, escopolamina, saia-branca.
2. Colinérgica, caracterizada por: a) ação nos receptores muscarínicos: miose, aumento exacerbado de secreções salivares, pulmonares, lacrimejamento, diarreia, sudorese, hiperperistaltismo e bradicardia; b) ação nos receptores nicotínicos: agitação, tremores musculares, fasciculações, mioclonias, cefaleia, hipertensão arterial. Principais agentes tóxicos envolvidos: carbamatos, organofosforados, nicotina e fisostigmina.
3. Serotoninérgica, caracterizada por alterações do estado mental, bem como das funções motoras e autonômicas: acidose, agitação, alucinação, confusão mental, hipertermia, hiperatividade muscular, mioclonias, tremores, hipertonia, hiper-reflexia, incoordenação motora, sudorese, náuseas, vômitos e diarréia. Principais agentes tóxicos envolvidos: antidepressivos tricíclicos, tramadol, meperidina, antieméticos, linezolida, *ecstasy*, sumatriptana e dextrometorfano. O quadro clínico decorre da

estimulação exagerada dos receptores serotoninérgicos centrais e periféricos. Os ADT (amitriptilina, nortriptilina) merecem especial atenção toxicológica pela gravidade e frequência estatística. Acarretam arritmias cardíacas, prolongamento do QRS, acidose metabólica, febre, hipotensão, midríase, convulsão e coma.

4. Simpaticomimética, caracterizada por agitação, midríase, taquicardia, hipertermia, hipertensão, pele úmida. Principais agentes tóxicos envolvidos: anfetamina, cocaína, *crack*, pseudoefedrina, ioimbina. Sua gravidade pode ser classificada em quatro graus:

- Grau 1: agitação, irritabilidade, sudorese, midríase.
- Grau 2: confusão, hiperatividade, febre, hipertensão arterial e taquicardia.
- Grau 3: *delirium*, arritmias, febre alta, hipertensão grave, autoagressão.
- Grau 4: convulsão, coma, colapso cardiocirculatório e óbito.

Diante dessa gama de descompensações orgânicas e sistêmicas, medidas de suporte avançado de vida devem ser prontamente instituídas:

Suporte ventilatório e oxigenação

Pacientes com depressão de nível de consciência, depressão respiratória, secretivos e aqueles com suspeitas de intoxicação por monóxido de carbono (CO) devem ser intubados e colocados em VPM com os parâmetros adequados para cada situação.

Pode ser que seja necessário o uso concomitante de agentes farmacológicos para permitir uma VPM adequada, como o uso de broncodilatadores, miorrelaxantes, analgésicos e sedativos, estes três últimos com muito cuidado, pela possibilidade de acarretarem efeitos adversos conforme o tóxico envolvido. Entretanto, não devem ser usados bloqueadores neuromusculares (BNM) em pacientes intoxicados, a menos que por estricnina. BNM pode acarretar bloqueio prolongado (dias a semanas), principalmente se associado a corticosteroides.

No caso de intoxicação por CO, deve ser preconizado, precocemente, o uso de câmara hiperbárica para oxigenação, uma vez que a afinidade da hemoglobina pelo CO é cerca de 250 vezes maior do que pelo oxigênio.[9] As câmaras utilizadas para a oxigenação hiperbárica são estruturas que ficam hermeticamente fechadas em que se aplica oxigênio a 100%, sob uma pressão de até três vezes a atmosférica, promovendo uma hiperoxigenação tissular.

Suporte hemodinâmico

Deve ser dada atenção para fazer as correções de possíveis distúrbios hidroeletrolíticos, acidobásicos e cardiovasculares, estabilizando o paciente do estado de choque e mantendo as perfusões dos órgãos, principalmente a perfusão cerebral. Providenciar rapidamente o acesso vascular central (AVC), se houver dificuldade instalar logo o acesso intraósseo (IO) para a infusão de cristaloides, de coloides e até de concentrado de hemácias, para manter a pressão arterial e a hemoglobina em níveis adequados para a estabilização hemodinâmica e o transporte de oxigênio aos tecidos.

Realiza-se avaliação cardiocirculatória periódica durante a reanimação cardiopulmonar (RCP) eficiente. Saber diferenciar quando é "chocável" ou não, baseando-se no ritmo cardíaco:[8]

A. **Ritmo não "chocável"** → atividade elétrica sem pulso (AESP), bradicardia (FC < 60 bpm) e assistolia. Aplicar rapidamente adrenalina IV ou IO (10 mcg/kg, DM: 1 mg) e repetir a cada 3 a 5 minutos; lembrar de fazer um *flush* de soro depois, para levar a medicação.

B. **Ritmo "chocável"** → taquicardia ventricular (TV) sem pulso e fibrilação ventricular (FV). Aplicar um choque de 4 J/kg e retornar às manobras de RCP imediatamente. Reavaliar o ritmo cardíaco a cada 2 minutos após o choque e, se for chocável, nova carga de 4 J/kg. Após o terceiro choque, administrar adrenalina e amiodarona (5 mg/kg, DM: 300 mg) IV ou IO, ou lidocaína (1 mg/kg) IV, caso não tenha amiodarona. A amiodarona pode ser repetida, juntamente com a adrenalina, após o quinto choque.

Quando o lactato sérico se mantém persistentemente elevado, pode indicar uma reanimação hemodinâmica inadequada, demandando que seja revista, inclusive com o uso de medicamentos e fluidos.

Hemodiálise

Tem como principais objetivos a retirada de líquido e de toxinas metabólicas, como ureia e creatinina de pacientes com insuficiência renal, bem como corrigir distúrbios de pH sanguíneo, de sódio e do potássio sérico. É também um recurso terapêutico utilizado em toxicologia para a remoção de alguns venenos potencialmente letais, como ácido acetilsalicílico, ácido valproico, bloqueadores dos canais de cálcio, brometo, etanol, digitálicos, metanol, etilenoglicol, insulina e lítio.[3-5]

Diurese osmótica e alcalinização urinária[1-6,10]

A via renal para a eliminação de tóxicos deve ser considerada para produtos que apresentem baixa ligação proteica e excreção predominante renal, sendo aplicada a técnica da diurese forçada, em que se procura obter um débito urinário duas a três vezes o normal (60 a 80 mL/m^2 SC/h), com infusão de cristaloides e furosemida (1 a 2 mg/kg/dia, em três doses). Deve ser utilizada mesmo nos intoxicados que apresentam rabdomiólise ou hemólise, quando ocorre a liberação de pigmentos nefrotóxicos (hemoglobina e mioglobina). Deve-se ter cuidado com a possibilidade de sobrecarga hídrica; também se deve monitorar quanto às alterações glicêmicas e à espoliação de potássio para reposição adequada. A alcalinização urinária é um procedimento importante para promover a eliminação de tóxicos com pKa (constante de dissociação) entre 3 e 7,5 (clorpropamida, isoniazida, salicilato, fenobarbital), pois a alcalinização aumenta a fração ionizada no lúmen tubular, prevenindo sua reabsorção, sendo então excretado na urina. A alcalinização é realizada com infusão de bicarbonato de sódio 1 a 2 mEq/kg, em infusão venosa por 6 horas, com o objetivo de manter pH urinário maior que 7,5.

É comum fazer associação da diurese forçada com a alcalinização urinária, como medida mais eficiente de eliminar tóxicos pela diurese. No caso de intoxicação por metanol, também é preconizado ácido fólico (1 mg/kg, DM: 50 mg) diluído em 100 mL de SG 5% IV, a cada 4 horas, para aumentar a transformação do ácido fórmico (metabólito de metanol) em dióxido de carbono e água.

Ainda com relação ao suporte avançado de vida do paciente intoxicado grave, o controle da temperatura corporal não deve ser esquecido, pois tanto a hipertermia como a hipotermia acarretam riscos adicionais. Hipertermia grave acarreta rabdomiólise, insuficiência renal aguda, convulsões e lesões cerebrais, enquanto drogas adrenérgicas em pacientes hipotérmicos graves podem desencadear arritmias fatais.

MONITORAMENTO DE PACIENTES TOXICOLÓGICOS

O monitoramento deve ser intensivo, tanto por meio de monitores multiparamétricos (eletrocardiograma, oximetria de pulso, capnografia, pressão arterial média, pulso e frequência respiratória) como laboratoriais (hemograma completo, coagulograma, eletrólitos, enzimas hepáticas, enzimas cardíacas, ureia, creatinina, lactato, desidrogenase láctica) e até os de imagem.

É fundamental que pacientes com instabilidade hemodinâmica mantenham monitoração invasiva da pressão arterial por meio da cateterização de uma artéria, o que fornecerá a pressão em tempo real e fidedigna, por batimento cardíaco, que é a pressão arterial média. O débito urinário desses pacientes também deve ser monitorado, por meio da instalação de sondagem vesical de demora. O débito urinário considerado normal é de 1 a 2 mL/kg/h ou 40 a 60 mL/m^2/h.

Quando há indicação e é possível, é fundamental o acompanhamento evolutivo do nível sérico do produto envolvido para poder se adequar às medidas terapêuticas e prever sua gravidade toxicológica. Nos casos de intoxicação por paracetamol, por exemplo, a obtenção de seu nível sérico relacionando com o tempo decorrido da ingestão permite confrontar com o nomograma de Rumack-Matthew, para saber o grau de risco hepatotóxico, conforme a Figura 2.[11]

Enfatizamos que, nos casos de intoxicações exógenas agudas, é importante saber a hora de ocorrência (ingestão do produto), para a análise da correlação clínica e o

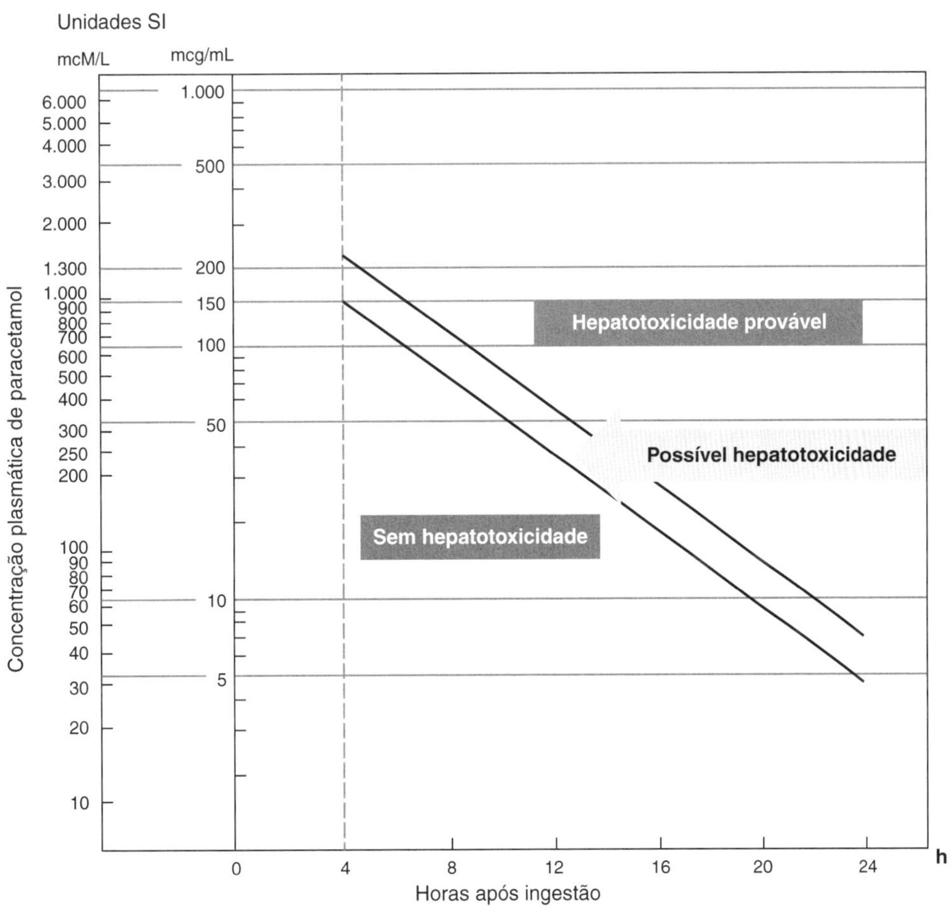

Figura 2. Nomograma de Rumack-Matthew.

direcionamento terapêutico apropriado. A determinação de *gap* osmolar (GO) e ânion *gap* (AG) é útil para o diagnóstico de intoxicação por álcool tóxico (metanol, etilenoglicol, propilenoglicol e isopropranolol):[12]

A. O GO é dado pela diferença entre a osmolaridade sérica medida (OM) por um osmômetro e a osmolaridade calculada (OC), sendo:

$$OC = 2 \times Na^+ \text{ (mEq/L)} + \text{glicose (mg/dL)}/18 + U \text{ (mg/dL)}/2{,}8$$
$$GO = OM - OC \text{ (normal até 10 mOsm)}$$

B. O AG, também conhecido como hiato aniônico ou intervalo aniônico, é a diferença entre os cátions e os ânions presentes no sangue:

$$AG = (Na + K) - (HCO_3 + Cl) \rightarrow \text{valor normal entre } 12 +/- 4 \text{ mEq/L.}$$

Quadro 3. Principais fármacos que acarretam acidose com aumento de ânion *gap*	
• Acetaminofeno	• Epinefrina
• Ácido ascórbico	• Etilenoglicol
• Anti-inflamatório não esteroide	• Terbutalina
• Metformina	• Cloranfenicol
• Propofol	• Dapsona
• Inibidores da transcriptase reversa (antirretrovirais)	• Etanol/metanol
• Ácido ascórbico	• Verapamil
• Colchicina	

Fonte: Jyh et al., 2021;[1] Brent et al., 2005;[2] Lu, Kacew, 2009;[5] Hernandez et al., 2017.[6]

O GO aumentado, comum nas intoxicações por álcoois tóxicos, também pode estar elevado nas situações de cetoacidose alcoólica, cetoacidose diabética, insuficiência renal, choque e administração de manitol recente; portanto, são de fundamental importância uma história clínica e exame físico bem-feitos, para a complementação do diagnóstico definitivo.

CRITÉRIOS DE ALTA DA UTI

A alta da UTI dependerá da estabilização hemodinâmica, bem como da recuperação da função orgânica e neurológica do paciente. Deve ser observado o tempo de metabolização e excreção dos tóxicos envolvidos, bem como possibilidade de drogas com circulação êntero-hepática (como a digoxina). Convém tomar o cuidado de transferir o paciente da UTI para a enfermaria. Antes de dar alta para casa, devem-se fazer todas as orientações necessárias e de maneira esclarecidas ao paciente e aos seus familiares.

CONCLUSÃO

No cuidado adequado às vítimas de intoxicações graves, é fundamental o conhecimento da cinética e dinâmica do veneno envolvido, e para isso o médico emergencista ou intensivista deve contar com a assistência de um toxicologista ou ao menos buscar o apoio de um centro de informações farmacotoxicológicas. O diagnóstico correto de uma intoxicação e, principalmente, do produto envolvido permite uma assistência adequada, evitando a mortalidade e minimizando a morbidade. Lembrando que o que devemos tratar é o doente, não o veneno. Existem poucos antídotos, nem sempre disponíveis, portanto, são urgentes as tomadas de medidas básicas de suporte vital, visando promover oxigenação adequada, estabilização hemodinâmica e de proteção aos órgãos e sistemas, incluindo o SNC, e evitar iatrogenias.

REFERÊNCIAS BIBLIOGRÁFICAS

1. Jyh JH, Tonelotto J, Kubo EY. Intoxicações exógenas em medicina de emergência pediátrica. In: Associação Brasileira de Medicina de Emergência; Guimarães HP, Borges LAA, organizadores. PROMEDE Programa de Atualização em Medicina de Emergência: Ciclo 4. Porto Alegre: Artmed Panamericana; 2021. p. 11-64.
2. Brent J, Wallace KL, Burkhart KK, Phillips SD, Donovan JW, editores. Critical Care Toxicology – Diagnosis and management of the critically poisoned patient. Filadélfia: Elsevier Mosby; 2005.
3. Klaassen CD, Watkins III JB, editores. Casarett & Doull's Essential of Toxicology. 3. ed. Nova Iorque: McGraw-Hill; 2015.
4. Nelson LS, Howland MA, Lewin NA, Smith SW, Goldfrank LR, Hoffman RS, editores. Goldfrank's Toxicologic Emergencies. 11. ed. Nova Iorque: McGraw-Hill; 2019.
5. Lu FC, Kacew S, editores. Lu's Basic Toxicology: Fundamentals, target organs and risk assessment. 5. ed. Nova Iorque: Informa Healthcare; 2009.
6. Hernandez EMM, Rodrigues RM, Torres TM. Manual de toxicologia clínica: orientações para assistência e vigilância das intoxicações agudas. São Paulo: Secretaria Municipal da Saúde; 2017. 465 p.
7. Van de Voorde P, Turner NM, Djakow J, de Lucas N, Martinez-Mejias A, Biarent D, et al. European Resuscitation Council Guidelines 2021: Paediatric Life Support. Resuscitation. 2021;161:327-87.
8. Topjian AA, Raymond TT, Atkins D, Chan M, Duff JP, Joyner Jr BL, et al. Part 4: Pediatric Basic and Advanced Life Support 2020 American Heart Association Guidelines for Cardiopulmonary Resuscitation and Emergency Cardiovascular Care. Circulation. 2020;142(16_suppl_2):S469-S523.
9. Huang CC, Ho CH, Chen YC, Lin HJ, Hsu CC, Wang JJ, et al. Hyperbaric oxygen therapy is associated with lower short- and long-term mortality in patients with carbon monoxide poisoning. Chest. 2017;152(5):943-53.
10. Kellum JA. Clinical review: Reunification of acid–base physiology. Critical Care. 2005;9(5):500-7.
11. Rumack BH, Matthew H. Acetaminophen poisoning and toxicity. Pediatrics. 1975;55(6):871-6.
12. Krasowski MD, Wilcoxon RM, Miron J. A retrospective analysis of glycol and toxic alcohol ingestion: utility of anion and osmolal gaps. BMC Clin Pathol. 2012;12:1.

CAPÍTULO 5

ANTÍDOTOS E ANTAGONISTAS

Marcos Vinícios Razera
Julio Cesar Razera
Carlos Augusto Mello da Silva

PONTOS-CHAVE

- A imensa maioria dos agentes causadores de intoxicações agudas, atendidas em emergências e unidades de terapia intensiva, não dispõe de antídotos ou antagonistas específicos, sendo manejados com medidas de suporte vital e sintomáticas.
- Nos casos em que há antídotos e antagonistas, o sucesso do tratamento está ligado à sua disponibilidade imediata ou o mais precocemente possível.
- Alguns antídotos não estão disponíveis comercialmente no Brasil.
- Os centros de informação e assistência toxicológica ou um médico toxicologista devem ser consultados sobre a disponibilidade e o uso adequado de antídotos sempre que possível.

INTRODUÇÃO

Antídotos e antagonistas são agentes que atuam por diferentes mecanismos farmacológicos, atenuando ou inibindo os efeitos de um tóxico no organismo.[1,2] Na pediatria, os cenários de intoxicação são heterogêneos, pois variam desde o consumo inadvertido de algum comprimido em domicílio até o uso equivocado de um fármaco em nível hospitalar. Nesse contexto, são fundamentais a confirmação da intoxicação, a identificação do agente envolvido e as características do paciente, a fim de oferecer o melhor tratamento.[1]

De acordo com os dados do Sistema Nacional de Informações Tóxico-Farmacológicas (Sinitox), em 2017, intoxicações em indivíduos até 14 anos de idade somaram quase 20 mil casos, representando 26% de todos os registros, com uma letalidade de 4,5 óbitos a cada 10 mil casos (ou 9 óbitos a cada 20 mil). Além disso, ressalte-se que medicamentos representaram aproximadamente 33% dos agentes tóxicos nos casos pediátricos, enquanto outros agentes importantes apresentaram incidência mais discreta, como agrotóxicos (3,6%) e raticidas (2,4%).

A ação dos antídotos e antagonistas é variada, e sua compreensão é fundamental no manejo dos casos de intoxicação (Tabela 1). Eles podem agir reduzindo a produção de metabólitos tóxicos, como a L-carnitina,[3] o álcool etílico[4] e o fomepizole,[5] o azul de metileno[6] e a acetilcisteína;[7] diminuindo a ação da droga, como o bicarbonato de sódio;[8] promovendo a restauração de componentes que sofrem depleção pela ação do tóxico, como o glucagon,[9] a octreotida,[10] o gluconato de cálcio[11] e a vitamina K1;[12] agindo como quelantes, transformando agentes tóxicos em substâncias solúveis de fácil eliminação, como o dimercaperol,[13] a deferoxamina,[14] a penicilamina,[15] a hidroxicobalamina[16] e o EDTA dissódico cálcico;[17] competindo como agonistas ou antagonistas com os agentes tóxicos pelos receptores, como a bromocriptina,[18] o flumazenil,[19] a atropina[20] e a naloxona;[21] interferindo na ação de neurotransmissores, como a fisostigmina[22] e a pralidoxima;[23] diminuindo a absorção do tóxico, como a terra de Fuller.[24]

Tabela 1. Antídotos ou antagonistas mais comuns

Agente/grupo farmacológico	Antídoto/ antagonista	Dose	Observações
Ácido valproico[3]	L-carnitina	100 mg/kg IV, lenta, 2 a 3 minutos. Após, 5 mg/kg (máx. 3 g/dose) a cada 8 horas até a normalização dos níveis de amônia.	Uso restrito a casos graves de intoxicação aguda (coma associado à hiperamonemia).
Antidepressivos tricíclicos[25] (amitriptilina, imipramina, nortriptilina)	Bicarbonato de sódio	1-2 mEq/kg IV, em *bolus*. Pode ser repetida após 5 minutos se necessário.	Indicado se QRS > 100 mseg ou arritmia ventricular. Manter pH sanguíneo entre 7,45 e 7,55.
Álcool metílico (metanol) ou etilenoglicol[4,5]	Álcool etílico	10 mL/kg de solução de etanol 10% com SG 5% IV, inicial, 60 minutos. Manutenção 1 mL/kg/h IV, de acordo com níveis séricos de álcool.	Monitorar alcoolemia, mantendo em 100 mg/dL.
	Fomepizole	15 mg/kg EV, inicial. Após, 10 mg/kg a cada 12 horas de acordo com pH sanguíneo e concentração do agente no soro.	Monitorar pH até normalização e manter concentração sérica de metanol e/ou etilenoglicol < 20 mL/dL.

continua

Tabela 1. Antídotos ou antagonistas mais comuns (*continuação*)

Agente/grupo farmacológico	Antídoto/ antagonista	Dose	Observações
Antidiabéticos orais: sulfonilureias (clorpropramida, glibenclamida, glimepirida, gliclazida)[9,10]	Glicose	Criança/adolescente: SG 10% 5 a 10 mL/kg. SG 25% 2 a 4 mL/kg. SG 50% 1 a 2 mL/kg.	Manter glicemia no mínimo em 80 mg/dL.
	Octreotida	Criança: 1 a 1,5 mcg/kg IM ou SC a cada 6 horas (máx. 50 mcg/dose) por 24 horas.	Casos de hipoglicemia sintomática.
	Glucagon	5 mg IM.	Pode ser administrado enquanto se obtém acesso intravenoso para administração de glicose.
Antipsicóticos (haloperidol, clorpromazina, risperidona, olanzapina) e antieméticos (metoclopramida, prometazina) causando síndrome neuroléptica maligna[26]	Bromocriptina	Criança: não há dose bem estabelecida. Relato de 0,08 mg/kg em crianças de 7 anos SNG. Adolescente: 2,5 mg VO ou SNG, a cada 8 ou 12 horas. Máx. 20 mg/dose.	
Arsênico, ouro, sais inorgânicos de mercúrio[13]	Dimercaprol	De 2 a 4 mg/kg, a cada 4 horas por 2 dias; no terceiro dia, a cada 6 horas. Após, 2 x/dia até completar 10 dias. Administração intramuscular profunda com aplicação dolorosa.	O uso de dimercaprol é controverso nos envenenamentos por tálio, bismuto e sais orgânicos de mercúrio.
Atropina[22]	Fisostigmina	0,02 mg/kg IV, lenta (máx. 0,5 mg/dose). Pode ser repetida a cada 5 a 10 minutos, se necessário (dose total máxima de 2 mg).	Usar quando houver predomínio de manifestações anticolinérgicas.
Benzodiazepínicos (alprazolam, clonazepam, diazepam, midazolam)[19]	Flumazenil	0,01 mg/kg IV (máx. 0,2 mg/dose). Podem-se repetir doses a cada 1 minuto, se necessário (máx. acumulado 1 mg). Alternativa: 0,005 a 0,01 mg/kg/h em infusão contínua.	Uso restrito a casos graves: doses elevadas ou por benzodiazepínicos mais tóxicos (midazolam/alprazolam), com insuficiência respiratória aguda/necessidade de ventilação mecânica. Atenção! Há risco aumentado de convulsão em pacientes epilépticos ou dependentes de benzodiazepínicos. Não administrar se houver ingestão simultânea de antidepressivos tricíclicos.
Betabloqueadores (propranolol)[11]	Glucagon	Criança: 0,05 mg/kg IV. Se não houver resposta, a dose pode ser repetida. Alternativa: 0,05 a 0,1 mg/kg/h. Adolescente: 5 a 10 mg IV. Se não houver resposta, a dose pode ser repetida. Alternativa: 1 a 5 mg/kg/h.	Indicado se hipotensão, bradicardia e distúrbios de condução cardíaca. Efeitos adversos: náuseas e vômitos (retardo do esvaziamento gástrico).
Bloqueadores de canais de cálcio (anlodipino, nifedipino, verapamil, diltiazem)[11,27]	Gluconato de cálcio 10%	0,2 a 0,3 mL/kg IV, lenta, 5 a 10 minutos. Adolescente: 10 a 20 mL IV, lenta, 10 minutos. Repetir em 10 a 20 minutos, se necessário (até 3 a 4 doses).	Realizar monitoramento cardíaco. Evitar extravasamento por risco de necrose tecidual.
	Glucagon	Criança: 0,05 mg/kg IV. Se não houver resposta, a dose pode ser repetida. Alternativa: 0,05 a 0,1 mg/kg/h. Adolescente: 5 a 10 mg IV. Se não houver resposta, a dose pode ser repetida. Alternativa: 1 a 5 mg/kg/h.	
Cianeto[28]	Hidroxicobalamina	Criança: 70 mg/kg IV, infusão lenta. Adolescente: 2 frascos de 2,5 g (5 g). Diluir em SF, IV, infusão lenta, 15 a 30 minutos.	Administrar também O_2 complementar 100%. Produz coloração vermelha ou rosada da urina (cromatúria) e pele (por 2 a 7 dias). Podem ocorrer náuseas, vômitos, hipertensão e tremores.
Fenotiazínicos, butirofenonas, metoclopramida (distonias agudas e reações extrapiramidais)[29,30]	Difenidramina	1 a 2 mg/kg IV ou IM, inicial (máx. 50 mg/dose). Se necessário, 5 mg/kg/dia divididos a cada 6 horas IV ou VO.	Pode causar sedação ou agitação paradoxal em crianças. Efeitos anticolinérgicos acima de 100 mg.
	Biperideno	< 1 ano: 1 mg IM ou IV. 1 a 6 anos: 2 mg IM ou IV. 6 a 10 anos: 3 mg IM ou IV. > 10 anos: 2,5 a 5 mg IM ou IV. Pode-se repetir a dose após 30 minutos se necessário.	

continua

Tabela 1. Antídotos ou antagonistas mais comuns (*continuação*)

Agente/grupo farmacológico	Antídoto/ antagonista	Dose	Observações
Chumbo[15,17]	EDTA dissódico cálcico	Nível sérico < 70 mcg/dL e assintomático: 50 mg/kg/dia IM ou V por 5 dias (máx. 1 g/dia). Nível sérico ≥ 70 mcg/dL ou sintomático: 25 a 50 mg/kg/dia IM ou IV por 5 dias (máx. 1 g/dia).	EDTA e penicilamina são utilizados em combinação nos casos de plumbemia ≥ 70 mcg/dL ou encefalopatia. Iniciar EDTA na segunda dose de penicilamina.
	Penicilamina	Encefalopatia: 50 a 75 mg/kg/dia IM ou IV por 5 dias (máx. 1 g/dia). 4 mg/kg/dose IM a cada 4 horas por 2 a 7 dias.	
Ferro, sais de[14]	Deferoxamina	15 mg/kg/h IV. Máx. 6 g em 24 horas.	Indicado se Fe sérico > 500 mcg/dL ou sinais clínicos/laboratoriais de gravidade: diarreia com sangue, choque, acidose metabólica ou muitos comprimidos visíveis à radiografia de abdome.
Inseticidas inibidores da acetilcolinesterase: organofosforados, carbamatos[20,23]	Atropina	Criança: 0,05 a 0,1 mg/kg IM ou IV, inicial. Se necessário, repetir a cada 5 a 10 minutos dobrando a dose anterior até atropinização. Adolescente: 1 a 3 mg IM ou EV, inicial. Se necessário, repetir a cada 5 a 10 minutos dobrando a dose anterior até a atropinização. Após atropinização: administrar 10% a 20% da dose total utilizada para atropinização IV contínua a cada hora por 48 a 72 horas. Se o paciente apresentar intoxicação por atropina (taquicardia, RHA-, hipertermia, *delirium*, retenção urinária), interromper a infusão por 30 minutos e reiniciar com dose 20% menor.	Monitorar eficácia pela redução da secreção brônquica e da sibilância. A atropina não deve ser suspensa abruptamente, mas de modo gradual, monitorando se há retorno de manifestações colinérgicas. Tratamento não indicado nos casos de envenenamento por inseticidas carbamatos (inibidores reversíveis da colinesterase).
	Pralidoxima	20 a 50 mg/kg IV, inicial (máx. 2 g/dose) Após: 10 a 20 mg/kg/h, uso contínuo ou 20 a 50 mg/kg após 1 hora e, depois, a cada 12 horas. Manter tratamento de acordo com quadro clínico e níveis de colinesterase.	
Metemoglobinemia (nitritos, benzocaína, dapsona, fenazopiridina)[31]	Azul de metileno a 1%	1 mg/kg IV, lenta, 5 a 30 minutos. Pode ser repetida a cada 30 a 60 min se metemoglobina superior a 30% ou paciente sintomático.	Fornecimento de oxigênio complementar é essencial. Agentes de ação mais longa (dapsona) podem precisar de doses a cada 8 horas por até 3 dias. Efeitos adversos: hemólise (em deficientes de G6PD) e metemoglobinemia (doses > 7 mg/kg).
Opioides (morfina, codeína, fentanila, heroína)[21]	Naloxona	Criança: 0,1 mg/kg IV. Máx. 2 mg. Se necessário, manter infusão contínua de 0,04 a 0,16 mg/kg/h IV. Adolescente: 0,4 a 0,2 mg IV. Repetir a cada 2 ou 3 minutos se necessário.	Pode ser administrada por via intramuscular e intratraqueal (tubo) se preciso. Não tem ação agonista nos receptores opioides, por isso não causa depressão respiratória.
Paracetamol/ acetaminofeno)[7,32]	Acetilcisteína ou N-acetilcisteína	140 mg/kg de dose de ataque e 17 doses de 70 mg/kg a cada 4 horas VO. Se a concentração plasmática do fármaco estiver abaixo do risco de dano hepático, suspender o antídoto. Como alternativa, pode-se utilizar a via IV, com dose inicial de 150 mg/kg por 15 minutos, seguida de infusão de 50 mg/kg em 500 mL de soro glicosado por 4 horas e, a seguir, 100 mg/kg em 1.000 mL de soro glicosado nas próximas 16 horas.	Dosar nível plasmático 4 horas após ingestão do agente. Indicação guiada pelo nomograma de Rumack-Matthew (ver referências).

continua

Tabela 1. Antídotos ou antagonistas mais comuns (*continuação*)

Agente/grupo farmacológico	Antídoto/ antagonista	Dose	Observações
Paraquat (Gramoxone®)[24]	Terra de Fuller	2 g/kg dissolvido na água, máx. 150 g VO ou SNG.	Boa efetividade até 1 a 3 horas após a ingestão do herbicida.
Raticidas cumarínicos (superwarfarinas)[12]	Vitamina K1 (fitomenadiona)	Criança: 1-5 mg IV inicial ou 5 a 10 mg (0,4 mg/kg) VO a cada 6 ou 12 horas. Adolescente: 5 a 10 mg IV, inicial. Manutenção: 10 a 20 mg VO, com monitoramento do tempo de protrombina. Podem ser necessários aumento de dose e uso de concentrado de protrombina para normalizar coagulação.	Indicada apenas se ingestão igual ou maior a 1 mg de superwarfarinas. Maioria dos casos em crianças não necessita administrar antídoto, somente monitorar TP até 72 horas. Adolescentes com ingestão de altas doses de superwarfarins podem manter tempo de protrombina prolongado por 3 a 6 meses e necessitar de doses diárias de até 100 mg de vitamina K VO.

IM: via intramuscular; IV: via intravenosa; SNG: sonda nasogástrica; VO: via oral.

REFERÊNCIAS BIBLIOGRÁFICAS

1. Duncan BB, Schmidt MI, Giugliani E, Duncan MS, Giugliani C. Medicina ambulatorial: condutas de atenção primária baseada em evidências. 4. ed. Porto Alegre: Artes Médicas; 2013.
2. Tocris Bioscience. Pharmacological Glossary. [acesso em janeiro de 2022]. Disponível em: https://www.tocris.com/resources/pharmacological-glossary
3. Perrot J, Murphy NG, Zed PJ. L-carnitine for acute valproic acid overdose: a systematic review of published cases. Ann Pharmacother. 2010;44(7-8): 1287-93.
4. Zakharov S, Pelclova D, Navratil T, Belacek J, Komarc M, Eddleston M, et al. Fomepizole versus etanol in the treatment of acute metanol poisoning: Comparison of clinical effectiveness in a mass poisoning outbreak. Clin Toxicol (Phila). 2015;53(8):797-806.
5. Brent J. Fomepizole for the treatment of pediatric ethylene and diethylene glycol, butoxyethanol, and metanol poisonings. Clin Toxicol (Phila). 2010;48(5):401-6.
6. Lexicomp. Methylene blue: drug information. [acesso em fevereiro de 2021]. Disponível em: https://www.wolterskluwer.com/en/solutions/lexicomp
7. Lancaster EM, Hlatt JR, Zarrinpar A. Acetaminophen hepatotoxicity: na updated review. Arch Toxicol. 2015;89(2):193-9.
8. Bruccoleri, RE, Burns MM. A literature review of the use of sodium bicarbonate for the treatment of QRS widening. J Med Toxicol. 2016;12(1): 121-9.
9. Howland M. Antidotes in Depth (A11): Octreotide. In: Nelson LS, Lewin NA, Howland M, Hoffman RS, Goldfrank LR, Flomenbaum NE, editores. Goldfrank's Toxicologic Emergencies. 9. ed. Nova Iorque: McGraw-Hill; 2011.
10. Bosse GM. Antidiabetic and hypoglycemic agents. In: Goldfrank LR, Nelson LS, Lewin NA, Howland MA, Flomenbaum NE, editores. Goldfrank's Toxicologic Emergencies. 9. ed. Nova Iorque: McGraw-Hill; 2011. p. 714.
11. Nelson LS, Howland, MA, Lewin NA, Smith SW, Goldfrank LR, Hoffman RS, editores. Goldfrank's Toxicologic Emergencies. 11. ed. Nova Iorque: McGraw-Hill Education; 2019.
12. Hunt BJ. Bleeding and coagulopathies in critical care. N Engl J Med. 2014;370(9):847-59.
13. Dart RC, Goldfrank LR, Erstad BL, Huang DT, Todd KH, Weitz J, et al. Expert Consensus Guidelines for Stocking of Antidotes in Hospitals that Provide Emergency Care. Ann Emerg Med. 2018;71(3):314-25.
14. Manoguerra AS, Erdman AR, Booze LL, Christianson G, Wax PM, Scharman EJ, et al. Iron ingestion: an evidence-based consensus guideline for out-of-hospital management. Clin Toxicol (Phila). 2005;43(6):553-70.
15. Chandran L, Cataldo R. Lead Poisoning: basics and new developments. Pediatr Rev. 2010;31(10):399-405; quiz 406.
16. Thompson JP, Marrs TC. Hydroxicobalamin in cyanide poisoning. Clin Toxicol (Phila). 2012;50(10):875-85.
17. Howland M. Antidotes in depth: edetate calcium disodium (CaNa2EDTA). In: Goldfrank LR, Nelson LS, Lewin NA, Howland MA, Flomenbaum NE, editores. Goldfrank's Toxicologic Emergencies. 9. ed. Nova Iorque: McGraw-Hill; 2011.
18. van Rensburg R, Decloedt EH. An approach to the pharmacotherapy of neuroleptic malignant syndrome. Psychopharmacol Bull. 2019;49(1): 84-91.
19. Sugarman JM, Paul RI. Flumazenil: a review. Pediatr Emerg Care. 1994; 10(1):37-43.
20. Roberts JR, Reigart JR. Recognition and management of pesticide poisonings. 6. ed.: Washington, D.C.: United States Environmental Protection Agency; 2013.
21. Boyer EW. Management of opioid analgesic overdose. N Engl J Med. 2012;367(2):146-55.
22. Howland MA. Antidotes in depth: physostigmine salicylate. In: Goldfrank LR, Nelson LS, Lewin NA, Howland MA, Flomenbaum NE, editores. Goldfrank's Toxicologic Emergencies. 9. ed. Nova Iorque: McGraw-Hill; 2011.
23. Lexicomp. Pralidoxime. [acesso em janeiro de 2022]. Disponível em: https://www.wolterskluwer.com/en/solutions/lexicomp.
24. Gawarammana IB, Buckley NA. Medical management of paraquat ingestion. Br J Clin Pharmacol. 2011;72(5):745-57.
25. Hegenbarth MA. Preparing for pediatric emergencies: drugs to consider. Pediatrics. 2008;121(2):433-43.
26. Gortney JS, Fagan A, Kissack JC. Neuroleptic malignant syndrome secondary to quetiapine. Ann Pharmacother. 2009;43(4):785-91.
27. Marraffa JM, Cohen V, Howland MA. Antidotes for toxicological emergencies: a practical review. Am J Health Syst Pharm. 2012;69(3):199-212.
28. ATSDR. Medical management guidelines for hydrogen cyanide. [acesso em janeiro de 2022]. Disponível em: https://wwwn.cdc.gov/TSP/MMG/MMGDetails.aspx?mmgid=1073&toxid=19
29. Fuhrman B, Zimmerman J, editores. Pediatric critical care. 5. ed. Filadélfia: Elsevier Health; 2015.
30. Lexicomp. Biperiden. [acesso em janeiro de 2022]. Disponível em: https://www.wolterskluwer.com/en/solutions/lexicomp.
31. Kliegman RM, Stanton BF, St. Geme JW, Schor NF, Behrman RE, Nelson WE, editores. Nelson Textbook of Pediatrics. 20. ed. Filadélfia: Saunders Elsevier; 2016.
32. Yoon E, Babar A, Choudhary M, Kutner M, Pyrsopoulos N. Acetaminophen-induced hepatotoxicity: a comprehensive update. J Clin Transl Hepatol. 2016;4(2):131-42.

SEÇÃO 2

SITUAÇÕES ESPECIAIS EM TOXICOLOGIA MÉDICA

CAPÍTULO 6

DISTÚRBIOS CARDIOVASCULARES: HIPOTENSÃO, CHOQUE, ARRITMIAS CARDÍACAS E HIPERTENSÃO

Mário Wiehe
Jaqueline Mallmann Michel

PONTOS-CHAVE

- A utilização de medicamentos de ação cardiovascular, ou outros, em doses capazes de gerar toxicidade nesse sistema, de forma aguda ou crônica, pode ser ameaçadora à vida.
- Hipotensão e choque são manifestações frequentes no contexto de intoxicação por diversos agentes anti-hipertensivos ou antiarrítmicos com propriedades hipotensoras, como betabloqueadores e bloqueadores dos canais de cálcio.
- Bradiarritmias são observadas na presença de doses elevadas de antiarrítmicos de uso frequente na prática clínica, como amiodarona, digoxina, propafenona, betabloqueadores e antagonistas dos canais de cálcio.
- Taquiarritmias são frequentemente observadas em decorrência do abuso de substâncias como anfetaminas, suplementos alimentares, anorexígenos e drogas ilícitas, como cocaína.
- Hipertensão não controlada e crise hipertensiva são condições clínicas que podem estar associadas à utilização de diversas medicações de uso rotineiro na prática clínica, em diversas especialidades.

INTRODUÇÃO

O tema abordado neste capítulo se reveste de grande relevância, considerando a elevada proporção de eventos cardiovasculares, decorrentes de *overdose* de drogas, observados nos serviços de emergências, resultando em alta morbimortalidade.[1]

Arritmias, injúria miocárdica, choque, hipertensão e parada cardiorrespiratória são os desfechos cardiovasculares, clinicamente relevantes, mais comumente relacionados a essas exposições, responsáveis por aproximadamente 20% das internações determinadas por *overdose* de medicamentos ou drogas de abuso.[2,3] Esse cenário revela a importância da revisão e atualização do tema, em seus aspectos diagnósticos e terapêuticos, para subsidiar os profissionais de saúde que atuam nos setores de emergência e terapia intensiva, visando reduzir a morbimortalidade cardiovascular desses pacientes.

EVENTOS CARDIOVASCULARES FREQUENTES ASSOCIADOS A INTOXICAÇÕES

Injúria miocárdica

A lesão pode ocorrer por vários mecanismos e é identificada por elevação do biomarcador troponina e alterações do eletrocardiograma (ECG).

Choque

Hipotensão ou hipoperfusão que requer vasoconstritor está entre as manifestações cardiovasculares mais frequentes relacionada à *overdose* de drogas. O mecanismo envolvido determina o tipo de choque: cardiogênico, distributivo ou hipovolêmico.

Arritmias cardíacas

Compreendem outro importante conjunto de manifestações e eventos cardiológicos associados à toxicidade por medicamentos de uso frequente na prática clínica. A morte súbita cardíaca tem na fibrilação ventricular sua via final comum, que pode ter como gatilho taquicardia ventricular (TV) monomórfica ou polimórfica e *torsades de pointes* decorrente da síndrome do QT longo. As síndromes tóxicas são identificadas como a principal causa de parada cardiorrespiratória (PCR) em indivíduos abaixo de 40 anos, especialmente em adultos saudáveis.[4]

As taquiarritmias decorrentes de intoxicações medicamentosas têm como principais envolvidos os antidepressivos tricíclicos (ADT), os simpaticomiméticos, os anticolinérgicos, as metilxantinas e outros agentes que têm como mecanismo a abertura dos canais de sódio.

Parada cardiorrespiratória

Intoxicação é uma causa frequente de PCR em pacientes com menos de 40 anos, sendo infrequente nos idosos.[5]

MECANISMOS FISIOPATOLÓGICOS ENVOLVIDOS NOS EVENTOS CARDIOVASCULARES

- Injúria miocárdica: vasoespasmo coronariano, redução da capacidade de carrear oxigênio, hipertermia, agitação, taquicardia, hipertensão, inibição da fosforilação oxidativa.
- Choque: perda de líquidos, hemorragia gastrintestinal, vasodilatação, antagonismo beta-adrenérgico, bloqueio do canal cálcio-sódio.

- Arritmias ventriculares: prolongamento do intervalo QT, bloqueio dos canais de potássio, complexos prematuros, liberação de cálcio intracelular.

SÍNDROME TÓXICA CURSANDO COM TAQUICARDIA

As medicações e as drogas de abuso mais fortemente envolvidas com toxicidade resultando em taquicardia são os ADT, simpaticomiméticos, anticolinérgicos, metilxantinas e outros agentes (Quadro 1) que atuam na abertura dos canais de sódio.[5]

Quadro 1. Medicações e drogas de abuso mais envolvidas com toxicidade resultando em taquicardia

- Cocaína
- Anti-histamínicos
- Antidepressivos tricíclicos
- Anfetaminas e outros
- Antipsicóticos
- Levotiroxina
- Anticolinérgicos
- Cafeína
- Fenciclidina (PCP)

Mecanismos de ação

O bloqueio dos canais de sódio, associado a efeitos antimuscarínicos, e o antagonismo alfa-adrenérgico são os mecanismos envolvidos na toxicidade decorrente da *overdose* dos ADT. O ECG pode revelar taquicardia com QRS alargado semelhante à TV. A duração do QRS carrega informação prognóstica, visto que QRS > 100 ms está associado a risco de crises convulsivas e, acima de 160 ms, aumenta o risco de arritmias ventriculares.[6,7] Os distúrbios de condução pelo ramo direito e o padrão de Brugada são marcadores que devem ser procurados diante de uma suspeita de intoxicação por representantes desta classe.

A estimulação alfa e beta-adrenérgica dos receptores pós-sinápticos no sistema nervoso central (SNC) resulta em taquicardia e hipertensão arterial. O ECG pode revelar alterações de repolarização ventricular decorrentes de vasoconstrição coronariana, constituindo-se em potencial gatilho para injúria miocárdica e síndromes coronarianas agudas.

Quadro clínico

Os ADT, que incluem a amitriptilina, a nortriptilina e a imipramina, são drogas com potencial toxicidade por sua ação anticolinérgica. O diagnóstico de intoxicação deve ser baseado em história prévia, sintomas e exame físico, visto que não existe uma boa correlação entre a dosagem do nível sérico desses medicamentos e a intensidade das manifestações clínicas. Os achados clássicos incluem rubor cutâneo, secura de mucosas e membranas, hipertermia leve, redução do peristaltismo, retenção urinária e rebaixamento do sensório.

As metilxantinas são representadas pela cafeína, teofilina e teobromina. O mecanismo da toxicidade inclui o antagonismo do receptor da adenosina, liberação de catecolaminas pelas adrenais, liberação de histamina na musculatura lisa do trato respiratório e inibição da fosfodiesterase. As manifestações clínicas potenciais incluem agitação, convulsões, vômitos, hipopotassemia, hipertermia, broncodilatação, taquicardia, palpitações e extrassistolia. As anormalidades eletrocardiográficas mais frequentes são taquicardia sinusal, taquicardia atrial multifocal e, raramente, sinais de isquemia miocárdica. As complicações cardiológicas se constituem nas principais causas de morte decorrentes da intoxicação por metilxantinas.

SÍNDROME TÓXICA CURSANDO COM BRADICARDIA

As causas de bradicardia são diversas e incluem hipotermia, infarto do miocárdio e agentes farmacológicos, especialmente medicamentos de ação cardiovascular (Quadro 2). As classes mais fortemente envolvidas, com maior taxa de relatos de morte nesse contexto, são os betabloqueadores e os bloqueadores dos canais de cálcio. Os glicosídeos cardíacos (digitálicos) e os agonistas alfa-2 adrenérgicos (clonidina), medicamentos bastante utilizados em nosso meio, também são frequentemente associados a toxicidade. Nos indivíduos normais, os receptores beta-adrenérgicos são subdivididos em três tipos, com seus respectivos percentuais aproximados: beta-1 (80%), beta-2 (20%) e beta-3 (pequeno número).[8]

Quadro 2. Causas de bradicardia

- Betabloqueadores
- Digitálicos
- Opioides
- Propoxifeno
- Alcaloides do ergot
- Bloqueadores dos canais de cálcio
- Clonidina – alfa-2 agonistas
- Anticolinesterásicos (organofosforados, carbamatos)
- Etanol – outros álcoois

Mecanismos de ação

Decorrem da ação sobre o nó sinusal, marca-passo fisiológico, levando à bradicardia, e sobre o sistema de condução atrioventricular (AV), gerando retardo e bloqueio na condução no nó AV e tecido ventricular.

A estimulação dos receptores beta-1 resulta no incremento do inotropismo e no aumento do cronotropismo cardíaco. A estimulação aguda dos receptores beta-2 aumenta a função cardíaca, mas sua estimulação crônica resulta em efeitos deletérios, como arritmias cardíacas e disfunção ventricular.[8] Os betabloqueadores antagonizam, de forma competitiva, o efeito das catecolaminas nos receptores beta-adrenérgicos, resultando na atenuação da resposta cronotrópica e inotrópica a essas aminas vasoativas.

Os receptores beta-2 são os mediadores do relaxamento dos músculos lisos em vários tecidos, incluindo o pulmão e a circulação vascular periférica, e sua estimulação resulta em broncodilatação e vasodilatação periférica. Os receptores beta-3, quando estimulados, são envolvidos com lipólise do tecido adiposo e termogênese da musculatura esquelética.

As principais indicações dos betabloqueadores se voltam ao tratamento da hipertensão arterial sistêmica (HAS), taquiarritmias e doença arterial coronariana (DAC). São utilizados também na insuficiência cardíaca (IC), transtorno de ansiedade, hipertireoidismo e prevenção da enxaqueca.

O propranolol é o mais lipossolúvel dos betabloqueadores, levando à inibição dos canais de sódio, similar aos ADT, podendo sua toxicidade resultar em crises convulsivas e arritmias cardíacas. O uso do sotalol, outro betabloqueador bastante utilizado por suas propriedades antiarrítmicas, pode levar à arritmia ventricular grave, conhecida como *torsades de pointes*, em decorrência do prolongamento do intervalo QT.

Os representantes dessa classe, disponíveis no Brasil, e suas propriedades específicas, são:

- Atenolol, bisoprolol, esmolol, metoprolol (antagonistas beta-1 seletivos).
- Propanolol, sotalol, timolol (antagonistas beta-1 não seletivos e antagonistas beta-2).
- Carvedilol (antagonistas beta-1 e beta-2 e antagonistas alfa-1).

Os bloqueadores dos canais de cálcio se constituem em outra classe de agentes com ação cardiovascular de uso frequente. São estruturalmente classificados em três grupos, mas, baseados em seu mecanismo de ação, seus representantes se dividem em não di-hidropiridínicos, como o verapamil e o diltiazem, e di-hidropiridínicos, como o nifedipino e o anlodipino. O verapamil e o diltiazem apresentam efeito inibitório sobre o nó sinusal (NS) e o nó AV e são indicados para o controle de ritmo no *flutter* e na fibrilação atrial (FA) e para reversão da taquicardia por reentrada nodal. Os di-hidropiridínicos têm pequeno efeito sobre o miocárdio em doses terapêuticas, tendo sua ação principal no tecido vascular periférico, produzindo vasodilatação. São usados em condições clínicas que cursam com aumento do tônus vascular, como HAS, enxaqueca e vasoespasmo, secundário à hemorragia intracraniana.

Quadro clínico

As manifestações clínicas da intoxicação por betabloqueadores e bloqueadores dos canais de cálcio são uma extensão de seus efeitos terapêuticos, incluindo hipotensão e bradicardia, decorrentes da combinação de depressão do miocárdio e vasodilatação periférica. Distúrbios de condução elétrica, como ritmo idioventricular, bloqueio AV total e ritmos de escape juncional, podem ser evidenciados nos quadros de intoxicação significativa.

O efeito inotrópico negativo do verapamil pode levar a grave comprometimento da contratilidade miocárdica. O anlodipino, di-hidropiridínico de curta ação, tem na liberação de óxido nítrico (ON) mecanismo adicional para sua toxicidade. Tontura e fraqueza são sintomas precoces de intoxicação por bloqueadores dos canais de cálcio. A intoxicação grave pode cursar com síncope, alteração do sensório, coma e morte súbita. Pacientes que ingerem preparações de liberação prolongada podem apresentar-se assintomáticos inicialmente, mas rapidamente evoluem para choque cardiogênico refratário.[9]

Os representantes dessa classe disponíveis no Brasil, e suas classificações, são:

- Di-hidropiridínicos: anlodipino, nitrendipino, nicardipino, nifedipino, felodipino, isradipino, manidipino, lercanidipino, nimodipino.
- Fenilalquilaminas: verapamil.
- Benzodiazepínicos: diltiazem.

As intoxicações por representantes dos betabloqueadores e bloqueadores dos canais de cálcio apresentam manifestações indistinguíveis em muitos casos, mas alguns achados característicos podem contribuir para distinguir a classe envolvida. A intoxicação por bloqueador dos canais de cálcio pode causar hiperglicemia, decorrente do bloqueio dos canais de cálcio tipo L no pâncreas, resultando na redução da secreção de insulina,[10] contrastando com a hipoglicemia encontrada em alguns casos de intoxicação pelos betabloqueadores.

SÍNDROME TÓXICA CURSANDO COM VASOCONSTRIÇÃO E HIPERTENSÃO

A toxicidade por meio da vasoconstrição resulta da exposição a várias substâncias, como drogas de abuso (ilícitas), como cocaína e *ecstasy* ("bala"), anfetaminas, anorexígenos e medicamentos utilizados para o controle da enxaqueca.

Mecanismos de ação

A estimulação direta dos receptores alfa-adrenérgicos se constitui no mecanismo principal, embora possa ocorrer de forma indireta pela ação em outros receptores através da liberação de catecolaminas endógenas ou da inibição de neuropeptídeos vasodilatadores.

Quadro clínico

Hipertensão, taquicardia ou bradicardia reflexa, hipertermia, agitação, sudorese e convulsões podem fazer parte da síndrome simpaticomimética. A vasoconstrição pode resultar em dano em órgão-alvo através de isquemia ou infarto em diferentes partes do corpo, ou pode causar eventos clinicamente relevantes decorrentes de hipertensão arterial severa.

A cocaína, alcaloide derivado da folha da coca, apresenta atividade anestésica e simpaticomimética. É largamente empregada como droga de abuso por meio de inalação nasal (pó branco/cloridrato de cocaína), ingestão oral (folhas de coca), injeção intravenosa (cloridrato de cocaína) e fumo (*crack* e merla). Pessoas que transportam pacotes no intestino (*body packers*) também são potenciais vítimas de intoxicação quando ocorre o rompimento dessas embalagens. A intoxicação por cocaína ou *crack* deve ser considerada sempre que um paciente se apresenta com síndrome adrenérgica.

A cocaína age através do bloqueio da recaptação da epinefrina, norepinefrina e serotonina, produzindo síndrome simpaticomimética e vasoespasmo. O dano cardiovascular é secundário a hipertensão, taquicardia e aumento da demanda de oxigênio, combinados com vasoconstrição, aterosclerose e um estado de hipercoagulabilidade, podendo resultar em isquemia e infarto agudo do miocárdio, responsável por cerca de 25% das síndromes coronarianas agudas em adultos com menos de 45 anos. Isquemia e infarto cerebral, ocular, em septo nasal, pulmões, intestinos, baço, rins e pele também têm sido associados ao abuso de cocaína. Manifestações hemorrágicas são vistas em decorrência da hipertensão secundária à vasoconstrição, fenômeno especialmente perigoso no SNC, onde está associada a hemorragia subaracnoide, intraventricular e intraparenquimatosa.[11]

SÍNDROME TÓXICA POR GLICOSÍDEOS CARDÍACOS (DIGOXINA)

Digoxina, seu protótipo, é usada para o tratamento de IC congestiva e/ou para controle da resposta ventricular elevada em pacientes com *flutter* ou FA. Tem dose terapêutica próxima da dose tóxica, com intervalo terapêutico entre 0,8 e 2 ng/mL, e meia-vida de 36 horas. Os glicosídeos cardíacos estão presentes também, de forma legal ou ilegal, em produtos utilizados para a melhora do desempenho sexual, para a limpeza do cólon e como raticida.[12]

Mecanismos de ação

A apresentação clínica da toxicidade cardiológica decorre da combinação do aumento do automatismo ventricular e da estimulação vagal, resultando em bloqueio do nó AV e gerando diversos tipos de arritmias cardíacas (Quadro 3).

Quadro 3. Diferentes tipos de arritmias cardíacas

- Extrassístoles ventriculares
- Ritmo juncional
- Taquicardia ventricular
- Fibrilação atrial e *flutter* com baixa resposta ventricular
- Taquiarritmias atriais com bloqueio atrioventricular
- Bradicardia sinusal
- Taquicardia ventricular bidirecional
- Fibrilação ventricular

Quadro clínico

As manifestações clínicas não cardíacas variam com a exposição aguda ou crônica a essas substâncias. Náuseas e vômitos, frequentemente acompanhados por letargia, confusão e fraqueza, estão presentes na intoxicação aguda. A presença de hiperpotassemia ($K^+ > 5{,}5$ mEq/L) está associada a mortalidade muito elevada no contexto da intoxicação aguda, decorrente de arritmias letais, frequentemente sem a presença de queixas clínicas concomitantes. A intoxicação crônica produz um quadro clínico inespecífico e insidioso, incluindo distúrbios gastrintestinais, sonolência, cefaleia, distúrbios visuais e *delirium*, que, na presença de hiperpotassemia, poderá cursar com incremento de mortalidade.[13]

São variáveis que resultam em maior risco de toxicidade por digitálicos: insuficiência renal, idade avançada, desidratação, falta de ajuste da dose da digoxina para a função renal, hipopotassemia, interação medicamentosa com outros agentes indutores de bradicardia e/ou hipotensão (amiodarona, quinidina, verapamil, outros) e uso de macrolídeos.

MANEJO

Abordagem geral

Atenção ao padrão respiratório e hemodinâmico, garantir via aérea segura e acesso venoso periférico ou central, em leito com monitozação completa, além da coleta de exames laboratoriais, são as ações iniciais exigidas no contexto da suspeita de um quadro de intoxicação com potencial comprometimento cardiovascular. Além dessas medidas, a descontaminação gastrintestinal e terapias farmacológicas devem ser implementadas de forma precoce, com o paciente ainda estável, especialmente se houver suspeita de ingestão de medicamentos com formulação de liberação programada. Uma vigorosa reposição volêmica (10 a 20 mL/kg de solução cristaloide) está indicada a pacientes que cursam com hipotensão, sendo necessário parcimônia em portadores de IC e insuficiência renal.[14]

Manejo inicial (etapas)

- Monitoração multiparamétrica.
- Acesso venoso periférico calibroso ou central.
- Via aérea: avaliar perviedade. Intubação orotraqueal se risco de obstrução.
- Avaliar o padrão ventilatório e a necessidade de suplementação de O_2.
- Avaliar sinais de hipotensão/hipoperfusão: reposição volêmica com cristaloide 10-20 mL/kg.
- Associar vasopressores e inotrópicos se choque refratário.
- Avaliar o sensório, com foco na capacidade de proteção das vias aéreas.
- Medidas de descontaminação. Considerar o tempo da exposição.
- Exames laboratoriais. Incluir nível sérico de substâncias suspeitas, quando disponível.
- ECG.
- Medidas capazes de aumentar a eliminação do agente tóxico.
- Antídoto: quando indicado e disponível.

Exames diagnósticos

Após estabelecer o paciente em leito sob monitoração, deve ser realizado um ECG visando à identificação de possível prolongamento dos intervalos QRS e QT, alterações encontradas no contexto de intoxicação por medicações de ação cardiovascular. Glicemia capilar pode auxiliar no diagnóstico de intoxicação por representantes dos betabloqueadores ou bloqueadores dos canais de cálcio. Radiografia de tórax e exames bioquímicos, especialmente dosagem do lactato, são mandatórios no paciente hipotenso. A dosagem da digoxina sérica está indicada diante de um quadro de bradicardia com hiperpotassemia em um indivíduo com função renal normal. Outras substâncias passíveis de determinação sérica estão no Quadro 4.

Uma tomografia computadorizada de crânio sem contraste, para a identificação de lesões focais, deve ser realizada quando o paciente foi exposto a agentes com potencial de toxicidade por vasoconstrição.

Quadro 4. Medicações e agentes tóxicos com potencial comprometimento cardiovascular que podem ter seu nível sérico detectado

- Digoxina
- MDMA (*ecstasy*)
- Cocaína
- Lítio
- Opioides
- Metanfetamina
- Anfetaminas
- Antidepressivos tricíclicos

Pacientes com dor torácica, independentemente da idade, devem ter incluída, na investigação laboratorial, a dosagem dos marcadores de injúria miocárdica, especialmente a troponina I ou T ultrassensível. ECG e radiografia de tórax vão completar a avaliação inicial visando ao diagnóstico potencial de uma síndrome coronariana aguda (SCA), síndrome aórtica aguda, infarto pulmonar e hipertensão pulmonar.

Dor abdominal e presença de sangue nas fezes devem remeter à possibilidade de isquemia mesentérica e colite isquêmica. Infarto renal e/ou esplênico também podem ocorrer. Isquemia de membros, rabdomiólise e síndrome compartimental devem ser incluídas no diagnostico diferencial de dor muscular. A dosagem da enzima creatinofosfoquinase (CPK) deve ser feita na suspeita de síndrome simpaticomimética.

Descontaminação gastrintestinal

Deve ser realizada precocemente em todos os pacientes que se apresentam após ingestão por agentes cardiotóxicos como betabloqueadores ou bloqueadores dos canais de cálcio, considerando o potencial de gravidade e refratariedade de sua toxicidade cardiovascular. A indução de vômitos em pacientes com suspeita de ingestão de substâncias tóxicas, com o xarope de ipeca, tem sua eficácia limitada e complicações potenciais, como perfuração do esôfago, tornando seu uso desaconselhado pelas diretrizes mais recentes.

Lavagem gástrica

A realização de lavagem gástrica, com uma sonda calibrosa (tamanho 18 a 22 para adultos e 10 a 14 para crianças), com capacidade de drenagem de formulações de apresentações grandes e pouco solúveis, deve ser considerada após ingestão volumosa recente, em até 2 horas, e naqueles pacientes criticamente comprometidos após a ingestão desses agentes. Atropina pode ser necessária para reversão de bradiarritmias secundárias à estimulação vagal decorrente do procedimento.

É fundamental que o paciente consiga proteger sua via aérea, pelo risco de broncoaspiração. Outras complicações possíveis são hipotermia, laringoespasmo e lesão mecânica do trato gastrintestinal. A infusão do soro fisiológico deve ser feita até o retorno do líquido límpido, ou até a dose de 6 L (250 mL por vez) para adultos e 4 L (10 mL/kg por vez) para crianças.[15]

Síntese:

- Sonda calibrosa.
- Em até 2 horas.
- Soro fisiológico até retorno do líquido límpido.
- Até 6 L: adultos (250 mL/vez).
- Até 4 L: crianças (10 mL/kg/vez).

Carvão ativado

O uso de carvão ativado, na dose de 1 g/kg em adultos (dose máxima 50 g), deve ser considerado no contexto de ingestão de betabloqueadores e bloqueadores dos canais de cálcio. Deve ser evitado em pacientes que se apresentem com depressão do sensório, ou com expectativa de rápido declínio do estado mental, como observado na ingestão de ADT, pelo risco de aspiração, exceto na presença de via aérea protegida com intubação orotraqueal prévia.[16]

Síntese:

- Dose única: 1 g/kg adultos (máximo 50 g).
- Considerar o uso se ingestão na primeira hora.
- Considerar necessidade de proteção de via aérea.

Carvão ativado de múltiplas doses

O uso em múltiplas doses (dose inicial no adulto: 50 g; na criança: 1 g/kg) resulta na presença contínua do carvão ativado ao longo do trato gastrintestinal e deve ser administrado nos pacientes que ingeriram substâncias de liberação sustentada ou com sinais de absorção contínua.[16] Deve ser evitado na presença de distúrbios conhecidos da dinâmica intestinal e na incapacidade de proteção das vias aéreas.

Síntese:

- Adulto: dose inicial: 50 g (+ 25 g a cada 12 horas) por 12 a 24 horas.
- Para preparações de liberação prolongada.
- Via aérea protegida.

Irrigação intestinal total

A irrigação intestinal total com polietilenoglicol (PEG), substância ativamente osmótica, deve ser feita em administração contínua até a limpeza dos efluentes retais. Seu efeito catártico aumenta o peristaltismo intestinal visando à eliminação dos agentes tóxicos, em conjunto com as fezes, reduzindo sua exposição à mucosa intestinal. Deve ser considerada para pacientes com relato de ingestão de medicamentos de liberação sustentada ou suspeita de serem *body packers*. Não deve ser utilizada diante da ingestão de formulações de liberação imediata, pelo aumento de sua absorção, decorrente de sua rápida dissolução.[16] A administração pode ser feita por via oral ou por sonda na dose de até 2 L/h para adultos e 500 mL/h em crianças. Broncoaspiração, náuseas e vômitos são potenciais complicações.

Síntese:

- PEG (substância osmótica).
- Adultos: 2 L/h.
- Crianças: 500 mL/h.
- Para preparações de liberação prolongada/*body packers*.

Manejo da toxicidade por taquicardia

O manejo da síndrome tóxica por ADT inclui medidas de suporte e administração de fisostigmina, contraindicada a pacientes com distúrbios de condução elétrica revelados por PR e QTC prolongados ao ECG, diante de casos de grave toxicidade central e periférica. A utilização de bicarbonato de sódio 8,4%, na dose intravenosa, em *bolus*, de 1 a 2 mEq/kg, é recomendada visando à alcalinização sérica na presença de hipotensão/arritmias e QRS >100 ms, mesmo na ausência de acidose identificada pela gasometria arterial, visando a pH-alvo de 7,45-7,55. Após o estreitamento do QRS, inicia-se dose de manutenção de 150 a 250 mL/h da solução ($NaHCO_3$ 8,4% + SG 5% 1.000 mL). Os pacientes devem permanecer internados, sob monitoração cardíaca e gasometrias de controle, por 24 horas após resolução da síndrome anticolinérgica e das alterações eletrocardiográficas.[17] A administração intravenosa de sulfato de magnésio, na dose de 1 a 2 g em 15 minutos, é considerada em casos refratários.

O manejo da intoxicação por metilxantinas (cafeína, teofilina, teobromina) inclui a utilização de carvão ativado para descontaminação gastrintestinal. As taquiarritmias supraventriculares são revertidas com bloqueadores dos canais de cálcio ou betabloqueadores. Medidas de suporte circulatório e correção dos distúrbios eletrolíticos podem ser necessárias. Casos graves necessitam de hemodiálise.

Para o manejo da síndrome adrenérgica decorrente da intoxicação aguda determinada pela cocaína, deve ser administrado diazepam 5 a 10 mg, por via intravenosa, a cada 5 a 10 minutos, até o controle do quadro em adultos, 0,25 a 0,4 mg/kg (até 10 mg) em crianças. Além de taquicardia e hipertensão, o paciente pode apresentar agitação, hipertermia e convulsões. Midazolam intramuscular pode ser alternativa na impossibilidade de acesso venoso. O fenobarbital injetável é opção para casos de crises convulsivas refratárias aos benzodiazepínicos.

A clorpromazina e o haloperidol não estão indicados nesse cenário, em decorrência de potencial intensificação do comprometimento cardiovascular, hipertermia e redução do limiar convulsivo. A administração de bicarbonato de sódio está indicada para manejo das taquiarritmias decorrentes do bloqueio dos canais de sódio, secundário à intoxicação aguda por cocaína, em *bolus* de 1-2 mEq/kg.

Síntese:

- Fisostigmina IV: intoxicação por ADT (avaliar intervalos PR e QTC).
- Arritmias refratárias (ADT): sulfato de magnésio, na dose de 1 a 2 g em 15 minutos.
- Alcalinização sérica com bicarbonato de sódio (ADT): se QRS > 100 ms.
- Dose de ataque: bicarbonato de sódio 8,4% IV, em *bolus*, de 1 a 2 mEq/kg.
- Dose de manutenção: 150 a 250 mL/h da solução ($NaHCO_3$ 8,4% + SG 5% 1.000 mL = soro bicarbonatado). Manter 24 horas após estreitamento do QRS.
- Síndrome adrenérgica/taquicardia (cocaína): diazepam 5 a 10 mg IV (a cada 5 a 10 minutos, até o controle do quadro em adultos, e 0,25 a 0,4 mg/kg (até 10 mg) em crianças.
- Metilxantinas: descontaminação gastrintestinal + suporte + bloqueador do canal de cálcio ou betabloqueador intravenoso.

Manejo da toxicidade por vasoconstrição

O tratamento visa à reversão dos efeitos da toxicidade por vasoconstrição e dos sintomas associados decorrentes da síndrome simpaticomimética, independentemente da substância envolvida. A tomada de decisão raramente é baseada na identificação da substância responsável pelo quadro de intoxicação. O manejo requer o controle agressivo da hipertermia com resfriamento (hipotermia induzida). O controle da agitação e das crises convulsivas, com benzodiazepínicos, pode evitar a necessidade de agentes anti-hipertensivos. O uso de nitroglicerina e nitroprussiato de sódio, vasodilatadores de ação direta, está indicado para manejo e controle da vasoconstrição local e emergências hipertensivas. Betabloqueadores na intoxicação por substâncias com efeito alfa-adrenérgico como a cocaína estão contraindicados.

No contexto de SCA/isquemia miocárdica, está indicado o manejo farmacológico com antiagregantes plaquetários (ácido acetilsalicílico; inibidores P2Y12 como clopidogrel, ticagrelor ou prasugrel) e heparinas de baixo peso molecular (HBPM). As estratégias de recanalização coronariana, por meio de intervenção percutânea por angioplastia ou com administração de fibrinolítico (estreptoquinase, alteplase, tenecteplase) intravenoso, devem ser implementadas avaliando o contexto de cada caso.

Manejo da toxicidade por bradicardia

O tratamento deve priorizar a manutenção do débito cardíaco e do tônus periférico. Atropina, dopamina e inibidores da fosfodiesterase são medicamentos utilizados, isoladamente (atropina) ou em associação, para a reversão de intoxicações leves e graves, respectivamente, acompanhados de reposição volêmica.

Atropina

É indicada como tratamento de escolha para a reversão de bradicardia sintomática secundária à intoxicação por digitálicos, betabloqueadores, bloqueadores dos canais de cálcio e organofosforados, por meio de sua ação como antagonista competitivo dos receptores muscarínicos da acetilcolina, na dose de 0,5 a 1 mg IV, a cada 2 ou 3 minutos, até a dose máxima de 3 mg (0,02 mg/kg em crianças, com dose mínima de 0,1 mg). Entretanto, sua ação pode ser pouco efetiva, visto que tais pacientes não têm tônus vagal aumentado. O risco-benefício de sua utilização deve ser avaliado no contexto de uso concomitante de carvão ativado ante a suspeita de ingestão de formulações de liberação sustentada, pelo potencial de redução da motilidade gastrintestinal decorrente de seu efeito antimuscarínico.

Síntese:

- Dose para adultos: 0,5 a 1 mg IV a cada 2 a 3 minutos. Dose máxima: 3 mg.
- Dose para crianças: 0,02 mg/kg. Dose mínima: 0,1 mg.
- Avaliar risco-benefício (ver texto).

Cálcio

A administração de sais de cálcio é utilizada para o manejo de intoxicações por bloqueadores dos canais de cálcio, sendo considerada tratamento de primeira linha, nesse cenário, pelo mecanismo de aumento da concentração do cálcio extracelular, com consequente impacto na melhora da pressão arterial e inotropismo, além da reversão de distúrbios de condução elétrica. Em casos de intoxicação grave, seu efeito pode não ser satisfatório, demandando administrações repetidas, até o máximo de 4 doses, para a obtenção de concentrações séricas efetivas, em virtude de sua curta meia-vida.

Formulações disponíveis:

- Gluconato de cálcio (1 g: 4,3 mEq Ca^{2++}): infundir 3 a 6 g IV, em 3 a 5 minutos.
- Cloreto de cálcio (1 g: 13,4 mEq Ca^{2++}): infundir 1 a 2 g IV, em 3 a 5 minutos.
  Observação: o cloreto de cálcio apresenta concentração de cálcio elementar três vezes maior e deve ser administrado por meio de acesso central.

A utilização de sais de cálcio em pacientes cursando com bradicardia, secundária à intoxicação por digitálicos, pode evoluir com complicações cardíacas como assistolia. A possibilidade de hipercalcemia e hipofosfatemia, quando doses repetidas são utilizadas, exige um controle laboratorial sistemático.[14] Efeitos adversos incluem náuseas, vômitos, constipação, confusão mental e angina do peito.

Anticorpos antidigoxina

Utilizados para pacientes instáveis com arritmias cardíacas potencialmente fatais na intoxicação por glicosídeos cardíacos. O tempo de ingestão da última dose da digoxina deve ser levado em conta ao analisar a dosagem sérica do medicamento, uma vez que ingestões em tempos inferiores a 6 horas podem estar relacionadas a falsas interpretações. A concentração sérica deve ser coletada 6 horas após a ingestão oral. São considerados níveis tóxicos valores maiores que 3,5 ng/mL. O nível sérico não deve ser analisado isoladamente, uma vez que a toxicidade pode ocorrer em níveis terapêuticos e muitos pacientes com doses tóxicas podem ser assintomáticos, não configurando uma intoxicação.[18] O diagnóstico, portanto, precisa levar em consideração a história da exposição ao medicamento, sendo a dosagem sérica o exame que auxilia na confirmação da exposição, somado às manifestações clínicas e/ou alterações eletrocardiográficas.

O manejo inicial exige administração de cristaloides para reversão de hipovolemia e hipotensão e consequente melhora da perfusão renal e sistêmica. Deve-se considerar o uso de antídoto específico, nos casos de intoxicação por glicosídeos cardíacos com critérios de instabilidade, sendo esse o tratamento definitivo,[19,20] conforme as orientações a seguir:

Síntese:

- Indicações de anticorpo antidigoxina (digoxina imune FAB):
- História de ingestão oral > 10 mg em adultos.
- Digoxina sérica > 15 ng/mL dentro de 6 horas da ingestão ou > 10 ng/mL após 6 horas.
- Digoxina sérica persistentemente elevada em pacientes sintomáticos.
- Pacientes usuários de digoxina com arritmia ameaçadora à vida sem nível sérico conhecido.
- Pacientes em terapia com digoxina com $K^+ > 5$ mEq/L inexplicado, sem nível sérico conhecido.
- Cálculo da dose: digoxina sérica (ng/mL × peso (kg) / 100 = número de frascos (arredondar para cima).
- Se a dose ingerida é conhecida, multiplicar por 2 para cálculo do número de frascos necessários (1 frasco neutraliza 0,5 mg de digoxina).
- Tempo para obtenção do efeito: 20 a 30 minutos (máximo 90 minutos).
- Não é recomendada a infusão de cálcio intravenoso em *bolus* para tratamento da hiperpotassemia, pelo seu potencial arritmogênico.

Se os anticorpos não estiverem disponíveis, a bradicardia poderá ser manejada com atropina, devendo-se considerar o uso de marca-passo em casos refratários. Caso o paciente apresente arritmias ventriculares, deve-se seguir o protocolo do Advanced Cardiac Life Support (ACLS) para manejo.[20]

Glucagon

É o tratamento de escolha em casos refratários ao manejo inicial na intoxicação por betabloqueadores, com bradicardia persistente e hipotensão, via estimulação da adenilato ciclase através do seu receptor específico e não do receptor beta, por seu efeito inotrópico e cronotrópico, sendo funcionalmente um agonista B1 sem efeito vasodilatador periférico.[21] A dose recomendada é de 1 a 5 mg, em *bolus* lento, podendo ser repetida até atingir 15 mg na dose total. Seu efeito na intoxicação por bloqueadores dos canais de cálcio pode ser limitado, com relatos de insucesso.

Síntese:

- Intoxicação por betabloqueadores (casos refratários).
- Dose: 1 a 5 mg IV, em *bolus* lento (repetir dose total: 15 mg).

Glicoinsulinoterapia em altas doses (hiperinsulinemia-euglicemia)

Tal terapia tem sido utilizada para intoxicação por bloqueadores dos canais de cálcio e betabloqueadores, não controlados pelo manejo de suporte e demais medidas, em casos refratários, pela ocorrência de acidose e hiperglicemia, com melhora hemodinâmica significativa proporcionada pela insulina, com melhora da função miocárdica e do tônus vascular.

O sucesso dessa terapia depende do uso de doses adequadas e da precocidade de sua implementação. Hipocalemia e hipoglicemia relativa devem ser corrigidas antes da glicoinsulinoterapia.[22,23] As doses recomendadas são de 1 U/kg de insulina humana regular em *bolus*, seguido de 0,5 UI/kg/hora em infusão contínua, até o máximo de 10 UI/kg até que a hipotensão seja corrigida. A melhora hemodinâmica é tardia, ocorrendo após 30-60 minutos do início da terapia. Inicia-se SG 5% de forma concomitante com a infusão contínua de insulina humana regular. A glicemia deve ser medida a cada 30 minutos nas primeiras horas, visando evitar hipoglicemia. A dosagem do potássio sérico também deve ser feita de forma sistemática, a cada 30 minutos até a estabilidade, e a cada 2 horas na sequência, pelo potencial de hipopotassemia decorrente da ação da insulina.[24]

Síntese:

- Indicação: casos refratários de intoxicação por bloqueadores dos canais de cálcio e betabloqueadores.
- Corrigir hipopotassemia com *push* de potássio, antes de iniciar a glicoinsulinoterapia.
- Dose inicial: insulina humana regular, 1 UI/kg IV, em *bolus*.
- Dose de manutenção: 0,5 UI/kg/hora em infusão contínua (máximo de 10 UI/kg).
- Resposta esperada: 30 a 60 minutos.
- Monitoração seriada do potássio (atenção).

Terapia com emulsão lipídica intravenosa

Este composto, de 20% de ácidos graxos livres, age por meio de dois mecanismos: disponibilização de substrato energético para o miocárdio e absorção de toxinas lipossolúveis pelos lípides. Tem sido utilizado (*off-label*) como terapia de resgate em intoxicação por drogas lipofílicas com betabloqueadores e bloqueadores dos canais de cálcio, com relato de sucesso em muitos casos de grave comprometimento hemodinâmico. As evidências são de melhores resultados em intoxicações por bloqueadores dos canais de cálcio.[25] As doses recomendadas são: infusão de emulsão a 20% na dose 1 a 2 mL/kg IV, por 1 minuto, podendo-se repetir a cada 3 a 5 minutos até 8 mL/kg. Em caso de resposta à dose de ataque, usa-se infusão de 0,25 a 0,5 mL/kg/min até a estabilização hemodinâmica. Hiperlipemia grave, pancreatite aguda e síndrome do desconforto respiratório agudo são potenciais complicações.

Síntese:

- Terapia de resgate em intoxicação por drogas lipofílicas, como betabloqueadores e bloqueadores dos canais de cálcio (melhor resultado).
- Dose: emulsão 20% de 1 a 2 mL/kg IV, em 1 min, e repetir a cada 3 a 5 minutos (máximo de 8 mL/kg).

Suporte hemodinâmico adicional

O implante de marca-passo cardíaco transvenoso (ou transtorácico) temporário se constitui em alternativa ao manejo de intoxicações com grave cardiotoxicidade, cursando com bradicardia e hipotensão, com benefício discutível, visto que a cardioestimulação nem sempre resulta em melhora hemodinâmica, em decorrência da contratilidade cardíaca deteriorada.

O balão intra-aórtico (balão de contrapropulsão) pode ser utilizado como suporte hemodinâmico para pacientes refratários ao manejo farmacológico, até que ocorra a eliminação do agente responsável pela intoxicação. O mecanismo de insuflação do balão durante a diástole resulta na redução da pós-carga e melhora da perfusão coronariana, com potencial melhora do débito cardíaco e da pressão arterial.

A utilização da membrana de oxigenação extracorpórea (ECMO) se constitui em alternativa de suporte em casos refratários em centros de alta complexidade.

Síntese:

- Marca-passo cardíaco transvenoso/transtorácico temporário.
- Balão intra-aórtico.
- ECMO.

CONCLUSÃO

O manejo inicial das intoxicações causadas por agentes que geram complicações cardiovasculares contempla monitoração, estabilização dos sinais vitais, estabelecimento de hipótese da síndrome tóxica e planejamento do tratamento específico indicado. Bradiarritmias, hipotensão e choque são manifestações da toxicidade por agentes como betabloqueadores e bloqueadores dos canais de cálcio, decorrentes da intensificação de seus efeitos farmacológicos.

As medidas de descontaminação não devem ser retardadas pela ausência de sintomas e sinais, visto que formulações de liberação programada podem demorar para manifestá-las, gerando deterioração hemodinâmica grave e prolongada. A administração de preparados de cálcio é utilizada para o manejo de intoxicações por bloqueadores dos canais de cálcio e outras causas de hipotensão, pelo mecanismo de aumento da concentração do cálcio extracelular com consequente impacto na melhora da pressão arterial e inotropismo.

O glucagon é o tratamento de escolha em casos refratários ao manejo inicial na intoxicação por betabloqueadores, com bradicardia persistente e hipotensão. A administração intravenosa de bicarbonato intravenoso para alcalinização sérica, ante a suspeita de intoxicação por ADT, segue recomendada para pacientes com QRS > 100 ms, considerando a mortalidade associada a esse achado. Também está indicada para o manejo das taquiarritmias secundárias à intoxicação aguda por cocaína (*bolus* de 1 a 2 mEq/kg).

Para o manejo da síndrome adrenérgica decorrente da intoxicação aguda determinada pela cocaína, deve ser administrado diazepam 5 a 10 mg IV a cada 5 a 10 minutos, até o controle do quadro em adultos. Insulinoterapia também deve ser iniciada, quando indicada, de forma precoce em virtude da relativa demora para obtenção do benefício de sua utilização, especialmente em pacientes com suspeita de intoxicação por betabloqueadores e bloqueadores dos canais de cálcio.

A terapia com emulsão lipídica intravenosa pode ser opção em intoxicações graves, especialmente aquelas causadas por bloqueadores dos canais de cálcio. Hemodiálise e hemoperfusão são alternativas de terapia adjuvante em casos graves, especialmente determinados por agentes tóxicos com eliminação lenta e para aqueles em que não há disponibilidade de antídotos/reversores.

A ECMO deve ser considerada, quando disponível, na ausência de resposta a todas as estratégias farmacológico-terapêuticas instituídas.

REFERÊNCIAS BIBLIOGRÁFICAS

1. Gummin DD, Mowry JB, Spyker DA, Brooks DE, Beuhler MC, Rivers LJ, et al. 2019 Annual Report of the American Association of Poison Control Centers' National Poison Data System (NPDS): 37th Annual Report. Clin Toxicol (Phila). 2020;58(12):1360-41.
2. Manini AF, Nelson LS, Stimmel B, Vlahov D, Hoffman RS. Incidence of adverse cardiovascular events in adults following drug overdose. Acad Emerg Med. 2012;19(7):843-9.
3. Gan WQ, Buxton JA, Palis H, Janjua NZ, Scheuermeyer FX, Xavier CG, et al. Drug overdose and the risk of cardiovascular diseases: a nested case-control study. Clin Res Cardiol. 2021.
4. Manini AF, Nair AP, Vedanthan R, Vlahov D, Hoffman RS. Validation of the prognostic utility of the electrocardiogram for acute drug overdose. J Am Heart Assoc. 2017;6(2):e004320.
5. Jang DH, Spyres MB, Fox L, Manini AF. Toxin-induced cardiovascular failure. Emerg Med Clin North Am. 2014;32(1):79-102.
6. Manini AF, Nelson LS, Skolnick AH, Slater W, Hoffman RS. Electrocardiographic predictors of adverse cardiovascular events in suspected poisoning. J Med Toxicol. 2010;6(2):106-15.
7. Liebelt EL, Ulrich A, Francis PD, Woolf A. Serial electrocardiogram changes in acute tricyclic antidepressant overdoses. Crit Care Med. 1997;25(10):1721-6.
8. Wallukat G. The beta-adrenergic receptors. Herz. 2002;27(7):683-90.
9. Barrow PM, Houston PL, Wong DT. Overdose of sustained-release verapamil. Br J Anaesth. 1994;72:361-5.
10. Bechtel LK, Haverstick DM, Holstege CP. Verapamil toxicity dysregulates the phosphatidylinositol 3-kinase pathway. Acad Emerg Med. 2008;15(4):368-74.
11. Nelson L, Odujebe O, Traub SJ, Burns MM, Grayzel J. Cocaine: Acute intoxication. Waltham: UpToDate; 2019.
12. Barrueto F, Jortani S, Valdes Jr R, Hoffman RS, Nelson LS. Cardioactive steroid poisoning from an herbal cleansing preparation. Ann Emerg Med. 2003;41(3):396-9.
13. Manini AF, Nelson LS, Hoffman RS. Prognostic utility of serum potassium in chronic digoxin toxicity: a case-control study. Am J Cardiovasc Drugs. 2011;11(3):173-8.
14. Velasco IT, Brandão Neto RA, Souza HP, Marino LO, Marchini JFM, Alencar JCG, editores. Medicina de emergência. 15. ed. Barueri: Manole; 2021.
15. Burns MJ. Enhanced elimination of poisons. Waltham: UpToDate; 2021.
16. Hendrickson RG. Gastrointestinal decontamination of the poisoned patient. Waltham: UpToDate; 2021.
17. Salhanick SD. Tricyclic antidepressant poisoning. Waltham: UpToDate; 2021.
18. Levine MD, O'Connor A, Traub SJ, Burns MM, Grayzel J. Digitalis (cardiac glycoside) poisoning. Waltham: UpToDate; 2021.
19. Levine MD, O'Connor A, Traub SJ, Burns MM, Grayzel J. Dosing regimen for digoxin-specific antibody (Fab) fragments in patients with digoxin toxicity. Waltham: UpToDate; 2021.
20. Panchal AR, Bartos JA, Cabañas JG, Donnino MW, Drennan IR, Hirsch KG, et al. Adult Basic and Advanced Life Support Writing Group. Part 3: Adult Basic and Advanced Life Support: 2020 American Heart Association Guidelines for Cardiopulmonary Resuscitation and Emergency Cardiovascular Care. Circulation. 2020;142(16_suppl_2):S366-S468.
21. Yagami T. Differential coupling of glucagon and beta-adrenergic receptors with the small and large forms of the stimulatory G protein. Mol Pharmacol. 1995;48(5):849-54.
22. Holger JS, Stellpflug SJ, Cole JB, Harris CR, Engebretsen KM. High-dose insulin: a consecutive case series in toxin-induced cardiogenic shock. Clin Toxicol (Phila). 2011;49(7):653-8.
23. Holger JS, Engebretsen KM, Marini JJ. High dose insulin in toxic cardiogenic shock. Clin Toxicol (Phila). 2009;47(4):303–7.
24. Greene SL, Gawarammana I, Wood DM, Jones AL, Dargan PI. Relative safety of hyperinsulinaemia/euglycaemia therapy in the management of calcium channel blocker overdose: a prospective observational study. Intensive Care Med. 2007;33(11):2019-24.
25. Geib AJ, Liebelt E, Manini AF. Clinical experience with intravenous lipid emulsion for drug-induced cardiovascular collapse. J Med Toxicol. 2012;8(1):10-4.

CAPÍTULO 7

SÍNDROMES TÓXICAS E A AVALIAÇÃO CLÍNICA DAS INTOXICAÇÕES AGUDAS

Ligia Véras Gimenez Fruchtengarten
Alexandre Dias Zucoloto

PONTOS-CHAVE

- Os sinais e sintomas de intoxicações por certos agentes podem ser agrupados dentro do que se conceituou denominar "síndromes tóxicas".
- A delimitação dessas síndromes é extremamente útil no estabelecimento de um diagnóstico etiológico, quando o agente é desconhecido, e no diagnóstico diferencial com outras causas.
- As denominações das síndromes estão ligadas ao mecanismo de ação dos agentes envolvidos (anticolinérgica, colinérgica, serotoninérgica, simpaticomimética).

INTRODUÇÃO

A intoxicação pode ser definida como a manifestação clínica dos efeitos nocivos causados pela interação de uma substância química, ou de agentes físicos ou biológicos, com o organismo. Para que ocorra uma intoxicação, o organismo precisa sofrer exposição a uma substância potencialmente tóxica em uma dose suficiente para produzir danos.

A exposição química pode acontecer de forma aguda, com o aparecimento rápido e progressivo dos sintomas, mas também pode estar relacionada com exposições mais prolongadas e crônicas ocupacionais ou ambientais, quando os sintomas em geral são menos evidentes e evoluem insidiosamente.

Intoxicações agudas podem ser observadas com certa frequência nas unidades de urgência e emergência e devem ser incluídas no diagnóstico diferencial de pacientes com sintomas de aparecimento súbito, inconscientes ou de causa desconhecida.

QUADRO CLÍNICO

As informações iniciais para o diagnóstico de intoxicação podem ser obtidas por meio da anamnese, incluindo as condições da exposição e as substâncias envolvidas. Em certos casos, a identificação específica do agente tóxico e a quantidade podem ser questionadas aos familiares ou acompanhantes do paciente. Porém, com certa frequência os dados estão incompletos, algumas vezes distorcidos ou mesmo omitidos em situações constrangedoras, como nas tentativas de suicídio ou homicídio, violência, maus-tratos ou abuso de medicamentos, álcool e drogas ilícitas.[1,2]

As intoxicações agudas sempre devem participar do diagnóstico diferencial nos casos em que se observe uma alteração súbita, inesperada ou inexplicável na saúde de um paciente que não apresente antecedentes de doenças daquele(s) órgão(s) envolvido(s) e, principalmente, nos indivíduos previamente hígidos, adultos jovens ou crianças, como nas seguintes situações clínicas:

- Quadro neurológico de instalação súbita, incluindo depressão neurológica progressiva, agitação psicomotora e distúrbios comportamentais e da consciência (alucinações, delírios), convulsões, alterações motoras, manifestações extrapiramidais, alterações pupilares, quadro neurológico atípico e complexo.
- Arritmias cardíacas, alterações cardiovasculares ou isquêmicas.
- Distúrbios metabólicos, hidroeletrolíticos e acidobásicos.
- Alterações da temperatura corporal.
- Alterações hematológicas, incluindo sangramentos, hemólise, palidez e cianose.
- Presença de sintomas semelhantes e simultâneos em uma mesma família ou grupo de pessoas (p. ex.: escolas, festas).
- Vítimas de trauma e de acidentes de trânsito.
- Vítimas de incêndio ou de incidentes químicos (derramamentos ou vazamentos).[3,4]

A observação das alterações presentes ao exame físico é fundamental para o diagnóstico em toxicologia clínica, assim como em qualquer outro tipo de emergência. Realiza-se a avaliação precoce e sequencial dos sinais vitais (pulso, pressão arterial, frequência respiratória e temperatura) associada com a observação de outros sinais alterados, especialmente aqueles relacionados ao sistema nervoso central, pupilas, respiratórios, aspecto e coloração da pele (Quadro 1). A dissociação de sintomas em quadro clínico de instalação súbita também sugere o diagnóstico de intoxicação aguda:

- Hipotensão sem taquicardia.
- Arritmia com alteração do nível de consciência, mas com a pressão arterial normal.
- Coma associado a midríase e hipertensão.
- Acidose grave de difícil correção, com perfusão normal.

Observar que as alterações pupilares e outros sinais nas intoxicações são geralmente simétricas, pois resultam do efeito sistêmico das substâncias. A exceção dessa simetria pode ser observada na hipoglicemia grave nas intoxicações por hipoglicemiantes orais, que podem simular um acidente vascular cerebral, mas revertem rapidamente com a correção da glicemia.[1,4]

Quadro 1. Alterações em sinais vitais nas intoxicações e agentes tóxicos frequentes

Sinais vitais	Agente tóxico
Hipertermia	Anfetaminas, anticolinérgicos, cocaína, antidepressivos cíclicos, anti-histamínicos, teofilina, fenotiazínicos, salicilatos
Hipotermia	Etanol, sedativo-hipnóticos, opioides, barbitúricos, hipoglicemiantes, monóxido de carbono, nafazolina, anestésicos
Bradicardia	Betabloqueadores, bloqueadores dos canais de cálcio, digitálicos, clonidina, opioides, organofosforados/carbamatos, alfa-adrenérgicos
Taquicardia	Anfetaminas, cocaína, anticolinérgicos, anti-histamínicos, cafeína, fenotiazínicos, antidepressivos cíclicos, teofilina, inibidores da monoaminoxidase, organofosforados/carbamatos (incomum)
Hipertensão	Anfetaminas, cocaína, anticolinérgicos, anti-histamínicos, cafeína, fenotiazínicos, antidepressivos cíclicos, organofosforados/carbamatos (incomum), teofilina, inibidores da monoaminoxidase, nicotina
Hipotensão (com bradicardia)	Betabloqueadores, bloqueadores dos canais de cálcio, digitálicos, clonidina, opioides, organofosforados/carbamatos
Hipotensão (com taquicardia)	Antidepressivos cíclicos, teofilina, dissulfiram com etanol, cianeto, ferro, metanol, monóxido de carbono
Bradipneia	Etanol, barbitúricos, opioides, sedativo-hipnóticos, clonidina, nafazolina, organofosforados/carbamatos
Taquipneia	Anfetaminas e simpatomiméticos, anticolinérgicos, cocaína, cafeína, teofilina, salicilatos, fenóis, metanol e etilenoglicol

SÍNDROMES TÓXICAS

Os sinais e sintomas das intoxicações podem ser agrupados e classificados em síndromes para formar diversas síndromes tóxicas descritas a seguir (Quadro 2). O conhecimento dessas síndromes permite formar hipóteses diagnósticas sobre grupos de substâncias prováveis que resultam em quadros clínicos determinados, além de orientar a abordagem do paciente com o tratamento mais precoce possível, enquanto se tenta identificar especificamente o agente tóxico por meio de análises laboratoriais, exames de imagem etc. Como frequentemente os recursos de análises toxicológicas não estão disponíveis na maioria dos serviços de saúde, o foco do tratamento sempre deve ser o paciente e os sintomas e não priorizar a identificação do agente tóxico, promovendo os cuidados de suporte adequados e a remoção da exposição quando estiver indicado.[2,5,6]

Síndrome colinérgica

Mecanismo: inibição de colinesterases e acúmulo de acetilcolina nas transmissões colinérgicas.

Manifestações clínicas: salivação, vômitos, diarreia, sudorese, secreção brônquica aumentada, fraqueza muscular, fasciculações e abalos musculares, hipotensão ou hipertensão, bradicardia, confusão mental, convulsões, incontinência fecal e urinária, coma, miose.

Agentes mais comuns: inseticidas organofosforados e carbamatos.

Síndrome anticolinérgica

Mecanismo: antagonismo da acetilcolina nos receptores muscarínicos.

Manifestações clínicas: agitação, confusão mental, delírios, alucinações, convulsões, taquicardia, pele seca, rubor de face, midríase, hipertermia, hipertensão, retenção urinária, ruídos hidroaéreos diminuídos.

Agentes mais comuns: atropina, escopolamina, anti-histamínicos, anti-parkinsonianos (biperideno), antipsicóticos, antidepressivos cíclicos, antiespasmódicos e plantas do gênero *Datura* (saia-branca e estramônio).

Síndrome simpatomimética (adrenérgica)

Mecanismo: estimulação excessiva dos receptores adrenérgicos alfa e beta.

Manifestações clínicas: agitação, delírios, paranoia, taquicardia (ou bradicardia, se o agente é um agonista alfa-adrenérgico puro), palidez (ou rubor), hipertensão, hipertermia, diaforese, piloereção, midríase e hiper-reflexia. Convulsões, hipotensão e arritmia cardíaca em casos graves.

Agentes mais comuns: anfetamina e derivados, cocaína, efedrina, fenilpropanolamina, fenilefrina, pseudoefedrina, cafeína e teofilina em doses excessivas (exceto sinais psíquicos).

Síndrome sedativo-hipnótica e narcótica

Mecanismo: depressão do sistema nervoso central pela estimulação dos receptores gabaérgicos e opioides endógenos (μ, κ e δ).

Manifestações clínicas: sonolência, letargia, torpor, coma, depressão respiratória, apneia, hipotonia, hipotermia, hiporreflexia, hipotensão, bradicardia, ruídos hidroaéreos diminuídos, pupilas normais ou alternando miose/midríase (barbitúricos) ou miose puntiforme (opioide). Tríade clínica característica observada com os opioides: coma, miose puntiforme e depressão respiratória.

Agentes mais comuns: barbitúricos, benzodiazepínicos e álcool etílico. Opioides: codeína, heroína, loperamida, difenoxilato, fentanila, meperidina, morfina e ópio.

Síndrome extrapiramidal

Mecanismo: bloqueio dos receptores dopaminérgicos.

Manifestações clínicas: crises oculógiras, espasmos da musculatura da face (lábios, língua e região da mandíbula), pescoço (rigidez de nuca, torcicolo) e membros (sinal da roda dentada), tremores musculares nas extremidades, movimentos involuntários, sialorreia, sonolência. Em casos graves, hipertonia (opistótono), torpor, coma, miose ou midríase.

Agentes mais comuns: antipsicóticos – haloperidol, clorpromazina, flufenazina, trifluoperazina, perfenazina, risperidona; antieméticos – metoclopramida e bromoprida.

Síndrome serotoninérgica

Mecanismo: estímulo aumentado dos receptores das sinapses serotoninérgicas, pelo aumento da liberação ou redução da recaptação ou do metabolismo da serotonina. Geralmente ocorre quando duas ou mais drogas serotoninérgicas são usadas concomitantemente (mesmo em doses terapêuticas), ou no uso associado a inibidores da monoaminoxidase.

Manifestações clínicas: tríade clínica característica apresenta estado mental alterado, hiperatividade neuromuscular e instabilidade autonômica, incluindo sintomas de diarreia, sudorese, hiperemia, hipertermia, hiper-reflexia, trismo, tremores, mioclonias, irritabilidade, convulsões, coma. A rabdomiólise, a insuficiência renal e as coagulopatias são complicações possíveis nos casos graves.

Agentes mais comuns: fluoxetina, paroxetina, sertralina e clomipramina.

Síndrome de abstinência

Está relacionada aos casos de dependência química, como por benzodiazepínicos, narcóticos, opioides, álcool e outros. Conjunto de sintomas observados após a retirada de uma sustância química da qual o organismo é dependente. Os sintomas geralmente são inespecíficos, sendo os mais frequentes agitação, tremores, vômitos, diarreia, taquicardia, alucinações e convulsões.

Distúrbios de comportamento e drogas de abuso

O diagnóstico de intoxicação pelo abuso de drogas lícitas e ilícitas na emergência deve ser considerado em todos os pacientes que apresentem sinais de estimulação ou depressão do sistema nervoso central, assim como nos transtornos de comportamento, pois nem sempre a informação de uso de drogas aparece espontaneamente na história inicial (Quadro 3). É importante inclusive considerar essa hipótese em crianças e adolescentes, que podem ser avaliados em prontos-socorros ao primeiro contato com drogas de abuso, em *overdose* ou apresentando pânico por efeitos inesperados, também em casos suspeitos de maus-tratos e violência. O uso e a experimentação de drogas cada vez mais precocemente são apontados como fatores de risco importantes para a adição. Os distúrbios de comportamento que podem estar relacionados com as drogas de abuso são: mudança nos

Quadro 2. Comparação entre as síndromes tóxicas mais comuns

Síndromes tóxicas	Sinais vitais	Pupilas	Sistema nervoso central	Outros sistemas	Agentes tóxicos
Hipnótica Sedativa Narcótica	Hipotermia Bradicardia Hipotensão Bradipneia	Miose	Depressão do sistema nervoso central Depressão respiratória Coma	Hiporreflexia Edema pulmonar	Barbitúricos Benzodiazepínicos Opioides
Colinérgica	Hipotermia Bradicardia Hipotensão Bradipneia	Miose	Confusão mental Convulsões Coma	Sialorreia intensa Sudorese Lacrimejamento Náusea/vômito Dispneia Broncoconstrição Fasciculações	Organofosforados Carbamatos Nicotina
Anticolinérgica	Hipertermia Taquicardia Hipertensão Taquipneia	Midríase	Agitação Alucinação *Delirium* Convulsões	Retenção urinária Mioclonias Convulsões Mucosas secas	Atropinicos Anti-histamínicos Antidepressivos tricíclicos
Simpatomimética Adrenérgica	Hipertermia Hipertensão Taquicardia Hiperpneia	Midríase	Agitação Alucinações Paranoia Convulsões	Diaforese Tremores Hiper-reflexia	Cocaína Anfetamina Teofilina Efedrina Cafeína
Serotoninérgica	Hipertermia Taquicardia Hipotensão ou hipertensão	Miose ou midríase	Agitação Confusão *Delirium* Alucinações Coma	Diarreia Sudorese *Flush* Hipertonia Hiper-reflexia Trismo Tremores Mioclonias Rabdomiólise	Antidepressivos tricíclicos e inibidores da recaptação da serotonina: fluoxetina, paroxetina, sertralina, amitriptilina, clomipramina
Extrapiramidal	Não característicos	Midríase	Sonolência Crise oculógira	Tremores Hipertonia Opistótono Trismo	Haloperidol Fenotiazínicos Metoclopramida Bromoprida

Quadro 3. Substâncias psicoativas mais comuns, conforme sua ação no sistema nervoso central

Ação	Drogas de abuso
Depressores	Benzodiazepínicos, opiáceos, heroína, álcool etílico, inalantes (solventes)
Estimulantes	Cocaína, anfetaminas, *ecstasy* (MDMA), anticolinérgicos
Perturbadores	Maconha
Alucinógenos	LSD, *ayahuasca* (Santo Daime)

hábitos pessoais, mudança de comportamento e de amizades, indisciplina, agitação, irritabilidade, distúrbios do sono, perda de interesse pela aparência pessoal, furtos, deterioração do rendimento profissional ou escolar.[2,7]

Síndrome de hipersensibilidade às substâncias químicas

É definida como uma síndrome adquirida e crônica (*multiple chemical sensitivity*), caracterizada por sintomas inespecíficos e recorrentes em diversos sistemas, que ocorrem comumente em resposta à exposição por diversas substâncias químicas não relacionadas entre si, e em doses abaixo dos limites considerados perigosos para a população em geral.[8]

Também pode ser chamada de intolerância ambiental idiopática, condição muito controversa e não totalmente explicada, em virtude das características dessas manifestações e à frequente correlação com portadores de quadros diversos de ansiedade, alterações afetivas e somatização de sintomas.

Os sintomas incluem cefaleia, fadiga, sintomas gastrintestinais, dores articulares e musculares, alterações de pele e sintomas de vias aéreas superiores. A maioria dos pacientes refere também sintomas neurológicos como perda de memória, confusão mental, irritabilidade, depressão, tontura, sensação de queimação e parestesias.

Os indivíduos afetados queixam-se de múltiplos sintomas inespecíficos, que podem ser migratórios entre diferentes sistemas e que são desencadeados pela exposição a determinados odores, como solventes, produtos de limpeza, inseticidas, perfumes, formaldeído e tecidos sintéticos. A síndrome geralmente se desenvolve após exposição inicial traumática a um odor extremamente forte; as exposições subsequentes desencadeiam uma resposta semelhante, mesmo em concentrações mais baixas. Os sintomas melhoram quando os fatores incitantes desaparecem.

O diagnóstico diferencial deve ser realizado com outras condições com esses sintomas inespecíficos e inconstantes, incluindo problemas psicossociais familiares ou escolares, enxaqueca, sinusopatias, alergias e intoxicações crônicas por metais pesados. Não existem testes laboratoriais específicos, e o diagnóstico em geral é de exclusão. O tratamento é sintomático e inclui apoio psicológico.[9] Algumas terapias propostas que não têm fundamento científico devem ser desencorajadas, como quelantes, gamaglobulina, hormônios, ervas, vitaminas etc.

REFERÊNCIAS BIBLIOGRÁFICAS

1. Brent J, Burkhart KK, Donavan W, Phillips SD, Wallace KL. Part 2. Toxic Syndromes. In: Critical Care Toxicology – Diagnosis and management of the critically poisoned patient. Filadélfia: Elsevier Mosby; 2005. p. 189-392.
2. Hernandez EMM, Rodrigues RM, Torres TM. Manual de toxicologia clínica: orientações para assistência e vigilância das intoxicações agudas. São Paulo: Secretaria Municipal da Saúde; 2017. 465 p.
3. Ellenhorn M. The Clinical Approach. In: Ellenhorn MJ, Schonwald S, Ordog G, Wasserberger J, editor. Ellenhorn's Medical Toxicology: Diagnosis and Treatment of Human Poisoning. 2. ed. Baltimore: Williams & Wilkins; 1997.
4. Hoffman RS, Howland MA, Lewin NA, Nelson LS, Goldfrank LR. Initial evaluation of the patient: vital signs and toxic syndromes. In: Nelson LS, Howland MA, Lewin NA, Smith SW, Goldfrank LR, Hoffman RS. Goldfrank's Toxicologic Emergencies. 11. ed. Nova Iorque: McGraw-Hill; 2019. p. 28-31.
5. Mokleshi B, Leiken JB, Murray P, Corbridge TC. Adult toxicology in critical care – Part I: General approach to the intoxicated patient. Chest. 2003 (123):577-92.
6. Rasimas JJ, Sinclair CM. assessment and management of toxidromes in the critical care unit. Crit Care Clin. 2017;33(3):521-41.
7. Laranjeira R. Abordagem geral do usuário. In: Usuários de substâncias psicoativas: abordagem, diagnóstico e tratamento. Conselho Regional de Medicina do Estado de São Paulo. 2. ed. São Paulo: Conselho Regional de Medicina do Estado de São Paulo/Associação Médica Brasileira; 2003.
8. Leikin JB, Mycyk MB, Bryant S, Cumpston K, Hurwitz S. Characteristics of patients with no underlying toxicologic syndrome evaluated in a toxicology clinic. J Toxicol Clin Toxicol. 2004;42(5):643-8.
9. Olson KR. Avaliação global e tratamento. In: Manual de Toxicologia Clínica. 6. ed. Porto Alegre: AMGH Editora/McGraw-Hill; 2014.

CAPÍTULO 8

ABUSO DE ÁLCOOL

Isabel Carmen Fonseca Freitas
Ilana Rodrigues Santos

PONTOS-CHAVE
• Saber o conceito de uso nocivo de álcool, sua epidemiologia e consequências. • Reconhecer o padrão de consumo de álcool e os aspectos clínicos/metabólicos correlatos. • Identificar os fatores de risco para o abuso de álcool e os sinais de alerta que indicam dependência. • Saber acolher e orientar o tratamento do abuso de álcool, agudo e crônico, com ênfase nas estratégias preventivas.

INTRODUÇÃO

Na contemporaneidade, a transição epidemiológica do perfil de morbimortalidade populacional aponta para a importância da adoção de comportamentos saudáveis como estratégia preventiva de adoecimento.

Em direção contrária a esse processo, encontra-se o consumo de álcool, cada vez mais precoce.[1] O álcool é uma substância psicotrópica, com ampla divulgação e fácil acesso, considerada a droga legal mais utilizada no mundo. Existem quatro padrões habituais de consumo: o moderado, o arriscado (pode trazer prejuízos), o nocivo (traz prejuízos) e o *binge* (grande quantidade). O abuso de álcool é um termo geral para qualquer nível de risco e está associado a disfunções sociais e prejuízos à saúde, mesmo na ausência de dependência química.[2]

EPIDEMIOLOGIA

O Global Status Report on Alcohol and Health (OMS, 2018) mostrou que cerca de 1 em cada 20 mortes no mundo decorre do uso nocivo de álcool, traduzindo-se em cerca de 5% do adoecimento global, particularmente na Europa e nas Américas. Os homens são os mais afetados. De todas as mortes atribuíveis ao álcool, 28% são resultado de lesões, como as causadas por acidentes de trânsito, autolesão e violência interpessoal; 21% se devem a distúrbios digestivos; 19% a doenças cardiovasculares; o restante é causado por doenças infecciosas, câncer, transtornos mentais e outras condições de saúde.[1]

No Brasil, dados de alguns estudos mostraram que, na faixa de 10 a 18 anos, quase 100% dos adolescentes relataram experimentação de álcool e 21,4% dos escolares relataram algum episódio de embriaguez na vida; a idade média do primeiro episódio de consumo de álcool é de 12,5 anos, sendo mais comum entre os alunos de escolas públicas (56,2%). Quando comparados com o levantamento anterior, de 2012, observa-se que a experimentação precoce de bebidas alcoólicas aumentou (de 50,3% para 55,5%) e o relato de episódio de embriaguez se manteve estável, porém elevado (21,8%).[3,4] O consumo precoce de álcool pode associar-se ao uso nocivo de álcool,[2] de acordo com a presença de fatores de risco biopsicossociais listados no Quadro 1.

MECANISMOS DE AÇÃO/ FARMACOTOXICOCINÉTICA

A grande parte do consumo de álcool ocorre por meio do etanol obtido das bebidas alcoólicas, em particular cerveja, vinho e destilados. A Organização Mundial da Saúde (OMS) estabelece que uma unidade de bebida ou dose-padrão contém aproximadamente de 10 a 12 g de álcool puro, o equivalente a uma lata de cerveja (330 mL) ou uma dose de destilados (30 mL) ou, ainda, a uma taça de vinho (100 mL).[2] O etanol é um nutriente e tem valor calórico (cerca de 7 kcal/g).[5]

Quadro 1. Fatores de risco para o uso nocivo de álcool em jovens

Características individuais	Características sociais
Baixa resiliência	Pressão de grupo
Violência doméstica	Ausência de suporte parental
Envolvimento com *bullying*	Uso de álcool e outras drogas por familiares
Baixo desempenho escolar e/ou profissional	Estímulo ao consumo: família, mídia, redes sociais
Morbidades neuropsíquicas	Políticas públicas inadequadas
Comportamentos de risco: sexual, distúrbios de conduta, uso de outras substâncias	Acesso à substância

Fonte: próprios autores.

A OMS estabelece que o consumo aceitável de álcool é de até 15 doses/semana para homens e 10 doses/semana para mulheres.[2] O equilíbrio do álcool dentro de um tecido depende do conteúdo de água, da taxa de fluxo sanguíneo e da massa adiposa. Parte do álcool ingerido por via oral não entra na circulação sistêmica e alguns fatores alteram sua absorção: quantidade consumida, presença de alimentos no estômago, esvaziamento gástrico e taxa de oxidação.[5]

A oxidação do etanol ocorre principalmente no fígado e no estômago, da seguinte forma:[5]

- A primeira via de oxidação ocorre através da enzima álcool desidrogenase (ADH): **etanol + NAD^+ → acetaldeído + NADH + H^+**.
- Uma segunda oxidação ocorre pela ação das enzimas do sistema MEOS (*microsomal ethanol oxidizing system*) ligadas ao citocromo P450: **etanol + NADPH + H^+ + O_2 → acetaldeído + NADP + $2H_2O$**.
- A terceira via de oxidação é da enzima catalase, com uma participação pequena: **etanol + H_2O_2 → acetaldeído + $2H_2O$**.

O acetaldeído é a substância-chave propulsora da dependência química, e sua geração é aumentada pelo consumo crônico de álcool em virtude do fenômeno de adaptação metabólica.[5,6]

Existe uma variabilidade na taxa de eliminação do álcool em razão de vários fatores genéticos e ambientais: sexo (eliminação mais lenta no sexo feminino); idade (extremos da vida apresentam menor expressão e menor ativação enzimática); jejum (metabolismo mais lento em decorrência dos menores níveis de ADH e menor capacidade de transporte de substrato para a mitocôndria); período (maior eliminação à noite); medicamentos/drogas (inibição ou competição com ADH, inibição da cadeia mitocondrial ou da eliminação do acetaldeído). Há pouca regulação hormonal no controle da eliminação do álcool, e o tipo de bebida não parece influenciar esse processo.

QUADRO CLÍNICO

O álcool é uma substância com ação depressora no sistema nervoso e age diretamente no fígado, estômago, coração, vasos sanguíneos e pâncreas. O quadro clínico varia com o padrão de consumo (quantidade e frequência).[5]

ALERTA IMPORTANTE

Quanto mais precoce o uso do álcool, maior o impacto. Considera-se que o não desenvolvimento pleno do córtex pré-frontal e os prejuízos no sistema dopaminérgico e límbico acarretam alterações emocionais e comportamentais, com consequente perda de habilidades que deveriam ser desenvolvidas na adolescência.[7]

Nas gestantes, o consumo de álcool é sempre nocivo e pode associar-se a distúrbios do espectro alcoólico fetal (FASD), que apresenta as seguintes características principais: retardo de crescimento intrauterino, dismorfias faciais e disfunções do sistema nervoso central, ocorrendo nos Estados Unidos à proporção de 9/1.000 nascidos vivos.[7]

O abuso de álcool pode ocorrer de forma aguda ou crônica, de forma inicial ou persistente. O abuso agudo, também chamado de *binge drinking*, ou beber pesado episódico (BPE), corresponde à ingestão de 60 ou mais g de álcool, o que equivale a cinco ou mais doses no sexo masculino e quatro ou mais doses no sexo feminino, na mesma ocasião.[1] Grande parte do consumo de álcool em indivíduos de 15 a 24 anos ocorre dessa forma, em particular pelo aumento do consumo de destilados.[2,8]

O abuso agudo causa alterações comportamentais que favorecem a exposição moral, comportamento sexual de risco, agressividade e diminuição do julgamento crítico, o que prejudica o funcionamento social e ocupacional, promove alterações no afeto e na linguagem e se associa com frequência a acidentes e violências.[8] As manifestações clínicas guardam relação com os níveis de alcoolemia, conforme descrito no Quadro 2.

Quadro 2. Associação entre nível de alcoolemia e quadro clínico

Valor da alcoolemia	Quadro clínico
Até 50 mg%	Euforia, excitabilidade, redução da atenção, discretas alterações na coordenação motora, alterações do humor e do comportamento
De 50 a 100 mg%	Incoordenação motora grave, ataxia, convulsões, redução da concentração e dos reflexos sensitivos
Acima de 100 mg%	Piora da ataxia, convulsões, náuseas, vômitos, agitação psicomotora, sonolência, coma, prejuízos nas funções cardiorrespiratórias

Fonte: adaptado de Associação Médica Brasileira, 2012.[8]

O abuso crônico, ou beber pesado (BP), é descrito como o consumo acima do moderado, ou seja, acima de duas doses por dia para os homens e de uma dose para mulheres ou consumo de qualquer quantidade por 20 ou mais dias consecutivos, e está associado a violência, acidentes, hepatotoxicidade, danos pancreáticos, diabetes *mellitus*, prejuízos nutricionais, câncer, maiores riscos cardiovasculares e alterações neurológicas diversas (Quadro 3).[2,8] Diferentemente da dependência química, fora dos episódios de consumo, não se observa compulsão ou comportamento de busca pela substância ou síndrome de abstinência, e o usuário fica, muitas vezes, semanas ou até meses sem consumir a substância.[9]

Quadro 3. Sinais de alerta para dependência química

- Beber com frequência, inclusive pela manhã
- Alterações de humor
- Baixo desempenho social, profissional ou acadêmico
- Dificuldade para gerenciar as responsabilidades
- Negação do uso excessivo de álcool
- Envolvimento com violências ou acidentes
- Diminuição do interesse em *hobbies*

Fonte: adaptado de Andrade, 2020.[2]

Existem vários questionários para serem usados pelos médicos quanto ao consumo de álcool e sua possível relação com o uso nocivo. Entre eles, os mais usados são o CAGE (*cutdown, annoyed, guilty, eye-opener*), o CRAFT (*care, relax, alone, family, friends, trouble*), o AUDIT (Alcohol Use Disorders Identification Test) e o ASSIST (Alcohol Smoking and Substance Screening Test). Em quaisquer dos instrumentos utilizados, recomenda-se que seja realizado em clima empático e colaborativo, visando caracterizar o tipo de bebida, a frequência e o horário de uso, a relação com a substância e prejuízos sociais. A avaliação de outros transtornos mentais associados deve ser incluída no diagnóstico diferencial.[9]

ALERTA IMPORTANTE

Devemos lembrar que, em adolescentes, os critérios de tolerância e abstinência não se aplicam adequadamente, o que pode dificultar o diagnóstico de dependência e a busca por ajuda terapêutica.[7]

Quadro 4. Critérios diagnósticos para intoxicação por álcool

1. Ingestão recente de álcool
2. Alterações comportamentais diversas
3. Presença de um dos seguintes sinais: alteração na linguagem, incoordenação motora, alteração de marcha, nistagmo, comprometimento da atenção ou da memória, alteração do nível de consciência

Fonte: adaptado de Associação Médica Brasileira, 2012.[8]

AVALIAÇÃO COMPLEMENTAR

O teste do etilômetro e o teste rápido de urina se mostram opções interessantes para uso na emergência, em razão da rapidez do resultado e por identificarem o consumo recente de álcool e outras substâncias psicoativas. Avaliação glicêmica e eletrolítica, função renal, perfil hepático, amilase e gasometria arterial são úteis na condução terapêutica da intoxicação alcoólica. Deve-se incluir radiografia de tórax na suspeita de aspiração pulmonar, eletrocardiograma (casos graves) e tomografia de crânio e de coluna cervical diante de alterações neurológicas graves e/ou sinais de trauma central.[10-13]

TRATAMENTO/PREVENÇÃO

A abordagem requer atendimento individualizado em uma atitude de escuta acolhedora e receptiva, evitando o julgamento crítico. Sempre considerar os princípios ABCDE* da reanimação. A intoxicação alcoólica aguda costuma apresentar-se em três fases: ressaca (sensação de mal-estar após embriaguez), excitatória (níveis de alcoolemia atingem de 75 a 200 mg%) e depressora (alcoolemia acima de 200 mg%) – esta requer hospitalização imediata em centro de tratamento intensivo, em razão do risco de morte.[13]

ALERTA IMPORTANTE

Observar sinais de trauma, abuso crônico (desnutrição, hepatopatia crônica), instabilidade hemodinâmica, nível de consciência, quadros infecciosos.

O manejo da intoxicação aguda por álcool deve ser focado no nível de alcoolemia, quando possível, e nas complicações clínicas apresentadas, como correção da hipotermia, desidratação, hipoglicemia, hipomagnesemia, hipopotassemia, hipofosfatemia, acidose láctica e da agitação psicomotora (Quadro 4).

Casos leves

Podem ser monitorados em relação aos dados vitais e receber tratamento sintomático. Caso não apresentem hipoglicemia ou vômitos, os pacientes poderão ser liberados para o domicílio sob vigilância e com recomendações para hidratação oral.

Casos moderados/graves

O paciente deve ser hospitalizado e mantido em um local seguro, evitando a ocorrência de quedas, com monitoração dos dados vitais. De imediato, recomenda-se acesso venoso, glicemia capilar e infusão de cristaloide de 20 mL/kg, com posterior uso de solução isotônica com cloreto de sódio. No caso de uso crônico de álcool, antes da infusão de glicose, recomenda-se tiamina (100 mg IV, diluída em 100 mL de soro fisiológico, por 30 minutos, 3×/dia, por 3 dias).[9-12]

Para a agitação grave ou violência física, devem-se preferir antipsicóticos típicos, como o haloperidol (2 a 5 mg, a cada 4-8 horas, IM), por menor chance de interação com álcool. A contenção mecânica deve ser o último recurso a ser considerado, atentando-se sempre para o risco de depressão respiratória. Deve ser assegurada a proteção da via aérea, a depender do grau de sedação do paciente. Na presença de convulsões e tremores, recomenda-se o uso de benzodiazepínicos (diazepam 5 a 20 mg IV, lento, sem diluição), que se mostrou superior a outros anticonvulsivantes.[10,13]

A prevenção da aspiração do conteúdo gástrico deve ser buscada com o decúbito lateral e a administração de antieméticos, de preferência ondansetrona. A lavagem gástrica não costuma ser indicada pela rápida absorção do álcool.[11,12]

Alguns estudos mostraram efeito benéfico da metadoxina, em adultos, para aceleração do metabolismo do álcool e diminuição do tempo de intoxicação na dose única de 900 mg IV. Não há estudos de metadoxina para esse fim na população pediátrica (Quadro 5).[10]

ALERTA IMPORTANTE

Em jovens e mulheres, a intoxicação por álcool tende a ser rápida e mais grave. Não se deve esquecer de rastrear esse diagnóstico em casos de acidentes e violências.

---

*O significado de ABCDE é A de *airway*, via aérea; B de *breathing* respiração ou ventilação; C de *circulation*, circulação; D de *disability* que tem a ver com a avaliação neurológica do paciente e, por fim, E é *exposure*, que se relaciona a remoção de vestes para avaliação adequada de pacientes vítimas de trauma.

Quadro 5. O que não se deve fazer na intoxicação alcoólica aguda

- Hidratação parenteral indiscriminada
- Uso de anticonvulsivantes preventivos
- Uso de benzodiazepínico intravenoso, na ausência de suporte ventilatório.
- Aplicação de glicose sem a utilização prévia de tiamina, no caso de abuso crônico

Fonte: adaptado de Chagas et al., 2016.[13]

A abordagem multiprofissional é essencial nos casos de abuso crônico, associada ao suporte parental e a princípios cognitivo-comportamentais. Envolvimento com o autocuidado, recuperação da autoestima, redução dos danos e reinserção social são essenciais para o êxito terapêutico.

Alguns medicamentos já foram liberados pela Food and Drug Administration (FDA), para uso no tratamento do abuso crônico e da dependência: dissulfiram, naltrexona e acamprosato, ou pela European Medicines Agency (EMA): gama-hidroxibutirato e nalmefeno. Algumas substâncias são usadas *off-label*: ondansetrona, baclofeno, topiramato, inibidores seletivos da recaptação de serotonina e os benzodiazepínicos.[11]

Uma revisão integrativa feita por Carvalho et al. mostrou que 82% dos artigos em contexto nacional e internacional (2005-2020) citam a naltrexona como fármaco de primeira linha no tratamento do alcoolismo (25 a 50 mg/12 semanas). As classes de fármacos mais citadas empregadas no tratamento de recaídas foram os inibidores de recaptação de noradrenalina e dopamina (IRND), representados pela bupropiona, os inibidores seletivos de recaptação da serotonina (ISRS), representados pela fluoxetina, e os antagonistas opioides, em especial a naltrexona.[11]

Nas consultas médicas, algumas estratégias preventivas para o abuso de drogas tornam-se necessárias. O aconselhamento breve utiliza alguns minutos da consulta para falar de drogas e reconhecer o risco relativo para o uso dessas substâncias. A intervenção breve, indicada para os usuários, representa um diálogo mais elaborado e requer mais preparo, tempo e dedicação dos profissionais. Baseia-se em uma avaliação clara da situação do uso não seguro do álcool, encorajamento de reflexões sobre o uso e não uso (motivações e barreiras), ajuda para traçar metas e projetos e busca pela ampliação do suporte social positivo, além da oferta de material educativo.[7,13]

O redimensionamento psicossocial do indivíduo é o mais importante a ser considerado, pois antecede e favorece muitas vezes a abstinência. A abordagem do sistema familiar é fundamental e influencia a prevenção e o tratamento.[11]

ALERTA IMPORTANTE

A quebra do sigilo, no caso de adolescentes em situação de abuso de álcool, é recomendada, considerando-se o risco de vida, e visa aumentar a rede de suporte social.

Nas situações de abuso de álcool, a morte imediata é um acontecimento raro, mas ideação e tentativa suicida, acidentes no trânsito e outras formas de violência são experiências mais frequentes que podem ser reduzidas com a responsabilização e participação familiar. Os pais devem ser estimulados a questionar seu próprio consumo de álcool e acompanhar o processo de seu filho.[12]

Algumas ações sociais preventivas devem ser estimuladas: distribuição de material educativo adequado à faixa etária, divulgação de projetos exitosos (destaca-se no Brasil o projeto Doutor Bartô), o envolvimento dos jovens em ações culturais e sociais, esportes e espiritualidade. O apoio da mídia, inclusive digital, e políticas públicas são essenciais para o êxito desse processo.[11] As mudanças e a fiscalização das legislações vigentes influenciam o comportamento da população e precisam ser implementadas, pois o comportamento dos jovens é um reflexo do que ocorre na população em geral.[2,7]

REFERÊNCIAS BIBLIOGRÁFICAS

1. World Health Organization. Global Status Report on Alcohol and Health. Genebra: World Health Organization; 2018.
2. Andrade AG, organizador. Álcool e a saúde dos brasileiros: panorama 2020. São Paulo: Centro de Informações sobre Saúde e Álcool – CISA; 2020.
3. Coutinho ESF, França-Santos D, Magliano ES, Bloch KV, Barufaldi LA, Cunha CF, et al. ERICA: padrões de consumo de bebidas alcoólicas em adolescentes brasileiros. Rev Saúde Pública. 2016;50(Suppl. 1):8s.
4. IBGE. Pesquisa Nacional de Saúde do Escolar – PeNSE – 2015. Rio de Janeiro: IBGE; 2016.
5. Maisto AS, Galizio M, Connors G. Drug use and abuse. 8. ed. Boston: Cengage; 2019.
6. Cederbaum AI. Metabolismo do álcool. Clin Liver Dis. 2012;16 (4):667-85.
7. Lotufo JPB, organizador. Álcool, tabaco e maconha: drogas pediátricas. São Paulo: Dr. Bartô; 2016.
8. Associação Médica Brasileira, Associação Brasileira de Psiquiatria, Sociedade Brasileira de Medicina da Família e Comunidade. Projeto Diretrizes. Abuso e dependência de álcool. 2012.
9. Araujo MR, Laranjeira R. Evolução do conceito de dependência. In: Gigliotti A, Guimarães A, editores. Dependência, compulsão e impulsividade. 2. ed. Rio de Janeiro: Rubio; 2016.
10. Pianca TG, Sordi AO, Hartmann TC, Von Diemen L. Identification and initial management of intoxication by alcohol and other drugs in the pediatric emergency room. Pediatr (Rio J). 2017;93(s1):46-52.
11. Carvalho CSL, Carvalho GS, Costa NC. Avanços no tratamento farmacológico do alcoolismo: revisão integrativa. Braz J Dev. 2021;7(1):11271-83.
12. Silva TF, Scivoletto S. Uso, abuso e dependência de substâncias. In: Polanczyk GV, Lamberte MTMR, organizadores. Psiquiatria da infância e adolescência. Barueri: Manole; 2016.
13. Chagas AM, Freitas DE, Silva EM, Grossi FT, Antunes Júnior JS, Tolendal LJ, et al. Protocolos de cuidados na Intoxicação alcoólica aguda. FHEMIG. 2016.

CAPÍTULO 9

ABUSO DE SUBSTÂNCIAS PSICOATIVAS (COCAÍNA, ANFETAMINAS, OPIOIDES E NOVAS SUBSTÂNCIAS PSICOATIVAS) E SÍNDROME DE ABSTINÊNCIA

Marcelo Dutra Arbo
Mirna Bainy Leal
Sarah Carobini Werner de Souza Eller Franco de Oliveira
Rinaldo Tavares

PONTOS-CHAVE

- O uso de substâncias psicoativas por mulheres grávidas tem sido relacionado a prejuízos cognitivos nas crianças.
- Uma tendência entre o público jovem tem sido a substituição de drogas naturais, como maconha e cocaína, por drogas sintéticas.
- De modo geral, as drogas de abuso interferem em sistemas de neurotransmissores altamente envolvidos no controle das vias de recompensa na região mesolímbica e nos sistemas mesocorticais.
- Não há medicamentos considerados eficazes ou aprovados especificamente para o tratamento da síndrome de abstinência a estimulantes, entretanto estão disponíveis alternativas farmacológicas para o tratamento da dependência de opioides.

INTRODUÇÃO

A exposição a substâncias psicoativas é uma das muitas influências negativas do meio ambiente para o desenvolvimento infantil. Em muitos casos, o uso da substância pelos pais é um marcador substancial para a disfunção familiar, levando a resultados negativos para as crianças. Somado a isso, crianças nascidas de gestações desfavoráveis e provindas de situação socioeconômica adversa são expostas a vários riscos e a uma maior tendência a atrasos em seu desenvolvimento neuropsicomotor.

O uso de substâncias psicoativas por mulheres grávidas tem sido relacionado a prejuízos nas funções cognitivas das crianças, causando dificuldades na manutenção da atenção e prejuízos na memória e no aprendizado, com maior deficiência ou retardo no desenvolvimento cognitivo em crianças de até 2 anos. Apesar de não se poderem definir as doses tóxicas, o tempo de uso prejudicial, tampouco determinar um padrão específico de problemas causados por cada droga, o abuso de drogas em geral está associado a maior risco de anomalias na gravidez pelo incremento do risco tanto de malformações congênitas quanto da morbidade e mortalidade perinatal. Além disso, descrevem-se alterações neurocomportamentais transitórias de leve a moderada na infância, problemas comportamentais em longo prazo observados da infância à adolescência, assim como possíveis repercussões em longo prazo na capacidade de aprendizagem de crianças expostas intraútero.

A gravidade da expressão de tais problemas é influenciada por fatores ambientais e pela extensão do período de exposição do feto às substâncias; dessa forma, a elevada prevalência de abuso de substâncias psicoativas na população de mulheres que engravidam expondo o feto a substâncias tóxicas no período de maior vulnerabilidade, particularmente com respeito ao desenvolvimento neurológico e organogênese, configura-se como um sério problema de saúde pública.[1]

As drogas naturais, como a maconha e a cocaína, estão sendo gradativamente substituídas por drogas sintéticas; uma tendência que se configura, sobretudo, no público jovem. O recente relatório intitulado *Global Synthetic Drugs Assessment*, publicado em 2019 pelo Escritório das Nações Unidas sobre Drogas e Crime (UNODC, em inglês United Nations Office on Drugs and Crime), revelou que a produção e o consumo de drogas sintéticas têm alcançado números alarmantes, superando os da heroína, cocaína e anfetaminas em diversos lugares do mundo. No Brasil, o consumo de novas substâncias psicoativas (NPS, do inglês *new psychoactive substances*) representa uma ameaça emergente.[2]

O termo NPS tem sido utilizado para representar moléculas projetadas e sintetizadas a partir de pequenas alterações na estrutura molecular de substâncias já conhecidas e controladas, como o *ecstasy* (3,4-metilenodioximetanfetamina – MDMA) e a maconha, mimetizando ou potencializando seus efeitos.[2,3] Essas drogas emergentes representam um risco à saúde pública e incluem diversos grupos de compostos, entre eles, canabinoides sintéticos, catinonas, fenetilaminas, opioides, triptaminas, benzodiazepínicos e uma variedade de outras classes químicas.[4-6] O consumo dessas substâncias psicoativas por adolescentes é agravado pelo fácil acesso a essas drogas por meio da internet.

O uso contínuo de drogas pode provocar dependência e síndrome de abstinência em sua retirada. A dependência é uma condição caracterizada por alterações orgânicas funcionais decorrentes do uso continuado de uma droga. A síndrome de abstinência, por sua vez, é o conjunto de sinais e sintomas decorrentes da dependência a determinada substância quando de sua retirada ou diminuição do uso, cessando quando há retorno de sua administração. Uma grande parte das crianças internadas em centros de terapia intensiva pediátrica, em uso de sedação e analgesia, pode desenvolver dependência e síndrome de abstinência na retirada do fármaco, em geral associadas a altas doses e tempo de utilização prolongado desses fármacos. A síndrome de abstinência também pode ser comumente manifestada em recém-nascidos cuja mãe fez uso de substâncias psicoativas na gravidez.

A American Academy of Pediatrics destacou a importância do papel do pediatra na prevenção do uso de substâncias psicoativas e no diagnóstico e na gestão de problemas relacionados a essas substâncias. Os pediatras devem incluir a discussão sobre o uso de substâncias psicoativas como parte da rotina de cuidados de saúde, começando pela consulta pré-natal. A prevenção de seu uso deve ser incorporada à prática diária, bem como a aquisição das habilidades necessárias para identificar jovens em risco de uso de substâncias psicoativas e avaliação, intervenção e tratamento conforme necessário.[7]

MECANISMOS DE AÇÃO

De modo geral, as drogas de abuso interferem em sistemas de neurotransmissores altamente envolvidos no controle das vias de recompensa na região mesolímbica e sistemas mesocorticais.[8] O principal mecanismo de ação das anfetaminas é o aumento na fenda sináptica dos neurotransmissores dopamina (DA), serotonina (5-HT) e noradrenalina (NA), mediado principalmente pela estimulação da liberação dessas moléculas. Além disso, as anfetaminas inibem a recaptação dessas monoaminas e a atividade da enzima monoaminoxidase (MAO), responsável por sua metabolização. Da mesma forma, o mecanismo de ação da cocaína envolve a inibição da recaptação de DA, 5-HT e NA, através do bloqueio dos transportadores responsáveis pela captação desses neurotransmissores (DAT, SERT e NET).

À semelhança dos psicoestimulantes, as catinonas sintéticas podem ter dois mecanismos, variando principalmente de acordo com a estrutura química. A mefedrona atua de forma semelhante às anfetaminas, estimulando a liberação de DA, 5-HT e NA; já a 3,4-metilinodioxipirovalerona (MDPV) atua como a cocaína, inibindo os transportadores que fazem a recaptação de DA, NA e/ou 5-HT; entretanto, o MDPV é 30-50 vezes mais potente como inibidor da recaptação de DA do que a cocaína.

Por outro lado, os opioides atuam em receptores próprios acoplados à proteína G, divididos em subtipos denominados mi (μ), kappa (κ) e delta (δ). Os receptores opioides são distribuídos principalmente no sistema nervoso central, na pele e no trato gastrintestinal. No início, a maioria das pessoas usa opioides para ter sensação de euforia ou controlar a dor. No entanto, a tolerância se desenvolve facilmente e leva a um aumento da ingestão não controlada; combinada com um desejo de minimizar os sintomas de abstinência, a dependência de opioides se desenvolve como consequência. Sentimentos eufóricos facilmente desaparecem conforme a tolerância se desenvolve, mas os sintomas de abstinência persistem.[9]

QUADRO CLÍNICO

Diversos estudos fornecem evidências de que o consumo de drogas na adolescência contribui para alterações neurais, cognitivas, afetivas e comportamentais que, subsequentemente, podem conduzir ao aumento da vulnerabilidade ao consumo de substâncias psicoativas, além de estar associado ao aumento do risco de transtornos psiquiátricos e dependência na idade adulta. De fato, substâncias psicoativas como cocaína, opioides, anfetaminas etc. durante a adolescência podem induzir efeitos duradouros nas funções cerebrais, como processos de aprendizagem e memória.[10] Adicionalmente, pacientes com diagnóstico de transtorno por uso de substâncias são mais propensos a desenvolver doenças crônicas, condição com risco à vida e idade precoce de morte.[11]

Embora o número de adolescentes que usam anfetaminas e metanfetaminas seja baixo em comparação com aqueles que usam outras drogas, alguns estudos relataram um aumento do consumo dessas substâncias nesse grupo. O consumo agudo de drogas do grupo das anfetaminas produz alterações comportamentais dependentes da dose, incluindo aumento do estado de vigília e da agilidade, euforia, hiperatividade, taquicardia, hipertensão e convulsões. Também estão associados a psicose, paranoia, violência e aumento do risco de acidente vascular cerebral. Alguns derivados anfetamínicos constituem formulações utilizadas para a perda de peso. A hipertermia é um achado clínico muitas vezes associado a risco significativo de morbidade e morte.[10,12]

O consumo de cocaína continua sendo um problema significativo de saúde pública, tanto para adolescentes quanto para adultos. Seu uso e abuso podem causar uma ampla gama de efeitos significativos e perturbar o desenvolvimento psicossocial e psicológico normal. Embora as idades mais prevalentes para a dependência de cocaína estejam entre 23 e 25 anos de idade, uma vez que o consumo tem início, a dependência de cocaína se desenvolve muito mais rápido comparada à maconha ou ao álcool. Além disso, quanto mais cedo um adolescente começa a utilizar uma substância ilícita, incluindo a cocaína, maior o risco de ele desenvolver problemas relacionados a esse uso.[8]

Os efeitos iniciais desejados do uso de cocaína incluem euforia (sensação de bem-estar), autoconfiança, aumento da atenção, redução do apetite etc. Com o aumento da duração do uso, doses mais altas ou vias de administração mais eficientes, os indivíduos podem ter efeitos disfóricos como ansiedade, irritabilidade, agitação, paranoia, convulsões, comportamento egocêntrico, anorexia e ilusões. Distúrbios cognitivos, como dificuldade de aprendizagem e memória, são relatados na maioria dos usuários crônicos de cocaína e em crianças de mães dependentes. A exposição crônica também pode ocasionar erosão dental, cardiomiopatias, diminuição da síntese de neurotransmissores e dependência.[8,12]

Os opioides são considerados os agentes analgésicos mais eficazes, no entanto com grande potencial de causar dependência, além de promover efeitos adversos graves como depressão respiratória, constipação e tolerância. Além do uso recreacional como droga de abuso, o uso prescrito dessas substâncias tem aumentado de forma alarmante.[4] Como resultado dessas mudanças, principalmente com o aumento na síntese de opioides, está claro que os adolescentes são mais vulneráveis à exposição.[13]

Os efeitos desejados pelo consumo de NPS são alcançados pela modulação da razão entre os níveis dos neurotransmissores DA e 5-HT. As NPS com efeito serotoninérgico, semelhantes à MDMA, produzem mais empatia e receptividade emocional. Em contrapartida, NPS dopaminérgicas, semelhantes à cocaína, produzem euforia e experiências tipo-mania. O uso de NPS está frequentemente associado a problemas de saúde. Em geral, os efeitos adversos variam de convulsões a agitação, agressão, psicose aguda, ansiedade, taquicardia, arritmias, vasoespasmos, hipertensão, hipertermia, hemorragia intracerebral e coma. O consumo dessas substâncias também está associado ao maior desenvolvimento de neurotoxicidade e suscetibilidade à dependência, fenômeno observável com o consumo de substâncias do tipo catinonas em comparação com estimulantes tradicionais.[3] Adicionalmente, dependendo da frequência e dos tipos de drogas utilizadas, as complicações neuropsiquiátricas predominantes incluem uma alta prevalência de depressão, perda de memória e declínio cognitivo e a possível predisposição à esquizofrenia.

SÍNDROME DE ABSTINÊNCIA

A exposição gestacional a anfetaminas está aumentando em todo o mundo, problema que nem sempre pode ser facilmente identificado durante o período neonatal. Isso é muito preocupante, pois as anfetaminas são neurotóxicas e o abuso dessas substâncias, mesmo nos chamados usuários recreativos, está associado a prejuizos cognitivos e comportamentais de longo prazo em crianças expostas. A exposição pré-natal a anfetaminas aumenta o risco de hemorragia placentária e contração uterina e pode ser a causa de partos prematuros. Não existe comprovação de que a exposição fetal a anfetaminas possa ser teratogênica, entretanto anfetaminas, álcool e nicotina reduzem a absorção de ácido fólico, o que, por si só, é potencialmente fetotóxico.

As anfetaminas afetam preferencialmente as funções das células cardíacas e neurais. Bebês expostos a anfetaminas podem ter circunferências encefálicas menores, baixo peso ao nascer, letargia, sonolência e má alimentação. Relatos de aumento das taxas de mortalidade perinatal e prematuridade derivam predominantemente de poucos estudos e não foram, até o momento, comprovados por dados populacionais comparando usuárias de anfetaminas com os dados da população geral de parturientes. Mesmo que alguns bebês expostos a anfetaminas apresentem agitação e taquipneia, a maioria requer apenas um tratamento mínimo de suporte, como alimentação por gavagem por cerca de 1 semana. Poucos demonstraram necessidade de tratamento farmacológico. A retirada das anfetaminas pode resultar em fadiga profunda, perda de apetite, dificuldade de concentração e sonolência. Os usuários podem ficar extremamente deprimidos e ansiosos, e os sintomas podem durar meses, especialmente em usuários crônicos e pesados.

A hospitalização de adolescentes ou jovens adultos em abstinência de cocaína raramente é necessária, visto que os sintomas físicos são menos proeminentes do que os sintomas psicológicos e raramente fatais. O indivíduo pode experimentar dor ou desconforto musculoesquelético leve e transitório, calafrios, tremores ou movimentos musculares involuntários. Os sintomas psicológicos de abstinência, mais comuns e problemáticos, incluem depressão, ansiedade, fadiga, dificuldade de concentração, anedonia, aumento do apetite e maior necessidade de sono. Em alguns casos, a depressão e o retardo psicomotor podem ser graves e debilitantes e podem ideação suicida e tentativas de suicídio podem estar associados.

O uso de cocaína durante a gravidez pode causar efeitos obstétricos, embriológicos e neonatais. A cocaína tem ação vasoconstritora e causa alteração na circulação sanguínea materno-fetal. As consequências são múltiplas: distúrbios tróficos no feto, aumento do risco de hematoma retroplacentário, em alguns casos ruptura prematura de membranas, aumento da frequência de abortos espontâneos, ameaça de parto prematuro e risco de complicações cardiovasculares durante o parto. Recém-nascidos expostos à cocaína durante a gravidez podem apresentar síndrome de abstinência comparável à descrita por opioides, mesmo que geralmente seja menos intensa e não requeira tratamento farmacológico especial: distúrbios neurológicos (tremulações, distúrbios do sono, hiperatividade, hiperexcitabilidade, hipertonia, convulsões), distúrbios respiratórios (polipneia, congestão nasal), sinais gerais (febre, hipersudação, espirros), distúrbios digestórios (vômitos, diarreia) e distúrbios de sucção. Além disso, normalmente os neonatos apresentam baixo peso ao nascer, e são observados déficits na autorregulação e atenção e problemas comportamentais (distração, imprevisibilidade, hiperatividade, desorganização, passividade) em crianças em idade escolar expostas à droga no pré-natal.[8]

A ativação contínua de receptores opioides que resulta na dependência e tolerância também causa sintomas de abstinência quando é cessada a administração dessas drogas em indivíduos dependentes. Os sintomas de abstinência são opostos aos efeitos causados pelo uso dessas drogas e incluem ansiedade, nervosismo e inquietação, dores musculares e ósseas, insônia, diarreia, vômitos e calafrios. Evitar esses sintomas negativos é uma das razões pelas quais as pessoas continuam usando opioides.[9,14] O início dos sinais clínicos da retirada de opioides tende a refletir a meia-vida do opioide envolvido; por exemplo, a retirada da heroína muitas vezes se inicia dentro de 24 horas, já quanto à metadona, que tem meia-vida longa, a abstinência começa entre 24 e 72 horas após o nascimento. A síndrome de abstinência pós-natal pode ter início até 5 a 7 dias de idade, que ocorre normalmente após a alta hospitalar para bebês nascidos a termo sem complicações. Sinais subagudos de abstinência de opioides podem durar até 6 meses.[14]

Paralelamente ao aumento no uso, transtorno de uso e superdosagem de opioides, a incidência de bebês nascidos dependentes de opioides (síndrome de abstinência neonatal, ou NAS) como resultado do uso de opioides pela mãe durante a gravidez também aumentou notavelmente. Esse aumento foi associado a uma alta no número de prescrições de opioides para mulheres grávidas com queixa de dor. Os níveis flutuantes de opioides no sangue de mães que fazem uso indevido de opioides expõem o feto a períodos repetidos de abstinência, o que também pode prejudicar a função da placenta e aumentar o risco de restrição de crescimento fetal, descolamento prematuro da placenta, parto prematuro, convulsões fetais, passagem intrauterina de mecônio e morte fetal. Adicionalmente, outros riscos incluem infecções maternas não tratadas, como HIV e hepatite C, desnutrição e falta de cuidados com o pré-natal, em especial para mães usuárias de drogas injetáveis.[14,15]

Com relação às catinonas e as NPS, a dependência é controversa, sendo necessários mais estudos que confirmem o efeito aditivo dessas substâncias. Dessa forma, não há uma sintomatologia bem definida referida como abstinência.[15]

ALERTA IMPORTANTE

A combinação de cocaína e álcool pode causar risco maior de cardiotoxicidade do que o uso de cocaína isolado.

Heroína e outros opioides, em combinação com álcool, podem causar diminuição das frequências cardíaca e respiratória, levando ao coma e à morte.

Estimulantes tipo anfetaminas mascaram o efeito depressor do álcool, aumentando o risco de intoxicação alcoólica (superdosagem), e podem aumentar a pressão arterial.

A MDMA diminui alguns efeitos do álcool. O álcool pode aumentar as concentrações de MDMA no plasma, o que pode aumentar o risco de efeitos neurotóxicos.

O compartilhamento de agulhas no uso de drogas injetáveis aumenta o risco de HIV, hepatite e outras doenças infecciosas.

A loperamida é um antidiarreico de venda livre que pode causar euforia quando tomado em doses superiores ao recomendado e levar a síndrome de abstinência, caracterizada por ansiedade severa, vômitos e diarreia.

DIAGNÓSTICO

O abuso de drogas na adolescência é um problema comum. Além disso, novos compostos continuam a ser desenvolvidos e diversos meios de obtenção das drogas surgiram nos últimos anos. A internet e as redes sociais podem facilitar a aquisição e o uso abusivo dessas drogas, principalmente por adolescentes. A identificação dessas substâncias geralmente não está disponível em nenhum período clinicamente significativo; porém, a identificação comumente não é obrigatória para o tratamento bem-sucedido do paciente. O contato com especialistas de centros de intoxicações fornece orientação clínica ao atendimento de emergência. Embora os cuidados clínicos para a maioria dos casos de intoxicação e *overdose* ainda sejam o tratamento de suporte, intervenções críticas podem ser necessárias em alguns casos. Passada a urgência do problema, com o paciente estabilizado, o médico e sua equipe podem se dedicar ao exame clínico físico, que revela sinais imprescindíveis para o estabelecimento do diagnóstico de intoxicação aguda, sobretudo na identificação de síndromes tóxicas (sedativo-hipnótica e opioide, anticolinérgica, colinérgica, adrenérgica, serotoninérgica e extrapiramidal). Quando presentes, as síndromes tóxicas permitem reduzir a lista de problemas entre as muitas possibilidades existentes. Adicionalmente, a análise toxicológica de urgência pode ser solicitada sempre que o médico suspeitar de uma intoxicação ou necessitar de um diagnóstico diferencial entre uma intoxicação e outro estado patológico.

Alguns testes rotineiramente realizados em um serviço de emergência incluem análises qualitativas, por cromatografia ou imunoensaios e/ou análises quantitativas por cromatografia gasosa ou líquida (incluindo sistemas acoplados a espectrômetros de massas) de fluidos biológicos para a verificação de drogas, fármacos e seus produtos de biotransformação; determinação da atividade da colinesterase; quantificação de pigmentos modificados de hemoglobina, como a metemoglobina e carboxi-hemoglobina. Além de ser útil para a avaliação da gravidade da intoxicação, a determinação do xenobiótico auxilia na escolha das intervenções e na monitoração da eficácia do tratamento empregado.[16]

A grande maioria das análises toxicológicas é feita na urina e no sangue, matrizes biológicas consideradas convencionais. No entanto, para avaliar, por exemplo, a exposição gestacional ao consumo de drogas, algumas amostras como placenta, líquido amniótico, cordão umbilical e mecônio podem ser analisadas. Essas matrizes são consideradas espécimes não convencionais pelo fato de haver poucos estudos toxicológicos dedicados a elas e por sua difícil coleta e processamento; menor disponibilidade e a possibilidade de contaminação com outros fluidos são algumas das desvantagens desses espécimes, o que os torna menos empregados na rotina toxicológica.[17,18] Cada matriz citada anteriormente reflete a exposição em um determinado período e apresenta diferentes vantagens e desvantagens em termos de coleta, janela de detecção e relação custo/benefício.[19] Mesmo após o período gestacional, o recém-nascido pode ser exposto durante a amamentação, uma vez que substâncias lícitas e ilícitas consumidas pela lactante podem passar para o leite e causar efeitos nocivos à criança. Assim, essa matriz também pode ser analisada em contextos toxicológicos, e sua principal vantagem é a coleta simples e não invasiva. Todavia, a extração de drogas do leite materno é um desafio analítico em razão do seu alto teor de proteínas e lipídios e sua composição variável durante o período pós-parto.[20] Embora os resultados das análises toxicológicas nessas amostras não sejam mandatórios para o diagnóstico ou tratamento agudo de recém-nascidos expostos a drogas, podem ser utilizados no contexto social e em questões legais.

TRATAMENTO

Aspectos gerais

É necessária uma série de intervenções e políticas para reduzir os riscos à saúde pública, incluindo, mas não se limitando a, sistemas nacionais de prevenção de drogas e o treinamento e a sensibilização das equipes que atuam diretamente com o indivíduo exposto a essas substâncias. O compartilhamento de informações e a promoção de práticas baseadas em evidências são essenciais para reduzir o uso de drogas. A remoção do estigma em relação ao uso de drogas e aos transtornos decorrentes desse uso também pode melhorar o acesso ao tratamento.[21]

Atualmente, não há medicamentos considerados eficazes ou aprovados especificamente para a abstinência de anfetaminas e cocaína, mas há uma promessa crescente de que outros estimulantes podem ser usados como substitutos, ajudando os usuários a reduzir os desejos e sintomas de abstinência. Entre os fármacos promissores na terapia de substituição está a modafinila. Recomendam-se, ainda, antidepressivos como bupropiona, fluoxetina e imipramina e as terapias comportamentais e cognitivo-comportamental (TCC).[8]

O tratamento de intoxicações por superdosagens de opioides visa principalmente reverter a depressão respiratória. A naloxona, como um antagonista dos receptores de opioides, reverte os efeitos de superdosagem, sobretudo a depressão respiratória.[12] Entretanto, para indivíduos dependentes de opioides, a naloxona pode desencadear a síndrome de abstinência, logo, para tratamento de dependência e abstinência de opioides (incluindo heroína), recomenda-se como terapia de primeira linha a metadona, agonista opioide com efeito analgésico eficaz também para pacientes pediátricos. A metadona tem um efeito prolongado, inibe a tolerância por múltiplos mecanismos e é cada vez mais usada para a abstinência de opioides em crianças, o que reduz a permanência no hospital. Após o tratamento, deve-se seguir um protocolo de desmame com metadona. A buprenorfina é um agonista parcial de receptor opioide, também tem ação prolongada e um potente efeito analgésico. É usada como substituto para a metadona no tratamento de mães adictas, mas não foi estudado o uso em crianças. A clonidina, agonista do receptor α_2-adrenérgico, pode ser usada para tratar a abstinência de opioides em neonatos, adolescentes e adultos, mas não em crianças em estado crítico. O fenobarbital pode ser usado em neonatos e crianças quando o tratamento com metadona não controla adequadamente os sinais de retirada. As terapias comportamentais também são recomendadas para tratar a dependência de heroína e opioides proscritos.

Bebês que requerem tratamento farmacológico devem ser monitorados (p. ex., pulso e oximetria) e observados por 24 a 48 horas após o término do tratamento farmacológico. O acompanhamento médico é importante após o tratamento da abstinência. Idealmente, crianças com exposição a opioides devem ser avaliadas por um pediatra dentro de 48 horas após a alta hospitalar, para monitorar ganho de peso e quaisquer sinais contínuos de retirada. Da mesma forma, bebês amamentados devem receber suporte de lactação ambulatorial.[13,22]

ERROS COMUNS QUE VOCÊ DEVE EVITAR

A naloxona nunca deve ser usada no tratamento de uma criança com exposição crônica a opioides porque pode precipitar retirada rápida e convulsão.

Medidas de suporte e farmacológicas no atendimento de emergência

Cocaína

Manejo de vias aéreas e oxigenação

O O_2 suplementar deve ser ofertado se necessário. Se o paciente for comatoso ou se for necessária uma intubação de sequência rápida, utilizar bloqueador muscular como rocurônio, precedido de benzodiazepínico. Alternativas seguras incluem etomidato ou propofol.[23]

ERROS COMUNS QUE VOCÊ DEVE EVITAR

Utilizar succinilcolina para intubação de sequência rápida. A succinilcolina compete com a metabolização da cocaína e pode prolongar seu efeito. Também pode piorar a hipercalemia provocada pela rabdomiólise e hipertermia, levando a maior risco de colapso cardiovascular.

Manejo geral e cardiovascular

A base do tratamento para a toxíndrome simpaticomimética e seus efeitos cardiovasculares e de agitação psicomotora é a sedação.[23-25] Como sedativos, os benzodiazepínicos são os mais indicados. Pacientes agitados devem ser sedados com doses progressivas deles, desde que não estejam hipoglicêmicos ou hipóxicos.

Sugere-se diazepam 10 mg IV, que pode ser repetido a cada 3 a 5 minutos até o controle da agitação. Deve-se monitorar o paciente e evitar depressão respiratória e hipotensão. Podem ser necessárias várias aplicações de diazepam até se conseguir o efeito sedativo desejado e o controle da agitação. Alternativas ao diazepam venoso incluem lorazepam ou midazolam, ambos podendo ser administrados por via intramuscular enquanto não há acesso venoso adequado, embora seu pico de ação deva ser retardado para cerca de 10 a 20 minutos.

A hipertermia deve ser tratada agressivamente, visto que se relaciona diretamente com a agitação e contribui para a mortalidade. Os benzodiazepínicos ajudam nesse sentido porque reduzem a atividade motora geradora de calor. Métodos físicos devem ser aplicados para reduzir a temperatura, como compressas geladas em fronte, axilas e virilha, inclusive banhos de imersão em água gelada.

ERROS COMUNS QUE VOCÊ DEVE EVITAR

Aplicar antitérmicos como dipirona ou paracetamol, pois o mecanismo da hipertermia é muscular e não central hipotalâmico/inflamatório.

Caso a sedação com benzodiazepínico não controle a hipertensão, podemos usar vasodilatadores diretos e rápidos, como nitroglicerina ou nitroprussiato.[23] A fentolamina pode ser usada para contrapor o efeito alfaconstritor e promover vasodilatação e queda da pressão arterial, porém adequada monitoração é necessária, pois pode piorar a taquicardia em alguns casos.[23-25] A fentolamina é utilizada pela via intravenosa na dose de 5 a 10 mg a cada 5 a 15 minutos.

ERROS COMUNS QUE VOCÊ DEVE EVITAR

Uso de betabloqueadores nas crises hipertensivas associadas à cocaína, pois podem causar efeito paradoxal e aumento dos níveis pressóricos pelo bloqueio inespecífico – bloqueando também os beta-2 que são vasodilatadores. Mesmo os bloqueadores mais recentes e mais específicos, como o labetalol e o carvedilol, devem ser evitados.[26-29]

Deve-se ter muito cuidado com o tratamento das crises hipertensivas associadas ao uso da cocaína. Não há objetivos fixos predeterminados. Recomenda-se abaixar a pressão diastólica para 100 a 105 mmHg - esse patamar deve ser atingido em 2 a 6 horas, com quedas de pressão arterial não superiores a 25% da pressão arterial prévia.[23] Deve-se ter esse cuidado porque se sabe que o efeito da intoxicação por cocaína é limitado à duração do efeito da droga, que na maioria dos casos se restringe a cerca de 4 a 6 horas.

Descontaminação gastrintestinal

Em casos incomuns de uso oral de cocaína ou ingestão acidental, principalmente em crianças, pode-se tentar a descontaminação gastrintestinal com carvão ativado – 1 g/kg de peso até o máximo de 50 g – por via oral a cada 4 horas.[23]

Dor torácica aguda (síndrome torácica aguda)

Lembrar que nem toda dor torácica aguda em usuário de cocaína pode significar isquemia miocárdica. A radiografia de tórax pode evidenciar pneumotórax ou infiltrados pulmonares em usuários de *crack*. De qualquer forma, os efeitos cardiovasculares e constritores coronarianos devem sempre levar à suspeição de isquemia miocárdica. Eletrocardiograma e enzimas devem sempre ser coletados para análise.

Nos casos confirmados de isquemia miocárdica – protocolos próprios devem ser seguidos –, utilizam-se O_2 suplementar, morfina para analgesia, benzodiazepínicos, nitroglicerina etc.

A aspirina e o seu efeito anticoagulante devem ser evitados até a exclusão de aneurisma de aorta. Fentolamina, antagonista alfa-adrenérgico, pode ser usada na dor torácica por isquemia miocárdica nos usuários de cocaína, pois promove vasodilatação coronariana.

Anfetaminas e catinonas

ALERTA IMPORTANTE

Na presença de quadro clínico de síndrome simpaticomimética + agitação e delírio, deve-se pensar também em intoxicação por catinonas ou mesmo anfetaminas em dosagens maiores.

Diferentemente da cocaína, o quadro clínico de intoxicação por catinonas e anfetamínicos pode perdurar por mais de 24 horas.

Manejo geral

Controlar a agitação e o excesso de estimulação simpática é o objetivo principal do tratamento das intoxicações por anfetaminas e catinonas. Hidratação e apoio nutricional são importantes, especialmente em usuários crônicos e debilitados. No manejo de vias aéreas, se for necessária a intubação de sequência rápida, devem ser usados preferencialmente propofol, midazolam ou etomidato.[30-32]

ERROS COMUNS QUE VOCÊ DEVE EVITAR

Uso de cetamina, pois seus efeitos dissociativos podem piorar o *delirium* e a agitação.

A descontaminação gástrica e o carvão ativado só se justificam na ingestão de doses elevadas e dentro de 1 hora do ocorrido. Deve-se estar atento, pois podem ocorrer em casos de *body stuffers* ou *body packers* (mulas), para esconder de fiscalização no primeiro caso e para o transporte de maiores quantidades no tráfico internacional no último caso.

Tratamento da agitação psicomotora

Pacientes com agitação psicomotora por intoxicação por anfetaminas e catinonas são um risco para elas mesmas e para os profissionais de saúde. Se não for controlada, pode gerar descompensação clínica súbita a qualquer momento. Não se deve esperar resultado de exames toxicológicos ou laboratoriais para agir em casos suspeitos. A primeira linha terapêutica inclui os benzodiazepínicos, entre eles o lorazepam 2 mg ou diazepam 10 mg, os quais podem ser usados inicialmente.

ALERTA IMPORTANTE

Podem ser necessárias doses repetidas para controle da agitação, podendo chegar a centenas de mg de diazepam ou equivalente. Monitorar o paciente para depressão respiratória e hipotensão e não abandonar a terapia caso não haja resposta nas doses iniciais.

Inicialmente deve ser usada contenção física juntamente com os benzodiazepínicos. Assim que se controlar o quadro, com o uso dos benzodiazepínicos, deve-se liberar o paciente das contenções progressivamente.

Hipovolemia e hipóxia podem ser coadjuvantes no quadro de agitação. Providenciar oxigênio suplementar e expansão com solução fisiológica ou Ringer, se necessário.

ERROS COMUNS QUE VOCÊ DEVE EVITAR

Embora o haloperidol tenha sido sugerido na agitação das síndromes simpaticomiméticas, ele deve ser evitado por baixar o limiar convulsivo, interferir na dissipação de calor muscular gerado e prolongar o intervalo QT no eletrocardiograma.[33]

No tratamento da hipertermia, os métodos físicos devem ser utilizados para se conseguir baixar a temperatura. No tratamento da hipertensão arterial, seguem-se as mesmas considerações e terapêutica recomendadas no tratamento da intoxicação por cocaína. Lembrar que, no caso das catinonas e anfetaminas, serão necessários maior tempo de tratamento para controle, pois podem durar dias.

Metanfetaminas

Síndrome de abstinência

Dentre o grupo das drogas estimulantes, as metanfetaminas merecem um capítulo à parte. Seu uso crônico leva a desarranjos neuroquímicos cujas consequências são o uso descontrolado e o vício.

Particularmente quando do uso intenso e prolongado das metanfetaminas, uma descontinuação abrupta pode levar a crise de abstinência. Sintomas podem começar a aparecer dentro de horas, com pico entre 1 e 2 dias, quando então decaem durante 2 a 3 semanas.[32,34]

Durante essa fase aguda, os sinais e sintomas podem incluir alterações de humor repentinas (disforias), apatia, fadiga, hipersonia, alucinações, insônia, agitação, ansiedade, compulsão ao uso e aumento do apetite. A fase subaguda da abstinência pode persistir por cerca de 3 semanas, com insônia ou hipersonia, depressão e, possivelmente, pensamento suicida.

Estudos ainda não encontraram um medicamento específico para essa abstinência. Tem-se tentado o uso de benzodiazepínicos e antidepressivos, antipsicóticos, entre outros, associado à terapia comportamental. Internação em instituições especializadas pode ser necessária nesse período.

Tratamento

A toxíndrome simpaticomimética das anfetaminas segue as linhas gerais já descritas para outros estimulantes, como cocaína, anfetaminas e catinonas.

Canabinoides sintéticos

ALERTA IMPORTANTE

Canabinoides sintéticos não são "maconha sintética". São compostos sintéticos, e muitos deles não guardam relação química com a molécula dos canabinoides naturais. Em comum, guardam apenas a estimulação potente de receptores CB1, explicando a maior toxicidade que os canabinoides naturais.[35-37]

O diagnóstico de intoxicação por canabinoides sintéticos requer um elevado grau de suspeição. Não são diagnosticados nos testes usuais urinários para tetra-hidrocanabinol.

Tratamento

Intoxicações leves a moderadas: com disforias, podem ser controladas com diminuição de estímulos externos, hidratação venosa e benzodiazepínicos.

Intoxicações graves: com agitação psicomotora e psicose. O primeiro passo é a sedação adequada com benzodiazepínicos como diazepam, lorazepam ou midazolam com doses semelhantes às já descritas neste capítulo. Enquanto se aguarda a sedação adequada, pode ser preciso conter fisicamente os pacientes, para proteção própria e dos profissionais de saúde.[37,38] Se hipertermia com temperatura > 38,5 °C, resultado da agitação psicomotora e atividade miotônica dos canabinoides sintéticos, semelhante à da toxíndrome simpaticomimética, o combate deve ser feito ativamente por processo físico de resfriamento (compressas ou banho frio). Pacientes com temperaturas críticas (> 40 °C), que demoram a responder a manobras físicas de resfriamento, podem requerer intubação de sequência rápida. Hipertermia, agitação, convulsões e rigidez muscular podem levar a rabdomiólise com risco de falência renal. Detecta-se a rabdomiólise por alteração de cor urinária pelo pigmento mioglobina e aumento das enzimas musculares (CPK).[39] Havendo convulsões, empregam-se benzodiazepínicos e, se necessário, barbitúricos como adjuvantes. Normalmente as convulsões não são controladas com fenitoína. O controle das convulsões com benzodiazepínicos e barbitúricos pode culminar com intubação traqueal, como medida protetiva de vias aéreas.[35,40]

Opioides

Tratamento

Sempre que intoxicação opioide é suspeitada, o foco inicial do tratamento devem ser as vias aéreas e a respiração. Procede-se sempre à intubação traqueal nos casos de Glasgow ≤ 8 ou mesmo antes, nos casos de hipoxemia e/ou hipercapnia.

ALERTA IMPORTANTE

A naloxona é o antídoto da intoxicação opioide. Deve ser utilizada preferencialmente por via intravenosa, podendo ser repetida. Pode ser utilizada até mesmo como método de diagnóstico diferencial em toxíndrome sedativo-hipnótica grave (narcótica). Pacientes apneicos ou com frequência respiratória extremamente baixa devem receber intubação traqueal e ventilação efetiva, com oxigênio suplementar, antes da administração de naloxona, para diminuir o risco de síndrome de angústia respiratória aguda. Pacientes apneicos devem receber doses iniciais mais altas (0,2 a 1 mg). Pacientes em parada cardiorrespiratória, pela dose excessiva de opioide, devem receber 2 mg de naloxona, que também pode ser administrada pelas vias nasal, subcutânea e intramuscular. Também é bem absorvida após administração pela via intratraqueal.

ERROS COMUNS QUE VOCÊ DEVE EVITAR

Pacientes apneicos, hipoventilados e em parada cardiorrespiratória devem ser intubados, ventilados adequadamente e oxigenados antes da administração de naloxona, pelo risco de desenvolverem síndrome da angústia respiratória aguda.

Após a ventilação ser reassumida pelo paciente com o uso de naloxona, doses repetidas podem ser necessárias, dependendo do opioide empregado e sua meia-vida. Uma dose em infusão contínua pode ser utilizada, usando-se como cálculo a dose necessária para o paciente reassumir a ventilação espontânea. Calculam-se ⅔ dessa dose necessária, por hora, como infusão contínua.

Descontaminação gastrintestinal: para a maioria dos estudiosos, a lavagem gástrica e o carvão ativado ficam reservados apenas para casos graves, com ingestão concomitante de outras substâncias perigosas. Somente deve ser feita caso as vias aéreas já estejam seguras (intubação).

Edema pulmonar e síndrome da angústia respiratória aguda: essa síndrome é um efeito adverso temido nas intoxicações opioides graves. Seus sinais incluem estertoração e hipoxemia, tipicamente em pacientes que estão se recuperando de depressão respiratória após o uso de naloxona.

A fisiopatologia é incerta; acredita-se que possa ocorrer em decorrência da súbita reversão do efeito opioide em um ambiente com PCO_2 alta, levando a uma tempestade de catecolaminas que aumenta subitamente a pós-carga (resistência vascular periférica), com consequente edema alveolar (pulmonar).[41-43]

ALERTA IMPORTANTE

É por esse motivo que se devem restabelecer as vias aéreas e boa ventilação, com oxigênio suplementar, antes de usar a naloxona. Quando do uso da naloxona, nesses casos, deve-se iniciar com doses menores e ir escalonando.

Fentanila e análogos têm sido encontrados no comércio ilegal de NSP como substitutos para a heroína. Entre esses análogos estão alfentanila, remifentanila, sufentanila e outros análogos não aprovados para uso em humanos, como carfentanil e furanilfentanil.[43,44] Fentanila é 50 a 100 vezes mais potente que a morfina; alguns análogos são até mais potentes que isso. Até o momento, não se tem cogitado o aumento das doses de naloxona nesses casos, e o preconizado continuam sendo as doses normais. Opioides como fentanila e derivados também têm sido encontrados como contaminantes em outras drogas de abuso, como canabinoides sintéticos e catinonas.

Tratamento da síndrome de abstinência

Sinais e sintomas de abstinência a opioides incluem sintomas gastrintestinais como cólicas, diarreia, náuseas e vômitos. Também incluem lacrimejamento, rinorreia, sudorese, tremores e piloereção.[42,44] Sinais e sintomas de ativação simpática incluem midríase, leve hipertensão e taquicardia, ansiedade e irritabilidade, insônia, agitação, síndrome de pés inquietos, tremores e menos comumente febre baixa e hipersensibilidade tátil. Outros sintomas também encontrados são espirros, anorexia, tonturas, mialgias e artralgias e câimbras.

Pacientes viciados em opioides possuem alto índice de uso de outras drogas, como nicotina, e possuem altos índices de doenças mentais, especialmente depressão, doença do pânico, ansiedade, estresse pós-traumático e personalidade antissocial.

ALERTA IMPORTANTE

A síndrome de abstinência aos opioides costuma se desenvolver apenas em pacientes que possuem algum grau de tolerância a eles, por isso são necessárias pelo menos algumas semanas de uso ininterrupto para que a sintomatologia da abstinência seja importante e leve a procurar atendimento médico.[43,44,50] A síndrome de abstinência precipitada por uso de um antagonista como a naloxona pode envolver sinais e sintomas mais sérios e graves como *delirium*, sinais de instabilidade autonômica e convulsões. O tratamento inclui profilaxia da síndrome de abstinência, com retirada gradual do opioide e substituição por derivados capazes de mitigar essas reações, como metadona e buprenorfina.

REFERÊNCIAS BIBLIOGRÁFICAS

1. Campelo LLCR, Santos RCA, Angelo M, Nóbrega MPSS. Efeitos do consumo de drogas parenteral no desenvolvimento e saúde mental da criança: revisão integrativa. Rev. Eletrônica Saúde Mental Álcool Drog. 2018;14(4):245-56.
2. United Nations Office on Drugs and Crime. World Drug Report 2019. [acesso em janeiro de 2022]. Disponível em https://wdr.unodc.org/wdr2019/
3. Shafi A, Berry AJ, Sumnall H, Wood DM, Tracy DK. New psychoactive substances: a review and updates. Ther Adv Psychopharmacol. 2020;10:1-21.
4. United Nations Office on Drugs and Crime. Early Warning Advisory on New Psychoactive Substances. [acesso em janeiro de 2022]. Disponível em: https://www.unodc.org/LSS/Page/NPS
5. EMCDDA. European Drug Report. 2019. [acesso em janeiro de 2022]. Disponível em: http://www.emcdda.europa.eu/system/files/publications/11364/20191724_TDAT19001ENN_PDF.pdf
6. NDEWS. DEA Emerging Threat Reports. 2020. [acesso em janeiro de 2022]. Disponível em: https://cesar.umd.edu/publications/dea-emerging-threat-reports
7. Aly SM, Omran A, Gaulier J-M, Allorge D. Substance abuse among children. Arch Pediatr. 2020;27(8):480-4.
8. Ryan SA. Cocaine use in adolescents and young adults. Pediatr Clin North Am. 2019;66(6):1135-47.
9. Wang S. Historical review: opiate addiction and opioid receptors. Cell Transplant. 2019;28(3):233-8.
10. Salmanzadeh H, Ahmadi-Soleimani SM, Pachenari N, Azadi M, Halliwell RF, Rubino T, et al. Adolescent drug exposure: A review of evidence for the development of persistent changes in brain function. Brain Res Bull. 2020;156:105-17.
11. Smith JR, Hazen EP, Kaminski TA, Wilens TE. Literature review: substance use screening and co-morbidity in medically hospitalized youth. Gen Hosp Psychiatry. 2020;67:115-26.
12. Caplan RA, Zuflacht JP, Barash JA, Fehnel CR. Neurotoxicology syndromes associated with drugs of abuse. Neurol Clin. 2020;38(4):983-96.
13. National Institute of Drug Abuse. Opioid overdose crisis. [acesso em janeiro de 2022]. Disponível em: www.drugabuse.gov/drugs-abuse/opioids/opioid-overdose-crisis
14. Jansson LM, Patrick SW. Neonatal abstinence syndrome. Pediatr Clin North Am. 2019;66(2):353-67.
15. Larson JJ, Graham DL, Singer LT, Beckwith AM, Terplan M, Davis JM, et al. Cognitive and behavioral impact on children exposed to opioids during pregnancy. Pediatrics. 2019;144(2):e20190514.
16. Eller S, Zucoloto AD, de Oliveira CDR, Hernandez EMM, Fruchtengarten LVG, Oliveira FNM, et al. Multivariate analysis applied in dataset of Poison Control Center of São Paulo, Brazil. Sci Rep. 2020;10:9498.
17. Silva JP, Yonamine M. Bioanalytical and methodological challenges in the evaluation of fetal Cannabis exposure. Bioanalysis. 2018;10(10):713-6.
18. Colby JM. Comparison of umbilical cord tissue and meconium for the confirmation of in utero drug exposure. Clin Biochem. 2017;50(13-14):784-90.
19. Woźniak MK, Jaszczak E, Wiergowski M, Polkowska Z, Namieśnik J, Biziuk M. Meconium analysis as a promising diagnostic tool for monitoring fetal exposure to toxic substances: Recent trends and perspectives. Trends Anal Chem. 2018;109:124-41.
20. Silveira GD, Loddi S, de Oliveira CDR, Zucoloto AD, Fruchtengarten LVG, Yonamine M. Headspace solid-phase microextraction and gas chromatography–mass spectrometry for determination of cannabinoids in human breast milk. Forensic Toxicol. 2017;35:125-32.
21. United Nations Office on Drugs and Crime. Global Synthetic Drugs Assessment 2020. [acesso em janeiro de 2022]. Disponível em: https://www.unodc.org/unodc/en/scientists/2020-global-synthetic-drugs-assessment_Global.html
22. Patrick SW, Barfield WD, Poindexter BB. Guidance for the clinician in rendering pediatric care: Neonatal opioid withdrawal syndrome. Pediatrics. 2020;146(5):e2020029074.
23. Richards JR, Garber D, Laurin EG, Albertson TE, Derlet RW, Amsterdam EA, et al. Treatment of cocaine cardiovascular toxicity: a systematic review. Clin Toxicol (Phila). 2016;54(5):345-64.
24. Solimini R, Rotolo MC, Pellegrini M, Minutillo A, Pacifici R, Busardò FP, et al. Adulteration practices of psychoactive illicit drugs: an updated review. Curr Pharm Biotechnol. 2017;18(7):524-30.
25. Michaud K, Grabherr S, Shiferaw K, Doenz F, Augsburger M, Mangin P. Acute coronary syndrome after levamisole-adultered cocaine abuse. J Forensic Leg Med. 2014;21:48-52.
26. Richards JR, Lange RA, Arnold TC, Horowitz BZ. Dual cocaine and methamphetamine cardiovascular toxicity: rapid resolution with labetalol. Am J Emerg Med. 2017;35(3):519.e1-519.e4.
27. Banerji D, Alvi RM, Afshar M, Tariq N, Rokicki A, Mulligan CP, et al. Carvedilol among patients with heart failure with a cocaine-use disorder. JACC Heart Fail. 2019;7(9):771-8.
28. Hoffman RS. Cocaine and beta-blockers: should the controversy continue? Ann Emerg Med. 2008;51(2):127-9.
29. Richards JR, Hollander JE, Ramoska EA, Fareed FN, Sand C, Gómez MMI, et al. β-blockers, cocaine, and the unopposed α-stimulation phenomenon. J Cardiovasc Pharmacol Ther. 2017;22(3):239-49.
30. Prosser JM, Nelson LS. The toxicology of bath salts: a review of synthetic cathinones. J Med Toxicol. 2012; 8(1):33-42.

31. Spiller HA, Ryan ML, Weston RG, Jansen J. Clinical experience with and analytical confirmation of "bath salts" and "legal highs" (synthetic cathinones) in the United States. Clin Toxicol (Phila). 2011;49(6):499-505.
32. Chiang WK. Amphetamines. In: Goldfrank LR, editor. Goldfrank's Toxicologic Emergencies. 9. ed. Nova Iorque: McGraw-Hill; 2011.
33. Connors NJ, Alsakha A, Larocque A, Hoffman RS, Landry I, Gosselin S. Antipsychotics for the treatment of sympathomimetic toxicity: A systematic review. Am J Emerg Med. 2019;37(10):1880-90.
34. Gibbons S. 'Legal highs'--novel and emerging psychoactive drugs: a chemical overview for the toxicologist. Clin Toxicol (Phila). 2012;50(1):15-24.
35. Trecki J, Gerona RR, Schwartz MD. Synthetic cannabinoid-related illnesses and deaths. N Engl J Med. 2015;373(2):103-7.
36. Potts AJ, Cano C, Thomas SHL, Hill SL. Synthetic cannabinoid receptor agonists: classification and nomenclature. Clin Toxicol (Phila). 2020;58(2):82-98.
37. De Petrocellis L, Melck D, Bisogno T, Di Marzo V. Endocannabinoids and fatty acid amides in cancer, inflammation and related disorders. Chem Phys Lipids. 2000;108(1-2):191-209.
38. Seywright A, Torrance HJ, Wylie FM, McKeown DA, Lowe DJ, Stevenson R. Analysis and clinical findings of cases positive for the novel synthetic cannabinoid receptor agonist MDMB-CHMICA. Clin Toxicol (Phila). 2016; 54(8):632-7.
39. Thornton SL, Wood C, Friesen MW, Gerona RR. Synthetic cannabinoid use associated with acute kidney injury. Clin Toxicol (Phila). 2013;51(3): 189-90.
40. Anderson SAR, Oprescu AM, Calello DP, Monte A, Dayan PS, Hurd YL, et al. Neuropsychiatric sequelae in adolescents with acute synthetic cannabinoid toxicity. Pediatrics. 2019;144(2):e20182690.
41. Toce MS, Burns M, O'Donnell KA. Clinical effects of unintentional pediatric buprenorphine exposures: experience at a single tertiary care center. Clin Toxicol (Phila). 2017;55(1):12-7.
42. Lovegrove MC, Mathew J, Hampp C, et al. Emergency hospitalizations for unsupervised prescription medication ingestions by young children. Pediatrics. 2014;134(4):e1009.
43. Mattick RP, Hall W. Are detoxification programmes effective? Lancet. 1996;347(8994):97-100.
44. Evans E, Li L, Min J, Huang D, Urada D, Liu L, et al. Mortality among individuals accessing pharmacological treatment for opioid dependence in California, 2006-10. Addiction. 2015;110(6):996-1005.

CAPÍTULO 10

INTOXICAÇÕES AGUDAS NA GESTAÇÃO

Pilar Julieta Acosta González

PONTOS-CHAVE
• Durante a gestação, ocorrem mudanças fisiológicas que alteram o metabolismo dos xenobióticos. • Dadas as condições da gestante, a maior parte da informação que se tem sobre o manejo de intoxicações nesse período provém de relatos de casos e estudos em animais. • Sempre que se prescreve um medicamento a uma gestante, deve-se levar em consideração e avaliar a relação entre benefícios e riscos que ele possa trazer ao feto. • Em várias intoxicações, o tratamento convencional à mãe pode beneficiar também o feto. • Em pacientes gestantes consumidoras de substâncias psicoativas, deve ser garantido um manejo multidisciplinar e integral.

INTRODUÇÃO

A gestação é uma condição que leva a numerosas mudanças em níveis fisiológico, pessoal e familiar. A gestante é vulnerável à exposição a agentes tóxicos que podem afetar sua saúde e a do produto da gestação, com consequências possivelmente fatais. Segundo o relatório de 2019 da American Association of Poison Control Centers, dos Estados Unidos, foram reportadas 6.937 exposições em gestantes (0,323% do total de exposições). Destas, 46,4% ocorreram no primeiro trimestre, 29,6% no segundo e 24,1% no terceiro. A maioria foi não intencional (72,6%), e 19,6% intencionais. Houve três mortes entre gestantes por causa tóxica naquele ano.[1]

MUDANÇAS FISIOLÓGICAS E REPERCUSSÕES CLÍNICAS

A mulher grávida apresenta, do ponto de vista farmacocinético, diferenças na absorção, distribuição e biotransformação de fármacos. Quanto à absorção, o pH da saliva diminui, principalmente em razão da hiperêmese, o que pode alterar a biodisponibilidade de medicamentos administrados por via sublingual. O aumento da progesterona produz retardo no esvaziamento gástrico em cerca de 30 a 50%, redução da motilidade intestinal, diminuição do tônus do esfíncter esofágico inferior e aumento do pH gástrico, por redução do ácido clorídrico, o que pode afetar a absorção de alguns medicamentos.[2,3] A absorção por via inalatória também é afetada, pelo aumento do volume corrente e da circulação pulmonar e pela diminuição do volume pulmonar residual.[4] A absorção de substâncias por via dérmica também se vê alterada na gestante, quando o aumento da perfusão e da hidratação da pele favorece o ingresso de agentes químicos, tanto hidro como lipossolúveis.[2,5]

Quanto à distribuição, há de se ter em conta que a água corporal aumenta de 25 a 33 L do início ao término da gravidez. Ocorre aumento do líquido no espaço extracelular, o que implica que, em um maior volume de distribuição, a dose de um fármaco resulte em concentração plasmática menor nas gestantes. Durante a gestação, tanto a albumina como a alfa-1 glicoproteína ácida estão diminuídas e as concentrações de transcortina estão aumentadas, o que leva a alteração da fração livre dos fármacos no plasma. Essas mudanças são particularmente importantes para substâncias com alta ligação a proteínas.[5]

Adicionalmente, o débito cardíaco aumenta durante a gravidez, e a placenta recebe uma proporção do volume sanguíneo total que aumenta gradualmente. Por isso a liberação de xenobióticos para a placenta aumenta durante o transcurso da gestação.[5]

O aumento da concentração livre de xenobióticos na etapa final da gestação pode estar relacionado a vários fatores: redução da albumina, incremento da competição por sítios de ligação e redução da biotransformação hepática.[4]

A maioria das substâncias passa para a circulação fetal por difusão passiva através da membrana placentária, e só algumas, por seu peso molecular, requerem transportadores. A circulação fetal é mais acidótica, fazendo com que o feto se comporte como uma espécie de "armadilha iônica", o que favorece que nele possam se concentrar substâncias básicas como amitriptilina ou compostos como os organofosforados.[2]

Apesar do incremento no débito cardíaco (25 a 33%), o fluxo sanguíneo para o fígado permanece inalterado durante a gestação. À medida que o útero cresce, o fígado pode ser levemente deslocado para cima, mas a ocorrência de hepatomegalia é anormal e requer avaliação prioritária. As transaminases, a gamaglutamiltransferase (GGT) e as bilirrubinas permanecem normais ou podem diminuir em cerca de 20% nas grávidas, em comparação aos valores fora da gestação. A fosfatase alcalina aumenta nas etapas finais, pela produção placentária, podendo mostrar níveis altos sem que isso seja algo patológico. Os níveis elevados de estrógenos causam um incremento do fibrinogênio e dos fatores de coagulação VII, VIII, IX e X. A ceruloplasmina e a transferrina, por sua vez, também se elevam na gestação.[6] A biotransformação de algumas substâncias pode ser alterada porque a progesterona interfere na atividade enzimática microssomal e inibe o citocromo CYP1A2 envolvido na biotransformação de cafeína, teofilina, amitriptilina etc., tornando lenta sua eliminação.[2]

A eliminação renal pode ser afetada por aumento do fluxo sanguíneo e do filtrado glomerular. Assim, substâncias de excreção renal serão eliminadas mais rápido, com queda das concentrações plasmáticas, como ocorre com os aminoglicosídeos e alguns antiepilépticos. O pH da urina se torna mais básico, o que favorece a excreção de substâncias de caráter ácido (barbitúricos, penicilinas, salicilatos, entre outras).[3]

Com relação à passagem de xenobióticos da mãe para o feto, a placenta se comporta de forma similar a uma membrana lipoproteica; a maioria dos xenobióticos entra na circulação fetal por difusão passiva. A característica das substâncias que utilizam esse transporte são baixo peso molecular, lipossolubilidade, polaridade neutra e baixa ligação a proteínas. As moléculas polares e os íons transitam através dos poros intersticiais. As moléculas maiores, de peso molecular superior a 1.000 dáltons, não cruzam a placenta, característica usada como vantagem terapêutica. Por exemplo, no caso de necessidade de anticoagulação, prefere-se a heparina (peso molecular de 15.000 dáltons) à varfarina (peso molecular de 1.000 dáltons), a qual é teratogênica.[7]

EXPOSIÇÃO A XENOBIÓTICOS DURANTE A GESTAÇÃO

A exposição a substâncias é frequente na gestação. Considera-se que até 90% das gestantes tomem medicamentos prescritos ou não, como vitaminas, suplementos, ferro e o periódico uso de analgésicos, antieméticos e antimicrobianos. Algumas pacientes, com doenças prévias, devem tomar medicamentos regularmente, como ocorre com a epilepsia, ou com doenças que apareçam durante a gravidez. Além disso, pode ocorrer exposição a agentes como cafeína, tabaco e outras substâncias psicoativas.

O exposto até aqui, somado à experiência da década de 1960 com as malformações secundárias ao uso de talidomida, levou a Food and Drug Administration (FDA) a criar normas para os prescritores sobre o uso de medicamentos na gestação. Essas regulações requereram que a rotulagem e as bulas de todos os medicamentos receitados fossem consistentes e uniformes, incluindo informação específica sobre os riscos para a gestante e o potencial teratogênico, identificado mediante cinco letras (A, B, C, D e X).[8]

A: os estudos adequados e bem controlados em mulheres grávidas não demostraram risco para o feto no primeiro trimestre da gestação (e não há evidência de risco nos últimos trimestres).

B: os estudos de reprodução animal não foram capazes de demonstrar risco para o feto, e não há estudos adequados e bem controlados em mulheres grávidas, ou estudos de reprodução animal adequados e bem controlados mostraram um efeito adverso (distinto da diminuição da fertilidade). Os estudos controlados em mulheres grávidas não demonstraram risco para o feto durante o primeiro trimestre da gestação (e não há evidência de risco nos últimos trimestres).

C: os estudos de reprodução animal demonstraram efeito adverso sobre o feto, e não existem estudos adequados e bem controlados em humanos, pelo que os benefícios do uso do fármaco em mulheres grávidas podem ser aceitáveis apesar de seus riscos potenciais; ou não existem estudos de reprodução animal e não se realizaram estudos adequados e bem controlados em humanos, e não se sabe se o medicamento pode causar dano fetal.

D: existe evidência positiva de risco fetal humano baseada em dados de reações adversas da experiência de investigação ou comercialização, ou estudos em humanos, mas os benefícios potenciais do uso do fármaco em mulheres grávidas podem ser aceitáveis, apesar de seus riscos potenciais.

X: existe evidência positiva de risco fetal baseada em informes de reações adversas da experiência de investigação ou comercialização, ou de ambos, e o risco do uso do fármaco em uma mulher grávida supera claramente qualquer possível benefício.

Esse sistema recebeu críticas relacionadas à rigidez das categorias, que não lograram elucidar completamente o risco *versus* o benefício, por se prestar à confusão do verdadeiro significado de cada categoria em relação à teratogenicidade e pela informação muito limitada sobre sua aplicação durante o trabalho de parto e a lactação. Além disso, não informa o que ocorre quando existe uma exposição breve e acidental. Por tudo isso, foi feita uma revisão exaustiva, que levou quase uma década. As conclusões finais foram publicadas e entraram em vigência em junho de 2015: eliminam as categorias e, em seu lugar, utiliza-se um resumo dos riscos do uso do medicamento durante a gestação e a lactação, com base em informação clara que respalde a recomendação e que permita aos profissionais de saúde um melhor assessoramento de gestantes e lactantes. É necessário manter informação atualizada na bula do medicamento, à medida que estiver disponível, o que só se aplica a registros aprovados a partir de 2001. A nova rotulagem e a bula devem incluir:

1. Informação geral sobre o uso na gravidez com um resumo de riscos.
2. Considerações clínicas: devem incluir os ajustes de doses requeridos durante a gravidez e no pós-parto, reações adversas (maternas e fetais) e efeitos de seu uso durante o trabalho de parto.
3. Datas dos estudos que suportam toda a informação prévia.[8,9]

A lactação está associada a benefícios nutricionais, imunológicos, afetivos, econômicos e sociais. Por esse motivo, é fundamental identificar os fatores que conduzem ao desmame precoce, a fim de proporcionar o maior tempo possível de amamentação às crianças. O conhecimento tem se ampliado, mas ainda não se conhecem na totalidade os efeitos colaterais nos lactentes. Além disso, existem divergências na literatura quando se utilizam medicamentos na lactação, portanto esse é um tema que requer constante atualização.

Apesar de todas essas mudanças, há de se ter em conta que, na maioria dos estudos clínicos com medicamentos, grávidas ou mulheres lactantes e os recém-nascidos estão excluídos. Assim, a segurança e a eficácia da maior parte dos fármacos não foram completamente estabelecidas nesse grupo de pacientes.[10]

CONSIDERAÇÕES ESPECIAIS SOBRE ALGUMAS INTOXICAÇÕES AGUDAS NA GESTANTE

Paracetamol

Durante a gestação, o paracetamol é prescrito rotineiramente e em geral considerado seguro. No entanto, as sobredosagens por esse fármaco são frequentes; as pacientes que excederem a dose de 4 g por dia terão risco de desenvolver hepatotoxicidade. O paracetamol é metabolizado no fígado a subprodutos não tóxicos por glicuronidação. No entanto, uma pequena porção gera um metabólito, N-acetil-p-benzoquinoneimina (NAPQI), o qual, em caso de sobredosagem e ingestão crônica, se encontra em níveis aumentados e se associa a necrose pericentral e morte dos hepatócitos. O paracetamol cruza facilmente a placenta,[6] e as concentrações no feto são similares à materna poucas horas após a ingestão, pelo que a sobredosagem pode afetar o fígado fetal, levando inclusive à morte. O maior risco ocorre quando a sobredosagem se apresenta no terceiro trimestre.[6,11]

Nos últimos anos, surgiram trabalhos que relacionavam alterações do neurodesenvolvimento em filhos de gestantes que consumiram paracetamol durante a gravidez. Esses estudos não são conclusivos e têm problemas metodológicos, pelo que seria necessário fazer estudos com maior rigor epidemiológico para se chegar a uma conclusão adequada.[12] Com a informação disponível até o momento, não existe evidência suficiente de que o uso de paracetamol durante a gestação aumente o risco de autismo na descendência.[13]

A toxicidade produzida pelo paracetamol não tratada em uma paciente grávida é uma ameaça muito maior para o feto que o tratamento com N-acetilcisteína (NAC), a qual atravessa a placenta e produz concentrações no sangue do cordão umbilical comparáveis às concentrações no sangue materno. Para o tratamento de pacientes grávidas intoxicadas por paracetamol, a via intravenosa é a preferida porque evita o efeito de primeira passagem. A NAC está na categoria B (da antiga nomenclatura).

Não se observaram eventos adversos quando recém-nascidos prematuros foram tratados com NAC intravenosa. A vida média de eliminação da NAC em neonatos prematuros foi de 11 horas em comparação a 5,6 horas no adulto. Quando se tratam neonatos, a administração intravenosa tem a vantagem de assegurar uma administração adequada do antídoto e tem sido empregada sem efeitos adversos.[11]

Ferro[11,14]

Os sais de ferro são prescritos com frequência na gestação como suplemento e para tratar a anemia. São relatadas sobredosagens voluntárias ou acidentais que foram graves e inclusive letais em grávidas. Sempre que se apresenta uma exposição tóxica dentro desse contexto, a reanimação materna deve ser o objetivo principal, incluindo o uso do antídoto, apesar do risco real ou teórico sobre o feto. No caso do ferro, houve temores pela possível toxicidade da deferoxamina para o feto, e o retardo no início do tratamento trouxe consequências catastróficas. Até a presente data, não há estudos em animais ou humanos que demonstrem toxicidade severa sobre o feto, já que nem o ferro nem a deferoxamina são transferidos em quantidades apreciáveis. A morte fetal é, presumivelmente, resultado da intoxicação materna pelo ferro e não de toxicidade direta ao feto, pelo que se recomenda o uso da deferoxamina na intoxicação grave da gestante. As indicações para o uso do antídoto são pacientes sintomáticas com ingestão maior que 20 mg/kg de peso ou níveis de ferro sérico superiores a 400 mcg/dL.

INTOXICAÇÃO POR MONÓXIDO DE CARBONO

O monóxido de carbono (CO) é um gás sem odor, cor ou sabor, produzido pela combustão incompleta dos hidrocarbonetos. Dentre os geradores de CO estão as estufas a gás ou fontes de aquecimento que usem madeira, aquecedores de água a gás, churrasqueiras a gás ou carvão, aquecedores de querosene, escapamento de gases de automóveis e os incêndios, entre outros. Muitas circunstâncias da vida moderna favorecem que as gestantes se exponham ao CO, incluindo a fumaça de tabaco. O feto tem suscetibilidade maior a esse gás.[15]

O CO se difunde no plasma e se une às proteínas transportadoras de oxigênio: hemoglobina, mioglobina e citocromo, de tal maneira que altera o intercâmbio de oxigênio com os tecidos. Tem uma afinidade entre 200 e 250 vezes maior que o oxigênio pela hemoglobina, 20 a 25 para a mioglobina e menos de 1 pela citocromo c-oxidase. Essa alta afinidade faz que a curva de dissociação da hemoglobina se desvie para a esquerda, alterando o transporte e a entrega de oxigênio aos tecidos.[16]

A hemoglobina fetal tem afinidade ainda maior pelo CO que a hemoglobina do adulto.[15] No caso da gestante, o CO dissolvido no plasma materno cruza a barreira placentária por difusão passiva, ainda que também se tenha sugerido a passagem por difusão facilitada. Durante a intoxicação aguda, há um aumento lento da carboxi-hemoglobina fetal, alcançando a mesma concentração da mãe em aproximadamente 1,5 a 2 horas. A seguir, continua aumentando, até alcançar um nível duas vezes maior que o da carboxi-hemoglobina materna. Após 5 horas de exposição, os níveis de carboxi-hemoglobina fetal excedem em muito os da mãe.

A vida média de eliminação é de 2 horas para a mãe e de 7 horas para o feto. Na intoxicação aguda leve, o tempo estimado de vida média do CO em ar ambiente é ao redor de 4 horas, 1,5 hora com fornecimento de oxigênio a 100% e 20 minutos com oxigênio hiperbárico a três atmosferas. No entanto, no feto a vida média da carboxi-hemoglobina é quatro vezes maior.[15]

A exposição crônica a CO durante os dois primeiros trimestres pode produzir retardo do crescimento intrauterino, possivelmente por hipóxia crônica, e também retardo do crescimento pós-natal. Têm sido relatados, adicionalmente, morte intrauterina, parto prematuro e morte súbita do lactente.

O tratamento da gestante envolve, idealmente, o uso de oxigênio hiperbárico caso a paciente esteja sintomática ou a carboxi-hemoglobina medida no sangue seja superior a 20%. A duração do tratamento requer mais tempo do que na paciente não grávida, porque a dissociação da carboxi-hemoglobina toma mais tempo no feto.

Como não se disponibiliza acesso a câmaras hiperbáricas com facilidade, a paciente necessita da oferta de oxigênio a 100% e o feto deve ser monitorado. A presença de desacelerações dos batimentos cardíacos fetais indica comprometimento severo.[15,16]

ENVENENAMENTO POR TOXINAS

No caso de exposição a toxinas de animais (escorpiões, serpentes, himenópteros, animais marinhos como águas-vivas), há escassa informação na literatura. Observa-se que os resultados adversos se relacionam, principalmente, com os efeitos do veneno sobre a mãe, motivo pelo qual otimizar a terapia (manejo da anafilaxia ou uso de antivenenos) é possivelmente o melhor manejo, que pode também beneficiar o feto, apesar dos riscos potenciais da administração de medicamentos durante a gestação.

Sempre deve ser realizado um monitoramento atento da gestante, bem como as provas de bem-estar fetal. Apesar da evidência escassa no uso de antivenenos na gestação, quanto a se é seguro para a mãe, neste caso, "se for bom para a mãe, será bom para o feto".[11]

CONSUMO DE SUBSTÂNCIAS PSICOATIVAS POR GESTANTES

O uso de substâncias psicoativas por gestantes pode ter sérias consequências para os futuros bebês. Nos Estados Unidos, de acordo com as estatísticas, o número de gestantes consumidoras quadruplicou entre 1999 e 2014. Uma das dificuldades que se apresentam é a ausência de tratamentos baseados em evidências.[17] Estudos têm mostrado que 5% das mulheres grávidas usam uma ou mais substâncias, além de se ter observado um aumento do consumo nos últimos anos entre gestantes de 15 a 44 anos, sendo chamativo o consumo de narcóticos (opioides). Isso se explicaria pelo uso mais liberal desses agentes no manejo da dor aguda ou crônica, com maior incidência de menores com adição. O uso dessas substâncias está ligado a problemas de saúde para o feto e neonato, inclusive para o desenvolvimento da criança. Também se constata um aumento do consumo de substâncias legais como cafeína, álcool e nicotina.[1]

A cocaína, a heroína, a nicotina e a *marijuana* (*cannabis*, maconha) podem afetar o fluxo sanguíneo placentário por vasoconstrição. Por outro lado, foi relatada síndrome de abstinência fetal quando a gestante suspende abruptamente o consumo de opioides, o que pode levar a parto prematuro, baixo peso ao nascer e inclusive bebê natimorto. A exposição intraútero a substâncias psicoativas pode estar associada a teratogenicidade, determinada pelo tempo em que ocorre a exposição.

Nas primeiras semanas de gestação, poderia ocorrer um aborto. A partir da segunda até a oitava semana (que é o período da organogênese), a exposição às drogas pode ocasionar malformações, como com o uso de barbitúricos. A exposição ao álcool se associa à síndrome alcoólica fetal, que foi descrita em 1958 e adquiriu relevância em 1973. O quadro se caracteriza por retardo de crescimento pré e pós-natal, deficiências mental e psicológica graves, microcefalia, dismorfogênese de predomínio facial (aberturas oculares pequenas, ponte nasal baixa, perfil mediofacial plano, sulco nasolabial liso, lábio superior delgado, mandíbula pequena) e outras malformações, especialmente cardíacas. É a causa de malformação mais habitual nos países industrializados e a causa prevenível mais recorrente de retardo mental irreversível.[18]

Outras substâncias associadas à alteração do desenvolvimento do sistema nervoso central são os opioides, maconha, cocaína e metanfetamina. À parte das substâncias de abuso, medicamentos como os antiepiléticos têm sido ligados a problemas cognitivos e de comportamento na infância, como resultado de apoptose neuronal no cérebro em desenvolvimento.[19]

O uso de alucinógenos na gravidez predispõe a microcefalia e malformações faciais. Neonatos expostos à fenciclidina podem apresentar diminuição da atenção, choro agudo, seguimento visual deficiente, tremores, letargia, nistagmo, dificuldades na alimentação e reflexos alterados.

No que diz respeito à exposição ou ao uso de inalantes durante a gestação, de forma recreativa ou ocupacional, não há clareza dos efeitos em longo prazo sobre o recém-nascido. Foi documentado risco de pré-eclâmpsia, aborto espontâneo, malformações fetais e distúrbios neurocomportamentais no recém-nascido. Foi descrita, ainda, uma síndrome solvente fetal, com características similares às da síndrome alcoólica fetal.

A maconha, por sua vez, é a substância ilícita (já legalizada em alguns países) mais usada durante a gravidez. Cruza facilmente a placenta, sendo as concentrações em sangue fetal menores que na mãe. Não se associa a uma síndrome específica no feto; no entanto, tem sido relacionada a distúrbios de comportamento e ganhos cognitivos, mas não em linguagem e crescimento.[19,20]

A cocaína, por suas propriedades simpaticomiméticas, causa vasoconstrição, hipertensão, taquicardia e arritmias cardíacas. Como resultado, pode levar a placenta abrupta, aborto, parto prematuro, malformações de predomínio cerebral e cardíaco, risco de isquemia intestinal, atresia ou perfuração e malformações nas extremidades.[19]

A gestante consumidora de substâncias psicoativas constitui-se em um desafio aos profissionais de saúde desde os primeiros meses da gravidez. Deveria ser integrada a programas para manejo da adição por equipe multidisciplinar, com a finalidade de reduzir ou suspender o consumo e permitir a avaliação dos efeitos sobre o feto.

REFERÊNCIAS BIBLIOGRÁFICAS

1. Gummin DD, Mowry JB, Beuhler MC, Spyker DA, Brooks DE, Dibert KW, et al. 2019 Annual Report of the American Association of Poison Control Centers' National Poison Data System (NPDS): 37th Annual Report. Clin Toxicol (Phila). 2020;58(12):1360-41.
2. Calzada UEG, Berruecos YA. Intoxicaciones en mujeres embarazadas. [acesso em janeiro de 2022]. Disponível em: https://encolombia.com/medicina/guiasmed/u-toxicologicas/intoxicaciones-en-mujeres-embarazadas/
3. Jaime LKM, Fernández-Vallín E. Alteraciones farmacocinéticas durante el embarazo. Rev Cubana Invest Bioméd. 1995;14(1).
4. Fine J. Reproductive an perinatal principles. In: Nelson LS, Lewin NA, Howland MA, Hoffman RS, Goldfrank LR, Flomenbaum NE. Goldfrank's Toxicologic Emergencies. 11. ed. Nova Iorque: McGraw-Hill; 2011.
5. Tasnif Y, Morado J, Hebert MF. Pregnancy-related pharmacokinetic changes. Clin Pharmacol Ther. 2016;100(1):53-62.
6. Bacak SJ, Thornburg LL. Liver failure in pregnancy. Crit Care Clin. 2016; 32(1):61-72.
7. Allegaert K, van den Anker J. Physicochemical and structural properties regulating placental drug transfer. In: Polin RA, Abman SH, Rowitch DH, Benitz WE, Fox WW, editores. Fetal and Neonatal Physiology. Filadélfia: Elsevier; 2017.
8. Fantasia HC, Harris AL. Changes to pregnancy and lactation risk labeling for prescription drugs. Nurs Womens Health. 2015;19(3):266-70.
9. Mosley JF II, Smith LL, Dezan MD. An overview of upcoming changes in pregnancy and lactation labeling information. Pharm Pract (Granada). 2015;13(2):605.
10. Chaves RG, Lamounier JA. Uso de medicamentos durante a lactação. J Pediatr (Rio J). 2004;80(5 Supl):S189-S198.
11. Brown SA, Seifert SA, Rayburn WF. Management of envenomations during pregnancy. Clin Toxicol (Phila). 2013;51(1):3-15.
12. Damkier P, Scialli AR, Lusskin SI. Acetaminophen in pregnancy and adverse childhood neurodevelopment. JAMA Pediatr. 2017;171(4):396.
13. Andrade C. Use of acetaminophen (paracetamol) during pregnancy and the risk of autism spectrum disorder in the offspring. J Clin Psychiatry. 2016; 77(2):e152-4.
14. Tran T, Wax JR, Philput C, Steinfeld JD, Ingardia CJ. Intentional iron overdose in pregnancy—management and outcome. J Emerg Med. 2000;18(2): 225-8.
15. Palmer J, Von Rueden K. Carbon monoxide poisoning and pregnancy: critical nursing interventions. J Emerg Nurs. 2015;41(6):479-83.
16. Aubard Y, Magne I. Carbon monoxide poisoning in pregnancy. BJOG. 2000;107(7):833-8.
17. Ryan SA. Substance Abuse in Pregnancy. Clin Obstet Gynecol. 2019;62(1): 112-7.
18. Maya-Enero S, Ramis-Fernández SM, Astals-Vizcaino M, García-Algar Ó. Perfil neurocognitivo y conductual del trastorno del espectro alcohólico fetal [Neurocognitive and behavioral profile of fetal alcohol spectrum disorder]. An Pediatr (Engl Ed). 2021:S1695-4033(20)30538-5.
19. Bailey NA, Diaz-Barbosa M. Effect of maternal substance abuse on the fetus, neonate, and child. Pediatr Rev. 2018;39(11):550-9.
20. Thompson R, DeJong K, Lo J. Marijuana use in pregnancy: a review. Obstet Gynecol Surv. 2019;74(7):415-28.

CAPÍTULO 11

ASPECTOS CLÍNICOS E TOXICOLÓGICOS DA EXPOSIÇÃO A AGENTES QUÍMICOS AMBIENTAIS (XENOBIÓTICOS) NA GESTAÇÃO, INFÂNCIA E ADOLESCÊNCIA

Pablo Moritz
Bruno Alves Rocha
Claudia Regina dos Santos

PONTOS-CHAVE

- A exposição a químicos ambientais durante a gestação, infância e adolescência, que são as janelas críticas do desenvolvimento, pode provocar danos à saúde independentemente da dose. Entre as substâncias mais importantes, encontram-se os agrotóxicos, os disruptores endócrinos, os metais pesados e as substâncias per e polifluoralquiladas.
- Os principais mecanismos envolvidos na toxicidade crônica da exposição a xenobióticos são a inflamação sistêmica crônica, a carcinogênese, a disrupção endócrina e a neurotoxicidade. O período de latência entre a exposição e o efeito biológico é, em geral, de anos ou décadas.
- A exposição a agrotóxicos ocorre por intermédio dos resíduos nos alimentos e na água do uso domiciliar e, mais intensamente, no ambiente rural durante a produção de alimentos. Entre as consequências reportadas, as malformações congênitas, as alterações do neurodesenvolvimento e as neoplasias são as mais comuns.
- Disruptores endócrinos são substâncias presentes em inúmeros produtos industrializados, que podem alterar a função do sistema endócrino independentemente da dose. A exposição durante as janelas críticas do desenvolvimento pode provocar alterações permanentes de órgãos e sistemas hormônio-dependentes, relacionadas a várias doenças, como obesidade, infertilidade e câncer.
- O bisfenol A é uma das substâncias químicas mais comercializadas no mundo e um contaminante onipresente no meio ambiente e em amostras biológicas humanas. Entre as principais fontes de exposição humana estão os alimentos industrializados, recipientes plásticos, cosméticos e o papel térmico.
- Metais pesados são de relevância toxicológica e apresentam ação neurotóxica e nefrotóxica. Em virtude da contaminação global derivada principalmente da produção de energia termoelétrica e atividade industrial, os frutos do mar se tornaram a principal fonte de exposição humana ao mercúrio. A escolha consciente dos frutos do mar durante a gestação e a infância pode ter impacto importante na saúde da criança.
- As substâncias per e polifluoralquiladas são amplamente utilizadas em produtos de consumo como panelas antiaderentes, retardantes de chama, tecidos resistentes à água e manchas. Em decorrência da utilização global em larga escala, a água e os alimentos contaminados se tornaram a principal fonte de exposição humana.

INTRODUÇÃO

Este capítulo descreve as substâncias químicas, os aspectos clínicos e toxicológicos da exposição a agentes químicos ambientais (xenobióticos) na gestação, infância e adolescência.

Xenobióticos: substâncias químicas que normalmente não estão presentes em um organismo ou sistema biológico, ou definidas como extrínsecas ao metabolismo de um organismo vivo. O termo em geral se refere a substâncias sintéticas, porém pode incluir substâncias encontradas na natureza, em concentrações muito superiores às esperadas em condições normais. A exposição a xenobióticos presentes em medicamentos, produtos de higiene pessoal, agrotóxicos, aditivos alimentares, surfactantes e produtos químicos sintéticos, entre outros, representa uma grande e crescente parcela do expossoma humano na atualidade.[1]

Expossoma: o termo se refere ao conjunto de exposições a fatores ambientais, de natureza física, química, biológica ou psicológica, ocorrido ao longo da vida de um indivíduo, do período pré-natal em diante, ou, ainda, o conjunto de determinantes não genéticos de saúde e doença. O termo engloba uma grande gama de fatores relacionados aos ecossistemas (como urbanização, densidade populacional), estilo de vida (como dieta, atividade física, tabagismo), ambiente social (como renda, cultura, estresse psicológico) e fatores físico-químicos (como temperatura, campos eletromagnéticos, poluição, agrotóxicos, plásticos, contaminantes de água e alimentos, exposições ocupacionais).[1]

Exposição a químicos: nas últimas cinco décadas, a produção mundial de substâncias químicas aumentou mais de 50 vezes, e novas substâncias são registradas todos os dias. Estima-se que existam atualmente mais de 350 mil substâncias químicas registradas para produção e utilização no mundo. Isso tem elevado progressivamente a contaminação ambiental, a exposição humana e os riscos à saúde. Além da toxicidade de cada substância específica, cada vez mais aumenta a preocupação com os riscos das misturas de químicos, cujos efeitos aditivos ou sinérgicos não são avaliados no processo de liberação de cada substância isoladamente. Além disso, muitas substâncias químicas não têm impacto imediato, mas podem provocar doenças anos ou décadas à frente, como no caso dos disruptores endócrinos, relacionados à infertilidade, à obesidade e ao câncer de mama.

Químicos escolhidos neste capítulo: escolhemos abordar os agrotóxicos (incluindo pesticidas de uso doméstico), disruptores endócrinos, metais e compostos perfluorados, pois estudos de biomonitoramento mostram que a maior parte da população mundial está exposta a esses químicos e pelo corpo de evidência científica de qualidade disponível acerca de sua importância em termos de saúde pública.[1]

Período de exposição (gestação, infância e adolescência): esses períodos do desenvolvimento representam as fases de maior vulnerabilidade do organismo aos xenobióticos. Durante a gestação, a multiplicidade de mecanismos bioquímicos associados ao desenvolvimento fetal faz que a presença de determinados compostos, mesmo que em baixas concentrações ou em níveis aparentemente considerados seguros, altere rotas essenciais de determinados processos fisiológicos. A complexidade do desenvolvimento do sistema nervoso central (SNC) o torna muito sensível à presença de neurotoxinas como o mercúrio e alguns agrotóxicos, assim como a extrema sensibilidade do sistema endócrino a pequenas variações de sinais hormonais o torna extremamente sensível aos disruptores endócrinos, como os bisfenóis e os compostos per e polifluoralquilados (PAFS).

O lactente costuma respirar mais próximo do solo, tendo maior risco de exposição a material particulado com resíduos de agrotóxicos e plásticos. Com maior demanda calórica e menor variedade na dieta que um adulto, quaisquer contaminantes nos alimentos, em especial agrotóxicos, podem exercer maior impacto na saúde. Lactentes têm menor nível de proteínas séricas, o que faz que agentes químicos que se ligam a proteínas apresentem maior fração livre no plasma.[2] As crianças inalam quatro vezes mais ar, consomem de 6 a 8 vezes mais calorias e bebem 14 vezes mais água por quilograma do que um adulto médio. Essas diferenças resultam em crianças expostas a uma carga maior de produtos químicos tóxicos do ar, alimentos e água.[2]

Durante a adolescência, a contínua formação de sinapses mantém a sensibilidade às neurotoxinas ambientais, assim como as aceleradas modificações em órgãos e sistemas endócrino-dependentes colocam esse período dentro das janelas críticas do desenvolvimento. Modificações dos sinais hormonais provocadas pelos disruptores endócrinos provocam alterações celulares e desorganização funcional dos tecidos. Essas alterações estão relacionadas a várias condições clínicas na vida adulta, como obesidade, infertilidade e neoplasias de órgãos como mama, testículos e ovários.[3]

Mecanismos fisiopatológicos relacionados à toxicidade crônica dos químicos: "a dose faz o veneno" é uma famosa frase atribuída a Paracelso, médico do século XVI considerado o pai da toxicologia. Esse princípio ainda se aplica, entretanto os efeitos de um químico na saúde dependem de outros fatores além da dose. Desde a proposição do conceito de expossoma, em 2005, um número crescente de estudos investiga os efeitos na saúde das exposições ambientais cumulativas e suas respectivas respostas biológicas, da concepção até a morte.[1] O expossoma representa uma mudança de paradigma, na direção de uma avaliação mais ampla das exposições a baixas doses de químicos (a) levando em conta sua cronicidade, multiplicidade e concomitância; (b) procurando compreender como as interações entre as exposições e os processos endógenos influenciam os efeitos biológicos; (c) identificando os períodos críticos de exposição ao longo da vida. Entre os mecanismos fisiopatológicos relacionados à exposição a agentes químicos ambientais, podem-se destacar:

1. **Inflamação sistêmica crônica:** doenças relacionadas à inflamação crônica sistêmica são consideradas a principal causa de morte no mundo hoje. Mais de 50% dos óbitos atualmente são atribuídos a doenças relacionadas à inflamação crônica, como doença cardíaca isquêmica, acidente vascular cerebral, câncer, diabetes *mellitus*, insuficiência renal crônica, esteato-hepatite não alcoólica e doenças autoimunes e neurodegenerativas. A exposição ambiental a substâncias químicas, especialmente contidas na água e nos alimentos, contribui significativamente para esse mecanismo fisiopatológico comum a inúmeras doenças da atualidade.[4]
2. **Carcinogênese:** agentes químicos podem induzir ao câncer por três mecanismos diferentes: interação direta com o DNA ou a replicação do DNA (incluindo reparo e epigenética); indução de divisão celular mediada por receptores; e indução de divisão celular não específica. Essa indução pode se dar por inúmeros agentes químicos e afetar praticamente todos os órgãos e tecidos. Entre as correlações mais frequentemente reportadas na literatura estão os linfomas, leucemias e tumores do SNC ligados a agrotóxicos,[5] e as neoplasias de órgãos hormônio-dependentes (mama, ovários, testículos, tireoide etc.) ligadas aos químicos disruptores endócrinos.[3]
3. **Disrupção endócrina:** os disruptores endócrinos podem interferir nas funções endócrinas, mesmo em doses muito baixas, ativando ou inativando diretamente receptores-alvo endócrinos, desregulando a síntese de hormônios ou seu controle local por meio da inibição ou ativação de suas enzimas metabolizadoras. A exposição a esses químicos durante a gestação, infância e adolescência – períodos de aceleradas modificações em órgãos e sistemas endócrino-dependentes –, pode levar a consequências deletérias à saúde, como obesidade, diabetes, infertilidade, puberdade precoce, malformações congênitas, endometriose e disfunção tireoidiana, assim como câncer de mama, ovários, testículos e útero.[3]
4. **Neurotoxicidade:** a complexidade da estrutura cerebral humana implica grande fragilidade, especialmente no período de intenso desenvolvimento inicial. Durante os

primeiros anos de vida, mais de 1 milhão de novas conexões neuronais é formado a cada segundo. A exposição a neurotoxinas nesse período, em especial metais e inseticidas, tem sido cada vez mais correlacionada com alterações cognitivas e doenças como transtorno do espectro autista e depressão. Além disso, o SNC sofre grande influência hormonal, e há evidências de que os disruptores endócrinos contribuam significativamente para transtornos neurocomportamentais na infância e adolescência.[6]

AGROTÓXICOS E PESTICIDAS DOMÉSTICOS

Os agrotóxicos são misturas de químicos reconhecidamente persistentes e com alta difusão no meio ambiente. São compostos pelo princípio ativo e por adjuvantes ou coformulantes, que muitas vezes apresentam maior toxicidade crônica que os próprios princípios ativos. De acordo com sua estrutura química e doses utilizadas, tanto eles quanto seus respectivos metabólitos podem permanecer e interagir com o meio ambiente e diversos organismos, ocasionando múltiplas alterações que contribuem para o desequilíbrio bioquímico e fisiológico dos sistemas.[5]

Alterações congênitas e malformações fetais

Diversas anormalidades congênitas podem estar associadas a exposições maternas decorrentes da proximidade residencial com áreas de aplicação de agrotóxicos. Entre essas anomalias, destacam-se as cardíacas (principalmente ducto atrial patente, desvio de septo atrial e síndrome do coração esquerdo hipoplásico), as alterações estruturais gastrintestinais (o que inclui fístula esofágica traqueal e estenose pilórica hipertrófica), as do trato geniturinário (hipospádia), musculoesqueléticas etc. Uma maior prevalência e um aumento significativo do risco para todos os distúrbios reprodutivos e anomalias congênitas também foram observados nas áreas de alta exposição a agrotóxicos em relação às de baixa exposição. Taxas de prevalência e risco de aborto espontâneo, baixo peso ao nascer, hipospádia, criptorquidismo e micropênis se mostram significativamente maiores em áreas com maior uso *per capita* de agrotóxicos.[5,7]

Neoplasias

Dados epidemiológicos relacionados à distribuição de algumas neoplasias em comunidades rurais vicinais a regiões de agricultura extensiva associam o risco de desenvolvimento de neoplasias na infância à exposição ambiental a agrotóxicos. Entre os dados disponíveis atualmente na literatura, pode-se ressaltar que:[5]

- O fato de residir na proximidade de áreas de intensa atividade agrícola parece contribuir para um aumento do risco de desenvolvimento de neoplasias malignas observadas em indivíduos com idade < 15 anos.
- O uso doméstico de inseticidas está significativamente associado ao aumento no risco de leucemias e neoplasias do SNC em crianças, e a frequência de uso desses compostos pelos pais tem sido apontada como fator de risco significativo para tal diagnóstico.
- A exposição ocupacional dos pais (agricultura, floricultura e jardinagem) parece ter relação com os tumores observados nas crianças, independentemente do tempo de exposição e do tipo de câncer.
- Observa-se uma associação entre o risco de leucemias, sarcoma de Ewing (SE) e tumores sólidos com a exposição doméstica de crianças a inseticidas, bem como a exposição ocupacional paterna ou materna a agrotóxicos diversos.
- Há indícios de que crianças continuamente expostas a inseticidas domésticos contendo piretroides apresentem concentrações aumentadas de metabólitos associados ao risco aumentado de neoplasias do SNC.
- Há indícios de uma associação significativa entre o desenvolvimento de neoplasias do SNC em crianças, cujas mães foram expostas a inseticidas domésticos durante a gestação. Por serem produtos de uso doméstico, há a probabilidade de que a maioria deles se encontre no grupo dos piretroides.
- A utilização de agrotóxicos no controle de vetores e pragas domésticas, em ano prévio à concepção, bem como após o nascimento da criança, foi associada a aumento no risco de neoplasias do SNC infantil. A exposição ocupacional paterna durante o período de preconcepção também foi associada a um aumento no risco dessas neoplasias.[8]

Alterações do neurodesenvolvimento

Pesquisas apontam que a exposição a agrotóxicos na fase pré-natal e no período neonatal, mesmo que a baixas doses, se associa a diversas mudanças no padrão do neurodesenvolvimento infantil. A proximidade de áreas residenciais com locais de aplicação de agrotóxicos favorece a exposição ambiental de uma parcela considerável da população a esses produtos. Em se tratando de gestantes, é preciso considerar que a multiplicidade de agentes pode causar alterações diversas, algumas irreversíveis, no desenvolvimento fetal.[6]

Transtorno do espectro autista

O transtorno do espectro autista (TEA) é considerado uma alteração neurocomportamental de etiologia diversa, sendo difícil associá-lo exclusivamente a uma determinada causa. Por conseguinte, a relação entre TEA e exposição a agrotóxicos ainda é tema controverso, e a maior parte das evidências disponíveis hoje se baseia em estudos de coorte e de caso-controle. Apesar de não haver consenso, o número de evidências indicando associação positiva vem crescendo nos últimos anos.[5,9]

Transtorno do déficit de atenção e hiperatividade

Há evidências sobre a influência de alguns fatores ambientais, como é o caso da exposição a agrotóxicos, no desenvolvimento desse transtorno. Alguns estudos, inclusive, apontam uma indução gênica e polimorfismos genéticos relacionados a tal forma de exposição e o transtorno do déficit de atenção e hiperatividade (TDAH).[10]

DISRUPTORES ENDÓCRINOS

Os disruptores endócrinos (DE) são um grupo de produtos químicos naturais ou sintéticos que podem interferir na função normal do sistema endócrino de animais e humanos. Essa classe de compostos pode atuar durante o desenvolvimento fetal, primeira infância, puberdade, idade adulta e terceira idade. A exposição a DE durante o desenvolvimento (no útero, na infância e primeira infância) pode ter efeitos permanentes se a exposição ocorrer durante o período em que um tecido específico está se desenvolvendo. Esses efeitos podem se tornar visíveis somente décadas depois.[11]

Os hormônios controlam o desenvolvimento normal dos tecidos, desde a fertilização do óvulo até o feto totalmente desenvolvido. Como alguns tecidos continuam a se desenvolver após o nascimento, como o cérebro e o sistema reprodutor, o período de suscetibilidade para esses tecidos é estendido, às vezes por décadas após o nascimento. Quando um tecido está se desenvolvendo, ele é mais suscetível à ação dos hormônios e, portanto, dos DE. Além disso, as vias metabólicas das crianças, especialmente nos primeiros meses após o nascimento, são imaturas. Isso significa que a capacidade das crianças de metabolizar e excretar os DE é menor do que a dos adultos, tornando-as mais vulneráveis a esses produtos químicos.[3,12]

Os mecanismos pelos quais a exposição aos DE durante o desenvolvimento pode alterar o desenvolvimento de tecidos específicos, levando ao aumento da suscetibilidade a doenças mais tarde na vida, estão apenas começando a ser compreendidos. Os hormônios desempenham papel importante na diferenciação celular, o que leva ao desenvolvimento de tecidos e órgãos. Uma vez que os tecidos e órgãos estão totalmente desenvolvidos e ativos, os hormônios têm uma função diferente: controlar a integração de sinais entre os tecidos e sistemas orgânicos e manter a função normal. O desenvolvimento inicial (quando os hormônios estão controlando as mudanças celulares para formar tecidos e órgãos) é, portanto, um período de alta suscetibilidade à ação dos DE. Se um DE estiver presente durante a programação de desenvolvimento de um tecido, ele pode interromper os níveis hormonais normais, levando a mudanças no desenvolvimento desse tecido – mudanças que seriam estáveis ao longo da vida e possivelmente causariam suscetibilidade à doença mais tarde. É improvável que esses efeitos sejam evidentes no nascimento, mas podem aparecer apenas mais tarde, alguns meses ou mesmo décadas depois.[3,12]

Os hormônios exercem suas ações em concentrações muito baixas, com receptores de alta afinidade. Ou seja, efeitos biológicos importantes e irreversíveis podem ser deflagrados com a ligação de hormônios em concentrações muito baixas aos seus receptores, exibindo um padrão de curva dose-resposta não linear. Da mesma maneira, os DE exibem efeitos de muito baixa dose, com dose-resposta não monotônica, fazendo com que o efeito tóxico do contato com essas substâncias dependa muito mais da época da exposição do que da concentração da substância química. Concentrações muito baixas de DE podem se somar à concentração de hormônios endógenos, produzindo um efeito muito maior do que o previsível baseado apenas na sua habilidade de se ligar ao receptor em um sistema isolado. Além disso, a presença dessas substâncias químicas pode alterar a expressão de receptores hormonais, afetando várias características da curva dose-resposta e, consequentemente, modificando o efeito biológico.[3,12,13]

Os efeitos biológicos da disrupção endócrina muitas vezes só são observados anos ou décadas após a exposição, que em geral ocorreu durante os períodos críticos do desenvolvimento. Ou seja, o tempo de latência entre a exposição e o efeito é em geral muito longo. Algumas das principais condições clínicas relacionadas à exposição aos DE são:[3,12,13]

- Oligospermia, infertilidade, disfunção sexual.
- Prematuridade, malformações congênitas.
- Câncer testicular, hiperplasia e câncer de próstata.
- Neoplasias de útero e ovários, distúrbios da ovulação, endometriose, câncer de mama e miomas uterinos.
- Disfunção da tireoide.
- Obesidade, diabetes, doenças cardiovasculares.
- Alterações neurocomportamentais.

Vários produtos químicos sintéticos, como o bisfenol A e seus substituintes, ftalatos, filtros ultravioletas orgânicos e parabenos, têm sido frequentemente relacionados à desregulação endócrina. O uso generalizado desses compostos e seu risco potencial para a saúde humana têm despertado o interesse de avaliar a exposição humana, especialmente das crianças. A exposição pode ocorrer por inalação, contato dérmico ou ingestão, e o metabolismo pode diferir dependendo da rota de exposição e características específicas da estrutura química. É necessário destacar que recentemente um grupo de pesquisadores brasileiros realizou estudos de biomonitoramento de diferentes classes de DE, entre eles, os já citados em amostras de urinas de crianças de todo o Brasil, avaliando a exposição de crianças brasileiras a mais de 75 diferentes compostos. Os resultados obtidos mostraram que as crianças brasileiras estão expostas a níveis elevados de alguns desses compostos, principalmente parabenos, benzofenonas e ftalatos, amplamente encontrados em produtos de cuidado pessoal e cosméticos. Além disso, alguns compostos foram encontrados em concentrações superiores às descritas para crianças de outros países, como Estados Unidos, China e países da Europa.[14,15]

Bisfenóis

O bisfenol A é a matéria-prima utilizada na fabricação de resinas epóxi e polissulfonas, além de ser atualmente uma das substâncias químicas mais comercializadas no mundo. Também é aplicado como antioxidante ou estabilizador químico. No entanto, o uso mais importante desse composto está na produção de plásticos de policarbonato para uma grande variedade de aplicações como mídia digital (CDs, DVDs), equipamentos elétricos e eletrônicos, automóveis, equipamentos de segurança esportiva, recipientes reutilizáveis de alimentos e bebidas, mamadeiras, talheres, manequins e dispositivos médicos, entre outros (Quadro 1). Além disso, quando o bisfenol A está presente em águas tratadas, pode reagir com o cloro residual originalmente usado como desinfetante e, dependendo do pH do meio, produzir derivados clorados.[3,11,15] No Brasil, a utilização do bisfenol A em mamadeiras foi proibida em 2012. Apesar disso, há evidência de que muitos dos substitutos utilizados em garrafas e mamadeiras (como bisfenol AF, bisfenol F, bisfenol S) têm efeito disruptor endócrino comparável ao do bisfenol A.[16]

Ftalatos

Os diésteres de ácido ftálico, conhecidos como ftalatos, são produtos químicos industriais usados principalmente como plastificantes (substâncias adicionadas aos plásticos para aumentar sua flexibilidade, transparência, durabilidade e longevidade). Além disso, são usados em uma grande variedade de produtos, como comprimidos entéricos ou farmacêuticos, embalagens de alimentos, adesivos e colas, dispositivos médicos, brinquedos, produtos de higiene pessoal ou em aplicações médicas, como cateteres e dispositivos de transfusão de sangue. Os ftalatos também são encontrados em óleos lubrificantes, solventes e detergentes (Quadro 2). Os ftalatos mais comuns são dietil-hexilftalato, di-isononilftalato, butilbenzilftalato e dietilftalato. A avaliação da exposição aos ftalatos é difícil em razão de seu uso extensivo e de sua onipresença no meio ambiente. Uma vez que todos

Quadro 1. Fontes e vias de exposição humana ao bisfenol A

Produtos	Via de exposição	Comentários
Alimentos enlatados	Ingestão	O revestimento interno de muitas latas de alimentos contém resina epóxi. O aquecimento para a esterilização dos alimentos potencializa a lixiviação.
Garrafas de água e mamadeiras de policarbonato	Ingestão	A lixiviação de bisfenol A aumenta com o aquecimento e a lavagem repetida dos recipientes e conforme a acidez do conteúdo.
Embalagens de alimentos ou bebidas, tampas de garrafas, talheres	Ingestão	
Papel térmico – recibos de caixas, bancos e máquinas de cartão de crédito, ingressos de cinema etc.	Absorção dérmica/ ambiental	Principal fonte não alimentar de exposição na população acima de 3 anos. Contém altas concentrações de bisfenol A livre.
Cosméticos/produtos de higiene pessoal	Absorção dérmica	Importante fonte de exposição não alimentar ao bisfenol A em crianças abaixo de 3 anos.
Selantes dentários e resina composta	Ingestão/inalação	
Equipamentos médicos	Múltiplas vias	
Brinquedos	Oral/ingestão	Brinquedos levados frequentemente à boca pelas crianças pequenas.
CDs e DVDs	Absorção dérmica/ ambiental	
Poeira doméstica	Inalação	Especialmente relevante nas crianças.
Combustão de lixo doméstico, efluentes de fábricas, lixiviação de aterros sanitários	Múltiplas vias	Contaminação do ar, da água de superfície, do lençol freático e do solo.

Quadro 2. Fontes de exposição humana aos ftalatos

Produtos	Exemplos
Alimentos gordurosos processados	Leite e derivados, carnes processadas (contaminadas pelo contato com embalagens e tubos plásticos, luvas de PVC).
Cosméticos/produtos de higiene	Perfumes, sombra para olhos, cremes hidratantes, esmaltes para unha, sabonete líquido, *spray* fixador para cabelo, lenços umedecidos, cosméticos com formadores de filme (película seca).
Medicamentos/equipamentos médicos	Cápsulas de medicamentos, revestimento entérico para comprimidos, suplementos nutricionais, luvas, equipos de infusão, bolsas para transfusão de sangue, sondas, cateteres.
Brinquedos	Brinquedos plásticos, massa de modelar.
Utensílios domésticos	Envelopes e recipientes plásticos para acondicionamento de alimentos, tecidos, cortinas de banheiro, estofamentos, pisos, materiais de limpeza.
Produtos industriais	Agentes gelificantes, lubrificantes, estabilizantes, dispersantes, colas, tintas, graxas, componentes de agrotóxicos, materiais de construção, pisos de PVC.
Miscelânea	Borrachas para apagar, dentaduras, iscas para pesca, brinquedos sexuais.

os ftalatos são rapidamente metabolizados pela clivagem de um ou ambos os grupos éster, metabólitos como os monoésteres primários são a escolha óbvia para análise. No entanto, mesmo a determinação desses metabólitos é suscetível à contaminação, uma vez que podem ser gerados a partir dos diésteres originais por vários processos além do metabolismo humano, como hidrólise química, enzimática, microbiológica ou fotolítica.[12-14]

Filtros solares

Filtros ultravioleta (UV) orgânicos são frequentemente usados para proteger a pele contra os danos da radiação UV. Estão presentes em muitos produtos de uso diário, como cosméticos, cremes para a pele, loções corporais, *sprays* para cabelo, tinturas para os cabelos, xampus e protetor solar, bem como em produtos não cosméticos, como tapetes, móveis, roupas e sabão em pó, nos quais os filtros são usados para proteger os produtos dos efeitos da radiação UV. A família das benzofenonas é um dos grupos de filtros UV mais usados.

As benzofenonas são formadas por 12 compostos principais, chamados de benzofenona-3 e benzofenona-1, bem como outros menos conhecidos, como 2-hidroxibenzofenona, 3-hidroxibenzofenona e 4-hidroxibenzofenona. Outras famílias importantes de filtros UV amplamente usados são derivados de cânfora, como 4-metilbenzilideno cânfora e 3-benzilideno cânfora e salicilatos, como salicilato de benzila, salicilato de fenil, salicilato de octila e homosalato. Apesar de seu uso difundido, há uma preocupação crescente com alguns desses compostos por sua possível atividade estrogênica. Evidências de estudos em animais indicam que essas substâncias possam causar toxicidade reprodutiva e de desenvolvimento e afetar o eixo hipotálamo-hipófise-tireoide, o qual controla a liberação de hormônios tireoidianos no corpo. Alguns desses compostos têm sido relacionados ao comportamento sexual feminino e ao aumento do peso uterino de camundongos e ratas tratadas.[13,17]

Parabenos

Os ésteres alquílicos do ácido p-hidroxibenzoico são amplamente utilizados como conservantes antimicrobianos, especialmente contra fungos e leveduras, em produtos cosméticos e farmacêuticos e no processamento de alimentos e bebidas. Metilparabeno, etilparabeno, propilparabeno e butilparabeno são os compostos mais comumente usados, individualmente ou em combinação. O uso generalizado de parabenos decorre de sua baixa toxicidade, ampla inércia, aceitação regulatória mundial e baixo custo. O nível de exposição é mostrado pela frequente detecção desses compostos na urina. No entanto, há uma tendência crescente de evitar o uso de parabenos em razão das evidências crescentes de seus possíveis efeitos adversos relacionados à disrupção endócrina.[13,17]

Exposição humana a disruptores endócrinos, avaliação de risco e estratégia de prevenção

Os DE são um problema global e onipresente. É difícil avaliar o impacto total da exposição humana aos DE porque os efeitos adversos se desenvolvem lentamente e se manifestam anos ou décadas após a exposição e, em algumas pessoas, não aparecem. A maioria dos DE é lipofílica e se acumula no tecido adiposo, portanto eles têm meia-vida muito longa no corpo. A latência entre as exposições precoces a DE e a disfunção/doença do adulto pode ser superior a 50 anos.[11,13]

A principal via de exposição aos DE se dá através da ingestão de alimentos contaminados. Entretanto, o contato dérmico com esses poluentes ambientais (papel térmico, cosméticos, filtros solares etc.) e a inalação de produtos químicos transportados pelo ar (combustão de lixo doméstico e industriais) também são vias importantes de contaminação do corpo humano. Estudos de biomonitoramento mostram que quase todos os seres humanos têm carga química corporal desses produtos químicos em suas amostras biológicas (tecido adiposo, sangue, urina, placenta e sangue fetal). A resposta dos indivíduos à agressão química pode ser diferente. Alguns podem apresentar toxicidade evidente, outros podem exibir disfunções mais sutis, e outros podem ainda não ser afetados. Essas diferenças na capacidade de resposta são atribuídas ao *background* genético, fatores ambientais, ocupacionais e de estilo de vida, doenças, outros estressores, hábitos alimentares e de onde vêm os alimentos consumidos.[11,13,17]

Identificar o risco associado a um único DE é complexo porque os humanos são expostos a baixas doses de centenas de substâncias químicas desde a vida fetal até o envelhecimento. Essas exposições ambientais ao longo da vida (conhecidas como expossoma) precisam ser levadas em consideração em estudos abrangentes de avaliação de risco. Para investigar essas interações complexas, métodos baseados em tecnologias ômicas estão sendo utilizados. Estamos expostos a uma crescente mistura de produtos químicos disruptores endócrinos, e as consequências dessa exposição ainda são desconhecidas ou pouco estudadas.[3,12,13]

Alguns DE têm diversas atividades hormonais; por exemplo, o pesticida DDT é um agonista estrógeno, enquanto um de seus metabólitos exerce efeito antiandrogênico. Da mesma forma, o bisfenol A é um agonista do estrogênio, mas também antagoniza o receptor do hormônio da tireoide. A época da exposição aos DE é sem dúvida muito importante. Embora fetos em desenvolvimento e recém-nascidos sejam os mais vulneráveis à disrupção endócrina, os DE também podem exercer efeitos adversos na saúde humana em outras fases do ciclo de vida. O desenvolvimento fetal é um período de rápido desenvolvimento e diferenciação, que pode ser influenciado negativamente pela exposição a poluentes ambientais, o que resulta em doenças mais tarde na vida. Uma vez que esses produtos químicos entram na cadeia alimentar, é difícil para o corpo humano eliminá-los, uma vez que a maioria dos DE (particularmente os poluentes orgânicos persistentes) se bioacumula no tecido adiposo. Os plastificantes não são lipofílicos, portanto, não se bioacumulam no corpo e geralmente são eliminados do organismo em menos de 24 horas.[3,12,13]

Estratégias para a prevenção de exposições a DE são necessárias com urgência. Isso exigirá vontade política para limitar o uso desses produtos químicos ofensivos e o desenvolvimento e a implementação de tecnologias de remediação. Programas educacionais em escolas e hospitais (especialmente em clínicas de endocrinologia, pediatria e maternidades) serão úteis para melhorar a compreensão geral dos DE e das consequências da exposição a tais poluentes, especialmente no início da vida. A exposição a DE é mais comum entre indivíduos de baixa renda. Os trabalhadores que usam pesticidas, fungicidas, tintas, papel térmico e produtos químicos têm maior risco de exposição aos DE. Indivíduos com alto risco de exposição devem ser informados e medidas preventivas devem ser implementadas. Uma vez que os indivíduos são informados, eles podem agir com base no princípio da precaução para reduzir sua exposição e de seus filhos antes de quaisquer ações regulatórias e, portanto, ter algum grau de autodeterminação em sua própria exposição aos DE. Existem outras medidas preventivas que estão além da capacidade individual e, com isso, devem ser desenvolvidas e implementadas pelos formuladores de políticas e governantes locais.[3]

METAIS PESADOS

O termo se refere aos metais com alta densidade, elevados números atômicos ou elevados pesos atômicos. Nesse grupo estão incluídos os metais essenciais para as funções fisiológicas do organismo, como cobalto (Co), cobre (Cu), ferro (Fe), zinco (Zn), entre outros.[18] Reconhecer a toxicidade da exposição a determinado metal é tão importante quanto reconhecer a deficiência dos chamados elementos essenciais. Assim, o Quadro 3 traz informações relacionadas às concentrações desejáveis no organismo humano e as funções biológicas de alguns desses elementos.

Além dos elementos reconhecidamente essenciais, há os essenciais e com relevância toxicológica, como o cromo (Cr) e o manganês (Mn), em função das inúmeras fontes antropogências possíveis de exposição.[19] Há ainda elementos como o arsênio (As), o cádmio (Cd), o chumbo (Pb), o mercúrio (Hg) e outros, considerados metais com relevância toxicológica, portanto sem reconhecida função fisiológica.[20]

A exposição ambiental aos metais de relevância toxicológica pode resultar em problemas de saúde pública em razão da contaminação por diferentes fontes, uma vez que são aplicados em várias situações, como na indústria, na agricultura, nos domícilios, nas escolas, nas tecnologias.[20] Uma vez que os metais são constituintes naturais da crosta terretre, entre as fontes de exposição, mais especificamente podem ser citadas:

- Fontes naturais: desgaste natural de rochas e solos, erupções vulcânicas, corrosão dos metais, queimadas, erosão do solo com íons metálicos e lixiviação dos metais.
- Agricultura: fertilizantes, pesticidas e esterco animal.
- Doméstico: esgoto e lodo do esgoto, queima de combustível, peças metálicas em decomposição, canalização da água.
- Indústria: processamento dos metais (fundições e galvanoplastias), indústria automobilística, plantas de indústrias nucleares, de plásticos, têxtil, de eletrônicos e microeletrônicos, extração de petróleo e processamento de papel de madeira.[18]

Vale lembrar que outras possíveis fontes de exposição incluem a extração/mineração de metais, bem como os

Quadro 3. Concentração desejável e importância biológica de alguns elementos essenciais

Metal	Concentração	Importância biológica
Cobre	75 a 100 mg (adulto)	Produção de energia, respiração aeróbica, formação de colágeno e elastina. Síntese de aminoácidos, hemoglobina, melanina e tiroxina.
Ferro	3 a 5 mg (adulto)	Transporte de oxigênio, síntese de DNA, RNA, colágeno e anticorpos. Componente na constituição de várias enzimas metabólicas, como citocromo P450, colina desidrogenase, citocromo C redutase, catalases, citocromo-C, xantina oxidases, peroxidases, succinato desidrogenase, triptofano pirolase e glicose-6-fosfato desidrogenase.
Zinco	2 a 3 mg (adulto)	Relacionado com a espermatogênese em várias etapas. Necessário para a atividade catalítica de várias enzimas, na organogênese e no funcionamento de neurotransmissores. Atuação fundamental no desenvolvimento do timo. Intimamente relacionado com a sensação do paladar e do olfato. Papel importante na síntese de proteínas e DNA, secreção de pâncreas e enzimas gástricas. Protege contra o envelhecimento acelerado e possui papel crítico na cicatrização de feridas, divisão celular.
Cobalto	1,1 mg (adulto)	Produção de eritrócitos. Regeneração e reparação de nervos. Síntese de aminoácidos, da bainha de mielina e de neurotransmissores.
Selênio sanguíneo	100 mg/L de sangue	Atua na imunomodulação e na ação antiproliferativa. Importante papel nos sistemas de defesa antioxidante e na síntese do hormônio tri-iodotironina.
Molibdênio	5 a 400 mg/L de sangue	Papel fundamental em sítios ativos de várias enzimas, no catabolismo das purinas e no crescimento do corpo. Influência na síntese de proteínas.
Flúor	0,008 a 0,045 ppm	Importante constituinte da matriz de tecidos duros, como dentes e ossos. Estimula a atividade osteoblástica, previne a cárie dentária e possui ação anticariogênica.
Cromo	6 mg (adulto)	Envolvido no metabolismo da glicose e na repressão da P53.

Fonte: adaptado de Paithankar et al., 2021.[18]

desastres/acidentes, como os ocorridos recentemente no Brasil. Sabe-se que o rompimento das barragens de Mariana e Brumadinho (Minas Gerais) resultam na liberação de metais, inclusive sob a forma de misturas, ao meio ambiente. Amostras avaliadas revelam uma diversidade de metais encontrados nesses locais, que por sua vez podem contaminar água, ar e solo, flora e fauna aquática, animais e plantas, e acabam entrando na cadeia alimentar. O real impacto na população só poderá ser observado ao longo dos anos.[21]

Quando se trata de exposição a metais em crianças, as consequências podem ser mais graves em comparação com os adultos, pela maior capacidade de absorção decorrentes dos hábitos, por exemplo, de levar a mão ou objetos à boca. Os efeitos são diversos, a depender do metal, mas questões ligadas ao desenvolvimento são pontuadas na literatura, como: retardo mental, distúrbios neurocognitivos, distúrbios comportamentais, problemas respiratórios, nefrotoxicidade, câncer e doenças cardiovasculares.[20]

Os mecanismos relacionados aos efeitos nos humanos são variados, cada metal pode ter alguma peculiaridade. No entanto, o estresse oxidativo, com consequente liberação de espécies reativas de oxigênio (ROS) e sinal de transdução, tem sido investigado como mecanismo central. Nesse sentido, acredita-se que uma investigação aprofundada da interação de sinalização de células ROS com metal pesado pode contribuir para a elucidação de como as células se alteram de saudáveis para patológicas.[18]

Entre os diversos metais, os mais avaliados em estudos conduzidos por pesquisadores brasileiros são o mercúrio e o chumbo. Além destes, de 2010 até o presente momento, o arsênio e o cádmio estão entre os dez principais produtos químicos de grande preocupação para a saúde pública, de acordo com a Organização Mundial da Saúde (OMS).[22] Sendo assim, alguns pontos mais específicos, relacionados às principais fontes, via de exposição, mecanismo de ação e efeitos à saúde, serão abordados a seguir. Nos Quadros 4 a 8, serão apresentadas essas informações relacionadas ao mercúrio, chumbo, arsênio e cádmio, respectivamente.

O mercúrio liberado na atmosfera pela queima do carvão, pela mineração e pelas emissões decorrentes das atividades industriais se deposita no solo e na água de todo o planeta. Em países como o Brasil, a mineração artesanal de ouro é uma fonte adicional de contaminação das águas. O mercúrio metálico é então metabolizado por micro-organismos e transformado em metilmercúrio (MeHg), entrando na cadeia alimentar. Assim, existe hoje grande preocupação com a ingestão de peixes e frutos do mar por gestantes e crianças, por serem os grupos mais suscetíveis ao efeito tóxico do MeHg. Os peixes em posição mais alta na cadeia alimentar são os que mais bioacumulam o MeHg. Há uma recomendação de quantidade de ingestão sugerida, relacionada à capacidade que o peixe possui de acumular mercúrio e, assim, levar à absorção deste sob a forma de MeHg, nesses dois grupos. O Quadro 5 traz uma síntese das porções ingeridas recomendadas semanalmente de acordo com a capacidade de acúmulo de mercúrio em cada peixe.[25]

Em razão da característica comum aos metais de sua longa permanência no meio ambiente e no organismo humano, medidas de prevenção da exposição, que essencialmente incluem a redução das emissões, têm sido adotadas ao longo dos anos.

Quadro 4. Principais fontes, via de exposição, mecanismo de ação e efeitos à saúde humana em relação ao mercúrio

Fontes de exposição	Naturais como atividade vulcânica, erosão/intemperismo de rochas. Por ação humana nas centrais elétricas a carvão, na queima de carvão residencial para aquecimento e cozimento, em processos industriais e tecnológicos, em alguns tipos de lâmpadas (fabricação e reciclagem), em aparelhos de medição (termômetros, barômetros), em incineradores de resíduos, em amálgamas dentários e como resultado da mineração artesanal de mercúrio (esta última a principal causa de contaminação ambiental).[20,23]
Via de exposição	A depender da forma, o mercúrio inorgânico é mais bem absorvido pela via inalatória, enquanto na forma de metilmercúrio a via oral é a principal, através do consumo de peixes e alimentos contendo esse composto.[23]
Mecanismo de ação	Deposita-se no cérebro, gerando disfunções cerebrais. Estresse oxidativo, morte neuronal, dano mitocondrial, liberação de aminoácidos e alterações na expressão proteômica.[24]
Efeitos à saúde	Comprometimento do crescimento e do desenvolvimento neurológico em bebês e crianças. Déficit cognitivo na memória, capacidade de manter a atenção, desenvolvimento da linguagem e das habilidades motoras finas e espaciais visuais. Efeitos renais como aumento de proteína na urina até insuficiência renal.[23]

Quadro 5. Porções de ingestão recomendadas semanalmente em razão da capacidade de acúmulo de mercúrio em cada peixe.[25] Uma porção para adultos equivale a cerca de 100 g, e para crianças de 4 a 7 anos, cerca de 50 g

Melhores escolhas: consumir 2 a 3 porções por semana	Limitar a 1 porção por semana	Evitar (maiores níveis de mercúrio)
Manjuba, corvina, carapau ou garapau, pampo, bagre, berbigão, bacalhau, caranguejo, lagosta, linguado, arinca, pescada, arenque, tainha, ostra, perca, lúcio, salmão, sardinha, vieira, camarão, lula, tilápia, truta, bonito	Anchova ou enchova, carpa, merluza, garoupa, halibute, dourado-do-mar, tamboril, sargo, robalo, atum albacora/branco, atum-amarelo/albacora-cachorra	Marlim, peixe-relógio, tubarão/cação, espadarte, atum-patudo, atum-de-olho-grande

Quadro 6. Principais fontes, via de exposição, mecanismo de ação e efeitos à saúde humana em relação ao chumbo	
Fontes de exposição	Atividades como mineração, fundição, refino e reciclagem de chumbo; uso de gasolina e querosene de aviação; fabricação e reciclagem de baterias de chumbo-ácido, tintas, esmaltes, vidros; joias, solda, cerâmica e lixo eletrônico podem liberar chumbo para o meio ambiente. Ainda, em tubulações antigas de água e solda.[26]
Via de exposição	Para crianças, principalmente por via oral, pela ingestão de água, poeira e contato com o solo, além de brinquedos que possuem chumbo na composição.[26]
Mecanismo de ação	Inibição das enzimas da biossíntese do heme e antioxidantes, formação de espécies reativas de oxigênio levando ao estresse oxidativo e consequente morte de células nervosas, e interferência de enzimas dependentes de íons de cálcio.[18] Pode afetar ossos, rins e fígado.[20]
Efeitos à saúde	Altos níveis sanguíneos de chumbo podem desencadear redução na capacidade de atenção, aumento na irritabilidade e sensação de monotonia. Ansiedade, depressão, agressividade e hiperatividade.[20] São afetados também os sistemas hematológico (anemia), gastrintestinal (cólicas intermitentes), cardiovascular (hipertensão arterial) e disfunção renal. Importante destacar que crianças absorvem cerca de cinco vezes mais chumbo do que adultos, em situações de ambientes ou água contaminados.[26]

Quadro 7. Principais fontes, via de exposição, mecanismo de ação e efeitos à saúde humana em relação ao arsênio	
Fontes de exposição	Em preservantes de madeira, que podem contaminar o solo. Na indústria farmacêutica e de vidro, na fabricação de ligas, conservantes de couro, pigmentos contendo arsênio, tintas anti-incrustantes e iscas venenosas, fundições de metais não ferrosos onde o trióxido de arsênio pode ser formado, e algumas usinas termelétricas a carvão. Atualmente em menor intensidade, na produção de agroquímicos (sobretudo para uso em pomares e vinhas). Em quantidades limitadas nas indústrias de microeletrônica e óptica. Mobilização para água potável a partir de depósitos ou perfuração de poços tubulares.[27]
Via de exposição	Pela via oral, através da água quando contaminada com arsênio. Ainda, peixes, crustáceos, carnes, aves, laticínios e cereais são as principais fontes de ingestão alimentar. Em peixes e crustáceos, geralmente na forma de compostos orgânicos (p. ex., arsenobetaína), que são de baixa toxicidade. Em áreas onde o arsênio está naturalmente presente em níveis elevados, alimentos (p. ex., arroz) preparados com água contendo alto teor de arsênio e as culturas alimentares irrigadas com água contaminada também contribuem para a ingestão diária total.[27]
Mecanismo de ação	Interage com grupos tióis ou sulfidrilas de proteínas envolvidas em vários processos biológicos, como na regulação redox, inibindo sua ação. Atua também no processo de redução de arsênio orgânico e inorgânico. Por estresse oxidtativo, inativa a glutationa redutase, enzima envolvida na conversão de glutationa oxidada (GSSH) em GSH. Também altera o reparo do DNA e causa instabilidade genômica, induzindo aneuploidia por dano oxidativo ao DNA, amplificação do gene e alterações epigenéticas.[18]
Efeitos à saúde	O arsênio inorgânico em contato com a pele pode gerar lesões, alterações na pigmentação e manchas endurecidas, as quais podem ser precursoras de câncer de pele. O arsênio consegue atravessar a barreira placentária. A exposição durante a gestação, através, por exemplo, da água contaminada, tem relação com maior risco de complicações na gestação, como aborto espontâneo, natimorto e nascimento prematuro. As exposições intrauterinas e/ou no início da vida ao arsênio estão relacionadas ao aumento de óbitos em decorrência de múltiplos cânceres, doenças pulmonares, ataques cardíacos e insuficiência renal, bem como a efeitos no desenvolvimento cognitivo, inteligência e memória.[27]

Quadro 8. Principais fontes, via de exposição, mecanismo de ação e efeitos à saúde humana em relação ao cádmio	
Fontes de exposição	São considerados atividade vulcânica, tabagismo, mineração, fundição e refino de metais não ferrosos, combustão de combustível fóssil, incineração de resíduos (baterias e plásticos contendo cádmio), fertilizantes fosfatados e reciclagem de materiais revestidos com cádmio, sucata de aço e resíduos elétricos e eletrônicos. Além destas, contaminação de cursos d'água pela água de drenagem de minas de metal ou de aterros.[28]
Via de exposição	Para crianças, a principal via é a oral, com o consumo de água ou alimentos contaminados, como frutos do mar, ou cultivados em solo com cádmio. Pela via inalatória, por inalação de fumaça de cigarro ou manuseio impróprio do próprio metal.[28]
Mecanismo de ação	Induz instabilidade genômica, por meio de complexos e mecanismos multifatoriais com a interação com mecanismos de reparo de DNA, estimulação da morte celular e produção de espécies reativas de oxigênio. Também atua na liberação de citocinas inflamatórias e regulação negativa do papel protetor da formação de óxido nítrico.[20]
Efeitos à saúde	Podem ser observados danos renais por disfunção mitocondrial ou apoptose em nível de túbulo proximal. Em crianças, tem relação com osteomalácia, osteosporose e maior propensão a fraturas. Também são descritos distúrbios cardiovasculares, como insuficiência cardíaca, derrame e doenças coronarianas e relação com o desenvolvimento de câncer infantil.[20,28]

Para o mercúrio, a redução nas baterias, dispositivos de medição, interruptores e relés elétricos em equipamentos, nas lâmpadas fluorescentes, no amálgama dentário, em cosméticos (produtos para iluminar a pele e outros) e nos produtos farmacêuticos são formas de reduzir a emissão do metal. Cabe ressaltar que, quanto à presença de mercúrio nas vacinas, sob a forma de dietilmercúrio, o tiomersal, após 10 anos de estudos de acompanhamento a OMS concluiu que não há evidências de risco à saúde humana.[23]

Deve-se evitar que crianças tenham contato com o chumbo do lixo eletrônico, como baterias de chumbo-ácido e computadores, além de garantir que a reciclagem de resíduos contendo chumbo seja realizada apenas na presença de medidas de higiene industrial adequadas e que a reciclagem informal e o uso de resíduos contendo chumbo sejam desencorajados. E ainda: avaliar a possibilidade de substituição de tubulações antigas, principalmente em escolas e creches, identificar os locais com resíduos ou contaminados com chumbo e tomar as medidas necessárias para evitar a exposição humana ao chumbo dessas áreas.[25]

Quanto ao arsênio, recomenda-se adotar ações de longo prazo para reduzir a emissão em todas as formas de uso industrial. Agir de forma intensa para a redução da ingestão de arsênio da água potável e dos alimentos em áreas contaminadas ou com níveis naturalmente elevados na água subterrânea. Dessa forma, o ideal é disponibilizar água potável com concentrações de arsênio inferiores ao valor de referência provisório da OMS para água potável de 10 mcg/L. Além disso, é preciso monitorar populações expostas a alto risco quanto aos primeiros sinais de envenenamento por arsênio, incluindo problemas de pele.[26]

E finalmente, para o cádmio, controlar as emissões provenientes do tabaco e reduzir, na medida do possível, as emissões de cádmio de processos industriais nas águas superficiais; desenvolver técnicas para o descarte seguro de resíduos e efluentes contendo cádmio; lavar frutas e vegetais e descascar raízes e tubérculos, se cultivados em regiões com contaminação; promover medidas seguras e eficazes para aumentar a reciclagem de cádmio e restringir os usos não recicláveis; promover a eliminação do uso de cádmio em produtos como brinquedos, joias e plásticos.[27]

Apesar dos riscos à saúde e ao meio ambiente, as utilidades dos metais no dia a dia são inúmeras, e a utilização consciente cada vez mais é necessária, de modo a minimizar a exposição e as consequências futuras.

SUBSTÂNCIAS PER E POLIFLUORALQUILADAS

Substâncias per e polifluoralquiladas (PFAS), também chamadas de compostos perfluorados (PFC), compreendem um grande grupo de substâncias orgânicas sintéticas, em que todos os átomos de hidrogênio de um hidrocarboneto alifático são substituídos por átomos de flúor. As ligações carbono-flúor são altamente estáveis, proporcionando alta estabilidade térmica e química e baixa tensão superficial a essas substâncias. No sangue, estão ligadas às proteínas plasmáticas, com meia-vida de 4 a 7 anos. Em razão de sua elevada persistência ambiental e bioacumulação em organismos, a Convenção de Estocolmo de 2004 classificou as PFAS como poluentes orgânicos persistentes para fins de regulamentação global da produção e uso.[29]

Mais conhecidos por sua utilização na produção do Teflon, essas substâncias são hoje largamente usadas em produtos nos quais o efeito de resistência à gordura ou água é desejado, ou por sua ação surfactante. Sintetizadas desde 1940, as PFAS apresentam ampla distribuição global e têm sido cada vez mais utilizadas em diversos produtos de consumo e aplicações industriais, como emulsificantes, surfactantes, revestimentos antiaderentes, polímeros, componentes de produtos farmacêuticos, retardantes de chama, lubrificantes, adesivos, cosméticos, revestimentos de papel, pacotes de alimentos, tecidos resistentes a água e manchas, agrotóxicos, e como aditivos na síntese de fluoropolímeros. Entre as diferentes PFAS disponíveis comercialmente, o ácido perfluoro-octanossulfônico (PFOS) e o ácido perfluoro-octanoico (PFOA) são os mais utilizados e os mais importantes do ponto de vista toxicológico.[30]

A principal via de exposição humana às PFAS é a ingestão de água e alimentos contaminados. A exposição crônica apresenta importância toxicológica, uma vez que as concentrações desses contaminantes ambientais nos organismos aumentam com o tempo. As concentrações plasmáticas de recém-nascidos são relativamente maiores do que da população adulta. A exposição de fetos e recém-nascidos ocorre através do cordão umbilical, indicando transferência placentária dessas substâncias, e através do leite.[30,31]

A toxicidade aguda das PFAS é moderada, mas aumenta com o aumento da cadeia de carbono-flúor. O principal órgão-alvo é o fígado, causando ganho de peso e hipertrofia hepatocítica (Figura 1). As PFAS ligam as proteínas das

PFAS			
Placenta	**Fígado**	**Rins**	**Tireoide**
Baixo peso Diabetes gestacional Pré-eclâmpsia	Síndrome metabólica	Redução da taxa de filtração Doença renal crônica Neoplasias	Elevação de TSH Redução de T4

Figura 1. Consequências da exposição a PFAS durante a gestação e a infância.
Fonte: Ballesteros et al., 2017;[30] Sunderland et al., 2019.[31]

membranas celulares, alterando suas propriedades, como a fluidez, causando a sinalização de receptores de superfície. Essas substâncias são prováveis DE, principalmente dos hormônios da tireoide.[30,31]

Alguns estudos epidemiológicos investigaram uma correlação entre os níveis de PFOS e/ou PFOA no plasma materno e do cordão umbilical, com o peso ao nascer, tamanho e outros marcadores de desenvolvimento em humanos. Na exposição neonatal, foi observada associação entre redução de peso e perímetro cefálico, atraso de desenvolvimento e maturação neuromotora, com concentrações de PFOS e PFOA no sangue dos recém-nascidos. A ocorrência de pré-eclâmpsia pode estar associada à exposição materna a PFOA e PFOS.[31]

REFERÊNCIAS BIBLIOGRÁFICAS

1. Vermeulen R, Schymanski EL, Barabási AL, Miller GW. The exposome and health: Where chemistry meets biology. Science. 2020;367(6476):392-6.
2. Silva CAM, Fruchtengarten LVG, Dall'Agnese RM, Silva E, Rodrigues RD. Anamnese ambiental em pediatria. Sociedade Brasileira de Pediatria. [acesso em janeiro de 2022]. Disponível em: https://www.sbp.com.br/fileadmin/user_upload/_21802d-DC_-_Anamnese_Ambiental_em_Pediatria.pdf
3. Yilmaz B, Terekeci H, Sandal S, Kelestimur F. Endocrine disrupting chemicals: exposure, effects on human health, mechanism of action, models for testing and strategies for prevention. Rev Endocr Metab Disord. 2020;21(1):127-47.
4. Furman D, Campisi J, Verdin E, Carrera-Bastos P, Targ S, Franceschi C, et al. Chronic inflammation in the etiology of disease across the life span. Nat Med. 2019;25(12):1822-32.
5. Mostafalou S, Abdollahi M. Pesticides: an update of human exposure and toxicity. Arch Toxicol. 2017;91(2):549-99.
6. Rivollier F, Krebs MO, Kebir O. Perinatal exposure to environmental endocrine disruptors in the emergence of neurodevelopmental psychiatric diseases: a systematic review. Int J Environ Res Public Health. 2019;16(8):1318.
7. Rappazzo KM, Warren JL, Meyer RE, Herring AH, Sanders AP, Brownstein NC, et al. Maternal residential exposure to agricultural pesticides and birth defects in a 2003-2005 North Carolina birth cohort. Birth Defects Res A Clin Mol Teratol. 2017;106(4):240-9.
8. Vidart d'Egurbide Bagazgoïtia N, Bailey HD, Orsi L, Lacour B, Guerrini-Rousseau L, Bertozzi A-I, et al. Maternal residential pesticide use during pregnancy and risk of malignant childhood brain tumors: A pooled analysis of the ESCALE and ESTELLE studies (SFCE). Int J Cancer. 2018;142(3):489-97.
9. von Ehrenstein OS, Ling C, Cui X, Cockburn M, Park AS, Yu F, et al. Prenatal and infant exposure to ambient pesticides and autism spectrum disorder in children: population-based case-control study. BMJ. 2019;364:l962.
10. Chang C, Yu C, Du J, Chiou H, Chen H, Yang W, et al. The interactions among organophosphate pesticide exposure, oxidative stress, and genetic polymorphisms of dopamine receptor D4 increase the risk of attention deficit/hyperactivity disorder in children. Environ Res. 2018;160:339-46.
11. Darbre PD. The history of endocrine-disrupting chemicals. Curr Opin Endocr Metab Res. 2019;7:26-33.
12. Kahn LG, Philippat C, Nakayama SF, Slama R, Trasande L. Endocrine-disrupting chemicals: implications for human health. Lancet Diabetes Endocrinol. 2020;8(8):703-18.
13. Street ME, Angelini S, Bernasconi S, Burgio E, Cassio A, Catellani, C, et al. Current knowledge on Endocrine Disrupting Chemicals (EDCs) from animal biology to humans, from pregnancy to adulthood: highlights from a national Italian meeting. Int J Mol Sci. 2018;19(6):1647.
14. Rocha BA, Asimakopoulos AG, Barbosa F, Kannan K. Urinary concentrations of 25 phthalate metabolites in Brazilian children and their association with oxidative DNA damage. Sci Total Environ. 2017;586:152-62.
15. Rocha BA, Asimakopoulos AG, Honda M, da Costa NL, Barbosa RM, Barbosa F, et al. Advanced data mining approaches in the assessment of urinary concentrations of bisphenols, chlorophenols, parabens and benzophenones in Brazilian children and their association to DNA damage. Environ Int. 2018;116:269-77.
16. Skledar DG, Carino A, Trontelj J, Troberg J, Distrutti E, Marchianò S, et al. Endocrine activities and adipogenic effects of bisphenol AF and its main metabolite. Chemosphere. 2019;215:870-80.
17. Hipwell AE, Kahn LG, Factor-Litvak P, Porucznik CA, Siegel EL, Fichorova RN, et al. Exposure to non-persistent chemicals in consumer products and fecundability: a systematic review. Hum Reprod Update. 2019;25(1):51-71.
18. Paithankar JG, Saini S, Dwivedi S, Sharma A, Chowdhuri DK. Heavy metal associated health hazards: An interplay of oxidative stress and signal transduction. Chemosphere. 2021;262:128350.
19. Zoroddu MA, Aaseth J, Crisponi G, Medici S, Peana M, Nurchi VM. The essential metals for humans: a brief overview. J Inorg Biochem. 2019;195:120-9.
20. Al Osman M, Yang F, Massey IY. Exposure routes and health effects of heavy metals on children. Biometals. 2019;32(4):563-73.
21. Vergilio CS, Lacerda D, Oliveira BCV, Sartori E, Campos GM, Pereira ALS, et al. Metal concentrations and biological effects from one of the largest mining disasters in the world (Brumadinho, Minas Gerais, Brazil). Sci Rep. 2020;10:5936.
22. World Health Organization. Ten chemicals of major public health concern. International Programme on Chemical Safety. 2021. [acesso em março de 2021]. Disponível em: https://www.who.int/ipcs/assessment/public_health/chemicals_phc/en/
23. World Health Organization. Mercury and health. 2017. [acesso em fevereiro de 2021]. Disponível em: https://www.who.int/news-room/fact-sheets/detail/mercury-and-health
24. Santos-Sacramento L, Arrifano GP, Lopes-Araújo A, Augusto-Oliveira M, Albuquerque-Santos R, Takeda PY, et al. Human neurotoxicity of mercury in the Amazon: A scoping review with insights and critical considerations. Ecotoxicol Environ Saf. 2021;208:111686.
25. US Food and Drug Administration. Advice about eating fish. for women Who Are or Might Become Pregnant, Breastfeeding Mothers, and Young Children. 2020. [acesso em janeiro de 2022]. Disponível em: https://www.fda.gov/food/consumers/advice-about-eating-fish
26. World Health Organization. Exposure to lead: a major public health concern. Preventing disease through healthy environments. 2019.
27. World Health Organization. Exposure to arsenic: a major public health concern. Preventing disease through healthy environments. 2019.
28. World Health Organization. Exposure to cadmium: a major public health concern. Preventing disease through healthy environments. 2019.
29. Liu Y, Li A, Buchanan S, Liu W. Exposure characteristics for congeners, isomers, and enantiomers of perfluoroalkyl substances in mothers and infants. Environ Int. 2020;144:106012.
30. Ballesteros V, Costa O, Iñiguez C, Fletcher T, Ballester F, Lopez-Espinosa MJ. Exposure to perfluoroalkyl substances and thyroid function in pregnant women and children: A systematic review of epidemiologic studies. Environ Int. 2017;99:15-28.
31. Sunderland EM, Hu XC, Dassuncao C, Tokranov AK, Wagner CC, Allen JG. A review of the pathways of human exposure to poly- and perfluoroalkyl substances (PFASs) and present understanding of health effects. J Expo Sci Environ Epidemiol. 2019;29(2):131-47.

CAPÍTULO 12

TOXICOLOGIA FORENSE: ANÁLISES TOXICOLÓGICAS COMO APOIO NO DIAGNÓSTICO E MANEJO DE ABUSO DE SUBSTÂNCIAS, MAUS-TRATOS E VIOLÊNCIA CONTRA CRIANÇAS E ADOLESCENTES

Paula Carpes Victório
Patrícia Gorisch

PONTOS-CHAVE

- Intoxicação infantil e de adolescentes vítimas de maus-tratos e negligência.
- Toxicologia forense e informações dos principais agentes tóxicos envolvidos.
- Identificação clínica e laboratorial e manejo da intoxicação.
- Aspecto legal e encaminhamento às autoridades competentes.

INTRODUÇÃO

A toxicologia é a ciência que estuda os efeitos nocivos decorrentes das interações de substâncias químicas com o organismo, sob condições específicas de exposição. Seu aspecto forense representa análises toxicológicas que permeiam a química analítica e princípios fundamentais da toxicologia conduzidas para a identificação de agentes tóxicos de interesse médico-legal.[1,2]

O atendimento de crianças e adolescentes em pronto-socorro com agitação e confusão mental deve, desde logo, ser observado como possível intoxicação por drogas de abuso, medicamentos psicotrópicos e outras substâncias, e o diagnóstico diferencial deve ser realizado. Quando a equipe de saúde está diante de situações desse tipo, é necessário pensar que maus-tratos e negligência podem ser motivos e normalmente ocorrem no próprio seio familiar.[3]

A violência contra crianças e adolescentes pode ocorrer de diferentes formas, e não é incomum que haja dificuldade em ser detectada por não restar evidente em apenas um sinal ou sintoma. Por essa razão, o olhar atento e integrado dos profissionais, sobretudo médicos, é essencial na identificação, no diagnóstico e nos encaminhamentos/notificações necessárias.

Quanto mais nova for a criança, mais facilmente ela será vítima de violência, por lhe faltarem elementos básicos de seu desenvolvimento que a impeçam de relatar e até mesmo de compreender o abuso sofrido. Nesse contexto, a toxicologia forense é uma importante ferramenta na materialização do crime ao constatar substâncias químicas tóxicas que estejam relacionadas com o quadro clínico e laboratorial apresentado.

Os últimos dados do Sistema Nacional de Informações Tóxico-Farmacológicas (Sinitox), de 2017, apontam que os medicamentos são os principais agentes responsáveis por intoxicação em todas as faixas etárias, com 20.637 notificações, representando 27% do total de intoxicações por diferentes agentes tóxicos, enquanto as drogas de abuso representam 3,6% do total, com 2.743 notificações. A Tabela 1 é composta por parte dos dados publicados com números de intoxicações relativas a medicamentos e drogas de abuso somente nas faixas etárias para crianças e adolescentes no Brasil.[4]

São dados alarmantes, que evidenciam o convívio de crianças e adolescentes com substâncias ilícitas, mas principalmente com medicamentos. Inúmeras são as causas de intoxicação, sendo os mais comuns erros de administração por parte dos pais ou responsáveis e ingestão acidental, embora também possam ocorrer maus-tratos e/ou negligência para a criança parar de chorar, para dormir ou ficar quieta e para ser submetida a abuso sexual. Os agentes tóxicos mais comuns, nesses casos, são bebida alcoólica, barbitúricos, benzodiazepínicos, paracetamol, anti-histamínicos e descongestionante nasal, maconha e tabaco.

ALERTA IMPORTANTE

Apesar de os agentes tóxicos mencionados serem os mais prevalentes em casos de negligência e maus-tratos, é importante ressaltar que qualquer substância, a depender da sua dose, sobretudo em doses altas, provocará intoxicação leve, moderada ou grave. Com isso, é fundamental que o clínico esteja atento aos sinais e sintomas e ter clareza de que pode estar diante de uma substância isolada, em conjunto ou, ainda, síndrome tóxica.

Tabela 1. Intoxicações publicadas pelo Sinitox em 2017, relativas a duas classes de agentes tóxicos: medicamentos e drogas de abuso no Brasil

Agente tóxico/idade/nº	< 1	1 a 4	5 a 7	10 a 14	15 a 19
Medicamentos	551	3.730	1.207	1.071	2.248
Drogas de abuso	18	24	8	75	366

Fonte: adaptada de Sinitox, 2017.[4]

AGENTES TÓXICOS

Bebida alcoólica – etanol

Culturalmente aceito, o etanol possui várias graduações alcoólicas, de acordo com a bebida comercial, e está presente em perfumes, loções e alguns antissépticos. Pertence à classe dos depressores do sistema nervoso central, e sua toxicodinâmica aumenta a inibição sináptica mediada pelo Gaba e pelo fluxo de cloreto; contudo, em intoxicações agudas, pode haver aumento, diminuição e ausência de alterações.[1]

Tabela 2. Principais informações toxicológicas sobre o etanol

Dose tóxica	0,7 g/kg
Pico de concentração plasmática	30 a 90 minutos
Volume de distribuição	20 L/h (peso corporal: 40 kg)
Ligação às proteínas plasmáticas	Sem afinidade
Taxa de biotransformação	13 a 25 mg/dL/h (cronicidade: 50 mg/dL/h)
Taxa de eliminação	Cerca de 0,01 a 0,02% por hora (renal e pulmonar)
Janela de detecção	> 1 dia (cronicidade: constante)
Falso-positivo	Níveis altos de lactato desidrogenase (LDH)
Quadro clínico	50 a 150 mg/dL: reflexos diminuídos, visão borrada, excitação ou depressão mental 150 a 300 mg/dL: ataxia, confusão mental, hipoglicemia 300 a 500 mg/dL: torpor, hipotermia, distúrbios hidroeletrolíticos, acidose metabólica
Diagnóstico clínico-laboratorial	Odor característico adocicado do etanol; fétido do acetaldeído; nistagmo, ataxia e confusão mental Em paciente comatoso, com níveis abaixo de 300 mg/dL, é recomendado pesquisar outras causas Hipoglicemia, TGO e TGP aumentadas, hiponatremia, hipercalcemia, hipomagnesemia, hipofosfatemia Coleta de sangue com tubo heparinizado
Tratamento	Administrar glicose com tiamina para prevenir a síndrome de Wernicke-Korsakoff: (IV) lenta de 2-4 mL/kg de glicose a 25% ou 5 a 10 mL/kg de glicose a 10% com tiamina 50 mg Atenção: não administrar glicose acima de 25%; sempre utilizar glicose com tiamina

Fonte: Oga et al., 2014;[1] Klaassen, Watkins, 2012;[2] Olson, 2014;[5] Hernandez et al., 2017;[7] Royal Children's Hospital Melbourne.[8]

ERROS COMUNS QUE VOCÊ DEVE EVITAR

Normalmente os pacientes apresentam recuperação rápida e, assim, recebem alta rapidamente; no entanto, crianças devem ser observadas até que o nível de álcool no sangue esteja inferior a 50 mg/dL.

O glucagon não é eficaz para hipoglicemia induzida por álcool. A descontaminação gástrica não é indicada, por ser o etanol rapidamente absorvido. Ademais, carvão ativado é pouco eficaz.

Não são raras as vezes em que é possível observar quadros de intoxicação crônica tanto em crianças quanto em adolescentes. Nesses casos, estão associados distúrbios hepáticos com esteatose, lesões nos hepatócitos e, em combinação com outros agentes tóxicos, a possibilidade de encefalopatia hepática. Como a produção dos fatores de coagulação é prejudicada, convém solicitar o exame de tempo de atividade de protrombina (TAP). Distúrbios cardíacos podem ser visualizados e síndrome de abstinência acompanhada por *delirium tremens*.

ALERTA IMPORTANTE

Considerar a alta apenas quando há o restabelecimento da temperatura corporal, glicemia e nível de consciência.

Barbitúricos

Barbitúricos são medicamentos depressores do sistema nervoso central cujo principal representante é o fenobarbital. São classificados em quatro grupos, de acordo com o tempo de ação no organismo: ação ultracurta, curta, intermediária e longa. Os de ação ultracurta e curta são altamente lipossolúveis, daí ser elevado seu potencial tóxico. Contudo, sua excreção forçada por meio de um protocolo de desintoxicação é mais fácil em comparação aos fármacos de ação intermediária e longa.

Tabela 3. Principais informações toxicológicas sobre barbitúricos

Dose tóxica	Variável: entre 4 e 90 µL/mL; letal: 4 a 120 µL/mL
Pico de concentração plasmática	10 a 60 minutos
Volume de distribuição	0,3 a 1 L/kg (peso corporal: 40 kg)
Ligação às proteínas plasmáticas	Sem afinidade, embora níveis altos possam estar presentes no tecido adiposo
Taxa de biotransformação	Ação intermediária e curta: 90-99% hepática; ação longa: 60-75% hepática
Janela de detecção	De 6 horas a 10 dias – barbitúrico de ação curta até ação longa (cronicidade: constante)
Falso-positivo	Bolhas na pele surgem em altas doses, mas não são específicas
Quadro clínico	Intoxicação branda a moderada: letargia, fala arrastada, nistagmo, ataxia e hipotensão Intoxicação severa: hipotensão e possível parada cardiorrespiratória Coma: miose ou em posição média, hipotermia com pele fria, sem reflexos, mimetização de morte encefálica
Diagnóstico clínico-laboratorial	Histórico de uso ou de epilepsia Aplicar a escala de coma de Reed Facilmente detectados em exames de urina.

continua

Tabela 3. Principais informações toxicológicas sobre barbitúricos (*continuação*)

Tratamento	Todas as crianças sintomáticas Descontaminação com suspensão aquosa de carvão ativado por via oral ou sonda gástrica, 1 g/kg, sem sorbitol Repetições de doses podem ser administradas, 1 ou 2 doses adicionais, em intervalo de 1 ou 2 horas Atenção: o procedimento somente poderá ocorrer com o paciente acordado e consciente, com as vias respiratória e gástrica íntegras Alcalinização urinária é eficaz apenas para fenobarbital Em casos graves e não responsivos ao tratamento de apoio e para os fármacos de ação longa, a hemodiálise e a hemoperfusão apresentam bons resultados

Fonte: Oga et al., 2014;[1] Klaassen, Watkins, 2012;[2] Olson, 2014;[5] Hernandez et al., 2017;[7] Royal Children's Hospital Melbourne.[8]

ALERTA IMPORTANTE

Para o diagnóstico clínico de avaliação da extensão da lesão neurológica, aplica-se a escala de coma de Reed, a qual avalia por estágios de intoxicação, de acordo com a resposta do paciente a diferentes estímulos:

- Estágio 0: Torpor, mas responsivo ao comando verbal.
- Estágio I: Responsivo aos estímulos dolorosos, mas não aos verbais.
- Estágio II: Não responsivo a todos os estímulos, com os reflexos e sinais vitais intactos.
- Estágio III: Não responsivo, arreflexia, com os sinais vitais estáveis.
- Estágio IV: Não responsivo, arreflexia, com os sinais vitais instáveis.

Benzodiazepínicos

Incluem diversos compostos que variam quanto ao uso clínico e à cinética. A morte por benzodiazepínicos é rara, mas quando ocorre se dá pela ingestão concomitante a outras classes terapêuticas. Seu mecanismo de ação envolve aumento da ação no Gaba, por isso a monitoração do paciente usuário é indiscutível. Em casos de ingestão acidental por crianças, o cuidado deve ser redobrado, já que a sedação pode atingir períodos prolongados de 36 horas.

Tabela 4. Principais informações toxicológicas sobre benzodiazepínicos

Dose tóxica	Bem tolerado, cerca de 15 a 20 vezes acima da dose terapêutica. O uso concomitante com outros fármacos diminui a segurança do benzodiazepínico
Pico de concentração plasmática	30 a 90 minutos
Volume de distribuição	1,5 L/kg (peso corporal: 40 kg)
Ligação às proteínas plasmáticas	85-98%
Taxa de biotransformação	Vide tabela de dados sobre meia-vida biológica

continua

Tabela 4. Principais informações toxicológicas sobre benzodiazepínicos (*continuação*)

Janela de detecção	De 2 horas a 10 dias – a depender do fármaco (cronicidade: constante)
Falso-positivo	Coma profundo normalmente indica intoxicação por outras substâncias concomitantes
Quadro clínico	Depressão de sistema nervoso central evidenciada entre 30 e 120 minutos após ingestão: letargia, fala arrastada e ataxia Coma: hiporreflexia, miose ou em posição semicerrada Pode ocorrer hipotermia
Diagnóstico clínico-laboratorial	Histórico de uso ou ingestão Diagnostico diferencial excluindo outras classes terapêuticas Oximetria de pulso Coma e miose não respondem à naloxona, mas podem ser revertidos com flumazenil Detecção do próprio fármaco na urina/sangue Adicionais: glicose e gasometria arterial
Tratamento	Tratar coma, hipotermia e hipotensão (supinação e fluidos), se houver Antídoto (se necessário, apenas em ingestão acidental): flumazenil, com dose inicial de 0,01 mg/kg por via intravenosa durante 15 segundos (dose máxima de 0,2 mg) Contraindicação: descontaminação com carvão ativado Ineficazes: hemodiálise, hemoperfusão e diurese

Fonte: Oga et al., 2014;[1] Klaassen, Watkins, 2012;[2] Olson, 2014;[5] Hernandez et al., 2017;[7] Royal Children's Hospital Melbourne.[8]

Tabela 5. Meia-vida biológica ($T_{1/2}$) dos benzodiazepínicos e duração de ação

Ação curta ($T_{1/2}$ < 12 horas)	Midazolam: 2,2 a 6,8 Triazolam: 1,5 a 5,5 Zaleplona: 1 (não benzodiazepínico, efeito semelhante) Zolpidem: 1,4 a 4,5 (não benzodiazepínico, efeito semelhante)
Ação intermediária ($T_{1/2}$ 12 a 24 horas)	Lorazepam: 10 a 20 Temazepam: 3,5 a 18,4
Ação longa ($T_{1/2}$ > 24 horas)	Alprazolam: 6,3 a 26,9 Clonazepam: 18 a 50 Clorazepato: 40 a 120 Clordiazepóxido: 18 a 96 Diazepam: 40 a 120 Estazolam: 8 a 28 Flunitrazepam: 9 a 30 Flurazepam: 47 a 100 Quazepam: 70 a 75

Fonte: Oga et al., 2014;[1] Klaassen, Watkins, 2012;[2] Olson, 2014;[5] Hernandez et al., 2017;[7] Royal Children's Hospital Melbourne.[8]

ALERTA IMPORTANTE

Qualquer criança cuja idade de desenvolvimento seja inconsistente com envenenamento acidental ou envenenamento não acidental deve ser considerada, sendo avaliadas, especialmente, as crianças pequenas e os bebês. Somente considerar a alta quando a criança estiver assintomática por mais de 4 horas.

Paracetamol

Analgésico de venda livre mais amplamente usado no mundo, está envolvido em grande número de exposições pediátricas acidentais e autoenvenenamentos. É hepatotóxico por formar o metabólito tóxico N-acetil-parabenzoquinonaimina, após oxidação hepática. Crianças com menos de 10 a 12 anos parecem ser menos suscetíveis à hepatotoxicidade.

Tabela 6. Principais informações toxicológicas sobre paracetamol

Dose tóxica	> 200 mg/kg – potencialmente hepatotóxica
Pico de concentração plasmática	15 a 120 minutos
Volume de distribuição	0,8 a 1 L/kg (peso corporal: 40 kg)
Ligação às proteínas plasmáticas	Em intoxicação aguda: 8-50%; em doses de até 60 µg não ocorre ligação
Taxa de biotransformação	97% com formação de conjugados
Janela de detecção	Deve buscar detecção a partir de 4 horas
Falso-positivo	Altos níveis de salicilatos
Quadro clínico	Depende do tempo decorrido após ingestão: • Logo após: anorexia, náuseas ou vômito • Após 24-48 horas: necrose hepática e manutenção dos sintomas iniciais
Diagnóstico clínico-laboratorial	Proceder à dosagem a partir das 4 horas após a ingestão e após 8 horas Definir o tipo de tratamento com base no nomograma de Rumack-Matthew (Figura 1) Glicose, ureia, eletrólitos, TGO, TGP, bilirrubina e TAP

continua

Tabela 6. Principais informações toxicológicas sobre paracetamol (*continuação*)

Tratamento	Carvão ativado até 2 horas após ingestão (se necessário) ou se o paracetamol for de liberação estendida Antídoto (após avaliação com nomograma): acetilcisteína ou em doses acima de 200 mg/kg [se iniciada tardiamente (8 a 10 horas após ingestão), há alto risco de já ter havido lesão hepática] Até 20 kg: 1º estágio: 200 mg/kg diluído em glicose a 5% (volume total: 250 mL) por 4h; 2º estágio: 100 mg/kg (volume total: 250 mL) Acima de 20 até 40 kg: 1º estágio: 200 mg/kg diluído em glicose a 5% (volume total: 250 mL) por 4 horas; 2º estágio: 100 mg/kg (volume total: 500 mL) Acima de 40 kg até 100 kg: 1º estágio: 200 mg/kg diluído em glicose a 5% (volume total: 500 mL) por 4 horas; 2º estágio: 100 mg/kg (volume total: 1.000 mL)

Fonte: Oga et al., 2014;[1] Klaassen, Watkins, 2012;[2] Royal Children's Hospital Melbourne.[8]

ALERTA IMPORTANTE

O tratamento com antídoto acetilcisteína deverá iniciar-se após conclusão da avaliação do quadro de saúde do paciente pelo nomograma de Rumack-Matthew (Figura 1). As concentrações de paracetamol devem estar relacionadas com o tempo após a ingestão, e seu ponto de intersecção no gráfico pode estar em duas posições: abaixo da faixa, indicando "ausência de hepatotoxicidade", ou na faixa acima dela, indicando "possível hepatotoxicidade".

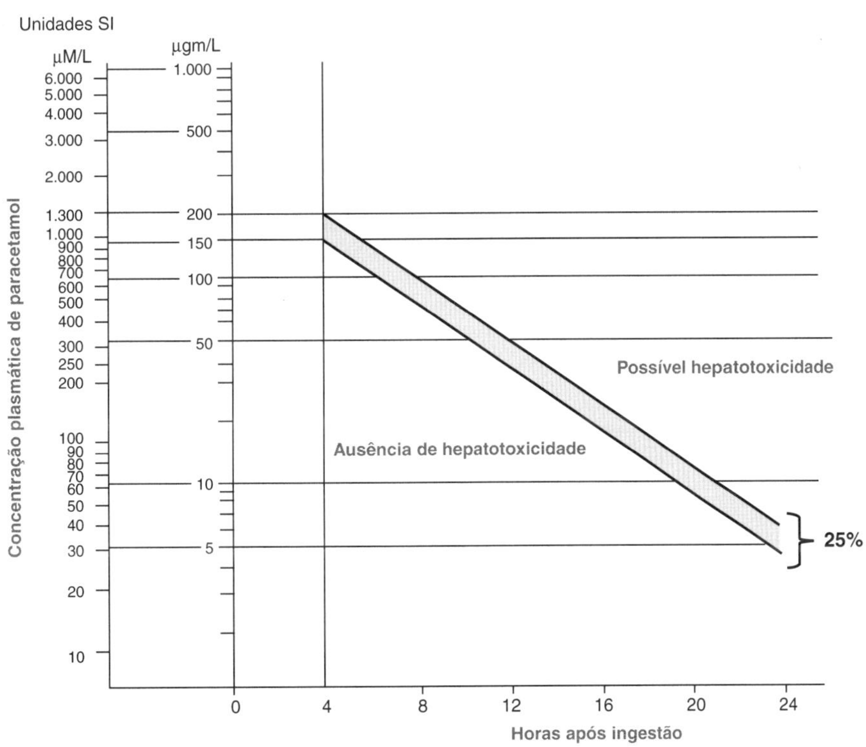

Figura 1. Nomograma para avaliação de intoxicação por paracetamol.
Fonte: adaptada de Oga et al., 2014;[1] Olson, 2014.[5]

Anti-histamínico e descongestionante nasal

Antagonistas do receptor H_1 são de venda livre e amplamente prescritos, portanto o fácil acesso facilita a prática dos maus-tratos ou mesmo a negligência. Indicados para quadros alérgicos, são classificados entre sedativos e menos sedativos, e é justamente por isso que há risco de intoxicação. Os tipos sedativos podem ter efeitos anticolinérgicos, serotoninérgicos e alfa-adrenérgicos, e a intoxicação aguda se apresenta com sintomas anticolinérgicos. Já os tipos menos sedativos causam principalmente bloqueio de H_1 periférico com penetração limitada no sistema nervoso central, embora ainda assim ofereçam riscos.

Tabela 7. Principais informações toxicológicas sobre anti-histamínicos e descongestionantes

Dose tóxica	De 3 a 5 vezes a dose terapêutica; crianças são mais sensíveis. **Em bebês, não são seguros, podendo levar ao óbito**
Pico de concentração plasmática	30 a 120 minutos
Volume de distribuição	3 a 20 L/kg (peso corporal: 40 kg)
Ligação às proteínas plasmáticas	Sem afinidade
Taxa de biotransformação	40%
Janela de detecção	2 a 10 dias
Falso-positivo	Sintomas semelhantes aos dos anticolinérgicos
Quadro clínico	Tonturas, midríase, pele seca e avermelhada, febre, taquicardia, *delirium* e movimentos mioclônicos
Diagnóstico clínico-laboratorial	Baseado em histórico de uso Pesquisa do medicamento na urina e exames de doseamento de glicose, eletrólitos, CK
Tratamento	Monitorar o paciente por 6 a 8 horas após a ingestão Não há antídotos, mas a fisiostigmina pode ser utilizada – com cautela, por risco de choque e taquicardia nas altas doses

Fonte: Oga et al., 2014;[1] Olson, 2014;[5] Royal Children's Hospital Melbourne.[8]

Maconha e tabaco

É importante ressaltar que a maconha recreativa ou qualquer outra apresentação e padrão de uso não faz referência ao canabidiol, cujo canabinoide isolado tem apresentado bons resultados terapêuticos. O tema maconha, quando abordado na pediatria, é extremamente inquietante, pois as intoxicações ocorrem, em sua maioria, pelo hábito dos pais ou familiares, o que, por sua vez, torna as crianças fumantes passivos e induz os adolescentes ao consumo. Ainda nesse sentido, é possível que a intoxicação aconteça por descuido e a criança coloque a maconha na boca. Com o advento de alimentos à base de maconha, a ingestão acidental foi facilitada.

O mesmo ocorre com o tabaco, cuja nicotina possui várias apresentações: cigarro, pastilhas, cigarros eletrônicos e adesivos, e as crianças manuseiam, experimentam e são fumantes passivos. Um primeiro caso na literatura relatou a perda auditiva bilateral neurossensorial de uma criança de 6 anos que ingeriu nicotina líquida de um cigarro eletrônico.[9]

Tabela 8. Principais informações toxicológicas sobre maconha e tabaco

Dose tóxica	**Maconha:** qualquer dose para a criança é tóxica. Para demais idades, existe a variabilidade individual **Nicotina:** 2 a 5 mg
Pico de concentração plasmática	**Maconha:** 2 a 4 horas (30 minutos para os efeitos) **Nicotina:** 10 minutos
Volume de distribuição	**Maconha:** baixo **Nicotina:** 3 L/kg
Ligação às proteínas plasmáticas	**Maconha:** alta afinidade: 97-99% **Nicotina:** sem afinidade
Taxa de biotransformação	**Maconha:** 30% **Nicotina:** 40%
Janela de detecção	**Maconha:** 72 horas a 60 dias **Nicotina:** 10 dias
Falso-positivo	–
Manifestações clínicas	**Maconha:** taquicardia, falta de coordenação motora, fala arrastada, ataxia, injeção da conjuntiva **Nicotina:** náuseas e vômitos, dor abdominal, salivação, taquicardia, hipertensão, falta de ar, broncorreia, broncoconstrição/sibilo, agitação, fasciculação, convulsões
Diagnóstico clínico-laboratorial	**Maconha:** baseado em histórico de uso dos pais, familiares e amigos combinado com alterações de humor ou da função cognitiva **Nicotina:** idem **Maconha:** pesquisa de Δ^9-THC na urina ou nas fezes; exames para o doseamento de eletrólitos e glicose **Nicotina:** detecção de nicotina na urina; exames para doseamento de eletrólitos e glicose
Tratamento	**Maconha:** não há antídoto, apenas medidas de suporte. Havendo risco de convulsão ou necessidade de relaxamento, administrar diazepam – bebês e crianças com 30 dias a 5 anos de idade: 1 a 2 mg, por via intravenosa, durante 5 minutos, para evitar parada cardíaca **Nicotina:** medidas de suporte

Fonte: Oga et al., 2014;[1] Royal Children's Hospital Melbourne.[8]

ERROS COMUNS QUE VOCÊ DEVE EVITAR

Não administrar diazepam por via intramuscular, pela absorção errática e dor no local.

Técnicas analíticas de escolha por xenobiótico

É fundamental para o serviço de emergência toxicológica realizar análises que contemplem o maior número de xenobióticos e da mesma forma ocorre no âmbito forense. Na maioria das vezes, os profissionais envolvidos precisam buscar um resultado laboratorial com base apenas nos sinais e sintomas e são duas as perguntas que devem ser feitas: 1. É intoxicação ou são sinais patológicos? 2. Se intoxicação, por qual(s) xenobiótico(s)?

Como técnica abrangente é utilizada a análise toxicológica sistemática (ATS), que é capaz de detectar várias classes de xenobióticos dentre os de características ácidas, neutras e alcalinas e ainda as lipofílicas e até moderadamente polares a partir do processo de extração, principalmente, de minimamente 5 mL de urina para cromatografia em camada delgada (CCD).

Na impossibilidade ou mesmo com a necessidade de realizar análise confirmatória, é fundamental buscar por técnicas específicas para pesquisa do xenobiótico suspeito, devendo ser consideradas suas características químicas e físico-químicas, biodisponibilidade, volume de distribuição e vias de excreção para eleger a matriz biológica em potencial e, então, aplicar a técnica analítica apropriadamente sensível. É importante ressaltar que nenhuma análise toxicológica deve estar desacompanhada do quadro clínico ou histórico do paciente, sobretudo quando em casos de crianças, e dos conhecimentos prévios do xenobiótico pesquisado. A Tabela 9 relaciona as principais técnicas de análise toxicológica, específica e geral, as matrizes biológicas utilizadas para cada análise e janelas de detecção.

Tabela 9. Metodologias utilizadas em Toxicologia Analítica

Xenobiótico	Amostra	Método analítico	Janela de detecção
Bebida alcoólica – etanol	Sangue total ou urina	a) *Headspace* combinado com cromatografia gasosa (CG) com detector de ionização de chama. **Importante:** manter a seringa levemente aquecida (45°C) para evitar a condensação dos vapores	24-35 horas para etilglicuronídeo na urina 24 horas no sangue
	Sangue	b) Destilação com ácido pícrico e posterior acidificação com ácido sulfúrico para quantificação por titulação de oxirredução por dicromato de potássio	
	Ar alveolar	c) Ar exalado detectado por etilômetro (rápido e não invasivo) apresenta correlação de 2.100 vezes concentração menor quando comparado ao sangue total	
Barbitúricos		*Exceto para os barbitúricos *n*-metilados e tioderivados	6-10 dias
	Sangue total ou plasma coletados com oxalato de sódio como anticoagulante e soro Saliva, suor ou, quando possível, lágrimas (exceção)	a) Espectrofotometria de duplo feixe operando em comprimento de onda de 260 nm b) Para monitoramento terapêutico: utilizar análises mais sensíveis como cromatografia liquida de alta eficiência com detector ultravioleta na faixa visível ou acoplado a espectrometria de massas (CLAE-UV/Vis ou CLAE-EM), cromatografia gasosa (CG), eletroforese e imunoensaios (apenas qualitativo) c) ATS no sangue ou plasma	
Benzodiazepínicos	Urina, plasma	**ATS:** indicada quando se tem pouca ou nenhuma informação sobre o xenobiótico responsável pela intoxicação. As técnicas analíticas indicadas são: a) Cromatografia em camada delgada. Mais utilizada por ser a técnica mais acessível e com bom custo-benefício. Para consultar condições da análise e resultados, acessar o Sistema de Análise Toxicológica Sistemática **(www.feevale.br/toxicologia)** b) CLAE com detector UV ou arranjo de diodos (DAD) ou CG com detector de ionização em chama (DIC), nitrogênio-fósforo (DNP) acoplado EM/EM ou acoplado à espectrometria de massas por tempo de voo (CL-TDV)	2 horas até 10 dias

continua

Tabela 9. Metodologias utilizadas em Toxicologia Analítica (*continuação*)

Xenobiótico	Amostra	Método analítico	Janela de detecção
Paracetamol	Plasma coletado em tubo com heparina e conservar entre 4 e 8 °C. Analisar nas próximas 24 horas ou congelar. Sangue coletado em jejum por no mínimo 4 horas. Na urgência, dispensado o jejum.	a) Espectrofotômetro na região do visível em 430 nm (principal método de análise) b) Espectrofotometria UV c) Imunoensaios (apresentam resultados falso-positivos por interferência da bilirrubina) d) CLAE, CG	A partir de 4 horas
Anti-histamínico	Sangue, plasma	**ATS:** CLAE-UV/Vis ou CLAE-EM, CG	2-10 dias
Descongestionante nasal	Sangue, plasma	**ATS:** CLAE-UV/Vis ou CLAE-EM, CG	2-10 dias
Maconha	Urina: coleta sem conservante, mantida em refrigeração. Congelar se não analisar em 24 horas. Amostras muto diluídas podem gerar falso-negativo Cabelo (desvantagem: contaminação do fumante passivo). A prova inequívoca é a presença de THC-COOH, formado após a biotransformação	Pesquisa de 11-nor-9-tedraidrocanabinol (THC-COOH) por CCD Pesquisa dos canabinoides delta-9-THC, canabinol, canabidiol e metabólitos 11-OH-THC e THC-COOH por CLAE-EM	Ideal: primeiras 24 horas, ocorrendo até 72 horas após exposição Exposição passiva é considerada em concentrações abaixo de 25 *ng*/mL Usuários crônicos podem ter detecção de 30 até 60 dias
Tabaco	Urina de crianças passivas	Pesquisa de nicotina e cotinina por CG-DNP	15-21 dias

ATS: análise toxicológica sistemática.

Fonte: Olson, 2014;[5] Moreau, 2016;[11] Dorta et al., 2018;[12] Delfim, 2004;[13] Marín, 2006.[14]

Procedimento legal para situações de maus-tratos e negligência

A Organização Mundial da Saúde estabelece que "violência é o evento representado por ações realizadas por indivíduos, grupos, classes ou nações que ocasionam danos físicos, emocionais, morais ou espirituais a si próprio ou a outrem". No âmbito intrafamiliar, a violência pode ser física, sexual, psicológica, negligência e "formas específicas", que se apresentam sob as formas de síndrome de Münchhausen, violência química e filicídio. Toda forma, quando identificada pela equipe de saúde, deve ser encaminhada para as autoridades competentes.[10] A Figura 2 ilustra o procedimento necessário.

CONCLUSÃO

Crianças e adolescentes são vítimas de maus-tratos e violência no ambiente intrafamiliar, o que leva a episódios recorrentes de intoxicação e muitas vezes a óbito. Muitos casos de abuso de bebida alcoólica e farmacodependência surgem desse triste contexto.

Os profissionais da saúde e, principalmente, o médico que tem maior possibilidade de contato com o paciente, necessita ter um olhar atento durante o atendimento, para que possa identificar a violência sofrida, muitas vezes só percebida quando o relato dos pais e/ou responsáveis não condiz com o quadro apresentado.

Nesse caso, é importante que o médico adote procedimentos para iniciar a investigação toxicológica com base na toxicologia forense e direcionar para o laboratório. Enquanto o resultado não é obtido, é possível proceder à internação, pela segurança do paciente. Dessa forma, o diagnóstico clínico, com evidências de intoxicação em conjunto com o diagnóstico laboratorial, permitirá concluir sobre o caso em tela.

Restando comprovado que a criança ou adolescente é vítima de maus-tratos e violência, o médico tem o dever legal de notificar as autoridades competentes para salvaguardar a vida e integridade de seu paciente.

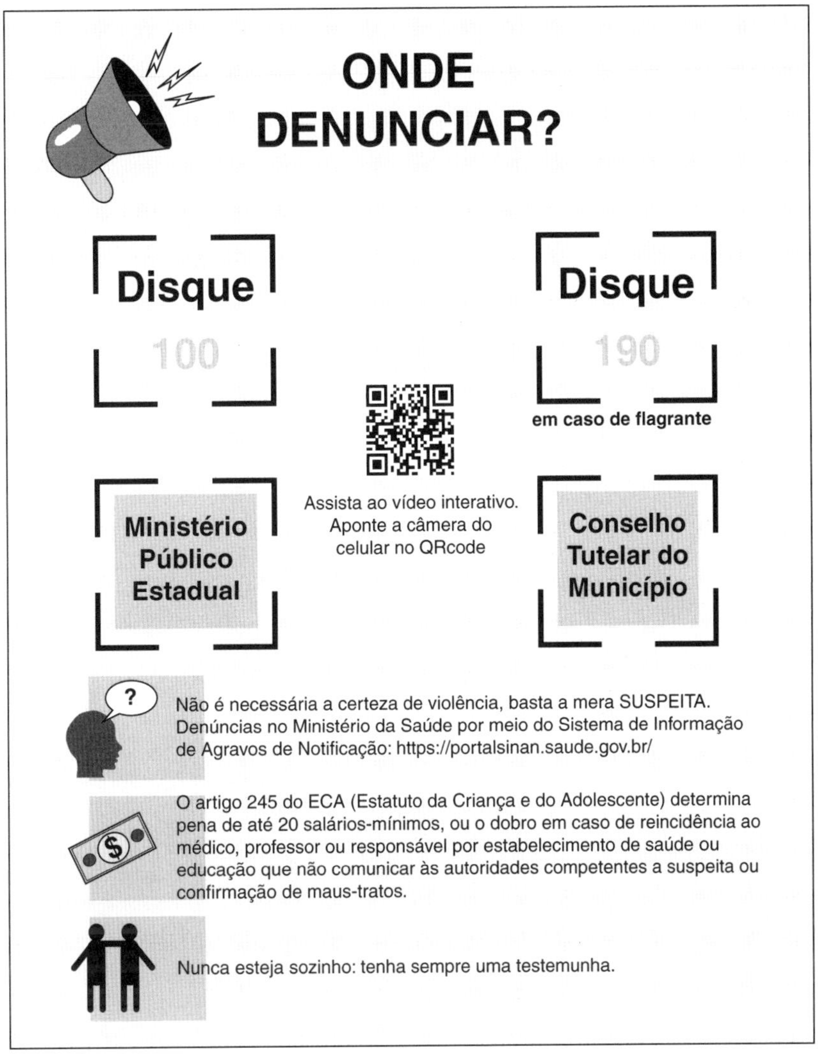

Figura 2. Aspectos legais e encaminhamentos necessários.

REFERÊNCIAS BIBLIOGRÁFICAS

1. Oga S, Almeida Camargo MM, Oliveira Batistuzzo JA, editores. Fundamentos de toxicologia. 4. ed. São Paulo: Atheneu; 2014. 677 p.
2. Klaassen CD, Watkins III JB. Fundamentos em Toxicologia de Casarett e Doull. 2. ed. Porto Alegre: AMGH; 2012. 460 p.
3. Shah R, Baum CR. Synthetic drug intoxication in children: recognition and management in the emergency department. Pediatr Emerg Med Pract. 2018;15(5):1-20.
4. Sinitox. Casos Registrados de Intoxicação Humana por Agente Tóxico e Faixa Etária. Brasil, 2017. [acesso em janeiro de 2022]. Disponível em: https://sinitox.icict.fiocruz.br/sites/sinitox.icict.fiocruz.br/files//Brasil7_1.pdf
5. Olson KR, organizador. Manual de toxicologia clínica. 6. ed. Porto Alegre: AMGH; 2014. 813 p.
6. Pianca TG, Sordi AO, Hartmann TC, Diemen LV. Identification and initial management of intoxication by alcohol and other drugs in the pediatric emergency room. J Pediatr. 2017;93(1):46-52.
7. Hernandez EMM, Rodrigues RMR, Torres TM, coordenadores. Manual de Toxicologia Clínica: Orientações para assistência e vigilância das intoxicações agudas. São Paulo: Secretaria Municipal da Saúde; 2017. 465 p.
8. Royal Children's Hospital Melbourne: Clinical Practice Guideline. Ethanol poisoning. [acesso em janeiro de 2022]. Disponível em: https://www.rch.org.au/clinicalguide/guideline_index/Ethanol_Posioning/
9. Demir E, Topal S. Sudden sensorineural hearing loss associated with electronic cigarette liquid: The first case in the literature. Int J Pediatr Otorhinolaryngol. 2018;114:26-28.
10. Waksman RD, Hirschheimer, MR, Pfeiffer L, coordenadores. Manual de atendimento às crianças e adolescentes vítimas de violência. Sociedade de Pediatria de São Paulo. Sociedade Brasileira de Pediatria. Brasília, DF: Conselho Federal de Medicina; 2018.
11. Moreau RLM, Siqueira MEPB. Toxicologia analítica. 2. ed. Rio de Janeiro: Guanabara Koogan; 2016.
12. Dorta DJ, Yonamine M, Costa JL, Martinis BS (org.). Toxicologia forense. São Paulo: Blucher; 2018.
13. Delfim CIG. Principais informações toxicológicas sobre anti-histamínicos e descongestionantes [dissertação de mestrado]. São Paulo: Universidade de São Paulo – Programa de Pós-Graduação em Toxicologia e Análises Toxicológicas, 2004. Disponível em: https://www.teses.usp.br/teses/disponiveis/9/9141/tde-05052015-175022/publico/CLAUDIA_ISABEL_GUASTINI_DELFIM_MESTRADO.pdf. Acesso 21 fev. 2022
14. Marín AVF. Verificação da janela de detecção de etilglicuronídeo urinário entre usuários crônicos e bebedores sociais de etanol por cromatografia em fase gasosa acoplada à espectrometria de massas [dissertação de mestrado]. São Paulo: Universidade de São Paulo – Programa de Pós-Graduação em Toxicologia e Análises Toxicológicas, 2006. Disponível em: https://www.teses.usp.br/teses/disponiveis/9/9141/tde-01092006-100951/publico/flores.pdf. Acesso 21 fev. 2022.

SEÇÃO 3

AGENTES ESPECÍFICOS: FÁRMACOS, SUBSTÂNCIAS PSICOATIVAS, PRODUTOS QUÍMICOS DE USO DOMICILIAR, PRODUTOS QUÍMICOS INDUSTRIAIS, GASES, METAIS E PESTICIDAS (AGROTÓXICOS)

CAPÍTULO 13

AGONISTAS BETA-ADRENÉRGICOS

Dirceu Solé
Herberto José Chong Neto
Gustavo Falbo Wandalsen

PONTOS-CHAVE

- Ingestão acidental por crianças ou intoxicação por inalação.
- Tremor: efeito colateral mais comumente relatado, principalmente quando administrado por via oral (os sintomas associados à superdosagem geralmente são transitórios).
- Abordagem clínica baseada em medidas de suporte, depuração e administração de bloqueador seletivo de receptores beta-1.

INTRODUÇÃO

Durante muitos anos, no passado, a epinefrina era o principal agente empregado no tratamento das exacerbações de asma em crianças e adultos. Por atuar de maneira não seletiva sobre os diferentes receptores adrenérgicos, alfa-1, alfa-2, beta-1 e beta-2, acarreta efeitos colaterais indesejados, especialmente sobre o sistema cardiovascular. A partir de então, a aquisição de agentes com maior seletividade beta-adrenérgica manteve os efeitos terapêuticos com redução dos efeitos colaterais.

Os agentes beta-adrenérgicos atuam na estimulação de receptores beta:

- Tipo 1: presentes principalmente no músculo cardíaco e na musculatura lisa gastrintestinal.
- Tipo 2: presentes na musculatura lisa dos brônquios, útero e artérias.
- Tipo 3: localizados sobretudo no tecido adiposo marrom. A obtenção de agentes com maior seletividade (beta-2) combinou maior efeito terapêutico com menor incidência de efeitos adversos (Tabela 1).[1-3]

Os agentes beta-2-agonistas são empregados no alívio do broncoespasmo agudo da asma, na prevenção do broncoespasmo induzido por exercício e associado no tratamento de outras doenças pulmonares, como a doença pulmonar obstrutiva crônica (DPOC). O relato de aumento da mortalidade pelo uso isolado e de modo excessivo desses agentes por pacientes com asma (taquifilaxia, broncoespasmo paradoxal) gerou a recomendação de administrá-los sempre em associação aos corticosteroides inalados.

Os agentes beta-adrenérgicos estão contraindicados a pacientes com cardiomiopatia obstrutiva hipertrófica, taquiarritmia, hipersensibilidade ao agente utilizado e/ou quaisquer outros componentes da fórmula. Para pacientes com diabetes *mellitus* descompensado, infarto do miocárdio recente, alterações vasculares ou cardíacas graves de origem orgânica, hipertireoidismo e feocromocitoma, sua prescrição deve ser realizada somente após avaliação minuciosa da relação custo/benefício. O sulfato de terbutalina e o salbutamol (via parenteral) têm sido empregados no controle do parto prematuro não complicado, em casos de placenta prévia, hemorragia pré-parto ou toxemia da gravidez.[4-6]

MECANISMOS DE AÇÃO

O efeito terapêutico dos agentes beta-2-agonistas é produzido por ação local nas vias aéreas. Dessa forma, a concentração plasmática da droga não é necessariamente correlacionada com um efeito broncodilatador. Os efeitos beta-agonistas são, em sua maioria, mediados pela ativação da enzima adenilciclase e consequente produção intracelular do monofosfato cíclico de adenosina (AMP cíclico). O receptor beta-adrenérgico constitui-se de sete domínios inseridos na membrana celular, com alças internas e externas; os de curta ação se ligam nas alças externas e os de longa ação, nas alças internas. Os de longa ação são lipofílicos e penetram a membrana celular, por isso têm início retardado de ação.[1-3]

Os beta-agonistas, de acordo com sua estrutura, podem ser catecolaminas, não catecolaminas e pró-drogas, específicos ou não para o receptor beta-adrenérgico. Os agentes beta-2-agonistas têm uma base molecular comum (anel benzeno), mas cada droga tem variações organizacionais que lhe conferem diferentes ações farmacológicas, como tempo para início e duração da ação.

De acordo com a duração da ação, os agentes beta-2-agonistas são classificados em: de curta ação (SABA, do inglês *short-acting beta agonist*, até 6 horas; fenoterol, salbutamol, terbutalina), ação prolongada (LABA, do inglês *long-acting beta agonist,* até 12 horas; salmeterol, formoterol) e de ultralonga duração (até 22 horas; vilanterol, indacaterol e olodaterol) (Tabela 1).[1-3]

Em linhas gerais, ligam-se ao receptor beta-2, usualmente acoplado à proteína G, ativam a via de sinalização, causando relaxamento da musculatura lisa do brônquio e do vaso, e previnem a estimulação por estímulos broncoconstritores (histamina, metacolina, ar frio e exposição a alérgenos). Além disso, os receptores beta-2 estão presentes na superfície celular de outros tecidos e células que atuam diretamente na patogênese da asma. Efeitos como redução da liberação de

Tabela 1. Características gerais dos principais agentes beta-2-agonistas

Agonista beta-2	Seletividade beta-2:beta-1	Tempo de ação		Classificação	Modo de administração	Uso como medicação de resgate
		Início	Duração			
Isoprenalina	1:1	2,5 min	< 20 min	Curta ação	Inalatório Intravenoso Sublingual	Sim (em desuso)
Salbutamol	1:1.375	2-3 min	4-6 horas	Curta ação	Inalatório Intravenoso Oral	Sim
Fenoterol	1:120	2-4 min	4-6 horas	Curta ação	Inalatório	Sim
Terbutalina	Não disponível	2-4 min	4-6 horas	Curta ação	Inalatório Intravenoso Oral	Sim
Salmeterol	1:85.000	30 min	> 12 horas	Longa ação	Inalatório	Não
Formoterol	1:120	2-3 min	> 12 horas	Longa ação	Inalatório	Sim (associado ao CI)
Indacaterol	1:1,46	2-3 min	> 22 horas	Ultralonga ação	Inalatório	Não
Vilanterol	1:3	2-3 min	> 24 horas	Ultralonga ação	Inalatório	Não
Olodaterol		2-3 min	24 horas	Ultralonga ação	Inalatório	Não

CI: corticosteroide inalatório.
Fonte: Kuschnir et al., 2021.[2]

mediadores pró-inflamatórios por mastócitos, inibição da função de neutrófilos, eosinófilos e linfócitos, aumento do transporte mucociliar e alteração do tônus vascular podem ocorrer com o uso de agonistas dos receptores beta-2.[1,7]

Concentrações plasmáticas mais elevadas, frequentemente atingidas com administração oral ou por via intravenosa, inibem a motilidade uterina. Também são observados, em doses mais elevadas, efeitos metabólicos como lipólise, glicogenólise, hiperglicemia e hipocalemia, esta decorrente do aumento de captação de K^+, principalmente para dentro do músculo esquelético, entretanto o significado clínico dessas ocorrências ainda não está bem definido.[1]

A menor seletividade do agente beta-2-adrenérgico pelo receptor beta-2 justifica a estimulação dos receptores beta-1 e os efeitos colaterais cardíacos, como taquicardia e palpitações, mesmo quando em doses recomendadas. Há relato de prolongamento do intervalo QTc ao eletrocardiograma. Os agentes beta-2-agonistas de curta e longa ação podem ser utilizados com segurança na gravidez.[8]

FARMACOCINÉTICA/TOXICOCINÉTICA

Na dependência do dispositivo inalatório empregado, de 10 a 30% da dose de agente inalado atingem o trato respiratório inferior. Parte desse fármaco é rapidamente absorvida e inicia sua ação em tempos variáveis: curta ação em minutos, longa ação em minutos pelo formoterol e em 1 hora pelo salmeterol, como para os de ultralonga ação.[1-3]

A dose de agente beta-2-agonista absorvida quando administrado por via oral é maior e extensamente metabolizada pela primeira passagem pelo fígado, o que exige maiores doses do fármaco ingerido em comparação ao inalado. As concentrações máximas plasmáticas são atingidas em 1 a 2 horas, e a duração do efeito broncodilatador é de até 6 horas, enquanto a excreção é predominantemente biliar e renal. Esses agentes sofrem a ação da enzima catecol-o-metiltransferase (COMT), que atua sobre o grupamento hidroxil, presente no fenoterol e na terbutalina. A mudança desse grupamento por um hidroximetil aumenta a duração de ação e do efeito broncodilatador do agente beta-2-adrenérgico (salbutamol, formoterol).[1,7] Há também ação da monoaminoxidase (MAO). A ação mais acentuada dessas enzimas no trato gastrintestinal exige a administração de doses mais elevadas desses produtos por via oral (fenoterol e terbutalina) e faz aumentar a ocorrência de eventos adversos.[1]

Foram descritos polimorfismos do receptor beta-2, os quais se associam a menor resposta aos agentes beta-2-adrenérgicos, justificando muitas vezes a necessidade de aumento da dose empregada desses agentes.[7]

O tratamento com agentes beta-2-agonistas pode provocar hipocalemia potencialmente grave. Em pacientes com asma grave, a hipocalemia pode ser potencializada pela administração concomitante de derivados da xantina (como teofilina), glicocorticosteroides (como hidrocortisona) e diuréticos (como furosemida). Além disso, a hipóxia pode agravar os efeitos da hipocalemia sobre o ritmo cardíaco e acentuar a frequência de arritmias em pacientes tratados com digoxina. Nessas situações, aconselha-se monitorar os níveis séricos de potássio.[1]

DOSES TÓXICAS (EXPOSIÇÃO AGUDA/CRÔNICA) RELATIVAS À VIA DE EXPOSIÇÃO

A Tabela 2 reúne os diferentes agentes beta-2-agonistas disponíveis para uso no Brasil. Nela são apresentadas as doses recomendadas segundo a apresentação. O uso prolongado e isolado de agentes beta-2-agonistas para controle de sintomas

Tabela 2. Agentes beta-2-agonistas (doses e vias de administração) mais utilizados na prática clínica

Beta-2-agonista	Doses recomendadas	
	Menores de 12 anos	**Maiores de 12 anos e adultos**
Salbutamol (albuterol)	**Aerossol dosimetrado:** 100 µg/jato Dose: 100 a 200 µg (1-2 jatos/dose com intervalo de 1 minuto entre os jatos) 3 a 4 ×/dia. Uso com espaçador de câmera valvulada e máscara. **Nebulização com solução 5% (5 mg/mL):** > 1 ano: 0,05 a 0,15 µg/kg/dose 4 a 6 × (0,05 mg/kg = 1 gt/5 kg/dose; 0,075 mg/kg = 1 gt/3 kg/dose; 0,15 mg/kg = 2 gt/3 kg/dose). Dose mínima de 0,1 mL e máxima de 1 mL a 5%. De 1 a 5 anos: 1,25 a 2,5mg (0,25 a 0,5 mL sol. 5%)/kg/dose, diluída em 3 mL SF. De 6 a 12 anos: 2,5 mL (0,5 mL sol. 5%)/dose diluída em 3 a 5 mL de SF. **Parenteral intravenosa (uso em UTI):** Dose de ataque: 10 µg/kg/min por 10 minutos, depois reduzir para 0,2 µg/kg/min em infusão contínua. Essa dose pode ser aumentada em 0,1 µg/kg/min a cada 20-30 minutos até o máximo de 0,6 a 0,8 µg/kg/min.	**Aerossol dosimetrado:** 100 µg/jato Dose: 200 a 300 µg (2 a 3 jatos)/dose 3 a 4 ×/dia. Dose máxima de 20 jatos/dia. Casos graves: até 8 jatos/dose isolada. **Nebulização com solução 5% (5 mg/mL):** 10 a 20 gotas/dose a cada 20 min por até 3 × e depois a cada 1 a 4 horas. **Parenteral subcutânea:** 5 µg/kg/dose 2 ×.
Fenoterol	**Aerossol dosimetrado:** 100 µg/jato Dose: 100 a 200 mg (1 a 2 jatos/dose até a cada 4 horas). **Solução para nebulização (5 mg/mL):** 1 gt/3 kg/dose diluída em 5 mL de SF. Repetir em intervalos de 4 a 6 horas (dose máxima: 10 gt/dose).	**Aerossol dosimetrado:** 200 a 400 mg (2 a 4 jatos/dose até a cada 4 horas). **Solução de nebulização**: 8 a 10 gt/dose diluída em 5 mL de SF a cada 6 horas.
Sulfato de terbutalina	**Xarope por via oral:** 0,3 mg/mL Dose: 0,075 mg (0,25 mL)/kg de peso corporal 3 ×/dia. Não mais que 15 mL, 3 ×/dia. **Parenteral subcutânea:** 0,5 mg/mL Dose usual: 0,005 a 0,01 mg/kg/dose, 3 doses a cada 15 a 20 minutos. **Parenteral intravenosa:** 0,5 mg/mL **Mal asmático:** 0,01 a 0,07 µg/kg/min, infusão contínua.	**Xarope por via oral:** 0,3 mg/mL Dose: 3 a 4,5 mg (10 a 15 mL) 3 ×/dia. **Parenteral subcutânea:** 0,5 mg/mL Dose usual: 0,25 a 0,5 mg 4 ×/dia; dose máxima: 2 mg/dia SC.
Salmeterol	**Inalatório (aerossol):** 25 µg/dose Maiores de 4 anos: 25 µg/dose 2 ×/dia (uso associado a corticosteroide inalatório).	**Inalatório (aerossol ou pó):** 25 µg/dose Dose: 50 µg 2 ×/dia (1 a 2 jatos ou cápsulas ou Diskhaler). Uso associado a corticosteroide inalatório.
Formoterol	**Inalatório:** 6 µg/jato ou cápsula e 12 µg/cápsula Dose: maiores de 4 anos: 12 µg (1 jato ou cápsula)/dose 2 ×/dia. Uso associado a corticosteroide inalatório.	**Inalatório:** 6 µg/jato ou cápsula e 12 µg/cápsula Dose: 12 a 24 µg (1 a 2 jatos ou cápsulas ou Turbhaler) 2 ×/dia. Uso associado a corticosteroide inalatório.
Vilanterol	Não indicado para menores de 12 anos	**Inalatório:** 25 µg/dose Dose: 25 µg/dose única diária – inalador de pó Ellipta. Uso associado com corticosteroide inalatório.
Indacaterol	Não indicado para menores de 18 anos	**Inalatório:** 150 e 300 µg/cápsula pó Dose: maiores de 18 anos 150 µg/dose dia; máximo 300 µg/dia.
Olodaterol	Não indicado para menores de 18 anos	**Inalatório:** 2,5 µg/jato Dose: 5 µg/dose/dia para maiores de 18 anos.

Fonte: GINA, 2020;[8] Anvisa, 2021;[9] Mantecorp, 2006.[10]

de asma indica a falta de controle da doença, e tratamento anti-inflamatório adicional deve ser instituído para prevenir potencial ameaça à vida pela deterioração do controle da doença. Atletas de elite com asma devem notificar sobre o uso desses agentes, pois são caracterizados como *doping* por aumentarem o desempenho atlético.

QUADRO CLÍNICO

Os agentes beta-2-agonistas raramente são associados a eventos colaterais graves desde que usados em doses adequadas. Tremor é o efeito colateral mais comumente relatado, principalmente quando administrado por via oral, embora, com o uso prolongado, esse efeito tenda a desaparecer ou diminuir.[9]

Os sintomas associados à superdosagem geralmente são transitórios e decorrem de estimulação beta-adrenérgica excessiva, e os mais proeminentes são cefaleia, ansiedade, tremores, náuseas, cãibras musculares, palpitações, taquicardia, arritmias cardíacas (fibrilação atrial, taquicardia supraventricular e extrassístole), isquemia do miocárdio, alargamento da pressão de pulso, dor tipo angina, hipertensão, alterações do sono, alterações do comportamento (agitação, hiperatividade e inquietação) e, ocasionalmente, hipotensão. Também há relato de acidose metabólica e hipocalemia relacionada ao fenoterol e à terbutalina.[1-3]

DIAGNÓSTICO

O diagnóstico de intoxicação por agentes beta-2-agonistas é predominantemente clínico. A presença de agitação, tremores e palpitações em pacientes sob o uso desses fármacos orienta a investigação mais ampla. Ver item Quadro Clínico.

TRATAMENTO

Em linhas gerais, a administração dos agentes beta-2-agonistas por via inalatória é segura desde que respeitadas as doses recomendadas. Na presença de superdosagem, o tratamento com o agente deve ser interrompido.

Medidas de suporte

O paciente deve ser tranquilizado e mantido em repouso. Se necessário, pode ser sedado e, em casos mais graves, transferido para unidade de cuidados intensivos. A depender do agente beta-2 envolvido, a duração dos eventos adversos é breve (até 6 horas para os de ação rápida). É importante o monitoramento do equilíbrio acidobásico, glicemia e calemia, bem como do ritmo cardíaco e da pressão arterial.[1,4-6]

Medidas de depuração

Havendo suspeita de que quantidades significativas dos agentes beta-2-agonistas foram ingeridas, as seguintes medidas devem ser consideradas: lavagem gástrica e administração de carvão ativado.

ANTÍDOTO

Como antídoto específico dos agentes beta-adrenérgicos, recomenda-se a administração de bloqueador seletivo de receptores beta-1, visando a: redução da frequência cardíaca, atraso da velocidade de condução do nó atrioventricular, diminuição da força de contração muscular (inotropismo negativo), redução da pressão arterial e redução do volume sistólico. O propranolol é um exemplo desses agentes.

Vale ressaltar que a ação dos betabloqueadores sobre os receptores beta-2 pode causar possível aumento da obstrução brônquica, sendo necessário haver ajuste de dose de modo cuidadoso.

ERROS COMUNS QUE VOCÊ DEVE EVITAR

Não observar sinais clínicos de gravidade nos casos de intoxicação por agentes beta-adrenérgicos.

Não monitorar em ambiente de terapia intensiva o equilíbrio acidobásico, glicemia e calemia, bem como o ritmo cardíaco e a pressão arterial nos pacientes graves.

Não instituir medidas de depuração como lavagem gástrica e administração de carvão ativado.

OBJETIVOS DE APRENDIZAGEM

Ao final da leitura deste capítulo, o leitor deverá ser capaz de:

- Identificar as principais formas de exposição aos agentes beta-adrenérgicos.
- Reconhecer as manifestações clínicas características da exposição aos agentes beta-adrenérgicos e seus compostos pelas diversas vias.
- Reconhecer os sinais e sintomas clínicos de intoxicação grave pelos agentes beta-adrenérgicos e seus compostos.
- Indicar os exames laboratoriais para a avaliação adequada do paciente.
- Indicar as medidas terapêuticas sintomáticas e de suporte vital apropriadas.

REFERÊNCIAS BIBLIOGRÁFICAS

1. O'Byrne PM, Sears MR. Inhaled β_2 agonists. In: Adkinson Jr NF, Busse WW, Bocnher BS, Burks AW, Holgate ST, O'Hehir, et al. Middleton's Allergy: principles and practice. 8. ed. Nova Iorque: Saunders Elsevier; 2014. p.1534-41.
2. Kuschnir FC, Alonso MLO, Aun MV. Medicamentos em doenças alérgicas. In: Solé D, Rosario Filho NA, Rubini NPM, editores. Compêndio de alergia e imunologia clínica: do básico à prática clínica. São Paulo: Editora dos Editores; 2021.
3. Chong Neto HJ, Chong-Silva DC, Cardozo CA, Noronha L. Beta-2-agonistas e dispositivos inalatórios na crise aguda de asma na infância. J Paran Pediatr. 2006;7:36-42.
4. Berotec [Bula]. Ingelheim am Rhein: Boehringer Ingelheim; 2021.
5. Bricanyl [Bula]. Cotia: AstraZeneca; 2005.
6. Aerolin [Bula]. Aranda de Duero: Glaxo Wellcome; 2021.
7. Johnson M. Molecular mechanisms of beta(2)-adrenergic receptor function, response, and regulation. J Allergy Clin Immunol. 2006;117(1):18-24.
8. Global Initiative for Asthma. Global Strategy for Asthma Management and Prevention; 2020.
9. Brasil. Agência Nacional de Vigilância Sanitária. [acesso em janeiro de 2022]. Disponível em: www.gov.br/anvisa/pt-br
10. Fluir [Bula]. Rio de Janeiro: Mantecorp; 2006.

CAPÍTULO 14

ANESTÉSICOS

Eduardo Lopes Machado
Florentino Fernandes Mendes

PONTOS-CHAVE

- Os riscos toxicológicos dos anestésicos gerais estão relacionados principalmente ao sistema nervoso central.
- Os anestésicos locais, por suas ações sobre os canais iônicos de Na^+ (sódio), podem ter efeitos tóxicos apreciáveis sobre o sistema cardiovascular.
- Os opioides e os benzodiazepínicos utilizados em procedimentos de sedação e analgesia dispõem de antídotos específicos (naloxona e flumazenil).
- Os bloqueadores neuromusculares não despolarizantes (rocurônio, vecurônio, atracúrio e outros) podem ter sua ação revertida pela utilização de neostigmina (associada a atropina, para evitar efeitos sistêmicos do anticolinesterásico). O sugamadex, agente que se liga ao vecurônio e rocurônio por ligação covalente, liberando a placa motora novamente para a ação da acetilcolina, tem sido usado com sucesso na reversão dos efeitos desses bloqueadores.

INTRODUÇÃO

Os fármacos utilizados em anestesia geral e regional apresentam toxicidade sistêmica principalmente relacionada aos seus efeitos sobre o sistema nervoso central (SNC). O objetivo deste capítulo é apresentar os principais efeitos, as estratégias de manejo dos efeitos adversos e o tratamento específico, quando houver.

PROPOFOL (SÍNDROME DE INFUSÃO DE PROPOFOL)

O propofol é um isopropilfenol (2,6-di-isopropilfenol), cuja ação recai sobre os receptores GABAA, promovendo o aumento da condutância ao cloro, hiperpolarizando a membrana celular pós-sináptica. Caracteristicamente, necessita de um veículo lipídico para emulsificação. Esse agente emulsificador é um triglicerídeo de cadeia longa, propenso ao crescimento bacteriano, e pode causar aumento da concentração plasmática de triglicerídeos, especialmente nas infusões contínuas.

O propofol apresenta rápida depuração, excedendo o fluxo sanguíneo hepático, o que sugere metabolismo extra-hepático, provavelmente pulmonar. A insuficiência renal ou hepática (cirrose) não altera significativamente a depuração do propofol.

Possui atividade sedativa, antipruriginosa, anticonvulsivante, antiemética e antioxidante e atenua a broncoconstrição e a resposta simpática à intubação.

Quadro clínico

Acidose láctica ou síndrome de infusão do propofol podem ocorrer em situações de infusão contínua, em doses elevadas por longo período. Cursa com taquicardia, acidose metabólica, hipotensão e choque. A maior parte da literatura é formada por relatos de casos acometendo crianças ou adultos. A característica comum, afetando quase 80% das crianças e dos adultos, é a acidose metabólica. As alterações no eletrocardiograma são a segunda característica mais comum (75% das crianças e quase 63% dos adultos). Lipidemia, febre e hepatomegalia são mais frequentes em crianças do que em adultos, enquanto rabdomiólise e hipercalemia foram mais frequentes em adultos do que em crianças. A mortalidade geral foi de 52% em crianças e 48% em adultos. Essa síndrome foi descrita primeiro em crianças, mas subsequentemente observada em adultos gravemente enfermos. As características clínicas da síndrome de infusão do propofol incluem bradicardia aguda refratária, levando a assistolia na presença de um ou mais dos seguintes: acidose metabólica (déficit de base > 10 $mmol.L^{-1}$), rabdomiólise, hiperlipidemia e fígado aumentado ou gorduroso. Outras características incluem cardiomiopatia com insuficiência cardíaca aguda, miopatia esquelética, hipercalemia, hepatomegalia e lipemia. Os sinais e sintomas são o resultado de lesão muscular e liberação de conteúdo tóxico intracelular. Os principais fatores de risco incluem fornecimento insuficiente de oxigênio, sepse, lesão cerebral grave e administração de grande dosagem de propofol.

Febre, hepatomegalia e dose cumulativa de propofol > 240 $mg.kg^{-1}$ foram associadas a um risco aumentado de mortalidade em crianças. A febre também foi associada a risco aumentado de morte em adultos, assim como hipercalemia (mas não a rabdomiólise), hipotensão, alterações no eletrocardiograma, lesão cerebral traumática, taxa de infusão média > 5 $mg.kg^{-1}.h^{-1}$ e duração da infusão superior a 48 horas.

Tratamento

O tratamento inicia-se com a interrupção da infusão de propofol, hidratação e suporte hemodinâmico e ventilatório e geralmente requer o uso de drogas vasoativas. O propofol não tem reversor específico; quando utilizado, deve-se oferecer suporte ventilatório e hemodinâmico, aguardando sua rápida metabolização.

Não há diretrizes estabelecidas para o tratamento da síndrome de infusão do propofol. O sucesso do tratamento provavelmente depende do diagnóstico precoce. A melhor abordagem para o diagnóstico precoce é estar ciente da existência da condição, de quais são suas características clínicas e manter um alto índice de suspeita caso essas manifestações se desenvolvam em um paciente recebendo infusão de propofol.

Uma vez feito o diagnóstico, há o imperativo simultâneo de eliminar o propofol do corpo e tratar os efeitos da síndrome de infusão do propofol. O aumento da dosagem de propofol e a duração da infusão estão associados à síndrome, e as recomendações na literatura incluem evitar taxas de infusão acima de 5 $mg.kg^{-1}.h^{-1}$ por mais de 48 horas, sempre usar propofol em combinação com outros agentes sedativos (como opioides) e monitorar pH, lactato e creatinoquinase quando as infusões são prolongadas, especialmente se as altas doses não podem ser evitadas.[1-4]

BENZODIAZEPÍNICOS

Em 2017, os benzodiazepínicos e outros tranquilizantes foram o terceiro medicamento, prescrito ou ilícito, mais comumente usado nos Estados Unidos. Diversas evidências indicam que estamos enfrentando um problema de saúde pública crescente relacionado aos benzodiazepínicos. De fato, as mortes por *overdose* aumentaram em mais de 400% de 1996 a 2013,[5] e as visitas à emergência por uso de benzodiazepínicos aumentaram mais de 300% de 2004 a 2011.[6]

São fármacos que promovem sedação, ansiólise, relaxamento muscular e amnésia em graus variados, de acordo com a dose e o fármaco. O mecanismo de ação é o aumento da atividade dos receptores GABAA (principal receptor inibitório do SNC), por aumento da afinidade do receptor. O metabolismo é predominantemente hepático (P450), podendo sofrer diminuição da metabolização na cirrose e consequente aumento do tempo de ação.

A intoxicação por benzodiazepínicos cursa com rebaixamento do sensório, hipóxia, perda de reflexos das vias aéreas, hipotensão e depressão respiratória. O risco de depressão cardíaca e respiratória aumenta com o uso concomitante de benzodiazepínicos e opioides e/ou álcool.

Tratamento

O tratamento requer suporte ventilatório e hemodinâmico. Os benzodiazepínicos possuem antagonista específico, o flumazenil. Entretanto, o antagonismo é competitivo, e a dose deve ser fracionada: 0,2 mg intravenoso inicialmente e adicionalmente 0,1 mg, até a dose total de 1 mg. Após a reversão com flumazenil, a monitoração dos sinais vitais e da oximetria deve ser mantida, especialmente quando o benzodiazepínico envolvido for de longa duração de ação (p. ex., diazepam), pois o flumazenil possui ação por apenas 30-60 minutos, podendo o paciente apresentar novamente os sinais/sintomas de intoxicação. A infusão contínua por via intravenosa de 0,1 a 0,5 $mg.h^{-1}$ é uma alternativa nessas situações; a dose em *bolus* intermitente também pode ser empregada. A injeção de flumazenil é indicada para uma reversão completa ou parcial dos efeitos sedativos dos benzodiazepínicos na sedação consciente e na anestesia geral, na população adulta e pediátrica. Ele acelera a recuperação da sedação após pequenos procedimentos cirúrgicos e encurta o período de monitoramento pós-operatório para pequenas cirurgias, resultando em alta mais precoce. O flumazenil também é indicado para controle e tratamento da sobredosagem com benzodiazepínicos em adultos.[7,8]

Em adultos, para reverter a sedação ou o uso de benzodiazepínico em anestesia geral, a Food and Drug Administration (FDA) recomenda gerenciar a *overdose*. A dosagem inicial de 0,2 mg por via intravenosa é administrada em 30 segundos; se o nível de consciência desejado não for obtido após 30 segundos, uma dose adicional de 0,3 mg, por via intravenosa, pode ser administrada em 30 segundos. Podem-se repetir doses de 0,5 mg, intravenosas, em 30 segundos em intervalos de 1 minuto, até uma dose cumulativa total máxima de 3 mg. Pacientes com resposta parcial à dose de 3 mg podem requerer titulação lenta adicional, até uma dose total de 5 mg. Se não houver resposta após a administração de 5 mg, a causa primária da sedação não está relacionada aos benzodiazepínicos, e o tratamento posterior com flumazenil será ineficaz.[8,9]

OPIOIDES

Os opioides atuam em nível celular, ligando-se aos receptores opioides presentes em todo o SNC, especialmente no núcleo do trato solitário, área cinzenta periaquedutal, córtex cerebral, tálamo e substância gelatinosa da medula espinal. Receptores opioides podem também estar presentes em terminações nervosas aferentes periféricas e diversos outros órgãos. Os receptores opioides são ligados às proteínas G inibitórias. A ativação dessa proteína desencadeia uma cascata de eventos: fechamento de canais de cálcio voltagem-dependentes, redução da produção de monofosfato cíclico de adenosina (AMP cíclico), estímulo ao efluxo de potássio (hiperpolarização) e inativação dos canais de cálcio.

Assim, o efeito final é a redução da excitabilidade neuronal, resultando em redução da neurotransmissão de impulsos nociceptivos. Agonistas opioides puros (morfina, diamorfina, petidina, fentanila) apresentam alta afinidade para receptores opioides e elevada atividade intrínseca em nível celular. Agonistas parciais (buprenorfina, pentazocina), ao se ligarem aos receptores opioides, produzem efeito submáximo quando comparados aos agonistas puros. Antagonistas opioides (naloxona, naltrexona) possuem afinidade para os receptores, porém nenhuma atividade intrínseca.

São considerados agonistas opioides: morfina, fentanila, alfentanila, remifentanila, codeína, heroína, metadona, tramadol, meperidina, sufentanila, oximorfona, hidromorfona, hidrocodona e propoxifeno.

São considerados agonistas-antagonistas opioides: nalbufina, pentazocina, nalorfina, buprenorfina e dezocina.

São considerados antagonistas opioides: naloxona, naltrexona e nalmefena.

Quadro clínico

Os efeitos mais característicos da intoxicação por opioides incluem bradicardia, hipotensão, retenção urinária, náuseas/vômitos, constipação, sonolência, rebaixamento do sensório, bradipneia/apneia, hipóxia, sedação, disforia, prurido e miose. Os opioides possuem marcado potencial para causar dependência química, devendo ser considerada essa possibilidade quando utilizados de forma frequente e/ou contínua.[10]

Tratamento

O tratamento da intoxicação aguda por opioide inicia-se com a interrupção da administração do fármaco, hidratação, suporte ventilatório e hemodinâmico, podendo utilizar antagonista específico. A naloxona é um antagonista opioide não seletivo, com capacidade clínica de reverter a depressão ventilatória induzida por opioides. A dose inicial deve ser de 1 a 5 mcg.kg^{-1} por via intravenosa. Deve-se manter monitoração constante dos sinais vitais e da oximetria de pacientes revertidos pela naloxona, pois ela possui curta duração, cerca de 30-40 minutos, podendo necessitar de doses suplementares ou infusão contínua intravenosa para manter a reversão dos efeitos.[11-13]

O antagonista do receptor opioide periférico mais comumente usado é a metilnaltrexona, potente antagonista competitivo que atua no trato digestivo. A metilnaltrexona foi aprovada pela FDA para o tratamento da constipação induzida por opioides.[13]

CETAMINA

A cetamina é um derivado da fenciclidina que possui capacidade de causar sedação, analgesia e anestesia. Apresenta uma variedade de ações e empregos clínicos, dependendo da dose: analgesia, sedação, anestesia e efeito antidepressivo. Sua ação ocorre principalmente através da ligação, de forma não competitiva, aos receptores NMDA. Caracteristicamente causa "anestesia dissociativa": o paciente permanece com os olhos abertos, com nistagmo, não comunicativo, ventilando e com algum reflexo protetivo de via aérea presente, porém aparentemente indiferente à dor, embora alguma hipertonia e/ou movimento involuntário possam estar presentes, não relacionados ao estímulo cirúrgico. A cetamina pode apresentar, como característica, a presença de delírio e pesadelos psicodélicos. A administração de benzodiazepínicos e outros anestésicos pode diminuir a ocorrência desse paraefeito.

Além de apresentar boa analgesia e amnésia em doses clínicas, é um fármaco broncodilatador, de efeito inotrópico e cronotrópico positivo, aumentando o tônus simpático. Possui marcado aumento na sialorreia, aumento da pressão intracraniana, efeito pró-convulsivante, aumento da pressão intraocular e aumento da pressão arterial/trabalho cardíaco.

A cetamina tem elevada solubilidade e metabolismo hepático (P-450), formando norcetamina (menos potente que a cetamina) e sendo eliminada pelos rins.

Tratamento

O tratamento para seus efeitos visa interromper a infusão e aguardar o metabolismo do fármaco, oferecendo suporte ventilatório e hemodinâmico se necessário. A cetamina não possui um antagonista específico e pode provocar efeitos prolongados quando utilizada em longo prazo.[14-16]

RELAXANTES MUSCULARES E REVERSORES DO BLOQUEIO NEUROMUSCULAR

São um grupo de fármacos com capacidade de bloquear a transmissão nervosa na junção neuromuscular, divididos em despolarizantes (succinilcolina) e não despolarizantes (aminoesteroides e benzilisoquinolinas).

A succinilcolina é um fármaco estruturalmente muito parecido com a acetilcolina, que atua na junção neuromuscular. Ao ligar-se ao receptor nicotínico, provoca a despolarização e o potencial de ação transmembrana. A succinilcolina não sofre ação da acetilcolinesterase, e a ligação ao receptor nicotínico é mais prolongada do que a da acetilcolina, o que provoca interrupção da transmissão nervosa e bloqueio neuromuscular intenso. Após a administração intravenosa, inicialmente ocorrem fasciculações seguidas de intenso bloqueio neuromuscular, e sua ação é classificada como ultracurta (cerca de 9 minutos). É prontamente hidrolisada pela colinesterase plasmática, cuja presença atípica provoca o prolongamento da duração do bloqueio muscular, podendo durar até algumas horas. Os principais paraefeitos da succinilcolina são arritmias cardíacas, hipercalemia (principalmente em queimados, distrofia muscular, desnervação muscular), aumento da pressão arterial, aumento da pressão ocular, aumento da pressão intracraniana, contrações musculares/fasciculações, mialgia e mioglobinúria.

O uso da succinilcolina requer manuseio da via aérea e manutenção da oxigenação. No caso da presença de colinesterase atípica, o bloqueio muscular, em vez de fugaz, pode durar algumas horas, devendo-se nessa situação obter via aérea definitiva e ventilação mecânica, garantindo sedação adequada até o retorno completo da atividade neuromuscular. A monitoração da junção neuromuscular é recomendada.

Os bloqueadores neuromusculares não despolarizantes formam um grupo amplo e são classificados farmacologicamente em aminoesteroides (pancurônio, rocurônio, vecurônio) e benzilisoquinolinas (mivacúrio, atracúrio, cisatracúrio).

O mecanismo de ação ocorre pela ligação da molécula do fármaco com a subunidade alfa dos receptores colinérgicos nicotínicos, sem causar a despolarização e, assim, impedem a ligação com a acetilcolina de forma competitiva. Provocam relaxamento muscular dose-dependente, sem fasciculação. A duração do efeito depende do fármaco e da associação com outros agentes que podem potencializar o relaxamento muscular (p. ex., anestésicos locais, halogenados, cetamina, magnésio).

A reversão do bloqueio neuromuscular por agentes não despolarizantes ocorre através do aumento da acetilcolina livre na junção neuromuscular, propiciando que a acetilcolina prevaleça sobre o relaxante muscular na disputa pela ligação ao receptor nicotínico. Utiliza-se anticolinesterásico (p. ex., neostigmina) para impedir a degradação da acetilcolina e, assim, aumentar sua quantidade na junção neuromuscular. A atropina é utilizada em associação para atenuar e/ou prevenir os efeitos muscarínicos sistêmicos dos anticolinesterásicos. Recomenda-se a monitoração da junção neuromuscular para assegurar a completa reversão do bloqueio.

Deve-se destacar o sugamadex como reversor do bloqueio neuromuscular provocado especificamente pelo rocurônio e vecurônio, que possui mecanismo de ação inovador na farmacologia de reversão do bloqueio neuromuscular – a molécula do sugamadex engloba, através de uma ligação covalente (muito estável), a molécula do rocurônio, revertendo de forma rápida e muito eficiente o relaxamento muscular. Além disso, está recomendada na reversão neuromuscular provocada pelo rocurônio e vecurônio em situação de não intubo/não ventilo e em todos os tipos de bloqueio neuromuscular. Recomenda-se ajustar a dose do sugamadex segundo os valores de TOF (*train-of-four*) – monitor da junção neuromuscular.[17-20]

ANESTÉSICOS LOCAIS

São um grande grupo de fármacos utilizados clinicamente em larga escala. Sua ação ocorre através do bloqueio da condução dos impulsos ao longo da via neuronal, por bloquear a condução de sódio através dos canais de sódio íons-seletivos, impedindo que o limiar de ação seja atingido. Esse bloqueio dos canais de sódio é frequência-dependente, pois necessita que os canais de sódio estejam abertos-ativados para sua ação.

Os anestésicos locais são relativamente pouco solúveis em água e podem ser utilizados de forma tópica (gel, emplastro, *spray* líquido), regional ou sistêmica. Os anestésicos locais são fármacos que possuem uma porção lipofílica (anel aromático não saturado) e uma porção lipofílica (amina terciária) separada por cadeias de carbono. De acordo com a natureza da ligação do anel aromático lipofílico com a cadeia de hidrocarbonetos, são divididos em dois grupos: ésteres (procaína, cloroprocaína e tetracaína) e amidas (lidocaína, ropivacaína, bupivacaína, prilocaína, etidocaína).

Diversas características físico-químicas (pH, temperatura, isomeria, lipossolubilidade, concentração) podem alterar a latência, a duração e a densidade do bloqueio, o que torna de certa forma complexa a utilização clínica.

Os anestésicos locais do tipo éster sofrem hidrólise pela colinesterase plasmática (exceção é a cocaína). A presença de colinesterase atípica pode aumentar a concentração dos anestésicos locais do tipo éster, predispondo a intoxicação. Os anestésicos locais do tipo amida são metabolizados no fígado.

Quadro clínico

A toxicidade sistêmica associa-se ao aumento da concentração plasmática do anestésico local, sendo uma condição grave e potencialmente fatal. Pode manifestar-se inicialmente por sintomas neurológicos sutis (parestesias na língua e região perioral), progredindo para fasciculação, convulsão e coma. Os efeitos sobre o sistema cardiovascular incluem hipotensão, arritmias e bloqueio atrioventricular, podendo evoluir para parada cardíaca. Não existe reversor específico para a intoxicação sistêmica por anestésico local. O tratamento é feito com hidratação, suporte hemodinâmico e respiratório, sendo importante manter a oxigenação/ventilação adequada. O uso de solução lipídica a 20% é indicada na dose 1,5 $mg{\cdot}kg^{-1}$ por via intravenosa em infusão rápida e dose de manutenção de 0,2 a 0,5 $mL{\cdot}kg^{-1}min^{-1}$ por até 6 horas. A dose máxima é de 8 $mL{\cdot}kg^{-1}$.

A metemoglobinemia é outra situação grave associada ao uso de anestésicos locais (especialmente a prilocaína), além de rara, e o diagnóstico é confirmado pela dosagem da metemoglobinemia por co-oximetria. O tratamento é feito por meio da administração de azul de metileno 1 a 2 $mg{\cdot}kg^{-1}$ por via intravenosa em 5 a 10 minutos.[21]

HIPERTERMIA MALIGNA

A hipertermia maligna é uma condição genética, familiar, latente e silente que se apresenta quando o paciente suscetível é exposto a agentes anestésicos desencadeantes: succinilcolina e/ou agentes inalatórios halogenados (halotano, sevoflurano, isoflurano, desflurano e enflurano). Caracteriza-se por uma síndrome hipermetabólica causada pelo desarranjo da homeostase intracelular do cálcio.

Quadro clínico

O quadro clínico pode apresentar-se de forma súbita e dramática, com rigidez muscular, espasmo de masseter, acidose metabólica, taquipneia, hipercarbia inapropriada, sudorese, hipertermia, taquicardia, hipotensão, choque refratário, arritmias e parada cardíaca.

O diagnóstico diferencial com outras condições graves é importante, devendo rapidamente ser considerado: sepse, tireotoxicose, feocromocitoma, síndrome neuroléptica maligna, lesão hipotalâmica e uso de fármacos (anfetaminas, inibidores da monoaminoxidase, cocaína).

Tratamento

Interromper imediatamente o uso do agente desencadeante, administrar oxigênio a 100%, hidratação, suporte hemodinâmico agressivo, controle térmico e uso de dantroleno sódico 2,5 $mg.kg^{-1}$ por via intravenosa e administração rápida – repetindo-se a dose até controlar os sinais clínicos de hipertermia maligna, e a seguir 1 $mg{\cdot}kg^{-1}$ a cada 4 a 6 horas em infusão por 24 a 36 horas.[22,23]

CONCLUSÃO

Os principais fármacos utilizados em anestesia manifestam efeitos depressores cardiovascular e respiratório, cujo controle é a etapa inicial do tratamento da toxicidade por anestésicos. Quando houver antagonista específico, a utilização deve ser feita conforme as doses recomendadas e a farmacocinética do antagonista.

REFERÊNCIAS BIBLIOGRÁFICAS

1. Hemphill S, McMenamin L, Bellamy MC, Hopkins PM. Propofol infusion syndrome: a structured literature review and analysis of published case reports. Br J Anaesth. 2019;122(4):448-59.
2. Kam PC, Cardone D. Propofol infusion syndrome. Anaesthesia. 2007;62(7):690-701.
3. Fudickar A, Bein B. Propofol infusion syndrome: update of clinical manifestation and pathophysiology. Minerva Anestesiol. 2009;75(5):339-44.
4. Wong JM. Propofol infusion syndrome. Am J Ther. 2010;17(5):487-91.
5. Bachhuber MA, Hennessy S, Cunningham CO, Starrels JL. 2016 Increasing benzodiazepine prescriptions and overdose mortality in the United States, 1996–2013. Am J Public Health. 2016;106(4):686-8.
6. Jones CM, McAninch JK. 2015 Emergency department visits and overdose deaths from combined use of opioids and benzodiazepines. Am J Prev Med. 2015;49(4):493-501.
7. Votaw VR, Geyer R, Rieselbach MM, McHugh RK. The epidemiology of benzodiazepine misuse: A systematic review. Drug Alcohol Depend. 2019;200:95-114.
8. Sharbaf Shoar N, Bistas KG, Saadabadi A. Flumazenil. 2020 Sep 3. In: StatPearls. Treasure Island: StatPearls Publishing; 2021.
9. An H, Godwin J. Flumazenil in benzodiazepine overdose. CMAJ. 2016;188(17-18):E537.
10. Shanthanna H, Ladha KS, Kehlet H, Joshi GP. Perioperative opioid administration. Anesthesiology. 2021;134(4):645-59.
11. Dhaliwal A, Gupta M. Physiology, opioid receptor. 2020 Aug 29. In: StatPearls. Treasure Island: StatPearls Publishing; 2021.
12. Gillis A, Kliewer A, Kelly E, Henderson G, Christie MJ, Schulz S, et al. Critical assessment of G protein-biased agonism at the μ-opioid receptor. Trends Pharmacol Sci. 2020;41(12):947-59.
13. Theriot J, Sabir S, Azadfard M. Opioid antagonists. 2020 Jul 27. In: StatPearls. Treasure Island: StatPearls Publishing; 2021.
14. Luft A, Mendes FF. Low S(+) ketamine doses: a review. Rev Bras Anestesiol. 2005;55(4):460-9.
15. Zanos P, Gould TD. Mechanisms of ketamine action as an antidepressant. Mol Psychiatry. 2018;23(4):801-11.
16. Nowacka A, Borczyk M. Ketamine applications beyond anesthesia – A literature review. Eur J Pharmacol. 2019;860:172547.
17. Leuwer M, Zuzan O, Haeseler G. Succinylcholine: pros and cons. Acta Anaesthesiol Scand Suppl. 1997;111:110-1.
18. Lingle CJ, Steinbach JH. Neuromuscular blocking agents. Int Anesthesiol Clin. 1988;26(4):288-301.
19. Hristovska AM, Duch P, Allingstrup M, Afshari A. Efficacy and safety of sugammadex versus neostigmine in reversing neuromuscular blockade in adults. Cochrane Database Syst Rev. 2017;8(8):CD012763.
20. Honing G, Martini CH, Bom A, van Velzen M, Niesters M, Aarts L, et al. Safety of sugammadex for reversal of neuromuscular block. Expert Opin Drug Saf. 2019;18(10):883-91.
21. Sekimoto K, Tobe M, Saito S. Local anesthetic toxicity: acute and chronic management. Acute Med Surg. 2017;4(2):152-60.
22. Mullins MF. Malignant hyperthermia: A review. J Perianesth Nurs. 2018;33(5):582-9.
23. Riazi S, Kraeva N, Hopkins PM. Updated guide for the management of malignant hyperthermia. Can J Anaesth. 2018;65(6):709-21.

CAPÍTULO 15

ANFETAMINAS

Marcelo Dutra Arbo
Bruno Dutra Arbo
Luciana Grazziotin Rossato-Grando

PONTOS-CHAVE

- Entre as anfetaminas responsáveis por intoxicações, estão as drogas de abuso (MDA, MDMA etc.), os anorexígenos (anfepramona e femproporex) e fármacos utilizados no tratamento de TDAH (ritalina e lisdexanfetamina).
- As anfetaminas bloqueiam os transportadores de dopamina e noradrenalina, inibindo a recaptação desses neurotransmissores da fenda sináptica e elevando os seus níveis em diferentes regiões do encéfalo.
- As doses tóxicas dependem da substância em questão, via de administração e tempo de uso, sendo muito variáveis.
- As anfetaminas possuem efeitos estimulantes no sistema nervoso central, causando aumento do estado de vigília e alerta, elevação do humor e euforia e redução da fadiga.
- Não há antídoto para a intoxicação, sendo recomendados o tratamento de suporte e o uso de medidas de descontaminação.

INTRODUÇÃO

Os estimulantes do tipo anfetamínicos englobam as drogas de abuso (anfetamina, metanfetamina, *ecstasy* e demais análogos estruturais) e medicamentos que, embora compartilhem semelhança estrutural com as anfetaminas, possuem uso terapêutico. O uso farmacológico de derivados anfetamínicos como o metilfenidato e a lisdexanfetamina é recomendado em transtornos como a narcolepsia, compulsão alimentar e transtorno do déficit de atenção e hiperatividade (TDAH).[1]

O TDAH apresenta maior incidência em crianças de 6 a 12 anos, e estima-se que pelo menos 60% das crianças levarão o transtorno para a vida adulta, apresentando sintomas como impulsividade e desatenção.[2] Como o seu diagnóstico não é preciso e não há exames laboratoriais que o comprovem, muitas crianças são medicadas desnecessariamente. Tal dificuldade é constatada pela frequente inclusão de sinais e sintomas associados ao transtorno e pela alteração das fronteiras do que é normal e patológico, gerando ansiedade e expectativa de um diagnóstico nos pais e profissionais em torno da criança (pedagogos, psicólogos e pediatras).

O metilfenidato é um medicamento de venda controlada no Brasil. É um estimulante de ação curta utilizado para tratar a narcolepsia e considerado o padrão-ouro no tratamento de TDAH. Suas doses variam de 10 a 80 mg/dia; crianças não devem ultrapassar a dose de 60 mg/dia.[1] As formulações comerciais disponíveis no Brasil são Ritalina® (comprimidos de 10 mg), Ritalina® LA (cápsulas de liberação prolongada de 10, 20, 30 e 40 mg) e Concerta® (comprimidos revestidos de liberação prolongada de 18, 36 e 54 mg). A dose recomendada para crianças a partir de 6 anos de idade é definida por doses de 5 mg 2 ×/dia; nas semanas subsequentes, pode-se aumentar gradativamente até o limite de 60 mg/dia.[1]

A lisdexanfetamina é um pró-fármaco de longa duração utilizada para o TDAH e a compulsão alimentar, e sua ação terapêutica tem duração de pelo menos 13 horas em crianças.[3] Em crianças, preconiza-se uma dose inicial de 30 mg, 1 x/dia. Se necessário, aumenta-se a dose em 20 mg em intervalos de 1 semana, com dose máxima diária de 70 mg. A formulação comercial disponível no Brasil é o Venvanse® (cápsulas de 30, 50 e 70 mg).[1]

Quanto às drogas de abuso do tipo anfetamínicas, o Brasil lidera o uso na América Latina, especialmente por seus efeitos estimulantes e anorexígenos, o que pode tornar esses produtos acessíveis a crianças. Entre as drogas de abuso derivadas da anfetamina mais consumidas, estão a metanfetamina, a 3,4-metilenodioxianfetamina (MDA) e a 3,4-metilenodioximetanfetamina (MDMA), as quais são consumidas por vias oral (pós, cápsulas, comprimidos), nasal (pó), endovenosa e pulmonar (cristais).

A anfetamina foi o primeiro fármaco utilizado no tratamento da obesidade; entretanto, por seus efeitos adversos, como o potencial de causar dependência, tornou-se uma substância proscrita. Dessa forma, dois derivados com propriedades anorexígenas foram introduzidos no tratamento da obesidade: anfepramona e femproporex. A anfepramona (dietilpropiona) é o derivado mais antigo aprovado e comercializado no Brasil; já o femproporex tem sido prescrito como anorexígeno desde a década de 1970.

MECANISMOS DE AÇÃO

As anfetaminas e o metilfenidato atuam bloqueando os transportadores de dopamina (DAT) e noradrenalina (NET), inibindo a recaptação desses neurotransmissores da fenda sináptica e elevando seus níveis em diferentes regiões do encéfalo. Enquanto as anfetaminas atuam como pseudossubstratos, bloqueando competitivamente esses transportadores, o metilfenidato atua como bloqueador alostérico. Quando utilizadas em doses mais elevadas (uso abusivo), as anfetaminas também inibem competitivamente o transportador vesicular de monoaminas 2 (VMAT-2), responsável pelo transporte das monoaminas para o interior das vesículas sinápticas, onde permanecem armazenadas nos terminais pré-sinápticos. Essa inibição do VMAT-2 resulta no acúmulo de dopamina no citoplasma e na subsequente liberação desse neurotransmissor na fenda sináptica por meio da inversão da direção de seu transporte através da membrana via DAT. Essas ações envolvendo o bloqueio do VMAT-2 não costumam ter relação com o efeito terapêutico das anfetaminas no TDAH, estando mais relacionadas com suas propriedades de abuso, uma vez que podem resultar em maior liberação de dopamina na via mesolímbica (via da recompensa). Também há evidências indicando que as anfetaminas poderiam inibir a atividade da enzima monoaminoxidase (MAO), responsável pela degradação das monoaminas. Para mais detalhes sobre o mecanismo de ação das anfetaminas e do metilfenidato, consultar Faraone (2018).[4]

FARMACOCINÉTICA/TOXICOCINÉTICA

As anfetaminas apresentam alta biodisponibilidade, elevado volume de distribuição (cerca de 4 L/kg) e baixa ligação a proteínas plasmáticas (cerca de 20%). A principal via de absorção das anfetaminas é a oral, entretanto existem relatos do abuso de anfetaminas via inspiração nasal, endovenosa ou na forma fumada. Após a absorção oral, o pico plasmático ocorre cerca de 2 a 3 horas após o uso. Por aspiração nasal, o pico pode ocorrer em cerca de 30 minutos. Em caso de uso de formas farmacêuticas de liberação modificada, mais tempo será necessário para que se atinja o pico plasmático.

As anfetaminas são biotransformadas no fígado a vários produtos através de reações de hidroxilação do anel aromático, N-dealquilação, deaminação e oxidação da cadeia lateral. As duas últimas reações diminuem a atividade psicoativa, inativando a droga. Por outro lado, a biotransformação das anfetaminas costuma gerar metabólitos tóxicos, com comprovadas cárdio, neuro e hepatotoxicidades. Os metabólitos podem ser encontrados na urina cerca de 20 minutos após a ingestão.

A eliminação é dependente do pH urinário, e a meia-vida é muito variável, podendo ser de 7 a 36 horas. Em pH urinário > 8, a eliminação é mínima, consequentemente o efeito da droga é prolongado e a detecção fica prejudicada pela baixa concentração de anfetaminas na urina.

DOSES TÓXICAS

Muito variáveis, dependendo da substância, via e tempo de uso. Geralmente apresentam baixo índice terapêutico, com níveis tóxicos ligeiramente superiores às doses usuais. Um alto nível de tolerância pode se desenvolver após doses repetidas.

QUADRO CLÍNICO

As anfetaminas e o metilfenidato são fármacos caracterizados por efeitos estimulantes no sistema nervoso central (SNC). Em doses mais baixas, as anfetaminas causam aumento do estado de vigília e alerta, elevação do humor e euforia e redução da fadiga. Pode ocorrer aumento do desempenho em tarefas mentais simples e do desempenho físico. Entretanto, o uso prolongado ou de altas doses em geral é seguido de depressão e fadiga. Tais alterações também podem ser observadas após a interrupção do tratamento com anfetaminas.

O uso agudo de anfetaminas está associado à redução do apetite, de forma que isso popularizou seu uso no tratamento da obesidade.[5,6] Entretanto, estudos têm mostrado que o uso prolongado de anfetaminas se associa ao rápido desenvolvimento de tolerância em relação a esse efeito, além de estar associado à incidência de diversos efeitos adversos, incluindo problemas relacionados ao seu potencial de abuso.[6]

Os efeitos periféricos das anfetaminas têm relação com o aumento da atividade do sistema nervoso simpático, incluindo aumento da frequência cardíaca, da pressão arterial e da temperatura corporal, sudorese e midríase. Em razão de um efeito estimulatório no centro respiratório, as anfetaminas podem aumentar a frequência e a profundidade da respiração.

As anfetaminas podem aumentar a contração do esfíncter vesical, já tendo sido avaliadas quanto ao seu uso no tratamento da enurese e da incontinência. Entretanto, por seus efeitos estimulantes e potencial de abuso, não costumam ser indicadas para essa finalidade. Eventualmente, podem causar dor e dificuldade na micção. Por outro lado, seus efeitos sobre o trato gastrintestinal são imprevisíveis.

Os efeitos tóxicos comumente são oriundos de superdosagem e incluem tontura, inquietação, tremores, irritabilidade, insônia, euforia, agressividade, ansiedade e alterações da libido. Em alguns casos, podem ocorrer episódios de pânico e tendências suicidas e homicidas, principalmente em pacientes com transtornos mentais ou de dependência.[7] O aumento da liberação de dopamina no núcleo *accumbens* pode causar psicose anfetamínica, quadro caracterizado por pensamentos paranoicos, delírio, confusão e alucinações e/ou ilusões.[7] Com relação às manifestações de toxicidade na periferia, destacam-se os efeitos cardiovasculares, que podem resultar em cefaleia, calafrios, palpitações, arritmias, dor anginosa, alterações de pressão arterial e colapso circulatório.[8,9] Ainda podem ocorrer alterações gastrintestinais, incluindo náuseas, vômitos, cólicas abdominais e diarreia. Quadros mais graves podem culminar em convulsões, coma e hemorragia cerebral, podendo ser fatais.[9,10]

ALERTA IMPORTANTE

Os principais efeitos adversos associados aos estimulantes derivados das anfetaminas de uso farmacológico são a supressão do apetite e a insônia. Os estimulantes do SNC derivados das anfetaminas apresentam alto potencial abusivo. Por isso, antes de prescrever esses medicamentos, deve-se avaliar este risco e monitorar sinais de abuso e dependência durante o tratamento.

DIAGNÓSTICO

Pacientes sintomáticos devem ser avaliados com cautela. O diagnóstico feito apenas com base na anamnese pode ser de pouca valia no caso de abuso de anfetaminas, pois a maioria dos usuários não sabe exatamente qual droga de abuso consumiu ou foi ludibriado na aquisição.

A hiponatremia deve ser avaliada em pacientes com confusão mental e uso de MDMA. O eletrocardiograma (ECG) e as troponinas podem ser úteis para excluir isquemia e infarto agudo do miocárdio. Hemograma, coagulograma, enzimas hepáticas e creatinoquinase total podem fazer parte da avaliação laboratorial. Mioglobinúria deve ser pesquisada em casos suspeitos de rabdomiólise. Em casos de sintomas neurológicos persistentes, a tomografia de crânio é indicada.

A confirmação do uso de anfetaminas e derivados pode ser obtida a partir de uma amostra de urina do paciente submetida a teste imunocromatográfico (teste rápido) ou cromatografia líquida ou a gás. As anfetaminas e derivados podem ser detectadas em urina em até 48 horas após o uso. Análise de metilfenidato não está disponível na maior parte dos serviços de urgência.

TRATAMENTO

Medidas de suporte

Medidas de suporte de vida devem ser adotadas em casos sintomáticos. Benzodiazepínicos podem ser administrados em indivíduos com manifestações cardiovasculares leves e hemodinamicamente estáveis e para o controle da agitação. Os benzodiazepínicos também podem ser empregados em casos de convulsões; caso estas sejam refratárias, podem-se administrar barbitúricos de curta duração. A hipertermia deve ser controlada com compressas frias e sedação do paciente. Emergências hipertensivas respondem bem ao nitroprussiato de sódio e à nitroglicerina. Pacientes com delírios ou alucinações e sinais vitais normais podem ser tratados com haloperidol ou droperidol. Em caso de sinais alterados, os benzodiazepínicos são a melhor escolha.

Medidas de descontaminação

Em casos de ingestão recente, é recomendada a lavagem gástrica seguida de carvão ativado. A indução de êmese é contraindicada, pelo risco de convulsões.

Medidas de depuração

Não estão indicadas medidas de depuração.

ANTÍDOTO

Não há antídoto específico para a intoxicação por derivados anfetamínicos.

ERROS COMUNS QUE VOCÊ DEVE EVITAR

Diagnóstico equivocado de TDAH, expondo as crianças a um tratamento desnecessário com estimulantes do SNC com alto potencial de abuso.

Não monitorar sinais de uso abusivo e dependência de estimulantes do SNC derivados de anfetaminas.

Evitar o uso de betabloqueadores, pois podem exacerbar taquicardia e hipertensão.

REFERÊNCIAS BIBLIOGRÁFICAS

1. Drugs.com. Base de dados. [acesso em janeiro de 2022]. Disponível em: http://www.drugs.com
2. ABDA. Associação Brasileira do Déficit de Atenção. [acesso em janeiro de 2022]. Disponível em: www.tdah.org.br
3. Ermer J, Pennick M, Frick G. Lisdexamphetamine dimesylate: prodrug delivery, amphetamine exposure and duration of efficacy. Clin Drug Investig. 2016;36:341-56.
4. Faraone SV. The pharmacology of amphetamine and methylphenidate: Relevance to the neurobiology of attention-deficit/hyperactivity disorder and other psychiatric comorbidities. Neurosci Biobehav Rev. 2018;87:255-70.
5. Poulton AS, Hibbert EJ, Champion BL, Nanan RK. Stimulants for the control of hedonic appetite. Front Pharmacol. 2016;7:105.
6. Coulter AA, Rebello CJ, Greenway FL. Centrally acting agents for obesity: past, present, and future. Drugs. 2018;78(11):1113-32.
7. McKetin R, Leung J, Stockings E, Huo Y, Foulds J, Lappin JM, et al. Mental health outcomes associated with of the use of amphetamines: a systematic review and meta-analysis. EClinicalMedicine. 2019;16:81-97.
8. Wodarz N, Krampe-Scheidler A, Christ M, Fleischmann H, Looser W, Schoett K, et al. Evidence-Based Guidelines for the Pharmacological Management of Acute Methamphetamine-Related Disorders and Toxicity. Pharmacopsychiatry. 2017;50(3):87-95.
9. Vasan S, Olango GJ. Amphetamine toxicity. In: StatPearls. Treasure Island: StatPearls Publishing; 2020.
10. Kronstrand R, Guerrieri D, Vikingsson S, Wohlfarth A, Gréen H. Fatal poisonings associated with new psychoactive substances. Handb Exp Pharmacol. 2018;252:495-541.

CAPÍTULO 16

ANTIARRÍTMICOS

João Tomás de Abreu Carvalhaes
Ho Chi Hsien

PONTOS-CHAVE
• A ingestão de medicamentos antiarrítmicos por crianças pequenas é um evento acidental. • Geralmente, os quadros clínicos podem ser graves, com bradicardia, hipotensão e perda de consciência por hipóxia. • O essencial no manejo é a avaliação clínica criteriosa na identificação da medicação e da arritmia desencadeada pelo próprio antiarrítmico.

INTRODUÇÃO

Os agentes antiarrítmicos formam um grupo de medicamentos que suprimem os ritmos cardíacos anormais (arritmia cardíacas) e são compostos de medicamentos de diversas classes que afetam a condução de impulsos elétricos no coração.

Intoxicações medicamentosas em pacientes pediátricos normalmente resultam de ingestão acidental, o que é a causa mais comum em crianças menores de 6 anos de idade. Casos de intoxicação por antiarrítmicos como bloqueadores dos canais de cálcio (BCC) e betabloqueadores (BB) foram responsáveis por 40% dos casos de intoxicação e 65% das mortes causadas por fármacos usados no tratamento de doenças cardiovasculares nos Estados Unidos.

Segundo a Sociedade Brasileira de Cardiologia, a terapia farmacológica é a base do tratamento dos eventos arrítmicos na infância.[1] Doses tóxicas são definidas como qualquer quantidade que exceda a dose terapêutica única máxima usual ou igual ou superior à dose tóxica mais baixa descrita.

Pela classificação Vaughan-Williams, temos cinco classes de antiarrítmicos. Na Pediatria, os mais citados na literatura são os BB (classe II), bloqueadores dos canais de potássio, amiodarona (classe III) e BBC, verapamil (classe IV).[2]

BETABLOQUEADORES

Os BB são a principal causa de intoxicação com alta morbimortalidade, sobretudo se ocorrem em associação a outras medicações, como BCC e digitálicos.

Mecanismos de ação

Os BB agem bloqueando receptores beta-1 no miocárdio e beta-2 no pulmão, no músculo liso vascular e no rim, modulando a atividade da contração do miócito e do músculo liso vascular e diminuindo a entrada de cálcio na célula. O betabloqueio diminui o trabalho do miocárdio e reduz a pressão arterial.[3]

Farmacocinética/toxicocinética

Os BB são prontamente absorvidos após serem ingeridos, com pico de absorção de 1 a 4 horas, exceto para os preparados de liberação lenta. A absorção também pode ser retardada quando há ingestão de drogas que diminuem a motilidade gastrintestinal, como opioides e anticolinérgicos. A maioria dos BB é moderadamente lipofílicos, mas alguns BB são altamente lipofílicos, podem atravessar facilmente as células lipídicas e a barreira hematoencefálica, levando a convulsões em casos de sobredosagem.

O fígado excreta a maioria dos BB. Atenolol, carteolol e nadolol são as exceções que sofrem excreção renal. Vários BB podem causar bloqueio dos canais de sódio ou potássio e, portanto, levam ao prolongamento dos intervalos QRS e QTc, respectivamente. Os BB que bloqueiam o canal de sódio possuem "atividade estabilizadora da membrana", que potencializa a toxicidade na sobredosagem.[3]

Quadro clínico

Os sintomas mais comuns da intoxicação por BB são bradicardia e hipotensão. Em intoxicações graves, podem ocorrer depressão miocárdica e choque cardiogênico. Também afetam o sistema nervoso central (SNC), com alterações do estado mental, coma e convulsões, sendo essas manifestações associadas a hipotensão e broncoespasmo, que pode ser de difícil controle. A hipoglicemia é relativamente incomum, mas descrita em crianças; causa hipoglicemia ao inibir a glicogenólise e pode ser de difícil reconhecimento, em razão do bloqueio beta-adrenérgico (Quadro 1).

Quadro 1. Sintomas da intoxicação por betabloqueadores
• Hipotensão • Convulsões • Bradicardia • Parada respiratória • Bloqueios de condução (bloqueio atrioventricular de primeiro grau) • Broncoespasmo pulmonar • Hipoglicemia • Hipercalemia • Arritmias ventriculares (sotalol) • Assistolia • Confusão mental • Coma • Diminuição da contratilidade

Diagnóstico

A avaliação inicial de um paciente em coma, bradicardia e hipotenso deve incluir, entre as hipóteses, uma *overdose* por BB. Outros sintomas incluem hipotermia, hipoglicemia e convulsões. A hipoglicemia é relativamente incomum, mas descrita em crianças.

Na suspeita de intoxicação por BB, o primeiro exame indicado é a realização de eletrocardiograma (ECG). Os BB diminuem a velocidade de condução pelo nó atrioventricular, resultando em prolongamento do intervalo PR, além de diminuir o automatismo do nó sinoatrial. Achados de ECG incluem piora progressiva da bradicardia sinusal, aumento do intervalo PR, perda de atividade atrial, ritmo juncional atrioventricular, alargamento do complexo QRS, bloqueio atrioventricular, ritmo idioventricular e assistolia.[3-5] O prolongamento do intervalo QT pode ocorrer com o uso do sotalol.

Tratamento

Inicia-se por medidas de suporte, como manter as vias aéreas pérvias e administrar oxigênio suplementar quando necessário; monitorar sinais vitais; fazer acesso venoso calibroso e coleta de amostras para exames laboratoriais e toxicológicos, além de hidratação adequada.

Descontaminação

Lavagem gástrica e carvão ativado, preferencialmente na 1ª e 2ª horas pós-ingestão. Caso haja ingestão de dose maciça ou de preparação de liberação prolongada, considerar o uso de carvão ativado em múltiplas doses (CAMD).[6]

Antídoto

Glucagon: a dose inicial é de 50 µg/kg em *bolus*, seguidos da infusão de glucagon a 2-10 mg/h. Se o paciente apresentar hipotensão, administram-se 20 mL/kg de fluidos isotônicos intravenosos e coloca-se o paciente na posição de Trendelenburg. Se não apresentar resposta adequada, com hipotensão e/ou bradicardia graves, associadas a rebaixamento do SNC, utilizam-se simultaneamente os seguintes procedimentos:

- Bradicardia: atropina.
- Sais de cálcio: gluconato de cálcio intravenoso.
- Altas doses de glicose e insulina: administrar 1 UI/kg de insulina regular em conjunto com 0,5 g/kg de glicose em *bolus*. Após, deixar a infusão de insulina 1 UI/kg/h e glicose 0,5 g/kg/h e monitorar a glicose a cada 30 minutos a 1 hora.
- Vasopressores: utilizar epinefrina ou isoproterenol.[6-8]

Medidas de depuração

A hemodiálise pode ser útil em casos graves de intoxicação por atenolol, pois tem menos de 5% de ligação proteína e 40-50% são excretados na urina. Nadolol, sotalol e atenolol, que têm baixa solubilidade lipídica e baixa ligação à proteína, supostamente são removidos por hemodiálise. Há indicação de hemodiálise ou hemoperfusão somente em caso de falha do tratamento com glucagon e outras farmacoterapias.

BLOQUEADORES DOS CANAIS DE CÁLCIO

Os BCC são divididos em duas classes: os não di-hidropiridínicos, como o verapamil e o diltiazem, e os di-hiidropiridínicos, que incluem o nifedipino e o anlodipino. Os não di-hidropiridínicos são mais seletivos para as células do miocárdio, diminuindo a condução e a contratilidade cardíaca. Em situação de sobredosagem, essa seletividade diminui. Verapamil e diltiazem são os mais usados como antiarrítmicos.[7] As recomendações para avaliação intra-hospitalar, baseadas na dose do BCC ingerido, são verapamil > 2,5 mg/kg e diltiazem > 1 mg/kg.

Mecanismos de ação

O cálcio intracelular é o estímulo primário para a contração da musculatura lisa e cardíaca e para a formação de impulso elétrico nas células do marca-passo sinoatrial. Os BCC ocupam o canal de cálcio e, diminuindo a entrada de cálcio nas células do miocárdio, reduzem a condução eletromecânica, retardam a atividade de marca-passo nos nós sinoatrial e atrioventricular e diminuem a condução do nó atrioventricular. Bloqueio dos canais de cálcio nos músculos lisos vasculares resulta em vasodilatação. Nas células das ilhotas betapancreáticas, inibem a liberação de insulina e alteram a sensibilidade dos tecidos à insulina.[9]

Farmacocinética/toxicocinética

Os níveis plasmáticos de pico do cloridrato do verapamil são alcançados de 1 a 2 horas após a administração. São altamente ligados a proteínas (90%), com grande volume de distribuição. É metabolizado no fígado através do citocromo P450. A meia-vida do verapamil é prolongada em pacientes com insuficiência hepática, em razão da diminuição da depuração e do elevado volume de distribuição.[7,10]

Quadro clínico

A hipotensão é o sintoma mais comum após a intoxicação. Os pacientes com intoxicação moderada a grave apresentam, ainda, anormalidades no ritmo de condução sinoatrial, bradicardia sinusal e graus variados de bloqueio atrioventricular. que ocorre mais frequentemente com o verapamil do que com o diltiazem. O *delirium* e o coma foram descritos e são secundários à hipoperfusão cerebral. A alteração da consciência, na ausência de hipotensão, não deve ser automaticamente atribuída à toxicidade dos BCC, sendo necessária a avaliação de outras causas. Sintomas gastrintestinais como náuseas e vômitos são incomuns.

Diagnóstico

Histórico de ingestão de doses elevadas deve ser considerado potencialmente tóxico. Sempre que possível, devem ser esclarecidos fatores como o medicamento específico, a quantidade, a hora da ingestão e se a preparação tem ou não liberação prolongada. As crianças são sensíveis à toxicidade dos BCC, e mortes foram relatadas após a administração de 25 mg de verapamil em uma criança de 7 dias de idade.

O verapamil tem o efeito inotrópico negativo mais potente de todos os BCC e causa a mesma depressão da contratilidade miocárdica e a dilatação do músculo liso vascular em qualquer concentração. Esse efeito cardiovascular pode ser um dos motivos pelos quais a *overdose* de verapamil causa mais óbito do que os demais BCC combinados.

O ECG é obrigatório em todos os pacientes com suspeita de intoxicação por BCC, e as alterações observadas incluem bradicardia sinusal e graus variados de bloqueio atrioventricular, enquanto os ritmos de junção e os ritmos de escape ventriculares são comumente vistos em *overdoses* graves por verapamil ou diltiazem.

A hiperglicemia é observada com frequência após a ingestão de BCC, o que a diferencia da ingestão de BB, que tipicamente é euglicêmica e, às vezes, hipoglicêmica. Os BCC inibem a secreção de insulina mediada pelo cálcio das células beta no pâncreas, impedindo o uso de carboidratos, e aumentam a resistência à insulina por mecanismos pouco claros.

A hipoperfusão sistêmica pode causar uma acidose com lactato aumentado e ânion *gap* elevado, com baixo nível de bicarbonato sérico. A hipocalemia pode ser observada em *overdoses*. A dosagem de concentrações séricas de BCC não está rotineiramente disponível e não é usada no manejo.

Descontaminação

A descontaminação gastrintestinal com carvão ativado deve ser considerada em pacientes assintomáticos dentro de 1 hora da ingestão de uma quantidade potencialmente tóxica de BBC, embora o potencial de benefício após 1 hora não deva ser ignorado. A dose recomendada é de 10 a 25 g ou 0,5 a 1 g/kg para crianças até 1 ano e 25 a 50 g ou 0,5 a 1 g/kg para crianças de 1 a 12 anos de idade.

Medidas de suporte

Consistem em terapias para estabilização cardiovascular. Para medidas de primeira linha, deve-se priorizar com base na condição do paciente e efeito desejado:

- Fluidos intravenosos.
- Cálcio intravenoso: cloreto de cálcio 10%, 20 mg/kg IV por 10 a 15 minutos, podendo-se repetir a cada 10 a 15 minutos ou seguir com a infusão de 20 a 50 mg/kg/h.
- Insulina em alta dose com glicose: *bolus* de insulina regular 0,5 a 1 unidade/kg, seguido da infusão de 0,5 a 1 unidade/kg/h. Titular a cada 15 a 20 minutos até a melhora satisfatória nos parâmetros hemodinâmicos. Iniciar a infusão de glicose em 0,5 a 1 g/kg/h e titular conforme a necessidade para manter a euglicemia. Monitorar a glicemia a cada 30 minutos durante as primeiras 4 horas e de hora em hora a partir de então. Monitora-se o potássio a cada hora e ajusta-se conforme o nível sérico, para manter a faixa de 2,8 a 3,2 mEq/L.
- Vasopressores (de preferência norepinefrina e/ou epinefrina).
- Atropina (para bradicardia): 0,02 mg/kg IV (dose máxima: 0,5 mg).

Sem resposta adequada: medidas refratárias e de resgate. Prioriza-se com base na condição do paciente e no efeito desejado:

- Emulsão lipídica intravenosa: *bolus* de emulsão lipídica a 20% de 1,5 mL/kg ao longo de 2-3 minutos, seguida de infusão de 0,25 mL/kg/min (máximo 12 mL/kg).
- Marca-passo.
- VA-ECMO: para os pacientes com hipotensão refratária a todas as terapias farmacológicas.

Medidas de depuração

Plasmaférese e terapia de substituição renal contínua com hemodiafiltração podem usadas em casos de intoxicação grave e resistentes à terapia com infusões de glucagon e norepinefrina, mas não podem ser recomendadas a todos os casos de intoxicação de BBC.[6,7,10,11]

AMIODARONA

A amiodarona é o principal antiarrítmico de classe III. Funciona bloqueando as correntes retificadoras de potássio e raramente é uma droga de primeira escolha, por causa de seus efeitos adversos. É frequentemente usada em pacientes com arritmias refratárias a outras drogas, e seu alto volume de distribuição torna improvável que cause toxicidade grave com ingestão única. No entanto, os pacientes com suspeita de superdosagem aguda de amiodarona devem receber monitoramento cardíaco contínuo por 2 a 3 dias após a ingestão, pois os efeitos tóxicos podem demorar a aparecer.

A toxicidade aguda da amiodarona por superdosagem é um fenômeno relativamente raro.

- Dose terapêutica oral padrão: dose de ataque oral de 10 a 15 mg/kg/dia por 4 a 14 dias, seguidos por uma dose de manutenção de 5 mg/kg/dia.
- Dose intravenosa – inicial: 5 mg/kg, administrada em 20 a 60 minutos. Dose máxima: 300 mg/dose.
- *Bolus* de 5 mg/kg podem ser repetidos até 2 vezes.
- Dose de manutenção: 5 a 15 μg/kg/minuto IV (7 a 20 mg/kg dia).[12]

Mecanismos de ação

A principal ação eletrofisiológica é o prolongamento do potencial de ação e refratariedade de todas as estruturas cardíacas, resultando na redução da excitabilidade da membrana do tecido miocárdico. Prolonga o potencial de ação das células miocárdicas na fase 3 (repolarização rápida) e o período refratário dos tecidos atrial, nodal e ventricular. Aumenta o período refratário por meio de efeitos nos canais de sódio e potássio e retarda a condução intracardíaca do potencial de ação na via eferente do canal de sódio.[13]

Farmacocinética/toxicocinética

A absorção gastrintestinal é da ordem dos 50%, com pico plasmático entre 3 e 7 horas após a administração de dose única, por via oral. Mais de 96% do fármaco circulante está ligado às proteínas plasmáticas. É altamente lipossolúvel e tem grande volume de distribuição, atingindo grande concentração nos pulmões, tecido adiposo e, em menor extensão, no miocárdio. A meia-vida longa e variável. A metabolização ocorre no citocromo P450 hepático e intestinal, e a eliminação ocorre por via biliar. Realiza-se circulação êntero-hepática. Não é necessário ajuste em insuficiência renal, hepática ou cardíaca.[13]

Quadro clínico

Na literatura, há poucos relatos sobre toxicidade aguda de amiodarona. Após a administração intravenosa, os efeitos adversos mais relatados são hipotensão (15%), arritmias, choque cardiogênico, insuficiência cardíaca congestiva e testes de função hepática elevados (2 a 5%).

Seu efeito de bloqueio dos canais de potássio resulta em aumento da duração do potencial de ação e um período refratário efetivo prolongado nos miócitos cardíacos. A excitabilidade dos miócitos está diminuída, evitando que os mecanismos de reentrada e os focos ectópicos perpetuem as taquiarritmias. A evidência eletrocardiográfica desses efeitos é o prolongamento da duração do QRS e do intervalo QTc.

As manifestações eletrofisiológicas desse efeito da droga incluem a diminuição da automaticidade do nó sinoatrial e da velocidade de condução do nó atrioventricular (bloqueio atrioventricular) e a inibição da automaticidade do marca-passo ectópico. Em alguns casos, esses mecanismos adicionais de ação podem resultar em bradicardia e hipotensão sem resposta a atropina e *torsades de pointes* na ausência de prolongamento de intervalo QT.[13-15]

Descontaminação

O CAMD pode ser útil após a sobredosagem oral, com dose inicial de 1 g/kg.[13]

Tratamento de suporte

Na fase inicial, com base na avalição do quadro respiratório e hemodinâmico, deve-se proceder às seguintes medidas terapêuticas:

- Bradicardia: está indicada atropina e, se necessário, marca-passo externo ou percutâneo.
- Taquiarritmias: manejo de acordo com o protocolo de suporte avançado.
- *Torsades de pointes*: infusão de magnésio, isoproterenol. Se necessário, marca-passo externo.
- Toxicidade pulmonar aguda: uso de esteroides, intubação e cuidados de suporte em toxicidade pulmonar grave ou insuficiência respiratória aguda (SDRA).[15,16]

Depuração

A amiodarona e seu metabólito não são dialisáveis. Em razão de sua meia-vida longa (25-100 dias), a toxicidade pode continuar, apesar da interrupção do tratamento.[13]

ALERTA IMPORTANTE

Intoxicação medicamentosa em crianças geralmente resulta da exposição a medicamentos sem a presença de um adulto. Segundo relatório da associação de centros de toxicologia dos Estados Unidos em 2019, nos casos de intoxicação por BB, dos 11.166 casos relatados, 2.699 foram em crianças menores de 6 anos. Deve-se sempre interrogar sobre a quantidade e o tipo de liberação do fármaco ingerido pela criança.

ERROS COMUNS QUE VOCÊ DEVE EVITAR

Deixar de observar que ritmo cardíaco alterado, em paciente com perda de consciência e hipotensão, pode ser intoxicação por antiarrítmicos.

Não verificar a classe do antiarrítmico, a quantidade e o tempo de ingestão.

Não proceder à descontaminação dos BB na primeira hora da ingestão.

Não manter monitoração por até 72 horas, mesmo em caso de intoxicação leve, sobretudo por amiodarona.

REFERÊNCIAS BIBLIOGRÁFICAS

1. Magalhães LP, Guimarães I, Melo SL, Mateo E, Andalaft RB, Xavier L, et al. Diretriz de arritmias cardíacas em crianças e cardiopatias congênitas SOBRAC e DCC – CP. Arq Bras Cardiol. 2016;107(1 Suppl 3):1-58.
2. Barton AK, McGowan M, Smyth A, Wright GA, Gardner RS. Classification and choice of antiarrhythmic therapies. Prescriber. 2020;31(3):11-7.
3. Farzam K JA. Beta blockers. [Updated 2021 Jul 9]. Treasure Island: StatPearls; 2021.
4. Sadler W, Hunt N, Nelson K, Adelmann E, Mazurek P, Bassin B. Calcium channel blocker intoxication: a critical care transport perspective. Air Med J. 2021;40(1):69-72.
5. Khalid MM, Galuska MA, Hamilton RJ. Beta-blocker toxicity [database on the Internet]. Treasure Island: StatPearls; 2021.
6. Hernandez EMM, Rodrigues RMR, Torres TM, editores. Manual de toxicologia clínica: orientações para assistência e vigilância das intoxicações agudas. São Paulo: Secretaria Municipal da Saúde; 2017. p. 465.
7. Bartlett JW, Walker PL. Management of calcium channel blocker toxicity in the pediatric patient. J Pediatr Pharmacol Ther. 2019;24(5): 378-89.
8. Rotella JA, Greene SL, Koutsogiannis Z, Graudins A, Hung Leang Y, Kuan K, et al. Treatment for beta-blocker poisoning: a systematic review. Clin Toxicol (Phila). 2020;58(10):943-83.
9. Arroyo AM, Kao LW. Calcium channel blocker toxicity. Pediatr Emerg Care. 2009;25(8):532-8; quiz 9-40.
10. Krenz JR, Kaakeh Y. An overview of hyperinsulinemic-euglycemic therapy in calcium channel blocker and β-blocker overdose. Pharmacotherapy. 2018;38(11):1130-42.
11. Ranniger C, Roche C. Are one or two dangerous? Calcium channel blocker exposure in toddlers. J Emerg Med. 2007;33(2):145-54.
12. Kakavand B, Di Sessa TG. Unusual amiodarone toxicity in a child. J Pediatr Pharmacol Ther. 2008;13(2):93-5.
13. Massachusetts Rcfpcap. Amiodarone. Clin Toxicol. 2003;5(25).
14. Perry JC, Fenrich AL, Hulse JE, Triedman JK, Friedman RA, Lamberti JJ. Pediatric use of intravenous amiodarone: efficacy and safety in critically ill patients from a multicenter protocol. J Am Coll Cardiol. 1996;27(5): 1246-50.
15. Florek JB, Girzadas D. Amiodarone. Treasure Island: StatPearls; 2021.
16. Buck ML. Amiodarone use in children. J Pediatr Pharmacol Ther. 2001; 7(12).

CAPÍTULO 17

ANTIBIÓTICOS E ANTIFÚNGICOS

Maria Amélia de Castilhos
Marina Venzon Antunes
Rafael Linden

PONTOS-CHAVE

- Grande parte dos antibióticos e antifúngicos, se não utilizados de acordo com a posologia indicada, possui iminente risco tóxico, principalmente aos rins, ouvidos e olhos. Entretanto, em sua grande maioria, os efeitos tóxicos mais marcantes são as reações alérgicas.
- A administração intravenosa de diurético aumenta a concentração do antibiótico no plasma e nos tecidos, potencializando os efeitos tóxicos, principalmente da classe dos aminoglicosídeos.
- Existe risco potencial de doenças articulares decorrentes do uso de antibióticos da classe das quinolonas em menores de 18 anos.
- A principal reação aguda decorrente do uso de antifúngicos é a febre com calafrios. Pacientes com preexistência de cardiopatia ou pneumopatia podem tolerar mal as demandas metabólicas e, por esse motivo, devem receber dose-teste e ser observados para avaliar a gravidade da reação, principalmente quando são utilizados antifúngicos da classe da anfotericina B.
- A eficácia do tratamento depende de fatores como a absorção, a quantidade do fármaco que atinge o local de infecção e a velocidade de eliminação, fatores que variam de acordo com as características fisiopatológicas do paciente e seu histórico de tratamentos.
- Exames laboratoriais como hemograma, marcadores hepáticos e renais e análises toxicológicas podem ser utilizados para avaliar a exposição aos antibióticos e antifúngicos no organismo, a fim de permitir o uso de doses individualizadas.

ALERTA IMPORTANTE

Pacientes geriátricos ou pediátricos, pacientes com função renal ou hepática diminuída e pacientes com histórico de alergias medicamentosas devem ser monitorados caso necessitem de doses elevadas de qualquer antibiótico, principalmente das classes dos carbapenêmicos, glicopeptídios e aminoglicosídeos.

Podem provocar colite, especialmente, antibióticos das classes das cefalosporinas, clindamicina, fluoroquinolonas ou penicilinas. Esse tipo de colite resulta do efeito de toxinas produzidas pela bactéria *Clostridium difficile*, que é resistente a muitos antibióticos e se desenvolve no intestino de forma descontrolada quando outras bactérias normais da flora são destruídas pelos antibióticos.

A flucitosina pode deprimir a função da medula óssea e conduzir ao desenvolvimento de leucopenia e trombocitopenia. Pacientes que já possuem algum distúrbio hematológico subjacente ou que estejam em tratamentos que provoquem tais distúrbios, como quimioterapia ou radioterapia, têm maior tendência a apresentar esse efeito.

INTRODUÇÃO

Os antibióticos são substâncias produzidas por diversas espécies de microrganismos, como bactérias, fungos e actinomicetos, mas também podem ser produzidos por síntese química, como as sulfonamidas e as quinolonas. São capazes de inibir o crescimento microbiano e/ou matar determinada bactéria, sendo classificados como bacteriostáticos ou bactericidas. Os antibióticos de origem natural e seus derivados semissintéticos compreendem a maioria dos fármacos em uso clínico utilizados no combate às infecções e, por consequência, nas sepses, as principais causas de mortalidade entre pacientes em terapia intensiva.[1-3]

A dosagem inadequada de antibióticos pode provocar impacto negativo na evolução do paciente, principalmente em terapia intensiva, aumentando o risco de efeitos colaterais graves, como danos tóxicos ao fígado, ao sistema nervoso central e principalmente aos rins, além de aumentar o risco de resistência microbiana.[3-5]

Subentende-se que os pacientes que estão na unidade de terapia intensiva apresentem características fisiológicas diferentes dos demais pacientes, necessitando de maior cuidado e tornando indispensável uma análise mais criteriosa sobre as dosagens dos medicamentos que serão utilizados em seu tratamento.[2,6]

Em particular, os aminoglicosídeos caracterizam-se pelo seu potencial de toxicidade. A nefrotoxicidade é dose-dependente e em geral reversível, enquanto a ototoxicidade pode provocar danos irreversíveis em nível vestibular e/ou coclear. A compreensão dos diversos parâmetros farmacocinéticos pode ampliar a chance de sucesso terapêutico, bem como reduzir a ocorrência de efeitos tóxicos associados a essa classe de antibióticos. A amicacina é um antibiótico muito empregado em monoterapias, mas também em associação a outros antibióticos, sobretudo tratamentos para infecções hospitalares por *Acinetobacter* spp.[1,6,7]

Os antibióticos podem ser divididos em categorias referentes à sua farmacocinética e farmacodinâmica e conforme sua utilização ante a necessidade do processo infeccioso (Quadro 1).

Os fármacos antifúngicos podem ser divididos conforme sua ação perante a infecção, se sistêmica ou superficial, mas também podem ser classificados por seu local de ação, se na síntese de ergosterol, do lanosterol ou em outros pontos. Dentro das infecções superficiais estão contidas as dermatomicoses e a candidíase. Outras infecções mais profundas podem envolver uma grande quantidade de fungos. Frequentemente as infecções fúngicas sistêmicas são ocasionadas pela baixa atividade imunológica dos pacientes, caracterizando as chamadas infecções oportunistas. Assim como os antibióticos, os antifúngicos podem ser fungicidas (matam o fungo) ou fungistáticos (paralisam a atividade do fungo); também podem ser classificados em naturais e sintéticos, em que os fármacos naturais são dados pelos polienos e equinocandinas e os fármacos sintéticos são representados pelos "azóis" e pirimidinas fluoradas. Para as infecções mais simples ou caracterizadas como superficiais, são recomendados os medicamentos de uso tópico. Já para as infecções mais profundas e complicadas, normalmente se utiliza a administração intravenosa.[3,7,8]

Assim como os antibióticos, os antifúngicos, se utilizados de forma a não respeitar a posologia e o tempo de uso, podem causar resistência microbiana e efeitos colaterais tóxicos, principalmente envolvendo tecidos renal, hepático e nervoso. O Quadro 1 mostra a classe e o risco toxicológico dos antifúngicos.[1]

MECANISMOS DE AÇÃO E ASPECTOS GERAIS[1,9,10]

Aminoglicosídeos em geral agem inibindo a síntese proteica bacteriana e são classificados como bactericidas. Em sua grande maioria, não são metabolizados. A eliminação é renal (na sua forma original), com pequena quantidade eliminada via bile/fezes.[10]

Carbapenêmicos inibem a síntese de parede celular, sendo considerados uma classe de antibióticos bactericidas. Na sua grande maioria, não são metabolizados. A eliminação é renal (na sua forma original), com 70% eliminado em 12 horas.[10]

Cefalosporinas de 1ª geração inibem a síntese da parede celular da bactéria, sendo consideradas bactericidas. A biotransformação é parcial no fígado, e a eliminação é renal (em sua forma original).[10]

Quadro 1. Classe e perfil toxicológico do antibiótico

Nome	Classe	Aviso toxicológico
Amicacina **Estreptomicina** **Gentamicina**	**Aminoglicosídeo**	Suspeitar de toxicidade se surgirem ou se agravarem os sintomas a seguir: perda de audição, sensação de barulho ou entupimento nos ouvidos, insegurança no andar, tontura, náusea, vômito. Risco de aumentar a toxicidade nos rins com aciclovir, anfotericina B, bacitracina, cefalosporina, cidofovir, cisplatina, metoxiflurano, vancomicina e outro aminoglicosídeo. Pode aumentar o bloqueio neuromuscular com vecurônio, pancurônio ou atracúrio. Pode ter o bloqueio neuromuscular aumentado por anestésico geral. Pode aumentar os riscos de toxicidade nos ouvidos com diurético de alça intravenoso (furosemida). Pacientes com insuficiência renal estão propensos às reações neurotóxicas que compreendem os distúrbios dos nervos da visão, audição e nervos periféricos, além de outras perturbações cerebrais. Pacientes idosos, obesos ou desidratados são mais propensos à toxicidade sobre a audição. O uso prolongado e doses altas são desaconselhados pelo risco aumentado de toxicidade aos rins e ao sistema auditivo. A estreptomicina atravessa a barreira placentária.
Neomicina **Tobramicina**	**Aminoglicosídeo**	Ainda não são conhecidas a intensidade e a frequência das reações adversas. Existem relatos de ocorrência rara de prurido (coceira) e *rash* cutâneo (vermelhidão de pele). Possui potencial inerente para causar ototoxicidade. A nefrotoxicidade induzida por aminoglicosídeos é geralmente reversível. Em casos raros, a nefrotoxicidade se manifesta alguns dias após o término do tratamento. Também há maior chance de nefrotoxicidade quando se associa um aminoglicosídeo a outra droga nefrotóxica. A neurotoxicidade pode ser manifestada por ototoxicidade tanto auditiva como vestibular. As alterações auditivas são irreversíveis, geralmente bilaterais, podendo ser parciais ou totais. Podem ocorrer danos no VIII par craniano (nervo vestibulococlear), principalmente em pacientes apresentando dano renal preexistente e em pacientes com função renal normal para os quais os aminoglicosídeos são administrados por períodos mais longos ou em doses mais altas do que as recomendadas. Outras manifestações de neurotoxicidade podem incluir entorpecimento, sensação de picadas na pele, contrações musculares e convulsões. Desidratação e hipovolemia são fatores de risco para neurotoxicidade, ototoxicidade e nefrotoxicidade induzidas por tobramicina. Deve-se corrigir antes da utilização de aminoglicosídeos.
Meropeném **Ertapeném** **Imipeném**	**Carbapenêmicos**	Pode provocar diminuição da função renal, problema no sistema nervoso central ou meningite. Pacientes com histórico de doença gastrintestinal possuem risco aumentado de desenvolver colite (colite pseudomembranosa com o uso de carbapenêmicos). Risco de distúrbio no sistema nervoso central como lesões cerebrais e convulsão. Concentração possivelmente aumentada por probenecida. O imipeném-cilastatina pode reduzir o limiar convulsivo, levando ao aparecimento de convulsões, principalmente em pacientes idosos, com alteração da função renal ou cuja doença de base predisponha a convulsões.

continua

Quadro 1. Classe e perfil toxicológico do antibiótico (*continuação*)

Nome	Classe	Aviso toxicológico
Cefalotina	**Cefalosporina de 1ª geração**	Possível diminuição da função renal, colite ulcerativa, enterite regional ou colite associada a antibiótico (colite pseudomembranosa). Podem aumentar o risco de hemorragias com inibidor da agregação plaquetária. Efeitos tóxicos podem ser aumentados com probenecida e medicamentos nefrotóxicos como os aminoglicosídeos. Podem ter o risco de reação adversa nos rins aumentado pelo uso de diurético de alça. Não devem ser misturadas com soluções contendo cálcio e não devem ser administradas simultaneamente com solução intravenosa contendo cálcio, incluindo infusão de nutrição parenteral, mesmo em linhas diferentes de infusão em pontos diferentes e para qualquer paciente, independentemente da idade.
Cefazolina		
Cefoxitina	**Cefalosporina de 2ª geração**	
Cefuroxima		
Cefotaxima	**Cefalosporina de 3ª geração**	
Ceftriaxona		
Ceftazidima		
Cefepima	**Cefalosporina de 4ª geração**	
Aztreonam	**Monobactâmico**	Pode ter efeitos nefrotóxicos sinérgicos com aminoglicosídeo e concentração aumentada por probenecida.
Ácido nalidíxico	**Quinolonas**	Não há descrição específica para o ácido nalidíxico. Podem provocar aumento das reações adversas com probenecida, sulfimpirazona e outro fármaco neurotóxico. Risco de toxicidade com ciclosporina e teofilina. Possível estimulação do sistema nervoso central com anti-inflamatório não esteroide. Iminente aumento da concentração de tizanidina (não associar). Risco de desordem do sistema nervoso central em pacientes com arteriosclerose ou epilepsia, ou outro fator que predisponha a convulsões. Paciente com histórico de doença gastrintestinal possui maior risco de desenvolver colite pseudomembranosa. Podem aumentar a ação de varfarina. Uso não recomendado até os 18 anos pelo risco potencial de doença articular.
Nitrofurantoína		
Norfloxacino		
Ciprofloxacino		
Levofloxacino		
Moxifloxacino		
Gemifloxacino		
Vancomicina	**Glicopeptídios**	Pode provocar ototoxicidade, nefrotoxicidade e colite pseudomembranosa. Sintomatologia envolve dor abdominal severa ou cólicas no estômago, dor ou sensibilidade abdominal ao toque, mudança na frequência e quantidade de urina, diarreia aquosa e severa (podendo ter sangue), dificuldade para respirar, sonolência, febre, sede excessiva, perda do apetite, perda auditiva, náusea, vômito, zumbido ou barulho nos ouvidos e fraqueza. Aumento de resposta tóxica dos aminoglicosídeos, colistina, estreptomicina, neomicina, canamicina, tobramicina, gentamicina, amicacina, anfotericina B, bacitracina, cisplatina, paromomicina, pentamidina, polimixina B, ciclosporina, ácido etacrínico, furosemida, bumetanida, capreomicina e estreptozocina.
Teicoplanina		Risco de perda auditiva para sons de alta frequência, zumbido nos ouvidos, broncoespasmo, distúrbios do equilíbrio, dor de cabeça, fadiga, febre, tontura e choque anafilático.
Linezolida	**Oxazolidinonas**	Tem propriedades inibidoras da monoaminoxidase. Risco de síndrome serotoninérgica com antidepressivo tricíclico, venlafaxina, sibutramina, trazodona, meperidina, dextrometorfano e outros inibidores seletivos da recaptação da serotonina. Podem causar aumento da pressão arterial quando associados a fármaco adrenérgico (dopamina, epinefrina, pseudoefedrina) e alimentos contendo tiramina. Podem aumentar o risco de mielossupressão com uso concomitante de fármaco mielossupressor.
Azitromicina	**Macrolídeos**	Pode provocar diminuição da função hepática e aumentar a ação de teofilina e varfarina.
Eritromicina		Risco de ototoxicidade em pacientes com diminuição da função hepática ou renal e/ou recebendo altas doses de eritromicina. Ainda pode ocorrer colite pseudomembranosa. Uso contraindicado pelo perigo de toxicidade cardíaca quando administrada com alfentanila, astemizol, terfenadina, diltiazem e verapamil. Pode aumentar a ação e os efeitos tóxicos de carbamazepina, ciclosporina e xantinas (cafeína, aminofilina, oxtrifilina e teofilina). Possível aumento da ação de varfarina, midazolam e triazolam e provável aumento da concentração sérica de digoxina. Pode aumentar o risco de reações tóxicas provocadas por di-hidroergotamina e ergotamina. Efeitos aditivos com fármaco que prolonga o intervalo QT, como amiodarona, antipsicóticos, disopiramida, fluoroquinolona, procainamida, quinidina, sotalol e antidepressivos tricíclicos.
Claritromicina		Com o uso oral, há possível aumento da concentração de carbamazepina, teofilina, digoxina, alprazolam, midazolam, triazolam, ciclosporina, inibidores da HMG-CoA redutase e sildenafila. Pode aumentar a ação da varfarina. O uso injetável pode provocar aumento da concentração de fármacos metabolizados por CYP3A, como anticoagulantes orais, alcaloides do ergot, alprazolam, astemizol, carbamazepina, cilostazol, cisaprida, metilprednisolona, omeprazol, pimozida, quinidina, sildenafila, sinvastatina, terfenadina, vimblastina, triazolam, tacrolimo, lovastatina, disopiramida, midazolam e ciclosporina. Possível risco de rabdomiólise com inibidores de HMG-CoA (lovastatina e sinvastatina).

continua

Quadro 1. Classe e perfil toxicológico do antibiótico (*continuação*)

Nome	Classe	Aviso toxicológico
Lincomicina	**Lincosaminas**	Pode ocorrer colite pseudomembranosa. Se ocorrer diarreia grave, não tratar com produtos que reduzam a mobilidade intestinal (como antiespasmódicos e narcóticos).
Clindamicina		Iminente risco de flebite após infusão intravenosa. Clindamicina não deve ser usada para tratar infecções no sistema nervoso central, pois não atinge concentrações adequadas.
Metronidazol	**Nitroimidazólicos**	Possível aumento da toxicidade de bussulfano. Risco de toxicidade aumentada por cimetidina. Zumbidos, vertigem, convulsões, ataxia cerebelar e neuropatia periférica são raros, ocorrendo com uso prolongado e em doses altas.
Cloranfenicol	**Cloranfenicol**	Alto risco tóxico. Testes hematológicos devem ser realizados antes do tratamento e a cada 2 dias durante a terapia. O tratamento deve ser descontinuado se ocorrerem reticulocitopenia, leucopenia, trombocitopenia ou anemia.
Tetraciclina	**Tetraciclinas**	Podem formar complexos não absorvíveis com antiácidos, suplemento de ferro, suplemento de cálcio, colina, salicilato de magnésio, laxante contendo magnésio e bicarbonato de sódio (aguardar cerca de 3 horas de intervalo entre a tetraciclina e eles). Possível aumento do risco de toxicidade renal com metoxiflurano. Risco de aumentar a ação de anticoagulante oral. Pode aumentar a absorção de digoxina. Risco de irritação esofágica e ulcerações.
Doxiciclina		
Tigeciclina	**Glicilciclinas**	A tigeciclina pode causar colite pseudomembranosa e aumentar o risco de sangramento com warfarina.
Polimixina B	**Polimixinas**	O uso injetável tem o risco de diminuir a função renal ou retenção de nitrogênio. Possível lesão renal caracterizada por necrose tubular aguda.
Daptomicina	**Daptomicinas**	A daptomicina não deve ser administrada com frequência maior que 1 x/dia, pelo risco aumentado de elevação da creatino-quinase. Deve-se monitorar o aparecimento de dor muscular e fraqueza. Pode ocorrer diarreia associada a *Clostridium difficile* durante ou até 2 meses após o tratamento com daptomicina. A daptomicina pode elevar falsamente o tempo de protrombina. Se for obtido resultado inesperado, o teste pode ser repetido no momento em que a concentração plasmática de daptomicina estiver mais baixa e outra causa para a alteração deve também ser investigada.
Anfotericina B + desoxicolato (padrão)	**Polienos**	Podem provocar insuficiência hepática aguda, gastrenterite hemorrágica, melena, alterações da coagulação, convulsões, perda de audição, tinido, vertigem transitória, visão turva ou diplopia, neuropatia periférica e insuficiência renal aguda. A anfotericina B com complexo lipídico, apesar de ter menos efeitos colaterais, também possui efeito nefrotóxico.
Anfotericina B + lipídios		
Nistatina		
Cetoconazol	**Azóis**	Medicamentos com potencial hepatotóxico. Podem aumentar o risco de hepatotoxicidade quando administrados com álcool ou outro fármaco hepatotóxico. Podem proporcionar reações do tipo dissulfiram com álcool. Podem aumentar a concentração e o risco de reações adversas com astemizol, terfenadina e cisaprida (uso contraindicado; podem ocorrer arritmias cardíacas, prolongamento de intervalo QT, taquicardia ventricular, *torsades de pointes* e morte). Podem aumentar as ações e os efeitos tóxicos de ciclosporina, tacrolimo e digoxina.
Fluconazol		
Itraconazol		Fármaco com potencial nefrotóxico e hepatotóxico. Há risco de ter sua ação aumentada por antidiabético oral. Pode aumentar as ações e os efeitos tóxicos de ciclosporina, tacrolimo e digoxina. Possível aumento de eventos cardiovasculares sérios com dofetilida e quinidina (uso contraindicado). Pode ter sua concentração aumentada por claritromicina e eritromicina. O tratamento deve ser interrompido em pacientes que desenvolverem insuficiência cardíaca congestiva, e também se surgirem sinais e sintomas (fadiga, urina escura, fezes claras, falta de apetite, náusea, vômito ou cor amarelada na pele e nos olhos) que indiquem doença do fígado.
Miconazol		Efeitos adversos no trato geniturinário incluem contração espasmódica na musculatura pélvica, sensibilização ou queimação vulvovaginal. Efeitos dermatológicos incluem dermatite alérgica de contato, erupção na pele, irritação, urticária e dor de cabeça. Efeitos tóxicos sem incidência definida.
Caspofungina	**Equinocandinas**	Aumento da creatinina e dos glóbulos vermelhos na urina. Diminuição do potássio no sangue. Pode ter sua concentração aumentada por ciclosporina (não associar). Ocorreram aumentos transitórios de ALT e AST (transaminases hepáticas) quando a caspofungina e a ciclosporina foram administradas concomitantemente.
Anidulafungina		Pode produzir aumento de enzimas hepáticas, dor de cabeça e diminuição de neutrófilos.
Griseofulvina	**Griseofulvinas**	Medicamentos com possível efeito hepatotóxico. Funções renal, hepática e hematopoiética devem ser avaliadas periodicamente durante o tratamento prolongado. Se ocorrer granulocitopenia, o tratamento deve ser interrompido.
Flucitosina	**Flucitosinas**	

Cefalosporinas de 2ª geração inibem a síntese da parede celular da bactéria, sendo consideradas bactericidas. A biotransformação é muito pequena, e a eliminação é renal (em sua forma original).[10]

Cefalosporinas de 3ª geração inibem a síntese da membrana celular da bactéria, sendo classificadas como bactericidas. A biotransformação é muito pequena, e a eliminação é renal (em sua forma original), também como metabólitos ativos.[10]

Cefalosporinas de 4ª geração inibem a síntese da parede celular da bactéria. São mais resistentes à hidrólise pelas betalactamases que as cefalosporinas de 3ª geração. Atuam contra bactérias Gram-negativas e sobre muitas *Enterobacteriaceae*, incluindo *Citrobacter freundii* e *E. cloacae* (que são resistentes a outras cefalosporinas).[10]

Monobactâmicos inibem a síntese da membrana celular da bactéria, sendo considerados bactericidas. A biotransformação é hepática e a eliminação é renal.[10]

Quinolonas inibem a síntese do DNA bacteriano. São bactericidas contra a maior parte dos bacilos Gram-negativos que causam infecção urinária (exceto *Pseudomonas* sp). A absorção oral é rápida e quase completa. Alimentos aumentam a absorção e melhoram a atividade terapêutica. A biotransformação é hepática (30% transformam-se em metabólito ativo), e a eliminação é principalmente renal, com uma pequena fração eliminada nas fezes (4%).[10]

Glicopeptídios inibem a síntese da parede celular da bactéria. São bactericidas de modo geral (a vancomicina é bacteriostática para enterococos). A eliminação é renal (75 a 90%) na forma inalterada.[10]

Oxazolidinonas inibem a síntese de proteínas pelas bactérias por ligação ao RNA dessas bactérias. São bactericidas contra a maior parte das cepas de estreptococos e bacteriostáticos contra enterococos e estafilococos. A linezolida é um produto que tem propriedade IMAO (inibidor da monoaminoxidase).[10]

Macrolídeos atuam nos ribossomos das bactérias, inibindo a síntese de proteínas. São bacteriostáticos (em altas doses, podem ser bactericidas). A biodisponibilidade oral varia de 30 a 65%. Alimentos podem ou não interferir na absorção, dependendo do fármaco. Mais de 90% são biotransformados no fígado para metabólitos inativos. Podem se acumular na insuficiência hepática grave. A eliminação ocorre principalmente através da bile e das fezes.[10]

Lincosaminas atuam nos ribossomos das bactérias, inibindo a síntese de proteínas, e são bacteriostáticas (em altas doses, podem ser bactericidas). A absorção gastrintestinal é boa, e alimentos podem interferir no caso da clindamicina. Sofrem biotransformação hepática. A eliminação é renal, principalmente como metabólitos.[10]

Nitroimidazólicos interferem no DNA de bactérias e protozoários, levando as células à morte.[10]

O cloranfenicol atua nos ribossomos das bactérias, inibindo a síntese de proteínas. É bacteriostático (em altas doses, pode ser bactericida). A absorção gastrintestinal é rápida e completa. Sofre biotransformação hepática. A eliminação é renal, principalmente como metabólito.[10]

Tetraciclinas atuam nos ribossomos das bactérias, inibindo a síntese de proteínas, mas não inibem a síntese da membrana celular. São bacteriostáticos. A absorção oral é de 90 a 100% (75 a 77% para tetraciclina). Sofrem biotransformação hepática. A eliminação é renal, principalmente como metabólitos.[10]

Glicilciclinas inibem a síntese de proteínas por ligação às subunidades 30S do ribossomo, com efeitos bacteriostáticos.[10]

A polimixina interfere nos fosfolipídios da membrana celular, aumentando a permeabilidade dessa membrana, com efeitos bactericidas. Atua contra organismos Gram-negativos.[10]

A daptomicina liga-se à membrana celular bacteriana, levando à inibição da síntese de proteínas, DNA e RNA, resultando na morte da bactéria.[10]

Cetoconazol, miconazol, itraconazol e fluconazol interferem na biossíntese do ergosterol, que é essencial para a manutenção da integridade da membrana celular do fungo.[10]

Caspofungina e anidulafungina inibem a síntese da b (1,3)-D-glicana, componente essencial da parede celular de muitos fungos filamentosos e leveduras, que não faz parte das células dos mamíferos.[10]

A griseofulvina inibe a formação dos microtúbulos celulares, necessários, por exemplo, para a formação das fibras dos fusos mitóticos.[10]

A flucitosina age na síntese de RNA e inibe a duplicação do DNA.[10]

ALERTA IMPORTANTE

A administração de aminoglicosídeo, como é o caso da estroptomicina e da tobramicina, pode resultar no acúmulo de antibiótico no soro fetal e no líquido amniótico, que pode ter como consequência a perda auditiva em crianças cujas mães foram tratadas com aminoglicosídeos durante a gestação. Glicopeptídios, como a vancomicina, são altamente irritantes para os tecidos, causando dor e mesmo necrose se administrada por via intramuscular. Não deve ser misturada (em frascos, bolsas, seringas, tubos) com outros medicamentos. Nenhuma droga deve ser associada à infusão de vancomicina, a menos que haja clara autorização do fabricante do produto em questão. Macrolídeos como a azitromicina e a claritromicina apresentam menos intolerância gástrica do que a eritromicina e têm uma meia-vida maior, permitindo que sejam utilizadas em dose única (azitromicina) ou 2 x/dia (claritromicina), ao contrário da eritromicina, que necessita de quatro administrações diárias.[1,3]

Apresentações lipídicas têm preferência sobre a anfotericina B convencional, pois causam poucos sintomas relacionados com a infusão e menos nefrotoxicidade.[1,9]

DIAGNÓSTICO DAS INTOXICAÇÕES

O diagnóstico é feito principalmente a partir da anamnese feita com base no relato de caso e clínica do paciente. A análise dos marcadores de função renal pode ser extremamente útil, levando em consideração que a grande maioria dos antibióticos e antifúngicos pode provocar nefrotoxicidade. Amostras do soro e da urina devem ser colhidas para monitoramento de cálcio, magnésio e sódio séricos.[1,11]

TRATAMENTO

A maioria dos sintomas está relacionada à resposta alérgica a algum componente do medicamento, podendo ser utilizados medicamentos anti-histamínicos para diminuir os efeitos. Tanto os antibióticos quanto os antifúngicos apresentam, na sua grande maioria, casos de intoxicação de grau leve a moderado, geralmente com sintomas alérgicos que se resolvem positivamente apenas com repouso, hidratação e observação. Porém, em casos com uso prolongado ou doença sistêmica prévia, pode acontecer o agravamento dos sintomas. Deve-se manter uma via aérea aberta e fornecer ventilação quando necessário, substituir as perdas de fluido resultantes da gastrenterite com cristaloides e manter o fluxo urinário estável com fluidos para aliviar a cristalúria a partir de superdosagens de sulfonamidas, ampicilina ou amoxicilina.[1,9,11]

Foi relatada maior incidência de nefrotoxicidade com a administração parenteral concomitante de medicamentos da classe dos aminoglicosídeos e das cefalosporinas. Pacientes utilizando essa classe de medicamento poderão apresentar alterações neuromusculares e paralisia respiratória. Os sais de cálcio podem reverter o bloqueio caso este ocorra, mas também podem ser necessárias medidas de ventilação mecânica.[1,9,11]

No caso de intoxicação com anfotericina B, é indicado o uso de cloreto de sódio, pois diminui a nefrotoxicidade. Sua intolerância também pode ser minimizada pela administração de ácido acetilsalicílico, antipiréticos, anti-histamínicos ou antieméticos.[12]

ERROS COMUNS QUE VOCÊ DEVE EVITAR

Realizar tratamentos prolongados, tanto de antibióticos quanto de antifúngicos sem monitoramento terapêutico, e testes de função renal e hepática.

Não avaliar os marcadores de função renal antes, durante e após o tratamento com antibióticos e antifúngicos prolongados ou que necessitaram de dosagens maiores.

Não avaliar o risco de utilizar antibióticos e antifúngicos em concomitância entre si e com outros medicamentos nefrotóxicos.

Não diminuir ou descontinuar uso quando efeitos tóxicos são diagnosticados.

REFERÊNCIAS BIBLIOGRÁFICAS

1. Brunton LL, Hilal-Dandan R, Knollmann BC. As bases farmacológicas da terapêutica de Goodman e Gilman. 2019. Nova Iorque: McGraw Hill; 2019. p. 1263-77.
2. World Health Organization. No Time to Wait: Securing the future from drug-resistant Infections. Report to the secretary-general of the United Nations. Genebra: WHO; 2019.
3. Brasil. Agência Nacional de Vigilância Sanitária. Antimicrobianos – bases teóricas e uso clínico. [acesso em fevereiro de 2022]. Disponível em: https://www.anvisa.gov.br/servicosaude/controle/rede_rm/cursos/rm_controle/opas_web/modulo1/conceitos.htm
4. Brasil. Agência Nacional de Vigilância Sanitária. Diretriz Nacional para Elaboração de Programa de Gerenciamento do Uso de Antimicrobianos em Serviços de Saúde. Brasília, DF: Anvisa; 2017.
5. Brasil. Agência Nacional de Vigilância Sanitária. Resistência microbiana – mecanismos e impacto clínico. [acesso em fevereiro de 2022]. Disponível em: https://www.anvisa.gov.br/servicosaude/controle/rede_rm/cursos/rm_controle/opas_web/modulo3/mec_enzimatico.htm
6. Bennett JE, Dolin R, Blaser MJ. Princípios e prática de doenças infecciosas de Mandell, Douglas e Bennett. Filadélfia: Elsevier Saunders; 2015. p. 224-23.
7. Sumi CD, Heffernan AJ, Lipman J, Roberts JA, Sime FB. What antibiotic exposures are required to suppress the emergence of resistance for Gram-negative bacteria? A systematic review. Clin Pharmacokinet. 2019;58(11):1407-43.
8. Cesa-Luna C, Baez A, Quintero-Hernández V, De la Cruz-Enríquez J, Castañeda-Antonio MD, Muñoz-Rojas J. The importance of antimicrobial compounds produced by beneficial bacteria on the biocontrol of phytopathogens. Acta Biol Colomb. 2020;25(1):140-54.
9. Nelson LS, Hoffman RS, Howland MA, Lewin NA, Goldfrank LR, Smith SW, editores. Goldfrank's Toxicologic Emergencies. Nova Iorque: McGraw Hill Education; 2019. p. 821-32.
10. Brasil. Agência Nacional de Vigilância Sanitária. Bulário eletrônico. [acesso em fevereiro de 2022]. Disponível em: https://www.gov.br/anvisa/pt-br/sistemas/bulario-eletronico
11. Olson KR, editor. Manual de toxicologia clínica. Nova Iorque: McGraw Hill; 2014. p. 75-9.
12. Anfotericina [Bula]. Itapira: Cristália.
13. Rodrigues JG. Manual de elaboração de referências bibliográficas: normas de Vancouver. 2004.

CAPÍTULO 18

ANTICOLINÉRGICOS: COMO RECONHECER E TRATAR AS INTOXICAÇÕES

Sayonara Maria Lia Fook
Gustavo Marques de Medeiros
Cristiane Falcão de Almeida

PONTOS-CHAVE

- Intoxicações por medicamentos e plantas com atividade anticolinérgica são comuns nos serviços de emergência, portanto é essencial que os profissionais atuantes nessa área estejam familiarizados com a síndrome anticolinérgica.
- Os medicamentos com atividade anticolinérgica podem apresentar propriedade intrínseca (a exemplo da atropina) ou indireta (como os antidepressivos).
- Algumas plantas, como *Datura stramonium* e *Atropa belladonna*, possuem alcaloides com propriedades antimuscarínicas, incluindo atropina, escopolamina e hiosciamina.
- No exame físico do paciente intoxicado, o quadro clínico caracteriza-se por uma síndrome anticolinérgica.
- Todos os pacientes, expostos àqueles produtos, incluindo as crianças, devem ser encaminhados para avaliação médica.
- O tratamento inicial consiste no suporte respiratório e hemodinâmico, e o tratamento específico deve ser instituído de acordo com os sinais e sintomas do quadro clínico.
- Os compostos com atividade anticolinérgica inibem a motilidade gastrintestinal, causando absorção prolongada, errática ou retardada dos fármacos ou plantas.

INTRODUÇÃO

Algumas plantas, como *Datura stramonium* (datura), *Atropa belladonna* (beladona), *Hyoscyamus niger* (meimendro) e *Scopolia carniolica*, são plantas de florestas temperadas que pertencem à família *Solanaceae*, e alguns cogumelos contêm alcaloides do tipo hiosciamina/atropina e escopolamina, os quais apresentam atividade anticolinérgica. O uso é variável: recreacional, tentativa de suicídio, drogas ilícitas (*rape drugs*), medicinal e para rituais religiosos.[1,2]

A *Datura stramonium* é nativa da Ásia e contém principalmente escopolamina, enquanto a *Atropa belladonna*[3] e *Hyoscyamus niger* são nativas da Europa e contêm principalmente atropina e hiosciamina, respectivamente.[4]

Agentes farmacêuticos e plantas com toxicidade anticolinérgica têm papéis importantes na história mundial. As tropas militares de Marco Antônio (83-30 a.C.) foram neutralizadas e derrotadas após a ingestão de plantas alucinógenas da espécie *Datura stramonium*. A *Atropa belladonna* (atropina, escopolamina e hiosciamina) figurou como importante ingrediente de uma bebida de bruxaria da Idade Média e teve papel de destaque na mitologia de quase todos os europeus. Em 1676, após comerem uma salada contendo *Datura stramonium*, soldados britânicos descreveram ter vivido um envenenamento com sintomas de uma síndrome anticolinérgica.[2,5]

A literatura tem registrado o uso medicinal da *Atropa belladonna*. Em Israel, no ano de 2014, os pais de um recém-nascido lhe administraram o chá desse vegetal com o objetivo de tratar cólica abdominal.[6] Na Turquia, na cidade de Van, também foi administrada para tratar diarreia.[7] No Marrocos, em 2012, uma menina de 11 anos foi intoxicada após o uso da *Atropa belladonna* prescrita por um fitoterapeuta.[8]

Um estudo feito na Turquia, com uma série de casos de 49 crianças com quadro de intoxicação aguda após a ingestão acidental de *Atropa belladonna*, retratou que as características mais comuns nas vítimas foram taquicardia, rubor, midríase, boca seca, agitação e hiperglicemia. Os casos foram classificados como leves/moderados e graves. As crianças (n = 06) que tiveram encefalopatia foram classificadas como casos graves.[7]

O termo *bella donna* significa mulher bonita, em italiano; refere-se às mulheres daquele país que desejavam pupilas dilatadas para se tornarem mais sedutoras.[9]

Drogas ilícitas podem conter algum tipo de alcaloide adicionado com o objetivo de aumentar sua potência, a exemplo da escopolamina adicionada à heroína e da atropina à cocaína. Esse tipo de adulteração tem levado usuários a serem hospitalizados com síndrome anticolinérgica.[2,5]

Existem mais de 600 compostos que apresentam propriedades anticolinérgicas, incluindo medicamentos controlados, medicamentos de venda livre e plantas.[10] Os medicamentos com atividade anticolinérgica constam na farmacoterapia de grande parte dos idosos, de pacientes psiquiátricos e com doença de Parkinson, além de serem empregados para o tratamento de várias condições crônicas e agudas de saúde.[11,12]

Clinicamente os efeitos colaterais e/ou tóxicos que os pacientes apresentam são agitação psicomotora e/ou sonolência, confusão mental, alucinações visuais, mucosas secas, rubor cutâneo, hipertermia, retenção urinária, diminuição dos ruídos intestinais, midríase e cicloplegia (incapacidade de acomodação visual para perto). A maioria desses sintomas é descrita na regra mnemônica *blind as a bat*: cego como um morcego;

hot as hare: quente como uma lebre; *red as a beet*: vermelho como uma beterraba; *dry as a bone*: seco como um osso; *mad as a hatter*: louco como um chapeleiro; *full as a bottle*: cheio como um frasco. A clínica da síndrome anticolinérgica pode ser reconhecida por essa regra mnemônica, que facilita o diagnóstico e o estabelecimento da gravidade do quadro.[10,13]

Os medicamentos anticolinérgicos podem apresentar propriedades intrínsecas ou indiretas. Aqueles com propriedades intrínsecas, também chamados de anticolinérgicos clássicos, atuam bloqueando os receptores da acetilcolina no sistema nervoso central e periférico, a exemplo da atropina e da oxibutinina, enquanto os medicamentos com propriedades anticolinérgicas indiretas são aqueles que não têm essa ação como sua indicação primária, como os antipsicóticos e os antidepressivos.[14]

Os compostos com atividade anticolinérgica podem ainda ser classificados de diversas maneiras: (1) de acordo com sua origem, em naturais, semissintéticos e sintéticos; (2) de acordo com sua estrutura química, em compostos derivados do quaternário do amônio e de aminas terciárias; (3) do ponto de vista farmacológico, de acordo com o tipo de receptores que têm como alvo, em antimuscarínicos, antinicotínicos e bloqueadores da junção neuromuscular.[15,16]

Em 1981, a Organização Mundial da Saúde (OMS) recomendou o uso do *Anatomical Therapeutic Chemical Classification System* (ATC) como o padrão internacional para estudos de utilização de medicamentos. No ano seguinte, a OMS criou o *Collaborating Centre for Drug Statistic Methodology*, o qual recebeu a missão de coordenar o ATC.[17] A lista a seguir cita os fármacos anticolinérgicos classificados de acordo com o ATC e a Relação Nacional de Medicamentos Essenciais (RENAME).[18]

1. Grupo A: trato alimentar e metabolismo:
   - A03AA: anticolinérgicos sintéticos, ésteres com grupo amino terciário.
   - A03AB: anticolinérgicos sintéticos, compostos quaternários de amônio.
   - A03BA: alcaloides da beladona, aminas terciárias.
   - A03BA04: alcaloides totais de beladona.

Nota: o ATC é um sistema para classificação de medicamentos, o qual permite pesquisar e monitorar seu uso racional e irracional. Nesse sistema, as substâncias ativas são classificadas em uma hierarquia com cinco níveis diferentes: o 1º nível corresponde ao grupo anatômico (órgão-alvo), representado por uma letra do alfabeto; o 2º nível, representado por dois dígitos, corresponde a grupos farmacológicos ou terapêuticos; os 3º e 4º níveis, representados por letras do alfabeto, são subgrupos químicos, farmacológicos ou terapêuticos; e o 5º nível, representado por dois dígitos, é a substância química.

   - A03BB: alcaloides da beladona, semissintéticos compostos quaternários de amônio.
   - A03CA: anticolinérgicos sintéticos, agentes em combinações com psicolépticos.
   - A03CB: beladona e derivados em combinações com psicolépticos.
   - A03DA: agentes anticolinérgicos sintéticos em combinações com analgésicos.
   - A03FA: propulsivos.
   - A03AX: outros fármacos para desordem gastrintestinal.
   - A04AD: antieméticos e antinauseantes.
2. Grupo C: sistema cardiovascular:
   - C01BA: antiarrítmico da classe IA.
3. Grupo G: aparelho geniturinário:
   - G04BD: fármacos para incontinência e frequência urinária.
4. Fármacos que atuam como relaxantes musculares (M):
   - M03BA: ésteres do ácido carbâmico.
   - M03BB: derivados de oxazol, tiazina, triazina.
   - M03BC: ésteres similares aos anti-histamínicos.
   - M03BX: outros agentes de ação central.
5. Grupo N: sistema nervoso central:
   - N04AA: aminas terciárias.
   - N04AB: ésteres similares e anti-histamínicos.
   - N04AC: ésteres de tropina e derivados tropínicos.
   - N05AA: fenotiazínicos de cadeia alifática.
   - N05AB: fenotiazínicos com estrutura piperazínica.
   - N05AC: fenotiazínicos com estrutura piperidínica.
   - N05AD: derivados da butirofenona.
   - N05EA: derivados do indol.
   - N05AF: derivados do tioxanteno.
   - N05AG: derivados da difenilbutilpiperidina.
   - N05AH: diazepinas, oxazepinas, tiazepinas e oxepinas.
   - N05AL: benzamidas.
   - N05AX: outros antipsicóticos.
   - N05BB: derivados do difenilmetano.
6. Grupo R: sistema respiratório:
   - R01BA: simpatomiméticos.
   - R03BB: anticolinérgicos.
   - R03AL: anticolinérgicos em combinação com adrenérgicos.
   - R06A: anti-histamínico de uso sistêmico (abrangendo todos os subgrupos químicos: R06AA-R06AB-R06AC-R06AD-R06AK-R06AX).
7. Grupo S: órgãos sensoriais:
8. S01FA: anticolinérgicos.[18,19]

Outra forma de classificar clinicamente esse grupo de fármacos pode ser a mensuração da carga anticolinérgica, avaliando a capacidade de desencadearem reações adversas e intoxicações. A atividade anticolinérgica é definida como o efeito cumulativo do uso de um ou mais medicamentos com tal ação.[20] Os principais métodos usados para essa quantificação incluem: aferição da afinidade do fármaco com os receptores muscarínicos, avaliada por estudos *in vitro* por meio da constante de dissociação de equilíbrio;[21] determinação da atividade anticolinérgica sérica, medida por um ensaio de rádio receptor[14] e avaliação de imagens do cérebro em tomografia computadorizada de emissão de fóton único (SPECT) de receptores muscarínicos usando um antagonista de receptor muscarínico de alta afinidade.[21]

Pesquisas epidemiológicas são importantes, tanto para orientar a prevenção das exposições tóxicas por plantas e fármacos que podem causar a síndrome anticolinérgica quanto para nortear as diretrizes de atendimentos nos casos de intoxicações agudas.

Nos Estados Unidos, o relatório anual do National Poison Data System (NPDS), da American Association of Poison Control Centers (AAPCC), registrou, em 2019, 2.148.141 exposições tóxicas em humanos. Com relação aos casos de exposição por compostos com atividade anticolinérgica, foram registrados 12.325 casos, com a seguinte distribuição: medicamentos anticolinérgicos com 5.316; antiespasmódicos, 6.320; plantas, 689. Não foram registrados óbitos naquele período.[22]

No Brasil, a vigilância das intoxicações, bem como sua assistência, é realizada pelos centros de informação e assistência toxicológica (Ciatox). As notificações de intoxicações e acidentes por animais peçonhentos e plantas são realizadas na base de dados do Departamento de Informática do Sistema Único de Saúde (Datasus). O sistema específico para esses agravos é o Sistema de Informação de Agravos de Notificação (Sinan).[23] O objetivo desses registros é fornecer subsídios para entender as causas dos agravos de notificação compulsória e indicar riscos aos quais as pessoas estão sujeitas, auxiliando na identificação da realidade epidemiológica de determinada área geográfica. O Sinan, em 2019, registrou 177.357 casos de exposições tóxicas em humanos por substâncias químicas, plantas ou animais peçonhentos; os medicamentos ocuparam a primeira posição, com 96.153 casos (54%). O perfil epidemiológico caracterizou que as intoxicações por medicamentos foram prevalentes em adultos jovens, na faixa etária entre 20 e 39 anos (41.163; 42,8%). As principais circunstâncias foram tentativa de suicídio (68.573; 71,2%) e as acidentais (8.287; 8,6%). As tentativas de suicídio e as exposições acidentais foram mais frequentes nas faixas entre 20 e 39 anos (33.457; 48,7%) e 1 e 4 anos (5.048; 60%), respectivamente. Na faixa etária entre 15 e 19 anos, chama atenção o número significativo das tentativas de suicídio pelo uso de medicamentos (19.405; 28,2%).[23]

MECANISMOS DE AÇÃO

Toxicodinâmica

Os colinérgicos, também chamados colinomiméticos, parassimpatomiméticos ou estimulantes dos receptores colinérgicos do sistema nervoso autônomo, caracterizam-se pelos efeitos que produzem serem semelhantes aos da acetilcolina.[15]

A acetilcolina pode ligar-se a dois tipos de receptores, nicotínicos e muscarínicos. As ações nicotínicas dos agonistas colinérgicos estão relacionadas à estimulação dos receptores excitatórios nas células ganglionares autônomas, na medula adrenal e na junção neuromuscular. Os receptores muscarínicos são amplamente distribuídos por todo o corpo: no sistema nervoso central, no coração, no sistema autônomo parassimpático, nas glândulas sudoríparas inervadas pelo sistema simpático,[24] nos gânglios entéricos e endotélio vascular[25] e no corpo ciliar do olho.[10]

Existem cinco subtipos de receptores muscarínicos que são acoplados à proteína G, também conhecidos como receptores metabotrópicos, a saber: M_1, M_2, M_3, M_4 e M_5. Os subtipos M_1, M_3 e M_5 estimulam uma proteína G que se acopla à via da fosfolipase C, resultando na mobilização do Ca^{2+} intracelular, com subsequente resposta estimulatória. Por outro lado, os subtipos de receptor muscarínico M_2 e M_4 bloqueiam a atividade da adenilato-ciclase através da proteína G_i, resultando na diminuição da produção de AMPc (3'5'adenosina monofosfato cíclico), desencadeando uma resposta inibitória.[19,26]

Do ponto de vista do mecanismo de ação, o vasto grupo de agentes anticolinérgicos pode ser dividido em três subgrupos, com base em suas especificidades para vários tipos de colinorreceptores. O primeiro grupo atua nos receptores muscarínicos (M) do sistema nervoso central e do sistema glandular, miocárdio e músculo liso, com atividade anticolinérgica muscarínica.[10] Seus representantes clássicos são a atropina e a propantelina, que bloqueiam a ação da acetilcolina ou de medicamentos colinomiméticos. O segundo grupo de medicamentos atua inibindo a transmissão colinérgica no sistema nervoso autônomo, gânglios parassimpáticos e simpáticos pelo bloqueio dos receptores nicotínicos (N) e é representado por gangliobloqueadores, a exemplo da mecamilamina e do trimetafano. O terceiro grupo de drogas anticolinérgicas é representado por bloqueadores da junção neuromuscular, como a tubocurarina e o pancurônio, que bloqueiam os receptores nicotínicos (N) do músculo esquelético.[16]

Os medicamentos e plantas com atividade anticolinérgicas não antagonizam os efeitos da acetilcolina na junção neuromuscular.[10] Na estrutura de cada composto anticolinérgico, encontram-se fragmentos estruturais que se assemelham à estrutura da acetilcolina e permitem a ligação competitiva aos receptores muscarínicos. Os agentes antimuscarínicos mais potentes têm um grupo éster e uma -OH (hidroxila) em estreita proximidade com o grupo amino.[2,5]

Toxicocinética

No mundo inteiro, exposições tóxicas ocorrem com frequência em recém-nascidos, crianças[27] e idosos.[20] A toxicidade clínica é usualmente evidente 1 a 2 horas após a ingestão oral, entretanto a gravidade e a duração dos efeitos tóxicos são altamente variáveis. A atropina é rapidamente absorvida pelo trato gastrintestinal e atinge o pico de concentração plasmática em 2 horas. A difenoxilato-atropina (Lomotil®) é um agente antidiarreico que pode apresentar toxicidade até 12 horas após a ingestão. A toxicidade da escopolamina pode persistir por mais de 1 dia.[10]

Os parâmetros toxicocinéticos desses agentes podem sofrer significativa mudança após *overdose*. Os fármacos anticolinérgicos diminuem a motilidade intestinal, podendo retardar a absorção e prolongar a absorção em doses excessivas.[2,5] Os recém-nascidos, as crianças e os adolescentes apresentam diferenças de desenvolvimento na farmacocinética, afetando absorção, distribuição, metabolismo e excreção dos fármacos.[28]

Os recém-nascidos e as crianças pequenas têm maior absorção pela pele. Bebês prematuros têm uma barreira cutânea incompleta que pode ser facilmente penetrada por medicamentos tópicos. Além disso, como os recém-nascidos e as crianças têm área de superfície corporal maior em relação ao peso do que os adultos, absorvem uma dose proporcionalmente maior de um fármaco via pele do que os adultos. A difenidramina de uso tópico pode causar alteração do estado mental de recém-nascidos e crianças.[29]

As vias de biotransformação de fármacos se desenvolvem de maneira variável ao longo da infância.[28] O sistema biotransformador de substâncias químicas é constituído por uma complexa cadeia de transporte de elétrons e um ciclo de oxirredução constituído por vários passos. O citocromo P450 (CYP450) é a hemoproteína chave de todo o sistema.[30] O padrão de desenvolvimento das enzimas do CYP450 varia no pré-termo, recém-nascido, lactente e criança. A maioria das enzimas CYP tem baixa atividade ao nascimento e amadurece nos primeiros meses de vida até os níveis de atividade enzimática do adulto. Algumas enzimas CYP excedem a atividade adulta durante a infância, retornando aos níveis do adulto quando a criança entra na puberdade. As enzimas de fase II biotransformam fármacos hidrossolúveis. A morfina é biotransformada pela enzima glucuronosiltransferase (UGT) 2B7. A UGT 2B7 é baixa em bebês prematuros e neonatos, levando à diminuição da depuração da morfina nessas populações.[28]

Com relação à excreção renal, os rins são imaturos ao nascimento, com taxas de filtração glomerular de 30 a 40% em relação aos valores dos adultos. Os níveis do adulto só serão atingidos entre 6 e 12 meses de idade.[31] A carga anticolinérgica de medicamentos é um parâmetro farmacocinético importante e refere-se ao efeito cumulativo de um ou mais medicamentos com atividade colinérgica.[14] Estudos sugerem que a alta carga anticolinérgica se associa a maiores morbidade e mortalidade.[11] Portanto, a prescrição desses medicamentos para idosos e crianças deve ser realizada de forma criteriosa, em decorrência do maior risco para essas faixas etárias.

Objetivando mensurar a carga anticolinérgica de medicamentos e, consequentemente, o potencial de causar intoxicação, foram desenvolvidas escalas para uso na prática clínica. Nos Quadros 1 e 2, estão dispostos medicamentos que fazem parte da Rename,[18] classificados de acordo com a escala brasileira de atividade anticolinérgica e com a do ATC,[19] relacionando alguns parâmetros farmacocinéticos importantes.[32,33]

MANIFESTAÇÕES CLÍNICAS DAS *OVERDOSES*

Didaticamente, a abordagem inicial ao paciente intoxicado é dividida em quatro etapas:

A. Abordagem emergencial ao paciente intoxicado (avaliação clínica e tratamento inicial): fase em que situações de risco são identificadas e corrigidas.
B. Diagnóstico: reconhecimento de síndromes tóxicas e identificação do agente causal por meio da anamnese, da análise de sinais e sintomas (exame físico) e de exames complementares.
C. Tratamento da intoxicação: mediante a (1) utilização dos métodos disponíveis para descontaminação, a (2) administração de antídotos e antagonistas, o (3) aumento da eliminação do tóxico absorvido e de (4) tratamento sintomático e de suporte.
D. Considerações especiais:
   1. Encaminhamento do paciente (assintomático, suicida, usuário de drogas etc.).
   2. Identificação de exposições não tóxicas (que podem dispensar exames e intervenções).
   3. Atendimento de pacientes com perfil específico, como pediátrico, idoso e gestante.[13]

Com relação ao reconhecimento das síndromes tóxicas, em diversas situações, o agente tóxico implicado não é identificado à admissão no serviço de saúde. No paciente sintomático, o exame físico pode fornecer indícios inestimáveis para a identificação do agente envolvido.

Os medicamentos e as plantas com atividade anticolinérgica apresentam efeitos colaterais separados em dois grupos: efeitos periféricos e centrais.[34] Os efeitos colaterais anticolinérgicos periféricos são determinados pelo bloqueio dos receptores muscarínicos que medeiam a contração muscular e as secreções glandulares,[14,25] enquanto os efeitos colaterais anticolinérgicos centrais são determinados pela distribuição dos compostos no cérebro e suas afinidades de ligação competitiva aos receptores muscarínicos cerebrais.[35]

A maioria desses sintomas é descrita na seguinte regra mnemônica:[10,13,33]

1. **Vermelho como uma beterraba (*red as a beet*):** a vasodilatação cutânea ocorre como um meio de dissipar o calor pelo desvio do sangue para a pele, a fim de compensar a perda de produção de suor.
2. **Seco como um osso (*dry as a bone*):** as glândulas sudoríparas são inervadas por receptores muscarínicos, de modo que os medicamentos anticolinérgicos produzem pele seca.
3. **Quente como uma lebre (*hot as a hare* – hipertermia anidrótica):** a interferência nos mecanismos normais de dissipação de calor (ou seja, suor) frequentemente leva à hipertermia.
4. **Cego como um morcego (*blind as a bat*) – dilatação pupilar (midríase):** os medicamentos anticolinérgicos geralmente produzem dilatação pupilar e acomodação ineficaz que frequentemente se manifesta como visão embaçada.
5. **Louco como um chapeleiro (*mad as a hatter*):** as manifestações podem incluir ansiedade, agitação, disartria, confusão, desorientação, alucinações visuais, comportamento bizarro, *delirium*, psicose (geralmente paranoia), coma e convulsões. As alucinações são comumente descritas como "semelhantes às de Alice no país das maravilhas" ou "tipo

Quadro 1. Relação dos medicamentos comercializados no Brasil classificados de acordo com a *Anatomical Therapeutic Chemical Classification System (ATC)* e a escala de risco anticolinérgico – escore 3, dose tóxica e tempo de meia-vida

ATC	Medicamentos de risco 3	Doses tóxicas sugeridas	Tempo de meia-vida (h)	ATC	Medicamentos de risco 3	Doses tóxicas sugeridas	Tempo de meia-vida (h)
A03BA04	Alcaloides totais de beladona	Presentes em diversos fármacos		N05BB01	Hidroxizina	10 mg/kg	4-11*
N06AA09	Amitriptilina	3 mg/kg	9-25	A03BA03	Hiosciamina	–	$3,5^{B}$
A03BA01	Sulfato de atropina	0,1 mg/kg	2-3	a03cb04	Homatropina	***	–
N04AC01	Mesilato de benzatropina	0,15 mg/kg	*10-36*	N06AA02	Imipramina	4 mg/kg	19
N04AA02	Biperideno	0,7 mg/kg	20	R03BB01	Ipratrópio	–	1,6
R06AB01	Maleato de bronfeniramina	3,5 mg/kg	12*	N06AA21	Maprotilina	***	43
A03BB01	Butilbrometo de hioscina (butilbrometo de escopolamina)	5 mg/kg	6,2-10,6	R06AE05	Meclizina	5 mg/kg	5
r06aa08	*Carbinoxamina*	–	*10-20*	N06AA10	Nortriptilina	***	26
m03ba02	Carisoprodol	–	2	N05AH03	Olanzapina	1 mg/kg	30-38
m03bx08	Ciclobenzaprina	***	8-37	M03BC01	Orfenadrina	15 mg/kg	14
r06ax02	Ciproeptadina	2 mg/kg	8,6	G04BD04	Oxibutinina	1 mg/kg	$2\text{-}3^{B}$
R06AA04	Clemastina	0,3 mg/kg	21	N06AB05	Paroxetina	3 mg/kg	15-21
N06AA04	Clomipramina	***	21	N05AB03	Perfenazina	0,6 mg/kg	9-12
R06AB04	Clorfeniramina	0,85 mg/kg	*14-25*	R06AD02	Prometazina	3,5 mg/kg	5-14
N05AA01	Clorpromazina	***	20-40	G04bd07	Solifenacina	0,3 mg/kg	45-68
N05AH02	Clozapina	***	12	N05AC02	Tioridazina	6 mg/kg	10^{B}
G04BD10	Darifencina	0,5 mg/kg	13-19	N05AF04	Tiotixeno	–	–
R06AB06	Dexbronfeniramina	–	$14\text{-}25^{B}$	R03BB04	Tiotrópio	–	$27\text{-}45^{B}$
R06ab02	Dexclorfeniramina	–	12-43	m03bx02	Tizanidina	***	2-4
R06aa02	Difenidramina	7,5 mg/kg	*1-4*	G04bd07	Tolterodina	0,3 mg/kg	2-10
R06aa02	Dimenidrinato	7,5 mg/kg	$1\text{-}4^{B}$	n04aa01	Triexifenidil	–	33^{B}
R06aa09	Doxilamina	3,6 mg/kg	10	n05ab06	Trifluoperazina	0,4 mg/kg	22
N05AB02	Flufenazina**	***	2,5-16 semanas**	R06AX07	Triprolidina	1mg/kg	3-5

* Dose pediátrica. ** Formas apenas injetáveis. *** Qualquer dose maior que a terapêutica. ^{B} Bula do medicamento referência.
Fonte: Korolkovas, 2017;[32] NERY; REIS, 2019[19]; TOXBASE®, 2021[40].

Quadro 2. Relação dos medicamentos comercializados no Brasil classificados de acordo com a *Anatomical Therapeutic Chemical Classification System (ATC)* e a escala de risco anticolinérgico – escores 2 e 1, dose tóxica e tempo de meia-vida

Escore 2 – efeito anticolinérgico forte				Escore 1 – efeito anticolinérgico moderado			
ATC	**Medicamento de risco 2**	**Doses tóxicas sugeridas**	**Tempo de meia-vida (h)**	**ATC**	**Medicamento de risco 1**	**Doses tóxicas sugeridas**	**Tempo de meia-vida (h)**
N04BB01	Amantadina	***	15	N03AG01	Ácido valproico	***	8-20
M03BX01	Baclofeno	2,5 mg/kg	3-4	N05BA12	Alprazolam	***	12-15
N03AF01	Carbamazepina	< 6 anos: *** > 6 anos: 20 mg/kg	36	J01CA01	Ampicilina	550 mg/kg	7-20
N05AH02	Clozapina	***	12	C07AB03	Atenolol	5 mg/kg	6-7
A02BA01	Cimetidina	114 mg/kg	2	L04AX01	Azatioprina	10 mg/kg	3-5
N05AA02	Cetirizina	0,75 mg/kg	10, adultos 5-6, crianças 2-12 anos 3,1, crianças 6-24 meses	G02CB01	Bromocriptina	***	4-15
M03BX08	Ciclobenzaprina	***	8-37	N06AX12	Bupropiona	***	20
M03BB03	Clorzoxazona	–	1-2[B]	C09AA01	Captopril	3,5 mg/kg	2
N06AA01	Desipramina	***	7-37	N05AN01	Carbonato de lítio	50 mg/kg	24
N07BC02	Levomepromazina	0,6 mg/kg	15-30	J01DC01	Cefoxitina	–	0,7-1
A07DA03	Loperamida	0,4 mg/kg	11	L04AD01	Ciclosporina	***	5-20
N03AF02	Metadona	***	15-60	N06AB04	Citalopram	2 mg/kg	36
N05AH03	Olanzapina	1 mg/kg	30-38	N03AE01	Clonazepam	0,6 mg/kg	30-40
N02AB02	Oxcarbazepina	40 mg/kg	1,3-2,3	N05BA02	Clordiazepóxido	2 mg/kg	6-30
N05AG02	Petidina	***	3-6	C03BA04	Clortalidona	3,5 mg/kg	50
R01BA02	Pimozida	***	55	R05DA04	Codeína	***	3-4
N05AB04	Proclorperazina	***	9	M04AC01	Colchicina	***	28
R06AE07	Pseudoefedrina	15 mg/kg	3-16	R06AX27	Desloratadina	0,7 mg/kg	27
N05AH04	Quetiapina	***	7	H02AB02	Dexametasona	–	–
G04BD07	Tolterodina	0,3 mg/kg	2-10	N05BA01	Diazepam	***	24-48
				C01AA05	Digoxina	***	30-40
				C08DB01	Diltiazem	***	3-8
				B01AC07	Dipiridamol	10 mg/kg	15
				A03FA03	Domperidona	4 mg/kg	7-9
				N04BX02	Entacapona	***	1,6-3,4

* Dose pediátrica. ** Formas apenas injetáveis. *** Qualquer dose maior que a terapêutica. [B] Bula do medicamento referência.
Fonte: Korolkovas, 2017;[32] NERY; REIS, 2019[19]; TOXBASE®, 2021[40].

Quadro 3. Relação dos medicamentos comercializados no Brasil classificados de acordo com a *Anatomical Therapeutic Chemical Classification System (ATC)* e a escala de risco anticolinérgico – escore 1, dose tóxica e tempo de meia-vida

Escore 1 – efeito anticolinérgico forte				Escore 1 – efeito anticolinérgico forte			
ATC	**Medicamento de risco 1**	**Doses tóxicas sugeridas**	**Tempo de meia-vida (h)**	**ATC**	**Medicamento de risco 1**	**Doses tóxicas sugeridas**	**Tempo de meia-vida (h)**
N06AB10	Escitalopram	1 mg/kg	27-33	N06AX11	Mirtazapina	5 mg/kg	20-40
A02BA03	Famotidina	5 mg/kg	3	N02AA01	Morfina	***	2-3 dias (para a dose completa)
N03AA02	Fenobarbital	***	Adultos: 75-120 Criança: 21-75	C08CA05	Nifedipino	***	1,7-3,4
N01AH01	Fentanila	***	4 (3,3-4,1)	N02AA05	Oxicodona	***	3
R06AX26	Fexofenadina	15 mg/kg	11-16	N06AB05	Paroxetina	3 mg/kg	15-21
N06AB03	Fluoxetina	3 mg/kg	1-3 dias	J01CA12	Piperacilina**	Piperacilina/ tazobactam 4 g/kg	0,7-1,2
N06AB08	Fluvoxamina	15 mg/kg	13-15	N04BC05	Pramipexol	***	8-12
C03CA01	Furosemida	***	30-120 minutos Neonatos/bebês prematuros: 8-27	H02AB06	Prednisolona	–	2-4
J01GB03	Gentamicina	30 mg/kg	Adultos: 2 Neonatos: 5-7,5	H02AB07	Prednisona	–	Plasmática: 2-3; biológica: 18-36
N05AD01	Haloperidol	0,1 mg/kg Decanoato: ***	13-35	N05AH04	Quetiapina	***	7
C02DB02	Hidralazina	7 mg/kg	2-3	A02BA02	Ranitidina	42 mg/kg	2-3
H02AB09	Hidrocortisona	–	–	N05AX08	Risperidona	***	3
C01DA08	Isossorbida	Mononitrato: 2,8 mg/kg Dinitrato: 4 mg/kg	Mononitrato: 45-60 SL, 4 horas VO	N04BD01	Selegilina	Comprimidos/ líquidos: 0,7 mg/kg	1,5-3,5
R06AE09	Levocetirizina	0,35 mg/kg	*8*	N06AB06	Sertralina	7 mg/kg	26
N04BA02	Levodopa + carbidopa	40 mg/kg	*3*	R03DA04	Teofilina	–	< 6 meses: 24 > 6 meses: 3,7 Adultos: 5,7-8,7
A07DA03	Loperamida	0,4 mg/kg	11	N02AX02	Tramadol	***	5-6
R06AX13	Loratadina	1,5 mg/kg	8,4-28	N02AX05	Trazodona	***	5-9
N05BA06	Lorazepam	***	10-20	H02AB08	Triancinolona	–	Não existe via oral
H02AB04	Metilprednisolona	–	–	C03DB02	Triantereno	15 mg/kg	1,5-4
A03FA01	Metoclopramida	< 1 ano: *** > 1 ano: 2 mg/kg	4-6	J01XA01	Vancomicina	–	Adulto: 4-6 Criança: 2-3
C07AB02	Metoprolol	10 mg/kg	3,5	B01AA03	Varfarina	0,25 mg/kg	40
N05CD08	Midazolam	***	1,5-2,5	N06AX16	Venlafaxina	7 mg/kg	5

* Dose pediátrica. ** Formas apenas injetáveis. *** Qualquer dose maior que a terapêutica. [B] Bula do medicamento referência.
Fonte: Korolkovas, 2017;[32] NERY; REIS, 2019[19], 2017; TOXBASE®, 2021.[40]

liliputiano", em que as pessoas parecem ficar maiores e menores ou à semelhança da ilha imaginária de Lilipute, do livro *Viagens de Gulliver*, do escritor inglês Jonathan Swift, onde os habitantes eram anões. Os efeitos anticolinérgicos centrais e periféricos comumente podem surgir juntos; em alguns casos, os efeitos centrais podem persistir após a resolução dos sintomas periféricos.

6. **Cheio como um frasco (*full as a bottle*):** o músculo detrusor da bexiga e o esfíncter uretral estão sob controle muscarínico; as substâncias anticolinérgicas reduzem a contração do detrusor e evitam a abertura normal do esfíncter uretral (retenção urinária).

ALERTA IMPORTANTE

Os medicamentos e as plantas com atividade anticolinérgica são potencialmente tóxicos, e os profissionais de saúde devem discutir os casos de intoxicação grave por esses agentes com os centros de informação e assistência toxicológica (Ciat).

A maioria das intoxicações acidentais envolve crianças menores de 5 anos. A apresentação clínica e o manejo são semelhantes aos dos adultos.

As ingestões em crianças com idade inferior a 6 meses ou maiores de 5 anos devem ser observadas como suspeitas. Em alguns casos, os genitores ou familiares administram intencionalmente medicamentos com atividade tranquilizante para acalmar as crianças.

Todos os pacientes expostos a esses produtos como resultado de tentativa de suicídio devem ser encaminhados para avaliação médica.

Todos os pacientes sintomáticos após a administração de colírios devem ser encaminhados para avaliação médica.

Todos os pacientes que ingeriram colírio devem ser encaminhados para avaliação médica.

Crianças e adultos que ingeriram uma dose tóxica ou mais de um anticolinérgico, ou aqueles que são sintomáticos, devem ser encaminhados para avaliação médica.

As crianças que ingeriram acidentalmente plantas com atividade anticolinérgica serão assintomáticas ou poderão apresentar toxicidade gastrintestinal mínima.

Crianças ou adultos que ingeriram acidentalmente menos que uma dose tóxica e que não apresentam sintomas após exposição não precisam ser encaminhados para avaliação médica. Os pacientes devem ser aconselhados a procurar atendimento médico se os sintomas se desenvolverem.

DIAGNÓSTICO

Assim como ocorre em outras condições clínicas, o diagnóstico de uma intoxicação aguda por fármaco ou planta com atividade anticolinérgica se baseia nas informações colhidas cuidadosamente sobre a história (anamnese), nos achados clínicos, nos exames laboratoriais direcionados (análises clínicas e toxicológicas e de imagem) e no ensaio diagnóstico/terapêutico diferencial.[10,13] A anamnese deve ser realizada após a avaliação física do paciente e da adoção das medidas terapêuticas necessárias.[13]

A anamnese consiste na coleta de informações obtidas diretamente com o paciente e/ou seus familiares/acompanhantes e/ou equipe de resgate (socorristas e médicos, bombeiros e policiais), buscando investigar as circunstâncias envolvidas. Nem sempre a história é obtida facilmente, especialmente quando os agravos acontecem com crianças e nas tentativas de suicídio. A busca por essas informações é baseada nos denominados cinco Ws: *who* (quem), *what* (o que – medicamento, droga de abuso, agrotóxicos, entre outros), *when* (quando), *where* (onde) e *why* (por que ou como – circunstância).[13,27,36]

Clinicamente, a síndrome anticolinérgica se caracteriza por sinais e sintomas clínicos, como taquicardia, rubor facial, anidrose, hipertermia, disfagia, turvação visual, boca e mucosas secas, midríase, estado mental de *delirium* (confusão mental, desorientação, ilusões, alucinações e incoerência), diminuição dos ruídos intestinais, retenção/urgência urinária e falência respiratória. Podem se apresentar, ainda, efeitos cardiovasculares como arritmias, hipotensão e edema pulmonar, além de desequilíbrio hidroeletrolítico.[10,37]

Os níveis séricos dos fármacos anticolinérgicos não são prontamente disponíveis no ambiente clínico. As análises clínicas que devem ser realizadas em casos de superdosagem são glicemia capilar, avaliação da função hepática e renal, ureia, eletrólitos, hemograma e creatinoquinase (CK). A gasometria arterial deve ser considerada em pacientes com rebaixamento do nível de consciência, baixa saturação periférica de O_2 ou distúrbio metabólico. Deve-se realizar teste de gravidez para todas as mulheres em idade fértil.[10,38]

O eletrocardiograma de 12 derivações deve ser realizado, especialmente, em pacientes sintomáticos, para descartar a intoxicação por associação de antidepressivos tricíclicos, fenotiazinícos (mesoridazina e tioridazina), difenidramina e outros fármacos que causam alargamento do complexo QRS e arritmias. É possível também a detecção do prolongamento do intervalo QTc.

Algumas substâncias ou condições orgânicas que causam alteração do *status* mental, taquicardia, retenção urinária ou convulsões precisam de um diagnóstico diferencial. Processos orgânicos como meningites e sepse devem ser diferenciados da síndrome anticolinérgica causada por medicamentos e plantas. O quadro de *delirium* causado por medicamentos e plantas surge abruptamente quando comparado com os causados por distúrbios orgânicos.[10]

Existem várias classes de medicamentos e toxinas de plantas que podem causar toxicidade anticolinérgica. É importante que o médico diferencie a intoxicação anticolinérgica pura das intoxicações em que a atividade anticolinérgica é indireta, ou seja, não está relacionada à sua indicação primária. A ingestão de doses tóxicas de antidepressivos tricíclicos produz a síndrome anticolinérgica. A intoxicação por essa classe de fármacos pode ser grave, podendo causar manifestações neurológicas e cardiovasculares, com risco de convulsões e arritmias.[10,39] Os efeitos do bloqueio dos canais de sódio (resultando em um intervalo QRS prolongado) e dos receptores alfa-adrenérgicos (resultando em hipotensão) são mais proeminentes.[10]

A ingestão de doses tóxicas de fármacos com atividade simpatomimética e serotoninérgica pode causar agitação, hipertermia e taquicardia. A diferenciação da síndrome anticolinérgica faz-se pelo fato de que, nas síndromes

Algoritmo de abordagem inicial e tratamento ao paciente com intoxicação anticolinérgica

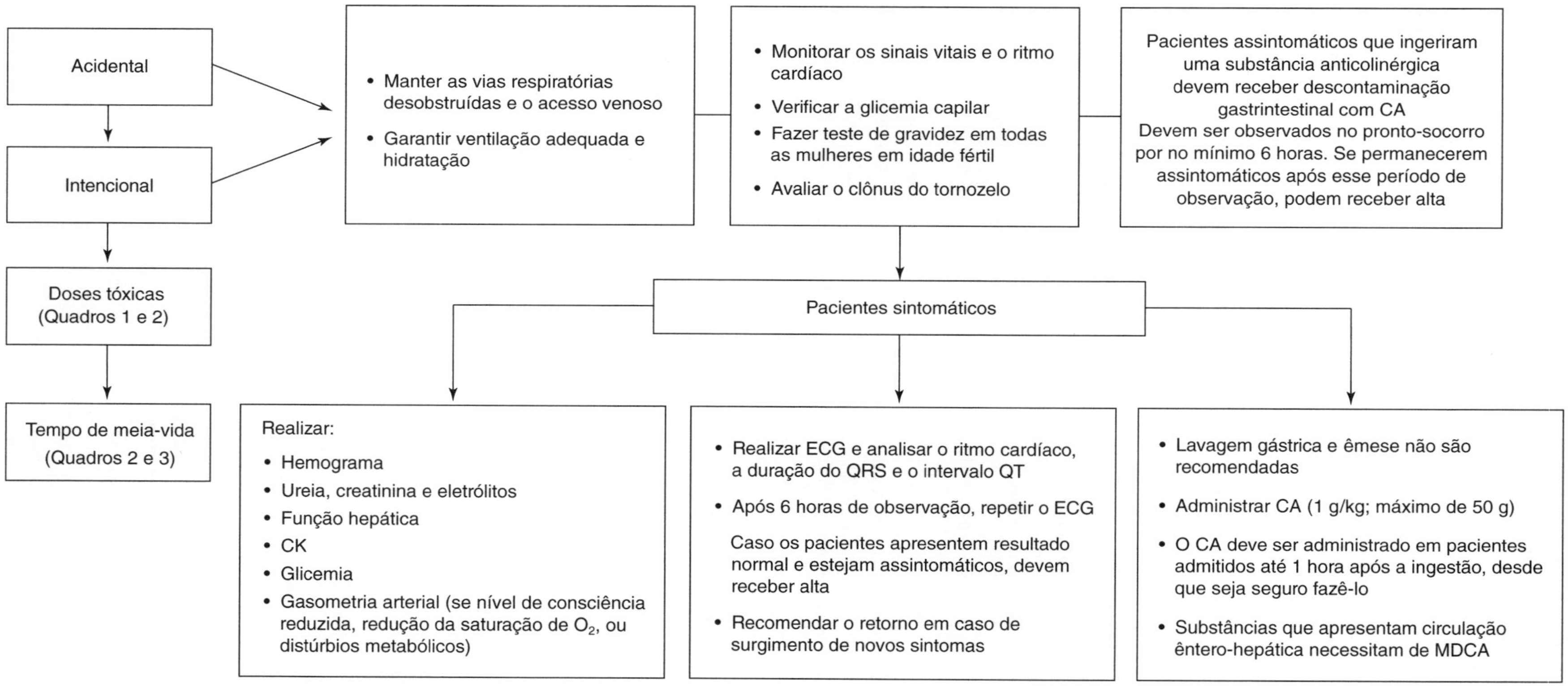

continua

Algoritmo de abordagem inicial e tratamento ao paciente com intoxicação anticolinérgica (*continuação*)

Pacientes sintomáticos

↓

Terapia com o antagonista fisostigmina

↓

A grande maioria dos pacientes não necessita do uso da fisostigmina como antagonista, pois os cuidados no suporte são suficientes para tratar a intoxicação

A fisostigmina é indicada quando os pacientes apresentam um quadro de toxicidade anticolinérgica de atividade do sistema nervoso central (agitação psicomotora grave e *delirium*)

Contraindicações da fisostigmina:

- Intoxicação associada a antidepressivos tricíclicos
- Epilepsia
- Doenças reativas das vias aéreas (doença pulmonar obstrutiva crônica e asma)
- Obstrução intestinal
- Anormalidades da condução cardíaca (complexo QRS igual ou superior a 100 ms)

Cuidados ao administrar a fisostigmina:

- Monitoração cardíaca do paciente
- Atropina disponível
- Equipamento de ressuscitação
- Doses da fisostigmina (devem ser administradas lentamente):
  - Dose adulto: 0,5 a 2 mg IV
  - Dose de bebês, crianças e adolescentes: 0,02 mg/kg IV, máxima dose de 0,5 mg por dose

continua

Algoritmo de abordagem inicial e tratamento ao paciente com intoxicação anticolinérgica (*continuação*)

Hipertensão

- Assegurar ressuscitação adequada com fluidos
- Considerar o encaminhamento precoce para cuidados intensivos em pacientes resistentes
- Agravamento do quadro associado ao tratamento com adrenalina
- Vasopressores e inotrópicos podem ser iniciados em uma emergência por meio de acesso venoso periférico
- Monitoramento vascular invasivo e ecocardiográfico para avaliar o benefício do uso de vasopressores e dos inotrópicos (débito cardíaco reduzido e vasodilatação coexistem em intoxicações graves ou mistas)

Convulsão
Agitação
***Delirium*/psicose**

- Excluir outras causas (infecção, hipóxia, hipoglicemia)
- Assegurar ambiente calmo com familiar
- Fornecer oxigênio
- Convulsões breves e únicas não requerem tratamento
- Tratamento inicial com benzodiazepínicos
- Diazepam IV: adultos 10-20 mg; crianças 0,1-0,3 mg/kg de peso
- Lorazepam IV ou oral: adultos 4 mg; crianças 0,1 mg/kg de peso
- Midazolam IV: adultos 5-10 mg; crianças 6 meses a 5 anos 0,025-0,05 mg/kg; crianças > 5 anos 0,05-0,1 mg/kg
- Observação: por apresentarem atividade anticolinérgica, butirofenonas e fenotiazínicos não devem ser usados. Se o paciente não responder ao tratamento, encaminhar ao CTI

Rabdomiólise

- Reconhecimento e manejo dos distúrbios hidroeletrolítico e acidobásico
- Nos casos de rabdomiólise, encontra-se atividade de CK > 5 × o limite superior da faixa normal
- Nos casos de insuficiência renal, a atividade de CK pode atingir valores > 5.000 UI/L
- O princípio básico do tratamento é a reposição de fluidos
- A alcalinização da urina pode ser útil na prevenção ou na redução da gravidade da insuficiência renal induzida pela rabdomiólise

Hipertermia

As hipertermias leves e moderadas respondem a medidas convencionais de resfriamento, como:

- Técnica de névoa e ventilação
- Bolsa de gelo na virilha e axilas e dispositivos de resfriamento externo
- Temperatura > 38 °C
- Resfriamento com monitoramento regular da temperatura central a cada 30 minutos, como banho de gelo (cuidado com os idosos e pacientes com comorbidades)

CA: carvão ativado; CTI: centro de tratamento intensivo; CK: creatinoquinase; ECG: eletrocardiograma de 12 derivações; MDCA: múltiplas doses de carvão ativado.
Fonte: Su; Goldman, 2021;[10] TOXBASE®, 2021.[40]

simpatomimética e serotoninérgica, os pacientes apresentam diaforese.[10]

A intoxicação anticolinérgica é mais facilmente diagnosticada quando uma história de exposição a uma substância anticolinérgica é obtida e o paciente apresenta confusão, *delirium* ou alucinação. No entanto, em pacientes nos quais não há história disponível ou a exposição é desconhecida, a intoxicação anticolinérgica deve ser considerada quando há estado mental alterado e achados de exame físico consistentes com tal intoxicação.

Nos casos em que o diagnóstico clínico não está evidente e não há contraindicação, o diagnóstico diferencial/terapêutico é útil e pode ser feito pela administração de fisostigmina. A dose recomendada é de 0,02 mg/kg (máximo de 0,5 mg), a qual deve ser administrada em infusão lenta, em torno de 5 minutos, para evitar sintomas colinérgicos e convulsões. Doses menores subsequentes podem ser repetidas após 20 a 30 minutos se persistir agitação/*delirium*.[10]

A presença de sinais e sintomas de uma síndrome colinérgica excessiva, caracterizada por bradicardia e sudorese, indica que o paciente não está intoxicado por medicamentos ou plantas com toxicidade anticolinérgica.[10]

TRATAMENTO

ERRO COMUM QUE VOCÊ DEVE EVITAR

Realização de lavagem gástrica: o benefício é incerto.

Como regra, a fisostigmina não deve ser usada nos casos de suspeita ou confirmação de intoxicação por antidepressivos tricíclicos ou quando a duração do complexo QRS é igual ou superior a 100 milissegundos. São contraindicações para realizar o ensaio de diagnóstico terapêutico diferencial com a fisostigmina: presença de doenças reativas das vias aéreas, obstrução intestinal, epilepsia e anormalidade da condução cardíaca.

O tratamento com o antagonista fisostigmina é mais eficaz em casos de intoxicações por anticolinérgicos com atividade intrínseca (atropina, escopolamina, benzatropina, difenidramina, *Atropa belladonna* e dimenidrinato) e que cursam com *delirium*.

Adolescentes podem fazer uso de uma variedade de substâncias por suas propriedades alucinógenas ou por intenção suicida, a exemplo da *jimsonweed* (*Datura stramonium*), encontrada no meio ambiente. Os efeitos anticolinérgicos da escopolamina podem permanecer por 24 a 48 horas após a exposição. Em casos raros, podem durar até duas semanas.

REFERÊNCIAS BIBLIOGRÁFICAS

1. Fatur K, Kreft S. Common anticholinergic solanaceaous plants of temperate Europe - A review of intoxications from the literature (1966–2018). Toxicon. 2020;177:52-88.
2. Kirk MA, Baer, AB. Anticholinergics and Antihistamines. In: Shannon MW, Borron SW, Burns MJ. Haddad and Winchester's Clinical Management of Poisoning and Drug Overdose. Filadélfia: Saunders Elsevier; 2007. p. 721-734.
3. Mukhtar Y, Tukur S, Bashir RA. An overview on Datura stramonium L (Jimson weed): a notable psychoactive drug plant. Am J Nat Sci. 2019;2(1):1-9.
4. Norton S. Toxic agents. In: Casarett L, Klassen CD. Toxicology: the basic science of poison. McGraw Hill; 2008. p. 881-1016.
5. Garie BP. Monographs on Datura stramonium L. The School of Pharmaceutical and Biomedical Sciences. Nepal: Type the Company Address, 2008. 105 p.
6. Glatstein M, Danino D, Wolyniez I, Scolnik D. Seizures caused by ingestion of Atropa belladonna in a homeopathic medicine in a previously well infant. Am J Ther. 2014;21(6):e196-8.
7. Çaksen H, Odabaş D, Akbayram S, Cesur Y, Arslan Ş, Üner A, et al. Deadly nightshade (Atropa belladonna) intoxication: an analysis of 49 children. Hum Exp Toxicol. 2003;22(12):665-8.
8. Berdai MA, Labib S, Chetouani K, Harandou M. Atropa belladonna intoxication: a case report. Pan Afr Med J. 2012;11:72.
9. Forrer GR, Miller JJ. Atropine coma: a somatic therapy. Am J Psychiatry. 1958;115(5):455-8.
10. Su MS, Goldman M. Anticholinergic poisoning. Waltham: UpToDate; 2021.
11. Briet J, Javelot H, Heitzmann E, Weiner L, Lameira C, D'Athis P, et al. The anticholinergic impregnation scale: towards the elaboration of a scale adapted to prescriptions in French psychiatric settings. Therapie. 2017;72(4):427-37.
12. Durán CE, Azermai M, Vander Stichele RH. Systematic review of anticholinergic risk scales in older adults. Eur J Clin Pharmacol. 2013;69(7):1485-96.
13. Turini CA. Fundamentos de toxicologia. In: Curso de Capacitação em Toxicologia Clínica. Módulo I. 2005.
14. Nishtala PS, Salahudeen MS, Hilmer SN. Anticholinergics: theoretical and clinical overview. Expert Opin Drug Saf. 2016;15(6):753-68.
15. Silva P. Farmacologia. In: Silva P. Colinérgicos e anticolinérgicos. Rio de Janeiro: Guanabara Koogan; 2010. p. 276-94.
16. Vardanyan RS, Hruby VJ. Synthesis of essential drugs. In: Vardanyan RS, Hruby VJ. Anticholinergic drugs. Amsterdã: Elsevier; 2006. p. 195-208.
17. World Health Organization. Collaborating Centre for Drug Statistics Methodology. Guidelines for Anatomical Therapeutic Chemical Classification System (ATC Code) 2020. 2021.
18. Lima MS, Reis AM. Identificação da atividade anticolinérgica dos medicamentos da Relação Nacional de Medicamentos Essenciais. Brazilian Journal of Hospital Pharmacy and Health Services. 2020;11(2):1-8.
19. Nery RT, Reis AMM. Desenvolvimento de uma escala brasileira de medicamentos com atividade anticolinérgica. Einstein. 2019;17(2): 1-8.
20. Lavrador M, Castel-Branco M, Cabral AC, Veríssimo MT, Figueiredo IV, Fernandez-Llimos F. Associação entre carga anticolinérgica e resultados adversos anticolinérgicos em idosos: base farmacológica de seu valor preditivo para resultados adversos. Pharmacological Research. 2021;163:1-18.
21. Leon J De. Paying attention to pharmacokinetic and pharmacodynamic mechanisms to progress in the area of anticholinergic use in geriatric patients. Curr Drug Metab. 2011;12(7):635-46.
22. Gummin DD, Mowry JB, Beuhle MC, Spyker DA, Brooks, DE, Diber KW, et al. Annual Report of the American Association of Poison Control Centers' National Poison Data System (NPDS): 37th Annual Report. Clin Toxicol (Phila). 2020;58(12):1360-541.
23. Brasil. Ministério da Saúde. Secretaria de Vigilância em Saúde. Departamento de Vigilância Epidemiológica Sistema de Informação de Agravos de Notificação –SINAN. Dados epidemiológicos. [acesso em fevereiro de 2022]. Disponível em: https://portalsinan.saude.gov.br/dados-epidemiologicos-sinan
24. Gerretsen P, Pollock BG. Drugs with anticholinergic properties: A current perspective on use and safety. Expert Opin Drug Saf. 2011;10(5): 751-65.
25. Bostock CV, Soiza RL, Mangoni AA. Association between prescribing of antimuscarinic drugs and antimuscarinic adverse effects in older people. Expert Rev Clin Pharmacol. 2010;3(4):441-52.
26. Scarr E. Muscarinic receptors: their roles in disorders of the central nervous system and potential as therapeutic targets. CNS Neurosci Ther. 2012;18(5):369-79.
27. Velez LI, Shepherd JG, Goto CS. Approach to the child with occult toxic exposure. Waltham: UpToDate; 2021.
28. Woo TM. Advances in Family Practice Nursing. Puyallup (Elsevier Mosby); 2021. v. 3. p. 169-81.
29. Cices A, Bayers S, Verzì AE, Schachner LA, West DP, Micali G. Poisoning Through Pediatric Skin: Cases from the Literature. Am J Clin Dermatol. 2017;18(3):391-403.
30. Larini L, Rubens C. A intoxicação como fenômeno biológico. In: Larini L. Toxicologia. São Paulo: Manole; 1987.
31. Kearns GL, Abdel-Rahman SM, Alander SW, Blowey DL, Leeder JS, Kauffman RE. Developmental pharmacology — drug disposition, action, and therapy in infants and children. N Engl J Med. 2003;349(12):1157-67.
32. Korolkovas, A. Carneiro, FAA. Dicionário terapêutico. Rio de Janeiro: Guanabara Koogan; 2017.

33. TOXBASE. The National Poisons Information Service. Atropa belladonna. [acesso em abril de 2021]. Disponível em: https://www.toxbase.org/Basic-search/?query=antidepressants+tricyclic&searchtype=1
34. Collamati A, Martone AM, Poscia AV, Brandi V, Celi M, Marzetti E, et al. Anticholinergic drugs and negative outcomes in the older population: from biological plausibility to clinical evidence. Aging Clin Exp Res. 2016;28(1):25-35.
35. Kersten H, Wyller TB. Anticholinergic drug burden in older people's brain – how well is it measured? Basic Clin Pharmacol Toxicol. 2014;114(2):151-9.
36. Levine MD. General approach to drug poisoning in adults. Waltham: UpToDate; 2021.
37. Aleman J, Crul M, Van Der Voort PHJ, Franssen EJF. Anticholinergic toxicity after the ingestion of serotonergic 'magic mushrooms'. Netherlands J Crit Care. 2012;16(3):93-6.
38. TOXBASE® – NPIS – The National Poisons Information Service. Datura stramonium. In: Toxbase Managements. [acesso em abril de 2021]. Disponível em: https://www.toxbase.org/Basic search/?query=antidepressants+tricyclic&searchtype=1
39. TOXBASE® – NPIS – The National Poisons Information Service. Tricyciclic antidepressants. In: Toxbase Managements [acesso em abril de 2021]. Disponível em: https://www.toxbase.org/ Basic search/?query=antidepressants+tricyclic&searchtype=1
40. TOXBASE® – NPIS – The National Poisons Information Service. Toxbase managements. Reino Unido. [cesso entre abril a novembro de 2021] Disponível em https://www.toxbase.org/

CAPÍTULO 19

ANTIDEPRESSIVOS, OUTROS

Maria Veronica Torres Cerino

PONTOS-CHAVE

- As crianças comumente encontram medicamentos de familiares em casa, em locais de fácil acesso.
- A ingestão de antidepressivos apresenta toxicidade variável, de acordo com que fármaco do grupo se está lidando. Os tricíclicos se revestem de maior risco, por sua maior toxicidade (ver "Antidepressivos tricíclicos", Seção 3). De qualquer modo, todos os demais compostos antidepressivos têm potencial de provocar depressão do sensório, arritmias e convulsões, entre outras manifestações.
- Todos estes outros inibem a recaptação da serotonina, aumentando sua disponibilidade na fenda sináptica das vias onde esse neurotransmissor está presente, o que eleva o risco de uma síndrome serotoninérgica (ver "Abuso de álcool e síndrome de abstinência", Seção 2).

INTRODUÇÃO

Os antidepressivos inibidores da recaptação seletiva da serotonina (5-HT) constituem a primeira linha de tratamento contra a depressão. São medicamentos com perfil de efeitos adversos menores que os antidepressivos tricíclicos e menos tóxicos em sobredosagem, indicados para depressão, apoio ao abandono do tabagismo, transtorno obsessivo-compulsivo e distúrbios do consumo de alimentos.

MECANISMOS DE AÇÃO

Como já visto, todos agem inibindo a recaptação seletiva (inibidores seletivos de recaptação da serotonina – ISRS) de 5-HT. Fluoxetina, paroxetina, sertralina, citalopram e fluvoxamina são os membros desse grupo principal. Temos um segundo grupo de ISRS, que apresentam, também, antagonismo alfa-2-adrenérgico central: trazodona e nefazodona. Outros ISRS também inibem a recaptação de noradrenalina (NA) e dopamina (DA): venlafaxina. Por fim, temos ISRS que apresentam antagonismo alfa-2-adrenérgico periférico: mirtazapina. A bupropiona, usada como antidepressivo e para o abandono do tabagismo, inibe a recaptação de DA e NA (ver também "Bupropiona", Seção 3).[1]

TOXICOCINÉTICA

Apresentam boa absorção via oral, o que pode ser alterado com a ingestão de alimentos e a ingestão simultânea de outros fármacos. A ligação a proteínas plasmáticas está entre 70 e 90%. A vida média de eliminação varia entre os fármacos. A biotransformação hepática se dá através do citocromo CYP 2D6. São inibidores de seu metabolismo, enquanto a venlafaxina e a desvenlafaxina são inibidores fracos do citocromo CYP. A fluoxetina e a sertralina, por sua vez, apresentam metabólitos ativos, norfluoxetina e norsertralina.

TOXICODINÂMICA

- Sertralina: antidepressivo derivado da naftilamina, é um potente ISRS, com efeito fraco sobre a recaptação das outras aminas NA e DA. Carece de afinidade sobre receptores muscarínicos (M) e do ácido gama-aminobutírico (Gaba).
- Fluoxetina: também é um ISRS. Sua interação com receptores alfa-adrenérgicos, M e histaminérgicos (H) é mínima, e não atua sobre receptores DA nem NA.

QUADRO CLÍNICO

Os pacientes apresentam, frequentemente, taquicardia, vertigens, náuseas, astenia ou agitação e podem apresentar tremores. Depressão do sistema nervoso central e convulsões (precoces) podem ocorrer. As sobredosagens importantes podem estar relacionadas com arritmias (taquicardia sinusal, arritmias com alargamento de QRS). Síndrome serotoninérgica é outra possibilidade.[2]

Resumo das manifestações clínicas em intoxicações agudas:

- A ingestão de 50 a 75 vezes a dose terapêutica resulta em sintomas leves (tremores, fraqueza).
- Doses muito altas: convulsões e alterações do eletrocardiograma. São mais frequentes com citalopram e venlafaxina.
- Ocorrência de síndrome serotoninérgica.
- Mortalidade (150 vezes a dose terapêutica) rara e geralmente associada à ingestão simultânea de outros fármacos.
- Sintomas mais comuns: vertigens, náuseas, vômitos.
- Sintomas menos comuns: cefaleia, tremores, agitação.

ALERTA IMPORTANTE

A síndrome serotoninérgica possui mortalidade de 11 a 15% se não tratada de maneira efetiva. Nem sempre é reconhecida e costuma ocorrer pela interação entre diversos fármacos (incluindo ISRS e o uso recente de inibidores da monoaminoxidase), mas sobretudo pelo aumento de 5-HT na fenda sináptica das vias onde esse neurotransmissor está presente. Isso remete à possibilidade de sua ocorrência na sobredosagem pelos ISRS, embora nem sempre seja preciso sobredosagem. Seu diagnóstico é clínico e baseado em alteração do estado mental, hiper-reflexia, agitação, mioclonias, tremores, diarreia, incoordenação, hipertermia e clônus. Os casos graves podem desenvolver rabdomiólise, insuficiência renal, coagulação vascular disseminada, convulsões e instabilidade autonômica.

DIAGNÓSTICO

O diagnóstico se baseia na clínica. É importante reconhecer os sintomas mencionados, somados a anamnese e epidemiologia (antecedentes de medicação do paciente ou familiares). Quanto ao suporte de exames subsidiários, temos que o eletrocardiograma pode mostrar alargamento do QRS provocado por citalopram, venlafaxina e duloxetina. Alterações do exame podem tardar horas a aparecer. A fluvoxamina pode provocar bradicardia.

Não há provas laboratoriais especificas. É recomendável medir a creatinofosfoquinase, pedir um ionograma e realizar provas de função hepática, pelo potencial de danos ao fígado. Pode ocorrer síndrome de secreção inapropriada de hormônio antidiurético (SIHAD) com paroxetina. A bupropiona e a venlafaxina podem dar falsos positivos para fenciclidina e anfetaminas em análises para drogas de abuso na urina.

TRATAMENTO[3]

Deve-se proceder à manutenção das funções vitais e suporte (ABCD) e iniciar medidas de descontaminação (carvão ativado, lavado gástrico, irrigação intestinal total), de acordo com a relação risco/benefício e o tempo de chegada do paciente à emergência. Outras medidas:

- Monitoramento cardíaco contínuo.
- Hidratação parenteral ampla para o caso de rabdomiólise.
- Em caso de SIHAD: restrição hídrica.
- Correção do meio interno e alcalinização com bicarbonato de sódio se alargamento do QRS.
- Se convulsões: benzodiazepínicos/barbitúricos.

ANTÍDOTO

Não existe antídoto específico.

ERROS COMUNS QUE VOCÊ DEVE EVITAR

Não considerar urgência as ingestões que não apresentam sintomas no primeiro atendimento.

Além de pensar nos fármacos serotoninérgicos, não pesquisar toda a medicação utilizada pelo paciente, incluindo ervas medicinais, como erva-de-são-joão (de princípios ativos que inibem a recaptação da serotonina). Outras substâncias que podem precipitar a síndrome serotoninérgica incluem cocaína, meperidina, dextrometorfano, *ecstasy* etc. Deixar de averiguar seu uso ou consumo antes do quadro tóxico em atendimento.

Não reconhecer os sintomas da síndrome serotoninérgica.[4]

REFERÊNCIAS BIBLIOGRÁFICAS

1. Hoffman R, Lewin NA, Goldfrank LR, Nelson LS, Howland MA, editores. Goldfrank's Toxicologic Emergencies. 10. ed. Nova Iorque: McGraw Hill Education; 2015. p. 1295-1306.
2. Harris C. Manual de toxicología para médicos. Barcelona: Elsevier Masson; 2008.
3. Talamoni M, Crapanzano G, Grecco V. Guía de diagnóstico y tratamiento em toxicología. 2. ed. Buenos Aires: Eudeba; 2012.
4. Arnold DH. The central serotonin syndrome: paradigm for psychotherapeutic misadventure. Pediatr Rev. 2002;23(12):427-32.

CAPÍTULO 20

ANTIDEPRESSIVOS TRICÍCLICOS

Maria Veronica Torres Cerino

PONTOS-CHAVE

- A ingestão de medicamentos é frequente em razão de sua existência nos lares. As crianças encontram medicamentos de familiares pela casa em bolsas, bolsos de vestimentas ou sobre mesas de cabeceira.
- A ingestão de antidepressivos tricíclicos pode gerar quadros graves. É necessária a intervenção rápida, para evitar complicações mais graves em níveis neurológico e cardíaco.
- É essencial avaliar atentamente o quadro e, diante da suspeita da ingestão de antidepressivos, iniciar monitoramento cardíaco e preparar as medidas para controlar arritmias cardíacas e convulsões.

INTRODUÇÃO

Os antidepressivos tricíclicos são medicamentos utilizados para o tratamento da depressão e da dor crônica, mas também têm sido empregados para outras condições, como neuralgias e abandono do tabagismo. Neste grupo farmacológico encontram-se amitriptilina, nortriptilina, amoxapina, imipramina, desipramina, entre outros.

O paciente que tenha ingerido antidepressivos tricíclicos pode ingressar na emergência alerta e acordado, mas isso não deve ser levado em conta para tranquilizar a equipe, já que rapidamente ele pode apresentar uma arritmia complexa ou entrar em convulsão.

MECANISMOS DE AÇÃO

São parecidos, na estrutura química, com as fenotiazinas em antiarrítmicos do grupo 1a (quinidina e procainamida). São muito lipofílicos e se ligam de maneira importante às proteínas plasmáticas. Além disso, produzem bloqueio de canais de sódio (Na^+), bloqueio do fluxo de potássio (K^+) e *downregulation* dos receptores alfa-2 adrenérgicos. Também inibem a recaptação de catecolaminas (noradrenalina, serotonina e dopamina) nas terminações centrais pré-sinápticas antagonistas do ácido gama-aminobutírico (Gaba) e agem sobre receptores muscarínicos da acetilcolina (efeito anticolinérgico).

TOXICOCINÉTICA

São biotransformados no fígado. Realizam circulação êntero-hepática e se eliminam totalmente em 10 dias pelos rins.[1]

DOSES TÓXICAS

Está estabelecido que de 10 a 20 g/kg de peso podem ser letais sem tratamento adequado. Essas doses podem causar sintomas moderados a graves (coma e arritmias). Crianças pequenas podem apresentar sintomas graves com doses de 15 mg/kg.[2]

QUADRO CLÍNICO

A clínica é dominada pelos sintomas anticolinérgicos, neurológicos e cardiovasculares.

1. Efeitos anticolinérgicos: centrais e periféricos aparecem de forma precoce, em virtude do bloqueio dos receptores muscarínicos. No sistema nervoso central (SNC), ocorrem alucinações, sedação, depressão respiratória e convulsões. Como manifestações anticolinérgicas periféricas, observam-se visão borrada, pele e boca secas, hipertermia, retenção urinária, rubor, ruídos hidroaéreos diminuídos e taquicardia sinusal (muito frequente).
2. Efeitos do bloqueio alfa-adrenérgico: a inibição de receptores alfa-1 e alfa-2 centrais e periféricos causa hipotensão devida a vasodilatação, com taquicardia reflexa, e miose (nem sempre visível, em razão da midríase decorrente da ação anticolinérgica).
3. Efeitos do antagonismo do Gaba: convulsões.
4. Efeitos do bloqueio sobre os canais de Na^+ e K^+: taquicardia, prolongamento de QT (potássio) e de PR, e alargamento de QRS (sódio), levando a arritmias ventriculares.

Em resumo, trata-se de pacientes que podem chegar ao atendimento assintomáticos ou apresentar somente taquicardia sinusal. O acompanhamento do surgimento de sintomas anticolinérgicos, da taquicardia e do nível de consciência é a chave para antecipar-se às convulsões e às arritmias que possam comprometer a vida do paciente.

ALERTA IMPORTANTE

A ingestão de antidepressivos tricíclicos em dose superior a 10 vezes a dose terapêutica pode produzir intoxicação grave, e o paciente pode descompensar rapidamente.

Sempre colocar pacientes, em quem se suspeita de intoxicação por antidepressivos tricíclicos, em monitoração cardíaca.

DIAGNÓSTICO

O diagnóstico clínico é a melhor abordagem desses pacientes. É importante reconhecer os sintomas anticolinérgicos como suspeita de intoxicação por esse grupo, somados a anamnese e epidemiologia (antecedentes de uso desse tipo de medicação pelo paciente ou familiares).

É possível realizar a determinação de antidepressivos tricíclicos na urina. Porém, os níveis não se correlacionam com a clínica. Assim, é importante e essencial realizar eletrocardiograma (ECG) e instalar monitor cardíaco. Outros exames úteis seriam gasometria arterial (equilíbrio acidobásico), função renal, creatinofosfoquinase (CPK), hemograma, plaquetas, provas de função hepática e ionograma.[3] A sintomatologia associada a maior toxicidade se acompanha no ECG de alargamento do QRS > 120 milissegundos.

TRATAMENTO

1. Medidas gerais: manutenção de funções vitais (ABCD). Estar atento à possibilidade de descompensação súbita para coma profundo, convulsões e arritmias cardíacas. Acesso venoso e monitor cardíaco 24 horas.
2. Medidas de descontaminação: em caso de ingestão recente, lavado gástrico e carvão ativado seriado (CAMD). Atenção para casos em que o paciente apresenta íleo paralítico. Alguns autores indicam associar sorbitol 70% ou catárticos salinos, mas são indicações controversas e não consensuais. Se sintomas neurológicos, é obrigatório proteger a via aérea (tubo traqueal).
3. Melhoria dos distúrbios de condução cardíaca: estará indicada a alcalinização do meio com bicarbonato de sódio se o QRS for maior que 120 milissegundos ao ECG ou se houver arritmias ventriculares. Neste caso, se indica 1 a 2 mEq/kg em *bolus* e infusão contínua, visando normalizar pH sanguíneo e que seja mantido em torno de 7,50 (7,45-7,55).
4. Controle de convulsões: benzodiazepínicos. Se persistentes, fenobarbital. Nunca utilizar fenitoína, o que pioraria a cardiotoxicidade, por suas propriedades similares às da quinidina. A fenitoína (difenil-hidantoína) não tem valor no caso de convulsões de origem tóxica.
5. Rabdomiólise: manter boa hidratação.
6. Hipotensão: expansão de volume cuidadosa e noradrenalina. Em casos refratários, considerar glucagon e anrinona. Diante de pacientes com hipotensão e grave deterioração da função cardíaca persistente, estariam indicarias medidas de circulação extracorpórea (ECMO).[4]

Sempre observar os pacientes no mínimo por 6 horas após a normalização do quadro. Considerar avaliação psiquiátrica e intervenção de equipes multiprofissionais nos casos de tentativa de suicídio ou suspeita de maus-tratos.

Como outros fármacos que interferem na recaptação de neurotransmissores, convém recordar que os antidepressivos podem provocar síndrome serotoninérgica.

ANTÍDOTO

Não existe antídoto específico.

MEDIDAS DE DEPURAÇÃO

Não há indicação de hemodiálise ou hemoperfusão.

ERROS COMUNS QUE VOCÊ DEVE EVITAR

Não considerar urgências os casos que não apresentam sintomas no momento do primeiro atendimento.

Utilizar fenitoína em caso de convulsões.

REFERÊNCIAS BIBLIOGRÁFICAS

1. Hoffman R, Lewin NA, Goldfrank LR, Nelson LS, Howland MA, editores. Goldfrank's Toxicologic Emergencies. 10. ed. Nova Iorque: McGraw Hill Education; 2015. p. 1295-306.
2. Harris C. Manual de toxicología para médicos. Barcelona: Elsevier Masson; 2008.
3. Talamoni M, Crapanzano G, Grecco V. Guía de diagnóstico y tratamiento em toxicología. 2. ed. Buenos Aires: Eudeba; 2012.
4. Torres Cerino MV, Bizantino G, Rodriguez M. Intoxicación por psicofármacos e indicación de ECMO. Rev Argent Cardiol. 2019;87(4):312-3.

CAPÍTULO 21

ANTIEMÉTICOS

Luiza Nader
Cristina Targa Ferreira
Luciana Rodrigues Silva

PONTOS-CHAVE

- Os antieméticos estão entre os medicamentos mais prescritos nas emergências pediátricas para o alívio do vômito.
- As gastroenterites agudas são as causas mais comuns de vômitos agudos em crianças de todas as idades.
- É consensual que o alívio do vômito ajuda a evitar as internações por desidratação e até as consultas a departamentos de emergências pediátricas.
- A utilização de antieméticos deve contemplar eficácia e segurança, com menos efeitos colaterais.
- A ondansetrona tem sido considerada pelos consensos a droga de escolha para o tratamento de vômitos, sendo superior aos demais agentes para o controle de vômitos, com menos efeitos adversos.

INTRODUÇÃO

Vômitos são muito comuns e podem ser causados por uma grande variedade de condições.[1,2] O vômito é um reflexo incontrolável que faz expelir o conteúdo do estômago através da boca, acompanhado por contrações dos músculos abdominais, abaixamento do diafragma e abertura do cárdia.[1] Náusea é o termo usado para descrever a sensação de que o paciente vai vomitar, mas não significa que o fará, de fato; pode se limitar à vontade. São sintomas comuns as múltiplas afecções pediátricas, tanto de natureza funcional como orgânica. A evolução pode ser aguda ou crônica.[1]

O vômito é um problema comum e uma das maiores causas de consultas à emergência e de hospitalizações pediátricas.[2] Há um papel fundamental na identificação e avaliação inicial do paciente com náuseas e/ou vômitos, seja um lactente, seja uma criança ou um adolescente que precisa ou não de maior investigação e prosseguimento com as medidas terapêuticas a serem adotadas.[1]

Ambos os sintomas são muito comuns e podem ser causados por uma ampla variedade de condições.[1,2] As náuseas e os vômitos podem ser autolimitados, causas de desidratação, sinais de desequilíbrio eletrolítico ou de complicações metabólicas, e podem ser a primeira manifestação de um processo grave ou indicar a necessidade de internação.[1-5]

As gastroenterites agudas (GEA) são as mais frequentes causas de vômitos agudos em crianças de todas as idades.[2]

INDICAÇÕES TERAPÊUTICAS

Os antieméticos estão entre os medicamentos mais prescritos nas emergências pediátricas.[4,5] Muitas observações mostram que os vômitos são a principal causa da falha da terapia de reidratação oral nas GEA.[1-3] É consensual que o alívio do vômito ajuda a evitar as internações por desidratação e até as consultas a departamentos de emergências pediátricas.[2-5] A prescrição de antieméticos é comum pelos médicos, que acreditam que ela seja responsável pelo sucesso das terapias de reidratação oral e reduza o desconforto causado pelos vômitos de repetição.[2,3]

A história e o exame físico do paciente são fundamentais para que se saibam as prováveis causas de vômitos e de náuseas, que podem ser diferentes nas diversas faixas etárias (Quadro 1).

Normalmente o vômito é inofensivo, mas pode ser sinal de uma doença mais ou menos grave. Alguns exemplos de doenças graves que podem resultar em náusea ou vômito incluem hipertensão endocraniana, contusões cerebrais, meningite, obstrução intestinal, apendicite, doença do refluxo gastroesofágico e tumores cerebrais.[1,2] Raramente vômitos podem fazer lesão na mucosa do esôfago e causar sangramento, fenômeno conhecido como síndrome de Mallory-Weiss.[1]

Na Gastroenterologia, os vômitos aparecem frequentemente, além das GEA, na doença do refluxo gastroesofágico, mas esta se constitui em uma entidade com características diferentes, bem conhecida. Os vômitos também ocorrem nas doenças funcionais (vômitos cíclicos no lactente, náuseas e vômitos na criança maior), na síndrome da enterocolite induzida pela proteína alimentar (FPIES), nas situações que levam à gastroparesia etc.[6,7] Além disso, há os vômitos pós-operatórios e os pós-quimioterapia, também comuns.

Neste capítulo, abordaremos os antieméticos mais usados em Pediatria.

ONDANSETRONA

Evidências atuais apontam o uso de ondansetrona como benéfico nesses casos e superior aos demais antieméticos.[5,8-15]

Farmacologia

A ondansetrona faz parte do grupo dos antagonistas dos receptores 5-HT3 de serotonina e são os antieméticos também prescritos aos pacientes em quimioterapia e aos

Quadro 1. Causas de vômitos nas diferentes faixas etárias em Pediatria

Recém-nascido	Lactente	Pré-escolar e escolar	Adolescentes
	GEA	GEA	GEA
Erros alimentares	Erros alimentares	Vômitos funcionais, FGID	Vômitos funcionais, FGID
Sepse	RGE/DRGE	DRGE	DRGE
Malformações obstrutivas	Alergias alimentares, FPIES	Alergias alimentares, FPIES, doenças eosinofílicas	Doenças eosinofílicas, FPIES
Estenose hipertrófica do piloro	Vômitos funcionais, FGID	Doenças obstrutivas	Obstruções extrínsecas e intrínsecas
Causas neurológicas	Malformações obstrutivas	Estenoses de esôfago, estômago e duodeno	Estenoses de esôfago, estômago e duodeno/úlceras pépticas
Causas metabólicas	Estenose hipertrófica do piloro	Úlceras pépticas	Tumores/doenças oncológicas
Causas endocrinológicas	Causas neurológicas	Causas neurológicas	Causas neurológicas
Causas infecciosas	Causas metabólicas	Causas metabólicas	Causas metabólicas
Erros inatos da imunidade	Causas endocrinológicas	Causas endocrinológicas	Causas endocrinológicas
Causas infecciosas	Causas infecciosas	Causas infecciosas	Causas infecciosas
	Erros inatos da imunidade	Erros inatos da imunidade	Erros inatos da imunidade

DRGE: doença do refluxo gastroesofágico; FGID: distúrbios gastrintestinais funcionais; FPIES: síndrome da enterocolite induzida pela proteína alimentar; GEA: gastroenterites agudas.
Fonte: adaptado de Morais et al., 2018.[1]

pacientes em pós-operatório. Sua formulação oral parece ter eficácia similar à das dosagens intravenosas, facilitando seu uso.[5,8-10]

Vômitos ocorrem quando impulsos aferentes do córtex cerebral, da zona quimiorreceptora (*trigger* ou gatilho), das fibras aferentes vagais e do sistema vestibular viajam ao centro do vômito, localizado na medula.[2] Vômitos são mediados por neurotransmissores (serotonina, dopamina, acetilcolina etc.), no trato gastrintestinal e no sistema nervoso central (SNC). Por isso, os receptores desses transmissores são alvos apropriados para as drogas antieméticas (Figura 1).[2]

Mecanismos de ação

A ondansetrona é um bloqueador dos receptores de serotonina 5-hidroxitriptamina-3 (5-HT3) e funciona bloqueando a ação da serotonina, substância endógena (neurotransmissor) capaz de causar náuseas e vômitos. A maior concentração desses receptores está no núcleo do trato solitário e na zona do gatilho, quimiorreceptora.[2] A serotonina é liberada pelas células enterocromafins do intestino delgado em resposta a vários estímulos eméticos, podendo estimular os aferentes vagais para começar o reflexo do vômito.[2] É o antiemético mais estudado nos dias atuais e de evidência científica mais robusta.[2,16]

Farmacocinética

Sua dissolução oral é instantânea (50 segundos). Sua biodisponibilidade pela via oral é de 60%, e o pico máximo é atingido no plasma de 1 a 2 horas após a administração; é desnecessária a ingestão de água. Seu metabolismo é hepático, sendo excretada nas fezes e na urina. Sua formulação apresenta eficácia comprovada por ensaios clínicos, com meia-vida de cerca de 3 horas.[14] Um estudo recente demonstrou que a taxa de sucesso da ondansetrona, usada por via oral, é comparável a seu uso intramuscular, em termos de reduzir vômitos em crianças com GEA.[17]

Efeitos adversos e toxicidade

A ondansetrona é bem tolerada pelas crianças, pois não apresenta efeitos colaterais importantes como os demais antieméticos[1,3,4] Seus principais efeitos adversos relatados são diarreia, cefaleia e urticária, que acontece bem raramente. Evidências atuais não apoiam que se faça eletrocardiograma (ECG) ou exames de sangue em pacientes que usam ondansetrona.[11] Esses exames só devem ser feitos nos pacientes que apresentam riscos sérios de efeitos colaterais cardíacos ou naqueles que recebem a droga intravenosa.[2,3,11] A ondansetrona tem sido frequentemente prescrita nas emergências pediátricas e após a alta, em casa.[2,5,8,9,18]

Evidência científica nos diferentes usos da ondansetrona: estudos atuais

A ondansetrona tem sido considerada pelos consensos a droga de escolha para tratamento de vômitos.[16,19-21] É superior aos demais agentes para controle de vômitos e com menos efeitos adversos.[3,16,19-21]

Vários estudos recentes demonstram que a ondansetrona é superior aos demais antieméticos ou ao placebo, por garantir melhor aceitação da hidratação oral, evitar a necessidade de fluidos intravenosos e diminuir os índices de internações hospitalares nas GEA.[11-15] Foi demonstrado, ainda, que diminui o retorno de crianças com vômitos e GEA, nas emergências, nas 72 horas posteriores à consulta inicial.[22]

Evidências de diversos estudos atuais sugerem que a ondansetrona é eficaz para diminuir o risco de hidratação

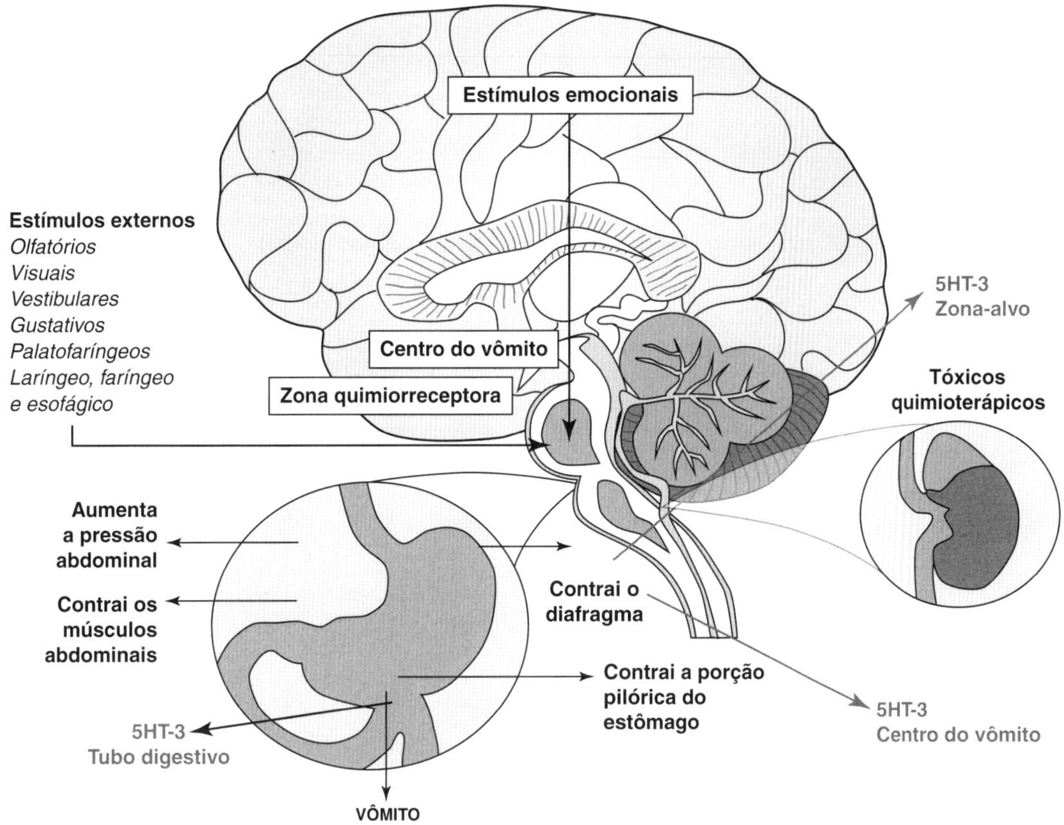

Figura 1. Fisiopatologia dos vômitos, com seus mediadores e os receptores para as medicações antieméticas (zonas onde age a 5HT-3).

Fonte: adaptada de Romano et al., 2019.[2]

intravenosa e reduzir vômitos nas GEA, quando comparada com placebo, em combinação com terapia de reidratação oral.[23] O Quadro 2 mostra os estudos mais recentes e importantes sobre a ondansetrona em GEA.

Os *guidelines* de manejo de náuseas e vômitos induzidos por quimioterapias também indicam a ondansetrona. Os *guidelines* do Reino Unido e dos Estados Unidos indicam os bloqueadores 5-HT3 para náuseas e vômitos determinados por quimioterapia leve, moderada ou gravemente emetogênica. Indicam também para os episódios de náuseas e vômitos antecipatórios (que ocorrem antes da quimio), para os refratários e para os tardios.[20,21]

Nos casos de manejo pós-operatório de adultos e crianças, os *guidelines* também mostram a ondansetrona como opção terapêutica principal. *O Clinical Guideline for the management of post-operative nausea and vomiting in adults and children* recomenda 4 mg IV aos adultos e 0,15 mg/kg VO até 4 mg.[34] Hoje, com o aumento das alergias alimentares, tem aumentado a prevalência da síndrome da enterocolite induzida pela proteína alimentar (FPIES, do inglês food protein-induced enterocolitis syndrome), caracterizada pela ocorrência de vômitos após a ingestão de algum alimento alergênico. São vômitos que podem variar desde mais leves até muito importantes, levando a desidratação e choque. O tratamento da FPIES aguda passa por hidratação, ondansetrona e corticosteroides.[6,7]

A ondansetrona também tem sido indicada nos vômitos funcionais. Os distúrbios gastrintestinais funcionais são muito comuns também em Pediatria, constituem mais de 10% das consultas pediátricas e causam alterações importantes na qualidade de vida. O consenso de Roma IV classificou esses pacientes em lactentes e crianças maiores. Nos dois grupos há desordens relacionadas aos vômitos que podem ser tratadas com ondansetrona,[35,36] cujas doses mais indicadas se encontram a seguir, assim como no manual do Ministério da Saúde do Brasil.[37]

Doses indicadas[3]

- 7 a 15 kg: 2 mg.
- 16 a 30 kg: 4 mg.
- > 30 kg: 8 mg.

Se for usar terapia de reidratação oral, iniciar 15 minutos após a ondansetrona.

Doses indicadas em caso de vômitos persistentes segundo o Ministério da saúde[37]

- 0,2 mg/kg/dose, até 3 x/dia.
- Apresentação: comprimido dispersível de 2 mg.
- Dose pela idade: de 6 meses a 2 anos: 2 mg; > 2 anos: 4 mg.

Quadro 2. Estudos recentes de ondansetrona em gastroenterites agudas

Autor/ano/país	Tipo de estudo	Conclusões
Freedman[24]/2019/Paquistão	RCT, placebo, duplo-cego	Ondansetrona oral reduziu vômitos e terapia de reidratação intravenosa (crianças desidratadas)
Freedman[25]/2019/Paquistão	RCT, placebo, duplo-cego	Não demonstrou que previne hidratação intravenosa em crianças não desidratadas
McLaren[26]/2019/Estados Unidos	Coorte, retrospectivo, não randomizado	Resposta duvidosa, mas não demonstrou menos retornos à emergência em 72 horas
Benary[22]/2020/Estados Unidos	Coorte, retrospectivo, não randomizado, 82.139 pacientes	Demonstrou menos retornos à emergência em 72 horas em crianças com vômitos e GEA
Rang[27]/2019/ Vietnã	RCT, placebo, duplo-cego	1 dose intravenosa diminuiu os vômitos e as taxas de hidratação intravenosa em hospitalizados com GEA
Hagbom[28]/2017/Suécia	RCT, placebo, duplo-cego	A ondansetrona pode ser benéfica em crianças com GEA por rotavírus
Danewa[29]/2016/Índia	RCT, placebo, duplo-cego	Favorece a ondansetrona para diminuir as taxas de terapia de reidratação oral
Eftekhari[17]/2021/Irã	RCT, cego	Ondansetrona intramuscular x oral; a oral reduziu vômitos igualmente à intramuscular
Weghorst[30]/2021/Holanda	RCT	1 dose de ondansetrona oral em cuidados primários diminuiu vômitos e custos
Fugetto[31]/2020/Itália	Metanálise, revisão sistemática	1 dose de ondansetrona em crianças com GEA mostrou maior chance de parar vômitos; menos terapia de reidratação oral e intravenosa e hospitalizações. Não diminuiu os retornos à emergência
Wu[32]/2020/países emergentes	Metanálise, revisão sistemática	Comparada com placebo, a ondansetrona reduziu o uso de fluidos intravenosos em crianças com GEA e desidratação. Foi eficaz em controlar os vômitos e reduzir a taxa de hospitalização. Não houve evidências de redução de readmissões hospitalares
Niño-Serna[33]/2020/multicêntrico	Metanálise, revisão sistemática, comparação de antieméticos	A ondansetrona foi a única intervenção que diminuiu vômitos, hospitalizações e reidratação intravenosa. Foi considerada segura

METOCLOPRAMIDA

A metoclopramida melhora o esvaziamento gástrico e a peristalse esofágica e aumenta a pressão no esfíncter esofágico inferior, mas a estreita margem entre os efeitos terapêuticos e os efeitos adversos no SNC dificulta seu uso na criança.[13,21] Não é aconselhada nas situações de vômitos na infância, segundo os consensos. A metoclopramida é um antiemético amplamente usado no tratamento do vômito em crianças, com bons resultados. Um estudo que comparou a eficácia terapêutica da metoclopramida (72%) e da ondansetrona (81%) intravenosas mostra que ambas são eficazes em cessar o vômito.[8]

Efeitos adversos e toxicidade

A metoclopramida é contraindicada em menores de 1 ano e não recomendada a crianças abaixo de 18 anos. As reações extrapiramidais podem ser mais frequentes em crianças e adultos jovens, podendo ocorrer após uma única dose. Alguns estudos constataram que a metoclopramida foi associada a efeitos adversos como sedação, agitação ou reação extrapiramidal.[2,5,9,16] No Brasil, é causa comum de reações adversas ou sobredosagem, tanto por automedicação quanto por prescrição inadequada. Considerando a incidência importante das reações adversas ou sobredosagem de metoclopramida em crianças e adolescentes, o manejo indicado para as reações extrapiramidais (distonia aguda) é difenidramina, como primeira escolha, na dose de 1 a 2 mg/kg IM ou IV.[38]

BROMOPRIDA

Não há ensaios clínicos controlados que apoiem sua utilização ou comprovem seus benefícios na doença do refluxo gastroesofágico (DRGE). Como apresenta efeitos colaterais neurológicos, como os extrapiramidais, não se deve indicá-la de rotina no tratamento da DRGE.[15] A bromoprida não é citada em nenhum dos *guidelines* pediátricos.[1-3,6,22] Apesar disso, tem sido usada desde os anos 1970, e seu uso foi totalmente incorporado por pediatras desde então. A recomendação da bromoprida continua referência, como recurso terapêutico, para várias doenças nos livros didáticos de Gastroenterologia e revisões publicadas sobre procinéticos.[16,39,40]

DOMPERIDONA

A domperidona é um procinético que aumenta a pressão no esfíncter esofágico inferior e melhora a motilidade, mas seu uso é limitado em Pediatria pela falta de estudos que demonstrem sua eficácia.[1-3,23,24] A domperidona também causa efeitos colaterais ocasionais de alterações extrapiramidais.[1,23,24] Um dos efeitos colaterais importantes é a agitação e o aumento das cólicas nos lactentes, que muitas vezes pioram o quadro clínico ou confundem o pediatra. Tem-se demonstrado a ocorrência de manifestações cardiovasculares associadas ao uso da domperidona, incluindo prolongamento do intervalo QT e arritmias ventriculares.[23,24] É aconselhado que não se use no tratamento de DRGE, de acordo com o *guideline* de 2018.[2]

REFERÊNCIAS BIBLIOGRÁFICAS

1. Morais MB, Cruz AS, Sadovsky ADI, Brandt KG, Duarte MA, Epifanio M, Toporovski MS, et al. Evidências para o manejo de náusea e vômitos em pediatria. Documento Científico. São Paulo: Sociedade Brasileira de Pediatria; 2018.
2. Romano C, Dipasquale V, Scarpignato C. Antiemetic drug use in children: what the clinician needs to know. J Pediatr Gastroenterol Nutr. 2019;68(4):466-71.
3. Canziani BC, Uestuener P, Fossali EF, Lava SAG, Bianchetti MG, Agostoni C, et al. Clinical practice: nausea and vomiting in acute gastroenteritis: physiopathology and management. Eur J Pediatr. 2018;177(1):1-5.
4. Portela JL, Stein RT, Epifanio M, Barcelos ALM, Gabi PP, Fernandes FT. Tratamento para vômito por gastroenterite aguda: bromoprida, metoclopramida e ondansetron. Rev Med Saúde Brasília. 2014:3(1):102-10.
5. Epifanio M, Portela JL, Piva JP, Ferreira CHT, Icaza EES, Mattiello R. Bromopride, metoclopramide, or ondansetron for the treatment of vomiting in the pediatric emergency department: a randomized controlled trial. J Pediatr. 2018;94(1);62-8.
6. Groetch M, Baker MG, Durban R, Meyer, R, Venter C, Muraro A. The practical dietary management of food protein-induced enterocolitis syndrome. Ann Allergy Asthma Immunol. 2021;127(1):28-35.
7. Leonard SA, Sopo SM, Baker MG, Fiocchi A, Wood RA, Nowak-Wegrzyn A. Management of acute food protein-induced enterocolitis syndrome emergencies at home and in a medical facility. Ann Allergy Asthma Immunol. 2021;126(5):482-488.e1.
8. Golembiewski J. Antiemetics: focus on pharmacology. J Perianesthes Nurs. 2014;29(6):514-8.
9. Hanuscin C, Hassel J, Khan A. Ondansetron (Zofran) for pediatric gastroenteritis. Acad Emerg Med. 2021;28(1):135-7.
10. Freedman SB, Uleryk E, Rumantir M, Finkelstein Y. Ondansetron and the risk of cardiac arrhythmias: a systematic review and postmarketing analysis. Ann Emerg Med. 2014;64(1):19-25.e6.
11. Yilmaz H, Yildizdas R, Sertdemir Y. Clinical trial: oral ondansetron for reducing vomiting secondary to acute gastroenteritis in children – a double-blind randomized study. Aliment Pharmacol Ther. 2010;31(1):82-91.
12. Reeves J, Shannon M, Fleisher G. Ondansetron decreases vomiting associated with acute gastroenteritis: a randomized controlled trial. Pediatrics. 2002;109(4):e62.
13. Roslund G, Hepps TS, McQuillen KK. The role of oral ondansetron in children with vomiting as a result of acute gastritis/gastroenteritis who have failed oral rehydration therapy: a randomized controlled trial. Ann Emerg Med. 2008;52(1):22-29.e6.
14. Tomasik E, Ziotkowska E, Kotodziej M, SzajewskaH. Systematic review with meta-analysis: ondansetrona for vomiting in children with acute gastroenteritis. Aliment Pharmacol Ther. 2016;44(5):438-46.
15. Gray JM, Maewal JD, Lunos SA, Furnival RA, Hendrickson MA. Ondansetron prescription for home use in a Pediatric Emergency Department. Pediatr Emerg Care. 2020;36(3):e120-e124.
16. Guarino A, Aguilar J, Berkley J, Broekaert I, Vazquez-Frias R, Holtz L, et al. Acute gastroenteritis in children of the world: what needs to be done? J Pediatr Gastroenterol Nutr. 2020;70(5):694-701.
17. Eftekhari K, Mohammadpour S, Shahgholi E, Shabani Mirzaee H, Vigeh M, Malekian Taghi A. Oral versus intramuscular ondansetron for reducing vomiting in children with acute gastroenteritis: a single-blind randomized clinical trial. Iran J Pediatr. 2021;31(1):e106115.
18. Hartman S, Brown E, Loomis E, Russel HA. Gastroenteritis in children. Am Fam Physician. 2019;99(3):159-65.
19. Guarino A, Ashkenazi S, Gendel D, Lo Vecchio A, Shamir R, Szajewska H. European Society of Pediatric Gastroenterology, Hepatology and Nutrition; European Society for Pediatric Infectious Diseases evidence-based guidelines for the management of acute gastroenteritis in children in Europe: update 2014. J Pediatr Gastroenterol Nutr. 2014;59(1):132-52.
20. Children's Cancer and Leukaemia Group. CCLG guideline on the management of chemotherapy induced nausea and vomiting. 2018.
21. Children's Oncology Group Supportive Care Endorsed Guidelines. Guidelines on Chemotherapy-induced Nausea and Vomiting in Pediatric Cancer Patients. COG Supportive Care Endorsed Guidelines. 2021.
22. Benary D, Lozano JM, Higley R, Lowe D. Ondansetron prescription is associated with reduced return visits to the pediatric emergency department for children with gastroenteritis. Ann Emerg Med. 2020;76: 625-34.
23. MacDonald E, McCormack S. CADTH rapid response report: summary with critical appraisal. Ondansetron and oral rehydration therapy in pediatric patients with dehydration: a review of clinical effectiveness. Ottawa: Canadian Agency for Drugs and Technologies in Health; 2020.
24. Freedman SB, Soofi SB, Willan AR, Williamson-Urquhart S, Siddiqui E, Xie J, et al. Oral ondansetron administration to dehydrated children in pakistan: a randomized clinical trial. Pediatrics. 2019;144(6):e20192161.
25. Freedman SB, Soofi SB, Willan AR, Williamson-Urquhart S, Ali N, Xie J, et al. Oral ondansetron administration to nondehydrated children with diarrhea and associated vomiting in emergency departments in Pakistan: A randomized controlled trial. Ann Emerg Med. 2019;73(3):255-65.
26. McLaren SH, Yim RB, Fleegler EW. Impact of ondansetron prescription on return emergency department visits among children with acute gastroenteritis. Pediatr Emerg Care. 2019;12:12.
27. Rang NN, Chanh TQ, My PT, Tien TTM. Single-dose intravenous ondansetron in children with gastroenteritis: a randomized controlled trial. Indian Pediatr. 2019;56(6):468-71.
28. Hagbom M, Novak D, Ekström M, Khalid Y, Andersson M, Lindh M, et al. Ondansetron treatment reduces rotavirus symptoms-A randomized double-blinded placebo-controlled trial. PLoS One. 2017;12(10):e0186824.
29. Danewa AS, Shah D, Batra P, Bhattacharya SK, Gupta P. Oral ondansetron in management of dehydrating. J Pediatr. 2016;169:105-109.e103.
30. Weghorst AA, Holtman GA, Wolters PI, Russchen HA, Fickweiler F, Verkade HJ, et al. Recommendations for clinical research in children presenting to primary care out-of-hours services: a randomized controlled trial with parallel cohort study. BJGP. 2021;5(2):1-10.
31. Fugetto F, Filice E, Biagi C, Pierantoni L, Gori D, Lanari M. Single-dose of ondansetron for vomiting in children and adolescents with acute gastroenteritis—an updated systematic review and meta-analysis. Eur J Pediatr. 2020;179(7):1007-16.
32. Wu HL, Zhan X. Effect of ondansetron on vomiting associated with acute gastroenteritis in a developing country: a meta-analysis. Eur J Pediatr. 2020;179(8):1181-9.
33. Niño-Serna LF, Acosta-Reyes J, Veroniki AA, Florez ID. Antiemetics in children with acute gastroenteritis: a meta-analysis. Pediatrics. 2020;145(4): e20193260.
34. Goddard H. Clinical Guideline for Management of post-operative nausea and vomiting in adults and children. NHS Foundation Trust; 2019.
35. Benninga M, Nurko S, Faure C, Hyman PE, Roberts YSJ, Schechter NL. Childhood functional gastrointestinal disorders: neonate/toddler. Gastroenterology 2016;150:1443-55.
36. Hyams JS, Di Lorenzo C, Saps M, Shulman RJ, Staiano AM, TIburg MV. Childhood functional gastrointestinal disorders: child/adolescent. Gastroenterology. 2016;150:1456-68.
37. Brasil. Ministério da Saúde. Organização Pan-Americana da Saúde. Fundo das Nações Unidas para a Infância. Manual de quadros de procedimentos: Aidpi Criança: 2 meses a 5 anos. Brasília, DF: Ministério da Saúde; 2017. 74 p.
38. Lee CK. Drug Dosages. In: Huges HK, Kahl LK. The Harriet Lane Handbook. Filadélfia: Elsevier; 2018. P. 861-2.
39. Al-Ansari K, Alomary S, Abdulateef H, Alshawagfa M, Kamal K. Metoclopramide ***versus*** ondansetron for the treatment of vomiting in children with acute gastroenteritis. J Pediatr Gastroenterol Nutr. 2011;53(2):156-60.
40. Van der Padt A, van Schaik RHN, Sonneveld P. Acute dystonic reaction to metoclopramide in patients carrying homozygous cytochrome P450 2D6 genetic polymorphisms. Neth J Med. 2006;64:160-2.

CAPÍTULO 22

ANTI-HISTAMÍNICOS H1 E H2

Dirceu Solé
Marilyn Urrutia-Pereira
Fábio Chigres Kuschnir

PONTOS-CHAVE

- A histamina é um mediador químico importante que participa do controle da homeostase do organismo.
- Quatro receptores específicos para a histamina foram identificados (H1, H2, H3 e H4) e têm localizações e ações distintas quando estimulados.
- Os anti-histamínicos são classificados de acordo com seu mecanismo de ação, estrutura química e atividade sobre o sistema central: anti-H1, anti-H2 etc.
- Os anti-H1 são os medicamentos mais usados na prática clínica para o tratamento de doenças alérgicas (rinite alérgica, rinoconjuntivite alérgica, urticária, mastocitose e doenças de ativação mastocitária).
- Os anti-H2 são utilizados para controlar a produção ácida gástrica e os efeitos dela decorrentes (gastrite, úlcera gástrica, entre outros).
- Os anti-histamínicos são agonistas inversos da histamina, e não seus antagonistas.

INTRODUÇÃO

A histamina é uma amina (imidazol etilenodiamina) presente em alguns tecidos e um mediador químico principal ou adjuvante nas doenças alérgicas. Quando liberada de mastócitos, basófilos e tecido gástrico, onde se encontra estocada, liga-se a receptores específicos H1, H2, H3 e H4, estimulando-os e determinando suas ações.[1,2]

Os receptores H1 predominam na pele e na musculatura lisa brônquica e do trato gastrintestinal. Sua estimulação determina aumento da permeabilidade capilar, contração da musculatura lisa, prurido, liberação de mediadores inflamatórios etc.[1] Os receptores H2 predominam na mucosa gástrica, útero e cérebro, e sua estimulação determina aumento da secreção ácida do estômago. Os receptores H3 encontram-se no cérebro e na musculatura lisa brônquica e, quando estimulados, provocam vasodilatação dos vasos cerebrais, diminuição da permeabilidade vascular neurogênica e aumento da transmissão simpática em nervos perivasculares.[1] Os receptores H4, por sua vez, estão localizados na superfície de células inflamatórias e, quando estimulados pela histamina, são responsáveis por recrutamento celular.[1,2] Desse modo, além de a histamina participar da fase aguda da reação de hipersensibilidade imediata, é importante na regulação da inflamação crônica.[2]

Os anti-H1 estão indicados no tratamento da rinite alérgica,[3] rinoconjuntivite alérgica,[3] urticária,[4] mastocitose e doenças de ativação mastocitária,[1] em crianças e adultos. Os anti-H2 reduzem a produção de secreção ácida do estômago, que favorece o controle de gastrite, úlceras pépticas do estômago e do duodeno, além de prevenir suas complicações. Os anti-H3 e H4 (tioperamida) inibem a quimiotaxia de mastócitos induzida pela histamina, inibem a mobilização intracelular de cálcio e diminuem a desgranulação de mastócitos, embora sejam de uso clínico limitado.[1]

Os anti-histamínicos podem ser classificados de acordo com seu mecanismo de ação, estrutura química e atividade sobre o sistema central. O anti-H1 tem o radical etilamina na sua estrutura, enquanto os anti-H2 têm o núcleo imidazol.[1] Assim, os anti-H1 são classificados em clássicos, sedantes ou de primeira geração e em não clássicos, não sedantes ou de segunda geração.

Os anti-H1 clássicos são compostos de estrutura química mais simples, lipossolúveis e, portanto, são capazes de atravessar a barreira hematoencefálica (BHE), com alta afinidade de ligação aos receptores H1 no sistema nervoso central (SNC), causando sedação. São exemplos hidroxizina, dexclorfeniramina, meclastina, prometazina, difenidramina.[1] Os anti-H1 não clássicos, não sedantes ou de segunda geração apresentam estrutura química mais complexa, são pouco lipossolúveis e dificilmente atravessam a BHE, causando pouca sonolência. Como exemplos, temos loratadina, fexofenadina, cetirizina, ebastina, epinastina, levocetirizina e desloratadina.[1-3] A Tabela 1 reúne exemplos de anti-H1 de segunda geração ou não clássicos e de anti-H2 mais utilizados na prática clínica.

MECANISMOS DE AÇÃO

Os receptores de histamina pertencem ao grupo dos receptores acoplados à proteína G e se caracterizam pela existência concomitante de uma conformação ativa e uma inativa, em equilíbrio dinâmico. A histamina liga-se de modo preferencial ao receptor ativado e aumenta sua estabilidade, deslocando o equilíbrio para a conformação ativa. De modo contrário, o anti-histamínico se liga ao estado inativo, deslocando o equilíbrio para a forma inativa. Desse modo, o anti-histamínico é denominado um agonista inverso, ou um ligante capaz de reduzir a atividade constitutiva do receptor (Figura 1).[1]

Os anti-H1, sedantes e não sedantes, controlam de modo efetivo os sintomas dependentes de ação histamínica na rinite alérgica (prurido, espirros, rinorreia e congestão nasal) e na rinoconjuntivite alérgica (prurido, espirros,

Tabela 1. Anti-histamínicos H1 não clássicos ou de segunda geração e anti-H2 – exemplos

Nome	Apresentação	Posologia	
		Crianças	**Crianças > 12 anos e adultos**
		Anti-histamínicos H1	
Cetirizina	Gotas: 10 mg/dL Comprimidos: 10 mg Solução oral: 1 mg/dL	6 meses a 2 anos: 2,6 mg 1 ×/dia 2 a 6 anos: 2,5 mg a cada 12 horas 6 a 12 anos: 5 mg a cada 12 horas	10 mg/dia
Levocetirizina	Gotas: 2,5 mg/10 gotas Comprimidos: 5 mg	2 a 6 anos: 1,25 mg (5 gotas) a cada 12 horas > 6 anos: 5 mg/dia (20 gotas ou 1 cp)	5 mg/dia
Loratadina	Xarope: 1 mg/mL Comprimidos: 10 mg	> 2 anos < 30 kg: 5 mg/dia ≥ 30 kg: 10 mg/dia	10 mg/dia
Desloratadina	Xarope: 0,5 mg/mL Gotas: 1,25 mg/mL Comprimidos: 5 mg	6 meses a 2 anos: 1 mg 1 ×/dia (2 mL ou 16 gotas) 2 a 6 anos: 1,25 mg 1 ×/dia (2,5 mL ou 20 gotas) 6 a 12 anos: 2,5 mg 1 ×/dia (5 mL ou 40 gotas	5 mg/dia
Epinastina	Xarope: 2 mg/mL Comprimidos: 10 ou 20 mg	6 a 12 anos: 5 a 10 mg 1 ×/dia	10 a 20 mg/dia
Fexofenadina	Solução: 6 mg/mL Comprimidos: 30, 60, 120 e 180 mg	6 meses a 2 anos: 15 mg (2,5 mL) a cada 12 horas 2 a 11 anos: 30 mg (5 mL) a cada 12 horas 6 a 12 anos: 60 mg/dia	60 mg a cada 12 horas ou 120 mg 1 ×/dia
Rupatadina	Comprimidos: 10 mg	Não recomendado	10 mg/dia
Bilastina	Comprimidos: 20 mg	Não recomendado	20 mg/dia Obs.: 1 hora antes ou 2 horas após refeições
		Anti-histamínicos H2	
Cimetidina	Comprimidos revestidos: 200 e 400 mg	> 1 ano: 25 a 30 mg/dia em 2 a 3 x	400 mg em 2 doses diárias Dose máxima 2,4g
Ranitidina	Comprimidos revestidos: 150 e 300 mg Xarope: 15 mg/mL Solução injetável: 25 mg/mL	2 a 4 mg/kg 2×/dia Máximo 300 mg Não recomendado	150 mg 2×/dia ou 300 mg/noite IV: 50 mg diluídos em 20 mL e injetados em 2 minutos a cada 6 ou 8 horas IM: 50 mg a cada 6 ou 8 horas
Famotidina	Comprimidos: 20 e 40 mg		40 mg ao se deitar e depois 20 mg/dia

Fonte: Sakano et al., 2017.[3]

rinorreia, além de prurido ocular, faríngeo e nos ouvidos e enantema conjuntival).[4]

Os anti-H1 não sedantes são a primeira linha de tratamento da urticária, tanto aguda quanto crônica, espontânea ou induzida, com ou sem angioedema. Atuam tanto no alívio do prurido como na melhora das lesões. No manejo da urticária, é frequente o uso de anti-H2, como a ranitidina, em associação a um anti-H1, conduta esta questionada.[5]

Na anafilaxia, os anti-H1 são tratamento adjuvante. Em pacientes com mastocitose e outras doenças de ativação mastocitária, o anti-H1 é usado para bloquear a liberação da histamina, para aliviar os sintomas cutâneos ou para evitar a anafilaxia.[6] A ação dos anti-H1 em infecções de vias aéreas e na dermatite atópica não tem evidência de eficácia.[3,4]

FARMACOCINÉTICA/TOXICOCINÉTICA

Os anti-H1 clássicos são rapidamente absorvidos e metabolizados, por isso devem ser administrados de 3 a 4 vezes ao dia. Têm estrutura molecular menor, são altamente lipofílicos, atravessam a BHE, ligam-se aos receptores H1 cerebrais e causam sedação.[1]

Os anti-H1 não clássicos (ou de segunda geração) são compostos de alta potência, maior estrutura molecular e menor lipofilia, o que dificulta sua entrada e fixação nos receptores H1 presentes no SNC. Além disso, por terem maior afinidade aos receptores H1, têm meia-vida mais longa e podem ser administrados 1 a 2 vezes ao dia.[6] Além disso, pelo melhor perfil de segurança, a prescrição dos anti-H1 de segunda geração tem sido recomendação universal e são priorizados em detrimento dos de primeira geração.[3-5] Os anti-H1 de segunda geração de uso sistêmico não estão disponíveis para uso parenteral.

Os anti-H1 de segunda geração, após administração oral, têm início rápido de ação (entre 1 e 2 horas) e pico em torno de 3 horas. A boa lipossolubilidade dessas moléculas permite que cruzem facilmente as membranas celulares, o que facilita sua biodisponibilidade.[6] Em alguns casos, a

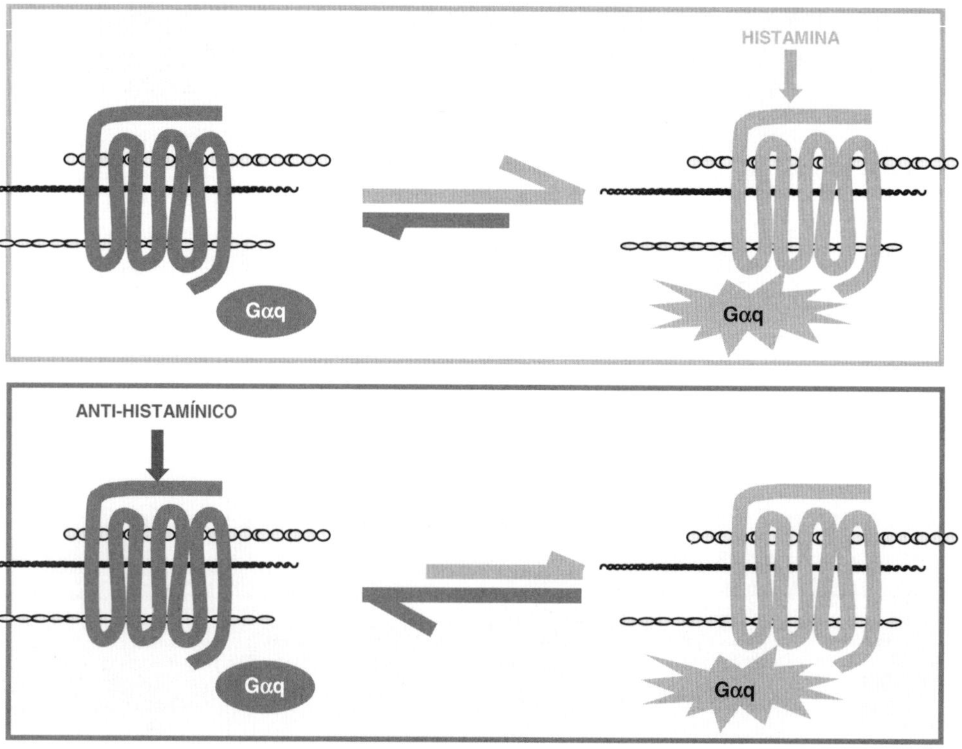

Figura 1. Mecanismo de ação dos anti-histamínicos. O receptor Gαq (em cinza-claro) está na forma ativa e, quando estimulado pela histamina, desencadeia suas ações biológicas e o quadro clínico. Já o receptor Gαq (em cinza-escuro) está na forma inativa e, quando estimulado por um anti-histamínico, não desencadeia as ações da histamina, protegendo dos sintomas clínicos.

Fonte: Church, 2009.[1]

administração dessas drogas com a ingestão de alimentos pode alterar suas concentrações plasmáticas (fexofenadina e bilastina). A ingestão de fexofenadina junto com alguns alimentos, como suco de *grapefruit* ou de laranja, bem como drogas como verapamil, cimetidina e probenecida, tem gerado variações na sua biodisponibilidade. Com relação à bilastina, recomenda-se sua ingestão 1 ou 2 horas após a ingestão de alimentos e bebidas.[6]

A maioria dos anti-H1 é metabolizada e detoxificada no fígado pelas enzimas pertencentes ao sistema do citocromo P450 (CYP). Somente bilastina, levocetirizina, fexofenadina e desloratadina evitam essa passagem metabólica em grau relevante, o que as torna mais previsíveis do ponto de vista dos seus efeitos adversos. A cetirizina e a levocetirizina são eliminadas na urina, principalmente em sua forma não alterada, enquanto a fexofenadina é eliminada nas fezes, após excreção via biliar, sem alterações. De acordo com o perfil de metabolismo e excreção, pacientes idosos ou com insuficiência renal e/ou hepática podem necessitar de ajuste das doses, bem como pacientes que usam outras medicações metabolizadas pelo P450, como antifúngicos.[6]

Os anti-H2 atuam sobre os receptores H2 presentes na mucosa gástrica e reduzem a produção de secreção ácida do estômago e não interferem na produção de pepsina e a de gastrina. A ranitidina, além do efeito antissecretor, exerce atividade citoprotetora, mantendo a integridade da barreira mucosa gástrica, sem interferir na motilidade gastrintestinal (ranitidina).[7]

De modo geral, após a administração oral, os anti-H2 são absorvidos de modo rápido e eficiente. Cerca de 70% da dose oral de cimetidina administrada atinge pico de concentração em 60 a 90 minutos, de modo dose-dependente. Tem biodisponibilidade muito uniforme e reduz a acidez gástrica, mantendo as flutuações fisiológicas do pH intragástrico. A meia-vida é de, aproximadamente, 2 horas, e sua principal via de eliminação é a urina, através da qual 60 a 70% são excretados de forma inalterada.[8]

A famotidina não é absorvida de modo completo, sua biodisponibilidade atinge 40 a 50%, e o início de ação (inibição secreção ácida gástrica) ocorre 1 hora após a administração oral. O pico acontece em 1 a 4 horas, e a duração do efeito é de 10 a 12 horas.[9] A famotidina circula ligada a proteínas (15 a 20%) e é metabolizada pelo fígado e excretada pela urina, via filtração glomerular e secreção tubular em 2,5 a 4 horas. Ao redor de 25 a 30% da dose é excretada nas primeiras 24 horas e 13 a 49% em até 72 horas.[9]

À semelhança dos anti-H1, os anti-H2 podem interferir na absorção, no metabolismo ou na excreção renal de outras drogas por diferentes mecanismos, sendo o principal a inibição de enzimas do citocromo P450, a saber: anticoagulantes cumarínicos (varfarina), antidepressivos tricíclicos (amitriptilina), antiarrítmicos classe I (lidocaína, quinidina), bloqueadores dos canais de cálcio (diltiazem), sulfonilureias (glipizida), fenitoína, teofilina, metoprolol, ciclosporina, tacrolimo e diazepam. Além disso, por inibição da secreção tubular renal (procainamida, quinidina, metformina e dofetilida), alteração do pH gástrico (cetoconazol, itraconazol ou posaconazol).[7-9]

DOSES TÓXICAS (EXPOSIÇÃO AGUDA/ CRÔNICA) RELATIVAS À EXPOSIÇÃO

Os anti-histamínicos são medicações relativamente seguras. A Tabela 1 reúne exemplos de anti-H1 não clássicos, não sedantes ou de segunda geração e de anti-H2, segundo a apresentação e doses recomendadas. Os anti-H1 de primeira geração ou sedantes, por suas características químicas, atravessam a BHE, fixam-se a receptores H1 cerebrais e assim geram seu principal efeito adverso: sonolência leve ou moderada (até 10%), além de urticária, prurido, erupções na pele, fotodermatose (dexclorfeniramina, fenotiazina), hiperidrose, fraqueza, espessamento de secreções brônquicas e até choque anafilático.[10] A margem estreita entre a dose terapêutica e a responsável por eventos adversos para os anti-H1 sedantes exige que sua utilização seja feita dentro das doses preconizadas.

QUADRO CLÍNICO

Mesmo quando em uso de doses recomendadas, os anti-H1 clássicos ou de primeira geração podem induzir alterações de comportamento nos pacientes em uso, tornando-os mais sonolentos, com tontura e estado de alerta diminuído, o que os expõe a risco quando realizam atividades que necessitem de atenção e vigília, como dirigir veículos e operar máquinas.[10]

Os anti-H1 clássicos ou sedantes são muito prescritos para o tratamento de pacientes com dermatite atópica (DA) pela falsa impressão de que a indução do sono auxiliaria no controle do prurido característico da DA e com melhora da qualidade de vida desses pacientes. Entretanto, deve-se lembrar que o prurido da DA decorre da ação de outros mediadores inflamatórios, além da histamina, e que o sono induzido pelo composto não atinge o padrão fisiológico, portanto não é reparador. Com isso, o paciente pode manter-se sonolento no dia seguinte, com interferência no seu processo de cognição.[10]

Os anti-H1 não clássicos ou de segunda geração são medicamentos seguros e em situações especiais têm sido utilizados em doses de até quatro vezes as recomendadas, para o controle de urticária crônica em adultos. No caso de superdosagem, pode haver cefaleia, tontura, enjoo, sonolência, nervosismo, insônia, boca seca e mais raramente exantema, urticária, prurido, angioedema, dispneia, rubor e anafilaxia.[6]

Os anti-H2, por sua ação altamente específica, raramente estão envolvidos em problemas de maior gravidade durante seu uso. Todavia, algumas pessoas podem manifestar efeitos colaterais, como cefaleia, tontura, diarreia, mialgia, cansaço, erupção cutânea, angioedema de pálpebras, face, lábios, boca ou língua, dor ou aperto no peito (de início repentino) e menos frequentemente leucopenia, depressão, estados de confusão, alucinações, taquicardia, hepatite medicamentosa e aumento da creatinina plasmática.[7,8]

DIAGNÓSTICO

O diagnóstico de intoxicação por anti-histamínicos é predominantemente clínico. Entre os pacientes em uso de anti-H1, sobretudo os clássicos, a presença de sonolência intensa é altamente sugestiva. Com relação aos não clássicos ou de segunda geração, o uso de doses até quatro vezes a preconizada tem sido feito em pacientes adultos com urticária crônica, com boa tolerância.[5]

TRATAMENTO

Na presença de superdosagem, são recomendadas interrupção do tratamento e medidas usuais sintomáticas e de suporte para remover do organismo o fármaco não absorvido. O tratamento adicional deve ser indicado de acordo com as manifestações clínicas. Estudos experimentais com animais que utilizaram altas doses apontam que a respiração artificial pode ser considerada. A hemodiálise não remove efetivamente os anti-H1 e os anti-H2 do sangue. Com relação à cimetidina (anti-H2), há relatos anedóticos de ausência de prejuízo após a ingestão de dose de 20 g de cimetidina por adultos, bem como sintomas graves do SNC com doses entre 20 e 40 g e morte com doses superiores a 40 g.[8]

Medidas de suporte

O paciente deve ser tranquilizado, mantido em repouso e sob controle. Casos mais graves devem ser transferidos para unidade de cuidados intensivos. Na dependência do composto ingerido, se de primeira ou segunda geração, a duração do efeito pode variar.

Medidas de depuração

A absorção rápida dos anti-histamínicos põe em dúvida se medidas de depuração, como indução de vômitos, lavagem gástrica e ingestão de carvão ativado, são efetivas.

ANTÍDOTO

Não há antídoto específico para a superdosagem de anti-histamínicos.

ERROS COMUNS QUE VOCÊ DEVE EVITAR

Os anti-histamínicos H1 de primeira geração são muito empregados no tratamento de infecções de vias aéreas superiores.

Uso de anti-H1 clássicos, de primeira geração ou sedantes para o tratamento de infecções de vias aéreas superiores.

Uso de anti-H1 clássicos, de primeira geração ou sedantes para reduzir o prurido em pacientes com dermatite atópica.

Uso de anti-H1 clássicos ou de primeira geração como indutores de sono para pacientes com dermatite atópica.

Uso tópico de anti-H1 clássicos para o tratamento de urticária ou de picadas de inseto.

OBJETIVOS DE APRENDIZAGEM

Ao final da leitura deste capítulo, o leitor deverá ser capaz de:

- Identificar os tipos de receptores de histamina (H1, H2, H3 e H4), sua distribuição e ações quando ativados.
- Os anti-histamínicos H1 são divididos em dois tipos: sedantes e não sedantes.
- Os anti-histamínicos H1 não sedantes são os preconizados para o tratamento da rinite alérgica, rinoconjuntivite alérgica, urticária, mastocitose e doenças de ativação mastocitária.
- Os anti-histamínicos H2 são indicados para controle da secreção gástrica ácida e os efeitos dela decorrentes.
- Sedação é o principal efeito colateral dos anti-histamínicos H1 clássicos.
- Por serem agentes altamente específicos, a superdosagem dos anti-histamínicos não é frequente.

REFERÊNCIAS BIBLIOGRÁFICAS

1. Church M. Histamine and its receptor. In: Pawankar R, Holgate ST, Rosenwasser LJ. Allergy frontiers: classification and pathomechanisms. Nova Iorque: Springer; 2009. p. 328-56.
2. MacGlashan D Jr. Histamine: a mediator of inflammation. J Allergy Clin Immunol. 2003;112:S53-S59.
3. Sakano E, Sarinho ESC, Cruz AA, Patorino AC, Tamashiro E, Kuschnir FC, et al. IV Consenso Brasileiro sobre Rinites – 2017. Documento conjunto da Associação Brasileira de Alergia e Imunologia, Associação Brasileira de Otorrinolaringologia e Cirurgia Cérvico-Facial e Sociedade Brasileira de Pediatria. [acesso em fevereiro de 2022]. Disponível em: https://www.sbp.com.br/fileadmin/user_upload/Consenso_Rinite_9_-27-11-2017_Final.pdf
4. Brożek JL, Bousquet J, Agache I, Agarwal A, Bachert C, Bosnic-Anticevich S, et al. Allergic Rhinitis and its Impact on Asthma (ARIA) guidelines-2016 revision. J Allergy Clin Immunol. 2017;140(4):950-8.
5. Zuberbier T, Aberer W, Asero R, Abdul Latiff AH, Baker D, Ballmer-Weber B, et al. The EAACI/GA2LEN/EDF/WAO guideline for the definition, classification, diagnosis and management of urticaria. Allergy. 2018;73(7):1393-414.
6. Sánchez-Borges M, Ansotegui IJ. Second generation antihistamines: an update. Curr Opin Allergy Clin Immunol. 2019;19(4):358-64.
7. Antak [Bula]. Rio de Janeiro: GlaxoSmithKline.
8. Tagamet [Bula]. Rio de Janeiro: GlaxoSmithKline.
9. Famox [Bula]. Guarulhos: Aché; 2014.
10. Polaramine [Bula]. Barueri: Cosmed; 2020.

CAPÍTULO 23

ANTI-INFLAMATÓRIOS NÃO ESTEROIDES (IBUPROFENO E OUTROS)

Carlos Augusto Mello da Silva

PONTOS-CHAVE
• Os anti-inflamatórios não esteroides formam um dos grupos farmacológicos mais prescritos em todo o mundo, para controle da dor, febre e doenças inflamatórias. • O ibuprofeno é um dos anti-inflamatórios não esteroides de maior interesse em Pediatria. • As intoxicações agudas costumam, na maior parte dos casos, ser leves a moderadas. • As intoxicações agudas por anti-inflamatórios não esteroides de introdução mais antiga no mercado produzem quadros mais graves.

INTRODUÇÃO

Os anti-inflamatórios não esteroides (Aine) constituem um grupo farmacológico composto por agentes com estruturas químicas bem diversas, mas que compartilham propriedades farmacológicas semelhantes.[1-3] Compartilham, também, o mesmo perfil quanto aos efeitos adversos no uso terapêutico. Quanto aos danos observados nos casos de sobredosagem (*overdose*) acidental ou intencional, em geral produzem efeitos gastrintestinais leves, podendo ser observados alguns efeitos sobre a função renal e plaquetas. Porém, alguns representantes do grupo, principalmente os mais antigos, como fenilbutazona e ácido mefenâmico, e o piroxicam, de introdução um pouco mais recente no mercado, podem apresentar toxicidade apreciável em intoxicações agudas.[1,2]

Os Aine de última geração, como o celecoxibe, que são também denominados inibidores seletivos da cicloxigenase-2 (COX-2), têm um perfil de segurança maior no que tange aos efeitos gastrintestinais mais preocupantes, como os danos à mucosa gástrica e sangramento, eventualmente produzidos pelos não seletivos.[1]

No texto a seguir, vamos dedicar uma atenção maior ao ibuprofeno, por certo um dos representantes do grupo mais prescritos hoje, em especial nos pacientes pediátricos, como protótipo dos Aine, seguido de alguns comentários e possíveis alertas quanto à toxicidade maior de um ou outro agente selecionado.

FARMACOLOGIA

Indicações terapêuticas

O ibuprofeno, em doses de 5 a 10 mg/kg/dose VO a cada 6 ou 8 horas, tem se mostrado seguro e eficaz no manejo de dor e febre em pediatria. A dose máxima diária não deve ultrapassar 40 mg/kg/24 horas. Em situações especiais, como artrite reumatoide juvenil, podem-se utilizar até 30 a 50 mg/kg/24 horas VO.[3,4] Em adultos, as doses usuais para dor, febre ou dismenorreia são de 200 a 400 mg/dose, a cada 6 ou 8 horas (máximo 1,2 g/24 horas). Em doenças inflamatórias, até 800 mg/dose (máximo de 3,2 g/24 horas) têm sido utilizadas.

Farmacocinética

Tem boa absorção oral, sendo 80% da dose oferecida, absorvida no trato gastrintestinal. Início de ação em 15 a 30 minutos. O volume de distribuição é baixo (0,15 L/kg),[1] e sua taxa de ligação proteica é alta (99%). A concentração plasmática máxima é atingida em 1,2 a 2,1 horas, de duração de 4 a 6 horas, com meia-vida de eliminação de 1,8 a 2 horas. A biotransformação é hepática, e a excreção praticamente se completa em 24 horas após a última dose, menos de 1% excretado na forma inalterada.[1,4,5]

Mecanismo de ação

Como os demais AINE, o ibuprofeno age inibindo a COX (em suas duas isoformas COX-1 e COX-2), importantes na síntese das prostaglandinas. A menor da produção de prostaglandinas leva à redução da inflamação e da dor.[1,2,4] Como as prostaglandinas estão envolvidas na preservação da integridade da mucosa gástrica e na regulação do fluxo sanguíneo renal, a toxicidade dos Aine pode se manifestar nessas áreas.

Reações adversas

Efeitos adversos, como irritação gastrintestinal, diminuição do fluxo sanguíneo renal e disfunção plaquetária, podem ocorrer inclusive em doses terapêuticas. No entanto, em geral é muito bem tolerado. O uso para crianças abaixo de 2 anos deve ser evitado.[4,5]

Dose tóxica

A ingestão aguda de doses abaixo de 200 mg/kg raramente causa toxicidade. Ingestão de doses maciças, maiores que 400 mg/kg, pode produzir efeitos mais severos, como alteração de sensório e acidose metabólica.[4-6]

Intoxicação aguda

Os sintomas se manifestam cerca de 4 a 6 horas após a ingestão e, nos quadros de boa evolução, cedem ao fim das primeiras 24 horas. As mais comuns são náuseas, vômitos e dor abdominal. Na ingestão de doses maciças (acima de 400 mg/kg), ocorrem alterações do sistema nervoso central (SNC), com sonolência, letargia, nistagmo e desorientação.[1,2,5,6] Dano renal e acidose metabólica também são esperados nesse contexto.

ALERTA IMPORTANTE

Na ingestão de doses elevadas dos Aine considerados de maior toxicidade, como fenilbutazona, ácido mefenâmico e piroxicam, bem como de doses maciças do ibuprofeno, o quadro pode evoluir para convulsões, coma, insuficiência renal aguda, acidose metabólica e parada cardiorrespiratória (PCR). Disfunção hepática e hipoprotrombinemia também são relatadas.[1,2,5]

Diagnóstico

História de ingestão de doses elevadas de um Aine. A dosagem do nível plasmático não auxilia ou interfere no manejo. Exames subsidiários úteis seriam hemograma, plaquetas, coagulograma, gasometria arterial e provas de função renal.

Tratamento

O tratamento inicial para o paciente que chega precocemente à emergência é a administração de carvão ativado (CA), 1 g/kg de peso do paciente. Lavado gástrico (LG) pode não ser tolerado, pelo desconforto, e deve ser reservado apenas para pacientes que chegam na primeira hora pós-ingestão, com doses maciças. Carvão ativado em múltiplas doses (CAMD) foi relatado como de benefício no aumento da eliminação de fenilbutazona e piroxicam.[1] Todo paciente sintomático ou que tenha ingerido doses elevadas deve ser mantido em observação de 4 a 6 horas.[5,6] Recorre-se a suporte e manutenção das funções vitais (controle de convulsões/correção de hipotensão/medidas relativas ao paciente em coma). Fornecer oxigênio suplementar, se necessário. Os quadros mais graves podem exigir cuidados intensivos, com manutenção de via aérea permeável e ventilação assistida.[1,2,5,6] Reposição de perdas hidroeletrolíticas com cristaloides. Casos com maior desconforto gástrico podem ser manejados com antiácidos.[1]

Antídoto

Não há antídoto específico para o manejo de intoxicações por Aine.

Medidas de depuração

Os Aine, como visto anteriormente, são altamente ligados a proteínas plasmáticas. Assim, medidas como hemodiálise ou diálise peritoneal são ineficazes na remoção.[1,2] Hemoperfusão pode trazer benefício nas *overdoses* de fenilbutazona, mas há poucos dados clínicos que confirmem essa indicação.[1]

Evolução e prognóstico

A maioria dos casos é leve a moderada. Pacientes que se encontram assintomáticos após manejo inicial e observação de 4 a 6 horas pós-ingestão, sem alterações laboratoriais dignas de nota, poderiam ser liberados.[5,6] Pacientes que ingeriram os medicamentos em tentativa de suicídio devem passar por avaliação psiquiátrica antes da alta.

REFERÊNCIAS BIBLIOGRÁFICAS

1. Tai W. Nonsteroidal antiinflamatory drugs. In: Olson K, editor. Poisoning & drug overdose. 5. ed. Nova Iorque: Lange/McGraw Hill; 2007. p. 284-287.
2. Holubek WJ. Nonsteroidal antiinflamatory drugs. In: Hoffman R, Lewin NA, Goldfrank LR, Nelson LS, Howland MA, editores. Goldfrank's Toxicologic Emergencies. 10. ed. Nova Iorque: McGraw Hill Education; 2015. p. 484-91.
3. Lee CK. Drug dosages [ibuprofen]. In: Hughes HK, Kahl L, editores. The Harriet Lane Handbook. 21. ed. Filadélfia: Elsevier; 2018. p. 917-8.
4. Kliegman RM. Nelson Textbook of Pediatrics. 20. ed. Nova Iorque: Elsiever; 2016.
5. Argentieri J, Morrone K, Pollack Y. Acetaminophen and ibuprofen overdosage. Pediatr Rev. 2012;33(4):188-9.
6. Sociedade Brasileira de Pediatria. Intoxicações por medicamentos de uso comum em Pediatria. Guia Prático de Atualização. Departamento Científico de Toxicologia. São Paulo: Sociedade Brasileira de Pediatria; 2018.

CAPÍTULO 24

ANTIMÔNIO

Eduardo Mello De Capitani

PONTOS-CHAVE

- A exposição ao metal antimônio em sua forma elementar é rara, limitando-se ao ambiente ocupacional. O mesmo se pode dizer da estibina (hidreto de Sb, gás altamente tóxico) e de seus sais inorgânicos, como o trióxido de antimônio (Sb_2O_3), o pentóxido de antimônio (Sb_2O_5) e o pentacloreto de antimônio ($SbCl_5$), tóxicos quando ingeridos ou inalados, mas de exposição limitada ao ambiente ocupacional.
- O tártaro emético de potássio e antimônio (tártaro emético) é um sal orgânico com potencial tóxico importante, podendo ser encontrado no mercado como medicamento, principalmente para o tratamento de alcoolismo crônico, podendo assim ser ingerido acidentalmente por crianças no ambiente doméstico.
- Crianças e adultos podem estar sob risco de exposição acidental ou erro de administração de drogas antimoniais, compostos orgânicos pentavalentes de antimônio, basicamente utilizados no tratamento das diversas formas clínicas de leishmaniose.
- O essencial no manejo das suspeitas de intoxicação é a identificação da forma química de antimônio (tipo de composto, inorgânico ou orgânico, e estado de oxidação).
- O diagnóstico deve ser feito a partir do quadro clínico compatível e da certificação da exposição. Podem ser realizadas dosagens de antimônio no sangue, soro ou urina podem ser realizadas, mas não estão disponíveis nas rotinas de urgência, nem mesmo nos laboratórios de toxicologia.
- O uso de quelante, quando indicado, deve ser feito com o ácido dimercaptossuccínico (DMSA) oral. O quelante mais eficaz é o ácido dimercaptopropanilsulfônico (DMPS) intravenoso ou oral, mas não está disponível no Brasil.

INTRODUÇÃO

O antimônio, de símbolo Sb (derivado de seu nome em latim, *stibium*), é um metaloide ou semimetal, pertencente ao grupo 15 da tabela periódica junto com o bismuto e o arsênio. A forma metálica elementar é obtida, principalmente, da fusão do minério estibinita, rico em sulfeto de antimônio (Sb_2S_3). A forma elementar tem pouco tempo de vida, pois logo se oxida formando óxidos, cloretos ou sulfetos. Na forma de óxidos e cloretos, ocorre em dois estados de oxidação, trivalente (Sb^{3+}) e pentavalente (Sb^{5+}), formando compostos inorgânicos tóxicos, como o pentacloreto de antimônio ($SbCl_5$) e o trióxido de antimônio (Sb_2O_3), por exemplo, e compostos orgânicos, em sua maioria utilizados historicamente no tratamento de diversas doenças desde os tempos antigos, como o tartarato de potássio e antimônio (denominado tártaro emético), e no tratamento de esquistossomose e das várias formas clínicas de leishmaniose.[1] Outra espécie química de Sb de interesse toxicológico é a estibina, ou hidreto de antimônio (SbH_3) (Quadro 1). Trata-se da forma gasosa do antimônio à semelhança de hidretos similares, arsina (AsH_3) e fosfina (PH_3). Como seus primos gasosos, a estibina é altamente tóxica por seu elevado potencial oxidativo, produzindo intoxicação em baixas doses, cursando com hemólise grave, hipóxia, rabdomiólise e insuficiência renal aguda, com elevada mortalidade.[2] Casos de intoxicação por estibina podem ocorrer em ambiente ocupacional, pois sua formação tem relação com processos químicos industriais, necessitando de fonte de hidrogênio nascente para sua formação. Historicamente a estibina ganhou fama na década de 1980, quando se levantou seriamente a hipótese de esse gás estar relacionado causalmente com mortes devidas à síndrome de morte súbita do recém-nascido (SIDS, do inglês: *subtle infant death syndrome*). A hipótese versava sobre a suposta produção de SbH_3 decorrente da reação da urina (ureia) com o retardante de fogo à base de antimônio componente da capa do colchão do berço, associado à presença de um fungo, *Scopulariopsis brevicaulis*, que intermediaria uma ação enzimática no sentido da conversão do Sb do material em SbH_3. Apesar de bastante plausível na época, essa hipótese caiu em descrédito pela falta de dados experimentais que comprovassem indubitavelmente que essa reação produtora de estibina realmente acontecesse no microambiente recém-nascido/berço.[3,4]

Na forma de Sb_2O_3, é usado na produção de retardantes de chama, fabricação de plásticos como o PVC e o PET (tereftalato de polietileno, usado em garrafas de refrigerantes, sucos e água), como corantes de tintas, vernizes, na indústria têxtil, na fabricação de vidros e em esmaltes na indústria cerâmica.[5] Na forma metálica elementar, é utilizado em soldas e na fabricação de ligas com estanho e chumbo, como o peltre (*pewter*, liga contendo Pb, Sn e Sb), ou nos polos metálicos das baterias automotivas, endurecendo esses metais normalmente mais maleáveis.[1,6]

O uso de antimônio no mundo se distribui, aproximadamente, da seguinte forma: 55% em materiais retardantes de chamas; 18% nas baterias automotivas; 10% em produtos químicos; 7% em cerâmicas e vidros como pigmentos e 10% em outros produtos, incluindo os medicamentos antimoniais.[7]

A exposição humana a antimônio e seus compostos com risco de intoxicação, incluindo crianças, é rara, resumindo-se principalmente a medicamentos antimoniais contra leishmaniose (Quadro 1). Convém lembrar que o tartarato de potássio e antimônio (tártaro emético) pode ser comprado no mercado e ainda é preconizado no tratamento do alcoolismo crônico.

Quadro 1. Espécies químicas de antimônio e compostos antimoniais de uso terapêutico

Espécies químicas e compostos	Nome comercial
Sulfeto de antimônio (Sb_2S_3)	Estibinita (minério mais importante de Sb)
Trióxido de antimônio (Sb_2O_3)	–
Pentóxido de antimônio (Sb_2O_5)	–
Pentacloreto de antimônio ($SbCl_5$)	–
Hidreto de antimônio (SbH_3)	Estibina
Tartarato de antimônio e potássio	Tártaro emético
Gluconato de antimônio sódico (estibogluconato de sódio)	Pentostam®, Solustibosan®
Ureia estibamina	Estibamine®
Antimoniato de N-metilglucamina (antimoniato de meglumina)	Glucantime®

A preocupação atual é o potencial de exposição a antimônio por via oral proveniente de sucos, refrigerantes e água potável conservados e veiculados em garrafas tipo PET. Apesar de ter sido demonstrado que existe migração de antimônio do PET para o líquido contido nas garrafas, com aumento significativo das concentrações (em níveis de nanogramas/litro) ao longo do tempo de permanência dentro das garrafas, esse fato ainda não apresentou significância toxicológica com relação a efeitos agudos ou crônicos.[1,8] Exposições raras por via oral, documentadas apenas na década de 1960, mas com potencial importante de produzir intoxicação sintomática moderada/grave, podem ocorrer pelo uso de recipientes metálicos revestidos internamente por esmalte (chamados no Brasil de panelas de ágata, por referência à origem do material mineral usado na esmaltação). O Sb pode ser encontrado na camada entre o metal e o esmalte desses recipientes ou panelas, principalmente nas antigas, e pode ser mobilizado por contato com ácido cítrico ou outros ácidos fracos nas eventuais áreas desgastadas do esmalte.[9]

Adultos têm maior risco de exposição crônica, com eventuais efeitos tóxicos sistêmicos, em ambientes ocupacionais. Esses casos não serão tratados neste capítulo.

MECANISMOS DE AÇÃO

O antimônio não tem função metabólica conhecida e, portanto, é considerado potencialmente tóxico, mesmo que em doses baixas.[2] Como outros metais tóxicos, o Sb se liga a grupamentos sulfidrila (-SH), podendo inibir uma grande variedade de enzimas e funções metabólicas. O Sb elementar é mais tóxico que o Sb trivalente, que por sua vez é 10 vezes mais tóxico que o Sb pentavalente, em razão da diferença de afinidade aos eritrócitos e aos grupos sulfidrila.[10,11] Os eritrócitos são praticamente impermeáveis ao Sb pentavalente.[10]

O tártaro emético e alguns sais inorgânicos são considerados irritantes gastrintestinais, e um dos mecanismos propostos para essa ação local de mucosa é a ativação das células enterocromafins (*enterochromaffin cells*) que produzem e secretam serotonina (5-HT3). A liberação da serotonina agiria sobre os receptores 5-HT3, estimulando fibras sensoriais vagais e ativando o centro do vômito, explicando os vômitos repetidos e incoercíveis secundários à ingestão de tártaro emético de antimônio.[2,12] Assim, o potencial tóxico do antimônio nas ingestões agudas pode ser considerado pouco ameaçador à vida, pois os sais tóxicos desse elemento causam tão pronunciada alteração gástrica e intestinal que a ocorrência de vômitos repetidos é praticamente inevitável, o que faz que grande parte dos compostos deixe de ser absorvida, limitando os potenciais efeitos sistêmicos.[13]

TOXICOCINÉTICA/FARMACOCINÉTICA

Não existem dados sobre taxas de absorção dos diferentes compostos inorgânicos pelas vias inalatória, digestiva e cutânea. As vias inalatória e digestiva parecem ser mais importantes que a cutânea. O Sb^{3+}, apesar de mais tóxico, é menos absorvido que o Sb^{5+}.[14] A absorção dos compostos orgânicos de uso terapêutico é pobre e varia de composto para composto. A biodisponibilidade por via oral varia de 15% ao máximo de 50% para o tartarato de potássio e antimônio e os compostos orgânicos pentavalentes, respectivamente.[2] A absorção inalatória de Sb^{3+} é considerada boa, o que promove distribuição e excreção significativas dependentes da dose.[2]

A distribuição depende do estado de oxidação, como em outros metais tóxicos. Após a absorção, 95% do Sb^{3+} é incorporado às hemácias dentro de 2 horas pós-exposição. Nesse mesmo período, o Sb^{5+} permanece no soro sem se ligar aos eritrócitos.[2]

O Sb é bem distribuído para órgãos vascularizados, como fígado, rins, tireoide, baço e adrenais, havendo diferença importante com relação ao estado de oxidação: o Sb^{3+} é mais detectado na tireoide, enquanto o Sb^{5+} se distribui melhor no fígado e baço.

A excreção de Sb^{3+} e Sb^{5+} em humanos ocorre preferencialmente pela via renal. Mais de 80% do Sb^{5+} administrado por via intravenosa como estibogluconato é excretado na urina após 6 a 8 horas.[15] A cinética de compostos de antimônio pentavalente (estibogluconato e antimoniato de meglumina), após injeção intramuscular, pode ser descrita seguindo o modelo de dois compartimentos com três fases farmacocinéticas: uma fase inicial de absorção com pico em 50 minutos, seguida de uma fase de eliminação rápida, com meia-vida de 2 horas, e uma fase de eliminação lenta, com meia-vida de 76 horas.[16] O Sb^{3+} tem meia-vida de eliminação de 94 horas em animais de experimentação[7] e de 95 horas em humanos.[17]

O Sb^{3+} é excretado na bile depois de sofrer conjugação com glutationa, e o remanescente é então excretado na urina. Proporção significativa do que é excretado pela bile sofre circulação êntero-hepática.[18,19] O Sb^{5+} é excretado pelos rins muito mais rapidamente que o Sb^{3+}, na proporção de 50 a 60%, contra apenas 10%, em 24 horas.[2] Por sua vez, a eliminação corpórea global do Sb é relativamente lenta.

Somente cerca de 10% da dose total absorvida é eliminada nas primeiras 24 horas. Apenas 30% é eliminada na primeira semana, e cerca de 70% é eliminada em 4 semanas.[20] Após 100 dias, o Sb pode ser ainda detectado na urina depois da administração única de antimonial orgânico.[2]

A eliminação do tártaro emético tem um padrão bifásico, com 90% excretado em 24 horas depois de exposição aguda, seguido de uma segunda fase com meia-vida estimada de 16 dias.[2]

DOSES TÓXICAS

A dose letal mediana (DL_{50}) VO de tartarato de potássio e antimônio em ratos varia de 3.200 a 4.000 mg/kg.[6] Em humanos, os dados são contraditórios. Há relato de morte com dose estimada entre 130 e 200 mg,[21] porém um caso clínico clássico na literatura sobreviveu sem sequelas após a ingestão de cerca de 1.200 mg de tártaro emético, tendo recebido tratamento antidótico.[22] Outros relatos de casos mostram sobrevivência após ingestão de doses entre 850 e 2.500 mg.[23] A dificuldade de estabelecer com segurança uma dose letal para humanos provavelmente está ligada à frequente ocorrência de vômitos nas ingestões de altas doses, o que reduziria a dose absorvida. Assim, uma dose tóxica para humanos, com potencial de letalidade e estimada de forma conservadora, pode ser definida como 2 mg/kg de peso.

QUADRO CLÍNICO

Dependerá das vias de exposição e da dose. Os poucos casos de intoxicação aguda com Sb elementar, sais inorgânicos e orgânicos de antimônio, limitam a descrição acurada dos efeitos tóxicos agudos esperados. O Sb elementar, os óxidos (trióxido e pentóxido) e o pentacloreto de antimônio são bastante irritantes para mucosas, incluindo conjuntivas oculares e mucosas de orofaringe e respiratória, podendo produzir lesões cáusticas de diversos graus. Como ressaltado anteriormente, casos não ocupacionais de acidentes com esses compostos são extremamente raros. O Sb raramente é encontrado na forma elementar, pois logo se oxida, formando óxidos.

O composto terapêutico antimonial mais antigo, e ainda no mercado, o tartarato de potássio e antimônio (tártaro emético), por via oral, pode produzir rapidamente (entre 30 minutos e 2 horas) náuseas, tosse seca, vômitos repetidos, dor abdominal, diarreia e mialgia, bem como gosto metálico na boca.[2,23] Em intoxicações graves, esses sintomas podem ser seguidos de gastrite hemorrágica e alterações cardíacas como prolongamento do espaço QT, arritmias e hipotensão, seguidos de alterações cerebrais como convulsões e coma.[23] Esse mesmo quadro clínico é esperado após a ingestão tóxica de compostos inorgânicos contendo Sb_2O_3 e Sb_2S_5 e antimoniais pentavalentes, como estibogluconato de sódio e antimoniato de meglumina. Interessante notar que, historicamente, o uso terapêutico do tártaro emético de antimônio era baseado nesses efeitos tóxicos gastrintestinais e dermatológicos (descritos a seguir), que "demonstravam" que a doença em tratamento estava respondendo bem, pois estava liberando as áreas congestas do corpo, seguindo a teoria patológica em voga de que a causa das doenças era o desequilíbrio entre humores.[11]

Pancreatite parece ser efeito adverso comum durante o uso terapêutico de sais antimoniais pentavalentes, havendo, em geral, melhora do quadro com a interrupção do tratamento. Pacientes portadores de HIV estão sob maior risco de pancreatite grave, com risco de morte, pelo uso de antimoniato de meglumina.[2,24]

Antimoniais pentavalentes, como estibogluconato de sódio e antimoniato de meglumina, no tratamento da leishmaniose, podem causar prolongamento do intervalo QT, inversão e achatamento de onda T e segmento ST, e em raros casos *torsades de pointes*, aparentemente relacionados a distúrbio do cálcio. Portadores de cardiopatia podem desenvolver esses distúrbios cardíacos em doses subterapêuticas.[2] Da mesma forma, proteinúria, cilindrúria e aumento de ureia e creatinina, além de lesão renal aguda e necrose tubular aguda, podem ocorrer durante terapêutica com estibogluconato de sódio.[2]

Exposição aguda a tártaro emético de antimônio pode levar a lesão hepática aguda.[22] O uso crônico prolongado de medicamentos antimoniais pode levar a alterações de enzimas hepáticas, incluindo necrose hepatocítica, principalmente em pacientes idosos.[2] Crianças tratadas para leishmaniose podem desenvolver hepatite fulminante depois de terem mostrado resposta terapêutica positiva por um tempo, com suspeita de mediação imunológica para o fato.[2,25,26]

Anemia grave pode ocorrer no tratamento de leishmaniose com estibogluconato em portadores de HIV. Nesses casos, a biópsia de medula mostra uma diseritropoese importante, revertida com a suspensão da droga.[2] Pode também ocorrer trombocitopenia.[23] Lembrar que a própria leishmaniose pode cursar com pancitopenia por destruição periférica. Linfopenia também tem sido descrita nessas situações. Especula-se sobre possível associação causal entre crises falcêmicas e uso de antimoniais pentavalentes.[2]

Um dos sintomas mais comuns durante o tratamento com antimoniais para leishmaniose é a dor muscular, o que pode ser bastante grave e levar à suspensão do tratamento em pelo menos um terço dos pacientes.[2] Efeito tóxico dermatológico pode ocorrer com pápulas e pústulas ao redor de glândulas sudoríparas e sebáceas, mais relacionado ao uso crônico de doses elevadas de tártaro emético, ou exposição ocupacional a trióxido de antimônio.[2]

A International Agency for Research on Cancer (IARC) classifica o trióxido de antimônio no grupo 2B (possivelmente carcinogênico para o ser humano).

DIAGNÓSTICO

O diagnóstico é baseado na apresentação clínica nos quadros agudos. Em ambos os casos de exposição, aguda e crônica, o diagnóstico acurado necessita de uma boa história de exposição, contemplando a espécie química de antimônio envolvida, a via e a duração da exposição.

Exames laboratoriais de rotina incluem eletrólitos, funções renal e hepática, urina tipo I, testes para hemólise, como haptoglobina e bilirrubinemia (nos casos de exposição à estibina [SbH_3]), além de eletrocardiograma e avaliação do intervalo QT e radiografia de tórax nos casos envolvendo sintomas respiratórios. A dosagem de antimônio em urina de 24 horas fornece boa correlação com a exposição e pode auxiliar na confirmação diagnóstica e no prognóstico. Valores abaixo de 6,2 μg/L descartam intoxicação pelo elemento.[2]

TRATAMENTO

Medidas de suporte

Tendo em vista a ocorrência de vômitos e diarreia frequentes e recorrentes, todas as medidas de reposição hidroeletrolítica e suporte cardiovascular necessárias a esse tipo de condição devem ser estabelecidas de imediato – o que se aplica nos casos de evolução para insuficiência renal, arritmias e eventual colapso cardiovascular.

Medidas de descontaminação

Em casos graves de ingestão aguda com vômitos recorrentes, as medidas de descontaminação como lavagem gástrica estão completamente contraindicadas. O uso de carvão ativado não tem sustentação na pouca literatura disponível, tendo em vista a raridade de casos relatados. No entanto, pela similaridade química, de efeitos tóxicos, e de cinética com arsênio, tálio e mercúrio, e diante dos bons resultados com o uso de carvão ativado (CA) em casos de intoxicação por esses metais, dose única ou doses múltiplas de CA podem ser prescritas, tendo em vista a existência de circulação êntero-hepática.[2,18]

Medidas de depuração

Nenhuma medida de depuração, como hemodiálise ou hemoperfusão, tem indicação, tendo em vista características químicas e cinéticas do antimônio e seus compostos.

Antídotos

A experiência clínica com quelantes e antimônio é pouca, pois o número de casos graves relatados que necessitou desse tipo de tratamento também é pequeno. Os quelantes dimercaprol (BAL), ácido dimercaptossuccínico (DMSA) e o ácido dimercaptopropanilsulfônico (DMPS) aumentam a sobrevivência de animais de experimentação intoxicados, e os casos clínicos tratados com esses quelantes mostraram boa evolução e provável influência na sobrevivência.[2,18,22,27] Estudo experimental em camundongos, que comparou sobrevivência após administração de vários quelantes, mostrou que o mais eficiente era o DMPS, seguido pelo DMSA.[28] Um estudo na década de 1950 já havia demonstrado experimentalmente que o DMSA administrado a ratos aumentava a DL_{50} do tártaro emético de antimônio em 16 vezes.[2]

Em resumo, a quelação para intoxicação por antimônio ainda não está estabelecida como terapêutica de escolha pela falta de melhores evidências com ensaios clínicos, porém a literatura experimental e de relatos de casos confirma benefícios de seu uso e não mostra efeitos colaterais significativos, principalmente com uso de DMSA e DMPS. Nesse sentido, podem ser indicados em casos agudos, e as doses, a via de administração e os regimes de tratamento devem ser aqueles usados para outros metais, como chumbo e arsênio.[27]

ALERTA IMPORTANTE

Em casos de crianças que ingeriram por acidente medicamentos não identificados usados sem prescrição médica no tratamento do alcoolismo de alguém da família, deve-se suspeitar da possibilidade de ser tartarato de potássio e antimônio (tártaro emético).

REFERÊNCIAS BIBLIOGRÁFICAS

1. ATSDR. Toxicological profile for antimony and compounds. Washington, D.C.: USDHHS-ATSDR; 2019.
2. Tarabar AF. Antimony. In: Hoffman RS, Howland MA, Lewin NA, Nelson L, Goldfrank LR, Flomenbaum N, editores. Goldfrank's Toxicologic Emergencies. 10. ed. Nova Iorque: McGraw Hill; 2015. p. 1161-7.
3. Howatson AG, Patrick WJA, Fell GS, Lyon TDB, Gibson AAM, Richardson BA, et al. Cot mattresses and sudden infant death syndrome. Lancet. 1995;345(8956):1044-6.
4. Richardson BA. Cot mattress biodeterioration and SIDS. Lancet. 1990;335(8690):670.
5. Belzile N, Chen Y-W, Filella M. Human exposure to antimony: I sources and intake. Crit Rev Environ Sci. 2011;41:1309-73.
6. Vohra R. Antimony and stibine. In: Olson KR, Anderson IB, Benowitz NL, Blanc PD, Clark RF, Kearny TE, et al., editores. Poisoning & drug overdose. 6. ed. Nova Iorque: McGraw Hill & Lange; 2018. p. 112-4.
7. Vieira FA. Estudos sobre o comportamento do antimoniato de meglumina no corpo humano e em macacos Rhesus. Tese [Doutorado em Química]. Rio de Janeiro: Pontifícia Universidade Católica; 2008. 193 f.
8. Shotyk W, Krachler M, Chen B. Contamination of Canadian and European bottled waters with antimony from PET containers. J Environ Monit. 2006;8(2):288-92.
9. Kenley JB, Scheele AF, Skinner WF. Antimony poisoning – Virginia. MMWR. 1965;14:27.
10. Krachler M, Emons H, Zheng J. Speciation of antimony for the 21st century: promises and pitfalls. Trends Anal Chem. 2001; 20(2):79-90.
11. Winship KA. Toxicity of antimony and its compounds. Adverse Drug React Acute Poisoning Rev. 1987;6(2):67-90.
12. Weiss S, Hatcher RA. The mechanism of the vomiting induced by antimony and potassium tartrate (tartar emetic). J Exp Med. 1923;37(1):97-111.
13. Emsley J. The elements of murder. Oxford: Oxford University Press; 2005. p. 197-238.
14. van der Voet GB, de Wolff FA. Human exposure to lithium, thalium, antimony, gold, and platinum. In: Chang LW, Magos L, Suzuki T, editores. Toxicology of metals. Boca Raton: Lewis Publishers; 1996. p. 457-8.
15. Rees PH, Keating MI, Kager PA, Hockmeyer WT. Renal clearance of pentavalent antimony (sodium stibogluconate). Lancet. 1980;2(8188):226-9.
16. Chulay JD, Fleckenstein L, Smith DH. Pharmacokinetics of antimony during treatment of visceral leishmaniasis with sodium stibogluconate or meglumine antimoniate. Trans R Soc Trop Med Hyg. 1988; 82(1):69-72.
17. Kentner M, Leinemann M, Schaller K-H, Weltle D, Lehnert G. External and internal antimony exposure in starter battery production. Int Arch Occup Environ Health. 1995;67(2):119-23.
18. Bailly R, Lauwerys R, Buchet JP, Mahieu P, Konings J. Experimental and human studies on antimony metabolism: their relevance for the biological monitoring of workers exposed to inorganic antimony. Br J Ind Med. 1991;48(2):93-7.
19. Lauwerys RR, Hoet P. Industrial chemical exposure: guidelines for biological monitoring. 3. ed. Boca Raton: Lewis Publishers; 2001. p. 32-6.
20. Bartter FC, Cowie D, Most H, Ness A, Forbush S. The fate of radioactive tartar emetic administered to human subjects. I. Blood concentration and excretion following single and multiple intravenous injections. Am J Trop Med Hyg. 1947;27:403-16.
21. Miller JM. Poisoning by antimony: a case report (Oliver Goldsmith). South Med J. 1982;75(5):592.
22. Konstantopoulos WM, Ewald MB, Pratt DS. Case 22-2012 — A 34-year-old man with intractable vomiting after ingestion of an unknown substance. N Engl J Med. 2012;367(3):259-68.

23. Lauwers LF, Roelants A, Rosseel PM, Heyndrickx B, Baute L. Oral antimony intoxications in man. Crit Care Med. 1990;18(3):324-6.
24. Delgado J, Macias J, Pineda JA, Corzo JE, Gonzalez-Moreno MP, de la Rosa R, et al. High frequency of serious side effects from meglumine antimoniate given without an upper limit dose for the treatment of visceral leishmaniasis in human immunodeficiency virus type-1-infected patients. Am J Trop Med Hyg. 1999;61(5):766-9.
25. Baranwal AK, Ravi RN, Singh R. Post-treatment fulminant hepatic failure in an infant with visceral leishmaniasis: Immune injury or stibogluconate toxicity? Indian J Pediatr. 2010;77(1):107-8.
26. di Martino L, Vajro P, Nocerino A, Scotti S, Napolitano G, Vegnente A. Fulminant hepatitis in an Italian infant with visceral leishmaniasis. Trans R Soc Trop Med Hyg. 1992;86(1):34.
27. Andersen O. Chelation treatment during acute and chronic metal overexposures – Experimental and clinical studies. In: Aaseth J, Criponi G, Andersen O, editores. Chelation therapy in the treatment of metal intoxication. Londres; San Diego: Academic Press is an imprint of Elsevier; 2016. p. 85-252.
28. Basinger MA, Jones MM. Structural requirements for chelate antidotal efficacy in acute antimony(III) intoxication. Res Commun Chem Pathol Pharmacol. 1981;32(2):355-63.

CAPÍTULO 25

ANTINEOPLÁSICOS

Laura Cé da Silva
Marina Venzon Antunes
Rafael Linden

PONTOS-CHAVE

- Os antineoplásicos são substâncias que causam citotoxicidade a fim de combater tumores. Todavia, não possuem especificidade e podem afetar também as células saudáveis do paciente.
- Em virtude do intervalo terapêutico estreito, a utilização de quimioterapia em pacientes pediátricos exige cautela durante as etapas de prescrição, preparo e administração dos medicamentos.
- O tratamento das intoxicações é baseado principalmente no histórico de exposição do paciente aos quimioterápicos. As principais medidas de apoio são estabilização hemodinâmica e aprimoramento da eliminação, com administração limitada de antídotos.

INTRODUÇÃO

Os fármacos antineoplásicos são o tratamento de escolha para diversos tipos de câncer. Além disso, esses agentes têm sido empregados para tratar doenças não oncológicas, como artrite reumatoide, doença de Crohn, anemia falciforme, psoríase, entre outras.[1] Por suas características citotóxicas inerentes, os antineoplásicos são capazes de desestimular o crescimento de tumores, embora possam ser igualmente prejudiciais para células saudáveis.[2]

Apesar dos benefícios, pacientes em tratamento para câncer frequentemente experimentam efeitos colaterais, podendo apresentar reações adversas graves. Esses agentes possuem um intervalo terapêutico estreito, portanto erros nas etapas de prescrição, preparo e administração dos fármacos são potencialmente graves. As características farmacocinéticas do paciente e a existência de polimorfismos genéticos podem contribuir para uma metabolização prejudicada dos fármacos e agravar o quadro de intoxicação.[3,4]

ALERTA IMPORTANTE

Pacientes pediátricos oncológicos devem receber atenção especial e ajustes de dose com mais frequência, pois comumente precisam de tratamentos prolongados e com múltiplos fármacos, podendo apresentar um risco maior de intoxicação.[4]

MECANISMOS DE AÇÃO

Os antineoplásicos são divididos em classes, de acordo com seu mecanismo de ação ou origem. As categorias mais comuns são agentes alquilantes, antibióticos antineoplásicos, antimitóticos, antimetabólitos ou complexos à base de platina, além dos novos quimioterápicos como os anticorpos monoclonais e inibidores de proteína quinase.

No Quadro 1 são listados os principais fármacos para cada categoria. Os agentes alquilantes adicionam um grupo alquil a bases nitrogenadas da molécula de DNA, o que resulta em pareamento incorreto da fita de dupla hélice, impedindo a multiplicação celular.[3,5]

Os fármacos antimetabólitos funcionam como análogos dos metabólitos necessários para a síntese de DNA, como folato, purinas e pirimidinas.[2,3] Antibióticos citotóxicos, em sua maioria, atuam como intercalantes de DNA.[2] Usualmente os antimitóticos têm como alvo os microtúbulos celulares, estruturas fundamentais para o processo de mitose.[2] Anticorpos monoclonais e inibidores da tirosina quinase são considerados terapias-alvo. Esses fármacos são capazes de se ligar a proteínas específicas da membrana celular tumoral, como os fatores de crescimento. Dessa forma, impedem a proliferação celular e promovem apoptose.[3]

QUADRO CLÍNICO

Variam conforme as características inerentes do paciente e do medicamento, além da dosagem, da concentração plasmática e do tempo de exposição. A presença de manifestações clínicas características é altamente sugestiva de toxicidade para alguns quimioterápicos, como cisplatina (insuficiência renal aguda e ototoxicidade), vincristina e vimblastina (neuropatia periférica e síndrome da secreção inapropriada do hormônio antidiurético), antraciclinas (insuficiência cardíaca congestiva e cardiomiopatia), ifosfamida (encefalopatia e convulsões) e metotrexato (dano renal agudo, mucosite, pancitopenia).[3]

Náusea, vômito e diarreia são efeitos comuns da quimioterapia. Isso ocorre em decorrência do estímulo de quimiorreceptores da medula cerebral a secretar neurotransmissores como serotonina e dopamina. Vômitos prolongados levam à perda excessiva de fluidos, suscitando quadro de desidratação. Outra manifestação gastrintestinal frequente é a mucosite.[3]

O tecido hematopoético costuma ser bastante afetado, no qual se observa leucopenia, que favorece a instalação de infecções oportunistas; trombocitopenia, podendo gerar sangramentos espontâneos quando grave; e anemia.[6] O hemograma do paciente deve ser acompanhado em até 2 semanas da administração do quimioterápico, em virtude do atraso no início da mielossupressão.[3]

Manifestações cardíacas são bastante relacionadas a antineoplásicos antibióticos. Existem efeitos agudos, como insuficiência cardíaca e hipotensão, e outros tardios e graves, como cardiomiopatias irreversíveis e morte.[7] Efeitos observados nos sistemas nervosos central e periférico advêm de fármacos das classes de mostardas nitrogenadas e nitrosureias, além de metotrexato e vincristina. Os sintomas mais comuns são desordem mental e convulsões.[3] A perda auditiva pode afetar os pacientes pediátricos de maneira tardia, manifestando-se até 6 meses após a exposição (principalmente a fármacos à base de platina).[7]

Entre as manifestações dermatológicas, destacam-se alopecia, síndrome mão-pé e reações alérgicas. A necrose da pele pode ocorrer em casos de extravasamento do fármaco durante a administração intravenosa.[2]

DIAGNÓSTICO

O diagnóstico se baseia no histórico de exposição do paciente a agentes antineoplásicos em conjunto com a sintomatologia apresentada. São indicados exames complementares como hemograma, uroanálise, parâmetros bioquímicos e eletrocardiograma.[3] Dosagens específicas dos fármacos não costumam estar disponíveis, com exceção do metotrexato. Além disso, o escasso conhecimento acerca da correlação entre as concentrações séricas dos quimioterápicos e a toxicidade limitam seu uso no manejo inicial da intoxicação, podendo ser úteis na confirmação da exposição e no monitoramento da depuração do quimioterápico.

Quadro 1. Fármacos antineoplásicos, classes, efeitos adversos e superdosagem

Antineoplásico	Efeitos adversos	Superdosagem	Comentários
Agentes alquilantes			
Bendamustina	Anafilaxia, mielossupressão, reação dermatológica severa	Alteração da frequência cardíaca	
Bussulfano	Hiperpigmentação, fibrose pulmonar, hiperuricemia	Mielossupressão, coma, choque, óbito	A hemodiálise pode ser utilizada para aumentar a depuração do bussulfano
Carmustina	Fibrose pulmonar, toxicidade hepatocelular, lesão renal aguda, taquicardia, hipotensão, rubor	Mielossupressão, toxicidade pulmonar	
Ciclofosfamida	Náusea, vômito, cistite hemorrágica, fibrose pulmonar, encefalopatia	Mielossupressão, alopecia, convulsões, hiponatremia, encefalopatia, necrose do miocárdio, insuficiência cardíaca congestiva, pericardite hemorrágica, lesão renal aguda	A ingestão adequada de fluidos ajuda a prevenir cistite hemorrágica
Clorambucila	Cistite hemorrágica, fibrose pulmonar, encefalopatia, náusea, vômito	Mielossupressão, convulsões, hiponatremia, encefalopatia, necrose do miocárdio, lesão renal aguda	
Dacarbazina	Hipotensão, sintomas semelhantes aos da gripe, toxicidade hepatocelular	Mielossupressão	
Ifosfamida	Náusea, vômito, cistite hemorrágica, sonolência, confusão, alucinações, estado epiléptico, fibrose pulmonar	Mielossupressão, alopecia, convulsões, hiponatremia, encefalopatia, necrose do miocárdio, lesão renal aguda	Hemodiálise e hemoperfusão são úteis para redução dos níveis séricos. Antídotos sódio-2-mercaptoetano sulfonato (urotoxicidade) e azul de metileno (encefalopatia)
Lomustina	Fibrose pulmonar, toxicidade hepatocelular, lesão renal aguda	Mielossupressão, óbito	
Melfalana	Cistite hemorrágica, fibrose pulmonar, encefalopatia	Convulsões, hiponatremia, encefalopatia, necrose do miocárdio, lesão renal aguda	Hemodiálise pode ajudar, embora seja um fármaco de meia-vida curta
Temozolomida	Alopecia, fadiga, náusea, vômito, diarreia, constipação, cefaleia	Mielossupressão	
Agentes de metilação do DNA			
Azacitidina	Febre, náusea, vômito, constipação, diarreia, dor corporal	Fraqueza muscular, letargia, coma	Monitorar fluidos e eletrólitos
Decitabina	Febre, náusea, vômito, constipação, diarreia, dor de cabeça, fraqueza	Hiperglicemia e alterações nos eletrólitos	
Antiandrogênios			
Flutamida, bicalutamida	Improváveis	Ginecomastia, metemoglobinemia	

continua

Quadro 1. Fármacos antineoplásicos, classes, efeitos adversos e superdosagem (*continuação*)

Antineoplásico	Efeitos adversos	Superdosagem	Comentários
Antibióticos antraciclinas			
Bleomicina	Reação febril, fibrose pulmonar, pneumonite, náusea, vômito	Alterações dermatológicas como hiperpigmentação, ulcerações, descamação, alopecia, coceira	Antídoto: dexrazoxano (prevenção de cardiomiopatias)
Daunorrubicina	Miocardiopatia congestiva	Arritmia, cardiomiopatia, insuficiência cardíaca, mielossupressão	Antídoto: dexrazoxano (prevenção de cardiomiopatias)
Doxorrubicina	Náusea, vômito, febre, miocardiopatia congestiva	Arritmia, cardiomiopatia, insuficiência cardíaca, mielossupressão, alopecia, estomatite	É recomendada hemoperfusão quando disponível. Antídoto: dexrazoxano (prevenção de cardiomiopatias)
Epirrubicina	Miocardiopatia congestiva	Arritmia, cardiomiopatia, insuficiência cardíaca, mielossupressão	Antídoto: dexrazoxano (prevenção de cardiomiopatias)
Idarrubicina	Miocardiopatia congestiva	Arritmia, cardiomiopatia, insuficiência cardíaca, mielossupressão	Antídoto: dexrazoxano (prevenção de cardiomiopatias)
Mitoxantrona	Miocardiopatia dilatada	Cardiomiopatia, insuficiência cardíaca, mielossupressão	Antídoto: dexrazoxano (prevenção de cardiomiopatias)
Anticorpos monoclonais			
Alentuzumabe	Infecções, reações de hipersensibilidade, síndrome de lise do tumor	Mielossupressão	
Bevacizumabe	Dor abdominal, vômito, constipação, anorexia, alterações na voz, sangramento nasal	Hemorragias severas, hipertensão	
Cetuximabe	Baixos níveis de Mg^{2+}, hipersensibilidade	Não há registro	
Gentuzumabe ozogamicina	Doença hepática veno-oclusiva	Não há registro	
Panitumumabe	Hipersensibilidade severa, baixos níveis de K^+ e Mg^{2+}	Não há registro	
Rituximabe	Hipersensibilidade severa, insuficiência renal aguda, reações mucocutâneas potencialmente fatais	Não há registro	
Trastuzumabe	Hipersensibilidade severa, miocardiopatia congestiva	Não há registro	
Antiestrogênios			
Tamoxifeno, fulvestranto	Náusea, inchaço, ondas de calor	Tremores, marcha instável, prolongamento de QT	
Antimetabólitos			
Capecitabina	Síndrome mão-pé, vômito, náusea, diarreia, dor abdominal, constipação, choque cardiogênico, cardiomiopatia, disfunção cerebelar, mucosite, neuropatia	Mielossupressão, hiperbilirrubinemia, isquemia do miocárdio, distúrbios de condução cardíaca	Antídoto: triacetato de uridina*
Citarabina	Síndrome da insuficiência respiratória aguda, neuropatia, disfunção cerebelar severa	Neurotoxicidade irreversível, óbito	
Cladribina	Febre, fadiga	Paraparesia/quadriparesia irreversível	
Fludarabina	Encefalopatia, fraqueza muscular	Perda da visão, choque, coma, morte, mielossupressão, toxicidade hepatocelular	

continua

Quadro 1. Fármacos antineoplásicos, classes, efeitos adversos e superdosagem (*continuação*)

Antineoplásico	Efeitos adversos	Superdosagem	Comentários
5-fluoruracila	Náusea, vômito, diarreia, mucosite, choque cardiogênico, cardiomiopatia, neuropatia, alopecia, mielossupressão, ataxia cerebelar	Mielossupressão, mucosite, isquemia do miocárdio, choque cardiogênico, distúrbios de condução cardíaca	Antídoto: triacetato de uridina*
Gencitabina	Náusea, vômito, mal-estar, síndrome do desconforto respiratório agudo, broncoespasmo, episódios febris transitórios, exantema maculopapular	Mielossupressão	
Mercaptopurina	Colestase, pancreatite, hiperuricemia	Mielossupressão, toxicidade hepatocelular	A hemodiálise pode ser útil, entretanto a meia-vida do fármaco é curta
Metotrexato	Mucosite, náusea, diarreia, toxicidade hepatocelular	Mielossupressão, lesão renal aguda, fibrose pulmonar, vasculite	Alcalinização urinária para limitar a precipitação de metabólitos nos túbulos renais e carvão ativado em repetidas doses podem ser úteis. Antídoto: ácido folínico e glucarpidase*
Pemetrexede	Fadiga, náusea, vômito, diarreia	Mielossupressão	A suplementação de ácido fólico e vitamina B12 é importante para reduzir os efeitos tóxicos
Rasburicase	Náusea, vômitos, cefaleias, febre, diarreia	Níveis baixos ou indetectáveis de ácido úrico, aumento da produção de peróxido de hidrogênio	Monitorar os níveis de hemoglobina
Tioguanina	Hiperuricemia	Mielossupressão, toxicidade hepatocelular	
Análogos de hormônios liberadores de gonadotrofina			
Gosserrelina, leuprorrelina, triptorrelina	Improváveis	Não há registro	
Complexos de platina			
Carboplatina	Náusea e vômito brandos, neuropatia periférica, ototoxicidade, lesão renal aguda, hiponatremia, hipocalcemia, hipomagnesemia	Mielossupressão, especialmente trombocitopenia, convulsões, encefalopatia, neuropatia periférica, ototoxicidade, toxicidade retiniana	Diálise precoce pode ser eficaz. Antídoto: tiossulfato de sódio (limitação do dano renal) e amifostina (redução da toxicidade hematológica)
Cisplatina	Náusea e vômito severos, neuropatia periférica, ototoxicidade, lesão renal aguda, hiponatremia, hipocalcemia, hipomagnesemia	Dano renal, mielossupressão moderada, convulsões, encefalopatia, neuropatia periférica, ototoxicidade, toxicidade retiniana, óbito	Administração de cloreto de sódio 0,9% e diurético osmótico é importante para promover a eliminação renal. A plasmaférese pode ser útil, haja vista a elevada ligação a proteínas plasmáticas. Em pacientes com insuficiência renal, considerar hemodiálise. Dano renal severo pode ser minimizado não excedendo dose total de 500 mg/m^2. Antídoto: tiossulfato de sódio (limitação do do dano renal) e amifostina (redução da toxicidade hematológica)
Oxaliplatina	Náusea, vômito, diarreia, mucosite, neuropatia periférica, ototoxicidade, lesão renal aguda, hiponatremia, hipocalcemia, hipomagnesemia	Mielossupressão leve a moderada, elevação das transaminases, convulsões, encefalopatia, neuropatia periférica, ototoxicidade, toxicidade retiniana, óbito	Antídoto: tiossulfato de sódio (limitação do dano renal) e amifostina (redução da toxicidade hematológica)

continua

Quadro 1. Fármacos antineoplásicos, classes, efeitos adversos e superdosagem (*continuação*)

Antineoplásico	Efeitos adversos	Superdosagem	Comentários
Estrogênio			
Dietilestilbestrol	Náusea, vômito, dores abdominais, edema, cefaleia, sensibilidade nas mamas, sangramento vaginal	Improvável	
Inibidores da proteína tirosina quinase			
Dasatinibe	Hemorragia, edema, prolongamento de QT, hipertensão pulmonar, diarreia, cefaleia, reações alérgicas	Mielossupressão	
Everolimo	Hiperglicemia, hiperlipidemia, erupções cutâneas, náusea, cefaleia, edema, estomatite, epistaxe	Não há registro	
Erlotinibe	Náusea, vômito, diarreia, tosse, erupções na pele, fraqueza, insuficiência pulmonar intersticial	Diarreia e erupções cutâneas severas	
Gefitinibe	Diarreia, erupções cutâneas, insuficiência pulmonar intersticial, vômito, diarreia, náusea, fraqueza	Diarreia e erupções cutâneas severas	
Imatinibe	Edema, náusea, diarreia, espasmos musculares, fadiga, erupções na pele	Vômito, mielossupressão	
Lapatinibe	Náusea, vômito, diarreia, síndrome mão-pé, elevação das transaminases	Não há registro	
Nilotinibe	Prolongamento de QT, edema, náusea, diarreia, erupções cutâneas	Vômito, sonolência	
Sunitinibe	Candidíase oral, astenia, diminuição da fração de ejeção do ventrículo esquerdo, diarreia, hipocalemia, mucosite, vômito, hipertensão	Improvável	
Tosilato de sorafenibe	Hipertensão, síndrome mão-pé, hemorragia, náusea, dor abdominal, diarreia, fadiga	Diarreia, alterações dermatológicas	
Inibidores da topoisomerase			
Irinotecano	Náusea, vômito, diarreia, síndrome colinérgica	Mielossupressão, alopecia	
Topotecana	Exantema maculopapular, mucosite, diarreia	Mielossupressão	
Inibidores da aromatase			
Anastrozol	Ondas de calor, astenia, artrite, depressão, artralgia, náuseas, vômito, erupções na pele	Elevação das enzimas hepáticas, osteoporose, fratura	
Exemestano	Ondas de calor, fadiga, artralgia, cefaleia, insônia, aumento da sudorese, náusea	Isquemia, hipertensão	
Letrozol	Artralgia, artrite, ondas de calor, suores noturnos, fadiga, depressão, cefaleia	Efeitos ósseos, fraturas, infarto do miocárdio, aumento do colesterol	

continua

Quadro 1. Fármacos antineoplásicos, classes, efeitos adversos e superdosagem (*continuação*)

Antineoplásico	Efeitos adversos	Superdosagem	Comentários
Inibidores mitóticos			
Docetaxel	Hipersensibilidade	Mielossupressão, mucosite, alopecia, retenção de fluidos, neuropatia periférica, arritmias	
Etoposídeo	Náusea, vômito, reação distônica	Mielossupressão, alopecia, cefaleia, febre, hipotensão	
Paclitaxel	Arritmias, neuropatia periférica, perfuração gastrintestinal, hipersensibilidade severa, náusea, vômito	Mielossupressão, hipersensibilidade severa, hipotensão, bradicardia, infarto agudo do miocárdio, óbito	
Vimblastina	Náusea, vômito, cefaleia, parestesias, hiponatremia	Mielossupressão, alopecia, fraqueza muscular, neuropatia periférica, estomatite, convulsões, íleo paralítico	Realizar plasmaférese após superdosagem
Vincristina	Neuropatia periférica, hiponatremia	Choque, coma, encefalopatia, mielossupressão, íleo paralítico, fraqueza, perda de reflexos	
Vinorelbina	Náusea, alopecia	Mielossupressão, neuropatia periférica, íleo paralítico	
Miscelânea			
Asparaginase	Febre, náusea, vômitos, hipersensibilidade, pancreatite, toxicidade hepática, coagulopatias	Não há registro	
BCG (intravesical)	Sintomas gripais, irritação na bexiga	Improvável	
Bortezomibe	Fadiga, neuropatia periférica, náusea, vômito, diarreia, febre	Hipotensão, trombocitopenia, óbito	
Mitotano	Depressão, letargia, náusea, vômito, diarreia, distúrbios oculares, hipertensão ou hipotensão, erupções cutâneas	Encefalopatia metabólica, insuficiência adrenal e toxicidade digestiva	
Pegaspargase	Anafilaxia, hiperglicemia, pancreatite, trombose no sistema nervoso central, coagulopatia, hiperbilirrubinemia, elevação das transaminases	Improvável	
Tretinoína	Febre, dispneia, infiltrados pulmonares, efusões pleurais/pericárdicas, trombose	Diarreia	
Trióxido de arsênio	Hiperglicemia, hipocalemia, prolongamento de QT, náusea, febre, diarreia, dispneia, artralgia, fadiga	Convulsões, fraqueza, confusão mental	
Progestinas			
Medroxiprogesterona, megestrol	Improváveis	Alopecia, hipersensibilidade, alterações da função hepática	

* Antídotos não disponíveis no Brasil em junho de 2021.

TRATAMENTO

O manejo inicial do paciente inclui estabilização do estado hemodinâmico, descontaminação, instituição de terapia com antídoto e eliminação intensificada. A administração de carvão ativado deverá ser feita imediatamente após episódios de ingestão acidental ou superdosagem, a fim de limitar a biodisponibilidade gastrintestinal.[6]

Para episódios de náusea e vômito, fármacos antieméticos e associações deverão ser escolhidos conforme o potencial emetogênico do quimioterápico e o tempo transcorrido desde a administração. Os antagonistas dos receptores de serotonina são indicados para vômito com início até 6 horas da administração do quimioterápico e em combinação com corticosteroide e antagonista de receptor da neurocinina-1 (NK1) em pacientes com vômito prolongado. A associação de antagonista de receptor NK1 e corticosteroide também é efetiva no manejo de vômito com início tardio. Além destes, fármacos antagonistas de receptores de dopamina poderão ser utilizados no tratamento de vômito repentino e benzodiazepínicos na prevenção. A reposição intravenosa de fluidos também pode ajudar.[3]

Na ocorrência de supressão da medula óssea, indica-se o acompanhamento por um médico hematologista. As terapias incluem transfusão de plaquetas em caso de trombocitopenia severa; transfusão de hemácias ou administração de eritropoetina para anemias; utilização de fator estimulador de colônias de granulócitos (G-CSF) ou fator estimulador de colônias de granulócitos-macrófagos (GM-CSF), dependendo da gravidade da neutropenia.[2]

Nas manifestações relacionadas à mucosite, os quadros de candidíase e enterocolite necrosante devem ser tratados com antifúngicos e vancomicina, respectivamente.[2] A profilaxia com antibióticos pode ser realizada em caso de mucosite associada à neutropenia, a fim de evitar sepse. Caso ocorra extravasamento do fármaco durante a administração intravenosa, deve-se remover o acesso e aplicar compressas no local algumas vezes ao dia.[2]

ANTÍDOTOS

A terapia com antídotos é restrita a poucos fármacos. O ácido folínico é indicado para redução da toxicidade, e a glucarpidase é indicada para casos de lesões renais agudas associadas a altas doses de metotrexato.[8] O triacetato de uridina deve ser empregado para prevenir e tratar graves intoxicações relacionadas ao 5-fluorouracil e à capecitabina.[8] O tiossulfato de sódio limita o dano renal, e a amifostina reduz a toxicidade hematológica dos fármacos à base de platina.[3] O dexrazoxano exerce efeito protetor contra cardiotoxicidade dos antibióticos da classe das antraciclinas.[6] Já o sódio-2-mercaptoetano sulfonato é indicado na profilaxia e no tratamento de efeitos urotóxicos, e o azul de metileno, no tratamento e na profilaxia da encefalopatia pela ifosfamida.[3]

MEDIDAS DE DEPURAÇÃO

A efetividade desses procedimentos depende das características do fármaco, como peso molecular, extensão de ligação a proteínas plasmáticas e volume de distribuição, além de parâmetros farmacocinéticos e função renal do paciente.[3,6]

REFERÊNCIAS BIBLIOGRÁFICAS

1. Instituto Nacional de Câncer. Quimioterapia antineoplásica. [acesso em fevereiro de 2022]. Disponível em: https://www.inca.gov.br/exposicao-no-trabalho-e-no-ambiente/medicamentos/quimioterapia-antineoplasica
2. Chu CS, Rubin SC. Basic principles of chemotherapy. In: DiSaia P, Creasman W, Mannell R, McMeekin S, Mutch D. Clinical gynecologic oncology. 9. ed. Amsterdam: Elsevier; 2017. p. 449-69.
3. Wang RY. Chemotherapeutics. In: Nelson LS, Howland MA, Lewin NA, Smith SW, Goldfrank LR, Hoffman RS, editores. Goldfrank's Toxicologic Emergencies. 11. ed. Nova Iorque: McGraw Hill; 2018. p. 759-66.
4. Weingart SN, Zhang L, Sweeney M, Hassett M. Chemotherapy medication errors. Lancet Oncol. 2018;19(4):e191-e199.
5. Drugs.com. Alkylating agents. [acesso em fevereiro de 2022]. Disponível em: https://www.drugs.com/drug-class/alkylating-agents.html
6. Kim-Katz S. Agentes antineoplásicos. In: Olson KR, Anderson IB, Benowitz NL, Blanc PD, Clark RF, Kearney TE, et al. Manual de toxicologia clínica. 6. ed. Porto Alegre: AMGH; 2014. p. 84-93.
7. Luchno CW, Carvalho GP. Toxicidade e efeitos adversos decorrente do tratamento quimioterápico antineoplásico em pacientes pediátricos: revisão integrativa. Ciência & Saúde. 2019;12(1):e30329.
8. Peele A, Shuda M. A review of available antidotes for chemotherapy. HOPA. 2018;15(4):7.

CAPÍTULO 26

ARSÊNIO

Eduardo Mello De Capitani

PONTOS-CHAVE

- O potencial de toxicidade dos compostos de arsênio depende da solubilidade, da forma química inorgânica ou orgânica e do estado de oxidação.
- Atualmente, fontes potenciais de compostos de arsênio com risco de intoxicação aguda em adultos e crianças se reduzem a raticidas ilegais à base de óxidos de arsênio e herbicidas comerciais à base de ácido monometilarsônico, que podem estar disponíveis no ambiente domiciliar.
- A intoxicação aguda por sais inorgânicos e por ácido monometilarsônico por via oral é potencialmente grave, dependendo da dose, sendo a dose letal em humanos estabelecida entre 1 e 3 mg/kg.
- O mecanismo tóxico primário dos sais de arsênio trivalente é a inibição do complexo piruvato desidrogenase, complexo enzimático de extrema importância no metabolismo energético.
- O quadro clínico inclui dor abdominal, vômito e diarreia aquosa e sanguinolenta, evoluindo para desidratação, choque hipovolêmico e insuficiência renal aguda por necrose tubular. Em casos graves, ocorrem encefalopatia e acometimento múltiplo de órgãos, principalmente fígado e rins, com coagulopatia, hepatite, hemólise, rabdomiólise, síndrome do desconforto respiratório agudo e depressão miocárdica com arritmias graves potencialmente fatais.
- O diagnóstico é baseado na apresentação clínica e história de exposição, com estimativa de dose ingerida, não se devendo esperar resultados de dosagens laboratoriais de arsênio para iniciar tratamento quelante.
- O tratamento inclui medidas de suporte e de descontaminação, como lavagem gástrica nos casos em que há indicação, irrigação intestinal com polietilenoglicol nos casos com material radiopaco na luz do trato gastrintestinal, e uso do quelante ácido dimercaptossuccínico (DMSA), único disponível no mercado brasileiro atualmente.

INTRODUÇÃO

O arsênio[1], de símbolo As e número atômico 33, é um metaloide ou semimetal, encontrado em associação a outros metais em alguns minerais como a arsenopirita e a galena, não se apresentando na natureza na forma metálica elementar, por se oxidar muito facilmente.

Quimicamente pode existir em quatro estados de oxidação: arsenato (+5), arsenito (+3), arsina (-3) e elementar (As^0). As espécies mais solúveis são as trivalentes e pentavalentes. Esses seriam os compostos inorgânicos de arsênio, com potencial tóxico significativo dependendo das circunstâncias de exposição.

Além deles, existem vários compostos orgânicos naturais, de menor toxicidade, aos quais nos expomos principalmente através da dieta, como arsenobetaína, arsenocolina, e compostos chamados de arsênio-açúcares, sintetizados a partir de arsênio inorgânico por peixes, crustáceos e algas. Algumas moléculas orgânicas produtos do metabolismo dos sais de arsênio inorgânicos de mamíferos, incluindo os humanos, como o monometilarsênio (MMA) e o dimetilarsênio (DMA), apresentam toxicidade significativa, muito próxima da toxicidade dos sais inorgânicos.

[1] Arsênio é considerado mais correto do que o vocábulo arsênico na denominação do elemento químico "As", sendo arsênico mais usado na designação de alguns compostos tóxicos de arsênio, como o pentóxido de arsênio e outros, reforçando a conotação de veneno específico a essa palavra [ver Houaiss A., Villar M.S. Dicionário Houaiss da Língua Portuguesa. Rio de Janeiro: Objetiva; 2001].

Compostos orgânicos sintéticos, no entanto, têm toxicidade importante, como os herbicidas metilarsenato monossódico (MSMA), dimetilarsenato monossódico e o ácido cacodílico (DMA, ou ácido dimetilarsônico), comercializados e em uso atualmente.

Durante muitas décadas, arsenatos inorgânicos, como o arsenato de cobre cromatado (CCA), foram utilizados como conservante de madeira, tendo sido distribuídos em larga escala por domicílios, parques infantis, áreas de piqueniques e acampamentos, na preservação de *decks*, mesas, moirões de cercas, passeios, pontes, brinquedos infantis coletivos, postes etc., principalmente nos Estados Unidos. Esse uso foi proibido apenas em 2003 naquele país, mas deixou um passivo importante e difuso, que originou orientações de uso e mesmo a retirada dos equipamentos dos ambientes.[1] Esse composto ainda é usado no Brasil para conservação de postes e moirões de eucalipto, por exemplo, e pouca preocupação existe sobre contaminação ambiental a partir dessa fonte em nosso meio. O risco de exposição aguda ao arsênio nessas situações é bastante reduzido, mas existe a degradação dos equipamentos, sua eventual queima liberando arsênio no ar, e a consequente poluição do solo e eventualmente de fontes de água locais, as quais serão mais uma fonte de contaminação por arsênio inorgânico da população geral. Outras fontes de contaminação são os alimentos em geral, pela produção em solos contaminados natural ou antropogenicamente, e água potável procedente de aquíferos naturalmente contaminados, como ocorre em Bangladesh, Índia, Taiwan e algumas áreas na Argentina, no Chile e no México. No Brasil, existem algumas áreas pontuais próximas a minerações, como Nova Lima

(MG) e o Vale do Ribeira (SP), onde há níveis elevados de contaminação de solo e água potável, mas não se mostraram efeitos crônicos de arsenicismo (nome da doença crônica).[2]

A exposição ocupacional pode ser significativa em fundições de não ferrosos, como bronze e latão, assim como em fundições de minérios de chumbo, fabricação de projéteis de armas de fogo, de semicondutores e herbicidas arseniais.[3]

O arsênio elementar (As^o) é usado como elemento de ligas em munições (junto com o antimônio) e soldas, como um aditivo antifricção em mancais e como reforço das grades de baterias ácidas de chumbo. O arsênio inorgânico foi usado no passado como pesticida em várias culturas, inclusive videiras utilizadas na fabricação de vinho (o arsenato de chumbo era um dos produtos que elevavam os níveis de chumbo em vinhos no passado), mas atualmente não é mais permitido.[4]

O arsênio, desde tempos antigos (4 mil anos atrás), tem sido usado como medicamento.[5] O arsenito de potássio ($KAsO_2$) a 1%, na chamada solução de Fowler, foi usado pela primeira vez em 1786 para diversos males, como malária, sífilis e pelagra, e como tônico até o final dos anos 1950, principalmente nos Estados Unidos. Em 1845, começou a ser usado no tratamento de leucemia e, mais tarde, no tratamento de asma e psoríase, sem evidência de eficácia. Compostos orgânicos como o arsênio benzeno foram usados em pelagra, sífilis e contra protozoários.[3] Arsfenamina (Salvarsan), composto sintetizado por Paul Ehrlich, começou a ser usado no tratamento da sífilis em 1911, depois substituído por seus derivados menos tóxicos, nelsalvarsan e mafarsen, cujo uso foi cessado apenas recentemente, por seus efeitos tóxicos e pelo aparecimento de opções mais eficazes. Os efeitos colaterais descritos (na verdade, todos efeitos tóxicos do arsênio) iam de cirrose hepática e hipertensão portal a câncer de pele, pulmão e bexiga.[3] Em 2001, uma droga à base de trióxido de arsênio foi aprovada pela Food and Drug Administration (FDA) para o tratamento de leucemia aguda promielocítica. A solução de Fowler foi usada na leucemia mieloide crônica de 1931 a 1953, quando o bussulfano surgiu.[3]

Historicamente, o arsênio esteve ligado à prática de assassinatos e suicídios na forma de sais como o trióxido de arsênio, por ser branco como o sal de cozinha e o açúcar, inodoro e insosso, podendo passar facilmente despercebido pela vítima. Esse uso homicida foi um dos impulsionadores do desenvolvimento da toxicologia analítica no século XIX, pela necessidade forense de se ter um teste analítico confiável que detectasse arsênio em amostras biológicas *post-mortem*, visando à condenação de suspeitos, tantos eram os casos de homicídio na época.[6] O arsênio é provavelmente o elemento responsável pelo maior número de vítimas de intoxicação aguda e crônica no mundo ao longo da história até os dias atuais, principalmente por seu uso como agente homicida, suicida, pesticida e pela contaminação de água potável em diversos países.

Hoje em dia o arsênio tem importância toxicológica menor com relação a casos individuais de intoxicação aguda, pois a disponibilidade dos sais tóxicos foi reduzida pela proibição de comercialização como pesticida e raticida. No entanto, ainda se pode ter acesso ilegalmente ao trióxido de arsênio, por exemplo, como raticida, por tratar-se de sal barato e de fácil fabricação e por ser matéria-prima e subproduto de diversos processos industriais. Especial atenção deve-se ter também com os herbicidas arseniais, que têm sido usados em tentativas de suicídio e em áreas rurais principalmente, podendo, assim como o trióxido de arsênio, ser armazenados junto com produtos domissanitários próximos, ou mesmo dentro do domicílio, com potencial risco acidental de exposição oral por crianças.[7]

MECANISMOS DE AÇÃO

O envolvimento do arsênio no metabolismo normal da metionina em algumas espécies de mamíferos aponta para uma provável essencialidade desse elemento nessas espécies.[8,9] No homem, no entanto, não há evidências de participação no metabolismo normal.[10,11] A toxicidade do arsênio está diretamente relacionada à sua espécie química, como ocorre em outros metais. Todas as formas orgânicas, tanto as naturais quanto as que são produtos de metabolismo fisiológico dos sais inorgânicos, são menos tóxicas que as inorgânicas. Entre as formas inorgânicas, as trivalentes (As^{3+}) são mais tóxicas que as pentavalentes (As^{5+}), que por sua vez são mais tóxicas que as orgânicas naturais MMA (ácido monometilarsônico), seguida do DMA (ácido dimetilarsônico), da arsenobetaina e da arsenocolina.

O efeito primário do trióxido de arsênio trivalente é a inibição do complexo piruvato desidrogenase (PDH), complexo enzimático de extrema importância no metabolismo energético, cuja inibição reduz a produção de ATP pela redução da atividade do ciclo do ácido cítrico, desregula a fosforilação oxidativa, levando à produção de espécies reativas de O_2 e radicais livres, promove a diminuição da gliconeogênese, levando à hipoglicemia, além de redução na concentração de glutationa redutase, enzima ligada ao próprio metabolismo do arsênio e da manutenção da homeostase do metabolismo da hemoglobina.[12] Com relação à hipoglicemia, mecanismo adicional envolvendo o transporte de insulina dependente de glicose mediado por grupamentos -SH (sulfidrilas), associado a dano nas células beta pancreáticas, juntamente com a diminuição da gliconeogênese, pode levar à diminuição da gliconeogênese e hipoglicemia. Nesse sentido, alguns estudos experimentais têm mostrado efeito benéfico no conteúdo de glicose no sistema nervoso central e aumento da sobrevivência em intoxicação ao arsênio com tratamento agressivo com glicose intravenosa.[12]

O arsênio pode afetar a repolarização cardíaca, levando a arritmias graves como *torsades de pointes* e fibrilação ventricular.[13] Um mecanismo tóxico importante nas situações de exposição crônica é o relacionado ao endotélio. Estudos experimentais mostram inibição da proliferação de células endoteliais, síntese de glicoproteínas de membranas e peroxidação lipídica local, além de aumento na agregação plaquetária levando à trombose arterial.[12] Esse mecanismo explicaria a ocorrência de gangrena e necrose de pés, sobretudo em Taiwan (*blackfoot disease*), em expostos cronicamente a arsênio em água potável.[11] No fígado, pode causar fibrose portal, provavelmente relacionada à depleção de glutationa (GSH), aumento na peroxidação lipídica e diminuição/inibição de enzimas envolvidas na regeneração de GSH e neutralização de radicais livres.[12]

O efeito carcinogênico parece estar relacionado a vários mecanismos de dano ao DNA, incluindo amplificação gênica, substituição do fosfato no DNA durante a replicação deste (o As^{5+} se parece quimicamente com o fosfato e estruturalmente compete por um transportador celular de membrana na entrada de fosfato na célula), aumento de proliferação celular e decréscimo na eficiência do sistema de reparação de DNA. Com relação ao câncer de pele, bastante comum em exposições em longo prazo por exposição por via oral, assim como a queratose, os mecanismos incluem estimulação crônica do TGF-α (fator de crescimento do queratinócito), redução da metilação, mutação no gene supressor de tumor p53 e interferência na função microtubular na mitose.[12] A hiperpigmentação da pele nas exposições crônicas se deve ao aumento na melanina.[12] Assim, todos esses mecanismos tóxicos se manifestam de forma sistêmica, acometendo múltiplos órgãos, conforme a dose e a duração da exposição, resultando em disfunção de sistemas vitais como cardiovascular, renal, hepático e sistema nervoso central nas exposições agudas a altas doses, e sistema cardiovascular e pele principalmente, além da carcinogênese, nas exposições crônicas de longo prazo.

TOXICOCINÉTICA

A solubilidade em água é uma variável-chave na absorção por via oral. Assim, formas solúveis de arsênio, como os sais inorgânicos trióxido e pentóxido de arsênio, são bem absorvidos dentro de poucas horas pelo trato gastrintestinal (taxas entre 60 e 90%, principalmente na forma trivalente). A maior taxa de absorção ocorre no intestino delgado, podendo ocorrer também no cólon.[9] O trióxido de arsênio tem sua absorção aumentada de forma significativa quando ingerido com água, em vez de com alimentos sólidos, por exemplo, aumentando o risco de intoxicação aguda.

Os compostos orgânicos são lipossolúveis e absorvidos prontamente no trato digestório, refletindo de forma marcante na dosagem urinária de arsênio após, por exemplo, uma refeição de peixe e frutos do mar, quando os níveis urinários de arsênio total aumentam em cerca de 100 vezes.[9] A absorção pela pele das formas inorgânicas tóxicas é praticamente nula em pele íntegra e exposição de curta duração.

A absorção inalatória pode alcançar cerca de 30%, dependendo da solubilidade e do tamanho das partículas em suspensão. Isso tem importância no ambiente ocupacional, onde a forma química mais presente é a do trióxido de arsênio.[1,9]

O As^{3+} passa membranas por difusão passiva e transporte específico, e o As^{5+} entra nas células através das passagens proteicas especializadas do fosfato.[1] Logo após a absorção o As^{5+}, é parcialmente reduzido a As^{3+}, sendo distribuídos rapidamente em uma mistura das duas formas pelos tecidos. Apesar de ser distribuído de forma relativamente uniforme e rápida por todos os órgãos e tecidos, ele se acumula inicialmente no fígado, seguido por rins, pulmões, cérebro e pele, fazendo que dosagens sanguíneas de arsênio nesse período tenham pouca correlação com a dose ingerida.[14]

Depois de 2 a 4 semanas da ingestão aguda, a maior parte foi eliminada, e o que permanece está acumulado em tecidos ricos em proteínas que contêm cisteína em sua estrutura, como pele, cabelo e unhas. Após a ingestão de altas doses como em tentativas de suicídio, a maior concentração de arsênio será encontrada no fígado e nos rins nos casos necropsiados. Uma hierarquia de depósito pode ser estabelecida nesse sentido, como segue: fígado > rins > músculos > coração > cérebro (cerebelo > tecido cerebral) > pele > sangue (eritrócitos) e, em muito menor extensão, ossos e dentes.[9,15] Formas inorgânicas e orgânicas são detectadas no leite materno e atravessam a barreira placentária, acumulando-se e agindo toxicamente no feto (cérebro, fígado e rins).[9]

O As^{5+} sofre redução a As^{3+}, que por sua vez sofre metilação oxidativa no fígado, convertendo-se em MMA e DMA, formas orgânicas tóxicas posteriormente excretadas na urina. Após a absorção de As^{3+} ou As^{5+}, a excreção urinária consiste em 10 a 20% de arsênio inorgânico, 10 a 20% de MMA e 60 a 80% de DMA.[14] Dessa forma, a dosagem total na urina representa a soma das formas inorgânicas e orgânicas do metabolismo, todas representando formas mais ou menos tóxicas do arsênio. Quantidade muito pequena é excretada pelas fezes. As formas orgânicas, quando ingeridas, sofrem pouco metabolismo e são excretadas nas formas originais, inalteradas.[4]

Valores de referência para não expostos ocupacionalmente são, para sangue: < 1 μg/L; urina: < 100 μg/L; unhas: ≤ 1 ppm; cabelo: ≤ 1 ppm. Arsênio total na urina é considerado o melhor indicador de exposição recente ao arsênio.[4,14]

DOSES TÓXICAS

As doses letais medianas (DL_{50}) VO para ratos são estimadas em 3 mg/kg para a arsina (AsH_3), 14 mg/kg para As_2O_3, 20 mg/kg para As_2O_5, 700-800 mg/kg para MMA, 700-2.600 mg/kg para DMA, 6.500 mg/kg para arsenocolina e > 10.000 mg/kg para arsenonetina.[9] DL_{50} de MSMA em ratos é de 600 mg/kg.[7] Dose letal oral das formas inorgânicas, em humanos, é considerada entre 1 e 3 mg/kg,[1] embora tenha sido descrito caso clínico com sobrevivência com dose de ingerida de 54 g de As_2O_3 de um adulto, em tentativa de suicídio, admitido 5 horas após a ingestão e tratado com lavagem gástrica, carvão ativado, dimercaprol e retirada cirúrgica do trióxido de arsênio aderido à mucosa do estômago.[16]

QUADRO CLÍNICO

Após a ingestão aguda de sais inorgânicos, os sintomas de intoxicação começam em média entre 10 minutos e 2 horas, com dor abdominal em cólica, vômito e diarreia aquosa. Nos casos mais graves, a diarreia pode ser também sanguinolenta, em decorrência da irritação local de mucosas e, junto com os vômitos, evolui para desidratação importante, o que pode levar a choque hipovolêmico e insuficiência renal aguda por necrose tubular. Nesses casos graves, há evolução para acometimento múltiplo de órgãos, principalmente fígado e rins, com coagulopatia, hepatite, hemólise, rabdomiólise, síndrome do desconforto respiratório agudo, depressão miocárdica com arritmias graves e fatais (*torsades de pointes* e fibrilação ventricular).

Acometimento neurológico central é esperado em pouco tempo de evolução grave, com depressão do sensório, alucinações, sinais gerais de encefalopatia e convulsões, seguidos de neuropatia periférica tardia em dias e semanas, nos sobreviventes. A neuropatia periférica é sensitivo-motora simétrica típica, muitas vezes simulando síndrome de Guillain-Barré.[12] Herbicidas à base de MSMA podem causar perda auditiva definitiva além da encefalopatia e neuropatia periférica.[7]

Exposição crônica, em geral, de longo prazo (anos a décadas) a baixas doses, como nas situações ambientais de ingestão de água potável contaminada, ocorre com frequência, em um quadro cínico denominado arsenicose ou arsenicismo crônico, caracterizado por lesões de pele hiperceratóticas, principalmente em palmas de mãos e plantas dos pés, máculas e pápulas melânicas difusas pelo corpo (descritas em inglês como lesões em padrão *raindrop*), alopecia, linhas de Mee nas unhas (linhas de deposição do metaloide), carcinomas de pele múltiplos e neuropatia sensitivo-motora.[12] Nos casos de ingestão de doses mais elevadas cronicamente, esse quadro pode evoluir para acometimento hepático com cirrose e fibrose portal, arteriosclerose cardiovascular, insuficiência arterial periférica, hipertensão pulmonar e eventuais alterações hematológicas, como anemia e pancitopenia, além de câncer de fígado, pulmão, bexiga, rim e próstata.[1,11,17]

DIAGNÓSTICO

O diagnóstico do quadro agudo pós-ingestão de sais inorgânicos de arsênio é praticamente clínico, incluindo história de exposição com informações sobre o tipo de sal ingerido e a dose estimada. Nos casos com manifestações clínicas leves e/ou pouca informação sobre a ingestão, dosagem de arsênio na urina, no sangue, vômito ou lavado gástrico, deve ser feita antes de indicar tratamento específico com quelante, por exemplo. Concentrações elevadas em um paciente com história de exposição e quadro clínico compatível corroboram o diagnóstico, porém baixas concentrações não o descartam.[12] No entanto, em nosso meio, a realização de dosagem de metais e metaloides, como o arsênio, no contexto de atendimento de urgência, é pouco disponível e exequível, e o diagnóstico e o início do tratamento quelante devem ser definidos, em geral, sem esse resultado. Urina principalmente deve ser colhida, conservada resfriada e eventualmente enviada para um laboratório de toxicologia com aptidão para esse tipo de análise, visando corrigir ou manter a conduta terapêutica tomada inicialmente. Um teste qualitativo de fácil realização, que deveria estar disponível nos laboratórios de toxicologia de urgência locais e regionais, para resposta em poucas horas, é o teste de Reinsch, o qual, através de reação envolvendo solução de HCl, HNO_3, um bastão metálico de cobre e a amostra biológica (sangue, urina, vômito ou lavado gástrico), produz descoloração do bastão de cobre para prateado, no caso de amostra biológica contendo mercúrio, ou descoloração mais escurecida, nos casos de presença de outros metais e metaloides (Sb, Bi), incluindo o arsênio. O teste é prático e de baixo custo e pode fornecer a informação necessária para confirmar o diagnóstico.

Radiografia de abdome é extremamente importante, visando avaliar a presença de opacidades radiopacas representando coleções, ou mesmo concreções, dos sais inorgânicos ingeridos, ajudando na decisão de manter medidas de descontaminação como lavagem gástrica e irrigação intestinal total, ou mesmo intervenção cirúrgica nos casos muito graves.[12,16]

TRATAMENTO

O tratamento do quadro agudo de intoxicação deve ser iniciado o quanto antes, a partir da definição diagnóstica. Medidas gerais de descontaminação são importantes conforme o contexto. O tratamento das formas crônicas de arsenicismo inclui obrigatoriamente o afastamento definitivo da exposição, e alguns estudos experimentais têm mostrado resultados contraditórios sobre o uso de suplementos de micronutrientes como zinco e selênio, não sendo ainda recomendado esse tipo de tratamento enquanto dados mais robustos não são publicados.[12]

Medidas de suporte

Tendo em vista a ocorrência de vômitos e diarreia profusa frequentes e recorrentes, todas as medidas de reposição hidroeletrolítica e de suporte cardiovascular necessárias a esse tipo de condição devem ser estabelecidas de imediato e de forma agressiva. O mesmo se aplica nos casos de evolução para insuficiência renal, arritmias e eventual colapso cardiovascular.

Medidas de descontaminação

Medidas como lavagem gástrica e carvão ativado nos casos de ingestão aguda são controversos. Sais de arsênio não são adsorvidos por carvão ativado e, em casos graves com depressão do sistema nervoso central e vômitos repetidos, sua indicação se torna ainda mais controversa. O mesmo tipo de consideração serve para a lavagem gástrica, cada vez mais em desuso, principalmente em pacientes com depressão do sistema nervoso central e vômitos, pelo elevado risco de aspiração pulmonar do conteúdo gástrico. No entanto, em pacientes conscientes, sem vômitos, com material radiopaco presente no estômago, a lavagem gástrica pode ter benefício na retirada de material ainda não absorvido. Nessa situação, também a irrigação intestinal com polietilenoglicol deve ser prescrita, até o material radiopaco não mais aparecer nas radiografias de abdome.[12]

Medidas de depuração

Em razão da boa e rápida distribuição do arsênio no organismo, a hemodiálise praticamente não remove quantidade significativa do metaloide da circulação.[12] Assim, mesmo nos casos graves, sem IRA (insuficiência renal aguda), não há indicação do uso de hemodiálise. Nos casos com IRA, o *clearance* de arsênio durante a hemodiálise pode variar de 76 a 87,5 mL/min, independentemente do uso de dimercaprol.[12] Não há estudos de uso de hemodiálise em paciente usando concomitantemente quelantes hidrossolúveis como DMPS e DMSA.[12]

ANTÍDOTOS

Em experimentos com camundongos, foram comparados ácido dimercaptossuccínico (DMSA), ácido dimercaptopropanilsulfônico (DMPS) e ácido N-(2,3-dimercaptopropil)-ftalamídico (DMPA), com dimercaprol (BAL) como antídoto de arsênio inorgânico. Os índices terapêuticos na DL_{99} do arsenito de sódio foram 42:14:4:1 – respectivamente, ou seja, a eficiência comparativa foi DMSA > DMPS > DMPA > BAL. Uma vez que DMSA, DMPS e DMPA mobilizam arsênio dos tecidos e o BAL aumenta o conteúdo de arsênio no cérebro, isso mostra que o BAL não deveria ser usado como quelante em intoxicação aguda por arsênio.

Ensaios clínicos terapêuticos controlados em humanos ainda não foram realizados com essas drogas nas intoxicações por arsênio.[3] Desde então, vários relatos de casos clínicos de intoxicação aguda por sais inorgânicos e orgânicos de arsênio, em tentativas de suicídio, mostram que a baixa toxicidade e os elevados índices terapêuticos do DMPS e do DMSA, nessa ordem, por ambos poderem ser administrados pelas vias oral e intravenosa por suas elevadas taxas de hidrossolubilidade, indicam que são excelentes candidatos a substituir o BAL como primeira escolha para arsênio agudo, principalmente o DMPS, que tem apresentação intravenosa.[3]

Assim, recomenda-se o uso de DMPS por via oral ou parenteral nos casos de intoxicação aguda por arsênio o mais precocemente possível. Se o DMPS não está disponível, como no Brasil, o DMSA por via oral pode ser usado como segunda escolha. O BAL continua sendo a primeira escolha nos casos de intoxicação por arsenicais orgânicos lipossolúveis em razão de sua maior disponibilidade intracelular. Terapia quelante deve ser iniciada em todos os pacientes sintomáticos com definição diagnóstica clínica e de história de exposição, e/ou em pacientes com níveis de arsênio urinário > 200 µg/L.[3,12] Nos casos de falência renal associada, deve-se iniciar hemodiálise junto com DMPS, apesar da ausência de estudos nesses casos. No Brasil, não dispomos do DMPS, e o BAL perdeu seu registro na Anvisa recentemente. O DMSA pode ser encontrado em farmácias de manipulação em cápsulas de 100 ou 300 mg. Quelantes são ineficazes no tratamento de intoxicação por arsina. Nesses casos, indica-se exsanguineotransfusão em decorrência de hemólise, seguida de hemodiálise nos casos de IRA.

Seguem as doses e os esquemas de tratamento:

- DMSA: 10 mg/kg a cada 8 horas VO por 5 dias, seguidos de 10 mg/kg a cada 12 horas por mais 14 dias ou mais dias, dependendo do quadro cínico.[12] Podem ocorrer aumento transitório de transaminases e fosfatase alcalina, prurido, *rash* cutâneo, trombocitose e eosinofilia. Recomendam-se monitoramento da função hepática e hemograma.
- BAL: 3 a 5 mg/kg a cada 4 ou 6 horas, IM profundo. Podem ocorrer efeitos colaterais como dor local, febre, náuseas, vômito, lacrimejamento, sialorreia, rinorreia e cefaleia.

Não há trabalhos clínicos que mostrem a evidência de eficácia de N-acetilcisteína como repositora de glutationa depletada pelo arsênio, porém estudos experimentais sugerem certo efeito metabólico protetor com essa terapêutica.[12]

REFERÊNCIAS BIBLIOGRÁFICAS

1. ATSDR. Toxicological profile for arsenic. Washington: USDHHS-Public Health Service-Agency for Toxic Substances and Disease Registry; 2007.
2. Figueiredo BR, Litter MI, Silva CR, Mañay N, Londono SC, Rojas AM, et al. Medical geology studies in South America. In: Selinus O, Finkelman RB, Centeno JA, editores. Medical geology: a regional synthesis. Dordrecht; Londres: Springer; 2010. p. 79-106.
3. Andersen O. Chelation treatment during acute and chronic metal overexposures – Experimental and clinical studies. In: Aaseth J, Criponi G, Andersen O, editores. Chelation therapy in the treatment of metal intoxication. Londres; San Diego: Academic Press; 2016. p. 85-252.
4. ATSDR. ToxGuide for Arsenic as CAS # 7440-38-2. 2007.
5. Parascandola J. King of poisons: a history of arsenic. Washington, D.C.: Potomac Books; 2012.
6. Sakuma AM, De Capitani EM, Tiglea P. Arsênio. In: Azevedo FA, Chasin AAM, editores. Metais – gerenciamento da toxicidade. São Paulo: Atheneu – Intertox; 2003. p. 203-38.
7. De Capitani EM, Vieira RJ, Madureira PR, Mello SM, Kira CS, Soubhia PC, et al. Auditory neurotoxicity and hepatotoxicity after MSMA (monosodium methanarsenate) high dose oral intake. Clin Toxicol (Phila). 2005;43(4):287-9.
8. Uthus EO. Arsenic essentiality: a role affecting methionine metabolism. J Trace Elem Exp Med. 2003;16(4):345-55.
9. De Capitani EM. Arsenic toxicology – A review. In: Matschullat J, Deschamps E, editores. Arsenic: natural and anthropogenic. Boca Raton: CRC Press; 2011. p. 28-40.
10. Council NR. Arsenic in Drinking Water: 2001 Update. Washington, DC: The National Academies Press; 2001.
11. WHO. Arsenic in Drinking-water. Genebra: World Health Organization; 2011. p. 18.
12. Munday SW. Arsenic. In: Hoffman RS, Howland MA, Lewin NA, Nelson L, Goldfrank LR, Flomenbaum N, editores. Goldfrank's Toxicologic Emergencies. 10. ed. Nova Iorque: McGraw-Hill; 2015. p. 1168-80.
13. Drolet B, Simard C, Roden DM. Unusual effects of a QT-prolonging drug, arsenic trioxide, on cardiac potassium currents. Circulation 2004;109(1):26-9.
14. Lauwerys RR, Hoet P. Industrial chemical exposure: guidelines for biological monitoring. 3. ed. Boca Raton: Lewis Publishers; 2001.
15. Benramdane L, Accominotti M, Fanton L, Malicier D, Vallon JJ. Arsenic speciation in human organs following fatal arsenic trioxide poisoning--a case report. Clin Chem 1999;45(2):301-6.
16. Dueñas-Laita A, Pérez-Miranda M, González-López MA, Martín-Escudero JC, Ruiz-Mambrilla M, Blanco-Varela J. Acute arsenic poisoning. Lancet. 2005;365(9475):1982.
17. Das N, Sengupta S. Arsenicosis: diagnosis and treatment. Indian J Dermatol Venereol Leprol. 2008;74(6):571-81.

CAPÍTULO 27

AVERMECTINAS/IVERMECTINA

Eloisa Dutra Caldas
Andrea Franco Amoras Magalhães

PONTOS-CHAVE
• As avermectinas são produzidas por *Streptomyces averctinius*, sendo a ivermectina seu principal derivado. • A ivermectina é utilizada em humanos no tratamento da sarna, oncocercose, estrongiloidíase e outras parasitoses, e na medicina veterinária. • É considerada uma droga segura, cujos efeitos adversos de leves a moderados normalmente são reversíveis e incluem prurido, dor de cabeça, edema dolorido de pele, hipotensão, dispneia e tontura. • Intoxicações graves são raras, mas podem evoluir para o coma e o óbito. • O tratamento recomendado das intoxicações graves com ivermectina e outras avermectinas é sintomático, com medidas de suporte, não existindo antídotos disponíveis.

INTRODUÇÃO

Avermectinas são lactonas macrocíclicas produzidas pela fermentação de *Streptomyces averctinius*, microrganismo isolado do solo, e têm ação antiparasitária e inseticida.[1] A ivermectina é o derivado das avermectinas mais utilizado, tanto na medicina humana quanto na veterinária. Outros derivados incluem a abamectina, de uso agrícola, e a doramectina, de uso veterinário (Tabela 1). Após sua aprovação para uso em humanos em 1987, a ivermectina foi largamente distribuída sem custo para o tratamento da oncocercose e filariose linfática, com grande impacto para a saúde pública, principalmente de países mais pobres.[2]

A ivermectina também é indicada para estrongiloidíase intestinal, ascaridíase, escabiose e pediculose. Não existem evidências suficientes para concluir que a ivermectina durante a gravidez é segura,[3] e seu uso por essa população só deve ocorrer com orientação médica.[4] Não é recomendada para crianças menores de 5 anos ou com menos de 15 kg, e, como é excretada pelo leite materno, o uso durante a amamentação deve ser evitado.[4] A dose terapêutica recomendada é de 0,15 a 0,2 mg/kg de peso corporal, em dose única.

Estudos *in vitro* e com animais têm sido conduzidos para avaliar o potencial terapêutico das avermectinas como anti-inflamatório, antibactericida, anticâncer e antiviral. O uso da ivermectina no tratamento da síndrome respiratória aguda causada pelo coronavírus 2 (SARS-CoV-2) tem sido explorado, mas os resultados dos estudos clínicos ainda são controversos e inconclusivos, e potenciais efeitos adversos do uso *off-label* não foram descartados, incluindo neurotoxicidade e hepatotoxicidade.[1,5]

As avermectinas são compostos hidrofóbicos de alta massa molar (> 870 g/mol), facilmente degradados no solo e na água, o que limita sua bioacumulação e translocação no meio ambiente, minimizando a exposição a organismos não alvo.[1]

Tabela 1. Avermectinas utilizadas na agricultura, medicina veterinária e humana no Brasil

Composto	Uso	Produto comercial
Ivermectina	Humano	Ivermectina Total: 4 produtos
	Veterinário	Baymec® Goldmec® Total: 110 produtos
Abamectina (avermectina B1a)	Agrícola	Abamex® Vertimec® Total: 32 produtos
	Veterinário	Abanox® Avotan® Total: 47 produtos
Doramectina	Veterinário	Dectomax® Dorame® Total: 6 produtos
Selamectina	Veterinário	Revolution® 12% Revolution® 6%
Milbemicina	Veterinário	Milbemax C® Program Plus®
Eprinomectina	Veterinário	Eprinex® Eprino® Long Range® Voss Performa®

Fonte: Agrofit: http://agrofit.agricultura.gov.br/agrofit_cons/principal_agrofit_cons; SINDAN: https://sistemas.sindan.org.br/cpvs/Anvisa, 2022.[4]

MECANISMOS DE AÇÃO

O mecanismo de ação antiparasitário das avermectinas envolve principalmente o comprometimento dos canais de cloro ativados pelo glutamato, levando a maior entrada de íons cloro nas células, hiperpolarização e paralisia no sistema neuromuscular do invertebrado. A ivermectina é considerada segura para o homem, pois não atravessa a barreira hematoencefálica, graças à habilidade do transportador P-glicoproteína, codificado pelo gene de resistência múltipla (MDR1), de fazer o efluxo da droga.[1] Mutação do gene *MDR1* pode comprometer essa ação protetora e levar a sintomas de intoxicação grave por ivermectina utilizada em doses terapêuticas.[6]

O mecanismo de ação antiparasitário da ivermectina no organismo humano ainda precisa ser mais bem entendido. A concentração plasmática máxima depois da administração é menor que a necessária para induzir paralisia na microfilia, e é provável que a eliminação do parasita seja governada pelo sistema imunológico.[2]

FARMACOCINÉTICA/TOXICOCINÉTICA

A ivermectina circula no sangue ligada a proteínas plasmáticas, depositando-se principalmente no fígado, onde é metabolizada pelo sistema citocromo P450 e excretada quase totalmente nas fezes (98%). A concentração plasmática máxima ($C_{máx}$) e a área sob a curva (AUC) aumentam com a dose e variam com a idade; o tempo de meia-vida ($t_{1/2}$) varia entre 12 e 18 horas.[1]

DOSES TÓXICAS

As intoxicações com avermectinas ocorrem principalmente em circunstâncias acidentais ou intencionais, com produtos de uso veterinário ou agrícola (ivermectina e abamectina) e ivermectina para uso humano. A maioria dos casos de intoxicação reportados na literatura envolve doses entre 100 e mais de 1.000 vezes a dose terapêutica (até 0,2 mg/kg de ivermectina). Chung et al.[7] reportaram 18 casos de intoxicação (15 a 81 anos), dos quais 17 envolveram abamectina e um envolveu ivermectina. Quatro casos de ingestão voluntária (12 a 42 mg/kg) foram assintomáticos, e 8 casos tiveram sintomas leves (dose oral de 4,2 a 67 mg/kg, ou exposição dérmica ou inalatória). Sete pacientes manifestaram sintomas graves, incluindo coma (7), aspiração com falência respiratória (4) e hipotensão (3), após a ingestão média de 15,4 mg/kg de ivermectina e 115 mg/kg de abamectina. Um paciente morreu 18 dias depois da exposição, por falência múltipla dos órgãos. Em estudo com 28 casos de intoxicação com ivermectina (11 a 92 anos), reportado por Chandler,[8] as doses reportadas variaram entre 3 e 24 mg/kg, a maioria em dose única ou 2 doses separadas por 1 semana. Eventos neurológicos graves incluem imobilidade, perda de consciência, convulsão, encefalopatia ou coma e tremores.

ALERTA IMPORTANTE

In vitro, a ivermectina antagoniza os fatores de coagulação mediados pela vitamina K, mesmo mecanismo da warfarina e outros agentes anticoagulantes utilizados na terapia humana para prevenção de trombose. O uso concomitante dessas duas drogas deve ser evitado.[9]

QUADRO CLÍNICO[8,10-12]

Em casos de exposição à ivermectina, pode ocorrer irritação ocular.

Em casos de ingestão:

- Casos leves ou moderados: distúrbios gastrintestinais, hipersalivação, sonolência, tontura, taquicardia, hipotensão, midríase, hipotermia, tremor e urticária.
- Casos graves: efeitos sistêmicos incluem fraqueza, agitação, ataxia, visão turva, diminuição dos reflexos tendinosos profundos, hipotensão, edema agudo de pulmão, acidose metabólica, rabdomiólise e coma.

Em casos de injeção:

- Casos leves e moderados: reações locais leves com dor transitória, dormência e irritação no local.
- Reações mais graves provavelmente devem-se à infecção bacteriana, decorrente da contaminação secundária. Se o paciente injetou mais de 5 mL de uma injeção veterinária, os efeitos sistêmicos são possíveis.

ALERTA IMPORTANTE

A administração de grandes volumes sob pressão, como pistolas de injeção, pode resultar em ruptura mecânica dos tecidos, especialmente em pequenos espaços de tecido na mão e nos dedos. Podem ocorrer isquemia distal de lesão vascular e lesões nervosas.

DIAGNÓSTICO

O diagnóstico é estabelecido pela confirmação da exposição e pela ocorrência de quadro clínico compatível.

TRATAMENTO[8,10-12]

O tratamento principal baseia-se na manutenção dos sinais vitais, garantindo a estabilidade hemodinâmica e respiratória do paciente, assim como nas medidas de descontaminação o quanto antes.

Medidas de descontaminação

- Na exposição dérmica e ocular, lavar a área do corpo atingida com água e sabão. Lavar os olhos com grande quantidade de água durante 15 minutos e, se necessário, utilizar colírio anestésico após a lavagem.
- Em caso de ingestão: administrar o carvão ativado, em até 2 horas após a ingestão de qualquer quantidade (dose de carvão: 25 a 100 g para adultos; 1 g/kg para crianças), desde que seja seguro fazê-lo e as vias aéreas possam ser protegidas.
- Lavagem gástrica: o benefício da descontaminação gástrica deve ser avaliado e aplicado em caso de ingestão de grandes quantidades de produtos.

Medidas de suporte

Em caso de ingestão:

- Todos os pacientes que requerem avaliação devem ser observados por ao menos 6 horas após a exposição. Pacientes assintomáticos podem então ser considerados para alta, com recomendação de retornar se os sintomas se desenvolverem.

- Manter as vias respiratórias desobstruídas e garantir ventilação adequada.
- Assegurar hidratação adequada para manter um bom débito urinário.
- Monitorar os sinais vitais; executar um eletrocardiograma e verificar o ritmo cardíaco, o intervalo QT e a duração do QRS. Verificar também a glicemia capilar.
- Considerar a gasometria arterial/venosa em pacientes com nível de consciência reduzido, saturação de oxigênio reduzida na oximetria de pulso ou distúrbio metabólico.

Em caso de agitação e *delirium*/psicose, deve-se manter o paciente e a equipe seguros, permitindo a avaliação contínua. Certifique-se de que outras causas sejam excluídas (hipóxia, infecção, hipoglicemia e aumento da pressão intracraniana). Pode ser controlado com diazepam oral ou intravenoso ou lorazepam.

Nas crises convulsivas, fornecer oxigênio; verificar a glicose no sangue; solicitar exames para controle, ionograma; corrigir os distúrbios acidobásicos e metabólicos; utilizar diazepam, lorazepam ou midazolam.

Na hipotensão, assegurar a reposição adequada com fluidos. Pacientes com hipotensão resistente a fluidos devem ser avaliados quanto à necessidade de vasopressores e inotrópicos e encaminhados para cuidados intensivos.

Na acidose metabólica, é necessário correção da hipóxia e reposição adequada com fluidos; considerar a correção com bicarbonato de sódio intravenoso.

Na ocorrência de rabdomiólise, pode ocorrer insuficiência renal, principalmente se a atividade de creatinoquinase for maior que 5.000 UI/L. Administrar reposição de volume intravenoso o mais rápido possível e continuar, a fim de manter um débito urinário adequado. Monitorar o desenvolvimento de acidose metabólica, avaliar o sódio, o potássio plasmático e o pH da urina. A alcalinização da urina pode ser útil na prevenção ou redução da gravidade da insuficiência renal induzida por rabdomiólise. A hemofiltração pode efetivamente remover a mioglobina da circulação; a hemofiltração combinada com a alcalinização da urina é mais eficaz do que a alcalinização da urina sozinha. Pode ser necessário hemodiálise se houver insuficiência renal aguda ou hipercalcemia grave.

Em caso de injeção, todas as que envolvem aparelhos de injeção de alta pressão (p. ex., pistola de dosagem múltipla) requerem avaliação médica. A drenagem local não é necessária, a menos que um grande volume seja injetado ou haja suspeita de formação de abscesso. Observar se há infecção e tratar com o antibiótico apropriado, além de considerar profilaxia do tétano.

Medidas de depuração

Há indicação de medidas como hemodiálise, na exposição às avermectinas e seus derivados, só em casos de rabdomiólise com insuficiência renal aguda.

ANTÍDOTO

Não há antídoto específico, e o tratamento deve ser sintomático e de suporte.

ERROS COMUNS QUE VOCÊ DEVE EVITAR

Não encaminhar para avaliação médica adultos que ingeriram acidentalmente 1 mg/kg ou mais de ivermectina e compostos relacionados ou aqueles que são sintomáticos.

Não tomar medidas precoces de manutenção de via aérea permeável diante da ingestão de grande quantidade.

Não observar os sinais clínicos de gravidade nos casos de ingestão de ivermectina, principalmente hipotensão, acidose metabólica e rabdomiólise.

REFERÊNCIAS BIBLIOGRÁFICAS

1. El-Saber Batiha G, Alqahtani A, Ilesanmi OB, Saati AA, El-Mleeh A, Hetta HF, et al. Avermectin derivatives, pharmacokinetics, therapeutic and toxic dosages, mechanism of action, and their biological effects. Pharmaceuticals (Basel). 2020;13(8):196.
2. Crump A. Ivermectin: enigmatic multifaceted 'wonder' drug continues to surprise and exceed expectations. J Antibiot (Tokyo). 2017;70(5):495-505.
3. Nicolas P, Maia MF, Bassat Q, Kobylinski KC, Monteiro W, Rabinovich NR, et al. Safety of oral ivermectin during pregnancy: a systematic review and meta-analysis. Lancet Glob Health. 2020;8(1):e92-e100.
4. Brasil. Anvisa. Consultas. [acesso em janeiro de 2022]. Disponível em: https://consultas.anvisa.gov.br/#/bulario/q/?nomeProduto=ivermectina
5. Heimfarth L, Santos VS, Araújo AAS, Quintans-Júnior LJ, Martins-Filho PR. Ivermectin: panacea or true promise for COVID-19. EXCLI J. 2020;19:1517-9.
6. Baudou E, Lespine A, Durrieu G, André F, Gandia P, Durand C, et al. Serious ivermectin toxicity and human ABCB1 nonsense mutations. N Engl J Med. 2020;383(8):787-9.
7. Chung K, Yang C-C, Wu M-L, Deng J-F, Tsai W-J. Agricultural avermectins: an uncommon but potentially fatal cause of pesticide poisoning. Ann Emerg Med. 1999;34(1):51-7.
8. Chandler RE. Serious neurological adverse events after ivermectin-do they occur beyond the indication of onchocerciasis? Am J Trop Med Hyg. 2018;98(2):382-8.
9. Gilbert BW, Slechta J. A case of ivermectin-induced warfarin toxicity: first published report. Hosp Pharm. 2018;53(6):393-4.
10. Mounsey KE, Bernigaud C, Chosidow O, McCarthy JS. Prospects for Moxidectin as a new oral treatment for human scabies. PLoS Negl Trop Dis. 2016;10(3):e0004389.
11. Park JM. Rapid development of life-threatening emamectin benzoate poisoning. Emergency Medicine. 2018;50:81-4.
12. Soyuncu S, Oktay C, Berk Y, Eken C. Abamectin intoxication with coma and hypotension. Clin Toxicol. 2007;45(3):299-300.

CAPÍTULO 28

BARBITÚRICOS

Ligia Véras Gimenez Fruchtengarten

PONTOS-CHAVE

- Intoxicações graves por barbitúricos não são frequentes em crianças.
- Não provocar vômitos nos casos de ingestão, e sim manter observação clínica por 6 a 12 horas para início dos sintomas.
- Intoxicações graves por fenobarbital levam a depressão do sistema nervoso central prolongada, coma, depressão respiratória, hipotensão e hipotermia, necessitando de cuidados intensivos.
- Múltiplas doses de carvão ativado, alcalinização urinária e hemodiálise são métodos de remoção possíveis, em virtude da farmacocinética do fenobarbital.

INTRODUÇÃO

Os barbitúricos são derivados do ácido barbitúrico e apresentam propriedades sedativas e anticonvulsivantes. São comercializados desde 1903, inicialmente como sedativos, mas, por apresentarem alto risco de morbidade e mortalidade nas intoxicações intencionais por uso abusivo e suicídios, foram progressivamente substituídos por outros sedativos/hipnóticos de menor toxicidade, como os benzodiazepínicos, na década de 1960. Atualmente, os barbitúricos permanecem amplamente utilizados no tratamento das síndromes convulsivas e em anestesia.

Conforme o relatório anual da American Association of Poison Control Centers, de 2019, os sedativos/hipnóticos e antipsicóticos permanecem como uma das cinco classes de agentes tóxicos mais frequentemente relacionadas com exposições humanas em adultos acima de 20 anos, correspondendo a cerca de 5% do total.[1] Entretanto, os barbitúricos não estão entre as causas comuns de intoxicações em crianças e, quando ocorrem, são geralmente relacionadas a ingestões acidentais ou erros terapêuticos.

MECANISMOS DE AÇÃO

Os barbitúricos induzem depressão do sistema nervoso central (SNC) através do agonismo sobre os receptores $Gaba_A$ e aumentando a função dos canais de cloro mediados pelo ácido gama-aminobutírico (Gaba). Os receptores $Gaba_A$ são os principais responsáveis pela neurotransmissão inibitória no cérebro. Outros efeitos incluem depressão do centro respiratório, inibição da condução e contratilidade do miocárdio, além da diminuição da motilidade gastrintestinal.[2-4]

Os barbitúricos apresentam índice terapêutico estreito e potencial para uso abusivo. Os sedativos/hipnóticos apresentam efeitos sinérgicos por agirem sobre os mesmos receptores no SNC, fator importante no uso concomitante ou coingestão desses fármacos. Desenvolvem tolerância em usuários crônicos, com a diminuição progressiva do efeito em decorrência das administrações repetidas. A tolerância ocorre por meio de mudanças nos próprios receptores (*downregulation*) ou pela indução da biotransformação hepática.[5]

FARMACOCINÉTICA

Os barbitúricos podem ser classificados pela duração de seus efeitos sedativos ou anestésicos, mas sem correlação com a meia-vida plasmática de cada fármaco.

- Ação ultracurta (< 30 minutos): tiopental.
- Ação curta (3 a 4 horas): pentobarbital, secobarbital, butalbital.
- Ação intermediária (4 a 6 horas): amobarbital, butabarbital.
- Ação longa (6 a 12 horas): fenobarbital, fenobarbital sódico, primidona.

Os barbitúricos orais são bem absorvidos no trato gastrintestinal, principalmente no intestino delgado, e têm eliminação hepática e renal. Os barbitúricos de ação curta são mais lipossolúveis, têm maior ligação proteica e pKa mais elevado e são quase completamente metabolizados e excretados pelo fígado; os barbitúricos de ação longa, como o fenobarbital, têm metabolismo hepático, mas excreção renal parcialmente inalterada (25 a 35%). A meia-vida plasmática do fenobarbital é de 40 a 70 horas em crianças e maior do que 100 horas em adultos, com ligação proteica de 51%.[5,6]

O fenobarbital é um indutor não seletivo do citocromo P450 no metabolismo hepático, acelerando sua própria biotransformação, e está relacionado com várias interações medicamentosas significantivas, como diminuição da ação de corticosteroides, estrógenos, fenotiazínicos, antagonistas beta-adrenérgicos etc.[4]

DOSES TÓXICAS

As doses tóxicas dos barbitúricos são variáveis para cada fármaco, via de administração e tolerância individual, sendo a toxicidade esperada quando a dose excede 5 a 10 vezes a dose hipnótica. A ingestão aguda de 8 mg/kg de fenobarbital resulta em depressão do SNC em pacientes não usuários, e doses de 3 a 6 g são consideradas potencialmente fatais.[5,6]

O fenobarbital é o barbitúrico mais comumente relacionado com intoxicações graves por ingestão intencional em tentativas de suicídio, causando coma prolongado, portanto será abordado especificamente no quadro clínico e tratamento, que não se aplicam aos demais barbitúricos de ação mais curta. Os casos mais graves são observados principalmente em adolescentes e adultos e muito raramente em crianças.

QUADRO CLÍNICO

A ingestão ou administração parenteral de fenobarbital causa depressão neurológica progressiva, com sintomas de sonolência, disartria, ataxia e nistagmo, progredindo nas intoxicações graves para torpor e coma, hipotonia, hiporreflexia, hipotermia e depressão respiratória. A depressão neurológica pode ser agravada pela coingestão de outros agentes psicotrópicos e álcool.

Os barbitúricos diminuem a motilidade gastrintestinal, retardando o início dos sintomas ou causando flutuação entre piora e superficialização da depressão neurológica. As pupilas alternam o diâmetro entre miose e médias. O coma barbitúrico tem a duração mais prolongada comparada aos demais agentes depressores do SNC, por sua eliminação lenta. A evolução dos sintomas pode ser descrita pela escala de coma de Reed (Quadro 1), usada para os depressores do SNC.

As manifestações cardiovasculares incluem hipotensão, colapso e parada cardíaca. Pode ocorrer insuficiência renal aguda secundária a hipotensão ou rabdomiólise, resultante do acometimento muscular do paciente em coma prolongado. Em crianças e idosos, estão descritos sintomas de irritabilidade e agitação como efeito paradoxal durante a recuperação.

Quadro 1. Escala de coma de Reed

Grau I	Não responde a estímulos verbais Responde a estímulos dolorosos Reflexos superficiais e profundos presentes Respiração adequada (frequência e amplitude) Pressão arterial normal e estável
Grau II	Não responde a estímulos dolorosos Reflexos superficiais diminuídos ou ausentes Reflexos profundos presentes Respiração normal ou lenta com amplitude normal Pressão arterial normal e estável
Grau III	Não responde a estímulos dolorosos Reflexos superficiais e profundos ausentes Respiração lenta e amplitude normal Pressão arterial normal ou hipotensão
Grau IV	Não responde a estímulos dolorosos Reflexos superficiais e profundos ausentes Depressão respiratória Instabilidade hemodinâmica, choque Hipotermia

A evolução para óbito precoce nas intoxicações graves por fenobarbital resulta de parada respiratória e colapso cardiovascular; os óbitos tardios em geral ocorrem por complicações como falência renal, pneumonia, síndrome da angústia respiratória aguda, edema cerebral e falência de múltiplos órgãos.[2-4,6]

DIAGNÓSTICO

O diagnóstico inicial em geral é indicado pela história da ingestão, mas deve ser incluído no diferencial dos casos de coma a esclarecer e nos casos de pacientes ou familiares usuários de anticonvulsivantes.

O fenobarbital pode ser detectado em testes qualitativos em urina, mas os níveis séricos seriados são importantes para determinar as medidas mais apropriadas de tratamento e o prognóstico da intoxicação. Níveis terapêuticos variam entre 10 e 40 mg/L; concentrações > 60 a 80 mg/L normalmente se associam ao coma, e > 150 a 200 mg/L, a hipotensão grave e instabilidade hemodinâmica.[4-6]

Outras análises laboratoriais importantes incluem eletrólitos, glicose, ureia, creatinina, creatinoquinase, gasometria arterial e radiografia torácica, para investigar possíveis complicações respiratórias, como broncoaspiração ou pneumonias.

TRATAMENTO

Medidas de suporte

As intoxicações graves por fenobarbital requerem internação prolongada em unidades de cuidados intensivos. Manutenção das vias aéreas permeáveis, intubação endotraqueal e ventilação mecânica podem ser necessárias. Monitorar sinais vitais e oximetria e promover o aquecimento externo nos pacientes hipotérmicos.

Também se deve manter hidratação suficiente para o fluxo renal adequado e correção da hipotensão, e, quando não for possível a manutenção da pressão arterial com a infusão de fluidos, considerar o uso de vasopressores. Nos pacientes com deterioração neurológica e cardiovascular progressiva, apesar das medidas de suporte adequadas instituídas, considera-se a indicação de métodos de remoção extracorpórea.[7]

Medidas de descontaminação

Não provocar vômito, em razão da expectativa de depressão neurológica. Apesar das controvérsias sobre a lavagem gástrica, nas ingestões potencialmente tóxicas de muitos comprimidos de fenobarbital pode estar indicada mesmo tardiamente (algumas horas), pelo retardamento da motilidade gastrintestinal, desde que se promova a adequada proteção de vias aéreas. Em doses menores, pode ser administrado o carvão ativado por sonda nasogástrica, para reduzir a absorção (50 g para adultos e 1 g/kg peso em crianças).[2-4]

Medidas de depuração

Medidas que aumentem a eliminação do fenobarbital podem ser utilizadas nas intoxicações graves, com o intuito de reduzir o tempo de evolução e internação. Doses múltiplas de carvão ativado podem aumentar a eliminação do fenobarbital em 50 a 80% e diminuir significativamente sua meia-vida plasmática, sendo considerado até mais efetivo do que a alcalinização urinária. Repetir as mesmas doses de carvão ativado a cada 4 a 6 horas, até a melhora clínica do paciente. Fazer acompanhamento rigoroso da motilidade gastrintestinal e da presença de evacuações. Eventualmente, pode ser necessário associar laxante salino 1 a 2 ×/dia, para estimular o trânsito.[8]

O fenobarbital tem um baixo pKa (7,24), e a alcalinização urinária com bicarbonato de sódio para um pH entre 7,5 e 8 pode aumentar de 5 a 10 vezes sua eliminação renal e reduzir sua meia-vida plasmática nas intoxicações. Esse procedimento não é efetivo para os barbitúricos de ação curta porque tem valores de pKa mais elevado, maior ligação proteica, extensiva biotransformação pelo fígado e baixa excreção renal. A alcalinização urinária pode ser indicada conjuntamente com as doses múltiplas de carvão ativado, que parecem apresentar melhores resultados. Observa-se rigorosamente a possibilidade de complicações, como sobrecarga de fluidos, edema pulmonar e alcalose sanguínea.[9]

Também pelas características farmacocinéticas do fenobarbital, o EXTRIP Workgroup (2014) recomenda o uso de métodos dialíticos nos casos de coma prolongado em ventilação mecânica, choque, toxicidade grave persistente, risco à vida com níveis plasmáticos em elevação, desde que as medidas anteriores de eliminação descritas tenham sido instituídas apropriadamente e continuem insuficientes. A hemoperfusão com carvão ativado seria o método considerado mais eficaz, mas em geral não está disponível nos hospitais; a hemodiálise está então indicada e deve ser repetida até a melhora clínica.[7,10]

Outra complicação que deve ser considerada nas medidas de aceleração da eliminação do fenobarbital são os possíveis sintomas de abstinência em pacientes usuários ou dependentes, com convulsões ou delírio. Nesses casos, devem-se interromper as medidas quando se atinge o nível plasmático terapêutico e reiniciar a administração do fenobarbital quando necessário, para evitar a abstinência.[7]

ANTÍDOTO

Não existe antídoto específico.

REFERÊNCIAS BIBLIOGRÁFICAS

1. Gummin DD, Mowry JB, Beuhler MC, Spyker DA, Brooks DE, Dibert KW, et al. 2019 Annual Report of the American Association of Poison Control Centers' National Poison Data System (NPDS): 37th Annual Report. Clin Toxicol (Phila). 2020;58(12):1360-541.
2. Brent J, Burkhart KK, Donavan W, Phillips SD, Wallace KL. Barbiturates. In: Critical care toxicology: diagnosis and management of the critically poisoned patient. Filadélfia: Elsevier Mosby; 2005. p. 547-52.
3. Ellenhorn M. Barbiturates. In: Ellenhorn's medical toxicology: diagnosis and treatment of human poisoning. 2. ed. Baltimore: Williams & Wilkins; 1997. p. 686-7.
4. Goldfrank LR, Hoffman RS, Howland MA, Lewin NA, Nelson LS, Smith SW. Goldfrank's Toxicologic Emergencies. 11. ed. Nova Iorque: McGraw Hill; 2019. p. 1084-93.
5. Hernandez EMM, Rodrigues RMR, Torres TM. Manual de toxicologia clínica: orientações para assistência e vigilância das intoxicações agudas. São Paulo: Secretaria Municipal da Saúde; 2017. p. 215-20.
6. Olson KR. Barbitúricos. In: Manual de Toxicologia Clínica. 6. ed. Porto Alegre: AMGH; 2014. p. 133-5.
7. Roberts DM, Buckley NA. Enhanced elimination in acute barbiturate poisoning a systematic review. Clin Toxicol. 2011;49(1):2-12.
8. American Academy of Clinical Toxicology; European Association of Poisons Centres and Clinical Toxicologists. Position statement and practice guidelines on the use of multi-dose activated charcoal in the treatment of acute poisoning. J Toxicol Clin Toxicol. 1999;37(6):731-51.
9. Proudfoot AT, Krenzelok EP, Vale JA. Position paper on urine alkalinization. J Toxicol Clin Toxicol. 2004;42(1):1-26.
10. Mactier R, Laliberté M, Mardini J, Ghannoum M, Lavergne V, Gosselin S, et al. Extracorporeal treatment for barbiturate poisoning: recommendations from the EXTRIP Workgroup. Am J Kidney Dis. 2014;64(3):347-58.

CAPÍTULO 29

BENZODIAZEPÍNICOS

Sony de Freitas Itho
Rinara Angélica de Andrade Machado
Andressa Silva Abreu Pinasco

PONTOS-CHAVE

- A ingestão de benzodiazepínicos por crianças e adultos é um evento frequente no atendimento de emergência, na ingestão acidental ou na intencional.
- Os efeitos em geral são benignos (leves a moderados), em razão do largo índice terapêutico, isto é, a dose tóxica é muito superior à dose terapêutica.
- Quadros graves comumente estão relacionados à associação a outros depressores do sistema nervoso central, mais comumente álcool etílico.
- A depressão respiratória é pouco frequente.
- Nas crianças, convém atentar-se para hipoglicemia, desidratação e risco de queda com possibilidade de traumatismo craniano.
- O uso do antídoto flumazenil é restrito, por seus efeitos adversos, revertendo apenas a depressão do sistema nervoso central.
- A ingestão de doses relativamente altas em usuários crônicos pode não produzir efeitos preditíveis, em virtude do desenvolvimento de tolerância.

INTRODUÇÃO

Os benzodiazepínicos (BZD) são fármacos psicotrópicos cuja estrutura química é a fusão de um anel de benzeno com um anel diazepina. O primeiro agente benzodiazepínico foi o clordiazepóxido, descoberto em 1954.[1]

O diazepam foi lançado no mercado norte-americano na década de 1960 e inclui diversos compostos, que variam com duração do efeito, potência, atividade metabólica e taxa de eliminação. Os BDZ são usados como ansiolíticos, tranquilizantes, sedativos, anticonvulsivantes, relaxantes musculares, para o tratamento de síndrome de abstinência, insônia e agitação psicomotora.[1]

Os BDZ são divididos em três grupos, de acordo com sua meia-vida: < 12 horas (curta duração), 12 a 24 horas (duração intermediária) e > 24 horas (longa duração). Doses regulares de BDZ de longa duração resultam na acumulação dos metabólitos ativos e consequente ação prolongada.[2]

Morte por superdosagem é rara e geralmente está relacionada com a associação de outros agentes depressores do sistema nervoso central (SNC), como barbitúricos, etanol e opioides.[2] O consumo desses fármacos é maior entre pessoas mais idosas, portadores de doenças crônicas e desordens psiquiátricas nos quais as interações medicamentosas estão fortemente presentes (Tabela 1).[3]

MECANISMOS DE AÇÃO (TOXICODINÂMICA)

Atuam potencializando as ações do ácido gama-aminobutírico (Gaba), principal neurotransmissor inibitório do SNC, como moduladores alostéricos do receptor, o qual medeia sinapses inibitórias rápidas. A ativação dos receptores Gaba aumenta o influxo de íons cloreto para o interior do neurônio, hiperpolarizando a membrana celular e reduzindo a excitabilidade neuronal.[6,7]

Os BDZ não produzem os mesmos graus de depressão neuronal produzidos pelos barbitúricos e pelos anestésicos voláteis, possivelmente pelo fato de exercerem efeitos intensificadores mais fracos nos receptores $Gaba_A$ em comparação com esses compostos, mesmo em concentrações de saturação.[2] O zolpidem e a zoplicona também são agonistas nos receptores $Gaba_A$, mas apenas naqueles contendo a subunidade alfa 1A.[8]

TOXICOCINÉTICA

Atravessam a barreira placentária e hematoencefálica, levando semelhanças às concentrações no liquor e no plasma, e são secretados pelo leite materno. A concentração no líquido cerebrospinal é aproximadamente igual à do fármaco livre no plasma.[2] Possuem absorção rápida pelo trato gastrintestinal, sendo altamente lipofílicos, com elevada capacidade de ligação proteica (80-100%) e grande volume de distribuição.[2,9] Ocorre metabolização hepática por oxidação, glicuronidação e nitrorredução pelos citocromos P450 3A4 e P450 2C19, e são excretados pelos rins.[2]

A captação dos BDZ ocorre rapidamente no cérebro e em outros órgãos de alta perfusão após administração intravenosa (ou após administração oral de um composto rapidamente absorvido).[2] Os fármacos diazepam, lorazepam e midazolam são usados pela via intravenosa para fornecer rápida sedação consciente pré-operatória e em procedimentos endoscópicos, assim como no tratamento emergencial de convulsões epilépticas. Formulações parenterais do diazepam e do lorazepam podem causar complicações em razão da presença do diluente propilenoglicol nesses compostos.

Tabela 1. Benzodiazepínicos mais utilizados, pico de ação, meia-vida, dose tóxica e tempo de ação

Benzodiazepínico	Pico de ação	Meia-vida	Dose tóxica	Tempo de ação
Alprazolam	1-2 horas	6,3-26,9 horas	0,05 mg/kg	Intermediário
Bromazepam	2 horas	20 horas	0,7 mg/kg	Intermediário
Clobazam	0,5-4 horas	36-79 horas	1,5 mg/kg	Longo
Clonazepam	1-4 horas	30-40 horas	0,6 mg/kg	Longo
Diazepam	0,5-1,5 hora	48-100 horas	0,7 mg/kg	Longo
Estazolam	0,5-6 horas	10-24 horas	0,2 mg/kg	Intermediário
Flunitrazepam	0,75-2 horas	16-35 horas	0,05 mg/kg	Longo
Flurazepam	30-60 minutos	40-100 horas	2 mg/kg	Longo
Lorazepam	2 horas	12-16 horas	0,2 mg/kg	Intermediário
Midazolam	0,5 a 1 hora	1,5-2,5 horas	1 mg/kg	Curto
Nitrazepam	2 horas	25 horas	0,4 mg/kg	Longo

Fonte: Brasil, 2022;[4] TOXBASE, 2022.[5]

ALERTA IMPORTANTE

A administração intramuscular (IM) de benzodiazepínicos só deve ser feita com midazolam e lorazepam. Os demais possuem absorção IM errática.

Diazepam, lorazepam e midazolam podem ser administrados pela via intravenosa.[9]

Zolpidem e zopiclona são sedativos/hipnóticos não benzodiazepínicos. Causam sedação, mas têm pouca ação relaxante muscular ou propriedades anticonvulsivantes.[8]

QUADRO CLÍNICO

Os quadros leves são frequentes, pelo elevado índice terapêutico. Intoxicação leve a moderada apresenta-se como sonolência, sedação e fala arrastada. O início da depressão do SNC ocorre de 30 a 120 minutos após a ingestão, dependendo do agente. Podem ocorrer miose ou midríase, nistagmo, diplopia, ataxia, letargia, disartria, perda de memória, amnésia anterógrada, sonolência, torpor e coma.

Em quadros mais graves, são observadas depressão respiratória, bradicardia, hipotensão e hipotermia, principalmente com o uso intravenoso ou associação com outros depressores do SNC. A depressão respiratória pode ocorrer em doses terapêuticas em adultos ou crianças, caso a velocidade de infusão intravenosa seja rápida.[8,9]

A superdosagem de um BDZ raramente provoca depressão cardiovascular ou respiratória grave.[2] Em recém-nascidos e lactentes, podem ocorrer hipotonia, letargia e dificuldade de sucção. A reação paradoxal ocorre mais frequentemente em crianças, idosos e deficientes mentais e consiste em excitação, agressividade e desinibição.[9]

A presença do diluente polietilenoglicol no uso prolongado ou repetido pode causar acidose metabólica grave (acidose láctica), estados hiperosmolares, necrose cutânea e de tecidos moles por extravasamento, tromboflebite, hemólise, arritmias cardíacas, hipotensão, convulsões, depressão neurológica e falência múltipla de órgãos.[1]

Desenvolvimento de tolerância aos efeitos terapêuticos dos BDZ é comum. A insônia rebote, que acompanha a retirada abrupta dos BDZ, pode perpetuar o uso desses fármacos. Pode ocorrer dependência, com sintomas físicos e psicológicos durante a retirada dos BDZ, após tratamentos de longa duração. Restringir o uso para 4 semanas, no máximo, minimiza o risco do desenvolvimento de dependência.

Os sintomas da retirada podem perdurar por até 3 semanas. A ansiedade é o sintoma mais comum, porém insônia, depressão e alterações da percepção (sensibilidade alterada ao barulho, luz ou toque) também podem ocorrer. Reações mais severas, como convulsões e psicoses, são raras. A retirada gradual (4-8 semanas) é desejável após o uso prolongado. A síndrome de abstinência pode ser precipitada pela descontinuação abrupta após longo tempo de uso.[8]

O flunitrazepam (Rohypnol®) tem sido empregado com fins ilícitos, conhecido vulgarmente como "Boa noite, Cinderela", por provocar sedação com sonolência, além de amnésia, levando à possibilidade de furto e estupro. Faz parte do grupo *club drugs*, assim como gama-hidroxibutirato (GHB), cetamina (ketamina), MDMA (*ecstasy*) e anfetaminas.[10]

DIAGNÓSTICO

É feito por meio da história clínica de ingestão ou uso parenteral recente associado ao exame físico. Deve-se atentar para os casos de ingestão concomitante de BDZ e outros fármacos, especialmente antidepressivos, na intoxicação intencional.

Toda manifestação clínica de depressão do SNC deve fazer parte da investigação de diagnóstico diferencial com outros depressores do SNC, como álcool etílico, barbitúricos, carbamazepina e monóxido de carbono, assim como condições que podem simular o quadro, como acidente vascular cerebral, hipoglicemia, meningite, encefalite e trauma cranioencefálico.

A dosagem sérica para o diagnóstico de BDZ não é realizada rotineiramente, tendo em vista que a maioria dos pacientes apresenta quadros leves ou moderados. Demais exames serão solicitados conforme a necessidade clínica do paciente.

TRATAMENTO

Estabilização, proteção de vias aéreas e medidas de suporte clínico, quando necessário.

O benefício do esvaziamento gástrico é incerto, assim como o uso do carvão ativado. A lavagem gástrica não será necessária após ingestão de pequenas e moderadas doses se o carvão ativado estiver disponível para uso imediato.[1] A administração do carvão ativado na dose de 50 g para adultos e 1 g/kg para crianças está indicada nos casos de dose tóxica, com tempo de exposição de até 1 hora. Nos casos leves e moderados que ultrapassam o período de 1 hora, o tratamento será sintomático e de suporte.[5]

Para o tratamento da síndrome de abstinência, a preferência é a prescrição de diazepam ou lorazepam. Diurese forçada, hemodiálise, hemoperfusão, hiper-hidratação ou alcalinização, como métodos de depuração, não estão indicadas.[9]

ANTÍDOTO

O flumazenil é um antagonista competitivo específico do receptor dos benzodiazepínicos cujo uso é muito controverso e justificado em raras ocasiões. Considerando que a ingestão de grandes quantidades de BDZ resulta em sintomas leves a moderados na grande maioria dos casos e os riscos associados ao uso do flumazenil, este não é indicado de rotina como teste diagnóstico em pacientes com nível de consciência reduzido.[1,9]

Pode ser indicado nos pacientes intoxicados apenas por BDZ que desenvolvem depressão neurológica com consequente ventilação reduzida e que, de outra forma, necessitariam de ventilação mecânica. Outra indicação é a reversão do efeito sedativo dos BDZ em procedimentos anestésicos eletivos de pacientes que não fazem uso crônico desses medicamentos. Tem meia-vida curta (cerca de 1 hora), e pode ser necessária a infusão contínua.

A dose é de 0,2 mg IV, durante 15 segundos. Na ausência de resposta satisfatória após 30 segundos, realiza-se a segunda dose (0,3 mg). Caso ainda não haja resposta, administra-se 0,5 mg e repete-se a cada 30 segundos, quando necessário, até a dose máxima total de 3 mg. A dose pediátrica não foi estabelecida, sendo sugerido 0,01 mg/kg, IV, a cada 30 segundos, com pausas de 1 minuto, até a melhora do quadro ou completar 1 mg. Se forem necessárias doses repetidas, deve-se considerar a infusão contínua (0,2 a 1 mg/h).[9]

ALERTA IMPORTANTE

O flumazenil é contraindicado para reverter a depressão neurológica que não necessite de suporte ventilatório; para teste diagnóstico; quando associado a drogas cardiotóxicas como ADTC e drogas pró-convulsivantes; nos pacientes usuários crônicos de BDZ, pelo risco de induzir abstinência.

ERROS COMUNS QUE VOCÊ DEVE EVITAR

Utilizar descontaminação gástrica em pacientes com sintomas leves.

Não proporcionar suporte psiquiátrico/psicológico aos pacientes que utilizaram fármacos com intenção suicida, independentemente da quantidade ingerida, associação de agentes ou sintomatologia.

Usar flumazenil como teste diagnóstico.

Não se atentar para os riscos de queda (com consequente traumatismo cranioencefálico), broncoaspiração e hipoglicemia nos pacientes com nível de consciência reduzido.

REFERÊNCIAS BIBLIOGRÁFICAS

1. Hoffman RS, Howland MA, Lewin NA, Nelson LS, Goldfrank LR, editores. Goldfrank's Toxicologic Emergencies. 10. ed. Nova Iorque: McGraw Hill Education; 2015. p. 1002-12.
2. Brunton LL. Dandan RH, Knollmann BC. As bases farmacológicas da terapêutica de Goodman & Gilman. 13. ed. Porto Alegre: AMGH; 2018. p. 333-4, p. 379-80, p. 416-33.
3. Olson M, King M, Schoenbaum M. Benzodiazepine use in the United States. JAMA Psychiatry. 2015;72(2):136-42.
4. Brasil. Agência Nacional de Vigilância Sanitária. Consultas. [acesso em fevereiro de 2022]. Disponível em: https://consultas.anvisa.gov.br/#/bulario/
5. The National Poisons Information Service. TOXBASE. [acesso em fevereiro de 2022]. Disponível em: https://www.toxbase.org/
6. Waller DG, Sampsom AP. Farmacologia médica e terapêutica. 5. ed. Rio de Janeiro: Elsevier; 2019. p. 337-48.
7. Waller DG, Sampsom AP. Farmacologia médica e terapêutica. 5. ed. Rio de Janeiro: Elsevier; 2019. p. 280-93.
8. Olson KR. Manual de toxicologia clínica. 6. ed. Nova Iorque: Lange Medical Books/McGraw Hill; 2014. p. 157-62, p. 459-63.
9. Hernandez EMM, Rodrigues RMR, Torres TM, Zucoloto AD, Oliveira CDR, Egito EST, et al. Manual de toxicologia clínica: orientações para assistência e vigilância das intoxicações agudas. 2017 p. 195-9. [acesso em 1 de fevereiro de 2021]. Disponível em: http://www.cvs.saude.sp.gov.br/up/MANUAL%20DE%20 TOXICOLOGIA%20CL%C3%8DNICA%20-%20COVISA%20 2017.pdf
10. Andrade Filho A, Campolina D, Dias MB. Toxicologia na prática clínica. 2. ed. Belo Horizonte: Folium; 2013. p. 263.

CAPÍTULO 30

BUPROPIONA

Karine Kersting Puls
Ian Favero Nathasje

PONTOS-CHAVE

- As diferentes apresentações da bupropiona (liberação imediata, liberação retardada e liberação prolongada) exigem cuidados diferentes quanto ao tempo de aparecimento dos sintomas e período de monitoramento.
- Geralmente benignos, os quadros clínicos podem ser graves quando desenvolvem sintomas como convulsões e prolongamento do intervalo QTc.
- Não existe um antídoto específico para a bupropiona. Portanto, o tratamento consiste em monitorar e manejar o quadro clínico do paciente.

INTRODUÇÃO

A bupropiona é um fármaco conhecido como antidepressivo atípico, utilizado principalmente no tratamento da depressão e na cessação do tabagismo – sendo inclusive parte do Protocolo Clínico e Diretrizes Terapêuticas Dependência à Nicotina, do Ministério da Saúde. Atualmente, formulações de liberação lenta estão se tornando mais frequentes, o que pode acarretar um atraso no aparecimento de sintomas em casos de intoxicações. Além disso, pelo seu potencial efeito anfetamínico, tem sido utilizada em alguns países como droga de abuso por intermédio de comprimidos triturados ou por via injetável.[1,2]

MECANISMOS DE AÇÃO

A bupropiona atua como inibidora da recaptação de dopamina e norepinefrina, além de ser antagonista dos receptores nicotínicos.[1] Existem três formulações do fármaco disponíveis no mercado, conforme o Quadro 1.[3]

Quadro 1. Formulações da bupropiona

Formulação	Posologia habitual	Pico de ação
Liberação imediata	3 x/dia	1 hora
Liberação retardada	2 x/dia	3 horas
Liberação prolongada	1 x/dia	5 horas

QUADRO CLÍNICO

O quadro clínico depende de uma série de fatores e pode variar de pessoa para pessoa. Classicamente, o paciente pode apresentar taquicardia e convulsão.[3] Casos de convulsões são relatados com doses menores que 600 mg/dia, sendo a dose terapêutica máxima recomendada de 450 mg/dia.[4] As manifestações clínicas podem aparecer como efeitos adversos medicamentosos mesmo em dose terapêutica. Enquanto a convulsão em dose terapêutica pode ocorrer em cerca de 0,1% dos pacientes, em casos de *overdose* essa porcentagem passa para 11 a 37%.[3] Além disso, pode se apresentar em diferentes momentos da intoxicação, variando conforme o mecanismo de liberação da bupropiona. A convulsão, no caso da bupropiona de liberação imediata, tem se manifestado até 8 horas após a exposição, ao passo que esse tempo muda para até 14 horas para liberação retardada e até 24 horas para liberação prolongada.[4] Apesar de não estar ligada diretamente com atividade serotoninérgica, em estudos realizados com humanos, alguns relatos de casos mostram síndrome serotoninérgica em intoxicação com o uso isolado de bupropiona.[5]

Também é possível que o paciente apresente alterações cardiológicas como disritmias, aumento do intervalo QTc e hipotensão. As manifestações clínicas também dependem se o fármaco foi utilizado com outras substâncias, uma vez que pode haver ter interações entre elas. Por exemplo, quando a bupropiona é ingerida junto com benzodiazepínicos, pode haver um fator protetor no desenvolvimento de convulsões.[3] Também há relato de casos de síndrome serotoninérgica quando usada em conjunto com inibidores seletivos da recaptação da serotonina (ISRS).[5] O Quadro 2 apresenta manifestações clínicas possíveis, divididas por sistemas.

Quadro 2. Manifestações clínicas possíveis

Sistemas	Manifestações clínicas
Sistema nervoso central	Convulsões, agitação e alucinações
Sistema cardiovascular	Taquicardia, prolongamento do intervalo QTc, arritmias
Trato gastrintestinal	Náuseas e vômitos

Fonte: Traub, 2021.[4]

ALERTA IMPORTANTE

A bupropiona não tem aprovação pela Food and Drug Administration para uso em crianças.[6] Apesar disso, podem ocorrer usos por tentativas de suicídio, ingestão acidental ou uso *off-label*.

DIAGNÓSTICO

O diagnóstico é baseado fundamentalmente na história clínica e no exame físico. Não há indicação formal de solicitação de nível sérico de bupropiona, tanto porque os níveis séricos não estão associados à condição clínica do paciente quanto porque esse é um exame incomum.[3]

ALERTA IMPORTANTE

Ao fazer a anamnese de casos de intoxicações, é importante investigar:

- O que foi utilizado (lembrando que podem existir interações entre diferentes substâncias).
- A via de exposição.
- A formulação do produto (p. ex.: produto de liberação prolongada).
- A quantidade utilizada.
- O tempo decorrido desde a exposição.

TRATAMENTO

A principal medida de manejo clínico dos casos de ingestão de dose potencialmente tóxica de bupropiona é a observação do paciente. O tempo de observação depende da quantidade ingerida, formulação de uso e apresentação de sintomas. A maioria dos casos de ingestão não intencional de bupropiona em crianças menores que 6 anos cursa com taquicardia, agitação, irritabilidade, letargia e, em alguns casos, convulsão.[4]

Uma medida de tratamento ativa pode ser a descontaminação intestinal com carvão ativado 1 g/kg.[4] Nesse caso, é importante não usar esse tratamento em pacientes com risco de aspiração. Tal medida pode ser especialmente indicada nos casos de intoxicação com a formulação de liberação prolongada, uma vez que pode ser efetiva mesmo após algumas horas da ingestão. Outra opção é a utilização de solução de polietilenoglicol balanceada osmoticamente.[4] O risco de convulsão, e a consequente necessidade de monitoração, se mantém o mesmo com a descontaminação.

Orientações quanto ao manejo de condições específicas:

- Convulsões: devem ser usados os benzodiazepínicos como primeira opção. Utiliza-se diazepam 0,2 a 0,5 mg a cada 5 a 10 minutos para crianças menores de 5 anos ou 1 a 2 mg para crianças maiores de 5 anos, também a cada 5 a 10 minutos.[4] Caso se opte pelo lorazepam, a dose é de 0,04 mg/kg[4] para crianças e 4 mg IV, administrados de forma lenta para adultos.[7] Em caso de convulsão refratária ao uso de benzodiazepínicos, pode ser necessário o uso de barbitúricos e intubação.[4]
- Aumento do intervalo QTc: a principal medida é a monitoração através de eletrocardiogramas (ECG) seriados. Recomenda-se um ECG a cada 2 horas caso haja prolongamento do intervalo QTc. O monitoramento deve seguir até a melhora clínica do paciente. Pacientes com sintomas leves e ECG sem alterações não necessitam fazer o exame de forma seriada.[4]

ANTÍDOTO

Não há antídoto específico no momento para o tratamento da intoxicação por bupropiona.[4]

MEDIDAS DE DEPURAÇÃO

Não há indicação de medidas de depuração, como a hemodiálise.[4]

ERROS COMUNS QUE VOCÊ DEVE EVITAR

Acompanhamento breve (< 24 horas) em pacientes que usaram a apresentação de liberação prolongada da bupropiona.[4]

Anamnese de forma inadequada, não identificando detalhes importantes da condução do caso como formulação utilizada, quantidade, tempo de ingestão e se foram utilizadas outras substâncias.

REFERÊNCIAS BIBLIOGRÁFICAS

1. Stewart E, Grewal K, Hudson H, Thompson M, Godwin J. Clinical characteristics and outcomes associated with bupropion overdose: a Canadian perspective. Clin Toxicol (Phila). 2019;1-6.
2. Brasil. Ministério da Saúde. Portaria nº 761, de 21 de junho de 2016. Valida as orientações técnicas do tratamento do tabagismo constantes no Protocolo Clínico e Diretrizes Terapêuticas – Dependência à Nicotina. Brasília, DF: Diário Oficial da União; 2016.
3. Offerman S, Gosen J, Thomas SH, Padilla-Jones A, Ruha A-M, Levine M. Bupropion associated seizures following acute overdose: who develops late seizures. Clin Toxicol (Phila). 2020;58(12):1306-12.
4. Traub SJ. Acute poisoning from atypical (non-SSRI) antidepressants, including serotonin-norepinephrine reuptake inhibitors (SNRIs). Waltham: UpToDate; 2021.
5. Sidlak AM, Koivisto KO, Marino RT, Abesamis MG. Serotonin toxicity from isolated bupropion overdoses. Clin Toxicol (Phila). 2020;58(12):1347-9.
6. Stahl SM. Stahl's essential psychopharmacology: prescriber's guide, children and adolescents. Supplement to Stahl's essential psychopharmacology: prescriber's guide. Nova Iorque: Cambridge University Press; 2019.
7. Stahl SM. Fundamentos da Psicofarmacologia de Stahl: Guia de Prescrição. Porto Alegre: Artmed; 2018.

CAPÍTULO 31

CÁDMIO

Eduardo Mello De Capitani

PONTOS-CHAVE

- O cádmio e seus compostos apresentam elevada toxicidade em exposições agudas com altas doses. Apesar desse fato, os acidentes agudos são raros, limitando-se a casos inalatórios em ambientes ocupacionais e poucos casos de suicídio por via oral.
- Ocorrências com crianças são praticamente inexistentes na literatura científica.
- É mínima a disponibilidade para a população geral, de produtos químicos comerciais, contendo cádmio e seus sais.
- Cerca de 75 a 83% da produção mundial de cádmio é utilizada na fabricação de baterias níquel-cádmio. Acidentes agudos com absorção de cádmio a partir desse tipo de bateria não são relatados.
- A população geral, não ocupacional, está potencialmente exposta a cádmio, em baixas doses, a partir do consumo de alimentos produzidos em solos contaminados e pelo hábito tabágico.
- O ácido dimercaptosuccínico (DMSA) por via oral é o quelante de escolha, quando indicado, em casos de intoxicação aguda. O dimercaprol (BAL) pós ingestão recente está contraindicado.

INTRODUÇÃO

O cádmio (Cd) é um elemento metálico de número atômico 48 do grupo IIB da tabela periódica. Na forma nascente, atômica, em contato com a atmosfera, é oxidado rapidamente, formando o íon Cd^{2+}. É considerado um elemento-traço nos minérios de zinco e em outros minérios de importância com a galena (PbS), de onde se extrai chumbo metálico.[1] O Cd elementar pode ser combinado com outros metais, formando ligas com pontos de fusão mais baixos que dos metais originais, o que o faz ser usado em bastões de solda com frequência.

É usado também como reagente nos processos de galvanoplastia (cobertura eletrolítica de metais sobre superfícies metálicas), como pigmento em tintas e plásticos, e na produção de baterias de níquel-cádmio (cerca de 75 a 83% da produção mundial).[2-4] A exposição humana está limitada a ocupações nos processos citados e, eventualmente, *hobbies* em que a solda elétrica é utilizada. Nesses casos, a exposição é inalatória de fumos de óxido de Cd.

A produção mundial de Cd tem aumentado de forma significativa nas últimas décadas, tendo em vista as crescentes demandas por baterias, pigmentos e metais galvanizados no mundo todo. Com relação à população geral, a fonte de Cd mais importante são os alimentos, pois diversas plantas acumulam Cd do solo que pode estar contaminado natural ou antropogenicamente, por meio da aplicação de fertilizantes (rocha fosfática contaminada com Cd), de poluição de solo por refinarias e fundições, e descarte de baterias.[4]

Um exemplo histórico e dramático dessa propriedade das plantas concentrarem Cd do solo foi o que ocorreu no Japão na década de 1950, quando uma refinadora de metais ligada a uma mineração despejou grandes quantidades de Cd num rio cuja água servia para a irrigação de arrozais na região. O consumo desse arroz ao longo de meses e anos pela população local levou ao aparecimento de síndrome centrada em osteomalácia dolorosa e alterações renais. Em razão das queixas de dores frequentes entre os pacientes acometidos pela síndrome, esta foi denominada doença de Itai-Itai, que em japonês denota a expressão de dor "ai-ai".[2] Por essa mesma propriedade de concentrar Cd, os tabagistas apresentam carga corpórea e níveis mais elevados de Cd no sangue e urina pelo excesso de Cd no fumo que cresce em solo contaminado.[2,3]

MECANISMOS DE AÇÃO

O Cd, como outros metais tóxicos, em sua forma divalente Cd^{2+}, se liga facilmente a grupos sulfidrila (-SH), inativando diversas enzimas e desnaturando proteínas. Em algumas estruturas celulares vitais, como na mitocôndria, esse mecanismo faz aumentar o estresse oxidativo, interferindo no processo de respiração celular, por exemplo.[2] Nesse sentido, a complexação que ocorre com metalotioneínas funciona com um processo citoprotetor, atenuando os danos teciduais tóxicos, ao menos em baixas doses de exposição.

Os efeitos tóxicos renais são os mais proeminentes e se devem a lesão tubular, promovendo excreção de proteínas de baixo peso molecular, como as beta-2-microglobulinas e a proteína ligada ao retinol (RBP), além de promover hipercalciúria e hiperfosfatúria. A perda de cálcio e fosfato em longo prazo leva a distúrbio da homeostase desses elementos e produção de osteomalácia. Lesão glomerular em exposições crônicas em doses elevadas pode levar à perda de proteínas de alto peso molecular como albumina, transferrina e imunoglobulinas tipo G.[2,5]

Alguns estudos indicam que o Cd interfere nas funções normais do Zn e Mg.[1] Existem evidências de que o Cd interfere nos mecanismos de reparo de DNA e na atividade de proteínas supressoras de tumores, o que leva a dano nos cromossomos e instabilidade genômica. A International Agency for Research on Cancer, em monografia atualizada em 2012, define o Cd e seus compostos carcinogênicos para humanos sendo classificado no grupo I (evidência suficiente de carcinogenicidade em humanos).[6]

TOXICOCINÉTICA

Pela via inalatória, o Cd, na forma de fumos de óxidos, é absorvido entre 25 e 50%.[5] Pela via digestiva, esse índice é bem mais baixo, entre 5 e 20%, na média 2%, tanto para animais de experimentação quanto para humanos.[2,5] O tipo de dieta afeta de forma significativa a absorção e a biodisponibilidade oral do Cd, podendo estar aumentada na deficiência de Fe, Ca, Zn, Cu e hipoproteinemia.[5] A absorção pela pele é praticamente nula.[4,5] No sangue circulante, o Cd rapidamente se liga à albumina e alfa-2-macroglobulina e aos eritrócitos, e se distribui amplamente pelos tecidos e órgãos como fígado e rins, e menos intensamente no pâncreas, baço, coração e pulmões, tendo aparentemente um volume de distribuição (Vd) elevado.[2]

Tendo em vista sua longa meia-vida de eliminação, por volta de 10 a 20 anos, o Cd apresenta caráter cumulativo, principalmente no fígado e nos rins, após exposição prolongada.[5] Apesar do acúmulo no fígado, esse não é um órgão-alvo do Cd; os três principais órgãos-alvo são os pulmões, os ossos e os rins, sendo o rim o órgão crítico, ou seja, no qual ocorre o primeiro sinal de toxicidade, que é o aumento da excreção de algumas proteínas específicas, como a beta-2-microglobulina e a RBP por lesão tubular.[5]

O Cd é complexado com metalotioneínas (Cd-MT), nos rins e no fígado, sequestrando grande parte da carga corpórea de Cd nesses órgãos, que então o liberam lentamente para outros compartimentos. As metalotioneínas, proteínas endógenas intracelulares ricas em cisteína, funcionam como quelante endógeno com alta afinidade pelo Cd.[7] A cinética de distribuição é bastante complexa e parece comportar oito compartimentos com meias-vidas distintas (variando de 8 a 14 anos conforme o compartimento), seguindo cinéticas de primeira ordem exponenciais.[8] Esse complexo Cd-MT é filtrado pelo glomérulo renal, e parte significativa é reabsorvida pelas células tubulares, explicando a vulnerabilidade renal aos efeitos tóxicos do Cd. Não há qualquer evidência de que o Cd sofre biotransformação como metilação, oxidação ou redução em possível processo de detoxicação. É excretado principalmente pela urina e, em pequenas quantidades, também pela bile, fezes, saliva, cabelos e unhas.[5] Valores mais elevados de Cd na urina podem ser vistos em fumantes e pessoas mais idosas.[5] A meia-vida sanguínea varia de 75 a 130 dias.[9]

DOSES TÓXICAS

Não há informações consistentes de dose tóxica em humanos. A menor dose letal relatada na literatura é de 5 g.[2]

QUADRO CLÍNICO

Os fumos de óxido de Cd e outros sais são altamente irritantes para as vias aéreas e o trato gastrintestinal. Intoxicações agudas por Cd e seus compostos são raras, limitando-se a casos de inalações acidentais ocupacionais de fumos de óxidos de Cd durante soldagem ou corte a quente de placas de metal com Cd,[10] e tentativas de suicídio com cloreto de Cd.[11] Os efeitos agudos pulmonares são os de pneumonite química, como dano alveolar difuso, reversível, dependendo da dose e intensidade de exposição, mas podendo levar a quadros graves com morte por síndrome respiratória aguda do adulto. Quadro mais leve e mais frequente pode ocorrer na forma de febre dos fumos metálicos, limitando-se a febre, tosse, mialgia, astenia, muito parecido com quadro viral, de duração limitada e com melhora após suspensão da exposição.[2,4]

Os rins, como já mencionado, são o órgão crítico dos efeitos tóxicos do Cd. A proteinúria de baixo peso molecular, como a beta-2-microglobulina, alfa-1-microglobulina, N-acetil-beta-glucosaminidase (NAG) e a RBP, é um dos primeiros sinais de acometimento tubular renal, seguida por hipercalciúria e hiperfosfatúria e, nos casos de glomerulopatia, albuminúria.[2,4] É interessante notar que, como esses efeitos renais são concentração de Cd no tecido renal dependente, só são observados em exposições de longa duração, como as ocupacionais ou ambientais em altas doses, como ocorreu na Japão na década de 1950. Efeitos renais semelhantes não são esperados nas intoxicações agudas.[4] Efeitos renais agudos por ingestão de sais de Cd estarão relacionados ao processo de lesões cáusticas no trato gastrintestinal, sangramentos e consequentes desidratação significativa, hipotensão, choque levando à lesão renal aguda, e não a efeito direto do Cd no tecido renal.

A osteomalácia secundária à exposição ao Cd ocorre basicamente em exposições ambientais e parece estar ligada a gênero e idade avançada, com predomínio de mulheres idosas acometidas.[2] Essa observação é reforçada pela ausência de osteomalácia no ambiente ocupacional de exposição crônica, onde o predomínio de expostos é de homens. Em razão do desequilíbrio do metabolismo do cálcio causado pelo Cd, observam-se também casos de osteopenia e osteoporose em expostos cronicamente.[2]

Os estudos sobre efeitos agudos do Cd em crianças são inexistentes, porém se espera a ocorrência de efeitos renais e pulmonares como os já estudados e avaliados em adultos. Até o momento não foram observados efeitos no crescimento e desenvolvimento em crianças ambientalmente expostas. O Cd pode ser encontrado no leite materno. Não se verificaram ainda efeitos congênitos em humanos, apesar de terem sido vistos efeitos tardios de alterações neurológicas, não de malformações, em animais de experimentação.[4]

ALERTA IMPORTANTE

- Nos casos de inalação de fumos de óxidos de Cd, as manifestações de dano alveolar difuso (pneumonite química) podem ser tardios, a partir de 6 a 8 horas da exposição aguda, mesmo na ausência de sintomas respiratórios agudos, merecendo observação de sintomas respiratórios, e avaliação de hipoxemia, pelo período mínimo de 8 horas.
- Atentar-se para a possibilidade de evolução do quadro de pneumonite química para síndrome do desconforto respiratório do adulto (SDRA).
- Os casos de ingestão e produtos cáusticos de Cd devem ser conduzidos como qualquer ingestão cáustica (ver Capítulo 67, Sabões e detergentes, Seção 3).

DIAGNÓSTICO

Como em toda intoxicação aguda por produtos químicos, a história de exposição é sempre essencial para o correto diagnóstico e intervenção terapêutica adequada. Nesse sentido, informações sobre a espécie química de Cd envolvida, tipo de sal, forma de apresentação, via inalatória ou digestiva, quantidade etc. são de primordial importância. Dosagem de Cd pode ser feita em urina, sangue total, cabelos e unhas, em casos suspeitos, visando à confirmação da ingestão ou inalação, mas sem correlação em o quadro clínico ou prognóstico.[2,5] Da mesma forma como em outros metais, essas dosagens não são feitas na rotina da urgência dos hospitais e não devem ser aguardadas para se tomar conduta. O Cd urinário é o indicador com melhor relação com carga corpórea, enquanto a dosagem no sangue guarda relação com exposição recente. Medidas de metais em cabelo e unha têm sempre o possível viés de se estar dosando o metal que se ligou por contaminação externa.

A pesquisa amostral com base populacional NHANES, de nutrição e dosagens de diversas substâncias na população geral dos Estados Unidos, obteve, em amostras entre 2015-2016, os valores do percentil 95 (IC 95%) para Cd no sangue, na população como um todo, de 1,22 µg/L (IC 95%: 1,07-1,37) e na urina de 0,78 µg/gC (IC 95%: 0,67-0,90).

TRATAMENTO

Tendo em vista a pouca experiência internacional sobre casos de intoxicação aguda por Cd e seus sais, é de bom senso indicar de imediato a internação, para observação de todo caso com história consistente de ingestão de sais de Cd, ou já com sinais e sintomas compatíveis com intoxicação.

Medidas de suporte

Monitoramento das funções renal e hepática e avaliação de possível lesão cáustica no trato gastrintestinal devem fazer parte da abordagem inicial.

Medidas de descontaminação

Lavagem gástrica pode ser tentada nos casos de ingestão há menos de 1 hora, e sem sinais de lesão cáustica, e que não tenham vomitado. Não há evidências que sustentem o uso de carvão ativado nesses casos.

Medidas de depuração

Nenhuma medida das depuração, seja hemodiálise, seja hemoperfusão, está indicada, tendo em vista o elevado índice de ligação proteica do Cd e seu elevado volume de distribuição.

ANTÍDOTOS

Poucos casos de intoxicação por Cd foram tratados com quelantes e publicados até o momento. Alguns estudos experimentais demostraram um possível efeito protetivo de antioxidantes, principalmente os aminoácidos sulfidrílicos em intoxicações crônicas por Cd.[12] Esses compostos funcionariam também como substrato para a ação de ligação com -SH que o Cd possui. A glutationa também teria a função de fornecer grupamentos sulfidrilas.

Um estudo interessante avaliou a administração conjunta de glutationa e EDTA $CaNa_2$ em um caso de intoxicação crônica por Cd, testando a hipótese de efeito sinérgico dos dois compostos na inativação do Cd circulante. Os autores do estudo demonstram que os níveis sanguíneos e urinários de Cd aumentam significativamente durante esse tratamento, apesar de não se verificar melhora na função renal e de excreção.[12]

Desde a década de 1950, o dimercaprol (BAL) é reconhecido como deletério no tratamento de intoxicação por Cd por piorar a proteinúria, promover perda de peso e produzir anemia, sendo por isso formalmente contraindicado.[13] Nas décadas mais recentes, diversos estudos experimentais demonstraram que alguns quelantes têm eficácia na inativação da ação tóxica do Cd, como o ácido etilenodiamino tetra-acético (EDTA), o ácido dimercaptossuccínico (DMSA) e o ácido dimercaptopropanilsulfônico (DMPS), todos por via oral.[13] O DMSA mostrou, em alguns poucos estudos em animais, que, administrado precocemente por via oral, diminui a absorção do Cd no trato gastrintestinal, com consequente diminuição da carga tecidual de Cd nos órgãos-alvo, corroborando ensaios in vitro que mostram formação de complexo químico estável do quelante com o Cd. Diante dos poucos efeitos colaterais desse quelante, esses resultados indicam que, em casos graves agudos, o DMSA pode ser administrado o mais cedo possível , na tentativa de quelar o Cd ainda presente no TGI, usando o regime de doses preconizado para o tratamento de intoxicação por chumbo, de 10 mg/kg/dose a cada 8 horas por até 10 a 14 dias.[2,13] Em humanos, no entanto, os estudos são escassos e contradizem os experimentais.

Em 2013, Cao et al., analisando resultados de tratamento de crianças com níveis levados de chumbo no sangue com DMSA, não observaram diminuição significativa dos níveis de Cd no sangue durante o tratamento.[14]

ERROS COMUNS QUE VOCÊ DEVE EVITAR

Realizar lavagem gástrica sem estabelecer a real história temporal da ingestão da substância tóxica, sem avaliação da história de vômitos antes da chegada ao atendimento, sem avaliar potencial cáustico do produto ingerido. Na dúvida, não realizar a lavagem gástrica.

REFERÊNCIAS BIBLIOGRÁFICAS

1. Moulis JM. Cellular mechanisms of cadmium toxicity related to the homeostasis of essential metals. Biometals. 2010;23(5):877-96.
2. Traub SJ, Hoffman RS. Cadmium. In: Hoffman RS, Howland MA, Lewin NA, Nelson L, Goldfrank LR, Flomenbaum N, editores. Goldfrank's Toxicologic Emergencies. 10. ed. Nova Iorque: McGraw Hill; 2015. p. 1188-96.
3. Tokar EJ, Boyd WA, Freedman JH, Waalkes MP. Toxic effects of metals. In: Klaassen CD, Watkins JB, editores. Casarett & Doull's Essentials of Toxicology. 3. ed. Nova Iorque: McGraw Hill Medical; 2015. p. 347-72.
4. ATSDR. Toxicological profile for cadmium. Washington: USDHHS-PHS-ATSDR; 2012.

5. Lauwerys RR, Hoet P. Industrial chemical exposure: guidelines for biological monitoring. 3. ed. Boca Raton: Lewis Publishers; 2001. p. 54-69.
6. IARC. Arsenic, Metals, Fibres and Dusts (Cadmium and Cadmium Compounds). Lyon: International Agency for Research on Cancer; 2012.
7. Klaassen C, Liu J, Choudhuri S. Metallothionein: an intracellular protein to protect against cadmium toxicity. Annu Rev Pharmacol Toxicol. 1999;39:267-94.
8. Kjellström T, Nordberg GF. A kinetic model of cadmium metabolism in the human being. Environ Res. 1978;16(1-3):248-69.
9. Bernhoft RA. Cadmium Toxicity and Treatment. ScientificWorldJournal. 2013;2013:394652.
10. Beton DC, Andrews GS, Davies HJ, Howells L, Smith GF. Acute cadmium fume poisoning: five cases with one death from renal necrosis. Br J Ind Med. 1966;23(4):292-301.
11. Buckler HM, Smith WD, Rees WD. Self poisoning with oral cadmium chloride. Br Med J (Clin Res Ed). 1986; 292(6535):1559-60.
12. Gil HW, Kang EJ, Lee KH, Yang JO, Lee EY, Hong SY. Effect of glutathione on the cadmium chelation of EDTA in a patient with cadmium intoxication. Hum Exp Toxicol. 2011;30(1):79-83.
13. Andersen O. Chelation treatment during acute and chronic metal overexposures – Experimental and clinical studies. In: Aaseth J, Criponi G, Andersen O, editores. Chelation therapy in the treatment of metal intoxication. Londres; San Diego: Academic Press; 2016. p. 85-252.
14. Cao Y, Chen A, Bottai M, Caldwell KL, Rogan WJ. The impact of succimer chelation on blood cadmium in children with background exposures: a randomized trial. J Pediatr. 2013;163(2):598-600.

CAPÍTULO 32

CAFEÍNA

Marcos Vinícios Razera

PONTOS-CHAVE

- O consumo de cafeína como estimulante do sistema nervoso central é crescente, embora seu uso terapêutico tenha indicações específicas e limitadas.
- Por estar presente em diversos alimentos, bebidas e formulações farmacêuticas, seu uso nem sempre é visto como de risco para intoxicações.
- Em virtude dos diferentes mecanismos de ação da cafeína, seus efeitos em intoxicações são variados e potencialmente graves.
- Os efeitos tóxicos da cafeína ocorrem rapidamente após o consumo, por suas propriedades farmacocinéticas, o que também interfere no tratamento de intoxicações.
- Embora não exista um consenso quanto às melhores recomendações terapêuticas, a utilização de terapia substitutiva renal parece ser amplamente aceita nos casos de intoxicações graves.

INTRODUÇÃO

A cafeína, cujo composto ativo é a 1,3,7-trimetilxantina, é um alcaloide do grupo das xantinas de ocorrência natural encontrado em folhas, sementes e frutos de várias plantas. Trata-se do estimulante do sistema nervoso central mais amplamente utilizado no mundo.[1,2]

A cafeína não é normalmente percebida como uma droga, pois é encontrada em muitos alimentos e bebidas, incluindo energéticos, assim como é um componente de formulações analgésicas a antigripais.[2] Um copo normal de café normalmente contém de 100 a 200 mg de cafeína, e a Food and Drug Administration (FDA) considera 400 mg/dia de café, ou 4 a 5 copos, como uma dose segura.[3] Nos últimos anos, em virtude da facilidade de obtenção, o consumo de cafeína pura sem prescrição médica tem aumentado substancialmente, aumentando os riscos de ingestão, intencional ou não, de doses tóxicas e, eventualmente, fatais.[1,2]

O uso terapêutico da cafeína é bem documentado para a prevenção e o tratamento da apneia da prematuridade, com superioridade a outras medicações.[4] O uso da cafeína como estimulante do sistema nervoso central é aprovado pela FDA para adolescentes acima de 12 anos,[5] embora seu consumo seja crescente em todas as faixas etárias pediátricas (várias fontes). Estão sendo estudados novos usos terapêuticos para a cafeína, como na cefaleia pós-punção lombar, mas sem estudos na população pediátrica.[5]

A cafeína atravessa facilmente a barreira placentária, e o feto depende principalmente do *clearance* materno de cafeína, que está diminuído durante a gestação.[1] O aumento das catecolaminas induzido pela ingestão de cafeína na gestante impede o fluxo sanguíneo na placenta e dificulta o transporte de nutrientes para o feto. A intoxicação crônica pode levar a aborto, restrição de crescimento intrauterino e transtorno de déficit de atenção e hiperatividade, mas os efeitos tóxicos agudos na gestação não estão claros.[1]

O uso terapêutico da cafeína em neonatos deve ser realizado com cautela, em virtude do risco potencialmente aumentado de enterocolite necrosante, hemorragia cerebelar, aumento do tônus e movimentos anormais.[5,6]

MECANISMOS DE AÇÃO

A ação farmacológica da cafeína resulta de três principais mecanismos: antagonismo do receptor da adenosina, aumento do nível de AMP cíclico por intermédio da inibição da fosfodiesterase e aumento do nível de cálcio intracelular.[1,2] Tais efeitos são dose-dependentes, a alteração da disponibilidade de cálcio ocorre em doses mais elevadas.[1]

FARMACOCINÉTICA/TOXICOCINÉTICA

A cafeína apresenta rápida absorção sistêmica, com pico sérico entre 1 e 1,5 hora.[2] Sua metabolização é hepática e ocorre por meio da desmetilação pelo CYP1A2. Em neonatos, foi relatada a interconversão entre cafeína e teofilina: aproximadamente ¼ da dose de teofilina administrada nessa população é convertida em cafeína. A meia-vida de eliminação da cafeína em neonatos é de 72 a 96 horas, enquanto nas demais faixas etárias é de 5 horas. A excreção da droga ocorre pela via urinária.[5]

DOSES TÓXICAS

Geralmente, o consumo de doses fatais de cafeína tem sido relacionado com concentrações sanguíneas superiores a 80 mg/L, possíveis após a ingestão de cerca de 10 g de cafeína por via oral.[1,3] No entanto, efeitos tóxicos da substância podem ser observados com doses a partir de 15 mg/kg em crianças e 30 mg/kg em adultos.[3]

QUADRO CLÍNICO

O súbito surgimento de sintomas após ingestão de cafeína se deve à sua rápida absorção sistêmica. Além disso, em razão do aumento da meia-vida em crianças e jovens, o acúmulo da substância é favorecido, especialmente nos casos de ingestões repetidas.[2] No Quadro 1 estão especificados os principais efeitos clínicos da toxicidade por cafeína.

Quadro 1. Principais efeitos clínicos da toxicidade por cafeína

Sistema	Sinais e sintomas
Gastrintestinal	Náuseas, vômitos, diarreia, perda de apetite, dor abdominal
Neurológico	Diaforese, rubor, cefaleia, agitação, irritabilidade, tontura, insônia, delírio, psicose, mioclonias, hipertermia, convulsões
Cardíaco	Palpitações, taquicardia, hiper ou hipotensão, arritmias
Renal	Mioglobinúria, hipocalemia, hiperglicemia, hiponatremia, acidose metabólica, diurese aumentada, rabdomiólise

Fonte: Nojima et al., 2019;[1] Magdalan et al., 2017;[2] Gibson et al., 2016;[7] Temple, 2019.[8]

Intoxicações graves, com distúrbios hidroeletrolíticos associados, podem levar a alterações elétricas no coração, incluindo bloqueio atrioventricular, bradicardia, taquicardia ventricular, taquicardia supraventricular e parada cardíaca por fibrilação ventricular.[1,7] Mortes nos casos de intoxicação por cafeína geralmente ocorrem por arritmias e/ou apneia após crises convulsivas.[2]

DIAGNÓSTICO

A intoxicação aguda por cafeína em crianças é geralmente causada por ingestão acidental ou erro na dosagem. Crianças e adolescentes que não são usuárias regulares de cafeína estão propensas a apresentar intoxicação aguda por cafeína pela ausência de tolerância farmacológica.[9] O diagnóstico é baseado na apresentação clínica compatível com intoxicação, associada à história de ingestão de formulações que contenham cafeína. Nesse sentido, a anamnese completa é fundamental para auxiliar na determinação da exposição à cafeína, aguda ou crônica. Distúrbios hidroeletrolíticos podem corroborar a hipótese de intoxicação.[7]

TRATAMENTO

Em razão de um número reduzido de relatos de casos de *overdose* de cafeína, não há consenso quanto ao melhor tratamento. Sugere-se que o tratamento para intoxicação deve ser recomendado se a quantidade de cafeína ingerida exceder 15 mg/kg em crianças e 30 mg/kg em adultos.[3]

Medidas de suporte

O tratamento sintomático inicial ajuda a estabilizar o paciente e permitir a remoção extracorpórea do fármaco,[2] já que não há antídoto disponível. O manejo inicial inclui correção de distúrbios hidroeletrolíticos, administração de sulfato de magnésio para distúrbios de ritmo, controle de hipertensão e reposição de volume.[7] A suplementação rápida de deficiências hidroeletrolíticas, especialmente hipocalemia, é fundamental.[2]

O uso de antagonistas do receptor de serotonina, como a ondansetrona, deve ser o tratamento de escolha para náuseas e vômitos, uma vez que, ao contrário da metoclopramida, essas drogas não estimulam a motilidade do trato gastrintestinal que geralmente está aumentada nas intoxicações por cafeína.[2] O aumento do cálcio intracelular induzido por cafeína pode resultar em tremores musculares graves. Nesses casos, o uso de benzodiazepínicos é recomendado, além de promover efeito sedativo e reduzir o risco de crises convulsivas.[2]

Medidas de descontaminação

A lavagem gástrica pode ser considerada dentro de 1 hora após a ingestão em adolescentes,[7] mas o benefício nas crianças menores ainda não foi elucidado. O uso do carvão ativado em casos de intoxicação por cafeína ainda não foi relatado, embora se estime um benefício limitado em virtude das características farmacocinéticas do agente tóxico.

Medidas de depuração

Muitos autores têm advogado o emprego da terapia de substituição renal contínua para remoção da cafeína,[7] já que esta apresenta baixo peso molecular e ligação a proteínas, sendo uma pequena molécula ideal para ser removida por hemodiálise.[3] Tradicionalmente, nos casos de lesão renal aguda induzida por rabdomiólise, a terapia de substituição renal contínua é indicada quando há hipercalemia não controlada ($K > 6$ mmol/L), acidose metabólica ($pH < 7,2$), sobrecarga de fluidos e encefalopatia urêmica.[7] Nos casos de intoxicação grave potencialmente fatal, sugere-se hemodiálise, com a finalidade de promover rápido declínio da concentração sérica de cafeína.[2]

REFERÊNCIAS BIBLIOGRÁFICAS

1. Nojima T, Naito H, Kosaki Y, Osako T, Tanaka K, Murata A, et al. Caffeine intoxication in pregnancy; a case report. Arch Acad Emerg Med. 2019;7(1):e67.
2. Magdalan J, Zawadzki M, Skowronek R, Czuba M, Porębska B, Sozański T, et al. Nonfatal and fatal intoxications with pure caffeine – report of three different cases. Forensic Sci Med Pathol. 2017;13(3):355-8.
3. Kohl BA, Kaur K, Dincher N, Schumann J, Carachilo T, Komurek C. Acute intentional caffeine overdose treated preemptively with hemodialysis. Am J Emerg Med. 2020;38(3):692.e1-692.e3.
4. Abu-Shaweesh JM, Martin RJ. Caffeine use in the neonatal intensive care unit. Semin Fetal Neonatal Med. 2017;22(5):342-7.
5. UpToDate. Disponível em: https://www.uptodate.com/contents/caffeine-pediatric-drug-information?search=caffeine%20children&source=panel_search_result&selectedTitle=1~148&usage_type=panel&kp_tab=drug_pediatric&display_rank=1#F52878360 (acesso em março de 2022). Caffeine: Pediatric drug information.
6. McPherson C, Neil JJ, Tjoeng TH, Pineda R, Inder TE. A pilot randomized trial of high-dose caffeine therapy in preterm infants. Pediatr Res. 2015;78(2):198-204.
7. Gibson JL, Nesbitt I, Dinsdale A, Walker H. Survival of ingestion of a potentially lethal dose of caffeine. Br J Hosp Med (Lond). 2016;77(2):114-5.
8. Temple JL. Review: trends, safety, and recommendations for caffeine use in children and adolescents. J Am Acad Child Adolesc Psychiatry. 2019;58(1):36-45.
9. Noto T, Hanazawa T, Yoshizawa T, Murabayashi M, Marioka I. Attempted suicide by caffeine tablet overdose in a 14-year-old girl. Pediatr Int. 2019;61(3):317-9.

CAPÍTULO 33

CHUMBO

Amalia Laborde García
Carolina Juanena
Adriana Sosa

PONTOS-CHAVE

- O chumbo é um poluente global com múltiplos usos históricos e atuais.
- Não tem função biológica e é um tóxico cumulativo.
- Para suspeitar de envenenamento, é necessário identificar a fonte de contaminação.
- O diagnóstico é confirmado com a dosagem de chumbo no sangue.
- A exposição crônica é longa na forma subclínica: a manifestação da toxicidade é a perda do potencial de neurodesenvolvimento e crescimento e contribuição para doenças do adulto.
- Os sintomas são observados quando o nível sanguíneo e a carga corporal são muito altos.
- Casos agudos são raros e geralmente ocorrem no contexto da exposição crônica.
- Tem tratamento e antídoto específicos, mas seu benefício e indicações são limitados.
- Afastamento da fonte de exposição é a medida de tratamento e prevenção mais eficaz.

INTRODUÇÃO

O chumbo é um metal pesado amplamente utilizado em múltiplas atividades industriais e informais e faz parte de diversos materiais presentes no ambiente. O chumbo foi removido da gasolina, mas uma ampla gama de outras fontes de exposição humana, dentro e fora de casa, foi identificada: solos em áreas de mineração ou funções, água de canos de chumbo, ervas contaminadas ou medicamentos tradicionais, tintas antigas à base de chumbo, entre outros.

O chumbo é reconhecido como um dos dez poluentes ambientais de maior preocupação para a saúde pública. O Instituto de Métricas de Saúde (IHME) estimou em 2017 que a exposição ao chumbo era responsável por 8% da taxa global de hipertensão arterial, 4% da taxa global de doenças cardiovasculares isquêmicas e 62% da taxa global de distúrbios do neurodesenvolvimento idiopáticos. A exposição repetida é cumulativa e longa, de forma subclínica. Em crianças, é considerada fator de risco primário para alterações cognitivas, déficit de atenção e hiperatividade na infância, comportamento antissocial, violência e outras doenças neurológicas e cardiovasculares que se manifestam na adolescência ou na idade adulta. A exposição das mulheres, mesmo em níveis inferiores a 10 µg/dL, é fator de risco para diminuição da fertilidade, aumento de abortos e nascimentos prematuros. A exposição durante a gravidez pode causar crescimento e desenvolvimento fetal prejudicados. O aumento da exposição da mobilização de chumbo a partir de depósitos esqueléticos maternos ocorre em um momento de alta vulnerabilidade fetal a danos neurológicos.[1]

Trabalhadores formais ou informais que manuseiam materiais contendo chumbo podem ser expostos a níveis muito altos. Os danos subclínicos no adulto exposto se manifestam em longo prazo por doenças cardiovasculares, neurológicas e oncológicas.

Sintomas clínicos de intoxicação são vistos com níveis muito elevados de chumbo no sangue e geralmente aparecem quando há um aumento acelerado na exposição crônica, que dura meses ou anos, ou como intoxicações agudas ligadas à ingestão de materiais ou objetos de chumbo nos dias anteriores.[2]

MECANISMOS DE AÇÃO

O chumbo é um tóxico multissistêmico, que produz alterações clínicas, digestivas, neurológicas, hematológicas e reprodutivas. Danos renais, endócrinos e imunológicos podem ocorrer, mas raramente se expressam na clínica. O chumbo interfere no nível molecular, alterando a homeostase de vários íons, especialmente cálcio, desencadeando alterações na geração de energia, perturbação da sinalização, regulação hormonal e apoptose celular. Esses efeitos estão associados à gênese da hipertensão arterial, à contratilidade da musculatura lisa vascular e intestinal, à estabilidade da membrana do eritrócito e à perturbação da liberação de neurotransmissores e receptores no sistema nervoso central (SNC). O chumbo tem afinidade com grupos sulfidrila (SH), por isso interfere em múltiplos sistemas enzimáticos, incluindo a síntese do heme, estrutura central da hemoglobina. Vários estudos mostram danos oxidativos generalizados em decorrência das radicais livres gerados no processo de inibição da síntese do heme. Além disso, tem um efeito genotóxico e é considerado provavelmente cancerígeno para o homem (classificação IARC 2).[2]

Os seguintes efeitos estão na base das manifestações clínicas – o grau de dano varia com a dose de chumbo acumulada, o nível de chumbo circulando no sangue e a duração desse nível (persistência de exposição).[3]

A. Neurotoxicidade: a alteração da liberação de vários neurotransmissores como dopamina, acetilcolina, aminoácidos e glicina, bem como o bloqueio de receptores NMDA, está ligada a danos cognitivos de curto e longo prazo.

Em intoxicação aguda grave, é adicionado um efeito inflamatório e alteração da microvasculatura, levando a edema cerebral, aumento da pressão intracraniana e, posteriormente, desmielinização neuronal. Isso explica as sequelas neurológicas graves da encefalopatia.

B. Hematotoxicidade: o chumbo altera a síntese do anel heme da hemoglobina. O mecanismo da toxicidade se dá pela inibição de enzimas do metabolismo do heme, especialmente delta ALA desidrogenase e ferro quelatase. Também inibe a bomba Na-K-ATPase, diminuindo o metabolismo do eritrócito, alterando a estabilidade da membrana e facilitando a hemólise.

C. Toxicidade digestiva: a dor abdominal recorrente e o episódio agudo de dor abdominal, conhecida como cólica saturnina, ocorrem em decorrência do envolvimento negativo na motilidade intestinal, particularmente sobre a musculatura lisa. O chumbo interfere nos canais de transporte de sódio da membrana intestinal. A presença de uma linha gengival escura, conhecida como linha gengival de Burton, envolve a deposição de sulfeto de chumbo, e não é observada se há boa higiene bucal.

D. Nefrotoxicidade: na intoxicação aguda, há evidências de lesão tubular proximal, que pode levar à síndrome de Fanconi em virtude de disfunções na fosforilação oxidativa mitocondrial. A exposição crônica está associada à nefrite intersticial.

E. Cardiotoxicidade: diversos mecanismos, como o efeito constritor do músculo liso vascular, o aumento da atividade simpática e a alteração do sistema angiotensina-aldosterona-renina, estão envolvidos na geração de hipertensão arterial e doença isquêmica do coração em longo prazo.

F. Osso: na infância, o chumbo interfere no crescimento ósseo por intermédio de sua união com a osteocalcina e inibição de 1,25-di-hidroxivitamina D3. O prejuízo ao crescimento na infância pode manifestar-se radiologicamente como linhas metafiseais densas em ossos longos. As chamadas "linhas de chumbo" são imagens geradas pelo depósito de cálcio.

TOXICOCINÉTICA

Vias de exposição ao chumbo

As principais vias de exposição crônica ao chumbo no meio ambiente são poeira no ar, solo, água e alimentos contaminados. As vias de absorção são principalmente a ingestão e a inalação. Em crianças, a ingestão é o caminho de maior risco, pelo comportamento mão-boca, ingestão de água contaminada e/ou alimentos, sucção de brinquedos ou outros materiais que contenham chumbo ou ingestão de materiais não alimentícios ("pica").

A absorção digestiva do chumbo depende da idade da pessoa, do estado nutricional e da solubilidade do composto de chumbo ingerido. A absorção é ainda maior em condições de jejum e em dietas deficientes em ferro e cálcio. As crianças absorvem até 50% da dose ingerida por via oral e retêm ⅓, enquanto os adultos absorvem apenas 10% e retêm apenas 1%. Isso explica a maior suscetibilidade das crianças ao chumbo. A Figura 1 resume as principais rotas de fontes e rotas de absorção que podem levar à exposição ao chumbo.[2]

A via inalatória é a mais importante no ambiente de trabalho. A inalação de fumaça (formada durante o fundição metálica) e de material particulado com chumbo é a principal via de exposição em adultos no trabalho, e em crianças quando esses processos são feitos em casa ou o chumbo é levado para casa pelos trabalhadores. A exposição através da pele é considerada secundária, mas importante na exposição infantil a cosméticos.[3]

Os casos de intoxicação aguda ocorrem por ingestão de materiais, objetos, alimentos ou preparações com alto teor de chumbo. Intoxicações agudas têm sido relatadas como

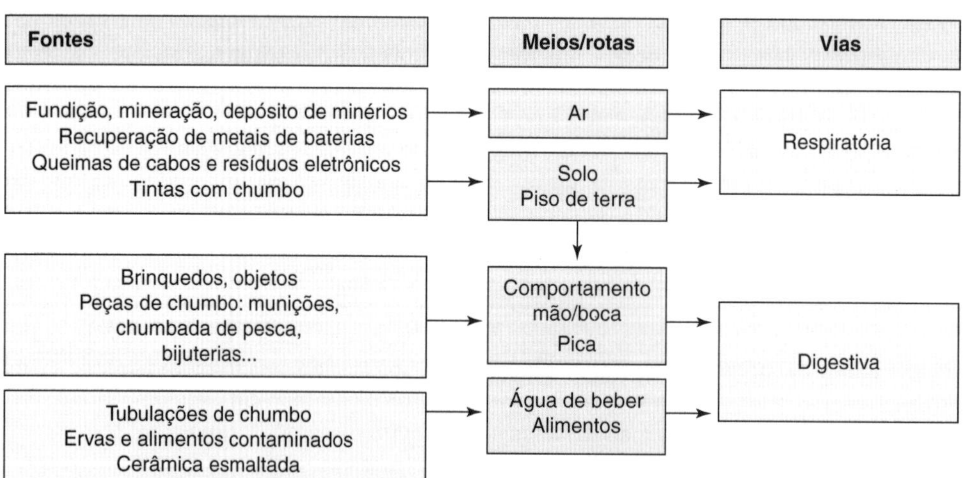

Figura 1. Fontes de poluição, rotas e rotas de entrada do organismo.
Fonte: adaptada de World Health Organization, 2010;[2] Hauptman et al., 2017.[5]

associadas à ingestão voluntária de compostos de chumbo solúveis (sais de chumbo) e objetos como medalhas, pelotas e flocos de tinta.[4,5]

Distribuição e acúmulo no corpo

Duas características cinéticas da distribuição de chumbo permitem que a relação entre os níveis de contaminação e os efeitos na saúde seja devidamente interpretada: sua capacidade de se ligar aos eritrócitos (é por isso que sua medida deve ser realizada no sangue, e não só no plasma) e sua capacidade de se depositar e acumular nos ossos por anos. Uma vez absorvida, a distribuição segue o modelo dos três compartimentos:

- O primeiro é encontrado no sangue (99% em eritrócitos), com uma meia-vida de 25 dias, e apenas 1% é dissolvido no plasma.
- Em seguida, tecidos moles, incluindo rim, fígado e cérebro, com meia-vida de 40 dias. A deposição em tecidos moles é maior no fígado e menor no cérebro, mas a penetração do SNC é maior em crianças.
- Em exposição crônica, os principais depósitos (90%) estão no osso e a eliminação é muito lenta, com meia-vida de até 25 anos.

As concentrações sanguíneas refletem a exposição recente a fontes exógenas e, em caso de exposição crônica, também podem refletir a redistribuição a partir do armazenamento no tecido ósseo. O chumbo passa pela barreira placentária, tornando as concentrações maternas e no recém-nascido muito semelhantes. O chumbo pode ser mobilizado do osso durante a gravidez e a lactação, especialmente se a mãe é deficiente de cálcio. O chumbo passa para o leite materno, e sua presença pode responder por até 37% da variação nos níveis de chumbo em uma criança lactente.[3,6] Considerando os benefícios nutricionais e imunológicos do aleitamento materno, a relação risco/benefício deve ser considerada nas faixas maior exposição materna.[2]

Biotransformação e eliminação

O chumbo metálico e compostos de chumbo inorgânicos não são biotransformados. A eliminação é feita em 80% na urina e 15% nas fezes. Outras rotas menores de eliminação são suor, saliva, cabelo e unhas.[3]

QUADRO CLÍNICO

A concentração de chumbo no sangue considerada "alta" e merecedora de intervenções preventivas diminuiu à medida que seus efeitos se tornaram conhecidos. Há agora um consenso de que não é possível estabelecer um valor seguro para a saúde das crianças e que os valores considerados "aceitáveis" para os adultos caíram substancialmente. Uma visão realista sugere que o valor de 5 µg/dL, abaixo do qual há evidência de efeito neurotóxico na infância, pode ser um valor difícil de diminuir no curto prazo, mas as ações ainda devem ser direcionadas para esse valor limiar continuar a descer a valores tão baixos quanto possível.[7]

O envenenamento por chumbo pode passar despercebido se não houver suspeita de exposição. É necessário levar em conta que a associação entre valores de chumbo sanguíneo inferiores a 30 µg/dL e efeito tóxico deve ser interpretada do ponto de vista epidemiológico, uma vez que há uma grande variação da resposta individual ao mesmo valor do chumbo sanguíneo. Essa variabilidade individual é menor em casos de exposição mais grave. A suspeita de envenenamento por chumbo surge na prática cotidiana como diagnóstico diferencial de outras doenças de maior prevalência. A expressão clínica de danos à saúde quando os valores são inferiores a 30 µg/dL é muito sutil ou pode estar ausente.

O chumbo deve ser levado em conta na etiologia dos casos com alterações na aprendizagem e memória, diminuição das habilidades linguísticas, sinais de hiperatividade, distúrbios da fala e diminuição do quociente de inteligência. A ausência de outros determinantes dessas alterações e a concomitância de fatores de vulnerabilidade nutricional aumentam a necessidade de confirmar ou descartar a exposição ao chumbo.[7]

Sintomas clínicos como irritabilidade, dores de cabeça, fadiga, mialgias ou parestesias, dor abdominal recorrente e letargia, anorexia, vômitos e náuseas, constipação e anemia geralmente estão presentes quando os valores de chumbo no sangue são maiores que 40 µg/dL. Em casos graves, o paciente pode iniciar com encefalopatia grave, geralmente associada a valores de chumbo superiores a 70 µg/dL em crianças ou 100 µg/dL em adultos. A Tabela 1 mostra os níveis sanguíneos que causam expressões clínicas características.[2,3]

Tabela 1. Sinais e sintomas detectáveis no controle da criança saudável ou na consulta médica

Chumbo no sangue	Adultos	Crianças
> 30 µg/dL		Alterações no aprendizado, memória, linguagem e fala, sinais de hiperatividade
> 40 µg/dL	Irritabilidade, perda de libido, mialgias, artralgias, pressão alta, gota, parestesias	Anemia
> 50 µg/dL	Anemia, dor abdominal	Dor abdominal recorrente, náuseas, vômitos, prisão de ventre, anorexia
> 70 µg/dL	Distúrbios cognitivos, neuropatia periférica	Dores de cabeça, irritabilidade, apatia, letargia, ataxia, tremor
> 100 µg/dL	Encefalopatia: ataxia, desorientação, convulsões	Encefalopatia grave: estupor, aumento da pressão intracraniana, convulsões, coma
≥ 120 µg/dL	Morte	Morte

DIAGNÓSTICO

Diagnóstico clínico

A suspeita de envenenamento por chumbo na prática clínica tem sido relatada principalmente como três síndromes isoladas ou simultâneas:

- Digestiva: anorexia, náusea, vômito, constipação e/ou dor abdominal recorrente, cólica abdominal aguda.[4,8]
- Hematológica: anemia microcítica, hipocrômica clínica, geralmente associada à presença simultânea de anemia ferropriva, mas refratária à administração de ferro.
- Neurológica: inicialmente alterações significativas de neurodesenvolvimentos déficit de aprendizagem, linguagem e fala; sinais de hiperatividade; elementos de encefalopatia insidiosa: dores de cabeça, apatia, letargia, irritabilidade, agressividade, tremor, ataxia e convulsões tônico-clônicas, sinais de hipertensão endocraniana e coma em casos mais graves. Estudos de imagem mostram edema cerebral.[5,9]

Essas três síndromes requerem a inclusão de chumbo no diagnóstico diferencial, essencialmente quando outra causa de maior prevalência não é confirmada.[4,5,7,9]

Anamnese ambiental

Informações sobre a qualidade do solo, da água ou dos alimentos podem fornecer orientações sobre o risco de exposição ao chumbo no paciente e em sua família, mas nem sempre estão disponíveis para a equipe de saúde. Questionários destinados a detectar exposição têm mostrado pouca sensibilidade e especificidade para detectar casos com baixas exposições, mas sua adaptação à realidade ambiental e à linguagem tem o potencial de contribuir para o diagnóstico clínico.[7] Algumas perguntas-chave orientam a busca por uma fonte de exposição em casos sintomáticos:

1. Alguém da família trabalha com metais, baterias, resíduos elétricos e eletrônicos?
2. Há pinturas velhas ou ruins nas paredes ou móveis dentro ou fora de casa?
3. A criança ingere fragmentos de tinta de paredes ("pica"), terra (geofagia) ou vive em pisos de terra?
4. A criança brinca com objetos de metal (artefatos de pesca, bijuterias)?
5. Na sua casa se utilizam louças de cerâmica esmaltada?

Diagnóstico laboratorial de intoxicação

Chumbo no sangue é o indicador mais confiável de recente exposição ao chumbo. As técnicas analíticas disponíveis têm diferentes complexidades, precisão e custo, mas todas têm valor para o diagnóstico de intoxicação. Técnicas de espectrometria de absorção atômica com forno de grafite (GF-AAS) ou espectrômetro de massa com acoplamento de plasma indutivo (ICP-MS) são de alta precisão e têm limites de detecção muito baixos. A detecção de chumbo por meio do equipamento portátil (Anodic Voltammetry LeadCare®) mostrou precisão razoável (altas sensibilidade e especificidade) para detectar valores a partir de 3,3 µg/dL e até determinar 65 µg/dL com precisão, mas é recomendada, se disponível, uma técnica de maior precisão, se um tratamento de quelação estiver sendo cogitado. O chumbo pode ser medido em outras matrizes biológicas: urina, plasma, cabelo, unhas e osso, mas seu valor em pesquisas clínicas não corresponde ao seu valor diagnóstico e não mostra utilidade clínica.[10]

Estudos complementares

Em casos clínicos, é necessário avaliar o comprometimento de sistemas suscetíveis à toxicidade do chumbo:

- Hemograma: para avaliar a presença de anemia.
- Ferro.
- Provas de função renal: com vistas a eventual tratamento com quelantes. Além de ureia, creatinina, exame qualitativo de urina (EQU), visa detectar possíveis danos tubulares (aminoacidúria, glicosúria, fosfatúria).
- Ácido úrico na urina (adultos).
- Provas de função hepática: detectar elevação de ALT e AST observada em casos graves.
- Tomografia computadorizada cerebral: sinais de edema cerebral em caso de encefalopatia.
- Radiografia simples de abdome: busca por imagens radiopacas no trato digestivo se houver recente ingestão de objetos ou materiais com chumbo (escamas de tintas).

A radiografia dos ossos longos e o estudo de velocidade de condução nervosa não têm utilidade clínica e não são recomendados, a menos que sejam necessários para o diagnóstico diferencial. A observação de um pontilhado basofílico na lâmina de sangue periférico envolve acúmulo de RNA e, embora possa ser observada no envenenamento por chumbo, não tem valor isolado no diagnóstico por sua inespecificidade.

TRATAMENTO

Existem normas nacionais com diretrizes para o manejo de casos de intoxicação crônica por chumbo.[11,12] Propõem medidas para mitigar a exposição, fortalecimento com apoio nutricional, apoio educacional, acompanhamento com dosagem de chumbo no sangue e/ou tratamento especializado de acordo com os níveis no sangue. As evidências para o manejo de intoxicação aguda ou crônica grave ainda se baseiam nos resultados de estudos experimentais e na descrição de casos isolados ou séries de casos.[13]

Casos sintomáticos requerem atenção especializada. Sintomas abdominais agudos e sintomas de encefalopatia são considerados de emergência.

O primeiro passo é cessar a exposição. A remoção imediata da fonte de exposição pode ser uma medida difícil, a menos que o paciente seja internado. A remoção pode ser temporária até que a poluição seja mitigada ou reduzida, ou definitiva quando essas medidas não forem viáveis. O prognóstico do paciente depende da distância da fonte ou de seu controle definitivo. A notificação e a intervenção do setor de saúde para essas ações são importantes para desencadear ações intersetoriais.[1,7]

Nos casos em que a intoxicação aguda ocorre por ingestão de materiais contendo chumbo, é necessário avaliar a presença no trato digestivo e implementar medidas de descontaminação. A presença de um objeto no estômago requer avaliar remoção endoscópica; a dispersão de partículas no trato digestivo pode ser eliminada pela técnica de irrigação intestinal total.[5]

O tratamento com quelantes só pode ser iniciado se for assegurado que a exposição cessou. O objetivo terapêutico é cessar o agravamento da intoxicação, melhorar os sintomas mais graves, diminuir o chumbo no sangue rapidamente e, em médio prazo, diminuir a carga corporal. Os quelantes agem ligando-se ao metal através da afinidade de seus grupos SH e formando complexos metal-quelante hidrossolúveis, eliminados por via renal. Os quelantes mostram benefício em intoxicações por chumbo no sangue com níveis superiores a 45 μg/dL em crianças e adolescentes, mas sua eficácia terapêutica é considerada limitada quanto à diminuição do chumbo no sangue em longo prazo e ao dano neurológico já estabelecido. No caso da encefalopatia, o tratamento tem sido eficaz na redução da mortalidade e na melhora clínica de casos mais graves. Em adultos, o tratamento pode ser considerado em casos sintomáticos com valores de chumbo sanguíneo superiores a 45 μg.[14] Abaixo desse valor, os medicamentos quelantes não têm se mostrado úteis.

A decisão de qual curso de uso depende do estado clínico do paciente e, realisticamente, da disponibilidade da droga. O Quadro 1 descreve quatro quelantes que mostram benefício clínico no envenenamento por chumbo.[15-17]

O balanço de benefícios e riscos tende a mostrar o ácido dimercaptossuccínico por via oral como primeira linha em casos de chumbo no sangue > 45 μg/dL, em crianças assintomáticas ou sintomáticas, ou em adultos com sintomas neurológicos. O edetato dissódico cálcico intravenoso é indicado em emergências com encefalopatia ou chumbo sanguíneo ≥ 70 μg/dL. A decisão clínica deve ser avaliada caso a caso e no âmbito da disponibilidade e acessibilidade desses medicamentos.[5]

Casos de cólica saturnina (dor abdominal aguda) requerem o uso de analgésicos antiespasmódicos. Casos refratários ao tratamento sintomático melhoraram com cessação da exposição e, em alguns casos, com tratamento quelante.

O tratamento da anemia com suplementação de ferro segue as mesmas diretrizes que a anemia em razão do déficit nutricional. A suplementação só deve ser administrada em face de evidências de seu déficit. A administração de ferro ou outros nutrientes quando não há déficit não mostra efeitos benéficos sobre o valor do chumbo no sangue ou melhora clínica dos pacientes.[5] Em todos os casos em que se detecta um alto valor de chumbo sanguíneo e na exposição crônica, é necessário considerar:

- Avaliação do desenvolvimento neurológico (testes cognitivos etc.) em crianças ou estudo neuropsicológico em adultos com o objetivo de avaliar a necessidade de reabilitação neuropsicológica.
- Aconselhamento nutricional, dieta enriquecida e/ou suplementação para garantir ingestão de cálcio, vitamina D e vitamina C nas doses recomendadas para a idade.
- Informação e educação para a família sobre os riscos do chumbo e sua prevenção.

EVOLUÇÃO E PROGNÓSTICO

O dano neurológico, sem intervenção, é irreversível. A encefalopatia, rara, tem mortalidade de 60% sem tratamento, e 100% dos casos apresentam sequelas. As sequelas mais frequentes são retardo intelectual e episódios convulsivos.[14] A cessação da exposição inicia uma lenta diminuição do chumbo no sangue, e isso ajuda a reduzir o agravamento

Quadro 1. Quelantes com benefício clínico no envenenamento por chumbo

Quelante	Caminho	Dose	Efeitos adversos
Edetato dissódico cálcico (EDTA-Na2Ca)	IV	40 mg/kg dose, 2 ×/dia durante 5 dias. Pode ser repetido em 48 horas, se não houver melhora de sintomas neurológicos graves, ou se houver recuperação dos valores de chumbo no sangue	Renal: glicosúria, proteinúria, hematúria Flebite, febre, artralgias, mialgias, depressão da medula óssea (rara), quelação de outros metais
2-3 ácido dimercaptossuccínico (DMSA ou succímer)	VO	10 mg/kg ou 350 mg/m^2 a cada 8 horas durante 5 dias e a cada 12 horas até 19 dias concluídos; pode ser repetido após 2 semanas se Pbs não cair abaixo de 45 ou recuperação do valor inicial se manifestar	Elevação de AST/ALT; não quela outros metais
D-penicilamina	VO	7,5 mg/kg 3 a 4 ×/dia VO ou 15 a 20 mg/kg em 3 doses diárias	Hematológica: trombocitopenia e leucopenia Glomerulonefrite, alergia cruzada com penicilina
Dimercaprol (BAL) como coadjuvante do EDTA-Na2Ca; sua falta não limita o tratamento com EDTA-Na2Ca	IM	2,5 a 3 mg/kg IM a cada 4 horas por 2 dias e administração a cada 6 ou 8 horas no 3º dia. Após, a cada 12 ou 24 horas durante 10 dias	Pressão alta, taquicardia, dor no local da punção, náuseas e vômitos, dor abdominal, febre

dos sintomas. O acompanhamento clínico e a dosagem de chumbo dependem da clínica e da faixa de valores de chumbo sanguíneo medidos: < 20 µg/dL requerem controles a cada 1 ou 2 meses, entre 20 e 44 µg/dL a cada 2 a 3 semanas, e valores mais elevados devem ser confirmados em 1 semana para reavaliação clínica, estudos complementares e/ou consulta especializada. Quando um curso de quelantes é administrado, é necessário avaliar os resultados do chumbo no sangue dentro de 15 a 30 dias, uma vez que pode haver um novo aumento dos valores, quando há alta carga corporal armazenada.

PREVENÇÃO

Controlar a fonte de exposição requer ações intersetoriais e investimentos que podem demorar mais do que o necessário para a resposta clínica. A remoção temporária da criança em casos sintomáticos é prioridade terapêutica. As evidências sobre a eficácia da remediação do solo, limpeza domiciliar e outras intervenções ambientais ainda não mostram certezas quanto à sua eficácia. Também não foi definida a eficácia das medidas de higiene pessoal e doméstica, embora a falta de evidências não implique que deixem de ser recomendadas. Identificar e controlar a fonte de exposição de sua fonte é a medida mais eficaz.[2,5,7,18]

ERROS COMUNS QUE VOCÊ DEVE EVITAR

Não suspeitar de intoxicação em casos de anemia, cólica abdominal recorrente ou encefalopatia, tendo descartado as causas mais frequentes.

Administrar em excesso a suplementação de ferro ou cálcio para neutralizar os efeitos do chumbo.

Administrar quelantes quando o valor do chumbo sanguíneo for inferior a 45 µg/dL e o paciente for assintomático.

Não relatar casos suspeitos às autoridades sanitárias e falha em estabelecer e defender medidas de prevenção da exposição.

REFERÊNCIAS BIBLIOGRÁFICAS

1. World Health Organization. Lead Poisoning and Health. 2021. [acesso em fevereiro de 2022]. Disponível em: https://www.who.int/news-room/fact-sheets/detail/lead-poisoning-and-health
2. World Health Organization. Childhood lead poisoning. Genebra: WHO; 2010.
3. Agency for Toxic Substances and Disease Registry, Department of Health and Human Services Toxicological profiles. 2021. [acesso em fevereiro de 2022]. Disponível em: https://www.atsdr.cdc.gov/toxprofiledocs/index.html?id=96&tid=22
4. Mottier D, Cargnel E. Dolor abdominal como presentación por intoxicación por plomo. Caso clínico. Arch Argent Pediatr. 2017;115(2):e96-e98.
5. Hauptman M, Broccoleri R, Woolf AD. An update on childhood lead poisoning. Clin Pediatr Emerg Med. 2017;18(3):181-92.
6. Ettinger AS, Roy A, Amarasiriwardena CJ, Smith D, Lupoli N, Mercado-García A, et al. Maternal blood, plasma, and breast milk lead: lactational transfer and contribution to infant exposure. Environ Health Perspect. 2014;122(1):87-92.
7. Council on Environmental Health. Prevention of childhood lead toxicity. Pediatrics. 2016;138(1):e20161493.
8. Macedo G, Lopes S, MD, Peixoto A. Misleading gastrointestinal symptoms. The ongoing story of chronic lead intoxication. J Clin Gastroenterol. 50(9):769-71.
9. Talbot A, Lippiatt C, Tantry A. Lead in a case of encephalopathy. BMJ Case Rep. 2018;2018:bcr2017222388.
10. World Health Organization. Brief guide to analytical methods for measuring lead in blood. Genebra: WHO; 2021.
11. CDC. Advisory Committee on Childhood Lead Poisoning Prevention. Low level lead exposure harms children: a renewed call for primary prevention. Atlanta: US Centers for Disease Control; 2012.
12. NHMRC. Managing individual exposure to lead in Australia – A guide for health practitioners. Camberra: National Health and Medical Research Council; 2016.
13. Michel JJ, Erinoff E, Tsou A. More guidelines than states: variations in U.S. lead screening and management guidance and impacts on shareable CDS development. BMC Public Health. 2020;20(1):127.
14. Greig J, Thurtle N, Cooney L, Ariti C, Ahmed AO, Ashagre T, et al. Association of blood lead level with neurological features in 972 children affected by an acute severe lead poisoning outbreak in Zamfara State, Northern Nigeria. PLoS One. 2014;9(4):e93716.
15. Safety and efficacy of succimer in toddlers with blood lead levels of 20–44 µg/dL. Treatment of Lead-Exposed Children (TLC) Trial Group. Pediatr Res. 2000;48(5):593-9.
16. Thurtle N, Grieg J, Cooney L, Amitai Y, Ariti C, Brown MJ, et al. Description of 3,180 courses of chelation with dimercaptosuccinic acid in children ≤ 5 years with severe lead poisoning in Zamfara, northern Nigeria: a retrospective analysis of programme data. PLoS Med. 2014;11(10):1-18.
17. Bradberry S, Vale A. A comparison of sodium calcium edetate (edetate calcium disodium) and succimer (DMSA) in the treatment of inorganic lead poisoning. Clin Toxicol. 2009;47(9):841-58.
18. Dascanio D, Pereira Del Prette ZA, Piazentin Rolim OM, Del Prette A. Childhood lead poisoning: a health issue and public policy Psicol Rev. 2016;22(1):90-111.

CAPÍTULO 34

CIANETO

Bruno Mégarbane

PONTOS-CHAVE

- As características do envenenamento por cianeto incluem coma, parada respiratória e colapso cardiovascular. O marcador biológico é a acidose lática.
- Para o diagnóstico, a concentração plasmática de lactato ≥ 8 µmol/L em pacientes intoxicados por cianeto puro e ≥ 10 µmol/L em vítimas de inalação de fumaça são indicadores sensíveis e específicos de toxicidade por cianeto.
- O suporte básico de vida inclui administração imediata de oxigênio de alto fluxo, proteção das vias aéreas e ressuscitação cardiopulmonar. O suporte avançado de vida inclui ventilação mecânica, infusão de catecolaminas e bicarbonato de sódio.
- Um antídoto deve ser administrado rapidamente para aumentar as chances de resultado favorável.
- A hidroxicobalamina é o antídoto de primeira linha recomendado em associação com o tratamento de suporte para tratar a intoxicação por cianeto, por sua segurança. Na intoxicação maciça por cianeto ou nitrila, deve-se considerar a infusão contínua de tiossulfato de sódio, além da administração de hidroxicobalamina, por sua limitada potência e duração de ação mesmo em altas doses.

INTRODUÇÃO

O envenenamento por cianeto pode resultar de várias exposições, como incêndios residenciais (tubulação, móveis, material orgânico e plásticos), acidentes industriais (fumigação, produtos químicos fotográficos, metalurgia, galvanoplastia, síntese orgânica e fertilizantes), suicídio individual ou em massa, ataque terrorista, medicamentos e uso de drogas (nitroprussiato e laetrila) e ingestão de plantas cianogênicas (mandioca) (Quadro 1).[1,2] A exposição doméstica, devida à combustão de plásticos durante incêndios residenciais, representa a causa mais comum de envenenamento por cianeto nos países ocidentais.

Embora o envenenamento por monóxido de carbono geralmente seja responsável pela maioria das mortes nesse contexto, níveis elevados de cianeto foram relatados em vítimas de incêndio.[3]

O espectro de compostos químicos contendo cianeto (CN) é grande, incluindo cianeto de hidrogênio, sais de cianeto, cianeto halogenado e nitrilas.[1,2] O cianeto é um potente veneno intracelular, em virtude de sua ligação à forma férrica de enzimas celulares vitais. Uma vez que se liga ao ferro férrico, a respiração celular é interrompida e ocorre a toxicidade.

O reconhecimento de situações não clássicas de intoxicação por cianeto pode ser difícil. O diagnóstico laboratorial confirmatório pode levar de horas a dias, enquanto o tratamento agressivo precoce com antídotos apropriados é essencial. Existem muitos antídotos, embora a estratégia terapêutica ideal ainda não seja consensual.

MECANISMOS DE AÇÃO

O cianeto exerce sua toxicidade combinando-se por alta afinidade com as metaloenzimas contendo ferro em seu estado férrico, incluindo citocromo oxidase, desidrogenase succínica e superóxido dismutase.[4,5] O mecanismo mais bem compreendido envolve a citocromo oxidase. O cianeto liga-se rapidamente ao íon férrico do citocromo aa_3, induzindo uma inibição não competitiva da atividade da citocromo c oxidase mitocondrial. A inativação da citocromo c oxidase reduz a utilização de oxigênio pelo tecido e o envenenamento, se não tratado, resulta em uma mudança do metabolismo aeróbico para anaeróbico, levando à depleção celular da adenosina trifosfato (ATP), acidose lática e morte.

TOXICOCINÉTICA

O cianeto pode ser produzido por diferentes metabolismos intracelulares endógenos.[6,7] A via predominante é a de conversão de cianeto em tiocianato pela enzima rodanase, uma sulfurtransferase, na presença de tiossulfato. A hidroxicobalamina, uma forma de vitamina B12, também pode complexar o cianeto para formar cianocobalamina não tóxica, que é eliminada na urina. A metemoglobina, uma forma reduzida de hemoglobina, possui uma afinidade muito alta pelo cianeto, que é liberado da citocromo oxidase para formar a cianometemoglobina. Apenas pequenas quantidades de cianeto são excretadas na urina, suor e ar expirado, produzindo o odor característico de amêndoa amarga. Em caso de intoxicação aguda, doses maciças de cianeto esgotam os estoques de tiossulfato e hidroxicobalamina, que são adequados apenas para desintoxicação de curto prazo. Portanto, nessas condições, são necessários antídotos para neutralizar a ação do cianeto.

Em um paciente envenenado por cianeto,[8] o curso de tempo da concentração de cianeto no sangue [decaimento monoexponencial com uma meia-vida de eliminação de 1,14 h [intervalo de confiança (IC 95%) de 95%, 0,84-1,80] foi paralelo ao curso de tempo da concentração de lactato no plasma [decaimento monoexponencial com meia-vida

Quadro 1. O espectro da intoxicação aguda por cianeto
Grande variedade de tóxicos
• Cianeto de hidrogênio (HCN): gás ou partículas no ar • Sais de cianeto: NaCN, KCN, $CaCN_2$, AuCN, $HgCN_2$ • Cianetos halogenados: CNCl, CNBr, CNI, CNFl • Nitrilas: acetonitrila (CH_3CN), propionitrila (CH_3CH_2CN), gliconitrila, N-butironitrila (CH_3CHCCH_2CN), ciclo-hexano carbonitrila • Outros compostos cianogênicos: cianoacetamida, cianometil acetato, cianoetil acrilato, cianamida, cianodietilamida • Drogas cianogênicas: nitroprussiato de sódio ($Na_2Fe(CN)_5NO$), laetrila (contendo amigdalina) • Plantas cianogênicas (contendo glicosídeos cianogênicos): mandioca e certos feijões-de-lima (contendo linimarina), louro-cereja (contendo prunasina), espécies de sorgo (contendo durrina), frutas com glicosídeos cianogênicos no caroço, como pêssego e maçã (*Prunus* sp.), amêndoas amargas e damasco (contendo amigdalina)
Grande número de condições de exposição
• Incêndios residenciais: poliuretano, poliacrilonitrilas, materiais orgânicos e outros plásticos • Incidentes industriais: fumigação, produtos químicos fotográficos, metalurgia, galvanoplastia, síntese orgânica, processos laboratoriais, depilação de couros, fabricação de plásticos, produção de borracha sintética ou fertilizantes, pesticidas e controle de roedores • Suicídio em massa ou ataque terrorista usando cianeto • Exposição terapêutica a drogas • Exposição dietética a plantas

de eliminação de 3,94 h (IC 95% 2,98-5,78)]. As relações entre as concentrações de lactato e cianeto no sangue têm forma sigmoidal.[9]

Em níveis elevados de cianeto no sangue, uma diminuição acentuada nas concentrações de cianeto não está associada à diminuição do lactato sanguíneo, enquanto próximo à metade da concentração efetiva máxima de cianeto (EC_{50}, correspondente ao ponto de inflexão sigmoide). Uma pequena diminuição na concentração de cianeto está associada a uma diminuição acentuada no lactato.

Essas relações respaldam a suposição de 40 μmol/L como limite de toxicidade e 120 μmol/L como limite de letalidade do cianeto.

DOSES TÓXICAS

A relação dose-efeito entre a concentração de cianeto no ar e suas consequências em humanos tem sido estudada.[4] A morte resulta de uma exposição de ≥ 30 min a 120-150 mg/m³ (110-135 ppm). A morte imediata ocorre após exposições de 300 mg/m³ (270 ppm). Na medicina do trabalho, o limite de exposição atual é de 10 mg/m³ (10 ppm). A dose letal ingerida por adultos é de 50 mg para solução de cianeto e 200-300 mg para sais de cianeto. Por outro lado, uma dose letal para a ingestão de plantas cianogênicas não pode ser prevista em virtude da variação esperada no teor de cianeto.

APRESENTAÇÃO CLÍNICA E MANIFESTAÇÕES

O atraso no início do envenenamento depende fortemente do composto e da via de exposição. É importante considerar essa diferença no ponto de vista terapêutico. Os sintomas aparecem segundos após a exposição ao cianeto de hidrogênio (HCN), minutos após a exposição aos sais de cianeto (cianeto de potássio ou sódio) e horas após a exposição aos nitrilos ou nitroprussiato.[1,2] As principais características da intoxicação por cianeto incluem dispneia, tontura, inquietação, ansiedade, hipertensão transitória, confusão mental, coma, convulsões, parada respiratória, colapso cardiovascular com frequência cardíaca paradoxal normal e, eventualmente, parada cardiorrespiratória. A característica biológica da intoxicação por cianeto é a acidose lática. Em uma série de 36 pacientes intoxicados por cianeto puro,[9-11] acidose metabólica foi relatada em 50% dos casos, coma em 36%, colapso cardiovascular em 28% e parada respiratória em 22% deles. Curiosamente, 22% dos pacientes permaneceram assintomáticos na admissão, enquanto 14% morreram ou apresentaram coma pós-anóxico e 17% desenvolveram retardo psicomotor. Padrão respiratório anormal (incluindo apneia central) e/ou choque cardiovascular (incluindo parada cardíaca) na presença de deficiências neurológicas e acidose lática importante são altamente sugestivos de intoxicação por cianeto (Quadro 2).[3,12]

DIAGNÓSTICO

O diagnóstico de intoxicação por cianeto é baseado em uma abordagem clínica combinada com a medição da concentração de lactato sanguíneo, considerado um excelente marcador biológico substituto da concentração de cianeto no sangue (a ser coletado em tubo hermeticamente fechado). As relações entre as concentrações de cianeto no sangue e a gravidade dos sintomas foram descritas.

A intoxicação é considerada leve para concentrações na faixa de 19-38 μmol/L (0,5-0,1 mg/L), moderada na faixa de 38-96 μmol/L (1,0-2,5 mg/L), grave na faixa de 96-115 μmol/L (2,0-3,0 mg/L) e letal > 115 μmol/L (3,0 mg/L).[13] No entanto, a determinação analítica da concentração de cianeto no sangue raramente é obtida de imediato. Aguardar a confirmação biológica da intoxicação por cianeto antes de administrar o antídoto é prejudicial.

A determinação seriada da concentração de lactato no sangue é, portanto, útil para avaliar a gravidade e a necessidade de administração de antídotos, embora a acidose lática não seja específica.[3,8,9] Vários tóxicos também podem induzir

Quadro 2. Quando suspeitar de intoxicação por cianeto em pacientes que inalaram fumaça, com potencial inalação simultânea de monóxido de carbono (CO): apneia, choque cardiogênico e elevação significativa da concentração plasmática de lactato são sinais notáveis de toxicidade por cianeto
O que CO puro pode causar
• Disfunções neurológicas imediatas • Frequência respiratória = normal • Pressão arterial sistólica = normal • Leve aumento do lactato sanguíneo, em torno de 3 μmol/L • Síndrome neurológica tardia • Sequelas • Morte
O que o cianeto pode causar
• Disfunções neurológicas imediatas • Hipopneia ou apneia • Choque cardiovascular • Aumento acentuado no lactato sanguíneo ≥ 8 μmol/L • Síndrome neurológica tardia • Sequelas • Morte

aumento do lactato sanguíneo. Outros fatores também podem contribuir para a acidose lática no envenenamento por cianeto, incluindo insuficiência cardiovascular, convulsões, apneia, pico de catecolaminas usadas para ressuscitação e aumento da glicose no sangue como consequência da mobilização dos estoques hepáticos de glicogênio, em decorrência da liberação de catecolaminas induzida por cianeto.[14]

Em 11 pacientes intoxicados por cianeto puro, houve uma correlação significativa entre o cianeto sanguíneo (valor médio 156 μmol/L) e as concentrações de lactato (valor médio 8,6 mmol/L).[10]

Houve também uma correlação negativa significativa entre as concentrações de cianeto no sangue e a pressão arterial sistólica, e uma correlação positiva com o pH arterial, ânion *gap* e concentração de glicose no sangue. Ao todo, esses dados sugeriram uma estreita relação dose-efeito no envenenamento por cianeto puro. Durante o curso do envenenamento, uma concentração de lactato ≥ 8 mmol/L foi um indicador sensível (sensibilidade 94%), mas moderadamente específico (especificidade 70%) de uma concentração de cianeto ≥ 40 μmol/L. A especificidade aumentou (85%) ao considerar os pacientes que não receberam catecolaminas. Em vítimas de incêndio sem queimaduras graves, uma concentração plasmática de lactato ≥ 10 μmol/L foi um indicador sensível e específico de uma concentração de cianeto no sangue ≥ 40 μmol/L.[3]

TRATAMENTOS

Não há consenso sobre o manejo do paciente envenenado por cianeto. O tratamento convencional inclui medidas de suporte, descontaminação e antídotos (Quadro 3). A estratégia para o manejo da intoxicação por cianeto é baseada na remoção do paciente da fonte de cianeto e tratamentos de suporte. Os dados tanto experimentais quanto clínicos respaldam a suposição de que os antídotos são benéficos no manejo do envenenamento por cianeto.

Medidas de suporte à vida

O suporte básico de vida na intoxicação por cianeto inclui: (1) administração imediata de alto fluxo de oxigênio a 100%; (2) proteção das vias aéreas; e (3) ressuscitação cardiopulmonar. O suporte avançado de vida inclui intubação orotraqueal em pacientes comatosos, administração de drogas antiepilépticas em caso de convulsões, infusão contínua de epinefrina para corrigir o colapso cardiovascular e bicarbonato de sódio para corrigir a acidose metabólica. Há pelo menos uma série apoiando a suposição de que o tratamento de suporte é eficiente no envenenamento por cianeto puro.[10] No entanto, embora eficazes, os tratamentos de suporte com o objetivo de corrigir os sintomas de intoxicação por cianeto não modificam o curso de tempo ou a carga corporal do cianeto.

Medidas de descontaminação

A descontaminação deve ser adaptada à via de envenenamento e nunca adiar o tratamento de suporte. A descontaminação tenta diminuir a biodisponibilidade do cianeto. Deve ser adaptada às condições de intoxicação, ou seja, por ingestão, inalação ou absorção cutânea. Até o momento, nenhum estudo prospectivo mostrou que a descontaminação melhora o prognóstico do envenenamento por cianeto. Assim, a descontaminação deve ser realizada, mas nunca deve retardar os tratamentos de suporte.[15]

Medidas de eliminação aprimoradas

Nenhuma técnica extracorpórea é útil para aumentar a eliminação de cianeto. Por outro lado, quase todos os antídotos alteram sua eliminação.

ANTÍDOTOS

Existem inúmeros pré-requisitos antes de considerar que um antídoto é útil para tratar a intoxicação por cianeto. Em primeiro lugar, tal antídoto deve estar prontamente disponível.

Quadro 3. Antídotos úteis no envenenamento por cianeto

Antídoto	Vantagens	Problemas
Agentes formadores de metemoglobina	Potentes	Risco de comprometimento do fornecimento de oxigênio ao tecido
Tiossulfato de sódio	Eficiente Seguro	Ação tardia
EDTA dicobáltico	Muito potente Ação imediata Eficaz mesmo em uso tardio	Numerosos efeitos colaterais
Hidroxicobalamina (antídoto de primeira linha)	Menos potente Ação imediata Seguro	Terapia cara Coloração avermelhada da urina

Além disso, deve ser não apenas eficiente, mas também seguro, ou seja, não prejudicial se administrado a um paciente não envenenado. No entanto, muitas dificuldades podem complicar a interpretação da eficácia do antídoto. O segundo deles é que a concentração de cianeto no sangue raramente é determinada e os fatores prognósticos são pouco conhecidos. Por fim, o oxigênio é usado quase sistematicamente em conjunto com os antídotos a serem avaliados.

O oxigênio, que neutraliza a ação do cianeto no nível mitocondrial, deve ser considerado um antídoto toxicodinâmico.[1,2] Oxigênio a 100% fornecido ao paciente auxilia na reativação de enzimas mitocondriais inibidas por cianeto. Outros antídotos incluem agentes formadores de metemoglobina que atuam complexando o cianeto (p. ex., nitritos, dimetilaminofenol, hidroxilamina, p-aminopropiofenona) e doadores de enxofre, que transformam o cianeto em derivados estáveis não tóxicos (p. ex., tiossulfato de sódio e compostos de cobalto como o EDTA dicobáltico e hidroxicobalamina). Todos esses antídotos são terapias toxicocinéticas (Quadro 3).

A eficácia dos antídotos foi avaliada.[6,7,16,17] Os critérios dinâmicos utilizados em estudos experimentais são a prevenção de intoxicações em animais, obtenção de aumento da dose letal mediana de cianeto em várias espécies, reversão do efeito cardíaco *in vitro* ou efeitos neuronais *in vitro* e *in vivo*. Os parâmetros cinéticos são obviamente úteis para avaliar os antídotos toxicocinéticos.

A transformação *in vivo* de cianeto em tiocianato pelo tiossulfato de sódio, em cianometemoglobina por agentes formadores de metemoglobina e em cianocobalamina pela hidroxicobalamina são marcadores da atividade desses antídotos. A ligação do cianeto à metemoglobina é não covalente e, portanto, instável. Produtos de desintoxicação de cianeto por cobalto-EDTA não foram definitivamente identificados em humanos. Tanto o tiossulfato de sódio quanto a hidroxicobalamina resultam na ligação covalente do cianeto ao antídoto, formando compostos não tóxicos estáveis. No entanto, em relação à principal condição de intoxicação por cianeto, ou seja, a inalação de fumaça, a escolha do antídoto de primeira linha deve levar em consideração não apenas sua eficácia, mas também sua segurança.

- **Agentes formadores de metemoglobina (kit Lilly Cyanide®)**: aprovados pela Food and Drug Administration (FDA), contendo nitrito de amila, nitrito de sódio e tiossulfato de sódio, são cada vez menos utilizados. As pérolas de nitrito de amila são administradas, na ausência de acesso intravenoso, por uma esponja de gaze por 30 segundos de inalação, a cada minuto ou mantidas entre a fonte de oxigênio e o tubo traqueal, em pacientes intubados. Dez mililitros (0,33 mL/kg) da solução de nitrito de sódio a 3% devem ser administrados por via intravenosa durante 2 a 4 minutos, diluídos em 100 a 150 mL de soro fisiológico. Pode ser readministrado com metade da dose inicial, na ausência de resposta. Isso produz uma taxa de metemoglobina de 20-30% e geralmente pode necessitar da coprescrição de vasopressores em virtude de hipotensão e início de vasodilatação grave. As crianças devem receber inicialmente 0,33 mL/kg a uma taxa de infusão de 2,5 mL/min, até um máximo de 10 mL. Finalmente, 50 mL (1,65 mL/kg) de solução de tiossulfato de sódio a 25% são infundidos para completar o tratamento. Os agentes formadores de metemoglobina prejudicam o transporte e a entrega de oxigênio aos tecidos. Dados experimentais mostraram aumento da mortalidade em roedores envenenados por monóxido de carbono e cianeto tratados com esses agentes. Existem preocupações quanto à adição de metemoglobina à carboxiemoglobina em vítimas de incêndio. Esses agentes também devem ser usados com cautela em pacientes com doenças cardiovasculares ou cerebrais graves. O 4-dimetilaminofenol, outro antídoto de cianeto, age de forma semelhante gerando metemoglobina. Seus efeitos colaterais são graves, incluindo reticulocitose, nefrotoxicidade e hemólise. Níveis altos inesperados de metemoglobina foram obtidos em *overdoses* acidentais, limitando seu uso a envenenamento grave por sulfeto de hidrogênio.
- **EDTA dicobáltico (Kelocyanor®)**: é usado principalmente no Reino Unido e não está disponível nos Estados Unidos e em muitos países. Uma dose de 300 mg é infundida em 1 minuto e uma dose adicional de 300 mg pode ser repetida 5 minutos depois se nenhuma melhora for observada. O EDTA dicobáltico é mais potente em base molar; no entanto, numerosos efeitos colaterais limitam seu uso ao envenenamento por cianeto. Os efeitos colaterais incluem vômitos, taquipneia, dor torácica, hipoten-

são, arritmias ventriculares, convulsões, urticária, edema facial, laríngeo ou cervical e choque anafilático. Assim, cada injeção deve ser seguida imediatamente de 50 mL de glicose a 50% por via intravenosa.

O EDTA dicobáltico atua mais rapidamente que os nitritos; no entanto, preocupações com a toxicidade do cobalto levaram-no a ser considerado como antídoto de segunda linha.

- **Rodanase (kit de antídoto de cianeto Eli Lilly):** é uma enzima transferase de enxofre localizada nas mitocôndrias, principalmente no fígado e nos rins. Catalisa a transferência irreversível de um doador de sulfato de tiossulfato para cianeto, formando tiocianato. O tiossulfato de sódio é seguro, mas persistem questões sobre o atraso no início de sua ação como antídoto. Sua atividade de antídoto é limitada na intoxicação aguda por cianeto, uma vez que a desintoxicação é relativamente lenta (meia-vida de 26 h). São necessárias grandes doses por sua fraca penetração intracelular. Assim, doses de 8-16 g devem ser infundidas continuamente após um *bolus* inicial.
- **Hidroxicobalamina (Cianokit®):** uma dose de 5 g de hidroxicobalamina é administrada por infusão intravenosa quando há suspeita de envenenamento por cianeto. Uma segunda dose deve ser repetida de acordo com a gravidade (p. ex., parada cardíaca). Cinquenta gramas de hidroxicobalamina ligam-se a 1 g de cianeto, formando cianocobalamina, que é excretada pelos rins. Se a hidroxicobalamina é capaz de atravessar a barreira hematoencefálica, isto ainda precisa ser determinado. O efeito adverso comum é a coloração avermelhada da pele e da urina, enquanto as reações anafilactoides/alérgicas são excepcionais. A hidroxicobalamina em altas doses é eficiente e segura em vítimas de incêndio com ou sem intoxicação por cianeto[18] e em pacientes com intoxicação grave por cianeto por ingestão ou inalação.[19] No entanto, estudos mostraram que a hidroxicobalamina pré-hospitalar é frequentemente usada de forma empírica, com indicações pouco claras.[20] Portanto, o uso em indicações clínicas definidas pode proporcionar maior clareza aos profissionais e reduzir seu uso desnecessário.

Antídotos para cianeto são frequentemente associados. Como os agentes formadores de metemoglobina resultam em um complexo instável com cianeto, o tiossulfato de sódio está sempre associado. O tiossulfato de sódio também pode ser usado em associação com a hidroxicobalamina. No entanto, nunca devem ser misturados no mesmo frasco, pois ocorre a formação de tiolfato-cobalamina ineficiente.[21] A hidroxicobalamina é administrada como uma infusão intravenosa rápida, enquanto o tiossulfato de sódio é administrado por infusão intravenosa contínua.

O nitroprussiato é um medicamento anti-hipertensivo intravenoso.[22] A intoxicação por cianeto pode resultar de infusão rápida, uso prolongado com necessidade de altas doses em decorrência do fenômeno de taquifilaxia e insuficiência renal. No envenenamento por cianeto, o armazenamento adequado de tiossulfato é o passo limitante. A toxicidade é prevenida pelo tiossulfato de sódio (infusão de 1 g para cada 100 mg de nitroprussiato de sódio) e o tratamento da intoxicação por cianeto induzida por nitroprussiato com hidroxicobalamina é eficiente.

A principal toxicidade do acetonitrilo é devida à formação hepática *in vivo* de cianeto. O tiossulfato é usado em conjunto com a hidroxicobalamina, que é administrada como tratamento de envenenamento com risco à vida. A recorrência da toxicidade pode ser prevenida pela infusão contínua de tiossulfato de sódio.

Os antídotos atuais requerem administração intravenosa, limitando sua utilidade em um cenário de vítimas em massa. Existe uma pesquisa pré-clínica muito ativa. Vários outros antídotos, incluindo agentes nucleófilos, antioxidantes, inibidores de N-metil D-aspartato (NMDA) e óxido nitroso foram testados em modelos animais, mas seu uso em humanos não está documentado.

O alfacetoglutarato e a di-hidroxiacetona ligam-se ao cianeto, reduzindo sua disponibilidade para a citocromo oxidase.[23] A toxicidade do cianeto é diminuída em animais e o aumento da eficiência foi relatado pela adição de tiossulfato. Ao contrário do tiossulfato, o tetrationato de sódio, um produto da oxidação do tiossulfato, pode reagir diretamente com o cianeto *in vitro* por meio de uma reação conhecida como "cianólise" para gerar tiocianato e tiossulfato de sódio.[24] O tiossulfato resultante pode servir como substrato para a rodanase, convertendo uma segunda molécula de cianeto em tiocianato. Como resultado, a administração de tetrationato salvou vidas em um modelo animal. O azul de metileno (até 50 mg/kg) restaurou a pressão arterial, a contratilidade cardíaca e limitou o déficit de oxigênio, permitindo a sobrevivência do animal.[25] Os efeitos protetores foram relacionados às suas propriedades antagônicas dose-dependentes diretas contra a depressão metabólica produzida pelo cianeto em nível celular. O dinitrato de isossorbida mostrou ser benéfico como contramedida de ponte até que um antídoto de cianeto pudesse ser administrado.[26]

CONCLUSÕES

Numerosos antídotos estão disponíveis. O oxigênio neutraliza eficientemente a ação do cianeto no nível mitocondrial. Tiossulfato de sódio, agentes formadores de metemoglobina e compostos de cobalto agem eficientemente complexando ou transformando o cianeto em derivados estáveis não tóxicos. O tiossulfato de sódio é eficiente e seguro, mas age com atraso. Os agentes formadores de metemoglobina são potentes, mas, em decorrência da transformação da hemoglobina em metemoglobina, prejudicam o fornecimento de oxigênio aos tecidos. EDTA dicobáltico e hidroxicobalamina são eficientes e agem imediatamente. Portanto, em pacientes com suspeita de intoxicação por cianeto, recomenda-se a hidroxicobalamina como antídoto de primeira linha, por sua segurança. Na intoxicação maciça por cianeto decorrente da potência limitada da hidroxicobalamina, deve-se associar infusão contínua de tiossulfato de sódio.

REFERÊNCIAS BIBLIOGRÁFICAS

1. Parker-Cote JL, Rizer J, Vakkalanka JP, Rege SV, Holstege CP. Challenges in the diagnosis of acute cyanide poisoning. Clin Toxicol (Phila). 2018;56:609-17.
2. Hendry-Hofer TB, Ng PC, Witeof AE, Mahon SB, Brenner M, Boss GR, Bebarta VS. A review on ingested cyanide: risks, clinical presentation, diagnostics, and treatment challenges. J Med Toxicol. 2019;15:128-33.
3. Baud FJ, Barriot P, Toffis V, Riou B, Vicaut E, Lecarpentier Y, et al. Elevated blood cyanide concentrations in victims of smoke inhalation. N Engl J Med. 1991;325:1761-6.
4. Ballantyne B. Toxicology of cyanides. In: Ballantyne B, Marrs TC, editores. Clinical and experimental toxicology of cyanides. Bristol: Wright; 1987. p. 41-126.
5. MacMillan VH. Cerebral energy metabolism in cyanide encephalopathy. J Cereb Blood Flow Metab. 1989;9:156-62.
6. Borron SW, Baud FJ. Antidotes for acute cyanide poisoning. Curr Pharm Biotechnol. 2012;13:1940-8.
7. Hall AH, Saiers J, Baud F. Which cyanide antidote? Crit Rev Toxicol. 2009;39:541-52.
8. Baud FJ, Borron SW, Bavoux E, Astier A, Hoffman JR. Relation between plasma lactate and blood cyanide concentrations in acute cyanide poisoning. BMJ. 1996;312:26-7.
9. Baud FJ, Borron SW, Mégarbane B, Trout H, Lapostolle F, Vicaut E, et al. Value of lactic acidosis in the assessment of the severity of acute cyanide poisoning. Crit Care Med. 2002;30:2044-50.
10. Bismuth C, Cantineau JP, Pontal P, Baud F, Garnier R, Poulos L. Cyanide poisoning. Priority to symptomatic treatment. 25 cases. Presse Med. 1984;13:2493-7.
11. Bismuth C, Cantineau JP, Pontal P, Baud F, Garnier R, Poulos L, Bolo A. [Priorité de l'oxygénation dans l'intoxication cyanhydrique]. J Toxicol Méd. 1984;4:107-21.
12. Benaissa ML, Mégarbane B, Borron SW, Baud FJ. Is elevated plasma lactate a useful marker in the evaluation of pure carbon monoxide poisoning? Intensive Care Med. 2003;29:1372-5.
13. Ballantyne B, Marrs TC. Post-mortem features and criteria for the diagnosis of acute lethal cyanide poisoning. In: Ballantyne B, Marrs TC, editores. Clinical and experimental toxicology of cyanides. Bristol: Wright; 1987. p. 217-47.
14. Kanthasamy AG, Borowitz JL, Isom GE. Cyanide-induced increases in plasma catecholamines: relationship to acute toxicity. Neurotoxicology. 1991;12:777-84.
15. Baud FJ, Richter F, Julien H, Bismuth C. Pre-hospital strategy for therapeutic intervention of fire victims. Toxicol Lett. 1992;64-65:273-81.
16. Marrs TC, Thompson JP. The efficacy and adverse effects of dicobalt edetate in cyanide poisoning. Clin Toxicol (Phila). 2016;54:609-14.
17. Thompson JP, Marrs TC. Hydroxocobalamin in cyanide poisoning. Clin Toxicol (Phila). 2012;50:875-85.
18. Borron SW, Baud FJ, Barriot P, Imbert M, Bismuth C. Prospective study of hydroxocobalamin for acute cyanide poisoning in smoke inhalation. Ann Emerg Med. 2007;49:794-801, 801.e1-2.
19. Borron SW, Baud FJ, Mégarbane B, Bismuth C. Hydroxocobalamin for severe acute cyanide poisoning by ingestion or inhalation. Am J Emerg Med. 2007;25:551-8.
20. Cumpston KL, Rodriguez V, Nguyen T, MacLasco A, Zin C, Rose SR, et al. Evaluation of prehospital hydroxocobalamin use in the setting of smoke inhalation. Am J Emerg Med. 2021;50:365-8.
21. Evans CL. Cobalt compounds as antidotes for hydrocyanic acid. Br J Pharm. 1964;23:455-75.
22. Hottinger DG, Beebe DS, Kozhimannil T, Prielipp RC, Belani KG. Sodium nitroprusside in 2014: a clinical concepts review. J Anaesthesiol Clin Pharmacol. 2014;30:462-71.
23. Bhattacharya R, Tulsawani R. Protective role of alpha-ketoglutarate against massive doses of cyanide in rats. J Environ Biol. 2009;30:515-20.
24. Chan A, Lee J, Bhadra S, Bortey-Sam N, Hendry-Hofer TB, Bebarta VS, et al. Development of sodium tetrathionate as a cyanide and methanethiol antidote. Clin Toxicol (Phila). 2022;60:332-41.
25. Haouzi P, Gueguinou M, Sonobe T, Judenherc-Haouzi A, Tubbs N, Trebak M, et al. Revisiting the physiological effects of methylene blue as a treatment of cyanide intoxication. Clin Toxicol (Phila). 2018;56:828-40.
26. Lavon O, Rockwood GA, Eisenkraft A. Can isosorbide dinitrate oral spray serve as an immediate bridging therapy for a mass cyanide poisoning? Clin Toxicol (Phila). 2021;59:734-9.

CAPÍTULO 35

CIGARROS ELETRÔNICOS E VAPORIZADORES: LESÃO PULMONAR ASSOCIADA AO USO DE CIGARROS ELETRÔNICOS E VAPORIZADORES – "EVALI"

Rinaldo Tavares
Marilyn Urrutia-Pereira

PONTOS-CHAVE

- Existem, no mercado internacional, inúmeros dispositivos vendidos como vaporizadores ou cigarros eletrônicos, juntamente com soluções contendo nicotina e outros agentes, destinados a substituir o consumo dos cigarros comuns.
- Apesar de proibidos no Brasil, por não serem autorizados pela Agência Nacional de Vigilância Sanitária, são adquiridos facilmente pela internet, com uso bastante difundido entre adolescentes e adultos.
- O dano pulmonar agudo associado ao uso de cigarros eletrônicos e vaporizadores (Evali, na sigla em inglês – *e-cigarette or vaping product*)
- use-associated lung injury)) é reconhecido como entidade nosológica distinta desde 2019.
- Sua fisiopatogenia ainda não está totalmente esclarecida, mas está provavelmente relacionada a uma ou mais das substâncias químicas presentes nas soluções utilizadas nos dispositivos.
- Asma parece ser fator predisponente para a ocorrência de casos graves.
- Já existem critérios diagnósticos definidos, e o tratamento dos casos graves tem sido feito com suporte vital, oxigenoterapia e corticosteroides sistêmicos.

INTRODUÇÃO

O uso de cigarros eletrônicos e vaporizadores consiste no processo de inalação de vapores criados pelo aquecimento de líquidos ou resinas contendo várias substâncias, como nicotina, canabinoides, essências saborizantes e aditivos. Existem vários dispositivos para a criação desses vapores, normalmente operados por baterias recarregáveis e conhecidos genericamente como cigarros eletrônicos.[1] Os conteúdos líquidos são tipicamente compostos de um solvente de propilenoglicol e glicerina vegetal, com adição de saborizantes, nicotina e, algumas vezes, tetra-hidrocanabinol (THC).[1,2]

Os primeiros cigarros eletrônicos foram desenvolvidos na China em 2003 e introduzidos nos Estados Unidos em 2006. Embora seja uma indústria ainda incipiente e esses dispositivos, proibidos em muitos países, seu mercado mundial atualmente gira em torno de 2,5 bilhões de dólares ao ano.[2-4]

Dados publicados antes de 2019 associavam o uso de cigarros eletrônicos a um amplo espectro de doenças pulmonares, incluindo achados radiográficos incidentais, pneumonia lipoídica, pneumonia eosinofílica, pneumonite de hipersensibilidade e hemorragias alveolares difusas.[5-7]

A Evali foi inicialmente reconhecida como entidade nosológica distinta em 2019, quando mais de 2.800 casos foram registrados pelos Centers for Disease Control and Prevention (CDC), com 68 casos fatais.[1,8,4] Aproximadamente dois terços deles ocorrem em indivíduos do sexo masculino, cerca de 80% dos casos abaixo dos 35 anos de idade. A asma parece ser um fator agravante, pois envolve 22% dos afetados.[2,9,10]

Embora os casos tenham diminuído desde esse primeiro surto em 2019, casos esporádicos continuam a ser relatados, principalmente nos Estados Unidos e na Europa.[2,9,10]

FATORES DE RISCO E FISIOPATOLOGIA

A fisiopatologia exata da Evali ainda não é conhecida. Parece ser uma forma aguda de lesão pulmonar, com achados patológicos de pneumonite aguda fibrinosa, dano alveolar difuso ou mesmo consolidações pneumônicas. Usualmente, acompanha as ramificações brônquicas menores e por vários graus de bronquiolite (Quadro 1).[11-14]

Mais do que um simples processo, a Evali parece refletir um amplo espectro de lesões agudas pulmonares. Casos individuais já foram descritos como pneumonia aguda eosinofílica, hemorragia alveolar difusa, pneumonia lipoídica e mesmo bronquiolite com lesão intersticial.[13-15] Tudo isso sugere a participação de vários processos de lesão pulmonar aguda, variáveis de paciente para paciente. Nenhum agente infeccioso foi identificado até o momento nos casos de Evali.[11,16,17]

O principal fator de risco para o desenvolvimento da Evali é o uso de cigarros eletrônicos ou similares. Estudos em lavados broncoalveolares de pacientes afetados têm revelado em muitos casos o THC e/ou o acetato de tocoferol (vitamina E), muito embora nicotina e canabinoides, além de outras substâncias e solventes, também tenham sido identificados em vários casos.[11,16-18] A maioria envolve aparelhos comprados no mercado clandestino, havendo, também, a possibilidade de componentes mistos e aquecidos propiciarem a criação de agentes tóxicos ainda não elucidados.

Quadro 1. Mecanismos de lesão pulmonar – Evali

Constituinte	Mecanismo de lesão pulmonar
Vapores	• Asma • Dano ao epitélio respiratório • Dano ao DNA • Alterações inflamatórias • Dano oxidativo
Vitamina E (acetato de tocoferol)	• Dano ao surfactante natural
Metal aquecedor do componente líquido	• Toxicidade de alguns metais pesados
Material contaminante	• Sílica (silicose)
Saborizantes	• Lesão térmica • Benzoaldeídos • Diacetil
Propilenoglicol, glicerina vegetal	• Lesão térmica • Formaldeído • Acetaldeído • Conteúdo lipídico (pneumonia lipoídica)

Fonte: Reagan-Steiner et al., 2020;[13] Sommerfeld et al., 2018.[14]

QUADRO CLÍNICO

O quadro clínico da Evali deriva de estudos dos casos confirmados, por critérios clínicos que serão descritos neste capítulo, sempre excluindo outras doenças. Os sintomas respiratórios incluem taquipneia (85%), tosse (85%), dor torácica (52%), dor pleurítica (36%) e hemoptise (8%). Sinais e sintomas gerais incluem febre (84%), seguida ou não de calafrios.[11,12,16,17] Os sintomas gastrintestinais são comuns (77%) e incluem náuseas (66%), vômitos (61%), diarreia (44%) e dores abdominais (34%). Os sintomas gastrintestinais podem ser preponderantes e, na maioria das vezes, acompanham os sinais e sintomas respiratórios.[12,16,17,19]

Chama-nos a atenção que cerca de 58% dos pacientes têm hipoxemia já à apresentação, com a oximetria de pulso inferior a 94% em ar ambiente; entre estes, cerca de 25% têm oximetria abaixo de 88%. A atenção a esses pacientes hipoxêmicos deve ser máxima, pois podem evoluir rapidamente para insuficiência respiratória.[11,17]

A Evali deve sempre ser suspeitada em pacientes usuários de cigarros eletrônicos que evoluem com sinais e sintomas respiratórios e hipoxemia progressiva. É importante, também, identificar o tipo de aparelho, a substância e outras que possam ser adicionadas, além da frequência de uso e quando foi a última vez. Além de tudo isso, convém saber sobre comorbidades, pois a maioria dos óbitos relacionados à Evali tem sido relatada em maiores de 35 anos, com asma, doenças cardiovasculares ou doença pulmonar obstrutiva crônica (DPOC) e mesmo pacientes com doenças mentais.[16,17,20]

LABORATÓRIO

Não há exames laboratoriais específicos para Evali. Os exames procuram evidenciar alterações de fase aguda e afastar causas infecciosas, utilizando-se hemoculturas, culturas de escarro ou de secreção brônquica. Em casos de broncoscopia, o lavado broncoalveolar deve ser utilizado para culturas e análise de substâncias como THC, nicotina, vitamina E etc.[18] A pesquisa de agentes virais (painéis virais) nas mesmas secreções é importante para caracterizar ou afastar essas etiologias. Na época atual, deve ser realizada a PCR (*polymerase chain reaction*) para Covid-19 e testes sorológicos em todos os casos suspeitos.[18,19,21]

EXAMES DE IMAGEM (RADIOGRAFIA E TOMOGRAFIA DE TÓRAX)

O padrão de imagens mais comumente associado à Evali são infiltrados bilaterais, difusos, em aparência de "vidro fosco", com predominâncias basilares e poupando espaços subpleurais. Alguns casos revelam achados de infiltrados nodulares bilaterais e peri-hilares assemelhando-se a consolidações metastáticas.[19,21] Estudos mais recentes revelam padrões que se assemelham a outras doenças, como pneumonia eosinofílica, alveolite difusa, aspecto pneumônico e pneumonia lipoídica. Destes, a pneumonia lipoídica é a que apresenta maior dificuldade diferencial.[15]

CRITÉRIOS DIAGNÓSTICOS SUGERIDOS PARA EVALI[16,17]

1. Quadro clínico sugestivo: febre, tosse, dispneia, hipoxemia, sintomas gastrintestinais.
2. História de uso de cigarros eletrônicos nos últimos 90 dias.
3. Exames laboratoriais sugerindo alterações de fase aguda (leucocitose, transaminases alteradas, velocidade de hemossedimentação e PCR).
4. Imagem radiológica sugestiva.
5. Exclusão de outros diagnósticos possíveis – principalmente quadros infecciosos, mesmo que seja necessário lavado broncoalveolar ou biópsia pulmonar.

TRATAMENTO

O tratamento da Evali, assim como muito de sua fisiopatologia e etiologia, ainda é desconhecido. Um dos passos mais importantes é estabelecer o diagnóstico diferencial com outros quadros, principalmente infecciosos, muito mais comuns que a Evali. O tratamento empírico com antibiótico para a cobertura de agentes etiológicos usuais deve ser iniciado e reavaliado segundo a evolução do quadro e exames de apoio.

Os corticosteroides sistêmicos têm sido usados como carro-chefe do tratamento dos quadros sugestivos, mas sua verdadeira eficácia ainda está por ser comprovada. Como a própria Evali parece representar um grupo de lesões distintas com variações em sua apresentação, assim o são os resultados com a corticoterapia.[11,12,17] Os melhores resultados são descritos em tratamentos de adolescentes com quadro clínico e radiológico de Evali.[14,17]

Em virtude da gravidade dos quadros clínicos, a maioria dos autores recomenda corticosteroides sistêmicos no tratamento da Evali cujo quadro clínico se apresente com deterioração progressiva e/ou hipoxemia.[13,14,16,17] Nos pacientes com quadros leves e mais estáveis, parece ser mais adequado não usar os corticosteroides de modo rotineiro, principalmente se a etiologia infecciosa ainda não foi afastada.

Caso a decisão seja iniciá-los, a maioria dos autores sugere um curso de metilprednisolona de 0,5 a 1 mg/kg/dia, ou equivalente, por cerca de 5 a 10 dias e posterior retirada gradual.[11,17] O tratamento de suporte com oxigênio deve ser realizado, visando a saturação entre 88 e 92%. Em caso de piora da hipoxemia, será necessário fazer intubação traqueal e ventilação mecânica. Raramente tem ocorrido indicação de oxigenação por membrana extracorpórea (ECMO).

É mandatório enfatizar que os sobreviventes dos quadros de Evali devem evitar voltar a usar qualquer tipo de cigarro eletrônico ou dispositivo similar.

REFERÊNCIAS BIBLIOGRÁFICAS

1. Gotts JE, Jordt SE, McConnell R, Tarran R. What are the respiratory effects of e-cigarettes? BMJ. 2019; 366:l5275.
2. Triantafyllou GA, Tiberio PJ, Zou RH, Lamberty PE, Lynch MJ, Kreit JW, et al. Vaping-associated acute lung injury: a case series. Am J Respir Crit Care Med. 2019;200(11):1430-1.
3. Hswen Y, Brownstein JS. Real-time digital surveillance of vaping-induced pulmonary disease. N Engl J Med. 2019;381(18):1778-80.
4. Hartnett KP, Kite-Powell A, Patel MT, Haag BL, Sheppard MJ, Dias TP, et al. Syndromic surveillance for e-cigarette, or vaping, product use-associated lung injury. N Engl J Med. 2020;382(8):766-72.
5. Kligerman S, Raptis C, Larsen B, Henry TS, Caporale A, Tazelaar H, et al. Radiologic, pathologic, clinical, and physiologic findings of Electronic Cigarette or Vaping Product Use-associated Lung Injury (EVALI): evolving knowledge and remaining questions. Radiology. 2020;294(3): 491-505.
6. Jonas AM, Raj R. Vaping-related acute parenchymal lung injury: a systematic review. Chest. 2020;158(4):1555-65.
7. Butt YM, Smith ML, Tazelaar HD, Vaszar LT, Swanson KL, Cecchini MJ, et al. Pathology of vaping-associated lung injury. N Engl J Med. 2019;381(18):1780-1.
8. Layden JE, Ghinai I, Pray I, Kimball A, Layer M, Tenforde MW, et al. Pulmonary illness related to e-cigarette use in Illinois and Wisconsin – final report. N Engl J Med. 2020;382(10):903-16.
9. Thota D, Latham E. Case report of electronic cigarettes possibly associated with eosinophilic pneumonitis in a previously healthy active-duty sailor. J Emerg Med. 2014;47(1):15-7.
10. Christiani DC. Vaping-induced acute lung injury. N Engl J Med. 2020;382(10):960-2.
11. Kalininskiy A, Bach CT, Nacca NE, Ginsberg G, Marraffa J, Navarette KA, et al. E-cigarette, or vaping, product use associated lung injury (EVALI): case series and diagnostic approach. Lancet Respir Med. 2019;7(12):1017-26.
12. Reddy A, Jenssen BP, Chidambaram A, Yehya N, Lindell RB. Characterizing e-cigarette vaping-associated lung injury in the pediatric intensive care unit. Pediatr Pulmonol. 2021;56(1):162-70.
13. Reagan-Steiner S, Gary J, Matkovic E, Ritter JM, Shieh W-J, Martines RB, et al. Pathological findings in suspected cases of ecigarette, or vaping, product use-associated lung injury (EVALI): a case series. Lancet Respir Med. 2020;8(12):1219-32.
14. Sommerfeld CG, Weiner DJ, Nowalk A, Larkin A. Hypersensitivity pneumonitis and acute respiratory distress syndrome from e-cigarette use. Pediatrics. 2018;141(6):e20163927.
15. Maddock SD, Cirulis MM, Callahan SJ, Keenan LM, Pirozzi CS, Raman SM, et al. Pulmonary lipid-laden macrophages and vaping. N Engl J Med. 2019;381(15):1488-9.
16. Blagev DP, Harris D, Dunn AC, Guidry DW, Grissom CK, Lanspa MJ. Clinical presentation, treatment, and short-term outcomes of lung injury associated with e-cigarettes or vaping: a prospective observational cohort study. Lancet. 2019;394(10214):2073-83.
17. Rao DR, Maple KL, Dettori A, Afolabi F, Francis JKR, Artunduaga M, et al. Clinical features of e-cigarette, or vaping, product use associated lung injury in teenagers. Pediatrics. 2020;146(1):e20194104.
18. Khanijo S, Lou BX, Makaryus M, Weber A, Fryman C, Iakovou A. Coagulopathy and inflammatory dysregulation with ecigarette use. Am J Med. 2020;133(5):530-1.
19. Matta P, Hamati JN, Unno HL, Fox MD. E-cigarette or Vaping Product Use-Associated Lung Injury (EVALI) without respiratory symptoms. Pediatrics. 2020;145(5):e20193408.
20. Werner AK, Koumans EH, Chatham-Stephens K, Salvatore PP, Armatas C, Byers P, et al. Hospitalizations and deaths associated with EVALI. N Engl J Med. 2020;382(17):1589-98.
21. Henry TS, Kanne JP, Kligerman SJ. Imaging of vaping-associated lung disease. N Engl J Med. 2019;381(15):1486-7.
22. Heinzerling A, Armatas C, Karmarkar E, Attfield K, Guo W, Wang Y, et al. Severe lung injury associated with use of ecigarette, or vaping, products-California, 2019. JAMA Intern Med. 2020;180(6):861-9.
23. Blount BC, Karwowski MP, Shields PG, Morel-Espinosa M, Valentin-Blasini L, Gardner M, et al. Vitamin E acetate in bronchoalveolar-lavage fluid associated with EVALI. N Engl J Med. 2020;382(8):697-705.
24. Conuel EJ, Chieng HC, Fantauzzi J, Pokhrel K, Goldman C, Smith TC, et al. Cannabinoid oil vaping-associated lung injury and its radiographic appearance. Am J Med. 2020;133(7):865-7.

CAPÍTULO 36

CLORO

Carlos Augusto Mello da Silva

PONTOS-CHAVE

- A ingestão de saneantes domésticos à base de cloro (hipoclorito de sódio) por crianças é um evento frequente no atendimento de emergência.
- Geralmente benignos, os quadros clínicos podem ser graves quando envolvem produtos em concentrações elevadas ou desconhecidas (produtos clandestinos).
- A exposição a gás cloro por via inalatória e dérmica pode produzir quadros graves, dependendo do tempo de exposição e de fatores como comorbidades (pacientes asmáticos).
- O essencial no manejo é a avaliação clínica criteriosa na identificação precoce dos quadros graves, com o auxílio de exames de imagem e outros recursos propedêuticos (como endoscopia digestiva alta) e suporte vital (como manutenção de via aérea permeável).

INTRODUÇÃO

O cloro (Cl_2) é um gás de coloração esverdeada, com odor irritante, mais denso que o ar atmosférico, motivo pelo qual costuma acumular-se em partes baixas dos ambientes onde é liberado ou ocorrem vazamentos. É um agente químico com diversos usos industriais, como branqueamento de tecidos e na indústria de papel, bem como tratamento de água para consumo humano.[1,2] No ambiente doméstico, sua presença se dá a partir de compostos amplamente utilizados, como água sanitária (hipoclorito de sódio - NaOCl) e produtos para piscinas (hipoclorito de cálcio - $Ca(OCl)_2$).[2]

Seus compostos liberam o cloro na forma gasosa no ambiente, exercendo ação desinfetante (bactericida), sendo um dos agentes químicos saneantes domésticos com maior número de exposições humanas, tanto pelas vias inalatória e dérmica quanto pela ingestão acidental dos compostos por crianças.[1,3,4]

MECANISMOS DE AÇÃO

Os danos produzidos pelo cloro decorrem de sua reação com a água presente nas mucosas e nas vias respiratórias. Essa interação produz compostos como ácido clorídrico/hidroclórico (HCl) e ácido hipocloroso (HOCl), que apresentam propriedades corrosivas, lesando os tecidos. Potencializando ainda mais os danos, o HOCl é degradado em HCl, liberando radicais livres de O_2 que produzem dano oxidativo celular.[2]

QUADRO CLÍNICO

Depende, fundamentalmente, das vias de exposição e da concentração dos produtos. As formulações de hipoclorito de sódio (solução aquosa) para uso doméstico geralmente apresentam concentração de 5%. O mesmo agente para uso industrial é encontrado em concentrações elevadas - 20% ou mais.[1,4]

A ingestão de água sanitária (hipoclorito a 5%), principalmente por crianças pré-escolares, produz irritação de mucosas, com sensação de ardência ou queimação, seguida eventualmente de náuseas e vômitos, mas de evolução geralmente benigna.[2]

ALERTA IMPORTANTE

Em nosso país, é frequente a comercialização de produtos clandestinos à base de hipoclorito de sódio, produzidos artesanalmente e comercializados de porta em porta, inclusive em garrafas PET de refrigerantes, sem identificação de fabricante ou composição. São, evidentemente, produtos não licenciados ou fiscalizados pelos órgãos de controle, podendo conter concentrações elevadas do agente, levando a danos graves do trato gastrintestinal caso sejam ingeridos.

A ingestão do produto mais concentrado (20%, por exemplo) leva a dano esofágico e gástrico significativo. Clinicamente se observam disfagia e salivação, pela dificuldade e dor à deglutição. Odinofagia, dor torácica retroesternal e dor epigástrica acompanham a evolução imediata desses pacientes. Hematêmese pode ser a marca de quadros extremamente graves, não estando descartada a ocorrência de perfurações do trato gastrintestinal.[2,4]

A exposição de pele e mucosas a soluções concentradas produz dano corrosivo importante. A inalação do gás cloro e seu contato com pele e mucosas produz efeitos praticamente imediatos, ligados à sua boa hidrossolubilidade. O paciente inicia ardência ocular, epífora (lacrimejamento), irritação e sensação de queimação nas vias aéreas superiores, seguidos de tosse e dificuldade respiratória.[1,2,4,5] A ausculta pulmonar revela roncos e sibilos, principalmente em indivíduos asmáticos.[5]

Caso a exposição tenha sido breve e o paciente removido do ambiente contaminado, o quadro costuma ser de curta duração. Exposições mais prolongadas e a concentrações mais altas de cloro no ambiente podem ocasionar rouquidão, estridor laríngeo e risco de obstrução respiratória alta, dano pulmonar agudo grave, incluindo o desenvolvimento de síndrome de angústia respiratória e risco à vida.[1,2,5]

ALERTA IMPORTANTE

A mistura, no ambiente doméstico, de água sanitária com outros saneantes contendo amônia gera um derivado gasoso (cloramina)[1] que também é extremamente irritante de mucosas e vias respiratórias. Essas misturas, no errôneo intuito de aumentar o efeito saneante dos produtos, são totalmente desnecessárias e devem ser evitadas!

O diagnóstico baseia-se na história de exposição ao gás, identificável por suas características já descritas (odor, coloração) e efeitos irritantes de início precoce, ou a seus compostos em ambientes e circunstâncias de uso conhecidas (saneantes domésticos, produtos para piscinas etc.).

Nos casos de ingestão, estudos radiológicos de tórax e abdome, sobretudo com sintomatologia exuberante, são úteis na avaliação inicial (risco de perfuração).[2-4] Havendo suspeita de ingestão de concentrações elevadas de hipoclorito, ou sintomas indicando maior gravidade, endoscopia digestiva alta nas primeiras 24 horas está indicada.[6] Casos sugerindo perfuração do trato gastrintestinal indicam avaliação cirúrgica imediata.

Exames laboratoriais como hemograma e eletrólitos são complementares na avaliação. A inalação de gás cloro impõe radiografia de tórax, oximetria de pulso e gasometria arterial.[2,5]

TRATAMENTO

A maioria dos casos de ingestão de água sanitária (hipoclorito de sódio a 5%) por crianças pequenas evolui bem, apenas com observação e tratamento sintomático.[1,2,4] A diluição, pela administração de H_2O, pode ser útil. Lavagem gástrica e provocação de vômitos estão formalmente contraindicadas.

As ingestões seguidas de quadros mais graves, com danos importantes ao trato gastrintestinal demonstrados pela endoscopia digestiva alta e/ou estudo radiológico, demandam internação hospitalar, com acompanhamento gastroenterológico e cirúrgico, quando indicado.

O uso de corticosteroides sistêmicos deve ser evitado, pois parece estar relacionado a maior incidência de complicações, como infecções secundárias.[1] Nos casos de inalação, estão indicados o fornecimento de O_2 úmido suplementar, monitoramento da função respiratória e nebulização com broncodilatadores se sibilância.[5]

Nebulizações com bicarbonato de sódio, propostas por alguns autores em estudos e avaliações recentes, não demonstraram interferir em nenhum desfecho importante, como reduzir gravidade e tempo de duração do quadro.[5] Situações extremas, com manifestações de dano à laringe (rouquidão, estridor), podem levar à necessidade de intubação traqueal precoce, para a garantia de via aérea permeável.[1]

As exposições dérmicas são manejadas com remoção das vestimentas e irrigação da pele com água.[1,4] Nos casos com sintomatologia ocular, deve-se lavar os olhos com água ou solução fisiológica.[4]

ANTÍDOTO

Não existe antídoto específico.

MEDIDAS DE DEPURAÇÃO

Não há indicação de medidas como hemodiálise na exposição ao cloro e seus compostos.[1,2]

ERROS COMUNS QUE VOCÊ DEVE EVITAR

Deixar de observar sinais clínicos de gravidade nos casos de ingestão de compostos de cloro de uso domiciliar ou de inalação de gás cloro em ambientes fechados.

Não tomar medidas precoces de manutenção de via aérea permeável diante da ocorrência de rouquidão, estridor laríngeo e disfunção respiratória.

Não proceder à lavagem dos olhos com água ou solução fisiológica nos casos de exposição ocular.

Não proceder à descontaminação da pele nos casos de exposição dérmica, sobretudo em crianças pequenas.

OBJETIVOS DE APRENDIZAGEM

Ao final da leitura deste capítulo, o leitor deverá ser capaz de:

- Identificar as principais formas de exposição ao cloro e seus compostos em ambiente doméstico.
- Reconhecer as manifestações clínicas características da exposição ao cloro e seus compostos pelas diversas vias.
- Reconhecer os sinais e sintomas clínicos de uma intoxicação grave pelo cloro e seus compostos.
- Indicar os exames de imagem, laboratoriais e outros para a adequada avaliação do paciente.
- Indicar as medidas terapêuticas sintomáticas e de suporte vital apropriadas.

REFERÊNCIAS BIBLIOGRÁFICAS

1. Tharrat RS. Chlorine. In: Olson KR, editor. Poisoning & drug overdose. 5. ed. Nova Iorque: Lange Medical Books/McGraw Hill; 2007. p. 162-3.
2. Wax PM. Antiseptics, disinfectants, and sterilants. In: Hoffman R, Lewin NA, Goldfrank LR, Nelson LS, Howland MA, editores. Goldfrank's Toxicologic Emergencies. 10. ed. Nova Iorque: McGraw Hill Education; 2015. p. 1295-306.
3. Hall AH, Jacquemin D, Henny D, Mathieu L, Josset P, Meyer B. Corrosive substances ingestion: a review. Crit Rev Toxicol. 2019;49(8):637-69.
4. Slaughter RJ, Watts M, Vale JA, Grieve JR, Schep LJ. The clinical toxicology of sodium hypochlorite. Clin Toxicol. 2019;57(3):303-11.
5. Tuong AH, Despréaux T, Loeb T, Salomon J, Mégarbane B, Descatha A. Emergency management of chlorine gas exposure- a systematic review. Clin Toxicol. 2019;57(2):77-98.
6. Tringali A, Thomson M, Dumonceau J-M, Tavares M, Tabbers MM, Furlano R, et al. Pediatric gastrointestinal endoscopy: European Society of Gastro-Intestinal Endoscopy (ESGE) and European Society for Paediatric Gastroenterology Hepatology and Nutrition (ESPGHAN) Guideline Executive summary. Endoscopy. 2017;49(1):83-91.

CAPÍTULO 37

COCAÍNA

Ricardo Tavares Monteiro
Carlos Augusto Mello da Silva

PONTOS-CHAVE

- A cocaína pode ser inalada, aspirada por via nasal e administrada por via intravenosa, levando a sintomas que se relacionam a suas propriedades anestésicas, vasoconstritoras, simpaticomiméticas, psicoativas e protrombóticas.
- A clínica inclui agitação, *delirium*, psicose, dor torácica, taquicardia, hipertensão, hipertermia, diaforese e taquipneia. É fundamental conhecer as complicações para avaliação clínica e manejo.
- O diagnóstico é obtido pela história de uso de cocaína associada a sintomas simpaticomiméticos de intoxicação.
- No tratamento da agitação, prescrevem-se benzodiazepínicos para controle rápido. Haloperidol não deve ser usado como primeira linha no tratamento da agitação, por diminuir o limiar convulsivo.
- O tratamento é sintomático e de suporte. Não há antídoto específico. Diálise, hemoperfusão e acidificação da urina não contribuem para melhor desfecho.

INTRODUÇÃO

A cocaína é uma das drogas de abuso mais utilizadas.[1] Inicialmente, foi consumida na forma da planta *Erythroxylum coca* por nativos da América do Sul, com o objetivo de obter seus efeitos estimulantes. Em 1855, o alcaloide foi isolado pela primeira vez, utilizado como anestésico local, e em algumas cirurgias, por seus efeitos vasoconstritores e analgésicos. Por algumas décadas, figurou como cura para diversas doenças, até que em 1914 fossem identificados seus efeitos adversos, sendo então classificada como narcótico.[2]

Essa substância é comercializada sob a forma de um pó branco cristalino, inodoro, de sabor amargo, assumindo os nomes de coca, pedra, branca, neve.[3] A cocaína pode ser encontrada sob duas formas: em pó e *crack*. Pode ser inalada pelo nariz ou esfregada na mucosa oral. Além disso, pode ser aquecida sob a forma de vapor e inalada pelos pulmões. Sob a forma solúvel em água, também pode ser injetada pela via intravenosa. O efeito é praticamente imediato e dura de minutos a 1 hora.[4]

Quando adquirida na rua, pode estar combinada com outros fármacos, como lidocaína, benzocaína, cafeína, metanfetamina, efedrina, fenciclidina e levamisol.[1]

MECANISMOS DE AÇÃO (FÁRMACO/TOXICODINÂMICA)

Além da ação anestésica local, a cocaína leva ao estímulo do sistema nervoso central (SNC) e à inibição da captação neuronal de catecolaminas. Esse mecanismo torna a clínica semelhante à intoxicação por anfetaminas. Além disso, doses altas se relacionam a bloqueio dos canais de sódio da célula cardíaca, que podem levar à depressão da condução (prolongamento do QRS) e ao prolongamento do intervalo QT.[1]

FARMACOCINÉTICA/TOXICOCINÉTICA

A cocaína é bem absorvida por todas as vias. As administrações intravenosa e inalatória levam ao efeito de 1 a 2 minutos após o uso, enquanto o uso oral e pela via mucosa podem levar de 20 a 30 minutos. A eliminação se dá por metabolismo e hidrólise, apresentando meia-vida de aproximadamente 1 hora. No uso concomitante de etanol, há aumento da meia-vida pela transesterificação a cocaetileno.[1]

ALERTA IMPORTANTE

Quanto mais rápida a via de absorção, mais intensos os sintomas e menor sua duração. Ao fumar a cocaína, o ápice do efeito pode ser de 5 a 10 minutos, enquanto após cheirar pode durar de 15 a 30 minutos.[5]

DOSES TÓXICAS

A dose tóxica depende da via de administração, da associação de outros fármacos e da tolerância individual. A administração de determinada quantidade intravenosa pode conduzir a arritmias e convulsões, enquanto a via oral pode levar apenas à euforia.[1]

ALERTA IMPORTANTE

A dose máxima recomendada para anestesia local intranasal é de 100 a 200 mg (1 a 2 mL de solução a 10%).

Uma típica "carreira" de cocaína contém de 20 a 30 mg. Já o *crack* é vendido sob forma de pedras, contendo de 100 a 150 mg.

A ingestão superior a 1 g de cocaína é provavelmente fatal.[1]

QUADRO CLÍNICO

As manifestações clínicas se relacionam com os efeitos simpaticomiméticos agudos da cocaína, ou com as complicações do uso crônico. Os sintomas incluem euforia, estado de alerta, inapetência, ansiedade, agressividade, desorientação, taquicardia, hipertensão, dor torácica, arritmia.[6] Ao exame físico, observam-se midríase, diaforese, hipertermia e taquipneia. Efeitos do SNC incluem agitação, paranoia, mania e *delirium* severo. Em virtude da cardiotoxicidade da cocaína, é possível encontrar síndrome coronariana aguda. Outros sintomas incluem pneumomediastino, pneumotórax, rabdomiólise, hipertermia, convulsão, isquemia ou obstrução de trato gastrintestinal e insuficiência renal aguda.[7]

Ao avaliar pacientes usuários de cocaína, deve-se considerar a possibilidade de abstinência, caracterizada por humor depressivo associado a fadiga, sonhos vívidos, distúrbios do sono, aumento de apetite, lentificação dos movimentos ou agitação.[6]

ALERTA IMPORTANTE

A contaminação da cocaína com outras drogas pode levar à toxicidade não relacionada à cocaína. A presença de levamisol, anti-helmíntico de uso veterinário, pode levar à agranulocitose. O efeito se resolve com a descontinuação da droga. Na presença de complicação infecciosa, pode ser necessário uso do filgrastim.

DIAGNÓSTICO

O diagnóstico é feito pela história de ingestão de cocaína associada a sintomas simpaticomiméticos. Na inspeção, atentar-se a marcas de abuso de drogas intravenosas na pele, cicatrizes de queimadura por coca e perfuração de septo nasal secundária ao uso crônico.

O diagnóstico específico é realizado pela pesquisa de benzoilecgonina na urina, o metabólito inativo da cocaína, podendo ser identificado até 72 horas após o uso. O *screening* normalmente é feito por cromatografia em camada delgada (baixa sensibilidade) e pelo imunoensaio. O padrão-ouro para a detecção de metabólitos da cocaína é a imunocromatografia gasosa, podendo haver identificação até 5 a 6 dias após o uso, ou de 10 a 22 dias depois em usuários crônicos.[4]

Demais exames incluem eletrólitos, glicose, ureia, creatinina, creatinoquinase, exame qualitativo de urina, mioglobina na urina, troponina, eletrocardiograma, tomografia de crânio se suspeita de hemorragia e radiografia de abdome na suspeita de ingestão de pacotes contendo cocaína.[1]

ALERTA IMPORTANTE

Ao identificar dor torácica com evidência de isquemia ou infarto em paciente jovem hígido, considerar ingesta por cocaína. A suspeita de intoxicação também deve ser considerada em convulsões sem explicação, coma, hipertermia, acidente vascular cerebral ou parada cardiorrespiratória.[1]

TRATAMENTO

O tratamento da intoxicação por cocaína é sintomático e de suporte. A *overdose* é tratada como emergência médica, em decorrência da cardiotoxicidade. Tratar hipertermia com antitérmicos ou resfriamento físico (cobertores térmicos, gelo).[8]

Para agitação, convulsões, hipertensão e taquicardia, benzodiazepínicos (BZD) são boas opções: diazepam 5 mg VO, lorazepam 2 mg IM ou IV ou midazolam 5 mg IM para controle rápido.[9] Haloperidol não deve ser usado como primeira linha no tratamento da agitação, por diminuir o limiar convulsivo.[4]

Demais complicações são tratadas conforme o sistema afetado.[8] Na presença de síndrome coronariana aguda, realizar tratamento semelhante ao da forma não induzida por cocaína; no entanto, nesse cenário, não utilizar betabloqueadores.[4] Para tratar o prolongamento de QRS causado pelo bloqueio do canal de sódio, pode-se utilizar bicarbonato de sódio. Já as taquiarritmias de complexo amplo podem responder à lidocaína.[1]

ALERTA IMPORTANTE

Recomenda-se fortemente não administrar betabloqueadores no tratamento da intoxicação aguda por cocaína. O propranolol, betabloqueador não seletivo, pode levar à hipertensão paradoxal. Se for necessário, recomenda-se utilizar um betabloqueador seletivo, como o esmolol. Além disso, pode-se associar o esmolol a um vasodilatador, como a fentolamina.

Medidas de suporte

Manter via aérea, fornecer ventilação quando necessário, tratar coma, agitação, convulsão, arritmias, hipotensão e os demais sintomas que se apresentarem.[1]

Medidas de descontaminação

Não são necessárias após cheirar, fumar ou injetar. Após a ingestão, administrar carvão ativado por via oral. Se este for administrado prontamente, em ingestões leves e moderadas, não é necessária a lavagem gástrica. Na ingestão de pacotes de cocaína, devem-se oferecer múltiplas doses de carvão ativado e realizar avaliação de necessidade cirúrgica.[1]

Medidas de depuração

Diálise e hemoperfusão não são eficazes na intoxicação por cocaína, pela extensão da distribuição tecidual e rápida metabolização. A acidificação urinária pode agravar a insuficiência renal mioglobinúrica.[1]

ANTÍDOTO

Não existem antídotos específicos.

ERROS COMUNS QUE VOCÊ DEVE EVITAR

Não considerar a possibilidade de intoxicação por cocaína em isquemia ou infarto de paciente jovem e previamente hígido.

Aguardar resultado laboratorial/*screening* para iniciar manejo.

Prescrever haloperidol como primeira linha no tratamento da agitação.

Prescrever betabloqueador não seletivo (propranolol) na síndrome coronariana aguda.

REFERÊNCIAS BIBLIOGRÁFICAS

1. Olson KR. Manual de toxicologia clínica. 6. ed. Porto Alegre: AMHG; 2014. p. 196-8.
2. Sadock BJ, Sadock VA, Ruiz P. Compêndio de psiquiatria: ciência do comportamento e psiquiatria clínica. 11. ed. Porto Alegre: Artmed; 2017. p. 616-93.
3. Ryan SA. Cocaine use in adolescents and young adults. Pediatr Clin North Am. 2019;66(6):1135-47.
4. Pasha AK, Chowdhury A, Sadiq S, Fairbanks J, Sinha S. Substance use disorders: diagnosis and management for hospitalists. J Community Hosp Intern Med Perspect. 2020;10(2):117-26.
5. Martin A, Bloch MH, Volkmar FR. Lewis's child and adolescent psychiatry: a comprehensive textbook. 5. ed. Filadélfia: Wolters Kluwer; 2018. p. 1597-1628.
6. Donroe JH, Tetrault JM. Substance use, intoxication, and withdrawal in the critical care setting. Crit Care Clin. 2008;24:704-17.
7. Zimmerman JL. Cocaine intoxication. Crit Care Clin. 2012;28(4):517-26.
8. Akerele E, Olupona T. Drugs of abuse. Psychiatr Clin North Am. 2017;40:501-17.
9. Gerlach M, Warnke A, Greenhill L. Psychiatric drugs in children and adolescents: basic pharmacology and practical applications. Wien: Springer; 2014. p. 417-27.

CAPÍTULO 38

COLCHICINA

Izabela Lucchese Gavioli

PONTOS-CHAVE

- A colchicina é geralmente bem tolerada no uso terapêutico, mas comorbidades que afetem as funções hepática e renal podem aumentar sua toxicidade. O índice terapêutico é baixo, e mesmo em doses pequenas pode haver toxicidade.
- Pacientes intoxicados manifestam o quadro gastrintestinal dentro de várias horas após a ingestão e devem ser observados por pelo menos 8 a 12 horas; pacientes que não manifestam sinais e sintomas gastrintestinais dentro desse período após a ingestão provavelmente não apresentarão quadro tóxico.
- Em virtude da morbidade e letalidade significativas associadas à toxicidade da colchicina, todos os pacientes sintomáticos com superdosagem suspeita ou conhecida devem ser hospitalizados para observação. Como esses pacientes apresentam risco de colapso cardiovascular súbito nas primeiras 24 a 48 horas, o monitoramento em terapia intensiva é recomendado por pelo menos esse período inicial.
- Estão indicadas medidas de descontaminação como lavagem gástrica com instilação de carvão ativado até 12 horas após a ingestão. Pelas características farmacocinéticas da droga, não estão indicadas medidas de aumento da depuração, como hemodiálise ou hemoperfusão.
- O tratamento é fundamentalmente de suporte, incluindo sintomáticos, fluidoterapia e inotrópicos. Não há antídoto específico.

INTRODUÇÃO

A origem da colchicina remonta à mitologia grega: a lenda conta que Medeia (filha do rei de Colchis, um pequeno país a leste do Mar Negro, na Ásia Menor), tida por feiticeira, usava plantas locais da família das Liliáceas, como a *Colchium autumnale*, para envenenar suas vítimas. Textos médicos do início da Era Cristã, como *Pedanius Dioscorides De Materia Medica*, já recomendavam o uso de colchicina para condições articulares. Em seguida, ao serem percebidos seus efeitos adversos gastrintestinais, caiu em desuso por longo tempo, até aparecer novamente na literatura médica do século XVIII como medicamento antigotoso.[1,2]

A colchicina é o alcaloide ativo da planta *Colchicum autumnale* L. e foi isolado em 1820. A colchicina é derivada de plantas da família *Liliaceae*: *C. autumnale* (açafrão-de-outono, açafrão-do-prado, açafrão-selvagem) e *Gloriosa superba* (lírio-da-glória) ou *Sandersonia aurantiaca* (sinos-de-natal, lírio-chinês, lanterna-chinesa).[1-4] O açafrão-de-outono contém diferentes quantidades de colchicina por peso, dependendo da parte da planta (bulbo, 0,8%; flores, 0,1%; sementes, 0,8%; caule ou caule subterrâneo, 0,6%). As concentrações de colchicina na planta são mais altas nos meses de verão. As folhas de *C. autumnale* podem ser confundidas com as do *Allium ursinum* ou alho selvagem. Os tubérculos de *G. superba* podem ser confundidos com *Ipomoea batatas* (batatas-doces).[2,5]

Para uso terapêutico, estão disponíveis, no Brasil, atualmente, apenas apresentações orais sob a forma de comprimidos de 0,5 ou 1 mg. Não dispomos, como em outros países, de colchicina por via intravenosa.[6]

Além do tradicional uso para gota e hiperuricemia, a colchicina é proposta nos dias de hoje para amiloidose, síndrome de Behçet, febre familiar do Mediterrâneo, pericardite, fibrose pulmonar, cirrose biliar primária, esclerodermia, dermatomiosite, policondrite recidivante, pseudogota, espondiloartrites, calcinoses e várias condições artríticas. Em Dermatologia, tem sido utilizada em diversas condições que exibem infiltração de polimorfonucleares: estomatite aftosa, síndrome de Sweet, dermatose bolhosa linear por IgA, pênfigo, epidermólise bolhosa, vasculite leucocitoclástica, vasculite urticariforme, dermatose papuloescamosa, psoríase, pustulose palmoplantar, paquidermoperiostose e ceratoses actínicas.[2-4,7] Em estudos recentes, a colchicina tem mostrado efeito cardioprotetor em afecções do pericárdio, miocárdio e eventos isquêmicos coronarianos.[2,4,7,8] Seu definido efeito anti-inflamatório e antitrombótico tem colocado a colchicina entre as opções terapêuticas para a Covid-19.

A doença pandêmica causada pelo SARS-CoV-2 apresenta morbidade relacionada à tempestade de citocinas, com danos a múltiplos órgãos e sistemas. O uso da colchicina fundamenta-se não apenas em suas propriedades de modificação do citoesqueleto, mas também sobre a inibição da produção das interleucinas 1, 6, 18, TNF-alfa e ânion superóxido.[8]

Apesar do grande número de indicações, o uso da colchicina tem sido questionado pelo seu estreito índice terapêutico. As doses terapêuticas variam de 0,5 a 3 mg/dia.[8] Mesmo nesses limites, parece alterar a função jejunal e ileal, causando cólicas, hiperperistaltismo e diarreia aquosa, que costumam acontecer com doses a cada 8 horas. Os sintomas podem ser controlados com antiácidos à base de alumínio e loperamida. Há raros registros de intoxicação crônica, após 1 ano de tratamento, com pelo menos 1 mg/dia. As manifestações incluem leucopenia, anemia aplástica, miopatia, alopecia, anemia megaloblástica (por má absorção de vitamina B12) e azoospermia. O controle laboratorial de ambulatório deve ser feito a cada 3 meses.[4]

A colchicina atravessa a placenta, e seu uso na gestação foi associado a baixo peso ao nascer e prematuridade. Entretanto, em gestantes portadoras de síndrome de Behçet e febre familiar do Mediterrâneo, seu uso pode ser aconselhado para evitar reativação da doença durante a gestação. Nos casos em que isso ocorreu, não foram observadas malformações ou perdas fetais. É secretada no leite materno, sendo considerada compatível com a lactação. Apesar de limitados estudos no tema, a colchicina não parece ser um teratógeno humano, e sua categoria de uso na gestação (Food and Drug Administration – FDA) é C.[4]

As intoxicações por colchicina são infrequentes, mas podem ser muito graves.[5] O Centro de Informação Toxicológica do Rio Grande do Sul (CIT-RS) registrou, em 2018, 3 exposições intencionais e nenhuma não intencional. Em 2019, nenhuma intencional e 1 não intencional; em 2020, nenhuma exposição em ambas as circunstâncias. Todas as exposições registradas evoluíram para cura suposta.[6]

MECANISMOS DE AÇÃO (FARMACOCINÉTICA/TOXICODINÂMICA)

A fórmula química da colchicina é $C_{22}H_{25}O_6N_4$. A droga exerce sua toxicidade primária interferindo na motilidade celular, por meio de danos ao citoesqueleto, com efeito final antimitótico e anti-inflamatório.[4] Liga-se irreversivelmente à tubulina não polimerizada, que é incorporada aos microtúbulos, afetando os processos celulares que requerem mudanças no citoesqueleto, como a motilidade neutrofílica, o transporte de vesículas e a mitose celular. Nos cardiomiócitos, especificamente, esse efeito leva a deficiências na sinalização mecânica, contratilidade e tenacidade da célula.[3,5,7,8] A natureza onipresente dos microtúbulos nas células humanas e a grande dependência deles para a manutenção das funções celulares normais explicam o grande potencial tóxico da colchicina em praticamente todos os órgãos e sistemas. Também atua como antagonista competitivo nos receptores Gaba.[2] Como antigotosa, além do mecanismo anti-inflamatório, inibe a deposição de cristais de ácido úrico.[5]

FARMACOCINÉTICA/TOXICOCINÉTICA

A colchicina é rapidamente absorvida no jejuno e tem biodisponibilidade entre 24 e 88%,[4] além de ser altamente lipossolúvel e apresentar alto volume de distribuição (entre 1,4 e 12 L/kg, podendo chegar a 21 L/kg em superdosagens). A ligação a proteínas plasmáticas chega a 50%, principalmente relacionada à albumina, alfa-1-glicoproteína ácida e outras lipoproteínas. O pico sérico acontece de 30 minutos a 3 horas após a ingestão.[2-4,9]

Durante as primeiras horas seguintes a uma superdosagem, a colchicina é sequestrada para dentro dos leucócitos e hemácias, atingindo concentrações de 5 a 10 vezes maiores que a sérica, podendo ser detectada nos leucócitos até 10 dias depois. Permanece em quantidades mensuráveis em vários tecidos por um longo tempo; o exame pós-morte de pacientes intoxicados revela altas concentrações na medula óssea, testículos, baço, rim, pulmão, cérebro e coração.[2,4,9,10]

A meia-vida de eliminação varia de 9 a 108 minutos, retratando uma fase inicial de distribuição rápida; a fase de eliminação varia de 1,7 a 30 horas, refletindo o tempo de dissociação do complexo tubulina-colchicina. Indivíduos com doença renal em estágio terminal e cirrose hepática têm meias-vidas de eliminação prolongadas em até 10 vezes.[2-4,9]

A colchicina é primariamente biotransformada pelo CYP3A4 (citocromo P450) no fígado. A detoxificação acontece principalmente por desmetilação, desacetilação, secreção biliar e eliminação nas fezes.[2-4,8] A P-glicoproteína (P-gp) é uma enzima que auxilia na eliminação da colchicina, e os medicamentos que inibem a P-gp (como a ciclosporina) afetam diretamente sua toxicidade. A administração concomitante de P-gp ou inibidores do CYP3A4 e colchicina deve ser evitada em pacientes com função renal ou hepática anormal; em condições de normalidade, essa associação deve ter suas doses reduzidas ou um dos agentes deve ser interrompido alternadamente.[2]

A excreção da colchicina acontece majoritariamente através da bile, pelas fezes. Até 30% da dose é depurada por via renal, mas não é dialisável. Pode ser detectada na urina de 7 a 10 dias após a exposição. Ocorre recirculação êntero-hepática, embora não volumosa.[2,4,9,10]

Quanto às interações medicamentosas, todas as substâncias que alteram a função do citocromo P450 podem modificar a concentração sérica e a ação da colchicina. Idosos e pacientes com insuficiência hepática ou renal devem reduzir de ⅓ a ⅔ as doses terapêuticas.[4] Em particular, a coadministração de claritromicina, ciclosporina e colchicina, especialmente em pacientes com doença crônica renal, aumenta o risco de interação fatal.[3] Na Covid-19, doença que tem oportunizado o aumento do uso da colchicina para combater o quadro inflamatório sistêmico, é importante considerar outras drogas metabolizadas pelo CYP3A4 que têm sido usadas (ainda que experimentalmente) nessa situação: macrolídeos e antivirais (ritonavir, lopinavir, darunavir, ribavirina) podem potencializar os efeitos tóxicos da colchicina.[8]

ALERTA IMPORTANTE

Na presença de interações medicamentosas com agentes que agem sobre o CYP3A4 e a P-gp, a dose terapêutica deve ser reduzida entre 33 e 66%.[4]

Interações medicamentosas de alto risco incluem estatinas (sinvastatina, atorvastatina, lovastatina), fibratos (fenofibrato, genfibrozila), macrolídeos (eritromicina, claritromicina, azitromicina), antifúngicos triazólicos (cetoconazol, itraconazol), bloqueadores dos canais de cálcio (diltiazem, verapamil), inibidores da calcineurina (ciclosporina, tacrolimo oral), agentes inotrópicos (digoxina), antivirais (fosamprenavir) e alguns alimentos (suco de toranja).[4]

Interações de baixo risco incluem vitaminas e minerais; a colchicina pode diminuir as concentrações de vitamina B12, A, D, E e ferro, aumentando o risco de anemia.[4]

DOSES TÓXICAS

As doses terapêuticas variam de 0,5 a 3 mg/dia, ou 0,015 a 0,03 mg/kg. A toxicidade da colchicina é dose-dependente, e sua dose tóxica não está bem estabelecida. Tem um índice terapêutico estreito, com alta letalidade em doses supraterapêuticas.[4,8]

Há escassez de dados sobre a dose tóxica da colchicina, e os parâmetros disponíveis atualmente são advindos de relatos e séries de casos. Os dados disponíveis sugerem que pacientes com ingestão superior a 0,8 mg/kg evoluem para óbito, e aqueles com ingestão entre 0,5 e 0,8 mg/kg sobrevivem recebendo cuidados de suporte. Entretanto, a literatura traz exemplos de toxicidade grave e até morte com doses menores que 0,5 mg/kg e, inversamente, pacientes que sobreviveram a ingestões relatadas superiores a 0,8 mg/kg. Essas informações são baseadas em um número limitado de pacientes, sujeitas às particularidades de cada caso, e não são necessariamente generalizáveis.[2,7] A incapacidade em quantificar com precisão a dose tóxica em humanos é provavelmente devida à dificuldade na estimativa da dose a partir da história relatada e aos avanços significativos no tratamento de suporte. Comorbidades e interações medicamentosas também têm se mostrado contundentes na determinação de parâmetros tóxicos.[2]

Relatos apontam uma faixa de menor toxicidade com apenas quadro gastrintestinal em ingestões até 0,5 mg/kg; quadros graves com mielossupressão e falência de múltiplos órgãos (FMO) na faixa de 0,5 a 0,6 mg/kg; letalidade provável por choque cardiogênico acima de 0,8 mg/kg. Entretanto, há registro de uma criança que teria ingerido entre 0,4 e 0,5 mg/kg e apresentou bloqueio atrioventricular (BAV) completo.[5]

Em uma série de 9 casos pediátricos,[5] 6 crianças que ingeriram acidentalmente entre 0,11 e 0,6 mg/kg tiveram alta hospitalar após 7 dias, sem sequelas. Três outros pacientes (2 com ingesta intencional, aos 8 e 16 anos) que ingeriram entre 0,5 e 0,84 mg/kg foram a óbito após desenvolverem coagulação intravascular disseminada (CIVD), choque e FMO, apesar de amplo tratamento de suporte.

QUADRO CLÍNICO

Os achados clínicos da intoxicação por colchicina são, geralmente, trifásicos: (1) um primeiro estágio que dura de 12 a 24 horas é caracterizado por náuseas, vômitos, dor abdominal e diarreia e pode levar a grave depleção hidroeletrolítica; leucocitose também aparece nessa fase; (2) o segundo estágio dura geralmente de 1 a 7 dias e é caracterizado por disfunção generalizada de órgãos e sistemas, particularmente da medula óssea; (3) a fase final, que geralmente se define em 1 semana, compreende a recuperação ou a evolução para óbito. Uma vez que ocorram acidose láctica severa e FMO, a letalidade é de quase 100%.[1,2,7,8]

Os achados da segunda fase são muito variados e incluem enterite hemorrágica devida à incapacidade de regeneração de mucosas; disestesias, parestesias; rabdomiólise, hematúria; insuficiência renal aguda; hipoventilação, síndrome da angústia respiratória aguda (SARA); pancitopenia, sepse; *delirium*, estupor, coma, encefalopatia e convulsões. Mais raramente acontecem hemorragia adrenal bilateral, disfunção hepática e CIVD. Pode ocorrer diabetes *insipidus* nefrogênico pela incapacidade do rim de responder ao ADH de forma apropriada. Há risco de morte súbita cardíaca em 24 a 48 horas, podendo ser atribuída a choque hipovolêmico, mas também aos efeitos tóxicos diretos da colchicina no músculo cardíaco e esquelético, causando rabdomiólise.[2,5]

As manifestações hematopoéticas ocorrem como resultado dos efeitos da colchicina na divisão celular da medula óssea. Após a superdosagem, ocorre uma leucocitose periférica inicial, que costuma chegar a 30.000/mm^3, seguida de uma leucopenia profunda, classicamente inferior a 1.000/mm^3. É geralmente acompanhada por pancitopenia, começando de 48 a 72 horas após a exposição. Se o paciente sobreviver, costuma ocorrer uma leucocitose de rebote antes da recuperação de todas as linhagens celulares.[2]

A letalidade está associada a arritmias e parada cardíaca. Os distúrbios de ritmo relatados foram bradi/taquicardia sinusal (isoladas ou alternadas), alterações do segmento ST, fibrilação atrial, fibrilação ventricular e BAV completo.[3,5]

Em uma série de 9 casos de intoxicação pediátrica por colchicina, 3 pacientes (dois com 8 anos e um com 16) foram a óbito após FMO. Eles foram tratados com agentes inotrópicos, plasmaférese e terapia renal substitutiva contínua (CRRT, do inglês *continuous renal replacement therapy*). Todos tiveram acometimento de medula óssea com achados de linfo-histiocitose hemofagocítica e leucocitose. Dois casos desenvolveram BAV completo e receberam marca-passo temporário, mas permaneceram completamente irresponsivos após as medidas ressuscitação cardiorrespiratória.[5]

Na terceira fase, havendo evolução favorável, podem aparecer miopatia e neuropatia após uma semana. A mioneuropatia pode ser sequela de intoxicação aguda grave, como também do uso de altas doses em longo prazo, especialmente em pacientes com algum grau de insuficiência renal. Podem aparecer fraqueza muscular proximal, arreflexia e disestesias distais, transtornos do olfato (disosmia, cacosmia, fantosmia) e neuropatia axonal determinada por mielinopatia e deficiência funcional de vitamina B12. A fraqueza geralmente remite em semanas após a interrupção da droga, e a miopatia reverte totalmente de 4 semanas a 8 meses. Outros efeitos neurológicos tardios relatados são *delirium*, estupor, coma, encefalopatia e convulsões.[2,7]

Ainda na fase tardia, dentro de 2 a 3 semanas, podem aparecer alopecia (geralmente reversível), leucocitose de rebote, porfiria cutânea tardia, atipias epiteliais celulares e epidermólise tóxica.[4,5]

DIAGNÓSTICO

São escassos os dados epidemiológicos detalhados sobre a intoxicação por colchicina na literatura médica. A maioria dos casos registrados é acidental, com cerca de 10% graduados como moderados/graves/com evolução para óbito.[2]

A dosagem sérica normalmente não está disponível e não se relaciona clinicamente com a gravidade do quadro. Em contexto terapêutico, níveis de 0,5 a 3 ng/mL são considerados adequados; níveis acima de 3 ng/mL estão associados a toxicidade, e acima de 24 ng/mL estão relacionados a quadros francos de intoxicação. Um relato de caso que evoluiu para óbito mostrou níveis séricos de 33 ng/mL.[3] Em virtude dos múltiplos fatores individuais envolvidos (comorbidades, circunstâncias de exposição, interações medicamentosas, entre outros) e dos desenhos dos estudos publicados atualmente (apenas relatos e séries de casos), não é possível estabelecer uma relação de proporcionalidade entre a dose ingerida e o nível sérico.[2]

Embora a forma de exposição mais comum à colchicina seja o uso oral de comprimidos, a exposição maciça ao alcaloide das plantas liliáceas também pode intoxicar gravemente. Giorgetti e colaboradores[3] relatam caso de óbito em casal de 70 anos por exposição acidental maciça à colchicina em preparação culinária (risoto de açafrão). Nos quadros clínicos compatíveis em que não se identifica uso terapêutico de colchicina ou ingestão intencional (como tentativa de suicídio), a fonte herbácea usada na alimentação deve ser lembrada. Dados de necrópsia nesses casos revelaram, no óbito em fase aguda, edema cerebral, congestão pulmonar, destacamento das células renais de sua membrana basal, infiltrado linfomonocítico e vacuolização hepatocelular; no óbito em fase subaguda: sepse fúngica por aspergilose, rabdomiólise e alterações renais.[3]

No diagnóstico diferencial, destaca-se a situação da combinação miopatia/neuropatia, que é característica da intoxicação por colchicina e aparece em poucas outras situações. Os principais diagnósticos diferenciais toxicológicos são o uso abusivo de álcool, toxicidade por cloroquina, vincristina e amiodarona.[10]

Exames laboratoriais sugeridos na intoxicação incluem hemograma completo (a cada 12-24 horas), eletrólitos séricos, testes de função hepática e renal, CPK, fosfato, cálcio, magnésio, TP, TTPa e exame qualitativo de urina. Nos contextos de cardiotoxicidade, coagulopatias e SARA, recomendam-se troponina (a cada 6 a 12 horas), gasometria arterial, lactato sérico, fibrinogênio, D-dímeros e produtos de degradação da fibrina, eletrocardiograma e radiograma de tórax.[2,3]

ALERTA IMPORTANTE

Todos os pacientes com suspeita de intoxicação por colchicina devem ser admitidos em unidade de terapia intensiva, independentemente do estado clínico no momento do primeiro atendimento.[5]

TRATAMENTO

O quadro tóxico da colchicina é considerado de difícil tratamento. Até o momento, o consenso é de que, uma vez que ocorra a FMO, nenhuma modalidade de tratamento se mostrou eficaz.[2]

Medidas de suporte

Primeira fase: antieméticos, fluidoterapia intravenosa e estreita observação de leucopenia por 24 horas.[1,2]

Segunda fase: admissão em terapia intensiva, vasopressores, oxigenoterapia, suporte ventilatório, antimicrobianos e hemodiálise (se necessário, para insuficiência renal, e não para remoção da droga). Em casos extremamente graves, podem-se usar balão intra-aórtico e oxigenoterapia por membrana extracorpórea.[2]

O uso de citocinas e de G-CSF (fator estimulador de colônias granulocitárias) tem sido mencionado experimentalmente em leucopenia e trombocitopenia. A posologia é variável e deve seguir as recomendações do fornecedor.[2,7] Houve também tentativas de uso da plasmaférese, mas foram ineficazes.[7] Em uma paciente que ingeriu 36 mg, ou 0,27 mg/kg de colchicina e ficou anúrica, a troca hematocitária com concentrado de hemácias (*PRBC Exchange*) foi realizada durante 10 horas, e a paciente sobreviveu; os níveis séricos foram monitorados e diminuíram de 17 para 5,7 ng/mL.

A *PRBC Exchange* faz parte de um procedimento chamado *partial exchange transfusion* (troca transfusional parcial), feito por dois métodos: o primeiro compreende uma flebotomia seguida por transfusão de concentrado de hemácias; o segundo remove o sangue total usando um acesso venoso em um membro superior, enquanto o concentrado de hemácias é infundido no outro membro superior. A paciente permaneceu 15 dias em terapia intensiva, usando vasopressores por 10 dias e sendo extubada no 13º dia. Recebeu alta hospitalar após 3 semanas, com total recuperação renal, hepática e cardíaca.[7]

Terceira fase: requer um acompanhamento de pelo menos 2 meses, incluindo medidas específicas a cada caso; eletroneuromiografia, biópsia muscular e acompanhamento neurológico especializado podem ser necessários.[2]

Medidas de descontaminação

A maioria dos pacientes apresenta-se ao primeiro atendimento já vomitando. Se isso não tiver ocorrido, estará indicada a lavagem gástrica com instilação de carvão ativado em até 12 horas após a ingestão.[9]

Medidas de depuração

As medidas de aumento da depuração têm eficácia limitada, em razão do grande volume de distribuição, concentração intraeritrocitária da droga e ligação a proteínas plasmáticas. A recirculação êntero-hepática parece ser limitada, mas ainda assim aparece na literatura a sugestão de uso de carvão ativado em múltiplas doses.[2,5] Diurese forçada, hemoperfusão com carvão ativado e hemofiltração venovenosa são claramente inefetivas.[3,9]

ANTÍDOTO

Não há antídoto específico.[7,9] A literatura cita anticorpos específicos em um único relato de caso, com grande melhora do quadro, mas apenas em âmbito experimental (não disponível comercialmente).[2,7]

ERROS COMUNS QUE VOCÊ DEVE EVITAR

Subestimar as exposições à colchicina: diante da escassa literatura toxicológica e impossibilidade de identificar fatores preditivos, todos os casos devem ser monitorados em âmbito hospitalar por pelo menos 12 horas.

Tentar usar medidas de depuração: pelas características farmacocinéticas da droga, não estará disponível no plasma para remoção. O tratamento deve focar-se nas medidas de descontaminação do primeiro atendimento e na terapia de suporte.

REFERÊNCIAS BIBLIOGRÁFICAS

1. Auerbach PS, Constance BB, Freer L. Toxic plants. In: Field guide to wilderness medicine. 5. ed. Filadélfia: Elsevier Health Sciences; 2019. p. 482-501.
2. Santos CD, Schier, JG. Colchicine, podophyllin, and the vinca alkaloids. In: Hoffman R, Lewin NA, Goldfrank LR, Howland MA, Nelson LS, Smith SW. Goldfrank's Toxicologic Emergencies. 11. ed. Nova Iorque: McGraw Hill Education; 2019. p. 501-11.
3. Giorgetti A, Nalesso A, Cecchetto G, Pizzi M, Ballan A, Viel G, et al. Two fatal intoxications by colchicine taken for saffron. Clinical, medico-legal and forensic toxicological implications. Leg Med. 2019;38:64-8.
4. Davis LS, Owen, CE. Miscellaneous systemic drugs. In: Wolverton SE, Wu JJ. Comprehensive dermatologic drug therapy. 4. ed. Filadélfia: Elsevier Health Sciences; 2021. p. 445-464e6.
5. Polat E, Tuygun N, Akca H, Karacan CD. Evaluation of the colchicine poisoning cases in a pediatric intensive care unit: five year study. J Emerg Med. 2017;52(4):499-503.
6. Centro de Informação Toxicológica. Secretaria da Saúde do Rio Grande do Sul. Estatísticas de Atendimentos. [acesso em fevereiro de 2022]. Disponível em: http://www.cit.rs.gov.br/index.php?option=com_content&view=article&id=137&Itemid=61
7. Mulkareddy V, Sokach C, Bucklew E, Bukari A, Sidlak A, Harrold I, et al. Colchicine toxicity, the fatal masquerader. JACC Case Reports. 2020;2(4):678-80.
8. Vitiello A, Ferrara F. Colchicine and SARS-CoV-2: Management of the hyperinflammatory state. Respir Med. 2021;178 (2021):106322.
9. Lu JD, Xue J. Poisoning: kinetics to therapeutics. In: Ronco C, Bellomo R, Kellum JA, Ricci Z. Critical care nephrology. 3. ed. Filadélfia: Elsevier Health Sciences; 2019. p. 600-629.e7.
10. Pettersen JA, Singh A. Potentially reversible rapid-onset weakness: recognizing colchicine toxicity. Am J Med. 2018;131(2):e59-e60.

CAPÍTULO 39

CROMO

Álvaro Pulchinelli Jr.
Daniel Takeshi Ito

PONTOS-CHAVE

- O cromo apresenta-se com várias valências. O cromo trivalente potencializa a ação da insulina, enquanto o cromo hexavalente é um forte agente oxidante que causa danos aos tecidos.
- A estimativa do consumo de cromo é prejudicada pela contaminação que pode ocorrer quando há contato do alimento com o aço inoxidável, durante seu cozimento.
- A exposição pode ser alimentar ou ocupacional.

INTRODUÇÃO

O cromo é um metal que existe na natureza em vários estados de valência; as mais abundantes são a trivalente (Cr^{3+}) e a hexavalente (Cr^{6+}), cada qual com suas propriedades distintas e bem marcantes. O cromo trivalente potencializa a ação da insulina, enquanto o cromo hexavalente é um forte agente oxidante que causa danos aos tecidos tecidos.[10]

As melhores fontes de cromo são óleo de milho, mariscos, cereais integrais, levedo de cerveja, carnes, fígado, ostras, batata, ovos, maçã, brócolis e castanhas. A estimativa da quantidade de cromo nos alimentos é prejudicada pelo possível contato com aço inoxidável durante o processamento, armazenamento e cozimento, gerando um aumento de contaminação por esse metal.[10]

TOXICODINÂMICA

O Cr^{3+} é estável e biologicamente ativo, forma em que é encontrado nos alimentos e suplementos. Além disso, ele age como regulador da ação da insulina na formação do fator de tolerância à glicose, ou seja, em quantidades ideais do Cr^{3+} uma menor quantidade desse hormônio é necessária para ação ideal nos tecidos periféricos.[1] No tecido adiposo, estimula a oxidação da glicose e a lipogênese e, no músculo, a glicogênese e a captação de aminoácidos (Figura 1).[2] Por esses motivos, o Cr^{3+} tornou-se um popular suplemento alimentar na perda de peso e no ganho de massa magra.[3]

A ativação do receptor de insulina estimula a entrada do Cr^{3+} na célula, que se liga ao peptídio formando a proteína de ligação ao cromo de baixo peso molecular (Apo-LMWCr), também chamada de cromodulina, que por sua vez ativará

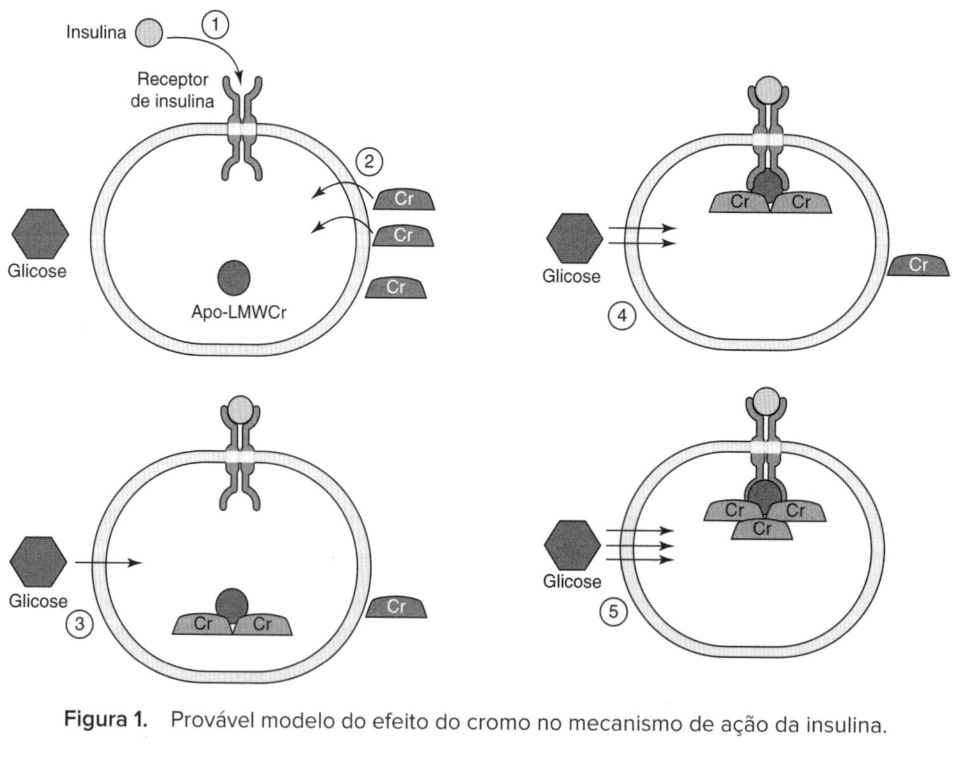

Figura 1. Provável modelo do efeito do cromo no mecanismo de ação da insulina.

o receptor da insulina e potencializará seus efeitos. O Cr^{3+} também auxilia na translocação do GLUT para a membrana.[2,3]

A deficiência do Cr^{3+} causa a síndrome de intolerância à glicose semelhante à diabetes do tipo 2. Porém, a suplementação desse mineral não demonstrou resultados consistentes.[2]

MECANISMOS DE AÇÃO

A toxicidade do cromo depende muito da sua valência.[4] Há poucas evidências da toxicidade alimentar do Cr^{3+}, porque nenhum efeito adverso foi convincentemente associado ao seu consumo exagerado em alimentos ou suplementos. O Food and Nutrition Board of the Institute of Medicine também não estabeleceu quais são os valores de doses altas seguras. A baixa toxicidade do Cr^{3+} está associada também à sua baixa absorção intestinal e à rápida excreção na urina. Estudos de culturas de células sugerem que o Cr^{3+} associado ao picolinato aumenta danos ao DNA, mas não há evidências em organismos vivos.[5] Segundo o estudo de revisão de Hathcock,[6] doses de até 1.000 µg/dia por vários meses demonstraram segurança. Wasser et al.[7] relataram falência renal crônica depois de 5 meses relacionada ao consumo por 6 semanas de 600 µg/dia. Alteração na função hepática e falência renal foram reportadas por Cerulli et al.[8], com 1.200 a 2.400 µg/dia depois de um período de 4 meses.

O Cr^{6+} é carcinogênico e corrosivo e tem como órgãos-alvo primários os rins. É altamente lipossolúvel e atravessa facilmente as membranas. Ocorre exposição ocupacional ao Cr^{6+} em sua forma de fumos e poeiras, na produção de produtos cromados, de aço inoxidável, de corante para impressão e produção têxtil, de solução de limpeza, de anticorrosivo nos sistemas de refrigeração e no curtimento do couro. Esse tipo de exposição está associado ao câncer de pulmão, de estômago, dermatite e úlceras na pele.[1] Entretanto, o estudo de metanálise de Cole e Rodu (2005)[4] põe em dúvida essa associação. Já Shrivastava et al.[9] reforçam o potencial tóxico do Cr^{6+}, não pela alteração morfológica direta dos pulmões, e sim pela ação nas células do sistema imunológico e sua sinalização.

Implantes ortopédicos podem ocasionar a reação adversa aos restos de metal que pode estar associada ao aumento sérico de cromo que surge no contexto de dor articular severa associada ao implante. A análise do cromo sérico é útil para avaliação do desgaste do implante; valores maiores que 10 ng/mL são sugestivos de deterioração deterioração (Tabela 1).[10]

TOXICOCINÉTICA E DOSES TÓXICAS

O cromo apresenta baixa absorção intestinal (0,5-2%). O estômago reduz Cr^{6+} em Cr^{3+}, que por sua vez é pouco absorvido. Porém, é no intestino que ocorre a absorção do Cr^{6+} (3-6% do total ingerido), ou seja, é de 3 a 5 vezes mais absorvido do que o Cr^{3+}.

Os cromatos solúveis são facilmente absorvidos por inalação; porém, é baixa a absorção cutânea, exceto em caso de quebra da barreira cutânea (como em queimaduras ou dermatites), em que a absorção passa a ser significativa. Exceções são o bicromato de K (Cr^{6+}) e o cloreto de Cr (Cr^{3+}), que atravessam a barreira cutânea.

O cromo absorvido passa para o sangue e se acumula nas hemácias. Após isso, passa rapidamente do sangue aos tecidos, a dosagem no sangue pode não ser representativa. Fato interessante é que o aporte de glicose libera o Cr dos tecidos e o aumento imediato das concentrações no sangue e na urina.

Com metabolização nos pulmões e nas hemácias via NADPH, o Cr^{6+} é reduzido a Cr^{3+}. A eliminação acontece por via urinaria, mas a eliminação biliar pode representar 10%

Tabela 1. Ingestão adequada de cromo

Faixa etária	Idade	Homens	Mulheres
Bebês	0 a 6 meses	0,2 0,029 µg . kg^{-1} . dia^{-1}	
Bebês	7 a 12 meses	5,5 0,611 µg . kg^{-1} . dia^{-1}	
Crianças	1 a 3 anos	11	
Crianças	4 a 8 anos	15	
Crianças	9 a 13 anos	25	21
Adolescentes	14 a 18 anos	35	24
Adultos	19 a 50 anos	35	25
Adultos	51 a 60 anos	30	20
Adultos	Mais de 70 anos	30	20
Grávidas	14 a 18 anos	–	29
Grávidas	Mais de 19 anos	–	30
Lactantes	14 a 18 anos	–	40
Lactantes	Mais de 19 anos	–	45

Observação: com base na ingestão oral média estimada.
Fonte: Moukarzel, 2009.[2]

da eliminação total. O cromo atravessa a barreira placentária. A dose letal de Cr^{3+} por via oral é de 1 a 3 g, e a dose letal de cromatos por via oral, de 50 a 70 mg/kg de peso corporal.

QUADRO CLÍNICO

A exposição de sais de cromo pelo trato digestório leva a um quadro de inflamação intensa e necrose do tubo desde a boca até o jejuno. O quadro pode evoluir para colapso e morte em algumas horas. Nos sobreviventes, pode haver quadro de necrose hepática e renal.

A ingestão de grandes doses de Cr^{6+} pode levar a síndrome hepatorrenal, coagulopatia severa e hemólise intravascular. A intoxicação aguda pode causar dores abdominais, vômitos, diarreia, hematêmese, vertigens, sensação de sede e hemorragia digestiva. A intoxicação crônica se caracteriza por dermatites, quadros respiratórios inflamatórios, úlceras de mucosa (nasal) e de pele.

DIAGNÓSTICO

Além do quadro clínico, podemos usar, como indicador biológico de exposição, o cromo urinário (Cr-U). A dosagem sérica por vezes não reflete os níveis orgânicos do cromo. No entanto, apesar das limitações no sangue, o valor de referência deve ser inferior a 0,3 µg/L e, na urina, até 5 µg/g de creatinina (IBMP: 30 µg/g de creatinina). O método analítico pode ser espectrofotometria de absorção atômica (EAA) ou espectrometria de massas com plasma indutivamente acoplado (ICP-MS).

TRATAMENTO

Não há tratamento específico para intoxicações por cromo. Deve, obrigatoriamente, incluir medidas de suporte: manutenção dos sinais vitais, descontaminação cutânea e tratamento sintomático.

Podem ser usadas medidas de depuração, como o uso de quelantes: ácido etilenodiamino tetra-acético (EDTA, dimercaprol (BAL), D-penicilamina e ácido dimercapto-propanilsulfônico (DMPS). Como todos os quelantes apresentam efeitos adversos, sugerimos criteriosa avaliação clínica.

EDTA – esquema e doses

Fazer ciclos repetidos de 5 a 7 dias, com intervalo mínimo entre ciclos de no mínimo 2 dias. Pode-se associar BAL nos quadros de encefalopatia. A via de infusão é intravenosa ou intramuscular, sendo a primeira de 15 a 75 mg/kg/dia, diluídos em SF 0,9% ou SG 5% 500 mL em 3 a 4 horas. Já a dose intramuscular é de 300 mg a cada 12 horas. Não se utiliza a via oral, pois a absorção é menor que 5%. Ajustam-se as doses quando há necessidade ou se há piora de sintomas.

REFERÊNCIAS BIBLIOGRÁFICAS

1. Stearns, DM. Is chromium a trace essential metal? Biofactors, 11(3):149-62, 2000.
2. Moukarzel, A. Chromium in parenteral nutrition: too little or too much? Gastroenterology, 137(5 Suppl):S18-28, 2009.
3. Vincent, JB. Recent advances in the nutritional biochemistry of trivalent chromium. Proc Nutr Soc, 63(1):41-7, 2004.
4. Cole, P; Rodu, B. Epidemiologic studies of chrome and cancer mortality: a series of meta-analyses. Regul Toxicol Pharmacol, 43(3):225-31, 2005.
5. Speetjens, JK; Collins, RA; Vincent, JB; Woski, AS. The nutritional supplement chromium (III) tris(picolinate) cleaves DNA. Chem Res Toxicol,12(6): 483-7, 1999.
6. Hathcock, JN. Vitamins and minerals: efficacy and safety. Am J Clin Nutr, 66(2):427-37, 1997.
7. Wasser,WG, Feldman, NS; D'Agati; VD. Chronic renal failure after ingestion of over-the-counter chromium picolinate. Ann Intern Med, 126(5):410, 1997.
8. Cerulli, J; Grabe, DW; Gauthier, I; Malone, M; McGoldrick, MD. Chromium picolinate toxicity. Ann Pharmacother, 32(4):428-31, 1998.
9. Shrivastava, R , Upreti, RK; Seth,PK; Chaturvedi, UC. Effects of chromium on the immune system. FEMS Immunol Med Microbiol, 34(1):1-7, 2002.
10. Burtis, CA & Bruns, DE. Tietz Fundamentos de química clínica e diagnóstico molecular. 1ª ed. Rio de Janeiro. Elsevier; 2016.

CAPÍTULO 40

DESCONGESTIONANTES NASAIS (EFEDRINA, PSEUDOEFEDRINA, FENILEFRINA, NAFAZOLINA, OXIMETAZOLINA)

Sony de Freitas Itho
Rinara Angélica de Andrade Machado
Scheila Cristina Ghisolfi Pedrini Rocio

PONTOS-CHAVE

- Trata-se de aminas simpatomiméticas usadas como descongestionantes nasais, broncodilatadores e agentes inotrópicos/vasopressores, utilizados isolados ou associados a anti-histamínicos.
- Podem ser de uso tópico ou sistêmico (antigripais). Na intoxicação, aqueles de uso tópico podem causar congestão nasal de rebote, e os de uso oral, mais efeitos sistêmicos.[1]
- Não devem ser usados em pacientes que usam inibidor da monoaminoxidase e são usados com cautela nos hipertensos, diabéticos, indivíduos com hiperplasia prostática e hipotireoidismo.[1-3]
- Acidentes com derivados imidazólicos podem ser graves em crianças menores de 3 anos, em razão do baixo índice terapêutico, levando a depressão neurológica e respiratória, bradicardia e hipotensão arterial.[4]
- A evolução das intoxicações é de bom prognóstico.

INTRODUÇÃO

Simpatomiméticos são substâncias com o potencial de estimular o sistema nervoso autônomo simpático e que podem interagir de forma distinta com os receptores adrenérgicos (α1, α2, β1, β2, β3). Seu efeito depende da seletividade da droga pelo receptor.[4]

Além de descongestionantes nasais, são usados como anorexígenos, psicoestimulantes, broncodilatadores etc. Os descongestionantes são medicamentos de venda livre que possuem propriedades principalmente vasoconstritoras sobre a mucosa nasal e podem atingir a circulação sanguínea, gerando também manifestações sistêmicas.

Os principais princípios ativos são os derivados imidazólicos (nafazolina e oximetazolina), disponíveis para uso tópico, e as aminas simpatomiméticas (fenilefrina, efedrina e pseudoefedrina).[3,4]

Entre as aminas simpatomiméticas, a fenilefrina e a efedrina apresentam toxicidade com a ingestão de apenas duas a três vezes a dose terapêutica. A pseudoefedrina é menos tóxica, com sintomas após uma dose de quatro a cinco vezes maior do que a dose terapêutica. Já os derivados imidazólicos têm índice terapêutica baixo, isto é, a dose terapêutica é próxima da dose tóxica, e pode ocorrer intoxicação mesmo com dose terapêutica.

MECANISMOS DE AÇÃO (TOXICODINÂMICA)

Atuam estimulando o sistema adrenérgico, com efeitos variáveis sobre os receptores alfa e beta-adrenérgicos. A efedrina e a pseudoefedrina apresentam atividades alfa (α) e beta (β) adrenérgicas tanto direta quanto indiretamente. Atuam diminuindo a resistência ao fluxo aéreo que se encontra aumentado nos quadros de rinite por meio da redução do edema da mucosa nasal, além de promover aumento da resistência vascular periférica, gerando hipertensão arterial.

Os derivados imidazólicos (nafazolina e oximetazolina) atuam como vasoconstritores por sua ação imediata e efeito prolongado sobre os receptores alfa-2-adrenérgicos, mas sem atividade simpatomimética seletiva, ligando-se também aos receptores beta-adrenérgicos.[4]

Tabela 1. Descongestionantes nasais mais utilizados, pico de ação, meia-vida e dose tóxica

Descongestionante	Pico de ação	Meia-vida	Dose tóxica
Efedrina	2-6 horas	3-6 horas	3,5 mg/kg
Pseudoefedrina	1-3 horas	3-16 horas	15 mg/kg
Fenilefrina	40 minutos	2-3 horas	1 mg/kg
Nafazolina	5-15 minutos	3-6 horas	0,03 mg/kg
Oximetazolina	30 minutos	5-6 horas	• Crianças: qualquer dose pode ser tóxica. • Adultos: considerar mais do que o dobro da dose terapêutica.

Fonte: TOXBASE®, 2022.[5-9]

TOXICOCINÉTICA

As aminas simpatomiméticas têm absorção completa e rápida pelo trato gastrintestinal e pela mucosa nasal. Os efeitos aparecem em até 3 horas, com amplo volume de distribuição e meia-vida de eliminação de 3 a 7 horas. Ocorrem metabolismo hepático e eliminação renal.[1]

A biodisponibilidade oral da fenilefrina é baixa, em razão da absorção irregular e do metabolismo de primeira passagem pela monoaminoxidase (MAO) no intestino e no fígado. As concentrações plasmáticas máximas são atingidas 40 minutos após dose oral. A meia-vida terapêutica é de 2 a 3 horas.[1]

A efedrina, por sua vez, é rapidamente absorvida após a ingestão, atingindo o pico das concentrações plasmáticas em 2 a 6 horas. Após a administração intranasal, as concentrações máximas são atingidas em 2 horas. A meia-vida plasmática é de 3 a 6 horas (dependendo do pH da urina).[1]

QUADRO CLÍNICO

Existem diferenças entre os derivados imidazólicos e as aminas simpatomiméticas no que se refere às manifestações clínicas decorrentes da estimulação dos receptores.

Os derivados imidazólicos, quando estimulam os receptores alfa-2-adrenérgicos pós-sinápticos, causam vasoconstrição local, hipertensão arterial transitória, palidez e sudorese. Quando estimulam os receptores alfa-2-adrenergicos pré-sinápticos, determinam inibição da atividade sináptica cerebral e podem ocasionar, principalmente nas crianças, depressões neurológica e respiratória, bradicardia e hipotensão arterial. A ligação aos receptores beta-adrenérgicos ocasiona efeitos como vasodilatação secundária ou reflexa, taquicardia e broncodilatação.[3]

Resumindo, os sintomas mais comuns nas intoxicações por derivados imidazólicos são depressão do sistema nervoso central (SNC) (ou excitação transitória e hiper-reflexia, seguida de depressão do SNC, podendo chegar ao coma), bradicardia e hipotensão. Pode haver hipertensão na fase inicial de intoxicação, com altas doses, com possível associação à hemorragia intracraniana (suspeitar nos casos de cefaleia intensa, déficit neurológico focal ou coma). As pupilas podem estar contraídas ou dilatadas.[5] Podem ocorrer, ainda, depressão respiratória, edema pulmonar, vômitos, hipotermia, sudorese, cefaleia, boca seca e palidez, convulsões, agitação, ansiedade e alucinações.

Os sinais e sintomas decorrentes da exposição tóxica às aminas como fenilefrina, efedrina e pseudoefedrina tendem a ser leves, com duração de 4 a 6 horas. Os efeitos predominantes são hipertensão arterial e taquicardia sinusal. Podem ocorrer, ainda, cefaleia, confusão, convulsão e hemorragia intracraniana nos casos graves.[2]

Em casos graves, podem ocorrer crise hipertensiva, arritmias supraventriculares e ventriculares, isquemia e infarto do miocárdio, podendo evoluir para hipotensão e instabilidade hemodinâmica. Há relatos de síndrome do balonamento apical (síndrome de Takotsubo – síndrome cardíaca com alterações típicas na ventriculografia esquerda com dor torácica, sem obstrução coronariana).[4] Com as aminas simpatomiméticas, podem ocorrer também hipertermia, vômitos intensos com hipocalemia, hiperglicemia, rabdomiólise, edema agudo de pulmão e coagulação intravascular disseminada.

ALERTA IMPORTANTE

Os derivados imidazólicos têm maior possibilidade de manifestações clínicas mais graves do que os descongestionantes de outras classes.

Nas intoxicações por efedrina, pseudoefedrina e fenilefrina, a hipertensão arterial e a taquicardia predominam, ao passo que, nas intoxicações por derivados imidazólicos, a depressão do SNC, a bradicardia e a hipotensão prevalecem.

No uso prolongado, podem ocorrer ressecamento e ulceração da mucosa nasal e perfuração do septo nasal. Pode haver efeito rebote quando cessa o efeito da droga ou ela é retirada após uso crônico.[4]

DIAGNÓSTICO

Baseia-se na história de exposição nasal ou oral de descongestionantes nasais associados às manifestações clínicas citadas. Dosagem sérica dos fármacos em geral não está disponível na investigação.[2]

Em pacientes sintomáticos, podem ser necessários dosagem de ureia, creatinina, eletrólitos, glicemia, gasometria arterial, CK, CK-MB, troponina, eletrocardiograma (ECG) e tomografia computadorizada de crânio (na suspeita de hemorragia cerebral).[2]

TRATAMENTO

O tratamento é principalmente sintomático e suportivo, atentando-se para a estabilização e proteção de vias aéreas quando necessário. O benefício da descontaminação gástrica é incerto, visto que a absorção pelo trato gastrintestinal é muito rápida. Pode ser realizada dose única de carvão ativado (50 g para adultos e 1 g/kg para crianças) nos casos de ingestão de altas doses dentro de 1 hora.[5-9]

Devem-se solicitar ECG e monitorar sinais vitais de 4 a 6 horas.[2] Se houver hipertensão arterial, agitação, convulsão ou taquicardia, usar inicialmente benzodiazepínicos: diazepam 0,05 a 0,3 mg/kg/dose até 10 mg IV ou lorazepam 0,05 mg/kg/dose até 2 mg IV ou midazolam 0,1 a 0,2 mg/kg/dose até 5 mg IV ou IM.

No caso de pressão diastólica elevada, especialmente quando não há hipertensão arterial prévia, devem-se usar anti-hipertensivos de curta duração, como nitroprussiato de sódio ou nitroglicerina, que deverá ser monitorada.[2] Nas convulsões que não respondem a benzodiazepínicos, verifica-se se há necessidade de correção de distúrbios acidobásicos e metabólicos. Podem ser usados barbitúricos, mas a fenitoína deve ser evitada.[5-9] Para agitação persistente e delírio que não responde a duas ou mais doses de benzodiazepínicos, pode ser associado haloperidol.[5-7] Hipotensão habitualmente responde ao tratamento com fluidos, ficando o uso de vasopressores e inotrópicos reservado aos casos refratários.

Nos casos de bradicardia com repercussão hemodinâmica, deve-se usar atropina intravenosa, na dose de 0,5 a 1 mg/kg a cada 5 minutos para adultos e 0,02 mg/kg para crianças. A dobutamina pode ser considerada se a bradicardia estiver associada à hipotensão.[8,9] Se houver hipotermia, deve ser feito reaquecimento lento com o emprego de métodos convencionais.[8,9] Não há indicação de medidas de depuração como hemodiálise.[2]

ANTÍDOTO

Não existe antídoto específico.

ERROS COMUNS QUE VOCÊ DEVE EVITAR

Todos os pacientes sintomáticos devem ser observados por 4 a 6 horas após exposição.

Um betabloqueador não seletivo está contraindicado, pois pode causar piora paradoxal da hipertensão se não for usado um vasodilatador previamente.[2]

Não tratar o bloqueio atrioventricular ou a bradicardia sinusal associada à hipertensão, pois poderá abolir essa resposta reflexa que serve para limitar a hipertensão.[2]

REFERÊNCIAS BIBLIOGRÁFICAS

1. Brunton LL, Dandan RH, Knollmann BC. As bases farmacológicas da terapêutica de Goodman & Gilman. 13. ed. Porto Alegre: AMGH; 2018. p. 165-7, 174, 231-71.
2. Olson KR, editor. Manual de toxicologia clínica. 6. ed. Nova Iorque: Lange Medical Books/McGraw Hill; 2014. p. 362-4.
3. Torquato AJ, Shima VTB, Araujo DCM. Riscos associados à prática de automedicação com descongestionante nasal. Braz J Dev. 2020;6(11): 86899-917.
4. Borges ASS, Carvalho CG, Magalhães SR. Riscos associados ao uso irracional do descongestionante nasal: cloridrato de nafazolina. Revista UNIABEU. 2019;12(31):245-51.
5. TOXBASE®. The National Poisons Information Service. Ephedrine. In: Toxbase managements. [acesso em fevereiro de 2022]. Disponível em: https://www.toxbase.org/poisons-index-a-z/e-products/ephedrine-hydrochloride
6. TOXBASE®. The National Poisons Information Service. Pseudoephedrine. In: Toxbase managements. [acesso em fevereiro de 2022]. Disponível em: https://www.toxbase.org/poisons-index-a-z/p-products/pseudoephedrine
7. TOXBASE®. The National Poisons Information Service. Phenylephrine. In: Toxbase managements. [acesso em fevereiro de 2022]. Disponível em: https://www.toxbase.org/Basic-search/?query=Phenylephrine&searchtype=1
8. TOXBASE®. The National Poisons Information Service. Naphazoline. In: Toxbase managements. [acesso em fevereiro de 2022]. Disponível em: https://www.toxbase.org/Basic-search/?query=naphazoline&searchtype=1
9. TOXBASE®. The National Poisons Information Service. Oxymetazoline. In: Toxbase managements. [acesso em fevereiro de 2022]. Disponível em: https://www.toxbase.org/Basic-search/?query=oxymetazoline&searchtype=1

CAPÍTULO 41

DESINFETANTES E ANTISSÉPTICOS

Leticia Nunes de Souza
Giselle Marques de Rezende Dias Leite
Ligia Véras Gimenez Fruchtengarten

PONTOS-CHAVE

- Conhecer particularidades da composição de desinfetantes e antissépticos domissanitários.
- Compreender aspectos do mecanismo de ação e toxicocinética de desinfetantes e antissépticos.
- Identificar as principais manifestações clínicas das exposições a desinfetantes e antissépticos.
- Entender e explorar as medidas auxiliares ao diagnóstico das intoxicações.
- Indicar medidas de tratamento nos casos de intoxicação por desinfetantes e antissépticos.

INTRODUÇÃO

Os desinfetantes e antissépticos são utilizados para reduzir ou eliminar a proliferação de microrganismos – os desinfetantes são utilizados em artigos inanimados ou ambientes, enquanto os antissépticos são aplicados em tecidos vivos.[1] Ambos são classificados pela Agência Nacional de Vigilância Sanitária (Anvisa) como Produtos Saneantes Domissanitários de Risco II, categoria que contempla os agentes com características de corrosividade ($pH \leq 2$ e $\geq 11{,}5$), os que possuem atividade antimicrobiana e produtos biológicos à base de microrganismos, dentre outras especificações.

Estes produtos não eliminam todos os microrganismos da área exposta, mas sua ação ocorre sobre o microrganismo conforme o ativo químico utilizado, com o objetivo de atingir microrganismos patogênicos. Para cada nível desejado de desinfecção, finalidade e "superfície" de aplicação, diferentes produtos ou concentrações podem ser utilizados. Há produtos que, pelo risco de reações explosivas e liberação de vapores tóxicos, não podem ser misturados, sendo obrigatória essa identificação nos rótulos de suas embalagens.

Assim como outros agentes saneantes domissanitários, os desinfetantes são alvo da clandestinidade, sendo comercializados sem permissão do Ministério da Saúde, muitas vezes em embalagens reaproveitadas, sem rótulo, por ambulantes. A exposição a esses agentes pode causar intoxicação grave por diversas vias de exposição.

Dentre os desinfetantes de uso domiciliar serão abordados neste capítulo os compostos fenólicos, os liberadores de cloro e o peróxido de hidrogênio. Dentre os antissépticos, serão abordados os alcoóis (etanol e isopropanol), o iodo e os iodóforos.

O fenol (C_6H_5OH), que possui um grupo hidroxila (-OH) característico dos alcoóis ligado a um anel benzênico, antigamente foi utilizado como antisséptico, mas, por sua característica altamente corrosiva, teve essa aplicação proibida e passou a ser usado em outros fins industriais, mesmo farmacêuticos. Os fenóis são poluentes ambientais muito comuns, têm alta volatilidade e solubilidade em água, podem contaminar o ar e fontes de água. Seu uso não é recomendado para locais com a presença de crianças e de contato com alimentos, e ao longo do tempo vêm sendo substituídos por compostos de menor toxicidade. São usados para a desinfecção de pisos, esgotos e instalações sanitárias, comumente na concentração de 0,5 a 3,0%, também em aplicações agrônomas, domésticas e industriais. Dentre os compostos fenólicos mais comuns estão a creolina (mistura de cresóis, hidrocarbonetos e sabões) e o lisol (mistura de cresóis e sabão de potassa emulsionado com óleo de linhaça).[2]

Compostos clorados são agentes liberadores de cloro ativo. Por meio da eletrólise aquosa de cloreto de sódio (NaCl), é possível obter gás cloro (Cl_2), gás hidrogênio (H_2) e hidróxido de sódio (soda cáustica, NaOH). O gás cloro tem coloração amarela esverdeada, não é inflamável, é corrosivo na presença de umidade e é mais denso que o ar atmosférico, podendo se acumular próximo ao solo na ocorrência de vazamentos. O gás cloro comprimido à baixa temperatura se transforma em líquido, bastante utilizado para tratamento de piscinas e em estações de tratamento de água e esgoto. A partir da reação do cloro (Cl_2) com uma solução de soda cáustica, obtém-se o hipoclorito de sódio (NaClO), de comercialização industrial e concentração de 10 a 13%. Há apresentações industriais com maiores concentrações de hipoclorito, sendo fundamental a investigação da finalidade de uso do produto na obtenção da história da exposição.

A água sanitária para limpeza doméstica é uma solução de hipoclorito de sódio ou de cálcio ($Ca(ClO)_2$) muito mais diluída, contendo 2,0 a 2,5% p/p de teor de cloro ativo, dentro do prazo de validade de seis meses da fabricação e sob adequada conservação, com valor de pH entre 11,5 e 13,5. Quando a água sanitária é diluída em água ocorre a formação de ácido hipocloroso (HClO); se a água, sanitária for misturada com produtos contendo amônia, a reação pode provocar a liberação de cloramina[2] e, com produtos contendo ácidos, pode liberar gás cloro, entre outros.

O peróxido de hidrogênio (H_2O_2), comercialmente conhecido como água oxigenada, pode ser utilizado como desinfetante e como antisséptico,[1] sendo encontrado em concentrações de 3 a 10% para fins domésticos e superiores a 30% para fins industriais.[3] Soluções a 3% correspondem comercialmente à apresentação de 10 volumes, a 6% correspondem a 20 volumes e as soluções a 9% correspondem a 30 volumes, sendo considerada de alta concentração quando superior a 10%.[3] Seu uso recebe destaque no tratamento de solos, águas, esgotos e efluentes, em processos de branqueamento na indústria têxtil, de papel e celulose, além da aplicação na esterilização de artigos médico-hospitalares e em alternativa ao álcool 70% para desinfecção de superfícies (na concentração de 0,5%). Na exposição ambiental, o vapor da solução se acumulará próximo ao solo, por ser mais pesado que o ar, assim como o gás cloro.[3]

Antissépticos à base de álcool podem conter etanol (álcool etílico, C_2H_6O), isopropanol (álcool isopropílico, C_3H_8O), ambos ou até mesmo outros agentes, como o peróxido de hidrogênio.[1,4] Suas composições variam entre 60 e 95% de etanol ou de álcool isopropílico[1] e são comercializadas em diversas apresentações, como líquido, gel, espuma, aerossol e *spray*. A eficiência contra microrganismos nos higienizantes alcoólicos das mãos é esperada nas formulações líquidas com concentração final de 60 a 80% e, nas demais formulações, na concentração final mínima de 70%.

ALERTA IMPORTANTE

Antissépticos podem conter associações de agentes como álcool etílico ou álcool isopropílico juntamente com peróxido de hidrogênio ou iodopovidona com álcool etílico.

O iodo (iodo molecular, I_2) é utilizado como ingrediente ativo de antissépticos há muito tempo, sendo por vezes chamado de iodo livre e iodo elementar.[1] A partir da associação do iodo com um agente solubilizante ou carregador (polioxímeros, surfactantes ou polivinilpirrolidona), são desenvolvidos os iodóforos, que compõem as soluções antissépticas atuais.[1] A iodopovidona (PVP-I) é o iodóforo de uso mais comum, formada pela combinação de iodo com polivinilpirrolidona e comercializada em solução alcoólica, aquosa ou degermante a 10% (10% de iodopovidona, equivalente a 1% de iodo ativo).[1] Outras soluções de uso humano encontradas no território nacional são as tinturas de iodo, contendo de 2 a 5% de iodo elementar, o álcool iodado com 0,1% de iodo e o lugol a 5%, que contém 5% de iodo elementar, entre outros. Há soluções de uso veterinário contendo 10% de iodo, que, quando em solvente hidroalcoólico, são constituídas por água destilada e, geralmente, 50% de etanol.

ALERTA IMPORTANTE

A mistura de produtos saneantes pode resultar na liberação de gases ou formação de outros agentes potencialmente tóxicos, como cloramina e gás cloro.

MECANISMOS DE AÇÃO

Fármaco/toxicodinâmica

O fenol é tóxico protoplasmático, podendo destruir qualquer tipo de célula.[2] Seus compostos causam a lise celular com ruptura da membrana plasmática, desnaturação proteica e necrose por coagulação.[1]

Os alcoóis alteram as propriedades físico-químicas das membranas celulares. Podem causar irritação cutânea e ocular, além de produtos sem emolientes causarem ressecamento da pele ao uso frequente.[4] No sistema nervoso central, causam o aumento da ação do ácido gama-aminobutírico (Gaba), determinando sedação. Possuem altas volatilidade e inflamabilidade.

Os compostos liberadores de cloro, o peróxido de hidrogênio e o iodo também são corrosivos e agem pela oxidação de componentes celulares. O cloro e seus derivados são irritantes para pele, mucosa ocular e via respiratória – a umidade das mucosas pode precipitar reação com os gases e vapores dos agentes e ocasionar a peroxidação de lipídios das paredes das células, além de poder causar lesões cáusticas no trato gastrintestinal, se ingeridos em concentrações elevadas.[5] Além da ação oxidante do cloro liberado, há a ação de agentes alcalinos e ácidos também liberados, como o ácido hipocloroso, a cloramina e o gás cloro.

O peróxido de hidrogênio tem propriedade irritante em baixa concentração e cáustica na exposição a concentrações elevadas, sem apresentar odor de destaque nas concentrações de risco à saúde.[1,3] É uma solução instável, decomposta por ação das catalases nos tecidos, havendo liberação de calor, oxigênio molecular e água, podendo ocorrer lesão local e embolização.[1,3] A extensão da lesão e o volume de gás liberado dependem da concentração do agente, podendo haver dano por qualquer via de exposição: dérmica, oftálmica, por ingestão, inalação, por via parenteral, retal e através da irrigação de lesões.[1]

O iodo é citotóxico e oxidante[1] – além da oxidação de componentes celulares, inibe atividades enzimáticas e desnatura proteínas. Os iodóforos preservam a ação antimicrobiana do iodo com menos efeitos citotóxicos em virtude do mecanismo de liberação gradual do iodo molecular.[1] Seus compostos podem ser tóxicos por meio da absorção cutânea, ingestão ou inalação, e os solventes na composição dos produtos, como o etanol, também podem conferir toxicidade.[4,5]

Fármaco/toxicocinética

Para todos os agentes, o tipo, a quantidade, o tempo de contato e a concentração do produto ao qual houve exposição se relacionam diretamente às manifestações clínicas e à gravidade das lesões. Quanto mais concentrado, maior a capacidade lesiva.

Os fenóis são rapidamente absorvidos por todas as vias e são altamente tóxicos por ingestão, inalação e exposição cutânea, podendo causar, além de irritação local, lesões corrosivas e manifestações sistêmicas.[4] A absorção cutânea pode ser equiparada à por ingestão.[2] Nos locais de contato pode haver comprometimento de terminações nervosas, implicando perda de sensibilidade e dor.[4] Têm meia-vida de eliminação de 1 a 4,5 horas[4] e excreção renal.

Os compostos clorados e o peróxido de hidrogênio são irritantes em baixa concentração, porém corrosivos em maiores concentrações.[5] O cloro tem ação predominantemente local.[6] O peróxido de hidrogênio é pouco absorvido na pele íntegra,[3] mas pode causar lesão tecidual local e embolia gasosa pela liberação de oxigênio nos tecidos ou sangue, se absorvido.[3] Na presença de lesão, a liberação do gás pode causar a dissecção dos tecidos e, da mesma forma, havendo absorção, também podem ocorrer embolização e óbito. A embolia ocorre quando o volume de gás gerado excede a solubilidade máxima no sangue.[3,4] São liberados 10 mL de oxigênio para cada mililitro de uma solução concentrada a 3%.

ALERTA IMPORTANTE

Por intermédio de uma reação exotérmica, o peróxido de hidrogênio é decomposto em oxigênio molecular e água, podendo causar, na ingestão, distensão gástrica dolorosa, lesão, embolia e óbito.

O álcool etílico é rapidamente absorvido após a ingestão,[1,4] cerca de 20% pelo estômago e o restante principalmente pelo intestino delgado.[1,7] Fatores como piloroespasmo (sob altas concentrações de etanol), doenças gastrointestinais e/ou presença de conteúdo alimentar no estômago podem retardar ou reduzir a absorção do etanol.[1,7] Após a absorção, o etanol é distribuído nos tecidos,[1] com maior acúmulo no cérebro, fígado, coração, rins e músculos.[7] O pico plasmático ocorre em 1 hora.[4,7]

O metabolismo do álcool sofre interferências de características individuais e fisiológicas que incluem gênero (mulheres possuem menores níveis das enzimas de metabolização), idade, altura e massa corporal, condições de saúde, genética, etnia e características de consumo.[7] Por meio de vários fenômenos oxidativos, o etanol é convertido em acetaldeído (tóxico ao organismo mesmo em pequenas quantidades), acetato, ácido acético e, finalmente, em dióxido de carbono e água, sendo de 90 a 95% do etanol ingerido metabolizado no fígado.[7] O fígado é a principal via de eliminação do etanol (> 90%) e uma pequena fração, cerca de 2 a 5%, é excretada sem alterações no ar exalado, na urina e no suor.[1,7] A enzima álcool desidrogenase (ADH) é a principal via metabólica e a responsável pela oxidação de parte do etanol, convertendo o álcool em acetaldeído.[1] Outra via de metabolização ocorre através do sistema de enzimas microssomais oxidativas, que realiza a mesma conversão pela ação do citocromo P450 2E1 ou CYP2E1 presente nas células hepáticas.[7] A enzima aldeído desidrogenase (ALDH) converte o acetaldeído em acetato.[7]

A imaturidade da desidrogenase hepática em menores de 5 anos diminui a capacidade de metabolização do etanol, acarretando manifestações tóxicas.[8] Além disso, durante a metabolização as reservas de glicogênio podem ser consumidas até seu esgotamento nesses pacientes, o que, somado à inibição da gliconeogênese, resulta em hipoglicemia até mesmo 2 a 10 horas após a ingestão.[1,8] Em gestantes, o etanol atravessa a barreira placentária levando ao feto quantidade de etanol equiparável à da circulação materna,[1,5] podendo causar síndrome alcoólica fetal.[1]

ALERTA IMPORTANTE

Crianças menores de 5 anos possuem menor capacidade de metabolização do etanol, estando mais propensas a quadros tóxicos. Pequenos volumes ingeridos podem causar manifestações graves.

O álcool isopropílico também é rapidamente absorvido após a exposição oral e inalatória.[5] Atinge pico plasmático entre 15 e 30 minutos[4,5] e tem meia-vida de eliminação de 3 a 7 horas.[9] A absorção cutânea é lenta e ocorre na pele não íntegra ou pelo contato prolongado.[4] Assim como o etanol, também se distribui para todos os tecidos.[5] Após absorção, 80% é convertido em acetona[5] – que possui meia-vida de 22 horas[9] – biotransformado pela desidrogenase alcoólica. A eliminação ocorre em 80% como acetona, na urina, e cerca de 20% inalterado na urina e pela via respiratória.[1] A acetona produzida leva à cetose sem acidose metabólica – um forte indicativo de intoxicação por álcool isopropílico.[1]

A concentração do iodo na solução está relacionada à citotoxicidade, e a absorção em pele e mucosas pode estar associada à duração do tratamento e extensão da área de contato. Compostos para uso tópico podem ser absorvidos principalmente quando aplicados em mucosas e pele não íntegra e causar efeitos sistêmicos.[1] Antes da absorção no organismo, o iodo é convertido em iodeto. É como iodeto inorgânico que ele se apresenta também na água e em alimentos, é absorvido no intestino delgado após a ingestão, transportado e distribuído pelo plasma e se acumula em maior parte na tireoide (cerca de 80% do iodo presente no corpo). Por volta de 80% do excedente tem eliminação renal, 20% fecal e alguma fração através do suor.[1]

DOSES TÓXICAS

Diversos fatores podem influenciar na resposta individual à exposição aos produtos, incluindo a presença de comorbidades, a concentração dos agentes, a via e o tempo de exposição.

Os compostos fenólicos são irritantes para pele e mucosas quando em baixas concentrações e corrosivos em altas concentrações.[4] Soluções a 1%, diluídas, já podem ser irritantes. Quando absorvidos, podem causar manifestações sistêmicas. O fenol tem dose oral letal, de cerca de 1 g[1] para adultos e de 50 a 500 mg para lactentes.[5]

Soluções de hipoclorito com concentração entre 3 e 5% e a água sanitária de uso domiciliar são consideradas irritantes de mucosas, mas pouco provavelmente resultarão na ocorrência de lesões graves. Entretanto, produtos clandestinos de concentrações desconhecidas e elevadas, ou mesmo de hipoclorito de sódio acima de 6%, podem causar lesões corrosivas.[4,5]

O peróxido de hidrogênio na concentração de 3 a 8% pode causar irritação em pele e mucosas, enquanto nas concentrações superiores a 10% podem ocasionar lesões por corrosão e embolia.[3] Pode ocorrer branqueamento de pele e cabelo ao contato crônico com vapor ou solução do agente.[3]

Para os alcoóis, diversos fatores interagem prejudicando a delimitação da "dose tóxica". Tanto as taxas de metabolização quanto a tolerância estão relacionadas a fatores individuais, incluindo se a exposição é aguda ou crônica,[4] assim como a coingestão de outras substâncias depressoras.[5] Crianças podem apresentar quadros tão graves quanto os adultos, porém com a ingestão de volumes bem inferiores.[1] Em crianças podem ocorrer depressão neurológica e hipoglicemia na concentração sérica de 50 mg/dL de etanol, além de convulsões e hipoglicemia potencialmente fatal na concentração sérica de 100 mg/dL, que respectivamente equivalem à ingestão de cerca de 6 e 11 mL de etanol a 80% por uma criança de 11 kg.[10] Na ausência das dosagens séricas, podem ser esperadas manifestações graves em crianças à dose de 0,5 mL/kg, e dose letal de 4 mL/kg, na exposição oral a etanol absoluto.[4] A dose tóxica oral de álcool isopropílico a 70% é de 0,5 a 1 mL/kg,[5] sendo a dose potencialmente letal de 2 a 4 mL/kg.[9]

ALERTA IMPORTANTE

Crianças podem apresentar manifestações graves na exposição oral ao etanol absoluto à dose de 0,5 mL/kg e, ao álcool isopropílico, à dose de 0,5 a 1 mL/kg.

Estima-se que a dose letal média pela ingestão de iodo esteja entre 2 e 4 g de iodo livre.[1] Exposições crônicas podem causar hipertireoidismo e bócio ou hipotireoidismo.[5] Deve ser considerada a possibilidade de intoxicação associada por etanol em grandes exposições a fórmulas contendo iodo/iodóforos e solventes hidroalcóolicos.[5]

QUADRO CLÍNICO

As soluções fenólicas pouco concentradas são irritantes[2] para pele, trato respiratório, mucosa ocular e mucosa oral,[2,4] podendo haver dor local, náusea, vômito, dor abdominal, diarreia e irritação conjuntival.[1] Em altas concentrações, há possibilidade de queimaduras indolores em pele e mucosas;[2] na exposição ocular, pode haver edema da conjuntiva, da córnea e cegueira; e nas ingestões, lesões cáusticas na boca, faringe, esôfago e estômago, edema laríngeo, estenose de esôfago (tardio), hematêmese e melena.[1,4] Outras manifestações nas intoxicações graves incluem hipotensão, bradicardia, taquicardia, arritmias cardíacas, hipovolemia, choque, escurecimento da urina, anúria, hipotermia, hiperexcitabilidade inicial, delírio, cefaleia, tremores, sonolência e convulsões, evoluindo para depressão respiratória, coma, cianose, broncoespasmo, lesão pulmonar aguda, edema agudo de pulmão e óbito.[1,4] Podem ocorrer metemoglobinemia, disfunção renal e hepática.[4]

A maioria das exposições aos compostos clorados de uso doméstico, como água sanitária ou alvejantes, é benigna e cursa apenas com manifestações leves após ingestão, podendo haver dor e irritação local, sensação de ardência ou queimação, dor abdominal, náuseas, vômitos e diarreia.[1,3,4] Na exposição inalatória pode haver tosse, dispneia, broncoespasmo, irritação e queimação em olhos, nariz e garganta, com manifestações agravadas em exposições significativas e que podem incluir rouquidão, estridor laríngeo e pneumonite química.[1,3,4,5] Soluções concentradas podem ser corrosivas nas exposições orais e ingestões, com possibilidade de disfagia, sialorreia, dor retroesternal e epigástrica, queimaduras, ulceração, hematêmese e perfuração gástrica ou esofágica,[1,4,5] além de queimaduras na pele e mucosas após exposições cutâneas.[3] A exposição ocular pode causar dor, irritação, sensação de queimação e lacrimejamento, com possibilidade de lesão caso o agente seja concentrado.[4]

ALERTA IMPORTANTE

A maioria das exposições aos compostos clorados de uso doméstico, como água sanitária ou alvejantes, é benigna e cursa apenas com manifestações leves após a ingestão. Entretanto, produtos clandestinos podem apresentar concentrações elevadas e características de corrosividade.

Na exposição a soluções de peróxido de hidrogênio com concentração de até 8%, como as apresentadas em cremes dentais, loções capilares e soluções limpadoras de lentes de contato, pode haver apenas irritação local. Soluções mais concentradas podem causar queimaduras graves.[3] Na mucosa ocular são esperadas dor em queimação, lacrimejamento, hiperemia e visão turva,[1,3] e nas exposições às concentrações superiores a 10% pode haver úlcera ou perfuração da córnea.[4] Na ingestão de soluções de 3 a 10% pode haver irritação e distensão dolorosa do trato gastrointestinal, náusea e vômito,[3] além de hematêmese.[1] Podem ocorrer, também, lesões corrosivas e ruptura de órgãos ocos[3] na ingestão de soluções de 10 a 20% de concentração e ocorrer, ainda, inconsciência e parada cardiorrespiratória com soluções de 20 a 40% de concentração.[3] Ruptura do cólon, gangrena e colite ulcerativa aguda podem ocorrer pela aplicação de enema à exposição retal.[3,4] Na exposição inalatória a vapores, névoas ou aerossóis pode haver irritação das vias aéreas, rouquidão, congestão das mucosas e edema pulmonar[3] após 24 a 72 horas,[4] além de asfixia no caso da exposição a soluções com alta concentração em ambientes fechados.[3] A administração intravenosa pode ocasionar taquicardia, hipotensão, hemólise, insuficiência renal e embolia.[4]

Os antissépticos à base de álcool podem causar manifestações após exposição por diversas vias. Na exposição dérmica ao álcool etílico pode haver ressecamento, irritação e ardência em pele e mucosas.[4] Já na exposição ocular por vapores ou respingos pode haver irritação, ardência, queimação e lacrimejamento.[4] Na ingestão, as manifestações são dependentes da quantidade, concentração e tolerância individual, podendo haver no quadro leves manifestações de excitação e euforia, disartria, náusea e incoordenação motora fina; dentre os sintomas moderados, visão embaçada, desorientação, confusão e vômito; dentre as manifestações graves, coma, hipotermia, hipoglicemia, hipotensão, acidose metabólica, convulsões e depressão respiratória.[4,8] A hipoglicemia é a manifestação principal a ser avaliada e rapidamente tratada em crianças.[8] Na inalação de vapores pode haver irritação nas vias aéreas superiores, tosse, sensação de asfixia e, em altas concentrações, até depressão neurológica.[4]

ALERTA IMPORTANTE

Crianças sintomáticas após exposição oral a etanol devem ser observadas atentamente quanto ao risco de hipoglicemia grave, mesmo horas após a exposição.

Quanto ao álcool isopropílico, na exposição cutânea pode haver eritema, parestesia e manifestações sistêmicas ao contato prolongado.[4] Na exposição oral é possível ocorrer náusea, vômitos, dor abdominal, gastrite, hematêmese, melena, taquicardia e, em casos mais graves, depressão neurológica e respiratória prolongada, depressão miocárdica com hipotensão e bradicardia, hipotermia, insuficiência renal e hepática.[1,4,5,9] Na exposição ocular, assim como na inalatória, pode haver irritação nos olhos e nas vias aéreas superiores, com efeitos sistêmicos ao contato prolongado,[4] além de traqueobronquite hemorrágica na exposição aspirativa.[1] A acetona, metabólito do álcool isopropílico, potencializa seus efeitos e pode justificar a depressão neurológica grave e prolongada.

A exposição inalatória, ocular ou dérmica em menor grau aos gases e vapores de iodo causa irritação local, aos olhos, nariz e garganta, podendo haver sensação de queimação nas mucosas, tosse, lacrimejamento, cefaleia e, em casos graves, edema pulmonar agudo,[4,5] além de lesões corrosivas na exposição a soluções tópicas mais concentradas.[4] Na ingestão, são esperados sintomas gastrointestinais como vômito, diarreia e dor abdominal e, em casos de grande volume e maior concentração do agente, podem haver lesões cáusticas do trato gastrointestinal, disfagia, dor, salivação, edema de faringe, hematêmese, acidose metabólica com aumento de lactato, hipoglicemia, hipercalemia, choque, hemólise, hepatotoxicidade e insuficiência renal, além da elevação do iodo sérico.[1,4,5] As manchas causadas pelas soluções de iodo causam somente prejuízo quanto à aparência da lesão e desaparecem com a descamação da pele.

ALERTA IMPORTANTE

Maiores danos podem ocorrer conforme a maior concentração do agente, tempo e área externa de contato.

DIAGNÓSTICO

A história detalhada da exposição, o exame físico do paciente e o reconhecimento do produto, se possível, são primordiais. Verificar os dados da permanência de contato e tempo corrido desde a exposição, via de exposição, caracterização da substância, sua origem (industrial ou clandestina), finalidade de uso, tipo (ácido ou álcali), estado físico e concentração e volume ingerido, além das manifestações clínicas. Em crianças menores de 5 anos, a exposição aos agentes geralmente é acidental, exploratória e em pequena quantidade, mas, em qualquer caso pediátrico, é recomendada a reflexão acerca da possibilidade de negligência, violência ou maus-tratos, exposição intencional e, em crianças maiores e adolescentes, tentativa de suicídio ou abortamento, devendo ser acionados os serviços de apoio, investigação e proteção necessários.

ALERTA IMPORTANTE

Sempre coletar o maior número de dados possíveis acerca da exposição e investigar qualquer possibilidade intencional nas exposições. A visualização da embalagem original do produto para confirmação da origem, composição e finalidade de uso podem facilitar a condução do caso.

Pacientes sintomáticos devem ter o estado neurológico e os sinais vitais monitorados, o ritmo cardíaco avaliado (realização de eletrocardiograma de 12 derivações) e serem mantidos sob observação por 6 horas após a exposição[4] ou enquanto houver sintomas. O período de observação e a determinação de exames diagnósticos complementares devem ser revistos e considerados sempre que a história for sugestiva de exposição aos agentes com maior poder lesivo, mesmo para pacientes assintomáticos à admissão.

É indicada a realização de análise laboratorial geral (hemograma, eletrólitos, glicose, gasometria, função renal e hepática) para todos os pacientes sintomáticos.[3,4,9] Na ingestão de álcool etílico e álcool isopropílico há aumento do *gap* osmolar[4] e na ingestão do álcool isopropílico há produção de cetonas (cetonemia, cetonúria), raramente havendo acidose metabólica,[4,9] com glicemia normal ou pouco elevada. Nas demais intoxicações por alcoóis tóxicos como metanol e etilenoglicol ocorre acidose metabólica grave com elevação do ânion *gap*.[1] Dessa forma, devem ser realizadas também as análises do *gap* osmolar e as dosagens séricas de etanol, metanol (diagnóstico diferencial), álcool isopropílico e de cetonas séricas.[4]

Nas intoxicações por compostos fenólicos pode haver elevação dos níveis de fenol no sangue e urina, acidose metabólica com elevação do ânion *gap* e às vezes metemoglobinemia,[1,4] sendo recomendada dosagem de meta-hemoglobina (MetHb) nos pacientes cianóticos.

Pacientes expostos a iodo e iodóforos, em destaque ao uso tópico, podem apresentar distúrbios acidobásicos e de eletrólitos, incluindo acidose metabólica com ou sem elevação de lactato, elevação do nível sérico do iodo, hipoglicemia, hipoxemia, hipercalemia, hipotireoidismo (especialmente em neonatos) e hipertireoidismo, neutropenia, hemólise e elevação de enzimas hepáticas.[1,4,5] A dosagem de iodo pode confirmar a exposição sem outra utilidade clínica.[5]

A endoscopia digestiva deve ser realizada precocemente em todas as ingestões suspeitas ou confirmadas de produtos cáusticos/corrosivos, mesmo que em pacientes assintomáticos e sem lesões orais, assim como nas ingestões intencionais,[1,2] e excetuando as ingestões de soluções cloradas de baixa concentração como a água sanitária. O exame é recomendado nas ingestões de hipoclorito de sódio quando em concentração elevada, como nos produtos de uso industrial.[1] O exame é útil no reconhecimento da extensão da lesão e é contraindicado na suspeita de perfuração da mucosa gastroesofágica.[1,6] Por meio dos achados endoscópicos são definidas a gravidade das lesões, a conduta terapêutica e o risco de estenose. O exame deve ser realizado preferencialmente em até 24 horas da exposição e deve ser evitado principalmente entre o 5º e o

15º dia posterior à ingestão, quando à mucosa se apresentará mais friável e com maior risco de perfuração.[1,6]

Radiografias de tórax e abdome podem ser feitas na suspeita de pneumonite química, perfuração gástrica ou embolia gasosa, podendo revelar nestas últimas a presença de gás no coração, mediastino, espaços pleurais, trato gastrointestinal ou sistema porta, além da extensão da distensão do trato gastrointestinal.[1,4] Os exames de imagem podem ser úteis nas definições da extensão da lesão. Se houver alterações no estado neurológico, deve ser realizada tomografia ou ressonância magnética de crânio em busca de lesões secundárias no cérebro e medula espinhal à exposição a peróxido de hidrogênio, além do diagnóstico diferencial de trauma nas exposições ao álcool.[1,4]

Considerar a avaliação oftalmológica para pacientes com persistência de sintomas oculares ou suspeita de lesão de córnea.[4]

TRATAMENTO

Medidas de suporte

- Manutenção da patência das vias aéreas e oxigenação adequada.[3] Se indicada a intubação, evitar procedimentos "às cegas" e priorizar a via aérea não cirúrgica.[1]
- Estabilização hemodinâmica, manutenção de acesso venoso calibroso pérvio com hidratação intravenosa adequada.[1,4,6,9]
- Aquecimento externo até normalização da temperatura corpórea.
- Jejum com tempo definido pelo estadiamento da lesão.
- Correção de distúrbios acidobásicos e de eletrólitos.
- Sintomáticos, como analgésicos, antieméticos, protetores gástricos intravenosos, inalação com broncodilatadores e colírios anestésicos.[4,5,6]

  Especificidades:
  - Nas intoxicações graves por fenóis com presença de sintomas óbvios de metemoglobinemia e hipóxia, mesmo sem resultado de dosagem de MetHb, deve ser considerada a administração de cloreto de metiltionínio (azul de metileno).
  - Crianças sintomáticas após exposição aos alcoóis devem ser observadas quanto ao risco de hipoglicemia grave, hipovolemia, hipocalcemia e hipotermia. A glicose sérica deve ser corrigida quando menor de 40 mg/dL por hemoglicoteste ou inferior a 70 mg/dL na análise laboratorial.[8]
  - Pacientes expostos ao peróxido de hidrogênio, por ingestão, com manifestações clínicas ou exames de imagem que evidenciem presença de gás nas câmaras cardíacas, devem ser colocados na posição de Trendelenburg a fim de se evitar a obstrução da saída do ventrículo direito (embolia aérea maciça).[1]

Medidas de descontaminação

- Na exposição ocular ou cutânea, realizar a remoção cuidadosa de vestes, lentes de contato e adereços, seguida da irrigação do local com água ou solução fisiológica a 0,9% por, ao menos, 10 a 15 minutos, preservando áreas não contaminadas.[1,4,6] Nas exposições oculares a agentes extremos de pH a irrigação pode ser prolongada e contínua, por 1-2 horas, sendo necessária avaliação oftalmológica.[1] Pode ser facilitador o uso de colírio anestésico na descontaminação ocular.[4]
- Para agentes irritantes e cáusticos, é contraindicada a sondagem e lavagem gástrica pelo risco de provocar vômito, perfuração e aumento da área de lesão.[4,6] A indução do vômito é contraindicada para qualquer agente. Para ingestões de baixo risco é desnecessária a medida de descontaminação.

Especificidades:
- Não deve ser realizada medida de descontaminação gástrica para exposição ao peróxido de hidrogênio,[4] visto se decompor em oxigênio, água e pelo poder corrosivo em soluções mais concentradas. Apenas a sondagem gástrica, como medida de esvaziamento do gás por aspiração, pode ser considerada, com cautela, em pacientes com distensão abdominal sem evidências de lesão cáustica.[1]
- A sondagem gástrica, como medida de esvaziamento por aspiração, também pode ser considerada na possibilidade de grande volume ingerido com absorção lentificada.[1]

- A administração de carvão ativado é contraindicada, pois não apresenta efetividade para adsorção desses agentes e pode comprometer a avaliação endoscópica.[1,8]
- A administração de agentes ditos "neutralizantes" é contraindicada após ingestão de substâncias cáusticas/corrosivas pelo potencial de agravamento de lesões por reação exotérmica, liberação de gás e destruição química tecidual.[1]

Medidas de depuração

- A hemodiálise pode ser considerada somente na intoxicação grave por etanol quando sua dosagem sérica for superior a 450 mg/dL ou o pH arterial for inferior a 7,0, havendo comprometimento da função hepática e, embora sob suporte adequado, a condição clínica do paciente piore.[4,8] Na intoxicação por álcool isopropílico a medida pode ser considerada na persistência de depressão neurológica e respiratória, hipotensão, hipercalemia e insuficiência renal aguda, acidose lática ou concentração sérica > 500 mg/dL.[4,9] O procedimento remove os alcoóis e seus metabólitos, corrigindo o distúrbio metabólico e de eletrólitos.
- Pacientes com insuficiência renal preexistente e deterioração renal após intoxicação por componentes de iodo podem ser beneficiados pela hemodiálise, com aumento da eliminação de iodo.[1,4]
- Não há medidas de depuração, nem de eliminação, para os demais agentes.

ANTÍDOTO

A administração de azul de metileno deve ser realizada nas intoxicações graves por fenóis com metemoglobinemia > 30% ou sintomáticos, na dose de 1 a 2 mg/kg (0,1-0,2 mL/kg) da solução a 1%, intravenosa lenta (em 5 minutos).[3,5] Podem ser necessárias administrações repetidas conforme o quadro clínico e dosagem de MetHb, assim como diagnóstico diferencial para outras causas na persistência da manifestação.

Não há antídoto para os demais agentes citados neste capítulo.

ERROS COMUNS QUE VOCÊ DEVE EVITAR

A obtenção de dados acerca da dose de exposição não deve retardar o tratamento, que é sintomático e suportivo.

Vômito não deve ser provocado: além de aumentar a área de contato com o agente, há risco de broncoaspiração e de comprometimento respiratório adicional.

Na ingestão de substâncias cáusticas/corrosivas, a realização da lavagem gástrica é contraindicada pelo risco de perfuração da mucosa gastroesofágica e pela maior exposição da mucosa.

O carvão ativado não é efetivo na adsorção dos agentes citados neste capítulo. Além disso, na presença de irritação da mucosa há propensão a vômito espontâneo e, ocorrendo, há risco potencial de broncoaspiração.

Suspeitar das intoxicações por agentes tóxicos incompatíveis com a faixa etária e condições clínicas basais dos pacientes, acionando os serviços de apoio, investigação e proteção necessários.

REFERÊNCIAS BIBLIOGRÁFICAS

1. Haynes A, Wax PM. Antiseptics, disinfectants, and sterilants. In: Goldfrank LR, Hoffman RS, Howland MA, Lewin NA, Nelson LS, Smith SW. Goldfrank's Toxicologic Emergencies. 11. ed. Nova Iorque: McGraw-Hill Education; 2019. p. 1368-79.
2. Schvartsman S, Barcia SA. Domissanitários e plantas ornamentais. In: Oga S, Camargo MM, Batistuzzo JA. Fundamentos em toxicologia. 4. ed. São Paulo: Atheneu; 2014. p. 187-94.
3. Agency for Toxic Substances and Disease Registry. Medical Management Guidelines for Hydrogen Peroxide [Internet]. EUA: ATSDR; 2014 Octo. [acesso em maio de 2021]. 20 p. Disponível em: https://www.atsdr.cdc.gov/mhmi/mmg174.pdf.
4. Toxbase – National Poisons Information Service. Toxbase [Internet]. Edinburgh: UK. c2018-2020 [acesso em abril de 2021]. Disponível em: https://www.toxbase.org.
5. Olson KR, Anderson IB, Benowitz NL, Blanc PD, Clark RF, Kearney TE, et al. Manual de toxicologia clínica. 6. ed. Porto Alegre: AMGH; 2014.
6. Zucoloto ADZ, Oliveira CD, Hernandez EM, Egito ES, Leite GM, Prado IA, et al. Intoxicação por saneantes domésticos. In: Hernandez EM, Rodrigues RM, Torres TM, organizadores. Manual de toxicologia clínica: orientações para assistência e vigilância das intoxicações agudas [Internet]. São Paulo: Secretaria Municipal da Saúde; 2017 [acesso em abril de 2021]. p. 325-42. Disponível em: http://www.cvs.saude.sp.gov.br/up/MANUAL%20DE%20TOXICOLOGIA%20CL%C3%8DNICA%20-%20COVISA%202017.pdf.
7. Centro de Informações Sobre Saúde e Álcool. Metabolismo do álcool [Internet]. São Paulo: CISA; 2015 acesso em maio de 2021. Disponível em: https://cisa.org.br/index.php/sua-saude/informativos/artigo/item/47-metabolismo-do-alcool.
8. Rodrigues FP, Koch CC, Goldstein CF, Dalcin TC. Intoxicação por etanol na criança. Acta Med (Porto Alegre) [Internet]. 2015 [acesso em abril de 2021]; 36(8): biblio-879712. Disponível em: https://pesquisa.bvsalud.org/portal/resource/pt/biblio-879712.
9. Ashurst JV, Nappe TM. Isopropanol Toxicity. [Updated 2020 Jun 26]. In: StatPearls [Internet]. Treasure Island (FL): StatPearls Publishing; 2021 Jan. [acesso em abril de 2021]; 2021: NBK493181. Disponível em: https://www.ncbi.nlm.nih.gov/books/NBK493181/
10. McCulley L, Cheng C, Mentari E, Diak I, Michele T. Alcohol-based hand sanitizer exposures and effects on young children in the U.S. during the COVID-19 pandemic. Clin Toxicol (Phila) [Internet]. 2021 April [acesso em maio de 2021]; 59(4): 355–6. Disponível em: https://pubmed.ncbi.nlm.nih.gov/32852232/ doi:10.1080/15563650.2020.1811298.

CAPÍTULO 42

DIURÉTICOS

Maria Aparecida de Paula Cançado
João Tomás de Abreu Carvalhaes

PONTOS-CHAVE
• Crianças em uso de diuréticos devem ser monitoradas periodicamente por meio de avaliação clínica e laboratorial. • As complicações dependem do diurético utilizado. • O ácido etacrínico é o único diurético de alça que pode ser usado em pacientes com alergia grave à sulfa. • Ingestão excessiva de sódio e alteração da função renal reduzem a ação natriurética/diurética, estimulando o sistema renina-angiotensina-aldosterona.

INTRODUÇÃO

Pesquisadores do século XX observaram que medicamentos mercuriais utilizados no tratamento da sífilis e as sulfonamidas apresentavam propriedades diuréticas; em ordem de descobrimento, foram a acetazolamida, tiazídicos e furosemida, em torno de 1957. Atualmente, os diuréticos são muito utilizados na prática médica.

Diuréticos são definidos como drogas que agem no néfron, inibindo o transporte de sódio, aumentando sua excreção e, como consequência, aumentando o volume urinário.[1] Para compreender as complicações, os efeitos colaterais e a toxicidade dos diuréticos, é necessário conhecer anatomia e fisiologia (Figuras 1 a 3), as classes dos diuréticos, a classificação clínica (Quadro 1), o mecanismo de ação envolvido (Quadro 2) e as doses utilizadas para crianças (Quadro 3).

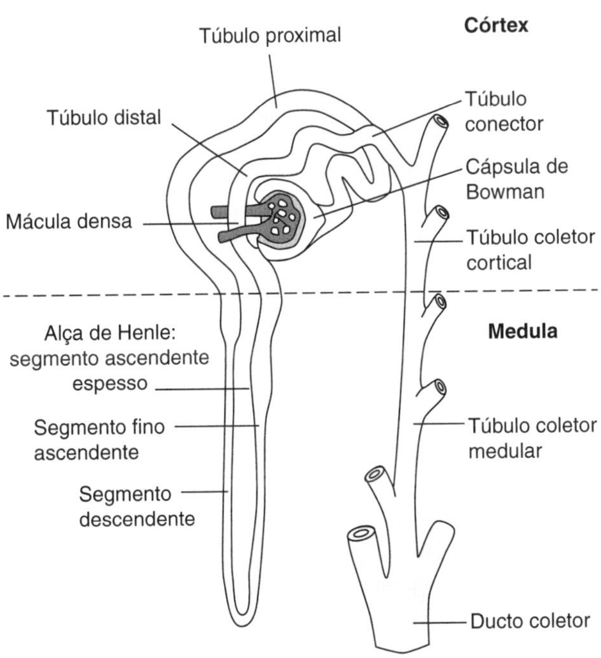

Figura 1. Segmentos básicos do néfron.
Fonte: adaptada de Hall, 2006.[2]

FARMACOLOGIA

Os diuréticos são utilizados em inúmeras doenças, como edema generalizado, síndrome nefrótica, insuficiência cardíaca, doença hepática, doença renal aguda e crônica, calculose renal, hipertensão arterial, hipercalcemia, acidose tubular renal, glaucoma, intoxicação por salicilatos ou fenobarbital, diabetes *insipidus* nefrogênico, síndrome de secreção inapropriada de hormônio antidiurético, entre outras.[1]

Quanto à farmacocinética, circulam ligados às proteínas plasmáticas e não são filtrados nos glomérulos, sendo secretados ativamente no lúmen proximal.

Os diuréticos natriuréticos estão entre os medicamentos mais comumente usados, cuja ação consiste em diminuir a reabsorção de sódio em diferentes locais do néfron. Os aquaréticos inibem a reabsorção de água por meio da inibição

Quadro 1. Classificação dos diuréticos
Ação rápida ou de alça
• Furosemida • Bumetanida • Ácido etacrínico • Piretanida • Torazemida* • Azosemida*
Ação prolongada
• Benzotiazínicos e derivados sulfamídicos correlatos • Clorotiazida e similares • Clortalidona • Xipamida • Metolazona*
Poupadores de potássio
• Espironolactona • Triantereno • Amilorida • Eplerenona*
Outros
• Manitol • Albumina humana • Aquaréticos

* Não disponíveis no Brasil.

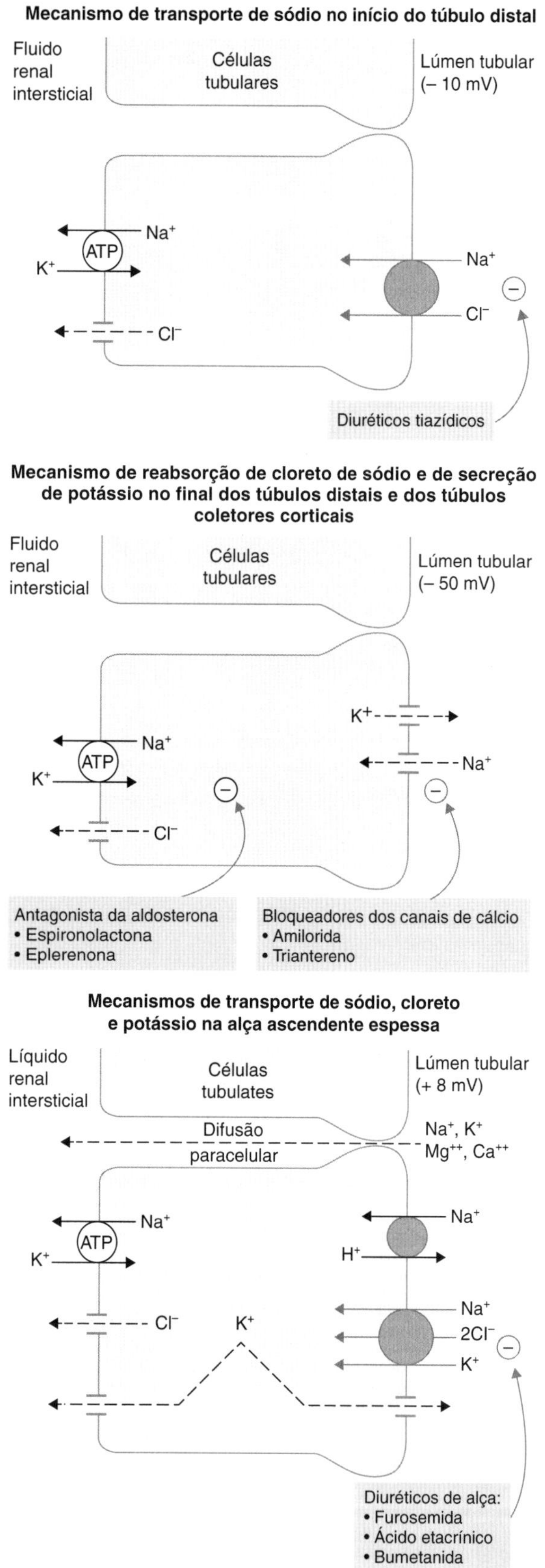

Figura 2. Fisiologia tubular e mecanismos de ação dos diuréticos.

Fonte: adaptada de Hall, 2006.[2]

de vasopressina no túbulo de conexão e ducto coletor. Os natriuréticos são divididos em quatro classes principais:

- Acetazolamida e manitol: túbulo proximal.
- Diuréticos de alça: ramo ascendente espesso da alça de Henle.
- Diuréticos tiazídicos: túbulo contornado distal.
- Poupadores de potássio: néfron distal sensível à aldosterona (túbulo de conexão e ducto coletor).

Diuréticos de alça (furosemida, bumetanida, torasemida, ácido etacrínico) diminuem a reabsorção de sódio no ramo ascendente medular e espesso de Henle por inibir o cotransportador Na-K-2Cl na membrana luminal (Quadro 2). Eles são os mais potentes diuréticos usados clinicamente, pois bloqueiam o cotransportador, aumentando o débito urinário de sódio, cloreto, potássio e água.[2,3]

Quadro 2. Diuréticos de alça

Ação	Efeito
Inibição da bomba Na-K-Cl (NKCC1) na porção ascendente da alça de Henle	Efeito natriurético e diurético
Mácula densa	Ativa o SRAA. Mantém a diurese mesmo com redução da volemia/natremia (bloqueio do *feedback*)
Inibição da bomba Na-K-Cl (NKCC2)	Presente em outras células do organismo, é responsável pela ototoxicidade Potencialização secreção do SRAA Vasodilatação (efeito anti-hipertensivo)

SRAA: sistema renina-angiotensina-aldosterona.

Os tiazídicos diminuem a reabsorção de sódio no túbulo distal por inibição do cotransportador Na-Cl.

ALERTA IMPORTANTE

No Brasil, não há tiazídicos venosos como a metolazona.

Poupadores de potássio (amilorida, triantereno, espironolactona e eplerenona) diminuem o número de canais de sódio abertos no túbulo de conexão e no ducto coletor. Enquanto a amilorida e o triantereno inibem diretamente a atividade do canal de sódio e a secreção do potássio nos túbulos coletores, a espironolactona e a eplerenona, antagonistas da aldosterona, bloqueiam o receptor mineralocorticoide.

A acetazolamida inibe a atividade da anidrase carbônica, diminuindo a reabsorção proximal de bicarbonato, sódio e cloreto, levando à perda de NaCl e $NaHCO_2$. O manitol, diurético osmótico, inibe a reabsorção de sódio e água no túbulo proximal e na alça de Henle, produzindo aumento acentuado da concentração de moléculas osmoticamente ativas nos túbulos, reduzindo a reabsorção de água em virtude da pressão osmótica e eliminando grande quantidade de líquido tubular para a urina.[4]

Aquaréticos ou "vaptans" inibem a vasopressina no receptor V_2 presente na membrana basal basolateral do túbulo

Quadro 3. Quadro de dosagem dos diuréticos mais comuns em crianças

Clortalidona – Higroton®
• 1 a 2 mg/kg 1 ×/dia
Hidroclorotiazida – Clorana®
• Neonatos: 2 a 5 mg/kg/dia a cada 12 horas • Displasia broncopulmonar: 2 a 4 mg/kg/dia a cada 2 horas • Crianças: 1,5 a 3 mg/kg/dia a cada 6 ou 12 horas, dose máxima de 200 mg
Furosemida – Lasix®
• Via oral: neonatos – 1 a 2 mg/kg a cada 12 horas; crianças – 1 a 2 mg/kg a cada 6 ou 12 horas, dose máxima de 6 mg/kg/dia • Injetável: neonatos – 1 a 2 mg/kg a cada 12 horas; crianças – 1 a 2 mg/kg IV contínua 0,05 mg/kg/hora
Espironolactona – Aldactone®
• Neonatos – 1 a 3 mg/kg 1 a 2 ×/dia • Crianças – 1,5 a 3 mg/kg a cada 6 ou 12 horas, dose máxima de 200 mg
Manitol (20%)
• Edema cerebral, 0,25 g/kg, podendo ser aumentado até 1 g/kg/dose, aplicado a cada 2 horas se necessário • Mioglobinúria, 0,5 a 1 g/kg – dose de manutenção 0,25 a 0,5 g/kg, a cada 4 ou 6 horas

coletor. A interação entre vasopressina e seu receptor V_2 leva ao aumento intracelular de adenosina monofosfato (AMP), com consequente fosforilação dos canais de aquaporina 2, causando sua migração e a inserção desses canais na membrana luminal das células tubulares, além de elevar a permeabilidade no túbulo de água com aumento da diurese por volume de água livre com consequente diminuição da osmolaridade urinária e aumento da concentração plasmática de sódio. Pertencem a um novo grupo de diuréticos - antagonistas de receptores de vasopressina - regulando a reabsorção de água nos ductos coletores. São usados para o tratamento da hiponatremia e doença renal policística autossômica dominante.[5,6]

Outra classe de medicação são os inibidores do cotransportador Na-glicose (SGLT2). A canagliflozina, a dapagliflozina, a empagliflozina e a epragliflozina, utilizadas para tratar diabetes e atualmente insuficiência cardíaca, não são classificadas como agentes diuréticos. Elas aumentam as concentrações de glicose luminal no túbulo proximal, induzindo uma diurese osmótica.[7]

A eficácia diurética está relacionada ao seu local de ação, tempo de uso e ingestão de sódio na dieta. A resposta antinatriurética é mediada pela ativação do sistema renina-angiotensina-aldosterona do sistema nervoso simpático, os quais vão promover a reabsorção tubular de sódio. Complicações de fluidos e eletrólitos associadas a uma dose de diurético de alça ocorrem nas primeiras 4 semanas de terapia. Algumas ações dos diuréticos parecem ser antagônicas, como natriurese que leva a uma redução da pressão arterial e a ativação dos SRAA que aumenta a pressão arterial. A ação que prevalece está associada a fatores como: ingestão excessiva de sódio, uremia, uso de Aine, condições hemodinâmicas e interações medicamentosas.[8] Algumas doenças apresentam resistência ao diurético: ingestão excessiva de sódio, edema de alças, anti-inflamatórios não esteroides, hipotensão, hipoalbuminemia e síndrome nefrótica. Diminuição da filtração glomerular está associada à diminuição da secreção de diuréticos de alça pelo túbulo proximal, resultante da retenção de ânions competidores na insuficiência renal.

ALERTA IMPORTANTE

Cuidado ao administrar diuréticos de alça em pacientes nefróticos, para que, diante das alterações da coagulação e dislipidemia da fisiopatologia da doença, não haja aumento do risco de trombose.

Está em estudo o uso subcutâneo da furosemida em pacientes com congestão sistêmica e anasarca, pois a absorção oral está comprometida.

INTOXICAÇÃO AGUDA

A literatura em relação à intoxicação aguda por diurético é escassa. É de domínio público que a organização não governamental Safe Kids Worldwide, em 2018, publicou que a incidência da toxicidade por medicamentos em geral em crianças é elevada, responsável por 1 morte a cada 12 dias de criança até 6 anos de idade. A cada hora 1 criança é internada, e a cada minuto 1 criança é admitida no pronto-socorro por ingestão de medicação.

Os diuréticos podem causar, agudamente, diurese excessiva, traduzida clinicamente por taquicardia, hipotensão, fraqueza generalizada e distúrbios hidroeletrolíticos com alterações eletrocardiográficas. A alteração no intervalo QRS alargado sugere hipercalemia. O intervalo QT prolongado sugere hipomagnesemia, hipocalemia ou hipocalcemia. O tratamento consiste em:

- Medidas iniciais de estabilização pelo excesso de diurese.
- Reposição hidroeletrolítica com cristaloide isotônico inicialmente.
- Correção das alterações metabólicas e eletrolíticas, de acordo com a classe de diurético ingerida.

EFEITOS ADVERSOS DOS DIURÉTICOS

Os efeitos colaterais podem ser relacionados a diurese, natriurese, reação de hipersensibilidade e ototoxicidade.

- Diuréticos de alça e tiazídicos: hipocalemia, alcalose metabólica, hipovolemia, hiperuricemia, hiponatremia, hipomagnesemia, alteração da ureia, hipotensão.
- Poupadores de potássio: podem causar hipercalemia e acidose metabólica.
- Inibidores da anidrase carbônica: hipocalemia e acidose metabólica.

A maioria das complicações dos diuréticos de alça e tiazídicos se apresenta durante 2 a 3 semanas de terapia. Os efeitos colaterais podem ser divididos em três tipos: relacionados a diurese e natriurese, relacionados a reações de hipersensibilidade e ototóxicas.

Reações de hipersensibilidade incluem furosemida, bumetanida, torasemida, sulfonamidas que podem causar reações de hipersensibilidade com manifestação cutânea ou raramente nefrite intersticial.

A ototoxicidade induzida por diuréticos de alça pode causar surdez transitória (de 30 a 24 horas) ou permanente. É uma ocorrência principalmente por terapia intravenosa de alta dose, ou em uso de doses mais baixas em pacientes com uso concomitante de outras medicações ototóxicas, como aminoglicosídeo, e em pacientes com comprometimento da função renal.[9]

A inibição de NKCC1 (codificação no ouvido interno) é responsável pela ototoxicidade.

Os diuréticos de alça interferem na fisiologia vestibular, levando a labirintopatia e alterações do equilíbrio.[10]

O ácido etacrínico, por sua vez, é mais ototóxico em altas doses do que furosemida, torasemida e bumetanida. Em uma revisão de 29 casos de surdez associada à furosemida, a administração intravenosa foi administrada em 17 pacientes, sendo a surdez mais acentuada quando utilizada em *bolus* do que em infusão contínua.[11]

Relataremos as complicações eletrolíticas mais frequentes induzidas pelos diuréticos tiazídicos e de alça.[12]

Hiponatremia

A hiponatremia é uma complicação infrequente, mas grave, da terapia diurética, ocorrendo predominantemente pelos diuréticos tiazídicos. É menos provável que o diurético de alça induza a hiponatremia, a menos que tenha causado depleção de volume ou a ingestão hídrica seja muito elevada.

Mecanismo de ação

Diuréticos de alça inibem a reabsorção de cloreto de sódio (NaCl) no ramo ascendente da alça de Henle, gerando um gradiente hiperosmótico no interstício medular, permitindo, por meio do hormônio antidiurético (AHD), que a água seja reabsorvida no ducto coletor medular. Tiazídicos atuam no córtex do túbulo distal, não havendo interferência do AHD. Outros fatores parecem desempenhar um papel no desenvolvimento da hiponatremia, como aumento da ingestão de água (polidipsia) e redução na capacidade de diluição com excreção de água prejudicada, sendo um efeito direto na redução da reabsorção de cloreto de sódio sem água no túbulo distal. A hiponatremia por tiazídicos ocorre em torno de 14 semanas do início da droga. A mediana do tempo até o diagnóstico é cerca de 1,75 ano naqueles que desenvolveram a hiponatremia no período de 10 anos de acompanhamento.[13]

Quadro clínico

Mal-estar, letargia, tontura, vômito. Relatos de danos cerebrais, edema cerebral, herniação e convulsões atualmente são infrequentes, em razão da conduta eficiente na correção dos distúrbios hidroeletrolíticos.

Tratamento

Suspensão do diurético, administração de solução salina isotônica, administração de solução salina hipertônica se a hiponatremia for grave ou sintomática, e monitoração cuidadosa para evitar desmielinização osmótica.[14]

Prevenção

Não há como identificar pacientes com o risco de desenvolver hiponatremia. Evitar diurético em indivíduos com massa corporal reduzida e polidipsia psicogênica.

Hipocalemia

A hipocalemia é um dos efeitos colaterais dos diuréticos de ação prolongada. Nos tiazídicos e diuréticos de alça, a hipocalemia é consequente ao aumento do aporte de sódio ao segmento de conexão e túbulo conector. Clinicamente, apresenta sintomas e sinais como fraqueza, paralisia muscular, dislipidemia, intolerância à glicose, tubulopatia e arritmias ventriculares. Não são todos os pacientes que em uso de diuréticos apresentam hipocalemia. O tratamento consiste na reposição de potássio.

Magnésio

Em condições normais, 95% do magnésio é filtrado e reabsorvido, sendo os 5% restantes excretados. Os diuréticos tiazídicos e de alça aumentam a excreção de magnésio, e os poupadores de potássio a reduzem. O cloreto de sódio filtrado é reabsorvido no ramo espesso da alça de Henle através dos cotransportadores Na-K-2Cl na membrana apical luminal. Parte do potássio reabsorvido volta para o lúmen, deixando-o relativamente eletropositivo e criando um gradiente elétrico que promove a reabsorção, entre as células, do magnésio.

Os diuréticos atuam competindo pelo local do cloreto no cotransportador Na-K-2Cl, inibindo a reabsorção de cloreto de sódio e diminuindo o potássio que retorna para o lúmen, criando um potencial eletronegativo no lúmen, diminuindo a reabsorção do magnésio.

No túbulo distal, a administração crônica de diuréticos tiazídicos aumenta a excreção de magnésio por redução da expressão renal de TRPM6 (canal de magnésio, receptor transitório latente, subfamília melastina, membro 6), levando à hipocalemia e dificultando a captação de magnésio pelas células tubulares distais. Como 10 a 25% da carga filtrada de magnésio é reabsorvida no túbulo proximal, espera-se que os inibidores do cotransportador do SGLT2 levem à perda urinária de magnésio. Na prática, observou-se que induzem aumentos leves nos níveis séricos de magnésio. Os mecanismos não são bem compreendidos. Os diuréticos poupadores de potássio diminuem a entrada de sódio no túbulo conector e túbulo coletor cortical, aumentando a reabsorção de magnésio.[15]

Hipomagnesemia

Quadro clínico

- Sintomas gerais: fraqueza generalizada, hipoatividade, anorexia e depressão.
- Alterações cardiovasculares: arritmias, hipertensão, taquicardia ventricular, aumento do intervalo PRIQT, alargamento do QRS, achatamento da onda P, inversão da onda T, podendo ocorrer vasoespasmos coronarianos e morte súbita.
- Alterações metabólicas: hipocalcemia, hipercolesterolemia, alcalose metabólica, hiperglicemia, hipocalemia e hipofosfatemia.

Hipermagnesemia

Quadro clínico

Dependendo do nível de hipermagnesemia, tontura, diminuição dos reflexos tendíneos, sonolência, hipocalcemia, alteração do eletrocardiograma, paralisia muscular, bloqueio atrioventricular total, parada cardíaca e/ou respiratória.[16]

Tratamento

- Suspensão do diurético: utilizar gluconato de cálcio e hidratação salina-isotônica para aumentar a excreção de magnésio.
- Utilização de diuréticos de alça: para aumentar a excreção de magnésio por bloquearem o cotransportador NaK2Cl na alça de Henle.

ALERTA IMPORTANTE

Em pacientes tratados com diuréticos, a concentração sérica de magnésio frequentemente permanece dentro ou próximo da normalidade, possivelmente porque a maioria das perdas provém das células.

Cálcio

A maior parte do cálcio filtrado é reabsorvida passivamente, no túbulo proximal e na alça de Henle. Outro mecanismo é regulado ativamente com o equilíbrio de cálcio no túbulo distal e conector. O paratormônio e o calcitriol parecem estimular esse processo ativo.

A terapia diurética tem efeitos variáveis na excreção urinária de cálcio, de acordo com o local de ação. Ocorre excreção de cálcio aumentada por diuréticos osmóticos (manitol) e inibidor da anidrase carbônica (acetazolamida), e, quando pelos diuréticos de alça, há diminuição da reabsorção.

Os tiazídicos, como a amilorida, diminuem a excreção de cálcio pelo aumento da reabsorção.

ALERTA IMPORTANTE

- Diuréticos de alça efeito benéfico em pacientes com hipercalcemia.
- Diuréticos de alça em neonatos, podem levar à nefrocalcinose.
- Calculose renal: os tiazídicos aumentam a reabsorção de cálcio, com diminuição da formação de novos cálculos em pacientes com hipercalciúria.

Ácido úrico

Ocorre hiperuricemia pelo uso de diuréticos de alça ou tiazídicos. O grau de retenção de urato pelos diuréticos é dose-dependente. Os mecanismos propostos para hiperuricemia incluem efeito direto na reabsorção de urato

Quadro 4. Mecanismo de ação e locais de ação tubular dos diuréticos

Diuréticos	Local de ação	Mecanismo de ação
Inibição da anidrase carbônica (acetazolamida)	Túbulo proximal	Inibe a secreção de H^+ e a reabsorção de HCO_3, a qual reduz a reabsorção de sódio
Diurético osmótico	Principalmente túbulo proximal	Inibe a reabsorção de água e soluto pelo aumento da osmolaridade no fluido tubular
Diuréticos de alça (furosemida e bumetanida)	Alça ascendente espessa de Henle	Inibem o cotransportador Na^+-K^+-Cl^- na membrana luminal
Diurético tiazídico	Túbulo distal inicial	Inibe o cotransportador Na^+-Cl^- na membrana luminal
Bloqueadores do canal de sódio (trianthereno e amilorida)	Túbulos coletores	Bloqueiam a entrada de Na^+ nos canais da membrana luminal de sódio, diminui a reabsorção de Na^+ e diminui a secreção do K^+
Antagonistas da aldosterona (espironolactona, eplerenona)	Túbulos coletores	Bloqueiam a entrada de Na^+ nos canais da membrana luminal de sódio, diminuem a reabsorção de Na^+ e diminuem a secreção do K^+

pelo túbulo proximal e o efeito indireto pela depleção de volume e pelo aumento da reabsorção de urato no túbulo proximal.

Mecanismo de ação

- **Efeito direto**: a tiazida entra na célula do túbulo proximal através do sangue capilar peritubular através do trocador de ânions (OAT1) na membrana basolateral, sendo liberada dentro da célula tubular através de OAT4, promovendo a reabsorção de urato.
- **Efeito indireto**: ocorre depleção de volume, mas não está elucidado como a depleção ou restrição de sódio aumenta a reabsorção de urato. Entre os mecanismos sugeridos, está a alteração de gradiente.

O grau de retenção de urato é dose-dependente.

Tratamento

Suspender diurético; alopurinol se apresentar sintomatologia.

ALERTA IMPORTANTE

O uso de inibidores da enzima conversora de angiotensina (ECA) ou de bloqueadores do receptor de angiotensina (BRA) pode minimizar o aumento de ácido úrico induzido por diurético. É mediado pela reversão do efeito estimulador da angiotensina II na reabsorção de sódio e urato. A associação de diurético e inibidores de ECA ou BRA minimiza o efeito metabólico, como hipocalemia e hiperlipidemia.

Quadro 5. Efeitos adversos dos diuréticos

Diuréticos que agem no túbulo contornado distal

- Hipomagnesemia
- Hiperuricêmica
- Reações de hipersensibilidade
- Alcalose hipocalêmica
- Hiponatremia
- Hipocalemia e alterações da função renal em combinação com diuréticos de alça
- Hiperglicemia/diabetes

Diuréticos de alça

- Hipomagnesemia
- Alcalose hipocalemia
- Ototoxicidade
- Reação de hipersensibilidade
- Depleção do volume extracelular

Poupadores de potássio (espironolactona, trianterenо, amilorida)

- Hipercalemia
- Hipersensibilidade
- Acidose metabólica
- Uremia
- Ginecomastia e sangramento vaginal (aldosterona)

Efeitos colaterais comuns a todos os diuréticos

- Boca seca e paladar desagradável
- Astenia
- Sonolência
- Tontura
- Fraqueza
- Câimbras
- Distúrbios gastrintestinais

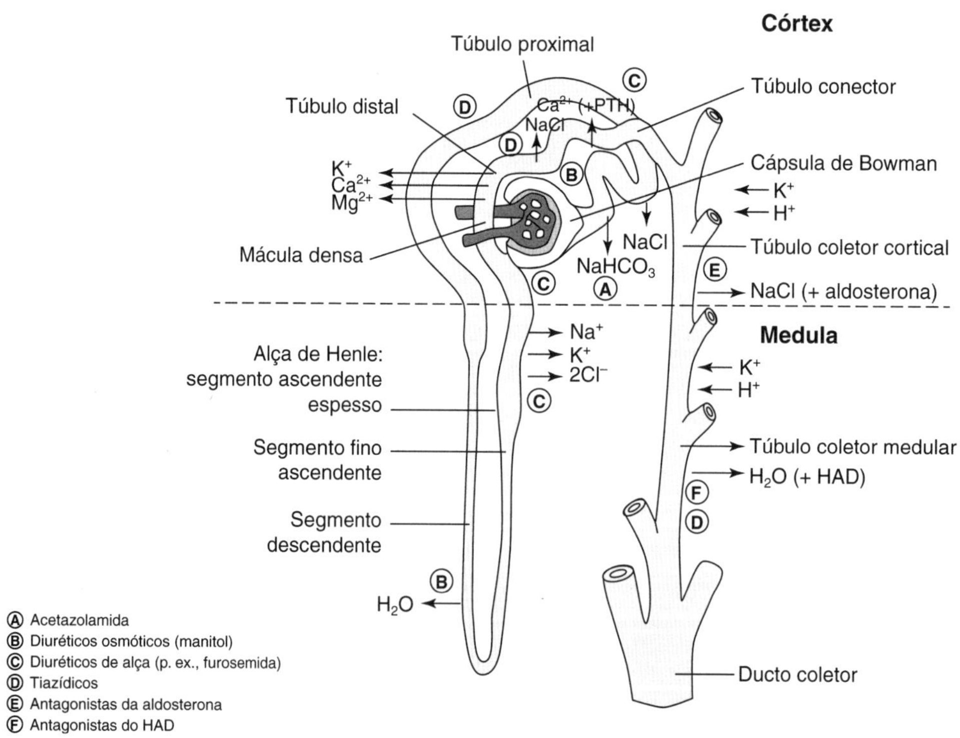

Figura 3. Localização anatômica da ação dos diuréticos.

Fonte: adaptada de Hall, 2006.[2]

REFERÊNCIAS BIBLIOGRÁFICAS

1. Zatz R. Bases fisiológicas da Nefrologia. São Paulo: Atheneu; 2012.
2. Hall JE. Guyton & Hall. Tratado de fisiologia médica. 11. ed. Elsevier; 2006.
3. Riella MC. Princípios de nefrologia e distúrbios hidroeletrolíticos. 5. ed. Rio de Janeiro: Guanabara Koogan; 2014.
4. Ellison DH, Felker GM. Diuretic treatment in heart failure. N Engl J Med. 2017;377(20):1964-75.
5. Blair HA. Tolvaptan: a review in autosomal dominant polycystic kidney disease. Drugs. 2019;79(3):303-13.
6. Gunderson EG, Lillyblad MP, Fine M, Vardeny O, Berei TJ. Tolvaptan for volume management in heart failure. Pharmacotherapy. 2019;39(4):473-85.
7. McMurray JJV, Wheeler DC, Stefánsson BV, Jongs N, Postmus D, Correa-Rotter R, et al. Effect of dapagliflozin on clinical outcomes in patients with chronic kidney disease, with and without cardiovasculuar disease. Circulation. 2021;143(5):438-48.
8. Ellison H. Clinical pharmacology in diuretic use. Clin J Am Soc Nephrol. 2019;14(8):1248-57.
9. Ding D, Liu H, Qi W, Jiang H, Li Y, Wu X, et al. Ototoxic effects and mechanisms of loop diuretics. J Otol. 2016;11(4):145-56.
10. Santos F, Nadol JB. Temporal bone histopathology of furosemide ototoxicity. Laryngoscope Investig Otolaringol. 2017;2(5):204-7.
11. Robertson CMT, Bork KT, Tawfik G, Bond GY, Hendson L, Dinu IA, et al. Avoiding furosemide ototoxicity associated with single ventricle repair in young infants. Pediatr Crit Care Med. 2019;20(4):350-6.
12. Huang CC, Chung CM, Hung SI, Pan W-H, Leu H-B, Huang P-H, et al. Clinical and genetic factors associated with thiazide induce hyponatremia. Medicine (Baltimore). 2015;94:e1422.
13. Filippone EJ, Ruzich M, Foy A. Thiazide-associated hyponatremia: clinical manifestations and pathophysiology. Am J Kidney Dis. 2020;75(2): 256-64.
14. Dasta JF, Chiong JR, Christian R, Friend K, Lingohr-Smith M, Lin J, et al. Update on tolvaptan for the treatment of hiponatremia. Expert Rev Pharmacoecon Outcomes Res. 2012;12(4):399-410.
15. Toto RD, Goldenberg R, Chertow GM, Cain V, Stefansson BV, Sjostrom CD, et al. Correction of hypomagnesemia by dapagliflozin in patients with type 2 diabetes: A post hoc analysis of 10 randomized, placebo-controlled trials. J Diabetes Complications. 2019;33(10):107402.
16. Helou CM. Tratado de Nefrologia 1. São Paulo: Atheneu; 2018. p. 71-5.

CAPÍTULO 43

ESTRICNINA

Maria da Graça Boucinha Marques
Carlos Augusto Mello da Silva

PONTOS-CHAVE

- A estricnina é um alcaloide extraído da *Strychnos nux-vomica*, planta nativa da Ásia/Norte da Austrália. Utilizada inicialmente, no século XVI, como raticida e posteriormente na Medicina como estimulante cardíaco, respiratório e digestivo, entre outras.[1,4]
- Trata-se de um pó cristalino, inodoro e incolor, que tem um sabor amargo quando dissolvido em água.[1]
- É uma substância de uso proscrito no Brasil, conforme RDC n. 178, de 17 de maio de 2002.[2] Quando ingerida, deve ser tratada como emergência importante por sua alta toxicidade e precocidade do aparecimento dos sintomas.[1]
- A base do tratamento é suporte, com o objetivo de abortar rapidamente as contrações musculares, proporcionando um controle adequado das vias aéreas e tratamento da hipertermia e/ou anormalidades metabólicas.[1]

INTRODUÇÃO

A estricnina é uma substância altamente tóxica, encontrada tanto em compostos de ocorrência natural quanto em produtos comerciais. Extratos de frutas da planta de estricnina têm sido usados no sudeste da Ásia como medicamento para várias doenças.[5]

Em doses baixas, já foi utilizada para melhorar o desempenho de atletas. O vencedor da maratona olímpica de 1904 ingeriu estricnina no meio da corrida, e o medalhista de bronze do levantamento de peso olímpico de 2016 testou positivo para estricnina.[6]

No nosso meio, é utilizada como *Nux Vomica*, medicação homeopática, sendo raros os casos de intoxicação. Já foi utilizada com fins medicamentosos como tônico, laxativo, estimulante cardíaco, respiratório e digestório e já foi encontrada na adulteração de drogas como cocaína e heroína.[4]

Os sintomas ocorrem entre 15 e 30 minutos após a ingestão oral e mais rapidamente por via intranasal ou intravenosa. O início tardio dos efeitos clínicos raramente é relatado.

Os achados típicos de envenenamento são contrações musculares involuntárias generalizadas, resultando em dores no pescoço, nas costas e nos membros. As contrações são facilmente desencadeadas por estímulos triviais, como acender uma luz, e cada episódio geralmente dura de 30 a 120 segundos.[1]

MECANISMOS DE AÇÃO

A estricnina é um antagonista competitivo do neurotransmissor inibitório glicina em receptores na medula espinhal e no cérebro. Produz efeitos estimulantes e convulsivos do sistema nervoso central. É uma droga rapidamente absorvida pelo trato gastrintestinal, pela mucosa nasal e por via parenteral. Relatos de absorção cutânea são raros. Apresenta grande volume de distribuição, por ser altamente lipofílica e seu metabolismo majoritariamente hepático. A meia-vida plasmática é de 10 a 16 horas.[1,4]

DOSES TÓXICAS

Na intoxicação em humanos, por meio de doses entre 5 e 10 mg, o reflexo espinhal aumenta muito e os músculos ficam tensos. Mais de 10 mg de estricnina podem resultar em dispneia, ansiedade, convulsões tônicas e até morte por parada respiratória ou cardíaca.[7] A dose letal é de 1 a 2 mg/kg.[4] Em animais domésticos há referência de doses tóxicas com os seguintes valores: em cães de 0,75 mg/kg; em gatos, de 2,0 mg/kg; em cavalos, de 0,5 mg/kg; em vacas, 0,5 mg/kg; em porcos, 0,5 mg/kg; em aves, 5,0 mg/kg e ratos 3,0 mg/kg.[3]

QUADRO CLÍNICO

As manifestações clínicas na intoxicação oral por estricnina se caracterizam pelo início rápido de sinais e sintomas, entre 15 e 60 minutos após a ingestão. Embora menos documentados, os efeitos clínicos após a administração parenteral ou nasal são mais precoces. Efeitos tardios são raramente relatados.[1]

Os sintomas iniciais são de excitabilidade e de consciência intensificada, seguidos de náuseas e vômitos, dor abdominal (após ingestão apenas), agitação, sudorese, aperto no peito, letargia, rigidez muscular incluindo trismo, tremor, hiper-reflexia, taquipneia, taquicardia e hipertensão. O quadro de convulsão dura de 30 segundos a 2 minutos e o paciente assume a postura opistotônica: costas arqueadas, extremidades estendidas e mandíbula cerrada. Os pacientes podem apresentar *risus sardonicus*, característica das contrações musculares da face, razão de uma aparência fixa e rígida conhecida por riso sardônico. A contração muscular descontrolada pode causar taquicardia, hipertermia, comprometimento das vias aéreas pela rigidez da mandíbula e pescoço e achados posteriores de rabdomiólise, hipercalemia, acidose lática, acidose metabólica, insuficiência renal e convulsões.

O envenenamento por estricnina, não controlado, pode causar a morte em algumas horas por insuficiência respiratória. O prognóstico está diretamente relacionado com a agilidade no atendimento e a duração e magnitude subsequentes das contrações musculares.[1,6,7]

Mediante doses entre 5 e 10 mg, o reflexo espinhal aumenta muito e os músculos ficam tensos. Mais de 10 mg de estricnina podem resultar em dispneia, ansiedade, convulsões tônicas e até morte por parada respiratória ou cardíaca.[7]

Em animais domésticos, os sinais iniciais são de inquietação, taquipneia e intensa sialorreia, seguidos de ataxia e espasmos musculares, que normalmente se iniciam nos músculos da face, propagando-se para os membros e seguidos de convulsões tônico-clônicas e opistótono. A progressão do quadro, se não for realizado tratamento adequado, levará o animal a óbito rapidamente, entre 1 e 2 horas. Qualquer estímulo externo como toque, ruído ou luminosidade, pode desencadear e/ou exacerbar os sintomas.[3]

DIAGNÓSTICO

O diagnóstico de envenenamento por estricnina ocorre pela história de exposição, que pode ser por uso de fitoterápicos e/ou homeopáticos, abuso recente de cocaína ou heroína adulteradas, possibilidade de uso de produto clandestino com a finalidade de controle de roedores, por manifestações clínicas compatíveis e ainda pode ser confirmado pela detecção do produto em amostras biológicas.[1,6]

O exame físico deve incluir uma avaliação médica emergencial das vias aéreas. A temperatura deve ser aferida para avaliar a presença de hipertermia por contração muscular excessiva. A paralisia dos músculos respiratórios é uma das principais causas de morte.[6]

O diagnóstico laboratorial por cromatografia gasosa, líquida ou em camada delgada pode ser realizada no aspirado gástrico e nas amostras de urina para avaliar o envenenamento por estricnina. O exame de sangue não é confiável em razão da natureza transitória em que a estricnina é encontrada.[6,4]

A estricnina é detectável em concentrações tão baixas quanto 0,01 mg/L no tecido e é resistente à putrefação pós-morte. Em relato de envenenamento fatal, as concentrações de estricnina no sangue variaram de 0,5 a 61 mg/L. Por outro lado, a concentração sanguínea inicial mais alta associada à sobrevivência foi 4,73 mg/L do sangue coletado 1 hora e meia após a ingestão e uma concentração tão baixa quanto 0,06 mg/L foi encontrada em um paciente que apresentava apenas irritabilidade muscular.[1,4]

O diagnóstico de intoxicação em animais é realizado pelo histórico de ingestão associado às alterações clínicas e de início súbito. Pode ser realizado por vários métodos analíticos associados aos sinais característicos de intoxicação por estricnina. A análise química de conteúdo gástrico é a mais utilizada, podendo também ser realizada com alguns órgãos como fígado e rim. A estricnina pode ser detectada em soro, plasma e urina. Os principais métodos analíticos para detecção do alcaloide são a cromatografia em camada delgada (CCD), a cromatografia líquida de alta performance (HPLC) e a cromatografia a gás associada ao espectro de massa.[3]

Diagnóstico diferencial

O diagnóstico diferencial mais importante da intoxicação por estricnina é o tétano, porque produz hiperatividade muscular semelhante. Entretanto, o início dos sintomas nos pacientes com tétano é gradual e a duração dos sintomas é mais prolongada do que no envenenamento por estricnina. Frequentemente, o diagnóstico de tétano é sugerido por uma história de lesão recente ou uso de drogas injetáveis. Além disso, os pacientes com tétano geralmente não estão imunizados ou têm imunização antitetânica incompleta ou não documentada.

Também a síndrome serotoninérgica, hipertermia maligna, síndrome neuroléptica maligna e toxicidade associada a estimulantes se assemelham a fases tardias de envenenamento por estricnina, mas outras características da história ou exame físico geralmente ajudam a distingui-las da estricnina ou do tétano.[1]

No diagnóstico diferencial, lesões cerebrais podem ser excluídas por tomografia computadorizada (TC) e uma punção lombar é útil para excluir meningite ou encefalite.[1,4]

Exames complementares

Em pacientes sintomáticos, devem ser aferidos os valores de creatinina, hemograma completo, testes da função hepática, amilase e CK. Na presença de convulsões a avaliação de glicose, cálcio, magnésio, fosfato e gasometria arterial deve ser realizada, assim como a correção dos distúrbios acidobásico e metabólicos, conforme a necessidade.[1] Tomografia computadorizada de crânio e punção lombar podem ser importantes para identificar lesões cerebrais por outras causas ou meningites e encefalites.[4]

TRATAMENTO

O tratamento na intoxicação por estricnina é de suporte, uma vez que não existe antídoto específico. Deve ser realizado em ambiente calmo, com pouca luminosidade e silencioso.

Em pacientes envenenados por estricnina, é absolutamente contraindicado induzir o vômito em virtude do risco de aspiração e perda do controle das vias aéreas após o rápido início das contrações musculares. A lavagem gástrica é indicada em pacientes com apresentações precoces e/ou histórias de ingestão com risco à vida. Para tanto, as vias aéreas devem ser protegidas.[1,6]

O foco do cuidado é interromper a hiperatividade muscular o mais rápido possível para prevenir as complicações metabólicas e respiratórias. Em todos os momentos, estímulos e manipulações desnecessários do paciente devem ser evitados, pois essas atividades desencadeiam contrações musculares.[1]

Manter as vias aéreas desobstruídas e garantir a ventilação adequada são procedimentos preponderantes para a manutenção da vida.

O benefício da descontaminação gástrica é incerto. Recomenda- se carvão ativado nas doses de 50 g para adultos e 1 g/kg para crianças no caso de o paciente chegar ao hospital até uma hora após a ingestão de qualquer quantidade e havendo possibilidade de proteção de vias aéreas.

Todos os pacientes que requerem avaliação devem ser observados por pelo menos 6 horas após a exposição. Pacientes assintomáticos podem ter orientação de alta com recomendação de retornar se houver sintomas.

O controle das convulsões pode ser realizado com diazepam intravenoso (10-20 mg em adultos; 0,1-0,3 mg/kg de peso corporal em crianças), lorazepam (4 mg em adultos; 0,1 mg/kg em crianças) ou midazolam (5-10 mg em adultos; 0,05-0,15 mg/kg em crianças).

A manutenção da sedação dos pacientes intubados pode ser feita com benzodiazepínicos ou propofol.[4]

Doses adicionais de benzodiazepínicos podem ser necessárias.Tanto adultos como crianças devem ser mantidos em observação em ambiente calmo, longe de estímulos externos excessivos (movimentação, ruídos) e, se possível, em unidade de cuidados intensivos.

As técnicas extracorpóreas não aumentam a eliminação da estricnina, pois ela tem um grande volume de distribuição (13 L/kg).

Na exposição dérmica, é necessário lavar bem a área afetada, e pacientes que ficam assintomáticos 12 horas após a exposição podem receber alta para casa com orientação para retornar se quaisquer características, como formigamento na área exposta, se desenvolverem.[1]

No tratamento de animais, assim como em humanos, deve-se manter ambiente calmo e com baixa luminosidade, evitando estímulos externos. Controlar as convulsões, nas intoxicações de cães e gatos, é fundamental para o sucesso do tratamento. Pentobarbital sódico deve ser administrado até obtenção de sedação inicial, e diazepam (2,5-20,0 mg via IV). Cetamina e morfina são medicamentos contraindicados na intoxicação por estricnina.[3]

ANTÍDOTO

Não há disponibilidade de antídotos específicos para a intoxicação por estricnina.[3]

PROGNÓSTICO

O manejo eficaz nas primeiras horas de envenenamento por estricnina é crucial para a sobrevivência. Se o paciente receber suporte adequado durante as primeiras 6 horas, geralmente é um bom sinal de prognóstico. Para pacientes assintomáticos expostos involuntariamente à estricnina, um período de observação de 12 horas é suficiente para excluir um risco significativo.

No caso de exposições leves a moderadas, a recuperação geralmente é completa, sem sequelas neurológicas ou musculoesqueléticas.[1]

REFERÊNCIAS BIBLIOGRÁFICAS

1. Goldfrank's. Toxicologic Emergencies. 11. ed. Stanford, Connecticut: Appleton & Lange, 2019. 2074 p.
2. Brasil. Ministério da Saúde. Portaria n. 344, de 12 de maio de 1998. Aprova o regulamento técnico sobre substâncias e medicamentos sujeitos a controle especial. Diário Oficial da União; Poder Executivo, de 24 de junho de 2002. Republicada por ter saído com incorreção, do original, no D.O. n. 115, de 18-6-2002, Seção 1, p. 48.
3. Spinosa HS, Górniak SL., Palermo-Neto J. Toxicologia aplicada à medicina veterinária. Barueri: Manole; 2008. 942 p.
4. Andrade Filho A, Campolina D, Dias MB. Toxicologia na prática clínica. 2. ed. Belo Horizonte: Folium; 2013. 700 p.
5. Singhapricha T, Pomerleau AC. A case of strychnine poisoning from a Southeast Asian herbal remedy. J Emerg Med. 2017 Apr;52(4):493-5.
6. Otter J, D'Orazio JL. Strychnine Toxicity. In: StatPearls. Treasure Island (FL): 2020.
7. Ma L, Gu R, Tang L, Chen ZE, Di R, Long C. Important poisonous plants in Tibetan ethnomedicine. Toxins (Basel). 2015 Jan 14;7(1):138-55.

CAPÍTULO 44

FERRO (SAIS DE)

Eduardo Mello De Capitani

PONTOS-CHAVE

- As intoxicações agudas por sais de ferro, tendo como protótipo o sulfato ferroso, se inscrevem entre as mais graves produzidas por medicamentos.
- Doses elevadas saturam as vias fisiológicas de transporte de ferro no organismo, permitindo que o metal livre seja amplamente distribuído, produzindo o processo de estresse oxidativo intenso, responsável pelo quadro grave de intoxicação.
- A gravidade da intoxicação varia de acordo com o percentual de ferro elementar presente em cada um dos sais disponíveis comercialmente no mercado farmacêutico.
- O estágio inicial da intoxicação se caracteriza por manifestações gastrintestinais importantes, com vômitos (hematêmese), evacuações diarreicas com sangue e instabilidade hemodinâmica, por agressão direta à mucosa do tubo digestivo. Seguem-se letargia, acidose metabólica e choque.
- Mais tardiamente, falência hepática e obstrução intestinal podem ocorrer.
- Há antídoto específico disponível (desferroxamina), de uso exclusivamente parenteral (intravenoso).
- Infecção por *Yersinia enterocolitica* pode ser uma complicação do uso do antídoto.
- Novos antídotos de uso oral, deferiprona e deferasirox, indicados em hematologia para sobrecarga crônica de ferro, ainda não foram validados para uso em intoxicações agudas.

INTRODUÇÃO

A intoxicação por ferro (Fe) tornou-se algo relativamente raro atualmente, em decorrência da mudança das embalagens dos suplementos, educação em saúde e prevenção em geral.[1] Sais de Fe, como o sulfato ferroso, têm sido usados terapeuticamente há muito tempo e continuam disponíveis para compra mesmo sem prescrição. Os primeiros casos de intoxicação foram relatados em meados do século XX e, desde então, muitos casos e fatalidades ocorreram, principalmente entre crianças.[1]

A incidência de casos aumentou na década de 1980, tornando-se a principal causa de mortes por envenenamento/intoxicação em crianças menores de 6 anos nos anos 1990.[1] Essas estatísticas se tornaram públicas depois que, em 1992, em um período de 6 meses, cinco crianças morreram em Los Angeles por exposição acidental a suplementos de Fe utilizados pela mãe no período pré-natal, e ainda disponíveis no domicílio, ao alcance das crianças.[2] Estabeleceu-se, então, uma associação entre morte por Fe em crianças no primeiro ano de vida e uso de suplementos com Fe no pré-natal, pela sobra desse medicamento após o parto.[2,3] Um estudo de caso-controle no Canadá mostrou a ocorrência de quatro casos de intoxicação por Fe em um irmão mais velho de recém-nascido, no período do primeiro mês pós-parto, por disponibilidade aumentada de suplementos de Fe usados pela mãe no pré-natal.[3]

Em 1997, a Food and Drug Administration (FDA) obrigou os fabricantes de suplementos com Fe a inserir no rótulo o aviso de perigo de intoxicação e usar o sistema de embalagem *blister pack*, com preparações não ultrapassando 30 mg de Fe elementar por comprimido, e limitação de 30 comprimidos por caixa.[1,4] Aparentemente, essas medidas reduziram o número de casos de mortes por intoxicação por Fe.[1] Em 2003, no entanto, a FDA foi considerada sem autoridade legal para definir tipos de embalagens para suplementos (que não são considerados como medicamentos).

Uma forma química não medicamentosa de Fe, usada na indústria, o cloreto de Fe também pode causar intoxicação.[1]

FARMACOLOGIA E TOXICOLOGIA

Farmacocinética e toxicocinética: o Fe é um metal de transição, que pode facilmente doar ou receber elétrons, variando da forma trivalente Fe^{3+} (férrico) para a bivalente Fe^{2+} (ferroso). Essa propriedade de oxidorredução do Fe explica suas funções em diversas proteínas (como na hemoglobina e mioglobina) e em complexos enzimáticos (citocromo oxidase, nas mitocôndrias). O organismo não consegue excretar Fe diretamente, assim os depósitos, ou a quantidade de Fe no organismo, são regulados pelo controle da absorção pelo trato gastrintestinal (TGI).

Absorção: a absorção de Fe, nas formas iônicas Fe^{2+} e Fe^{3+}, ocorre predominantemente no duodeno e é determinada pela necessidade de Fe no corpo.[1] Na deficiência de Fe no organismo, a absorção intestinal pode aumentar de 10-35% para 80-95%.[1] Após a absorção pelas células da mucosa intestinal, o Fe é estocado como ferritina e perdido quando a célula intestinal é descamada, ou se liga à transferrina, proteína plasmática de ligação.[1] Nas doses terapêuticas, algum desses dois processos se torna saturado, assim a absorção para dentro da célula da mucosa fica limitada.[1] Na *overdose* ou sobredosagem, o efeito oxidativo do Fe nas células da mucosa leva à disfunção do equilíbrio regulatório, e a absorção passiva aumenta o gradiente de concentração.[1] O pico plasmático ocorre entre 4,2 e 4,5 horas.[5] Nas *overdoses* o pico ocorre entre 2 e 6 horas.[5,6]

Quadro 1. Formulações de ferro comuns e conteúdo (%) de ferro elementar

Iônico	% Fe
Cloreto ferroso	26
Fumarato	33
Gluconato ferroso	12
Lactato ferroso	19
Sulfato ferroso	20
Não iônica	**%Fe**
Ferro carbonil	98
Ferro polissacarídeo	46

Observação: apesar de o ferro não iônico conter o maior percentual de ferro elementar que os iônicos, essas apresentações têm índice terapêutico melhor (índice terapêutico/tóxico), em razão de sua limitada absorção intestinal.
Fonte: adaptado de Perrone, 2005.[1]

Apresentações farmacêuticas: suplementos de Fe estão disponíveis, como gluconato, sulfato, fumarato, lactato e cloreto (Quadro 1). No Brasil, são comercializados produtos à base de sulfato, fumarato, citrato amoniacal, carbonila, Fe aminoácido quelato e glicinato férrico. Fontes adicionais de Fe encontram-se em suplementos vitamínicos para grávidas.

DOSES TÓXICAS[1]

A ingestão de 10 a 20 mg/kg de Fe elementar produz efeitos tóxicos. Ocorre o início de sintomas, com náuseas e diarreia profusa, em 2 horas pós-ingestão.[1] A dose letal mediana (DL_{50}) VO em ratos é, para a forma carbonil, igual a 50 g/kg e, para o sulfato ferroso, igual a 1,1 g/kg. A toxicidade humana para Fe carbonil ainda não foi avaliada e relatada. A DL_{50} VO em ratos de Fe polissacarídeo é de 5g/kg (baixa toxicidade em humanos). O Fe dextrana parenteral IV, em pacientes com anemia e insuficiência renal, pode ter toxicidade e provocar reação anafilactoide. Fe sucrose e gluconato ferroso de sódio parecem seguros.

FISIOPATOLOGIA E MECANISMOS DE AÇÃO TÓXICA

O Fe é ativo em muitas reações de oxidorredução.[1] Catalisa a geração de radicais OH (hidroxilas) dentro das células através de reação de Fenton e do ciclo Haber-Weiss.[1] ROS (espécies reativas de oxigênio, radicais livres) oxidam lipídios de membranas, causando perda de sua integridade e levando a dano tecidual. A lesão oxidativa inicial das células do epitélio do TGI produzida pelos ROS permite a entrada de Fe na circulação sistêmica. Esse Fe circulante rapidamente se liga a proteínas ligantes, principalmente a transferrina. Quando a transferrina fica saturada com Fe, o Fe livre, isto é, aquele que não está ligado à proteína de transporte, é distribuído extensamente por vários órgãos e tecidos, onde provocará dano oxidativo celular.

Pestaner et al. (1999) descreveram os achados patológicos de autópsia de 11 casos fatais por ingestão de sulfato ferroso contido em medicamentos/suplementos. Encontraram concentrações de Fe elevadas em vários órgãos, incluindo fígado, cérebro, pulmões, rins, coração, estômago e intestino delgado.[7] Congestão, edema, necrose e deposição de Fe nas mucosas do estômago e intestino delgado, bem como hemorragia e congestão pulmonares, são observados nas autópsias.[1] O Fe também interfere negativamente na fosforilação oxidativa mitocondrial, levando à acidose metabólica por excesso de liberação de H^+, que não é incorporado na síntese de ATP.[1]

Além disso, a absorção de Fe pelo TGI leva à conversão do Fe^{2+} (ferroso) a Fe^{3+} (férrico), excedendo a capacidade de tamponamento plasmático levando à formação de hidróxido férrico, liberando mais 3 prótons ($3H^+$): $Fe^{3+} + 3H_2O \rightarrow Fe(OH)_3 + 3H^+$.[8,9] Depressão miocárdica contribui para o choque em animais expostos, por efeito inotrópico negativo do Fe.[1] Há evidências de que o Fe livre inibe a formação de trombina, além de reduzir seu efeito no fibrinogênio, levando a distúrbio de coagulação precoce independente de hepatotoxicidade.[10]

QUADRO CLÍNICO

Classicamente, a intoxicação por Fe se desenvolve em cinco estágios consecutivos, baseados na fisiopatologia:[1,11]

Estágio inicial: náuseas, vômitos, dor abdominal e diarreia, por efeitos "locais" nas mucosas, como ulceração intestinal, edema de mucosa, inflamação transmural, infartos e necrose no intestino delgado. Hematêmese, melena, hematoquezia (fezes sanguinolentas). Instabilidade hemodinâmica por desidratação grave pode também ocorrer neste estágio.

> **ALERTA IMPORTANTE**
> A ausência de sinais e sintomas de irritação gastrintestinal nas primeiras 6 horas pós-ingestão praticamente exclui quadro grave de intoxicação.

Estágio latente: acalmia entre 6 e 24 horas pós-ingestão, após sinais e sintomas gastrintestinais se resolverem ou melhorarem, ainda sem aparecimento de efeitos sistêmicos. Esse estágio intermediário foi definido avaliando-se os primeiros casos de intoxicação em alguns pacientes sem sintomas entre o 1º e 2º estágios. Na verdade, não é um estado quiescente de intoxicação, pois vários efeitos tóxicos moleculares estão em operação. Clinicamente, podem-se observar letargia (consequente da desidratação ainda não compensada?), taquicardia e acidose metabólica, que devem ser identificadas para diferenciação dos pacientes realmente sem sinais e sintomas que podem já ter se recuperado do estágio 1 e não vão progredir para os outros estágios.

Choque: pode ocorrer logo no início de uma intoxicação grave, por ingestão massiva, ou mesmo entre 12 e 24 horas da ingestão em quadros mais moderados. O choque é decorrente de hipovolemia, vasodilatação e depressão miocárdica, sempre acompanhado de baixa perfusão tecidual e acidose metabólica. Nessa fase podem-se observar sinais de letargia, hiperventilação, convulsões e coma.

Falência hepática: ocorre entre 2 e 3 dias da ingestão e deve-se a estresse oxidativo direto pela absorção aumentada de Fe e pelos depósitos hepáticos.

Obstrução intestinal: raramente se manifesta de 2 a 8 semanas após a ingestão, produto da cicatrização fibrótica das lesões intestinais.

Infecção por *Yersinia enterocolitica*[1]

O Fe é elemento importante como fator de crescimento da *Y. enterocolitica*. No entanto, a *Yersinia* não dispõe de sideróforo para solubilizar o Fe e transportá-lo para dentro da célula bacteriana. Nota: o sideróforo é composto orgânico de baixo peso molecular que atua na captação de Fe por bactérias, formando ligações estáveis como ele, solubilizando-o e transportando-o através da membrana celular para dentro da cédula bacteriana. Como a desferroxamina (DFO) é um sideróforo, ela solubiliza e transporta o Fe circulante para dentro da bactéria, estimulando sua proliferação. Assim, pacientes com sobrecarga crônica de Fe, em uso de DFO e intoxicados agudos em uso de DFO, estão sujeitos a desenvolver infecções ou mesmo sepse por *Y. enterocolitica*. Infecção por *Y. enterocolitica* deve sempre ser suspeitada em pacientes que, após a resolução da intoxicação aguda por Fe, desenvolvem febre, dor abdominal e diarreia sanguinolenta. O tratamento é feito com fluoroquinolonas ou cefalosporinas de 3ª geração.

DIAGNÓSTICO[1]

História de ingestão de sais de Fe. Identificar o produto e a dose estimada de ingestão. Sinais e sintomas gastrintestinais incluem desidratação, hipotensão e letargia. Um recurso que pode ser útil na avaliação inicial é a radiografia de abdome. Preparações líquidas não são radiopacas, mas as apresentações para adultos com maior dose por comprimido são mais radiopacas. Porém, a ausência de imagens radiopacas não descarta intoxicação por Fe. Não é exame essencial para a condução do caso, mas pode ajudar no processo de descontaminação, apontando a presença de drágeas ou comprimidos na luz do TGI, indicando lavagem gástrica (LG) e/ou irrigação intestinal total (IIT) para descontaminação e redução da absorção continuada de Fe.

Laboratório: avaliação da gravidade por meio da coleta de:

- Gasometria, mostrando acidose com *gap* aniônico e lactato aumentados.
- Hemograma, mostrando anemia e hemoconcentração pelas perdas de sangue no TGI, e leucocitose.
- Hiperglicemia.
- Coagulograma.
- Enzimas hepáticas.
- Fe sérico.

> **ALERTA IMPORTANTE**
>
> Leucocitose e hiperglicemia juntas podem indicar gravidade e predizer níveis de Fe sérico > 300 mcg/dL, apesar de a gravidade ser mais bem predita pelos sinais e sintomas da intoxicação. Ou seja, leucócitos e glicemia normais não descartam gravidade.

No estudo de Burkhart et al. (1991), com voluntários sadios ingerindo 20 mg/kg de Fe°, todos os seis adultos mostraram toxicidade de TGI significativa e quatro precisaram de reposição volêmica. Esses quatro tinham níveis séricos de Fe na faixa de 300 mcg/dL entre 2 e 4 horas da ingestão.[6]

Interpretação possível dos níveis de ferro sérico

A. 300 a 500 mcg/dL: toxicidade de TGI significativa e sistêmica moderada.
B. 500 a 1.000 mcg/dL: toxicidade sistêmica pronunciada e choque.
C. > 1.000 mcg/dL: morbidade e mortalidade significativas.

Apesar dessa correlação relativamente boa entre os níveis de Fe sérico e efeitos tóxicos locais, sistêmicos e mortalidade, a ausência de níveis elevados de Fe sérico não exclui toxicidade significativa, pois a dosagem pode não representar o pico real de absorção.

Capacidade total de ligação ao ferro, capacidade ferropéxica

Mede a quantidade total de Fe que pode se ligar à transferrina em um dado volume de soro. No passado, acreditava-se que níveis de Fe sérico abaixo da capacidade total de ligação de ferro (CTLF) causariam pouca toxicidade, pois indicavam pouca circulação de Fe livre. Apesar de o raciocínio estar correto, nenhum estudo confirmou essa afirmação, além de que a medida da CTLF pode mostrar-se pouco confiável na presença de excesso de Fe no organismo. Estudos *in vitro* mostram que a adição de Fe no experimento resulta em aumento na CTLF. O mesmo provavelmente acontece *in vivo*, pois, nos quadros de intoxicação, a CTLF se mostra aumentada, acima dos níveis de Fe sérico, mesmo na presença de sintomatologia significativa.[4] Em razão dessas discrepâncias e falta de correlação, a CTLF não é utilizada no diagnóstico, manejo ou prognóstico da intoxicação por Fe.[1,4]

TRATAMENTO[1,12]

Suporte

- Reposição volêmica agressiva enquanto a LG e a IIT, quando indicadas, são administradas.
- Considerar intubação endotraqueal nos casos com rebaixamento da consciência, antes da LG.
- Exames essenciais nessa fase: gasometria, eletrólitos, enzimas hepáticas, coagulograma, CK total, Fe sérico e radiografia de abdome.

Descontaminação

- LG, quando ingestão há menos de 1 hora do atendimento. Redefinir indicação, com resultado de radiografia de abdome. Esse procedimento pode ser limitado em sua indicação, dependendo do tipo de comprimidos ingeridos (tamanho e solubilidade), pois pode haver formação de massa aderente à parede do estômago, por exemplo. No caso de o radiograma de abdome mostrar opacidades radiopacas já no intestino, haverá contraindicação de LG e indicação formal de IIT.

- Carvão ativado não adsorve Fe e, portanto, não é indicado.
- Pacientes com toxicidade local e sistêmica graves e persistência de Fe no TGI, a despeito da LG e da IIT, têm indicação de endoscopia ou mesmo gastrostomia para remoção endoscópica ou cirúrgica do conteúdo de Fe aderido às mucosas.
- Nenhum estudo experimental ou clínico sustenta o uso de DFO por via oral, e de bicarbonato e magnésio como tratamentos adjuvantes visando melhorar a eficácia da LG, devendo-se limitar o procedimento ao uso de soro fisiológico a 0,9%.
- A IIT tem indicação baseada em evidência apenas de relatos de casos e séries de casos. O procedimento é feito utilizando-se solução de polietilenoglicol e eletrólitos (PEG-ELS), via sonda gástrica ou duodenal, na dose de 500 mL/hora* em crianças e 2.000 mL/hora em adultos, iniciando-se lentamente a administração, aumentando a quantidade de acordo com a tolerância. Autorizado o uso de antieméticos, quando necessário.

ANTÍDOTOS

Desferroxamina (DFO)

- Disponível desde 1960 como quelante específico de pacientes com *overdose* aguda ou sobrecarga crônica de Fe, atualmente é considerado o quelante de escolha em intoxicações agudas por Fe, em pacientes com sobrecarga de alumínio em situação de hemodiálise em insuficiência renal crônica.[12]
- Quela também alumínio e outros metais, mas com menor eficiência: constantes de afinidade (K): $KFe^{3+} = 10^{31}$; $KAl = 10^{22}$; $KCu = 10^{14}$; $KZn = 10^{11}$; $KNi = 10^{10}$; $KFe^{2+} = 10^{10}$; $KMg = 10^{4}$; $KCa = 10^{2}$.[14]
- Em pH fisiológico, há evidências de que a DFO se liga quase exclusivamente a Fe^{3+}, se estiver disponível.[15,16]
- É obtida de cultura do actinomiceto *Streptomyces pilosus* e tem elevada afinidade com Fe.
- A DFO é um composto incolor, resultado da remoção química de Fe^{3+} da ferrioxamina B, sideramina encontrada naturalmente no *S. pilosus* que funciona como fator de crescimento e proliferação bacteriana.[14] É um hexadentado hidrossolúvel, de peso molecular (PM) = 561 Da, com formulação comercial à base de mesilato, com PM = 657. O peso molecular elevado dificulta seu uso por via oral.
- 1 mol de DFO quela um mol de Fe^{3+}. Cem miligramas de DFO quelam 8,5 mg de Fe^{3+}.[12] Na presença de Fe^{3+} (férrico), forma o complexo ferrioxamina (quelato), estável e hidrossolúvel, excretado pelos rins, dando uma cor vermelho-amarronzada à urina.[12,17]
- O Fe^{3+} é ligado na DFO no sítio 3N-OH, formando um octaedro com Fe no centro (ferrioxamina), bastante estável ($KFe^{3+} = 10^{32}$).[12]
- Lembrar que o Fe^{3+} só existe circulando nos quadros de intoxicação aguda ou crônica, pois para isso a transferrina precisa estar toda saturada.[1]
- Na sobrecarga crônica de Fe, há evidências *in vitro* de que a DFO entra no citosol e endossomos por endocitose, e não por difusão passiva, nas células reticuloendoteliais do baço, fígado e medula óssea, quelando o Fe intracelular e eliminando-o como ferrioxamina na urina.[1]
- DFO não quela Fe ferroso (Fe^{2+}). Quela Fe livre e Fe em trânsito entre a transferrina e a ferritina, mas não quela Fe já ligado a essas proteínas e a hemoglobina, mioglobina, citocromo e hemossiderina.[1]
- A DFO deve operar por outros mecanismos além da ligação com Fe circulante na melhoria do quadro clínico da intoxicação por Fe, pois 100 mg de DFO quelam aproximadamente 8,5 mg de Fe^{3+}, redundando na excreção de Fe pouco significativa em doses terapêuticas, promovendo, no entanto, uma resposta terapêutica clínica dramática.[12]
- Evidência "suficiente" sugere que a droga alcança o Fe intracitoplasmático e mitocondrial, limitando a toxicidade nesses sítios.
- Nenhum ensaio clínico controlado foi realizado até o momento, comprovando com evidência sua eficácia ou definindo doses adequadas.[12]
- Estudos em animais e dados de séries de casos, de 1960 à década de 1970, são os fundamentos do uso clínico da DFO. As informações dessa década têm sido complementadas com mais dados de relatos de casos e séries de casos e com experiências clínicas pessoais publicadas.
- Em 1966, Westlin, pesquisador dos laboratórios da Ciba Pharmaceutical Co., em Nova Jérsei, publicou artigo com o resumo do resultado de tratamentos feitos com DFO por 47 "investigadores independentes" por todos os Estados Unidos. Foram tratadas 172 crianças menores de 8 anos que haviam ingerido mais de 1 g de sulfato, gluconato ou fumarato ferrosos.[19] Metade (50%) delas havia ingerido mais de 3 g e em 36% delas não se conseguiu estimar corretamente a dose. As 172 crianças eram hemodinamicamente estáveis e não estavam gravemente intoxicadas. Foram administrados de 5 a 10 g de DFO VO e 1 a 2 g de DFO SC a cada 3 horas por 12 horas. Todos os tratamentos tiveram bons resultados.
- Essa série de 172 foi ampliada pelo mesmo autor para 474 em 1971, e desse trabalho saiu a recomendação de apenas usar a via parenteral para a DFO, tendo em vista a baixa absorção por via oral. A proposta foi de uso intramuscular para todos os casos não graves (sem choque, principalmente), em dose inicial de 1 g seguida de 0,5 g a cada 4 horas até 12 horas, com dose total não ultrapassando 6 g em 24 horas. A indicação de uso intravenoso foi para casos em choque, fazendo infusão lenta de 15 mg/kg/hora.[20]
- Até 1976, a via intramuscular foi a preferida, e a intravenosa, reservada apenas para casos em choque circulatório; no entanto, quando a sobrecarga de Fe produzida por

---

* Nota: um volume de 44 L de PEG-ELS foi administrado em 5 dias em uma criança que tinha comprimidos persistentemente presentes no TGI em radiografias seriadas.[13]

transfusões repetidas foi mais bem estudada, compararam-se as vias intramuscular e intravenosa, e esta última mostrou diferença significativa na eliminação urinária de Fe.[21] Hoje, a via intravenosa é a indicada para o tratamento das intoxicações agudas por Fe.

- Duração da administração: a duração ótima ainda é desconhecida. Em cães, o pico sérico da DFO é de 3 a 5 horas, decrescendo rapidamente pela alta difusão nos tecidos. Em humanos, o pico sérico é de cerca de 500 mcg/dL, decrescendo para 100 mcg/dL em 12 horas. Como a toxicidade pulmonar aumenta muito com infusões ultrapassando 24 horas, esse seria o limite de uso.[12]
- A partir de dados de cinética, em intoxicações agudas a DFO deve ser administrada o mais rápido possível e pelo menor tempo necessário, enquanto o Fe^{3+} se encontra disponível e acessível na circulação.[1]
- Indicação de DFO por via intravenosa:
  - Vômitos recorrentes.
  - Acidose metabólica.
  - Letargia, hipotensão e sinais de choque.
  - Fe sérico acima de 500 mcg/dL.
- Alguns autores acham que a DFO deve ser suspensa quando:
  - Paciente está bem clinicamente.
  - Há resolução da acidose.
  - Cor da urina continua clara.
- Os efeitos adversos da DFO estão muito relacionados com seu uso crônico em doenças de depósito de Fe, quando toxicidade auditiva, oftálmica e pulmonar é observada com certa frequência.
- Nos casos agudos, com duração da terapêutica inferior a 24 horas, podem-se observar hipotensão, taquicardia, choque, reações alérgicas sistêmicas, hipersensibilidade, toxicidade pulmonar e infecção por *Y. enterocolitica* pós-tratamento.[12]
- A hipotensão parece estar ligada à infusão rápida da DFO, secundária à possível liberação de histamina observada em estudos experimentais. No entanto, o uso de difenidramina não se mostrou protetivo desse efeito. Pode também ser potencializada pela depleção de volume causada pela própria intoxicação. De qualquer forma, nenhum estudo definiu a melhor velocidade de infusão, a recomendação continua sendo a de 15 mg/kg/hora, apesar de velocidades maiores já terem sido utilizadas sem efeitos adversos.[12]
- A síndrome do desconforto respiratório agudo (SDRA) pode ocorrer em pacientes crônicos e no tratamento das intoxicações agudas, principalmente se ele se prolonga por mais de 24 horas.[22] Tenenbein et al. (1992) descrevem casos de quatro pacientes com Fe sérico entre 430 e 620 mcg/dL que apresentaram SDRA após 65 a 92 horas de DFO a 15 mg/kg/hora.[22] Especulam sobre o mecanismo de ação, supondo que é por produção excessiva de radicais livres, e recomendam não usar a DFO por mais de 24 horas. Essa recomendação reforçada pelo próprio estudo analisou 43 pacientes tratados, apenas esses quatro que tiveram SDRA ultrapassaram 24 horas de infusão.
- Estudos experimentais em animais mostram aumento significativo de toxicidade pulmonar da DFO usada concomitantemente com FiO_2 elevadas (75-80%).[23]
- DFO e o quelato ferrioxamina são hemodialisáveis.[1,16] O mais indicado é a hemodiálise de alto fluxo ou hemoperfusão. A indicação é formal em casos de insuficiência renal aguda e insuficiência renal crônica para a remoção da ferrioxamina.[1,16]

Deferiprona (DFP)

- Aprovada para uso em casos de sobrecarga crônica de Fe.
- Deve ser usada por via oral, em vez do uso subcutâneo da DFO, nesses casos crônicos.
- É mais segura que a DFO.
- Em intoxicação aguda, estudos experimentais mostram redução da mortalidade significativa quando administrada concomitantemente com a dose tóxica de Fe.[24] No entanto, nenhum ensaio clínico em humanos foi realizado visando testar eficácia e doses orais de DFP em intoxicações agudas.[11,12,25]
- A DFP é mais efetiva na retirada de Fe do miocárdio do que a DFO.
- A dose crônica é de 75 mg/kg/dia, VO, a cada 8 horas.
- É bem absorvida e excretada pelos rins (100% da dose), com meia-vida de 60 minutos.
- A excreção de Fe na urina, com dose de 75 mg/kg/dia, é similar à da DFO, com dose de 50 mg/kg/dia.
- Efeitos adversos mais comuns são sintomas gastrintestinais, cefaleia e artropatia. Os efeitos mais graves são agranulocitose e neutropenia, o que indica hemograma de controle semanalmente.[25]

Deferasirox (DFX)

- Quelante já aprovado pela FDA em 2002 e em vários países a partir de 2006.[26]
- Vários ensaios clínicos controlados sustentam a eficácia terapêutica em casos de sobrecarga crônica de Fe.[27]
- Não há estudos ou recomendações em *guidelines* para seu uso em intoxicação aguda.[1,17,25-27]
- Com PM = 373 g/mol, foi sintetizado em 2003 e tem boa afinidade por Fe e pouca por Cu e Zn.[25]
- Quela Fe na proporção 2:1[25] e tem boa absorção pelo TGI, fazendo pico plasmático em 1 a 3 horas.[25]
- Tem meia-vida plasmática de 10 horas (8 a 16), permitindo-se administrar 1 dose por dia por via oral.[25]
- Tem elevada taxa de ligação proteica plasmática (99%) e consequente pequeno volume de distribuição de 1,4 L.[28]
- É excretado pela bile preferencialmente (84%), assim como o complexo quelado com Fe. Pouca excreção urinária (8%).
- A combinação DFX-DFP é preferível à combinação DFO-DFP, em razão dos altos custos da DFO em tratamentos crônicos.
- Mobiliza Fe do miocárdio e fígado, porém não há estudos clínicos randomizados e controlados que confirmem esse achado.[25]

- A dose proposta por via oral é de 20 a 40 mg/kg/dia, 2 comprimidos de 500 mg para um adulto médio.
- É comercializado pela Novartis em comprimidos de 125, 250 e 500 mg (Exjade®) e indicado pelo fabricante para uso em pacientes com sobrecarga crônica de Fe por hemossiderose transfusional.
- Os efeitos adversos mais frequentes são distúrbio gastrintestinal (náusea, vômito, dor abdominal) e *rash* cutâneo. Promove aumento temporário da creatinina em 1/3 dos pacientes, com retorno após a suspensão. Há casos de insuficiência renal pós-uso.
- Em uma metanálise de 2013, o DFX mostrou mais segurança de uso que a DFO.[27]

MEDIDAS DE DEPURAÇÃO

- Hemofiltração arteriovenosa: seria útil, segundo um estudo em animais de experimentação (cães).[29] Há um relato de caso em criança, com o uso de uma variante, de hemofiltração venovenosa.[30]
- Exsanguineotransfusão: em crianças menores de 2 anos, dependendo do estado hemodinâmico. Há um caso na literatura de uso em criança de 18 meses.[31]

ALERTA IMPORTANTE

Critérios de internação, observação e indicação de unidade de terapia intensiva pediátrica

- Internação de toda criança < 2 anos que tenha ingerido dose estimada entre 20 e 60 mg/kg.[1]
- Se a criança permanecer assintomática dentro de 6 horas de observação na emergência, pode receber alta.[1]
- Com sintomas de TGI, mas quadro leve, manter observação internada, mas sem unidade de terapia intensiva (UTI).
- Em caso de alterações como acidose, instabilidade hemodinâmica e letargia, internar em UTI pediátrica e iniciar tratamento quelante.

ALERTA IMPORTANTE

Aspectos das intoxicações por Fe em gestantes

- Intoxicações frequentes pela disponibilidade de suplementos com Fe. São tentativas de suicídio, em geral.
- DFO e Fe não atravessam a barreira placentária.
- Mortes fetais não podem ser atribuídas ao Fe, e sim ao quadro clínico sistêmico de choque, insuficiência hepática, dano cardíaco etc. da mãe.
- DFO deve, sim, ser usada em grávidas.[12]

REFERÊNCIAS BIBLIOGRÁFICAS

1. Perrone J. Iron. In: Hoffman RS, Howland MA, Lewin NA, Nelson L, Goldfrank LR, Flomenbaum N, editores. Goldfrank's Toxicologic Emergencies. 10. ed. Nova Iorque: McGraw-Hill; 2015. p. 616-22.
2. Weiss B, Alkon E, Weindlar F, Kelter A, Delacruz P. Toddler deaths resulting from ingestion of iron supplements – Los Angeles, 1992-1993. MMWR. 1993;42(6):111-3.
3. Juurlink DN, Tenenbein M, Koren G, Redelmeier DA. Iron poisoning in young children: association with the birth of a sibling. CMAJ. 2003;168(12): 1539-42.
4. Liebelt EL. Iron. In: Shannon MW, Borron SW, Burns MJ, Haddad LM, Winchester JF, editores. Haddad and Winchester's clinical management of poisoning and drug overdose. 4. ed. Filadélfia: Saunders/Elsevier; 2007. p. 1119-28.
5. Ling LJ, Hornfeldt CS, Winter JP. Absorption of iron after experimental overdose of chewable vitamins. Am J Emerg Med. 1991; 9(1):24-6.
6. Burkhart KK, Kulig KW, Hammond KB, Pearson JR, Ambruso D, Rumack B. The rise in the total iron-binding capacity after iron overdose. Ann Emerg Med. 1991;20(5):532-5.
7. Pestaner JP, Ishak KG, Mullick FG, Centeno JeA. Ferrous sulfate toxicity a review of autopsy findings. Biol Trace Elem Res. 1999;69(3):191-8.
8. Reissmann KR, Coleman TJ, Budai BS, Moriarty LR. Acute intestinal iron intoxication: I. iron absorption, serum iron and autopsy findings. Blood 1955; 10(1):35-45.
9. Tenenbein M. Toxicokinetics and toxicodynamics of iron poisoning. Toxicol Lett. 1998;102-103:653-6.
10. Rosenmund A, Haeberli A, Straub PW. Blood coagulation and acute iron toxicity. Reversible iron-induced inactivation of serine proteases in vitro. J Lab Clin Med. 1984;103(4):524-33.
11. Baranwal AK, Singhi SC. Acute iron poisoning: management guidelines. Indian Pediatr. 2003;40(6):534-40.
12. Howland MA. Deferoxamine. In: Hoffman RS, Howland MA, Lewin NA, Nelson L, Goldfrank LR, Flomenbaum N, editores. Goldfrank's Toxicologic Emergencies. 10. ed. Nova Iorque: McGraw-Hill; 2015. p. 1882.
13. Kaczorowski JM, Wax PM. Five days of whole-bowel irrigation in a case of pediatric iron ingestion. Ann Emerg Med. 1996;27(2):258-63.
14. Keberle H. The biochemistry of desferrioxamine and its relation to iron metabolism. Ann N Y Acad Sci. 1964;119:758-68.
15. Goodwin JF, Whitten CF. Chelation of ferrous sulphate solutions by desferrioxamine B. Nature. 1965;205(4968):281-3.
16. Whitten CF, Chen YC, Gibson GW. Studies in acute iron poisoning. 2. Further observations on desferrioxamine in treatment of acute experimental iron poisoning. Pediatrics. 1966;38(1):102-10.
17. Andersen O. Chelation treatment during acute and chronic metal overexposure - experimental and clinical studies. In: Aaseth J, Criponi G, Andersen O, editores. Chelation therapy in the treatment of metal intoxication. Londres: Academic Press; 2016. p. 85-252.
18. Moeschlin S, Schnider U. Treatment of primary and secondary haemochromatosis and acute iron poisoning with a new, potent iron-eliminating agent (desferrioxamine B). In: Gross F, Naegeli SR, Philps HD, editores. Iron metabolism. Berlin-Gottingen-Heiderlberg: Springer-Verlag; 1964. p. 525-50.
19. Westlin WF. Deferoxamine in the treatment of acute iron poisoning. Clinical experiences with 172 children. Clin Pediatr (Phila). 1966;5(9):531-5.
20. Westlin WF. Deferoxamine as a Chelating Agent. Clinical toxicology. 1971;4(4):597-602.
21. Propper RD, Shurin SB, Nathan DG. Reassessment of the use of desferrioxamine B in iron overload. New Engl J Med. 1976;294(26): 1421-3.
22. Tenenbein M, Kowalski S, Sienko A, Bowden DH, Adamson IYR, Tenenbein M. Pulmonary toxic effects of continuous desferrioxamine administration in acute iron poisoning. Lancet. 1992;339(8795):699-701.
23. Adamson IY, Sienko A, Tenenbein M. Pulmonary toxicity of deferoxamine in iron-poisoned mice. Toxicol Appl Pharmacol. 1993;120(1):13-9.
24. Berkovitch M, Livne A, Lushkov G, Segal M, Talmor C, Bentur Y, et al. The efficacy of oral deferiprone in acute iron poisoning. Am J Emerg Med. 2000;18(1):36-40.
25. Gerhardsson L, Aaseth J. Guidance for clinical treatment of metal poisonings - Use and misuse of chelating agents. In: Aaseth J, Criponi G, Andersen O, editores. Chelation therapy in the treatment of metal intoxication. Londres: San Diego: Academic Press; 2016. p. 313-41.
26. Crisponi G, Nurchi VM. Chelating agesnts as therapeutic compounds - Basic principles. In: Aaseth J, Criponi G, Andersen O, editores. Chelation therapy in the treatment of metal intoxication. Londres: San Diego: Academic Press; 2016. p. 35-61.
27. Dusek P, Aaseth J. Chelation therapy in metal storage diseases. In: Aaseth J, Criponi G, Andersen O, editores. Chelation therapy in the treatment of metal intoxication. Londres: San Diego: Academic Press; 2016. p. 285-311.
28. Exjade [Bula]. Novartis; 2021.
29. Banner W, Vernon DD, Ward RM, Sweeley JC, Dean JM. Continuous arteriovenous hemofiltration in experimental iron intoxication. Crit Care Med. 1989;17(11):1187-90.
30. Milne C, Petros A. The use of hemofiltration for severe iron overdose. Arc Dis Child. 2010;95(6):482-3.
31. Carlsson M, Cortes D, Jepsen S, Kanstrup T. Severe iron intoxication treated with exchange transfusion. Arch Dis Child. 2008;93(4);321-2.

CAPÍTULO 45

HERBICIDAS

Alvaro Pulchinelli Jr.
Daniel Takeshi Ito

PONTOS-CHAVE

- Compostos de uso frequente em meio rural, porém exposição limitada em ambiente urbano.
- Os agentes ou grupos de maior interesse, do ponto de vista toxicológico, são os clorofenoxi (2,4-D), os bipiridílicos (paraquat) e o glifosato.

INTRODUÇÃO

Os herbicidas são agentes químicos cuja finalidade é causar danos graves ou eliminar plantas e ervas daninhas. Interferem em processos biológicos importantes como inibir a fotossíntese, a respiração, a síntese de proteínas e lipídios ou atuando na regulação de crescimento e na estrutura da membrana celular. Além da classificação de acordo com seus mecanismos de ação, os herbicidas podem ser agrupados na forma como são aplicados: pré-plantio (aplicados antes da semeadura), pré-emergentes (para evitar o surgimento de ervas daninhas) e pós-emergentes (aplicadas nas folhas ou no solo após a germinação das culturas ou das ervas daninhas). Por fim, também podem ser classificados de acordo com a forma como são aplicados na planta: herbicidas de contato (que afetam a planta tratada) ou de translocação (aplicados no solo ou nas partes aéreas para serem absorvidos e atingirem tecidos internos da planta). Podem ser seletivos (cujos alvos são somente as ervas daninhas) ou não seletivos (que matam toda a vegetação).

TOXICOLOGIA

Compostos clorofenoxi – ácido 2,4 diclorofenoxiacético (2,4-D)

O 2,4-D foi o primeiro herbicida seletivo, desenvolvido em 1941. É utilizado de forma pós-emergente em culturas como trigo, milho, arroz e outros cereais. Diversas plantas de folhas largas, como a erva daninha dente-de-leão, necessitam da auxina para seu desenvolvimento; os compostos clorofenoxi são agentes químicos análogos a esse hormônio de crescimento de plantas, induzindo a um crescimento incontrolável e letal em plantas-alvo. Como a auxina não está presente em gramíneas, esse composto combate as ervas daninhas sem afetá-las.[1,2]

O 2,4-D é um herbicida de uso comum em vários países do mundo e muito utilizado em todo o Brasil. A exposição aos seres humanos pode ocorrer pelo consumo de alimentos ou água contendo resíduos de 2,4-D, pelo uso ocupacional ou exposição pós-aplicação em campos de golfe, parques ou gramados. Apresenta toxicidade moderada para mamíferos. Embora o mecanismo ainda seja desconhecido, há extensas lesões musculares, podendo chegar à rabdomiólise resultando em elevação de creatinofosfoquinase sérica e mioglobinúria. Estudos *in vivo* da mitocôndria hepática demonstraram que os ácidos clorofenólicos são desacopladores da fosforilação oxidativa.

A absorção oral é rápida, cerca de 1 hora após é detectado no sangue com nível máximo em 7 a 12 horas. Ingestão em quantidades significativas pode resultar em morte em virtude da toxicidade sistêmica não órgão-específico, usualmente com fibrilação ventricular, o que requer monitoração contínua e intenso cuidado. A dose tóxica mínima está em torno de 40 a 60 mg/kg (ou 3 a 4 g). A dose letal mediana (DL_{50}) é estimada em 640 mg/kg, a meia-vida em 33 horas e, em casos de superdosagem e exposição prolongada, a meia-vida foi calculada em 59 a 143 horas, com rápida distribuição nos tecidos corporais (cérebro, fígado, músculos, rins, sangue e rins). Em decorrência de sua ingestão surgem dor em queimação, úlceras na boca, na faringe, dor abdominal, vômitos e diarreia. Enxaqueca, confusão mental e comportamento estranho são indicações precoces de envenenamento severo que pode progredir para a inconsciência. As extensas lesões musculares associadas às alterações no tecido nervoso e desmielinização na parte dorsal da medula podem explicar as manifestações como fraqueza muscular, miotonia, mialgia, hiporreflexia e parestesia. No músculo cardíaco os resultados podem ser taquicardia, hipotensão e fibrilação muscular. Os compostos clorofenólicos, além de lesões renais moderadas, causam alterações metabólicas significativas, ocasionando acidose metabólica. Se associada a fatores que refletem agravamento da intoxicação, como rabdomiólise e mioglobinúria, a função desse órgão pode ser prejudicada, refletida no aumento da ureia e creatinina sérica com potencial para se tornar uma falência renal. A biotransformação é limitada e não ocorre bioacumulação. A excreção é relativamente rápida, com grande parte do 2,4-D inalterado.[3-5]

Os compostos clorofenólicos são moderadamente irritantes para a pele e membranas mucosas, causando eritema e irritação. O contato do 2,4-D com os olhos provoca eritema e irritação, e o tratamento consiste em lavar com água corrente durante 15 minutos e, se necessário, avaliação oftalmológica. A inalação de aerossóis pode causar sensação de queimação no trato nasofaríngeo (ardência nasal, seios da face e tórax), resultando em tosse e, se for prolongada, vertigem e inconsciência. O tratamento consiste em remover o paciente da exposição e deixá-lo em local ventilado, se necessário assistência ventilatória. Se ingerido, o esvaziamento gástrico deve ser feito se a dose ingerida for superior a 40 mg/kg (adulto), seguido de carvão ativado e catártico. Em caso de o produto conter hidrocarboneto, fazer intubação prévia à lavagem gástrica, pois há risco de aspiração e, portanto, é contraindicado o vômito. De forma geral, as medidas sintomáticas e de manutenção consistem em manutenção do equilíbrio hidroeletrolítico com possibilidade de alcalinização urinária com bicarbonato de sódio para reduzir a meia-vida do produto, aumentando a excreção e por beneficiar o quadro de mioglobinúria; realizar hemodiálise se houver insuficiência renal ou quadros graves (acidemia, coma, evolução desfavorável); avaliação cardiológica (monitorar ECG) e função hepática; vasopressores na hipotensão grave (evitar adrenalina pelo risco de fibrilação) e o tratamento nos casos leves pode ser sintomático.[3-5]

Compostos bipiridílicos – paraquat

O paraquat é um herbicida de contato, não seletivo e de rápida ação. Sua ação no controle de plantas de folhas largas e de gramíneas na lavoura e pomares é considerada excelente. Possui propriedades químicas e físicas e modo de ação semelhante em plantas e em seres humanos, interferindo no potencial redox celular, gerando espécies reativas de oxigênio (ROS).[6]

Apresenta uma das maiores toxicidades agudas dentre os herbicidas, causando efeitos sistêmicos primariamente nos pulmões e depois nos rins, órgãos nos quais o paraquat se acumula, independentemente da via de exposição. O pulmão seletivamente acumula paraquat do plasma, por um processo dependente de energia. Ele entra nas células e passa pelo ciclo redox que resulta na oxidação do NADPH, levando a sua depleção celular. Esse processo é intensificado pela peroxidação lipídica e detoxificação do H_2O_2. Não se liga às proteínas plasmáticas, mas atinge o pico plasmático em 30 minutos a 2 horas após a ingestão. Tem meia-vida de cerca de 30 minutos. Após exposição aguda, os danos nas células epiteliais alveolares aparecem em 24 horas e progridem nos dias seguintes com perda do epitélio alveolar. Há edema, hemorragia, e os leucócitos infiltram os espaços alveolares, ocorrendo rapidamente a proliferação de fibroblastos. Há um declínio progressivo na tensão de oxigênio arterial e na capacidade de difusão do CO_2, podendo causar anóxia ao paciente. Após a fase inicial, há tentativa de regeneração do epitélio alveolar, mas com presença de fibrose bastante disseminada, que pode não ser suficiente para recuperar minimamente as funções pulmonares. O paraquat é excretado rapidamente pelos rins (80 a 90%) dentro de 6 horas e quase 100% dentro de 24 horas, embora possa causar necrose tubular renal, o que pode prolongar sua excreção em até 10 a 20 dias. Por esses motivos, tem uso restrito em muitos países do mundo para evitar intoxicações acidentais e intencionais. A dose tóxica mínima em adultos por via oral é calculada em 20 mg/kg. A dose letal em humanos encontra-se em 3 a 6 mg/kg, que significa de 10 a 15 mL de solução a 20%.[6,7] Não há absorção pela pele íntegra ou por via respiratória.

TOXICIDADE

Doses menores que 20 mg/kg, o que corresponderia a menos de 7,5 mL do produto concentrado a 20%. Apresentam sintomas predominantemente gastrintestinais com a recuperação do paciente sendo possível. Doses entre 20 e 40 mg/kg (7,5 a 15 mL do produto concentrado a 20%) têm evolução letal na maioria dos casos em 2 a 3 semanas em decorrência de fibrose pulmonar. Doses maiores que 40 mg/kg (ou seja, mais que 15 mL do produto concentrado a 20%) podem levar a evolução letal em todos os casos em um período entre 1 e 7 dias, pela falência rapidamente progressiva de múltiplos órgãos. A dose letal estimada do produto é de 10 a 20 mL para adultos e 4 a 5 mL para crianças.

As manifestações clínicas iniciais após ingestão são dor e edema em boca e garganta, bem como a presença de eventuais ulcerações orais. Podem ocorrer também náusea, vômitos, diarreia, disfagia e hematêmese. Após 24 horas da ingestão podem surgir: colestase, necrose hepática centrolobular, oligúria, insuficiência renal aguda (necrose tubular aguda), pancreatite, tosse, afonia e mediastinite.

As manifestações tardias (após 1 ou 2 semanas) caracterizam-se por edema pulmonar, fibrose pulmonar, insuficiência renal, hipovolemia, choque, arritmias, coma, convulsões e edema cerebral.

O diagnóstico é clínico, levando-se em conta a história de exposição ao agente e sintomas, bem como exame laboratorial específico, baseado no teste qualitativo para detecção de paraquat em urina com ditionito de sódio.

O tratamento precoce nos casos de ingestão pode ser determinante na evolução do quadro do paciente intoxicado. São medidas de suporte imediato: monitorar sinais vitais; acesso venoso calibroso e hidratação adequada, para manutenção do débito urinário, preservando, assim, a eliminação renal do herbicida. Deve-se também monitorar funções renal e hepática.

Importante salientar o uso cauteloso de oxigênio suplementar, pois este pode acelerar a toxicidade do paraquat em virtude da liberação de radicais livres, levando ao surgimento de fibrose pulmonar. A administração de oxigênio deve ser postergada o máximo possível, até que a paO_2 esteja abaixo de 50 mmHg ou ainda ocorra dispneia progressiva.

A descontaminação pode ser feita com terra de Fueller, porém esta não costuma ser facilmente acessível. Geralmente, o paciente apresenta vômitos espontâneos logo após ingerir o produto. O esvaziamento gástrico deve ser realizado se os vômitos não ocorrerem, seguido imediatamente da administração de carvão ativado.

Não há antídotos específicos. Muitos medicamentos já foram propostos, mas nenhum até o momento demonstrou eficácia clínica.

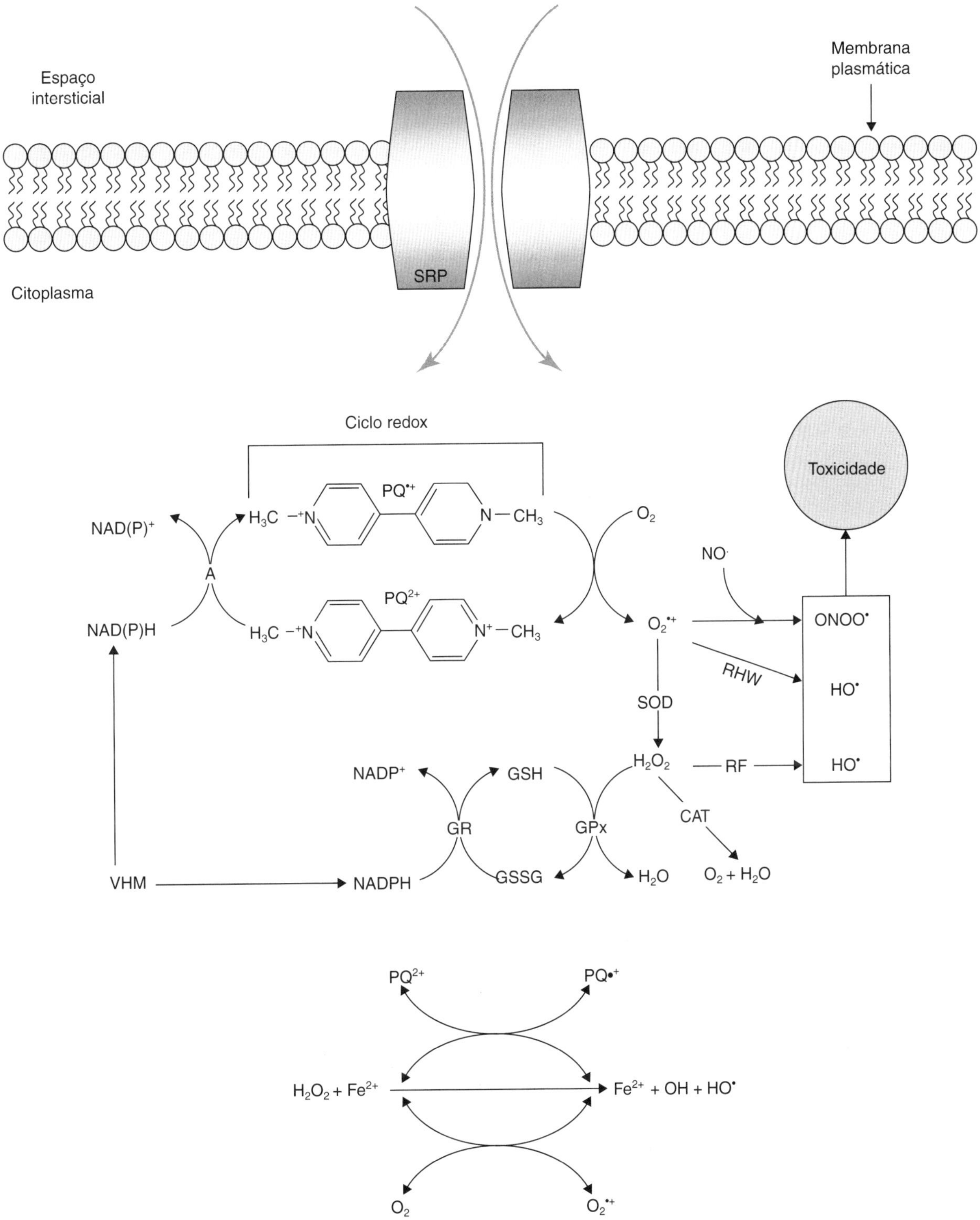

Figura 1. Representação esquemática dos mecanismos de toxicidade do paraquat.

A: diaforese celular; CAT: catalase; RF: reação de Fenton; GPx: glutationa peroxidase; GR: glutationa redutase; GSH: glutationa; GSSG: glutationa dissulfeto; PQ^{2+}: paraquat; $PQ^{\bullet +}$: paraquat monocátion radical livre; RHW: reação de Haber-Weiss; SOD: superóxido dismutase; SRP: sistema de recaptação de poliaminas; VHM: via da hexose monofosfato.

Fonte: Dinis-Oliveira et al. 2008.[6]

Medidas de eliminação como hemodiálise e hemoperfusão devem ser utilizadas precocemente entre 2 e 6 horas após a ingestão, porém os resultados são controversos e considera-se que a eliminação renal do paraquat é a mais eficiente, sendo a hemodiálise tardia usualmente utilizada conforme a evolução indique o surgimento de insuficiência renal.

Glifosato (Roundup®)

O glifosato é um herbicida de amplo espectro, pós-emergente, de ação não seletiva e de translocação. De grande utilização na agricultura mundial, teve sua expansão decorrente do desenvolvimento de culturas transgênicas que toleram a aplicação do composto, sua inativação ao entrar em contato com o solo e sua falta de volatilidade. É metabolizado por inúmeras bactérias do solo, gerando como seus produtos finais glicina e amônia.[8,9]

O glifosato age inibindo a enzima 5-enolpiruvilchiquimato-3-fosfato sintase, essencial na síntese de aminoácidos aromáticos, consequentemente também de proteínas, para as plantas, mas não existe em mamíferos. Também não é um inibidor de colinesterases. Os mecanismos de seus efeitos tóxicos não estão esclarecidos. Possui toxicidade oral aguda baixa (DL_{50} oral 5g/kg), não é considerado carcinogênico e não mutagênico.[8,-11]

Nos casos de intoxicações leves, de ingestão menor que 60 mL, ocorrem sintomas gastrointestinais passageiros. Intoxicação moderada (de 60 a 100 mL) causa sangramento gastrointestinal, hipotensão, disfunção pulmonar e dano renal. Ingestão acima de 200 mL (30 a 70 g de glifosato ácido) é potencialmente letal; pacientes com idade acima de 40 anos apresentam alto risco. Não existem relatos de efeitos crônicos em humanos. A mortalidade por ingestão de glifosato varia de 8 a 16% dos casos (de 377 casos relatados, 38 mortes).[8,11] Em uma formulação comercial, há substância surfactante que tem ação irritativa na pele, que não é causada pelo próprio princípio ativo do herbicida. Goldstein et al.[12] analisaram 815 relatos de 1982 a 1997 envolvendo o glifosato dos quais: 399 envolviam irritação nos olhos, 250 na pele, 7 nas vias aéreas superiores e 32 com combinações desses locais sem sintomas sistêmicos. O surfactante POEA parece ser mais tóxico que o próprio glifosato, sendo responsável pelos seus efeitos tóxicos.

A absorção se dá, principalmente, por via oral - 40% da dose oral é absorvida em ratos. Não é bem absorvido pela pele. O pico de concentração plasmática se dá em 2 horas. Muito pouco metabolizado e a eliminação é predominantemente em urina, dentro de 24 horas, de forma inalterada. A meia-vida de eliminação é de 4 horas.

As manifestações clínicas mais comuns são: dor em queimação, náusea, vômitos, diarreia. Em casos graves pode evoluir com hipotensão, acidose metabólica, insuficiência respiratória, oligúria e choque. O diagnóstico é clínico, com base na história de exposição ao agente. Não há exames complementares específicos.

O diagnóstico diferencial se dá com outras intoxicações causadas por substâncias cáusticas, paraquat ou outros herbicidas.

O tratamento visa medidas de suporte: desobstruir vias aéreas e administrar oxigênio se necessário; monitorar sinais vitais; acesso venoso calibroso e hidratação. Não existem dados que apoiem o uso de descontaminação do trato gastrintestinal. Não há antídotos específicos. Em caso de lesão corrosiva do trato gastrintestinal, avaliar a indicação de endoscopia digestiva alta e administrar protetores de mucosa.

A hemodiálise, como medida de eliminação, não é eficaz, mas poderá ser indicada em casos de insuficiência renal.

REFERÊNCIAS BIBLIOGRÁFICAS

1. Costa LG. Efeitos tóxicos dos praguicidas. In Klaassem CD, Watkins JB. Fundamentos em Toxicologia de Casarett e Doull (Lange). 2. ed. Porto Alegre: AMGH; 2012.
2. Smith AM, Smith MT, La Merrill MA, Liaw J, Steinmaus C. 2,4-dichlorophenoxyacetic acid (2,4-D) and risk of non-Hodgkin lymphoma: a meta-analysis accounting for exposure levels. Ann Epidemiol. 2017;27(4):281-289.e4.
3. LaKind JS, Burns CJ, Naiman DQ, O'Mahony C, Vilone G, Burns AJ, Naiman JS. Critical and systematic evaluation of data for estimating human exposures to 2,4-dichlorophenoxyacetic acid (2,4-D) – quality and generalizability. J Toxicol Environ Health B Crit Ver. 2017;20(8):423-46.
4. Burns CJ, Swaen GMH. Review of 2,4-dichlorophenoxyacetic acid (2,4-D) biomonitoring and epidemiology. Crit Rev Toxicol. 2012;42(9):768-86.
5. Pannu AK, Saroch A, Agrawal J, Sharma N. 2,4-D poisoning: a review with illustration of two cases. Trop Doct. 2018;48(4):366-8
6. Dinis-Oliveira RJ, Duarte JA, Sánchez-Navarro A, Remião F, Bastos ML, Carvalho F. Paraquat poisonings: mechanisms of lung toxicity, clinical features, and treatment. Crit Rev Toxicol. 2008;38(1):13-71.
7. Gawarammana IB, Buckley NA. Medical management of paraquat ingestion. Br J Clin Pharmacol. 2011;72(5):745-57.
8. Bradberry SM, Proudfoot AT, Vale JA. Glyphosate poisoning. Toxicol Ver. 2004;23(3):159-67.
9. Duke SO. The history and current status of glyphosate. Pest Manag Sci. 2018;74(5):1027-34.
10. Bai SH, Ogbourne SM. Glyphosate: environmental contamination, toxicity and potential risks to human health via food contamination. Environ Sci Pollut Res Int. 2016;23(19):18988-9001.
11. Secretaria Municipal da Saúde. Manual de Toxicologia Clínica: Orientações para assistência e vigilância das intoxicações agudas. São Paulo (SP); 2017.
12. Goldstein DA, Acquavella JF, Mannion RM, Farmer DR. An analysis of glyphosate data from the California Environmental Protection Agency Pesticide Illness Surveillance Program. J Toxicol Clin Toxicol. 2002;40(7):885-92.

CAPÍTULO 46

HIDROXICLOROQUINA

Izabela Lucchese Gavioli

PONTOS-CHAVE

- A cloroquina e a hidroxicloroquina (HCQ) são derivadas das aminoquinolinas usadas de forma secular na profilaxia e tratamento da malária e, de forma mais contemporânea, amplamente utilizadas no tratamento de doenças reumatológicas, incluindo lúpus eritematoso sistêmico e artrite reumatoide.[1-3]
- No início de 2020, relatos anedóticos e dados preliminares sugeriram que a HCQ teria efeito de atenuação de cargas virais e de sintomas em pacientes com infecção pelo novo coronavírus SARS-CoV-2, o que aumentou significativamente tanto seu uso sob prescrição quanto o uso não supervisionado por leigos.[1,4,5]
- Os medicamentos do grupo das aminoquinolinas apresentam riscos toxicológicos únicos e significativos, e têm janela terapêutica estreita.[1,4]
- A toxicidade aguda grave está associada a 10 a 30% de mortalidade em virtude de uma combinação de efeitos cardiovasculares diretos e distúrbios hidroeletrolíticos com arritmias resultantes.[1,6]
- Embora os efeitos adversos e tóxicos tenham sido enfatizados tanto na literatura acadêmica quanto na imprensa leiga, por ocasião do uso *off-label* disseminado da HCQ na Covid-19, o uso previsto e tecnicamente monitorado exibe grande segurança na prática clínica.[4,7]
- O tratamento da intoxicação é focado na descontaminação, estabilização do ritmo cardíaco, suporte hemodinâmico, correção de eletrólitos e prevenção de convulsões.[1,6]

INTRODUÇÃO

A cloroquina e a HCQ foram sintetizadas, primariamente, com o objetivo de serem fármacos antimaláricos. O quinino, o alcaloide primário da casca da árvore peruana cinchona, foi o primeiro tratamento eficaz para a malária, sendo introduzido aos europeus há mais de 350 anos. Já em 1633, a casca da cinchona era usada por seus efeitos antipiréticos e analgésicos, e em 1800 era usada para o tratamento de "palpitações rebeldes". Após a Primeira Guerra Mundial, o governo alemão procurou alternativas ao quinino como antimalárico. A cloroquina, um análogo sintético com o mesmo mecanismo de ação, foi descoberta em 1934, por Hans Andersag e colaboradores nos laboratórios da Bayer, mas não cumpriu seu potencial antimalárico por logo demonstrar importantes efeitos adversos. Em seguida, grandes avanços farmacêuticos ocorreram em decorrência da Segunda Guerra Mundial, produzindo as 4-aminoquinolinas, as 8-aminoquinolinas e os novos antifolatos para combater a malária. O sulfato de HCQ foi desenvolvido em 1946 em um esforço para produzir um análogo de cloroquina menos tóxico, e em 1955 foi aprovado pela Food and Drug Administration (FDA).[4,8,9]

Indicados inicialmente para tratamento e profilaxia antimalárica, a cloroquina e os análogos encontraram um novo uso anti-inflamatório na Segunda Guerra Mundial. Como milhões de soldados os usaram contra a malária, militares médicos observaram melhora em quadros artríticos inflamatórios, levando a ensaios que demonstraram eficácia da aminoquinolina para condições reumatológicas.[1] Os compostos estruturalmente relacionados à cloroquina e à amodiaquina são os precursores do grupo das 4-aminoquinolinas. Com o desenvolvimento da resistência do patógeno *Plasmodium* spp, eles agora são usados como antimalárico em menos regiões geográficas. A cloroquina continua sendo o medicamento de primeira linha para a profilaxia e o tratamento da malária em áreas onde o *Plasmodium* spp permanece sensível.[8]

A HCQ é um medicamento do grupo das 4-aminoquinolinas, agindo de maneira semelhante aos aminoálcoois. Seu efeito antimalárico ocorre no ciclo eritrocítico do *Plasmodium* spp, pela inibição da digestão da proteína heme, impedindo a formação da hemozoína, um pigmento malárico derivado do metabolismo do parasita. A HCQ é semelhante à cloroquina nas propriedades terapêuticas, farmacocinéticas e toxicológicas. Seus perfis de efeitos adversos são ligeiramente diferentes, favorecendo o uso de cloroquina para profilaxia da malária e o uso de HCQ como anti-inflamatório. A HCQ é usada no tratamento de doenças reumáticas, como artrite reumatoide, lúpus eritematoso sistêmico, síndrome de Sjögren, síndrome antifosfolípide, além de febre Q, porfiria cutânea tardia, entre outras. Estudos toxicológicos em animais demonstram que a HCQ é aproximadamente 40% menos tóxica do que a cloroquina.[7,8]

A exposição oral às quinolinas pode resultar em um conjunto de sintomas conhecidos como "cinchonismo", que incluem zumbido, perda auditiva reversível, rubor, confusão, diarreia, distúrbios visuais, cegueira, ataxia, tremor e reações distônicas. A definição de cinchonismo não inclui as propriedades pró-arrítmicas dessas drogas.[4,8,9]

Análogos da cloroquina demonstraram efeitos metabólicos, antitrombóticos, antineoplásicos e antivirais, e foram hipotetizados como agentes direcionados contra a infecção por coronavírus desde o surto de SRAG (síndrome respiratória aguda grave) de 2003. Entretanto, para essa doença, não demonstraram *in vivo* a mesma efetividade dos primeiros estudos *in vitro*.[9]

No uso terapêutico monitorado, os relatos de toxicidade das aminoquinolinas são raros. Menos de 10 casos de sobredoses agudas graves de cloroquina ou HCQ foram relatados aos Centros de Controle de Intoxicação norte-americanos entre 2012 e 2018, e apenas 70 na última década. Logo após a publicação de dados iniciais indicando eficácia *in vitro* da HCQ sobre a atividade viral do SARS-CoV-2, foram notificados pela imprensa leiga vários casos de toxicidade aguda por cloroquina (incluindo óbitos) nos Estados Unidos, África e Europa. Houve 283 registros de exposição a cloroquina e HCQ aos Centros de Controle de Intoxicação norte-americanos entre 1º de janeiro e 26 de abril de 2020, um aumento de 42% comparado ao mesmo período do ano anterior, e de 93% comparando unicamente o mês de abril de 2019 com abril de 2020.[1,4] Em nosso meio, não houve registro de exposição tóxica de qualquer natureza à HCQ (intencional ou não intencional) nos anos de 2018 e 2019, no Centro de Informação Toxicológica do Rio Grande do Sul (CIT-RS). Em 2020, houve apenas um caso de exposição intencional, assim como em 2021 (dados até o momento); ambos encerrados com evolução para cura suposta.[10]

As doses terapêuticas de HCQ nas doenças reumáticas variam de 200 a 800 mg, sendo a apresentação de 400 mg (comprimido) a dose de manutenção mais frequentemente prescrita.[6] O uso pediátrico chega a 6,5 mg/kg/dia, sem exceder 400 mg. Na malária, recomendam-se 800 mg iniciais na fase aguda, seguidos de 400 mg após 6 a 8 horas, e 400 mg diários em 2 dias consecutivos (total de 2 g); o tratamento supressivo requer 400 mg em intervalos semanais. Na Covid-19, o tratamento *off-label*, disseminado inclusive por meio da imprensa leiga durante os primeiros meses da pandemia, propõe uma dose de 400 mg 2×/dia no 1º dia, seguido de 400 mg 1×/dia no 2º, 3º, 4º e 5º dias (de acordo com a nota informativa do Ministério da Saúde n. 5/2020), durante 4 a 7 dias.[9,11]

A segurança no uso terapêutico (prescrito e monitorado) da HCQ, ao longo dos anos, motivou sempre um número relativamente pequeno de publicações sobre sua toxicidade, assim como poucos registros de exposições tóxicas. Entretanto, a partir da declaração da pandemia de Covid-19, em março de 2020, o novo uso proposto para este agente na infecção por SARS-CoV-2 representou uma expansão sem precedentes de seu uso em uma população significativamente mais ampla. Com os questionamentos sobre sua eficácia e efetividade, multiplicaram-se rapidamente os estudos sobre a droga, incluindo vários delineamentos de pesquisa acadêmica. Para exemplificar, tomamos os dados do Portal Regional da Biblioteca Virtual em Saúde: nos anos de 2018 e 2019 (logo antes da declaração de pandemia), o termo "*hydroxychloroquine*" localizava 865 estudos; dentre eles, 250 relatos de caso (28%), 64 ensaios clínicos controlados (7%) e 33 revisões sistemáticas (4%). Nos anos de 2020 e 2021, na mesma base e com a mesma busca, encontramos 4.680 referências, sendo 566 relatos de caso (12%), 642 ensaios clínicos controlados (13%) e 295 revisões sistemáticas (6%). Crescem, portanto, em números absolutos e relativos os estudos com mais altos níveis de evidência para tomada de decisão clínica. A Cochrane Library traz, neste momento, 73 ensaios clínicos apenas no ano de 2021, localizados pelos termos "*hydroxychloroquine sulfate*" e "Covid-19".

A avaliação da eficácia da HCQ para prevenção e tratamento da Covid-19 ultrapassa o escopo desta obra; contudo, é importante para compreender a súbita expansão de seu uso e o decorrente aumento de exposições que podem resultar em eventos tóxicos. Estudo britânico de toxicovigilância[12] após 12 meses da pandemia de Covid-19 pondera que "figuras públicas que direta ou indiretamente facilitaram a desinformação foram eventualmente associadas com mudanças nas tendências das estatísticas de envenenamento". Em um relato de caso estadunidense, retratando grave intoxicação de um casal que ingeriu fosfato de cloroquina (para uso em piscinas) na tentativa de evitar a Covid-19, os autores[5] se posicionam: "As redes sociais têm agravado temores e confusão públicos na pandemia. Lideranças médicas locais e regionais conscienciosas podem ajudar significativamente a saúde da nossa sociedade".

No momento do fechamento deste capítulo, a mais recente revisão sistemática sobre o tema,[13] avaliando 8.569 pacientes de 38 países, em 12 ensaios clínicos randomizados, apontava os seguintes resultados: "Para pessoas infectadas com Covid-19, a HCQ tem pouco ou nenhum efeito sobre o risco de morte, e provavelmente nenhum efeito sobre a progressão para ventilação mecânica. O uso da HCQ, comparado ao placebo, triplica o risco de eventos adversos, porém houve poucos eventos graves. Não devem ser realizados mais ensaios clínicos com HCQ ou cloroquina para o tratamento da Covid-19. Os resultados desta revisão sistemática tornam menos provável que esses medicamentos sejam eficazes na proteção das pessoas contra a Covid-19, porém isto não está totalmente excluído. É provavelmente sensato concluir os estudos sobre o efeito destes medicamentos para prevenir a infecção, e assegurar que estes estudos sejam de alto padrão para que forneçam resultados inequívocos".[13]

A partir de 20 de março de 2020,[14] por meio da Resolução RDC 351/2020, a Agência Nacional de Vigilância Sanitária (Anvisa) determinou que a venda de HCQ fosse feita apenas mediante Receita de Controle Especial em duas vias, e não mais em receituário simples, como anteriormente. A medida visou coibir, de certa forma, a massiva tendência de automedicação envolvendo esse fármaco a partir das especulações sobre sua ação na Covid-19, o que não foi totalmente alcançado. A eventual obtenção de receituários junto a profissionais de saúde que não acompanham clinicamente o solicitante enseja o acesso à medicação sem que haja, de fato, uma supervisão sobre o uso da substância. Essa prática culturalmente disseminada, e infelizmente estendida a diversas medicações sujeitas ao Receituário de Controle Especial, é de especial interesse para o profissional de Toxicologia.

Por sua semelhança farmacológica e clínica, a cloroquina e a HCQ são frequentemente abordadas em conjunto na literatura. Entretanto, há diferenças significativas no potencial tóxico e de eventos adversos. Neste capítulo, destacamos os efeitos da HCQ, englobando as informações atribuídas à cloroquina somente quando não foram encontrados dados específicos.

MECANISMO DE AÇÃO

Fármaco/toxicodinâmica

As aminoquinolinas são aminas lisossomotrópicas que aumentam o efeito antiproliferativo, principalmente por parada do ciclo celular, acetilação de histonas, alterações fisiológicas no metabolismo da tirosinoquinase, inibição das vias PI3K/Akt/mTOR, ciclina D1, E2F1, angiogênese, biogênese do ribossomo, desencadeamento de sinalização ATM-ATR/p53/p21, apoptose e apresentação de peptídios tumorais.[3]

A HCQ atua sobre diversos órgãos e sistemas, particularmente sobre receptores celulares e organelas intracelulares. Essa versatilidade justifica os inúmeros usos de aminoquinolinas desde a profilaxia antimalárica até a imunomodulação. A HCQ comporta-se como um antiarrítmico de classe IA com efeitos "semelhantes à quinidina", diminuindo a inotropia e produzindo alterações eletrocardiográficas características, pela inibição dos canais de sódio e potássio no miocárdio. Também causa bloqueio do receptor α1-adrenérgico com perda do tônus simpático vascular e resultante hipotensão. Também atua sobre os canais de sódio e potássio nas células beta pancreáticas, levando a um mecanismo semelhante de liberação sistêmica de insulina como é observado com sulfonilureias.[1,4,7]

Os mecanismos fisiopatológicos da HCQ e da cloroquina são semelhantes entre si e com o mecanismo do quinino. Os bloqueios dos canais de sódio e potássio são os prováveis mecanismos primários de toxicidade cardiovascular. A hipocalemia é extremamente comum na overdose de cloroquina. O mecanismo parece ser o transporte de potássio do espaço extracelular para o intracelular e não um verdadeiro déficit de potássio.[4,8]

Fármaco/toxicocinética

A HCQ é uma droga altamente lipofílica, com massa molecular de 336 Da. É moderadamente ligada às proteínas plasmáticas (40-70%) e é amplamente distribuída por todo o corpo com um alto volume de distribuição (800 L/kg). É rapidamente absorvida após administração oral, com biodisponibilidade de 67 a 74%. O comprimido deve ser ingerido com um copo de leite ou após uma refeição, e leva mais de 2 minutos para sua dissolução. O revestimento tem apenas função estética. Após a ingestão, é rapidamente absorvida no trato gastrintestinal superior e redistribuída lentamente para outros compartimentos, podendo acumular-se nos eritrócitos, fígado, pulmão, rim, coração, músculo e tecido retiniano. O pico de concentração plasmática ocorre em 2 a 12 horas, e a meia-vida de eliminação é de até 40 dias. A combinação de rápida absorção, alta biodisponibilidade oral e redistribuição ocasiona rápidos picos séricos após a ingestão, que podem correlacionar-se à gravidade do quadro na superdosagem.[1,9,15]

A HCQ sofre biotransformação no fígado via citocromo P450 e, em menor extensão, pelo P2C8 a desetil-HCQ. Em seguida, é excretada via renal, onde apenas 2% da dose ingerida é excretada inalterada. A meia-vida plasmática é estendida em pacientes com insuficiência renal. Apesar disso, não são encontradas, com ênfase, na literatura, recomendações para ajuste de dose na insuficiência renal e/ou hepática.[1,9,15]

Categoria de risco na gravidez: apenas dados pré-clínicos limitados estão disponíveis para HCQ, portanto, dados da cloroquina são considerados pela semelhança da estrutura e propriedades farmacológicas entre os fármacos. Não atravessam a barreira placentária facilmente, mas em estudos com cloroquina em animais foi demonstrada toxicidade no desenvolvimento embriofetal com doses supraterapêuticas (variando de 250 a 1.500 mg/kg de peso corpóreo). Dados pré-clínicos com cloroquina demostraram um risco potencial de genotoxicidade.[3]

Lactação: a HCQ é excretada no leite materno (menos de 2% da dose materna após correção do peso corporal).[3]

ALERTA IMPORTANTE

Pacientes portadores de hepatopatias, alcoolismo ou em uso de outras medicações que sejam biotransformadas pelo citocromo P450 podem ter alterações na capacidade de biotransformar a HCQ.[1]

Principais interações medicamentosas:

- Medicamentos que aumentam o potencial tóxico da HCQ: azitromicina (mortalidade cardiovascular), metotrexato.
- Medicamentos que competem pelo mesmo sistema de biotransformação da HCQ: aurotioglucose, cimetidina, digoxina, ciclosporina.
- Medicamentos que têm seus efeitos aumentados pelo uso da HCQ: penicilamina, hipoglicemiantes orais, insulina, drogas que prolongam o intervalo QT e outras drogas arritmogênicas, mefloquina e outros medicamentos que reduzem o limiar convulsivo.
- Medicamentos que diminuem a ação da HCQ: antiácidos, neostigmina, piridostigmina.[1,8,16]

DOSES TÓXICAS

Não há parâmetros tóxicos estabelecidos para a HCQ em adultos, e o manejo deve ser adaptado à toxicidade observada; a maioria dos dados de mortalidade deriva apenas de relatos e séries de casos. Estudos sugerem que 4 g seria uma dose potencialmente letal em adultos (A). Ingestões agudas de menos de 2 g em adultos são consideradas benignas, mas já houve relatos de manifestações graves com 1,5 g, iniciando 1 a 3 horas após a ingestão. Acima de 2 g já são esperados efeitos cardíacos e neurológicos. Foram observados efeitos arritmogênicos e bloqueios cardíacos com doses entre 22 e 36 g.[1,7,9]

Em crianças, estima-se que 1 a 2 comprimidos de HCQ já possam causar toxicidade séria e potencialmente fatal.[4]

Um caso de ingestão intencional de 42 comprimidos de 200 mg (8,4 g) em uma mulher de 29 anos, apresentou-se clinicamente com perda de consciência, Glasgow 3, anisocoria, hipotensão, taquicardia ventricular com necessidade de reanimação cardiopulmonar por 6 minutos, hipocalemia acidose e *torsades de pointes*. A paciente evoluiu favoravelmente com tratamento de suporte.[15]

A concentração terapêutica é de 0,3 a 1,0 mg/L. Toxicidade significativa foi relatada com níveis plasmáticos variando entre 2,05 e 18,16 μmol/L (640 μg a 6.100 μg/L), e fatalidades ocorreram com níveis sanguíneos *post-mortem* de 142,89 μmol/L (48.000 μg/L) a 309,62 μmol/L (104.000 μg/L).[1,9]

QUADRO CLÍNICO

O quadro clínico agudo varia de leve a grave, e os sintomas geralmente ocorrem dentro de 1 a 3 horas após a ingestão. A janela terapêutica da HCQ é estreita, e a toxicidade aguda grave está associada com mortalidade de 10 a 30% por uma combinação de efeitos cardiovasculares diretos e distúrbio hidroeletrolítico resultando em distúrbios do ritmo cardíaco.[1,5,6,17]

Toxicidade gastrintestinal: podem ocorrer náuseas, vômitos e diarreia, mas geralmente são agudos, autolimitados após a descontinuação da droga, e menos frequentes que com o quinino ou a cloroquina. O mecanismo da êmese é por efeito irritativo direto e ativação de centros eméticos no cérebro. Cerca de 1% dos pacientes apresentam aumento nas aminotransferases; em casos raros, a elevação chega a 10 vezes o normal, resultando em hepatite medicamentosa. O quadro hepático pode ser mais grave em pacientes com hepatopatia prévia ou porfiria cutânea tardia.[1,3,7,15,17]

Cardiotoxicidade: a toxicidade cardíaca aguda se manifesta como bloqueios de condução envolvendo a junção atrioventricular e o sistema His-Purkinje. Semelhante aos antiarrítmicos de classe I, a HCQ tem um efeito dose-dependente sobre o potencial de ação cardíaco, ligando-se mais avidamente aos canais iônicos e exercendo maior bloqueio dos canais de sódio e potássio em frequências cardíacas mais rápidas. Como o potássio é responsável pela repolarização do miócito, o bloqueio do canal de potássio retarda a repolarização. O efeito leva ao prolongamento dos intervalos PR e QT, alargamento do QRS, e *torsades de pointes*. O atraso de condução induzido pela HCQ frequentemente se apresenta como uma progressão de um bloqueio fascicular para um bloqueio de ramo, seguido por bloqueio AV de terceiro grau. Como consequência do bloqueio α1-adrenérgico, os pacientes com quadro tóxico agudo apresentam hipotensão, pré-síncope ou síncope.[1,3,7,15,17,18]

A cardiomiopatia está descrita nas exposições crônicas à HCQ, sendo bastante improvável no quadro agudo. Acredita-se que resulte de disfunção lisossomal e acúmulo de fosfolipídios tóxicos em cardiomiócitos. O exame morfológico cardíaco demonstra aumento biatrial e/ou biventricular, além de hipertrofia concêntrica restritiva, podendo resultar em insuficiência cardíaca crônica, episódios sincopais recorrentes e desenvolvimento adicional de distúrbios de condução. Esses efeitos foram observados com dose cumulativa de 1.843 g HCQ em 13 anos.[8,17,18]

Neurotoxicidade: embora os efeitos no sistema nervoso central sejam comuns com a quinina, são muito mais infrequentes com os derivados de aminoquinolina. Foram relatados: perda auditiva neurossensorial, confusão, convulsões generalizadas, tonturas, cefaleia, alucinações, depressão do SNC e convulsões. Raramente ocorrem reações distônicas e parkinsonismo.[1,3,7,8,15,17]

Toxicidade respiratória: o bloqueio dos canais de sódio nos centros de controle respiratório pode suprimir o impulso respiratório, causando hipoxemia significativa e hipercapnia. Pode ocorrer edema pulmonar também em decorrência dos efeitos inotrópicos negativos. Embora a depressão respiratória grave seja uma condição rara, a combinação de alteração do estado mental, náusea e vômito determina risco aumentado de aspiração.[1,15,17,18]

Ototoxicidade: embora as aminoquinolinas causem o típico cinchonismo com muito menos frequência que o quinino, ainda podem ocorrer dor de cabeça, zumbido, perda auditiva neurossensorial, perda de equilíbrio e ataxia, no uso tanto agudo quanto crônico. A perda auditiva é tipicamente bilateral, leve a moderada, e pode ser acompanhada por disfunção vestibular, incluindo tontura e vertigem. Em uso crônico, esses eventos adversos costumam ser reversíveis com a suspensão do medicamento. Em superdosagens agudas, a ototoxicidade geralmente se resolve dentro de 48 a 72 horas. O mecanismo ototóxico é multifatorial, envolvendo estresse oxidativo, dano isquêmico e inibição do canal de potássio nas células ciliadas da cóclea.[1,8,15,17]

Toxicidade ocular: o início dos sintomas oculares frequentemente sucede a outras manifestações clínicas, como arritmia ou hipotensão por várias horas. Pode ocorrer rápida melhora da visão ou ter um curso de recuperação prolongado de meses após a exposição. Sequelas incluem diplopia, perda da acuidade visual e de percepção de cores, visão em túnel, midríase e escotoma. A toxicidade retiniana costuma depender do acúmulo de dose a longo prazo. Após doses cumulativas de 1.000 g, a prevalência de toxicidade retiniana chega a 1% e está associada a uma perda irreversível de visão, mesmo com a interrupção do medicamento. Em alguns casos, a progressão da perda de visão está presente por até um ano após a interrupção da HCQ. A perda de visão é frequentemente bilateral, se inicia na região central da retina e é caracterizada como uma maculopatia "olho-de-boi" e despigmentação do epitélio pigmentar da retina. O mecanismo de toxicidade retiniana é considerado multifatorial, incluindo danos diretos aos fotorreceptores por meio de alterações no metabolismo e efeitos secundários pela ligação de aminoquinolinas às células de melanina dentro do epitélio pigmentar da retina.[1,3,15,17,18]

Toxicidade hematológica: podem ocorrer trombocitopenia, agranulocitose, coagulação intravascular disseminada e anemia hemolítica, com consequentes icterícia, hemoglobinúria e insuficiência renal. Em pacientes com deficiência de glicose-6-fosfato desidrogenase (G6PD), a hemólise pode ocorrer pelo acúmulo de radicais livres nos eritrócitos; em decorrência da falta de glutationa reduzida, o estresse oxidativo desnatura o heme, causando hemólise extravascular. Também estão descritas reações de hipersensibilidade.[1,15,17]

Miotoxicidade: a HCQ pode ser tóxica ao músculo estriado esquelético, em mecanismo semelhante ao da miocardiopatia (disfunção lisossomal com acúmulo vacuolar de produtos metabólicos). Quando presente, a miopatia costuma ser leve, é mais proximal do que distal, e provavelmente dose-dependente. Cronifica em 12% dos casos; entretanto, acredita-se que esteja subnotificada, pois pode estar presente nas doenças de base dos pacientes que usam HCQ terapeuticamente, confundindo o diagnóstico.[1,15,17,18]

Toxicidade dermatológica: foram descritas erupções bolhosas, *rash* com eosinofilia e sintomas sistêmicos, fotossensibilidade, dermatite esfoliativa e pustulose exantemática generalizada aguda.[1,5,15,17]

DIAGNÓSTICO

Embora os níveis séricos da droga possam ser medidos, eles não estão habitualmente disponíveis e, portanto, não são uma medida prática para orientar o manejo inicial da toxicidade aguda no pronto atendimento. Entretanto, no paciente intoxicado já hospitalizado, pode ser útil buscar a realização da dosagem sérica, que tem valor preditivo para efeitos cardíacos graves. Foram encontrados níveis séricos altos de HCQ até 10 dias após a ingestão em pacientes que tiveram resolução do quadro agudo em apenas 2 dias.[1]

ALERTA IMPORTANTE

As alterações laboratoriais mais importantes na intoxicação por HCQ que devem ser estreitamente monitoradas são: hipocalemia (os níveis séricos de potássio são inversamente proporcionais aos de HCQ), hiperinsulinemia e hipoglicemia.[1,5,18]

TRATAMENTO

As medidas recomendadas não são, até o momento, guiadas por ensaios clínicos randomizados, revisões sistemáticas, diretrizes ou protocolos, e sim pela observação e casuística dos centros de controle de intoxicação. É importante notificar e consultar o centro local.

O estadiamento do quadro tóxico varia de leve a grave; os casos graves são sinalizados por vômitos, apneia e alteração do estado mental.[19]

Medidas de suporte

Devem ser instituídas prontamente, incluindo oxigênio, monitoramento cardíaco e hemodinâmico, acesso intravenoso de grande calibre e concentrações seriadas de glicose no sangue. Pode ser necessário o manejo em ambiente de terapia intensiva, entretanto a intubação baseada apenas em fatores preditivos não está indicada.[1,8,15,19]

Náuseas e vômitos: o tratamento sintomático é feito preferencialmente com anti-histamínicos (meclizina) e antieméticos antagonistas do receptor de dopamina (metoclopramida). Devem ser evitados medicamentos que prolongam o intervalo QT, como antagonistas da serotonina (ondansetrona) e fenotiazinas (prometazina, proclorperazina).[1,5,17]

Hipotensão arterial: fluidoterapia com cristaloides está recomendada. Embora teoricamente qualquer vasopressor de ação direta seja benéfico no cenário de hipotensão não responsiva à ressuscitação com fluidos, a epinefrina é o vasopressor mais extensivamente estudado e, portanto, é o vasopressor de escolha. A dose recomendada é 0,25 mcg/kg/min, aumentando em 0,25 mcg/kg/min até que uma pressão arterial sistólica adequada (> 90 mm Hg) seja atingida. Observar atentamente o risco de hipocalemia. Uma série de casos graves de intoxicação por HCQ mostrou que a adição de epinefrina em altas doses à ventilação mecânica aumentou a sobrevida de 9 para 91%. Se a epinefrina falhar, um segundo vasopressor, como isoproterenol (beta-agonista), norepinefrina ou fenilefrina podem ser titulados, embora os agonistas alfa aumentem o período refratário e possam aumentar a ocorrência de arritmias. Se a hipotensão for devida à depressão miocárdica, e não à vasodilatação arterial, esses vasopressores podem piorar o débito cardíaco; a monitoração de parâmetros hemodinâmicos é mandatória.[1,5,8,15,17]

Hipoglicemia: deve ser manejada com infusão de dextrose, com atenção ao potássio sérico e ao intervalo QT. Casos refratários com hipoglicemia intratável (glicose < 50 mg/dL) podem ser gerenciados de forma semelhante à toxicidade com sulfonilureia, com 50 µg de octreotida subcutânea a cada 6 horas.[1,17,18]

Arritmias cardíacas: o uso de diazepam para o tratamento de arritmias e hipotensão é uma particularidade do manejo tóxico da HCQ. As observações iniciais com relação a pacientes com sobredosagens mistas de cloroquina e diazepam sugeriram menos toxicidade cardiovascular e um benefício potencial do diazepam em altas doses. O mecanismo para um benefício potencial do diazepam não é claro, mas várias teorias foram postuladas: (1) efeito antagonista central; (2) efeito anticonvulsivante; (3) efeito antidisrítmico por uma ação eletrofisiológica inversa à cloroquina; (4) interação farmacocinética entre diazepam e cloroquina; e (5) diminuição da vasodilatação induzida por cloroquina. A dose de diazepam recomendada em casos graves é de 2 mg/kg IV por 30 minutos, seguidos de 1 a 2 mg/kg/dia por 2 a 4 dias. Diazepam ou um benzodiazepínico equivalente também deve ser usado para tratar convulsões e para sedação. Em casos moderados, não houve um resultado tão marcante dessa associação.[1,2,8,17,19]

Os antiarrítmicos das classes IA (bloqueio moderado dos canais de sódio: quinidina, procainamida), IC (intenso bloqueio dos canais de sódio: flecainamida, propafenona) e III (antagonista do receptor beta-adrenérgico: propranolol, metoprolol) devem ser evitados, pois podem piorar os atrasos de condução. O sulfato de magnésio (2 g IV durante 10 minutos) pode ser efetivo para *torsades de pointes,* embora não tenha bons resultados para tratar o prolongamento do QT ≥ 500 ms. A reposição de potássio suficiente para atingir concentração sérica entre 4,7 e 5,2 mEq/L tem eficácia demonstrada no encurtamento do intervalo QT.[1,2,18]

O bloqueio do influxo de sódio nos respectivos canais pode ser feito com bicarbonato de sódio ($NaHCO_3$), acetato de sódio ou solução salina hipertônica (3% NaCl). Deve-se considerar o grau de toxicidade cardíaca e gravidade da hipocalemia, se presentes, favorecendo o uso de acetato, ou solução de sódio, ou solução salina hipertônica, para evitar o agravamento da hipocalemia. O pH pode ser usado como indicador indireto de carga de sódio. Recomenda-se $NaHCO_3$, em *bolus* de 1 a 2 mEq/kg, seguido de infusão contínua, e repetido conforme necessário para abolir arritmias ou corrigir o complexo QRS estreito. Para o acetato de sódio, usar 1 mEq/kg de peso corporal infundido durante 15-20 min, em *bolus*. O potássio deve ser estreitamente monitorado. A solução salina hipertônica contém a mesma quantidade de sódio em 97 mEq que em 50 mEq de bicarbonato de sódio. Ao usar NaCl a 3%, um *bolus* de 2 a 4 mEq/kg pode ser considerado, e os níveis de sódio devem ser monitorados de perto. O uso de bicarbonato de sódio para correção do prolongamento do complexo QRS é controverso e deve ser usado com cautela. Embora a alcalinização deva neutralizar os efeitos do bloqueio do canal de sódio, ela também pode exacerbar a hipocalemia preexistente.[2,8,17,20]

Hipocalemia: é um marcador de gravidade na intoxicação por HCQ e deve ser cuidadosamente monitorado e gerenciado, pois as mudanças intracelulares podem reverter à medida que a toxicidade aguda se resolve, com rápido início da hipercalemia. A reposição de potássio neste cenário é também controversa porque não foi demonstrado que a suplementação de potássio melhorará a toxicidade cardíaca. Vários relatos sugerem um possível efeito protetor da hipocalemia na toxicidade aguda por HCQ, mas o distúrbio pode, ele próprio, resultar em arritmias letais (níveis inferiores a < 1,9 mEq/L estão associados com risco à vida). A hipocalemia não pode ser atribuída diretamente como a causa da morte na maioria dos casos, no entanto, com base em evidências disponíveis, a reposição de potássio para hipocalemia grave seria uma intervenção razoável. É essencial antecipar a hipercalemia de rebote à medida que a toxicidade da cloroquina é resolvida e ocorre a redistribuição do potássio intracelular. Casos de complicações relacionadas à hipercalemia são relatados após suplementação agressiva de potássio.[1,2,8,17,20]

Intubação: quando necessária, sugere-se não usar barbitúricos. Há relatos de parada cardíaca súbita em 7 de 25 pacientes intubados com tiopental após *overdose* de cloroquina. Independentemente do agente de indução, FiO_2, volume corrente e frequência ventilatória adequados devem ser garantidos.[8]

Toxicidade ocular: atualmente não há tratamentos bem estabelecidos para toxicidade ocular induzida por aminoquinolinas, mas uma avaliação completa incluindo fundoscopia, exame de campo visual e teste de cores deve ser feita regularmente pelo oftalmologista. Relatos anedóticos sugerem o uso de oxigênio hiperbárico com sucesso na recuperação da visão, mas mais estudos com metodologia apropriada são necessários.[1]

Novas terapias para o manejo de toxicidade por aminoquinolinas: há vários relatos de sucesso no uso de oxigenação por membrana extracorpórea (ECMO, do inglês *extracorporeal membrane oxygenation*) venoarterial no tratamento de intoxicações graves por aminoquinolinas. O critério de elegibilidade para o método seria a refratariedade a outras terapias, como o aumento da necessidade de gotejamento de epinefrina para > 3 mg/hora. Um relato de caso descreve o início da ECMO na admissão à unidade de terapia intensiva após a ingestão de 9,5 g de cloroquina (concentração inicial de cloroquina no sangue 6.215 µg/L); o paciente apresentava estado mental alterado, disfunção sistólica ventricular esquerda com septo interventricular discinético e hipotensão que não respondia a cristaloide, nem à infusão de epinefrina 3 mg/hora. O paciente foi desmamado de vasopressores no dia 3, decanulado da ECMO no dia 4, extubado no dia 7, e teve alta no décimo dia sem sequelas neurológicas. Outro caso detalhando o uso de ECMO em um paciente com fibrilação ventricular após overdose de 12 g de HCQ relatou "melhora espetacular dos parâmetros hemodinâmicos e normalização eletrocardiográfica no primeiro dia".[1]

Medidas de descontaminação

Apesar do relato de absorção rápida, uma série de casos relatou picos de concentração sanguínea tardios em alguns pacientes, abrindo a possibilidade de um benefício potencial para os métodos iniciais de descontaminação gastrintestinal. A lavagem orogástrica é recomendada para ingestões com risco à vida que se manifestam precocemente, mas há poucas evidências de eficácia. Medidas de indução de êmese estão contraindicadas pelo risco de convulsões e arritmias cardíacas. O carvão ativado adsorve bem a cloroquina, ligando-se de 95 a 99% quando administrado em 5 minutos após a ingestão. O desenvolvimento frequente de toxicidade cardiovascular e do sistema nervoso central (SNC) deve ser avaliado antes de iniciar qualquer tipo de descontaminação gastrintestinal.[1,8,15]

Medidas de depuração

Como a cloroquina e a HCQ têm altos volumes de distribuição e ligação significativa às proteínas, os procedimentos de aumento da eliminação (como a hemodiálise) são ineficazes.[1,8,21] Uma recente revisão sistemática com metanálise[21] avaliando 44 estudos afirma não haver critérios para recomendação de medidas extracorpóreas com propósito de aumento da eliminação de HCQ. Apesar de ser considerada uma droga não dialisável, relatos de casos sugerem que pode haver alguma eficácia na hemodiálise, potencializando sua eficácia através do uso de infusão intravenosa de lipídios.[1,2,9,15]

ANTÍDOTO

Em virtude das propriedades lipofílicas das aminoquinolinas, a ILE (de *intravenous lipid emulsion,* ou infusão intravenosa de lipídios) tem sido utilizada com relatos de bons resultados. A ILE é um tratamento estabelecido e eficaz para o colapso cardiovascular induzido em intoxicações por substâncias lipofílicas. O mecanismo de ação proposto é que, ao criar uma fase lipídica intravascular expandida, alcança-se um estado em que a droga agressora é conduzida dos tecidos-alvo para o recém-formado "reservatório de lipídios". Além disso, a emulsão lipídica parece ter, por si só, um efeito inotrópico também útil como terapia de suporte. Com base nessa hipótese, a emulsão lipídica tem sido considerada uma candidata à reversão genérica da toxicidade causada por overdose de qualquer fármaco lipofílico.[6,19]

A dose recomendada seria de 1,5 mL/kg de massa corporal magra (~100 mL em adultos) como *bolus*, ao longo de 2 a 3 minutos, seguido por 200 mL ao longo de 10 a 15 minutos. Se for observada melhora nos sinais vitais e/ou normalização do ECG, mantém-se a infusão contínua de forma mais lenta, a 0,25 mL /kg/min, até a resolução do quadro tóxico. Os níveis de triglicerídeos devem ser monitorados para orientar a infusão de ILE, chegando ao máximo de 1.000 mg/dL como um limite de eficácia do volume lipídico.[1,2,6,19]

A combinação de medidas de suporte avançado, ILE, $NaHCO_3$ e vasopressor foi associada a desfecho favorável em uma intoxicação grave com 40 g de HCQ (apresentando hipocalemia e fibrilação ventricular refratária) com resultado positivo. O uso prolongado de ILE foi eventualmente associado à disfunção de circuitos de ECMO, embora isso seja improvável no uso a curto prazo (infusão contínua < 24 horas). Outros relatos informaram o uso seguro concomitante de ambas as modalidades.[1] Ainda assim, há experiência limitada com ILE no contexto de envenenamento por HCQ e a literatura toxicológica não suporta rotineiramente seu uso.[2,8,18,19]

ERROS COMUNS QUE VOCÊ DEVE EVITAR

Usar succinilcolina para a intubação (pode induzir o transporte rápido de potássio e provocar rapidamente uma hipercalemia); outro indutor deve ser escolhido.[1]

Usar barbitúricos para indução anestésica (pode precipitar parada cardíaca súbita).[1]

Usar ILE após doses orais de carvão ativado.[6]

REFERÊNCIAS BIBLIOGRÁFICAS

1. Porta AD, Bornstein K, Coye A, Montrief T, Long B, Parris MA. Acute chloroquine and hydroxychloroquine toxicity: A review for emergency clinicians. Am J Emerg Med. 2020 Oct;38(10):2209-17. Disponível em: https://doi.org/10.1016/j.ajem.2020.07.030.
2. Holvoet W, Van Soest K, Havenith T, Lorusso R, Van Mook WNKA, Delnoij T. Bail-out extracorporeal membrane oxygenation for hydrochloroquine intoxication: a warning for COVID-19 health-care givers. Acta Cardiol. 2021;76(2):200-3. Disponível em: http://doi:10.1080/00015385.2020.1802903.
3. Ferreira PMP, Ferreira JRO, Souza RWR, Bezzerra DP, Militão GCG. Aminoquinolines as translational models for drug repurposing: anticancer adjuvant properties and toxicokinetic-related features. J Oncol. 2021 Sep3;2021:3569349. Disponível em: https://doi.org/10.1155/2021/3569349.
4. Erickson TB, Chai PR, Boyer EW. Chloroquine, hydroxychloroquine and COVID-19. Toxicol Commun. 2020;4(1); 40-2. Disponível em: https://doi.org/10.1080/24734306.2020.1757967
5. Graff J, Thompson MG, Berriochoa Z, et al. Chloroquine ingestion to prevent SARS-CoV-2 infection: a report of two cases. Clin Pract Cases Emerg Med. 2021;5(2):234-8. Disponível em: http://10.5811/cpcem.2021.3.51329.
6. Kanako N, Shinji Ak, Hiroshi K, Hajime H. Detoxification with intravenous lipid emulsion for fatal hydroxychloroquine poisoning. Mod Rheumatol. 2021 May;31(3):772-4. Disponível em: http://10.1080/1439 7595.2020.181 2869.
7. Mahan KM, Hayes BD, North CM, Becker JS, Fenves AZ, Hyppolite G, et al. Utility of hypertonic saline and diazepam in COVID-19-related hydroxychloroquine toxicity. J Emerg Med. 2021 Mar;60(3):359-64. Disponível em: http://doi:10.1016/j.jemermed.2020.10.048
8. Barry JD. Antimalarials. In: Hoffman R, Lewin NA, Goldfrank LR, et al. Goldfrank's Toxicologic Emergencies. 11. ed. Nova Iorque: McGraw-Hill Education; 2019. p. 836-49.
9. Bykowsky A, Logan TD. Cinchonism. Treasure Island (FL): Stat Pearls Publ.; 2021 Jan. PMID: 32644745 Bookshelf ID: NBK559319.
10. Centro de Informação Toxicológica. Secretaria da Saúde do Rio Grande do Sul. Estatísticas de Atendimentos. [acesso em julho de 2021]. Disponível em http://www.cit.rs.gov.br/index.php?option=com_content&view=article&id=137&Itemid=61.
11. Ministério da Saúde do Brasil. Nota Informativa n. 5/2020 Uso da Cloroquina como terapia adjuvante no tratamento de formas graves do COVID-19. [acesso em março de 2020]. Disponível em: http://www.cofen.gov.br/wp-content/uploads/2020/03/Nota-Informativa_05-2020_DAF_SCTIE_Cloroquina.pdf.pdf.
12. Cook MA, Brooke N. Event-Based Surveillance of Poisonings and Potentially Hazardous Exposures over 12 Months of the COVID-19 Pandemic.Int. J Environ Res Public Health. 2021;18:11133. Disponível em: https://doi.org/10.3390/ijerph182111133.
13. Singh B, Ryan H, Kredo T, Chaplin M, Fletcher T. Chloroquine or hydroxychloroquine for prevention and treatment of COVID-19. Cochrane Database of Syst Rev. 2021 Feb 12;2(2):CD013587. Disponível em: https://doi.org/10.1002/14651858.CD013587.pub2
14. Ministério da Saúde do Brasil. Resolução n. 351 de 20 de março de 2020. Dispõe sobre a atualização do Anexo I (Listas de Substâncias Entorpecentes, Psicotrópicas, Precursoras e Outras sob Controle Especial) da Portaria SVS/MS n. 344, de 12 de maio de 1998. Diário Oficial da União 20 de março de 2020. Edição extra. p. 5. Disponível em: https://www.planalto.gov.br/ccivil_03/portaria/resolucao%20n%C2%BA%20351-anvisa.htm.
15. Argumánez MC, de La Fuente SI, Collado MZ, Pita SD, Gómez MB, Izquierdo SJA. Hydroxychloroquine, a potentially lethal drug. Med Intensiva. 2017;41(4):257-9. Disponível em: http://doi:10.1016/j.medine.2016.05.003.
16. Lebin JA, LeSaint KT. Response to: "Management of chloroquine and hydroxychloroquine poisoning: do not miss the time of tracheal intubation and mechanical ventilation". West J Emerg Med. 2021; 22(2):456. Disponível em: http://10.5811/westjem.2020.10.50401.
17. De Olano J, Howland MA, Su MK, Hoffman RS, Biary R. Toxicokinetics of hydroxychloroquine following a massive overdose. Am J Emerg Med. 2019 Dec;37(12):2264.e5-2264.e8. Disponível em: http://doi:10.1016/j.ajem.2019.158387
18. Chai PR, Ferro EG, Kirshenbaum JM, Hayes BD, Culbreth SE, Boyer EW, Erickson TB. Intentional hydroxychloroquine overdose treated with high-dose diazepam: an increasing concern in the COVID-19 pandemic. J Med Toxicol. 2020 Jul;16(3):314-20. Disponível em: http://doi:10.1007/s13181-020-00790-8.
19. Lee SH, Sohn JT. Lipid emulsion treatment as an antidote for chloroquine and hydroxychloroquine toxicity Am J Emerg Med. 2021;42:258-9.
20. Mégarbane B, Schicchi A. Hydroxychloroquine overdose: what are the exact roles of diazepam and potassium infusion? J Med Toxicol. 2021;17(1):83-4. Disponível em: https://doi.org/10.1007/s13181-020-00809-0.
21. Berling I, King JD, Shepherd G, Hoffman RS, Alhatali B, Lavergne V, et al. Extracorporeal treatment for chloroquine, hydroxychloroquine, and quinine poisoning: systematic review and recommendations from the EXTRIP Workgroup. J Am Soc Nephrol. 2020;31(10):2475-89. Disponível em: http://doi:10.1681/ASN.2020050564.

CAPÍTULO 47

INALAÇÃO DE FUMAÇA DE INCÊNDIOS

Carlos Nunes Tietboehl Filho

PONTOS-CHAVE

- A equipe de saúde que faz o atendimento de uma vítima deve ter conhecimento sobre as características do incêndio, como o tipo de material em combustão e o grau de confinamento do ambiente, pois essas informações são úteis para a identificação dos possíveis agentes causais de intoxicação.
- Informações sobre o estado de saúde prévio do paciente (principalmente em relação a doenças crônico-degenerativas) e tempo de exposição da vítima à fumaça auxiliam na avaliação da gravidade do quadro clínico.
- A hidroxicobalamina de uso intravenoso é o antídoto de primeira escolha no tratamento de intoxicação por inalação de cianeto de hidrogênio (HCN).
- Os pacientes com edema pulmonar causado por agentes irritantes podem apresentar complicações tardias, como a síndrome da angústia respiratória do adulto ou a bronquiolite obliterante, que se manifestam horas, dias ou semanas após a exposição aguda.
- A experiência adquirida na abordagem dos efeitos de um incêndio deve ser analisada em seus erros e acertos. Essa assimilação contribui para o aperfeiçoamento das medidas preventivas e de protocolos clínicos no atendimento às vítimas.

INTRODUÇÃO

Dos quatro elementos primários citados por Hipócrates de Cós (460 - 370 a.C.) - terra, água, ar e fogo - o fogo é o menos aparente na biosfera. A principal manifestação do fogo como fenômeno natural é a erupção vulcânica. Em segundo lugar estão os incêndios de savanas e florestas que são causados ou por fenômenos naturais - descargas elétricas de raios, combustão espontânea nos períodos de seca - ou por ações do *Homo sapiens*, isso se supormos que os atos humanos não são fenômenos naturais.

A história é marcada por grandes incêndios, como o da Roma imperial no século I d.C. (18 e 19 de julho de 61 d.C.), e os que se seguiram aos terremotos de Lisboa (1 de novembro de 1755) e de São Francisco, na Califórnia (18 de abril de 1906). No século XXI, grandes incêndios de prédios urbanos vitimaram centenas de pessoas, como o atentado às torres gêmeas em Nova Iorque, em menor escala, ocorrem diariamente em áreas urbanas e rurais, vitimando pessoas e causando perdas materiais, desabrigo e sofrimento para famílias e comunidades.

Incêndios florestais recentes têm acontecido na Austrália, Califórnia, norte de Portugal e regiões Norte e Centro-Oeste do Brasil.

A exposição ao fogo, ao calor e à fumaça dos incêndios resultam em traumas psíquicos, sequelas de queimaduras, doenças orgânicas (agudas e crônicas) e perda de vidas tanto durante o acidente como depois dele.

Esses eventos seriam evitáveis se fossem precedidos de programas de prevenção e protocolos para atendimento e acompanhamento das vítimas. No entanto, apesar do conhecimento disponível hoje sobre a prevenção e os riscos de incêndios, essas tragédias continuam acontecendo em decorrência do desconhecimento, despreparo ou negligência.

Diversos estudos epidemiológicos internacionais[1,2] comprovam que a exposição à fumaça em ambientes domésticos por queima de biomassa é uma causa importante de doenças e morte de milhares de mulheres e crianças anualmente. Esse tópico não será abordado aqui porque essa situação de risco não se caracteriza como um incêndio.

Este capítulo se propõe a discorrer sobre a origem e composição dos xenobióticos da fumaça de incêndios e suas características toxicológicas. São apresentados e discutidos os sinais e sintomas da intoxicação e sua patogenia, os métodos de comprovação diagnóstica e as condutas evidenciadas de tratamento. No final são feitas reflexões e recomendações sobre prevenção, planejamento e ações a serem adotadas em um incêndio de grandes proporções a partir da descrição e análise crítica de um caso ocorrido na vida real.

CENÁRIOS DE INCÊNDIOS

Qualquer substância que queima quando exposta a uma fonte de calor é considerada, por definição, "inflamável". O fogo, que é um fluxo de gases combustíveis em oxidação produzindo calor e luz, é a principal manifestação da combustão.

Para que haja combustão, é necessária a interação de três componentes:

1. Uma substância **combustível.**
2. Um agente oxidante ou **comburente** (geralmente o oxigênio).
3. O **calor.**

Essa interação é representada por um diagrama denominado "triângulo da fumaça" (Figura 1).

A combustão se propaga em decorrência de um quarto fator, que é a **reação química de radicais livres em cadeia** ocorrendo em gases e vapores combustíveis que disseminam as chamas nos incêndios.[3]

A chamada **combustão completa** ocorre em ambientes bem ventilados, causando uma oxidação que tem como produtos finais gás carbônico (CO_2), água (H_2O) e/ou óxidos

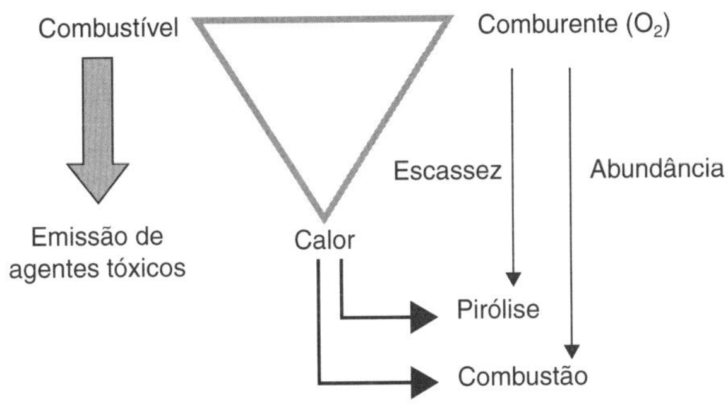

Figura 1. Triângulo da fumaça.
Fonte: Madrzykowski, 2003.[3]

de nitrogênio (NO_x). A **combustão incompleta** acontece em ambientes com baixas concentrações de O_2, havendo maior formação de agentes tóxicos.

A pirólise oxidativa, aeróbica ou **de combustão lenta** é a degradação térmica da superfície de um material ou produto sob a ação de calor intenso, sem formação de chamas. A **pirólise anaeróbica** acontece em ambientes com baixas concentrações de O_2, propiciando a formação de substâncias tóxicas em concentrações elevadas na fumaça. A pirólise e a combustão, sejam aeróbica, sejam anaeróbicas, podem ocorrer simultaneamente no mesmo incêndio.

O potencial inflamável de um material ou produto pode ser avaliado em laboratório por meio dos chamados testes de ignição. Esses testes não são modelados para prever o risco de toxicidade de determinado material em um incêndio, porque a fumaça é composta de múltiplos agentes nocivos.[3,4]

A toxicidade da fumaça é influenciada pela diversidade de componentes tóxicos, a fonte de ignição, a disseminação ambiental, o fluxo das chamas, a ventilação do local e a dificuldade em extinguir o fogo. O risco de intoxicação deve ser avaliado considerando as características próprias de cada incêndio.[3]

Alguns fatores adversos que dificultam ou impedem o salvamento das vítimas são o confinamento do local do incêndio, a exaustão pelo esforço físico extremo e a interposição das chamas entre as vítimas e as rotas de fuga.[4]

O impacto causado pela inalação da fumaça também depende do **grau de vulnerabilidade das vítimas**. Crianças, idosos, gestantes e portadores de doenças respiratórias e cardíacas são os grupos mais suscetíveis.

Os gases e compostos tóxicos liberados pela combustão dos principais materiais e produtos consumidos em incêndios podem ser visualizados na Figura 2.

Essas emissões tóxicas da fumaça são classificadas como:

- Gases asfixiantes: monóxido de carbono (CO) e cianeto de hidrogênio (HCN).
- Gases ácidos inorgânicos: cloreto, fluoreto e brometo de hidrogênio (HCl, HFl, HBr). Óxidos de nitrogênio (NO_X), dióxido de enxofre (SO_2), pentóxido de fósforo (P_2O_5).
- Irritantes inorgânicos não ácidos: amônia (NH_3), fosgênio ($COCl_2$) e cloro (Cl_2).
- Compostos de molécula complexa: isocianatos, hidrocarbonetos aromáticos policíclicos (PAHs), dioxinas (PCDDs), furanos (PCPFs), perfluorisobuteno (PFIB) e material particulado (PM).

A combustão de plásticos e polímeros libera gases e partículas que variam conforme a temperatura a que esses produtos estão submetidos (Tabela 1). A degradação térmica de materiais contendo PVC sob temperaturas acima de 250 °C começa a emitir agentes asfixiantes como CO e HCN, e irritantes como isocianatos e ácidos halogênicos, o que não acontece a temperaturas entre 180 °C e 250 °C. Os **poliuretanos** (PU) sob temperaturas acima de 250 °C produzem tolueno-di-isocianato (TDI),[6] que em baixas concentrações causa crises de asma ou rinite somente em indivíduos sensibilizados, mas que nas concentrações elevadas em que se apresenta na fumaça passa a ser um potente irritante das vias aéreas[7] (Tabela 1).

Os **incêndios de florestas e campos** podem iniciar tanto por combustão espontânea nos períodos de seca como têm origem pelo uso descontrolado de queimadas ou "coivaras"

Emissões tóxicas

Combustíveis	C_0	HCN	HCl, HBr, HF	Nox	SO_2	P_2O_3	Amônia, fosgênio	Acroleína, formaldeído	PAHs	Isocianatos, PCDDs, PCPFs, PFIBs	Material particulado
Polímeros	+++	+++	+++	++	+	+	+	++	++	++	+++
Madeiras	++	–	–	+	–	–	–	++	+	+	+++
Borrachas	+++	+	+	+	+++	+	+	++	++	++	+++
Óleos	++	–	–	–	+	–	–	++	++	++	+++

Concentrações

Muito elevadas	+++
Elevadas	++
Moderadas a leves	+
Inexistentes	–

Figura 2. Emissões tóxicas conforme o material em combustão.
Fonte: Wakefield, 2010.[5]

Tabela 1. Variações das emissões tóxicas com a temperatura

Material	Aquecimento (de 180 °C a 250 °C)	Pirólise ou combustão
Poliuretanos (PU)	Isocianatos aminas, glicóis, cetonas, aldeídos (inclusive acroleína), hidrocarbonetos leves	CO, CO_2, NO_x, HCN, NH_3, nitrilas, hidrocarbonetos alifáticos e aromáticos, di-isocianatos (TDI), ácidos halogênicos e fosforados
Policloreto de vinila (PVC)	HCl, hidrocarbonetos alifáticos e aromáticos, aldeídos, anidrido ftálico, cloreto de vinila	HCN, CO, CO_2, HCl, hidrocarbonetos alifáticos e aromáticos
Poliestireno	Estireno e seus oligômeros, hidrocarbonetos alifáticos e aromáticos, aldeídos	CO, CO_2, estireno, hidrocarbonetos alifáticos e aromáticos
Resina ureia-formaldeído	NH_3, formaldeído	CO, CO_2, NH_3, HCH, NOx, nitrilas, metano
Polipropileno	Hidrocarbonetos alifáticos, aldeídos, cetonas, ácidos graxos e voláteis	CO, CO_2, hidrocarbonetos alifáticos e aromáticos
Polietileno	Hidrocarbonetos alifáticos, cetonas, aldeídos, ácidos graxos voláteis	CO, CO_2, hidrocarbonetos alifáticos e aromáticos, aldeídos, ácidos graxos voláteis, negro de fumo

Fonte: Mairesse, 1999.[8]

que são práticas utilizadas nas regiões Centro-Oeste e Norte do Brasil como método de desmatamento ou a queima da cana durante a colheita nos canaviais da região Sudeste. Incêndios florestais também ocorrem com frequência em outras regiões do planeta, como o norte da península Ibérica, a costa Oeste da América do Norte e Austrália. Esses incêndios são difíceis de controlar por atingirem áreas extensas. A principal fonte combustível é a biomassa da vegetação, mas também inclui materiais de estruturas prediais que são englobados pelo fogo (Quadro 1). A mortalidade é relativamente baixa, mas a morbidade é elevada porque as plumas de material particulado se espalham na atmosfera alcançando populações localizadas em áreas distantes do foco do incêndio. Essa disseminação é influenciada pelo regime dos ventos, características do solo, condições climáticas e estações do ano.

Vários estudos epidemiológicos realizados no exterior[9,10] e no Brasil[11,12] mostram que os atendimentos ambulatoriais e hospitalares por doenças respiratórias (exacerbações de asma e doença pulmonar obstrutiva crônica (DPOC) e cardiovasculares (agudização de cardiopatias isquêmicas) aumentam significativamente nas áreas atingidas pela deposição do material particulado de incêndios ambientais. As emissões de NOx e VOCs formam poluentes secundários decorrentes da reação fotoquímica intermediada pela radiação solar, como o ozônio, que é um irritante das vias aéreas (Quadro 1).

A ocorrência frequente de incêndios florestais nos últimos anos está provavelmente associada ao fenômeno das mudanças climáticas e elevação da temperatura média global.[4]

Quadro 1. Incêndios em florestas, savanas e plantações

Combustíveis	Emissões
Árvores, arbustos e gramíneas Folhas secas e resíduos do solo Prédios, principalmente residências	Material particulado Hidrocarbonetos policíclicos aromáticos (PAHs) Óxidos de nitrogênio (NOx) Compostos orgânicos voláteis (VOCs) Ozônio (O_3^-) como poluente secundário

Fonte: Gann, 2008.[4]

INTOXICAÇÃO PELA FUMAÇA DE INCÊNDIOS

O quadro clínico de um paciente vitimado por um incêndio é variável e complexo em razão do risco potencial de intoxicação por diferentes agentes.

A letalidade elevada da intoxicação por exposição à fumaça impõe uma resposta imediata, segura e adaptada aos recursos diagnósticos e terapêuticos disponíveis no momento do atendimento.

No Quadro 2 estão listados os efeitos clínicos da inalação da fumaça que serão abordados neste capítulo. As queimaduras da superfície corporal[13,14] e os danos psíquicos da síndrome pós-traumática[15,16] são tópicos relevantes no cuidado às vítimas de incêndios, mas não serão abordados por não estarem diretamente associados à inalação de fumaça.

Quadro 2. Danos causados pela inalação de fumaça

Imediatos ou agudos	Tardios ou crônicos
Queimadura de vias aéreas superiores Irritação química do epitélio respiratório Asfixia sistêmica ou metabólica Infecções respiratórias secundárias	Sequelas de intubação endotraqueal ou traqueostomia Hiper-reatividade brônquica, asma, bronquite crônica Pneumonite crônica e bronquiolite obliterante Perda de função pulmonar Danos neurológicos e cardíacos

O conhecimento sobre a diversidade tóxica da fumaça é útil para o profissional de saúde que faz o primeiro atendimento ou realiza o acompanhamento de pacientes vitimados por incêndios. Nos tópicos a seguir serão descritos separadamente os diversos agentes tóxicos da fumaça quanto aos seus aspectos toxicocinéticos e toxicodinâmicos, quadros clínicos, métodos diagnósticos e tratamento, para finalmente integrar essas particularidades dentro de um plano operacional de diagnóstico e tratamento das lesões inalatórias.

Gases asfixiantes

Os gases asfixiantes são substâncias químicas que bloqueiam o aproveitamento do O_2 pelo organismo pelos seguintes mecanismos:[5]

- Diminuição da taxa de absorção de O_2 em nível alveolar.
- Impedimento do transporte de O_2 na corrente sanguínea.
- Bloqueio da metabolização intracelular do O_2.

Depleção de oxigênio (O_2) e asfixiantes simples

Em condições normais a concentração atmosférica de O_2 é de aproximadamente 21%, variando conforme a pressão barométrica. Nos incêndios em locais confinados ou com pouca ventilação, a combustão consome o O_2 disponível e a baixa concentração de O_2 inalado causa hipóxia alveolar e hipoxemia. Essa é uma asfixia causada pela depleção de O_2.

Os asfixiantes simples são gases que causam hipóxia porque diminuem a pressão parcial de O_2 ambiental abaixo de 21%, reduzindo a fração inspirada de O_2 (FiO_2). Os principais são o gás carbônico (CO_2), o metano (CH_4) e o nitrogênio (N_2). A principal repercussão da hipóxia é o comprometimento funcional do miocárdio e do sistema nervoso central. A Tabela 2 correlaciona as concentrações de FiO_2 com as manifestações clínicas apresentadas pelo paciente.

Com exceção do próprio CO_2, os asfixiantes simples não causam hipercapnia porque não interferem na eliminação alveolar do CO_2. Nessas circunstâncias, a dispneia só vai ocorrer na hipoxemia grave e as vítimas frequentemente sucumbem antes de poderem reagir ao sintoma de alerta. Nos casos da inalação de CO_2, a hipercapnia induz à percepção de dispneia mais precocemente, mas essa percepção também pode estar prejudicada pela diminuição da cognição induzida pela hipercapnia.[17]

Monóxido de carbono (CO)

O CO é um gás incolor, inodoro e não irritante, com densidade de 0,967 em relação ao ar. Uma pequena quantidade de CO de produção endógena tem uma função benéfica como agente neurotransmissor.[18]

A intoxicação ocorre pela inalação da fumaça da combustão incompleta de materiais ou produtos contendo hidrocarbonetos, o que pode acontecer tanto em incêndios como pelo funcionamento de motores a explosão, aquecedores, fogões, lareiras ou fornos em ambientes sem ventilação. Essas ocorrências podem ser acidentais (não intencionais) ou provocadas por atos suicidas. A asfixia por CO é uma das principais causas de morte por intoxicação. A letalidade é superior a 31%, sem levar em conta os inúmeros casos que são subnotificados ou não diagnosticados.[19,20]

O CO, depois de inalado, atravessa a membrana alveolocapilar e tem acesso à corrente sanguínea, onde reage com o grupo heme da hemoglobina nos eritrócitos por meio de uma ligação coordenativa com o íon ferroso (Fe^{++}). O CO tem uma afinidade pelo íon Fe^{++} 210 vezes maior do que o O_2, forçando o O_2 a se deslocar de seu sítio fisiológico. Esse processo de substituição é expresso pela seguinte equação:

$$CO + HbO_2 \leftrightarrow HbCO + O_2$$

Em que HbO_2 representa a oxi-hemoglobina e HbCO, a carboxi-hemoglobina.

Tabela 2. Quadro clínico da asfixia simples

Fração inalada de O_2 (*)	Sinais e sintomas
21%	Nenhum
16-12%	Taquipneia, taquicardia, perda cognitiva, euforia, cefaleia
14-10%	Descoordenação, perda de discernimento, fadiga, cianose
10-6%	Náuseas e vômitos, letargia, descoordenação grave, coma
< 6%	Respiração agônica (*gasping*), convulsões, coma, morte

(*): válida para a pressão barométrica ao nível do mar.
Fonte: Nelson, 2019.[17]

O impedimento do transporte do O_2 na corrente sanguínea leva à hipóxia tecidual.[21] Além de comprometer o transporte do O_2, o CO determina também um desvio da curva de dissociação da HbO_2 para a esquerda (Figura 3). A HbO_2 remanescente nas hemácias tem sua taxa de dissociação bloqueada, e consequentemente o O_2 não é liberado para as células, agravando ainda mais hipóxia tecidual. A representação gráfica da curva da saturação de HbO_2 em função da pressão arterial de O_2 se transforma de sigmoide em hiperbólica (Figura 3).[20-22]

O CO vincula-se a qualquer proteína heme dos tecidos, como a mioglobina e a citocromo-oxidase da mitocôndria (Figura 4). O bloqueio metabólico da mioglobina no miocárdio causa arritmias ventriculares e isquemia. Provoca a necrose celular na musculatura esquelética e secundariamente necrose tubular aguda renal. Induz também à necrose neuronal pelo estresse oxidativo.[18] Na mitocôndria provoca bloqueio da atividade da citocromo-oxidase, à semelhança do HCN, mas de forma atenuada porque a afinidade do O_2 pela citocromo-oxidase é maior do que a do CO (Figura 4).

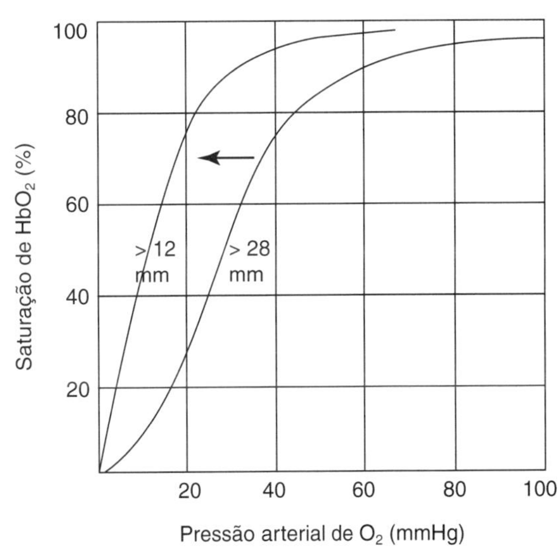

Figura 3. Curva de dissociação de HbO_2 pela ação do CO.
Fonte: Blumenthal, 2001.[21]

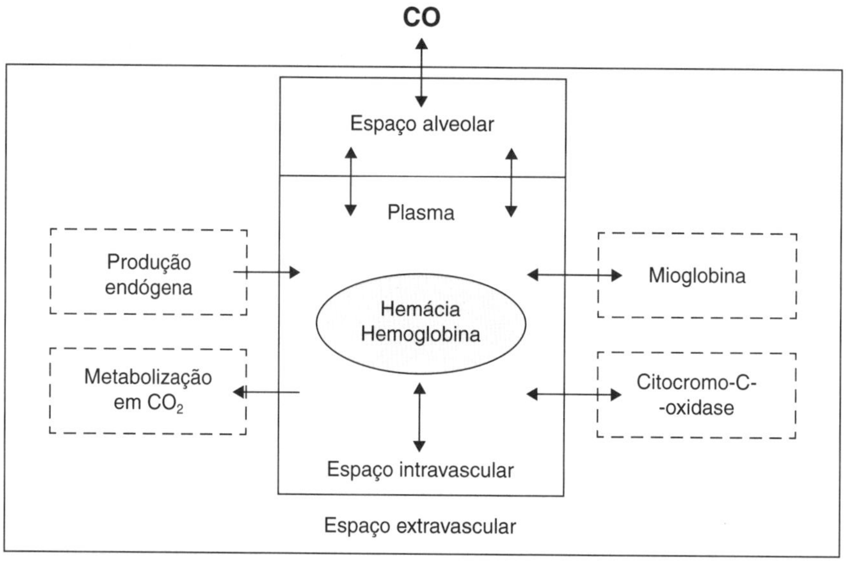

Figura 4. Absorção, biotransformação, toxicidade e excreção do CO.
Fonte: Wilbur, 2013.[24]

Somente 1% do CO absorvido é oxidado em CO_2 e eliminado pelo pulmão, sendo o restante excretado pelos alvéolos sem passar por biotransformação (Figura 4). O CO tem meia-vida de 250 a 300 minutos, a taxa de excreção aumenta com a administração de O_2 normobárico a 100%, encurtando a meia-vida para 50 a 90 minutos.[20,23]

Diagnóstico: a dosagem de HbCO é uma avaliação necessária, pois a pressão arterial de O_2 (PaO_2) e a saturação de O_2 muitas vezes não estão alteradas na intoxicação por CO. Pode ser realizada por um monitor não invasivo de **co-oximetria de pulso** à beira do leito (disponível desde 2006) que agiliza o diagnóstico, comparado com o tempo de demora da dosagem realizada no laboratório. Se estiverem acessíveis, ambos os métodos de aferição devem ser utilizados.[25]

A dosagem de saturação de O_2 pela **oximetria de pulso** pode mais confundir do que ajudar porque alguns equipamentos não conseguem distinguir entre a leitura da HbO_2 e da HbCO.[21]

Na **gasometria** arterial de indivíduos normais não fumantes os níveis de PaO_2 variam de 80 a 100 mm Hg e o nível da pressão de O_2 na circulação venosa é aproximadamente 25 mmHg. Como a gasometria mede a pressão de O_2 dissolvido e não o que está ligado à HbO_2, na intoxicação por CO a PaO_2 pode estar normal ou levemente diminuída. Por outro lado, a pressão venosa de O_2 aumentada – entre 30 e 50 mmHg – é um indício de exposição ou intoxicação pelo CO.[20]

O **eletrocardiograma** e as **enzimas cardíacas** podem detectar isquemia miocárdica e arritmia que ocorrem mesmo sem história de coronariopatia prévia.[18]

Além das alterações detectadas no exame neurológico, a **tomografia** e a **ressonância magnética encefálica** revelam desmielinização da substância branca, e edema ou necrose bilaterais de algumas áreas específicas, como globo pálido, núcleo caudato e cerebelo.[24]

Quadro clínico: a apresentação clínica inicial da intoxicação é pouco específica e o quadro clínico pode piorar muito rapidamente. Os sintomas evoluem de alterações cardiovasculares, neurológicas ou comportamentais leves para coma e morte em alguns minutos.[20]

Os sintomas agudos iniciais são inespecíficos e se caracterizam por cefaleia, tonturas, distúrbios visuais, desorientação, astenia, náuseas e vômitos (Quadro 3). Na intoxicação moderada surgem dor torácica, confusão mental, hipertensão, taquicardia e taquipneia. As arritmias ventriculares e a isquemia miocárdica levam à hipotensão e ao choque cardiogênico. Os sinais da intoxicação severa são rubor das mucosas, tempo de preenchimento capilar superior a 2 segundos, hipotensão, choque, edema pulmonar agudo (causado pela isquemia), perda de consciência, convulsões, coma e parada cardiorrespiratória. A morte é geralmente causada por falência cardíaca hipóxica, decorrente da alta demanda funcional de O_2 exigida pela função do miocárdio.[24] A intoxicação por CO durante a gestação apresenta um risco elevado de complicações intrauterinas. As principais repercussões sobre o feto são alterações no desenvolvimento, lesões cerebrais permanentes e morte.[19]

Quadro 3. Quadro clínico da intoxicação por CO

Efeitos agudos	Efeitos crônicos
• Cefaleia, perturbação visual • Náuseas, vômitos • Dor torácica • Desorientação, obnubilação • Coma • Parada cardiorrespiratória	• Perdas de memória e da cognição • Distúrbios psíquicos • Parkinsonismo • Convulsões

A Figura 5 mostra os efeitos clínicos da intoxicação por CO correlacionados com os percentuais estimados de HbCO no sangue. Em indivíduos não fumantes os valores de HbCO endógeno são menores que 0,5%. Em virtude do hábito

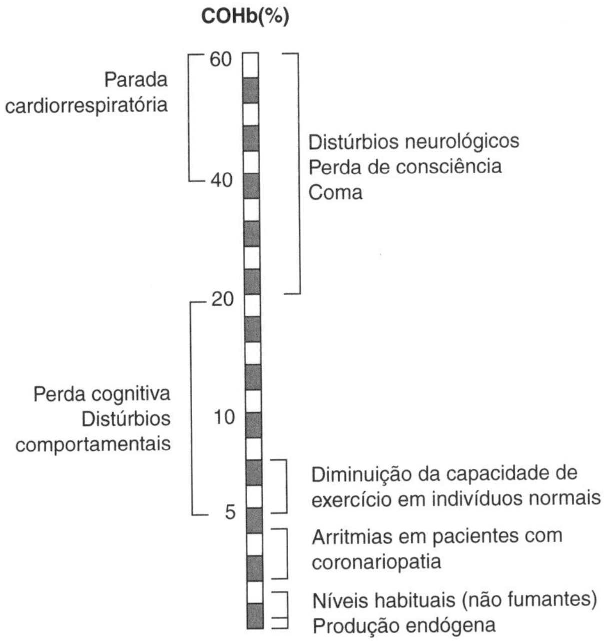

Figura 5. Intoxicação por CO conforme a concentração de HbCO.
Fonte: Wilbur, 2013.[24]

tabágico, nos fumantes ativos chega a 1,5%. Nos portadores de cardiopatia isquêmica ocorrem distúrbios cardiovasculares em níveis de HbCO acima de 2,4%. O comprometimento neurológico leve (perda de sensibilidade e motricidade finas, diminuição da capacidade cognitiva, distúrbio visual e auditivo) surge em níveis de HbCO acima de 5%, e as manifestações mais graves (cefaleia, confusão, tonturas, náuseas, vômitos, convulsões e coma), acima de 20%.

Quando os níveis de concentração ambiental de CO ultrapassam 600 partes por milhão (ppm), o quadro de intoxicação é crítico, com a dosagem de HbCO alcançando valores acima de 50% (Figura 5). A dose letal é atingida quando a concentração de CO no ambiente ultrapassa 0,1 % ou 1.000 ppm.[22] Não há evidências de que as vias aéreas e os pulmões sejam alvos diretos da intoxicação pelo CO.[24]

Alguns indivíduos intoxicados pelo CO apresentam alterações neuropsiquiátricas tardias que se manifestam de 2 a 28 dias após a exposição e perduram por tempo indeterminado. As alterações de cognição e memória podem ser tão sutis que só são detectadas por testes específicos. As crianças apresentam déficit de aprendizado e distúrbios de comportamento. Outros sintomas crônicos são fadiga, distúrbios do sono, vertigens, parestesias, neuropatia periférica, dor abdominal e diarreia.[25]

Os quadros neurológicos crônicos mais graves incluem parkinsonismo, convulsões e encefalopatia anóxica (Quadro 3). Surgem em 10 a 30% dos casos e são mais comuns em idosos. A recuperação é lenta, mas reversível na maioria dos casos. Um estudo longitudinal evidenciou que após três anos as manifestações crônicas permanecem em somente 11% do total dos casos, mais especificamente naqueles pacientes que estiveram em coma.[19,21]

Conduta terapêutica: o tratamento está centrado na **oxigenioterapia** e nas **medidas de suporte** básicas para manter a vida (via aérea permeável e reposição volêmica).

A principal indicação terapêutica é a administração de **O_2 normobárico a 100%**, que diminui a meia-vida da carboxi-hemoglobina de 250 a 300 minutos (paciente respirando ar ambiente) para em média 74 minutos. A oxigenioterapia pode ser iniciada logo após o resgate da vítima (fase pré-hospitalar) e deve ser mantida até a dosagem de HbCO estar abaixo de 10% ou quando houver resolução do quadro neurológico.[20]

O uso de **câmara hiperbárica de O_2** (sob pressão de 2 a 3 atmosferas) está indicado somente nas primeiras horas após o resgate da vítima e quando a concentração de HbCO está acima de 20%. Na presença de isquemia miocárdica, sinais neurológicos graves e acidose metabólica persistente, há indicação de O_2 hiperbárico independentemente do resultado da HbCO. Na gestante o tempo de uso de câmara hiperbárica é mais prolongado porque no feto a concentração de HbCO é mais elevada e o *clearance*, mais lento do que na mãe.[21]

Há uma limitação de acesso a esse recurso porque há poucas câmaras hiperbáricas disponíveis, elas são encontradas somente em alguns poucos centros de referência.

A administração de O_2 hiperbárico em um regime de 3 atmosferas de O_2 diminui a meia-vida do CO para apenas 23 minutos. Os benefícios são melhora da função mitocondrial, diminuição da adesão plaquetária nos capilares e inibição da perioxidação lipídica. A principal complicação da câmara hiperbárica é o barotrauma de ouvido médio com ruptura timpânica. Também podem ocorrer, com menos frequência, pneumotórax, embolia gasosa e edema pulmonar. Os estudos clínicos de seguimento após uso de O_2 hiperbárico não mostraram benefício na evolução das complicações neurológicas.

Cianeto de hidrogênio (HCN)

O HCN, ácido cianídrico, ácido hidrociânico, ácido nitrílico, ácido prússico ou formonitrila, é um gás incolor com densidade de 0,93 e ponto de ebulição de 26 °C. É produzido pela decomposição térmica e combustão de polímeros contendo carbono e nitrogênio (poliuretanos, náilon e poliacrilonitrila) ou de matérias naturais (lã, madeira, algodão e seda).[5,26] Em baixas concentrações é percebido por alguns como tendo aroma semelhante ao de amêndoas amargas, mas é inodoro para outros.[27]

O HCN depois de inalado é absorvido em nível alveolar e na corrente sanguínea se torna um agente letal de rápida ação ao inibir o metabolismo respiratório intracelular. Em concentrações acima de 0,3 ppm é fatal após menos de 10 minutos de exposição.[28]

O HCN e seus derivados em estado sólido (como o cianeto de potássio e as nitrilas) são absorvidos pela pele e pelo sistema digestivo e partilham características toxicológicas semelhantes ao HCN.

O íon CN^- inibe em torno de 40 enzimas sistêmicas por sua afinidade pelos cátions metálicos ligados às moléculas proteicas dessas enzimas. Esses metais são, em ordem decrescente de afinidade:[26]

- Cobalto, presente na hidroxicobalamina endógena.
- Íon férrico (Fe^{+++}), presente na meta-hemoglobina e na citocromo-oxidase.
- Íon ferroso (Fe^{++}), presente na hemoglobina.

O cianeto se fixa na citocromo-oxidase da mitocôndria, bloqueando o metabolismo aeróbico. Inibe a fosforilação oxidativa e esgota as reservas de adenosina trifosfato (ATP) da célula. Na tentativa de repor o ATP é ativada a glicólise anaeróbica que leva à produção de ácido lático e à acidose metabólica. O resultado é disfunção, morte celular e falência multissistêmica. Os órgãos que contêm muita citocromo-oxidase, como o cérebro, o coração e o fígado, são os primeiros a serem atingidos.[26]

O principal processo de detoxificação natural do HCN se realiza no fígado através da enzima rhodanase (transsulfurase), que através de moléculas doadoras de enxofre ($S_2O_3^{-2}$) dissocia o CN^- do íon Fe^{+++} pela adição de um átomo de enxofre (S), transformando-o em tiocianato (S-CN), pela seguinte reação:

$$S_2O_3^{-2} + CN^- \rightarrow S\text{-}CN^- + SO_3^{-2}$$

Os outros mecanismos de detoxificação são a ligação do CN^- à hidroxicobalamina endógena, formando a cianocobalamina (vitamina B12) e a ligação com a cisteína formando ácido carboxílico. Estes três metabólitos finais – tiocianato, cianocobalamina e ácido carboxílico – têm toxicidade insignificante e são eliminados por excreção renal. Uma pequena fração do CN^- é exalada pelo pulmão na sua forma original ou após oxidação sob a forma de CO_2 (Figura 6).

Quando a dose de exposição ao HCN é elevada, esses processos de detoxificação são insuficientes para evitar a asfixia metabólica por dois motivos: a taxa de conversão é muito lenta e existe uma rápida depleção das moléculas doadoras de enxofre.[26]

Quadro clínico: os sintomas iniciais da intoxicação por HCN são ansiedade, tonturas, vertigens, cefaleia, dispneia, fraqueza, sensação de calor, rubor facial, paladar "metálico" e hálito com odor semelhante ao de amêndoas. Surgem taquicardia e taquipneia em resposta à estimulação dos sensores carotídeos e aórticos na tentativa de compensar a hipóxia (Quadro 4). Esse mecanismo compensatório é na maioria das vezes infrutífero para impedir os sintomas e sinais de depressão dos sistemas respiratório, neurológico e cardiovascular, como bradicardia, hipotensão, náuseas, vômitos, hipoventilação, dispneia e dor torácica. O quadro final, de intoxicação severa, se caracteriza por confusão, convulsões, perda de consciência, arritmias e parada cardiorrespiratória.[22,26]

Quadro 4. Quadro clínico da intoxicação por HCN

Aguda	Crônica
Tonturas, cefaleia, convulsões, perda de consciência (dano neurológico) Taquicardia, cefaleia, fadiga (acidose metabólica) Dispneia, bradipneia, apneia (edema pulmonar) Arritmia e parada cardíaca (dano miocárdico) Óbito	Ataxia Tremores de extremidades Neuropatia periférica Perda da visão e da audição Encefalopatia

Fontes: Gossel, 1994; Anseuw, 2013.[22,26]

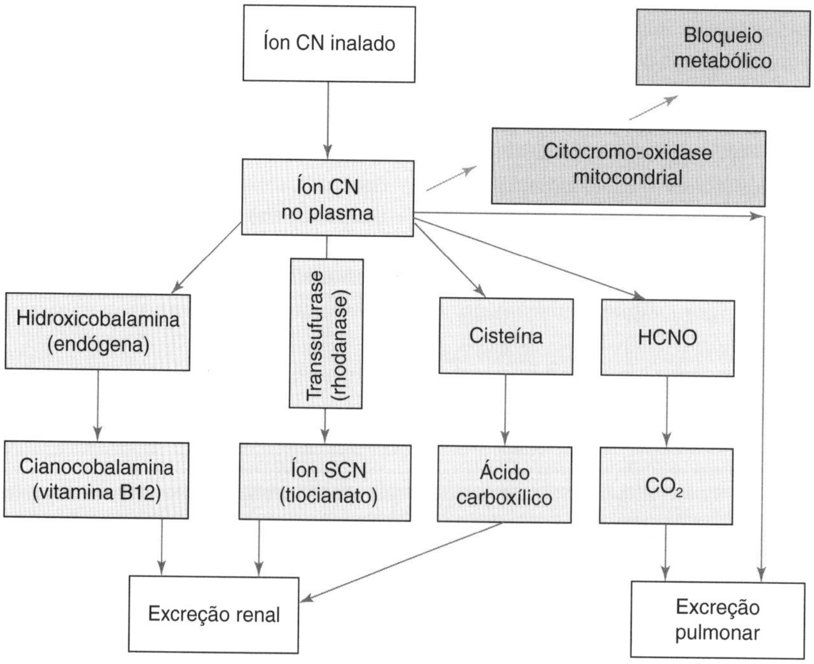

Figura 6. Biotransformação e toxicidade do HCN.
Fonte: Egekeze e Oehme, 1980.[29]

Os primeiros sintomas aparecem em concentrações ambientais de HCN acima de 45 ppm, após uma exposição de pelo menos 60 minutos. Em concentrações acima de 180 ppm a morte ocorre dentro de poucos minutos. Há diferenças em relação à dose de exposição letal para cada indivíduo, mas a dosagem sanguínea de HCN acima de 3,0 µg/mL é letal para todos (Tabela 3). A associação frequente de intoxicação concomitante pelo CO ou por asfixia simples aumenta a letalidade [26].

Os sobreviventes da intoxicação aguda podem ficar com sequelas neurológicas crônicas como perda de acuidade visual e auditiva, tremores de extremidades, neuropatia periférica e encefalopatia anóxica (**Quadro 4**).

Diagnóstico: os achados clínicos cardinais que sugerem intoxicação por HCN são:

- Exposição à fumaça em ambientes com pouca ventilação.
- Diminuição do nível de consciência.
- Alterações cardiovasculares (principalmente hipotensão).
- Níveis plasmáticos elevados de lactato.[26]

Os **níveis de concentração de CN^-** podem ser medidos no sangue e na urina. Na ausência de intoxicação, uma pequena concentração de HCN pode ser detectada, principalmente em fumantes. O diagnóstico de certeza de intoxicação é difícil de estabelecer porque a meia-vida do HCN é muito curta e as amostras são geralmente colhidas em um momento tardio, em que os níveis séricos já estão mais baixos. A dosagem de HbCO no sangue é relativamente confiável como indicador do grau de intoxicação pelo CO, mas não serve como parâmetro para correlacionar com o grau de intoxicação pelo HCN. Outro fator de confusão no diagnóstico são os óbitos causados pela asfixia por depleção de O_2, explicando porque muitas vítimas fatais apresentam níveis sanguíneos de CO e HCN muito abaixo da dose letal.

A pressão arterial de O_2 pela **gasometria arterial** ou a saturação de O_2 pela **oximetria de pulso** podem não estar alterados porque o HCN não compromete o transporte do O_2 na corrente sanguínea.

Uma dosagem sanguínea que vale como indicador indireto de gravidade da intoxicação é a **acidose metabólica** avaliada pela concentração de **lactato sérico** (acima de 8 mmol/L). A gasometria arterial também indica acidose metabólica quando o pH está abaixo de 7,35 e há diminuição do HCO_3^- e da $PaCO_2$.[31]

A **tomografia** e a **ressonância magnética encefálicas** mostram necrose hemorrágica no sistema nervoso central, especialmente nos gânglios basais, da mesma forma que acontece com a ingestão de cianeto de potássio ou de sódio.[32,33]

Conduta terapêutica: existem dois protocolos para o manejo da intoxicação por HCN, um imediato, pré-hospitalar, logo após o resgate, e o outro durante a internação hospitalar.[26]

Na fase pré-hospitalar, logo depois da retirada do local do acidente, na presença de quadro clínico sugestivo de intoxicação por HCN, a **administração de O_2** e uso de **hidroxicobalamina intravenosa** devem, ou deveriam, ser introduzidos imediatamente. Essas condutas emergenciais *in loco* podem salvar a vida do paciente grave em deslocamento para o serviço de emergência. Na França, os bombeiros são capacitados para identificarem a intoxicação pelo HCN e iniciarem o uso de hidroxicobalamina. Lamentavelmente essa prática ainda não foi estabelecida no Brasil e em muitos outros países.[34,35] Caso não tenham sido tomadas no local do acidente, essas medidas, além de outras, devem ser adotadas de imediato na chegada ao hospital ou ao serviço de pronto atendimento.

A irrigação ocular e a lavagem da pele com água e sabão são necessárias para remover o cianeto depositado e impedir sua absorção por essas vias.

Além da administração de O_2 a 100% e do uso de antídoto, é fundamental manter suporte respiratório através da **desobstrução das vias aéreas** e, conforme indicado, **ventilação não invasiva ou mecânica**, com intubação ou traqueostomia. O recurso derradeiro de suporte respiratório são as **tecnologias de respiração extracorpórea** como a assistência pulmonar intervencionista (ILA, do inglês *interventional lung assist*) ou a oxigenação por membrana extracorpórea (ECMO, do inglês *extracorporeal membrane oxygenation*), que suprem as trocas gasosas contornando os problemas gerados pela ventilação mecânica.[36]

Existem três grupos de antídotos disponíveis para tratar a intoxicação por HCN:

- Compostos de cobalto – hidroxicobalamina, edetato de dicobalto.

Tabela 3. Níveis de intoxicação pelo HCN

Concentração de cianeto no ar inalado e quadro clínico	
Cianeto (ppm)	**Efeitos**
18-36	Sintomas após várias horas
45-54	Sintomas após 60 min
110-135	Morte em 30 a 60 min
135	Morte em 30 min
181	Morte em 10 min
270	Morte imediata

Concentração de cianeto no sangue e quadro clínico	
Cianeto (µg/mL)	**Efeitos**
0,2-0,5	Nenhum
0,5-1,0	Taquicardia, rubor facial
1,0-2,5	Diminuição do nível de consciência
2,5-3,0	Coma
Acima de 3,0	Morte

Fonte: Hall e Rumack, 1986.[30]

- Agentes formadores de meta-hemoglobina – nitrito de amila ou de sódio, difenilaminofenol (DMAP).
- Doadores de enxofre – tiossulfato de sódio.[37]

A hidroxicobalamina na forma injetável (conhecida comercialmente como Cianokit) é o antídoto de preferência para tratar a intoxicação de HCN por inalação de fumaça. É um produto sintético derivado da vitamina B12 (R-OH) que troca o grupo hidroxila (OH^-) de sua molécula pelo CN^- livre, formando cianocobalamina (R-CN), conforme a reação abaixo:

$$R\text{-}OH + CN^- = R\text{-}CN + OH^-$$

A cianocobalamina é um produto de baixa toxicidade que é excretado pela urina.

A dose de hidroxicobalamina administrada no adulto é de 5 g por infusão intravenosa, a cada 30 minutos, até atingir uma dose total de 20 g. Em crianças, utiliza-se a dosagem de 70 mg/kg. Em casos graves pode ser necessária a repetição do ciclo de infusões. A meia-vida da hidroxicobalamina no plasma é de 3 a 20 horas, mas na intoxicação por CN se eleva para 14 a 24 horas.

O efeito terapêutico da hidroxicobalamina é potencializado pelo uso associado de **tiossulfato de sódio** na dose de 12,5 mg IV em 50 mL de uma solução a 25%, durante 10 minutos. Por ter uma ação muito lenta, o tiossulfato é recomendado somente como droga de uso complementar.[37,38]

A hidroxicobalamina tem efeito hipotensor e diminui a acidose metabólica. Seus efeitos colaterais são pouco frequentes e se caracterizam por náuseas, vômitos, espasmos musculares e câimbras. Há poucos relatos de reação alérgica. A excreção renal confere à urina uma coloração vermelha ou rosa. Há um risco elevado de efeito sinergístico de CO e HCN sobre o feto, sendo indicado o uso empírico e imediato da hidroxicobalamina na gestante, mesmo não existindo estudos testando sua segurança.

A hidroxicobalamina injetável passou a ser disponível no Brasil a partir da publicação da Portaria n. 1.115 de 19/10/2015 do Ministério da Saúde.[39,40]

O **edetato de dicobalto** 300 mg é a segunda opção terapêutica. Como contém cobalto livre na formulação, só deve ser administrado na certeza do diagnóstico de intoxicação por HCN, para evitar o risco de intoxicação pelo cobalto.

Os **nitritos** são utilizados na intoxicação pela ingestão de cianetos, mas são contraindicados pela maioria dos autores na intoxicação por inalação do HCN. Os nitritos são agentes oxidantes que transformam o íon ferroso (Fe^{++}) da hemoglobina em íon férrico (Fe^{+++}), gerando a meta-hemoglobina que, por sua vez, se liga ao cianeto formando cianomioglobina, que é eliminada por excreção renal. Ao contrário da hemoglobina, a meta-hemoglobina não se liga ao O_2, A contraindicação existe pela possibilidade de uma intoxicação concomitante por CO (o que é bastante frequente), porque a depleção da hemoglobina circulante vai comprometer ainda mais o transporte sanguíneo do O_2.[37]

Em alguns países, como a Alemanha, está disponível o 4-dimetil-amino-fenol (DMAP) em substituição ao nitrito de sódio. Por ser também formador de meta-hemoglobina, está também relativamente contraindicado na intoxicação por HCN inalado. Na falta de hidroxicobalamina cabe ao prescritor a difícil decisão de usar nitritos na intoxicação por HCN inalado, considerando os riscos e benefícios específicos para cada caso.

Irritantes das vias aéreas

Os gases irritantes são liberados a partir da combustão aeróbica ou anaeróbica de matérias naturais, como madeiras ou produtos sintéticos como plásticos e polímeros.

O dano causado pelo agente irritante vai depender de sua composição química, concentração, solubilidade e tempo de exposição. Podem ser classificados em quatro tipos: gases ácidos inorgânicos, irritantes inorgânicos não ácidos, irritantes orgânicos e compostos de moléculas complexas.

O mecanismo patogênico da reação inflamatória irritativa está esquematizado no algoritmo da Figura 7. A liberação de neuropeptídios dos terminais sensitivos e vasomotores desencadeia uma reação inflamatória em cascata. Há um aumento de atividade dos neutrófilos e a liberação de substâncias vasoativas (principalmente as citocinas). A formação de radicais livres de O_2 causa estresse oxidativo e dano celular. Os resultados desse processo são inflamação de brônquios, bronquíolos e alvéolos, distúrbio da relação ventilação-perfusão pulmonar, hipoxemia e insuficiência respiratória.

As manifestações clínicas iniciais estão associadas à irritação dos sensórios, cuja intensidade depende mais da concentração do irritante do que do tempo de exposição. A irritação dos olhos causa dor e ardência ocular, tremor palpebral e lacrimejamento. As vias aéreas superiores apresentam ardência e sensação de queimação. A irritação das vias aéreas inferiores se caracteriza por tosse, expectoração, chiado no peito e dispneia que depende não só da concentração, mas também do tempo de exposição. O grau de toxicidade de um irritante é elevado quando a dose tóxica corresponde a uma baixa concentração ambiental e é reduzido o tempo entre o início da exposição e o surgimento dos primeiros sinais e sintomas.

Vejamos a seguir cada tipo de agente irritante de acordo com suas características toxicológicas e seus efeitos clínicos.

Gases ácidos inorgânicos

Ácidos halogênicos

Os três ácidos halogênicos encontrados na fumaça sob a forma gasosa não se oxidam porque são formados por combustão anaeróbica. São eles:

Cloreto de hidrogênio (HCl): o HCl ou ácido clorídrico é formado pela combustão de plásticos e polímeros. É um potente irritante dos olhos, nariz, boca, laringe e traqueia em virtude da elevada solubilidade em água.

A exposição a concentrações em torno de 35 ppm provoca espirros, ronquidão, sintomas laríngeos, dor torácica

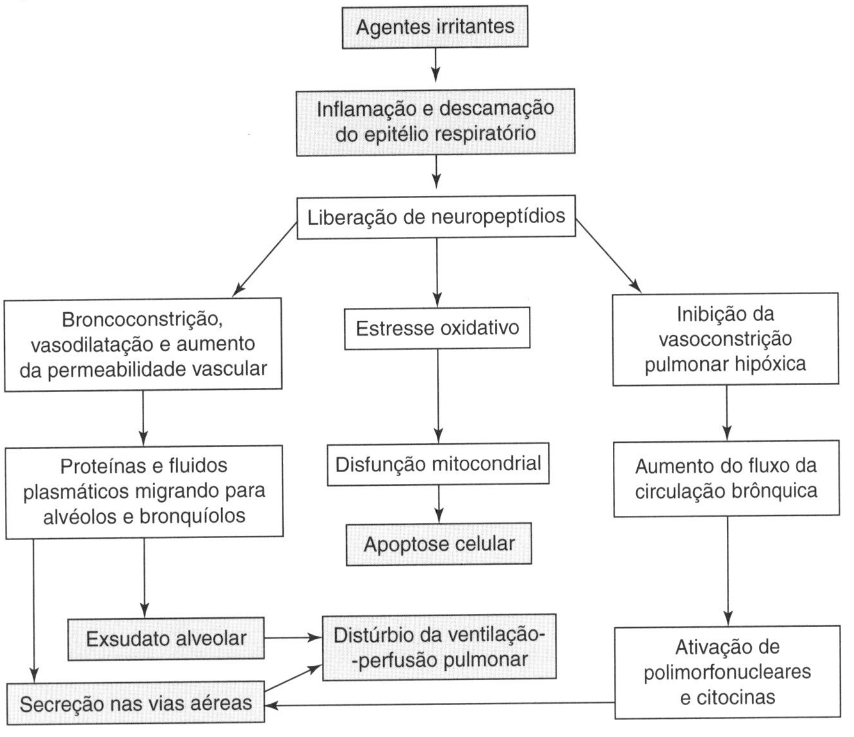

Figura 7. Mecanismo fisiopatogênico dos agentes irritantes.
Fonte: Walker, 2015.[25]

e sufocação. Concentrações maiores causam queimaduras corrosivas nos olhos, nariz, boca e garganta, ulceração do septo nasal e taquipneia, broncoconstrição, espasmo de laringe, asfixia por obstrução. Concentrações muito elevadas resultam em edema pulmonar que pode causar tardiamente bronquiolite obliterante. Exposições breves a concentrações acima de 1.000 ppm são letais.

Fluoreto de hidrogênio (HF): o HF ou ácido fluorídrico emana da combustão de polímeros sintéticos contendo flúor. Tem um potencial irritante e corrosivo menor que o HCl.

Brometo de hidrogênio (HBr): o HBr ou ácido bromídrico é um halogenado com poucos dados disponíveis sobre seus efeitos irritantes, que são semelhantes aos causados por HF e HCl.

Óxidos de enxofre, nitrogênio e fósforo

Dióxido de enxofre (SO_2): o SO_2 é um gás irritante inorgânico produzido pela queima de combustíveis fósseis e pela decomposição térmica de compostos contendo enxofre, como a borracha vulcanizada usada na manufatura de pneus.

O SO_2 é absorvido pela mucosa das vias aéreas superiores causando uma reação inflamatória desencadeada pela conversão do SO_2 em ácidos sulfúrico (H_2SO_4) após contato com a água (H_2O) das mucosas respiratórias e dos olhos. Os asmáticos são um grupo com muita vulnerabilidade a esse irritante, podendo entrar em crise de broncoespasmo em concentrações a partir de 0,4 ppm. Em indivíduos normais a exposição à concentração de 1 ppm por 1 a 6 horas aumenta a resistência das vias aéreas e diminui o fluxo aéreo expiratório. A exposição a altas concentrações é fatal em decorrência da obstrução completa das vias aéreas por edema de glote.

Óxidos de nitrogênio (NO_x): quando há disponibilidade de O_2 no ambiente do incêndio, os NO_x são gerados pela combustão de materiais contendo nitrogênio (N_2), como gases, óleos, carvão ou madeira. Como o N_2 é o principal componente do ar, a combustão também pode gerar NO_x a partir da oxidação do N_2 atmosférico. Em virtude da baixa solubilidade em água os NO_x poupam as vias aéreas, mas lesam os pneumócitos tipo I e as células epiteliais alveolares, causando edema pulmonar. Essa reação inflamatória aguda leva à hipoxemia pela diminuição da capacidade de difusão do O_2 através da membrana alvéolo-arterial. Pode evoluir após alguns dias ou semanas para bronquiolite obliterante, o que justifica o acompanhamento do paciente pelo menos por dois meses para uma detecção precoce que propicie a instituição de corticoterapia sistêmica.

O **óxido nítrico (NO)** é instável porque logo depois de formado é oxidado, gerando o dióxido de nitrogênio. Existem poucos estudos clínicos avaliando os efeitos causados pela exposição ao NO isoladamente. Em concentrações acima de 20 ppm pode causar broncoconstrição e edema pulmonar.

O **dióxido de nitrogênio (NO_2)** surge quando na combustão há O_2 suficiente para a oxidação do NO. Sua potência como irritante é 5 vezes maior do que o NO pela reação química com a água (H_2O) dos tecidos que produz ácido nítrico (HNO_3) e ácido nitroso (HNO_2). Em baixas concentrações o NO_2 causa cefaleia, náuseas, vertigem, fadiga, tosse e dificuldade respiratória. Os sintomas surgem com exposições acima de 2,5 ppm e em concentrações mais elevadas pode haver morte por edema pulmonar.

Pentóxido de fósforo (P_2O_5): o P_2O_5 é produzido pela combustão de poliuretanos contendo fósforo (P) que é adicionado ao produto para retardar seu ponto de ignição. É corrosivo para os olhos e vias respiratórias, reagindo com o H_2O para formar ácido orto-fosfórico (H_3PO_4).

Gases irritantes inorgânicos (não ácidos)

Amônia (NH_3): o NH_3 é produzido na combustão de materiais contendo nitrogênio como madeira, carvão, papel e lixo doméstico. Reage com a água (H_2O) da superfície dos olhos e das membranas mucosas para formar o hidróxido de amônia (NH_4OH), que é extremamente irritante e corrosivo por sua propriedade alcalina, provocando necrose celular. A irritação moderada dos olhos, nariz e garganta inicia com concentrações acima de 50 ppm e acima de 400 ppm surge ulceração de córnea, aumento da frequência respiratória e tosse. Exposições acima de 1.500 ppm causam edema pulmonar e morte.

Cloro (Cl_2): a liberação de Cl_2 ocorre na combustão de plásticos, polímeros, borrachas sintéticas e alvejantes em condições semelhantes à formação de HCl. Causa irritação dos olhos, nariz e garganta em concentrações de 1 a 3 ppm e cefaleia e tosse e constrição torácica em concentrações de 5 a 15 ppm. Acima de 40 ppm surgem dor torácica, vômitos, dispneia, edema pulmonar e, tardiamente, bronquiolite. Concentrações acima de 1.000 ppm são fatais em alguns minutos.

Fosgênio ($COCl_2$): o $COCl_2$ decorre da combustão aeróbica de compostos orgânicos clorados como o clorofórmio ou polímeros clorados como o cloreto de polivinila.

É um potente agente irritante em que a evolução clínica da intoxicação segue três etapas. A primeira se caracteriza por ardência ocular e das vias aéreas superiores, tosse e dificuldade para respirar em concentrações acima de 3 ppm. Na segunda etapa, a chamada fase de latência, há melhora dos sintomas e duração de 30 minutos a 24 horas. O tempo de latência é menor quando a concentração é elevada e a exposição, prolongada. A fase final corresponde ao edema pulmonar caracterizado por tosse intensa, dispneia, cianose, choque e parada cardiorrespiratória. Em concentrações acima de 300 ppm a fase latente pode não existir, com evolução direta para edema pulmonar e óbito.

Irritantes orgânicos

Acroleína (C_3H_4O): a acroleína ($H_2C{=}CH{-}CHO$) ou 2-propenal é um aldeído não saturado que emana da combustão de materiais ricos em celulose, como madeira, algodão e papel e também da combustão incompleta de poliuretanos.[25] É um dos irritantes mais potentes, causando lacrimejamento e irritação ocular intensos após 10 minutos de exposição a concentrações entre 0,5 e 5 ppm e irritação de vias aéreas em concentrações abaixo de 1 ppm. O edema pulmonar ocorre pela capacidade de a acroleína desnaturar proteínas. Concentrações acima de 10 ppm levam à morte em alguns minutos.

Formaldeído (CH_2O): o formaldeído é o aldeído de molécula mais simples, formado pela combustão incompleta dos mesmos materiais que produzem a acroleína. Causa irritação das vias aéreas superiores em concentrações entre 0,2 e 3 ppm, comprometendo vias aéreas inferiores e pulmões na faixa de 5 a 30 ppm. Surgem edema de laringe e alveolar potencialmente fatais em concentrações acima de 50 ppm.

Compostos de moléculas complexas

A combustão de qualquer material produz substâncias de moléculas complexas, como partículas, dioxinas, dibenzofuranos, hidrocarbonetos aromáticos e hidrocarbonetos de cadeia longa. A toxicidade aguda desses compostos é menor do que a dos demais irritantes, entretanto alguns deles, especialmente os hidrocarbonetos aromáticos policíclicos e as dioxinas, são potencialmente mutagênicos e/ou carcinogênicos.

Hidrocarbonetos policíclicos aromáticos (PAHs): os PAHs são compostos orgânicos que contêm pelo menos dois anéis de benzeno fusionados em sua molécula. Os principais são o benzopireno, o naftaleno e o antraceno. Esses compostos aparecem misturados na fumaça em diferentes proporções.

A maioria dos estudos de toxicidade aguda está relacionada com exposições ao naftaleno, que causa cefaleia, náuseas, vômitos, confusão mental, sudorese, irritação de olhos, nariz e garganta e úlceras de córnea. Nos indivíduos com deficiência de glicose-6-fosfato o naftaleno induz à anemia hemolítica aguda.

Dioxinas/dibenzofuranos: esse grupo inclui 75 isômeros de dioxinas e 135 isômeros de furanos, com estruturas moleculares muito semelhantes. São liberados pela combustão incompleta de materiais contendo C, O_2 e Cl_2. Os compostos mais tóxicos desses grupos são respectivamente o tetraclorodibenzo-p-dioxina e pentaclorodibenzofurano.

Uma manifestação clínica característica das dioxinas é a cloracne, um tipo de acne que aparece nas áreas expostas da pele. Outros efeitos incluem hepatotoxicidade transitória, hipertensão, hiperlipidemia e neurotoxicidade. Estudos em animais sugerem que a exposição à dioxina provoca alterações teratogênicas e no sistema reprodutivo. A exposição crônica a dioxinas e furanos é potencialmente carcinogênica e mutagênica, mas esse risco é muito baixo com uma única exposição ocorrida em um incêndio.

Isocianatos: os isocianatos são liberados a partir da decomposição térmica de poliuretanos e plásticos, que também libera hidrocarbonetos aromáticos.

O metil-isocianato foi amplamente estudado depois de um vazamento ocorrido em uma fábrica de pesticidas em Bhopal, Índia, em dezembro de 1984. Nesse acidente morreram 3.787 pessoas e 558.125 ficaram feridas ou intoxicadas pela exposição ao gás.[41]

A exposição causa ardência ocular, lacrimejamento, tosse, dificuldade respiratória, náuseas, fraqueza muscular e efeitos neurológicos. Exposições repetidas levam à sensibilização alérgica, causando rinite e asma ocupacional em bombeiros e outros profissionais expostos à fumaça. Há também evidências de teratogenicidade. O tolueno-di-isocianato é um potente irritante a partir da baixa dose de 0,5 ppm e pode causar edema pulmonar potencialmente fatal 12 a 48 horas após a exposição.

Perfluoroisobutileno: o perfluoroisobutileno é formado durante a decomposição térmica de produtos contendo flúor, como o politetrafluoroetileno. Seu efeito irritante é semelhante ao do fosgênio, mas com um potencial tóxico dez vezes maior. Os sintomas são irritação faríngea, tosse, dor torácica, dispneia e cefaleia. Em concentrações elevadas leva ao edema pulmonar até 8 horas depois da exposição.

Material particulado: a combustão de material orgânico libera partículas de diferentes tipos e tamanhos. As partículas com diâmetro aerodinâmico equivalente menor do que 10 μm (PM_{10}) penetram e se depositam nas vias aéreas inferiores (traqueia e brônquios), e as menores que 2,5 μm ($PM_{2,5}$) alcançam os ductos e sacos alveolares.

Algumas partículas formam radicais livres que desencadeiam crises em indivíduos portadores de asma. Outras contêm agentes irritantes ou resíduos de metais tóxicos como chumbo (Pb), arsênico (As), cádmio (Cd) e níquel (Ni).

Quando formam partículas ultrafinas, menores que 100 nanômetros, atravessam a barreira alvéolo-arterial e alcançam a corrente sanguínea, causando danos em outros órgãos como coração, cérebro, rins e fígado.[5]

ABORDAGEM CLÍNICA DOS EFEITOS DA INALAÇÃO DE FUMAÇA

Entre 60 e 80% das mortes que ocorrem em vítimas de incêndio são devidas a danos causados pela inalação de fumaça. As causas de morte são obstrução aguda das vias aéreas e toxicidade sistêmica.[42,43]

As vítimas têm diferentes graus de comprometimento clínico influenciados pelos cenários de ocorrência de cada incêndio e por características biológicas de cada indivíduo.[43] A equipe responsável pelo atendimento deve estar informada sobre o tipo de material em combustão, o tempo de exposição e o grau de confinamento do local do incêndio. Essas informações são essenciais para avaliar o risco de intoxicações e, assim como as condições prévias de saúde da vítima, devem ser insistentemente esclarecidas.

Após a inalação da fumaça, os portadores de asma ou doença pulmonar obstrutiva crônica (DPOC) têm grande risco de exacerbarem, e os portadores de doença coronariana, de agudizarem a cardiopatia isquêmica. Os fumantes têm níveis prévios de HbCO elevados e o resultado da dosagem de HbCO deve ser interpretado levando em consideração esse fator. As crianças, as gestantes e os idosos são grupos da população com características biológicas que os tornam mais vulneráveis. O feto é muito suscetível à intoxicação por CO porque os níveis de HbCO na circulação fetal são maiores do que na circulação materna. Em recém-nascidos e crianças pequenas o limiar de toxicidade às concentrações de asfixiantes e irritantes é muito menor do que nos adultos. Há um declínio natural da função pulmonar que torna os idosos mais suscetíveis aos efeitos da exposição à fumaça.[5]

Lesões inflamatórias em vias aéreas inferiores, idade acima de 60 anos e queimaduras em mais de 40% da superfície corporal são fatores preditivos de letalidade por lesões inalatórias. Na concomitância de dois desses fatores a mortalidade é de 33% e, na presença de três deles, a mortalidade se eleva para 90%.[42]

Diagnóstico: a rapidez da evolução clínica exige a identificação imediata das lesões inalatórias e da toxicidade sistêmica logo que a vítima chega ao serviço de emergência.[42]

Aqueles que permanecem assintomáticos ou com poucos sintomas horas depois do resgate podem ser liberados desde que mantidos em observação pelo menos durante as 48 horas seguintes. Os indivíduos que devem ser investigados e assistidos são aqueles que apresentam alguns dos sinais e sintomas cardinais citados a seguir:[25,44]

- Queimaduras na face, nasofaringe e orofaringe.
- Impregnação de material carbonáceo no corpo e nas roupas.
- Dispneia em repouso.
- Tosse e expectoração.
- Rouquidão ou estridor laríngeo.
- Alteração do nível de consciência.

As vias aéreas superiores podem sofrer queimaduras pelo calor que agravam ainda mais as lesões pelos agentes irritantes. As vias aéreas inferiores e pulmões são na maioria das vezes poupadas das queimaduras, sendo atingidas somente pela irritação química da fumaça. As emissões com teor elevado de umidade são uma exceção porque o vapor d'água inalado carreia grande quantidade de calor, causando queimaduras também em traqueia e brônquios.[42]

A principal avaliação a ser realizada nos pacientes que apresentam evidências clínicas de lesões inalatórias é a fibrobroncoscopia. O fibrobroncoscópio é um equipamento dotado de uma fibra ótica flexível que propicia a visualização endoscópica das vias aéreas. Serve para caracterizar a gravidade das lesões da mucosa respiratória e definir se essas lesões estão limitadas à região supraglótica ou se estendem até as vias aéreas inferiores. Na ausência de fibrobroncoscópio pode ser utilizado o laringoscópio, com a desvantagem de não possibilitar a visualização adequada da região infraglótica.

Quando há sinais de edema de glote e/ou reação inflamatória em traqueia e brônquios está indicada a **intubação endotraqueal** precoce para garantir a permeabilidade da via aérea. A endoscopia também orienta quanto ao método de **ventilação** a ser utilizado e à **administração intravenosa de fluidos** (Figura 8).

As lesões inalatórias na mucosa respiratória variam desde edema e hiperemia até descamação intensa e necrose. A reação inflamatória e o aumento do fluxo na circulação brônquica causam hipersecreção, broncoespasmo e formação de moldes brônquicos. No primeiro atendimento esses resíduos intraluminais devem ser aspirados exaustivamente pela via endoscópica para desobstruir a via aérea, e o procedimento, repetido sempre que for necessário.

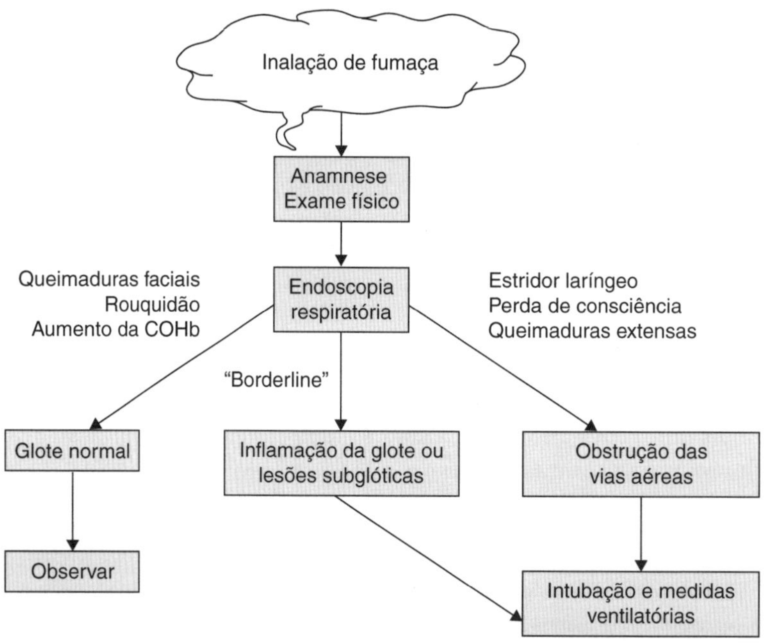

Figura 8. Algoritmo de investigação das lesões inalatórias.
Fonte: Merrel e Mayo, 2004.[43]

Para estabelecer critérios de avaliação mais objetivos foi proposta uma classificação descritiva das lesões das vias aéreas visualizadas na endoscopia que define um **escore de gravidade** de 0 a 4 (Quadro 5). O escore propicia o planejamento terapêutico a médio e longo prazo. Os pacientes com graus de moderado a maciço (2, 3 e 4) têm uma redução significativa da sobrevida em relação aos com grau leve.[25]

Alguns autores consideram também os níveis sanguíneos de **HbCO** como um indicador indireto da severidade das lesões inalatórias [47].

A gravidade das lesões de vias aéreas inferiores confirmada por **biópsia endobrônquica** está associada a um maior tempo de permanência em ventilação mecânica e é um fator preditivo para o edema pulmonar e a síndrome da angústia respiratória do adulto (SARA).[25,41] Também são fatores preditivos de SARA a diminuição dos níveis plasmáticos de **ferro** e **cobre** e a elevação dos níveis de **fibronectina, calcitonina** e **enzima conversora da angiotensina.**[47]

Quadro 5. Escore do comprometimento das lesões inalatórias

Graus	Descrição endoscópica
1 (leve)	Áreas restritas de hiperemia, depósito carbonáceo, broncorreia e obstrução brônquica
2 (moderado)	Hiperemia disseminada, depósito carbonáceo, broncorreia e obstrução brônquica
3 (severo)	Inflamação intensa, depósito carbonáceo copioso, broncorreia e obstrução brônquica
4 (maciço)	Descamação da mucosa, necrose, obstrução intraluminal importante

Fonte: Walker, 2015.[25]

O fibrobroncoscópio não permite a visualização de vias aéreas de pequeno calibre, bronquíolos terminais, bronquíolos respiratórios e alvéolos. Os exames de imagem, como a **tomografia de tórax** e a **cintilografia pulmonar** com xenônio133, são os mais indicados para investigar essas áreas periféricas e detectar a bronquiolite, o edema pulmonar e a SARA.

A evolução clínica e a resposta terapêutica podem ser acompanhadas pelo monitoramento de **indicadores cardiovasculares** e pela saturação de O_2 por meio da **oximetria de pulso.** Quando o paciente está consciente é possível também avaliar os volumes e fluxos pulmonares pela **medida de pico de fluxo** (*peak flow*) e pela **espirometria.**[47]

As pressões arteriais de O_2 e **CO_2** e a **acidose metabólica** podem ser monitoradas pela **gasometria arterial,** a acidose também pode ser monitorada pela dosagem sanguínea de **lactato.**[25,43]

Complicações pulmonares

A **pneumonia** é uma complicação que ocorre em 50% dos casos de lesões inalatórias. É facilitada pela descamação da mucosa respiratória, que diminui o mecanismo de defesa mucociliar, e pela retenção de resíduos de aspiração nas pequenas vias aéreas.

Um estudo de casos retrospectivo realizado em Taiwan estabeleceu um **escore para avaliar a chance de pneumonia** baseado em cinco indicadores: idade, queimaduras extensas, escore de gravidade 3 ou 4 na broncoscopia, pressão arterial de O_2 diminuída e dosagem de HbCO elevada. Os escores iguais ou acima de 2 – pelo menos dois desses indicadores preenchendo o critério de inclusão – predizem a evolução para pneumonia.[48]

Está indicado o uso de antibioticoterapia de amplo espectro, caso os resultados do bacteriológico da secreção aspirada ou do exame de escarro não sejam conclusivos na identificação do agente causal.

A **síndrome da angústia respiratória do adulto (SARA)** é um edema agudo de pulmão não cardiogênico, bilateral e extenso, que causa insuficiência respiratória severa.[49] É desencadeada por agentes lipofílicos com baixa solubilidade em água que penetram profundamente nas vias aéreas, como os aldeídos, o fosgênio e os NO_x, provocando reação inflamatória no epitélio alveolar.[46] A patogenia da SARA está associada à inibição das antiproteases e à ação das lisozimas intracelulares dos neutrófilos necrosados sobre o interstício.[48] A mortalidade em pacientes com SARA decorrente da inalação de fumaça é de 40 a 50%.[43] As principais sequelas nos sobreviventes são bronquiectasias, bronquiolectasias e bronquiolite obliterante.

A **bronquiolite obliterante (BO)** ou pneumonia organizante criptogênica é um processo inflamatório que ocorre na porção terminal das vias aéreas, nos segmentos menores do que 2 mm de diâmetro. Foi identificada pela primeira vez em casos de intoxicação após a inalação de NOx. Ocorre também em pneumonias e em doenças autoimunes.[50]

Os achados na ausculta pulmonar são estertores sibilantes, crepitantes ou roncantes em 40 a 60% dos pacientes. A radiografia de tórax pode mostrar alçaponamento de ar e hiperinsuflação. A tomografia de tórax detecta nódulos periféricos, opacidades e bronquiectasias (sinais diretos), atenuação em mosaico e aprisionamento de ar na manobra de expiração (sinais indiretos).

A BO pode surgir nas 48 horas posteriores ao acidente ou mais tardiamente, semanas ou meses depois, justificando o acompanhamento dos pacientes por pelo menos 6 meses. Na fase aguda da BO está indicado o uso de corticosteroides, que pode ser prolongado até dois meses.[50]

As exposições repetidas à fumaça de incêndios também causam **doenças ocupacionais.** Estudos epidemiológicos demonstram que indivíduos trabalhando em atividades com exposição à fumaça de incêndios têm maior incidência de doenças cardiovasculares, respiratórias e neoplásicas.[51]

Os bombeiros que sobreviveram ao incêndio e colapso das torres gêmeas em Nova Iorque em 11 de setembro de 2001 foram acompanhados através de um estudo longitudinal controlado que evidenciou uma incidência significativamente maior de tosse e hiper-reatividade brônquica no grupo exposto comparado ao grupo controle. Havia também uma correlação significativa entre a intensidade da exposição e a severidade dos sintomas.[52] Um braço desse estudo que seguiu essa coorte de trabalhadores por nove anos concluiu que eles tinham alta prevalência de doença respiratória crônica, comprovando a necessidade de programas de proteção ao risco ocupacional em bombeiros[53]

Conduta terapêutica: a abordagem diagnóstica e terapêutica da inalação de fumaça é complexa pela evolução clínica imprevisível e pela frequente escassez de recursos nos locais de primeiro atendimento. Além das medidas terapêuticas para a intoxicação por CO e HCN anteriormente mencionadas, existem algumas regras genéricas que devem ser sempre observadas no primeiro atendimento à vítimas. Nos tópicos abaixo, são enumeradas as medidas terapêuticas essenciais imediatas para o paciente vitimado por incêndio:

1. Limpar com água e sabão os resíduos de fumaça depositados na pele para eliminar agentes tóxicos com absorção cutânea.
2. Aplicar o antídoto para o HCN caso indicado para reverter a asfixia metabólica.
3. Aspirar secreções e material carbonáceo depositados nas vias aéreas por meio de fibrobroncoscopias seriadas (toalete brônquica).
4. Manter a pressão arterial de O_2 em níveis adequados por medidas como: inalação de O_2 a 100%, posição pronada, ventilação não invasiva, ventilação mecânica por intubação endotraqueal ou traqueostomia. Como recurso extremo, utilizar técnicas de suporte por circulação extracorpórea (ILA ou ECMO).
5. Tratar a hipovolemia por infusão intravenosa, principalmente em grandes queimados.
6. Verificar o estado neurológico pelo escore de Glasgow – escores abaixo de 8 têm indicação de intubação com ventilação mecânica.[31,54]
7. Observar monitoramento hemodinâmico contínuo.
8. Compensar a acidose metabólica.
9. Utilizar fármacos indicados para cada situação como broncodilatadores (beta-2 adrenérgicos, antimuscarínicos), anticoagulantes, corticosteroides, antioxidantes, acetilcisteína, antibiótico profilático e outros.[25] Uma revisão recente publicada em 2020 enumera e comenta novos fármacos promissores no tratamento das lesões inalatórias.[55] Muitas dessas novas terapias estão ainda em estudos de fase pré-clínica ou sendo testadas em ensaios clínicos e, portanto, ainda não disponíveis comercialmente.

PREVENÇÃO E ASSISTÊNCIA EM INCÊNDIOS: ESTUDO DE UM CASO

Descrição do caso

Durante a madrugada do dia 27 de janeiro de 2013, às 2h30 min da manhã, iniciou-se um incêndio no interior de uma casa noturna chamada Boate Kiss, na cidade de Santa Maria (283.677 habitantes em 2020), Rio Grande do Sul. Na ocasião acontecia um evento festivo, promovido por estudantes universitários, e os ocupantes do local eram na maioria jovens com menos de 30 anos de idade.

A fonte de ignição foi a queima de um artefato pirotécnico ou fogo de artifício durante a apresentação de um grupo musical. As faíscas atingiram o teto do palco deflagrando a combustão do revestimento acústico de espuma de poliuretano, altamente inflamável. Em minutos o fogo se alastrou, produzindo fumaça com elevadas concentrações de gases asfixiantes (principalmente HCN e CO) e compostos irritantes das vias aéreas.

Estima-se que em torno de 1.500 pessoas se encontravam no local no momento do incêndio, em um espaço com capacidade prevista para no máximo 1.000 pessoas. A fumaça densa se espalhou rapidamente por todo o interior do ambiente pouco ventilado. Logo a seguir houve pane na rede elétrica, deixando o interior do local às escuras. Com a perda da visibilidade e a sufocação causada pela fumaça, tumultuados e em pânico, os ocupantes lutavam para sobreviver tentando escapar pela única porta de saída para a rua.

A inalação da fumaça tóxica causou a morte imediata de 240 pessoas. Em sua maioria, os corpos foram retirados do interior do prédio após as chamas serem debeladas. Dos que conseguiram escapar ou foram resgatados com vida, muitos apresentavam sintomas respiratórios severos, perda de consciência, queimaduras e traumatismos.

O número de profissionais da guarnição do Corpo de Bombeiros que atendeu a ocorrência era reduzido. Não tinham equipamentos de proteção adequados para entrar no interior da boate e não estavam preparados para prestar socorro a um grande número de vítimas. Os pacientes foram transportados de improviso para os hospitais em táxis, carros particulares e nas poucas ambulâncias disponíveis. Os bombeiros, socorristas voluntários e taxistas que acudiram no resgate às vítimas ficaram expostos sem proteção, pois desconheciam os riscos da inalação dos gases asfixiantes.

No **atendimento hospitalar,** os serviços de emergência e as unidades de tratamento intensivo (UTI) da cidade foram surpreendidos por uma demanda súbita de casos graves muito acima da sua capacidade instalada de leitos e de equipamentos para ventilação mecânica.

Os que apresentavam quadro clínico de menor gravidade foram liberados e orientados a procurar atendimento na rede ambulatorial privada ou pública. Oitenta e quatro pacientes graves permaneceram internados nos hospitais de Santa Maria. No mesmo dia do acidente, outros 57 pacientes, principalmente aqueles com queimaduras extensas, foram removidos para hospitais de Porto Alegre. Foram transportados por aviões e helicópteros da Força Aérea Brasileira (FAB) adaptados para a manutenção de cuidados intensivos. Esse translado de pacientes civis por via aérea é considerado o maior já ocorrido em tempos de paz.

Dos internados em Santa Maria, 78 (91,7%) sobreviveram e tiveram alta hospitalar, e 7 (8,3%) foram ao óbito durante a internação. A maioria dos 35 pacientes em ventilação mecânica em Santa Maria foram extubados após 7 a 14 dias de internação. A letalidade relativamente baixa desses pacientes graves se deve à qualidade do atendimento e à faixa etária (jovens previamente hígidos). Os pacientes internados em diferentes hospitais de Porto Alegre tiveram tempo de permanência hospitalar mais prolongado em razão dos cuidados clínicos e cirúrgicos na recuperação das queimaduras corporais.[56]

Os governos federal, estadual e municipal estruturaram um atendimento integral na rede pública de saúde para os pacientes que necessitavam de **avaliação e acompanhamento ambulatorial**.

O Programa de Saúde Mental da Secretaria Estadual da Saúde do Rio Grande do Sul (SES-RS) organizou logo após o acidente uma rede de atendimento 24 horas para acompanhamento psicológico e psiquiátrico dos sobreviventes e de familiares.

A partir de março de 2013 organizou-se na área ambulatorial do Hospital Universitário de Santa Maria (HUSM) um Centro Integrado de Atenção a Vítimas de Acidentes (CIAVA) com o apoio de diversas entidades governamentais, universidades e da sociedade civil. O objetivo era centralizar e padronizar o atendimento de todos os envolvidos no acidente. O agendamento de consultas no CIAVA/HUSM foi realizado por meio de busca ativa nos municípios de residência (muitos pacientes moravam fora de Santa Maria), organizada pelos serviços de Vigilância em Saúde municipais e estadual. O contato era realizado a partir do registro de nomes e endereços de pacientes atendidos na rede de saúde do Sistema Único de Saúde (SUS). A mídia circulou a informação de que a marcação de consulta poderia ser feita também por iniciativa do próprio paciente, através de inscrição em um *site* ou agendamento por telefone.

Em mutirões realizados nos fins de semana, os pacientes foram acolhidos no CIAVA em primeira consulta clínica e, após, uma triagem, encaminhados para avaliações nas áreas de Pneumologia, Neurologia, Cirurgia Plástica, Otorrinolaringologia, Fisioterapia, Psicologia e outras (Figura 9). As consultas seguintes eram remarcadas para dias úteis. Nesses mutirões participaram um total de 166 profissionais de saúde de diferentes instituições, entre médicos, membros da equipe de enfermagem, acadêmicos de graduação e várias outras categorias profissionais, quase todos como voluntários. Até o final de março de 2013 foram realizados 1.658 exames especializados em laboratórios do SUS e as medicações prescritas nos atendimentos dispensadas pela Central de Medicamentos (Ceme/SUS). Até 31/08/2013 (7 meses após o acidente), o CIAVA já havia realizado 3.331 atendimentos entre primeiras consultas e retornos. O ambulatório ainda existe, acompanhando os sobreviventes e hoje também atendendo pacientes portadores de Covid-19.

Análise do caso

Várias **medidas de prevenção** devem ser tomadas para controlar fatores de risco que levem a incêndios. Na tragédia de Santa Maria foram dois fatores imediatos que contribuíram para iniciar o incêndio. São eles:

- O material de revestimento acústico de poliuretano que era altamente inflamável e não foi referendado por um Plano de Prevenção e Proteção Contra Incêndios (PPCI).
- A detonação inadvertida de um artefato pirotécnico que serviu como fonte de ignição para a combustão do poliuretano.

Além desses fatores imediatos, a perícia técnica realizada posteriormente trouxe à tona outras irregularidades:

- O estabelecimento estava funcionando acima de sua capacidade máxima de lotação.

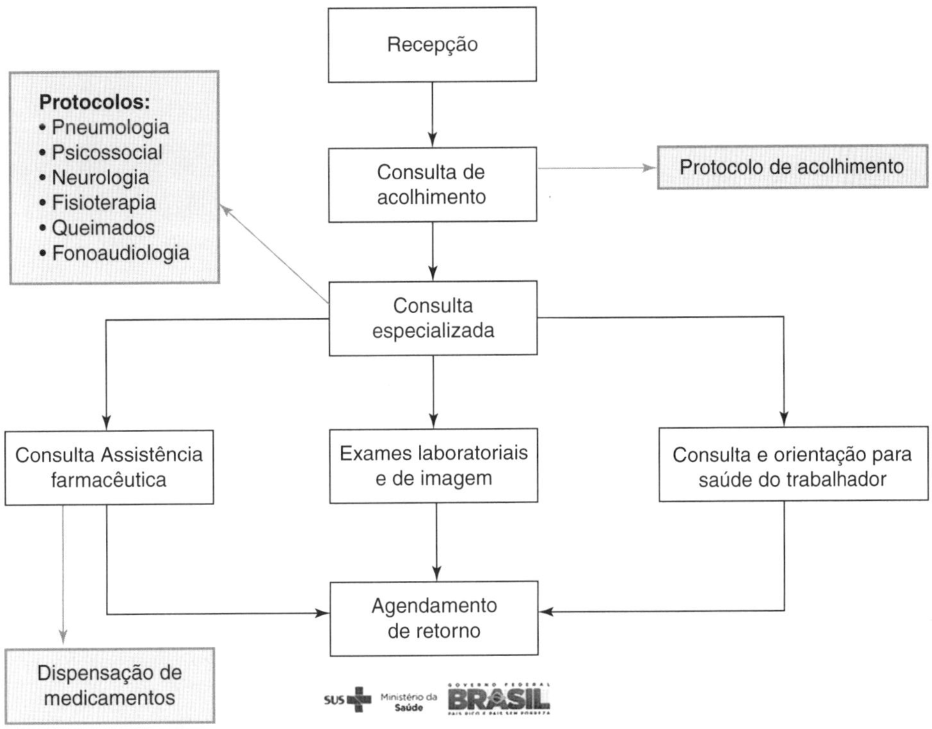

Figura 9. Fluxo de atendimentos no CIAVA/HUSM.
Fonte: adaptado pelo autor conforme planejamento do Ministério da Saúde do Brasil.

- Os extintores localizados próximos ao palco, onde se iniciaram as chamas, não funcionaram.
- Os funcionários da boate não estavam capacitados para seguirem ações emergenciais em caso de incêndio (muitos deles pereceram no local).
- A inexistência de um sistema de ventilação (exaustores, janelas ou claraboias) impediu a eliminação da fumaça para a área externa.
- A deficiência na instalação elétrica e a falha da iluminação de emergência dificultaram a evasão do local.
- As saídas de emergência alegadas eram pífias e inoperantes, não obedecendo ao regulamento preconizado pela ABNT (NBR 9.077).
- As possíveis rotas de fuga estavam obstruídas por grades e tapumes dificultando o deslocamento e fuga dos ocupantes.

Em geral as regulamentações de prevenção de incêndios no Brasil são muito burocratizadas e genéricas, desconsiderando a infraestrutura e as medidas de segurança específicas que devem ser adotadas em cada local. Idealmente as medidas preventivas deveriam ser incorporadas ao projeto de construção dos prédios, evitando o inconveniente e o custo da implantação depois do prédio construído.

Um artigo de revisão de 2005[57] constatou que a maioria dos artigos publicados sobre grandes incêndios se limitava a computar o número de casos e a mortalidade. A observação desses eventos trágicos não é devidamente utilizada como informação para planejar medidas de prevenção, capacitar equipes de resgate e mitigar o impacto de futuros acidentes.

No **atendimento hospitalar,** a investigação diagnóstica e a conduta terapêutica foram baseadas em evidências comprovadas em protocolos preestabelecidos, dentro das limitações que os recursos disponíveis permitiam.

A inexistência da apresentação intravenosa de hidroxicobalamina no Brasil naquela época impossibilitou o uso do antídoto nos casos de intoxicação por HCN. Foram recebidas doações de outros países que só chegaram ao Brasil tardiamente, quando o uso do antídoto nos intoxicados não estava mais indicado. A Portaria n. 1.115, de 19/10/2015, do Ministério da Saúde, veio suprir essa carência ao regulamentar o uso da apresentação intravenosa de hidroxicobalamina em todo o território nacional.[38,39]

No **atendimento ambulatorial** do CIAVA/HUSM foram elaborados protocolos com base em questionários validados internacionalmente, como os utilizados na avaliação de coortes das vítimas do atentado de 11 de setembro de 2001 em Nova Iorque.[58] Essa padronização, além de sistematizar o atendimento prestado, permite o levantamento de indicadores epidemiológicos da população em avaliação.

Tanto no atendimento hospitalar como no acompanhamento ambulatorial houve dois fatores preponderantes que garantiram eficácia e eficiência na resposta à situação que se apresentava:

- A ampla mobilização de profissionais de saúde, militares e membros da sociedade civil que participaram como voluntários.

- A disponibilização imediata de recursos por entidades governamentais, religiosas e privadas para estruturar o processo de atendimento.

Essas iniciativas solidárias foram valiosas para salvar vidas, recuperar a saúde e minimizar o sofrimento de pacientes e familiares.

Uma pesquisa bibliográfica apoiada pelo governo brasileiro publicada em 2013[59] enumerou a ocorrência mundial de pelo menos 34 incêndios de grandes proporções, semelhantes ao da Boate Kiss, ocorridos em prédios públicos (clubes noturnos, teatros, hospitais e lojas de departamentos) e com grande número de vítimas fatais. Em todos esses casos é evidente a negligência em relação às medidas de prevenção de incêndios. Essas experiências traumáticas, no entanto, não costumam ser suficientes para a aquisição de bom senso. Lamentavelmente, ainda hoje incêndios passíveis de prevenção continuam acontecendo.

Depois do incêndio do Gran Circus Americano em Niterói, Rio de Janeiro, na tarde de 17/12/1961, o incêndio da Boate Kiss foi a segunda maior tragédia causada por incêndio predial no Brasil.

Os incêndios são episódios que trazem perdas, sofrimento, desafios e superações, causando um despertar da consciência coletiva para os riscos e efeitos nefastos desses acidentes. Os incêndios são sinais de alerta que devem (ou deveriam) servir como experiência adquirida para implementar programas de prevenção de incêndios e protocolos clínicos para o atendimento e cuidado às vítimas.

Só assim é, ou será, possível evitar a ocorrência ou minimizar as consequências de futuras tragédias.

ERROS COMUNS QUE VOCÊ DEVE EVITAR

Deixar de colher o máximo de informações possível sobre as circunstâncias do incêndio, materiais presentes no local, se espaço confinado ou não, ao receber as vítimas no primeiro atendimento.

Deixar de obter dados de saúde prévia das vítimas, tão logo possível, e do tempo de exposição à fumaça.

As intoxicações por CO ou HCN apresentam em suas fases iniciais sinais e sintomas inespecíficos que dificultam o diagnóstico clínico. Como a piora pode ser muito rápida, é necessário agilidade na comprovação laboratorial. **Caso o recurso laboratorial não seja imediato e a evolução clínica seja desfavorável, o tratamento específico deve ser iniciado.**

Em princípio, **a utilização de nitritos como antídoto para o HCN não está indicada quando há intoxicação concomitante por CO,** porque a formação de metemoglobina induzida pelos nitritos agrava ainda mais o transporte de O_2 na circulação sanguínea.

Deixar de fazer seguimento adequado dos pacientes após a fase aguda, pelo risco de não detectar complicações tardias como SARA e bronquiolite obliterante.

REFERÊNCIAS BIBLIOGRÁFICAS

1. Kurmi OP, Semple S, Simkhada P, Smith WC, Ayres JG. COPD and chronic bronchitis risk of indoor air pollution from solid fuel: a systematic review and meta-analysis. Thorax. 2010 Mar;65(3):221-8.
2. Balmes JR. Household air pollution from domestic combustion of solid fuels and health. J Allergy Clin Immunol. 2019 Jun;143(6):1979-87.
3. Madrzykowski D, Stroup DW. Flammability hazard of materials. In: Cote AE. Basics of fire and fire science: organizing for fire and rescue services, Burlington, MA: Jones & Bartlett Publishers; 2003.
4. Gann RG, Bryner NP. Combustion products and their effects on life safety. In: Fire Protection Handbook. Nat Fire Protec J. 2008;2(6):11-34.
5. Wakefield JC. A toxicological review of the products of combustion. UK: Health Protection Agency Report; 2010.
6. Chong NS, Abdulramoni S, Patterson D, Brown H. Releases of fire-derived contaminants from polymer pipes made of polyvinyl chloride. Toxics. 2019;7(4):57.
7. Melin J, Spanne M, Johansson R, Bohgard M, Skarping G, Colmsjö A. Characterization of thermally generated aerosols from polyurethane foam. J Environ Monit. 2001;3(2): 202-5.
8. Mairesse M, Petit JM, Cheron J, Falcy M. Produits de degradation thermique des matiéres plastiques. INRS Cahier de notes documentaires. Hygiène et Securité du Travail. 1999; 174.
9. Reid CE, Maesta MM. Wildfire smoke exposure under climate change impact on respiratory health of affected communities. Curr Opin Pulm Med. 2019 Mar;25(2):179-87.
10. Cascio WE. Wildland fire smoke and human health science of the total environment. Sci Total Environ. 2018 May 15;624:586-95.
11. Arbex MA, Cançado JED, Pereira LAA, Braga ALF, Saldiva PHN. Queima de biomassa e efeitos sobre a saúde. J Bras Pneumol. 2004;30(2).
12. Mascarenhas MD, Vieira LC, Lanzieri TM, Leal APPR, Duarte AF, Hatch DL. Poluição atmosférica devida à queima de biomassa florestal e atendimentos de emergência por doença respiratória em Rio Branco, Brasil – Setembro 2005. J Bras Pneumol. 2008;34(1):42-6
13. Dougherty W, Waxman K. The complexities of managing severe burns with associated traumas. Surg Clin of N Am. 1996;76(4):923-58.
14. Forjuoh SN. Burns in low- and middle-income countries: a review of available literature. Burns. 2006;32:529-37.
15. Ruggero CJ, Kotov R, Callahan JL, Kilmer JN, Luft BJ, Bromet EJ. PTSD symptom dimensions and their relationship to functioning in World Trade Center responders. Psychiatry Res. 2013;210:1049-55.
16. Luft BJ, Schechter C, Kotov R, Broihier J, Reissman D, Guerrera K, et al. Exposure, probable PTSD and lower respiratory Ilness among World Trade Center rescue recovery and clean-up workers. Psychol Med. 2012;42:1069-79.
17. Nelson LS, Howland MA, Lewin NA, Smith SW, Goldfrank LR, Hoffman RS. Goldfrank's toxicologic emergencies. 11. ed. Nova Iorque: McGraw-Hill; 2019. 2070 p.
18. Weaver LK. Carbon monoxide poisoning. Undersea Hyperb Med. First-Quarter. 2020;47(1):151-69.
19. Raub JA, Mathieu-Nolf M, Hampson NB, Thom SR. Carbon monoxide poisoning — a public health perspective. Toxicology. 2000;145:1-14.
20. Goldstein M. Carbon monoxide poisoning. J Emerg Nurs. 2008;34(6):538-42.
21. Blumenthal I. Carbon monoxide poisoning. J R Soc Med. 2001;94:270-2.
22. Gossel TA, Bricker JD. Principles of clinical toxicology. 3. ed. Nova Iorque: Raven Press; 1994. 447 p.
23. Meredith T, Vale A. Carbon monoxide poisoning. Br Med J. 1988 Jan 9;296(6615):77-9.
24. Wilbur S, Williams M, Williams R, Scinicariello F, Klotzbach JM, Diamond GL, Citra M. Toxicological profile for carbon monoxide. Agency for Toxic Substances and Disease Registry (US); Atlanta (GA). [acesso em agosto de 2013]. Disponível em: https://europepmc.org/article/MED/23946966/NBK153693#free-full-text
25. Walker PF, Buehner MF, Wood LA, Boyer NL, Driscoll IR, Lundy JB, et al. Diagnosis and management of inhalation injury: an updated review. Crit Care. 2015 Oct 28;19:351.
26. Anseeuw K, Delvau N, Burillo-Putze G, De Iaco F, Geldner G, Holmström P, et al. Cyanide poisoning by fire smoke inhalation: a European consensus. Eur J Emerg Med. 2013;20(1):2-9.
27. NIOSH – National Institute of Safety and Health, CDC/ USA. Disponível em: https://www.cdc.gov/niosh/docs/2003-154/pdfs/6010.pdf
28. WHO EMRO I Hydrogen cyanide fact sheet. Disponível em: http://www.emro.who.int/pdf/ceha/information-resources/hydrogen-cyanide-fact-sheet.pdf
29. Egekeze JO, Oehme FW. Cyanides and their toxicity: a literature review. Vet Q. 1980;2(2): 104-10.
30. Hall AH, Rumack BH. Clinical toxicology of cyanide. Ann Emerg Med. 1986 Sep;15(9):1067-74.
31. Huzar TF, George T, Cross JM. Carbon monoxide and cyanide toxicity: etiology, pathophysiology and treatment in inhalation injury. Expert Rev Respir Med. 2013 Apr;7(2):159-70.
32. Messing B, Storch B. Computer tomography and magnetic resonance imaging in cyanide poisoning. Eur Arch Psychiatry Neurol Sci. 1988;237(3):139-43.

33. Raschinger J, Fellner FA, Stieglbauer K, Trenkler J. MR Changes after acute cyanide intoxication. AJNR Am J Neuroradiol. 2002 Sep;23(8):1398–401.
34. Guidotti T. Acute cyanide poisoning in prehospital care: new challenges, new tools for intervention. Prehosp Disaster Med. 2006;21(2):s40-8.
35. Eckstein M, Maniscalco PM. Focus on smoke inhalation – the most common cause of acute cyanide poisoning. Prehosp Disaster Med. 2006;21(2):s49-55.
36. Medical Advisory Secretariat, Extracorporeal lung support technologies – bridge to recovery and bridge to lung transplantation in adult patients: evidence-based analysis. Ont Health Technol Assess Ser. 2010;10(5):1-46.
37. Cummings TF. The treatment of cyanide poisoning. Occup Med (Lond). 2004 Mar;54(2):82-5.
38. Vale A. Cyanide. Poisonous substances, Medicine. The Medicine Publishing Company Ltd; 2013. p. 46.
39. Pereira da Silva JP, Batista MEV, Barreto CKG, Rocha ICA, Pinto NB. Intoxicação por inalação de cianeto decorrente de incêndios. Revinter. 2020;13(3):20-8.
40. CONITEC – Comissão Nacional de Incorporação de Tecnologias no SUS, Ministério da Saúde do Brasil. Hidroxocobalamina no tratamento de intoxicações por cianeto, Brasília – DF; agosto/2015. 35 p.
41. Eckerman I. The Bhopal Saga – causes and consequences of the World's largest industrial disaster. Universities Press (India), 2005. ISBN978-81-7371-515-0, doi:10.13140/2.1.3457.5364.
42. Antonio ACP, Castro PS, Freire LO. Lesão por inalação de fumaça em ambientes fechados uma atualização. J Bras Pneumol. 2013,39(3):373-81.
43. Merrel P, Mayo D. Inhalation injury in the burn patient. Crit Care Nurs Clin North Am. 2004 Mar;16(1):27-38.
44. Ikonomidis C, Lang F, Radu A, Berger MM. Standardizing the diagnosis of inhalational injuries using a descriptive score based on mucosal injury criteria. Burns. 2012;38(4):513-9.
45. Marek K, Piotr W, Stanisław S, Stefan G, Justyna G, Mariusz N, Andriessen A. Fibreoptic bronchoscopy in routine clinical practice in confirming the diagnosis and treatment of inhalation burns. Burns. 2007 Aug;33(5):554-60.
46. Rehberg S, Maybauer MO, Enkhbaatar P, Maybauer DM, Yamamoto Y, Traber DL. Pathophysiology, management and treatment of smoke inhalation injury. Expert Rev Respir Med. 2009 Jun 1;3(3):283-97.
47. Kinsella J, Rae CP. Smoke inhalation and airway injury. Baillire's Clin Anaesthesiol. 1997;11(3):385-406.
48. Lin CC, Liem AA, Wu CK, Wu YF, Yang JY, Feng CH. Severity score for predicting pneumonia in inhalation injury patients. Burns. 2012;38(2): 203-7.
49. Umbrello M, Formenti P, Bolgiaghi L, Chiumello D. Current concepts of ARDS: a narrative review. Int J Mol Sci. 2016;18(1): 64.
50. Garibaldi BT, Illei P, Danoff SK. Bronchiolitis. Immunol Allergy Clin N Am. 2012;32:601-19.
51. Brandt-Rauf PW, Fallon LF, Tarantini T, Idema C, Andrews L. Health hazards of fire fighters: exposure assessment. Brit J Ind Med. 1988;45:606-12.
52. Prezant DJ, Weiden M, Banauch GI, McGuinness G. Rom WN, Aldrich TK, Kelly KJ. Cough and bronchial responsiveness in firefighters at the World Trade Center site. N Engl J Med; 2002;347:806-15.
53. Weakley J, Webber MP, Gustave J, Kelly K, Cohen HW, Hall CB, Prezant DJ. Trends in respiratory diagnoses and symptoms of firefighters exposed to the World Trade Center disaster: 2005–2010. Prevent Med. 2011;53: 364-9.
54. Teasdale G, Maas A, Lecky F, Manley G, Stocchetti N, Murray G. The Glasgow Coma Scale at 40 years: standing the test of time. Lancet Neurol. 2014;13(8):844-54.
55. Mercel A, Tsihlis ND, Maile R, Kibbe MR. Emerging therapies for smoke inhalation injury: a review. J Transl Med. 2020;18:141.
56. SUS, Sistema Único de Saúde, Ministério da Saúde do Brasil, 2013 – dados de boletins epidemiológicos.
57. Welling L, van Harten SM, Patka P, Bierens JJLM, Boers M, Luitse JSK, et al. Medical management after indoor fires: a review. Burns. 2005 Sep;31(6):673-8.
58. Kleinman EJ, Cucco RA, Martinez C, Romanelli J, Berkowitz I, Lanes N, et al. Pulmonary function in a cohort of New York City Police Department emergency responders since the 2001 World Trade Center disaster. J Occup Environ Med. 2011 Jun;53(6):618-26. doi: 10.1097/JOM. 0b013e31821f2c83. Erratum in: J Occup Environ Med. 2011 Sep; 53(9):1086. PMID: 21654431.
59. Marchezan N. Fogo – Grandes tragédias, mesmos erros. Câmara dos Deputados, Governo do Brasil, Brasília, DF, novembro de 2013, 84 p.

CAPÍTULO 48

INTOXICAÇÕES AGUDAS POR ANTIDIABÉTICOS ORAIS

Janine Alessi
Giovana Berger de Oliveira

PONTOS-CHAVE

- A toxicidade dos medicamentos antidiabéticos é altamente variável e depende da quantidade utilizada, das propriedades farmacológicas do medicamento específico, das comorbidades do paciente e da coingestão de outros fármacos.
- A principal toxicidade da superdosagem de metformina é a acidose lática. O manejo inicial baseia-se principalmente na monitoração, no controle da acidose e na eliminação da droga por meio de hemodiálise.
- A intoxicação por sulfonilureias e por glinidas pode provocar hipoglicemia. A oferta de 15 g de carboidratos via oral ou de 20-50 mL de solução hipertônica de glicose via intravenosa deve ser realizada para aumentar agudamente os níveis de glicose no sangue. Pode ser necessária a utilização de octreotida junto à solução glicosada para um efeito mais duradouro.
- A intoxicação aguda por tiazolidinedionas, por inibidores da alfa glicosidase e por inibidores da enzima DPP-4 costuma cursar com sintomas do trato gastrintestinal autolimitados após a ingestão e raramente se manifesta com hipoglicemia.
- A superdosagem não intencional por inibidores do SGLT2 costuma cursar com sintomas do trato gastrintestinal, taquicardia e alterações da pressão sanguínea (hiper ou hipotensão). O manejo sintomático costuma ser suficiente nesses casos.

INTRODUÇÃO

O *diabetes mellitus* tipo 2 é uma doença endocrinológica de proporções globais que afeta 1 em cada 11 adultos no mundo.[1] Apesar dos crescentes esforços por meio de medidas de saúde pública e programas de prevenção, a prevalência da doença ainda aumenta progressivamente. Os diferentes mecanismos patogênicos envolvidos na gênese do diabetes fornecem uma variedade de alvos terapêuticos e refletem no surgimento de novas drogas para a doença. O aumento na demanda de tratamento de novos casos e o crescente número de antidiabéticos orais disponíveis são acompanhados de um aumento proporcional na incidência de eventos adversos. Entre adultos com mais de 65 anos, por exemplo, a insulina e os agentes antidiabéticos orais correspondem à terceira causa iatrogênica de internação hospitalar atualmente.[2]

As principais classes de medicamentos orais disponíveis para o diabetes variam em sua composição química, mecanismo de ação, perfil de segurança e tolerabilidade. A utilização dessas medicações, em doses excessivas ou em cenários clínicos em que há metabolização e/ou depuração prejudicadas, apresenta um significativo risco de morbidade, mortalidade e sequelas permanentes, especialmente relacionadas a períodos prolongados de hipoglicemia e à ocorrência de acidose metabólica grave. No entanto, a intoxicação aguda por essas medicações pode apresentar bons resultados quando diagnosticada e tratada precocemente, visando à restauração da euglicemia e do equilíbrio acidobásico. Para um melhor entendimento sobre o manejo inicial e monitoramento necessários nessas situações, é fundamental a compreensão de aspectos farmacológicos básicos e a identificação de preditores que aumentam o risco de eventos adversos. Este capítulo apresenta uma revisão das principais classes farmacológicas para o tratamento oral do diabetes, dos sintomas relacionados à intoxicação aguda por esses medicamentos e do tratamento preconizado nessa situação.

BIGUANIDAS

As biguanidas são anti-hiperglicemiantes orais que têm a metformina como seu principal e único representante comercializado atualmente. Esse fármaco age aumentando a captação e o uso de glicose pelos tecidos-alvo, reduzindo a resistência à insulina.[3] Atualmente a metformina é recomendada como primeira linha no tratamento do *diabetes mellitus* tipo 2 em razão de seu baixo risco de hipoglicemia, o que a diferencia de outros hipoglicemiantes orais.

Os mecanismos de ação da metformina ainda não são completamente compreendidos. Até o momento, sabe-se que a metformina age, principalmente, reduzindo a gliconeogênese hepática, retardando a absorção intestinal de açúcar e melhorando a captação e o uso periférico de glicose. A metformina é excretada pelo trato urinário em sua forma livre e sem a ocorrência de biotransformações.[3,4] As biguanidas possuem efeitos diretos no trato gastrintestinal e, por isso, 10 a 25% dos usuários experienciam náusea, indigestão, cólicas abdominais, edema e diarreia.[4] Apesar do risco reduzido de hipoglicemia, ela pode ocorrer quando a medicação é usada em combinação com insulina ou outros hipoglicemiantes orais.

Intoxicação aguda por biguanidas

Apesar de ser conhecido que doses até 2.500 mg/dia de metformina e 2.000 mg/dia de metformina XR são seguras para os pacientes, não está claro qual dose mínima da medicação é capaz de provocar toxicidade. Assim, deve-se ter uma alta suspeição para a possibilidade de intoxicação em qualquer pessoa que apresente sobredosagem intencional e em pacientes com doenças crônicas graves. Indivíduos com função renal prejudicada, especialmente os que apresentam taxa de filtração glomerular estimada menor que 30 mL/min/1,73 m^2, doença hepática concomitante, insuficiência cardíaca aguda, instabilidade hemodinâmica com hipóxia tecidual e história prévia de acidose lática com o uso de metformina, estão em maior risco de apresentar intoxicação pelo medicamento.[5]

Na ausência de sobredosagem aguda, a intoxicação por metformina raramente ocorre em pacientes hígidos. Entretanto, nos casos em que ocorre utilização de doses elevadas, a mortalidade é alta e pode chegar a 45%.[5] A principal consequência da ingestão aguda e crônica de metformina é a acidose lática. Por definição, acidose lática ocorre quando a concentração de lactato é superior a 5 mmol/L e o pH do sangue arterial é < 7,35.[6] Diante da confirmação do quadro de acidose, o paciente deve ser monitorado e o manejo clínico deve ser iniciado com brevidade.

Diante da suspeita de um quadro de intoxicação por metformina, deve-se inicialmente realizar avaliação para outras possíveis coingestões comuns. É fundamental a avaliação da glicose sérica: apesar de a metformina não ser rotineiramente associada ao desenvolvimento de hipoglicemia, a administração de outros medicamentos hipoglicemiantes concomitantemente pode resultar em hipoglicemia grave, provocando alterações de sensório. Dosagens de níveis séricos de acetaminofeno e salicilato e monitoração cardíaca para avaliar o sistema de condução e intervalos QRS e QT devem ser realizados diante da suspeita de coingestão de medicamentos. Já para a avaliação da toxicidade específica da metformina, deve-se solicitar gasometria arterial para determinação do estado acidobásico, exames laboratoriais para avaliação de função renal por meio da dosagem de creatinina e ureia séricas, e avaliação de eletrólitos, como sódio, potássio e cálcio. A dosagem de nível sérico de lactato deve ser solicitada para a confirmação de que se trata de uma acidose láctica, bem como a avaliação do ânion gap, que deve estar elevado.[5] Por ser um exame pouco disponível em nosso meio e que, muitas vezes, não se correlaciona com a gravidade do quadro, a avaliação da concentração sérica de metformina não é realizada rotineiramente.

O tratamento da intoxicação por metformina varia de acordo com a gravidade do caso. Não há antídoto para a intoxicação por metformina. Dessa forma, o manejo inicial baseia-se principalmente na monitoração, no controle da acidose e na eliminação da droga. Durante a avaliação clínica inicial, deve-se estar atento para a presença de hiperpneia e taquipneia, que podem refletir a compensação para a acidose e podem não representar insuficiência respiratória iminente. Raramente a intoxicação requer intubação orotraqueal. Em caso de hipotensão, reposição volêmica e vasopressores podem ser utilizados. Em vigência de hipotensão persistente, deve-se suspeitar de toxicidade profunda e considerar a indicação de hemodiálise. A descontaminação gastrointestinal com carvão ativado é sugerida em pacientes com ingestão aguda de metformina, entretanto não há benefício com sua utilização em pacientes com toxicidade relacionada ao uso crônico do medicamento.[5]

Para o manejo da acidose lática relacionada à intoxicação com metformina, o uso de bicarbonato de sódio é controverso e deve ser reservado para os casos em que há acidose metabólica com pH arterial abaixo de 7,1 ou abaixo de 7,2 em pacientes com lesão renal aguda grave. A utilização de hemodiálise está indicada para os casos em que há falha em melhorar com cuidados de suporte e terapia com bicarbonato dentro de 2 a 4 horas, acidose metabólica grave (pH ≤ 7,0) e concentração de lactato sérico muito elevada (> 20 mmol/L). Pacientes com quadro de instabilidade hemodinâmica com necessidade de terapia vasopressora, doença renal prévia, insuficiência hepática e alteração do nível de consciência podem se beneficiar da terapia de substituição renal iniciada mais precocemente.[5,6]

Para os pacientes que procuram atendimento após um episódio de ingestão aguda de metformina ou em que haja suspeita de intoxicação, é recomendado manter em observação por um período mínimo de 6 a 8 horas tendo em vista monitorar o surgimento de acidose lática. Já para os casos graves que necessitem de terapia de substituição renal, a hemodiálise pode ser interrompida quando a concentração de lactato for < 3 mmol/L e o pH for > 7,35.[5] Após a resolução da acidose, esses pacientes devem permanecer em observação por um período de 24 a 48 horas para monitoração do equilíbrio hidroeletrolítico. O encaminhamento para ajuste de doses em usuários crônicos de metformina, ou para avaliação psiquiátrica em caso de sobredosagem intencional, deve ser realizado imediatamente no momento da alta hospitalar.

SULFONILUREIAS

As sulfonilureias pertencem ao grupo dos hipoglicemiantes orais, representados em nosso meio principalmente pelos seus fármacos de segunda geração: glibenclamida, gliclazida e glimepirida. De forma geral, esses medicamentos estimulam a liberação de insulina pelo pâncreas, sendo conhecidos como "secretagogos de insulina".[3] Os exemplares deste grupo são absorvidos no trato gastrintestinal e mais de 90% de suas moléculas se ligam a proteínas plasmáticas. Seus efeitos hipoglicemiantes duram entre 12 e 24 horas.[4] Em razão de sua metabolização hepática e da excreção urinária de seus metabólitos, recomenda-se cautela ao administrar sulfonilureias a pacientes com insuficiência renal ou hepática, uma vez que seu acúmulo pode causar hipoglicemia.[3,4]

Os principais efeitos adversos relacionados ao uso crônico das sulfonilureias incluem aumento de massa corporal (1 a 3 kg), hiperinsulinemia e hipoglicemia.[3] Outros efeitos menos frequentes são náusea e vômitos, icterícia colestática, agranulocitose, anemias e algumas reações dermatológicas. Em raros casos, o paciente desenvolve rubor induzido pelo álcool.[4] O uso concomitante de determinados medicamentos pode aumentar a concentração das sulfonilureias no plasma, amplificando seu efeito hipoglicemiante e toxicidade (Quadro 1).

Quadro 1. Substâncias que potencializam a ação das sulfonilureias, aumentando sua toxicidade

• Álcool • Sulfonamidas • Fibratos • Salicilatos • Andrógenos • Anticoagulantes • Antifúngicos azóis • Betabloqueadores • Claritromicina • Cloranfenicol • Fenfluramina	• Fluconazol • Gemfibrozil • Antagonistas H2 • Sais de magnésio • Metildopa • IMAO • Probenecida • Sulfinpirazona • Antidepressivos tricíclicos • Acidificantes urinários

Principais medicamentos e substâncias que potencializam os efeitos farmacológicos das sulfonilureias, de acordo com Whalen, et al., 2016[3] e Brunton, et al., 2017[4] IMAO: inibidores da monoaminoxidase.

Intoxicação aguda por sulfonilureias

A dose terapêutica dos medicamentos da classe das sulfonilureias é determinada pelo nível de glicemia desejado, sendo a dosagem prescrita a menor dose eficaz possível. A dose capaz de produzir efeitos nocivos varia a cada indivíduo com base em seu *status* glicêmico, peso, idade e funções orgânicas. Pacientes com mais de 65 anos que fazem uso de múltiplos medicamentos e que são frequentemente hospitalizados apresentam maior risco de toxicidade. Alterações na metabolização e na eliminação do medicamento, como a presença de insuficiência hepática e de doença renal, contribuem para a intoxicação e estão associadas a um risco quatro vezes maior de efeitos adversos. Além disso, vários outros fatores podem interferir na ação das sulfonilureias no organismo, como interações medicamentosas que alterem o metabolismo hepático, que aumentem a atividade hipoglicemiante e que inibam os transportadores de membrana.[7] No Quadro 1 são apresentadas as principais classes de medicamentos capazes de potencializar os efeitos das sulfonilureias e, com isso, o potencial de intoxicação associado ao seu uso.

A principal consequência da intoxicação por sulfonilureias é a ocorrência de hipoglicemia, definida como nível sérico de glicose < 70 mg/dL. Os níveis séricos de glicose podem baixar a níveis potencialmente fatais com o uso desses fármacos, motivo pelo qual deve haver alta monitoração nos casos de sobredosagem. As manifestações de hipoglicemia podem se apresentar como disfunção neuroglicopênica e autonômica. Os sintomas neuroglicopênicos, que ocorrem quando há insuficiência de glicose ao sistema nervoso central, incluem confusão mental, dificuldade para falar, tontura, hemiparesia, convulsões ou coma. Por outro lado, os sintomas autonômicos são causados principalmente pelos hormônios contrarreguladores, especialmente a epinefrina, e incluem ansiedade, náusea, sudorese e palpitações. No caso de ingestão acidental por crianças pequenas, deve-se atentar para a inespecificidade dos sintomas de hipoglicemia. Nesses casos, a presença de irritabilidade, letargia e comportamento anormal deve ser um alerta, sendo os sintomas autonômicos menos proeminentes.[8]

Diante da presença de exposição não intencional a doses elevadas de sulfonilureias, deve-se realizar a avaliação da glicemia sérica para monitoração de episódios de hipoglicemia. Além disso, a avaliação da creatinina sérica é necessária, considerando que a presença de doença renal pode contribuir para a toxicidade. Da mesma forma que na investigação de outros anti-hiperglicemiantes orais, deve-se considerar a possibilidade de coingestão de medicamentos, especialmente acetaminofeno e salicilatos. A dosagem de nível sérico de sulfonilureias não é realizada rotineiramente e o diagnóstico de intoxicação é feito clinicamente com base em uma história de sobredosagem e achados clínicos e laboratoriais confirmatórios de hipoglicemia.[8]

Quando é identificada a presença de hipoglicemia em cenário de intoxicação por sulfonilureia, 20 a 50 mL de solução hipertônica de glicose (SG 50%) deve ser administrada para aumentar agudamente os níveis de glicose no sangue. Para crianças, um *bolus* de glicose hipertônica com base no peso (0,5 a 1 g/kg) é administrado por via intravenosa. Nos casos de hipoglicemia sintomática por superdosagem intencional, pode ser necessária a utilização de octreotida junto à solução glicosada. Em adultos, a dose de octreotida é de 50 a 100 mcg administrada por injeção intramuscular ou subcutânea a cada 6 horas. Em crianças, a dose de octreotida é de 1 a 1,5 mcg/kg (até 50 mcg) a cada 6 horas. Em pacientes desnutridos ou com história de alcoolismo, a reposição de tiamina parenteral (100 mg IV) pode ser administrada em conjunto com a glicose. A administração de glucagon (5 mg IM) pode ser utilizada como adjuvante durante a obtenção do acesso venoso, mas não substitui as demais medidas. Uma vez que a euglicemia clínica é estabelecida e o paciente encontra-se com sensório adequado, deve ser oferecida uma refeição rica em calorias.[8,9]

A glicose sérica deve ser monitorada periodicamente a fim de identificar qualquer recorrência de hipoglicemia. Assim que a hipoglicemia inicial for corrigida, sugere-se a avaliação de glicemia capilar a cada 30 minutos nas primeiras 2 horas e, se o paciente mantiver euglicemia, a cada 4 a 6 horas a partir de então. Após o episódio de intoxicação aguda, o paciente deverá ser mantido em observação por um período mínimo de 24 horas antes da alta para o domicílio.[8]

GLINIDAS

As glinidas, representadas pela repaglinida e nateglinida, de maneira semelhante às sulfonilureias, são consideradas secretagogos de insulina. Esses fármacos possuem ação de início rápido e de duração curta, sendo eficazes na liberação de insulina após a refeição e agindo como reguladores glicêmicos pós-prandiais.[3] Sua absorção ocorre pelo trato gastrintestinal e seu pico no plasma ocorre dentro de 1 hora após a administração.[3,4] Sua metabolização ocorre em grande parte no fígado e em menor escala nos rins, sendo excretada pela bile. De forma geral, o grande efeito adverso das glinidas é a hipoglicemia, seguida de aumento de massa corporal.[3] O efeito hipoglicemiante das glinidas pode ser potencializado com o uso simultâneo de determinados medicamentos (Quadro 2).

Quadro 2. Substâncias que potencializam a ação das glinidas, aumentando sua toxicidade

• Álcool • Betabloqueadores • Cloranfenicol • Genibrozila • IMAO • Aine • Probenecidas	• Salicilatos • Sulfonamidas • Fluconazol • Itraconazol • Eritromicina • Claritromicina

Principais medicamentos e substâncias que potencializam os efeitos farmacológicos das glinidas, de acordo com Whalen, et al., 2016[3] e Brunton, et al. 2017.[4]
Aine: anti-inflamatórios não esteroides; IMAO: inibidores da monoaminoxidase.

Intoxicação aguda por glinidas

De forma semelhante aos demais hipoglicemiantes orais, a dose diária deve ser determinada pelo médico de acordo com a resposta glicêmica do paciente. A dose total máxima diária recomendada varia para cada medicamento, sendo de 16 mg para a repaglinida e 540 mg (180 mg antes das 3 principais refeições) para a nateglinida. Pacientes com perda de função renal ou hepática apresentam maior risco de toxicidade com essas medicações.[8]

A intoxicação por medicamentos da classe das glinidas se manifesta principalmente sob duas formas: sintomas de hipoglicemia grave e hepatotoxicidade. As manifestações de hipoglicemia podem se apresentar como disfunção neuroglicopênica, com sintomas que incluem confusão mental, tontura, hemiparesia, sonolência, convulsões e coma, ou como disfunção autonômica, com sintomas de ansiedade, náusea, sudorese e palpitações. Quando é identificada a presença de hipoglicemia, 20-50 mL de solução hipertônica de glicose (SG 50%) deve ser administrada para aumentar agudamente os níveis de glicose no sangue. O uso de octreotida é controverso nesse cenário, podendo ser considerado em casos refratários na dose de 50 a 100 mcg administrada por injeção intramuscular ou subcutânea a cada 6 horas. Em crianças, um *bolus* de glicose hipertônica com base no peso (0,5 a 1 g/kg) deve ser administrado de forma intravenosa, com a possibilidade de adicionar octreotida de 1 a 1,5 mcg/kg (até 50 mcg) a cada 6 horas. Uma vez que a euglicemia clínica é estabelecida e o paciente encontra-se com sensório adequado, deve ser oferecida uma refeição rica em calorias.[8,9] Durante o manejo inicial da intoxicação, deve ser realizada avaliação de glicemia capilar a cada 30 minutos nas primeiras 2 horas e a cada 4 a 6 horas após normalização dos níveis glicêmicos.[7]

Além da monitoração inicial e do tratamento da hipoglicemia, a avaliação de função e de enzimas de lesão hepática deve ser realizada nas primeiras 48 horas após a intoxicação aguda. Apesar de as complicações hepáticas com a sobredose de glinidas serem muito raras, há relatos na literatura de disfunção hepática grave relacionada a seu uso, sendo essa associação relacionada à suscetibilidade e à idiossincrasia de cada indivíduo.

TIAZOLIDINEDIONAS

Assim como as biguanidas, as tiazolidinedionas são fármacos que aumentam a sensibilidade à insulina, e seus principais representantes são a pioglitazona e a rosiglitazona.[3] Por meio da ativação de receptores de PPARγ, um receptor hormonal nuclear, as tiazolidinedionas promovem a transcrição de genes relacionados ao metabolismo de glicose e lipídios, aumentando a sensibilidade à insulina no tecido adiposo, no fígado e nos músculos.[3,4] Esses fármacos são administrados por via oral e são absorvidos entre 2 e 3 horas. A maior parte do fármaco ativo é eliminada na urina (rosiglitazona) ou com as fezes após excreção pela bile (pioglitazona).[3] Em razão de sua metabolização no fígado, as tiazolidinedionas não devem ser utilizadas em pacientes com disfunção hepática. Em relação aos efeitos adversos da classe, podem-se citar, principalmente, aumento de massa corporal decorrente de edema e aumento de gordura subcutânea. Outros efeitos adversos incluem toxicidade hepática e aumento de risco de fraturas. Tiazolidinedionas são contraindicadas para lactantes, para indivíduos com disfunção hepática ou para pacientes com insuficiência cardíaca moderada a grave.[3,4]

Intoxicação aguda por tiazolidinedionas

A faixa de dose aprovada é o equivalente de 15 a 45 mg de cloridrato de pioglitazona por dia. A intoxicação aguda por medicamentos da classe das tiazolidinedionas costuma cursar com sintomas leves e de baixa gravidade.[10] Quando presentes, podem ocorrer sintomas do trato gastrintestinal autolimitados, como desconforto abdominal e diarreia nos primeiros dias após a ingestão.[11] Considerando que as tiazolidinedionas não estimulam a liberação de insulina endógena, não é esperado que causem hipoglicemia em superdosagem. A ingestão não intencional de fármacos deste grupo em crianças também tem pouca probabilidade de produzir sintomas. Em situações de ingestão maciça, o potencial de lesão hepática é desconhecido. Nesses casos, recomenda-se a monitoração de provas de lesão e função hepática e tratamento de suporte, sem necessidade de terapia específica.[10]

Já a toxicidade durante a terapia crônica está relacionada à lesão hepática, podendo levar à insuficiência. O paciente pode desenvolver anorexia, náusea, desconforto abdominal, fadiga, icterícia escleral ou falta de ar. Os resultados laboratoriais podem mostrar níveis elevados de transaminase, bilirrubina e fosfatase alcalina e, possivelmente, tempo de protrombina. Nesses casos, recomendam-se suspensão do medicamento e terapia de suporte.[10]

INIBIDORES DA ALFA GLICOSIDASE

Representados pela acarbose e miglitol, esses fármacos inibem a ação da enzima alfa glicosidase, localizada nas microvilosidades intestinais e responsável pela quebra de carboidratos em açúcares mais simples para absorção.[3] Esses fármacos devem ser administrados por via oral antes ou no início da refeição, de forma a retardar a digestão de carboidratos e reduzir a glicemia pós-prandial.[3,4] A metabolização dos inibidores de alfa-glicosidase ocorre nos rins e, por isso, são contraindicados em pacientes com insuficiência renal em estágio IV. Ademais, é recomendado reduzir a dose em pacientes com taxa de filtração glomerular inferior a 30 mL/min.[4] Entre os efeitos adversos dos inibidores da alfa glicosidase, podemos citar disabsorção de alimentos, flatulência, diarreia, distensão e cólicas intestinais.[3,4] Em casos raros, pode ocorrer elevação das transaminases hepáticas em indivíduos em uso de acarbose. Esses fármacos são contraindicados em pacientes com doença inflamatória intestinal, ulcerações colônicas ou obstrução intestinal.[3]

Intoxicação aguda por inibidores da alfa glicosidase

A dose diária máxima aprovada de acarbose é de 100 mg 3 ×/dia. A sobredosagem dos medicamentos dessa classe não costuma causar hipoglicemia, mas pode aumentar os efeitos adversos gastr intestinais, provocando sintomas como diarreia, flatulência, desconforto e distensão abdominal. Em caso de utilização inadvertida dessas medicações, os pacientes devem ser orientados a não ingerir alimentos ou bebidas que contenham carboidratos por 4 a 6 horas.[12] Caso o paciente realize tratamento concomitante com outros medicamentos hipoglicemiantes, é possível que ocorra redução dos níveis séricos de glicose. Em vigência de hipoglicemia nesse contexto, deverá ser realizada monitoração cuidadosa nas primeiras 6 horas, pois os inibidores da alfa glicosidase retardam a absorção de glicose ingerida via oral, podendo demandar reposição endovenosa de glicose hipertônica.

INIBIDORES DA ENZIMA DPP-4

Representados pela alogliptina, linagliptina, saxagliptina e sitagliptina, estes fármacos agem por meio da inibição da enzima di-peptidilpeptidase-4 (DPP-4), responsável pela inativação dos hormônios incretínicos, principalmente GLP-1 e GIP. Dessa forma, ocorre um prolongamento da atividade desses hormônios, que estão diretamente relacionados com o aumento da secreção de insulina em resposta às refeições, redução dos níveis de glucagon e melhora nos níveis da glicemia de jejum e pós-prandial.[3,4] A administração desses medicamentos é por via oral e a absorção ocorre no intestino delgado. A alogliptina e a sitagliptina são excretadas na urina sem alterações, enquanto a saxagliptina é biotransformada e excretada pelos rins, e a linagliptina é eliminada pelo sistema êntero-hepático. Efeitos adversos incluem cefaleia e, em casos raros, pancreatite ou artralgias.[4]

Intoxicação aguda por inibidores da DPP-4

As doses máximas aprovadas para cada medicamento do grupo dos inibidores da DPP-4 variam entre si. Apesar disso, como os inibidores da DPP-4 não afetam diretamente os níveis de insulina, o risco de hipoglicemia significativa pode ser considerado baixo. Quando presente, a hipoglicemia provocada por esses medicamentos costuma ser leve e revertida apenas com a ingestão de alimentos por via oral, sem necessidade de outras intervenções. A presença de sintomas de trato gastrintestinal pode estar presente diante do uso de doses elevadas dessa classe, porém geralmente cursa com sintomas leves e autolimitados.[13]

Os ensaios clínicos disponíveis até o momento não mostraram reações graves com doses muito elevadas de saxagliptina, alogliptina ou linagliptina. No entanto, altas doses de sitagliptina foram associadas a um aumento médio de 8,0 milissegundos no intervalo QT em ensaios clínicos controlados. Apesar de esse aumento discreto raramente apresentar repercussões clínicas, é necessário atentar para a possibilidade de arritmias diante da intoxicação por sitagliptina, especialmente nos casos em que há uso concomitante de outros medicamentos que alterem a condução elétrica cardíaca.[13]

INIBIDORES DO COTRANSPORTADOR SÓDIO-GLICOSE 2 (ISGLT2)

Canagliflozina, dapagliflozina, empagliflozina, entre outras "gliflozinas", são os principais representantes desses fármacos. Localizados principalmente na porção proximal dos túbulos renais, o cotransportador sódio-glicose 2 (SGLT2) é responsável pela reabsorção da glicose previamente filtrada no lúmen tubular. Portanto, inibidores do SGLT2 agem diminuindo essa reabsorção e promovendo a excreção urinária da glicose, diminuindo sua concentração no plasma.[3,4] Além disso, a inibição do SGLT2 também causa diurese osmótica, uma vez que reduz a reabsorção de sódio. Os inibidores de SGLT2 são administrados por via oral e têm meia-vida de cerca de 12 horas.[4] Canagliflozina, dapagliflozina e empagliflozina sofrem glicuronidação e seus metabólitos inativos são excretados por via renal, principalmente.[3,4] Entre os efeitos adversos causados por esses fármacos, podemos citar infecções no trato geniturinário e diurese moderada, que pode levar à hipotensão em pacientes idosos ou aqueles em uso de diuréticos. Os inibidores de SGLT2 são contraindicados para pacientes com disfunção renal. Alguns estudos recentes têm associado esses medicamentos a risco de fraturas, mudança nos níveis de hormônios da paratireoide e cetoacidose diabética.[3]

Intoxicação aguda por iSGLT2

As doses máximas aprovadas para utilização dos iSGLT2 variam para cada medicamento: canagliflozina até 300 mg, dapagliflozina 10 mg, empagliflozina 10 mg e ertugliflozina até 15 mg diários. Pacientes com disfunção renal, especialmente os que apresentam taxa de filtração glomerular menor que 30 mL/min, possuem risco aumentado para toxicidade por essas medicações, devendo evitar seu uso.[13]

Em geral, exposições inadvertidas e intencionais a doses elevadas de iSGLT2 são bem toleradas e raramente resultam em eventos graves. Em decorrência do mecanismo de ação desta classe de medicamentos, a presença de hipoglicemia é infrequente e geralmente se manifesta nas primeiras horas após a utilização quando presente. Nos pacientes com quadro de intoxicação aguda por iSGLT2, os efeitos mais frequentemente identificados são náuseas e/ou vômitos, taquicardia e alterações dos níveis pressóricos (hipertensão ou hipotensão). Sintomas gastrintestinais são de natureza bastante inespecífica e podem ocorrer para uma variedade de razões, incluindo irritação estomacal direta pela exposição ou preocupação com as circunstâncias que cercam a exposição (preocupação com potenciais desfechos de uma tentativa de suicídio, ou descobrir sobre um erro de dosagem de natureza crônica).[14]

Apesar de comumente apresentar curso benigno, o clínico deve ter em mente os principais efeitos relacionados ao uso dessas medicações diante de um caso de intoxicação aguda. Os iSGLT2 causam diurese osmótica e contração do volume intravascular. Em pacientes mais velhos ou que tomam diuréticos ou outros anti-hipertensivos, a intoxicação aguda por esses medicamentos pode resultar em hipotensão sintomática. A presença de acidose metabólica, mesmo em pacientes euglicêmicos, é relatada como efeito relacionado a sua utilização crônica. Apesar de a literatura ser escassa em relação a esse risco em vigência de intoxicação aguda, deve-se monitorar e atentar para a possibilidade de acidose metabólica em contexto de sobredose. Além disso, a presença de hipocalemia pode estar presente, aumentando o risco de arritmias e desfechos adversos. Dessa forma, sugere-se a dosagem de creatinina sérica para avaliar a função renal e a dosagem de eletrólitos e gasometria para monitorar a presença de distúrbio eletrolítico e acidobásico.[13,14]

Há poucos estudos avaliando a ingestão não intencional de iSGLT2 em crianças pequenas. Com base nas evidências até o momento, recomenda-se a monitoração de sintomas de gravidade, incluindo avaliação do estado mental, poliúria e taquipneia.[14]

ANÁLOGOS DE GLP-1 (INCRETINOMIMÉTICOS)

Os fármacos análogos de GLP-1, representados pela exenatida, liraglutida, dulaglutida e sumaglutida, são fármacos de administração injetável (via subcutânea), que atuam como incretinomiméticos, promovendo a secreção de insulina, além de atuarem retardando o esvaziamento gástrico, aumentando a saciedade, reduzindo a secreção de glucagon pós-prandial e, por fim, promovendo a proliferação das células beta pancreáticas.[3] A liraglutida possui uma meia-vida longa, de 12 a 14 horas, e pode ser utilizada apenas 1 vez ao dia, enquanto a exenatida possui uma meia-vida de 2 a 3 horas e deve ser administrada 2 vezes ao dia, cerca de 1 hora antes das refeições. Já a dulaglutida possui uma meia-vida de 5 a 7 dias, podendo ser de uso semanal.[3,4] Em virtude de sua metabolização renal, a exenatida é contraindicada para pacientes com disfunção renal. Os principais efeitos adversos desses fármacos são náuseas, vômitos, diarreia, constipação e pancreatite.[3] É importante ressaltar que medicamentos que requerem rápida absorção gastrintestinal, como contraceptivos orais ou antibióticos, podem ter sua farmacocinética alterada em decorrência do uso de incretinomiméticos. A hipoglicemia é rara em pacientes que fazem uso somente dos incretinomiméticos, exceto naqueles que realizam tratamento concomitante com sulfonilureias.[4]

Intoxicação aguda por agonistas do GLP-1

As dosagens máximas testadas para os agonistas do GLP-1 são 3 mg diários de liraglutida, 2 mg semanais de exenatida, 4,5 mg semanais de dulaglutida e 1 mg semanal de semaglutida. Em casos de intoxicação ou utilização inadvertida do medicamento, os sintomas geralmente são leves e o tratamento deve ser de suporte para os sintomas apresentados.[15]

Ainda há poucos dados publicados em relação às consequências da intoxicação pelos medicamentos desta classe. Com base nas evidências disponíveis até o momento, ocorre predomínio de sintomas do trato gastrintestinal, como náuseas e vômitos. Raramente ocorre hipoglicemia com sua utilização, entretanto deve-se atentar para essa possibilidade nos casos de intoxicação com grandes doses.[16] A intoxicação por agonistas do GLP-1 é acompanhada pelo retardamento do esvaziamento gástrico como efeito das altas doses da medicação administrada. Dessa forma, deve-se atentar à absorção intestinal retardada de outras drogas que podem ter sido coingeridas, aumentando sua biodisponibilidade sérica e aumentando o risco de efeitos colaterais. Além disso, considerando o aumento do risco de pancreatite com o uso crônico dessas medicações, deve-se atentar para sintomas típicos que sugiram o diagnóstico. Contudo, não há evidências científicas até o momento que confirmem essa associação em casos de intoxicação aguda (Tabela 1).[16]

CONCLUSÃO

A toxicidade dos medicamentos antidiabéticos é altamente variável e depende da quantidade utilizada, das propriedades farmacológicas do medicamento específico, das comorbidades do paciente e da coingestão de outros fármacos. O tratamento da hipoglicemia e dos distúrbios metabólicos causados por esses medicamentos nos casos de superdosagem é dinâmico na medida em que novos agentes são introduzidos ao longo dos anos. O tratamento da intoxicação por medicamentos hipoglicemiantes é baseado na restauração e na manutenção da euglicemia, enquanto o manejo da intoxicação por anti-hiperglicêmicos se concentra no tratamento de suporte e na correção de distúrbios hidroeletrolíticos. Os indivíduos sem diabetes apresentam maiores morbidade e mortalidade

Tabela 1. Principais medicamentos antidiabéticos orais utilizados na prática clínica, doses máximas preconizadas e complicações da intoxicação aguda

Medicamento	Dose máxima*	Duração da ação	Intoxicação aguda	Manejo da intoxicação
Metformina	2.500 mg/dia	6,5 horas	Acidose lática	Bicarbonato de sódio IV se pH sérico abaixo de 7,2 Hemodiálise se acidose metabólica grave e lactato sérico > 20 mmol/L
Glibenclamida	Dose única usual: 10 mg Dose diária usual: 15 mg/dia	10 horas	Hipoglicemia	Oferta de 15 g de carboidratos simples VO ou 20-50 mL de solução hipertônica de glicose (SG 50%) IV Nos casos de superdosagem intencional, administrar 50 a 100 mcg de octreotida IM ou SC a cada 6 horas
Gliclazida	120 mg/dia	12-20 horas	Hipoglicemia	Oferta de 15 g de carboidratos simples VO ou 20-50 mL de solução hipertônica de glicose (SG 50%) IV Nos casos de superdosagem intencional, administrar 50 a 100 mcg de octreotida IM ou SC a cada 6 horas
Glimepirida	6 mg/dia	5-8 horas	Hipoglicemia	Oferta de 15 g de carboidratos simples VO ou 20-50 mL de solução hipertônica de glicose (SG 50%) IV Nos casos de superdosagem intencional, administrar 50 a 100 mcg de octreotida IM ou SC a cada 6 horas
Pioglitazona	45 mg/dia	16-24 horas	Sintomas do trato gastrintestinal	Tratamento sintomático Avaliação de provas hepáticas em 24-48 horas se ingestão maciça
Sitagliptina	100 mg/dia	12,4 horas	Hipoglicemia leve Sintomas do trato gastrintestinal	Oferta de 15 g de carboidratos simples VO Tratamento sintomático
Dapagliflozina	10 mg/dia	12,9 horas	Sintomas do trato gastrintestinal Taquicardia Alteração pressórica	Tratamento sintomático
Empagliflozina	25 mg/dia	12,4 horas	Sintomas do trato gastrintestinal Taquicardia Alteração pressórica	Tratamento sintomático
Acarbose	< 60 kg: 50 mg/8h > 60 kg: 100 mg/8h	9,6 ± 4,4 horas	Desconforto e distensão abdominal	Suspender carboidratos por 4 a 6 horas

Principais anti-hiperglicemiantes orais disponíveis e utilizados na prática médica no Brasil.
*Dose máxima total diária aprovada para comercialização.
VO: via oral; IV: intravenoso; IM: intramuscular; SC: subcutâneo.

quando expostos a doses tóxicas de sulfonilureia, enquanto aqueles com diabetes apresentam piores desfechos com a sobredose de biguanidas. A imensa variedade de agentes orais disponíveis para o tratamento do diabetes dificulta a abordagem de avaliação, tratamento e disposição do paciente potencialmente intoxicado. É fundamental que o profissional da saúde que atua na linha de frente de atendimento seja capaz de determinar a que classe de medicamento o paciente pode ter sido exposto e conheça os potenciais riscos da intoxicação por esses fármacos. Dessa forma, o profissional poderá manejar esse paciente de forma eficaz e segura, de modo que as complicações possam ser antecipadas e a alta hospitalar, bem planejada e oportuna.

REFERÊNCIAS BIBLIOGRÁFICAS

1. International Diabetes Federation. IDF Diabetes Atlas, 9. ed. Bruxelas: International Diabetes Federation: 2019.
2. Alessi J, Telo GH, de Oliveira GB, Schneiders J, Zanella MJB, Schaan BD. The rational treatment of diabetes mellitus in older adults: the adequacy of treatment decisions based on individualized glycemic targets in primary and tertiary care. J Diabetes Complications. 2021 Jan 2:107835.
3. Whalen K, Finkel R, Panavelil TA. Farmacologia ilustrada. 6. ed. Porto Alegre: Artmed; 2016. Capítulo 25: Antidiabéticos.
4. Brunton LL, Hilal-Dandan R, Knollmann BC. Goodman & Gilman's The Pharmacological Basis of Therapeutics. 13. ed. Nova Iorque: McGraw Hill; 2017.
5. Chu J, Stolbach A, Traub SJ, Grayzel J. Metformin poisoning. In: UpToDate. Waltham, MA. Last updated Jul 23, 2020.
6. Cetinkaya A, Avci D, Erden A, Akca O, Ozer O, Kalan U, Gunal AI. Clinical and laboratory features of metformin intoxication in suicidal patients attending an intensive care unit. Niger J Clin Pract. 2018 Feb;21(2):143-8.

7. Schelleman H, Bilker WB, Brensinger CM, Wan F, Hennessy S. Anti-infectives and the risk of severe hypoglycemia in users of glipizide or glyburide. Clin Pharmacol Ther. 2010 Aug;88(2):214-22.
8. Chu J, Stolbach A, Traub SJ, Burns MM, Grayzel J. Sulfonylurea agent poisoning. In: UpToDate. Waltham MA. Last updated Aug 12, 2020.
9. Kittah NE, Vella A. Management of endocrine disease: pathogenesis and management of hypoglycemia. Eur J Endocrinol. 2017 Jul;177(1):R37-R47.
10. Lv W, Wang X, Xu Q, Lu W. Mechanisms and characteristics of sulfonylureas and glinides. Curr Top Med Chem. 2020;20(1):37-56.
11. Jaiswal S, Mehta R, Musuku M, Tran L, McNamee W Jr. Repaglinide induced acute hepototoxicity. JNMA J Nepal Med Assoc. 2009 Apr-Jun;48(174):162-4. PMID: 20387361.
12. Spiller, HA; Sawyer, TS. Toxicology of oral antidiabetic medications. Am J Health Syst Pharm. 2006;63(10):929-938.
13. Burkhardt CB, Anderson IB. A 2 year review of pioglitazone and rosiglitazone ingestions. J Toxicol Clin Toxicol. 2003; 41:645
14. Schnell O, Weng J, Sheu WH, Watada H, Kalra S, Soegondo S, et al. Acarbose reduces body weight irrespective of glycemic control in patients with diabetes: results of a worldwide, non-interventional, observational study data pool. J Diabetes Complications. 2016 May-Jun; 30(4):628-37.
15. DeSantis A, Nathan DM, Mulder JE. Sodium-glucose co-transporter 2 inhibitors for the treatment of hyperglycemia in type 2 diabetes mellitus. In: UpToDate. Waltham, MA. Last updated Oct 29, 2020.
16. Schaeffer SE, DesLauriers C, Spiller HA, Aleguas A, Baeza S, Ryan ML. Retrospective review of SGLT2 inhibitor exposures reported to 13 poison centers. Clin Toxicol (Phila). 2018 Mar;56(3):204-8.
17. Dungan K, DeSantis A, Nathan DM, Mulder JE. Glucagon-like peptide 1 receptor agonists for the treatment of type 2 diabetes mellitus. In: UpToDate. Waltham, MA. Last updated Oct 30, 2020.
18. Filippatos TD, Panagiotopoulou TV, Elisaf MS. Adverse effects of GLP-1 receptor agonists. Rev Diabet Stud. 2015. Fall-Winter;11(3-4):202-30.

CAPÍTULO 49

INTOXICAÇÕES AGUDAS POR INSULINAS

Janine Alessi
Jaqueline Mallmann Michel

PONTOS-CHAVE

- A intoxicação por insulina pode resultar em sequelas neurológicas graves e em risco de morte se não for identificada e manejada precocemente.
- A principal complicação aguda da overdose de insulina é a ocorrência de hipoglicemia, caracterizada por níveis séricos de glicose ≤ 70 mg/dL.
- A toxicocinética encontra-se alterada em relação à farmacocinética usual das insulinas, podendo a hipoglicemia persistir por períodos maiores que o esperado.
- A administração de glicose após uma overdose de insulina é a base do tratamento da hipoglicemia. Tratamentos adjuvantes podem ser utilizados enquanto o acesso intravenoso é providenciado e em casos extremos.
- Complicações eletrolíticas, arritmias cardíacas e alterações da função hepática estão entre as principais complicações da intoxicação aguda por insulina e devem ser monitoradas precocemente.

INTRODUÇÃO

Em 1889, os pesquisadores alemães Oskar Minkowski e Joseph von Mering observaram, pela primeira vez, que a pancreatectomia total em experimentos com animais levava ao desenvolvimento de *diabetes mellitus* grave. A partir de então, surgiu a especulação de que uma substância produzida pelo pâncreas fosse um importante regulador do controle metabólico, a qual viria mais tarde a ser conhecida como insulina. Em janeiro de 1922, médicos de Toronto injetaram com sucesso, pela primeira vez na história, soluções de extratos pancreáticos obtidos de animais em crianças com diabetes.[1] Mas foi só no final dos anos de 1950 que os cientistas compreenderam a estrutura molecular exata da insulina, no contexto da deslumbrante explosão de conhecimentos sobre o DNA e os processos vitais. Anos depois, com o advento da biologia molecular, tornou-se possível conceber técnicas de engenharia genética que levariam à biossíntese de insulina humana, levando ao surgimento dos análogos de insulina da forma que conhecemos hoje.[2]

A utilização de insulina constitui a base do tratamento do *diabetes mellitus* tipo 1. Nos pacientes que apresentam esse tipo de diabetes, a insulinoterapia é essencial para a vida, motivo pelo qual durante muito tempo ficou conhecido como "*diabetes mellitus* insulino dependente".[3,4] Apesar de essa terminologia ser equivocadamente associada ao diabetes tipo 1 até hoje, pessoas com *diabetes mellitus* tipo 2 também podem necessitar a utilização de insulina em seu tratamento para atingir um controle glicêmico adequado, especialmente quando em vigência de elevada resistência insulínica e/ou redução na capacidade do pâncreas em atender às demandas corporais.[4] Pela importância dessas doenças, que vêm aumentando progressivamente em incidência e prevalência em todo o mundo, as insulinas fazem cada vez mais parte do tratamento de muitos pacientes na prática clínica.

Nos últimos anos, com o aumento progressivo da utilização terapêutica de insulinas, crescem os casos de uso inadequado e *overdose* por esses medicamentos. Além de acidentes terapêuticos, com a administração não intencional de doses elevadas de insulina, ela também pode ser utilizada para outras finalidades, como *doping*, levando ao aumento das reservas de energia na forma de glicogênio, e em tentativas de suicídio.[5] A administração inapropriada de insulina exógena como causa de morte ainda é subestimada.[6] Dessa forma, conhecer as propriedades farmacológicas das principais formulações disponíveis atualmente e apresentar uma elevada suspeição clínica é fundamental para a identificação precoce de casos de intoxicação e para o manejo adequado.

TIPOS DE INSULINA E SUAS FORMULAÇÕES

Diferentes formulações de insulina estão disponíveis no Brasil e no mundo, e é fundamental conhecer as peculiaridades de cada uma delas para o melhor entendimento dos possíveis efeitos relacionados ao seu uso terapêutico e toxicidade. Apesar das características farmacocinéticas de cada insulina, é importante lembrar que o tempo de ação e pico de efeito podem ser dose-dependentes, com maiores doses implicando pico mais tardio e maior duração de efeito.[7]

A insulina regular é uma insulina de ação rápida ainda muito utilizada no Brasil. O início da ação da insulina regular ocorre aproximadamente meia hora após a administração subcutânea, com o pico podendo variar de 2,5 a 8 horas, conforme a dose utilizada e o local aplicado. A meia-vida pode variar de 0,5 a 1 hora no uso subcutâneo e 1,5 hora no uso intravenoso. Apresenta excreção principalmente por via urinária, motivo pelo qual deve ser realizado o ajuste de dose em pacientes com perda de função renal.[8,9]

Outros análogos de insulina disponíveis atualmente apresentam início de ação mais rápido, podendo ser administrados de 15 minutos antes das refeições até alguns minutos depois, dependendo das propriedades de cada medicação. Em casos de perda de função renal ou hepática, a metabolização pode ser alterada, sendo necessárias doses menores que o usual.

A insulina lispro apresenta início de ação que varia conforme a formulação utilizada, local administrado e dosagem, podendo ser de 15 (*Lyumjev®*) a 45 minutos (*Humalog®*) no uso subcutâneo. O pico de ação se dá de 2 a 3 horas após a administração subcutânea. A duração do efeito pode variar de 4,6 a 7,3 horas (*Lyumjev®*), 5,7 a 6,6 horas (*Humalog®*) e 6,9 horas (*Admelog*).[8,9]

A insulina asparte também está disponível em diferentes formulações, que interferem no início de ação (*Fiasp®*, *NovoLog®*, *NovoRapid®*). A *Fiasp®* deve ser administrada no início da refeição ou dentro de 20 minutos depois. Apresenta início de ação entre 16 e 22 minutos, com pico de efeito em 2,5 horas. Já a *NovoLog®* deve ser administrada 5 a 10 minutos antes da refeição, também subcutânea. O início de ação ocorre aproximadamente 0,3 horas após a administração, com seu pico de efeito em 1 a 3 horas. Se o paciente apresentar índice de massa corporal (IMC) > 32 kg/m², a depuração é reduzida em até 28%.[8,9]

A glulisina é um análogo de insulina de ação rápida que deve ser administrada de 15 minutos antes a 20 minutos após o início de uma refeição. O tempo de início de ação sofre interferência do local administrado, podendo variar de 0,2 a 0,5 horas, com pico de efeito entre 1,6 e 2,8 horas e duração de 3 a 4 horas.[8,9]

A insulina NPH (*protamina neutra Hagedorn*) é uma insulina de ação intermediária também altamente utilizada no Brasil, que apresenta início de ação em 1 a 2 horas e pico de efeito entre 4 e 12 horas. O efeito pode durar de 14 a 24 horas e pode levar de 6 a 10 horas para atingir o pico plasmático. Apresenta excreção principalmente urinária e podem ser necessários ajustes de dosagem em pacientes com função renal prejudicada.[8,9]

Os análogos de insulina basal atualmente disponíveis incluem as insulinas glargina (U100 e U300), detemir e degludeca, que apresentam diferentes modos e tempos de ação. Quando comparados à insulina NPH, exibem um efeito insulínico mais previsível, com menor variabilidade glicêmica de um dia para o outro, além de possibilitarem redução na ocorrência de hipoglicemia.[7]

A insulina glargina U100 (*Lantus®*) apresenta início de ação de 3 a 4 horas após a administração, com duração de 10 a 24 horas, sem a ocorrência de pico pronunciado. Já a insulina glargina U300 (*Toujeo®*) apresenta início de ação 6 horas após a administração, podendo durar até mais de 24 horas, levando 12 a 16 horas para atingir sua maior concentração plasmática.[8,9]

Outra insulina de ação prolongada, a detemir tem início de ação de 3 a 4 horas após a administração, com efeito máximo entre 3 e 9 horas, sendo o pico plasmático entre 6 e 8 horas. A duração da insulina é proporcional à dose utilizada, podendo levar de 6 a 23 horas, atingindo meia-vida entre 5 e 7 horas, também conforme a dose administrada.[8,9]

Por fim, a insulina de ação prolongada degludeca apresenta início de ação 1 hora após a administração, com uma meia-vida média de 25 horas, independentemente da dose utilizada. Seu pico de efeito ocorre 9 horas após a administração do fármaco (Figura 1).[8,9]

INTOXICAÇÃO AGUDA POR INSULINAS

A principal complicação aguda da *overdose* de insulina é a ocorrência de hipoglicemia, podendo chegar a níveis incompatíveis com a vida. A presença de hipoglicemia é definida quando os níveis de glicose sérica se tornam menores que 70 mg/dL, e pode ser classificada com base em sua gravidade. Segundo a Sociedade Brasileira de Diabetes, considera-se alerta para hipoglicemia quando os níveis de glicose sérica estão entre 54 e 70 mg/dL, tornando-se clinicamente significativos quando os níveis caem para valores abaixo de 54 mg/dL. Considera-se hipoglicemia grave quando há necessidade de ajuda de terceiros para reversão dos sintomas, geralmente com comprometimento do nível de consciência.[7]

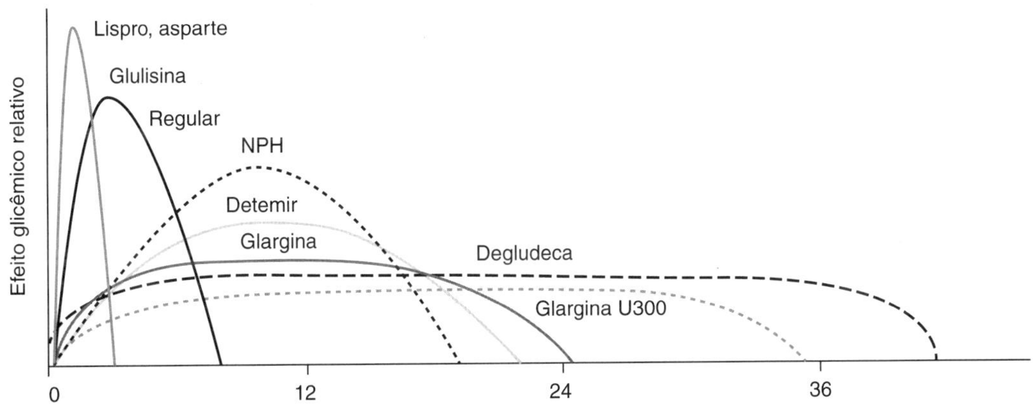

Figura 1. Perfil de ação das diferentes insulinas.
Fonte: Vilar.[10]

A principal diferença entre o erro terapêutico na administração de insulina e a *overdose* deliberada é a dose muito maior de insulina utilizada na última situação, levando a uma necessidade elevada e prolongada de glicose. A autointoxicação deliberada com insulina pode resultar em sintomas graves, incluindo coma hipoglicêmico, comprometimento neurológico e morte. As manifestações de hipoglicemia podem se apresentar como disfunção neuroglicopênica e autonômica. Os sintomas neuroglicopênicos, que ocorrem quando há insuficiência de glicose no sistema nervoso central, incluem confusão mental, dificuldade para falar, tontura, hemiparesia, convulsões ou coma. Por outro lado, os sintomas autonômicos são causados principalmente pelos hormônios contrarreguladores, especialmente a epinefrina, e incluem ansiedade, náusea, sudorese e palpitações.[11]

Tanto na intoxicação por insulinas de ação rápida quanto na de ação prolongada, a toxicocinética encontra-se alterada em relação à farmacocinética usual das drogas em doses terapêuticas, podendo a hipoglicemia persistir por períodos maiores que o esperado. Consequentemente, o manejo dos efeitos na glicemia sérica pode ser necessário por tempo prolongado em relação à meia-vida usual da droga. Alguns fatores podem influenciar na duração e na gravidade dos sintomas apresentados, e encontram-se resumidos no Quadro 1.[12]

Em quase todas as situações de *overdose* de insulina é necessária a hospitalização para a monitoração da ocorrência e manejo da hipoglicemia em ambiente controlado e controle das demais complicações. A intoxicação aguda por insulinas de ação prolongada geralmente leva a maior duração da hospitalização em comparação com as insulinas de curta ação isoladamente. Mas sabe-se que, mesmo em casos de *overdose* com insulinas de ação curta, podem ser necessários longos períodos de observação, com relatos na literatura de hipoglicemia durando até 144 horas após a administração da dose suprateraپêutica.[13]

MANEJO DA HIPOGLICEMIA

A administração de dextrose após uma overdose de insulina, tanto intravenosa quanto enteral, é a base do tratamento da hipoglicemia.[12] Para os casos de sobredosagem leve, em que o paciente que se apresenta com glicemia capilar menor que 70 mg/dL e encontra-se assintomático, recomenda-se a ingestão de 15 a 20 g de carboidratos de ação rápida via oral, o que geralmente é suficiente para elevar a glicose no sangue a uma faixa segura sem induzir hiperglicemia. Apresentam a equivalência de carboidratos recomendada 1 caixinha de suco ou refrigerante normal, 4 ou 5 biscoitos salgados, 1 colher de sopa de açúcar, 1 colher de sopa de mel ou 6 a 8 balas duras. Recomenda-se retestar a glicemia capilar após 15 minutos. Se a glicose permanecer menor ou igual a 70 mg/dL, indica-se repetir o tratamento. Isso pode ser seguido por carboidratos de ação prolongada (uma refeição completa) para prevenir sintomas recorrentes.

Nos casos de intoxicação grave em que o paciente se encontra sintomático, é recomendada a administração de dextrose intravenosa para rápida reversão do quadro. Um *bolus* de 30 a 50 mL de solução hipertônica de glicose (SG 50%) pode ser administrado para aumentar agudamente os níveis de glicose no sangue. Para crianças, um *bolus* de glicose hipertônica com base no peso (0,5 a 1 g/kg) é administrado por via intravenosa. Após a correção da hipoglicemia inicial, sugere-se manter o paciente com infusão contínua de soro glicosado a 5%, iniciando a 0,5 g/kg/h, para a manutenção dos níveis glicêmicos enquanto a via oral não for possível, com titulação do volume infundido com base no controle glicêmico do paciente. Recomenda-se a monitoração da glicemia capilar a cada 15 minutos enquanto o paciente permanecer apresentando recorrência da hipoglicemia. Após atingida a euglicemia, sugere-se avaliar a glicemia a cada 30 minutos nas primeiras 2 horas e, se o paciente mantiver níveis séricos de glicose acima de 70 mg/dL, repetir a cada

Quadro 1. Fatores associados à gravidade em situações de intoxicação por insulinas

Fatores	Características	Efeitos observados
Modo de administração	Um único ponto de aplicação Múltiplos pontos de aplicação Região anatômica da aplicação Técnica de aplicação	Absorção mais lenta e prolongamento da hipoglicemia Absorção e *clearance* mais rápidos, risco agudo Deltoide, glúteo e femoral resultam em maior absorção que abdome Absorção mais rápida IM que SC
Dose administrada	Altas doses	Dose total elevada gera hipoglicemia mais duradoura
Reserva de gordura	Obesidade Lipodistrofia	Aumento no tempo de absorção Redução no tempo de absorção, hipoglicemia prolongada
Suscetibilidade individual	Fisiologia do indivíduo com DM Fisiologia do indivíduo sem DM	Menor gravidade da hipoglicemia, possível relação com produção de anticorpos anti-insulina cronicamente Liberação endógena de insulina em resposta à administração de glicose pode gerar episódios recorrentes e mais duradouros de hipoglicemia
Função orgânica	Disfunção renal ou hepática	Redução do *clearance* e aumento da meia-vida da insulina
Outros fatores	Massagem ou calor no local da aplicação, atividade física	Aumenta a velocidade de absorção local, podendo gerar hipoglicemia mais rapidamente

*DM: *diabetes mellitus*; IM: intramuscular; SC: subcutânea.
Fonte: adaptado de Dewaal et al.[12]

4 horas a partir de então. Após o episódio de intoxicação aguda, o paciente deverá ser mantido em observação por um período de 24 e 48 horas após recuperada a euglicemia antes da alta para o domicílio.[11]

A utilização de outros medicamentos adjuvantes pode ser benéfica em determinadas situações. Em pacientes que apresentam hipoglicemia muito grave na chegada, a utilização de glucagon na dosagem de 0,5 a 1 mg intramuscular (IM) pode ser considerada enquanto providencia-se o acesso venoso. Os efeitos do glucagon baseiam-se em sua propriedade de estimular a glicogenólise rápida hepática e a gliconeogênese, levando à liberação de glicose produzida endogenamente para a corrente sanguínea.[13] Entretanto, seus efeitos são fugazes, e deve ser associada à utilização de glicose tão logo seja possível a obtenção de acesso venoso.

Um dos efeitos que pode ocorrer durante a utilização de glicose para a reversão do episódio de hipoglicemia é a ocorrência paradoxal de estímulo à liberação de insulina endógena pelo pâncreas. Nesses casos, a utilização de octreotida pode ser considerada e beneficia especialmente os pacientes sem história de diabetes ou aqueles com diabetes que não sejam insulinodependentes, ou seja, cujas células beta pancreáticas funcionais ainda sejam capazes de liberar insulina endógena em resposta à dextrose suplementar.[12] A octreotida liga-se aos receptores da somatostatina-2 nos canais de cálcio das células beta pancreáticas, inibindo o influxo de cálcio e, consequentemente, evitando a exocitose de insulina. A dose utilizada de octreotida é de 50 a 100 mcg, administrada por via IM a cada 6 horas, e os efeitos são esperados após 30 minutos de sua administração, com pico em 4 a 8 horas. Uma desvantagem do uso de octreotida é que também suprime a secreção endógena de glucagon, inibindo a resposta biológica natural do corpo à hipoglicemia. Dessa forma, recomenda-se evitar seu uso rotineiramente nos casos de intoxicação por insulina, reservando seu uso para pacientes suscetíveis à sobrecarga de fluidos, diminuindo o volume necessário de infusões contendo glicose para manter a euglicemia.[12]

O tratamento com hidrocortisona intravenosa é citado por alguns autores como potencial estratégia de tratamento para casos graves de hipoglicemia. Os glicocorticoides afetam o metabolismo da glicose, reduzindo a sensibilidade à insulina, ou seja, levando à redução da captação de glicose no fígado e tecido muscular. Entretanto, deve-se levar em conta que os efeitos metabólicos provavelmente levarão várias horas para se desenvolverem gradualmente, e poderão afetar negativamente os pacientes que já apresentem algum grau de resistência periférica à ação da insulina. Dessa forma, o uso de glicocorticoides deve preferencialmente ser explorado em casos de *overdose* extrema de insulina.[13]

Por fim, há descrição de resultados positivos com a utilização da excisão cirúrgica quando a sobredosagem de insulina é administrada em um único local do corpo, com evidência de redução significativa nos níveis séricos de insulina após o procedimento. Considerando o curso geralmente benigno com o manejo clínico, mesmo com doses altas de insulina, sugere-se que a excisão deva ser considerada apenas em casos extremos (isto é, doses de insulina de ação prolongada > 1.500 UI) com infiltrados visíveis e acessíveis e com complicações ou hipoglicemia recorrente.[13]

COMPLICAÇÕES

O tratamento com soluções de glicose intravenosa não é isento de riscos, incluindo flebite no local de administração, hiperglicemia e complicações relacionadas à hiperosmolaridade sérica. A administração de uma grande carga de glicose pode precipitar a síndrome de Wernicke-Korsakoff aguda em pacientes com depleção de tiamina. Por esse motivo, a administração de tiamina deve ser rotineiramente realizada junto com a glicose em pacientes alcoólatras ou desnutridos. Além disso, alterações eletrolíticas relacionadas ao aumento sérico na insulina e alterações sistêmicas relacionadas à sobrecarga de volume secundária à administração de glicose intravenosa para correção da hipoglicemia podem ocorrer.

Uma revisão de casos realizada por Dewall et al. mostrou que a hipocalemia foi a complicação mais prevalente registrada, seguida por alterações nas concentrações plasmáticas de magnésio e fosfato. Alterações cardíacas podem surgir como consequência das alterações eletrolíticas que ocorrem em vigência de intoxicação por insulina, e incluem prolongamento do intervalo QTc e risco de arritmias, como a taquicardia ventricular *torsades de pointes*. Além disso, a presença de edema agudo de pulmão foi relatada em casos de sobredosagem de insulina, apesar de não ficar clara a presença concomitante de hipervolemia ou de arritmias associadas nos casos relatados. Também está descrita a ocorrência de anormalidades hepáticas, como hepatomegalia por aumento de glicogênio e hepatite aguda, mas todas resolvidas espontaneamente após a estabilização glicêmica.[12]

CONCLUSÃO

A intoxicação por insulina pode ocorrer em contexto de erro de dosagem na utilização terapêutica da droga e de *overdose* intencional, em caso de tentativa de suicídio. A autointoxicação deliberada geralmente ocorre com doses mais elevadas e pode resultar em sintomas mais graves, incluindo comprometimento neurológico e risco de morte. O pilar do tratamento nos casos de sobredosagem de insulina consiste na utilização de glicose intravenosa para reversão da hipoglicemia, que é o principal efeito relacionado à intoxicação e que pode ocorrer durante dias e até uma semana após o evento. Opções de tratamentos adjuvantes, como a administração de glucagon, octreotida, glicocorticoides e excisão cirúrgica, podem ser utilizadas em situações específicas e devem ser consideradas em casos extremos. Ademais, o monitoramento de eletrólitos, da presença de arritmias cardíacas e da função hepática são parte essencial do cuidado do paciente com sobredosagem de insulina, além da manutenção da euglicemia. Com a monitoração adequada, a identificação precoce de sintomas e complicações e o tratamento apropriado pré e intra-hospitalar, é possível obter um resultado favorável, mesmo nos casos com apresentação clínica de hipoglicemia grave e complicações neurológicas.

REFERÊNCIAS BIBLIOGRÁFICAS

1. Barnett R. Type 1 diabetes. Lancet. 2018 Jan 20;391(10117):195.
2. Moroder L, Musiol HJ. Insulin-from its discovery to the industrial synthesis of modern insulin analogues. Angew Chem Int Ed Engl. 2017 Aug 28;56(36):10656-10669. doi: 10.1002/anie.201702493. Epub 2017 Jul 24. PMID: 28548452.
3. Cernea S, Raz I. Insulin therapy: future perspectives. Am J Ther. 2020 Jan/Feb;27(1):e121-e132. doi: 10.1097/MJT.0000000000001076. PMID: 31567147.
4. Freeland B, Farber MS. A review of insulin for the treatment of diabetes mellitus. Home Healthc Now. 2016 Sep;34(8):416-23.
5. Bottinelli C, Cartiser N, Bévalot F, Fanton L, Guitton J. Is insulin intoxication still the perfect crime? Analysis and interpretation of postmortem insulin: review and perspectives in forensic toxicology. Crit Rev Toxicol. 2020 Apr;50(4):324-347.
6. Sunderland N, Wong S, Lee CK. 2016. Fatal insulin overdoses: case report and update on testing methodology. J Forensic Sci. 61 (Suppl 1):S281–S284.
7. Sociedade Brasileira de Diabetes. Diretrizes da Sociedade Brasileira de Diabetes 2019-2020. São Paulo: Clannad; 2020.
8. Weinstock RS, Nathan DM, Mulder JE. General principles of insulin therapy in diabetes mellitus. In: UpToDate. Waltham, MA. Last updated Mar 01, 2021.
9. Brunton LL, Hilal-Dandan R, Knollmann BC. Goodman & Gilman's The Pharmacological Basis of Therapeutics. 13. ed. Nova Iorque: McGraw Hill; 2017.
10. Vilar L. Endocrinologia clínica. 7. ed. Rio de Janeiro: Guanabara Koogan; 2021.
11. Kittah NE, Vella A. Management of endocrine disease: pathogenesis and management of hypoglycemia. Eur J Endocrinol. 2017 Jul;177(1):R37-R47.
12. Dewaal CM, McGillis E, Mink M, Lucyk S. Octreotide for the treatment of intentional insulin aspart overdose in a non-diabetic patient. CJEM. 2018 Jul;20(4):643-647. doi: 10.1017/cem.2017.422. Epub 2017 Dec 5. PMID: 29202888.
13. Johansen NJ, Christensen MB. A systematic review on insulin overdose cases: clinical course, complications and treatment options. Basic Clin Pharmacol Toxicol. 2018 Jun;122(6):650-659. doi: 10.1111/bcpt.12957. Epub 2018 Feb 23. PMID: 29316226.

CAPÍTULO 50

INTOXICAÇÕES POR ANTI-HIPERTENSIVOS

Maria Cristina de Andrade
Eduardo Freitas Hatanaka

PONTOS-CHAVE

- A hipertensão arterial sistêmica (HAS) é uma condição comum, sendo os anti-hipertensivos frequentemente encontrados em domicílios.
- A abordagem inicial do paciente com intoxicação potencial por um medicamento anti-hipertensivo é similar, independentemente da classe. As vias aéreas devem ser protegidas conforme a necessidade, estabelecendo-se um acesso venoso, monitoração cardíaca contínua e eletrocardiograma (ECG).
- Uma expansão de solução cristaloide é o tratamento de primeira linha para pacientes com hipotensão.
- O manejo específico das intoxicações por diferentes classes de anti-hipertensivos apresenta particularidades que devem ser conhecidas pelo pediatra.

INTRODUÇÃO

A hipertensão arterial sistêmica (HAS) em crianças e adolescentes é definida como uma pressão arterial sistólica (PAS) e/ou diastólica (PAD) $\geq$ ao percentil 95 para idade, gênero e estatura.[1] Nas últimas décadas a prevalência de HAS em pediatria tem aumentado com a ocorrência de obesidade e síndrome metabólica, vindo a se tornar problema de saúde pública. Estima-se que a prevalência de hipertensão esteja em torno de 3,5%, podendo atingir uma prevalência tão alta quanto 25% em crianças e adolescentes obesos.[2]

A abordagem inicial do paciente com intoxicação potencial por um medicamento anti-hipertensivo é similar, independentemente da classe. As vias aéreas devem ser protegidas conforme a necessidade, estabelecendo-se um acesso venoso, monitoração cardíaca contínua e eletrocardiograma (ECG). Uma expansão de solução cristaloide é o tratamento de primeira linha para pacientes com hipotensão. É recomendada avaliação com centro de referência em toxicologia para orientações específicas em relação ao manejo de casos particulares.[3]

Se for necessário um vasopressor, é preferível um fármaco de ação direta, como a norepinefrina. Se a aspiração pulmonar não for uma preocupação, o carvão ativado pode ser administrado dentro da primeira hora, embora, em geral, não exista terapia específica para o tratamento inicial das intoxicações por anti-hipertensivos.

AGENTES SIMPATOLÍTICOS

Os agentes simpatolíticos mais comumente utilizados na prática clínica são clonidina, doxazosina e prazosina.

Mecanismo de ação

As catecolaminas produzidas pelo sistema nervoso simpático desempenham um papel importante na manutenção da pressão arterial (PA). A estimulação dos receptores α1-adrenérgicos provoca vasoconstrição de arteríolas e veias, aumentando a resistência vascular periférica e elevando a PA. Os medicamentos com ação nos receptores α-adrenérgicos são usados para diminuir o tônus simpático periférico com o objetivo de redução da PA.

No sistema nervoso central, a estimulação dos receptores α2 nos terminais simpáticos pré-sinápticos inibe a liberação de catecolaminas, diminuindo assim o tônus simpático, promovendo a vasodilatação periférica e diminuindo a PA.

A clonidina é o agonista α2-adrenérgico mais utilizado. Essa medicação estimula os receptores α2-adrenérgicos no sistema nervoso central (SNC), inibindo a liberação de catecolaminas na periferia, o que resulta em diminuição da frequência cardíaca, contratilidade e resistência vascular periférica.

A doxazosina, a prazosina e a terazosina antagonizam os receptores α1-adrenérgicos, reduzindo a resistência vascular periférica.

Quadro clínico

Como o aumento da resistência vascular periférica é necessário para manter a PA, ao mudar de uma posição supina para uma posição vertical, o efeito adverso mais observado com antagonistas α1-adrenérgicos é hipotensão ortostática, particularmente dentro de 30 a 90 minutos após ingestão, e é mais proeminente depois da primeira dose.

Em relação à clonidina, no momento da apresentação, as manifestações clínicas da estimulação α2-adrenérgica central e a toxicidade estão presentes, com bradicardia e hipotensão. A clonidina pode produzir pupilas mióticas de forma semelhante aos opioides, podendo ainda ocorrer hipotermia e sonolência.

Diagnóstico

O diagnóstico está baseado na história de ingestão e nos achados clínicos.

Tratamento

Os episódios hipotensivos ortostáticos podem causar eventos adversos, como quedas, síncope e sinais de baixo débito. Os pacientes que apresentam hipotensão associada ao uso de antagonistas α1-adrenérgicos devem ser colocados em posição supina e receber uma expansão de cristaloides. A fenilefrina, que é um agonista α1-adrenérgico, pode ser utilizada se a PA não melhorar com a expansão volêmica.

No que se refere à clonidina, o manejo baseia-se no suporte ventilatório e hemodinâmico. A depressão respiratória e neurológica induzida por clonidina tem resposta variável à naloxona, e seu uso pode não ser útil. As bradicardias, com sinais de baixo débito, devem ser tratadas com atropina. Quando encontrada, a hipertensão arterial deve ser tratada somente se for grave e sustentada.[4]

Antídoto

Não existe antídoto específico.

Medidas de depuração

Não há indicação de medidas de depuração, como hemodiálise, na exposição aos agentes simpatolíticos.

ERRO COMUM QUE VOCÊ DEVE EVITAR

Atentar para o risco de hipotensão ortostática e eventos adversos associados para paciente em uso de antagonistas α-adrenérgicos, particularmente após as primeiras doses.

INIBIDORES DA ENZIMA CONVERSORA DE ANGIOTENSINA E BLOQUEADORES DO RECEPTOR DE ALDOSTERONA (BRA)

Os principais inibidores da enzima conversora de angiotensina (Ieca) utilizados na prática clínica pediátrica são captopril, enalapril e ramipril. Em relação aos bloqueadores dos receptores de angiotensica (BRA), o mais empregado é a losartana.

Mecanismo de ação

A angiotensina II aumenta a PA por vários mecanismos, incluindo a liberação de aldosterona, o aumento da resposta às catecolaminas e a atuação como vasoconstritor direto. A inibição da enzima conversora de angiotensina resulta em diminuição da produção de angiotensina II, o que leva à vasodilatação.

Quadro clínico

Além da hipotensão, tanto os Ieca como os BRA podem causar hipercalemia, o que ocorre pela diminuição da produção de aldosterona. Esse efeito é tipicamente observado em pacientes com algum grau de disfunção renal. Pode ocorrer ainda disfunção renal, decorrente da ação vasodilatadora dos Ieca/BRA em arteríola eferente do glomérulo, particularmente em situações de hipovolemia e uso concomitante de medicamentos nefrotóxicos.

A tosse seca persistente ocorre em 5 a 20% dos pacientes tratados com Ieca. Ela tipicamente se desenvolve dentro de poucas semanas após o início da terapia com Ieca e é mais comum em mulheres. A taxa de ocorrência ou gravidade não se correlaciona com a dose.

A tosse geralmente se resolve em 1 a 4 semanas após a interrupção da medicação, embora a resolução possa demorar até 3 meses para alguns pacientes. O único tratamento efetivo é a descontinuação do Ieca, substituído por outro anti-hipertensivo. Os BRA não estão associados a uma incidência aumentada de tosse crônica e podem ser usados em pacientes com tosse induzida por Ieca.

O angioedema é um efeito adverso associado aos Ieca e BRA. É uma reação idiossincrásica que ocorre em 0,1 a 0,7% dos pacientes tratados com essas medicações. Os pacientes apresentam-se com edema de lábios, laringe, faringe, língua ou cordas vocais, que podem evoluir com comprometimento de via aérea.

Os sintomas se desenvolvem ao longo de várias horas e podem não se resolver por 24 horas ou mais. Acredita-se que o mecanismo esteja relacionado à inibição da degradação da bradicinina mediada por Ieca, um peptídeo associado à vasodilatação, ao edema de tecidos e ao acúmula de substância P e outras prostaglandinas.

Os BRA não inibem a bradicinina, assim, a fisiopatologia exata do angioedema associado a medicações desta classe não é clara. O tempo médio desde o primeiro uso até o desenvolvimento do angioedema é de 2 anos, mas pode ocorrer em qualquer momento do tratamento, com 12% dos pacientes desenvolvendo essa reação na primeira semana de uso de Ieca.

Diagnóstico

O diagnóstico está baseado na história de ingestão e nos achados clínicos.

Tratamento

Em pacientes com hipotensão, a terapia inicial se concentra no suporte, incluindo a expansão com cristaloides e o uso de vasopressores para casos refratários. O captopril, e possivelmente outros Ieca, podem inibir o metabolismo das encefalinas, um grupo de opioides endógenos, e causar hipotensão. Assim, a naloxona, que é um antagonista μ-opioide, pode eventualmente reverter a hipotensão associada ao captopril, mas não é universalmente eficaz.[5]

O manejo do angioedema induzido por Ieca começa com a avaliação da via aérea. O angioedema pode progredir rapidamente, e os marcos anatômicos podem ficar obscurecidos. Assim, caso seja decidido por intubação orotraqueal, esta deve ser realizada precocemente. Medicamentos como epinefrina, anti-histamínicos e corticosteroides geralmente são administrados, mas podem não ser benéficos porque o angioedema induzido por Ieca não é mediado pela imunoglobulina E.

O icatibanto, um antagonista da bradicinina-2, é efetivo na redução do angioedema. O plasma fresco congelado contém enzima conversora de angiotensina, de modo que a administração de plasma pode degradar os altos níveis de bradicinina com subsequente resolução de angioedema.

O ecalantide é uma proteína recombinante que inibe a calicreína e é aprovada para uso em angioedema hereditário. No entanto, o angioedema induzido por Ieca é causado pela persistência das bradicininas em decorrência da falta de metabolismo, e não de uma superprodução, por isso não é provável que o ecalantide seja efetivo. Pacientes com sintomas mais leves podem ser apenas observados.

Os pacientes com edema leve em torno dos lábios ou do rosto devem ser observados durante 12 a 24 horas e receber alta quando o edema estiver regredindo. Eles devem ser informados que o angioedema pode se repetir se continuarem a tomar o mesmo medicamento ou mudarem para outro agente da mesma classe. Após um episódio de angioedema, é recomendado interromper o uso de todos os Ieca e/ou BRA.

Antídoto

Não existe antídoto específico.

Medidas de depuração

Não há indicação de medidas de depuração, como hemodiálise, na exposição aos Ieca ou BRA.

ERROS COMUNS QUE VOCÊ DEVE EVITAR

O uso de Ieca e/ou do BRA está contraindicado durante a gestação, estando associado a malformações graves dos aparelhos urinário e cardiovascular.

Administração cautelosa de Ieca e/ou BRA em pacientes com alteração de função renal, devendo-se monitorar os níveis de creatinina evolutivamente.

VASODILATADORES

Os vasodilatadores mais comumente utilizados na prática pediátrica são hidralazina e minoxidil.

Mecanismo de ação

A hidralazina relaxa o músculo liso arteriolar, mas não afeta o músculo liso venoso ou as artérias coronárias epicárdicas. A hidralazina é metabolizada por acetilação hepática. Como cerca de metade dos americanos são acetiladores rápidos, há necessidade de uma dose maior para alcançar um determinado efeito clínico. O efeito máximo do medicamento é observado de 30 a 120 minutos após a ingestão, embora os efeitos possam durar até 12 horas.

O minoxidil é um potente anti-hipertensivo geralmente usado apenas para casos resistentes de hipertensão arterial. Relaxa o músculo liso, abrindo canais de potássio e causando hiperpolarização. Como a hidralazina, o minoxidil tem pouco efeito sobre o músculo liso venoso. A vasodilatação periférica resulta em taquicardia reflexa e aumento do débito cardíaco. A perfusão renal reduzida causa retenção de líquidos. Por esse motivo, o minoxidil é geralmente prescrito em associação com um betabloqueador e/ou diurético.

Quadro clínico

Os efeitos adversos mais comuns da intoxicação por hidralazina resultam da vasodilatação, mas os eventos graves são raros. Os pacientes podem desenvolver depressão do segmento ST no ECG. Pacientes em tratamento contínuo com hidralazina estão em risco de desenvolver uma síndrome lúpus-*like*. O mecanismo é por formação de autoanticorpos. Os fatores de risco para esta complicação incluem altas doses do medicamento, sexo feminino, fenótipo de acetilador lento e caucasianos. Os sintomas desta síndrome incluem artralgia, artrite, febre e derrame pericárdico.

A intoxicação por minoxidil está associada a hipotensão, taquicardia reflexa e isquemia miocárdica ocasional, de forma semelhante à hidralazina.

Diagnóstico

O diagnóstico está baseado na história de ingestão e nos achados clínicos.

Tratamento

A hipotensão pela hidralazina ou pelo minoxidil é tratada com reposição volêmica com fluidos cristaloides. Os vasopressores devem ser evitados, se possível, porque os pacientes gravemente intoxicados podem ter isquemia coronariana. Se a hipotensão for refratária à expansão volêmica, um agonista α1-adrenérgico como fenilefrina ou midodrina é preferível a um agonista β-adrenérgico como a dopamina, para minimizar a taquicardia e prevenir o aumento da demanda de oxigênio no miocárdio.

Medidas de depuração

Não há indicação de medidas de depuração, como hemodiálise, na exposição aos agentes vasodilatadores.

ERRO COMUM QUE VOCÊ DEVE EVITAR

Atenção com a suspensão abrupta de vasodilatadores, pelo risco de hipertensão arterial por efeito rebote.

NITROPRUSSIATO DE SÓDIO

Mecanismo de ação

O nitroprussiato age a partir da liberação de óxido nítrico, que estimula a guanilil ciclase do músculo liso, para produzir monofosfato cíclico de guanosina. O início da ação é de cerca de 30 segundos e sua duração é de 3 minutos. O nitroprussiato dilata o músculo liso arteriolar e venoso.

Quadro clínico

A hipotensão é o efeito adverso mais comum. Quando o óxido nítrico é liberado a partir do nitroprussiato, o cianeto também é produzido. Enquanto a taxa de infusão de nitroprussiato não for superior a 2 a 5 mcg/kg/min, as consequências do acúmulo do cianeto serão poucas, pois é imediatamente metabolizado em um metabólito muito menos tóxico. Em taxas de infusão mais elevadas ao longo de vários dias ou em pacientes com disfunção renal e/ou hepática, pode haver acúmulos dos metabólitos.

A toxicidade do cianeto pode se manifestar como confusão, acidose lática e colapso cardiovascular. Ao longo do tempo, o tiocianato gerado pela desintoxicação do cianeto pode causar toxicidade.[6]

O tiocianato é eliminado por via renal com uma meia-vida de 3 a 7 dias e geralmente não se acumula, exceto em casos de infusão prolongada e em pacientes com disfunção renal. Os principais preditores de toxicidade são a taxa de produção (taxa de infusão de nitroprussiato) e a taxa de eliminação (função renal). A toxicidade do tiocianato pode se manifestar como náusea, fadiga e depressão do SNC.

Diagnóstico

O diagnóstico está baseado na história clínica de uso do medicamento e nos achados clínicos sugestivos, como avaliação laboratorial apropriada (acidose metabólica, aumento dos níveis de cianeto e tiocianato).

Tratamento

Se houver hipotensão, a infusão deve ser interrompida imediatamente. Se houver sinais de hipoperfusão cerebral, coloca-se o paciente em decúbito dorsal ou na posição de Trendelenburg. A administração de tiossulfato de sódio pode ser protetora para pacientes que necessitem de uma alta taxa de administração do nitroprussiato e períodos de infusão mais prolongados (sugere-se a utilização de tiossulfato de sódio na proporção de 1 mg de nitroprussiato:10 mg de tiossulfato de sódio). Se a toxicidade do cianeto está sendo considerada, a infusão deve ser interrompida e o tiossulfato de sódio deve ser administrado.

Medidas de depuração

Vários autores descrevem a remoção efetiva do cianeto por hemodiálise.

ERRO COMUM QUE VOCÊ DEVE EVITAR

Evitar o uso prolongado de nitroprussiato de sódio em pacientes com disfunção renal e/ou hepática, particularmente quando não for possível monitorar os níveis de cianeto e tiocianato.

BETABLOQUEADORES

Os principais betabloqueadores utilizados na prática pediátrica são atenolol, carvedilol e propranolol. Entre as exposições a agentes anti-hipertensivos, os betabloqueadores são a principal causa de intoxicação, com alta morbidade, particularmente se ocorrerem em associação com outras medicações, como bloqueadores dos canais de cálcio ou digitálicos.

Mecanismo de ação

O receptor β é acoplado a uma proteína estimulante Gs. Essa proteína G estimula a adenilato ciclase que, por sua vez, catalisa a formação de monofosfato cíclico de adenosina (AMP cíclico). O aumento do AMP cíclico fosforila o canal de cálcio do tipo L e leva à abertura do canal com entrada de cálcio na célula. O cálcio extracelular, então acoplado ao receptor de rianodina, transporta a corrente de cálcio para o retículo sarcoplasmático que então libera o cálcio armazenado.

O cálcio armazenado está disponível para participar da contração mecânica através do complexo actina e miosina. A musculatura lisa vascular usa canais de cálcio do tipo L para regular o cálcio intracelular e, por conseguinte, coordenar o tônus vascular. Para evitar a sobrecarga celular, a fosfodiesterase degrada o AMP cíclico ao 5'-monofosfato de adenosina, removendo assim o estímulo para a abertura do canal de cálcio e cessando o processo contrátil.

Os betabloqueadores modulam a atividade da contração do cardiomiócito e do músculo liso vascular, diminuindo a entrada de cálcio na célula. Dessa forma, o betabloqueio diminui o trabalho realizado pelo miocárdio com injúria e reduz a PA. Por outro lado, o betabloqueio excessivo pode levar à insuficiência cardíaca, com bradicardia, diminuição da contratilidade e hipotensão.

As propriedades farmacológicas de vários betabloqueadores influenciam o seu espectro de ação, as reações adversas aos medicamento e a toxicidade. Essas propriedades incluem seletividade do receptor, bloqueio do canal de sódio (também conhecido como atividade estabilizadora da membrana), lipossolubilidade, ligação à proteína e atividade agonista parcial (também conhecida como atividade simpaticomimética intrínseca).

Os agentes altamente lipossolúveis, como o propranolol, atravessam facilmente a barreira hematoencefálica e apresentam altas concentrações no tecido cerebral. Isso pode contribuir para as manifestações mais graves do SNC, convulsões e coma. No entanto, em intoxicações maciças, todos os betabloqueadores podem ter a ação cardiodepressora.

Embora as medicações β1 seletivas tenham menor risco de efeitos indesejados β2, como o broncoespasmo, a seletividade é muitas vezes perdida com altas doses. Alguns betabloqueadores, como o labetalol e o carvedilol, também são antagonistas dos receptores α1-adrenérgicos, o que pode resultar em hipotensão exagerada durante o uso terapêutico. O sotalol é único entre os betabloqueadores na sua capacidade de bloquear os canais de potássio, importantes para a repolarização, assim como outros fármacos antiarrítmicos de classe III.

Os betabloqueadores também alteram o metabolismo hepático, o músculo esquelético e o tecido adiposo. Em condições normais, o coração usa ácidos graxos livres como fonte de energia primária, mas em situações de estresse o coração utiliza os carboidratos para manter o metabolismo. A inibição da glicogenólise e da gliconeogênese reduz a disponibilidade de carboidratos por meio de ativação metabólica. Embora a hipoglicemia possa ocorrer como consequência da toxicidade do betabloqueador,, ela é muito incomum, sendo a hiperglicemia mais frequente.

As características farmacocinéticas, como formulação de fármaco (liberação regular ou prolongada), taxa de absorção de fármaco, ligação de proteínas, lipossolubilidade, eliminação pelo metabolismo hepático e volume de distribuição, determinam o início e a duração dos sintomas, a toxicidade dos órgãos-alvo e as possíveis modalidades de tratamento. A maioria dos betabloqueadores tem meia-vida de 2 a 8 horas, entretanto, em pacientes em uso de medicamentos com liberação prolongada, os efeitos adversos poderão ser retardados e prolongados.

Quadro clínico

O momento do aparecimento dos sintomas depende da formulação, mas a maioria dos pacientes desenvolve sintomas em até 2 horas após a ingestão. A experiência é limitada quanto ao aparecimento de sintomas com intoxicação após a ingestão de formulações de betabloqueadores de liberação prolongada. Contudo, em comparação com outros medicamentos de liberação prolongada, acredita-se que os sintomas sejam adiados por mais de 6 horas após a ingestão.

Os medicamentos que alteram a função intestinal, como opioides e anticolinérgicos, podem afetar a absorção de betabloqueadores. A exceção ao aparecimento de sintomas em 6 horas é o sotalol, tendo sido descrito início de seus sintomas até 24 horas após a ingestão.

A bradicardia e a hipotensão são os sintomas mais comuns da intoxicação por betabloqueadores e, em intoxicações graves, pode ocorrer profunda depressão miocárdica e choque cardiogênico. A ingestão de betabloqueadores com atividade agonista parcial pode apresentar-se, inicialmente, com hipertensão e taquicardia, sendo, porém, raras.

Os betabloqueadores com antagonismo do canal de sódio podem piorar as anormalidades de condução, causando uma bradicardia muito complexa (especialmente quando o intervalo QRS é > 100 milissegundos). O perfil cardiotóxico do sotalol é diferente do de outros betabloqueadores por sua capacidade de bloquear os canais de potássio e prolongar o intervalo QT.

Assim, o sotalol é mais frequentemente associado a arritmias ventriculares, incluindo contrações ventriculares prematuras, bigeminismo, taquicardia ventricular, fibrilação ventricular e *torsades de pointes*. As arritmias ventriculares também são mais frequentes nas intoxicações por propranolol e acebutolol, provavelmente em decorrência do aumento da atividade estabilizadora de membranas com essas medicações.

Os betabloqueadores também afetam o SNC e o sistema respiratório. As manifestações respiratórias são broncoespasmo, que pode ser de difícil controle, e depressão do SNC. As alterações do SNC incluem alterações de estado mental deprimido, coma e convulsões, sendo essas manifestações mais frequentes em pacientes com hipotensão associada.

Esses sintomas provavelmente ocorrem como resultado de uma combinação de hipóxia em decorrência de fraca perfusão, do antagonismo do canal de sódio e da toxicidade neuronal direta. Os betabloqueadores lipofílicos, como o propranolol, causam maior toxicidade neurológica do que os menos lipofílicos. As convulsões são, em geral, breves, e o estado de mal epilético é raro.

Os pacientes com intoxicação por betabloqueadores podem ainda cursar com hipoglicemia, que pode ser de difícil reconhecimento, em razão do bloqueio β-adrenérgico.

Diagnóstico: o diagnóstico de intoxicação por betabloqueador é feito clinicamente, valorizando a história do paciente, os achados do exame físico e os resultados dos testes diagnósticos básicos. Os pacientes em geral apresentam uma história de *overdose* intencional ou erro terapêutico. A exposição a outras medicações e toxinas pode piorar a bradicardia e a hipotensão, mas características úteis podem ajudar a diferenciar a toxicidade desses agentes daqueles devidos aos betabloqueadores.

Na suspeita de intoxicação por betabloqueadores, o primeiro exame indicado é o ECG. Os betabloqueadores diminuem a velocidade de condução pelo nó atrioventricular, resultando em prolongamento do intervalo PR, além de diminuir o automatismo do nó sinoatrial. O prolongamento do intervalo QT pode ocorrer com o uso do sotalol.

Os exames laboratoriais indicados incluem inicialmente glicemia capilar, sobretudo em pacientes com alteração do nível de consciência. Outros exames incluídos são eletrólitos, cálcio sérico, função renal e gasometria, preferencialmente arterial. Caso não seja apropriada a coleta da gasometria arterial, a oximetria de pulso deve ser realizada. Em pacientes com má perfusão periférica, a dosagem de lactato é indicada, além da do peptídeo natriurético cerebral. Se houver suspeita de outras intoxicações, o uso de acetaminofeno ou outras medicações pode ser considerado.

Tratamento

A abordagem inicial, como em outras intoxicações agudas, tem como prioridade assegurar as vias aéreas e a estabilidade hemodinâmica, devendo-se iniciar a monitoração cardiorrespiratória e realizar acesso intravenoso. Embora haja poucas evidências para a realização da descontaminação gastrintestinal rotineira, após intoxicação aguda por betabloqueadores, a descontaminação deve ser considerada quando houve ingestão de uma quantidade significativa de betabloqueadores, pelo risco de toxicidade grave.

O carvão ativado pode ser benéfico se administrado dentro de 1 hora após a ingestão, e o paciente for capaz de manter a via aérea. Pode haver uma janela de oportunidade maior para uso do carvão ativado após a ingestão de betabloqueadores de liberação sustentada. O xarope de ipeca e os agentes catárticos não são recomendados. A lavagem gástrica não é recomendada. A irrigação intestinal total pode ser benéfica após grande ingestão de um produto de liberação prolongada.

O tratamento específico tem o objetivo de restaurar a perfusão de órgãos essenciais, melhorando a contratilidade miocárdica, aumentando a frequência cardíaca (FC) ou ambas. Alternativas incluem a administração de glucagon, agonistas adrenérgicos, insulina em alta dose, administração de sais de cálcio e inibidores da fosfodiesterase. Medidas agressivas, como hemodiálise, hemoperfusão, colocação de balão intra-aórtico e suporte circulatório extracorpóreo também são utilizadas quando os pacientes são refratários à terapia farmacológica.

Em pacientes hipotensos, deve-se iniciar reposição volêmica com cristaloide, e os pacientes com bradicardia significativa têm indicação do uso de atropina. Seu uso pode ser benéfico quando outras medicações foram ingeridas concomitantemente, mas é pouco provável que tenha benefício na intoxicação significativa por betabloqueadores. Contudo, pode ser tentada em pacientes com bradicardia significativa.

O glucagon é o tratamento de primeira linha da bradicardia e hipotensão induzidas por betabloqueadores. O glucagon é produzido nas células pancreáticas e ativa independentemente a adenilato ciclase do miocárdio, sem precisar passar pelo receptor betabloqueado. Os efeitos de ação do glucagon são observados dentro de 1 a 2 minutos, atingindo um pico em 5 a 7 minutos e tendo duração de ação de 10 a 15 minutos. Caso não ocorra resposta, uma segunda dose pode ser administrada. A infusão de glucagon deve ser titulada para avaliar a resposta hemodinâmica adequada. Não existe uma dose terapêutica máxima identificada ou duração do tratamento. Os efeitos inotrópicos e cronotrópicos positivos do glucagon podem não ser mantidos por um período prolongado, em virtude de uma possível taquifilaxia.[7]

As náuseas e os vômitos são efeitos colaterais comuns e podem estar relacionados ao relaxamento do esfíncter esofágico. A intubação antes da administração de glucagon deve ser considerada em qualquer paciente com estado mental alterado, para limitar o risco de aspiração.

A administração de cálcio é, em geral, a segunda escolha para o tratamento da intoxicação por betabloqueadores, embora a evidência para seu uso seja pequena. Essa medicação pode ser considerada em pacientes com choque refratário que não responde a outras terapias.

A próxima opção no tratamento desses pacientes costuma ser o uso de vasopressores, em particular os agonistas dos receptores β-adrenérgicos, como a norepinefrina, a dopamina, a epinefrina e o isoproterenol. Os agonistas de receptores adrenérgicos mais eficazes parecem ser a norepinefrina e a epinefrina por seus efeitos cronotrópicos e vasopressores. A fenilefrina também pode ser benéfica como vasopressor.

Embora o isoproterenol possa aumentar a FC, este fato ocorre em decorrência da vasodilatação. Normalmente, as catecolaminas são combinadas com outras modalidades de tratamento, como glucagon e sais de cálcio. A infusão de epinefrina tem uma vantagem em relação à norepinefrina, por ser uma medicação que aumenta a frequência cardíaca.

Em virtude do betabloqueio, as medicações catecolaminérgicas são menos eficazes que em outras situações. Os inibidores da fosfodiesterase, como a milrinona, podem ser usados para tratar a toxicidade pelo betabloqueador. Esses agentes inibem a degradação do AMP cíclico, sustentando, desta forma, os níveis de cálcio intracelular.

Outra opção é a terapia com insulina em alta dose, com o objetivo de manter um ambiente de hiperinsulinemia com euglicemia. A insulina atua como inotrópico, facilitando a utilização de glicose pelo miocárdio, como substrato energético durante o estresse. A dose necessária é, normalmente, 10 vezes maior que a necessária para o tratamento da cetoacidose diabética. A resposta hemodinâmica costuma ocorrer de 30 a 60 minutos após ser iniciada. A reposição de potássio e magnésio costuma ser necessária durante essa terapia, e a monitoração dos níveis de potássio é recomendada a cada hora.

A terapia com insulina deve persistir até a resolução da toxicidade. A duração da infusão de doses elevadas de insulina, descrita nos relatos de casos, varia de 9 a 49 horas. A infusão de insulina pode ser gradualmente retirada ou interrompida de forma abrupta. Deve-se reiniciar a infusão de insulina se a FC ou a PA caírem após a interrupção da terapia com insulina com altas doses. Efeitos adversos incluem hipoglicemia e hipocalemia.

O próximo passo possível no tratamento é a terapia com emulsão lipídica intravenosa, também utilizada nas intoxicações por bloqueadores dos canais de cálcio (BCC). Esse tratamento é particularmente eficaz no caso de toxicidade com anestésicos locais. As emulsões lipídicas parecem criar uma dissolução farmacológica para fármacos solúveis em gordura. A terapia também pode fornecer um substrato de ácidos graxos para energia cardíaca e melhorar a função dos miócitos, ao aumentar os níveis de cálcio intracelular, mas o mecanismo exato não é completamente compreendido.

Os modelos animais sugerem que a emulsão lipídica intravenosa pode ser mais eficaz nos betabloqueadores lipofílicos, como o propranolol e o carvedilol, e pode ser menos eficaz em agentes mais hidrofílicos, como metoprolol e atenolol. A emulsão lipídica padrão de 20% é administrada como um *bolus* de 1,0 a 1,5 mL/kg durante 1 minuto, seguida de uma infusão de 0,25 mL/kg/min.[8]

Em pacientes com acidose grave e alargamento do intervalo QRS secundários ao bloqueio do canal de sódio, o bicarbonato de sódio é uma opção. Os betabloqueadores com capacidade de bloqueio de canais de sódio podem interferir na despolarização ventricular, predispondo a arritmias cardíacas.

Quando o intervalo QRS é maior que 120 a 140 milissegundos, é razoável administrar bicarbonato de sódio.

A estimulação com marca-passo pode ser considerada como tratamento de bradicardia por intoxicação por betabloqueador. A captura elétrica e a restauração da PA nem sempre são bem-sucedidas, sobretudo pela falta de cálcio intracelular necessário para a contração. A estimulação cardíaca pode ser mais benéfica no tratamento de *torsades de pointes* associadas à toxicidade do sotalol.

O tratamento da toxicidade do sotalol pode exigir medidas farmacológicas diferentes das necessárias em intoxicações por outros betabloqueadores, por seus efeitos no canal de potássio. Além das terapias discutidas anteriormente, a suplementação de magnésio, a lidocaína e a estimulação de *overdrive* cardíaco podem ter benefício específico.

Os pacientes que desenvolvem estado mental alterado, bradicardia, atrasos de condução ou hipotensão devem ser sempre cuidados em uma unidade de terapia intensiva. Um paciente que ingere um betabloqueador de liberação prolongada tem indicação de admissão e monitoramento pela possibilidade de desenvolvimento de toxicidade retardada.

Pacientes que ingerem grande dose de comprimidos de betabloqueador de liberação regular e permanecem assintomáticos, apresentando sinais vitais normais em 6 horas após a ingestão, podem receber alta ou admissão em uma instalação psiquiátrica, se necessário.

Medidas de depuração

O alto grau de ligação à proteína e solubilidade lipídica de betabloqueadores, bem como seu grande volume de distribuição, tornam a remoção extracorpórea do medicamento uma medida inútil para a maioria das medicações desta classe. Ao contrário, os fármacos como acebutolol, atenolol, nadolol e sotalol podem ser removidos por hemodiálise em virtude de fatores como menor ligação a proteínas, solubilidade em água e menor volume de distribuição.

> **ERRO COMUM QUE VOCÊ DEVE EVITAR**
>
> Desconsiderar a possibilidade de apresentação clínica tardia no caso de intoxicação por betabloqueadores de liberação prolongada.

BLOQUEADORES DOS CANAIS DE CÁLCIO

Os bloqueadores dos canais de cálcio mais utilizados na prática pediátrica são anlodipino e nifedipino.

Mecanismo de ação

O cálcio intracelular é o estímulo primário para a contração da musculatura lisa e cardíaca e para a formação de impulso elétrico nas células do marca-passo sinoatrial. Em concentrações muito altas, alguns BCC (notadamente o verapamil) podem ocupar o canal de cálcio e bloquear completamente a entrada de cálcio.

O verapamil também tem uma ação de diminuição do inotropismo cardíaco. Os BCC são divididos em duas classes: os não di-hidropiridínicos, como o verapamil e diltiazem; e os di-hidropiridínicos, que incluem o nifedipino e o anlodipino.

Todos os medicamentos desta classe relaxam a musculatura lisa vascular, reduzem a atividade de marca-passo e diminuem a contratilidade cardíaca. No entanto, esses efeitos ocorrem em diferentes intervalos de doses para cada medicamento.

Além disso, todos os BCC aumentam o fluxo sanguíneo coronário de forma dependente da dose. O verapamil é o inotrópico negativo mais potente de todos os BCC, causando a mesma depressão da contração do coração e a dilatação do músculo liso vascular em qualquer concentração. Esse efeito cardiovascular pode ser um dos motivos pelos quais a sobredose de verapamil causa mais mortes do que os demais BCC combinados.

A maioria dos BCC é fortemente ligada a proteínas, com alto volume de distribuição e metabolismo hepático. Em maiores doses, a meia-vida se prolonga, o que aumenta a duração e os efeitos da toxicidade.

Os di-hidropiridínicos se ligam mais seletivamente aos canais de cálcio do músculo liso vascular do que aos canais de cálcio cardíaco e, portanto, relaxam o músculo liso e não produzem quase nenhum efeito inotrópico negativo.

Os BCC de primeira geração incluem o verapamil, o nifedipino e o diltiazem, todos com meias-vidas relativamente baixas. Posteriormente, formulações de liberação prolongada foram desenvolvidas, as quais prolongam a absorção de medicamentos, sendo que, desde o início dos sintomas pode ser tardio, e a toxicidade pode ser prolongada após a sobredosagem.

Quadro clínico

Os efeitos mais proeminentes e que mais ameaçam a vida são uma extensão dos efeitos terapêuticos no sistema cardiovascular, em particular a depressão miocárdica e a vasodilatação periférica. A hipotensão é a anormalidade fisiológica mais comum após a intoxicação. Os pacientes com intoxicação moderada com verapamil ou diltiazem costumam apresentar, ainda, bradicardia sinusal, graus variados de bloqueio atrioventricular e hipotensão.

O bloqueio atrioventricular ocorre mais frequentemente com o verapamil do que com o diltiazem ou o nifedipino. As doses aumentadas de di-hidropiridínicos leves ou moderados costumam causar vasodilatação periférica com hipotensão resultante e taquicardia reflexa. Os pacientes podem apresentar sinais de insuficiência cardíaca como terceira bulha, estase jugular e estertores crepitantes; nas intoxicações graves, pode ocorrer evolução com colapso cardiovascular.

Em indivíduos com insuficiência cardíaca, o uso de doses habituais de BCC com efeito inotrópico negativo como o verapamil pode levar a uma significativa descompensação do quadro cardíaco. Delírio e coma foram descritos e são presumidos como secundários à hipoperfusão cerebral. A alteração da consciência, na ausência de hipotensão, não deve automaticamente ser atribuída à toxicidade dos BCC, sendo necessária a avaliação de outras causas. Sintomas gastrintestinais como náuseas e vômitos são incomuns.

Diagnóstico

Um histórico de ingestão de doses elevadas deve ser considerado potencialmente tóxico. Sempre que possível, devem ser determinados fatores como medicamento específico, quantidade, hora da ingestão e se a preparação tem ou não liberação prolongada.

As crianças podem ser sensíveis à toxicidade dos BCC e mortes foram relatadas após a ingestão de um único comprimido de nifedipino de 10 mg por uma criança de 14 meses e após a ingestão de 25 mg de verapamil por uma criança de 7 dias de idade. Portanto, todas as ingestões pediátricas de BCC devem ser encaminhadas para atendimento médico e observação.[9]

O ECG é obrigatório em todos os pacientes com suspeita de intoxicação por BCC, e as alterações características incluem bradicardia sinusal e graus variados de bloqueio atrioventricular.

Os exames laboratoriais são realizados para avaliar o estado metabólico geral do paciente. A hiperglicemia é, com frequência, observada após a ingestão de BCC, o que a diferencia da ingestão de betabloqueador, que tipicamente é euglicêmica e, às vezes, hipoglicêmica. Os BCC inibem a secreção de insulina mediada pelo cálcio das células beta no pâncreas e aumentam a resistência à insulina por mecanismos pouco claros.

A hipoperfusão sistêmica pode causar uma acidose metabólica com lactato elevado. A hipocalemia pode ser observada em *overdoses* graves. Os níveis séricos de cálcio costumam ser normais. Os níveis de cálcio sérico ionizado devem ser monitorados durante o tratamento com preparações intravenosas de cálcio, mas o nível ótimo de cálcio sérico para pacientes com intoxicações graves por BCC é desconhecido. A dosagem de concentrações séricas de BCC não está rotineiramente disponível e não é usada no manejo.

Outros exames obrigatórios nesses pacientes incluem função renal e eletrólitos. Em indivíduos com quadros de dispneia, hipóxia, taquipneia ou edema periférico, a radiografia de tórax é obrigatória, e a dosagem de peptídeo natriurético cerebral pode ser útil.

Tratamento

Os pacientes são manejados inicialmente como qualquer outro com intoxicação aguda, e a prioridade inicial é a estabilização hemodinâmica e respiratória. Os pacientes devem ser colocados em monitoração cardiorrespiratória, a princípio em ambiente de sala de emergência.

Em pacientes com nível de consciência alterado, a verificação da glicemia capilar é mandatória com correção da hipoglicemia se necessário. Os indivíduos com intoxicação por BCC mantêm, em geral, um nível de consciência preservado apesar da hipotensão e bradicardia, assim, seu estado hemodinâmico deve ser reavaliado constantemente nas primeiras 6 horas no departamento de emergência.

O nível de consciência diminuído após a ingestão de BCC é resultado de hipoperfusão cerebral ou ingestão concomitante de outras medicações.

Em pacientes que se apresentam na primeira hora após a ingestão de BCC, pode-se administrar carvão ativado oral, podendo este ser também utilizado após 1 hora da ingestão nos casos do uso de BCC em formulações de liberação prolongada, desde que não haja contraindicações, como estado mental alterado ou vômitos.

É indicado o carvão ativado após a ingestão acidental de verapamil em crianças, porque a toxicidade potencialmente fatal foi relatada após a ingestão de um único comprimido.

O carvão ativado em doses múltiplas pode ser considerado na ingestão de uma preparação de liberação prolongada de BCC. O uso de xarope de ipeca, a indução de emese ou a lavagem gástrica não têm benefícios em pacientes com intoxicação aguda por BCC. Alguns autores recomendam lavagem gástrica para o paciente dentro dos 60 minutos após ingestão de uma quantidade bastante superior à toxicidade, ou para quaisquer indivíduos que necessitem de intubação após a ingestão de BCC, mas essa é uma abordagem não baseada em evidências.

As vias aéreas desses pacientes devem ser estabilizadas e, se necessário, deve ser realizada a intubação endotraqueal. Após o manejo das vias aéreas, providencia-se a estabilização cardiovascular. O objetivo do tratamento da bradicardia é aumentar a perfusão do órgão final em vez de restaurar uma FC específica.

Em pacientes com hipotensão ou bradicardia, as terapias iniciais recomendadas incluem expansão com solução cristaloide e atropina. Apesar de as soluções cristaloides serem a medida inicial para hipotensão, essa reposição deve ser realizada com cautela, pois a administração excessiva de fluidos pode produzir, ou piorar, o edema pulmonar.

Os sais de cálcio são o próximo passo na abordagem do paciente com bradicardia e hipotensão. Esses agentes podem melhorar a FC e a PA, mas a resposta é variável.

A estimulação com marca-passo transcutâneo ou transvenoso é uma opção, sendo muitas vezes bem-sucedida na restauração de uma FC aceitável, mas pode ter pouco ou nenhum efeito na correção da hipotensão.

Em pacientes que mantêm instabilidade hemodinâmica, é indicado o uso de vasopressores adrenérgicos. Nenhum vasopressor adrenérgico único é consistentemente eficaz. Uma boa resposta clínica pode ocorrer com dopamina, epinefrina, norepinefrina, vasopressina, dobutamina e isoproterenol. Pacientes com diminuição da contratilidade e vasodilatação periférica, especialmente em relação à bradicardia relativa, podem se beneficiar de um agente com efeitos α e β agonistas, como epinefrina ou norepinefrina.

Uma alternativa para o tratamento das intoxicações por BCC é o uso do glucagon. Na intoxicação por BCC, a inibição cardíaca está além do local de ligação do glucagon e, portanto, este não oferece nenhuma vantagem sobre outros agentes.

O uso de altas doses de insulina tem efeito inotrópico positivo e essa terapia ainda pode levar a um aumento da entrada de cálcio intracelular no miocárdio, bem como pode aumentar o transporte intracelular de glicose para o músculo cardíaco e esquelético.

Em pacientes não responsivos, o próximo passo poderia ser a utilização de emulsões lipídicas, que já foram estudadas em *overdoses* de anestésicos locais como a bupivacaína. As emulsões lipídicas parecem criar uma dissolução farmacológica para fármacos solúveis em gordura. A terapia também pode fornecer um substrato de ácidos graxos para o fornecimento de energia cardíaca e melhorar a função dos miócitos ao aumentar os níveis de cálcio intracelular.[10]

Em geral, os pacientes manifestam toxicidade dentro de 6 horas após a ingestão de produtos que não sejam de liberação prolongada. Portanto, os assintomáticos e que têm sinais vitais normais após um período de observação de 6 horas podem receber alta após uma avaliação psiquiátrica apropriada. A toxicidade pode ser observada em até 12 a 24 horas após a ingestão de produtos de liberação prolongada. Assim, a ingestão de BCC de liberação prolongada requer observação no departamento de emergência por 12 a 24 horas, mesmo em pacientes assintomáticos (Tabela 1).

Tabela 1. Dose dos anti-hipertensivos mais comumente utilizados na faixa etária pediátrica

Droga	Idade	Dose inicial	Dose máxima	Intervalo	Apresentação
Benazepril	≥ 6 anos	0,2 mg/kg/dia (até 10 mg/dia)	0,6 mg/kg/dia (até 40 mg/dia)	1×/dia	Cp de 5, 10, 20 e 40 mg e solução 2 mg/dL
Captopril	Lactentes	0,05 mg/kg/dose	6 mg/kg/dia	1 a 4×/dia	Cp de 12,5, 25, 50 e 100 mg e solução 2 mg/mL
Captopril	Crianças	0,5 mg/kg/dose	6 mg/kg/dia	3×/dia	Cp de 12,5, 25, 50 e 100 mg e solução 2 mg/mL
Enalapril	≥ 1 mês	0,08 mg/kg/dia (até 5 mg/dia)	0,6 mg/kg/dia (até 40 mg/dia)	1 a 2×/dia	Cp de 2,5, 5, 10 e 20 mg e solução de 1 mg/mL
Ramipril	–	1,6 mg/m²/dia	6 mg/m²/dia	1×/dia	Cp de 1,25, 2,5, 5 e 10 mg
Losartana	≥ 6 anos	0,7 mg/kg/dia (até 50 mg/dia)	1,4 mg/kg (até 100 mg/dia)	1×/dia	Cp de 25, 50 e 100 mg e solução de 2,5 mg/mL
Valsartana	≥ 6 anos	1,3 mg/kg/dia (até 40 mg/dia)	2,7 mg/kg/dia (até 160 mg/dia)	1×/dia	Cp de 40, 80, 160 e 120 mg e solução de 4 mg/mL
Candesartana	1 a 5 anos	0,2 mg/kg/dia (até 4 mg/dia)	0,4 mg/kg/dia (até 16 mg/dia)	1 a 2×/dia	Cp de 4, 8, 16 e 32 mg e solução de 1 mg/mL
Candesartana	≥ 6 anos < 50 kg	4 mg/dia	16 mg/dia	1 a 2×/dia	Cp de 4, 8, 16 e 32 mg e solução de 1 mg/mL
Hidroclorotiazida	Crianças	1 mg/kg/dia	2 mg/kg/dia (até 37,5 mg/dose)	1 a 2×/dia	Cp de 12,5, 25 e 50 mg
Clortalidona	Crianças	0,3 mg/kg/dia	2 mg/kg/dia (até 50 mg/dia)	1×/dia	Cp de 25, 50 e 100 mg
Anlodipino	1 a 5 anos	0,1 mg/kg/dia	0,6 mg/kg/dia (até 5 mg/dia)	1×/dia	Cp de 2,5, 5 e 10 mg e solução 1 mg/mL
Anlodipino	≥ 6 anos	2,5 mg/dia	Até 10 mg/dia	1×/dia	Cp de 2,5, 5 e 10 mg e solução 1 mg/mL
Nifedipina XR	Crianças (≥ 1 mês)	0,2 a 0,5 mg/kg/dia	3 mg/kg/dia (até 120 mg/dia)	1 a 2×/dia	Cp de 30, 60 e 90 mg
Propranolol	Crianças	1 a 2 mg/kg/dose	4 mg/kg/dia (máx. 640 mg/dia)	2 a 3×/dia	Cp de 10, 40 e 80 mg
Atenolol	Crianças	0,5 a 1 mg/kg/dose	2 mg/kg/dia (máx. 100 mg/dia)	1 a 2×/dia	Cp de 25, 50 e 100 mg
Carvedilol	Crianças	0,075 a 0,08 mg/kg/dose	0,3 a 0,75 mg/kg/dose (máx. 50 mg/dia)	2×/dia	Cp de 12,5, 25 e 50 mg
Espironolactona	Crianças	1 mg/kg/dia	3,3 mg/kg/dia (máx. 100 mg/dia)	2 a 4×/dia	Cp de 25, 50 e 100 mg
Clonidina	Crianças (> 12 anos)	2 a 5 mcg/kg/dose (0,2 mg/dia)	Até 10 mcg/kg/dose (2,4 mg/dia)	3 a 4×/dia a cada 12 h (para alguns autores)	Cp de 0,1, 0,15 e 0,2 mg
Prazosina XR	Crianças	0,05 a 0,1 mg/kg/dia	0,5 mg/kg/dia	3×/dia	Cp de 1,2 e 4 mg Não disponível/manipulação
Hidralazina oral	Crianças	0,25 a 0,75 mg/kg/dose	7,5 mg/kg/dia (máx. 200 mg/dia)	3 a 4×/dia	Cp de 25 e 100 mg
Hidralazina IV	Crianças	0,1 a 0,2 mg/kg/dose	0,4 mg/kg/dose	Até 6×/dia	Ampola 20 mg/mL
Minoxidil	< 12 anos	0,1 a 0,2 mg/kg/dose	10 mg/dose (50 mg/dia)	2 a 3×/dia	Não disponível/manipulação
Minoxidil	≥ 12 anos	0,1 a 0,2 mg/kg/dose (5 mg/dia)	10 mg/dose (100 mg/dia)	2 a 4×/dia	Não disponível/manipulação
Nitroprussiato	Crianças	0 a 3 mcg/kg/min	10 mcg/kg/min	Infusão contínua	Ampola 25 mg/mL
Esmolol	Crianças	100 mcg/kg/min	500 mcg/kg/min	Infusão contínua	Ampola 10 mg/mL e 250 mg/mL

Medidas de depuração

A hemodiálise ou hemoperfusão não tem se mostrado benéfica no tratamento da intoxicação por BCC, mas tem sido utilizada para tentar remover os BCC da circulação.

ERROS COMUNS QUE VOCÊ DEVE EVITAR

Não omitir os passos do atendimento a casos de intoxicação por BCC. Os passos sequenciais da abordagem da intoxicação por BCC estão resumidos a seguir:

1. Monitoração cardiorrespiratória e obtenção do ECG.
2. Glicemia capilar na entrada.
3. Em caso de alteração de estado mental e sinais de intoxicação por opioide associada, considerar o uso de naloxona.
4. Carvão ativado, dose única.
5. Carvão ativado, múltiplas doses: pode ser considerado para preparações de liberação prolongada.
6. Solução cristaloide para hipotensão: tratamento excessivo pode causar edema pulmonar.
7. Intubação endotraqueal precoce em caso de estado mental alterado ou instabilidade hemodinâmica.
8. Uso de atropina com a solução cristaloide.
9. Pacientes sem resposta devem receber sais de cálcio.
10. Glucagon.
11. Em pacientes não responsivos, considerar terapia com insulina altas doses.
12. Terapia com emulsão lipídica IV em pacientes refratários.
13. Outras medidas como dispositivos intraventriculares de assistência em casos refratários.

OBJETIVOS DE APRENDIZAGEM

Identificar o quadro clínico e as principais medidas terapêuticas nas intoxicações pelas diferentes classes de anti-hipertensivos na faixa etária pediátrica.

REFERÊNCIAS BIBLIOGRÁFICAS

1. Flynn JT, Kaelber DC, Baker-Smith CM, et al. Subcommittee on Screening and Management of High Blood Pressure in Children. Clinical Practice Guideline for Screening and Management of High Blood Pressure in Children and Adolescents. Pediatrics. 2017;140(6).
2. Siddiqi N, Shatat IF. Antihypertensive agents: a long way to safe drug prescribing in children. Pediatr Nephrol. 2020 Nov;35(11):2049-65.
3. Hetterich N, Lauterbach E, Stürer A, Weilemann LS, Lauterbach M. Toxicity of antihypertensives in unintentional poisoning of young children. J Emerg Med. 2014 Aug;47(2):155-62.
4. St-Onge M. Cardiovascular drug toxicity. Crit Care Clin. 2021 Jul;37(3):563-76.
5. Robert M, De Bels D, Chaumont M, Honoré PM, Gottignies P. Angiotensin converting enzyme inhibitor intoxication: naloxone to the rescue? Naloxone for ACE inhibitor intoxication. Am J Emerg Med. 2019 Jun;37(6):1217.e1-1217.e2.
6. Nessim SJ, Richardson RM. Dialysis for thiocyanate intoxication: a case report and review of the literature. ASAIO J. 2006 Jul-Aug;52(4):479-81.
7. Gokalp G, Nalbant T, Berksoy E, Bardak S, Demir G, Demir S, et al. Is hypoglycemia really observed in pediatric beta-blocker intoxications? A case-control study. Arch Pediatr. 2021 Nov 27:S0929-693X(21)00210-4.
8. Chou YJ, Lee CH. Success in early treatment with lipid emulsion for antihypertension drug overdose patient. Am J Emerg Med. 2021 Dec;50:814.e3-814.e5.
9. Christensen MB, Petersen KM, Bøgevig S, Al-Gibouri S, Jimenez-Solem E, Dalhoff KP, et al. Outcomes following calcium channel blocker exposures reported to a poison information center. BMC Pharmacol Toxicol. 2018 Nov 27;19(1):78.
10. Havan M, Kendirli T, Özcan S, Doğan MT, Yiğit AO, Uçar T. A successful treatment with intravenous lipid emulsion therapy in a child with verapamil poisoning. Turk J Emerg Med. 2021 Oct 29;21(4):217-20.

CAPÍTULO 51

INTOXICAÇÕES SECUNDÁRIAS A FÁRMACOS ANTIEPILÉPTICOS

Janise Dal Pai
Magda Lahorgue Nunes

PONTOS-CHAVE
• O armazenamento inadequado de fármacos antiepilépticos (FAE) no ambiente doméstico é o maior causador de intoxicações acidentais em crianças menores de 5 anos. • A incapacidade de descrever o ocorrido pelas crianças menores, associada à falta de informações dos responsáveis no momento do atendimento, dificulta o diagnóstico médico de intoxicação. • A ataxia e a depressão respiratória estão entre os achados mais comuns na intoxicação por FAE de primeira geração. • Não existe, até o momento, registro de antídoto para intoxicação por FAE.

INTRODUÇÃO

A intoxicação aguda na infância é um problema de saúde de ordem mundial e importante causa de morbidade e mortalidade.[1,2] O público infantil é apontado como o mais vulnerável a sofrer intoxicações acidentais, especialmente no ambiente doméstico, pelo armazenamento inadequado dos fármacos, enquanto naqueles com mais de 13 anos as intoxicações ocorrem mais comumente por *overdose* intencional.[3-5]

Entre 2012 e 2016 foram registrados 129.428 casos de intoxicação medicamentosa pelo Sistema Nacional de Informações Tóxico-Farmacológicas (Sinitox). Foram realizados 62.124 registros de intoxicação em crianças e adolescentes (< 1 a 19 anos), sendo a faixa etária mais afetada a de crianças entre 1 e 4 anos, totalizando 37.582 ocorrências.[6] Quanto aos fármacos antiepilépticos (FAE), estes estão dentre os psicoativos mais frequentemente envolvidos em casos de intoxicação observados no Brasil.[7] Entretanto, é relatada subestimação desses dados, em razão da ausência de registro de alguns estados.[8] No mundo, as crianças menores de 5 anos também estão dentre aquelas com maior percentual de intoxicação.[1,2,9]

Neste capítulo o leitor encontrará informações quanto aos sinais e os sintomas de toxicidade ocasionada por FAE de 1ª e 2ª geração, dose terapêutica e potencialmente tóxica, tratamento em casos brandos e graves, dentre outras informações importantes.

FÁRMACOS ANTIEPILÉPTICOS DE PRIMEIRA GERAÇÃO

Ácido valproico

Usado no tratamento das epilepsias focais e generalizadas, bem como nos transtornos de humor e na profilaxia dos quadros de enxaqueca.

Mecanismo de ação

Fármaco/toxicodinâmica

O efeito antiepiléptico parece ser mediado pela condutância de potássio, levando a uma redução da corrente de cálcio do tipo t que, por sua vez, aumenta as concentrações cerebrais de ácido gama-aminobutírico (Gaba).[10]

Fármaco/toxicocinética

- Peso molecular de 144 Da, a um volume de distribuição (Vd) de 0,1 a 0,5 L/kg.[11,12]
- Em doses terapêuticas, sofre eliminação de primeira ordem.[11,12]
- Sua ligação à proteína plasmática aumenta com a concentração, tornando-se saturada em concentrações > 300 mg/L, ficando livre para se acumular.[11,12]
- A meia-vida é de 12 horas, mas pode se estender até mais de 30 horas em casos de envenenamento.[13]
- Atinge a concentração máxima em 1 a 4 horas, mas pode ser atrasada por até 7 horas em casos de *overdose*.[13]

Doses tóxicas

- Toxicidade leve: ~ 200 mg/kg, via oral.[12]
- Toxicidade grave: > 400 mg/kg, via oral.[12]

Quadro clínico

Sintomas neurológicos

- Toxicidade leve: ataxia, estado mental deprimido, letargia e sonolência.[5,12,13]
- Toxicidade grave: coma, depressão respiratória e instabilidade hemodinâmica, efeito pró-convulsivo.[5,12,14]
- Encefalopatia hiperamonêmica pode ocorrer em doses terapêuticas e elevadas.[15]
- Edema cerebral pode ocorrer em casos agudos e crônicos por causa do metabólito tóxico ácido 2-propil-2-pentenoico.[10,15]

Outros sinais e sintomas

- Náuseas, vômitos, dor abdominal e diarreia.[13]
- Hepatotoxicidade, especialmente em menores de 3 anos, pode se desenvolver como uma reação idiossincrática rara e geralmente leva à insuficiência hepática fatal.[13,16]
- Taquicardia, hipotensão e hipertensão, entretanto anormalidades no eletrocardiograma (ECG) são menos comuns em crianças.[5,17]

Toxicidade crônica

- Síndrome de Fanconi: defeito subclínico da função tubular renal, excreção urinária de aminoácidos, glicose, fosfato, bicarbonato e ácido úrico, resultando em acidose tubular renal e, eventualmente, alterações do crescimento e miopatia.[18,19]
- Alterações laboratoriais: hipernatremia, hipocalcemia, hiperosmolaridade e acidose metabólica.[15,20,21]
- Hepatotoxicidade e hiperamonemia podem ocorrer em decorrência da toxicidade do metabólito ácido propiônico.[15,20,21]
- Anemia aplástica ou citopenia periférica podem ocorrer.[5]
- Baixa saturação de O_2, congestão jugular e edema em membros inferiores, acidose respiratória com compensação metabólica, trombocitopenia, proteína C-reativa elevada (com funções hepáticas preservadas), hipoproteinemia e hipoalbuminemia.[10]

Diagnóstico

Pela história sugestiva de intoxicação acidental ou intencional (tentativa de suicídio), sinais clínicos e confirmada pela dosagem do nível sérico.

Tratamento

Medidas de suporte

- Ressuscitação cardiopulmonar quando necessário.[5]
- Base da terapia: gerenciamento de suporte das funções vitais com monitoração cardíaca e exames laboratoriais de rotina incluindo hemograma, glicose e ureia sérica nitrogênio/creatinina, eletrólitos e gasometria venosa.[5]
- Intubação endotraqueal para proteção das vias aéreas em pacientes com estado mental alterado.[17]
- Intubação e ventilação mecânica por depressão respiratória são raras.[21]

Medidas de descontaminação

Dose única de carvão ativado.[17]

Medidas de depuração

Os tratamentos extracorpóreos, como terapia renal substitutiva (TRS), são indicados para certas intoxicações nos casos em que não é observada melhora do estado clínico do paciente ou se ele desenvolve lesão renal aguda. Dentre esses tratamentos estão a hemodiálise, hemofiltração, hemoperfusão, terapia de substituição renal contínua, diálise de albumina de passagem única, diálise peritoneal e diálise prolongada de baixa eficiência, sendo a hemodiálise a modalidade mais comumente usada.[15]

A TRS é indicada na intoxicação por ácido valproico nas seguintes situações:[12,22]

- Deterioração do estado neurológico ou coma.
- Presença de choque apesar da ressuscitação com fluidos.
- Insuficiência respiratória que requer ventilação invasiva.
- Acidose grave com pH < 7,1, apesar da terapia de suporte.

Técnicas indicadas

- Hemodiálise é a primeira escolha nas intoxicações graves.[17,18]
- Hemoperfusão é uma opção alternativa.[18]

Antídoto

- Naloxona e carnitina (esta, preferencialmente intravenosa) foram sugeridas como medida para aumentar a β-oxidação do ácido valproico.[13,17]
- Suplementação de L-carnitina.[23]

ALERTA IMPORTANTE

A intoxicação acidental em crianças < 5 anos ocorre pela ingestão exploratória, o que está associado ao aumento da curiosidade e senso de independência da criança à medida que ela cresce.[27]

Carbamazepina

Indicada para os casos de epilepsia focal, tratamento da neuralgia do trigêmeo e doenças psiquiátricas, como transtorno bipolar e síndromes dolorosas.[15,24]

Mecanismo de ação

Fármaco/toxicodinâmica

Parece atuar no bloqueio do canal de sódio voltagem-dependente em neurônios glutamatérgicos, levando à redução da hiperexcitação neuronal, da descarga neuronal repetitiva e propagação sináptica de impulsos excitatórios.[25]

Fármaco/toxicocinética

- Antiepiléptico lipofílico, peso molecular de 236 Da, baixo Vd de 0,8 a 1,4 L/kg e 76% de ligação às proteínas.[15]
- Meia-vida média de 35 a 40 horas em dose única, diminui a 12-17 horas em doses repetidas.[15]
- Cerca de 72% da dose administrada por via oral é excretada na urina, principalmente sob a forma de metabólitos hidroxilados e conjugados.[15]

Doses tóxicas

- Toxicidade, níveis séricos > 12 µg/mL, via oral.[15]

Quadro clínico

- Sintomas neurológicos: convulsões, estado de mal epiléptico, tremores, ataxia, tonturas, sinais extrapiramidais, respiração irregular, depressão respiratória com comprometimento da consciência e coma.[15,26,27]
- Alterações cardiovasculares (em casos de intoxicação por doses muito altas): taquicardia, hipotensão ou hipertensão e choque; distúrbios de condução com alterações eletrocardiográficas como QRS e QT prolongados podem ocorrer em alguns pacientes.[15,26]
- Alterações laboratoriais: hiperglicemia, acidose metabólica, hiponatremia e hipocalemia.[26,27]
- Toxicidade crônica pode causar dores de cabeça, diplopia e ataxia.[15]
- Crianças são suscetíveis à hepatotoxicidade.[28]

Diagnóstico

- Pela história sugestiva de intoxicação acidental ou intencional (tentativa de suicídio), sinais clínicos e confirmada pela dosagem do nível sérico.

- Intoxicação grave em crianças e adolescentes: Glasgow < 8 e níveis de pH mais baixos, associados a níveis séricos mais altos de carbamazepina (32 μg/mL), lactato e glicose; e elevação da temperatura corporal.[26,27]

Tratamento

Medidas de suporte

- Ressuscitação cardiopulmonar quando necessário.[5]
- Base da terapia: suporte com monitoração cardíaca e exames laboratoriais de rotina incluindo hemogramas, glicose e ureia sérica nitrogênio/creatinina, eletrólitos e gasometria venosa.[5]
- Intubação endotraqueal para proteção das vias aéreas em pacientes com estado mental alterado.[17]
- Bicarbonato de sódio em casos de complexo QRS alargado e arritmias.[17]

Medidas de descontaminação

- Lavagem gástrica e carvão ativado dentro da primeira hora pós-intoxicação (em algumas situações, mais de uma administração).[2,26,29]
- Doses múltiplas de carvão ativado em casos de sobredosagem.[17]
- Hemoperfusão de carvão (especialmente para carbamazepina).[17]

Medidas de depuração

TRS, se disponível, visto a carbamazepina ser altamente ligada a proteínas.[15] Iniciar nas seguintes situações:[29,30]

- Presença de convulsões refratárias ao tratamento.
- Arritmia com risco de morte.
- Declínio do estado neurológico/coma prolongado.
- Depressão respiratória exigindo ventilação mecânica.

Técnicas indicadas

- Hemodiálise ou hemodiálise veno-venosa contínua intensificada com albumina em pacientes que não respondem ao tratamento de suporte.[15,26]
- Hemodiálise de alto fluxo ou alta eficiência.[15,26]

Encerrar a TRS

- Quando os níveis séricos de carbamazepina estiverem < 10 mg/L, associados à melhora clínica do paciente.

ALERTA IMPORTANTE

A maior parte do envenenamento infantil ocorre pelo armazenamento inadequado dos medicamentos em casa, associado ao seu fácil acesso.[27]

Barbitúricos

São depressores do SNC usados como sedativos, hipnóticos, anestésicos e anticonvulsivantes.[15]

Mecanismo de ação

Fármaco/toxicodinâmica

Aumentam a eficácia da transmissão gabaérgica, mantendo os canais de cloreto abertos por mais tempo, promovendo hiperpolarização neuronal.[31]

Fármaco/toxicocinética

- Barbitúricos de ação curta têm maior solubilidade em lipídio, levando a um Vd maior de 0,5 a 1 L/kg, enquanto aqueles de ação longa têm um Vd menor (0,25 a 1,2 L/kg).[32]
- Barbitúricos de ação curta têm efeito mais rápido e duração de ação mais curta (< 3 horas), em contraste com os de longa ação (> 6 horas).[32]
- Curta duração: metabolismo quase completo, a metabolização hepática precede sua função renal.[15]
- Longa duração: parcialmente excretado inalterado na urina.[15]

Doses tóxicas

- Barbitúricos de ação curta potencialmente fatais em níveis > 50 mg/L, via oral.[32]
- Barbitúricos de ação longa potencialmente fatais em níveis > 80 mg/L, via oral.[32]

Quadro clínico

- Sintomas neurológicos: sedação e hipnose seguida por lentidão, disartia e incoordenação, eventualmente levando ao coma, são notados com doses progressivamente crescentes.[32]
- Alterações cardiovasculares: supressão da contratilidade cardíaca e do tônus vascular em doses mais altas, levando a baixo débito cardíaco e hipotensão.[32]
- Alterações respiratórias: supressão do centro respiratório causa depressão respiratória e respiração superficial.[32]

Diagnóstico

Pela história sugestiva de intoxicação acidental ou intencional (tentativa de suicídio), sinais clínicos e confirmada pela dosagem do nível sérico.

Tratamento

Medidas de suporte

- Manutenção das vias aéreas e suporte respiratório para correção da hipóxia e acidemia enquanto previne a aspiração.[31]
- Intubação endotraqueal para proteção das vias aéreas em pacientes com estado mental alterado.[17]
- Estratégia inicial de infusão intravenosa rápida de solução salina normal é indicada na maioria dos casos.[31]
- Oximetria de pulso em pacientes com dificuldade respiratória ou cianose.[31]
- Monitoramento cardíaco em pacientes com instabilidade hemodinâmica.[31]
- Monitoramento mais longo em caso de barbitúrico de ação prolongada.[17]

Medidas de descontaminação

Dose única de carvão ativado.[17]

Medidas de depuração

Iniciar a TRS nas seguintes situações:[32,33]

- Presença de coma prolongado com depressão do controle autonômo da função respiratória ou circulatória.

- Presença de choque apesar da ressuscitação fluídica.
- Insuficiência respiratória que requeira ventilação invasiva.

Técnicas indicadas

- Hemodiálise como primeira escolha nos casos de intoxicação grave por barbitúricos de longa ação.
- A hemoperfusão tem resultados semelhantes à hemodiálise, entretanto é passível de complicações.
- A TRS contínua é aceitável se hemodiálise ou hemoperfusão estiverem indisponíveis.

Encerrar a TRS quando o paciente estiver clinicamente estável.

ALERTA IMPORTANTE

As exposições tóxicas exploratórias (em > 5 anos), apesar de mais frequentes, parecem ser menos graves do que as intencionais (em adolescentes).[63]

Fenobarbital

É um depressor do sistema nervoso central com amplo espectro terapêutico, FAE de primeira linha para o tratamento de convulsões em neonatos.[34,35]

Mecanismo de ação

Fármaco/toxicodinâmica

É sugerida ação sobre o receptor $Gaba_A$, com consequente inibição sináptica.[36]

Fármaco/toxicocinética

- Cerca de 80% são absorvidos pelo trato gastrintestinal.[37]
- Concentração plasmática máxima em cerca de 4 horas.[37]
- A ligação às proteínas plasmáticas é de cerca de 60%.[37]
- O volume de distribuição é de cerca do dobro em neonatos (comparado a adultos), possivelmente porque a fração não ligada de fenobarbital é maior.[36]
- A meia-vida plasmática de 40-70 horas em crianças é mais longa em prematuros em razão da imaturidade do metabolismo do fenobarbital.[36,37]
- É metabolizado no fígado a um derivado hidroxilado inativo, que é em seguida glicuroconjugado ou sulfoconjugado.[36,37]
- A eliminação renal na forma inalterada é aumentada pelo aumento do pH urinário.[36,37]

Doses tóxicas

- Acima de 40 ug/mL há sinais de sedação.[36]
- Acima de 60 ug/mL podem causar depressão respiratória.[36]
- Em dose de 50 mg/kg/dia há possível aumento do fluxo biliar.[36]
- Níveis séricos de 103 a 140 ug/mL.[35]

Quadro clínico

- *Overdose* pode levar à toxicidade prolongada e crítica com depressão do SNC e instabilidade hemodinâmica.[35]
- Incoordenação e alteração do estado mental.[17]
- Náusea, vômito, cefaleia, obsessão, confusão mental e até coma, acompanhados por um estado neurovegetativo característico (bradipneia irregular, obstrução traqueobronquial, hipotensão) podem ocorrer até uma hora após a exposição.[37]
- Sedação, depressão respiratória.[36]
- Hemorragia intraventricular pode ocorrer em bebês prematuros; grandes hemorragias estão associadas ao alto risco de deficiência e hidrocefalia.[38,39]
- O efeito colateral mais frequente é erupção cutânea morbiliforme, que geralmente desaparece sem a descontinuação do tratamento.[36]
- Possíveis efeitos colaterais crônicos: hiperatividade e desempenho prejudicado em testes neuropsicológicos.[36]

Diagnóstico

Pela história sugestiva de intoxicação acidental ou intencional (tentativa de suicídio), sinais clínicos são confirmados pela dosagem do nível sérico. A partir de 40 ug/mL há sinais de sedação.

Tratamento

Medidas de suporte

- Manutenção da permeabilidade das vias respiratórias e assistência ventilatória mecânica com oxigenoterapia complementar, se necessário.[17]
- Manutenção da pressão arterial, hidratação e temperatura corporal.[17]
- Monitoração dos sinais vitais, do equilíbrio hidroeletrolítico e acidobásico, com reposição de potássio, caso necessário.[17]
- Intubação endotraqueal para proteção das vias aéreas em pacientes com estado mental alterado.[17]
- Vitaminas A, D e K se a icterícia for prolongada.[36]

Medidas de descontaminação

Doses múltiplas de carvão ativado em casos de sobredosagem.[17,35]

Medidas de depuração

- Hemoperfusão com carvão ou TRS contínua, transfusão de troca (com alcalinização) e hemodiálise.[35]
- Diálise peritoneal tem sido realizada em neonatos hemodinamicamente instáveis.[35]

ALERTA IMPORTANTE

Para a maioria das intoxicações por FAE, atualmente, nenhum antídoto está disponível.[5]

Hidantoína/fenitoína

É utilizada em casos de convulsão tônico-clônica, em estado de mal convulsivo e após procedimentos neurocirúrgicos.[15]

Mecanismo de ação

Fármaco/toxicodinâmica

- Promove bloqueio dos canais de sódio dependentes de voltagem nos tecidos nervoso e cardíaco, gerando aumento do limiar de despolarização e diminuindo a sensibilidade a estímulo epileptogênico.[17]
- Em concentrações tóxicas, os canais de sódio de alta frequência e espontâneos são inibidos, levando à redução da duração do potencial de ação e a períodos refratários prolongados, o que predispõe a arritmias, predominantemente com administração parenteral e muito raramente com uso oral.[17]

Fármaco/toxicocinética

- Molécula altamente ligada a proteínas com um peso molecular de 252 Da e um Vd de 0,6 a 0,8 L/kg.[17]
- Por via intravenosa, acredita-se que o veículo propilenoglicol, um depressor cardíaco, seja a principal fonte de toxicidade.[17]
- Infusão intravenosa não deve ser superior a 50 mg/min pelo risco de bradicardia, hipotensão e assistolia.[17]
- Pode ser deslocada da albumina plasmática por vários medicamentos, aumentando a fenitoína livre e levando à toxicidade.[17]
- Em pacientes com hipoalbuminemia pode haver toxicidade por fenitoína circulante não ligada à proteína.[40,41]
- Sua natureza fracamente ácida leva ao aumento de concentração livre no plasma em pacientes com insuficiência renal, o que pode acarretar sintomas clínicos, apesar da presença de níveis abaixo do limiar para intoxicação.[15]

Doses tóxicas

- Nível sérico adequado: 10-20 μg/mL, apresenta estreita faixa terapêutica.[42]
- Nível sérico tóxico ≥ 20 μg/mL, via oral.[15]
- As crianças podem manifestar toxicidade em concentrações séricas mais baixas e a apresentação pode ser sutil, com achados limitados no exame físico.[17]
- Atrofia cerebelar, hiperostose craniana e hiperplasia gengival são complicações do tratamento crônico com fenitoína.[43]

Quadro clínico

- Características atípicas podem ocorrer em bebês e crianças, como apetite diminuído, alimentação inadequada, coreia e postura opistotônica.[17]
- Sintomas neurológicos: nistagmo, ataxia, disartria, disfagia, diminuição da coordenação e convulsões, estado mental alterado.[15,17,42]
- Outros sintomas: náuseas, vômitos, diplopia e agitação.[15]
- Intoxicação grave: estupor, coma e parada respiratória; fatalidades são raras.[15]

Diagnóstico

Pela história sugestiva de intoxicação acidental ou intencional (tentativa de suicídio), sinais clínicos são confirmados pela dosagem do nível sérico ≥ 20 μg/mL.

Tratamento

Medidas de suporte

- Ressuscitação cardiopulmonar quando necessário.[5]
- Base da terapia: suporte com monitoração cardíaca e exames laboratoriais de rotina incluindo hemograma, glicose e ureia sérica, nitrogênio/creatinina, eletrólitos e gasometria venosa.[5]
- Controle de náuseas e vômitos e prevenção de lesões em casos de confusão e ataxia.[17]
- Intubação endotraqueal para proteção das vias aéreas em pacientes com estado mental alterado.[17]

Medidas de descontaminação

Múltiplas doses de carvão ativado em casos de sobredosagem.[17]

Medidas de depuração

Iniciar a TRR nas seguintes situações:[41]

- Deterioração do estado neurológico ou ataxia, ou coma com depressão do controle autonômico respiratório ou função circulatória.
- Níveis sanguíneos de fenitoína persistentemente elevados refratários a tratamento não TRR.

Técnica indicada

- Hemodiálise de alta eficiência com hemoperfusão intermitente (alternativa aceitável).

ALERTA IMPORTANTE

A fosfenitoína é convertida em fenitoína pela fosfatase alcalina sérica e tecidual. Não contém propilenoglicol, portanto, a infusão intravenosa rápida pode ser mais segura, embora casos ocasionais de toxicidade cardíaca tenham sido relatados.[17]

A hepatotoxicidade é um efeito adverso bem conhecido dos fármacos antiepilépticos de primeira geração.[55]

FÁRMACOS ANTIEPILÉPTICOS DE SEGUNDA GERAÇÃO (NOVOS FAE)

Lacosamida

- Utilizada como fármaco coadjuvante no tratamento das epilepsias focais e do estado de mal epiléptico refratário em crianças.[44]
- 100% de biodisponibilidade oral.[45]
- Atinge concentração plasmática máxima entre 1 e 4 horas, com mínima ligação a proteínas (< 15%), volume de distribuição em torno de 0,6 L/kg.[45]
- Eliminação 60% hepática e 40% renal.[45]
- Atua na inativação lenta dos canais de sódio, liga-se de forma reversível em local diferente dos demais bloqueadores destes canais.[44]
- Dose diária aceita: 7 a 15,5 mg/kg.[44]
- Média de dose em *bolus* inicial 8,6 mg/kg sem efeitos adversos graves.[44]
- Eventos adversos leves como sedação, marcha instável, ataxia, tontura, visão turva, náuseas e vômitos.[46,47]

- Sedação e ataxia em 3% e sedação em 12% das crianças entre 4 semanas a 12 anos em tratamento intravenoso com dose de 1,3 a 11 mg/kg, com estado epiléptico refratário e super-refratário, epilepsia parcial contínua, entre outros. Os sintomas se resolveram espontaneamente em 24 horas.[44]
- Nenhuma alteração no ECG ou arritmia relacionada à administração intravenosa.[44]

ALERTA IMPORTANTE

Os novos FAE parecem estar associados a percentual inferior de intoxicações graves quando comparados aos mais antigos.[48]

Levetiracetam

- Usado como antiepiléptico de amplo espectro em crises parciais, generalizadas e mioclônicas, é ainda prescrito em casos de crises refratárias a outros FAE.[49,50]
- Parece atuar no bloqueio de zinco e batacarbolinas, interrompendo o influxo de cloreto em receptores Gaba e glicina.[51]
- Dosagem máxima terapêutica recomendada 60 mg/kg/dia.[52]
- Efeitos adversos: sonolência, tontura, astenia, ataxia, diplopia e disartria, geralmente logo após o início da terapia e desaparecem sem a suspensão da medicação.[49,53]
- Efeitos adversos graves: quadros de psicose com alucinações visuais e auditivas, agitação em pacientes com e sem história pregressa de déficit cognitivo ou alterações comportamentais; ainda, nervosismo e irritabilidade, insônia, depressão, dores de cabeça e letargia. Resolução com interrupção abrupta do FAE.[49,51,52]
- Toxicidade crônica:
  - 200 mg/kg/dia: são relatados aumento dos reflexos tendinosos profundos nas extremidades inferiores, sinal de Babinski positivo e clônus distal em extremidade inferior.[52]
  - 300 mg/kg/dia: sonolência, responsividade apenas ao estímulo tátil, apatia e hipotonia em reflexos profundos.[50]

Topiramato

- Indicado no tratamento de vários tipos de epilepsia.[54]
- Atua na inibição da anidrase carbônica no rim que desencadeia a excreção de urina alcalina, resultando em acidose metabólica.[54]
- Acidose metabólica de intervalo aniônico normal pode ocorrer em dose terapêutica ou em *overdose*; geralmente reversível após o início do bicarbonato.[54]
- Toxicidade crônica: acidose metabólica, acidose tubular renal, sonolência, diarreia, lesão renal aguda, choque hipovolêmico, encefalopatia hepática, hiperamonemia, alteração hepática aguda.[54,55,56]
- Sintomas neurológicos prolongados, incluindo alucinação visual, ataxia grave, confusão mental, incapacidade de andar e disartria, letargia, tontura/vertigem, agitação, náuseas e vômitos.[56,57]
- Complexo QRS alargado e intervalo QT prolongado.[54]
- Hepatotoxicidade e encefalopatia hiperamonêmica quando do uso de topiramato com outro FAE.[55]

ALERTA IMPORTANTE

Os FAE de 1ª geração parecem causar maior sonolência, ataxia, náusea, vômito e confusão do que os de nova geração, podendo ser um indicativo de sua menor tolerabilidade.[48]

Vigabatrina

- Usada no tratamento de espasmos infantis, particularmente em pacientes com esclerose tuberosa e malformações do desenvolvimento cortical.
- Inibidor seletivo e irreversível da Gaba-transaminase, o que acarreta aumento de Gaba sináptico.[58]
- Sua neurotoxicidade provavelmente se deve aos efeitos despolarizantes do Gaba no cérebro imaturo, especialmente em menores de 1 ano e em doses elevadas.[59]
- Padrão clássico de neuroimagem que consiste em hiperintensidade reversível de T2 e restrição da difusão dentro do globo pálido, tálamo, tronco cerebral dorsal e núcleo dentado cerebelar. Pode estar associada a sintomas extrapiramidais e encefalopatia aguda.[60]
- Toxicidade aguda a crônica: encefalopatia aguda, 2 semanas e 2 meses após 45 e 50 mg/kg/dia (120 e 300 mg/dia), apatia, sonolência, regressão psicomotora, irresponsividade a estímulo acústico e tátil, atraso da cabeça, tremor da cabeça e membros superiores e lentidão generalizada no eletroencefalograma (EEG).[61,62]
- Toxicidade crônica: (160 mg/kg/dia por três meses) em paciente com síndrome de Down, com regressão profunda do desenvolvimento, hipotonia e movimentos involuntários dos membros e cabeça. Os genes da via gabaérgica são triplicados nesses pacientes, podendo ser mais sensíveis à intoxicação pela vigabatrina.[60]
- Os sintomas tóxicos regridem com sua descontinuidade, incluindo sinais em EEG e ressonância magnética.[60-62]

MANEJO GERAL DA INTOXICAÇÃO POR FÁRMACOS ANTIEPILÉPTICOS

Indicado para quando não houver certeza do tipo do FAE causador da intoxicação:

- Medidas de emergência usuais para proteger funções corporais vitais.[23]
- Obter história detalhada do paciente e quaisquer outras pessoas envolvidas.[23]
- Amostras obtidas no início podem ser de grande importância forense; assim, é importante coletar amostras de medicamentos (e suas embalagens), restos de comida, vômito e quaisquer outros produtos que possam ter causado a intoxicação.[23]
- A observação médica é necessária até que a intoxicação possa ser excluída por uma avaliação de risco confiável com base em diagnóstico clínico e testes adicionais de laboratório.[23]
- O carvão ativado é recomendado de 0,5 a 1 g/kg de peso corporal em suspensão em quantidade adequada de flui-

do; a aspiração é o principal risco associado. A administração de dose suficiente é particularmente importante em *overdoses* de medicamentos que têm um efeito farmacológico retardado.[23]

- A lavagem gástrica deve ser apenas considerada em casos de risco à vida dentro de 60 minutos após a ingestão. Dentre suas complicações estão: aspiração, hipóxia, pneumonia, perfuração e laringoespasmo.[23]
- A hemodiálise é método adequado especialmente quando há acidose.[23]
- A hemoperfusão pode ser substituída pela administração repetitiva de carvão ativado. É indicada quando outras alternativas não forem satisfatórias, como diálise, por seus substanciais efeitos adversos.[23]

ALERTA IMPORTANTE

Não é aconselhado realizar indução do vômito por xarope de ipeca ou apomorfina intramuscular.[23]

CONSIDERAÇÕES FINAIS

O baixo limiar para toxicidade em crianças, associado à falta de comunicação verbal na chegada ao atendimento de emergência, e de relatos de uma história pregressa incompleta ou não elucidativa, faz com que o diagnóstico de intoxicação nesta população seja um grande desafio, especialmente em um momento em que a tomada de decisão médica deve ser ágil. Inúmeros são os relatos e estudos de caso em que informações mais concretas, como a percepção da falta de comprimidos, ocorrem somente quando o paciente já se encontra internado na unidade de terapia intensiva e recebendo tratamento com menor especificidade para seu caso. As poucas diretrizes no atendimento de crianças com quadro de intoxicação permanecem sendo uma questão na atualidade.

A intoxicação doméstica em crianças e adolescentes é um problema de ordem mundial, afetando países ricos e pobres; a diferença está apenas no agente intoxicante. A não subestimação da capacidade de exploração das crianças, associada ao armazenamento seguro dos fármacos, parece ser a melhor prevenção para as exposições e intoxicações. Essa orientação deve ser precoce e adicionada às orientações médicas e de enfermagem já no momento da alta hospitalar pós-parto e reforçada pelo pediatra a cada consulta médica.

REFERÊNCIAS BIBLIOGRÁFICAS

1. Arpitha B, Adarsh E, Rajanish KV. Sociodemographic profile of pediatric poisoning cases. J Contemp Pediatr. 2020 July;7(7):1469-71.
2. Tobaiqy M, Asiri BA, Sholan AH, Alkatheeri AA, Mahha AM, Alzahrani SS, et al. Frequency and management of acute poisoning among children attending an emergency department in Saudi Arabia. Pharmacy (Basel). 2020 Oct 14;8(4):189.
3. Toscano MM, Landim JTA, Rocha AB, Sousa-Muñoz RL. Intoxicações exógenas agudas registradas em Centro de Assistência Toxicológica. Rev Saúde e Pesquisa. 2016;9(3):425-32.
4. Nunes CRM, Alencar GO, Bezerra CA, Barreto MFR, Saraiva EMS. Panoramas das intoxicações por medicamentos no Brasil. Rev e-ciência. 2017;5(2):98-103.
5. Ferranti S, Grande E, Gaggiano C, Grosso S. Antiepileptic drugs: role in paediatric poisoning. J Paediatr Child Health. 2018 Jan;54(5):475-9.
6. SINITOX – Sistema Nacional de Informações Tóxico-Farmacológicas. Missão [Internet]. Manguinhos, Rio de Janeiro; 2009 [acesso em fevereiro de 2021]. Disponível em: https://sinitox.icict.fiocruz.br/missao.
7. Coutinho MS, Fook SML. Epidemiologia social aplicada às intoxicações humanas. Rev Baiana de Saúde Públ. 2017;41(3):774-89.
8. Almeida ABM, Uchoa GF, Carvalho AMR, Vasconcelos LF, Medeiros DS, Cavalcante MG. Epidemiologia das intoxicações medicamentosas registradas no Sistema Nacional de Informações Tóxico-Farmacológicas de 2012-2016. Saúde e Pesquisa. 2020;13(2):431-40.
9. Lee J, Fan NC, Yao TC, Hsia SH, Lee EP, Huang JL, et al. Clinical spectrum of acute poisoning in children admitted to the pediatric emergency department. Pediatr Neonatol. 2019;60(1):59-67.
10. Weiner D, Nir V, Klein-Kremer A, Kassem E. Chronic valproic acid intoxication. Pediatr Emerg Care. 2013 Jun;29(6):756-7.
11. Thanacoody RH. Extracorporeal elimination in acute valproic acid poisoning. Clin Toxicol (Phila). 2009;47(7):609-16.
12. Ghannoum M, Laliberté M, Nolin TD, MacTier R, Lavergne V, Hoffman RS, et al. Extracorporeal treatment for valproic acid poisoning: systematic review and recommendations from the EXTRIP workgroup. Clin Toxicol (Phila). 2015;53(5):454-65.
13. Lheureux PE, Hantson P. Carnitine in the treatment of valproic acid-induced toxicity. Clin Toxicol (Phila). 2009;47(2):101-11.
14. Manoguerra AS, Erdman AR, Woolf AD, Chyka PA, Caravati EM, Scharman EJ, et al. Valproic acid poisoning: an evidence-based consensus guideline for out-of-hospital management. Clin Toxicol (Phila). 2008;46(7):661-76.
15. Raina R, Grewal MK, Blackford M, Symons JM, Somers MJG, Licht C, et al. Renal replacement therapy in the management of intoxications in children: recommendations from the Pediatric Continuous Renal Replacement Therapy (PCRRT) workgroup. Pediatr Nephrol. 2019;34(11):2427-48.
16. Squires RH Jr, Shneider BL, Bucuvalas J, Alonso E, Sokol RJ, Narkewicz MR, et al. Acute liver failure in children: the first 348 patients in the pediatric acute liver failure study group. J Pediatr. 2006;148(5):652-658.
17. Murty S. Antiepileptic overdose. Indian J Crit Care Med. 2019;23(Suppl 4):S290-S295.
18. Knorr M, Schaper J, Harjes M, Mayatepek E, Rosenbaum T. Fanconi syndrome caused by antiepileptic therapy with valproic Acid. Epilepsia. 2004;45(7):868-71.
19. Hanley P, Cunningham RJ, Lou L, Vog B, Raina R. muscle weakness and pain with profound hypophosphatemia: mystery revealed. Clin Pediatr (Phila). 2015;54(10):1012-3.
20. Mestrović J, Filipović T, Polić B, Stricević L, Omazić A, Kuzmanić-Samija R, et al. Life-threatening valproate overdose successfully treated with haemodialysis. Arh Hig Rada Toksikol. 2008;59(4):295-8.
21. Colak A, Memis D, Guzel A, Cerci H, Gurkaynak B. Valproic acid intoxication with suicide attempt in a pediatric patient. Pediatr Int. 2011;53(5):781-783.
22. Hicks LK, McFarlane PA. Valproic acid overdose and haemodialysis. Nephrol Dial Transplant. 2001;16(7):1483-6.
23. Müller D, Desel H. Common causes of poisoning: etiology, diagnosis, and treatment. Dtsch Arztebl Int. 2013;110(41):690–700.
24. Hoffman RS, Nelson LS, Howland MA, Lewin NA, Goldfrank LR, Smith SW. Goldfrank's Toxicologic Emergencies: Antiepileptics. 11. ed. Nova Iorque: McGraw-Hill; 2019. p. 719-731.
25. ANVISA – Agência Nacional de Vigilância Sanitária. Brasil; 2020 Aug 07. Carbamazepina: Bula do Profissional de Saúde – SANVAL; [acesso em fevereiro de 2021]. Disponível em: https://consultas.anvisa.gov.br/#/bulario/q/?nomeProduto=CARBAMAZEPINA.
26. Acikgoz M, Paksu MS, Guzel A, Alacam A, Alacam F. Severe. Carbamazepine intoxication in children: analysis of a 40-case series. Med Sci Monit. 2016;22:4729-35.
27. Chen RJ, Ershad M, Dela Cruz M, Mostafa AMT. Carbamazepine toxicity masquerading as complex febrile seizures in a pediatric patient. Case Rep Emerg Med. 2020;2020:1790310.
28. Devarbhavi H, Karanth D, Prasanna KS, Adarsh CK, Patil M. Drug-Induced liver injury with hypersensitivity features has a better outcome: a single-center experience of 39 children and adolescents. Hepatol. 2011;54(4):1344-50.
29. Ghannoum M, Yates C, Galvao TF, Sowinski KM, Vo TH, Coogan A, et al. Extracorporeal treatment for carbamazepine poisoning: systematic review and recommendations from the EXTRIP workgroup. Clin Toxicol (Phila). 2014;52(10):993-1004.
30. Ozhasenekler A, Gökhan S, Güloğlu C, Orak M, Ustündağ M. Benefit of hemodialysis in carbamazepine intoxications with neurological complications. Eur Rev Med Pharmacol Sci. 2012;16(Suppl1):43-7.
31. Oprița B, Gabor-Postole DA, Aignatoaie B. Scores applied in toxicological practice. Prognostic assessment in intoxication by barbiturates and benzodiazepines. Therapeut Pharmacol Clin Toxicol. 2012;16(3):197-201.
32. Mactier R, Laliberté M, Mardini J, Ghannoum M, Lavergne V, Gosselin S, et al. Extracorporeal treatment for barbiturate poisoning: recommendations from the EXTRIP Workgroup. Am J Kidney Dis. 2014;64(3):347-58.

33. Hoyland K, Hoy M, Austin R, Wildman M. Successful use of haemodialysis to treat phenobarbital overdose. BMJ Case Rep. 2013;2013:bcr 2013010011.
34. Ghorani-Azam A, Balali-Mood M, Riahi-Zanjani B, Darchini-Maragheh E, Sadegh M. Acute phenobarbital poisoning for the management of seizures in new-borns and children; A systematic literature review. CNS Neurol Disord Drug Targets. 2021;20(2):174-80
35. Le Page AK, Stewart AE, Roehr CC, Johnstone LM, Graudins A. The use of peritoneal dialysis in phenobarbitone toxicity in a critically unwell neonate. Neonatol. 2018;113(2):117-21.
36. Pacifici GM. Clinical pharmacology of phenobarbital in neonates: effects, metabolism and pharmacokinetics. Curr Pediatr Rev. 2016;12(1):48-54.
37. ANVISA – Agência Nacional de Vigilância Sanitária. Brasil; 2020 Jan 27. Fenobarbital: Modelo de bula com informações técnicas aos profissionais de saúde – TEUTO; [acesso em fevereiro de 2021]. Disponível em: https://consultas.anvisa.gov.br/#/bulario/q/?nomeProduto=fenobarbital
38. Whitelaw A. Postnatal phenobarbitone for the prevention of intraventricular hemorrhage in preterm infants. Cochrane Database Syst Rev. 2001;(1):CD001691.
39. Smit E, Odd D, Whitelaw A. Postnatal phenobarbital for the prevention of intraventricular haemorrhage in preterm infants. Cochrane Database Syst Rev. 2013;2013(8):CD001691.
40. Kumar PP, Lingappa L, Shah MA, Shaikh FA. Charcoal hemoperfusion 150 for phenytoin intoxication. Indian Pediatr. 2012;49(2):152-3.
41. Anseeuw K, Mowry JB, Burdmann EA, Ghannoum M, Hoffman RS, Gosselin S, et al. Extracorporeal treatment in phenytoin poisoning: systematic review and recommendations from the EXTRIP (Extracorporeal Treatments in Poisoning) Workgroup. Am J Kidney Dis. 2016;67(2):187-97.
42. Shukla A, Sankar J, Verma A, Dubey N. Acute phenytoin intoxication in a 4-year-old mimicking viral meningoencephalitis. BMJ Case Rep. 2013;2013:bcr2013009492
43. Kontzialis M, Huisman TAGM. Toxic-metabolic neurologic disorders in children: a neuroimaging review. J Neuroimaging. 2018;28(6):587-95.
44. Arkilo D, Gustafson M, Ritter FJ. Clinical experience of intravenous lacosamide in infants and young children. Eur J Paediatr Neurol. 2016;20(2):212-7.
45. Schultz L, Mahmoud SH. Is Therapeutic drug monitoring of lacosamide needed in patients with seizures and epilepsy? Eur J Drug Metab Pharmacokinet. 2020;45(3):315-349.
46. Casas-Fernandéz C, Martínez-Bermejo A, Rufo-Campos M, Smeyers-Durá P, Herranz-Fernández JL, Ibáñez-Micó S, et al. Efficacy and tolerability of lacosamide in the concomitant treatment of 130 patients under 16 years of age with refractory epilepsy: a prospective, open-label, observational, multicenter study in Spain. Drugs R D. 2012;12:187e97.
47. Heyman E, Lahat E, Levin N, Berkovitch M, Gandelman-Marton R. Preliminary efficacy and safety of lacosamide in children with refractory epilepsy. Eur J Paediatr Neurol. 2012;16(1):15e9.
48. DeDonato EA, Spiller HA, Casavant MJ, Chounthirath T, Hodges NL, Smith GA. Non-health care facility anticonvulsant medication errors in the United States. Hum Exp Toxicol. 2018;37(6):561-70.
49. Zaki SA, Gupta S. Levetiracetam-induced acute psychosis in a child. Indian J Pharmacol. 2014;46(3):341-2.
50. Özkale Y, Özkale M, Saygi S, Erol I. Long-term accidental overdose of levetiracetam in an infant. J Child Neurol. 2014;29(7):959-61.
51. Kossoff EH, Bergey GK, Freeman JM, Vining EP. Levetiracetam psychosis in children with epilepsy. Epilepsia. 2001;42(12):1611-3.
52. Kartal A. Can High-Dose Levetiracetam Be Safe? A case report of prolonged accidental high-dose levetiracetam administration and review of the literature. Clin Neuropharmacol. 2017;40(5):217-8.
53. Sirsi D, Safdieh JE. The safety of levetiracetam. Expert Opin Drug Saf. 2007;6(3):241-50.
54. Miño-Bernal JF, Alcaraz-Díaz LE, Zamora-Gómez S, Montenegro-Ibarra AC. Normal anion gap metabolic acidosis secondary to topiramate intake: case report. Case Reports. 2018;4(2):126-136.
55. Tsien MZ, Cordova J, Qadir A, Zhao L, Hart J, Azzam R. Topiramate-induced acute liver failure in a pediatric patient: a case report and review of literature. J Pediatr Gastroenterol Nutr. 2016;63(3):e37-8.
56. Lofton AL, Klein-Schwartz W. Evaluation of toxicity of topiramate exposures reported to poison centers. Hum Exp Toxicol. 2005;24(11):591-5.
57. Lin G, Lawrence R. Pediatric case report of topiramate toxicity. Clin Toxicol (Phila). 2006;44(1):67-9.
58. Dracopoulos A, Widjaja E, Raybaud C, Westall CA, Snead OC 3rd. Vigabatrin-associated reversible MRI signal changes in patients with infantile spasms. Epilepsia. 2010;51(7):1297-304.
59. Iyer RS, Chaturvedi A, Pruthi S, Khanna PC, Ishak GE. Medication neurotoxicity in children. Pediatr Radiol. 2011;41(11):1455-64.
60. Sun LR, Bosemani T, Smith-Hicks CL. Neuroimaging abnormalities in a child with infantile spasms on high-dose vigabatrin. Pediatr Neurol. 2017;67:109-10.
61. Klinaki E, Argyri I, Amountza G, Ioannidou G, Maritsi D, Garoufi A, et al. Vigabatrin-induced encephalopathy in a 5.5-month-old girl with infantile spasms due to tuberous sclerosis. Case Rep Pediatr. 2019;2019:7249237.
62. Haas-Lude K, Wolff M, Riethmüller J, Niemann G, Krägeloh-Mann I. Acute encephalopathy associated with vigabatrin in a six-month-old girl. Epilepsia. 2000;41(5):628-30.
63. Anjos DBMD, Ricardi AST, Fernandes CFB, Prado CC, Capitani EM, Bucaretchi F. Severe acute toxic exposures in children and adolescents: case series. Rev Paul Pediatr. 2021;39:e2019262.

CAPÍTULO 52

LÍTIO

Ricardo Tavares Monteiro
Carlos Augusto Mello da Silva

PONTOS-CHAVE

- O lítio é uma droga utilizada no tratamento do transtorno de humor bipolar (THB). Possui índice terapêutico estreito, apresentando sintomas de toxicidade em valores próximos às concentrações terapêuticas.
- Há três perfis de intoxicação: aguda, crônica-agudizada e crônica. O risco de neurotoxicidade é maior na intoxicação crônica.
- A clínica inclui desde quadros assintomáticos, náuseas e vômitos, até quadros graves associados à neuro e nefrotoxicidade.
- O tratamento é sintomático e de suporte. Na intoxicação aguda, está indicada lavagem gástrica. Carvão ativado não reduz a absorção de lítio, mas pode ser utilizado pensando em intoxicação por medicações associadas.
- Na intoxicação aguda grave, considerar terapia extracorpórea (diálise e hemofiltração).

INTRODUÇÃO

O lítio é utilizado em episódios maníacos e como tratamento de manutenção no transtorno de humor bipolar (THB). É a principal droga para evitar recaídas no THB, e possui propriedades antissuicidas e neuroprotetivas.[1] O lítio possui um índice terapêutico estreito, e sintomas de toxicidade podem se apresentar em concentrações séricas próximas ao limite superior de referência para concentrações terapêuticas. A intoxicação por lítio pode ocorrer por ingestão aguda intencional ou complicação do tratamento crônico. Fatores que contribuem para intoxicação crônica: interações medicamentosas (uso concomitante de anti-inflamatórios não esteroides – Aine, inibidores da enzima conversora de angiotensina – Ieca, tiazídicos, espironolactona, diltiazem, verapamil, nifedipina), erros de prescrição ou dispensa, doenças concomitantes com prejuízo da função renal (gastroenterite), ou complicações crônicas relacionadas à depleção de volume, como na desidratação e no *diabetes insípidus* induzido por lítio. A mortalidade na intoxicação por lítio é baixa, porém o quadro requer manejo intensivo, e pode levar diversos dias.[2]

MECANISMOS DE AÇÃO

Fármaco/toxicodinâmica

O lítio é um cátion que substitui o sódio ou potássio no ambiente intracelular, estabilizando as membranas celulares. Quando em níveis excessivos, deprime a excitação neuronal e a transmissão sináptica.[3]

Diversos mecanismos moleculares foram identificados como possíveis alvos do lítio, que inibiria pelo menos quatro moléculas-chave: a inositol monofosfatase (IMP), a glicogênio sintase quinase (GSK-3), a adenilato ciclase e a proteína G. Ao inibir esses alvos, o lítio teria efeitos de alteração de expressão gênica, distribuição de neurotransmissores, diferenciação neuronal e ritmo circadiano.[1]

Fármaco/toxicocinética

A absorção completa do lítio ocorre 6 a 8 horas após a ingestão. O efeito neuronal demora para acontecer, por isso os efeitos neurológicos demoram a aparecer após a intoxicação aguda. A meia-vida do lítio é de 14 a 30 horas, e praticamente toda sua depuração é renal.[3]

A farmacocinética e o tipo de exposição se relacionam com os possíveis padrões de intoxicação: aguda, crônica-agudizada e crônica. A intoxicação aguda ocorre no indivíduo que não utiliza lítio e fez uma ingestão súbita. A intoxicação crônica ocorre em indivíduos que já fazem uso contínuo de lítio e possuem alterações séricas por fatores de descompensação. Por fim, a exposição crônica-agudizada ocorre em indivíduos em uso contínuo de lítio que fazem ingestão aguda. Neste caso, a neurotoxicidade depende da concentração sérica prévia de lítio, da quantidade ingerida e da taxa de filtração renal. O risco de neurotoxicidade é menor na intoxicação aguda, pela demora na distribuição no espaço intracelular do sistema nervoso central (SNC) em relação à concentração sérica.[2]

DOSES TÓXICAS

A dose diária do lítio oscila entre 300 e 2.400 mg (8 a 64 mEq/dia). O nível sérico terapêutico é de 0,6 a 1,2 mEq/L.[3] Os sintomas de intoxicação ocorrem próximo ao nível superior de referência, havendo descrições de casos sintomáticos com valores de 1,5 mEq/L, principalmente em pacientes adoecidos (com diarreia, vômitos, insuficiência cardíaca, insuficiência renal ou cirúrgicos).

Na ingestão aguda, ingestões acima de 40 mg/kg podem causar intoxicação potencialmente grave. A intoxicação crônica ocorre de modo diferente: pode ocorrer na presença de níveis terapêuticos. Como o lítio é de depuração renal, estados que causem desidratação, depleção de sódio ou sua reabsorção excessiva podem levar a aumento na reabsorção de lítio. Exemplos comuns incluem gastroenterite aguda, uso de diuréticos (especialmente tiazidas), uso de Aine ou Ieca. Também pode ocorrer por interações medicamentosas (Aine, Ieca).[4]

QUADRO CLÍNICO

As manifestações da intoxicação são heterogêneas, desde quadro assintomático até quadros de intoxicação grave. Sinais de neurotoxicidade incluem: confusão mental, ataxia, incoordenação, convulsões e encefalopatia. O sistema mais comum utilizado para a classificação da toxicidade do lítio foi desenvolvido por Hansen e Amdisen (Tabela 1).[2]

Tabela 1. Concentração plasmática de lítio x gravidade do quadro

[Li] (mmol/L)	Gravidade
1,5-2,5	Grau I (leve): náusea, vômito, tremores, hiper-reflexia, agitação, ataxia
2,5-3,5	Grau II (moderado): estupor, rigidez, hipertonia, hipotensão
> 3,5	Grau III (severo): coma, convulsão, mioclonia

Classificação de Hansen e Amdisen: associação de sintomas conforme litemia.

No entanto, essa classificação possui limitações relativas à população da qual derivou, constituída majoritariamente de pacientes com intoxicação crônica. Isso reduz sua aplicabilidade na intoxicação aguda, uma vez que deve ser interpretada somente 12 horas após a última dose de lítio.[2]

Assim, pode-se pensar que na intoxicação leve ocorrem náusea, vômito, letargia, fraqueza muscular, fala arrastada, ataxia, tremor e mioclonias. Podem ocorrer rigidez e efeitos extrapiramidais. Na intoxicação grave, ocorrem *delirium*, coma, convulsão e hipertermia. O ECG pode mostrar achatamento ou inversão de onda T, depressão de ST. Alterações menos comuns incluem bradicardia e disfunção do nó sinusal. O leucograma normalmente apresenta contagem elevada (15.000-20.000/mm^3). É possível também o desenvolvimento de *diabetes insipidus* nefrogênico, complicação da terapia crônica com lítio, podendo levar a desidratação e hipernatremia.[3]

Há poucos estudos descrevendo o desfecho da ingestão de lítio em crianças. Um estudo observacional retrospectivo recente mostrou que a ingestão não intencional em crianças menores de 6 anos com desfecho grave é rara. A maioria dos sintomas é semelhante aos do adulto: vômito, tontura e ataxia. Isso se explicaria pela depuração renal da criança ser mais rápida, impedindo que o lítio chegasse ao seu efeito neurotóxico.[5]

DIAGNÓSTICO

Considerar a possibilidade de intoxicação por lítio em qualquer paciente com história psiquiátrica prévia que se apresente confuso, atáxico ou trêmulo. O diagnóstico é comprovado pela elevação sérica de lítio.

ALERTA IMPORTANTE

O nível sérico de lítio não representa uma previsão precisa da toxicidade; na intoxicação crônica, a toxicidade pode estar relacionada a níveis discretamente superiores à faixa terapêutica.

TRATAMENTO

O tratamento é sintomático e de suporte.

Medidas de suporte

Manter via aérea, fornecer ventilação e oxigênio suplementar quando necessário. Tratar coma, convulsão e hipertermia se necessário. Em paciente desidratado, repor déficit de fluido com cristaloides IV.[3] Em razão da nefrotoxicidade do lítio, é importante acompanhar função renal para guiar o tratamento, avaliando necessidade de procedimento extracorpóreo (hemoperfusão, hemofiltração). Além disso, cessar medicações que aumentem a concentração sérica de lítio. Ressuscitação volêmica otimiza a perfusão renal. Considerar a possibilidade de intoxicação por outros fármacos: alguns protocolos sugerem solicitação de eletrocardiograma (ECG), dosagem sérica de acetaminofeno, concentração sérica de salicilato e BHCG para pacientes em idade fértil.

Medidas de descontaminação

Apenas para intoxicação aguda. Em casos de ingestão maciça, realizar lavagem gástrica. O carvão ativado não absorve o lítio, mas pode ser utilizado na suspeita de ingestão simultânea de outras medicações. Irrigação intestinal total com solução de polietilenoglicol pode auxiliar em caso de ingestão de comprimidos de liberação contínua.[3]

Medidas de depuração

A hemodiálise é utilizada para remoção do lítio. Indicações incluem pacientes intoxicados com convulsões, estado mental anormal, pacientes anéfricos ou anúricos. Não há consenso em relação ao nível de lítio que indique diálise.[3] Apesar de a realização da hemodiálise parecer lógica na intoxicação aguda por lítio, não há evidência proveniente de ensaios clínicos randomizados nem para corroborar nem para refutar seu uso.[6]

Outras possibilidades incluem hemofiltração venovenosa contínua (para pacientes internados em UTI). Diurese forçada parece não contribuir. Poliestirenossulfonato de sódio oral (PSSNa ou Kayexalato) também é uma possibilidade.

ALERTA IMPORTANTE

Considerar tratamento extracorpóreo na intoxicação aguda em pacientes com sinais de toxicidade severa e perda de função renal, ou com [Li+] > 5 mmol/L. A hemodiálise é o método com maior velocidade de redução da concentração sérica de lítio.[7]

ANTÍDOTO

Não há antídotos específicos. No tratamento do *diabetes insipidus* nefrogênico induzido por lítio, pode-se usar tiazidas, indometacina e amilorida.[3]

ERROS COMUNS QUE VOCÊ DEVE EVITAR

Não considerar a hipótese de intoxicação por lítio em paciente com história psiquiátrica importante.

Considerar que a gravidade do quadro é determinada pela litemia sérica.

Na intoxicação aguda por lítio, esquecer da possibilidade da ingestão de outros fármacos, como acetaminofeno (paracetamol).

REFERÊNCIAS BIBLIOGRÁFICAS

1. Pagani R, Gasparini A, Ielmini M, Caselli I, Poloni N, Ferrari M, et al. Twenty years of lithium pharmacogenetics: a systematic review. Psychiatry Res. 2019;278:42-50.
2. Baird-Gunning J, Lea-Henry T, Hoegberg LC, Gosselin S, Roberts DM. Lithium poisoning. J Intensive Care Med. 2016;1-15.
3. Olson KR. Manual de toxicologia clínica. 6. ed. Porto Alegre: AMHG; 2014. Venenos e fármacos específicos: diagnóstico e tratamento: Lítio; p. 302-4.
4. McKnight RF, Adida M, Budge K, Stockton S, Goodwin GM, Geddes JR. Lithium toxicity profile: a systematic review and meta-analysis. Lancet. 2012;379:721-8.
5. Minhaj FS, Anderson BD, King JD, Leonard JB. Outcomes of acute exploratory pediatric lithium ingestions. Clin Toxicol. 2020;58:881-5.
6. Lavonas EJ, Buchanan J. Hemodialysis for lithium. Cochrane Database of Syst Rev. 2015;9:1-23.
7. Decker BS, Goldfarb DS, Dargan PI, Friesen M, Gosselin S, Hoffman RS, et al. Extracorporeal treatment for lithium poisoning: systematic review and recommendations from the EXTRIP Workgroup. Clin J Am Soc Nephrol. 2015;10(5):875-87.

CAPÍTULO 53

LSD (DIETILAMIDA DO ÁCIDO LISÉRGICO)

Gabriela Göethel
Bruna Gauer
Sabrina Nunes do Nascimento

PONTOS-CHAVE

- O LSD, também conhecido por "ponto", "selo", "doce" ou "ácido", é um potente alucinógeno comercializado na forma de cartelas de papel colorido impregnado com a droga e cortados em pedaços menores.
- Ainda não é conhecido seu exato mecanismo de ação, mas sabe-se que, por sua semelhança estrutural com a serotonina, o LSD atua como um agonista dos receptores deste neurotransmissor, além de se ligar a receptores dopaminérgicos no SNC.
- A droga causa uma variedade de perturbações em nível de SNC, como distorções perceptivas, fusão dos sentidos e perda de noção de tempo e espaço. O usuário também apresenta delírios.
- O diagnóstico da intoxicação por LSD é clínico e, infelizmente, não existem exames de rotina para detectar a droga. Outros exames podem ser solicitados, como: glicose, eletrólitos, marcadores de função renal e exames de imagem.
- O tratamento da intoxicação por LSD é suportivo e deve envolver o monitoramento de sinais vitais, acesso venoso para hidratação, controle hidroeletrolítico e administração de medicamentos, além de desobstrução das vias aéreas e oxigenação suplementar, quando necessário.

INTRODUÇÃO

A dietilamida do ácido lisérgico (LSD) é um produto semissintético natural derivado do fungo do centeio, *Claviceps purpurea*, que foi descoberto em 1943 pelo cientista Albert Hofmann. O LSD foi muito utilizado durante os anos de 1950 por médicos psiquiatras para o tratamento de seus pacientes. Em 1960, passou a ser consumido de forma recreativa, e em 1967 teve a sua comercialização proibida. A droga ficou por um tempo esquecida e retornou na década de 1980 com o surgimento das festas *raves*. O consumo do LSD é comum nesses eventos, que costumam durar horas ou até dias, e nos quais as pessoas que o frequentam acabam consumindo diversas substâncias psicoativas. O indivíduo que usa o LSD normalmente busca a sensação de bem-estar, euforia e loucura, porém efeitos indesejados também ocorrem, e entre os principais estão: crises de pânico, medo, surtos psicóticos e elevação da temperatura corporal. Logo nas primeiras horas após a ingestão, o usuário começa a ter alterações de percepção, alucinações, taquicardia, aumento da pressão arterial, tontura, tremor, hipertermia, tensão e rubor.[1]

O LSD também é chamado de "ponto", "selo", "doce" ou "ácido", e é comercializado na forma de cartelas de papel colorido impregnadas com a droga e cortadas em pedaços menores. Esses pedaços de papel menores são consumidos pela via oral ou sublingual de forma inteira ou, ainda, divididos ao meio ou em quartos.[2] A droga é absorvida rapidamente pelo trato gastrintestinal. Seus efeitos começam a ser percebidos depois de 30 a 90 minutos e podem durar horas.[1]

Quando os efeitos indesejados ocorrem, o usuário pode vir a desenvolver uma *bad trip* ("viagem ruim") e pode vir a procurar ajuda médica ou ser levado por alguém para esse atendimento. Nesse caso, a equipe médica deve estar pronta para transmitir o máximo de tranquilidade ao paciente e tentar descobrir o que ele ingeriu dentro da vasta gama de substâncias psicoativas possíveis. Caso esse paciente chegue no pronto atendimento com nível de consciência rebaixado, convulsionando, em coma ou com complicações cardíacas, deve ser imediatamente encaminhado para um local com unidade de tratamento intensivo.[3] Ainda não se sabe em sua totalidade o exato mecanismo de ação do LSD, mas já é sabido que seu princípio ativo age em receptores serotoninérgicos e dopaminérgicos e que nas primeiras horas após seu uso predominam os efeitos simpaticomiméticos, como taquicardia, tontura, tremor, aumento da pressão arterial, sensação de bem-estar e euforia.[1]

É notório o crescimento mundial do uso de novas substâncias psicoativas sintéticas (NPS), como o LSD, cujo uso é observado principalmente em jovens. Atender esses casos de intoxicação na emergência médica normalmente é um desafio para os profissionais, pois os indivíduos acabam fazendo uma mistura de substâncias, dificultando bastante o diagnóstico e o tratamento médico. É comum que os usuários misturem o LSD com outras drogas, como álcool e cocaína. Existem também relatos na literatura de casos de ingestão acidental de LSD por crianças. Esses casos merecem atenção importante na chegada ao serviço de emergência, visto que muitas vezes esses indivíduos já chegam convulsionando e tendo alucinações, efeitos causados pela droga.[3]

MECANISMO DE AÇÃO

O LSD possui o anel indol em sua estrutura, que também está presente na serotonina. Assim, o neurotransmissor é o principal envolvido na ação da droga. Apesar de o exato mecanismo de ação do LSD ainda não ser conhecido, acredita-se que os efeitos causados pela droga sejam decorrentes de sua interação com os receptores de serotonina ($5\text{-}HT_{2A}$), atuando como um agonista. Também age nos receptores de dopamina no córtex. Porém, ainda não é bem estabelecido como essa interação influencia no comprometimento da cognição e indução das alucinações.[1,4] Um estudo sugere que a ativação dos receptores $5\text{-}HT_{2A}$ interrompe os processos inibitórios no córtex pré-frontal do hipocampo. A alucinação, ou formação de imagens induzidas pelo uso de LSD, parece ter relação com a ativação do hemisfério direito, que altera o funcionamento do tálamo e aumenta a atividade nas estruturas paralímbicas e no córtex frontal.[5]

QUADRO CLÍNICO

Em intoxicações brandas a moderadas, o indivíduo apresenta-se consciente, porém ansioso e medroso, podendo apresentar comportamento paranoico, choroso e autodestrutivo. Na primeira hora da ingestão predominam os efeitos simpaticomiméticos, que normalmente são leves e precedem as alterações de percepção. O usuário pode apresentar, ainda, distorções perceptivas (de cores, formas e contornos); fusão dos sentidos (sons parecem que adquirem formas e estas se tornam coloridas); e perda de noção de tempo e espaço (minutos parecem horas, metros parecem quilômetros). Tais alucinações podem trazer satisfação ao usuário ("boa viagem") ou deixá-lo em estado de pânico ("viagem ruim"). Os delírios também podem estar presentes, e costumam ser de natureza persecutória ou de grandiosidade.[4]

Ao exame físico, os seguintes sinais podem ser detectados: (I) vitais: temperatura, a qual deve estar normal; pressão sanguínea, que pode estar aumentada; frequência cardíaca, frequentemente alta; taxa respiratória, pode estar aumentada; saturação de oxigênio, deve estar normal na maioria dos casos; (II) gerais: perda de orientação, o paciente pode estar diaforético, perda de apetite, midríase, xerostomia, nistagmo; (III) respiratórios: aumento da frequência respiratória; (IV) pele: hiperidrose; (V) neurológicos/psiquiátricos: coordenação prejudicada, alucinações auditivas e visuais, pânico, psicose, paranoia, sinestesia, perturbações de tempo, labilidade emocional, agressividade, despersonalização, ideias suicidas e depressão.[6]

Mesmo doses muito altas de LSD não chegam a causar uma intoxicação séria do ponto de vista físico, sendo rara a morte por causa direta dos efeitos farmacológicos da droga. Portanto, o perigo do LSD não está tanto na sua toxicidade para o organismo, mas pelo fato de que, em decorrência da perturbação psíquica, o usuário perde sua capacidade de perceber e avaliar situações comuns de perigo. Isso ocorre quando, por exemplo, o usuário pensa que possui habilidades como a de voar, atirando-se de janelas, ou que possui força suficiente para parar um carro em uma estrada, colocando-se em sua frente.[4,7]

> **ALERTA IMPORTANTE**
>
> Substâncias alucinógenas aumentam a atividade da serotonina e podem interagir com outras substâncias serotoninérgicas, como os inibidores seletivos da recaptação da serotonina, meperidina, inibidores da monoaminoxidase, lítio e triptofano. A síndrome serotoninérgica, que pode ser fatal, é caracterizada por alterações de estado mental, alterações neuromusculares e hiperatividade autonômica. Clinicamente, manifesta-se com agitação, inquietação, rigidez muscular, hipertermia, hiper-reflexia, sudorese e tremores. As complicações graves incluem coma, rabdomiólise, insuficiência renal aguda, convulsões e coagulação intravascular disseminada.[1]

DIAGNÓSTICO

O diagnóstico da intoxicação por LSD é clínico. Observam-se os sintomas emocionais e de leve estímulo simpatomimético. É realizado, na maioria das vezes, durante a anamnese na admissão do usuário em um serviço de emergência.[8] Adicionalmente, é preciso buscar por um completo histórico do consumo da droga, a fim de obter informações sobre o tempo de ingestão, conhecimento do paciente sobre a substância e se já houve experiência anterior com a droga. Se o paciente não for capaz de fornecer o histórico completo, deve-se buscar informações com amigos e familiares.[6]

Infelizmente, o LSD não é detectado em exames de rotina para drogas de abuso. O exame de urina por radioimunoensaio pode ser utilizado para detecção, mas necessita de confirmação posterior com cromatografia líquida ou gasosa, não sendo útil na prática clínica.[2]

Além dos testes mencionados, o monitoramento cardíaco (eletrocardiograma) e dos níveis de glicose e marcadores renais pode ser realizado.[2] Em casos complicados, testes de coagulação e de determinação de eletrólitos devem ser obtidos, especialmente quando há convulsões ou suspeita de síndrome neuroléptica maligna. Exames de imagem também devem ser solicitados para descartar outros diagnósticos.[6]

É importante fazer o diagnóstico diferencial de intoxicação por outras substâncias que tenham manifestações clínicas semelhantes, como cocaína, anfetaminas, canabinoides, catinonas sintéticas e anticolinérgicos.[2]

TRATAMENTO

O principal tratamento nos casos de intoxicações por LSD é o de suporte. Ele deve envolver o monitoramento de sinais vitais, acesso venoso para hidratação, controle hidroeletrolítico e administração de medicamentos, além de desobstrução das vias aéreas e oxigenação suplementar, quando necessário.[1,2] No caso de um paciente com quadro de uma "viagem ruim", deve-se estabelecer medidas de conforto e relaxamento em um ambiente tranquilo.[8]

Os benzodiazepínicos são a primeira linha para controle da agitação. Dentre eles, o midazolam acaba sendo uma boa escolha, pois tem tempo de meia-vida curta e ação rápida. Pode ser administrado aos poucos pela via intravenosa (1 a 2 mg a cada 5 minutos) até que se perceba melhora na agitação.[1]

Doses sedativas de diazepam (2 a 10 mg) podem ser utilizadas para amenizar a ansiedade, enquanto doses hipnóticas (10 a 20 mg) podem ser empregadas para induzir o sono durante o período da "viagem". O lorazepam também é uma opção de tratamento.[8]

Para os pacientes com sintomas psicóticos de alucinações e delírios que não cessam após os tratamentos de suporte e com benzodiazepínicos, pode ser feito tratamento adjuvante com neurolépticos.[1,2,8]

Caso ocorram outros sintomas como hipertermia, hipertensão, arritmias cardíacas e convulsão, estes devem ser tratados com as respectivas medicações.[8]

ANTÍDOTO

Não há antídoto específico.

MEDIDAS DE DESCONTAMINAÇÃO

Como o LSD é rapidamente absorvido após a ingestão, a lavagem gástrica normalmente não é útil. A descontaminação por lavagem gástrica e o carvão ativado podem ser empregados apenas em casos de ingestões maciças recentes (máximo 60 minutos) e com o paciente acordado.[1,8] Medidas depurativas, como a acidificação da urina, para aumentar a excreção urinária do LSD, devem ser evitadas, pois podem agravar algum quadro renal preexistente.[8]

ERROS COMUNS QUE VOCÊ DEVE EVITAR

Como o LSD é administrado pela via oral em baixas doses, os procedimentos de descontaminação usuais são praticamente ineficazes e podem agravar o desconforto psicológico do indivíduo.

É de suma importância manter o paciente sob observação constante em um ambiente calmo e livre de ruídos para não exacerbar os efeitos negativos da "viagem ruim".

REFERÊNCIAS BIBLIOGRÁFICAS

1. Andrade Filho A, Campolina D, Dias MB. Drogas de abuso. In: Toxicologia na prática clínica. 2. ed. Belo Horizonte: Folium; 2013. p. 261-82.
2. Hernandez EMM, Rodrigues RMR, Torres TM. LSD. In: Manual de toxicologia clínica: orientações para assistência e vigilância das intoxicações agudas. São Paulo, SP: Secretaria Municipal da Saúde; 2017. p. 113-7.
3. Vargens MCL, Costa LO, Oliveira EG. Ecstasy e LSD: guia prático na unidade de emergência. Neip; 2017. [acesso em fevereiro de 2021]. Disponível em: http://neip.info/novo/wp-content/uploads/2015/04/guia_medico_xts_lsd.pdf.
4. Passagli MF, Marinho PA. Drogas perturbadoras. Passagli MF. toxicologia forense: teoria e prática. 4. ed. Campinas: Millenium; 2013. p.193-229.
5. Hwang KAJ, Saadabadi A. Lysergic acid diethylamide (LSD). In: StatPearls [Internet]. Treasure Island (FL): StatPearls Publishing; 2020. [acesso em fevereiro de 2021]. Disponível em: https://www.ncbi.nlm.nih.gov/books/NBK482407/.
6. Baquiran M, Al Khalili Y. Lysergic acid diethylamide toxicity. In: StatPearls. Treasure Island: StatPearls Publishing; 2020.
7. Nichols DE, Grob CS. Is LSD toxic? Forensic Sci Int. 2018;284:141-5.
8. Olson K, et al. Dietilamina do ácido lisérgico e outros alucinógenos. In: Manual de toxicologia clínica. 6. ed. Porto Alegre: Artmed; 2014. p. 215-9.

CAPÍTULO 54

MACONHA

Gabriela Göethel
Bruna Gauer
Sabrina Nunes do Nascimento

PONTOS-CHAVE

- Os principais sintomas apresentados por crianças pequenas na emergência médica decorrentes de intoxicação aguda por maconha são: diminuição do nível de consciência, sonolência, hipoventilação, agitação e convulsões.
- Desordens neurológicas são a principal manifestação da intoxicação por maconha em crianças. Em adolescentes, o uso da maconha é um problema significativo em razão dos efeitos prejudiciais bem conhecidos da droga no cérebro ainda em desenvolvimento.
- O diagnóstico clínico da intoxicação aguda por maconha deve considerar o histórico e alguns achados típicos, como taquicardia e vermelhidão ocular combinados com evidências de alteração do humor ou da função cognitiva.
- A maioria das intoxicações por maconha não é fatal. Geralmente não há necessidade de intervenções médicas significativas para tratar a intoxicação, o tratamento consiste em manejo sintomático e cuidados suportivos.

INTRODUÇÃO

Maconha é o nome popularmente utilizado no Brasil para denominar as preparações da planta *Cannabis L. sativa Linnaeus*. É uma das plantas mais antigas conhecidas do homem e uma das substâncias de abuso mais consumidas em todo o mundo, em todas as faixas etárias. A *Cannabis* contém centenas de constituintes, mas sua principal substância psicoativa é o delta 9-tetra-hidrocanabinol (Δ^9-THC). O Δ^9-THC está na Lista F da Portaria n. 344, de 12 de maio de 1998 do Ministério da Saúde, que contempla as substâncias de uso proscrito no Brasil. Outros canabinoides de importância psicoativa presentes na planta incluem o Δ^8-THC, o canabinol e o canabidiol.[1-4]

A maconha é normalmente fumada como um cigarro ou em cachimbo especial. Atualmente, a droga vem sendo consumida também de forma "mesclada", em conjunto com outras drogas, como o *crack* e a cocaína. Alguns usuários também misturam a maconha com a comida (p. ex., bolo de maconha) ou a consomem na forma de chá, obtido a partir de suas folhas. A via inalatória apresenta o dobro da biodisponibilidade do Δ^9-THC em relação à ingestão, em virtude do metabolismo, que é predominantemente hepático. Por isso, os efeitos iniciais e pico da maconha fumada iniciam em poucos minutos (até 20), enquanto o pico da ingestão ocorre em até 3 horas. A duração do efeito é de cerca de 4 horas.[1,2,3]

Os efeitos psicoativos e a intensidade dos efeitos tóxicos da maconha se devem a vários fatores, como a origem genética da planta e a concentração de Δ^9-THC nas diferentes apresentações de *Cannabis* (maconha, haxixe, *skunk*). O baseado, maconha ou *beck*, que consiste em um preparado de várias partes da planta e que é geralmente fumado em cigarros feitos de papel ou palha, apresenta, em média, 0,5 a 5% de Δ^9-THC. O haxixe é a resina extraída das inflorescências da planta e é fumado em cachimbos, contendo cerca de 10 a 20% de Δ^9-THC. O óleo de haxixe é extraído da planta ou de sua resina e é muito utilizado por traficantes para transportar a droga, apresentando de 10 a 30% de Δ^9-THC. Já o *skunk* é a planta cultivada em condições ambientais ideais, com o intuito de aumentar a concentração de Δ^9-THC no vegetal, conhecida popularmente por "maconha de laboratório" ou "supermaconha".[1-3]

Em pequenas doses, a maconha causa efeitos semelhantes aos do álcool, como euforia, sensação de bem-estar e felicidade; alterações dos níveis pressóricos; hiperemia das conjuntivas; hipossalivação e boca seca; sonolência; aumento de apetite (a chamada "larica"); perda da memória recente; déficits cognitivos; perda da discriminação de tempo e de espaço; lentidão dos reflexos e distorção visual. A toxicidade aguda da *Cannabis* é muito baixa (dose letal mediana (DL_{50}) de Δ^9-THC oral em ratos é de 800 a 1.900 mg/kg), a dose fatal é estimada entre 15 e 70 g, que representa uma dose muitas vezes maior do que a inalada normalmente por usuários habituais. No entanto, pode ocorrer infarto do miocárdio desencadeado pelo Δ^9-THC em razão dos efeitos na circulação, os quais são improváveis de acontecer em indivíduos saudáveis, mas podem ocorrer em pessoas com doença cardíaca coronariana ou em portadores de hipotensão ortostática. Ademais, atualmente há evidência consistente de que pessoas que usam *Cannabis* regularmente apresentam maior propensão a desordens psiquiátricas agudas, agravadas por outros fatores como vulnerabilidade preexistente, traços de personalidade e uso da substância em idades precoces. Ataques de pânico e ansiedade estão entre as desordens psiquiátricas mais comuns associadas à intoxicação por *Cannabis* e que são frequentemente responsáveis pela descontinuação do uso da substância. Episódios psicóticos agudos associados à intoxicação por maconha incluem confusão, desorientação, amnésia, despersonalização, alucinações, agitação psicomotora e hostilidade. Além disso, usuários de maconha exibem déficits de memória e funções executivas, que persistem além da intoxicação aguda. Prejuízos de memória e atenção de curto prazo, desempenho de processos mentais complexos, julgamento, habilidades motoras e tempo de reação também são reportados.[5,6]

Crianças com idades entre 1 e 4 anos são especialmente vulneráveis à intoxicação por maconha por meio da ingestão exploratória. Os efeitos adversos da maconha em adultos são bem conhecidos, mas pouco se sabe sobre o que a droga pode causar em crianças. Existem diversos relatos de intoxicação aguda por maconha em crianças apresentando ataxia, letargia, tremores, coma e convulsões. Desordens neurológicas são a principal manifestação da intoxicação por maconha em crianças entre 3 e 10 anos de idade. Em adolescentes, o uso da maconha é um problema significativo pelos efeitos prejudiciais bem conhecidos da droga no cérebro ainda em desenvolvimento.[5,6]

MECANISMO DE AÇÃO

Existem receptores específicos para os canabinoides que estão acoplados à proteína G e são encontrados no cérebro, podendo ocorrer variações entre indivíduos.[3] Entre eles estão dois em específico: o CB_1, localizado no sistema nervoso central, e o CB_2, presente no sistema periférico, além dos ligantes canabinoides endógenos.[3,7] Os receptores canabinoides CB_1 e CB_2 são responsáveis por alguns efeitos bioquímicos e farmacológicos produzidos pela maioria dos compostos canabinoides.[7] Eles se localizam principalmente no cerebelo, hipocampo, córtex cerebral, gânglios basais e hipotálamo e são responsáveis pelos efeitos de bem-estar, relaxamento e analgesia, principais efeitos desejados por quem faz uso da droga.[3,7] Os sistemas dopaminérgicos, noradrenérgicos, serotoninérgicos e Gabaérgicos também estão envolvidos.[3] O aumento de apetite, taquicardia e vasodilatação podem ser explicados pela ativação dos receptores CB_1 e CB_2.[7] Além disso, os efeitos motores agudos causados pelo uso dos canabinoides parecem ser mediados por neurônios Gabaérgicos e glutamatérgicos localizados nos núcleos da base e do cerebelo.[8]

QUADRO CLÍNICO

Os efeitos, que incluem euforia, prejuízos nas funções cognitivas, motoras e de memória, se iniciam logo após o uso e podem perdurar por várias horas. A maioria dos efeitos cognitivos e comportamentais cessa após 3 a 5 horas.[9] Os sintomas clínicos da intoxicação por maconha incluem ataxia, letargia, hipotonia, midríase, aumento da pressão sanguínea, taquicardia, hipoventilação, aumento do apetite e boca seca.[10]

Os efeitos de intoxicação no sistema nervoso central (SNC) podem ser excitatórios ou depressores.[3] A excitação do SNC após o uso inalatório da maconha pode ser associada à rápida absorção do Δ^9-THC por essa via. Casos de intoxicação com evolução para depressão respiratória, necessidade de intubação e internação em UTI normalmente envolvem crianças e estão associados ao consumo de produtos de *Cannabis* concentrados.[11]

Em altas doses, a maconha pode causar psicose tóxica em pessoas com histórico de desordens mentais. O uso da droga pode levar a muitos sintomas de curto prazo, como despersonalização, desrealização, desilusões, alucinações, ideias paranoicas, prejuízo de memória, atenção reduzida, pensamento desordenado, agitação psicomotora, pânico e labilidade emocional. Esses sintomas podem se resolver dentro de uma semana, seguindo-se de uma total recuperação. O uso de maconha aumenta significativamente o risco de desenvolvimento de doenças psicóticas de maneira dose-dependente em indivíduos vulneráveis.[6]

ALERTA IMPORTANTE

A intoxicação por maconha merece atenção especial em razão das variantes geneticamente modificadas da planta ou daquelas cultivadas sob condições especiais com o intuito de aumentar seus níveis de Δ^9-THC. Além disso, a popularidade dos produtos comestíveis à base de maconha, que têm um início psicoativo tardio em relação à droga fumada ou vaporizada, também aumenta os riscos de intoxicação.[12] Com a legalização da maconha em diferentes países, a incidência de casos de intoxicação infantil por ingestão de alimentos (bolos, doces, biscoitos) contendo a droga tem aumentado consideravelmente. Alimentos contendo maconha não são facilmente distinguíveis e apresentam embalagens normalmente atrativas para crianças. O haxixe, por exemplo, poderia ser facilmente confundido com uma barra de chocolate. A quantidade de maconha presente nestes produtos é bastante variável e pode causar intoxicação nas crianças por seu baixo peso corporal e volume de distribuição.[13]

DIAGNÓSTICO

O diagnóstico clínico deve considerar o histórico e alguns achados típicos, como taquicardia e vermelhidão ocular, combinados com evidências de alteração do humor ou da função cognitiva.[14,15]

O diagnóstico complementar deverá incluir a detecção da droga em amostras de sangue ou urina. Exames qualitativos são normalmente empregados, uma vez que os níveis sanguíneos e urinários não se correlacionam com o grau de intoxicação ou com o comprometimento cognitivo e funcional. Dependendo da amostra de escolha, poderá ser pesquisado o próprio Δ^9-THC e/ou seus metabólitos (Δ^9-THC-COOH ou Δ^9-11-OH-THC) por meio de métodos cromatográficos (líquidos ou gasosos) acoplados à espectrometria de massas, ou, ainda, por métodos imunológicos, precedidos ou não de uma etapa de triagem. Como os níveis sanguíneos não estão normalmente disponíveis, a urina acaba sendo a matriz de escolha.[3,9]

Quando o sangue é utilizado como amostra biológica, o ideal é coletá-lo em até duas horas após o consumo da droga para que se possa detectar a presença de Δ^9-THC. Caso não seja possível, deve-se pesquisar pelo seu metabólito

Δ^9-THC-COOH. É importante frisar que, em usuários crônicos, ambos, Δ^9-THC e Δ^9-THC-COOH, podem ser detectados no sangue por pelo menos uma semana, por sua elevada lipossolubilidade, com consequente armazenamento em tecidos adiposos e gradual liberação para a corrente sanguínea.[9]

Em amostras de urina, pesquisam-se os metabólitos Δ^9-11--OH-THC e o Δ^9-THC-COOH, este encontrado em maiores quantidades e na forma de glicuronídeo. A triagem pode ser feita de forma rápida e eficiente com testes imunocromatográficos. Assim como no sangue, deve-se ressaltar que, por sua lipossolubilidade e, dependendo da proporção corporal de tecido adiposo do paciente e diluição da urina, a janela de detecção do Δ^9-THC-COOH pode variar de vários dias (usuários esporádicos) a várias semanas (usuários frequentes).[3,9]

Exames laboratoriais gerais também devem ser realizados no diagnóstico complementar em pacientes que apresentam doenças prévias ou sinais de acometimento sistêmico após intoxicação por altas doses da droga. Dentre eles, podem-se citar: exames de função renal e hepática, eletrocardiograma, hemograma, dosagem de eletrólitos e glicose.[3,14,15]

TRATAMENTO

A maioria das intoxicações por maconha não é fatal. Geralmente não há necessidade de intervenções médicas significativas para tratar a intoxicação, o tratamento consiste no manejo sintomático e cuidados suportivos. A extensão do manejo vai depender de inúmeros fatores, como idade do paciente intoxicado e quantidade de droga consumida. A maioria dos pacientes adultos com intoxicação por maconha melhora por conta própria e com pouca intervenção. No entanto, pacientes pediátricos necessitam de um período maior de observação e suporte, bem como envolvimento de serviços sociais.[16]

Além das medidas de urgência e medicamentos específicos para as complicações como distúrbios cardiorrespiratórios e renais, entre outros, os benzodiazepínicos (como lorazepam e alprazolam) e antipsicóticos (como haloperidol ou olanzapina) são muito usados no manejo de agitação, agressividade, medo, pavor, ansiedade e alucinações. No entanto, deve-se dar preferência por produtos de ação mais curta, para não ocorrer sinergismos com o efeito depressor da *Cannabis* e dificultar a avaliação clínica. O uso de antidepressivos e estabilizadores de humor deve ser indicado apenas em caso de persistência desses sintomas, com duração além do período da intoxicação.[6,16]

A síndrome da hiperêmese canabinoide é tipicamente observada com o uso crônico da maconha, mas também pode ser vista em casos de intoxicação aguda. Os pacientes podem reclamar de dor abdominal, vômito ou náusea. Nesses casos, o tratamento sintomático consiste em hidratação fluida intravenosa, uso de antieméticos (como ondansetrona) e benzodiazepínicos.[13]

Os pacientes devem ser observados por 6 horas para resolução dos sintomas e serem internados para monitoramento quando houver depressão do SNC, estado mental alterado, convulsões ou sinais vitais persistentemente alterados. Períodos mais longos de toxicidade podem ser esperados com produtos comestíveis e canabinoides sintéticos.[16]

Eventual taquicardia sinusal pode ser controlada com o uso de beta bloqueadores em casos extremos, mas normalmente não requer intervenção.[15]

ANTÍDOTO

Não existe antídoto específico.[3]

MEDIDAS DE DESCONTAMINAÇÃO

Quando ocorre a ingestão da droga em grandes quantidades, pode ser realizada a descontaminação gástrica por indução de vômitos apenas em casos e condições muito bem avaliadas ou condições específicas, especialmente na ingestão maciça e de produtos com maior concentração de Δ^9-THC, e em casos de ingestão recente (dentro de 2 horas). Não se deve realizar a indução de vômitos se houver sinais de estimulação do SNC.[3]

Outra medida de descontaminação que pode ser utilizada é o carvão ativado, para reduzir a absorção e o tempo de meia-vida do Δ^9-THC pelo bloqueio da recirculação êntero-hepática. Caso não seja possível administrar carvão ativado prontamente, pode ser realizada lavagem gástrica.[3,15]

REFERÊNCIAS BIBLIOGRÁFICAS

1. Oga S, et al. Cannabis. In: Oga S, Camargo MMA, Batistuzzo LAO, editores. Fundamentos de toxicologia. 4. ed. São Paulo: Atheneu; 2014. p. 435-46.
2. Passagli M, et al. Maconha. In: Passagli MF, editor. Toxicologia forense: teoria e prática. 4. ed. Campinas: Millennium; 2013. p. 193-214.
3. Andrade Filho A, et al. Drogas de abuso. In: Campolina D, Dias MB, editores. Toxicologia na prática clínica. 2. ed. Belo Horizonte: Folium; 2013. p. 261-82.
4. Ministério da Saúde. Portaria n. 344 de 12 de maio de 1998.
5. Sharma P, Murthy P, Bharath MMS. Chemistry, metabolism, and toxicology of Cannabis: clinical implications. Iran J Psychiatry. 2012;7(4):149-56.
6. Crippa JAS, Derenusson GN, Chagas MHN, Atakan Z, Martín-Santos R, Zuardi AW, Hallak JEC. Pharmacological interventions in the treatment of the acute effects of cannabis: a systematic review of literature. Harm Reduction J. 2012;9(7):1-6.
7. Honório KM. Aspectos terapêuticos de compostos da planta Cannabis sativa. Quim Nova. 2006;29(2):318-25.
8. Sanudo-Pena MC, Tsou K, Walker JM. Motor actions of cannabinoids in the basal ganglia output nuclei. Life Sci. 1999;65:703-13.
9. Dorta DJ, et al. Maconha (Cannabis sativa l). In: De Martinis BS, Dorta DJ, Costa JL, editores. Toxicologia forense. São Paulo: Blucher; 2018. p. 201-18.
10. Noble MJ, Hedberg K, Hendrickson RG. Acute cannabis toxicity. Clin Toxicol. 2019;57(8):735-42.
11. Pianca TG, Sordi AO, Hartmann TC, Diemen LV. Identification and initial management of intoxication by alcohol and other drugs in the pediatric emergency room. J Pediatr. 2017;93(s1):46-52.
12. Salas-Wright CP, Carbone JT, Holzer KJ, Vaughn MG. Prevalence and correlates of cannabis poisoning diagnosis in a national emergency department sample. Drug Alcohol Depend. 2019;204:107564.
13. Richards JR, Smith NE, Moulin AK. Unintentional cannabis ingestion in children: a systematic review. J Pediatr. 2017;190:142-52.
14. Hernandez EMM, et al. Canabinoides. In: Hernandez EMM, Rodrigues RMR, Torres TM, editores. Manual de toxicologia clínica: orientações para assistência e vigilância das intoxicações agudas. São Paulo, SP: Secretaria Municipal da Saúde; 2017. p. 97-102.
15. Olson K, et al. Maconha. In: Manual de toxicologia clínica. 6. ed. Porto Alegre: Artmed; 2014. p. 306-7.
16. Kelly BF, Nappe TM. Cannabinoid toxicity. [acesso em janeiro de 2021]. Disponível em: https://www.ncbi.nlm.nih.gov/books/NBK482175/.

CAPÍTULO 55

MERCÚRIO

Alvaro Pulchinelli Jr.
Daniel Takeshi Ito

PONTOS-CHAVE
• Três formas distintas na natureza (orgânico, inorgânico e metálico). • Formas distintas de exposição conforme a forma química, o que resulta em formas toxicocinéticas distintas.

INTRODUÇÃO

O mercúrio metálico encontra-se no estado líquido na temperatura ambiente e seu símbolo elementar (Hg) tem origem etimológica da palavra grega *hidrargirias*, que significa "água prateada". É liberado para o meio ambiente em erupções vulcânicas, terremotos, erosões e lixiviações da crosta terrestre, sendo o 67º mineral em maior abundância. Ações do homem também contribuíram de forma significativa para as emissões do mercúrio para a atmosfera, como na mineração e fundição de metais (mercúrio, ouro, cobre e zinco), da combustão do carvão e de combustíveis fósseis, de incineradores e das indústrias do setor cloro-álcali. Pode ser encontrado distribuído na natureza em três formas: inorgânico (como sal de Hg), elementar (Hg^0 ou metálico) e orgânico (metilmercúrio).[1-4]

Mil e cem anos antes de Cristo, os chineses já utilizavam o sulfeto de mercúrio (cinabre) como corante vermelho. Sua característica física única, ser um metal líquido, atraiu o interesse e despertou a imaginação humana, ampliando seu leque de ação curativa. Por mais de 3 mil anos foi utilizado em tratamentos na sua forma de Hg inorgânico como antisséptico, laxante, diurético e pomada.[1,4,5] O mercúrio metálico (mercúrio líquido ou na sua forma elementar) tem o ponto de fusão em -38,7 °C e pressão de vapor de 0,002 mmHg a 25 °C, que dobra a cada aumento de 10 °C. Daí seu uso em termômetros, barômetros, manômetros e esfigmomanômetros. É usado até hoje em amálgama dental, iluminação, na indústria de papel e celulose como branqueador, como catalisador na síntese de plásticos e como potente fungicida em anti-incrustantes e tintas de látex.[3,5,6]

TOXICOCINÉTICA E DOSES TÓXICAS

Nos primeiros estágios da evolução, microrganismos aquáticos passaram a metilar o mercúrio inorgânico. Assim, o metilmercúrio (CH_3Hg^+) começou a entrar na cadeia alimentar e passou a ser a forma mais frequente de exposição a esse metal e a mais perigosa. Nos tecidos de peixes carnívoros e de outros animais que os consomem, o mercúrio tecidual pode atingir níveis de 1.800 a 80 mil vezes maiores do que os níveis da água circulante. O consumo desses animais, mas principalmente desses peixes pelo homem, é a principal rota de exposição ao metilmercúrio.

Ou seja, ao entrar na cadeia alimentar (peixes), ocorre o fenômeno da biomagnificação, que é a presença de concentrações crescentes nos tecidos dos animais conforme se caminha para o topo da cadeia alimentar.

O mercúrio, mesmo na sua forma orgânica, não tem papel biológico como oligoelemento, cofator ou na construção de tecidos.[1,2,7]

A toxicidade do mercúrio varia conforme sua apresentação, seja como sal inorgânico, seja no seu estado elementar ou ainda como organometal.

No mercúrio elementar (metálico): a concentração de 10 mg/m^3 no ar é considerada perigosa à vida e pneumonite química pode ocorrer em níveis superiores a 1 mg/m^3. O mercúrio metálico líquido é pouco absorvido pelo trato gastrintestinal e, portanto, tem baixa toxicidade por esta via de exposição; por outro lado, a ingestão de 10 a 60 mg/kg de metilmercúrio pode ser fatal. A dose diária crônica de 10 mcg/kg pode estar associada a efeitos adversos neurológicos e reprodutivos.

A toxicidade do sal de mercúrio depende de sua solubilidade. Geralmente aqueles que apresentam menor solubilidade são menos tóxicos. O risco de intoxicação pela via oral é pequeno; em virtude da baixa absorção intestinal, 7 a 15% da dose ingerida é absorvida (dose letal 10% [DL_{10}] = 1.429 mg/kg), o que equivale a 100 g para um adulto de 70 kg. Para o cloreto de mercúrio, porém, a dose oral aguda letal é de 1 a 4 g.

TOXICODINÂMICA

Normalmente, os sais de mercúrio são sólidos não voláteis, e o envenenamento por inalação é raro. Uma vez absorvido, o mercúrio prontamente reage com o grupo tiol de alguns aminoácidos como, a cisteína. A proteína metalotioneína atua como quelante para o mercúrio e, quando saturada, o risco de danos celulares aumenta. Como o mercúrio inorgânico não é lipofílico, não cruza a barreira hematoencefálica em quantidades significativas. A maior parte da dose ingerida do sal de mercúrio acumula-se no fígado e é excretada pela bile ou pela urina.

Caso exista uma intoxicação causada pela grande quantidade ingerida, os sinais e sintomas iniciam-se com dor em queimação no peito, rápida descoloração das mucosas e dor gastrintestinal no local do trauma que o sal de Hg ocasionou por sua natureza corrosiva. Pode haver vômitos e diarreia severa com sangue, levando a choque hipovolêmico. Efeitos sistêmicos começam a surgir, como glossite, gengivite ulcerativa, sialorreia e sensação de gosto metálico na boca e perda de dentes. O rim é o principal órgão-alvo e danos renais são ocasionados pelo aumento da concentração de Hg nos túbulos contorcidos proximais, causando poliúria, proteinúria, hematúria, anúria e acidose metabólica. Intoxicação crônica somente com mercúrio inorgânico é rara; frequentemente ocorre em combinação com o mercúrio elementar, na qual os efeitos no sistema nervoso central (SNC) predominam. É caracterizada por intensas câimbras nas pernas, irritabilidade, parestesia, extremidades róseas e esfoliação da pele.[5,7]

O mercúrio na sua forma de vapor é muito mais tóxico pela facilidade de via de entrada no corpo humano através da inalação. A capacidade de absorção gastrintestinal é mínima, menos de 0,01% da quantidade ingerida. O limite considerado tolerável de exposição ao vapor de mercúrio é de até 50 μg por metro cúbico por 8 horas por dia. Ele é muito lipofílico e volátil à temperatura ambiente e facilmente oxidado; atravessa livremente membrana alveolar, variando de 80% a até quase 100% de sua biodisponibilidade. Uma vez absorvido, ele é transportado pelas hemácias e rapidamente distribuído pelo corpo humano. Sua meia-vida é de aproximadamente 60 dias. Pode se acumular no SNC e causar danos, porque a barreira hematoencefálica não o protege. O mercúrio também pode passar pela placenta e chegar ao encéfalo do feto. Os efeitos tóxicos do mercúrio elementar ocorrem após ser oxidado a Hg^{2+}, que inibe funções celulares ao atuar ao desnaturar proteínas e ao agir como inibidor enzimático não específico. Também bloqueiam proteínas ligantes a cálcio, incluindo a calmodulina, interferem nos processos celulares ao se substituírem no papel do cálcio em constituintes essenciais, podendo induzir alterações neuroinflamatórias e inibindo transportes pela membrana celular. A nefrotoxicidade do Hg^{2+} também ocorre como na intoxicação por mercúrio inorgânico. Uma intoxicação aguda pode ocorrer causada pelo aquecimento do mercúrio e inalação de seu vapor em espaços pouco ventilados. O primeiro sinal é a dispneia, seguida de arrepios e mal-estar, podendo produzir bronquite aguda e corrosiva, pneumonite intersticial. A intoxicação crônica é caracterizada pelo eretismo, síndrome na qual o paciente apresenta quadro neurológico e motor associado a ansiedade, irritabilidade, perda de memória, cansaço, desânimo, labilidade emocional, baixa autoestima, depressão, delírios e alucinações. Essa condição foi denominada síndrome astênica vegetativa ou micromercurialismo. A identificação da síndrome requer sintomas neurastênicos e três ou mais achados clínicos: tremor, aumento da tireoide, aumento da captação de iodo radioativo, pulso lábil, taquicardia, dermografismo, gengivite, alterações hematológicas ou aumento de excreção de mercúrio na urina.[2,4,5,7]

A causa mais comum de intoxicação por mercúrio é pela forma orgânica, por meio do consumo de peixes e frutos do mar contaminados pela água. Segundo a Organização Mundial da Saúde (OMS), a dose máxima tolerável de consumo semanal é de 0,2 μg de metilmercúrio. O mercúrio orgânico é muito lipossolúvel: cerca de 90 a 100% da dose oral é absorvida. Uma grande proporção do que é absorvida é biotransformada em componentes inorgânicos e excretada pela bile; mesmo assim, o que resta pode ser suficiente para causar danos ao SNC, especialmente o córtex visual e o cerebelo. A maior parte do metilmercúrio penetra nas hemácias e se liga à hemoglobina, onde é oxidado o Hg^{2+} que leva aos efeitos tóxicos. Antes do processo de excreção, a biotransformação por acetilação ou conjugação de cisteína ou glutationa no fígado exerce papel fundamental. Assim, excreção via bile é responsável por 90% da eliminação do metilmercúrio e 10% pelos rins após acetilação.[4,5]

QUADRO CLÍNICO

As intoxicações por mercúrio, em sua forma tanto a aguda como crônica, podem se apresentar como alterações do sistema respiratório, como irritação, pneumonite e edema pulmonar, bem como do sistema digestório (estomatite, cólicas, irritação, diarreia e disenteria). O sistema renal pode ser afetado, apresentando síndrome nefrótica, oligúria, anúria. Também podem aparecer alterações do sistema nervoso, como tremores, ataxias e alterações comportamentais. São observadas, ainda, erupções na pele e acrodinia.

Os mecanismos de ação tóxica no SNC e periférico têm sido estudados de maneira diferenciada, dependendo da forma de mercúrio em questão.

A expressão mercurialismo crônico define o quadro clínico geral e característico da intoxicação crônica por mercúrio inorgânico na forma elementar. Consiste essencialmente em alterações provocadas nos sistemas nervosos central, autônomo e periférico, representadas por tremor de extremidades (principalmente dedos), eretismo psíquico e distúrbios vasomotores.

O eretismo psíquico mercurial, presente em praticamente todos os casos de mercurialismo crônico, caracteriza-se por alterações mentais nem sempre típicas e que podem se sobrepor a alterações presentes em outros tipos de doenças ou distúrbios psicológicos. Entre os sintomas distinguem-se a irritabilidade, as alterações frequentes do humor e a labilidade emocional (Tabela 1).

DIAGNÓSTICO

Tanto a forma orgânica quanto a forma inorgânica elementar são absorvidas e distribuem-se pelo sangue. Assim, a dosagem de mercúrio sanguíneo reflete as duas fontes de mercúrio, orgânico, por via oral, no caso de alimentos contaminados, e elementar, por via inalatória. A meia-vida biológica do mercúrio é de cerca de dois meses no organismo como um todo.

A excreção é feita através da urina (principal mecanismo, no caso do mercúrio inorgânico elementar), sendo que o mercúrio orgânico é praticamente todo excretado pelas fezes. Assim, o mercúrio urinário é bastante representativo da absorção inalatória de mercúrio elementar. Outras vias de excreção incluem suor, ar exalado, cabelo, descamação da pele, unhas.

A excreção urinária (em μg/g de creatinina urinária ou μg/gC) guarda relação com a exposição ambiental (em μg/m³) e mantém relação numérica de 1:1,5 aproximadamente: exposição a 35 μg/m³ de mercúrio no ar correlaciona-se a uma excreção urinária de 50 μg/gC, desde que o indivíduo esteja em equilíbrio com o meio.

A dosagem de mercúrio urinário reflete uma exposição corrente, não tendo relação direta com o quadro clínico. Dessa forma, um trabalhador que apresente níveis de mercúrio urinário acima de 35 μg/gC (limite biológico máximo permitido para este indicador, pela NR-7, 1994), encontra-se em situação de exposição perigosa, com probabilidade de apresentar sinais e sintomas compatíveis com intoxicação caso continue no mesmo ambiente, mas não se encontra necessariamente intoxicado. O diagnóstico de intoxicação por mercúrio elementar baseia-se em sinais e sintomas compatíveis, a serem descritos a seguir, prescindindo da dosagem de mercúrio urinário para sua confirmação ou exclusão. Como a meia-vida biológica do mercúrio é relativamente curta, após poucas semanas de afastamento da exposição os níveis de mercúrio urinário devem voltar a estar dentro dos valores de referência, embora, no caso hipotético de uma intoxicação, seus sinais e sintomas ainda persistam.

As dosagens urinárias de mercúrio nas exposições ao mercúrio elementar e sais inorgânicos têm seu maior valor na confirmação da exposição e no controle da terapêutica quelante, quando indicada.

No caso de exposição a compostos orgânicos, a dosagem urinária tem pouco ou nenhum valor, já que sua excreção se dá pelas fezes. Aí, a dosagem sanguínea é o exame de escolha e, em geral, reflete a carga corpórea.

Valores de referência para mercúrio na urina e no sangue dependerão de investigação em populações regionais isentas de exposição inalatória ou digestiva ao mercúrio. Para o mercúrio sanguíneo, a média para a população não exposta varia de 1 a 8 μg/L e o mercúrio urinário varia de 4 a 5 μg/L. Mais recentemente estudos internacionais subsidiaram o valor estabelecido pela International Commission on Occupational Health (ICOH) e pela International Union of Pure and Applaied Chemistry (IUPAC) de 2 μg/L na urina para pessoas que não consomem peixe. No Brasil, a NR-7 do Ministério do Trabalho, de 1996, define valores de referência para adultos e índices biológicos de exposição (ou índices biológicos máximos permitidos) para mercúrio urinário – VR = 5 μg/gC e IBE/IBMP = 35 μg/gC.

Nas situações clínicas nas quais a exposição foi crônica com doses desconhecidas, ou variável ao longo do tempo ou se deram há mais de dois meses do diagnóstico sintomático, as dosagens de mercúrio urinário ou sanguíneo poderão apresentar discrepâncias. Nesses casos o diagnóstico deve ser realizado a partir da presença de sinais e sintomas compatíveis, relação temporal definida entre o surgimento destes e a história de exposição, e história de exposição comprovada (conhecimento do ambiente mais dosagens ambientais caracterizando presença de mercúrio no ar acima dos limites de tolerância estabelecidos).

Convém ainda salientar que, apesar de bastante utilizado como material de obturação dentária, o amálgama de mercúrio dentário em geral proporciona elevações no mercúrio urinário em proporções não significativas,, de cerca de 3 a 17 μg por urina de 24 horas, e que em alguns estudos esses resultados não passaram de 5 μg/24 horas, pouco interferindo nos resultados de monitoração.

TRATAMENTO

O melhor tratamento para a intoxicação ao mercúrio é a prevenção. Em um envenenamento agudo recomenda-se retirar a fonte de exposição, promover terapia de suporte para amenizar sinais e sintomas e tentar aumentar a biotransformação e excreção. Apesar de a ingestão de mercúrio elementar ser pouco tóxica, alguns pacientes precisam de remoção cirúrgica do metal, ou de êmese, lavagem estomacal e hidratação. Monitoração da pressão arterial, eletrólitos séricos e função renal é necessária. Em casos extremos, alguns pacientes necessitam de diálise peritoneal ou hemodiálise. A eliminação do mercúrio é alcançada com terapia de quelação por muitos dias e a própria excreção. A terapia de quelação, com ácido dimercaptossuccínico (DMSA) e ácido dimercaptopropanilsulfônico (DMPS),

Tabela 1. Manifestações clínicas da intoxicação por mercúrio

Efeitos clínicos	Elementar	Inorgânico	Orgânico
Acrodínia	++	+	+
SNC*	+++	+	+++
Gastrintestinais	+	+++	+
Nervos periféricos	+++	+	+++
Pulmonares	+++	-	-
Renais	-	+++	+
Pele/gengivas/olhos	++	+	-

SNC: Sistema Nervoso Central.
Fonte: adaptada de Ozuah, 2000.[4]

é mais efetiva para o mercúrio elementar e menos para o metilmercúrio.[4]

Pacientes sintomáticos após exposição aguda ou crônica são candidatos a terapia com quelante. Opções de quelante: BAL (British Anti-Lewisite): 2,5 a 5 mg/kg IM a cada 4 horas nos 2 primeiros dias; após, 2,5 mg/kg a cada 6 horas por mais 2 dias e a cada 12 horas até o décimo dia ou até que seja possível a administração de um quelante por VO; DMSA-succímero: 10 mg/kg VO 3 ×/dia por 5 dias; após, 2 ×/dia por 14 dias; D-penicilamina: adultos: 250 mg VO a cada 6 horas, antes das refeições, por 3 a 10 dias; crianças: 20 a 40 mg/kg/dia (dose máxima diária: 1 g/dia), antes das refeições, por 3 a 10 dias.

REFERÊNCIAS BIBLIOGRÁFICAS

1. Bjørklund G, Dadar M, Mutter J, Aaseth J. The toxicology of mercury: current research and emerging trends. Environ Res. 2017;159:545-554.
2. Liu J, Goyer RA, Waalkes MP. Efeitos tóxicos dos metais. In: Klaasen CD, Watkins III JB, editores. Fundamentos em toxicologia de Casarett e Doull. 2. ed. Porto Alegre: AMGH; 2012.
3. Clarkson TW, Magos L. The toxicology of mercury and its chemical compounds. Crit Rev Toxicol. 2006;36(8):609-62.
4. Ozuah PO. Mercury poisoning. Curr Probl Pediatr. 2000;30(3):91-9.
5. Langford NJ, Ferner RE. Toxicity of mercury. J Hum Hypertens. 1999;13(10):651-6.
6. Burtis CA, Bruns DE. Tietz Fundamentos de química clínica e diagnóstico molecular. 7. ed. Rio de Janeiro: Elsevier; 2016.
7. Magos L, Clarkson TW. Overview of the clinical toxicity of mercury. Ann Clin Biochem. 2006; 43(Pt 4):257-68.
8. Klaassen CD. Fundamentos em toxicologia de Casarett e Doull. 2. ed. Porto Alegre: Artmed McGraw Hill; 2012.

CAPÍTULO 56

METANOL E ETILENOGLICOL

Carlos Augusto Mello da Silva

PONTOS-CHAVE

- A intoxicação aguda por metanol (álcool metílico) é um evento raro, porém representa um dos quadros tóxicos mais graves observados em humanos.
- Sua toxicidade se expressa por meio do produto de sua biotransformação (que utiliza a mesma rota metabólica do etanol), o ácido fórmico, responsável por quadro de acidose metabólica importante e danos ao nervo ótico.
- Seu manejo exige suporte avançado de vida, utilização de antídoto específico disponível (etanol ou fomepizole) e medidas de depuração (hemodiálise).
- A intoxicação aguda por etilenoglicol, pertencente ao grupo dos glicóis, evento também pouco comum em nosso meio, se reveste de extrema gravidade se não detectado e tratado precocemente.
- Utiliza a mesma rota metabólica dos álcoois, resultando em agentes tóxicos como os ácidos glioxílico e oxálico.
- O ácido oxálico forma complexo com o Ca^{++} (cálcio), resultando em cristais de oxalato de cálcio responsáveis por dano renal importante.
- O manejo é baseado na correção do distúrbio acidobásico (acidose), correção da hipocalcemia e eventuais distúrbios de condução cardíaca (arritmias), hemodiálise e uso dos mesmos antídotos aplicáveis ao metanol (etanol e fomepizole).

METANOL

Introdução

O envenenamento por metanol (álcool metílico) não é um evento comum, mas representa um dos quadros tóxicos agudos mais graves com os quais os emergencistas e intensivistas podem se defrontar. Podem ocorrer casos isolados esporadicamente, porém a circunstância mais relatada são vários casos de apresentação simultânea, em geral relacionados ao consumo de bebidas adulteradas ou contaminadas com esse álcool. Exposições crônicas podem ocorrer em ambientes de trabalho (ocupacionais).[1-3]

A fisiopatogenia da intoxicação passa pela rota metabólica de biotransformação do metanol, que utiliza a álcool desidrogenase e a aldeído desidrogenase, mesmas enzimas responsáveis pela biotransformação do etanol (álcool etílico). Porém, ao contrário dos subprodutos do etanol (acetaldeído e ácido acético), o metanol produz formaldeído e ácido fórmico,[1-3] este extremamente tóxico e responsável pelo quadro importante de acidose metabólica, e, direta ou indiretamente, pelos danos ao nervo ótico, com risco de sequelas graves, como cegueira (amaurose).[4] Os sintomas podem demorar um pouco, pelo consumo simultâneo de etanol e competição pela ligação às enzimas.[1]

O metanol é produzido em geral a partir da destilação da madeira, tendo várias aplicações como combustível para uso doméstico e veicular (não utilizado no Brasil), solvente de tintas, vernizes e soluções anticongelantes. Além disso, pode contaminar o processo de destilação do etanol, quando conduzido de forma inadequada.

No fim do século XIX e no início do século XX, o metanol aparecia em quantidades significativas em bebidas como conhaque e uísque, nos Estados Unidos. Só após casos graves, na década de 1920, com metanol puro na Europa, é que foi despertada a atenção para o risco de sua ingestão por humanos.[5]

Na década de 1950, um surto com 323 pacientes que ingeriram bebidas clandestinas na Geórgia levou à morte de 41 pessoas. Análises das bebidas mostraram presença de 35 a 40% de metanol misturado ao etanol.[6] Em todo o mundo, incluindo o Brasil,[7] regularmente ocorrem surtos de envenenamento por metanol, pelo consumo localizado de bebidas alcoólicas produzidas ilegalmente,[8-10] bem como casos isolados de gravidade significativa.[11]

Toxicologia

Mecanismo de ação: após absorvido, o metanol passa por um lento processo de biotransformação (Ver Toxicocinética) que resulta em ácido fórmico (formato), o que leva, com a geração de lactato por vias paralelas, à acidose metabólica.[1-3,12] O dano ao nervo ótico, responsável pela perda total ou parcial da visão dos casos graves que sobrevivem, parece estar ligado ao ácido fórmico, mas outros mecanismos também são sugeridos na literatura.[2] Estudos de ressonância magnética (RM) em pacientes intoxicados por metanol demonstraram alterações dos núcleos da base do cérebro (putâmen) semelhantes às observadas em hipóxia e hipotensão e no envenenamento por monóxido de carbono.[2]

Toxicocinética: é rapidamente absorvido pela via oral e, por ser hidrossolúvel, distribuído pelos compartimentos de água corporal. A absorção por vias dérmica e inalatória também ocorre, principalmente em exposições extensas (acidentes ocupacionais).[1-3] Muitos casos de intoxicação por metanol por exposição dérmica publicados envolvem lactentes, provavelmente com exposição inalatória associada.[5] O metabolismo tem cinética de ordem zero, com uma afinidade pela desidrogenase alcoólica dez vezes menor do que pelo etanol. Isso significa que, na presença de etanol, o metabolismo do metanol fica prejudicado, evitando a formação dos metabólitos tóxicos.[2] Como há ação da desidrogenase alcoólica da mucosa gástrica e certo metabolismo de primeira passagem no fígado, os níveis plasmáticos crescem lentamente. Na ingestão de bebidas alcoólicas adulteradas ou contaminadas, o percentual de álcool etílico presente compete com o metanol pela rota metabólica, podendo retardar ainda mais a geração dos metabólitos tóxicos e a expressão clínica da intoxicação. O volume de distribuição (Vd) é de 0,6 a 0,77 L/kg. Não apresenta ligação a proteínas plasmáticas, e a vida média ($t^{1/2}$) é muito variável, de 1 a 24 horas, dependendo do consumo simultâneo com etanol (bebidas adulteradas ou contaminadas) ou uso de antídotos (ver adiante Antídotos: etanol/fomepizole). Só uma pequena parte é excretada inalterada na urina (1 a 3%) e pelos pulmões (cerca de 25%).[2,3]

Dose tóxica: a menor é estimada em 100 mg/kg.[3] A dose letal, baseada nos relatos da literatura, varia de 30 a 240 mL (equivalentes a 20 a 150 g de metanol). Quanto a pacientes que sobrevivem com sequelas, sendo a cegueira a mais debilitante, há relatos de ocorrência com ingestão de apenas 4 mL.[13]

Quadro clínico: apresenta evolução que se expressa seguindo o ritmo de sua biotransformação. Nas primeiras horas pós-ingestão, os pacientes apresentam os sinais clássicos de embriaguez e desconforto gástrico, compatível com gastrite. Alguns podem ter manifestações visuais nas primeiras horas. Estando a geração de ácido fórmico ainda em curso, não há manifestação precoce da acidose metabólica. No entanto, já pode ser detectada a elevação do *gap* osmolar (normal: -14 a +10 mOsm/L). Elevações entre +10 e +20 mOsm/L, que podem ser produzidas pelo metanol, devem ser objeto de diagnóstico diferencial (demais dados de história e clínicos) com cetoacidose alcoólica ou acidose metabólica por outras causas.[1-3] Após as primeiras 24 a 30 horas ("período latente"), estabelece-se acidose metabólica importante, com aumento também do *gap* aniônico (normal: 8 a 12 mEq/L), pela presença do ácido fórmico e aumento do lactato. Distúrbios visuais, incluindo perda parcial ou total da visão (cegueira), convulsões, coma, rabdomiólise, mioglobinúria e insuficiência renal aguda, são relatados. Sem intervenção, pode haver evolução para óbito. Os pacientes referem inicialmente visão nublada ou "borrada" e escotomas. Ao oftalmoscópio (fundo de olho) se podem observar tanto palidez como hiperemia do disco ótico, peripapiledema, dilatação venosa e edema do disco e da retina. As alterações visuais podem não ser simétricas.[2-4]

Diagnóstico: em geral, é baseado na história, no quadro clínico e em achados laboratoriais compatíveis. A medida dos níveis plasmáticos de metanol não está disponível na maioria dos serviços de emergência e hospitalares. Calcular os *gaps* osmolar e aniônico pode auxiliar o diagnóstico e presumir os níveis de metanol circulante (ver Capítulo 4, Ressucitação e Suporte Avançado de Vida ao Intoxicado Grave, Seção I).

Se disponível, a dosagem do metanol é importante no monitoramento do tratamento e na indicação de hemodiálise. Metanol acima de 20 mg/dL é considerado tóxico, e acima de 40 mg/dL, muito grave e potencialmente letal.[1-3] É importante ressaltar que níveis baixos, após o período latente, em indivíduos sintomáticos com história de exposição importante ou ingestão, não excluem o diagnóstico de intoxicação, pois já pode ter havido a biotransformação para ácido fórmico.[3] A dosagem do ácido fórmico auxiliaria na confirmação. Demais exames incluem eletrólitos (e cálculo do *gap* aniônico), glicose, ureia, creatinina, osmolaridade plasmática (e cálculo do *gap* osmolar), nível de etanol (alcoolemia) e lactato.

Tratamento: esvaziamento gástrico em todo paciente que ingeriu metanol e chegou ao atendimento até 1 hora depois. Não há indicação de carvão ativado. Realizam-se suporte vital (manutenção de via aérea permeável, ventilação assistida), controle de convulsões e cuidados relativos ao coma e manejo da acidose metabólica com bicarbonato de sódio, de acordo com a gasometria arterial.

Antídoto: os antídotos disponíveis são o etanol e o fomepizole. Ambos atuam por competição com o metanol pela enzima álcool desidrogenase, diminuindo ou impedindo a produção do ácido fórmico. As indicações seriam:[1-3,14,15]

- História de ingestão importante de metanol, quando não se puder dosar o nível plasmático e o *gap* osmolar for superior a +10 mOsm/L.
- Acidose metabólica (pH arterial < 7,3 e bicarbonato < 20 mEq/L), acompanhada do *gap* osmolar > +10 mOsm/L, que não esteja relacionado a etanol (dosar alcoolemia).

O etanol, desde a introdução do fomepizole, no início dos anos 1990, passou a ser considerado por muitos autores como um antídoto ultrapassado. Para o uso oral, pode-se lançar mão de bebidas destiladas, diluídas, buscando-se uma concentração de 20%, que devem ser administradas via sonda gástrica. O objetivo é manter uma alcoolemia (nível plasmático de etanol) de, no mínimo, 100 mg/dL. O uso intravenoso necessita que se obtenha álcool etílico absoluto (a 98%) estéril, sem aditivos, no padrão da farmacopeia, que deve ser diluído em SG a 5% (55 mL em 500 mL), gerando uma solução a 10%. O ideal seria a administração via cateter central, pois a solução é irritante dos vasos.[2-4,14] Outras complicações do uso intravenoso seriam desidratação, hipotensão e depressão respiratória (caso as doses sejam maiores do que as terapêuticas). Recomendam-se consulta ao centro de informação e assistência toxicológica da região ou a um toxicologista e internação do paciente em unidade de terapia intensiva (ver também Capítulo 4, Ressucitação e Suporte Avançado de Vida ao Intoxicado Grave, Seção I).

O objetivo da terapêutica com etanol intravenoso ou oral é manter uma alcoolemia (nível plasmático de etanol) de 100 a 150 mg/dL.

O ácido fólico ou folínico, na dose de 1 mg/kg (até 50 mg) IV, a cada 4 horas,[3] ajuda a aumentar a transformação de ácido fórmico em dióxido de carbono (CO_2) e água.

Tabela 1. Etanol como antídoto por via intravenosa[14]

Dose de ataque: 0,8 g/kg de etanol a 10% IV, infusão lenta, por 1 hora, conforme a tolerância
Volume da solução a ser infundido (em mL), conforme o peso do paciente: **A.** Lactente 10 kg: 80 mL **B.** Criança 15 kg: 120 mL **C.** Criança 30 kg: 240 mL **D.** Adolescente, adulto, 50 kg: 400 mL **E.** Adolescente, adulto, 70 kg: 560 mL **F.** Adulto, 100 kg: 800 Ml
Dose de manutenção: para indivíduos não abusadores ou tolerantes ao etanol
Volume da solução a ser infundido (em mL/hora), conforme o peso do paciente: **A.** 10 kg: 8 a 11 mL/h **B.** 15 kg: 12 a 16 mL/h **C.** 30 kg: 24 a 33 mL/h **D.** 50 kg: 40 a 55 mL/h **E.** 70 kg: 56 a 77 mL/h **F.** 100 kg: 80 a 110 mL/h
Para indivíduos abusadores, tolerantes ao etanol: 150 mg/kg/hora
O volume (em mL/hora), conforme o peso do paciente, é de 75 mL/hora (50 kg), 105 mL/hora (70 kg) e 150 mL/hora (100 kg).

Observação: as taxas de infusão deverão ser aumentadas se o paciente estiver em hemodiálise simultânea.

Tabela 2 Etanol como antídoto pela via oral[14]

Dose de ataque: 0,8 g/kg de etanol a 20% (200 mg/mL), diluído em um suco de frutas, administrados por via ou via sonda nasogástrica, durante uma 1 hora
Volumes por peso do paciente: **A.** 10 kg: 40 mL **B.** 15 kg: 60 mL **C.** 30 kg: 120 mL **D.** 50 kg: 200 mL **E.** 70 kg: 280 mL **F.** 100 kg: 400 mL
Dose de manutenção: 80 a 110 mg/kg/hora da mesma solução a 20% por via oral
Em mL/hora, de acordo com o peso do paciente, não abusador ou tolerante: **A.** 10 kg: 4 a 6 mL/hora **B.** 15 kg: 6 a 8 mL/hora **C.** 30 kg: 12 a 17 mL/hora **D.** 50 kg: 20 a 27 mL/hora **E.** 70 kg: 28 a 39 mL/hora **F.** 100 kg: 40 a 55 mL/hora
Para o abusador ou tolerante ao etanol, a dose é de 150 mg/kg/hora por via oral, e os volumes horários, de acordo com o peso, são de 38 mL/hora (50 kg), 53 mL/hora (70 kg) e 75 mL/hora (100 kg)

Observação: as doses devem ser aumentadas se hemodiálise simultânea.

Tabela 3 Doses para a administração de fomepizole intravenoso

Dose inicial: 15 mg/kg, diluídos em 100 mL de soro fisiológico a 0,9% ou soro glicosado a 5% IV, por infusão lenta (30 minutos)
Após 12 horas: 10 mg/kg a cada 12 horas IV, 4 doses, por 48 horas
Se houver indicação de doses adicionais, a dose deve ser de 15 mg/kg a cada 12 horas IV, pelo tempo que for necessário.

Observação: se o paciente for submetido à hemodiálise simultaneamente, as doses devem ser ajustadas.
Fonte: Howland, 2019.[15]

Medidas de depuração: a hemodiálise remove de forma eficaz o metanol e o ácido fórmico da circulação.[3,4,16] A vida média do metanol é bastante reduzida. As indicações de diálise seriam:

- Suspeita de envenenamento por metanol e acidose metabólica elevada.
- Manifestação de distúrbios visuais.
- Insuficiência renal.
- *Gap* osmolar > +10 mOsm/L ou metanol plasmático > 50 mg/dL.

> **ALERTA IMPORTANTE**
>
> Os antídotos e a hemodiálise devem ser mantidos até que o metanol caia para menos de 20 mg/dL e os *gaps* aniônico e osmolar se normalizem.

ETILENOGLICOL

Introdução

O etilenoglicol é quimicamente classificado como diol(1,2-etanodiol,CH_2OH-CH_2OH) e, como apresenta duas hidroxilas (OH) ligadas a carbonos adjacentes, constitui um grupo denominado glicóis (junto com dietilenoglicol, propilenoglicol e glicerol).[17] Propilenoglicol e glicerol (glicerina), presentes em medicamentos e vários produtos de higiene, têm peso molecular maior e são pouco absorvíveis, sendo virtualmente não tóxicos.[2,3]

Dos pontos de vista médico e toxicológico, o etilenoglicol é o representante do grupo de maior interesse, pela presença em produtos comerciais como líquidos de arrefecimento ou anticongelantes para radiadores de automóveis e embarcações, como solvente de tintas e na produção de poliéster na indústria de tecidos, entre outros usos. O dietilenoglicol aparece nos anticongelantes e fluidos de freio para veículos e esteve envolvido em alguns episódios históricos, envolvendo muitas crianças, pela contaminação inadvertida de medicamentos na forma líquida, no lugar do propilenoglicol.[1]

Um vazamento no sistema de refrigeração de tanques de fermentação em uma cervejaria de Belo Horizonte (MG), em 2019, levou à contaminação da bebida com dietilenoglicol, levando vários consumidores aos hospitais, alguns com grave comprometimento sistêmico e da função renal. Cerca de 30 casos com sintomatologia compatível com envenenamento por glicóis foram atendidos, tendo ocorrido seis óbitos. Até o início de 2020, quatro casos já haviam confirmado a presença do dietilenoglicol e/ou seus metabólitos no plasma, um dos quais foi a óbito.[18]

O etilenoglicol se apresenta como líquido incolor (os produtos comerciais trazem corantes adicionados), pouco volátil, com ponto de ebulição elevado (197 °C), sem odor, mas com um gosto adocicado, responsável por vários casos em crianças nos Estados Unidos. Os abusadores (etilistas) pesados de álcool podem consumir o agente quando não obtêm bebidas, também aparecendo com relativa frequência em tentativas de suicídio.[1,2]

Os glicóis estão associados a morbidade e mortalidade significativas nos casos de intoxicação relatados. Embora não sejam comuns, os casos costumam evoluir de forma grave, tendo ocorrido 32 óbitos nos Estados Unidos, entre cerca de 6 mil casos registrados pela American Association of Poison Control Centers (AAPCC) em 2016.[17]

Toxicologia

Toxicocinética: o etilenoglicol é muito bem absorvido pela via oral, com um Vd de 0,6 a 0,8 L/kg. Não se liga a proteínas plasmáticas. A vida média é de 3 a 5 horas. É metabolizado, como os álcoois, pela desidrogenase alcoólica, formando glicoaldeído. Este, pela ação da aldeído desidrogenase, gera ácido glicólico. Por fim, pela ação da lactato desidrogenase (LDH), gera ácido glioxílico e depois ácido oxálico.[1-3]

Mecanismo de ação: o ácido oxálico forma com o cálcio (Ca^{++}) cristais de oxalato de cálcio. A disseminação dos cristais ocorre por vários tecidos, com destaque para glomérulos e túbulos renais. Insuficiência renal aguda (IRA) e acidose metabólica são duas marcas da intoxicação aguda por etilenoglicol. A precipitação do Ca^{++} em cristais pode levar à hipocalcemia, gerando arritmias cardíacas, alterações da pressão arterial e do eletrocardiograma (aumento do QTc).

Dose tóxica: a dose tóxica de uma solução concentrada a 95% (anticongelante) é de 1 a 1,5 mL/kg.[3] Há poucas referências exatas quanto a doses tóxicas do etilenoglicol e relatos de pacientes que sobrevivem à ingestão de grande volume dos produtos comerciais, desde que recebam tratamento precoce e suporte adequado. Em geral, historicamente o tratamento é baseado na sintomatologia e na possibilidade de medição dos níveis de etilenoglicol no plasma. Crianças sintomáticas, com níveis maiores que 200 mg/L, equivalentes a 20 mg/dL, ou 3,2 mol/L, devem receber antídoto.[19]

Quadro clínico: na fase inicial, lembra a intoxicação alcoólica (embriaguez) com ataxia, alterações da fala e linguagem e alterações do estado mental. Distúrbios gastrintestinais, como náuseas, vômitos e dor epigástrica, estão presentes. O *gap* osmolar já apresenta aumento, mas precocemente não se detecta a acidose metabólica.[1-3] Por volta de 12 horas de evolução, acidose metabólica, com *gap* osmolar evidente, hiperventilação, convulsões e coma se estabelecem, juntamente com distúrbios da condução cardíaca. Edemas pulmonar e cerebral são relatados.[1-3]

Diagnóstico: está vinculado à história de ingestão e sintomatologia inicial, sendo importante diagnóstico diferencial, caso haja dúvida do agente envolvido, com intoxicação por metanol ou cetoacidose alcoólica. A dosagem de beta-hidroxibutirato, aumentada na cetoacidose alcoólica, não se altera com o etilenoglicol. Colher os exames necessários para o cálculo dos *gaps* aniônico e osmolar é indispensável. O exame qualitativo de urina (EQU) mostra, na microscopia, cristais de oxalato de cálcio e hipurato, de formato cuboide ou de agulha. Como alguns produtos contendo etilenoglicol recebem fluoresceína como aditivo, a urina pode apresentar fluorescência, se examinada por lâmpada de Wood.[3,20] Níveis plasmáticos são difíceis de obter fora de laboratórios especializados em análises toxicológicas ou forenses. Níveis séricos acima de 50 mg/dL indicam intoxicação grave.

ALERTA IMPORTANTE

Não havendo dosagem do nível plasmático, se após uma observação de 12 a 24 horas o paciente estiver assintomático, com *gaps* aniônico e osmolar normais, é improvável que tenha havido ingestão de dose tóxica.

Tratamento: o inicial consta de lavado gástrico, se o paciente chegar dentro de 1 hora da ingestão. Carvão ativado não é indicado, por ser ineficaz neste caso. Medidas de suporte vital e de correção dos distúrbios metabólicos são:

- Controle de convulsões, cuidados para o paciente em coma.
- Tratamento da acidose metabólica (bicarbonato IV) guiado pela gasometria arterial.
- Controle de arritmias cardíacas.
- Tratamento da hipocalcemia (gluconato de cálcio IV).

Antídotos: etanol e fomepizole devem ser indicados quando as condições a seguir forem detectadas (ver anteriormente Antídotos, em Metanol):

- História de ingestão de etilenoglicol com dois ou mais dos seguintes achados:
  - *Gap* osmolar > +10 mOsm/L.
  - Acidose metabólica com pH < 7,3 e bicarbonato < 20 mEq/L.
  - Presença de cristais de oxalato na urina.
  - A administração de piridoxina, ácido fólico e tiamina, cofatores para o metabolismo do etilenoglicol, pode diminuir a toxicidade por levar o ácido glioxílico a produzir outros metabólitos, não tóxicos.[1-3]

Medidas de depuração: a hemodiálise é eficaz na remoção do etilenoglicol e dos metabólitos tóxicos.[1-3,16] As indicações seriam:

- Ingestão do etilenoglicol, com *gap* osmolar > +10 mOsm/L, que não seja por etanol, e acidose metabólica (pH < 7,3, bicarbonato < 20 mEq/L).
- Insuficiência renal aguda.
- Nível do etilenoglicol > 50 mg/dL, em paciente que não recebe antídotos.
- Paciente que chegou tarde ao atendimento, mesmo com *gap* osmolar normal (o etilenoglicol já saiu do plasma para os tecidos).

ALERTA IMPORTANTE

Não há um nível determinado de "não toxicidade" para o etilenoglicol. O tratamento, diálise e antídotos, deve ser mantido até a normalização dos *gaps* e acidose, ou, se disponíveis, os níveis do agente e seu metabólito ácido glicólico forem indetectáveis.

REFERÊNCIAS BIBLIOGRÁFICAS

1. Kraut JA, Mullins ME. Toxic alcohols. N Engl J Med. 2018;378:270-80.
2. Wiener SW. Toxic Alcohols. In: Nelson LS, Howland MA, Lewin NA, Smith SW, Goldfrank LR, Hoffman LS, editores. Goldfrank's Toxicologic Emergencies. 11. ed. Nova Iorque: McGraw Hill Education; 2019. p. 1421-34.
3. Olson K. Poisoning & drug overdose. 5. ed. Nova Iorque: Lange Medical Books/McGraw-Hill; 2007.
4. Baumbach GL, Cancilla PA, Martin-Amat A, Tephly TR, McMartin KE, Makar AB, et al. Methyl alcohol poisoning IV. Alterations of the morphologic findings of the retina and optic nerve. Arch Ophtalmol. 1977;95:1859-65.
5. Becker CE. Methanol poisoning. J Emerg Med. 1983;1:51-8.
6. Bennet L Jr, Cary FH, Mitchell GL, Cooper MN. Acute methyl alcohol poisoning: a review based on experiences in an outbreak of 323 cases. Medicine (Baltimore). 1953;32(4):431-63.
7. Laranjeira R, Dunn J. Death by methanol poisoning in Brazil. Addiction. 1998;93:1103-4.
8. Paasma R, Hovda KE, Jacobsen D. Methanol poisoning and long term sequelae – a six year follow up after a large methanol outbreak. BMC Clin Pharmacol. 2009;9:5.
9. Rostrup M, Edwards JK, Abukalish M, Ezzabi M, Some D, Ritter H, et al. The methanol poisoning outbreaks in Libya 2013 and Kenya 2014. PLoS One. 2016;11(3):e0152676.
10. Aghababaeian H, Ahvazi LA, Ostadtaghizadeh A. The methanol poisoning outbreaks in iran 2018. Alcohol Alcohol. 2019;54:128-30.
11. Bucaretchi F, Capitani EM, Madureira PR, Cesconetto DM, Lanaro R, Vieira RJ, et al. Suicide attempt using pure methanol with hospitalization of the patient soon after ingestion: case report. Sao Paulo Med J. 2009;127(2):108-10.
12. Moon CS. Estimation of lethal and exposure doses for representative metanol symptoms in humans. Annals Ocupp Environ Med. 2017;29:44-50.
13. Kruse JA. Methanol poisoning. Intens Care Med. 1992;18(7):391-7.
14. Howland MA. Antidotes in depht: ethanol. In: Nelson LS, Howland MA, Lewin NA, Smith SW, Goldfrank LR, Hoffman LS, editores. Goldfrank's Toxicologic Emergencies. 11. ed. Nova Iorque: McGraw Hill Education; 2019. p. 1440-3.
15. Howland MA. Antidotes in depht: fomepizole. In: Nelson LS, Howland MA, Lewin NA, Smith SW, Goldfrank LR, Hoffman LS, editores. Goldfrank's Toxicologic Emergencies. 11. ed. Nova Iorque: McGraw Hill Education; 2019. p. 1435-9.
16. King JD, Kern MH, Jaar BG. Extracorporeal removal of poisons and toxins. Clin J Am Soc Nephrol. 2019;14(9):1408-15.
17. Garg U, Lowry J, Algren A. Ethylene glycol and other glycols: analytical and interpretation issues. In: Dasgupta A, editor. Critical issues in alcohol and drugs of abuse testing. 2. ed. Londres: Academic Press. 2019. p. 56-9.
18. Sanchez ZM, Oliveira CL, Laranjeira R, Caetano R. Intoxication and deaths from diethylene glycol present in Brazilian craft beers. J Stud Alc Drugs. 2020;81(4):522-4.
19. Riordan M, Rylance G, Berry K. Poisoning in children 5: rare and dangerous poisons. Arch Dis Child. 2002;87:407-10.
20. McStay CM, Gordon PE. Urine fluorescence in ethylene glycol poisoning. N Engl J Med. 2007;356:611.

CAPÍTULO 57

METEMOGLOBINEMIA

Carlos Augusto Mello da Silva

PONTOS-CHAVE

- Entre os inúmeros fármacos e agentes químicos relacionados à metemoglobinemia na literatura, em nosso país destacam-se casos produzidos por dapsona, fenazopiridina e nitrato de sódio (salitre).
- Anestésicos locais de uso tópico, como benzocaína, utilizados em procedimentos médicos invasivos, também podem produzir metemoglobinemia.
- Nos casos suspeitos em neonatos e lactentes é importante estabelecer diagnóstico diferencial com metemoglobinemia de origem genética.

INTRODUÇÃO

Intoxicações por agentes metemoglobinizantes (produtos químicos industriais, fármacos) são eventos relativamente frequentes, envolvendo tanto pacientes pediátricos como adultos. Em nosso país, a dapsona (sulfona) é o agente etiológico responsável por grande parte dos casos de metemoglobinemia adquirida, gerando, em geral, casos de gravidade leve.[1,2] A fenazopiridina, presente em medicamentos usados no tratamento sintomático de cistites, também costuma aparecer em destaque nas estatísticas.[2]

Por outro lado, ingestão de salitre (nitrato de sódio), um potente agente metemoglobinizante, em tentativas de suicídio, produz quadros muito graves e de alta letalidade.[1-5]

Anestésicos de uso tópico, como a benzocaína, podem levar a quadros de metemoglobinemia iatrogênicos.[6,7]

Certos produtos de uso doméstico, como pasta para lustrar sapatos e tinta para sapatos, em caso de ingestão, também têm sido relacionados a casos de metemoglobinemia.[3]

Na área industrial, a anilina (C_6H_7N, aminobenzeno), utilizada na produção de vários produtos químicos (corantes, polímeros, indústria da borracha), é um metemoglobinizante classificado como muito tóxico. A dose letal para um adulto está na faixa de 50 a 150 mg/kg de peso.[8]

ALERTA IMPORTANTE

Não confundir o composto químico "anilina" de uso industrial com o termo popular "anilinas", usado para denominar corantes utilizados em artesanato (corantes de tecidos), culinária e outras atividades. Estes últimos, em geral, são produzidos à base de pigmentos de origem vegetal.

A metemoglobina (MetHb) é uma hemoglobina alterada, em que o íon ferroso (Fe^{+2}) da estrutura do heme foi oxidado a íon férrico (Fe^{+3}), perdendo a capacidade de transportar o oxigênio (O_2). Aumentos na taxa de metemoglobina no sangue, a que se denomina metemoglobinemia, podem decorrer de várias etiologias, cujo mecanismo é o aumento do processo de oxidação, ultrapassando a capacidade fisiológica dos mecanismos de redução disponíveis no organismo.[1,3,4]

A ocorrência de metemoglobinemia pode estar relacionada a:

A. Causas hereditárias: traços genéticos da hemoglobina (hemoglobina M), uma forma mais suscetível à oxidação, e deficiência enzimática de NADH-redutase.
B. Faixa etária: os lactentes até os 4 meses de vida apresentam baixa atividade da NADH-redutase, sendo, assim, mais sujeitos à ação de agentes oxidantes externos sobre a hemoglobina.
C. Exposição a agentes oxidantes diretos e indiretos (contaminantes de água e alimentos, produtos químicos industriais, fármacos).

MECANISMOS DE AÇÃO

Alterações da hemoglobina por agentes químicos

Em condições fisiológicas normais, apresentamos uma taxa de aproximadamente 1% de MetHb. A manutenção desse nível é mantida pela ação de antioxidantes (presentes na dieta, entre outros) e pela redução da metemoglobina por dois sistemas de enzimas redutoras, dependentes de NADH (95%) e NADPH (5%).

A transformação do íon ferroso em férrico, provocada pelo estresse oxidativo intenso, torna a hemoglobina incapaz de carrear oxigênio. Estabelece-se uma anemia funcional, com redução da oxigenação dos tecidos e hipóxia celular.

Certos agentes químicos podem provocar metemoglobinemia prolongada, como a dapsona e a anilina.[4] Outros agentes também podem ser hemolisantes. Quadros de infecção intestinal bacteriana, se prolongados, levam à produção de nitritos, que são metemoglobinizantes.

Farmacocinética

A dapsona é bem absorvida pelo trato gastrintestinal, com meia-vida plasmática, após única dose de 100 mg, de aproximadamente uma hora. A ligação às proteínas plasmáticas é da ordem de 70 a 90%. A biotransformação se dá por acetilação (N-acetil transferase) e hidroxilação (sistema oxidase de O_2 + NADPH).[1,3] Sua eliminação é predominantemente renal, mas também ocorre pelas fezes, bile e leite materno. Pode ser transferida via transplacentária. Em um contexto de sobredosagem, a meia-vida pode prolongar-se por 96 horas.

Outros agentes terapêuticos comumente envolvidos na produção de metemoglobinemia, como anestésicos locais e de uso tópico, como a benzocaína, são bem absorvidos através de mucosas e podem produzir o quadro clínico, mesmo em doses terapêuticas, em indivíduos suscetíveis.[6]

QUADRO CLÍNICO

A manifestação mais evidente ao exame físico do paciente é a cianose intensa (pele e mucosas, que variam de coloração azulada, roxa até tons de marrom-escuro), que pode persistir durante muitos dias. A cianose surge em concentrações baixas de MetHb, a partir de 10%, e, nessas condições, está desacompanhada de outros sintomas.[1,3,4]

À medida em que a concentração de MetHb vai aumentando, entre 20 e 50%, de alguns minutos a 24 horas após a ingestão, surgem os primeiros sinais e sintomas relacionados à hipóxia: cefaleia, tontura, dispneia, náuseas, vômitos, fraqueza, taquicardia, hipertensão arterial. Em concentrações superiores a 50%, o quadro se agrava com manifestações neurológicas como agitação psicomotora, alucinações, convulsões, letargia, estupor e coma. Concentrações acima de 70% são, em geral, incompatíveis com a vida.[1,3,4,6]

A metemoglobinemia pode causar descompensação em pacientes portadores de cardiopatia isquêmica, insuficiência cardíaca, anemias e doença pulmonar obstrutiva crônica (DPOC).

DIAGNÓSTICO DIFERENCIAL

O diagnóstico diferencial deve ser feito, em especial, com doenças cardíacas (como cardiopatias congênitas nos lactentes e pré-escolares) e pulmonares. No neonato e lactente é importante lembrar das formas hereditárias.

Exames complementares

Um teste simples à beira do leito pode ajudar no diagnóstico preliminar de metemoglobinemia quando há história de exposição a agente metemoglobinizante. A coleta de uma gota, ou alguns mililitros em tubo de ensaio, do sangue do paciente e aplicado em um papel-filtro mostra uma coloração marrom ou achocolatada, se comparada ao vermelho vivo habitual do sangue. Esse achado pode ser encontrado em outros quadros tóxicos (monóxido de carbono, cianeto, sulfeto de hidrogênio, sulfemoglobinemia), daí a importância da anamnese.[9]

O co-oxímetro, aparelho capaz de informar e diferenciar níveis de hemoglobina normal, carboxi-hemoglobina e metemoglobina, quando disponível na emergência ou unidade de cuidados intensivos, é extremamente útil nesses casos.

Outros exames: hemograma, eletrólitos, plaquetas, reticulócitos, função hepática, exame comum de urina (detecta hemoglobinúria nos agentes que produzem hemólise associada), radiografia de tórax e eletrocardiograma (excluir outras causas de cianose) e gasometria arterial. Na fase inicial da intoxicação, observam-se alcalose respiratória e, em fase adiantada, acidose respiratória. A PaO_2 não é um indicador muito útil nas metemoglobinemias de origem tóxica, pois pode estar na faixa normal mesmo nos quadros graves.

Caso um co-oxímetro não esteja disponível, **havendo história de exposição a agente metemoglobinizante,** além da detecção da coloração achocolatada do sangue do paciente, uma correlação entre os dados da oximetria de pulso e a gasometria arterial pode auxiliar no diagnóstico.

Uma diferença (*gap*) **maior que 5%** entre a saturação de oxigênio (SaO_2) **calculada** (fornecida pela gasometria) e a **medida** (pelo oxímetro de pulso) indica a presença de uma hemoglobina anormal, no caso, metemoglobina.[10]

Porém, é importante frisar que esse dado não é específico, pois diferenças acima de 5% também ocorrem na presença aumentada de outras hemoglobinas anormais, como carboxi-hemoglobina e sulfemoglobina, sendo, portanto, imprescindível uma história clínica adequada. Além disso, em **metemoglobinemias graves,** a **oximetria de pulso não é confiável,** não informando adequadamente sobre o efetivo nível de hipoxemia do paciente.

TRATAMENTO

Nos casos graves, pode ser necessária ventilação mecânica. Oxigenioterapia hiperbárica, recurso pouco disponível em nosso país, pode ser benéfico em casos extremamente graves, que não tenham respondido ao antídoto. Na maioria das vezes, se a medida da metemoglobina for inferior a 30%, há resolução espontânea em 24 a 72 horas e o tratamento restringe-se a descontaminação gástrica e repouso no leito, visando diminuir a demanda por O_2. A lavagem gástrica deve ser associada a doses seriadas de carvão ativado, até de 4 em 4 horas, por até 12 horas, nos casos graves por dapsona. Na inalação de gases tóxicos, o tratamento é realizado com oxigenioterapia e nos contatos cutâneos com banhos repetidos, para descontaminação.

ANTÍDOTO

O uso do antídoto específico, o **azul de metileno a 1%**, deve ser reservado para os casos fortemente sintomáticos e/ou naqueles com MetHb superior a 30%. O azul de metileno age na enzima NADPH-redutase, que normalmente é responsável por apenas 5% da redução da metemoglobina em hemoglobina, aumentando sua atividade. É usado na dose de 1 a 2 mg/kg em infusão venosa lenta (5 minutos) e pode ser repetido a cada 12 horas, se necessário. A infusão venosa do azul de metileno produz queda transitória na saturação medida por oximetria de pulso por causa de sua coloração, que também vai tingir a urina do paciente de azul.

A melhora da cianose e a redução dos sintomas ocorrem em 15 a 20 minutos após a administração do antídoto. Pacientes que persistirem cianóticos e sintomáticos podem receber dose adicional de 1 mg/kg de azul de metileno uma hora após a dose inicial. O total administrado não deve ultrapassar 7 mg/kg.[3,4]

O aumento dos níveis de MetHb, ou o surgimento de sintomas sugestivos de agravamento do quadro, pode ocorrer na presença de deficiência de G6PD, quando há absorção prolongada de substâncias oxidantes, ou quando os compostos apresentam metabólitos ativos.

A administração de altas doses de azul de metileno ou a infusão rápida podem ocasionar o surgimento de náusea, hipertensão, disúria, dor retroesternal, taquicardia e ansiedade. Uma complicação grave do uso de azul de metileno é a hemólise.

Uma revisão de literatura localizou 26 casos de pacientes que apresentaram estados confusionais e instabilidade autonômica (possível síndrome serotoninérgica) após administração de azul de metileno, dos quais 24 eram usuários de inibidores seletivos da recaptação da serotonina e um de clomipramina. Parece ser prudente, tendo em vista essa possível interação e o uso crescente desses fármacos atualmente, inquirir se o paciente que vai iniciar o uso do azul de metileno não é usuário de antidepressivos.[11]

O uso do **ácido ascórbico** não seria muito útil no tratamento de metemoglobinemia aguda de causa tóxica, por sua ação muito lenta na redução dos íons de ferro oxidados. No entanto, há na literatura relatos isolados de sua administração em casos leves a moderados, em que não havia disponibilidade local do azul de metileno com boa resposta.[12]

ERROS COMUNS QUE VOCÊ DEVE EVITAR

Deixar de considerar a hipótese de metemoglobinemia de origem tóxica em quadros de cianose, em pacientes sem antecedentes ou dados clínicos e laboratoriais que apontem para cardio ou pneumopatia prévias.

Basear sua avaliação da gravidade do caso unicamente na oximetria de pulso, sem considerar os demais dados clínicos.

Administrar o azul de metileno em infusão muito rápida ou ultrapassando a dose máxima preconizada.

REFERÊNCIAS BIBLIOGRÁFICAS

1. Mello da Silva CA, et al. Metemoglobinemias. In: Andrade Filho A, Campolina D, Dias MB, editores. Toxicologia na prática clínica. 2. ed. Belo Horizonte: Follium; 2013.
2. Centro de Informação Toxicológica do Rio Grande do Sul. Dados>Publicações>Estatísticas: Dados publicados 2017-2019. (acesso em julho de 2021). Disponível em: www.cit.rs.gov.br.
3. Price DP. Methemoglobin inducers. In: Hoffman RS, Howland MA, Lewin NA, Smith SW, Goldfrank LR, Hoffman LS, editores. Goldfrank's Toxicologic Emergencies. 11. ed. New Iorque: McGraw-Hill Education; 2019. p. 1703-12.
4. Blanc PD. Methemoglobinemia. In: Olson KR. Poisoning & drug overdose. Stanford: Appleton & Lange; 2007. p. 262-4.
5. Mudan A, Repplinger D, Lebin J, Lewis J, Vohra R, Smollin C. Severe methemoglobinemia and death from sodium nitrite ingestions. J Emerg Med. 2020;59:e85-e88.
6. Cortazzo JA, Lichtman AD. Methemoglobinemia: a review and recomendations for management. J Cardiothorac Vasc Anesth. 2014;28:1043-7.
7. Vohra R, Hutington S, Koike J, Le K, Geller RJ. Pediatric exposures to topical benzocaine preparations reported to a statewide poison control system. West J Emerg Med. 2017;18:923-7.
8. Anilina US. Environmental Protection Agency. 1998. Extremely Hazardous Substances (EHS) Chemical Profiles and Emergency First Aid Guides. Washington, DC: US. Governement Printing Office.
9. Baeza-Trinidad R, Cuesta-Lopez MRL. Chocolate-coloured serum in methaemoglobinaemia. Lancet. 2015;386:e6.
10. Akthar J, Johnston BD, Krenzelok EP. Mind the gap. J Emerg Med. 2007;33(2):131-2.
11. Ng BK, Cameron AJ. The role of methylene blue in serotonin syndrome: a systematic review. Psychosomatics. 2010;51:194-200.
12. Sahu KK, Mishra AK. Role of ascorbic acid in dapsone induced methemoglobinemia. Clin Exp Emerg Med. 2019;6:91-2.

CAPÍTULO 58

METOTREXATO

Izabela Lucchese Gavioli

PONTOS-CHAVE

- O metotrexato (MTX) pertence à classe quimioterapêutica dos antimetabólitos. Por suas propriedades antifolato, o uso prolongado, mesmo em doses baixas, causa muitos efeitos colaterais, e o quadro tóxico é potencialmente fatal.[1]
- Quadro clínico: náuseas, vômitos, diarreia, hepatotoxicidade, erupção cutânea, mucosites e estomatites, perda de cabelo, ulcerações cutâneas, insuficiência renal, pneumonite, mielossupressão, pancitopenia. As complicações gastrintestinais são os efeitos adversos mais comuns da terapia com MTX oral em baixa dosagem.[2,3]
- Nos exames laboratoriais dos pacientes expostos ao MTX foram documentadas elevações de aminotransferases e ácido úrico, trombocitopenia, leuco/linfopenia e anemia.[2,4]
- O fator de risco mais importante para a toxicidade do metotrexato é função renal prejudicada.[5]
- Se a exposição não for para fins quimioterápicos, não há razão para permitir que o MTX permaneça não antagonizado pela leucovorina. Isso significa que a prescrição oral de MTX deve ser rotineiramente acompanhada pelo uso de ácido folínico (1 mg) nos dias em que não houver tomada do MTX, para prevenir a depleção de folato.[6] Entretanto, há autores que questionam se essa associação diminuiria a eficácia do MTX no contexto das doenças reumáticas.[2]
- O tratamento inclui medidas de suporte, descontaminação, aumento da depuração e antídotos específicos.[1]

INTRODUÇÃO

O metotrexato (MTX) é um quimioterápico originalmente utilizado para neoplasias malignas, como tumores de mama, ovários, cérebro e leucemia. Foi descrito como medicamento em 1946; desde os anos 1980, vem sendo utilizado por via intratecal para prevenir a recidiva de leucemia linfoblástica aguda (LLA) e de linfoma de Hodgkin, em doses que chegam a 1,5 g/m^2.[5,7] Com o conhecimento de sua atividade imunossupressora, foi também incorporado ao tratamento de artrite reumatoide e várias outras condições reumáticas, psoríase, dermatite atópica, doenças inflamatórias intestinais, sarcoidose, doenças trofoblásticas e transplante de órgãos.[1,4-6,8-10] É usado como uma alternativa ao tratamento cirúrgico de gravidez ectópica em casos iniciais, sem rupturas tubárias.[8]

O uso do MTX no tratamento de doenças reumáticas imunomediadas baseia-se em sua atividade antiflogística e imunossupressora, em doses que variam de 7,5 a 30 mg/semana. Nesses casos, seu uso está relacionado a vários erros na estratégia de tratamento, resultando em aumento do risco tóxico após dosagem supraterapêutica repetida. Ainda que haja reações adversas previsíveis, o MTX é considerado o medicamento de primeira escolha em muitas doenças reumáticas por sua eficácia e segurança. A toxicidade pode ser minimizada se os fatores de risco conhecidos (idade avançada, insuficiência renal, interações medicamentosas) forem excluídos, e se for acrescentada rotineiramente a prescrição de ácido folínico.[11,12]

Os efeitos terapêuticos e tóxicos do MTX são baseados em sua capacidade de limitar a síntese de DNA e RNA inibindo a di-hidrofolato redutase (DHFR) e a timidilato sintetase. A DHFR reduz o ácido fólico primeiro para di-hidrofolato e depois para tetra-hidrofolato (FH4), que serve como um cofator essencial na síntese de nucleotídeos de purina que são usados na síntese de DNA e RNA. O MTX, sendo um análogo estrutural do folato, inibe competitivamente o DHFR ligando-se ao local de ação enzimática.[1,2,5,7,11]

O efeito anti-inflamatório do MTX envolve os seguintes mecanismos: (1) inibição da transmetilação (pela depleção intracelular dos estoques de folato), que causa a morte de células T e inibe a formação de poliaminas envolvidas na cascata inflamatória; (2) redução da concentração intracelular de glutationa; (3) inibição da síntese de citocinas (fator de necrose tumoral alfa – TNF-α) e complemento produzido por macrófagos; e (4) inibição da proliferação de linfócitos e de sua migração para locais-alvo.[1,5,9]

Os efeitos adversos do MTX são frequentes e, com janela terapêutica estreita, a evolução para toxicidade tem um risco elevado. Entretanto, a documentação das intoxicações é limitada. O Centro de Informação Toxicológica do Rio Grande do Sul (CIT-RS) registrou, em 2018, 1 exposição intencional e nenhuma não intencional. Em 2019, 3 intencionais e 2 não intencionais; e, em 2020, somente 1 não intencional. Todas as exposições registradas evoluíram para cura suposta.[13]

MECANISMO DE AÇÃO

Fármaco/toxicodinâmica

Ainda não há compreensão clara do mecanismo de toxicidade mediada pelo MTX. Os estudos disponíveis sugerem que, sendo um agente citotóxico pouco solúvel em tecidos, ele causa seus efeitos clínicos por depósito celular. O mecanismo proposto é o estresse oxidativo, levando a inflamação e apoptose através de vias de sinalização que podem diferir nos diversos órgãos e sistemas. Os fatores de risco para toxicidade do MTX incluem função renal prejudicada (via primária de eliminação do medicamento); hipoalbuminemia; perdas para o terceiro espaço (ascite e derrame pleural volumosos); interações medicamentosas nefrotóxicas; idade; deficiência de folato; e infecção concomitante. A toxicidade do MTX depende da dose, mas ainda mais da duração da exposição.[1,5,6,12]

Uma pequena quantidade de MTX é metabolizada no meio intracelular em derivados de poliglutamato, que inibem a DHFR e a timidil sintetase. Acredita-se que esses sejam responsáveis pelo efeito citotóxico persistente do MTX porque eles não se difundem facilmente para fora da célula. A concentração limite para MTX no plasma que inibe a síntese de DNA é menor para células epiteliais intestinais (0,005 μM/L) do que para células hematopoiéticas (0,01 μmol/L). Assim, pacientes com exposição significativa ao MTX desenvolverão toxicidade gastrintestinal antes da toxicidade da medula óssea.[1]

Pacientes em terapia de longo prazo com MTX e aminotransferases elevadas podem desenvolver fibrose celular por lesão persistente no fígado. A redução de folatos provavelmente contribui para a toxicidade hepática do MTX, o que leva à fibrose hepática a partir da estimulação das células estreladas pela adenosina.[1] A fisiopatologia da hepatotoxicidade parece estar ligada ao estresse oxidativo do retículo endoplasmático, acumulando proteínas armazenadas incorretamente pela quebra de anéis dissulfeto, induzindo a ativação de fatores de transcrição e, finalmente, apoptose. Um desses fatores de transcrição, a proteína regulatória de esteróis, sintetiza lipídios para as membranas de retículo endoplasmático, resultando em esteatose hepática.[5]

Em altas doses, o MTX e seus metabólitos insolúveis (7-OH-MTX e DAMPA) se acumulam e precipitam nos túbulos renais, causando necrose tubular aguda reversível. O limite de concentração plasmática para nefrotoxicidade é 2,2 mmol/L quando o pH da urina é 5,5, e 22 mmol/L quando o pH da urina é 6,9. Portanto, os pacientes inadequadamente hidratados ou não alcalinizados apresentam risco de insuficiência renal aguda no tratamento com altas doses de MTX. O comprometimento renal desenvolvido pelo uso de MTX foi caracterizado laboratorialmente pelo aumento abrupto de creatinina sérica e ureia, com elevação acentuada da concentração plasmática de MTX e caracterizada patologicamente por mudanças estruturais como dilatação dos túbulos renais e degeneração glomerular.[5]

Em estudo específico da toxicidade pulmonar do MTX,[8] foram identificados mecanismos de estresse oxidativo, pela interferência com as enzimas de defesa antioxidantes, esgotando a glutationa e causando peroxidação lipídica. Esse mecanismo ocasiona aumento na produção de espécies reativas de oxigênio (ROS), que resultam em lesão pulmonar parenquimatosa, peroxidação lipídica, fibrose alveolar intersticial e apoptose. Outro possível mecanismo seria a reação inflamatória causada pelos mediadores interleucina 1beta (IL-1β), IL-1, IL-8, TNF-α e MCP-1 (proteína quimioatrativa de monócitos-1), ativando a cascata de MAPK (proteína quinase p38 ativada por mitogênio). A biópsia pulmonar revela um padrão de hipersensibilidade, com pneumonite intersticial, bronquiolite e formação de granulomas; no lavado broncoalveolar aparecem alveolite linfocítica, aumento de eosinófilos e da relação CD4/CD8.[9,14]

Mesmo quando não associadas a sintomas ou toxicidade aguda de órgão, as exposições ao MTX apresentam risco cancerígeno cumulativo, e risco gametogenético em homens e mulheres.[1] É contraindicado na gestação em razão de efeitos teratogênicos e embriotóxicos. Mulheres em idade fértil não devem iniciar terapia com MTX até que estejam totalmente esclarecidas sobre os riscos e até que haja uma estratégia contraceptiva definida. A gravidez também deve ser evitada se o parceiro estiver recebendo MTX. Recomenda-se interromper o tratamento com MTX de 3 meses a 1 ano antes de um planejamento gestacional, tanto para homens quanto para mulheres. A droga também foi detectada no leite humano e é contraindicada na lactação. Caso haja absoluta necessidade de uso terapêutico pela mãe, recomenda-se suspender a amamentação por 4 dias após a administração do MTX.[1,11]

Fármaco/toxicocinética

No tratamento em baixas doses (para doenças inflamatórias sistêmicas), as vias de administração utilizadas são: oral, subcutânea (maior disponibilidade e eficácia) e intramuscular, atualmente em desuso. As diretrizes de prática clínica mostram preferência por via oral, mudando para subcutânea nos casos de resposta inadequada ou intolerância. A via intratecal é usada em tratamentos antineoplásicos.[5]

A biodisponibilidade do MTX é limitada por um mecanismo de absorção intestinal saturável. Em doses orais inferiores a 30 mg/m^2, a absorção é de 90%, e a concentração plasmática máxima é alcançada em 1 a 2 horas. O tempo para atingir o pico da concentração sanguínea de MTX de uma dose terapêutica oral de MTX é de 1 a 3 horas.[1,11] Em doses maiores que 80 mg/m^2, a absorção chega apenas a 10 a 20%. Esta é uma das razões pelas quais a administração repetida de uma baixa dose oral de MTX pode ser mais perigosa que uma overdose oral única.[11] A concentração terapêutica de pico no liquor após a administração intratecal de 12 mg de MTX por punção lombar é de 100 μmol/L e a meia-vida terminal no compartimento cefalorraquidiano é de 7 a 16 horas. Em crianças, as concentrações séricas máximas de MTX foram 0,71 μmol/L e 1,48 μmol/L para doses orais de 10 e 30 mg/m^2, respectivamente. Em adultos, doses orais de 7,5 mg, 15 mg ou 50 mg atingiram as concentrações séricas máximas de 0,48 μmol/L, 0,84 μmol/L, e 1,84 μmol/L, respectivamente. Em doses orais superiores a 30 mg/m^2, a biodisponibilidade intestinal diminui significativamente (em doses acima de 80 mg/m^2, a absorção é inferior a 10 a 20%).[1]

O MTX é biotransformado no fígado e nos rins pela aldeído oxidase, produzindo metabólitos inativos: 7-hidroximetotrexato (7-OH-MTX) e ácido 2,4-diamino-N 10 -metilpteroico (DAMPA) e poliglutamato. Esses compostos inibem indiretamente a enzima metilenotetrahidrofolato redutase (MTHFR), necessária para a subsequente síntese de metionina a partir da homocisteína. Há disfunção mitocondrial e formação de ROS, mediando a morte celular autofágica. Assim, aumentam os níveis de homocisteína intracelular e diminuem os de glutationa no fígado, rim e sistema gastrintestinal, aumentando o estresse oxidativo de todo o sistema.[1,2,9]

O MTX tem uma depuração plasmática trifásica, variando de 5 a 45 horas, dependendo da dose e da função renal do paciente. A meia-vida inicial de distribuição plasmática é curta: 0,75 horas. A segunda fase de meia-vida é de 2 a 3,4 horas e representa a depuração renal da droga. A terceira fase de meia-vida dura cerca de 8 a 10,4 horas e representa a redistribuição tecidual. Essa terceira fase é prolongada na insuficiência renal e está associada à toxicidade de medula óssea e gastrintestinal. O volume de distribuição é de 0,6 a 0,9 L/kg e a ligação às proteínas plasmáticas é de 50%.[1]

A droga é excretada inalterada na urina por filtração glomerular e secreção tubular ativa. Rins saudáveis eliminam 50 a 80% do MTX inalterado 48 horas após a administração.[1,3] Quando a depuração da creatinina é inferior a 60 mL/min, a depuração do MTX é retardada. Dez a 30% do MTX é eliminado inalterado na bile, o que contribui para a circulação êntero-hepática do quimioterápico. Na presença de insuficiência renal, a meia-vida do MTX é prolongada pela recirculação no intestino.[1,2,12] Em condições ácidas, os metabólitos do MTX são difíceis de dissolver e, portanto, é fundamental manter a urina em um pH mínimo de 7 para evitar acúmulo tecidual renal. A deposição de metabólitos de MTX nos rins leva à formação de cristais em células intratubulares, induzindo nefropatia cristalina ou toxicidade tubular renal direta. Uma ingestão hídrica mínima de 3 L/m^2 ao dia é indicada para minimizar esses riscos.[2,10]

Algumas interações medicamentosas podem exigir reconsideração de doses e da própria viabilidade da associação. As mais importantes incluem:

- Amiodarona: há relatos de reações cutâneas graves (ulcerações) no uso concomitante com MTX.[1,2]
- Antimicrobianos: penicilinas, sulfonamidas, sulfametoxazol-trimetoprim e ciprofloxacino, além do efeito antifolato, reduzem o transporte tubular renal de MTX, verificando-se especialmente maior toxicidade gastrintestinal e hematológica. Tetraciclina e cloranfenicol, antimicrobianos orais de amplo espectro e não absorvíveis, podem alterar a flora intestinal e interferir na circulação êntero-hepática do MTX. O antiprotozoário pirimetamina também pode aumentar o potencial tóxico do MTX por efeito antifolato aditivo.[1,2,6,12]
- Anti-inflamatórios não esteroides (Aines): ácido acetilsalicílico, azopropazona, cetoprofeno, diclofenaco e indometacina inibem os carreadores renais de MTX, impedindo sua eliminação. Também deslocam o MTX de seus sítios de ligação plasmática e inibem a síntese de prostaglandinas protetoras. Foi relatado que o naproxeno não afeta a farmacocinética do MTX, mas já houve casos de interação grave.[1,2,12]
- Concentrado de hemácias: pacientes que receberam infusão de MTX por mais de 24 horas seguida de hemotransfusão exibiram altas concentrações prolongadas de MTX e aumento de sua toxicidade.[2]
- Fármacos altamente ligados a proteínas plasmáticas: o MTX liga-se parcialmente à albumina sérica, e pode ter sua toxicidade elevada em decorrência do deslocamento por outros fármacos altamente ligados, como sulfoniureias, ácido aminobenzoico, salicilatos, fenilbutazona, fenitoína, sulfonamidas e antimicrobianos.[1,2,6]
- Fármacos hepatotóxicos: azatioprina, leflunomida, sulfassalazina e retinoides (etretinato), frequentemente associados ao MTX na terapêutica oral, podem ter efeitos hepatotóxicos aditivos. A leflunomida também aumenta o risco de pancitopenia.[1,6]
- Inibidores da bomba de prótons: reduzem a depuração de MTX, elevando seus níveis séricos.[1,2,6,12]
- Nefrotoxinas diretas, como cisplatina, aminoglicosídeos ou ácidos orgânicos fracos, atrasam a excreção do MTX e aumentam sua toxicidade.[1,12]
- Óxido nitroso em uso anestésico: potencializa o efeito antifolato do MTX, evidenciando-se mielossupressão, estomatites severas e imprevisíveis, e aumento do risco de neurotoxicidade com MTX intratecal.[1,2]
- Probenecida: reduz o transporte tubular e prejudica a eliminação de MTX.[1,2,6]
- Quimioterápicos: a citarabina IV concomitante a MTX intratecal aumenta o risco de efeitos neurológicos graves; a L-asparaginase antagoniza o efeito do MTX; a mercaptopurina tem seus níveis séricos elevados na presença do MTX.[1,2,6]
- Teofilina: tem sua depuração reduzida pelo MTX.[1,2,3,6]
- Terapia com psoraleno e PUVA (iluminação ultravioleta): foi relatado câncer de pele e micose fungoide nessa associação, frequentemente utilizada nas condições psoriásicas.[1,2]
- Triantereno: potencializa a mielossupressão pelo efeito antifolato aditivo.[1,2,6]
- Vacinas: podem ter sua resposta diminuída pelo efeito imunossupressor do MTX. Com o uso de vacinas de agentes vivos, podem ocorrer reações antigênicas graves.[1,6]

ALERTA IMPORTANTE

O uso de MTX, mesmo que em baixas dosagens, em pacientes ambulatoriais, está relacionado a casos de intoxicação após dosagem supraterapêutica repetida.

Há relatos de toxicidade renal com dose terapêutica tão baixa quando 7,5 mg/semana, usada por 3 anos; e ulceração cutânea e gastrintestinal com 10 mg/semana durante 10 anos.

Portanto, é recomendado que seja monitorada com frequência a concentração plasmática do MTX, de modo a não exceder 0,01 µmol/L.[2] O acompanhamento bioquímico das provas de função hepática, renal e hemograma deve ser feito, no máximo, a cada 3 meses.

O uso de MTX em pacientes com comorbidades sistêmicas inflamatórias (como diabetes e cardiopatias) pode diminuir a depuração renal e aumentar o potencial tóxico da droga.[3,4]

DOSES TÓXICAS

O contexto terapêutico em que o MTX é utilizado é importante para compreender as formas de exposição que levam a superdosagens. Um equívoco frequente nos pacientes que recebem a prescrição de MTX oral semanal é usá-lo diariamente.[6] Outra situação relatada é a troca de medicações com grafia semelhante, nos locais de dispensação, por receitas médicas manuscritas pouco legíveis (como a metilergometrina).[11] Em muitos locais, os comprimidos de folato e de MTX são semelhantes, podendo causar equívoco nos pacientes.[6]

Os esquemas posológicos para quimioterapia com MTX são variáveis; doses superiores a 1.000 mg/m^2 são consideradas altas. A dose intravenosa convencional chega a 100 mg/m^2, podendo ser administrada sem o resgate com leucovorina. Doses de 1.000 mg/m^2 são consideradas potencialmente letais. Doses muito mais altas (2.000 a 3.000 mg/m^2) podem ser administradas quando o MTX é seguido por resgate com leucovorina, para prevenir a toxicidade com risco à vida. A mortalidade por intoxicação com MTX é de aproximadamente 6% e ocorre principalmente quando as concentrações de MTX não são monitoradas.[1]

A toxicidade do MTX tem sido relacionada à farmacogenômica, por meio de polimorfismos de nucleotídeos de genes envolvidos na via de biotransformação do MTX, como os dos sistemas de transporte SLC19A1, ABCB1 e ABCC2, ABCG2, e das vias metabólicas intracelulares FPGS, GGH, DHFR, MTHFD1, MTHFR, MTR, MTRR, SHMT1, TYMS, ATIC, ADORA2A e AMPD1.[11]

QUADRO CLÍNICO

A toxicidade por MTX pode decorrer tanto do aumento da suscetibilidade do paciente quanto da administração excessiva. O risco de manifestações clínicas aumenta de acordo com a idade e a dose total.[5,11] O quadro de intoxicação inclui manifestações nos órgãos e sistemas descritos a seguir.

Digestório

- Náuseas e vômitos: aparecem em 66% dos casos. São considerados raros na terapia antineoplásica com MTX a 40 mg/m^2; geralmente começam 2 a 4 horas após a administração de altas doses (1.000 mg/m^2) e duram cerca de 6 a 12 horas.[5,11]
- A mucosite (33% dos casos) é caracterizada por dor na boca, estomatite ou diarreia; geralmente ocorre na primeira semana de terapia e pode durar de 4 a 7 dias.[1,5,11]
- A hepatotoxicidade é descrita em 10 a 81% dos casos de uso a longo prazo, mas também pode ocorrer no uso agudo. Apresenta anormalidades laboratoriais (elevação de aminotransferases, bilirrubinas e fosfatase alcalina), doença hepática crônica, fibrose, cirrose e até insuficiência hepática fulminante.[5] Aumentos transitórios de 2 a 3 vezes o valor normal das enzimas hepáticas séricas foram descritos em 13 a 20% dos casos. Havendo persistência nessa alteração, deve ser considerada a redução da dose ou a descontinuação do tratamento. No uso crônico, os fatores associados à hepatotoxicidade são altas concentrações plasmáticas sustentadas, doses cumulativas aumentadas e fatores do hospedeiro, como aumento da idade, obesidade, diabetes, alcoolismo e doença hepática anterior.[1,5,6,11,15] A relação entre o desenvolvimento e o grau de fibrose com a dose cumulativa de MTX está bem estabelecida, sendo esperada na faixa de 20 mg semanais. Em geral, existe um risco maior de fibrose hepática quando a dose cumulativa é maior que 1,5 g. A biópsia hepática pode ser indicada em casos selecionados, porém não rotineiramente, já que mostrou baixo valor preditivo para cirrose e apresenta uma relação risco-benefício desfavorável.[5]
- Outros efeitos gastrintestinais: gengivite, glossite, faringite, anorexia, caquexia, diarreia, má absorção intestinal, hemorragia gastrintestinal (hematêmese e melena), perfuração gastrintestinal, megacólon tóxico e pancreatite.[4,5,8]

Renal

Pacientes sob maior risco de nefrotoxicidade incluem idosos e aqueles com doença renal subjacente definida como uma taxa de filtração glomerular de menos de 60 mL/min. Quando usado em doses intravenosas (IV) de 40 a 60 mg/m^2, o MTX não está associado a nefrotoxicidade apreciável. No entanto, em doses superiores a 5.000 g/m^2 (aproximadamente 130 mg/kg para um adulto), foram relatadas lesão renal grave, oligúria, azotemia e insuficiência renal (7% dos casos). Os testes laboratoriais de função renal costumam se alterar abruptamente no contexto tóxico, mas geralmente se recuperam com o tempo.[1,4,10,11,12]

Hematológico

Anemia aplásica, neutropenia, leucopenia (11% dos casos), trombocitopenia (9%) mielossupressão e pancitopenia em até 2 semanas após uma exposição aguda (1% dos casos). A neutropenia geralmente atinge seu efeito máximo 4 a 10 dias após a exposição, recuperando-se entre o 14º e o 21º dia. A trombocitopenia atinge seu pico em 5 a 13 dias, e a anemia, em 6 a 10 dias. A pancitopenia, embora rara, é um efeito adverso grave e imprevisível, mesmo em doses baixas de MTX, e pode ser fatal (28% dos casos). Na maioria dos casos, é transitória e há plena recuperação após a descontinuação do medicamento. Há relatos raros de hipogamaglobulinemia.[1,4,5,11,14]

Dermatológico

Podem ocorrer erupções na pele, eritema, prurido, fotossensibilidade, hiperpigmentação de pele e unhas, vasculite, herpes-zóster, erupções herpetiformes, urticária ou distúrbios de cicatrização de feridas.[5]

Pulmonar

A prevalência de doença pulmonar relacionada ao MTX varia de 2 a 11% na literatura. Tende a ser mais frequente em homens, no primeiro ano de tratamento, e pode estar relacionada a variações genéticas na proteína quinase p38 (MAPK).[14] Geralmente acontece após semanas ou meses de tratamento com doses baixas, mas também pode ocorrer após o uso relativamente curto de altas doses por via intravenosa ou intratecal.[5] O quadro subagudo dura de 3 a 4 semanas e se caracteriza por tosse seca, dispneia, febre e raramente derrame pleural. O padrão radiológico mais comum é o intersticial infiltrativo, mas uma minoria pode apresentar padrão consolidativo ou, ainda, misto. A duração média do tratamento com MTX antes do início dos sintomas foi entre 66 e 91 semanas. O início do quadro não parece estar associado à dose cumulativa, com uma dose terapêutica média entre 7,5 e 10 mg/semana. Como fatores de risco, foram identificados idade avançada, manifestações extra-articulares de artrite reumatoide, diabetes, hipoalbuminemia e creatinina elevada.[5] A maioria dos pacientes apresenta fator reumatoide reagente.[3] Esse quadro pode ser difícil de diferenciar do acometimento pulmonar pela própria doença de base ou de infecções oportunísticas; os autores ponderam que as infecções costumam ser mais agudas (dias) e o quadro reumático, mais crônico (meses ou anos). A biópsia pulmonar pode ajudar no diagnóstico diferencial, e mostrará proliferação celular, descamação, edema de septos interalveolares, congestão vascular, fibrose imatura, células gigantes, eosinófilos, hiperplasia de pneumócitos tipo II, formação de granulomas, membrana hialina, sufusão sanguínea e apoptose pneumocitária.[3,5,8] A eosinofilia intersticial é marcante, pois a pneumonite por MTX é considerada uma reação de hipersensibilidade. O laboratório mostra linfopenia e hipoalbuminemia.[3] Há controvérsia quanto à possibilidade de retornar ao MTX após um episódio de pneumonite. Alguns autores dizem que, nos pacientes que desenvolvem o quadro completo de pneumonite, a droga não deve mais voltar a ser considerada para uso terapêutico, de forma alguma;[1] outros afirmam que, após a resolução da pneumonite, o MTX foi reintroduzido sem recorrência de complicação pulmonar.[5]

O diagnóstico de toxicidade pulmonar por MTX segue escalas de critérios. A escala modificada de Carson[5] considera: a) exposição ao MTX dentro de 4 semanas antes do quadro clínico; b) exclusão de infecção ou outra condição pulmonar; c) novo infiltrado ou alteração de infiltrados na radiografia de tórax; d) curso clínico compatível com reação de hipersensibilidade; e) anatomia patológica compatível. A escala de Searles y McKendry leva em consideração: 1) dispneia com menos de oito semanas de evolução; 2) taquipneia maior que 28 rpm e tosse não produtiva; 3) febre superior a 38 °C; 4) saturação arterial de oxigênio inferior a 90% respirando em ar ambiente; 5) leucócitos sanguíneos < 15.000/mm³; 6) histopatologia de pneumonite por hipersensibilidade sem evidência de processo infeccioso associado; 7) cultura negativa de sangue e escarro; 8) padrão restritivo em testes de função respiratória e diminuição da capacidade de difusão; 9) infiltrados alveolares ou intersticiais na radiografia de tórax.[5]

Há raros relatos de edema pulmonar não cardiogênico pelo MTX, descrito mais frequentemente nas altas doses usadas em oncologia, mas também com doses baixas. Resolve rapidamente com a descontinuação do medicamento.[5]

Neurológico

A neurotoxicidade por MTX apresenta duas formas: a encefalopatia reversível subaguda (3% dos casos) ou a leucoencefalopatia com meningite química (5 a 15% dos casos), quase sempre irreversível.[1,7,8]

A encefalopatia reversível subaguda aparece após uma infusão terapêutica intratecal ou intravenosa de MTX, e os sintomas aparecem em 1 a 2 semanas. O quadro clínico pode simular um evento cerebrovascular, incluindo imagens semelhantes na ressonância magnética; entretanto, a angiorressonância é normal. As manifestações são oscilantes e costumam resolver em menos de uma semana com o tratamento de suporte e a remoção da exposição. Parece estar relacionado ao aumento de metabólitos da homocisteína, causando estimulação nos receptores de NMDA (N-metil D-aspartato). Os raros casos descritos indicam que não parece haver reincidência do quadro com a aplicação de novas doses, não havendo, portanto, uma tendência à contraindicação do MTX intratecal ou intravenoso em ciclos terapêuticos subsequentes.[7]

Na leucoencefalopatia com meningismo, as manifestações geralmente ocorrem entre 12 horas e alguns dias do início da terapia, e incluem cefaleia, déficit sensorial, ansiedade, labilidade emocional, distúrbios da fala, hemiparesia, hemiplegia, paraparesia, quadriparesia, convulsões e disreflexia. Os achados clínicos são atribuídos à aracnoidite química e incluem início agudo de febre, meningismo, pleocitose e aumento da concentração de proteína no líquido cefalorraquidiano. As imagens obtidas por ressonância magnética ou tomografia computadorizada mostram edema e desmielinização da substância branca, além de alteração de sinal em toda a região paquimeningeal (dura-máter). O quadro está associado ao aparecimento de distúrbios comportamentais e demência progressiva de meses a anos após o tratamento, e costuma ser irreversível. Idade avançada e radiação craniana prévia são fatores de risco para esta condição.[1,7,8]

ALERTA IMPORTANTE

São fatores de risco para desenvolver toxicidade por MTX:

- Altas doses cumulativas.
- Idade avançada.
- Doença renal ou hepática prévia.
- Obesidade.
- Diabetes.
- Alcoolismo.
- Hipoalbuminemia.
- Perdas para o terceiro espaço (ascite e derrame pleural volumosos).
- Deficiência de folato.
- Infecções.
- Interações medicamentosas desfavoráveis.[1]

DIAGNÓSTICO

Havendo a possibilidade, as concentrações plasmáticas de MTX devem ser monitoradas durante a terapia para reduzir o risco de intoxicação. Pacientes com concentração plasmática superior a 1,0 µmol/L, 48 horas após o tratamento, são considerados de alto risco para mielotoxicidade e efeitos na mucosa gastrintestinal. A concentração do medicamento e a duração da exposição são indicadores indiretos de sua eficácia durante a terapia. A concentração limite de MTX para a inibição da síntese de DNA é menor para as células epiteliais intestinais do que para as células hematopoiéticas.[1,11]

TRATAMENTO

No manejo inicial, é fundamental determinar se a exposição foi aguda, crônica ou aguda sobre crônica; isso determinará o tipo de manifestação clínica esperada e as medidas terapêuticas mais adequadas. Pacientes com toxicidade crônica por MTX têm maior chance de óbito por sepse do que os expostos agudamente.[1] Em exposições menores, a simples cessação da droga e o monitoramento podem ser suficientes. As anormalidades laboratoriais costumam melhorar em 1 a 2 semanas após a interrupção do MTX.[6]

O paciente exposto agudamente ao MTX geralmente se apresenta ao atendimento nas primeiras horas. As etapas essenciais em sua avaliação são reduzir a absorção intestinal de MTX e administrar a leucovorina precocemente; esta é mais eficaz como antídoto competitivo para o MTX quando sua concentração intracelular ainda é baixa.[1]

Medidas de suporte

Reanimação, estabilização, fluidoterapia, avaliação de neutropenia, lesões renais e hepáticas são etapas essenciais no atendimento ao paciente com toxicidade crônica por MTX.[1,5]

O hemograma completo deve ser monitorado pelo menos nos dias 7, 10 e 14 para avaliar o impacto nas células da medula óssea. O fator estimulador de colônias de granulócitos-macrófagos (GM-CSF) é recomendado para pacientes com neutropenia febril e que apresentam alto risco de sepse, contagem absoluta de neutrófilos < 100 células/µL, neutropenia prolongada (> 10 dias), idade de 65 anos ou mais e hipotensão com disfunção de múltiplos órgãos. A dose sugerida é de 125 mcg/m^2/dia.[1]

Pacientes que apresentam meningismo ou estado mental alterado após terapia com MTX devem realizar ressonância magnética e, em seguida, análise de liquor para descartar infecção. A concentração de MTX no liquor deve ser medida se houver informação de superdosagem por esta via.[1,7,8]

Dano pulmonar

Em estudo experimental,[8] foi proposto o uso de febuxostate para o tratamento do dano pulmonar induzido pelo MTX, resultando em reversão do edema de septos interalveolares e da sufusão sanguínea e retornando à arquitetura pulmonar normal. O febuxostate é um inibidor seletivo da enzima xantina oxidase que é usado para reduzir os níveis de urato em doenças que envolvem hiperuricemia, como gota e síndrome da lise tumoral. Os inibidores da xantina oxidase têm sido estudados em diversas síndromes inflamatórias por suas características antioxidantes e imunomodulatórias. O febuxostate foi autorizado pela Agência Nacional de Vigilância Sanitária (Anvisa) em 2008, mas desde então não existem apresentações disponíveis comercialmente no Brasil. Pode ser adquirido por compra internacional mediante receita médica. Uloric® e Adenuric® são algumas das apresentações comerciais disponíveis no exterior.[16]

Outro estudo experimental[14] propôs o uso da claritromicina para diminuição do dano pulmonar, por sua ação imunomodulatória e inibidora da cascata de p38 MAPK.

Em modelo animal, a coenzima Q10 demonstrou propriedades protetoras contra a fibrose pulmonar e hepática decorrentes do MTX, por meio da regulação da via autofágica e efeito antioxidante.[9]

Dano renal

Um estudo experimental[10] propôs o uso de *Ginkgo biloba*, produto herbáceo com propriedades vasoativas e pró-cognitivas, para redução do risco de toxicidade renal pelo MTX. O *Ginkgo biloba* exerceu efeito protetor contra lesão renal induzida por MTX por meio vias de antioxidantes, anti-inflamatórias e antiapoptóticas atribuídas aos seus flavonoides e terpenoides.

Medidas de descontaminação

O carvão ativado adsorve MTX e a administração em dose única é recomendada o mais rápido possível após a exposição oral.[1]

Medidas de depuração

A administração de carvão ativado em doses múltiplas e colestiramina podem diminuir significativamente a meia-vida de eliminação do MTX pela interrupção da circulação êntero-hepática.[5] Essa abordagem pode aumentar a depuração do MTX, mas é mais benéfica para pacientes com depuração da creatinina diminuída. O carvão ativado em doses múltiplas é recomendado para pacientes com evidência de atraso na depuração de MTX, como lesão renal ou meia-vida prolongada (com base na concentração de MTX no sangue). O carvão ativado não deve ser usado em casos de hemorragia gastrintestinal.[1]

A alcalinização urinária com bicarbonato de sódio IV (para alcançar pH urinário entre 7 e 8) é recomendada porque previne a lesão renal pela precipitação de MTX e seus metabólitos, e tem ação sinérgica com a fluidoterapia com soro fisiológico. A duração da alcalinização será determinada por medições seriadas de creatinina sérica e concentração de MTX no sangue.[1,5]

O paciente intoxicado com MTX e com depuração renal diminuída sem critérios para a terapia com glucarpidase pode se beneficiar de métodos de eliminação extracorpórea, embora o nível de evidência para essas medidas seja baixo.

Podem ser necessárias várias sessões, pois o MTX se distribui nos compartimentos celulares e tecidos periféricos, e os métodos de remoção extracorpórea não podem remover derivados poliglutamatos intracelulares de MTX. A segurança do procedimento está condicionada à sua precocidade, antes que haja pancitopenia ou hemorragia gastrintestinal.[1,5,17]

Há relatos do uso de hemodiálise ou hemoperfusão (ou ambos) para pacientes com toxicidade por MTX, embora haja controvérsias sobre sua potencial redução por hemodiálise. Em um relato, menos de 10% de uma dose inicial de 700 mg de metotrexato foi eliminado em 12 sessões de hemodiálise. Entretanto, um benefício adicional da hemodiálise é servir como terapia de suporte, por corrigir distúrbios hidreletrolíticos resultantes de insuficiência renal.[1,5]

Em uma série de casos, a hemoperfusão com carvão ativado removeu mais de 50% da dose em pacientes com depuração renal prejudicada durante a terapia com altas doses de MTX. A hemodiálise sequencial com hemoperfusão também foi utilizada em um relato de caso, diminuindo a meia-vida de eliminação de 45 horas para 7,6 horas.[1,5]

A capacidade da hemofiltração em extrair MTX do sangue também é limitada pela magnitude do gradiente de concentração da droga, que diminui à medida que sua concentração diminui no sangue.[1,5]

A transfusão de plasma não é recomendada para remover o MTX porque a droga não tem um índice de ligação às proteínas plasmáticas considerado tão alto, o que limita a eficácia desse procedimento.[1,5]

Se a opção for realizar medidas de remoção extracorpórea, é importante que elas sejam realizadas antes da distribuição nos tecidos. Um aumento rebote nas concentrações de MTX pode ser esperado com a hemodiálise intermitente, começando normalmente 2 horas pós-diálise, com platô 16 horas depois.[1]

ANTÍDOTO

Os antídotos ou "agentes de resgate" disponíveis para a toxicidade do MTX são leucovorina (ácido folínico) e glucarpidase (carboxipeptidase G2). A eficácia dessas terapias depende do momento da administração e da dose, sempre acompanhadas do monitoramento das concentrações plasmáticas de MTX.[1,2,17]

Em modelos animais, vários compostos foram propostos como redutores da toxicidade por MTX: peçonha de abelha, gentiopicrosídeo (glicosídeo natural de plantas medicinais de genciana), andrografolide (diterpenoide isolado do caule e das folhas de *Andrographis paniculata*), alil-pirocatecol (derivado da planta bétele, ou *Piper betel*, semelhante ao jaborandi), tetraidrocanabinol (principal constituinte psicoativo da *Cannabis*), óleo de gergelim, indol-3-carbinol (derivado da quebra da glucobrassicina, encontrada em vegetais crucíferos) e ginsenoside K (metabólito ativo do *ginseng*). Entretanto, de importância clínica e em uso corrente, encontram-se na literatura apenas a leucovorina e a glucarpidase (não disponível no Brasil atualmente).[2]

Leucovorina (ácido folínico)

No contexto terapêutico oral, está recomendado o uso regular de ácido folínico (1 mg) nos dias em que não há a tomada de MTX, para prevenir a depleção de folato. Essa medida diminui o risco de efeitos adversos gastrintestinais em 9%, de alteração de função hepática em 16%, e de taxas de descontinuidade do MTX em 15%. Havendo quadro gastrintestinal, a dose pode ser aumentada para 2,5 mg a 5 mg uma vez por semana.[5,6,17]

Já no uso antineoplásico ou nas intoxicações graves, o uso da leucovorina é chamado "resgate", descrevendo a prática padrão de limitar os efeitos tóxicos associados a altas doses de MTX. A leucovorina reduz a toxicidade gastrintestinal e da medula óssea, permitindo a continuidade de processos bioquímicos essenciais que dependem da redução de folatos; entretanto, não parece ter efeitos significativos na toxicidade pulmonar.[14] O objetivo da dose inicial de leucovorina é atingir uma concentração plasmática igual à do MTX, e as doses subsequentes devem ser ajustadas de acordo com as concentrações plasmáticas em 24 e 48 horas após a exposição. O tratamento com leucovorina é continuado até a concentração de MTX chegar a 0,01 µmol/L, ou até recuperação clínico-sintomática total do paciente.[11] Em casos não neoplásicos com toxicidade medular, a terapia com leucovorina deve ser continuada até que ocorra a recuperação da medula, mesmo se o MTX plasmático não for mais detectável, porque poliglutamatos derivados do MTX ainda podem estar presentes no citosol e afetam adversamente a atividade celular. Estudos *in vitro* indicam que os efeitos tóxicos de 100 µmol/L de MTX não conseguem ser revertidos por 1.000 µmol/L de leucovorina. Isso sugere a necessidade de eliminação extracorpórea, como hemodiálise de alto fluxo, ou glucarpidase (ou ambos), para diminuir concentrações persistentes de MTX. Em caso de ser associada à hemodiálise, a leucovorina precisa ser substituída após a sessão, porque é hidrossolúvel e será removida no procedimento.[1,17]

Pela prolongada meia-vida do MTX, é recomendável manter a terapia com leucovorina por 12 a 24 doses (3 dias) ou mais, sobretudo se as concentrações de MTX não estiverem disponíveis. Os pacientes podem sofrer perdas para o terceiro espaço (ascite ou derrame pleural) e, portanto, podem requerer o resgate leucovorínico por um longo período. Pacientes com mielotoxicidade requerem administração mais prolongada, porque a meia-vida plasmática do MTX não reflete as concentrações intracelulares persistentes.[1,17]

A posologia sugerida é iniciar com 10 a 25 mg/m² IM ou IV a cada 6 horas por 72 horas, chegando a 150 mg a cada 4 horas. Se nesses níveis não houver resposta adequada, provavelmente seja por incapacidade da leucovorina de competir adequadamente com as concentrações séricas de MTX acima de 100 µmol/L. Nessas circunstâncias, é recomendado administrar glucarpidase (ver a seguir). A dosagem de leucovorina pode chegar a 1.000 mg/m².[17]

No resgate após administração de MTX para tratamento antineoplásico, o esquema da leucovorina é o seguinte: na presença de função renal normal e eliminação satisfatória do MTX, usar 15 mg VO, IM ou IV a cada 6 horas, por 60 horas (10 doses, iniciando 24 horas após o início da infusão de MTX). Havendo atraso na eliminação do MTX (nível sérico > 0,2 µmol/L 72 horas após a administração), o esquema deve ser continuado até que a concentração de MTX atinja < 0,05 µmol/L. Em caso de insuficiência renal e grande atraso na eliminação do MTX (nível sérico > 50 µmol/L 48 horas após a administração, ou 100% de aumento na creatinina sérica), o esquema posológico da leucovorina passa a ser de 150 mg IV a cada 3 horas até que o nível sérico de MTX chegue a < 1 µmol/L; após, manter 15 mg IV a cada 3 horas, até que chegue a < 0,05 µmol/L.[1]

A administração deve ser preferencialmente IV rápida, durante 15 a 30 minutos, mas não deve exceder 160 mg/min em adultos, em razão do conteúdo de cálcio. Há 0,004 mEq de cálcio por mg de leucovorina cálcica. Doses extremamente altas de leucovorina (1.000 mg a cada 3 horas) podem levar à hipercalcemia. A aplicação deve ser continuada por um mínimo de vários dias ou até que a concentração sérica de MTX caia abaixo de 0,01 µmol/L. Há relatos de uso de leucovorina por 8 a 14 dias, até que um resultado clínico satisfatório seja alcançado. Após atingir níveis séricos adequados de MTX, a leucovorina pode ser passada para via oral. Neste caso, observar o uso de carvão ativado concomitante, que pode diminuir os benefícios do antídoto.[1]

São relatadas reações alérgicas e anafiláticas ao uso IV de leucovorina e, raramente, convulsões. A leucovorina não deve ser administrada por via intratecal, mesmo quando a exposição ao MTX tiver sido por esta via; nestes casos, usar a leucovorina por via IV.[1]

Glucarpidase

A glucarpidase (carboxipeptidase G2, $CPDG_2$) é uma enzima bacteriana recombinante usada como terapia de resgate, inativando o MTX por hidrólise a DAMPA e glutamato, para subsequente biotransformação hepática. Também inativa a leucovorina e o folato, clivando-os a resíduos terminais de glutamato, e por isso a administração concomitante de $CPDG_2$ e leucovorina deve observar 2 horas de intervalo.[1,17]

A glucarpidase é usada em pacientes com concentração plasmática elevada de MTX (> 1,0 µmol/L) e depuração renal diminuída. Não é necessária para pacientes com função renal normal, que conseguem depurar adequadamente o MTX. Após a terapia padrão com glucarpidase, as concentrações plasmáticas de MTX precisam ser monitoradas, pois pode haver níveis residuais, uma vez que a ação da enzima ocorre somente dentro do compartimento vascular. Ainda assim, após a administração de glucarpidase, as concentrações de MTX sérico diminuem até 97% em 15 minutos.[17]

A dose recomendada é de 50 UI/kg IV em 5 minutos. A glucarpidase também pode ser administrada com sucesso por via intratecal para reduzir a concentração de MTX no líquor. Não substitui a leucovorina, mas deve ser usada em conjunto com ela. A glucarpidase tem meia-vida de 5,6 horas, não necessita de ajuste pela função renal e não atravessa a barreira hematoencefálica. As reações adversas mais comuns são reações de hipersensibilidade, parestesias (2%), rubor (2%), náuseas/vômito (2%), hipotensão (1%), dor de cabeça (1%) e erupção na pele (0,3%).[1,17]

A glucarpidase começou a ser utilizada como antídoto na década de 1970 e, em 2003, a Food and Drug Administration (FDA) declarou-a "droga órfã". Internacionalmente existe sob o nome de Voraxase® (1.000 UI/frasco) desde 2012, porém não está disponível no Brasil.

ERROS COMUNS QUE VOCÊ DEVE EVITAR

No uso terapêutico oral, em doenças inflamatórias sistêmicas, falhar em enfatizar ao paciente que a dosagem é semanal (e não diária).[6]

Não monitorar o nível sérico de MTX, seja durante o uso terapêutico, seja no acompanhamento do tratamento da intoxicação.[1,11]

Desconsiderar os fatores de risco para toxicidade por MTX, sobretudo falhas nos sistemas de biotransformação e eliminação, doenças prévias e interações medicamentosas nocivas (em geral, os pacientes em uso oral de MTX apresentam várias comorbidades e são polimedicados).[1,6]

Não usar a leucovorina no contexto terapêutico ou no tratamento da intoxicação, guiado pelo monitoramento do nível sérico de MTX.[1,11]

Usar medidas extracorpóreas de remoção do MTX tardiamente, depois de já ter ocorrido a distribuição tecidual.[1]

REFERÊNCIAS BIBLIOGRÁFICAS

1. Wang RY. Methotrexate, 5-Fluoracil, and Capecitabine. In: Hoffman RS, Howland MA, Lewin NA, Smith SW, Goldfrank LR, Hoffman LS, editores. Goldfrank's Toxicologic Emergencies. 11. ed. Nova Iorque: McGraw-Hill Education; 2019. p. 767-71.
2. Katturajan R, Vijayalakshmi S, Rasool M, Prince SE. Molecular toxicity of methotrexate in rheumatoid arthritis treatment: A novel perspective and therapeutic implications. Toxicology. 2021;461:152909.
3. Kremer JM. Methotrexate Pulmonary toxicity: deep inspiration. Arthritis Rheumatol. 2020;72:1959-62.
4. Baughman RP, Cremers J, Harmon M, Lower E, Drent M. Methotrexate in sarcoidosis: hematologic and hepatic toxicity encountered in a large cohort over a six year period. Sarcoidosis Vasc Diffuse Lung Dis. 2020;37(3):e2020001.
5. Quintanilla JI, Candel GR, Cifuentes FT. Metotrexato: toxicidad pulmonar, hepática y hematológica. Rev Clin Med Fam. 2016; 9(3):159-66.
6. Pivovarov K, Zipursky JS. Low-dose methotrexate toxicity. Canad Med Assoc J. 2019;191(15):E423.
7. Marin F, Astorquizaga L, Font D, Palmieri F, Cheistwer A. Encefalopatía subaguda reversible por metotrexato: notificación de un caso pediátrico/ Methotrexate-induced stroke-like syndrome: A pediatric case report. Arch Argent Pediatr. 2021;119(5):e550-e553.
8. Zaki SM, Hussein ZHA, Khalil HMA, Abd Algaleel WA. Febuxostat ameliorates methotrexate-induced lung damage. Folia Morphol. 2021;80(2): 392-402.
9. Mohamed DI, Khairy E, Tawfek SS, Habib EK, Fetouh MA. Coenzyme Q10 attenuates lung and liver fibrosis via modulation of autophagy in methotrexate treated rat. Biomed Pharmacother. 2019;109:892-901.
10. Sherif IO, Al-Shaalan NH, Sabry D. Ginkgo biloba extract alleviates methotrexate-induced renal injury: new impact on PI3K/Akt/mTOR signaling and MALAT1 expression. Biomolecules. 2019;9(11):691.
11. Schicchi A, Scaravaggi G, Petrolini V, Malovini A, Lonati D, Crevani M, et al. Poisoning related to therapeutic error in prolonged low-dose methotrexate treatment. Br J Clin Pharmacol. 2021;87(5):2385-91.
12. Silva Junior GB, Ferreiro Fuentes A, Nangaku M, Remuzzi G, Ronco C, editores. Nephrology and public health worldwide. Contrib Nephrol. Basel, Karger, 2021;199:131-42.

13. Centro de Informação Toxicológica. Secretaria da Saúde do Rio Grande do Sul. Estatísticas de Atendimentos [acesso em julho 2021]. Disponível em: http://www.cit.rs.gov.br/index.php?option=com_content&view=article&id=137&Itemid=61
14. Kalemci S, Akpınar O, Dere Y, Sarıhan A, Zeybek A, Tanriverdi O. Efficacy of clarithromycin as a protective agent in the methotrexate-induced pulmonary fibrosis model. Kardiochir Torakochirurgia Pol. 2018;15(4): 209-12.
15. Baughman RP, Cremers J, Harmon M, Lower E, Drent M. Methotrexate in sarcoidosis: hematologic and hepatic toxicity encountered in a large cohort over a six year period. Sarcoidosis VDLD. 2020;37(3):e2020001.
16. Azevedo VF, Lopes MP, Catholino NM, Paiva ES, Araújo VA, Pinheiro GRC. Revisão crítica do tratamento medicamentoso da gota no Brasil. Rev Bras Reumatol. 2017;57(4):346-55.
17. Smith SW, Howland MA. Antidotes in depth: Folates: Leucovorin (Folinic Acid) and Folic Acid. Glucarpidase (Carboxypeptidase G2). In: Hoffman RS, Howland MA, Lewin NA, Smith SW, Goldfrank LR, Hoffman LS, editores. Goldfrank's Toxicologic Emergencies. 11. ed. Nova Iorque: McGraw-Hill Education; 2019. p. 775-88.

CAPÍTULO 59

NEONICOTINOIDES, INSETICIDAS

Eloisa Dutra Caldas
Andrea Franco Amoras Magalhães

PONTOS-CHAVE
• São utilizados na agricultura e na medicina veterinária. • A preocupação ambiental refere-se ao impacto na população de abelhas. • São relativamente pouco tóxicos ao homem, mas intoxicações podem ocorrer por exposição ocupacional, voluntária ou acidental. • Sintomas da intoxicação incluem taquicardia, náusea, vômito, falência respiratória, podendo evoluir para o óbito. • Não existe antídoto, o tratamento é sintomático e de suporte.

INTRODUÇÃO

Os inseticidas neonicotinoides foram introduzidos no início da década de 1990 como uma alternativa segura aos organofosforados e carbamatos, que apresentam uma alta toxicidade aguda em humanos.[1] Seis inseticidas neonicotinoides são registrados para uso agrícola em várias culturas no Brasil, incluindo frutas, vegetais, grãos e algodão, e a flonicamida aprovada apenas para uso em algodão[2] (Quadro 1). Três produtos também são usados na medicina veterinária.[3] Intoxicações humanas com neonicotinoides ocorrem principalmente após ingestão voluntária, principalmente de imidaclaprido,[4,5] inseticida mais utilizado do grupo, com 36 produtos registrados para uso agrícola.[6] Os produtos contendo neonicotinoides são classificados na Categoria 4 (Produto pouco tóxico) ou Categoria 5 (Produto improvável de causar dano agudo).[6] Apesar de raras, intoxicações após exposição acidental e ocupacional, também têm sido relatadas.[7]

A principal preocupação do uso de neonicotinoides com relação ao meio ambiente e seu potencial impacto na população de insetos não alvo, principalmente abelhas, tem levado vários países a restringir ou cancelar seu uso, incluindo os Estados Unidos e países da Comunidade Europeia.[1]

MECANISMO DE AÇÃO

O mecanismo de ação dos neonicotinoides em insetos e mamíferos é similar ao da nicotina, e envolve a ligação irreversível com os receptores nicotínicos de acetilcolina (nAChRs) pós-sinápticos no sistema nervoso central.[8] Em mamíferos, os neonicotinoides têm pouca afinidade aos receptores do sistema nervoso periférico, que não existem nos insetos. Esses inseticidas são mais tóxicos aos insetos em decorrência de maior afinidade pelo receptor específico e ausência da barreira hematoencefálica nesses organismos comparados aos mamíferos, inclusive o homem.[5]

Fármaco/toxicocinética

Imidacloprid tem baixa toxicidade aguda em ratos (LD_{50} de 475 mg/kg), sendo muito pouco absorvido pela pele (LD_{50} > 5.000 mg/kg) e tem baixo potencial de exposição pela via respiratória.[5] Dados de casos de intoxicação oral aguda no homem mostram que o imidacloprid é rapidamente absorvido, com a concentração plasmática em doses altas permanecendo elevada até 15 horas após a ingestão. O metabolismo ocorre principalmente pelo citocromo P450, envolvendo reações de hidroxilação, demetilação, dessaturação e redução.[1] Os neonicotinoides têm baixo potencial de atravessar a barreira hematoencefálica, não se acumulam no organismo, sendo totalmente eliminado em 48 horas, principalmente pela urina como metabólitos conjugados com glicina ou ácido glucurônico.[1,5]

DOSE TÓXICA

Não existe uma dose tóxica estabelecida para os neonicotinoides, mas há casos de indivíduos que ingeriram voluntariamente diferentes doses dos produtos comerciais. Um estudo reportou 61 casos de pacientes que ingeriram imidacloprido (de 10 a 50 mL), sendo atendidos entre 2 e 6 horas depois da ingestão, apresentando náusea, vômito, dor de cabeça e diarreia. Um paciente evolui para falência respiratória, necessitando de ventilação mecânica enquanto outro foi encaminhado para tratamento intensivo e sedado; não houve óbito.[4] Em outro caso, um homem de 53 ingeriu 140 g de imidacloprido desenvolvendo fibrilação atrial paroxística, hipocalemia, depressão do sistema nervoso e respiratório, recuperando-se após ventilação mecânica e cuidado de suporte.[9] Fibrilação atrial paroxística também foi observada em um caso de intoxicação voluntária (homem de 79 anos) com acetamiprido, que persistiu por 11 horas após a ingestão.[10] Em outro caso, uma mulher de 69 anos com histórico de cardiopatia ingeriu 19 g de imidacloprido, evoluindo para fibrilação ventricular fatal.[11] Um homem de 23 anos ingeriu aproximadamente 22 g de tiacloprid, e depois de 2 horas apresentou náusea, vômito e vários episódios convulsivos, permanecendo inconsciente e irresponsivo a estímulo de dor. Foi administrado tiamina, lorazepam, fenitoina e valporato, seguido por infusão contínua de midazolam, mas permaneceu comatoso, entrou em choque refratário a vasopressores e foi a óbito 36 horas após a ingestão do produto.[12]

Quadro 1. Neonicotinoides registrados no Brasil, seu uso e principais produtos comerciais, sozinhos ou associados com outros compostos

Neonicotinoide	Uso	Nome comercial
Imidaclopride	Agrícola	Confidor® (contém piretroides) Warrant® Evidence® Total: 36 produtos
	Veterinário	Advantage® Advocate® Ectopar®
Acetamiprid	Agrícola	Carnadine® Fastac Duo® Privilege® Total: 35 produtos
Tiametoxam	Agrícola	Actara® Adage® Cruiser® Total: 25 produtos
	Veterinário	Agita®
Dinotefuram	Agrícola	Dinno® Entigris® Total: 6 produtos
	Veterinário	Vectra®
Clotianidim	Agrícola	Poncho® Inside®
Flonicamida	Agrícola	Carbine® Turbine®
Tiaclopride	Agrícola	Calypso®

Fonte: Agrofit (http://agrofit.agricultura.gov.br/agrofit_cons/principal_agrofit_cons) e SINDAN (https://sistemas.sindan.org.br/cpvs/).

QUADRO CLÍNICO[9-12]

- Nas intoxicações leves, o paciente pode apresentar tontura, distúrbio gastrointestinal, irritação orofaríngea, dispneia, e/ou irritação cutânea e ocular leve.
- As intoxicações moderadas e graves são caracterizadas pelo rápido início de sintomas, incluindo náuseas, vômitos profusos, dor abdominal, diarreia, sialorreia, broncorreia, midríase, fasciculações, fraqueza muscular, convulsões, sonolência e coma.
- Dispneia, cianose, acidose metabólica, hipotensão, bradicardia podem estar presentes, mas taquicardia sinusal é observada com mais frequência, parada e cardiorrespiratória foram relatados em pacientes gravemente intoxicados. Pode haver o desenvolvimento de rabdomiólise e insuficiência renal.
- Sintomas neuropsiquiátricos podem incluir agitação, delírio e desorientação, que podem persistir por vários dias após a exposição.
- Alterações eletrolíticas e hematológicas podem ocorrer, incluindo leucocitose, hiperglicemia, hipocalemia e hiponatremia.

DIAGNÓSTICO

O diagnóstico é estabelecido pela confirmação da exposição e pela ocorrência de quadro clínico compatível.

TRATAMENTO[4,5,7,11]

O tratamento principal baseia-se na manutenção dos sinais vitais, garantindo a estabilidade hemodinâmica e respiratória do paciente, assim como realizar as medidas de descontaminação o mais precocemente possível.

Medidas de descontaminação

- Em caso de inalação do produto, manter as vias respiratórias desobstruídas e garantir ventilação adequada.
- Na exposição dérmica e ocular, lavar a área do corpo atingida com água e sabão. Lavar os olhos com grande quantidade de água durante 15 minutos e, se necessário, utilizar colírio anestésico após a lavagem.
- Em caso de ingestão, administrar carvão ativado até 2 horas após a ingestão de qualquer quantidade ou dose (25 a 100 g para adultos; 1 g/kg para crianças), desde que seja seguro fazê-lo, e as vias aéreas possam ser protegidas.
- Lavagem gástrica: o benefício da descontaminação gástrica deve ser avaliado e aplicado em caso de ingestão de grandes quantidades do produto.

Medidas de suporte

- Manter as vias respiratórias desobstruídas e garantir ventilação adequada.
- Verificar e registrar o tamanho da pupila.
- Monitorar os sinais vitais e o ritmo cardíaco; verificar a glicemia capilar.
- Reidratar o paciente, se estiver perdendo fluidos por meio de vômito e diarreia.
- Observar o paciente por, pelo menos, 6 horas após a exposição. Pacientes assintomáticos podem ser considerados para alta, com recomendação de retornar se os sintomas se desenvolverem.
- O paciente deve ser monitorado, realizar ECG, verificar o ritmo cardíaco, o intervalo QT e a duração do QRS.
- Em pacientes com nível de consciência reduzido, saturação de oxigênio reduzida na oximetria de pulso ou distúrbio metabólico, realizar gasometria arterial.
- Se houver aumento da salivação e broncorreia, administrar 2 mg de sulfato de atropina IV em adulto (20 a 40 mcg/kg em criança). A falha em responder a essa dose pode sugerir envenenamento por inseticida organofosforado.
- Em caso de hipotensão, assegurar ressuscitação adequada com fluidos e considerar o encaminhamento precoce para cuidados intensivos para pacientes com hipotensão resistente a fluidos.
- Na acidose metabólica persistente, além da correção da hipóxia e da administração adequada de fluidos, considerar a correção com bicarbonato de sódio intravenoso,

monitorado por gasometria arterial. Monitorar os eletrólitos, pois há risco de hipocalemia e possivelmente hipernatremia.

- As crises convulsivas são tratadas inicialmente com benzodiazepínicos.

Medidas de depuração

Não há indicação de medidas, como hemodiálise, na exposição aos neonicotinoides e seus compostos.

ANTÍDOTO

Não há antídoto específico, o tratamento deve ser sintomático e de suporte.

ERROS COMUNS QUE VOCÊ DEVE EVITAR

Não proceder lavagem dos olhos com água ou solução fisiológica nos casos de exposição ocular.

Não proceder descontaminação da pele nos casos de exposição dérmica.

Não tomar medidas precoces de manutenção de via aérea permeável frente a ocorrência de inalação do produto em que o paciente esteja com dispneia e broncorreia.

Deixar de observar sinais clínicos de gravidade nos casos de ingestão de compostos neonicotinoides, principalmente cardíacos, e não realizar ECG.

Não deixar de realizar diagnóstico diferencial com intoxicação por organofosforado.

REFERÊNCIAS BIBLIOGRÁFICAS

1. Thompson DA, Lehmler HJ, Kolpin DW, Hladik ML, Vargo JD, Schilling KE, et al. A critical review on the potential impacts of neonicotinoid insecticide use: current knowledge of environmental fate, toxicity, and implications for human health. Environ Sci Process Impacts. 2020;22(6):1315-46.
2. ANVISA (Agência Nacional de Vigilância Sanitária). 2021. Monografias de Agrotóxicos. Disponível em: https://www.gov.br/anvisa/pt-br/assuntos/agrotoxicos. [acesso em 02 de maio de 2021].
3. SINDAN (Sindicato Nacional da Indústria de Produtos para Saúde Animal). 2021. Disponível em: https://sistemas.sindan.org.br/cpvs/. [acesso em 02 de maio de 2021].
4. Mohamed F, Gawarammana I, Robertson TA, Roberts MS, Palangasinghe C, et al. Acute Human Self-Poisoning with Imidacloprid Compound: A Neonicotinoid Insecticide. PLoS ONE 2009;4(4):e5127.
5. Selvam V, Srinivasan S. Neonicotinoid Poisoning and Management. Indian J Crit Care Med. 2019;23(Suppl 4):S260-S262.
6. Agrofit. Ministério da Agricultura, Pecuária e Abastecimento – Coordenação-Geral de Agrotóxicos e Afins/DFIA/DAS. 2021. Disponível em: http://agrofit.agricultura.gov.br/agrofit_cons/principal_agrofit_cons. [acesso em 02 de maio de 2021].
7. Nistor N, Frăsinariu OE, Ştreangă V. Acute Poisoning with Neonicotinoid Insecticide. In: Poisoning – From Specific Toxic Agents to Novel Rapid and Simplified Techniques for Analysis. IntechOpen; 2017, cap. 6.
8. Houchat JN, Cartereau A, Le Mauff A, Taillebois E, Thany SH. An Overview on the Effect of Neonicotinoid Insecticides on Mammalian Cholinergic Functions through the Activation of Neuronal Nicotinic Acetylcholine Receptors. Int J Environ Res Public Health. 2020;17(9):3222.
9. Mundhe SA, Birajdar SV, Chavan SS, Pawar NR. Imidacloprid Poisoning: An Emerging Cause of Potentially Fatal Poisoning. Indian J Crit Care Med. 2017;21(11):786-8.
10. Todani M, Kaneko T, Hayashida H, Kaneda K, Tsuruta R, Kasaoka S, Maekawa T. Acute poisoning with neonicotinoid insecticide acetamiprid. Chudoku Kenkyu. 2008;21(4):387-90.
11. Huang NC, Lin SL, Chou CH, Hung YM, Chung HM, Huang ST. Fatal ventricular fibrillation in a patient with acute imidacloprid poisoning. Am J Emerg Med. 2006;24(7):883-5.
12. Vinod KV, Srikant S, Thiruvikramaprakash G, Dutta TK. A fatal case of thiacloprid poisoning. Am J Emerg Med. 2015;33(2):310.e5-6.

CAPÍTULO 60

NEUROLÉPTICOS (ANTIPSICÓTICOS)

Maria Veronica Torres Cerino

PONTOS-CHAVE

- Os neurolépticos também foram chamados tranquilizantes maiores ou antipsicóticos.
- Os antipsicóticos tradicionais (haloperidol, clorpromazina) apresentam mais efeitos adversos que os antipsicóticos atípicos (quetiapina, risperidona, entre outros).
- A sobredosagem aguda de neurolépticos, isolada, raras vezes é fatal. Na maioria dos casos, eles fazem parte de coingestão com outros fármacos.

INTRODUÇÃO

Os neurolépticos são fármacos utilizados no tratamento da esquizofrenia, e outros tipos de psicose, de maneira tradicional. Exercem um papel importante no tratamento de desregulação emocional e da personalidade limítrofe, transtornos de humor, déficit de atenção e hiperatividade e transtorno obsessivo-compulsivo.

Classificação

I. **Antipsicóticos clássicos**

A. Fenotiazínicos

Os derivados das fenotiazinas podem ser divididos em três grandes grupos:

Grupo 1: clorpromazina, levomepromazina (metotrimeprazina) e promazina.

Grupo 2: periciazina e pipotiazina.

Grupo 3: flufenazina, perfenazina, proclorperazina e trifluoperazina.

Os fármacos dos demais grupos químicos assemelham-se às fenotiazinas do grupo 3.

B. Butirofenonas (bemperidol e haloperidol)

C. Difenilbutilpiperidinas (pimozida)

D. Tioxantenos (flupentixol e zuclopentixol)

E. Benzamidas de substitução (sulpirida)

II. **Antipsicóticos atípicos**

Os antipsicóticos atípicos (amisulprida, aripiprazol, clozapina, olanzapina, quetiapina, risperidona e zotepina), provavelmente, sejam melhores tolerados que os demais antipsicóticos.[1]

MECANISMO DE AÇÃO

Os sintomas positivos (alucinações, paranoia, desorganização do pensamento melhoram). Os atípicos têm pouco efeito sobre sintomas negativos (abulia, rigidez afetiva) e maior associação a manifestações extrapiramidais.

Os antipsicóticos, segundo sua afinidade por receptores D2 da dopamina, são classificados como de baixa potência (tioridazina, clorpromazina) e alta potência (haloperidol). Possuem ação seletiva em receptores centrais 5-HT2 (da serotonina) e D2 no sistema mesolímbico em vez de no estriado.

Toxicocinética

- Absorção: boa absorção por todas as vias de administração (VO, IM, IV).
- Distribuição: alto volume de distribuição (Vd), alta ligação a proteínas, vida média variável, mas sempre prolongada (20 a 40 horas).
- Biotransformação: metabolismo hepático com formação de metabólitos ativos, principalmente nas fenotiazinas.
- Excreção: renal.

Toxicodinâmica

- Bloqueio alfa-1-adrenérgico: hipotensão ortostática, ejaculação retrógrada.
- Bloqueio de receptores H1 da histamina: sedação e aumento de peso.
- Bloqueio de receptores M (muscarínicos) da ACh (acetilcolina): midríase, taquicardia, pele e mucosas secas, hipertermia, redução de ruídos hidroaéreos (RHA) (síndrome anticolinérgica).
- Bloqueio de receptores D2 da dopamina: extrapiramidalismo (afetando via nigroestriatal, caudato e putâmen, encarregados da coordenação dos movimentos voluntários), efeito antiemético (bulbar, zona de gatilho quimiorreceptora), efeito antipsicótico (via mesolímbica e mesocortical).
- Antagonismo D2 na região tuberoinfundibular, hipotálamo, pituitária: hiperprolactinemia e galactorreia.
- Bloqueio de receptores 5HT da serotonina.
- Bloqueio de canais de sódio (Na^+) rápidos voltagem dependentes (fase 0 de despolarização): em caso de sobredosagem, pode gerar retardo de condução cardíaca e redução da força de contratilidade (maior probabilidade com fenotiazinas).
- Bloqueio de canais lentos de potássio (K^+): prolongamento de intervalo QTc no eletrocardiograma (ECG), às vezes, durante a terapia de manutenção. Maior frequência em pacientes com prolongamento de QT congênito, *torsade de pointes*.

QUADRO CLÍNICO

Os fármacos podem provocar sintomas de deterioração do sistema nervoso central (SNC), distonias, extrapiramidalismo, convulsões e transtornos cardiovasculares. A síndrome neuroléptica maligna é a complicação mais temida no uso de neurolépticos. A seguir, listamos as manifestações por órgãos e sistemas:

- SNC: agitação, estimulação psicomotora até convulsões, deterioração do sensório e coma. Pupilas variáveis (midriáticas/mióticas).
- Distonias: aparecem da primeira hora até 5 dias de uso. Crises oculógiras, espasmos dos músculos da língua, face e pescoço.
- Parkinsonismo: aparece entre 5 e 30 dias de uso. É necessário diminuir a dose, trocar o antipsicótico ou iniciar amantadina 10 mg/dia.
- Discinesias: aparecem de 3 a 6 meses de uso. As bucolinguais são mais frequentes.
- Acatisia: aparece entre 5 dias e 2 meses de uso. Agitação, movimentos estereotipados.
- Síndrome neuroléptica maligna: efeito idiossincrático, de baixa incidência, mas mortalidade de 20%. Deve-se à liberação de Ca^{2+} do retículo sarcoplasmático. Hipertermia (40 a 41°), alteração do sensório, rigidez de membros, rabdomiólise, instabilidade autonômica.
- Cardiovascular: hipotensão, com taquicardia compensatória. Alterações do ECG (prolongamento de QT, QTc e PR, alargamento de QRS, arritmias ventriculares e supraventriculares). Tioridazina é o de maior cardiotoxicidade.
- Gastrointestinal: redução de RHA, íleo paralítico, efeito antiemético.
- Pulmonar: broncoaspiração. Existem relatos de edema agudo de pulmão.[2]
- Outros: retenção aguda de urina, priapismo, aumento da prolactina, hipotermia por vasodilatação.

ALERTA IMPORTANTE

É comum as primeiras manifestações de extrapiramidalismo ocorrerem na face ou região cervical. Muitas vezes, o paciente pode referir odinofagia, e esta pode ser uma manifestação de extrapiramidalismo no nível dos músculos do pescoço.

O extrapiramidalismo pode ser visto em jovens consumidores de drogas de abuso, em decorrência do uso de antipsicóticos, como adulterantes de algumas substâncias psicoativas.

DIAGNÓSTICO

O diagnóstico clínico é a melhor abordagem do paciente. É importante identificar os sintomas extrapiramidais como manifestação suspeita, os dados de história, epidemiologia (antecedentes de medicação do paciente ou familiares) e consumo problemático de substâncias. Os exames laboratoriais importantes no diagnóstico e acompanhamento do quadro de intoxicação são glicemia, ionograma, creatinofosfoquinase (CPK), provas de função renal, gasometria arterial, provas de função hepática e hemograma. Também são indicados ECG e monitoramento cardíaco.[3]

TRATAMENTO

O tratamento é feito pelas medidas gerais de suporte (ABC). As medidas gerais se constituem em desobstruir e assegurar a via aérea (A), restaurar/assegurar a ventilação, fornecer oxigênio (B) e estabilizar a circulação (C), a expansão volumétrica, se necessária, e a monitoração da função cardíaca.

É necessário avaliar o uso de medidas de descontaminação, utilizando carvão ativado em múltiplas doses, lavado gástrico, irrigação intestinal total, nos casos que envolvem as apresentações farmacêuticas de liberação prolongada. É importante dispor das indicações e contraindicações, avaliando a relação risco-benefício.

(Ver também Seção 1, Capítulo 2 – Abordagem Inicial do Paciente (Primeiro Atendimento), Medidas de Descontaminação e Depuração)

Em caso de distonias agudas: utilizam-se biperideno, benzodiazepínico ou difenidramina; de Síndrome neuroléptica maligna: utiliza-se bromocriptina, medidas de resfriamento corporal, benzodiazepínicos ou dantrolene, em alguns relatos de casos de acatisia utiliza-se benzodiazepínicos e de discinesias utilizam-se benzodiazepínicos + Valproato de sódio ou agonistas dopaminérgicos.[4]

(Ver também Seção 1, Capítulo 5 – Antídotos e Antagonistas)

ANTÍDOTO

Não há antídotos específicos.

REFERÊNCIAS BIBLIOGRÁFICAS

1. Morillas Fernández Mª L, Simão Aiex L, Pineda Tenor D. Medicina de família. Andal. 2018;19:148-53 enero-febrero-marzo-abril
2. Hoffman R, Lewin NA, Goldfrank LR, et al. (Eds) Goldfrank's Toxicologic Emergencies. 10. ed. Nova Iorque: McGraw-Hill Education; 2015. p. 1295-1306.
3. Harris C. Manual de toxicología para médicos. 1. ed. Elsevier Masson; 2008.
4. Talamoni M, Crapanzano G, Grecco V. Guia de Dignostico y Tratamiento en toxicologia. 2. ed. Buenos Aires: Eudeba; 2012.

CAPÍTULO 61

ORGANOCLORADOS

Sony de Freitas Itho
Andressa Silva Abreu Pinasco

PONTOS-CHAVE
• Em decorrência das restrições dos organoclorados em território brasileiro, intoxicações por esses produtos não são encontradas com frequência. • No geral, produzem sintomas consistentes com estimulação do sistema nervoso central. • Não são inibidores da acetilcolinesterase. • O prognóstico na intoxicação aguda habitualmente é bom (atentar para manejo de convulsões e arritmias cardíacas). • Não existe antídoto específico.

INTRODUÇÃO

Os organoclorados constituem um grupo pioneiro de inseticidas sintéticos. Foram introduzidos no mercado em 1940 quando Paul Muller observou que o diclorodifeniltricloroetano (DDT), sintetizado por Zeidler em 1874, era um potente inseticida. Essa propriedade aliada à baixa solubilidade em água, não volatilidade, alta persistência (estáveis no meio ambiente), baixo custo de produção, forma de ação (desconhecida até então), propiciou resultados notáveis e seu uso rapidamente se expandiu. Possuíam relativa baixa toxicidade quando comparados aos inseticidas existentes anteriormente (arsenicais, mercúrio, chumbo, enxofre e nicotina).[1]

O DDT e seus análogos foram utilizados no controle de pragas agrícolas, inseticidas domiciliares, medicamentos e saúde pública, especialmente no controle de vetores, prevenindo as epidemias de tifo transmitidas por piolhos e para eliminar o mosquito vetor da malária.[2]

São compostos à base de carbono, com radicais de cloro, derivados do clorobenzeno, do ciclo-hexano ou do ciclodieno, amplamente utilizados no passado, mas com empregabilidade restrita ou mesmo proibida, por serem de lenta degradação e alta capacidade de acumulação no meio ambiente e em seres vivos, contaminando o homem diretamente ou por intermédio da cadeia alimentar.

São agrupados em quatro categorias de acordo com a estrutura química e características toxicológicas peculiares: hexaclorociclohexano (p. ex.: lindano); diclorodifeniletano e análogos (p. ex.: DDT, dicofol, metoxiclor, clorobenzilato, cloropropilato); ciclodienos (p. ex.: aldrin, dieldrin, endrin, heptaclor, toxafeno, endossulfan); outros (clordecone e mirex). Apesar de a farmacologia diferir entre os grupos, a sintomatologia da intoxicação em humanos é semelhante.

Nas últimas décadas, uma série de órgãos internacionais e nacionais tem se manifestado a respeito da contaminação com organoclorados. No Brasil, os organoclorados estão proibidos ou em processo de retirada programada.[3] O DDT, por exemplo, teve sua autorização cancelada para uso agrícola no Brasil em 1985, e para uso em campanhas de saúde pública em 1998. O lindano foi reavaliado pela Anvisa e teve todos os seus usos proibidos no Brasil em 2006, por meio da Resolução RDC nº 165, de 18 de agosto de 2006.

MECANISMOS DE AÇÃO

Toxicodinâmica

Os pesticidas organoclorados interferem no processo de repolarização neuronal, aumentando o tempo de despolarização ou prejudicando a manutenção do estado polarizado do neurônio, resultando em hiperexcitabilidade do sistema nervoso e descargas neuronais repetitivas. O DDT afeta a função do canal de sódio, evitando a redução da permeabilidade ao sódio que normalmente segue um potencial de ação, facilitando assim as descargas neuronais repetitivas. Os ciclodienos e o isômero gama do hexaclorohexano, conhecido como lindano, interagem com os receptores Gaba para alterar as correntes de cloretos, resultando na excitação neuronal.[4]

Eles também podem sensibilizar o miocárdio aos efeitos arritmogênicos das catecolaminas endógenas predispondo a arritmias.

Toxicocinética

Os organoclorados são bem absorvidos por via oral e pouco absorvido por via inalatória. A absorção transdérmica é variável, dependendo do composto. São altamente lipofílicos, o que permite sua distribuição para todo o organismo com rápida redistribuição do SNC para o sangue e daí para o tecido adiposo, onde se acumula. Metabolização lenta para alguns, o que favorece a bioacumulação e rápida para outros que são pouco persistentes nos tecidos.[5,6]

Muitos podem causar lesão hepática (indução microssomal) ou renal (menos frequente), possivelmente por causa dos metabólitos tóxicos produzidos.[1,5]

O tempo de meia-vida dos compostos que possuem metabolismo lento varia de meses a anos. A principal via de excreção é a biliar, mas alguns metabólitos são encontrados na urina.

Muitos compostos como o mirex possuem recirculação entero-hepática ou entero-entérica. Todos os compostos altamente lipossolúveis são excretados no leite materno.[6]

Alguns inseticidas organoclorados têm ação estrogênica, sendo proposto por alguns autores que a exposição crônica poderia aumentar o risco de câncer da mama em mulheres.[1]

DOSES TÓXICAS

Varia de acordo com o princípio ativo. Possuem toxicidade baixa (DL_{50} oral animal > 1 g/kg), o hexaclorobenzeno e metoxicloro; de toxicidade moderada (DL_{50} animal > 50 mg/kg e < 1 g/kg), o clordano, DDT, heptacloro, kepone, lindano, mirex e toxafeno; de toxicidade alta (DL_{50} em animal < 50 mg/kg): aldrin, dieldrin, endossulfan, endrin.[6]

QUADRO CLÍNICO

A gravidade e o tempo de início dos sintomas dependem da natureza do composto, da via de exposição e do tipo de veículo utilizado como diluente.

O início dos sintomas pode variar de 30 minutos a várias horas após ingestão aguda. Convulsões podem ser a primeira manifestação de toxicidade de alguns organoclorados (como o lindano, os ciclodienos e o toxafeno), sem ocorrência de sinais e sintomas prodrômicos.

Logo após a ingestão, náuseas e vômitos são os sintomas proeminentes, podendo ocorrer também diarreia e cólicas. Segue-se quadro de parestesia (especialmente em língua, lábios e face), tremores, confusão, irritabilidade, tonturas, distúrbios do equilíbrio, fotofobia, escotomas, cefaleia persistente (que não cede aos analgésicos comuns), convulsões tônico-clônicas, obnubilação, coma e depressão respiratória.[6]

Em casos de inalação ou absorção respiratória, podem ocorrer sintomas específicos, como tosse, rouquidão, edema pulmonar, irritação laringotraqueal, rinorreia, broncopneumonia (complicação frequente), bradipneia e hipertensão. Podem também ocorrer arritmias secundárias à sensibilização do miocárdio às catecolaminas.

Como manifestações crônicas salientam-se tremores, ataxia, exantema, perda de peso, alterações hepáticas e renais.

> **ALERTA IMPORTANTE**
>
> A broncoaspiração é uma das complicações mais frequentes, principalmente, na inalação ou ingestão de organoclorados diluídos em hidrocarbonetos, bem como em consequência de convulsões.
>
> Como são lipossolúveis e se acumulam em tecido adiposo, a duração da toxicidade poderá ser demorada.

DIAGNÓSTICO

O diagnóstico baseia-se na história de exposição e na apresentação clínica.

A dosagem sérica e urinária dos organoclorados pode ser realizada por cromatografia gasosa, porém não está disponível rotineiramente, bem como não existe correlação precisa entre estes níveis e o quadro clínico.[5]

Outros exames que podem ser solicitados, a depender do quadro clínico do paciente, são: eletrólitos, glicemia, ureia, creatinina, creatinofosfoquinase, aminotransferases, tempo de protrombina, radiografia de tórax e eletrocardiograma. Diferentemente das intoxicações por inseticidas organofosforados e carbamatos, os inseticidas organoclorados não inibem a enzima acetilcolinesterase, portanto, não apresentam clinicamente a síndrome muscarínica clássica.

TRATAMENTO

Como em qualquer emergência, a estabilização cardiopulmonar do paciente precede todas as demais medidas a serem tomadas.

Em caso de exposição cutânea, a roupa contaminada deve ser retirada e descartada apropriadamente e a pele deve ser copiosamente lavada com água e sabão, incluindo cabelos e unhas. Nos casos de exposição ocular, irrigar o olho acometido com água corrente ou soro fisiológico no sentido medial-lateral. A equipe de emergência deverá tomar precauções para evitar a exposição pessoal.[6]

Em casos de ingestão: 1 – a lavagem gástrica não é necessária após ingestões pequenas a moderadas se o carvão ativado tiver sido administrado prontamente.[5] 2 – a êmese está contraindicada por causa do risco de convulsões e aspiração. 3 – catárticos oleosos podem aumentar a absorção intestinal dos organoclorados, sendo contraindicados, assim como alimentos gordurosos (inclusive leite). 4 – a administração oral de carvão ativado é questionável, visto os solventes serem hidrocarbonetos. Caso as condições sejam apropriadas, deve ser realizada até 60 minutos da ingesta. A colestiramina 4 g, 4 × ao dia, pode ser usada em substituição ao carvão ativado, especialmente nos casos de intoxicação por clordecone, visando aumentar a eliminação por meio da interrupção da circulação entero-hepática.[1]

Para o controle de convulsões, os benzodiazepínicos intravenosos são os medicamentos de escolha (diazepam 0,1 a 0,2 mg/kg, lorazepam 0,05 a 0,1 mg/kg ou midazolam 0,05 a 0,1 mg/kg). Se acesso venosor for difícil, pode-se utilizar midazolam 0,1 a 0,2 mg/kg intramuscular. Fenobarbital (10 a 15 mg/kg IV, infusão lenta, durante 15 a 20 minutos) está indicado nos casos refratários. Ao contrário dos anticonvulsivantes citados, que atuam como agonistas GABAérgicos, a fenitoína, por causa de sua ação nos canais de sódio, não constitui boa escolha nesses casos, particularmente com os agonistas GABA como lindano, toxafeno e ciclodienos. Nas arritmias cardíacas, a lidocaína (1 a 1,5 mg/kg em bolus IV, seguido de infusão contínua de 1 a 4 mg/min) tem sido usada com sucesso no tratamento da fibrilação ventricular. Deve-se evitar o uso de adrenalina e atropina por causa do risco de precipitar arritmias fatais.

Outras complicações como broncoaspiração ou rabdomiólise devem ser manejadas como de forma habitual. O paciente deverá permanecer em observação por 8 horas após a exposição, podendo receber alta após esse período caso permaneça assintomático.

Não há indicação de medidas como hemodiálise, diálise peritoneal ou hemoperfusão.

ANTÍDOTO

Não existe antídoto específico.

ERROS COMUNS QUE VOCÊ DEVE EVITAR

Administrar atropina, haja vista que, apesar de este produto ser um inseticida, ele não é um inibidor da enzima acetilcolinesterase.

Provocar êmese está contraindicada por causa do risco de convulsões e broncoaspiração por derivados hidrocarbonetos.

Usar catárticos oleosos podem aumentar a absorção intestinal dos organoclorados, sendo contraindicados, assim como alimentos gordurosos (inclusive leite).

REFERÊNCIAS BIBLIOGRÁFICAS

1. Hoffman RS, Howland MA, Lewin NA, Nelson LS, Goldfrank LR. Goldfrank's Toxicologic Emergencies, 10. Ed. Nova Iorque; 2015. p. 1435-48.
2. Konradsen F, Van der Hoek W, Amerasinghe FP, Mutero C, Boelee E. Engineering and malaria control: learning from the past 100 years. Acta Trop. 2004;89(2):99-108.
3. Portal ANVISA – Lista de ingredientes ativos com uso autorizado e banidos no Brasil. [acesso em 27 de janeiro de 2021]. Disponível em: https://www.gov.br/anvisa/pt-br/assuntos/noticias-anvisa/2017/listas-de-ingredientes-ativos-com-uso-autorizado-e-banidos-no-brasil.
4. Matthew C, Keifer MD, MPH & Jordan Firestone MD, MPH, PhD. Neurotoxicity of Pesticides. J Agromedicine. 2007;12(1):17-25. doi: 10.1300/J096v12n01_03.
5. Olson KR. Manual de Toxicologia Clínica. 6. ed. Nova Iorque; 2014. p.348-50.
6. Hernandez EMM, Rodrigues RMR, Torres TM, Zucoloto AD, Oliveira CDR, Egito EST, et al. Manual de toxicologia clínica: orientações para assistência e vigilância das intoxicações agudas. 2017, p. 195-9. [acesso em 27 de janeiro de 2021]. Disponível em: http://www.cvs.saude.sp.gov.br/up/MANUAL%20DE%20 TOXICOLOGIA%20CL%C3%8DNICA%20-%20COVISA%202017.pdf

CAPÍTULO 62

ORGANOFOSFORADOS E CARBAMATOS, INSETICIDAS INIBIDORES DA COLINESTERASE

Neice Muller Xavier Faria
Carlos Augusto Mello da Silva

PONTOS-CHAVE

- Organofosforados (OF) e carbamatos são inseticidas de grande toxicidade aguda e crônica, de uso muito frequente no Brasil e no mundo, em áreas urbanas e rurais.
- O principal mecanismo de toxicidade é a inibição da colinesterase, reversível no caso dos carbamatos e persistente no caso dos OF.
- O quadro agudo clássico é a toxíndrome colinérgica (diarreia, urina frequente, miose, broncoespasmo, broncorreia, náuseas e/ou vômitos, lacrimejamento, salivação e sudorese), bem como sintomas simpáticos, como hipertensão e taquicardia.
- A assistência de urgência, principalmente nos casos moderados e graves, envolve três frentes, que devem ocorrer simultaneamente: descontaminação completa, suporte vital e atropinização vigorosa.
- O uso de pralidoxima pode ser indicado, apenas nas intoxicações por OF, porém existem respostas diferentes ao tratamento conforme o tipo de OF e outros fatores.

INTRODUÇÃO

Os inseticidas inibidores da colinesterase (organofosforados – OF e/ou carbamatos) estão entre os pesticidas mais usados no Brasil e no mundo, com muitos ingredientes ativos (IA) e enorme relevância toxicológica. São usados principalmente como pesticidas agrícolas, inseticidas de uso doméstico, desinsetização e controle de endemias. No grupo dos OF também se encontram os agentes nervosos, usados como armas químicas, como sarin, tabun, VM, VX e novichok.[1]

Esse grupo tem sido responsável por boa parte dos casos graves e mortes causadas por intoxicações por agrotóxicos. Em vários países da Ásia são considerados o principal fator causador de suicídio.[2] A letalidade dos casos de autoenvenenamento pode chegar a 20% dos casos.[3]

Em decorrência da grande diversidade de formulações e de composição química dos produtos comerciais, a classificação toxicológica pode variar mesmo em um único IA. Entre os OF mais conhecidos, destacam-se o acefato (quarto agrotóxico mais comercializado no Brasil), clorpirifós, diclorvos, dimetoato, fentiona, fenitrotiona, fosmete, metamidofós, parationa metílica, triclorfon, temefós e malationa (os dois últimos usados no controle de *Aedes aegypti*).

Tem sido usado – ilegalmente – como raticida, um produto denominado "chumbinho", identificado em envenenamentos graves após ingestão. Estes raticidas podem ser feitos exclusivamente com o carbamato aldicarbe ou em várias combinações com outros carbamatos ou com OF.[4] Entre os carbamatos mais usados, além do aldicarbe, estão carbofurano, carbaril, metomil, pirimicarbe e propoxur, entre outros.

A exposição a estes produtos pode ocorrer de várias formas, *que podem se sobrepor*: inalação, contaminação de pele, ingestão de inseticidas – intencional ou acidental, por meio de resíduos em alimentos e água e outros. A contaminação ambiental por deriva de pulverizações, bem como por meio da ingestão de alimentos com resíduos, tem sido bem documentada através de metabólitos urinários do grupo dialquil-fosfatos (o principal grupo de metabólitos dos OF), inclusive entre grávidas e crianças.[5,6]

Ambos os produtos, em especial os OF, têm sido associados a diversos problemas crônicos de saúde, decorrentes da exposição de longo prazo, como na exposição ocupacional.

MECANISMO DE AÇÃO

Fármaco/toxicodinâmica

As principais ações biológicas destes inseticidas é a inibição de enzimas, sendo as esterases o alvo principal, em especial a acetilcolinesterase (AChE). Os OF fosforilam a enzima AChE, formando compostos estáveis (em geral irreversíveis), e os carbamatos carbamilam a enzima, formando complexos menos estáveis, que se recuperam rapidamente.[7]

Em relação ao átomo em ligação dupla com o fósforo, os OF podem ser divididos em fosfatos (forma oxon; P = O) e fosforotioatos (forma tion; P = S). Os OF do primeiro grupo são mais tóxicos; o segundo grupo apresenta meia-vida no ambiente mais longa proporcionando maior poder residual ao inseticida. Por essa razão, a maior parte dos OF é comercializada na forma tion.

Em PH alcalino a grande maioria dos princípios ativos são rapidamente hidrolisados.[7]

Eles se apresentam de muitas maneiras, incluindo o grau de lipossolubilidade, a presença dos grupos alquil, ligados ao fósforo, a taxa de ativação (habilidade de conversão de tion em oxon) e a taxa de inibição da AChE. Essas diferenças resultam em variação acentuada na toxicidade, na velocidade de início e na síndrome clínica.[2] Além da lipossolubilidade do inseticida, as formulações comerciais com frequência são misturas com solventes (hidrocarbonetos), que agravam a toxíndrome.[2,8]

A intoxicação com inseticidas lipofílicos apresenta características clínicas iniciais relativamente menos intensas, recorrência de toxicidade, insuficiência respiratória retardada e prolongamento do tempo de inibição da AChE, relacionados aos depósitos de gordura.[2]

Embora os OF possam se ligar e fosforilar diversas enzimas e proteínas do corpo,[9] *o principal mecanismo de toxicidade destes inseticidas é a inibição da acetilcolinesterase* (AChE) nas sinapses colinérgicas, levando a um acúmulo de acetilcolina e superestimulação de receptores de acetilcolina no sistema nervoso autônomo (SNA), sistema nervoso central (SNC) e junção neuromuscular (JNM).[9] Quase sempre é uma inibição irreversível que ocorre após a fosforilação da enzima formando um complexo estável. A disfunção na JNM leva à insuficiência respiratória pela falha de impulso respiratório combinada com hipóxia pelo broncoespasmo e pela broncorreia.[2] A disfunção respiratória costuma ser a principal causa de morte.[8]

Os carbamatos têm uma apresentação toxicológica semelhante às intoxicações por OF, mas com uma menor duração de toxicidade, que é tipicamente inferior a 24 horas.[10]

Os carbamatos causam inibição reversível da enzima AChE, presente nos gânglios parassimpáticos e simpáticos, junções terminais muscarínicas parassimpáticas, fibras simpáticas (nas glândulas sudoríparas) e receptores nicotínicos na junção neuromuscular.[10] Os carbamatos são menos implicados nos quadros crônicos de neuropatias e distúrbios psiquiátricos.

A velocidade de início, gravidade e duração da toxicidade variam conforme o tipo de OF e vários outros fatores.[9] Sua permeabilidade por inalação, ingestão e exposição dérmica resulta em um alto número de casos de intoxicações, com elevada mortalidade. O aumento da toxicidade também foi observado após o armazenamento prolongado em ambientes quentes.[2]

Existem diferenças químicas entre os OF de grupos dimetil e dietil, em relação ao tempo (meia-vida) de envelhecimento da colinesterase e da chance de esta enzima ser regenerada (de forma espontânea ou por efeito de oximas). A maioria dos OF são do grupo dimetil (p. ex.: diclorvos, dimetoato, malationa) ou do grupo dietil (p. ex.: clorpirifós, diazinona, parationa) e dão origem respectivamente a dimetoxifosforil AChE ou dietoxifosforil AChE.[11] Existe também um grupo menor de OF atípicos, denominados S-alquil (p. ex.: profenofós, protiofós).

A AChE dimetoxifosforilada envelhece bem mais depressa (cerca de 3 horas) que a AChE dietoxifosforilada (33 horas). E a taxa de reativação (espontânea ou pelo uso de oximas) também é mais rápida para a colinesterase dimetoxifosforilada.[11]

Fármaco/toxicocinética

Em decorrência de sua alta permeabilidade e lipossolubilidade, OF e carbamatos são bem absorvidos por todas as vias: oral, respiratória, dérmica e outras.[1] A absorção e, principalmente, a toxicidade, são ainda maiores em misturas com solventes (hidrocarbonetos), presentes nas formulações comerciais. A ingestão e inalação (em pulverizações) levam ao início imediato dos sintomas. A exposição dérmica pode ter efeitos locais imediatos (sudorese e fasciculações locais) e efeitos sistêmicos tardios.[3] A absorção dérmica aumenta com aumento da temperatura ambiental e com lesões e rupturas da pele.[12]

Os carbamatos costumam apresentar um início mais rápido de sintomas, mesmo em exposição dérmica, dependendo da dose e da toxicidade do composto. Após exposições intensas, o início pode ocorrer em 5 minutos, mas carbamatos mais lipofílicos têm efeitos clínicos diminuídos inicialmente. Após metabolismo hepático, 90% são excretados por via renal em até 4 dias.[10] Em geral, os carbamatos não se acumulam no organismo.[7]

A paralisia flácida dos músculos respiratórios é uma das principais causas de morte por carbamatos. Contudo, apesar de alguns casos graves ou mesmo letais, boa parte das intoxicações por carbamato apresentam uma evolução mais benigna, mais rápida e de menor gravidade.[10]

Os inibidores da AChE têm meia-vida plasmática curta, variando de alguns minutos a várias horas. Após absorção, são amplamente distribuídos apresentando maiores concentrações no fígado e rins. Embora a vida média dos OF seja relativamente curta, o efeito tóxico é prolongado. O envenenamento com inseticidas OF hidrofílicos (p. ex.: dimetoato, acefato e triclorfon) frequentemente produz quadro mais agudo e com resolução rápida – se o paciente sobreviver.[2] Os tipos de OF que são altamente lipofílicos (p. ex.: clorpirifós, diazinon, fention, fenitrotion, malation, paration, fentoato, forato, temefós)[2,13] depositam-se no tecido adiposo, prolongando o tempo de ação para vários dias após a exposição. Fention e fenitrotion inibem a AChE mais lentamente e sua toxicidade persiste por períodos ainda mais longos.[2] Pacientes obesos, intoxicados por OF mais lipofílico, podem necessitar ventilação mecânica e cuidados intensivos por tempo mais prolongado.[13]

Os OF atravessam facilmente a barreira hematoencefálica, enquanto os carbamatos não penetram de forma efetiva no SNC, resultando em uma limitada toxicidade neurológica. Os adultos tendem a ter menos toxicidade do SNC, ao passo que, entre crianças, a depressão do SNC costuma ser um sintoma predominante.[10] Não existe no carbamato o "envelhecimento" que ocorre durante a fosforilação dos organofosforados em acetilcolinesterase.

A principal via de eliminação é urinária (80 a 90%) com excreção máxima de 48 horas. Há relatos de crianças intoxicadas durante brincadeiras em quadras esportivas após pulverização.

DOSES TÓXICAS RELATIVAS A CADA VIA DE EXPOSIÇÃO (ORAL, INALATÓRIA, DÉRMICA E OUTRAS)

A variabilidade entre os tipos de inseticidas OF em lipossolubilidade, velocidade de ativação, velocidade e potência da inibição da acetilcolinesterase resulta em diferenças no tempo de início da síndrome tóxica, na velocidade da evolução, na gravidade, toxicidade clínica e letalidade.[2] A definição de doses tóxicas depende, portanto, do tipo químico e dos diversos fatores citados.

Destaca-se também o papel dos hidrocarbonetos (solventes) comuns nas formulações comerciais dos inseticidas, que podem incluir de 40 a 60% de solventes.[2] Diferentes marcas do mesmo tipo de OF podem ter solventes diferentes; ao mesmo tempo, solventes semelhantes podem ser usados para vários OF.[2,11] Outras substâncias também podem fazer parte da formulação comercial como surfactantes ou metanol, elevando a toxicidade do produto formulado.[2]

Além disso, a ingestão de bebidas alcoólicas tem sido associada a pior evolução.[2] Os efeitos do etanol podem se misturar aos do metanol ou de medicamentos.[2,14] Assim, deve-se considerar a possibilidade de exposição multiquímica.[14]

QUADRO CLÍNICO

OF e carbamatos

Pacientes intoxicados por OF costumam apresentar um odor característico de alho, embora isso não seja específico dos OF. A crise colinérgica é a forma clínica inicial da intoxicação aguda, que pode apresentar quadros leves, moderados ou graves.

A Organização Mundial da Saúde (OMS) apresentou uma proposta de classificação de intoxicações agudas de pesticidas, a partir de uma lista de sintomas relacionados por tipo de pesticidas, padronizando critérios de gravidade e definindo como caso possível (com 2 ou mais sintomas) ou caso provável (com 3 ou mais sintomas), desde que tenham ocorrido até 48 horas após exposição.[15]

Observação: toxicidade muscarínica: mnemônico útil – DUMBBELSS: diarreia, urina frequente, miose, broncoespasmo, broncorreia, êmese, lacrimejamento, sudorese e salivação[8,10]. Além destes, sintomas simpáticos também podem estar presentes (p. ex.: hipertensão, taquicardia e, às vezes, midríase).[10]

Os sintomas em geral iniciam em poucos minutos ou até várias horas após o contato, dependendo da via de absorção, da intensidade da exposição e do tipo químico específico. Sintomas de intoxicação por carbamatos iniciam de 30 a 120 minutos.[10] No caso dos OF o início dos sintomas ocorre em cerca de 12 a 24 horas (o início costuma ser mais tardio em OF lipofílicos e mais precoce no caso do dimetoato).

Os casos graves evoluem com insuficiência respiratória, às vezes letal, provocada pela redução do estímulo respiratório central, disfunção da junção neuromuscular e pelo aumento de secreções (broncorreia). A sobrevida é limitada se ocorrer parada cardiorrespiratória antes do paciente alcançar o hospital.[2,9]

As convulsões, incomuns em intoxicações por inseticidas OF em adultos, são mais frequentes em crianças e podem ser uma pista na avaliação de diagnósticos diferenciais.[17] A origem das convulsões seria multifatorial: hipóxia, acúmulo de acetilcolina nas sinapses nervosas e alterações de outros neurotransmissores.[2] Alguns autores consideram que o mecanismo das convulsões seria mais relacionado ao ácido gama-aminobutírico (Gaba).[11]

A avaliação inicial do paciente intoxicado por OP deve incluir avaliação das condições ventilatórias e escores como escala de Glasgow, escore de severidade de intoxicação do Programa de Segurança Química (IPCS), nível mais baixo de bicarbonato sérico, entre outros. Escores piores na admissão foram associados a aumento de complicações e maior mortalidade.[18]

A apresentação clínica da toxíndrome pode variar conforme o tipo de OF, se dietil ou dimetil. Um estudo avaliou casos de autoenvenenamento em três grupos: clorpirifós (dietil), dimetoato (dimetil) e fentiona (dimetil). O grupo de fentiona (dimetil) demorou mais tempo para iniciar os sintomas, mesmo entre os pacientes com evolução grave, que necessitaram intubação. A intubação foi mais frequente e mais urgente com dimetoato, seguido de fentiona.[2] A maioria das mortes por clorpirifós e fentiona ocorreu após vários dias de ventilação e terapia intensiva.

Dimetoato produziu uma síndrome clínica diferente, com pacientes semicomatosos apesar de colinesterase normal ou aumentada. Este grupo teve evolução mais rápida, para cura ou óbito (em geral choque cardiovascular hipotensivo, resistente à atropina e a vasopressores).[2]

Além da síndrome colinérgica, os OF são bastante corrosivos para mucosa ocular e pele.

Ocasionalmente na fase aguda, na intoxicação por OF, pacientes, inclusive os pediátricos, apresentam opsoclonos (um movimento ocular anormal, rápido, involuntário, caótico). Opsoclono é provavelmente outro sinal de superestimulação colinérgica, com duração variável e recuperação espontânea. Os pacientes também podem apresentar coreoatetose.[11]

Síndrome intermediária

Logo no início da intoxicação, pode ocorrer insuficiência respiratória, em que a perda do impulso respiratório central é provavelmente o principal componente, agravada pela broncorreia.

A seguir ocorre insuficiência respiratória pela síndrome intermediária, que costuma ocorrer entre 24 e 96 horas após a crise colinérgica aguda (mas pode surgir antes e até o 5º dia depois, conforme o tipo de composto). Inicia com fraqueza muscular, especialmente os flexores do pescoço, seguido de paralisia dos músculos respiratórios e músculos proximais dos membros superiores, levando à necessidade de suporte ventilatório.[2] Pode afetar adultos e crianças, durando de 5 a 18 dias (no máximo 30 dias).[18] Os mecanismos propostos incluem a inibição da AChE levando à paralisia funcional da transmissão neuromuscular, necrose muscular e dano oxidativo aos receptores.[19]

O quadro clínico na admissão e a medida da colinesterase são limitados como preditores de risco para a síndrome intermediária, porém *a identificação precoce de fraqueza muscular do pescoço ajuda a antecipar a insuficiência respiratória que acompanha a síndrome.*[16,18]

A mortalidade da síndrome intermediária gira em torno de 28% dos casos e os fatores associados a maior ocorrência foram idade (superior a 45 anos) e intoxicação por OF do grupo dimetil.[18] Já foi descrita com vários OF e alguns carbamatos (p. ex.: carbofurano, carbaril).[7,18]

ALERTA IMPORTANTE

Todos os pacientes com síndrome intermediária desenvolveram fraqueza dos músculos do pescoço e proximais durante o curso. Testar os músculos flexores do pescoço solicitando ao paciente para erguer a cabeça do leito contra alguma resistência.

Neuropatia tardia

Alguns OF costumam apresentar uma neuropatia periférica tardia, em geral permanente. Afeta inicialmente a parte distal dos axônios motores das pernas e a degeneração axonal precede a degeneração mielínica.[7] Pode ocorrer paralisia flácida bilateral. É um evento raro que ocorre em geral 1-5 semanas após o quadro agudo. Contudo, foram identificados casos sem história de crise colinérgica e sem alterações na colinesterase. Isso porque esta polineuropatia, em geral sensitivo-motora, não está relacionada à inibição da AChE e sim à inibição de outra enzima, a esterase alvo neuropática.[8] Dessa forma, nem atropina nem oximas modificam as chances de sua ocorrência.

DIAGNÓSTICO

O diagnóstico é principalmente clínico e epidemiológico. Muitos casos são leve-moderados e podem apresentar sintomas comuns a várias outras condições clínicas como estresse térmico, intoxicações alimentares e viroses. Checar eventual exposição química nas últimas 48 horas.[15]

Inicialmente surgem náuseas e/ou vômitos, cefaleia, tonteiras, dor abdominal e diarreia, o que faz com que a gastroenterite aguda seja um dos principais diagnósticos diferenciais, especialmente quando se trata de intoxicação em vários indivíduos e quando a anamnese não deixa a exposição totalmente clara.

A síndrome colinérgica clássica, decorrente da estimulação excessiva dos receptores da acetilcolina, pode ser sintetizada em efeitos parassimpáticos e simpáticos, que são organizados em sintomas muscarínicos, nicotínicos e do SNC (Quadro 1).

A história de coingestão de álcool e a idade avançada estão associadas de forma independente a pior evolução em pacientes autoenvenenados com OF.[2]

ALERTA IMPORTANTE

Se houver suspeita clínica relevante de intoxicação aguda por OF ou carbamatos, iniciar o tratamento imediatamente (descontaminação, suporte vital e atropinização). Não espere.

Diagnóstico laboratorial

O mais usado é a dosagem da acetilcolinesterase eritrocitária (AChE) e/ou butiril-colinesterase plasmática (BChE) – o ideal seria comparar com a medida de referência, obtida antes de iniciar a exposição química ou após pelo menos 30 dias sem exposição. Isso é recomendado para exposição ocupacional, mas raramente está disponível nas emergências médicas e, na prática, são exames que não interferem no manejo do quadro agudo. Podem ser úteis quando não há história clara de exposição aos inseticidas, auxiliando na confirmação da hipótese de intoxicação por OF.

A inibição da BChE, também chamada de colinesterase plasmática, nem sempre está relacionada com severidade do quadro clínico, pois alguns inseticidas inibem mais a BChE do que a AChE eritrocitária. A BChE é produzida pelo fígado e as concentrações sanguíneas se recuperam em cerca de 7% a cada dia.[16] Cuidados laboratoriais como grau de concentração do substrato e controle da temperatura são importantes, pois, a BChE eleva com aumento de ambas as condições.[16] Como o calor eleva a BChE, deve-se refrigerar rapidamente as amostras coletadas.

Vários fatores podem aumentar a BChE (obesidade, síndrome metabólica, hipertensão etc.), enquanto outros podem diminuir (disfunção hepática de vários tipos, uremia, desnutrição, gravidez, padrão genético entre outros).[7] Assim, resultados devem ser examinados com cautela.

A meia-vida de envelhecimento da colinesterase varia de acordo com tipo de OF (dimetil ou dietil). Depois que a AChE envelhece, ela só se recupera por meio da eritropoiese. A taxa de recuperação é de 1% ao dia, ou seja, em 28 a 42 dias, bem mais demorada que a BChE.[7,16]

ALERTA IMPORTANTE

Em exposição prolongada (p. ex.: ocupacional) aos OF, mesmo com exposição recente e com sintomas de intoxicação, nem sempre tem sido observada a redução da BChE. As razões podem ser múltiplas, embora ainda sem confirmação: diferenças de metodologia laboratorial, polimorfismo genético ou tolerância desenvolvida pela exposição prolongada em “baixas” doses.

Além das colinesterases, metabólitos urinários de organofosforados do grupo dialquil fosfatos (dimetilfosfato, dietilfosfato, dimetiltiofosfato, dimetilditiofosfato, dietiltiofosfato e dietilditiofosfato) têm sido usados para avaliar exposição aos OF.[5] Mas não são específicos em relação aos ingredientes ativos e não apresentam significado clínico para avaliar intoxicações.

A hipoalbuminemia sérica e o aumento de amilase e lipase, avaliados na admissão, têm sido relacionados com complicações e com aumento da mortalidade.[20] Contudo são necessários mais estudos, com cuidados metodológicos, para examinar essas associações.

Apesar de muitos investimentos em novos exames, o diagnóstico clínico ainda é o mais importante.

TRATAMENTO

Medidas de suporte

Avaliar as condições ventilatórias e, se necessário, oferecer oxigênio e medidas de suporte vital, além de hidratação

Quadro 1. Sintomas de intoxicação aguda por inibidores de colinesterase[3,7,8,16]

Muscarínicos (Parassimpático)	Nicotínicos (Simpático)	Centrais	Nicotínicos na JNM*
Sudorese	Fasciculações	Cefaleia	Fasciculações
Miose	Câimbras	Ansiedade	Paralisia
Visão turva	Fraqueza	Ataxia	Fraqueza
Lacrimejamento	Espasmos	Agitação	
Sialorreia	Paralisia	Arreflexia	
Bradicardia	Taquicardia	Depressão respiratória	
Hipotensão	Hipertensão	Depressão circulatória	
Broncorreia	Palidez	Coma	
Broncoespasmo			
Náuseas, vômitos			
Diarreia			
Cólicas, tenesmo, Poliúria Incontinência urinária			

* Junção neuromuscular.

usando acesso venoso de bom calibre. Manter equilíbrio hidroeletrolítico e ácido-básico (atenção especial para os casos de vômitos e diarreia intensa). Pacientes graves podem necessitar ressuscitação e assistência hospitalar intensiva. Todos irão necessitar atropina (ver antídotos). Alguns pacientes, em geral comatosos, necessitam intubação e ventilação. Quando indicada, a intubação precoce contribui para melhorar a evolução clínica e reduzir o tempo de intubação.[2]

ALERTA IMPORTANTE

Ao atender intoxicações, os profissionais devem usar roupas e luvas para proteção de risco químico (preferencialmente luvas de neoprene ou nitrílicas. Luvas de látex não fornecem proteção química). Eles podem se contaminar no contato com secreções ou roupas/calçados contaminados.

Medidas de descontaminação

As medidas de descontaminação são fundamentais nas emergências e variam conforme via de absorção do produto.

Em decorrência da contínua absorção cutânea destes inseticidas, a descontaminação da pele deve ocorrer o mais rapidamente possível. Se ocorrer exposição por via dérmica, o paciente deverá ter todas as roupas, os calçados e os acessórios removidos. A pele deverá ser completamente limpa com água e sabão neutro, removendo todos os resíduos da pele, incluindo dobras, unhas, orelhas, umbigo etc. As roupas e calçados contaminados deverão ficar em sacos plásticos, até destino adequado.

Irrigação dos olhos em fluxo contínuo por vários minutos deverá ser realizada se ocorrer contato químico, se possível com soro fisiológico.[14]

Nos casos de ingestão: considerar a descontaminação gastrointestinal (lavagem nasogástrica) se não houver vômitos prévios e se a ingestão ocorrer na última hora (máximo 2 horas). Alguns autores recomendam lavagem gástrica, no mínimo 3 vezes, e ao final da lavagem adicionar carvão ativado em dose única para adsorver o resíduo.[1] Contudo os benefícios desta medida são controversos devido aos riscos de ocorrer vômitos e aspiração do carvão ativado.[10]

Em crianças utilizar soro fisiológico na lavagem gástrica para evitar sobrecarga hídrica.

ALERTA IMPORTANTE

Iniciar a atropinização e o suporte vital, enquanto, simultaneamente, são realizadas as medidas de descontaminação.

Medidas de depuração

O controle hidroeletrolítico deve repor as perdas, que podem ser intensas na crise colinérgica. Hemodiálise e hemoperfusão são controversas, considerando que os OF apresentam amplo volume de distribuição e a duração das intoxicações por carbamatos é muito curta.[8] Contudo, além da utilidade nos casos envolvendo metanol,[2] estudos recentes mostraram que hemoperfusão ou hemoperfusão combinada com hemodiálise foram associados com redução de incidência de complicações da intoxicação, redução de efeitos adversos da medicação, rapidez na reativação da AChE e redução no tempo de ventilação.[1,21]

No caso de intoxicação entre crianças, o manejo é semelhante, ou seja, suporte vital, medidas de descontaminação, hidratação e administração do antídoto específico atropina.

ANTÍDOTO

Atropina

Desde 1955 pouco mudou no tratamento de OF:[9] atropina como antimuscarínico e pralidoxima como uma droga oxima reativadora de acetilcolinesterase (AChE). Contudo, ressuscitação e cuidados de suporte foram aperfeiçoados, além de maior segurança no manejo e uso da atropina. Mas permanecem as dúvidas sobre o benefício clínico oferecido por oximas.[9]

Atropina é centro da abordagem terapêutica, sendo usada como antídoto para reverter bradicardia e hipotensão, restaurando a função cardiovascular e, também, para reduzir broncorreia e reverter o broncoespasmo. À medida em que o paciente vai ficando atropinizado, a sudorese desaparece e as pupilas, inicialmente com miose, passam para midríase. Embora menos importante, durante o tratamento, deve-se estar atento aos sinais de excesso de atropina: taquicardia, hipertermia, ruídos intestinais ausentes, retenção urinária, delírio e íleo paralítico.[9]

A atropinização pode ser atingida mais rapidamente com um regime de doses em bolus crescentes sequencialmente (duplicação). Uma vez estabilizados, os pacientes recebem uma infusão começando em cerca de 20-30% da dose inicial e, em seguida, aumentada e combinada com doses em bolus, quando considerada insuficiente, ou interrompida e reiniciada em uma taxa mais baixa, se ocorresse toxicidade. Esse esquema tem se mostrado melhor para obter uma atropinização rápida e tem contribuído para reduzir a mortalidade de casos graves de intoxicação por OF e carbamatos[9,22] (Tabela 1).

Uso de oximas

O uso de oximas (p. ex.: pralidoxima), na intoxicação por OF, tem sido objeto de muitas controvérsias,[19] embora ainda seja recomendado por alguns autores.[9] Não é indicada em intoxicação por carbamatos, que produzem inibição reversível da AChE.

Existem diferenças importantes na resposta às oximas, por tipo de OF e por taxa de envelhecimento da colinesterase – que dificulta a reativação.[1,2] Apesar da efetividade da pralidoxima *in vitro,* uma metanálise não evidenciou benefícios em pessoas intoxicadas por OF e não preveniu a síndrome intermediária.[19] Isso pode ter relação com o tipo de OF. Como a reativação espontânea da AChE no OF do grupo dimetil é rápida (3,7 horas), a contribuição das oximas nesse grupo é pequena. O mesmo ocorre com OF do grupo S-alquil.[2] Por outro lado, o uso de oximas pode ser útil para reativar a AChE no grupo dietil, que tem prazo mais longo de envelhecimento (33 horas).[2,11,16] Assim a indicação de uso de oximas deve considerar esses dados.

Adicionalmente, em pacientes com altas concentrações de OF, a AChE reativada (espontaneamente ou após o uso de oximas) pode ser novamente inibida.[2]

Outros medicamentos importantes

Ocorrendo convulsões nos pacientes pediátricos, utilizar benzodiazepínicos (diazepam, midazolam) nas doses preconizadas para a faixa etária.

Tabela 1. Tratamento medicamentoso das intoxicações por OF/carbamatos

Substância	Ação	Observação
Atropina	Antimuscarínico	• Dose de ataque 0,6 a 3 mg, IV, em bolus, rapidamente (diluir 1:2 em soro fisiológico) • Dobrar a dose a cada 5 minutos até estar atropinizado (FC > 80 bpm, PA sistólica > 80 mmHg, pulmões limpos) • Após paciente atropinizado: manter infusão de 10-20% da dose total necessária para atropinizar o paciente, a cada hora, em soro fisiológico a 0,9% • Buscar evitar a toxicidade colinérgica recorrente e a toxicidade da atropina • Se a toxicidade colinérgica reaparecer em qualquer ponto, reinicie as doses (em bolo) até ficar atropinizado. A seguir aumentar a taxa de infusão em 20% por hora • Se intoxicação pela atropina (taquicardia, ruídos intestinais ausentes, hipertermia, delírio, retenção urinária), interromper infusão e recomeçar após 30 minutos com uma dose 20% menor Para crianças menores de 12 anos: iniciar com 0,02 mg/kg e seguir dobrando a dose a cada 5 minutos, até a atropinização
Pralidoxima (mesilato) caixas com 5 frascos-200 mg cada	Reativador da acetil colinesterase	• Dose de ataque: 20-30 mg/kg durante 30 minutos • Se necessário repetir em 6-8 horas • Alternativamente, uma infusão contínua de 5-10 mg/kg/hora pode ser administrada em soro fisiológico Manter em 1 g/hora por pelo menos 48 horas • A duração do tratamento é incerta, mas pode ser interrompido em 48 horas e reiniciado se ocorrer deterioração clínica ou eletrofisiológica O monitoramento da atividade da AChE eritrocitária pode ser útil Para crianças: 25-50 mg/kg (até 1 g) Infusão de 1-2 ml/kg/hora durante 15-30 minutos Manter infusão contínua 5 a 10 mg/kg/hora
Benzodiazepínicos – Diazepam	Antagonista do GABA (Ácido Gama Amino-Butírico)	10-20 mg IV, lentamente, para pacientes agitados ou para aqueles que vão ser intubados

Fonte: adaptada de Eddleston M. 2016[9] & Geller R. 2014.[22,23]

ALERTA IMPORTANTE

O que faz diferença para a sobrevida do paciente é a atropinização rápida e adequada. Pacientes com intoxicações graves por OF podem necessitar de grandes volumes de atropina. Acompanhar de perto a evolução do quadro para ajustar as doses de atropina.

Novas opções terapêuticas

Antídotos mais novos foram investigados, como o glicopirrolato, que demonstrou benefício potencial, com toxicidade mais baixa que a atropina,[1] mas sua ação no SNC é muita limitada para os OF lipofílicos, aumentando riscos de convulsões e coma.[9]

Outras opções terapêuticas, que estão sendo investigadas, incluem: bloqueadores dos canais de cálcio (como a nifedipina), sulfato de magnésio e alcalinização com bicarbonato de sódio (ou antagonistas nicotínicos).[1,2] Estudos preliminares indicam que podem ser úteis no manejo da intoxicação por OF, reduzindo complicações. Contudo mais exames devem ser feitos para confirmar este efeito protetor e esclarecer os mecanismos envolvidos.[1,2]

ERROS COMUNS QUE VOCÊ DEVE EVITAR

Achar que por ter retirado um paciente intoxicado por OF do coma, a intoxicação foi controlada. Isso pode valer para os carbamatos. Mas o quadro grave de OF pode ser mais prolongado. Nos casos de OF lipofílicos, em decorrência da liberação tardia de OF dos depósitos de gordura, pode ocorrer novo agravamento (às vezes vários dias depois). Fique atento e monitore de perto o paciente.

Liberar paciente assintomático, mas com história de ingestão ou exposição extensa aos OF. Observar pelo menos 8-12 horas para descartar sintomas de aparecimento tardio, em especial, com agentes lipossolúveis. OF lipofílicos, como fentiona, podem necessitar 48 horas de observação.

Orientar sobre a ingestão de leite, que deve ser evitada, pois pode aumentar a absorção de OF lipofílicos ou dos hidrocarbonetos presentes na formulação.

REFERÊNCIAS BIBLIOGRÁFICAS

1. Alozi M, Rawas-Qalaji M. Treating organophosphates poisoning: management challenges and potential solutions. Crit Rev Toxicol. 2020;50(9):764-79.
2. Eddleston M. Novel Clinical Toxicology and Pharmacology of Organophosphorus Insecticide Self-Poisoning. Annu Rev Pharmacol Toxicol. 2019;59:341-60.
3. King AM, Aaron CK. Organophosphate and carbamate poisoning. Emerg Med Clin North Am. 2015;33(1):133-51.
4. ANVISA. Chumbinho Brasília: ANVISA – Agência Nacional de Vigilância Sanitária – Gerência Geral de Toxicologia; 2020. Disponível em: https://www.gov.br/anvisa/pt-br/acessoainformacao/perguntasfrequentes/agrotoxicos/chumbinho (acesso em 12 de março de 2022).
5. Van den Dries MA, Pronk A, Guxens M, Spaan S, Voortman T, Jaddoe VW, et al. Determinants of organophosphate pesticide exposure in pregnant women: A population-based cohort study in the Netherlands. Int J Hyg Environ Health. 2018;221(3):489-501.
6. Dayasiri KC, Jayamanne SF, Jayasinghe CY. Patterns of acute poisoning with pesticides in the paediatric age group. Int J Emerg Med. 2017;10(1):22.
7. Itho SdF. Intoxicações por inseticidas Inibidores da colinesterase organofosforados e carbamatos: diagnóstico e tratamento. Vitória; 2002.
8. Vohra R. Inseticidas de Carbamato e Organofosforados. In: Olson KR, editor. Manual de Toxicologia Clínica – 6. ed. Porto Alegre AMGH – Mc Graw Hill – Artmed; 2014. p. 285-95.
9. Eddleston M, Chowdhury FR. Pharmacological treatment of organophosphorus insecticide poisoning: the old and the (possible) new. Brit J Clin Pharmacol. 2016;81(3):462-70.
10. Silberman J, Taylor A. Carbamate Toxicity. StatPearls. Treasure Island (FL)2020.
11. Vale A, Lotti M. Organophosphorus and carbamate insecticide poisoning. Handb Clin Neurol. 2015;131:149-68.
12. Thredgold L, Gaskin S, Quy C, Pisaniello D. Exposure of Agriculture Workers to Pesticides: The Effect of Heat on Protective Glove Performance and Skin Exposure to Dichlorvos. Int J Environ Res Public Health. 2019;16(23):4798
13. Lee DH, Jung KY, Choi YH, Cheon YJ. Body mass index as a prognostic factor in organophosphate-poisoned patients. Am J Emerg Med. 2014;32(7):693-6.
14. Brasil MS, SVS. Diretrizes brasileiras para o diagnóstico e tratamento de intoxicação por agrotóxicos. In: Saúde SA-TeVe, editor. Brasília: Ministério da Saúde; 2020.
15. Thundiyil JG, Stober J, Besbelli N, Pronczuk J. Acute pesticide poisoning: a proposed classification tool. Bull World Health Organ. 2008;86(3):205-9.
16. Eddleston M, Buckley NA, Eyer P, Dawson AH. Management of acute organophosphorus pesticide poisoning. Lancet. 2008;371(9612):597-607.
17. Detweiler MB. Organophosphate intermediate syndrome with neurological complications of extrapyramidal symptoms in clinical practice. J Neurosci Rural Pract. 2014;5(3):298-301.
18. Indira M, Andrews MA, Rakesh TP. Incidence, predictors, and outcome of intermediate syndrome in cholinergic insecticide poisoning: a prospective observational cohort study. Clin Toxicol. 2013;51(9):838-45.
19. Kharel H, Pokhrel NB, Ghimire R, Kharel Z. The efficacy of pralidoxime in the treatment of organophosphate poisoning in humans: A systematic review and meta-analysis of randomized trials. Cureus. 2020;12(3):e7174.
20. Dungdung A, Kumar A, Kumar B, Preetam M, Tara RK, Saba MK. Correlation and prognostic significance of serum amylase, serum lipase, and plasma cholinesterase in acute organophosphorus poisoning. J Family Med Prim Care. 2020;9(4):1873-7.
21. Kumar A, Margekar SL, Margekar P, Margekar V. Recent advances in management of organophosphate & carbamate poisoning. Ind J Medic Specialities. 2018(9):154-9.
22. Geller RJ. Atropina e Glicopirrolato. In: Olson KR, editor. Manual de Toxicologia Clínica – 6. ed. Porto Alegre: AMGH – McGraw Hill – Artmed; 2014. p. 454-6.
23. Geller RJ. Pralidoxima e outras oximas. In: Olson KR, editor. Manual de Toxicologia Clínica – 6. ed. Porto Alegre: AMGH – McGraw Hill – Artmed; 2014. p. 546-8.

CAPÍTULO 63

PARACETAMOL

Laura Börgel
Melissa Schulthess

PONTOS-CHAVE

- Intoxicações agudas por paracetamol são relativamente frequentes, ligadas tanto ao uso abusivo de doses elevadas como analgésico como a tentativas de suicídio.
- Em sobredosagem, o paracetamol satura seu próprio metabolismo, levando ao acúmulo de um metabólito intermediário bastante reativo (NAPQI), responsável pelo dano hepático observado.
- O quadro clínico inicial, com anorexia, letargia, náuseas e vômitos, pode ceder ao fim das primeiras 24 horas, dando falsa impressão de melhora. Sem manejo adequado, em 48 horas temos manifestações clínicas e laboratoriais de hepatite tóxica estabelecidas.
- A intoxicação aguda por paracetamol é uma indicação clássica de dosagem do nivel plasmático do agente, sendo níveis superiores a 200 mcg/mL, 4 horas após a ingestão indicativos do uso mandatório do antídoto N-acetílcisteína.

INTRODUÇÃO

O acetaminofeno, ou paracetamol, pertence ao grupo de anti-inflamatórios, da família dos derivados de anilina. Esse tipo de fármaco age principalmente gerando efeito analgésico e antipirético, por meio de seus metabólitos, e é considerado um analgésico relativamente fraco.[1-3] Seu uso como agente antipirético é indicado, em especial, no caso de doenças infecciosas do trato respiratório inferior que ocorrem com febre leve.[1] Pertence ao grupo de medicamentos de venda sem prescrição e se encontra em medicamentos analgésicos e em associações de antigripais.[3-5]

Algumas drogas que interferem na sinalização clínica (diagnóstica) de envenenamento por paracetamol incluem difenidramina, codeína, hidrocodona, oxicodona, dextrometorfano e propoxifeno. Em ingestão simultânea, geram os sinais agudos de envenenamento que mascaram os sinais leves e inespecíficos de envenenamento precoce por paracetamol, levando a diagnósticos errados ou atrasos no início do tratamento específico.[4]

O paracetamol tem sido associado à ingestão de altas doses, de forma intencional, de três tipos. O primeiro tipo é para abuso voluntário, o segundo por uso indevido e o terceiro, por tentativas de suicídio. Todas essas situações devem ser consideradas emergências médicas, embora exista tendência a subestimar a importância da ingestão voluntária, pois geralmente não é fatal em adolescentes.[6] Em geral, é uma das drogas mais envolvidas na ingestão intencional de medicamentos, como uma única substância ou em associação, e pode representar mais de 20% dos envenenamentos voluntários. Essas ingestões variam de casos leves a graves.[3-6]

As principais razões para a ingestão voluntária em adolescentes correspondem a conflitos familiares ou estudantis; nem sempre corresponde a autoextermínio (inferior a 6%) e não necessariamente está associada a doenças mentais subjacentes ou em tratamento. Por outro lado, foi relatado que, na população em geral, o consumo para o autoextermínio chega a 57% dos casos.[6,7]

Costuma-se descrever que o grupo mais afetado corresponde às mulheres adolescentes, uma vez que esse grupo apresenta idealizações mais suicidas, em contraste com homens da mesma faixa etária.[6] Nos Estados Unidos, estima-se que os pacientes internados na emergência por intoxicação aguda associada a medicamentos (drogas e drogas de abuso) representem 0,6-2,1% de todos os atendimentos de emergência, correspondendo a 3-14% das internações em unidades de terapia intensiva. Do atendimento emergencial de medicamentos, 5,8% correspondem ao paracetamol.[8,9] Na Espanha, entre 2005 e 2010, estima-se ser de 2:10 mil habitantes a incidência de intoxicação por paracetamol. Essa incidência mostrou tendência crescente, provavelmente associada ao aumento das formulações, disponibilidade de medicamentos e sensibilização à detecção dos casos.[9] Em contrapartida, no Chile, estima-se que 0,5% das internações de emergência estejam relacionadas à intoxicação por fármacos, 6,8% delas correspondentes ao acetaminofeno.[9] Estima-se, ainda, que o paracetamol esteja envolvido em 32,2% das tentativas de suicídio em adolescentes, chegando a 75% na Europa.[10]

FARMACOCINÉTICA

O paracetamol, ao entrar no corpo, é transformado em diversos estágios intermediários, passando por reações da fase I e da fase II (Figuras 1 e 2).

Parte do paracetamol entra diretamente em reações de conjugação e é eliminada do corpo. Esse mecanismo é esgotado na ingestão de altas doses de paracetamol. Nessa situação, a reação da fase I ocorre pela N-hidroxilação, como via metabólica alternativa. Essa reação gera um metabólito reativo, N-acetil-para-amino-quinoneimina (NAPQI), que conjuga rapidamente com glutationa, até que as reservas celulares sejam esgotadas. No momento do esgotamento da glutationa celular, ocorre a reação covalente com proteínas. Essa via metabólica produz o efeito citotóxico do paracetamol,[1] o qual é metabolizado por três vias. A primeira é a glicuronidação, a segunda é a sulfatação, e a terceira

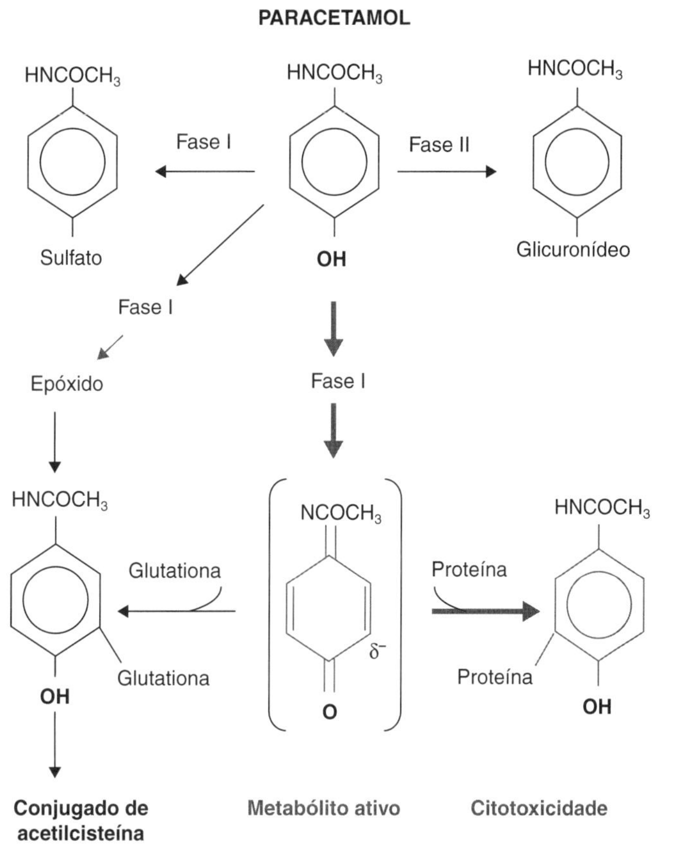

Figura 1. Vias metabólicas do paracetamol e papel da N-acetilcisteína.
Fonte: Löscher W, Richter A, 2016.[1]

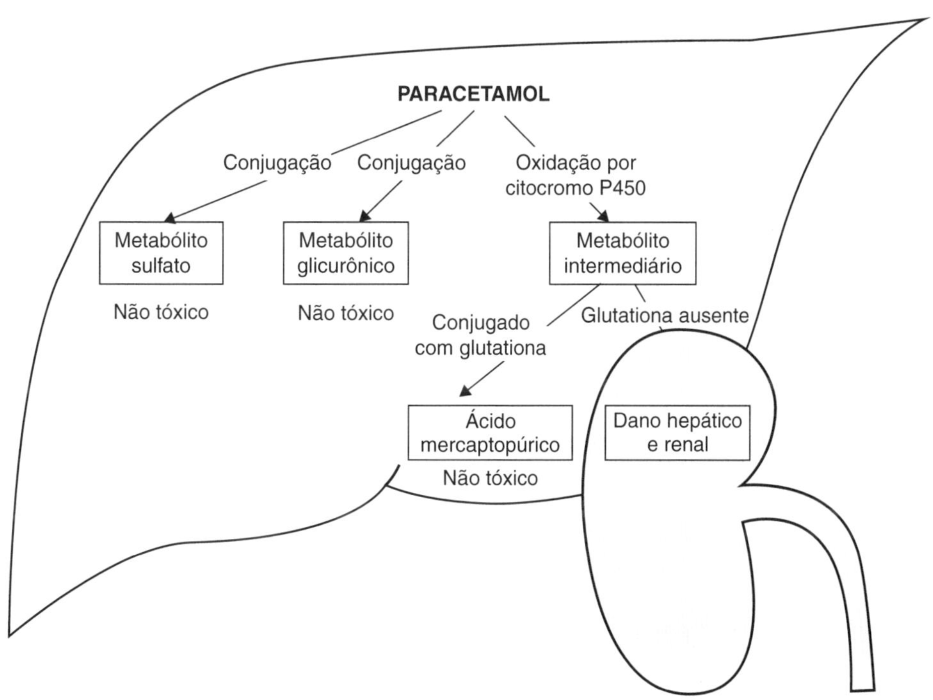

Figura 2. Metabolismo e órgãos-alvo da toxicidade do paracetamol.
Fonte: Henry J, Volans G, 1984.[12]

é a oxidação mediada por citocromo P450. Os metabólitos de glicuronidação e sulfatação não são tóxicos, mas a via oxidativa leva à formação de um metabólito reativo tóxico. Esse metabólito é geralmente conjugado com glutationa, mas, se a glutationa estiver esgotada, o metabólito se liga a resíduos de aminoácidos no fígado, o que resulta em necrose centrilobular.[5,11]

O paracetamol é rapidamente absorvido, atingindo o pico do plasma entre 30 e 120 minutos. Seu volume de distribuição é de 0,8 a 1 L/kg, e sua eliminação se dá principalmente pelo fígado (90%) por glicuronídeos ou sulfatos não tóxicos. A outra rota, que representa de 3% a 8% do metabolismo, é onde o metabólito tóxico intermediário é produzido. A meia-vida de eliminação é de 1 a 3 horas, em doses terapêuticas, mas pode ser mais de 12 horas na *overdose*.[3,4]

Após a ingestão, o paracetamol é rapidamente absorvido pelo estômago e intestino delgado, atingindo o pico no plasma em 4 horas. O paracetamol no sangue é minimamente ligado às proteínas plasmáticas e amplamente distribuído no corpo.[5]

MECANISMO DE AÇÃO

Seu mecanismo de ação farmacológica (terapêutica) não foi totalmente elucidado, mas é provável que atue no nível da transmissão central da dor. Esse tipo de analgesia pode ocorrer inibindo a COX-3, uma variante da COX-1 presente no sistema nervoso central (SNC). Também foi postulado que pode inibir prostaglandinas em algumas células e tecidos, nas quais as concentrações de ácido araquidônico são baixas. O local de ação pode ser a enzima peroxidase da prostaglandina sintase H2. Portanto, a inibição de COX pode ocorrer em tecidos específicos, sem comprometer a mucosa gastrintestinal, plaquetas e rins, agindo no nível central.[2,5] Evidências sugerem que o paracetamol estimule caminhos inibidores da dor mediados pela serotonina. Isso sugere que essa droga possa agir diretamente em receptores de serotonina.[2]

Mecanismo de ação tóxica

Derivados de anilina causam oxidação de hemoglobina à metemoglobina e causam hemólise. Altas doses de paracetamol são hepatotóxicas e nefrotóxicas, enquanto seu precursor, a fenacetina, causa mais danos renais.[1,3,5] O organismo é capaz de combater os efeitos da toxicidade por conjugação com glutationa, portanto, precursores de glutationa (metionina e cisteína) agem como antídoto.[1,3] Em indivíduos com poucas reservas de glutationa ou alterações no metabolismo da glutationa, o esgotamento ocorre rapidamente. Portanto, pacientes desnutridos ou com doença hepática são mais suscetíveis à intoxicação em doses mais baixas.[1,5]

Os sinais clínicos de toxicidade incluem manifestações de dano hepático agudo.[2,5] Em caso de uso concomitante com drogas que alteram a função e a atividade das enzimas hepáticas, ou álcool, aumenta o risco de hepatotoxicidade.[2,3,5] O metabólito tóxico do paracetamol (NAPQI) é que causa lesões oxidativas nos eritrócitos e hepatócitos.[5,13] Os danos se devem ao esgotamento dos processos de detoxificação que ocorrem no fígado, em particular a conjugação com glutationa. Quando esta está esgotada ou existem deficiências de glutationa, a toxicidade do paracetamol se torna manifesta. Isso porque, em uma *overdose*, a produção de NAPQI excede a capacidade de conjugação da glutationa e o metabólito, altamente reativo, interage diretamente com as macromoléculas (proteínas) dos hepatócitos.[2,4,5] Lesões hepatocelulares foram relatadas em cães, gatos e humanos adultos, com padrão de necrose hepática centrolobular.[5,14] Presume-se que o principal alvo do NAPQI sejam as mitocôndrias, alterando a integridade funcional da organela. Também é postulado que o NAPQI se liga às proteínas de membrana que regulam a homeostase do cálcio, aumentando as concentrações intracelulares de cálcio. Isso leva à ativação de dano citoesquelético/endonuclease e fragmentação de DNA, desencadeando a morte celular. Soma-se ainda a produção de ânions superóxido, causando lesões peroxidativas durante a fase I do metabolismo do paracetamol.[5] Doses extremamente altas de paracetamol podem causar acidose láctica e estado mental alterado, provavelmente associado à disfunção mitocondrial.[4] Na gravidez, uma overdose pode levar a natimortos e abortos.[4]

DOSES TÓXICAS

A ingestão aguda de mais de 200 mg/kg em crianças ou 6 a 7 g em adultos é potencialmente hepatotóxica. Em geral, crianças menores de 12 anos são menos suscetíveis ao desenvolvimento da hepatotoxicidade, uma vez que a metabolização do citocromo P450 (CYP) é menor. Em contrapartida, em pacientes com enzimas microssômicas CYP induzidas, a margem de segurança é menor, pois produzem mais metabólito tóxico. Os pacientes desse grupo correspondem a alcoólatras e pacientes tratados com indutores CYP2E1.4 Outros fatores que afetam a hepatotoxicidade estão relacionados ao jejum e à desnutrição, presumivelmente ligados a reservas baixas de glutationa.[4,5]

Casos de intoxicação crônica têm sido relatados em pacientes que consomem doses supraterapêuticas diariamente, considerando uma margem de 150 mg/kg/dia ou um máximo de 6 g/dia para 2 ou mais dias em adultos, 150 mg/kg/dia durante 2 dias ou 100 mg/kg/dia durante 3 dias em crianças.[4]

É importante ressaltar que casos humanos têm sido observados onde ocorre metemoglobinemia, o que pode ou não ocorrer em paralelo com a insuficiência hepática, e geralmente está associada a uma deficiência da desidrogenase da glicose-6-fosfato (G6PD), embora casos de metemoglobinemia em envenenamento por paracetamol tenham sido relatados em pacientes sem história de deficiência de G6PD.[15,16] O mecanismo visto na hepatotoxicidade é o mesmo apresentado no nível renal.[4] O comprometimento renal no paracetamol pode ocorrer em várias formas clínicas:

- Comprometimento renal pré-renal em pacientes muito graves, com instabilidade hemodinâmica e hipotensão.
- Síndrome hepatorrenal.
- Necrose tubular aguda.
- Rabdomiólise.[17-19]

DIAGNÓSTICO

Diagnóstico clínico e exames laboratoriais

Os sinais clínicos de envenenamento por paracetamol, em animais, incluem problemas respiratórios em decorrência da diminuição da capacidade de transportar oxigênio no sangue, cianose, metemoglobina, letargia e vômitos.[13] É descrito que a dose tóxica é de 100 mg/kg em cães e 50 mg/kg em gatos.[13] Os efeitos mais comuns são a necrose hepática, seguida de danos renais. Manifestações clínicas incluem vômito, anorexia, letargia, icterícia, acompanhados de aumento da aminotransferases e bilirrubinas.[3] O diagnóstico baseia-se principalmente na detecção de sinais clínicos, de acordo com seu surgimento em relação à ingestão:

Intoxicação aguda

A. Inicialmente, a *overdose* só manifesta sinais não específicos, como anorexia, vômito ou náusea. Doses extremamente elevadas podem levar a um quadro mais grave, no momento da chegada ao atendimento, com comprometimento importante do nível de consciência e acidose metabólica.
B. De 24 a 48 horas após a ingestão, pode-se observar um aumento nos níveis de aspartato aminotransferase (AST) e alanina aminotransferase (ALT), com necrose hepática evidente. Alterações de gamaglutamiltransferase (GGT) também podem ser observadas. Se ocorrer insuficiência hepática fulminante, é provável que o paciente morra prematuramente. Se os sinais de encefalopatia, acidose metabólica e tempo prolongado de protrombina/INR aumentado (PT/INR) forem detectados, o prognóstico será ruim. Insuficiência renal aguda, com ou sem insuficiência hepática concomitante, ocasionalmente ocorre.

Envenenamento crônico

A. Pacientes frequentemente relatam náuseas e vômitos e podem apresentar evidências de lesão hepática no momento do atendimento médico.
B. O esgotamento da glutationa, associado à ingestão de paracetamol em longo prazo, tem sido associado à acidose metabólica pelo acúmulo de 5-oxiprolina.[3,4,20]

A confirmação do diagnóstico baseia-se, não apenas, no histórico de ingestão ou suspeita de, mas também nos resultados dos níveis plasmáticos de paracetamol. No entanto, nem sempre os pacientes podem fornecer essa história, por não conseguirem responder (em coma ou com compromisso de consciência com outras drogas), por não desejam cooperar ou não a considerarem antecedente relevante.[4] Se a ingestão foi feita em conjunto com outras drogas, como salicilatos e outros que interferem no método analítico, podem ocorrer níveis no plasma falsamente elevados.[4] Recomenda-se calcular o *gap* aniônico e dosar glicose, nitrogênio ureico, creatinina, aminotransferases hepáticas, bilirrubinas e PT/INR.[3,4,12] Além dos testes clássicos de função renal, recomenda-se avaliar a creatinoquinase total (CK) como parte dos exames de rotina em pacientes com intoxicação por paracetamol.[18] O monitoramento das enzimas hepáticas deve ser realizado com frequência, diariamente, como forma de monitorar a hepatotoxicidade.[2,12,21]

Níveis plasmáticos de paracetamol

Se as concentrações de plasma ou soro excederem 200 mcg/mL em 4 horas após a ingestão, o tratamento específico deverá ser iniciado imediatamente.[2,3] Se os níveis de plasma indicarem toxicidade possível ou provável, de acordo com o nomograma (Figura 3), deve ser considerado o uso de N-acetilcisteína, em particular se o paciente estiver em alto risco, como no caso de alcoólatras, pacientes que estão sendo tratados com indutores da atividade do citocromo CYP2E1, em caso de ingestão de múltiplos medicamentos, ou se o tempo de ingestão não for claro ou confiável.[4,20]

Se os níveis plasmáticos estiverem abaixo da linha inferior do nomograma, o tratamento não será necessário, a menos que o tempo de ingestão seja incerto, for um paciente de alto risco, ou apresente testes hepáticos inicialmente alterados, com dados clínicos sugestivos de intoxicação por paracetamol.[4,20,21]

TRATAMENTO E MANEJO DO ENVENENAMENTO

Se o paciente se apresentar nas primeiras 6 horas após a ingestão, será possível implementar medidas de descontaminação. Se as quantidades ingeridas forem grandes, será melhor realizar esvaziamento gástrico e lavagem com volumes controlados. Junto com essas medidas, deve ser associado o uso de carvão ativado.[22,23]

O esvaziamento gástrico poderá ser omitido se as quantidades ingeridas forem moderadas (7 a 10 g), mas isso não exclui o uso imperativo de carvão ativado. Recomenda-se que a administração de carvão ativado não seja feita além de 2 a 4 horas desde a ingestão, a menos que se suspeite de possível atraso na absorção.[4,19,20,24,25]

Recomenda-se o esvaziamento gástrico, desde que a ingestão tenha ocorrido há menos de 4 horas, considerando que possa ser realizado mais tarde se estiver associado a outras drogas que atrasam o esvaziamento gástrico ou diminuem a motilidade intestinal, como anticolinérgicos, psicotrópicos, antidepressivos ou derivados de morfina. O carvão ativado pode ser administrado em uma dose única ou repetida de 1 a 2 g/kg, sem afetar o tratamento com N-acetilcisteína.[12,13,20,21,23] A administração de fluidos intravenosos é essencial para a manutenção da perfusão renal e hepática, hidratação, equilíbrio de eletrólitos e pH.[12,13]

ANTÍDOTO

A terapia com antídoto deve ser iniciada o mais rápido possível em casos de suspeita de ingestão de paracetamol. O tratamento baseia-se no uso de medicamentos que são

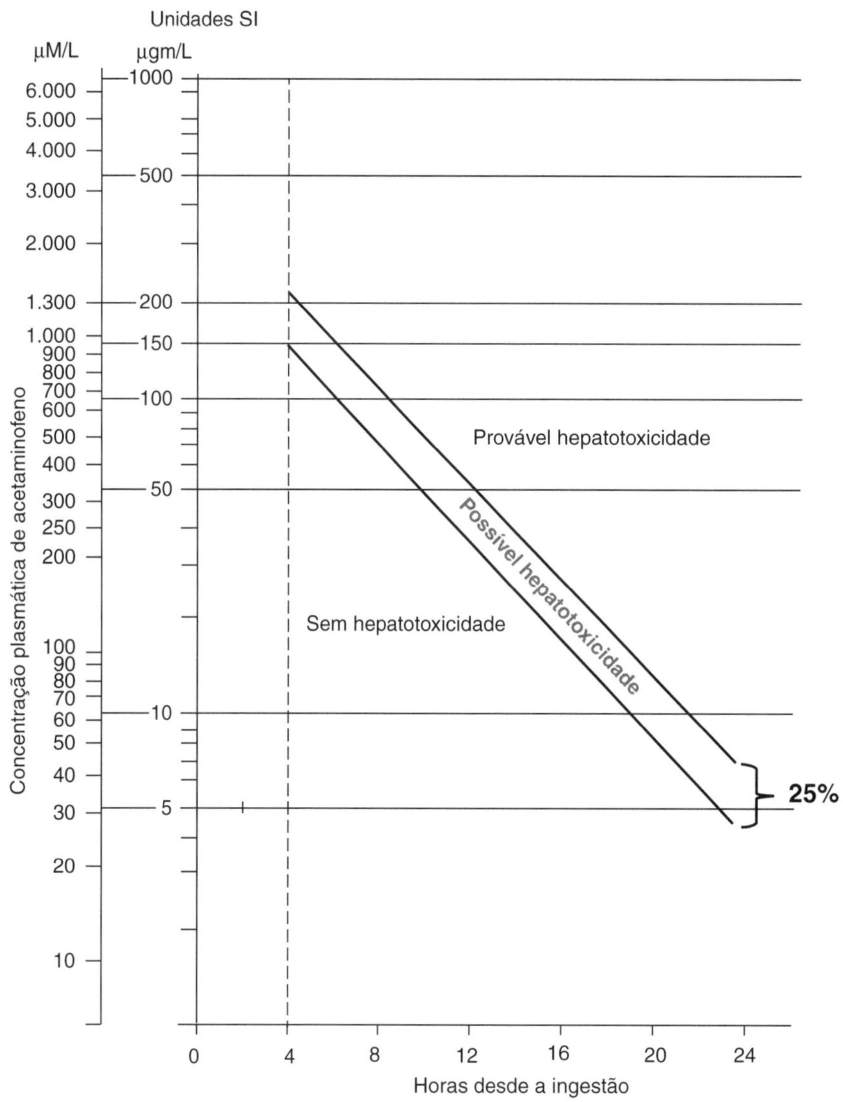

Figura 3. Nomograma para a previsão de hepatotoxicidade por paracetamol após *overdose* aguda. A linha superior define as concentrações de soro de acetaminofeno que são mais provavelmente associadas à hepatotoxicidade; a linha inferior define níveis de soro 25% abaixo dos esperados para causar hepatotoxicidade.

Fonte: Schonwald S, 2001;[3] Kearney T, Olson K, 2012;[4] Henry J, Volans G, 1984;[12] Ângulo NY, 2010;[20] Goodenberger D, 2007.[21]

fontes de sulfato para que se juntem ao metabólito ativo e aumentem a produção de glutationa. Existem vários doadores de enxofre que podem ser usados, entre eles N-acetilcisteína, S-adenosil metionina (SAMe) e sulfato de sódio, sendo o primeiro o mais usado.

O uso de N-acetilcisteína permite reduzir a meia-vida do paracetamol em até 50%, promovendo a conjugação com sulfato e melhorando a eliminação. Além disso, há uma rápida recuperação nos níveis de glutationa. O tratamento específico mais comum para envenenamento por paracetamol consiste principalmente na administração imediata de N-acetilcisteína, oralmente (ou intravenosa, dependendo da disponibilidade de cada centro hospitalar) em dose inicial ou de ataque de 140 mg/kg VO, seguidas de 70 mg/kg VO a cada 4 horas, até completar 17 doses (72 horas).[4]

O tratamento com N-acetilcisteína geralmente é realizado até se completarem as 17 doses em 72 horas, porém, dependendo do protocolo, o tratamento pode ser dado por um mínimo de 20 horas. Essa situação é mais observada em casos não complicados, em que a administração por 20 horas de N-acetilcisteína é suficiente, desde que sejam mantidos controles dos níveis de aminotransferases hepáticas e TP/INR. Se esses parâmetros mostrarem lesão hepática, o tratamento com N-acetilcisteína deverá ser restabelecido até que os testes de função hepática voltem ao normal.[4,20,25]

Existem vários protocolos para o tratamento com N-acetilcisteína por via intravenosa publicados na literatura internacional. Um dos utilizados há mais tempo e, portanto, do qual se tem maior experiência acumulada e eficácia confirmada é o que segue:

- Protocolo de 20 horas (pacientes adultos, sem complicações, atendidos nas primeiras 8 horas):[4]
- 150 mg/kg, diluídos em 200 mL de soro glicosado a 5%, para correr em 15 minutos.
- Após: 50 mg/kg, diluídos em 500 mL de SG 5%, para correr em 4 horas.
- Após: 100 mg/Kg, diluídos em 1.000 mL de SG 5%, para correr em 16 horas.

ALERTA IMPORTANTE

Em crianças, devem-se utilizar volumes adequados para o peso do paciente ou utilizar solução fisiológica, para evitar sobrecarga hídrica (hiper-hidratação) e hiponatremia.[4]

Como medida de precaução, quando os níveis plasmáticos de paracetamol ainda não estão disponíveis, o tratamento com N-acetilcisteína deve ser iniciado, uma vez que a eficácia depende de quando a terapia precoce é iniciada, antes que metabólitos tóxicos se acumulem. O benefício máximo é obtido se o tratamento for iniciado antes das 8 a 10 horas da ingestão, diminuindo após 12 a 16 horas após a ingestão. Porém, mesmo tendo se passados mais de 24 horas a partir da ingestão, o uso de N-acetilcisteína não deve ser descartado, uma vez que ele ainda permite reduzir os efeitos da toxicidade. Em caso de vômitos persistentes, a fim de não atrasar o início do tratamento, recomenda-se administrar N-acetilcisteína por via intravenosa, se disponível.[4,12,21,25]

Após a ingestão de comprimidos de liberação lenta, projetados para absorção prolongada, pode haver um atraso antes que o nível máximo de paracetamol seja atingido. Essa situação também ocorre em casos de ingestão concomitante com outras drogas que afetam o esvaziamento gástrico. Em ambos os casos, os níveis de paracetamol plasmático devem ser repetidos em 8 ou 12 horas, e o tratamento com N-acetilcisteína pode ser iniciado dentro de 8 horas após a ingestão.[4,20,21,25]

Em caso de ingestão crônica ou repetida, com várias doses ingeridas durante 24 horas ou mais, o nomograma não permite estimar com precisão o risco de hepatotoxicidade. Portanto, recomenda-se N-acetilcisteína se a ingestão for superior a 200 mg/kg em 24 horas, 150 mg/kg/dia durante 2 dias ou 100 mg/kg/dia por 3 ou mais dias; em caso de alteração de enzimas hepáticas; se o paracetamol for detectado no plasma mais de 24 horas após a última ingestão, ou se o paciente pertencer aos grupos de alto risco. Quanto à duração do tratamento, deve continuar por 24 horas após a normalização das enzimas hepáticas e TP/INR.[4]

Recomenda-se que, na administração oral de N-acetilcisteína, deva ser diluída a 5% em suco de laranja, ou refrigerantes, para manter a estabilidade da droga, melhorar sua absorção e garantir a melhor palatabilidade e aceitação.[26,27]

MEDIDAS DE DEPURAÇÃO

A eliminação do paracetamol pode ser reforçada por hemodiálise, mas, uma vez que também remove a N-acetilcisteína, só é usada em caso de ingestão maciça, em que os níveis de plasma excedem 1.000 mg/L, ou o quadro do paciente é complicado por coma e/ou hipotensão.[4]

Vômitos espontâneos podem atrasar a administração oral de antídotos ou carvão ativado, de modo que o uso de metoclopramida ou um antagonista de receptor de serotonina como ondansetrona é recomendado. Suporte das funções

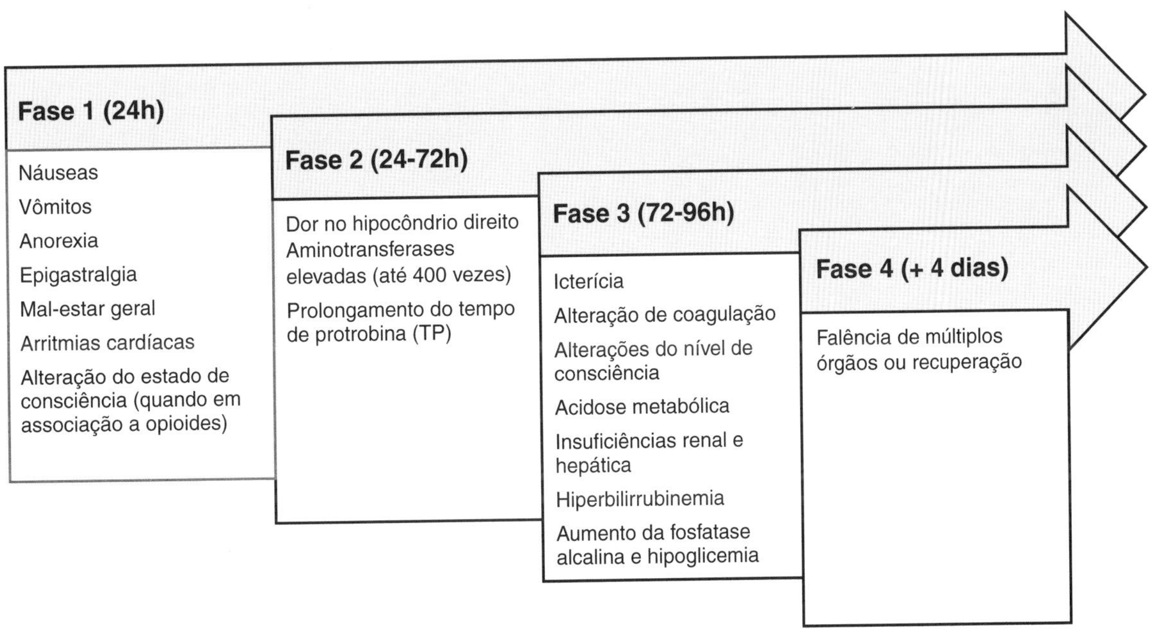

Figura 4. Fases clínicas do envenenamento por paracetamol.

Fonte: Castellanos Garzón RG *et al.*, 2018;[9] Henry J, Volans G, 1984;[12] Borgel Aguilera L *et al.*, 2001;[22] Gobierno de Chile, 2018;[23] Tisminetzky G, Pahissa G, 2015.[25]

renal e hepática deve ser fornecido em caso de insuficiência, e um transplante de fígado pode até ser necessário em caso de insuficiência hepática fulminante. Deve-se atentar para o desenvolvimento potencial de sinais de agravamento, como encefalopatia, acidose metabólica, hipoglicemia e aumento progressivo do tempo de protrombina.[4,20]

Como medida geral, o tempo entre a ingestão e o início do tratamento é mais importante para estimar o prognóstico de sobrevivência. Em geral, se a atenção começar antes das 16 horas após a ingestão, a taxa de sobrevivência será maior do que quando iniciada tardiamente (mais de 17 horas), sendo menor de 72 horas após a ingestão. Normalmente, os pacientes tratados a tempo melhoram e se recuperam em menos de 48 horas, com tempo de internação de 3 dias.[3]

No acompanhamento da evolução do quadro clínico e da resposta ao tratamento, devem ser levadas em conta as fases do envenenamento por paracetamol (Figura 4).

Um paciente recuperado de envenenamento por paracetamol e apresentando sequelas hepáticas deve realizar dosagem diárias das aminotransferases e demais provas de função hepática, até que estas se aproximem de parâmetros normais.[20] Como visto, o envenenamento por paracetamol pode ser fatal se não atendido adequadamente e o mais precoce possível, mas é um quadro totalmente reversível com o uso de antídoto.[3,12,20]

REFERÊNCIAS BIBLIOGRÁFICAS

1. Löscher W, Richter A. Lehrbuch der Pharmakologie und Toxikologie für die Veterinärmedizin. Enke; 2016.
2. Papich MG. Saunders handbook of veterinary drugs. 4. ed. Elsevier; 2016.
3. Schonwald S. Section A: Analgesics. In: Schonwald S, editor. Medical toxicology: a synopsis and study guide 2001. p. 82-101.
4. Kearney T, Olson K. Poisoning & Drug Overdose. 6. ed. Nova Iorque: McGraw Hill; 2012. p. 69-72, 363-4.
5. Bischoff K, Mukai M. Toxicity of over-the-counter drugs. In: Gupta RC, editor. Veterinary Toxicology. 2. ed. Boston: Academic Press; 2012. p. 443-68.
6. Nistor N, Jitareanu C, Frasinariu OE, Ciomaga IM, Rugina AL, Streanga V. Epidemiologic profile and triggering factors of voluntary poisoning in teenagers. Medicine. 2017;96(5):e5831.
7. Vasquez D, Toro LG, Duque M, Ramiréz LM, Ahunca LF, Restrepo D. P-46 epidemiological profile and clinical outcomes of patients intoxicated with acetaminophen for suicidal purposes at Hospital San Vicente Fundación Rionegro: a case series. Annals of Hepatology. 2021;24:100410.
8. Orsini J, Din N, Elahi E, Gomez A, Rajayer S, Malik R, et al. Clinical and epidemiological characteristics of patients with acute drug intoxication admitted to ICU. J Community Hosp Intern Med Perspect. 2017;7(4):202-7.
9. Castellanos Garzón RG, Barrios Peralta ER, Vides A, Olarte MF. Actualización en la comprensión y manejo de la intoxicación por acetaminofén. Univ Med. 2018;59(4):43-53.
10. Mintegi S, Azkunaga B, Prego J, Qureshi N, Dalziel SR, Arana-Arri E, et al. International epidemiological differences in acute poisonings in pediatric emergency departments. Pediatr Emerg Care. 2019;35(1):50-57.
11. Maddison JE, Page SW, Church DB. Small animal clinical pharmacology. Elsevier Health Sciences; 2008.
12. Henry J, Volans G. ABC of poisoning. Analgesics: II – Paracetamol. Br Med J (Clin Res Ed). 1984;289(6449):907-8.
13. Mazzaferro EM, Ford RB. Section I – Emergency Care. In: Ford RB, Mazzaferro E, editores. Kirk & Bistner's Handbook of Veterinary Procedures and Emergency Treatment. 9. ed. Saint Louis: W.B. Saunders; 2012.
14. Papich MG. Saunders handbook of veterinary drugs. 6. ed. Elsevier; 2018.
15. Rianprakaisang T, Blumenberg A, Hendrickson RG. Methemoglobinemia associated with massive acetaminophen ingestion: a case series. Clin Toxicol (Phila). 2020;58(6):495-7.
16. Kanji HD, Mithani S, Boucher P, Dias VC, Yarema MC. Coma, metabolic acidosis, and methemoglobinemia in a patient with acetaminophen toxicity. J Popul Ther Clin Pharmacol. 2013;20(3):e207-11.
17. Kleinman J, Breitenfield R, Roth D. Acute renal failure associated with acetaminophen ingestion: report of a case and review of the literature. Clin Nephrol. 1980;14(4):201-5.
18. Herrero J, Castellano I, Gómez-Martino J, Novillo R, Covarsí A. Fracaso renal agudo debido a intoxicación por paracetamol. Nefrología. 2001; 21:592-5.
19. Cavanagh K. Plumb's Veterinary Drug Handbook. Pocket – 7th edition. Can Vet J. 2012;53(12):1284.
20. Angulo NY. Intoxicación por acetaminofén. In: Peña LM, Arroyave CL, Aristizábal JJ, Gómez UE, editores. Toxicología clínica: Fundamentos de medicina. CIB; 2010. p. 165-73.
21. Goodenberger D. Urgencias médicas. In: Cooper DH, Krainik A, Lubner S, Reno H, Micek S, editores. Manual Washington de Terapéutica Médica. 32. ed. Lippincott Williams & Wilkins; 2007. p. 571-618.
22. Borgel Aguilera L, Brantes Martínez J, Briones Bilbao G, Argandoña Morales M, Intriago Attue G, Inojosa Ramos RA, et al. Protocolos para el manejo del paciente intoxicado: Chile. Ministerio de Salud. 2001.
23. Manual proceso de atención de urgencia en atención primaria de salud. Santiago: Gobierno de Chile; 2018.
24. Campos RA, Sellés AF, coordenadores. Guía del residente en la UCI. 3. ed. Ediciones Jornal; 2014.
25. Tisminetzky G, Pahissa G. Manual de emergencias médicas: clínicas y quirúrgicas. El Ateneo; 2015. p. 556-61.
26. Crouch BI, Caravati EM, Dandoy C. Effect of dilution with beverages on the smell and taste of oral acetylcysteine. Am J Health Syst Pharm. 2007;64(18):1965-8.
27. Drugs.com. Acetylcysteine. [acesso em: janeiro de 2022]. Disponível em: https://www.drugs.com/monograph/acetylcysteine.html

CAPÍTULO 64

PIRETROIDES E PIRETRINAS

Sony de Freitas Itho
Débora Pereira Galvêas Negri
Scheila Cristina Ghisolfi Pedrini Rocio

PONTOS-CHAVE

- Piretroides são encontrados em inseticidas de uso agrícola, campanha de dedetização urbana e em medicação para tratamento de pediculose e escabiose.
- Intoxicações graves são raras. A absorção gástrica está estimada em 36% e a cutânea é menor que 1%.
- Manifestações clínicas mais comuns geralmente são leves, sendo a exposição por via oral a que causa quadro clínico mais importante.
- Na ingestão, com menos de 1 hora, é indicado carvão ativado na dose de 50 gramas. No caso das exposições cutâneas, trocar as roupas e realizar a descontaminação cutânea.
- Não há antídoto específico. O tratamento de suporte é preconizado no caso de pacientes sintomáticos.

INTRODUÇÃO

As piretrinas são substâncias naturais que contêm produtos ativos da flor de crisântemo. Sua descoberta foi descrita no século I d.C. na China, porém sua aplicação comercial foi iniciada apenas no século XIV. Já os inseticidas piretroides são usados desde 1970 e trata-se de substância sintética derivada do extrato das piretrinas.[1-4]

Inicialmente utilizado para atividades agrícolas, os piretroides tornaram-se populares em decorrência do menor efeito sistêmico em mamíferos, maior longevidade a exposição de água, umidade e luz solar, boa segurança quando utilizado com o uso de equipamentos de proteção individual no trabalho e ausência de persistência no solo após aplicação.[2,3]

Quando comparada à ação dos piretroides em mamíferos e insetos, a ação tóxica chega a ser 2.550 vezes maior nos insetos. Pelo fato da rápida metabolização em compostos não tóxicos em humanos, atualmente o seu uso foi difundido além da agricultura, estando presentes em substâncias para o controle de pragas tanto em campanhas de dedetização pública como no uso domiciliar, além do uso terapêutico para formulação de medicamentos para tratamento de pediculose e escabiose.[2,3,4]

De forma geral existem dois grupos de piretroides: tipo I ou tipo II com manifestações clínicas diferentes. O grupo tipo I atua sobre canais de sódio voltagem dependente e não possuem um grupo ciano, em que a maioria produz a síndrome T caracterizada por tremores (experimentos com ratos). O grupo tipo II, por sua vez, possui um grupo ciano e atua sobre os canais de sódio e cloreto e tende a produzir a síndrome CS (estudos com animais), que cursa com coreoatetose e salivação.[2,3]

MECANISMOS DE AÇÃO

Toxicodinâmica

Os piretroides e piretrinas atuam diretamente nos axônios e provocam hiperexcitação do sistema nervoso por causa do aumento do tempo de despolarização dos canais de sódio.[3,4]

A ação dependerá de fatores como a dose e o tipo de produto exposto (tipo I ou tipo II).[3,4] Em concentrações altas, os piretroides do tipo II ligam-se aos receptores do Gaba, bloqueando os canais de cloro e sua ativação o que também leva a uma hiperexcitabilidade do SNC.[3]

Quando avaliamos a exposição a esses inseticidas, devemos lembrar que, em muitos casos, há presença de solventes contendo hidrocarbonetos misturados ao produto, assim como o butóxido de piperonila que aumenta a potência e toxicidade do produto.[4]

Nos casos de exposição simultânea com organofosforados, os casos deverão ser avaliados com maior atenção, pois há sinergismo entre eles e risco de um quadro clínico mais grave.[4,5]

Toxicocinética

A absorção cutânea é estimada em menos que 1%. Já a absorção gástrica é estimada em torno de 36%.[1,4]

Absorvido por via oral e inalatória, sendo observados efeitos sistêmicos após exposições maciças. Pouco absorvido pela pele.[3]

Os piretroides não são compostos voláteis e a toxicidade pulmonar é devida ao solvente utilizado como veículo.[3]

Apesar de serem lipofílicos e serem rapidamente distribuídos ao Sistema Nervoso Central (SNC), não há depósito em tecido adiposo.[2,3,4]

Após absorvido, os piretroides são hidrolisados por esterases e rapidamente metabolizados a produtos menos tóxicos que seus originais pelo sistema enzimático CYP450, portanto, não se acumulam no organismo. Não há relato de recirculação e estima-se que sua meia-vida seja de aproximadamente 8 horas. Os compostos originais e seus metabólitos são eliminados na urina em 12 a 24 horas.[2,3,4]

DOSES TÓXICAS

As doses tóxicas variam de acordo com a princípio ativo. A dose oral tóxica em mamíferos é superior 100-1.000 mg/kg. A dose oral aguda potencialmente letal é de 10 a 100 gramas.[1,3,6]

Quando ocorre a exposição, é difícil mensurar a dose tóxica por apresentar diversas formulações com diferentes concentrações disponíveis no mercado. Além disso, devemos ter atenção aos outros produtos presentes nessas formulações, como xileno e outros solventes com hidrocarboneto.[3,5]

Outro determinante para avaliar a dose tóxica seria verificar a via de exposição: contato dérmico e inalatório apresentam comumente sintomas leves.[6,7]

Felizmente os casos que evoluem com gravidade por intoxicação aos piretroides são raros.[6]

Produtos de uso doméstico e medicamentos contendo piretroides têm baixa concentração, enquanto produtos de uso agrícola, veterinário e clandestinos contêm maiores concentrações do princípio ativo.[3]

QUADRO CLÍNICO

De modo geral são benignos. As manifestações clínicas estão mais associadas a sintomas de sensibilização e fenômenos alérgicos semelhante a quadros de rinite ou asma, e aos efeitos irritantes diretos do que propriamente as propriedades farmacológicas do produto.[1,3]

Na exposição oral, os sintomas gastrointestinais são os mais comuns, com náuseas, vômito, dor abdominal, dor epigástrica, sialorreia, odinofagia. Podem ocorrer cefaleia, astenia, adinamia, hipotensão arterial e manifestações respiratórias, como dispneia, pneumonite, broncoespasmo e crepitações. Nas ingestões maciças (200 a 500 mL de solução concentrada), podem ocorrer manifestações neurológicas graves como convulsão, coma ou parada respiratória.[1,5]

Na exposição respiratória observam-se irritação de vias aéreas superiores, tosse, dispneia, broncoespasmo e crepitações, pneumonia eosinofílica (por hipersensibilidade). Podem ocorrer também cefaleia, tontura, anosmia, zumbido, náuseas, parestesia de membros superiores e inferiores e anafilaxia.[5]

Na exposição dérmica há dor em queimação na área afetada, formigamento, parestesia, eritema, dermatite de contato e prurido.

Nas exposições oculares predominam dor em queimação nos olhos, irritação local, edema periorbital. Pode haver lesão na córnea.

Casos de exposição com quadro clínico grave são raros, sendo mais comum na ingestão e quando há exposição simultânea a outros produtos que potencializam o seu efeito (p. ex.: organofosforados e butóxido de piperonila).[1,3]

ALERTA IMPORTANTE

Intoxicações orais com piretroides têm maior gravidade do que as decorrentes de exposição dérmica.[5,7]

Sintomas neurológicos são incomuns, porém existem relatos de convulsões e neuropatias complexas associadas à ingestão de doses elevadas.[3]

Sensações de formigamento e queimação podem ocorrer em áreas da pele em contato direto com o inseticida.[3]

Quadros clínicos graves são raros e geralmente causados após tentativas de suicídio.

DIAGNÓSTICO

O diagnóstico baseia-se na anamnese e nas manifestações clínicas, atentando para a formulação, a quantidade utilizada, a via de exposição e o tempo decorrido.

Não existem sintomas clínicos característicos ou testes laboratoriais específicos.[1,5]

Nos pacientes sintomáticos, podem ser solicitados exames de acordo com a necessidade clínica, como ureia, creatinina, funções hepática e renal, hemograma, glicemia, gasometria arterial, eletrólitos, CPK e ECG.[1,4,6]

O diagnóstico diferencial deve ser com outras intoxicações por outros praguicidas, solventes, depressores do SNC e substâncias irritantes de pele, mucosas ou outras condições que alterem o SNC, pulmonares e de hipersensibilidade.[3]

TRATAMENTO

O tratamento inclui medidas de suporte, descontaminação e sintomáticos. Desobstruir vias aéreas e administrar oxigênio suplementar quando necessário.[3,5]

A execução das manobras de descontaminação, por parte do pessoal de saúde, deve ser feita utilizando equipamentos de proteção individual e devem ser realizadas no menor intervalo de tempo possível.[5]

Nos casos de exposição dérmica, as roupas contaminadas devem ser retiradas e realizada a lavagem da pele com água em temperatura ambiente e sabão neutro, atentando para limpeza de cabelo, unhas, umbigo, axila e região genital.[5]

Nas exposições oculares, os olhos devem ser lavados com um fluxo contínuo de água ou soro fisiológico, com as pálpebras abertas e a cabeça lateralizada, de forma que a lavagem seja realizada a partir do canto interno do olho em direção à lateral da face, por, no mínimo, 10 a 15 minutos.[5,6] Caso o paciente use lentes de contato, retire-as antes de iniciar o procedimento.[5] Se persistirem sinais de irritação ocular, encaminhar ao oftalmologista para avaliação.

Na exposição por via oral, principalmente nos casos de ingesta de grandes quantidades, é recomendado uso de dose única de 50 g de carvão ativado nos pacientes atendidos até 1 hora da ingesta do agente toxico.[6,7] Porém, nos casos de ingesta de pequena quantidade, essa medida pode ser dispensada.[1] Não é recomendado lavagem gástrica.[5,6,7]

Nos casos de inalação, o paciente deverá ser removido do local de exposição e fornecer oxigênio suplementar quando necessário.[1]

O tratamento sintomático inclui principalmente o manejo das reações alérgicas, com uso de anti-histamínicos, corticoides, broncodiladores, tratamento de reações anafiláticas com epinefrina e tratamento das dermatites de contato com corticoides tópicos.[5,6,7]

Os pacientes com história de ingestão maciça devem ser mantidos em observação por pelo menos 4 a 6 horas para avaliar evolução clínica.[1,6,7]

Não há indicação de hemodiálise ou outras medidas de depuração.[1,6,7]

ALERTA IMPORTANTE

Se na exposição dérmica o agente tóxico for pó, o excesso do produto deve ser retirado com pano seco ou compressa.[5]

Quando há risco de manifestações graves, observar depressão do SNC ou convulsão.

Em ingestão de grande quantidade de piretroide tipo II, realizar lavagem gástrica precoce com SF 0,9% e administrar dose única de carvão ativado, desde que o diluente não seja um hidrocarboneto.[3]

ANTÍDOTO

Não há antídoto específico.[3,5]

ERROS COMUNS QUE VOCÊ DEVE EVITAR

Administrar atropina considerando o raciocínio de ser um inseticida. Lembrar que esses derivados não são inibidores da acetilcolinesterase.

Provocar vômitos naqueles intoxicados por via oral, principalmente nos produtos diluídos em solvente derivado de petróleo.

Não realizar descontaminação cutânea nos pacientes que tiveram contato dérmico com derivados de piretrinas e piretroides.

Não atentar para o risco de broncoespasmo e necessidade de tratamento sintomático precoce.

REFERÊNCIAS BIBLIOGRÁFICAS

1. Tharrat RS. Chlorine. In: Olson KR ed. Poisoning&Drug Overdose. 6. ed. Nova Iorque: Lange Medical Books/McGraw-Hill; 2014. P. 162-3.
2. Burns CJ, Pastoor TP. Pyrethroid epidemiology: a quality-based review. Crit Rev Toxicol. 2018;48(4):297-311.
3. Hernandez EMM, Rodrigues RMR, Torres TM, Zucoloto AD, Oliveira CDR, Egito EST, et al. Manual de toxicologia clínica: orientações para assistência e vigilância das intoxicações agudas. 1. ed. 2017, p. 357-60. [acesso em 1 de fevereiro de 2021]. Disponível em: http://www.cvs.saude.sp.gov.br/up/MANUAL%20DE%20 TOXICOLOGIA%20CL%C3%8DNICA%20-%20 COVISA%202017.pdf.
4. Ray DE. 2001. Pyrethroid insecticides: mechanisms of toxicity, systemic poisoning syndromes, paresthesia, and therapy. In: Handbook of Pesticide Toxicology: Vol 2: Agents (Krieger R, Doull J, Ecobichon D, eds). San Diego: Academic Press, 1289-1303.
5. Brasil. Ministério da Saúde. Diretrizes brasileiras para o diagnóstico e tratamento de intoxicação por agrotóxicos. Disponível em: http://renastonline.ensp.fiocruz.br/sites/default/files/arquivos/recursos/intoxicações_agudas_agrotoxicos_11_2020_isbn.pdf. Brasília: Ministério da Saúde, 2020. v. 1. p. 80-9.
6. TOXBASE®. The National Poisons Information Service. Pyretroids. In: Toxbase managements. [acesso em 27 de janeiro de 2021]. Disponível em: https://www.toxbase.org/Poisons-Index-A-Z/P-Products/Pyrethroids/?UD=OK.
7. TOXBASE®. The National Poisons Information Service. Pyrethrins. In: Toxbase managements. [acesso em 27 de janeiro de 2021]. Disponível em: https://www.toxbase.org/Poisons-Index-A-Z/P-Products/Pyrethrins/?UD=OK.

CAPÍTULO 65

RADIAÇÕES IONIZANTES

Alonso Monteiro da Silva
Leandro Pereira Monteiro

PONTOS-CHAVE

- Exposições a patamares elevados de radiações ionizantes podem ocorrer em nível individual (acidentes ocupacionais) ou coletivo, como os acidentais testemunhados em Goiânia, Chernobyl e Fukushima, ou a explosão de artefatos nucleares, como Hiroshima e Nagasaki.
- Os danos são maiores aos indivíduos expostos durante a gestação e a infância.
- Os diferentes órgãos e tecidos apresentam sensibilidade diferente quando expostos a radiações ionizantes.
- Existem limites determinados de exposição às radiações ionizantes.
- O quadro clínico é muito abrangente, evolutivo ao longo do tempo, com manifestações relacionadas a vários órgãos e sistemas, desde manifestações agudas imediatas (como de pele), até expressão tardia dos danos ao longo de anos.
- O tratamento exige abordagem multidisciplinar, existindo alguns recursos específicos (antídotos) para certas situações.

INTRODUÇÃO

As radiações ionizantes presentes na natureza, oriundas de fontes naturais como a radiação cósmica, elementos radioativos do ar, água e solo, são consideradas em níveis aceitáveis para a saúde humana pelos órgãos regulatórios. Essas radiações tornam-se de interesse a partir do momento em que o processo de produção e manipulação desses materiais é dominado pelo homem e passa a ser adotado para os mais variados fins, expondo os seres vivos aos seus efeitos deletérios.

Exposições prejudiciais decorrem de acidente individual ou coletivo. Os acidentes individuais estão mais restritos à saúde ocupacional com o manuseio desses elementos no processo de produção, manutenção ou exposições radiológicas diagnósticas e terapêuticas. Já os coletivos estão mais relacionados a acidentes de transporte, violação de fontes radioativas (Goiânia, césio-137),[1] vazamentos em instalações nucleares (Chernobyl e Fukushima) e explosão de artefatos nucleares (Hiroshima e Nagasaki).

A exposição do indivíduo ou de uma população a níveis acima dos recomendados tem consequências para a saúde e varia de poucos sintomas à morte em poucas horas ou dias, sendo mais suscetíveis o concepto e a criança. Inicialmente, a sintomatologia de exposições radioativas é inespecífica e de difícil diagnóstico sem um nexo causal. A evolução clínica aumenta o índice de suspeição, porém a confirmação diagnóstica é laboratorial e feita por meio de instrumentos de medição específicos.

O tratamento, o acompanhamento e os demais processos de descontaminação envolvem equipes multiprofissionais e níveis de complexidade de atendimento do primário ao terciário. Os sobreviventes devem contar com uma estrutura de acompanhamento especializado em longo prazo ou até mesmo por tempo indeterminado.

CONCEITOS

- **Radiação:** é a energia que viaja na forma de ondas ou partículas e faz parte de nosso ambiente diário. Existem dois tipos de radiação: ionizante e não ionizante.[2]
- **Radiação ionizante:** é um tipo de energia liberada por átomos que viaja na forma de ondas eletromagnéticas (raios gama, raios x) ou partículas (nêutrons, alfa, beta, pósitron) que podem remover elétrons dos átomos da matéria com a qual interage, ou seja, ioniza átomos da matéria exposta.[2]
- **Radiação não ionizante:** abrange fontes naturais e humanas de campos eletromagnéticos. Exemplos: luz visível, micro-ondas, ultrassom, sinais de rádio e ondas eletromagnéticas emitidas por telefones celulares.[2]
- **Efeitos determinísticos:** em medicina das radiações, efeitos determinísticos são efeitos com reações prejudiciais e agudas sobre as células e tecidos somáticos, existindo relação direta entre dose e efeito. São, portanto, mais fáceis de serem demonstrados.[3]
- **Efeitos estocásticos:** são efeitos de longo prazo, como câncer e efeitos genéticos, em decorrência das mutações nas células somáticas e germinativas. Não são mensuráveis diretamente, mas por meio de análises probabilísticas.[3]

As radiações têm unidades próprias de medidas:

- **Sistema americano:** utiliza as unidades Curie (Ci), Roentgen, Rad e Rem.
- **Sistema internacional de medidas:** atual e de uso corrente em publicações científicas, com as correspondentes denominações: Becquerel (Bq), Coulombs p/kg (C/kg), Gray (Gy) e Sievert (Sv).
- **Becquerel (Bq) – (1 Ci (Curie) = 3,7 bilhões de Bq):** mensura a atividade de uma fonte radioativa e representa o número de desintegrações nucleares que ocorrem

por unidade de tempo em uma quantidade de substância radioativa. O urânio, por exemplo, tem uma atividade maior que o césio-137.

- **Coulombs por kg (C/kg) – (1R (Roentgen) = 2,8 × 10[-4] C/kg):** chamada radiação de exposição, refere-se à capacidade de um feixe de radiação eletromagnética (raio x, raio gama, ultravioleta etc.) causar ionização no material atravessado por ele.
- **Gray (Gy) – (1Gy = 100 rad):** denominada dose absorvida, corresponde à quantidade de energia efetivamente depositada no tecido. É definida como 1 joule de energia absorvida por unidade de kg.
- **Sievert (Sv) – (1Sv = 100 Rem):** esse valor expressa o efeito biológico prejudicial ao ser vivo e varia com o tipo de radiação, em função da densidade de ionização. Como os elementos radioativos têm densidades diferentes de ionização, para obtermos esse valor multiplica-se a dose absorvida por um fator de qualidade (Q) determinado pelo IRCP (International Commission Radiological Protection) para cada isótopo.[4,5]

CINÉTICA DAS RADIAÇÕES

De maneira didática, a cinética das radiações pode ser dividida em:

- **Etapa física:** a radiação ionizante proveniente de uma fonte, ao penetrar na matéria, provoca a ionização ou excitação de seus átomos e moléculas, transferindo no todo ou em parte sua energia e formando íons e radicais livres.
- **Etapa química:** os íons promovem mudanças bioquímicas e fisiológicas nas características das moléculas por meio de processo direto ou indireto.
- **Processo direto:** agem sobre os aminoácidos, proteínas, RNA e DNA.
- **Processo indireto:** agem sobre as moléculas de água intracelular, originando radicais livres muito reativos, que por sua vez agem nas moléculas biológicas mais complexas, danificando-as. Essas alterações, dependendo da dose, podem levar à morte celular ou interferir nos mecanismos de reparo molecular endógeno, na homeostase e proliferação celular.[3]

O processo de morte celular por si só não explica muitas reações teciduais. Essas reações também dependem de eventos complexos, como as reações inflamatórias, oxidativas, imunológicas, danos à vasculatura e à matriz extracelular. Em geral, as reações iniciais envolvem a morte de células-tronco e reações inflamatórias (p. ex.: pele e trato gastrintestinal), e as tardias envolvem interações complexas e dinâmicas entre vários tipos de células, órgãos, células imunes, citocinas e fatores de crescimento, os quais podem persistir em cascatas cíclicas e de estresse oxidativo.[6]

As ações das radiações ionizantes junto ao DNA levam a alterações genéticas que vão desde a separação de fitas de DNA a alterações cromossômicas como translocação, não disjunção e aberrações cromossômicas, podendo levar a anomalias congênitas ou permanecer como hereditárias. As quebras duplas de DNA são de difícil reparação, o que pode suceder a anomalia cromossômica, bem como perdas de partes cromossômicas. Torna-se de particular interesse a exposição a radiações no período da gestação, quando o concepto pode se tornar inviável ou mesmo vir a termo com alterações somáticas.[7,8]

A resposta biológica varia de acordo com a radiossensibilidade do tecido, a duração da exposição, o grau de resposta inflamatória, a idade do paciente, as comorbidades e a presença de distúrbios dos mecanismos de reparo genético de DNA.[7-10]

DOSES TÓXICAS DAS RADIAÇÕES – EXISTEM NÍVEIS SEGUROS DE RADIAÇÃO?

Em medicina das radiações, é mais adequado falar em exposição segura do que propriamente em doses tóxicas, pois as consequências de uma exposição são multifatoriais e dependem de uma ampla gama de variáveis.

Para estimar os efeitos das radiações sobre a saúde humana, é importante compreender o tipo de radiação e de exposição, a atividade da fonte, exposição, contaminações externa e interna, o tropismo dos diversos radionuclídeos, sua taxa de eliminação e sua meia-vida.

O efeito decorrente de determinada dose depende não só do valor da dose, mas também de como ela é recebida. Uma dose alta e em exposição rápida e de corpo inteiro é menos tolerada do que uma dose exponencialmente mais alta e aplicada de forma fracionada em semanas ou meses (p. ex.: radioterapia). Credita-se isso aos mecanismos endógenos de reparação.

As células indiferenciadas e aquelas com altas taxas mitóticas são mais vulneráveis à radiação (p. ex.: células-tronco e neoplásicas). Tecidos ou órgãos com maior velocidade de reprodução celular são os mais sensíveis às radiações.[6] O Quadro 1 apresenta as sensibilidades celulares em ordem decrescente.

Animais expostos às radiações ionizantes apresentaram danos em suas células reprodutivas e anomalias em sua progênie, porém efeitos hereditários não foram encontrados

Quadro 1. Sensibilidade celular à radiação, em ordem decrescente

- Células linfoides
- Células germinativas
- Células da medula óssea em proliferação
- Células epiteliais intestinais
- Células-tronco epidérmicas
- Células hepáticas
- Epitélio dos alvéolos pulmonares e vias biliares
- Células epiteliais renais
- Células endoteliais
- Células do tecido conjuntivo
- Células ósseas
- Células musculares, cerebrais e da medula espinhal

até o momento em filhos de humanos expostos à radiação em acidentes. Doses de apenas 0,1 Gy podem causar esterilidade temporária, e valores superiores a 2 Gy, esterilidade definitiva.[4] Para os efeitos somáticos, as normas e doses de corpo inteiro em exposições profissionais ou radiação de fundo consideradas seguras estão estabelecidas pelos órgãos reguladores, apresentados no Quadro 2.

A evidência epidemiológica de que baixas doses de radiação podem provocar câncer nos seres humanos está disponível apenas para doses superiores a 100 mSv, porém não se pode afirmar que a possibilidade de risco aumentado de câncer devido a essas exposições inexiste, principalmente para fetos e crianças. Exposições prolongadas e de corpo inteiro a doses maiores que 0,5 Gy aumentam em 2,5% o risco absoluto de mortalidade associada ao câncer.[5]

Em adultos, esses efeitos são mais difíceis de demonstrar, talvez em decorrência da vida útil das células mais curtas e da falta de estudos populacionais amplos com significância estatística. Para o feto e as crianças, esses efeitos são mais facilmente demonstráveis e merecem uma atenção à parte.

CRIANÇA, FETO, EFEITOS TERATOGÊNICOS, EFEITOS CARCINOGÊNICOS E RADIAÇÕES

A criança e o feto são mais suscetíveis aos efeitos das radiações por causa do processo de divisão celular aumentado, à diferenciação celular, à organogênese e ao crescimento, além da expectativa de vida maior, dando oportunidade a essas neoplasias de se manifestarem.

A presença de risco devido às radiações durante a gravidez está relacionada à etapa de desenvolvimento e às doses absorvidas pelo feto. É mais proeminente na formação do embrião, organogênese e idade fetal precoce, um pouco menor no segundo trimestre e menor ainda no terceiro trimestre. A exposição intraútero pode ocorrer por exposição profissional, diagnóstica, terapêutica ou acidental. Para essa exposição, interessa a idade gestacional. Embriões durante as primeiras 2 semanas pós-concepção expostos a dose maior que 0,1 Gy apresentam possibilidades de óbito intrauterino. O blastocisto pode não se implantar no útero, porém, se essa implantação ocorre, a probabilidade de o concepto desenvolver malformações é menor.[9]

As malformações e os atrasos no desenvolvimento ocorrem em exposições durante o período de organogênese (2 a 8 semanas de gestação) e são dependentes da dose de radiação. Deficiência intelectual grave é possível nesse período em doses maiores que 0,5 Gy. São descritas associações entre radiação, perímetro cefálico e déficit de quociente intelectual. A prevalência de deficiência intelectual (QI superior a 70) é de 40% após uma exposição de 1 Gy entre a 8ª e 15ª semanas e de 15% entre a 16ª e 25ª semanas.[10]

Em estudos epidemiológicos de desastres nucleares e exposições terapêuticas ou diagnósticas, fica evidenciado que a maior exposição está relacionada ao aumento de leucemia, câncer de mama, tireoide e cerebral, sobretudo quando ocorrem na infância e até os 20 anos de idade.[10-13]

Leucemias estão associadas à exposição intraútero e, com maior frequência, exposições na primeira infância.

Câncer de mama se relaciona mais aos exames de rastreamento repetidos e fluoroscopias. Na explosão da bomba atômica em Hiroshima, a idade da exposição influenciou fortemente o risco de câncer de mama induzido por radiação, com adolescentes e mulheres jovens em maior risco.

Câncer de tireoide está associado à ingesta de iodo radioativo por contaminação de água e alimentos, irradiação na infância para condições benignas e exposições terapêutica e diagnóstica. O risco é maior para a menor idade e diminui com o aumento desta.

Tumores cerebrais em expostos à radiação na maioria são benignos, com incidência menor do que os citados anteriormente, e estão mais relacionados à exposição em idade mais jovem.[14]

O tempo de latência para o câncer é relativamente longo e varia com o tipo de câncer: para leucemias, em média 8 anos, e para os cânceres sólidos, em torno de 20 a 30 anos.

Particularmente em crianças, alguns órgãos e tecidos, como o cérebro, o cristalino e a glândula tireoide, são mais sensíveis à radiação, e outros são menos sensíveis, como os ovários. Doses relativamente pequenas em cartilagens podem retardar ou até mesmo interromper o desenvolvimento ósseo e provocar malformações.[3,10-13,15]

Quadro 2. Limites de doses de exposição anuais recomendadas

Órgão	Indivíduo ocupacionalmente exposto	Indivíduo do público
Corpo inteiro (dose efetiva)	20 mSv[a]	1 mSv[b]
Dose equivalente para o cristalino	20 mSv[a]	15 mSv
Dose equivalente para a pele	500 mSv	50 mSv
Dose equivalente para mãos e pés	500 mSv	–

[a] Média ponderada em 5 anos consecutivos, desde que não exceda 50 mSv em qualquer ano.
[b] Em circunstâncias especiais, a Comissão Nacional de Energia Nuclear pode autorizar um valor de dose efetiva de até 5 mSv em 1 ano, desde que a dose efetiva média em um período de 5 anos consecutivos não exceda 1 mSv por ano.
Fonte: CNEN, 3.01 (2011); Portaria nº 453 (MS), 1998.

VIAS DE PENETRAÇÃO

De forma geral, podemos classificar as vias de penetração das radiações em:

- **Exposição:** quando não existe contato físico do indivíduo com a fonte radioativa e os efeitos são oriundos da energia ou de partículas emanadas da fonte.
- **Contaminação:** quando o indivíduo entra em contato físico com o material radioativo e pode ser:
  - **Contaminação externa:** quando o material radioativo impregna somente a camada superficial da pele, anexos (unhas, cabelos) e mucosas, ou as vestimentas.
  - **Contaminação interna:** quando o material radioativo penetra no organismo por meio da pele íntegra ou por ferimentos, pela respiração de partículas radioativas em suspensão no ar ou ingestão destas como contaminantes de alimentos e água.[6,11,12,14]
- **Incorporação:** quando o material radioativo penetra o interior da célula. A partir desse momento, a partícula não é passível de descontaminação.

QUADRO CLÍNICO

O quadro clínico das radiações depende de variáveis que vão desde o tipo de fonte de radiação, da energia dessa fonte, se a exposição foi de corpo inteiro ou se está limitada a uma parte do corpo. Quando essa exposição acontece em somente uma parte do corpo, é chamada de lesão de radiação local, que é o acometimento de apenas um tecido ou órgão, especialmente em procedimentos terapêuticos.

Síndrome de radiação cutânea

Quando somente uma pequena área da pele é exposta à radiação, geralmente em procedimentos radioterápicos, ocorrem inflamação, eritema, descamação e danos aos folículos pilosos. Essas lesões se curam por meios regenerativos, mas doses maiores podem causar lesões permanentes, como perda definitiva de pelos, danos às glândulas sebáceas e sudoríparas, atrofia, fibrose, ulcerações ou necrose do tecido exposto.

A irradiação da boca e da mandíbula pode ocasionar xerostomia permanente, aumento de cáries dentárias e danos à mandíbula. A irradiação dos pulmões pode causar pneumonite por radiação, fibrose pulmonar, e a do mediastino, pericardite.

Altas doses na medula espinhal podem causar paralisias, incontinência urinária e perda de sensibilidade. Irradiação extensa no abdome pode causar úlceras crônicas, cicatrizes, estenoses ou perfuração intestinal, com dor abdominal, vômitos, hematêmese e melena.

Eventualmente, lesões graves se desenvolvem muito tempo após a radioterapia, como insuficiência renal, dores musculares com atrofia e calcificações, ou até mesmo causar um novo tumor cancerígeno (10 anos ou mais).[6,11,13,15]

Síndrome aguda da radiação

São manifestações clínicas sistêmicas que normalmente estão associadas a uma exposição única ou por um curto período a uma fonte de alta energia e alto poder de penetração envolvendo toda a superfície corporal ou a maior parte do corpo. É caracterizada por sintomas inicialmente inespecíficos e características temporais particulares com fases bem estabelecidas:

- **Fase prodrômica:** de minutos a 2 dias após a exposição. A severidade, a duração e o tempo para o estabelecimento da sintomatologia estão relacionados com a dose absorvida pelo organismo.
- **Fase latente assintomática:** em função da dose absorvida, pode durar de minutos a dias. Decorre da morte das células-tronco e do processo de apoptose, em que a falta das células teciduais sem substituição leva à falência orgânica.
- **Fase da doença sistêmica evidente:** surge em horas ou até mais de 60 dias após a exposição. Pode ser estratificada em três grandes síndromes, conforme o principal sistema orgânico afetado.

Síndrome hematopoiética

É causada pelos efeitos da radiação na medula óssea, baço e nódulos linfáticos. Ocorre com doses de 1 a 6 Gy e está associada a pancitopenia. Anorexia, letargia, náuseas e vômitos que começam de 1 a 6 horas após a exposição têm remissão em 24 a 48 horas, permanecendo o paciente assintomático por 1 semana ou mais. As células-tronco da medula óssea são significativamente esgotadas, e, a partir da morte das células sanguíneas por senescência, a clínica se instala: neutropenia e diminuição de produção de anticorpos (2 a 4 semanas), trombocitopenia (3 a 4 semanas) e, por fim, anemia hipoplásica ou aplásica. Os linfócitos são a exceção; o seu decaimento inicia-se no momento da exposição, e sua contagem seriada é um bom parâmetro prognóstico. Os sobreviventes têm uma incidência aumentada de câncer, inclusive leucemia.

Síndrome gastrintestinal

É devida aos efeitos da radiação nas células que revestem o trato digestivo. Ocorre após dose aguda de aproximadamente 6 a 30 Gy, e os sintomas começam cerca de 1 hora após a exposição, com diarreia, vômitos e náuseas, os quais desaparecem em 2 dias. Com a morte das células-tronco intestinais, após um período de 4 ou 5 dias inicia-se novo quadro de náuseas, vômitos e diarreias, agora intratáveis e com consequentes desequilíbrio hidroeletrolítico, choque hipovolêmico, necrose intestinal, perfurações intestinais e sepses (em um paciente com a série hematopoética comprometida), com risco de morte potencialmente maior.

Síndrome cerebrovascular

Ocorre com dose aguda de corpo inteiro que ultrapassa de 20 a 30 Gy. Os sintomas decorrem de hipotensão arterial e edema cerebral, iniciando-se quase imediatamente após a exposição. O paciente apresenta náuseas, vômitos, prostração, confusão mental, hipotensão, ataxias, convulsões e coma. A fase latente é inexistente ou dura poucas horas (2 a 6). Essa síndrome é sempre fatal, com a morte ocorrendo dentro de algumas horas ou em 1 a 2 dias.[6,11,13,15,16]

DIAGNÓSTICO

- **Diagnóstico clínico:** fácil quando existe uma relação causa-efeito bem definida, como em acidentes radiológicos, processos terapêuticos e exposições profissionais. Porém, é extremamente difícil quando essa relação não está clara ou não é de conhecimento da vítima. Em uma análise de quatro acidentes envolvendo fontes perdidas (p. ex.: césio-137 em Goiânia, em 1987),[1] o tempo médio do início do acidente até o diagnóstico definitivo foi de, em média, 22 dias. A história detalhada do tempo de exposição, o início dos sintomas, a fase de remissão, a intensidade e a gravidade destes devem ser anotadas.
- **Diagnóstico etiológico:** pode ser suposto, mas somente confirmado por aparelhos de medição de radioatividade (contador Geiger-Müller e contador de corpo inteiro), normalmente manuseados por profissionais especializados em física.
- **Diagnóstico laboratorial:** o hemograma completo, com contagem de linfócitos repetidos em intervalos de 3 a 6 horas nos primeiros dias, é uma ferramenta inestimável e de grande preditor do prognóstico. Exames como amilase sérica, proteína C reativa, nível de citrulina no sangue, interleucina-6 e outros são de importância para o acompanhamento clínico. Além disso, é obvio de toda bioquímica de rotina solicitada para pacientes graves.[6,11,13,15,16]

DICA

Para saber mais informações sobre o acidente com cédio-137 (Goiânia, 1987), acesse o *link*: https://www.saude.go.gov.br/cesio137goiania [acesso em março de 2022].

TRATAMENTO

ALERTA IMPORTANTE

Pessoas contaminadas emitem radiação ou podem ser fonte de contaminação. Devem-se usar medidas protetivas para o manuseio do paciente ou de suas vestes e excretas.

O tratamento de vítimas de radiações se divide em:

- **Afastar risco de vida:** vias aéreas, respiração e circulação devem ter prioridade sobre os processos de descontaminação. A paramentação utilizada rotineiramente no atendimento ao trauma protege adequadamente da contaminação.
- **Tratamento das lesões traumáticas graves:** a exposição a material radioativo pode estar associada a lesões traumáticas graves (quedas, explosão, queimaduras) que devem ser tratadas prioritariamente à descontaminação.
- **Descontaminação externa:** segue uma ordem de prioridade:
  - **Remoção de roupas e detritos externos:** responsável por 90% da contaminação. Considerar objetos estranhos encontrados como contaminados.
  - **Descontaminação de feridas:** desbridar superficialmente as feridas com suspeita de contaminação, antes da pele intacta. Separar material, como estilhaços em recipientes separados, e etiquetar para posterior avaliação da equipe de dosimetria.
  - **Limpeza de áreas contaminadas:** na emergência, é feita a descontaminação possível, como banhos e outros procedimentos menos invasivos, e limpam-se as áreas mais contaminadas primeiramente. Não promover lesões à pele no processo de descontaminação.
  - **Outras medidas:** lavar cabelo com sabão neutro, cobrir ferimentos durante o ato de descontaminação da pele, cuidados com dobras cutâneas e unhas, evitar barbeador elétrico ou comum, induzir sudorese.
- **Descontaminação interna:** feito com medidas simples e uso de antídotos:
  - **Material ingerido:** deve ser removido imediatamente por medidas emetizantes se exposição recente. Enxágue bucal com soro fisiológico ou água oxigenada diluída é indicado para contaminação oral.
  - **Contaminação ocular:** deve ser realizada lavagem intensa, com solução salina ou água filtrada, posicionando o paciente em decúbito lateral para evitar contaminação do canal lacrimal.

DICA

Para saber mais sobre o contador Geiger-Müller, acesse o *link*: https://www.radiation-dosimetry.org/pt-br/o-que-e-o-contador-geiger-detector-geiger-mueller-definicao/ [acesso em março de 2022].

Tratamento sintomático e medidas de suporte

As medidas de suporte incluem o alívio da dor com analgésicos potentes, para vômitos, o uso de antieméticos, e para as diarreias o uso de caulim com pectina ou loperamida é de grande valia. Na síndrome gastrintestinal, a depleção de líquidos é muito grande, e medidas enérgicas de reposição volêmica e eletrólitos devem ser prioridade. A instituição de nutrição parenteral precoce é importante para o repouso do trato gastrintestinal, enquanto os antibióticos de largo espectro devem ser prescritos precocemente, por causa da imunossupressão e aos riscos de perfuração intestinal.

A abordagem da síndrome hematopoética é semelhante à das hipoplasias de medula de qualquer etiologia, com transfusão de hemoderivados e fatores de crescimento hematopoiéticos (p. ex.: filgrastim, sargramostim e pegfilgrastim). Antibióticos de largo espectro devem ser prescritos, e isolamento reverso deve ser instituído. Doses maiores de 4 Gy praticamente inviabilizam a medula óssea, portanto, a possibilidade de transplante deve ser aventada apesar de

Tabela 1. Tratamento da contaminação interna por radionuclídeos de mais interesse

Radionuclídeo contaminante	Tipo de emissão	Órgão-alvo	Tratamento
Amerício-241	α, γ	Esqueleto	Ca-DTPA, Zn-DTPA
Césio-137	β, γ	Corpo inteiro	Azul da Prússia
Iodo-131, 132, 133, 135	β, γ	Tireoide	KI (iodeto de potássio)
Plutônio-239, 238	α, γ	Esqueleto	Ca-DTPA, Zn-DTPA
Polônio-210	α	Pulmão	Dimercaprol (BAL)
Estrôncio-89, 90	γ	Esqueleto	Gel fosfato de alumínio
Trício (^3H)	β	Corpo inteiro	Hidratação
Plutônio-239, 238	α, γ	Esqueleto	Ca-DTPA, Zn-DTPA

Fonte: Valverde N *et al.*, 2010.[20]

sucesso limitado. Controlam-se a ansiedade e as convulsões com benzodiazepínicos ou outros anticonvulsivantes/sedativos.

A síndrome cerebrovascular é considerada letal, e as medidas devem ser de conforto e analgesia para o paciente. O controle da ansiedade e das convulsões é feito com benzodiazepínicos ou outros anticonvulsivantes/sedativos.

O atendimento ao paciente vítima de radiação é complexo e multiprofissional. Após o atendimento inicial, uma equipe para continuidade do atendimento deve ser composta de especialistas em medicina das radiações, em dosimetria, descontaminação e isolamento de ambientes radioativos. O serviço de psicologia e assistência social é importante, pois esses pacientes às vezes são retirados abruptamente de seu convívio sociofamiliar, com perda ou descarte radioativo de documentos e objetos de uso pessoal.[6,11,13,15-17]

ANTÍDOTOS E ANTAGONISTAS

Os medicamentos atuais utilizados par remover (decorporação) contaminantes radioativos do corpo são em número limitado e atuam em um grupo muito limitado de radionuclídeos. São classificados em:

- **Saturadores do órgão-alvo:** o iodeto de potássio, utilizado na contaminação interna por radioiodo, é 95% eficaz se usado na primeira hora do acidente. Esse efeito decai à medida que o tempo após a exposição aumenta e torna-se não efetivo após 24 horas. Não tem efeito benéfico para outros elementos radioativos. É administrado em forma de cápsulas ou xarope na dose de 130 mg para adultos, 65 mg para crianças entre 3 e 18 anos, 32 mg para crianças de 1 a 36 meses e 16 mg para menores de 1 mês.
- **Queladores:** Ca-DTPA e Zn-DTPA (dietilenotriamina penta-acetato) são efetivos apenas para amerício, califórnio, plutônio e ítrio. Dose de ataque de 1 g (14 mg/kg em crianças menores de 12 anos) de Ca-DTPA por via intravenosa o mais rápido possível, com manutenção de 1 g (14 mg/kg em menores de 12 anos) de Zn-DTPA 1 x/dia, enquanto os níveis de contaminação interna estão acima do limite.
- **Trocadores de íons no trato gastrintestinal:** o azul da Prússia (hexacianoferrato férrico) é usado nas contaminações internas por césio, rubídio, tálio e gálio. A dosagem recomendada é de 3 g 3 x/dia para adultos. Crianças de 2 a 12 anos devem receber 1 g 3 x/dia por um período mínimo de 30 dias.
- **Aceleradores do ciclo metabólico por diluição**: água para hidrogênio-3.
- **Precipitação de radionuclídeo na luz intestinal:** cálcio fosfato de alumínio para o estrôncio-90.[6,11,13,15,16]

PREVENÇÃO

- Gestantes e crianças só devem ser expostas a procedimentos diagnósticos e terapêuticos radiológicos quando essencialmente necessário.
- O polônio é o elemento mais importante nas radiações de fundo, muito presente em materiais de construção. Ambientes bem ventilados diminuem a concentração desse elemento.
- Quando for inevitável a exposição de crianças e gestantes, aplicar o regime radiológico adequado, colimação de campo fechado, e expor somente a área em estudo ou tratamento, além de proteger as áreas não estudadas com aventais de chumbo (p. ex.: mamas, ovários, tireoide, testículos, olhos).
- Tomografias computadorizadas em crianças e gestantes devem ter seus riscos/benefícios avaliados antes de solicitadas.

REFERÊNCIAS BIBLIOGRÁFICAS

1. International Atomic Energy Agency. The radiological accident in Goiânia. Vienna: IAEA; 1988.
2. WHO. Health Topics. Radiation. [acesso em janeiro de 2022]. Disponível em: https://www.who.int/health-topics/radiation#tab=tab_1
3. Agudo EG. Materiais radioativos e radiação ionizante. In: Oga S. Fundamentos de toxicologia. São Paulo: Atheneu; 2003. p. 125-36.
4. INMETRO. Sistema internacional de unidades. 1ª edição. Rio de janeiro: INMETRO; 2012.
5. Jennings W. Evolution over the past century of quantities and units in radiation dosimetry. J Radiol Prot. 2007;27(1):5-16.
6. Busberg JT. Radiation Exposure and Contamination. [acesso em janeiro de 2022]. Disponível em: https://www.msdmanuals.com/professional/injuries-

poisoning/radiation-exposure-and-contamination/radiation-exposure-and-contamination
7. Lomax ME, Folkes LK, O'Neill P. Biological consequences of radiation-induced DNA damage: relevance to radiotherapy. Clin Oncol (R Coll Radiol). 2013;25(10):578-85.
8. National Research Council (US) Committee on the Biological Effects of Ionizing Radiation (BEIR V). Health Effects of Exposure to Low Levels of Ionizing Radiation: Beir V. Washington, D.C.: National Academies Press; 1990.
9. Centers for Disease Control and Prevention. Radiation and Pregnancy: A Fact Sheet for Clinicians. [acesso em janeiro de 2022]. Disponível em: https://www.cdc.gov/nceh/radiation/emergencies/prenatalphysician.htm
10. Kumar R, De Jesus O. Radiation effects on the fetus. In: StatPearls. Treasure Island: StatPearls Publishing; 2021.
11. Acosta R, Warrington SJ. Radiation Syndrome. In: StatPearls. Treasure Island: StatPearls Publishing; 2021.
12. International Commission on Radiological Protection. Pregnancy and medical radiation. Ann ICRP. 2000;30(1):iii-viii, 1-43.
13. United Nations Scientific Committee on the Effects of Atomic Radiation. Sources, effects and risks of ionizing radiation. UNSCEAR 2019 Report. Report to the General Assembly Scientific Annexes A and B. Nova Iorque: United Nations; 2020.
14. Braganza MZ, Kitahara CM, Berrington de González A, Inskip PD, Johnson KJ, Rajaraman P. Ionizing radiation and the risk of brain and central nervous system tumors: a systematic review. Neuro Oncol. 2012;14(11):1316-24.
15. Bushberg JT. Radiation Injury. [acesso em janeiro de 2022]. Disponível em: https://www.msdmanuals.com/home/injuries-and-poisoning/radiation-injury/radiation-injury
16. Radiation Health Management Division, Environmental Health Department, Minister's Secretariat, Ministry of the Environment, Government of Japan. Booklet to Provide Basic Information Regarding Health Effects of Radiation. [acesso em janeiro de 2022]. Disponível em: https://www.env.go.jp/en/chemi/rhm/basic-info/1st/
17. Wagner RH, Boles MA, Henkin RE. Treatment of radiation exposure and contamination. Radiographics. 1994;14(2):387-96.
18. Koenig KL, Goans RE, Hatchett RJ, Mettler FA Jr, Schumacher TA, Noji EK, et al. Medical treatment of radiological casualties: current concepts. Ann Emerg Med. 2005;45(6):643-52.
19. Ellenhorn MJ, Barceloux DG, editores. Medical toxicology: diagnosis and treatment of human poisoning. Nova Iorque: Elsevier; 1988. p. 1682-723.
20. Valverde N, Leite T, Maurmo A. Manual de ações médicas em emergências radiológicas. Rio de Janeiro: Eletrobrás; 2010.

CAPÍTULO 66

RATICIDAS (ANTICOAGULANTES SUPERWARFARINS E OUTROS)

Maria da Graça Boucinha Marques
Carlos Augusto Mello da Silva

PONTOS-CHAVE

- Os raticidas anticoagulantes (superwarfarins), antagonistas da vitamina K, são os únicos licenciados para esse uso no Brasil.
- Inúmeros outros agentes, de uso proibido e clandestino, são comercializados ilegalmente para esse fim, como inseticidas de uso agrícola, fluoroacetato de sódio e estricnina, produzindo muitos casos graves e fatais em todo o país.
- As ingestões de superwarfarins costumam produzir efeitos (manifestações hemorrágicas) após 48 horas.
- A detecção de seus efeitos sobre a coagulação é feita pela determinação do tempo de protrombina, o qual se mostrará aumentado.
- Por sua vida média muito longa (16 a 62 dias no caso do brodifacum), os superwarfarins produzem alterações da coagulação que persistem por semanas ou meses, dependendo da dose ingerida. Demandam tratamento prolongado e específico com vitamina K (fitomenadiona), além do monitoramento da evolução através do tempo de protrombina.

INTRODUÇÃO

Raticidas, ou rodenticidas, são compostos destinados ao combate a ratos, camundongos e outros roedores, em domicílios, embarcações, recintos e lugares de uso público, contendo substâncias ativas, isoladas ou em associação, que não ofereçam risco à vida ou à saúde do homem e dos animais úteis de sangue quente, quando aplicados em conformidade com as recomendações contidas em sua apresentação.[1]

Vários compostos ou produtos, ao longo dos tempos, foram utilizados no controle de ratos e outros roedores prejudiciais à saúde e/ou causadores de perdas econômicas. Entre os mais conhecidos, podemos citar o arsênico, o fluoroacetato de sódio e a estricnina. Devido à alta toxicidade e à baixa especificidade, muitas dessas substâncias tiveram seu uso proscrito, porém ainda podem ser encontradas em produtos clandestinos ou estoques antigos.[2-4]

O rodenticida ilegal mais comum no Brasil atualmente é o "chumbinho", que nas últimas décadas se tornou um grave problema de saúde pública, responsável por intoxicações graves e óbitos. Trata-se de um produto clandestino, geralmente contendo inseticidas inibidores da colinesterase, sendo que o aldicarb, inseticida carbamato – Temik 150® –, foi a substância mais frequentemente utilizada nesse produto até a sua proibição, em 2012. Na década de 1940, os antigos produtos com alta toxicidade (incluindo compostos de tálio, metal pesado extremamente tóxico) foram substituídos por derivados cumarínicos, de reduzida toxicidade para o homem.[3]

RATICIDAS ANTICOAGULANTES

Atualmente, no controle de roedores, são empregadas, substâncias anticoagulantes, antagonistas da vitamina K. Pertencem a dois grupos: os derivados da cumarina (cumarínicos ou warfarínicos) e os derivados da idandiona. São classificados como raticidas de primeira geração (múltiplas doses) o dicumarol e o warfarin, enquanto entre os de segunda geração (dose única) temos o brodifacum (Klerat®, Ratak®), a bromadiolona (Bromoline®, Maki®) e o difenacum (Bitrex®), além dos derivados da idandiona, difacinona e clorofacinona.[3,4,6]

Os raticidas são utilizados em ambiente doméstico, na agropecuária e em campanhas de saúde pública, em geral, na forma de *pellets*, granulados ou blocos parafinados em diferentes cores.[2] Os raticidas de primeira geração, como warfarin, com concentrações de 0,25 a 0,5%, necessitam de ingestão por vários dias para provocar o efeito desejado, a morte dos roedores. Essa característica torna o produto mais seguro no que se refere a intoxicações acidentais de outros mamíferos. Após algum tempo, com o desenvolvimento dos raticidas de segunda geração, estes apresentaram características positivas, como utilização de dose única, portanto, redução de mão de obra, embora, por outro lado, tenha aumentado o risco de intoxicação.[4,6]

Toxicocinética

Os superwarfarins, como o brodifacum, podem ser encontrados nos raticidas em concentrações de 0,005 a 2%, são absorvidos por via oral. Sua distribuição ocorre a 1 L/kg e têm uma meia-vida muito prolongada, entre 16 e 62 dias, 100 vezes mais potentes do que o warfarin. O warfarin, em dose única, possui meia-vida de 36 a 42 horas.[4]

Mecanismos de ação

O mecanismo de ação do warfarin ocorre pela inibição da vitamina K-epoxidorredutase, resultando na incapacidade do corpo de reciclar a vitamina K. A deficiência de vitamina K conduz à incapacidade de síntese dos fatores de coagulação dependentes da vitamina K, fator II, VII, IX e X, e tem como consequência o prolongamento do tempo de protrombina (TP). Por ação direta na parede dos vasos sanguíneos, o warfarin causa vasodilatação, ingurgitamento e, consequentemente, provoca fragilidade vascular e hemorragias.[2,4,7]

Doses tóxicas

Doses de 5 a 10 mg/dia de warfarin, durante 3 a 5 dias, e 0,12 mg/kg de brodifacum são capazes de desencadear sintomas.[2,4] Doses inferiores a 1 mg de difenacum em adulto ou 0,014 mg/kg em criança desencadearam sintomas clínicos.[2]

> **ALERTA IMPORTANTE**
>
> Em pacientes com história definida de exposição acidental a um superwarfarin, a dose de 1 mg de ingrediente ativo, equivalente a 20 g de isca a uma concentração de 0,005%, é sugerida como limiar de encaminhamento para avaliação de emergência.[7]

Quadro clínico

O período de latência varia de 3 a 10 dias. A intoxicação por superwarfarins deve ser suspeitada em todos os pacientes com sangramento inexplicado com TP prolongado. Portanto, os sinais e sintomas resultantes de hemorragia e tendências a sangramento são as características clínicas do envenenamento.[4,7] As principais manifestações são sangramentos espontâneos, epistaxe, gengivorragia, equimoses e hematomas, sobretudo em joelhos, cotovelos e nádegas. Também podem ocorrer sangramento gastrintestinal, hemorragia conjuntival e hematúria macroscópica acompanhada de dor lombar. Além destes, observam-se sintomas de anemia, como fadiga e dispneia. Os casos mais graves apresentam hemorragia na cavidade abdominal ou intracraniana e podem evoluir para choque e óbito.[2,7] Há relato de casos de coagulopatia grave e prolongada em trabalhadores de fábricas de superwarfarins e em aplicadores que não usavam equipamento de proteção individual (EPI) adequado.[4]

> **ALERTA IMPORTANTE**
>
> Estudos com grande número de casos envolvendo ingestão acidental por parte de crianças não mostraram casos sérios de anticoagulação. Coleta do TP basal e controles com 24 e 48 horas da exposição são importantes nos casos em que houver dúvida sobre a dose ingerida. Um TP normal após 48 horas da ingestão e ausência de manifestações clínicas sugestivas de anticoagulação descartam a ocorrência de intoxicação.[5] Menores de 6 anos normalmente ingerem pequenas quantidades (alguns grânulos) e assim permanecem assintomáticas.[4]

Diagnóstico

O diagnóstico ocorre em pacientes com história conhecida de exposição ou suspeita de envenenamento, em pacientes com prolongamento inexplicado do TP e pode ser confirmado pela detecção da substância no plasma.[7]

Diagnóstico diferencial

Deve ser realizado com outras intoxicações ou patologias que cursam com coagulopatias ou distúrbios hemorrágicos.[7]

Tratamento

O benefício da descontaminação gástrica é incerto. Considerar carvão ativado na dose de 50 g para adultos e de 1 g/kg de peso para crianças e em pacientes que chegam ao atendimento médico até 1 hora após uma *overdose* deliberada.

Em caso de sangramento, está indicado o uso de plasma fresco congelado, e administração de vitamina K_1 (fitomenadiona) só será indicada quando houver prolongamento do TP e/ou sangramento ativo. A dose de vitamina K_1 varia de 5 a 10 mg para adultos e de 1 a 5 mg para crianças, podendo ser repetida a cada 6 ou 8 horas. O uso da vitamina K_1 deve ser mantido enquanto houver alteração de razão normalizada internacional (RNI), e a duração do tratamento varia de 40 a 300 dias. A via de administração é a intramuscular nos casos de baixo risco de sangramento e intravenosa em indivíduos com sangramento ativo.[2,4,7]

A avaliação do paciente deve ser feita por meio do TP e RNI, indicadores do nível de coagulação do paciente. O coagulograma completo deve ser realizado para acompanhar o quadro clínico do intoxicado e/ou excluir outros diagnósticos.[2] Em animais domésticos, na evidência de TP prolongado, o tratamento específico consiste na administração da vitamina K_1 na dose de 2,5 a 5 mg/kg, por via subcutânea, a cada 8 ou 12 horas, devendo ser realizado o TP até sua a normalidade para suspender o tratamento.[6]

Antídoto: vitamina K_1.

OUTROS RATICIDAS DE USO ILEGAL E CLANDESTINO

Monofluoroacetato de sódio

O monofluoroacetato de sódio ocorre naturalmente em plantas nativas do Brasil, Austrália e África do Sul e Ocidental.[5,6] Foi sintetizado na década de 1940, com o objetivo de evitar o ataque de roedores ao exército dos Estados Unidos da América. Por ser inodoro e insípido, pode ser adicionado a qualquer tipo de isca. No Brasil, foi utilizado de 1965 a 1982, sendo retirado do mercado devido a vários acidentes fatais[6] por meio da Portaria nº 1, DISAD, de 23/09/1982, uma vez que estão disponíveis substâncias raticidas alternativas com menor toxicidade do que as substâncias raticidas monofluoroacetato de sódio (composto 1080) e monofluoroacetamida (composto 1081).[8] É importante que o tratamento dos intoxicados seja feito em ambiente de terapia intensiva, por tratar-se de uma intoxicação grave com alta taxa de mortalidade.[4]

Mecanismos de ação

A absorção do fluoroacetato de sódio ocorre rapidamente no trato gastrintestinal, absorvido pela via respiratória, mucosa e pele com solução de continuidade e excretado lentamente.[4,6] A metabolização do fluoroacetato em fluorocitrato intensifica sua toxicidade e atividade, por ser um inibidor de enzimas do ciclo de Krebs, bloqueando a produção de energia das células. Portanto, o bloqueio do ciclo de Krebs, além da depleção de energia, provoca acúmulo de citrato e lactato e queda do pH sanguíneo. O citrato acumulado combina-se com o cálcio, levando à hipocalcemia, que favorece o aparecimento de arritmias e de convulsões. Outra consequência da inibição do ciclo de Krebs é a depleção do glutamato, necessário à metabolização da amônia pelo ciclo da ureia, ocorrendo acúmulo de amônia. Também é precursor para a síntese de glutamina, neurotransmissor importante para a função cerebral. O acúmulo de ureia e a depleção da glutamina podem causar convulsões e coma.[4,6]

Doses tóxicas

A dose oral, considerada letal para humanos, do monofluoroacetato é de 2 a 10 mg/kg. O monofluoroacetato de sódio tem uma dose letal oral de 0,07 mg/kg em cães;[5] 0,2 mg/kg em gatos; 1 mg/kg em suínos; 0,39 mg/kg em bovinos; 5 a 10 mg/kg em camundongos; 5 mg/kg para ratos.[6]

Quadro clínico

Os sinais e sintomas iniciam-se cerca de 30 minutos após a ingestão. Os pacientes em geral apresentam náuseas, vômitos, agitação e dor abdominal. Além de hipotensão, são encontradas alterações no eletrocardiograma, como taquiarritmias, fibrilação ventricular, alterações do segmento ST, ondas T e prolongamento do intervalo QT. Ocorrem hipocalemia, hipocalcemia, acidose metabólica com lactato elevado, bem como elevação da creatinina sérica. Outras manifestações encontradas incluem depressão respiratória, choque, convulsões e morte.[4,5] Em animais, dependendo da espécie, da dose ingerida e do conteúdo gástrico, as manifestações clínicas aparecem de 30 minutos até 2 horas e 30 minutos. Em herbívoros, a sintomatologia cardíaca é predominante sobre os distúrbios gastrintestinais e nervosos que ocorrem em carnívoros.[6]

Diagnóstico

A presença do fluoroacetato de sódio e da fluoroacetamida é confirmada no sangue e na urina com cromatografia gasosa – espectrometria de massa e cromatografia em camada delgada. Citrato sérico em concentração elevada foi proposta como marcador útil para a exposição ao monofluoroacetato de sódio. No entanto, nenhuma dessas análises pode ser realizada em um período clinicamente relevante. Portanto, uma combinação da história, sinais e sintomas clínicos e exames laboratoriais comuns pode ajudar no diagnóstico.[5]

Diagnóstico diferencial

Deve ser realizado de outras intoxicações ou patologias que cursam com alterações neurológicas e cardiovasculares.

Tratamento

A descontaminação inicial do tratamento deve incluir a remoção da roupa e a limpeza da pele com água e sabão. Como não há antídoto comprovado, a lavagem gástrica é razoável para pacientes expostos que se apresentam no pronto-socorro antes de vômitos significativos. Os pacientes que se apresentam dentro de 1 a 2 horas após a ingestão devem receber 1 g/kg de carvão ativado, por via oral. Cuidados de suporte, correções eletrolíticas (especialmente cálcio e potássio), monitoramento de arritmia cardíaca (intervalo QT prolongado) e convulsões formam os pilares do tratamento.[5]

Antídoto: não há antídoto específico ou de uso consagrado, porém há citação na literatura consultada do uso de monoacetin (monoacetato de glicerol) e álcool etílico.[4,5]

Chumbinho – aldicarb (Temik 150®)

Substância de alto potencial tóxico, teve seu registro cancelado em outubro de 2012.[9]

Trata-se de um inseticida do grupo dos carbamatos, que, utilizado indevidamente como raticida, tornou-se responsável por casos de intoxicação grave e elevado número de óbitos no país.[4]

Conhecido como "chumbinho", devido ao seu aspecto granulado e de coloração acinzentada, pode ser usado como contaminante de outros raticidas clandestinos, a fim de aumentar a efetividade destes.[3,4] Por se tratar de um comércio ilegal e clandestino e, consequentemente, não passar por fiscalização e controle de qualidade, é comum encontrar "chumbinho" adulterado, misturado a grafite, milho moído, areia e anticoagulantes, entre outros pesticidas, o que influencia diretamente a toxicidade de cada produto.[10]

Mecanismos de ação

O aldicarb é facilmente absorvido pelo trato gastrintestinal e pela pele e rapidamente se espalha para a corrente sanguínea após inalação. Os carbamatos são potentes inibidores da colinesterase, de curta duração e de ação reversível. Promovem, assim, o aumento de estimulação colinérgica pelo acúmulo de acetilcolina (neurotransmissor) na fenda sináptica.[10] A ligação formada entre o carbamato e a acetilcolinesterase é hidrolisada em algumas horas (de 12 a 24 horas).[4]

Doses tóxicas

É altamente tóxico: LD_{50} = 0,9 mg/kg por via oral em ratos.[10]

Quadro clínico

O quadro de intoxicação por aldicarb é semelhante ao dos demais anticolinesterásicos. Mas, por se tratar de um agente extremamente tóxico, tende a iniciar seus efeitos rapidamente, podendo levar o paciente a óbito em poucos minutos após a exposição oral.[11]

As alterações clínicas mais comumente observadas incluem sinais neurológicos e colinérgicos, como sudorese, salivação excessiva, miose, hipersecreção brônquica, insuficiência respiratória, broncoespasmo, tosse, vômito, confusão mental e convulsões.[10]

A ocorrência de bradicardia é mais comum, mas pode haver taquicardia pela liberação de catecolaminas pelas adrenais. Casos severos resultam em cianose e dispneia em virtude do acúmulo de secreções respiratórias e de broncoconstrição, além de depressão acentuada do sistema nervoso central (SNC). A morte advém da hipóxia resultante das alterações respiratórias e da bradicardia.[11]

ALERTA IMPORTANTE

Foi observada diferença significativa nas intoxicações por carbamatos dos sintomas em crianças e adultos. Em adultos, houve predomínio dos sintomas clássicos, da intoxicação por anticolinesterásicos, como miose e fasciculações. Em crianças, ocorreram sinais de depressão do SNC e hipotonia em 100% dos casos. Portanto, a ausência de sinais muscarínicos e nicotínicos em crianças não exclui a possibilidade de intoxicação.[4] O prognóstico vai depender principalmente da dose ingerida e do tempo decorrido entre a exposição e o primeiro atendimento do paciente.[11]

Diagnóstico

A determinação da atividade da colinesterase eritrocitária e da colinesterase plasmática constitui um indicador importante na intoxicação por aldicarb,[2] cuja confirmação laboratorial pode ser determinada pela metodologia de cromatografia gasosa-espectrometria de massa e por cromatografia de camada delgada, que podem detectar o agente em amostra de sangue, urina e lavado gástrico. O reconhecimento do "chumbinho" no estômago é fundamental para a pesquisa do agente e confirmação, no exame toxicológico, da intoxicação aguda como causa do óbito.[4,10]

Diagnóstico diferencial

O diagnóstico diferencial deve ser realizado de outras intoxicações ou patologias que cursam com níveis baixos de colinesterase plasmática encontrados em portadores de doenças hepáticas, como hepatite, cirrose hepática, e em casos de uremia, câncer, insuficiência cardíaca ou reações alérgicas. Valores baixos da colinesterase eritrocitária são encontrados em indivíduos com leucemia e neoplasias.[2,4]

Tratamento

A descontaminação inicial deve incluir a remoção da roupa e a limpeza da pele com água e sabão. Quando a suspeita do uso de carbamato é confirmada, a indução de vômito pode ser considerada caso não haja contraindicação, como se houver rebaixamento do nível de consciência ou convulsão.[4,10]

A lavagem gástrica exaustiva é o método de escolha indicado. Carvão ativado, na dose de 50 g por via oral, ou por sonda nasogástrica, com dose de manutenção de 25 g de 4 em 4 horas por 12 horas em adultos, e em crianças, na dose de 1g/kg de peso, também pode ser utilizado. A atropina deve ser utilizada como tratamento sintomático para reverter os sinais e sintomas muscarínicos. Preconiza-se a dose de 1 a 2 mg em adultos e de 0,05 mg/kg em crianças, a cada 5 ou 10 minutos. A frequência e a dosagem variam de acordo com a resposta clínica de cada paciente.[4]

Antídoto

A atropina bloqueia os receptores muscarínicos de acetilcolina, que de outra forma seriam superestimulados pelo acúmulo excessivo de acetilcolina.[10]

Em animais, o aldicarb, devido à sua apresentação em forma de grânulos, é facilmente acrescentado em iscas para o controle de roedores, ou misturado em alimentos e bebidas, com a finalidade criminosa de intoxicar animais domésticos. Crianças também podem ser vítimas dessas práticas condenáveis, ao manusearem ou ingerirem essas misturas. As intoxicações causadas por aldicarb resultam em sintomatologia severa, com sinais clínicos se iniciando dentro de 15 a 30 minutos.[11]

A sintomatologia, em cães e gatos, inicia-se com quadro de agitação, hipo ou hiperexcitabilidade intercalados, sialorreia, tremores musculares, miose, micção frequente, diarreia, bradicardia, dor abdominal e êmese.[6]

Nos casos de intoxicação aguda oral por anticolinesterásicos, as medidas emergenciais mais importantes são a interrupção da absorção do agente tóxico, obtida por meio da indução da êmese em pacientes conscientes e alertas, ou da lavagem gástrica (até duas horas após a exposição), carvão ativado e a administração do sulfato de atropina em doses suficientes para o controle dos sinais muscarínicos.[11]

As atividades da acetilcolinesterase eritrocitária e da pseudocolinesterase plasmática são os marcadores biológicos geralmente utilizados nos casos de intoxicação por aldicarb. Porém, a determinação dos níveis séricos da acetilcolinesterase em gatos não é precisa, devido à presença de pseudocolinesterase nos eritrócitos felinos.[11]

A cromatografia em camada delgada (CCD) e a cromatografia gasosa são as metodologias analíticas utilizadas com sucesso em animais para o diagnóstico qualitativo dos casos de intoxicação por aldicarb.[6,11]

REFERÊNCIAS BIBLIOGRÁFICAS

1. Brasil. Ministério da Saúde. Lei nº 6.360, de 23 de setembro de 1976. Dispõe sobre a vigilância sanitária a que ficam sujeitos os medicamentos, as drogas, os insumos farmacêuticos e correlatos, cosméticos, saneantes e outros produtos, e dá outras providências. Brasília, DF: Diário Oficial da União; 1976.
2. Oga S. Fundamentos de toxicologia. 2. ed. São Paulo: Atheneu; 2003. 474 p.
3. Hernandez EMM, Rodrigues RMR, Torres TM, organizadores. Manual de toxicologia clínica: orientações para assistência e vigilância das intoxicações agudas. São Paulo: Secretaria Municipal da Saúde; 2017. 465 p.
4. Andrade Filho A, Campolina D, Dias MB. Toxicologia na prática clínica. 2. ed. Belo Horizonte: Folium; 2013. 700 p.
5. Goldfrank's Toxicologic Emergencies. 11. ed. Stanford: Appleton & Lange; 2019. 2074 p.
6. Spinosa HS, Górniak SL, Palermo-Neto J. Toxicologia aplicada à medicina veterinária. Barueri: Manole; 2008. 942 p.

7. Chong YK, Mak TW. Superwarfarin (long-acting anticoagulant rodenticides) poisoning: from pathophysiology to laboratory-guided clinical management. Clin Biochem Rev. 2019;40(4):175-85.
8. Brasil. Ministério da Saúde. Portaria nº 1, de 23 de setembro de 1982. Dispõe sobre proibição e emprego das substâncias raticidas monofluoracetato de sódio (1080) e monofluoracetamida (1081) no Território Nacional. Brasília, DF: Diário Oficial da União; 1982.

Brasil. Ministério da Agricultura, Pecuária e Abastecimento. Ato nº 54, de 9 de outubro de 2012. De acordo com Decreto 4074 de 04 de janeiro de 2002, atendendo solicitação da empresa proprietária do produto cancelamos o registro do produto Temik 150 registro nº 00148899. Brasília, DF: Diário Oficial da União; 2012.

9. Durão C, Machado MP. Death by chumbinho: aldicarb intoxication-regarding a corpse in decomposition. Int J Legal Med. 2016;130(4):981-3.
10. Xavier FG, Righi DA, Spinosa HS. Toxicologia do praguicida aldicarb ("chumbinho"): aspectos gerais, clínicos e terapêuticos em cães e gatos. Ciênc Rural. 2007;37(4):1206-11.

CAPÍTULO 67

SABÕES E DETERGENTES

Leticia Nunes de Souza
Giselle Marques de Rezende Dias Leite
Ligia Véras Gimenez Fruchtengarten

PONTOS-CHAVE

- Compreender a classificação dos produtos saneantes domissanitários utilizada pela Agência Nacional de Vigilância Sanitária (ANVISA) no território brasileiro.
- Conhecer características da composição e finalidade de uso de sabões e detergentes.
- Entender as peculiaridades e as diferenças no mecanismo de ação nas exposições a sabões e detergentes.
- Reconhecer as manifestações clínicas nas exposições a sabões e detergentes e considerar medidas auxiliares ao diagnóstico das intoxicações.
- Determinar medidas de tratamento nos casos de intoxicação por sabões e detergentes.

INTRODUÇÃO

A diversidade de cores, perfumes e embalagens de produtos domissanitários já desperta a atenção dos adultos, quanto mais do público pediátrico. Em 2019 foram notificados pela Associação Americana de Centros de Controle de Intoxicação (AAPCC) 2.148.141 casos de intoxicação humana, sendo 1.236.227 (57,55%) casos de pacientes com até 19 anos de idade.[1] Dentre os pacientes pediátricos e os adolescentes, a faixa etária de até 5 anos corresponde à maior parcela de casos de intoxicação: 74,79%,[1] quando a criança já consegue se deslocar sozinha e, movida pela curiosidade, explorar o seu meio e realizar experimentações sem reconhecimento de perigo. Neste grupo, a exposição é predominantemente acidental (99,24% de incidência dentre as circunstâncias de exposições de menores de 5 anos[1]) e de menor gravidade (além de pouco volume ingerido, os pacientes cospem ou vomitam imediatamente),[2] porém frequentemente causados por produtos de uso doméstico. Na adolescência, dos 13 aos 19 anos, a maioria das exposições são intencionais (61,62% dentre as circunstâncias neste grupo etário[1]), em tentativas de suicídio ou quadros psicóticos, com maior gravidade associada.[2,3]

A Agência Nacional de Vigilância Sanitária (Anvisa) classifica os Produtos Saneantes Domissanitários regularizados junto a ela, em todo o território nacional, quanto à finalidade de emprego, em categorias que diferenciam produtos para limpeza geral (e afins) e produtos com atividade antimicrobiana. Para adequação junto ao órgão, os produtos são diferenciados como de Risco I (são apenas notificados) ou Risco II (são registrados junto a Anvisa), compreendendo os de Risco I os produtos com pH > 2 e < 11,5 (em solução a 1% p/p à temperatura de 25 °C) e os de Risco II os produtos com características de corrosividade (pH ≤ 2 e ≥ 11,5), os que possuem atividade antimicrobiana e produtos biológicos à base de microrganismos. Em ambos os grupos não pode haver substâncias que apresentem efeitos mutagênicos, teratogênicos ou carcinogênicos em mamíferos, e todos devem ter DL_{50} oral para ratos superiores a 2.000 mg/kg de peso corpóreo para produtos líquidos e 500 mg/kg para produtos sólidos.[4]

Sabões e detergentes são classificados como produtos para limpeza geral e de classificação de Risco I. Embora apresentem baixo risco toxicológico[5] na ingestão acidental ou no contato com pele e mucosas[6] (com irritação leve a moderada de mucosa GI e lesões superficiais[3]), características como a concentração e a composição dos produtos, variáveis assim como a finalidade de uso, podem determinar diferentes graus de toxicidade entre eles[7] principalmente quando misturados ou de procedência irregular.

Os sabões são destinados para lavagem e limpeza doméstica e são formulados com matéria saponificável (ácidos graxos e gordura), saponificantes e coadjuvantes associados ou não a outros tensoativos, a partir da reação de saponificação ou neutralização da matéria-graxa (como óleo, gordura ou sebo, animal ou vegetal). O hidróxido de sódio (soda cáustica, $NaOH$) é um sal alcalino usado na neutralização de ácidos e na alcalinização de meios reacionais, bastante empregado como saponificante em formulações de sabões e detergentes, como desincrustante para limpeza de fornos e desentupimento de canos. É uma base forte, cáustica, produzida pela eletrólise aquosa do cloreto de sódio ($NaCl$) que, em reação com óleos ou gorduras, produz sabão e glicerina. Também podem ser utilizados como saponificantes o hidróxido de potássio (KOH), de amônio (NH_4OH) e bases orgânicas.

Detergentes são destinados à remoção de gordura, graxas e sujidade, na limpeza de superfícies e tecidos, por meio da diminuição da tensão superficial. São surfactantes (tensoativos) sintéticos associados a coadjuvantes, aditivos ou outros componentes como agentes branqueadores, alvejantes liberadores de cloro (irritantes), agentes bacteriostáticos ou agentes enzimáticos (irritantes e sensibilizantes).[7] O pH do produto irá caracterizá-lo como neutro (p. ex., detergente lava-louças comum, pH 7), alcalino (p. ex., limpadores multiuso de pH entre 8.0 e 14.0, limpa-coifas ou desengraxantes de motores com pH > 11,5) ou ácido (p. ex., desincrustantes, limpa-ferrugem e limpador pós-obra, de pH < 7). Detergentes ácidos podem conter ácido nítrico, ácido sulfúrico, ácido fosfórico e ácido muriático ou clorídrico utilizados em produtos para limpeza de pastilhas, azulejos, pisos etc.

Diferentes classes de surfactantes podem compor a base tensoativa dos sabões e detergentes. Surfactantes aniônicos estão presentes nos sabões e sabonetes comuns, desengordurantes, limpadores multiuso e detergentes lava-louças, sendo irritantes de baixa toxicidade.[7,8] Os surfactantes catiônicos são compostos principalmente por amônio quaternário, mais usados como desinfetantes e germicidas, desodorizantes, em amaciantes de roupas e condicionadores capilares – são irritantes que podem ser cáusticos em altas concentrações.[5] Os surfactantes não iônicos estão presentes nos detergentes em pó, lava-roupas, cosméticos e são irritantes menos tóxicos, enquanto os surfactantes anfóteros estão nos xampus e cosméticos, com propriedades não irritativas para pele e mucosas. As formulações podem incluir agentes quelantes como os fosfatos – grandes geradores de problemas ao meio ambiente, bórax, alvejantes, clarificantes (principalmente nas formulações de sabão em pó), precipitantes como os carbonatos, silicatos e metassilicatos, agentes enzimáticos ou bacteriostáticos, que também podem causar dano tecidual.[5]

É frequente a apreensão de produtos de limpeza cuja fabricação e comercialização não é de conhecimento ou mesmo não atende às normas e padrões sanitários da Anvisa, denominados produtos clandestinos ou piratas, incluindo misturas domésticas, p. ex.: "sabão caseiro" à base de soda cáustica. Esses produtos não têm garantia da qualidade e segurança no preparo, manuseio, armazenamento, utilização e descarte, podem extrapolar as classes de risco determinadas pela Anvisa, apresentar maior concentração e associação de agentes, potencializar a gravidade na exposição e até mesmo utilizar matéria-prima contaminada, com possíveis impactos à saúde, ecossistemas e meio ambiente.

ALERTA IMPORTANTE

Agentes alcalinos geralmente têm odor menos acentuado, são incolores e, os de apresentação líquida, são mais viscosos, com tendência a serem ingeridos em maior quantidade se comparados aos agentes ácidos, com sabor e odor pungente.[2,3] Também pode haver agentes em apresentação sólida ou pastosa.

MECANISMO DE AÇÃO

Fármaco/toxicodinâmica

Tipo, quantidade, tempo de contato, concentração da substância e pH do agente ao qual houve exposição se relacionam diretamente às manifestações clínicas e gravidade das lesões.[2,3,5]

Agentes fortemente alcalinos (cáusticos, pH > 11) causam eritema, edema, formação de vesículas e a destruição da mucosa pela saponificação dos lipídios, desnaturação proteica e trombose capilar, com possibilidade de comprometimento de terminações nervosas e maior risco de perfuração da mucosa pelo aprofundamento da lesão (lesão em profundidade/transmural). É a necrose por liquefação.[2,3,5,8,9] A cicatrização, posterior, ocorre por segunda intenção.[8]

Agentes fortemente ácidos (corrosivos, pH ≤ 2) ocasionam o ressecamento tecidual com formação de coágulo e escara, geralmente limitando os danos à área de contato (lesão em extensão) e evitando, mas não impedindo o comprometimento transmural.[2,3,5] Evoluem com edema, eritema, descamação, ulceração e necrose, sendo o mecanismo conhecido como necrose de coagulação.[2,5,9]

Durante a fase aguda da exposição oral aos agentes cáusticos/corrosivos (sejam álcalis ou ácidos) ocorre a reação tecidual imediata, a formação das lesões por necrose, a trombose de pequenos vasos, congestão hemorrágica e ativação da cascata inflamatória. Após 4 a 7 dias há descamação da mucosa, formação de tecido de granulação, deposição de colágeno até a reepitelização inicial em período variável.[2,3] O início da cicatrização geralmente ocorre 3 semanas após a ingestão, há retração cicatricial e pode haver, tardiamente (de dias a meses), estenose cicatricial e disfagia crônica.[2,5,8] Outras complicações crônicas incluem a obstrução gástrica e câncer.[2]

ALERTA IMPORTANTE

A estenose esofágica é responsável por significativo aumento do risco de desenvolvimento de câncer esofágico (1.000 a 3.000 vezes) em crianças, com período de latência que pode variar de um ano a várias décadas.[5,10] A manifestação maligna é mais incidente após a exposição cáustica.[2]

Fármaco/toxicocinética

A ação é predominantemente local, não tornando relevante[9] a fármaco/toxicocinética.

DOSES TÓXICAS

A apresentação dos produtos, composição e concentração são muito variadas, não havendo dose tóxica específica para a exposição aguda ou crônica. Deve ser observado, porém, que agentes mais concentrados podem implicar em maior chance de lesão.[9]

QUADRO CLÍNICO

A exposição aos sabões e detergentes pode ocasionar irritação na pele e mucosas,[7,8] dor e lesão[5] – mais intensa conforme a maior alcalinidade/acidez do produto, mas com absorção sistêmica irrelevante.[8] Podem causar irritação conjuntival, com apresentação de dor e hiperemia na exposição ocular, com potencial de lesão (queimadura e ulceração) para os agentes concentrados.[6,7]

A exposição inalatória/respiratória de fumos e vapores pode causar irritação das mucosas e do trato respiratório, manifestando tosse, dispneia e aumento de secreções brônquicas, também pode haver cefaleia, tontura e fraqueza, quanto maior a concentração do agente (acidez/alcalinidade),[8] ou na mistura de produtos. Na exposição da mucosa nasal por contato direto ou por vômito pode haver edema, ulceração, rouquidão, estridor, dificuldade respiratória e pneumonite.[5]

Na exposição oral pode haver irritação local, hiperemia, presença de lesão, edema, dor e salivação. No caso de ocorrer a ingestão, os distúrbios incluem náuseas, vômitos (surfactantes aniônicos podem ter ação emetizante[8]), dor epigástrica, dor abdominal e diarreia.[6,8] A ocorrência de vômito não deve ser indicada ou realizada[3,7] visto que o trânsito das substâncias aumenta a área de exposição e de potencial lesão.[5]

ALERTA IMPORTANTE

A presença de edema em língua, faringe posterior e laringe pode levar a complicações respiratórias pelo estreitamento das vias aéreas,[8] sendo também sugestivo à presença de rouquidão e estridor.[2,5] Também deve haver atenção quanto ao risco de broncoaspiração associado principalmente aos episódios de vômito (pode resultar em pneumonite ou pneumonia aspirativa).[3,5,6]

Se os produtos ingeridos contiverem substâncias com extremos de pH, ou mesmo soluções concentradas dos tensoativos catiônicos, pode haver também dor intensa em boca, orofaringe, em região retroesternal e gástrica, sialorreia, disfagia, odinofagia, recusa alimentar, presença de lesões, hematêmese e outros sintomas sugestivos de gravidade.[3,5,8,9]

Produtos de apresentação sólida tendem a lesionar mais intensamente a orofaringe pela maior permanência de contato, enquanto os líquidos progridem e alcançam mais rapidamente o esôfago e o estômago.[2] Devido ao trânsito, as lesões esofágicas são moderadas[8] e frequentemente por álcalis[2,6,10] – além da maior tensão superficial do agente,[2] após a ingestão ocorre espasmo esofágico, contração pilórica e movimentação da substância por refluxo gastroesofágico entre estômago e esôfago distal aumentando o período de contato.[2] Já nas exposições a ácidos frequentemente há formação de escara protetora em esôfago e lesões distais em estômago[2,8] – após a contração pilórica há acúmulo antral e perfuração pelo agente.[5] Também pode ocorrer lesão em duodeno.[2]

ALERTA IMPORTANTE

Deve ser investigada por endoscopia a ocorrência de lesão esofágica na presença de lesão oral, disfagia ou odinofagia, assim como de lesão gástrica se houver manifestação de epigastralgia e hematêmese, após ingestão de agentes cáusticos e corrosivos.[2,5]

Sinais de mediastinite ou de irritação peritoneal, incluindo a presença de febre, podem ser observados caso ocorra perfuração esofágica ou gástrica.[8,9] Pela possibilidade de lesão de terminações nervosas (nas lesões profundas por álcalis) pode não ser possível relacionar a presença de dor e o local da lesão,[8] assim como pode não haver relação na ausência de lesões na boca e/ou faringe e lesões em esôfago e/ou estômago, principalmente quando os produtos tiverem apresentação líquida.[3,6]

ALERTA IMPORTANTE

Dor torácica ou abdominal intensa associada a sinais de mediastinite ou peritonite é sinal de alerta para possibilidade de perfuração esofágica ou gástrica e podem ocorrer tardiamente, principalmente na 2ª e 3ª semanas após a ingestão.[2]

DIAGNÓSTICO

A história detalhada da exposição, o exame físico do paciente e o reconhecimento do produto, se possível, são primordiais. Dados acerca do tempo (permanência de contato e tempo corrido desde a exposição), via de exposição, quanto à caracterização da substância, sua origem (industrial ou clandestina), finalidade de uso, composição (ácido ou álcali), estado físico (sólido, pastoso ou líquido) e concentração, volume ingerido, além das manifestações clínicas, são informações importantes e "podem sugerir o diagnóstico".[3,10]

Não há análise laboratorial específica para determinação dos agentes e o diagnóstico é clínico.[5,7,9,10] É indicada a realização de análise laboratorial geral (hemograma, eletrólitos, glicemia, coagulograma, gasometria, função renal) em pacientes sintomáticos.[3,6,7,9,10]

A endoscopia digestiva alta deve ser realizada em todas as ingestões suspeitas ou confirmadas de produtos cáusticos/corrosivos – com exceção às substâncias cloradas de baixa concentração como água sanitária[10] – mesmo em pacientes assintomáticos e sem lesões orais nos produtos suspeitos,[8,10] assim como nas ingestões intencionais.[2,5] O exame é contraindicado na suspeita de perfuração.[3,9,10] Por meio dos achados endoscópicos são definidas a gravidade das lesões, a conduta terapêutica e o risco de estenose.[2,3] O exame deve ser realizado preferencialmente em até 24 horas da exposição[3,5,9,10] e deve ser evitado principalmente entre o 5º e o 15º dia posterior à ingestão, quando a mucosa se apresentará mais friável e com maior risco de perfuração.[2,5]

Radiografia de tórax está indicada na suspeita de broncoaspiração[6] e deve ser obtida, juntamente à radiografia de abdome, na presença de sintomas sugestivos de gravidade – principalmente perfuração esofágica ou gástrica.[2,3,5,10] A tomografia computadorizada de tórax ou abdome também pode ser realizada na suspeita de complicações – o exame permite melhor avaliação da extensão, profundidade e limite de lesão transmural.[2,3,10]

TRATAMENTO

A exposição aos produtos deste capítulo não implica em medidas específicas, apenas tratamento sintomático e de suporte.

Medidas de suporte

- Manutenção da patência das vias aéreas e oxigenação adequada.[3,6,9,10] Se indicada a intubação, evitar procedimentos "às cegas" e priorizar a via aérea não cirúrgica.[2,5]

- Estabilização hemodinâmica, manutenção de acesso venoso calibroso pérvio com hidratação endovenosa adequada.[3,5,6,7,9,10]
- Jejum.[3]
- Sintomáticos, como administração de analgésicos, antieméticos e protetores gástricos[2,6,9,10] endovenosos.
- O uso de corticosteroides na prevenção de estenose esofágica é controverso e contraindicado se houver sinais de mediastinite ou perfuração comprovada.[3]
- Antibioticoterapia é indicada apenas sob diagnóstico infeccioso.[3,5]

Medidas de descontaminação

- Na exposição ocular ou cutânea remover cuidadosamente vestes e adereços,[5] realizar a irrigação do local com água ou solução fisiológica a 0,9% por, ao menos, 10 a 15 minutos,[3,5,6,9] preservando as áreas não contaminadas. Nas exposições oculares a agentes extremos de pH, a irrigação pode ser prolongada e contínua por 1 a 2 horas, sendo necessária avaliação oftalmológica.[5]
- Na ingestão de produtos de baixo risco é desnecessária a descontaminação. Para agentes cáusticos, é contraindicada a sondagem e lavagem gástrica pelo risco de provocar vômito, risco de perfuração e de aumento da área de lesão.[2,3,6,9,10]
- A administração de carvão ativado está contraindicada,[3,5] poderia comprometer a avaliação endoscópica e não apresenta efetividade para adsorção da maioria dos agentes.[5] A administração de agentes ditos "neutralizantes" é contraindicada após ingestão de substâncias cáusticas/corrosivas, pelo potencial de agravamento de lesões por reação exotérmica, liberação de gás e destruição química tecidual.[2,3,5]

Medidas de depuração

- Não há medidas de depuração, nem de eliminação efetivas.[7,9]

ANTÍDOTO

Não há.

ERROS COMUNS QUE VOCÊ DEVE EVITAR

Vômito não deve ser provocado: além de aumentar a área de contato com o agente há risco de broncoaspiração e comprometimento respiratório adicional.

Na ingestão de produtos de baixo risco tóxico, a realização da sondagem e lavagem gástrica é desnecessária: na ingestão acidental a exposição frequentemente é em pequeno volume e, por outro aspecto, a ingestão em maior quantidade possivelmente acarretará vômito espontâneo com pouco volume residual no estômago.

Na ingestão de substâncias cáusticas ou corrosivas a realização da lavagem gástrica é contraindicada pelo risco de perfuração da mucosa gastroesofágica na inserção da sonda e maior exposição da mucosa.

O carvão ativado não é efetivo na adsorção de sabões e detergentes. Além disso, na presença de irritação da mucosa há propensão a vômito espontâneo e risco potencial de broncoaspiração.

Casos suspeitos e confirmados de intoxicação devem ser notificados na Lista Nacional de Notificação Compulsória, sendo obrigatório para profissionais de saúde ou responsáveis pelos serviços públicos e privados de saúde que prestam assistência ao paciente, conforme a Portaria MS nº 204 de 17 de fevereiro de 2016.

REFERÊNCIAS BIBLIOGRÁFICAS

1. Gummin DD, Mowry JB, Beuhler MC, Spyker DA, Brooks DE, Dibert KW, et al. 2019 Annual Report of the American Association of Poison Control Centers' National Poison Data System (NPDS): 37th Annual Report. Clin Toxicol (Phila). 2020;58(12):1360-541.
2. Lusong MA, Timbol AB, Tuazon DJ. Management of esophageal caustic injury. World J Gastrointest Pharmacol Ther. 2017;8(2):90-8.
3. Bittencourt PF, Carvalho SD. Acidentes cáusticos na infância – uma proposta de atendimento nas fases aguda e crônica do acidente. Rev Med Minas Gerais. 2018;28(Suppl 6).
4. Agência Nacional de Vigilância Sanitária (Brasil). Resolução de Diretoria Colegiada n. 59, de 17 de dezembro de 2010. Dispõe sobre os procedimentos e requisitos técnicos para a notificação e o registro de produtos saneantes e dá outras providências. Diário Oficial da União. 2010 Dec 22. Disponível em: http://antigo.anvisa.gov.br/documents/10181/2718376/RDC_59_2010_COMP.pdf/2977c62f-a7c7-48a4-ad95-f74ba37b302a (acesso em 07 de abril de 2021).
5. Wightman RS, Fulton JA. Caustics. In: Goldfrank LR, Hoffman RS, Howland MA, Lewin NA, Nelson LS, Smith SW. Goldfrank's Toxicologic Emergencies. 11. ed. Nova Iorque: McGraw-Hill Education; 2019. p. 1388-96.
6. Toxbase – National Poisons Information Service. Toxbase [Internet]. Edinburgh: UK. c2018-2020 [Acesso em: 12 de abril de 2021]. Disponível em: https://www.toxbase.org
7. Walsh MJ. Detergentes. In: OLSON, KR. Manual de toxicologia clínica. 6. ed. Porto Alegre: AMGH; 2014. p. 210-2.
8. Schvartsman S, Barcia SA. Domissanitários e plantas ornamentais. In: Oga S, Camargo MM, Batistuzzo JA. Fundamentos de toxicologia. 4. ed. São Paulo: Atheneu Editora; 2014. p. 187-94.
9. Zucoloto ADZ, Oliveira CD, Hernandez EM, Egito ES, Leite GM, Prado IA, et al. Intoxicação por saneantes domésticos. In: Hernandez EM, Rodrigues RM, Torres TM, organizadores. Manual de Toxicologia Clínica: Orientações para assistência e vigilância das intoxicações agudas. São Paulo: Secretaria Municipal da Saúde; 2017 [Acesso em: 20 de abril de 2021]. p. 325-42. Disponível em: http://www.cvs.saude.sp.gov.br/up/MANUAL%20DE%20TOXICOLOGIA%20CL%C3%8DNICA%20-%20COVISA%202017.pdf
10. Silva AA, Rezende AL, Silva MJ, Passos RS, Filho RF, Gois WA. Diretriz Interprofissional de Atenção à Criança e ao Adolescente com Ingestão de Substâncias Cáusticas. Brasília: HCB; 2016. 23 p. Disponível em: https://www.hcb.org.br/arquivos/downloads/hcb2016_manual_11_cadernohospital_vdigital_1.pdf (acesso em 12 de abril de 2021).

CAPÍTULO 68

SALICILATOS (ÁCIDO ACETILSALICÍLICO E OUTROS)

Laura Börgel
Melissa Schulthess

PONTOS-CHAVE

- Intoxicações agudas por salicilatos diminuíram bastante sua incidência em crianças, a partir dos anos 80 do século passado, com substituição por paracetamol e, mais tarde, ibuprofeno como primeira indicação, como analgésicos e antitérmicos.
- Ainda tem indicações importantes em pediatria, nas doenças reumatológicas.
- Costumam aparecer às vezes nas estatísticas de casos esparsos de salicilatos em tentativas de suicídio, isolados ou em associação com outros fármacos.
- Constituem um dos quadros tóxicos mais graves por medicamentos, devendo algumas de suas características clínicas e laboratoriais alertar para o diagnóstico, quando o agente envolvido não estiver definido na anamnese inicial.

INTRODUÇÃO

Os salicilatos pertencem ao grupo de inibidores COX não seletivos, sendo o mais conhecido deste grupo o ácido acetilsalicílico (AAS).[1-4] O ácido acetilsalicílico é usado há mais de 100 anos e é conhecido por suas propriedades analgésicas. É um protótipo de anti-inflamatório não esteroide (AINE) eficaz e barato.[1,2,4-8]

A partir dos anos 80, observa-se uma franca diminuição da intoxicação salicílica, com a introdução do paracetamol e novos AINE, como o ibuprofeno. As internações por intoxicação salicílica diminuíram com o uso reduzido que a droga tem atualmente, e houve redução semelhante, embora em menor grau, dos óbitos registrados. Mas é uma intoxicação cujo diagnóstico deve ser considerado periodicamente, em virtude de sua forma de apresentação clínica, que pode estar associada a outros diagnósticos diferenciais. Atualmente, extremamente raros em crianças, ainda aparece nas tentativas de suicídio de adolescentes e adultos, em que apresentam quadros clínicos de prognóstico ruim e severo. Dada a baixa frequência de casos, as equipes de saúde não estão bem preparadas para enfrentá-los.[8-10]

Outro fármaco relacionado ao grupo é a sulfassalazina, que é uma sulfonamida salicilato, usado no tratamento de condições inflamatórias crônicas do abdômen, como colite ulcerativa. Após a administração oral, a flora intestinal metaboliza esta droga em sulfapiridina e *ácido 5-aminosalicílico*, sendo este último o que exerce a ação anti-inflamatória local, e a sulfapiridina é absorvida.

Em doses baixas, o AAS atua como inibidor seletivo mais específico no COX-1 e gera efeitos antiplaquetários, em contraste com outros AINE. Por isso, é amplamente utilizado na medicina humana e veterinária para a prevenção da formação de tromboembolismo.[4,12]

Salicilatos são amplamente utilizados farmaceuticamente, por causa de suas propriedades analgésicas e anti-inflamatórias. As formas farmacêuticas podem estar em prescrição ou medicamentos sem prescrição, e podem ser encontradas em produtos antigripais, em produtos de uso tópico como adesivos e gel para dores localizadas articulares e musculares (**salicilato de metila**) e antiácidos (**subssalicilato de bismuto**).[4,6,7,13]

Antes do desenvolvimento de embalagens com tampas à prova de crianças nos EUA, uma das principais causas de morte em bebês era overdose salicílica.[6-8,13] Historicamente, nos anos 60, os envenenamentos salicílicos eram reportados como responsáveis por 25% dos envenenamentos em crianças menores de cinco anos de idade. Esses envenenamentos salicílicos representavam 86% do total de intoxicações por esse grupo de drogas, e categorizados como acidentais ou involuntários. Em contrapartida, 50% dos envenenamentos em indivíduos com 5 anos ou mais correspondiam à ingestão voluntária.[14] Dos pacientes internados em unidades de terapia intensiva por ingestão voluntária atualmente, estima-se que 3% estejam relacionados a salicilatos.[15]

FARMACOCINÉTICA

Após a ingestão do fármaco, devido ao pKa na faixa de 3,5, a absorção se dá bem no estômago e em parte no delgado.[1,4,6,7,16,17] Possui biodisponibilidade oral de 68 a 76%. Apresentações de revestimento entérico são de absorção mais lenta, mas atingem mais de 90% de biodisponibilidade, e apresentações resistentes a ácido, que são absorvidas em pH alcalino, levam até 12 horas para se distribuir pelo corpo. Se a ingestão for realizada concomitante com alimentos gordurosos, a biodisponibilidade é reduzida em 30%.[3,4,7,16,18,20] Grandes quantidades de comprimidos (overdoses) e produtos revestidos podem atrasar a absorção em horas a dias.[4,7,13,16] A ligação a proteína plasmática é de 50 a 90% da dose absorvida.[2,4-7,16,18] Para algumas indicações terapêuticas, o AAS parece ter efeitos duradouros. Os efeitos na função plaquetária permanecem por até 7 a 10 dias após a última ingestão do salicilato.[1,7,18]

O metabolismo se dá principalmente por meio da glicuronidação, com extensa variação entre espécies animais e seres humanos (Figura 1). Por exemplo, na meia-vida plasmática é de 1,5 horas em humanos, sendo menor em humanos em comparação com animais domésticos e de experimentação.[2,4,7,16]

O volume de distribuição (Vd) de salicilatos é de 0,1 a 0,3 L/kg, mas aumenta em caso de acidose metabólica, uma vez que esse fenômeno incentiva a entrada da droga nas células.[4-7,13]

As concentrações máximas ocorrem nas primeiras 4 horas após a ingestão de salicilatos tamponados, ou 25 minutos para os não revestidos. Em pacientes com hipoalbuminemia é possível detectar mais fármaco livre, mas isso é rapidamente eliminado como um excedente. O salicilato é rapidamente distribuído para quase todos os tecidos, incluindo fluido sinovial, fluido peritoneal, saliva e leite.[3,4,7,18,20]

A eliminação desta droga é principalmente pelo metabolismo hepático em doses terapêuticas. Em "overdose", a principal rota de eliminação é renal, que é altamente dependente do pH urinário. A meia-vida de eliminação normal é de 2 a 4,5 horas, mas pode ser estendida para 18 a 36 horas em "overdose".[4-7,13,16,17]

MECANISMO DE AÇÃO

AAS (aspirina) em doses terapêuticas (pediátrica: analgésica/antipirética 10 a 15 mg/kg/dose, cada 4 a 6 horas ou 60 a 80 mg/kg/dia; anti-inflamatória: até 100 mg/kg/dia; adultos: até 3 g/dia) atua por inibição irreversível da COX, causando inibição da formação de tromboxano protrombina A2 e prostaciclinas antitrombóticas. Esse fenômeno está relacionado ao seu efeito anticoagulante.[1,2,4,14] Esta inibição de COX é produzida por acetilação.[1,2] O efeito inibidor da COX gera uma diminuição na síntese de prostaglandinas.[2,4]

A inibição da COX reduz a síntese de eicosanoides com propriedades pró-agregatórias e vasoconstritivas (TxA2), propriedades antiagregatórias e vasodilatadoras (PGI2), propriedades pró-inflamatórias (PGE2, PGD2 e PGI2) e propriedades anti-inflamatórias. Isso gera redução da temperatura corporal (ação antipirética), supressão da dor (analgésico/anti-hiperalgésico), diminuição da inflamação (anti-inflamatória) e possivelmente redução da taxa de recuperação na fase de resolução de inflamação aguda, esta última sem significância clínica conhecida. **O efeito inibitório COX de salicilatos é preferencial ou seletivo de COX-1, sendo sua**

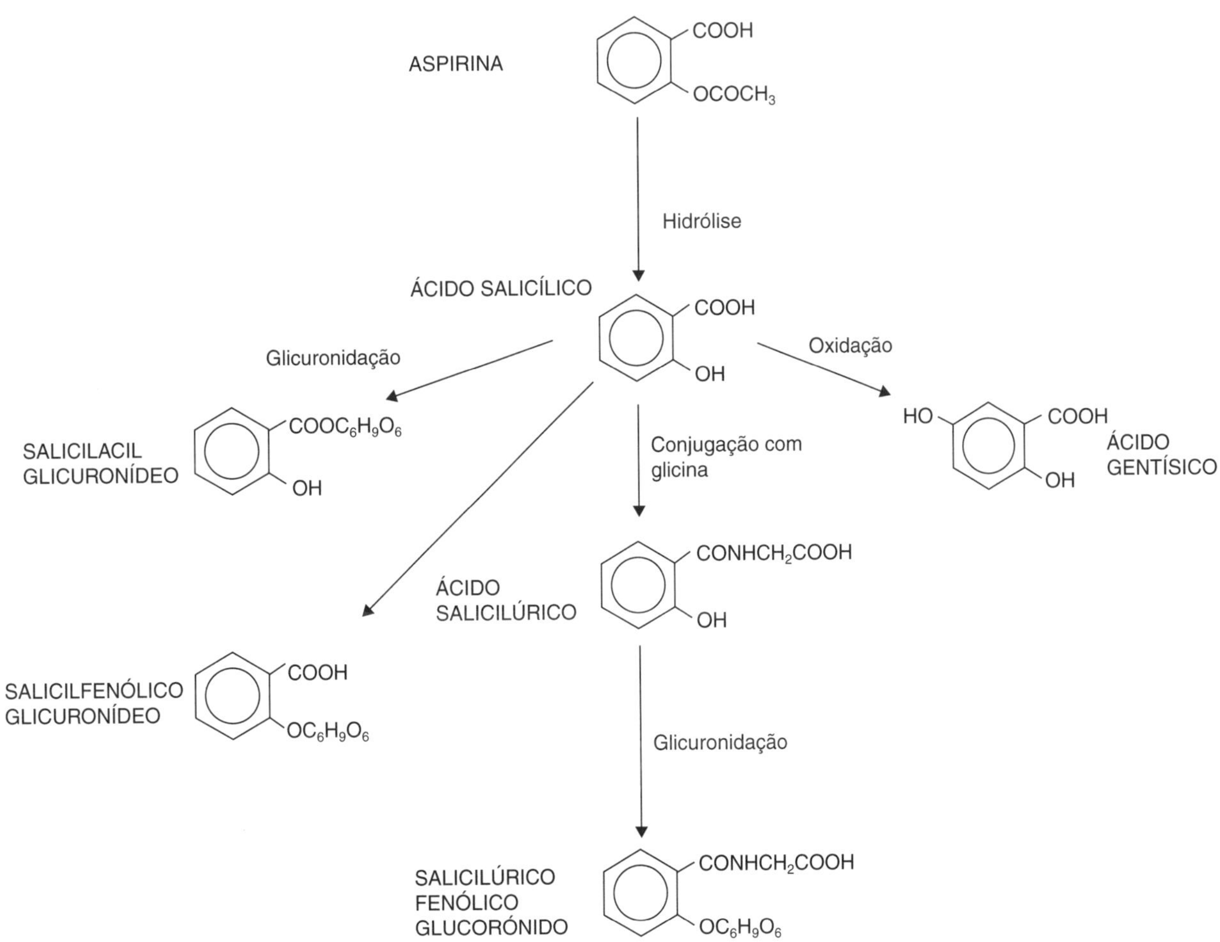

Figura 1. Via metabólica em humanos.[4,16,18,19]

potência pelo menos 5 vezes maior que observada para COX-2.[4,7,16,18,21]

Outras ações adicionais correspondem à inibição de quinases IκB ou NFκB para bloquear a expressão de COX, estimulação de receptores nucleares, aumento na quebra intracelular de ATP para adenosina e inibição da quimiotaxia e/ou quimiocinese de neutrófilos.[4,7,16,21]

No nível do trato gastrointestinal, fígado e sangue, são rapidamente hidrolisados pelos ésteres presentes.[3,4,7,16,18]

O ácido salicílico é a forma bioativa do AAS, sendo a molécula responsável pelos efeitos clínicos. Essa molécula é conjugada a sua forma de glicuronídeo ou glicina. A via de glicuronidação pode ser deficiente em alguns indivíduos.[3,4,7,16,18]

Os rins são responsáveis pela eliminação do ácido salicílico e seu conjugado com glicina, excretando de 2 a 30% na forma inalterada. A meia-vida de eliminação ($t^{1/2}$) depende da forma de apresentação, em que os produtos entéricos têm uma meia-vida mais longa do que os entregues por via intravenosa.[3,4,6,7,16,18]

REAÇÕES ADVERSAS

Parte das reações adversas descritas estão relacionadas ao seu efeito na mucosa gástrica, onde observa-se aumento na tendência de sangramento gastrointestinal e úlceras pépticas.[1,4,16,18] Outras reações adversas gastrointestinais incluem vômitos, anorexia e diarreia.[2,4,16,18]

Na "overdose" pode ocorrer o desenvolvimento de **hiperpirexia paradoxal,** devido ao aumento do consumo de oxigênio, levando a uma maior taxa metabólica e aumento na produção de calor relacionado a uma **dissociação da fosforilação oxidativa.**[2,4,7,16,18,22]

Nos estágios iniciais de alterações no equilíbrio ácido-básico induzidas por salicilatos, a **alcalose respiratória** pode ser observada por causa da **estimulação direta do centro respiratório (medula)**, o que gera um **aumento da taxa respiratória com hiperventilação.** O quadro evolue com o desenvolvimento da **acidose respiratória como resultado da depressão do sistema nervoso central durante os estágios finais.**[2,4,7,16,18,22]

A **acidose metabólica** pode ser iniciada a partir da liberação induzida de H+ por ácido salicílico, desacoplamento da fosforilação oxidativa (que leva ao acúmulo de piruvato e lactato), aumento do metabolismo de gordura, desencadeando cetoacidose, e depressão da função renal gerando acúmulo de ácidos.[2,4,7,16,18,22] São produzidas desidratação, secundária ao vômito, sudorese e hiperpirexia, que podem ser incompatíveis com a vida. [2,4,5,7,16,18]

Em **humanos** e em alguns animais (ovinos), o **desenvolvimento de edema pulmonar tem sido observado.**[2,5,16]

Em pacientes com doenças articulares com tratamento de longo prazo, observou-se que a inibição na síntese de prostaglandinas por condrócitos pode agravar a doença articular.[2,4,7,16]

A **faixa terapêutica é estreita, com vômitos observados em doses perto de 3 g/dia.**[5,11,12]

O uso simultâneo de drogas ulcerogênicas, como corticoides, é contraindicado. O uso com outras drogas que causam alterações da coagulação e aumento do risco de sangramento, deve ser evitado.[4,12,16]

Em resumo, os efeitos adversos mais comuns são irritação gastrointestinal, com presença potencial de sangue nas fezes, ulceração ou erosões gástricas. Outros efeitos descritos correspondem à nefrotoxicidade, incluindo insuficiência renal aguda, hepatotoxicidade, com colestase e danos ao parênquima, e inibição de mecanismos de hemostasia, gerando hemorragia, discrasia sanguínea, e atraso na reparação de tecidos e fraturas.[4,5,16,21]

Reações de hipersensibilidade são relatadas, mas são raras. Salicilatos são potencialmente teratogênicos, por isso seu uso na gravidez deve ser evitado. Além disso, foram observados atraso ou prolongamento no trabalho de parto associados ao seu uso.[23] Desenvolvimento transitório da perda auditiva tem sido observado em humanos, resolvendo em 48 a 72 horas.[4-7,16,24]

TOXICIDADE

Geram inibição na produção de prostaglandinas **acidose metabólica**, dano gastrointestinal, hipofosfatemia e diminuição na agregação de plaquetas, em caso de ingestão maciça.[4-7,16,22,25]

Quando ocorre o esgotamento da capacidade de glicuronidação, os salicilatos podem ser conjugados com glutatião. Indivíduos e espécies que apresentam glicuronidação limitada ou deficiência de glutatião, seja por causas patológicas ou fisiológicas, são mais suscetíveis à intoxicação salicílica.[2,4,7,16]

Duas formas clínicas de intoxicação são relatadas, se exposição for aguda ou crônica.[4-7,13,16]

Os mecanismos de toxicidade residem em uma série de efeitos ligados à inibição de COX:

- Em decorrência da estimulação do centro respiratório, temos hiperventilação, o que leva à alcalose respiratória inicial. Isso, posteriormente, produz desidratação e acidose metabólica compensatória.
  - A. Hiperventilação, com respiração profunda, gera alcalose respiratória.
  - B. Isso leva à perda compensatória de bicarbonato na urina, associada ao sódio, potássio e água.
  - C. Segue-se desidratação, hipocalemia e perda da capacidade tampão do organismo.
  - D. A perda de bicarbonato dificulta, também, a neutralização da acidose metabólica gerada pelos metabólitos dos salicilatos e sua interferência com metabolismo celular normal.
- Dissociação da fosforilação oxidativa e interrupção do metabolismo de glicose e ácidos graxos, contribuindo para agravar a acidose metabólica.
- Alteração da integridade capilar, causando edema cerebral e pulmonar.
- Função plaquetária prejudicada, e outras interferências na coagulação[4-7, 9, 13, 16, 22]

O **envenenamento agudo está associado a ingestão de mais de 150 mg/kg,** em que é considerado **leve se a ingestão for de 150 a 200 mg/kg. Uma intoxicação é classificada como grave quando a ingestão aguda é de 300 a 500 mg/kg ou superior**. No caso de intoxicações crônicas, são considerados como tal se a ingestão for superior a 100 mg/kg/dia por 2 ou mais dias. Em geral, considera-se que **o quadro corresponde a uma intoxicação quando os níveis no plasma são superiores a 40 e 50 mg/dL.** Além disso, a **dose letal em adultos é de 500 mg/kg,** o que corresponde a **uma ingestão de 10 a 30 g em média.**[4,6,7,13,16,22,26]

Os pacientes geralmente são intoxicados no contexto de um acidente ou tentativa de suicídio, embora os casos de sobredosagem crônica durante vários dias também sejam relatados.[4,7,13,16]

Salicilatos, como já visto, têm um efeito irritante direto na mucosa gástrica. Inibem a fosforilação oxidativa do epitélio gástrico, diminuindo, portanto, a produção de ATP e a troca de Na+/K+ entre membranas celulares, gerando inchaço e necrose celular. A interrupção do transporte de íons permite o aumento da difusão retrógrada do íon H+ em direção à mucosa. Isso gera lesões que podem até se espalhar para os capilares da submucosa, causando sangramento, inflamação e ulceração. Esse efeito não é dependente de seus efeitos locais, mas de sua ação sobre o COX e à redução das prostaglandinas, e é possível observá-lo mesmo na administração endovenosa.[3,4,7,16,22]

Ao aumentar a difusão de H+, interrompe o gradiente de prótons, resultando na inibição da ATP sintetase. A energia utilizada na produção de ATP é dissipada como calor, gerando **aumento na temperatura corporal.**[3,4,7,16,22]

A **acidose metabólica gera um aumento do "gap" aniônico.** O metabolismo anaeróbico busca compensar a redução da produção de ATP quando a fosforilação oxidativa é inibida, produzindo ácido láctico, ácido pirúvico e cetonas, que contribuem ainda mais para a acidose metabólica. Por outro lado, é postulado que os salicilatos podem estimular diretamente o centro respiratório no sistema nervoso central (SNC), causando hiperventilação e alcalose respiratória, o que promove a remoção de bicarbonato no nível renal. Posteriormente, na intoxicação, observa-se a depressão do SNC, convulsões e coma, com comprometimento da frequência respiratória, que também contribui para a acidose.[3,4,7,16,22]

DIAGNÓSTICO

O diagnóstico pode ser feito com a semiologia clínica compatível e com exames complementares:

- Teste rápido na urina (beira de leito): 1 mL de cloreto férrico a 10% é adicionado a 5 mL de urina. A urina é ligeiramente aquecida (eliminação de corpos cetônicos), e é observado se há uma mudança de coloração para roxo - cor violeta persistente. Outro teste consiste na adição de 1 mL de reagente de Trinder a 1 mL de urina. Em caso positivo, mudança para coloração violeta é observada. Ambos os testes possibilitam detectar salicilatos na urina (triagem), mas um resultado positivo não implica intoxicação.
- Níveis plasmáticos de salicilatos (análise toxicológica)
- Hemograma
- Gasometria arterial
- Electrólitos
- Glicemia
- Ureia, creatinina e transaminases
- Exame qualitativo de urina com pH
- Tempo de protrombina
- CK total
- Radiografia de tórax
- Testes para doenças infecciosas que causam hemólise: VDRL, HIV, AcHCV e AgSVHB[5,16,18]

As manifestações clínicas de envenenamento salicílico consistem em taquipneia, vômito, anorexia, letargia e hematêmese.[4,5,7,8,16,17,22,25,26]

Outros sinais clínicos relevantes de toxicidade são depressão do SNC, vômitos com estrias sanguíneas, zumbidos, hipertermia, aumento da frequência respiratória transitória e alcalose, com hiperventilação compensatória e perda de bicarbonato urinário. A seguir, o quadro evolui para acidose metabólica intensa. Se o tratamento imediato não for fornecido, o paciente progride com fraqueza muscular, edema pulmonar e cerebral, hipernatremia, hipocalemia, ataxia, convulsões, coma e morte.[3,4,7,16,22,23,26]

Essa alternância entre alcalose respiratória inicial e acidose metabólica subsequente determinam a necessidade de avaliação sistemática contínua dos gases arteriais.

O diagnóstico não é difícil, desde que haja um histórico de ingestão aguda acompanhado da sintomatologia típica descrita. Em caso de ausência de histórico de ingestão, o diagnóstico deve ser considerado se as alterações dos gases arteriais forem compatíveis com alcalose respiratória seguida de acidose metabólica e *gap* aniônico aumentado.[4,7,8,13,16,22]

Em intoxicações crônicas, observadas principalmente em idosos confusos que consomem salicilatos habitualmente, o quadro clínico é inespecífico e muitas vezes negligenciado. Observa-se confusão, desidratação e acidose metabólica, que é confundida com processo de sepse, pneumonia ou gastroenterite. Embora o quadro seja, aparentemente, menos grave do que os casos agudos, esses pacientes apresentam maior morbidade e mortalidade, uma vez que o desenvolvimento de edema cerebral e pulmonar são mais comuns.[4,7,8,13,16,22,26]

Os níveis terapêuticos no plasma são de 20 a 50 μg/mL para dor e febre, e de 150 a 200 μg/mL para inflamação. **Os sinais clínicos de toxicidade geralmente pioram se os níveis plasmáticos excederem 300 μg/mL ou 40 – 50 mg/dL.**[4,7,12,16,24,26]

TRATAMENTO

O tratamento consiste em terapia de suporte e manutenção das funções vitais. Em caso de intoxicação recente, menos de 1 hora após a ingestão, deve ser realizado esvaziamento gástrico, seguido pela administração de carvão ativado (1 a 2 g /kg). Lavagem gástrica, que pode ser realizada até 14 horas após a ingestão, pode ser complementada com diálise peritoneal ou hemodiálise, para aumentar a taxa de remoção da droga. Carvão ativado também pode ser administrado em doses repetidas para bloquear a recirculação entero-hepática da droga.[2,4-9,16,17,22,25,26]

Uma via intravenosa deve ser garantida, e iniciada infusão de fluidos e controles de parâmetros sanguíneos. Uma opção de terapia de fluidos é a glicose a 5% com eletrólitos. O tratamento da acidose e diurese alcalina com bicarbonato de sódio deve ser realizado se a ingestão for maciça, e só deve ser realizada se for possível monitorar o estado ácido-base do paciente. Uma maneira de aumentar a diurese é usando manitol (1 a 2 g/kg/hora). O tratamento deve ser complementado com medicamentos gastroprotetores. As convulsões podem ser controladas com diazepam intravenoso. O tratamento da hipoprotrobinemia pode ser realizado com fitonadiona (2,5 mg/kg dividido a cada 8 a 12 horas). Em casos de ingestão extremamente elevada, podem ser realizadas medidas de resgate, consistindo em diálise peritoneal, hemodiálise ou hemoperfusão. [4,7,8,16,17,22]

Salicilatos podem retardar o esvaziamento gástrico, e a absorção gastrointestinal é prolongada em caso de comprimidos revestidos, portanto, a lavagem gástrica é útil até mesmo 14 horas após a ingestão. O uso de carvão ativado é mais eficiente se iniciado nas primeiras 2 horas após a exposição. Uso de catárticos não tem efeito aparente na absorção.[3-9,16,17,22]

O manejo pode ser complementado com análogos sintéticos de prostaglandinas (misoprostol, 5 μg/kg PO) e antieméticos.[25]

Os pacientes devem ser monitorados com frequência para sinais de desconforto gástrico, úlceras duodenais e sangramento. O uso prolongado pode causar diminuição dos hormônios da tireoide (T3, T4 e T4 livre) por 2 a 4 semanas após a administração, mas reverter em 14 dias. No caso específico do T4, está relacionado com o fato de que esta droga se liga nos mesmos locais de ligação que o T4, competindo por receptores.[12,24]

Na medida do possível, devem ser realizados controles seriados de salicilatos no plasma. Se não disponíveis, a gasometria deve ser repetida com frequência, pois a acidose aumenta a concentração de salicilato no cérebro, agravando o quadro de toxicidade.[7,8,13,16,22,26]

Na ingestão aguda, os níveis de salicilato acima de 90 a 100 mg/dL (900 a 1.000 mg/L ou 6,6 – 7,3 mmol/L) são considerados compatíveis com intoxicação grave. Recomenda-se que as determinações do nível plasmático sejam repetidas, uma vez que há uma probabilidade de absorção prolongada ou retardada se houver comprimidos de liberação sustentada, ou uma massa ou bezoar de comprimidos.[5-9,13,16]

Em intoxicações crônicas, os níveis no plasma têm baixa correlação com os sinais clínicos, uma vez que, nos casos de pacientes com artrite, níveis de 100 a 300 mg/L são considerados terapêuticos. Em geral, casos crônicos são considerados críticos se os níveis forem superiores a 600 mg/L e estiverem associados à acidose metabólica e a estado mental alterado.[4-9,13,16]

Embora seja possível medir concentrações de salicilato no sangue e na urina, os níveis nem sempre estão correlacionados ao quadro clínico.[3,5,7,8,16]

Os fluidos (cristaloides) intravenosos devem ser administrados para manter a hidratação e corrigir alterações do equilíbrio ácido básico.[2,4,7-9,16,22,25,26]

O monitoramento e o cuidados de suporte para mudanças na hidratação, equilíbrio de eletrólitos e temperatura corporal devem ser minuciosos. **O uso de AINEs para o gerenciamento da temperatura corporal é contraindicado. O manejo deve ser feito com o uso de medidas extracorpóreas para baixar a temperatura, como o uso de compressas frias.**[3,4,7,8,16,22]

A diurese alcalina é uma medida muito útil. O pH urinário baixo promove a eliminação de salicilato, capturando sua forma iônica na urina. Diálise peritoneal e hemodiálise têm sido usadas em ingestões maciças. Se a acidose metabólica não for grave, a acetazolamida pode ser usada para alcalinizar a urina, mas deve ser monitorada com frequência para a probabilidade de agravamento da acidose. Todos os pacientes submetidos à diurese alcalina devem ser monitorados quanto ao equilíbrio ácido-básico.[3-9,16,17,22] O $NaHCO_3$ deve ser administrado visando aumentar o pH urinário de 6,1 para 8,6. Isso, aumentando a eliminação do salicilato em até 18 vezes, ajuda a corrigir a acidose metabólica, e, também, impede o desenvolvimento da rabdomiólise.[2,4,6-9,16,17,22,25,26]

Em caso de desenvolvimento de convulsões, recomenda-se o uso de diazepam.[3,6]

Em resumo, para o manejo dos pacientes, recomenda-se (Figura 2):

1. Manter vias aéreas permeáveis, fornecendo suporte ventilatório, se necessário. Isso torna possível prevenir a acidose respiratória. Pode ser suplementado com oxigênio. Nesse contexto, devem ser realizadas gasometrias arteriais seriadas e radiografia de tórax, a fim de descartar o desenvolvimento de edema pulmonar.
2. Convulsões, edema pulmonar e hipertermia devem ser tratados prontamente se ocorrerem. Suporte e cuidados relativos ao coma devem ser garantidos.
3. Na intoxicação aguda, realizar a descontaminação do trato gastrointestinal. Para isso, recomenda-se a administração de carvão ativado, oralmente se as condições do paciente permitirem. Caso a ingestão seja pequena ou moderada e o carvão ativado possa ser administrado nas primeiras 2 horas, não é necessário realizar lavagem gástrica. Se a ingestão for maciça, da ordem de 30 a 60 g, doses elevadas de carvão ativado serão necessárias para adsorver todo o salicilato. Portanto, nestes casos é aconselhável administrar carvão ativado em múltiplas doses (CAMD) de 25 a 50 g a cada 4 horas (adolescentes

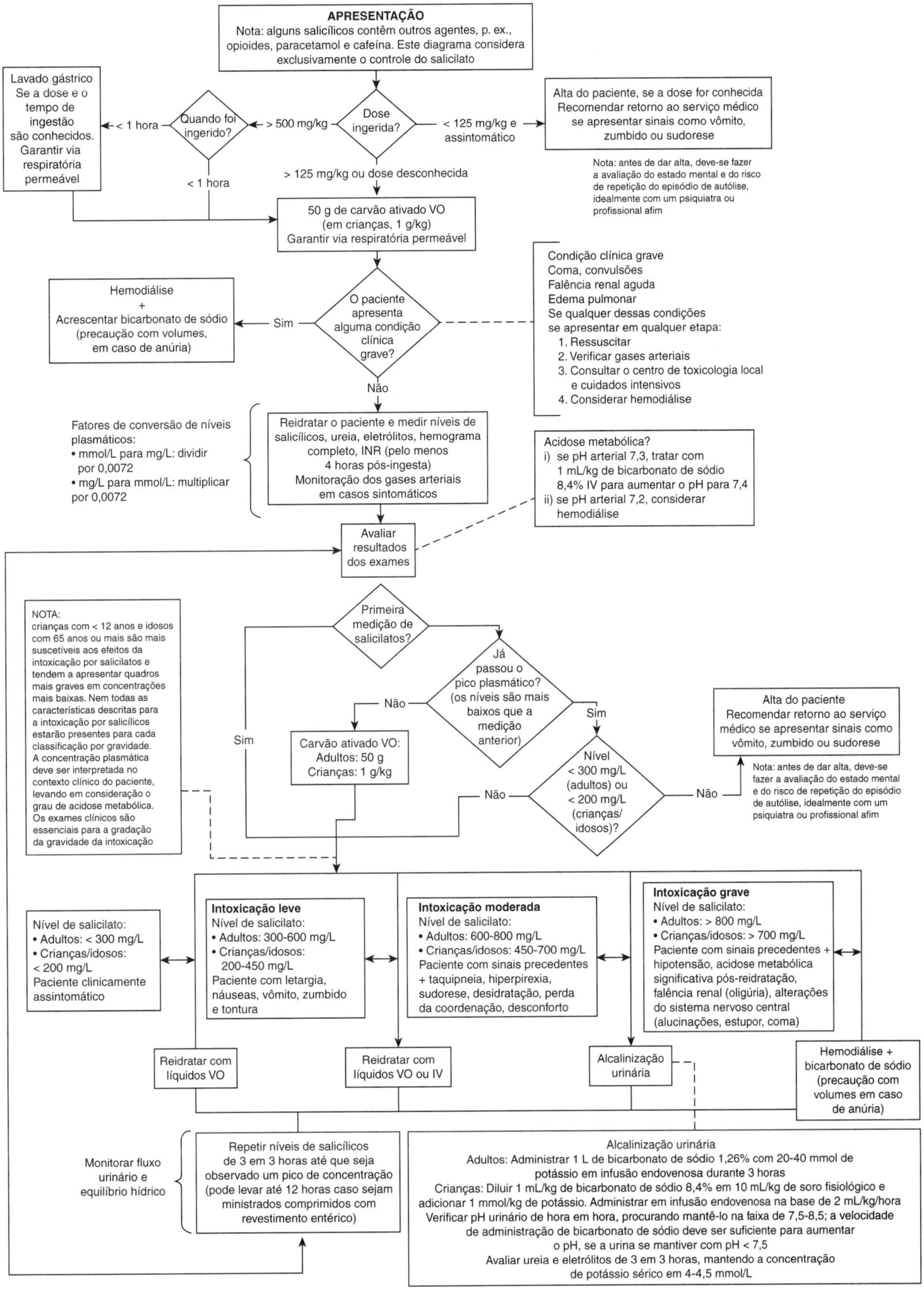

Figura 2. Fluxograma de Tratamento e Suporte a Intoxicação por Salicilatos.[26]

e adultos). Isso pode ser suplementado com irrigação intestinal total (IIT), que mobilizará os comprimidos e carvão através do trato intestinal. Embora essa medida permita reduzir as concentrações plasmáticas de salicilatos, a velocidade com que ocorre é lenta e, uma vez que se produzem evacuações frequentes, potencialmente contribui para a desidratação.

4. Os pacientes podem estar assintomáticos no primeiro atendimento. Assim sendo, deve ser realizada uma observação mínima de 6 horas, e o tempo pode ser estendido com base em se comprimidos revestidos (de liberação lenta) foram ingeridos, houve uma "overdose" maciça ou há suspeita de formação de um bezoar. Por outro lado, os pacientes sintomáticos devem ser imediatamente internados em unidades de terapia intensiva dada a gravidade do envenenamento.
5. A acidose metabólica deve ser manejada com bicarbonato de sódio intravenoso, mantendo um pH sérico de pelo menos 7,4.
6. Déficits hidroeletrolíticos, associados ao vômito e hiperventilação, podem ser corrigidos com cristaloides intravenosos, de forma criteriosa, **levando em consideração que estes também podem contribuir para o edema pulmonar.**
7. Em caso de hipoglicemia, glicose suplementar deve ser administrada. Isso é importante, uma vez que os níveis normais refletem apenas a glicemia sistêmica e não a glicemia cerebral, que pode estar diminuída na intoxicação por salicilatos.
8. A medida terapêutica considerada mais específica é a administração de bicarbonato de sódio, prevenindo e combatendo a acidose e promovendo a eliminação dos fármacos pelo rim.
9. Para melhorar a eliminação, recomenda-se alcalinizar a urina, atingindo pH 8,5. Lembrar que a administração de bicarbonato é arriscada em pacientes com alto risco de desenvolver edema pulmonar. Um esquema proposto é:
   A. Adicione 100 mEq de bicarbonato de sódio a 1 L de dextrose 5% em soro fisiológico 1/4 do normal. Infundir IV com fluxo de 200 mL/hora ou 3 a 4 mL/kg/hora. Se o paciente estiver desidratado, deve ser iniciado com um "bolus" de 10 a 20 mL/kg.
   B. Se não houver insuficiência renal, 30 a 40 mEq de potássio devem ser adicionados para cada litro de fluidos intravenosos. Isso permite controlar o nível de potássio, uma vez que o esgotamento deste eletrólito inibe a alcalinização urinária, mas é necessário monitorar o surgimento de hipercalemia, se o paciente apresentar baixa produção de urina.
   C. Se o paciente apresentar alcalemia, não há contraindicação de iniciar o tratamento com bicarbonato, uma vez que os pacientes podem apresentar um déficit de base significativo com pH no plasma elevado.
10. Manejo pode ser suplementado com **hemodiálise** para eliminar salicilato e corrigir alterações do equilíbrio ácido-básico e hidratação. São indicações de hemodiálise:
    A. Níveis de salicilato acima de 1.000 mg/L (100 mg/dL) com acidose grave e outros sinais de intoxicação.
    B. Intoxicação crônica com níveis acima de 600 mg/L (60 mg/dL), associado à acidose, confusão ou letargia, especialmente em idosos ou debilitados.
    C. Qualquer paciente com sinais clínicos de intoxicação grave.
11. Uma alternativa é realizar **hemoperfusão**, mas esse método não corrige alterações do equilíbrio ácido-básico ou desidratação.
12. Recomenda-se o uso de vitamina K, a fim de prevenir sangramento devido à redução da protrombina.[4,6-9,13,16,17,22,26]

Em geral, a mortalidade associada ao envenenamento por salicilato é baixa (< 2%) se o manejo clínico for adequado e oportuno. **Se o manejo for tardio, ou em casos graves ou crônicos, a mortalidade pode aumentar até 25%. Grupos populacionais de maior risco são idosos, crianças e gestantes.**[5-9,16,29] Os melhores indicadores de gravidade correspondem ao desenvolvimento de sinais neurológicos e acidose metabólica.[4,5,8,16,34]

REFERÊNCIAS BIBLIOGRÁFICAS

1. Löscher W, Richter A. Lehrbuch der Pharmakologie und Toxikologie für die Veterinärmedizin: Enke; 2016.
2. Hsu WH. Handbook of veterinary pharmacology: John Wiley & Sons; 2008.
3. Bischoff K, Mukai M. Chapter 28 - Toxicity of over-the-counter drugs. In: Gupta RC, editor. Veterinary Toxicology (Second Edition). Boston: Academic Press; 2012. p. 443-68.
4. Manrique CI. Intoxicación por salicilatos. In: Peña LM, Arroyave CL, Aristizábal JJ, Gómez UE, editors. Toxicología clínica: Fundamentos de medicina: Corporación para investigaciones Biológicas CIB; 2010. p. 172 - 82.
5. Schonwald S. Section A: Analgesics. In: Schonwald S, editor. Medical toxicology: a synopsis and study guide; 2001. p. 82-101.
6. Henry J, Volans G. ABC of poisoning. Analgesic poisoning: I--salicylates. British Med J (Clin Research ed). 1984;289(6448):820.
7. RITA-Chile C. Estadísticas anuales de toxicología en Corporación RITA-Chile, 2001 - 2020. In: RITA-Chile C, editor. Estadísticas anuales de toxicología. Chile; 2021.
8. Papich MG. Saunders handbook of veterinary drugs. 4. ed.: Elsevier; 2016.
9. Kearney T, Olson K. Poisoning & Drug Overdose. 6. ed. Nova Iorque: McGraw-Hill; 2012. p. 69-72, 363-4.
10. Crotty JJ. The epidemiology of salicylate poisoning. Clin Toxicology. 1968;1(4):381-6.
11. Clark D, Murray DB, Ray D. Epidemiology and outcomes of patients admitted to critical care after self-poisoning. J Int Care Soc. 2011;12(4):268-73.
12. Hutt A, Caldwell J, Smith R. The metabolism of aspirin in man: a population study. Xenobiotica. 1986;16(3):239-49.
13. Needs CJ, Brooks PM. Clinical pharmacokinetics of the salicylates. Clin Pharmacokinet. 1985;10(2):164-77.
14. Drugs.com. Aspirin Dosage USA2021 [acesso em: 01 de novembro de 2021]. Disponível em: https://www.drugs.com/dosage/aspirin.html.
15. Papich MG. Saunders handbook of veterinary drugs. 6. ed. Elsevier; 2018.
16. Maddison JE, Page SW, Church DB. Small animal clinical pharmacology: Elsevier Health Sciences; 2008.
17. Boothe DM. Small Animal Clinical Pharmacology and Therapeutics-E-Book: Elsevier Health Sciences; 2011.
18. Mazzaferro EM, Ford RB. Section I - Emergency Care. In: Ford RB, Mazzaferro E, editors. Kirk & Bistner's Handbook of Veterinary Procedures and Emergency Treatment (Ninth Edition). Saint Louis: W.B. Saunders; 2012. p. 223, 6.
19. Tisminetzky G, Pahissa G. Manual de emergencias médicas: clínicas y quirúrgicas. Manual de emergencias médicas: clínicas y quirúrgicas; 2015. p. 556-61.
20. Cavanagh K. Plumb's Veterinary Drug Handbook. Pocket—7th edition. The Canadian Vet J. 2012;53(12):1284.
21. Campos RA, Sellés AF. Guía del residente en la UCI. 3. ed.; 2014.

22. Goodenberger D. Urgencias médicas. In: Cooper DH, Krainik A, Lubner S, Reno H, Micek S, editors. Manual Washington de Terapéutica Médica 32 Edición; 2007. p. 571-618.
23. Asistenciales SdR. Manual Proceso de Atención de URGENCIA en Atención Primaria de Salud. Salud Md, editor. Santiago, Chile: Gobierno de Chile; 2018.
24. Borgel Aguilera L, Brantes Martínez J, Briones Bilbao G, Argandoña Morales M, Intriago Attue G, Inojosa Ramos RA, et al. Protocolos para el manejo del paciente intoxicado: Chile. Ministerio de Salud. Red de Información Alerta y Toxicológica; 2001.
25. Sepúlveda RA, Ortega M, Donoso N, Jara A. Intoxicación por ácido acetilsalicílico, fisiopatología y manejo. Rev Med Chil. 2018;146(11): 1309-16.
26. Dargan PI, Wallace CI, Jones AL. An evidence based flowchart to guide the management of acute salicylate (aspirin) overdose. Emerg Med J. 2002;19(3):206-9.

CAPÍTULO 69

TEOFILINA (AMINOFILINA)

Marcos Vinícios Razera

PONTOS-CHAVE

- A teofilina pertence ao grupo das metilxantinas e, embora com usos terapêuticos cada vez mais restritos, pode ainda ser agente de quadros de intoxicação aguda ou crônica.
- A teofilina apresenta diversos mecanismos de ação, impactando em ampla variabilidade da apresentação clínica nos casos de intoxicação.
- Intoxicações por teofilina na população pediátrica devem ser manejados com cautela, pois nesse grupo o *clearence* da droga pode estar alterado e os desfechos são piores em intoxicações crônicas.
- O manejo dos quadros de intoxicação varia de acordo com as manifestações clínicas, mas efeitos cardiovasculares e neurológicos são potencialmente mais graves.
- Embora não exista antídoto para casos de intoxicação por teofilina, o uso de doses repetidas de carvão ativado é fundamental nos casos agudos.

INTRODUÇÃO

A aminofilina, um complexo formado por etilenodiamina e teofilina, libera esta última na corrente sanguínea. Pertence ao grupo das metilxantinas, que são pseudoalcaloides encontrados em café, chá, guaraná e cacau.[1] Em decorrência da ação da teofilina na musculatura lisa, é utilizada em casos crônicos de broncoespasmo e, eventualmente, como adjuvante em casos agudos. Já pelo efeito no sistema nervoso central, tem sua utilidade nos casos de apneia da prematuridade. Recentemente, sugere-se o uso da medicação para tratamento de cefaleia pós-punção lombar, prevenção de nefropatia por agentes de contraste, linfedema, reversão de bradicardia em pacientes com lesão medular e hiposmia.[1-3]

Em virtude dos efeitos estimulantes, a teofilina pode ocasionar taquicardia, cefaleia, hiperatividade (especialmente em crianças), insônia, crises convulsivas, tremores, piora do refluxo gastroesofágico, náuseas e vômitos. Seu uso é contraindicado em casos de hipersensibilidade aos componentes da formulação, bem como casos de gastrite ativa ou úlcera péptica (ativa ou história prévia).[4]

O uso de teofilina em crianças menores de um ano deve ser monitorado com cuidado, pois o *clearence* da droga é muito variável nessa população. Durante a gestação, é considerado classe C (risco não pode ser aferido/usar somente se benefício superar o risco), embora seu uso não seja associado a aumento do risco de malformações fetais. O uso no 3º trimestre da gestação requer atenção quanto à possibilidade de efeitos adversos nos neonatos. A teofilina está presente no leite materno em concentrações semelhantes aos níveis séricos, nesse sentido, lactentes podem apresentar efeitos adversos associados ao fármaco, embora seu uso seja considerado compatível com amamentação.[2]

MECANISMO DE AÇÃO

A teofilina age por meio da inibição não seletiva da enzima fosfodiesterase, promovendo relaxamento da musculatura lisa e supressão da resposta das vias aéreas aos estímulos. Além disso, antagoniza os receptores de adenosina, aumentando a resposta ventilatória ao dióxido de carbono, revertendo a depressão respiratória por hipóxia central, elevando a força de contração do diafragma e melhorando o tônus muscular da faringe. Ainda, aumenta a liberação de catecolaminas endógenas.[1,2]

Fármaco/toxicocinética

A teofilina é rapidamente e completamente absorvida, independente da via de administração. Apresenta ampla distribuição pelos tecidos, exceto no adiposo, podendo ter aumento em pacientes neonatos prematuros e no terceiro trimestre da gestação. Sua metabolização é realizada no fígado e a excreção é urinária.[2]

O tempo de meia-vida de eliminação é variável de acordo com a idade e comorbidades do paciente (Tabela 1).[5]

DOSES TÓXICAS

A maioria das exposições tóxicas à teofilina não é intencionais e ocorre em pacientes acima de 19 anos, bem como é mais comum o relato de exposição a preparações de liberação prolongada. O uso da teofilina diminuiu significativamente desde que medicamentos com melhores relações risco-benefício foram introduzidos, entretanto seu uso ainda é bastante difundido.[1,2]

A concentração sérica terapêutica de teofilina varia entre 10 e 20 mcg/mL quando usada para tratamento de asma e concentrações menores para outras opções terapêuticas. Manifestações de intoxicação aguda, como vômitos, podem ocorrer com doses tão baixas quanto 7,5 mg/kg (pico sérico estimado de mcg/mL). A toxicidade crônica pode ocorrer mesmo com a ingesta de dose recomendada para o peso do paciente, já que pode ocorrer acúmulo da medicação por causa da saturação das vias metabólicas, diminuição da depuração e/ou inibição por medicamentos administrados em conjunto.[2,3]

Tabela 1 Tempo de meia-vida da teofilina

Faixa etária	Tempo de meia-vida
Prematuros 3 a 15 dias de vida	30 horas (17 a 43 horas)
Prematuros 25 a 57 dias de vida	20 horas (9,4 a 30,6 horas)
Crianças a termo 1 a 2 dias de vida	25,7 horas (25 a 26,5 horas)
Crianças a termo 3 a 30 semanas de vida	11 horas (6 a 29 horas)
Crianças 1 a 4 anos	3,4 horas (1,2 a 5,6 horas)
Crianças e adolescentes 6 a 17 anos	3,7 horas (1,5 a 5,9 horas)

A toxicidade por teofilina pode ocorrer em casos de redução do *clearence* do fármaco:

- Edema agudo de pulmão;
- Insuficiência cardíaca;
- Cor pulmonale;
- Febre (≥ 38,9 °C por ≥ 24 horas ou menores temperaturas por períodos prolongados);
- Doença hepática, cirrose ou hepatite aguda;
- Hipotireoidismo;
- Sepse com falha de múltiplos órgãos;
- Choque;
- Neonatos (a termo e prematuros);
- Crianças < 3 meses com redução da função renal;
- Crianças < 1 ano.

Nesses pacientes, deve-se considerar o benefício do uso de tais medicações, bem como necessidade de monitorização mais intensa. Se um paciente desenvolve sinais e sintomas de toxicidade por teofilina, deve-se realizar monitorização dos níveis séricos da droga.[2,3]

QUADRO CLÍNICO

O nível sérico de teofilina está diretamente relacionado à morbidade nos casos de intoxicação aguda; já nos casos crônicos, extremos de idade tendem a apresentar piores desfechos. O método de intoxicação por teofilina, seja aguda ou crônica, tem implicações significativas tanto na apresentação clínica quanto no tratamento. Pacientes com intoxicações crônicas podem apresentar sintomas iniciais leves, mas apresentam risco maior de complicações mais graves, como arritmias e convulsões (Quadro 1).[3]

As crises convulsivas podem ser o primeiro sinal de toxicidade por teofilina, especialmente em crianças ou em casos de intoxicação crônica. Nas crianças, costumam ser de fácil controle, respondendo a benzodiazepínicos e com recuperação total se não houver hipoxemia ou hipotensão prolongada.[3]

DIAGNÓSTICO

A presença de sintomas sugestivos de intoxicação, associada à história de exposição à teofilina – seja usuário crônico do fármaco, tentativa de suicídio ou exposição acidental –, devem levar à suspeita de intoxicação. O nível sérico de teofilina elevado ajuda a confirmar a intoxicação, além de ser importante para avaliar morbidade nos casos agudos e monitorar a evolução do tratamento. Níveis séricos de glicose e eletrólitos, bem como eletrocardiograma, são úteis na avaliação dos efeitos do fármaco nos casos de intoxicação.[1-3]

TRATAMENTO

Medidas de descontaminação

O carvão ativado é o principal agente de descontaminação da teofilina, especialmente quando utilizado em múltiplas doses:[3]

> Carvão ativado 1 g/kg (máx. 50 g) via oral ou via sonda nasogástrica;
>
> seguido por doses de 0,5 a 1 mg/kg em suspensão aquosa a cada 2-4 horas.

Deve-se avaliar a necessidade de intubação para proteção de vias aéreas, especialmente se houver alteração do estado mental. O esvaziamento gástrico por lavagem gástrica e/ou xarope de ipeca não são recomendados nos casos de intoxicação por teofilina.[3]

Quadro 1. Intoxicação por teofilina[3]

Área	Sinais e sintomas
Metabólico	hipocalemia, hiperglicemia, acidose metabólica, hipercalcemia e hipofosfatemia
Musculoesquelético	tremores, rabdomiólise
Gastrointestinal	vômitos, dor abdominal
Neurológico	convulsões, letargia, alucinações visuais
Cardiovascular	taquicardia sinusal, arritmias ventriculares (adultos), taquicardia supraventricular ou contrações atriais/ventriculares (crianças)

Tabela 2. Medidas de suporte

Alteração	Tratamento	Observações
Hipocalemia	1 a 1,5 × a dose de manutenção de KCl a 40 mEq/L EV nos casos de intoxicação com nível de K < 3mEq/L ou com arritmias ventriculares	Ocorre por deslocamento de potássio para os tecidos e não por depleção do potássio corporal; melhora com redução dos níveis séricos de teofilina.
Acidose metabólica	Bicarbonato de sódio nos casos de pH < 7,0	Normalmente não necessita intervenção específica, pois apresenta melhora com redução dos níveis de teofilina.
Vômitos	Ondansetrona 0,15 mg/kg EV (máx. 16 mg) **Alternativa ou adjuvante:** Metoclopramida 0,5 a 1 mg/kg EV (máx. 50 mg)	Pode ser persistente e de difícil controle; sugere-se uso associado de famotidina, no intuito de diminuir a hipersecreção gástrica induzida pela teofilina
Hipotensão	Salina isotônica 20 mL/kg; Tratamento de qualquer arritmia cardíaca	Se não houver resposta, sugere-se uso de agonistas alfa-adrenérgicos, com fenilefrina ou norepinefrina.
Arritmias cardíacas	Manejadas inicialmente de acordo com recomendações do Pediatric Advanced Life-Support[6] **Taquicardia supraventricular:** Adenosina 0,1 mg/kg EV, em bolo (máx. 6 mg); Se necessário, 2ª dose de 0,2 mg/kg EV, em bolo (máx. 12 mg); **Alternativa:** Esmolol 100 a 500 mcg/kg EV, rápida **Arritmias ventriculares:** Epinefrina 0,01 mg/kg EV ou IO (máx. 1 mg); Repetir a cada 3-5 minutos Amiodarona 5 mg/kg EV ou IO (até 3 doses) OU Lidocaína 1 mg/kg/dose EV ou intraóssea **Alternativa:** Esmolol 100 a 500 mcg/kg EV, rápida	Bloqueadores do canal de cálcio devem ser evitados, superior a 3 anos, em decorrência da possibilidade de hipotensão, depressão miocárdica, colapso cardiovascular súbito e morte.
Convulsões	Diazepam 0,2 mg/kg EV ou IO (máx. 8 mg) ou Lorazepam 0,1 mg/kg EV ou IO (máx. 4 mg); Se necessário, usar 2ª dose após 5 a 10 minutos; Se não houver melhora, administrar FNB 20 mg/kg EV ou IO (máx. 1g) após 10 a 15 minutos; Se não houver melhora, midazolam ou propofol infusão contínua.	Benefício de uso profilático de benzodiazepínico ou fenobarbital nos casos de evidência de excitabilidade neuromuscular, intoxicação aguda com nível de teofilina ≥ 80 mcg/mL, crianças com menos de 6 meses ou adultos com 65 anos ou mais, com intoxicação crônica e nível de teofilina ≥ 30 mcg/mL.

EV = Endovenoso; IO = Intraósseo.

Tabela 3. Indicações de hemodiálise[3,5]

Tipo de intoxicação	Indicação de hemodiálise
Intoxicação aguda	• Sintomas graves (convulsões, choque, arritmias com risco de vida); • Nível de teofilina ≥ 100 mcg/mL independente dos sintomas; • Deterioração clínica ou nível sérico de teofilina em ascensão a despeito do tratamento otimizado.
Intoxicação crônica	• Sintomas graves (convulsões, choque, arritmias com risco de vida); • Nível de teofilina ≥ 60 mcg/mL em pacientes com idade entre 6 meses e 60 anos independente dos sintomas; • Nível de teofilina ≥ 50 mcg/mL em crianças com menos 6 meses ou adultos com mais de 60 anos.

Medidas de depuração

Além do efeito de descontaminação, o uso de múltiplas doses de carvão ativado apresenta efeito depurador, pois promove retrodifusão da teofilina da corrente sanguínea para o lúmen intestinal.[3] A teofilina, por seu baixo volume de distribuição sem extensão/ligação às proteínas, pode sofrer remoção extracorpórea.

REFERÊNCIAS BIBLIOGRÁFICAS

1. Greene SC, Halmer T, Carey JM, Rissmiller BJ, Musick MA. Theophylline toxicity: An old poisoning for a new generation of physicians. Turk J Emerg Med. 2018;18(1):37-9.
2. UptoDate [ww.uptodate.com]. Theophylline: Pediatric drug information [acesso em: 17 de janeiro de 2021]. Disponível em: https://www.uptodate.com/contents/theophylline-pediatric-drug-information?search=teofilina&topicRef=11085&source=see_link
3. UptoDate [www.uptodate.com]. Theophylline poisoning [acesso em: 17 de janeiro de 2021]. Disponível em: https://www.uptodate.com/contents/theophylline-poisoning?search=teophyllin%20poisoning&source=search_result&selectedTitle=1~32&usage_type=default&display_rank=1
4. MedicinaNet [www.medicinanet.com.br]. Aminofilina [acesso em: 17 de janeiro de 2021]. Disponível em: https://www.medicinanet.com.br/conteudos/medicamentos/154/aminofilina.htm
5. Hendeles L, Jenkins J, Temple R. Revised FDA labeling guideline for theophylline oral dosage forms. Pharmacotherapy. 1995;15(4):409-27.
6. Maconochie IK, Aickin R, Hazinski MF, Atkins DI, Bingham R, Couto TB, et al. Pediatric Life Suport: 2020 International Consensus on Cardiopulmonary Resuscitation and Emergency Cardiovascular Care Science With Treatment Recommendations. Circulation. 2020;142:140-184.
7. Yaman A, Kendirli T, Ödek Ç, Azapağası E, Erkol H, Pişkin İE, et al. Severe theophylline poisoning treated with continuous venovenous hemodialysis in a child. Turkish J Pediatr. 2016;58:297-300.

CAPÍTULO 70

TOXICOLOGIA DOS HIDROCARBONETOS AROMÁTICOS, ALICÍCLICOS E ALIFÁTICOS

Luiz Querino de Araújo Caldas

PONTOS-CHAVE

- A exposição pode ser acidental ou intencional ocorrer no domicílio, no trabalho ou durante o uso recreacional.
- As exposições mais frequentes ocorrem pelas vias oral e respiratória, e crianças, adolescentes e idosos são os mais afetados.
- As intoxicações exógenas em crianças pela ingestão de hidrocarbonetos encontrados em produtos de limpeza, desinfetantes e detergentes de uso doméstico são extremamente comuns.
- O quadro e os desfechos clínicos vão depender da natureza do agente (composto simples ou mistura), da quantidade, do tempo entre a exposição e o atendimento médico.
- Casos assintomáticos poder sem atendidos a distância, enquanto os sintomáticos devem buscar assistência imediata nos prontos-socorros ou hospitais de urgência.
- O diagnóstico e o manejo dos sintomáticos requerem exames clínicos, laboratoriais e de imagem para avaliação dos desfechos clínicos, evolução e acompanhamento, até a alta médica.
- Em geral, as medidas de descontaminação intra-hospitalar raramente incluem lavagem gástrica e uso de antídotos.
- Pacientes com quadro grave por exposição gástrica ou inalatória (acidental ou intencional) de hidrocarbonetos que afetem o sistema nervoso central e o cardiorrespiratório podem suscitar cuidados de terapia intensiva.
- Óbitos podem ocorrer por colapso cardiorrespiratório, e não são raros os casos com uso concomitante de outras drogas de abuso.

CARACTERÍSTICAS DOS HIDROCARBONETOS

Existem inúmeros hidrocarbonetos na natureza e outros sintéticos, ou seja, inventados pelo homem, com composições e formulações diversas. Hidrocarbonetos são substâncias orgânicas que contêm átomos de carbono e hidrogênio. A terminologia dos rótulos de produtos depende muito do uso da nomenclatura – oficial ou comercial.

Os hidrocarbonetos alifáticos são divididos em alcanos (parafinas) ou alcenos (olefinas). No primeiro grupo, os mais comuns são metano, etano, propano, butano, pentano, hexano, heptano, octano, entre outros, que predominam nos quadros de intoxicação exógena. No segundo, citam-se o eteno (mais comum etileno), propeno (propileno), penteno, entre outros. Há ainda os alcinos: etino (acetileno), propino (metilacetileno) e outros, com relatos menos frequentes, do mesmo modo que o grupo dos alicíclicos, aos quais pertencem o ciclopropano, o ciclobutano, o ciclopentano e o ciclo-hexano.

Entre os aromáticos, o mais comum é o benzeno, com um anel monocíclico ou com mais anéis benzênicos (policíclicos), como é o caso do naftaleno, antraceno e fenantreno. Tanto estes últimos quanto o tolueno, o xileno e o naftaleno, outras subcategorias de hidrocarbonetos, incluem alifáticos com estrutura de cadeia saturada ou insaturada e os halogenados (contendo cloro, bromo ou flúor), álcoois e glicóis, éteres, cetonas, ácidos carboxílicos e muitos outros – por exemplo, o clorometano (cloreto de metila), cloroetano (também chamado de cloreto de etila), cloreto de vinila (PVC) e assim por diante. Nesses casos, os derivados dos alcanos são os cloroalcanos, e dos alcenos, cloroalcenos (em geral, normalmente chamados apenas de organoclorados).

Com o nitrogênio, há as aminas, embora não se use chamá-los de alcanoaminas, enquanto os aromáticos aminados são denominados de anilinas. Alguns compostos mencionados neste parágrafo serão objeto de discussão em outros capítulos (metais – pesados ou não –, pesticidas etc.).

Hidrocarbonetos incluem produtos como solventes, vernizes, combustíveis, ceras, polidores, desengordurantes, lubrificantes e outros produtos automotivos. Aparecem, ainda, em compostos orgânicos de diversas origens, incluindo óleos vegetais, gorduras animais e carvão mineral. Também amiúde, podem intencionalmente ser usados (delituosamente ou não), misturados com outros agentes de toxicidade sistêmica, como colas, cânfora, metais (pesados) e pesticidas.

Vale salientar que algumas intoxicações têm desfechos clínicos bastante semelhantes, ainda que diferenças sutis possam ocorrer entre si. O médico atendente deve estar alerta para esses fatores de confusão entre produtos comerciais e tentar identificar e familiarizar-se com as categorias gerais e propriedades físicas de cada agente, seus nomes comerciais e corriqueiros. A nomenclatura entre eles pode ser diversa entre produtos de emprego similar, havendo sempre de consultar no caso da intoxicação a sinonímia do agente tóxico.[1]

O Quadro 1 mostra alguns exemplos desses compostos aromáticos, contendo (ou não) alicíclicos em sua fórmula e seus respectivos efeitos tóxicos para os seres vivos (efeitos de curto e longo prazo são descritos).

Quadro 1. Estruturas químicas e efeitos tóxicos dos 16 hidrocarbonetos policíclicos aromáticos considerados poluentes prioritários

Nomenclatura (IUPAC)	Estrutura	Efeito	Nomenclatura (IUPAC)	Estrutura	Efeito
Naftaleno		Tóxico	Acenaftileno	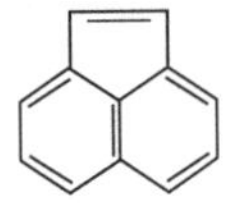	Mutagênico
Acenafteno	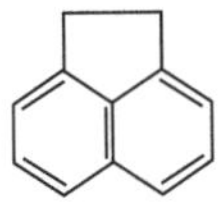	Mutagênico	Fluoreno	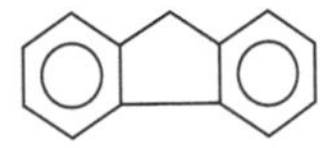	Mutagênico
Antraceno	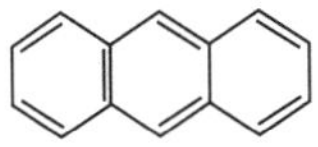	Mutagênico	Fenantreno	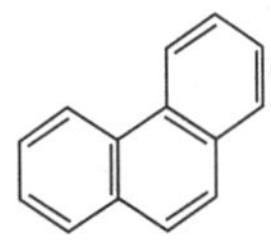	Tóxico e mutagênico
Fluoranteno	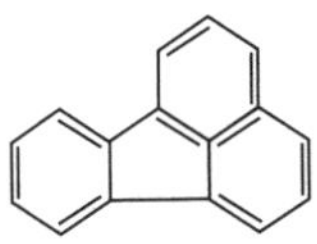	Carcinogênico e mutagênico	Pireno	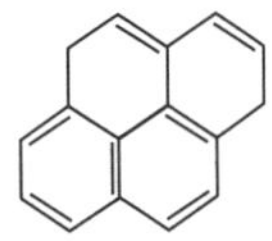	Carcinogênico e mutagênico
Criseno	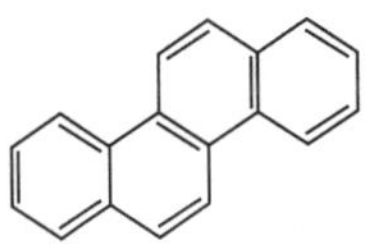	Carcinogênico e mutagênico	Benzo (a) antraceno	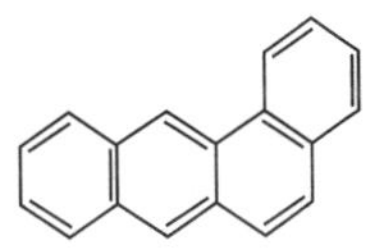	Carcinogênico e mutagênico
Benzo (b) fluoranteno	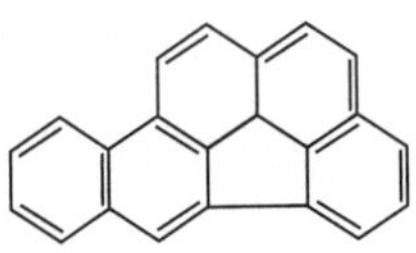	Carcinogênico e mutagênico	Benzo (k) fluoranteno	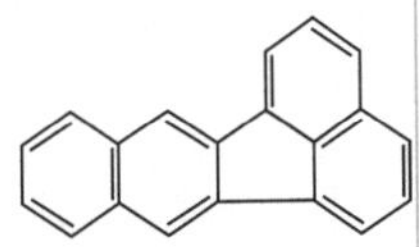	Carcinogênico e mutagênico
Benzo (a) pireno	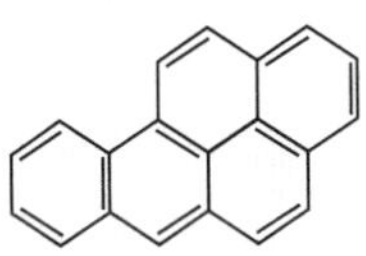	Carcinogênico e mutagênico	Dibenzo (a,h) antraceno	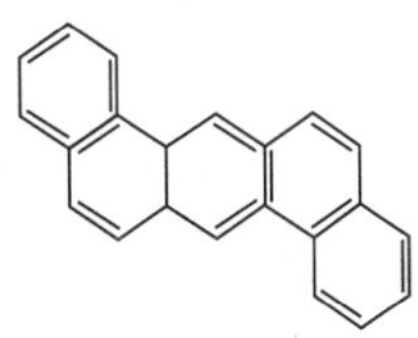	Carcinogênico e mutagênico
Benzo (g,h,i) perileno		Carcinogênico	Indeno (1,2,3-cd) pireno	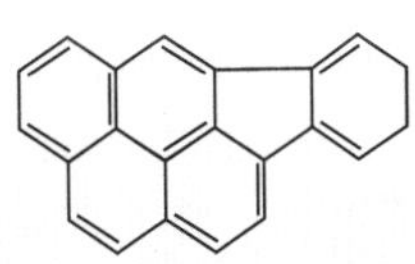	Carcinogênico

Fonte: Sims RC et al., 1988, citados por Fronza L, 2006.[13]

Vamos enfatizar os de uso doméstico, ocupacional ou recreacional, priorizando a frequência de exposição e intoxicações registradas nos hospitais de urgência e prontos-socorros. Como exemplos prevalentes, aparecem os destilados de petróleo (querosene, gasolina e nafta), particularmente em crianças e adolescentes.

Recente levantamento obtido pelo National Poison Data System (NPDS) dos Estados Unidos, publicado em 2020, revelou que produtos químicos de uso doméstico foram responsáveis por cerca de 28 mil casos (7,13%) de intoxicação do total anual em qualquer idade, e que destes, em crianças menores de 5 anos, ocorreram em 10,5% dos casos (2.800). No Brasil, em 2020, o Sistema de Informação de Agravos de Notificação (Sinan) registrou 44.362 casos de intoxicações exógenas, dos quais 3.689 (8,3%) ocorreram acidentalmente por produtos químicos de uso doméstico em todas as faixas etárias; em crianças de até 4 anos de idade prevalentes, foram 808 casos (22%), com um acréscimo de 78 casos (2%) até os 9 anos. Em adolescentes menores de 19 anos, notificaram-se 208 casos (5,6%) de intoxicação pelo uso doméstico desses produtos, sendo 2 óbitos (0,05%) por exposição acidental, nenhuma fatalidade em crianças abaixo de 9 anos. Em adultos entre 20 e 59 anos, foram 65% dos casos, e em idosos acima de 60 anos, 5,4% dos casos.[2,3]

Com relação às drogas de abuso, de modo geral, incluindo a aspiração/inalação intencional de gases e vapores de hidrocarbonetos, o Sinan registrou 3.860 ocorrências, das quais 11 casos (0,3%) abaixo de 9 anos de idade, e 734 casos (19%) em adolescentes até os 19 anos. Vale informar que, desse total, 23 (0,6%) foram casos crônicos agudizados. Nesse ano, foram relatados 42 óbitos (1,1%) em todas as faixas etárias. O Sistema Nacional de Informações Tóxico-farmacológicas (SINITOX) da FIOCRUZ/MS, até 2017, vem registrando anualmente intoxicações por produtos domissanitários em torno de 7,5% do total de casos (44 mil) por produtos químicos industriais (5,5%), e para as drogas de abuso, ao redor de 3,5%.[2,3]

Em crianças, a ingestão, a aspiração e a exposição tegumentar (cutâneo-mucosa) podem ocorrer acidentalmente, com fatalidades e/ou sequelas permanentes, podendo ser prevenidas com limitação de acesso, manuseio e armazenamento adequado. Em adolescentes e adultos, a ingestão, aspiração e injeção em geral ocorrem de modo intencional durante o abuso ou, mais raramente, acidentalmente. No caso dos inalantes, ao tentar aspirar produtos voláteis tipo solventes, combustíveis e removedores, buscam estimulação neuropsíquica súbita ou tentam suicídio. Assim, além da exposição inadvertida, a intoxicação grave costuma ocorrer a partir da inalação de gases e vapores emanados de compostos contendo hidrocarbonetos usados como drogas de abuso.

ALERTA IMPORTANTE

Apesar de a rotulagem de muitos produtos ativos principais não conter advertência decorrente da exposição acidental ou intencional do agente, por serem considerados atóxicos, muitos desses compostos são diluídos/dissolvidos em hidrocarbonetos como veículos (solventes q.s.p), mostrando-se tóxicos ao serem aspirados ou ingeridos. Alguns apresentam odor e cor extremamente agradáveis e atraentes.

PROPRIEDADES FÍSICAS DOS HIDROCARBONETOS

As propriedades físicas mais pertinentes à etiopatogenia desses agentes estão relacionadas às lesões do trato respiratório (TR) advindas tanto da ingestão quanto da inalação condicionadas à viscosidade e volatilidade do agente. A viscosidade determina a rapidez de entrada no trato respiratório superior e inferior, penetração nos bronquíolos e absorção alveolar, ou seja, produtos com viscosidade cinemática (cSt) acima de 20 cSt são pouco tóxicos ou atóxicos. Alguns que possuem 10 cSt (ou menor) são um pouco mais tóxicos, enquanto os menos viscosos (< 3 cSt) se mostram muito tóxicos.

Graxas, vaselina e óleos minerais com baixa volatilidade e alta viscosidade são essencialmente não tóxicos, ainda que possam causar pneumonia lipoide por aspiração direta. Os compostos de baixo peso molecular sob a forma de vapor ou gases voláteis são mais facilmente absorvidos aumentando a possibilidade de toxicidade local e sistêmica. Gases como metano, butano e propano substituem rapidamente o ar ambiente dos alvéolos, atravessam as membranas alveolocapilares e chegam ao sistema nervoso causando hipóxia central e em tecidos periféricos (cardiotoxicidade).[4] Nos Estados Unidos, butano, propano e propelentes desodorizantes estão associados a altas taxas de mortalidade (Perry, 2021), o que se repete quando vapores de compostos aromáticos (benzeno, benzina, éter de petróleo) são aspirados ou inalados. O trato gastrointestinal (TGI) também pode absorver quantidades desses agentes, ainda que a absorção de gasolina, terebintina e nafta não seja significativa por essa via. Querosene, tíner e óleo mineral selante podem levar a complicações respiratórias, mas a absorção enteral também é ínfima (Quadro 2). A tensão superficial e a aderência de moléculas a uma superfície podem interferir na absorção dos hidrocarbonetos.[12]

MECANISMOS DE AÇÃO

A exposição direta após aspiração voluntária a hidrocarbonetos de alta volatilidade, baixa viscosidade e baixa tensão superficial pode causar lesão pulmonar por ação direta e rompimento do involucro surfactante dos alvéolos, causando pneumonite química (nafta do petróleo, gasolina, terebintina) e, em crianças, particularmente, pela farta ingestão do produto, embora efeitos sistêmicos não sejam comuns. Por sua vez, a exposição por ingestão, inalação ou absorção cutânea de compostos aromáticos, halogenados ou canforados pode resultar em efeitos deletérios em numerosos órgãos e tecidos, causando lesão por ação direta ou indireta no sistema nervoso central, fígado, rins e no coração, por estimulação vagal, desencadeando bradicardia e parada cardiorrespiratória.[5]

O mecanismo exato da depressão do sistema nervoso central é desconhecido, mas evidências experimentais sugerem efeitos nos receptores N-metil-D-aspartato (NMDA), dopamina e ácido gama-aminobutírico (Gaba). Entretanto,

Quadro 2. Produtos encontrados no mercado formal e informal, seu uso e/ou nome técnico e vulgar, via de exposição e toxicidade relativa

Produtos de origem mineral ou vegetal/ nome técnico	Uso e/ou nome vulgar/via de exposição	Toxicidade local e/ou sistêmica prevalentes						
		Gástrica		Respiratória		Dérmica		Parenteral
		Aguda	Crônica*	Aguda	Crônica*	Aguda	Crônica*	Aguda
Vaselina	Parafina	–	n.a.	n.a.	n.a.	–	–	n.a.
Graxa	Lubrificante	–	n.a.	n.a.	n.a.	+	++	n.a.
Óleo de motor	Lubrificante	+	n.a.	n.a.	n.a.	+	+	n.a.
Óleo mineral	Selador, lubrificante	+	+	n.a.	n.a.	+	+	n.a.
Óleo de pinho	Desinfetantes	+	++	+	++	+	++	n.a.
Gasolina**	Combustível, removedor	++	+++	+	++	+	++	++
Querosene**	Combustível, removedor	++	+++	+	++	++	+++	++
Tolueno (toluol)**	Colas, tíner	n.a.	n.a.	+	++	+	++	++
Xileno (xilol)**	Colas, tíner	n.a.	n.a.	+	++	+	++	++
Nafta de petróleo**	Combustível destilável	n.a.	n.a.	+	++	++	+++	++
Éter de petróleo**	Benzina	n.a.	n.a.	+	++	+	++	++
Terebintina	Aguarrás vegetal	n.a.	n.a.	+	++	+	++	++
Limoneno**	Solvente biodegradável	n.a.	n.a.	+	++	++	+++	++
Pineno**	Terebinteno	n.a.	n.a.	+	++	+	++	++
Canfora	Odorizante	n.a.	n.a.	+	++	+	++	++
Fenol**	Limpeza	n.a.	n.a.	+	++	++	+++	++
Cloreto de etila**	Lança-perfume	n.a.	n.a.	+	++	+	++	++
Acetona**	Esmaltes, tintas e removedores	n.a.	n.a.	+	++	+	++	++
Tricloroetileno**	Desengraxantes	n.a.	n.a.	+	++	++	+++	++
Tetracloroetileno**	Desengraxantes	n.a.	n.a.	+	++	+	++	++
Etanol**	Tíner, solvente, cheirinho-da-loló	++	+++	+	++	+	++	++
Diclorometano**	Desengraxantes	n.a.	n.a.	+	++	++	+++	++
Clorofórmio**	Cheirinho-da-loló	n.a.	n.a.	+	++	+	++	++
Acetato de etila**	Esmaltes, tintas e removedores	n.a.	n.a.	+	++	+	++	++
Éter etílico**	Cheirinho-da-loló	n.a.	n.a.	+	++	++	+++	++
Éter dimetílico**	Des(odor(iz)antes, fixadores de pelos	n.a.	n.a.	+	++	+	++	++
Hexano**	Solvente	n.a.	n.a.	+	++	+	++	++
Acetato de butila**	Esmaltes, tintas e removedores	n.a.	n.a.	+	++	++	+++	++
Butano***	Des(odor(iz)antes, fixadores de pelos	n.a.	n.a.	+	++	n.a.	n.a.	n.a.
Propano***	Des(odor(iz)antes, fixadores de pelos	n.a.	n.a.	+	++	n.a.	n.a.	n.a.
Isobutano***	Des(odor(iz)antes, fixadores de pelos	n.a.	n.a.	+	++	+	++	n.a.
Metanol**	Tíner	n.a.	n.a.	+	++	+	++	++
Butanol**	Tíner	n.a.	n.a.	+	++	++	+++	++
Isopropanol**	Limpa-tela, tíner	n.a.	n.a.	+	++	+	++	++
Benzina**	Fluido de isqueiro	n.a.	n.a.	+	++	+	++	++
Cloreto de metileno**	Decapante, descafeinizante	n.a.	n.a.	+	++	++	+++	++
Fluorocarbonos***	Freon	n.a.	n.a.	+	++	n.a.	n.a.	n.a.

(–): significa ausente ou inócua; (+): baixa; (++): moderada; (+++) alta toxicidade, seja através da exposição aguda ou *crônica agudizada; n.a.: não se aplica; **viscosidade cinemática inferior a 3.0 cSt, ***à temperatura corporal (~37 °C).
Fonte: elaborada pelo autor.

autores Perry (2021)[12] e Aleguas e Lewander (2021)[8,9] corroboram as conclusões de Tormoehlen, Tekulve e Nañagas (2014), onde sugerem que a ação tóxica dos hidrocarbonetos causa depressão no sistema nervoso central (SNC) por um efeito complexo num grande número de receptores neurotransmissores, incluindo o receptor excitatório NMDA e receptor inibitório de Gaba. Esses autores também concluem que os efeitos em longo prazo no SNC são igualmente preocupantes e incluem comprometimento neurocognitivo, disfunção cerebelar e neuropatia periférica. Os achados neurológicos podem estar relacionados à perda de massa cerebral ou perfusão anormal. Tomografia computadorizada (TC) e ressonância magnética nuclear (RMN) de usuários crônicos de solventes e outros inalantes demonstraram perda de massa cerebral e degeneração da matéria branca, também chamada de leucoencefalopatia tóxica.[5]

A administração intramuscular ou intradérmica de hidrocarbonetos pode causar uma reação inflamatória local grave e necrose de liquefação, podendo ser necessário o desbridamento cirúrgico. O contato cutâneo-mucoso pode ocasionar uma simples irritação e desidratação local. A gravidade da lesão vai depender da extensão de tecido atingida, da duração da exposição e da concentração do agente. Por exemplo, o alcatrão mineral ou asfalto (piche) em contato com a pele seca e endurece, provocando queimaduras térmicas. O resfriamento imediato da pele afetada com água gelada pode facilitar a remoção completa sem injuriar a área. Posteriormente, sua remoção mecânica pode agravar a área de lesão, sendo necessário o uso de óleo mineral, vaselina medicinal ou outros produtos emulsificantes, umectantes e surfactantes inofensivos que possam ajudar a dissolver o produto (polissorbato 80).

A agressão pulmonar conduz a cianose pela substituição do ar atmosférico pelo gás ou vapor tóxico que, nos casos graves, geralmente fatais, vão gerar hiperemia, edema hemorrágico, infiltrado inflamatório intersticial, atelectasia, trombose vascular, broncopneumonia com exsudato abundante em granulócitos e formação de membrana hialina na parede (pela lipossolubilização dos surfactantes), resultando em colapso alveolar e atelectasia local.[10] Estudos têm demonstrado que a pneumonia por aspiração pode seguir um curso fulminante, resultando em síndrome da angústia respiratória aguda (Sara). Em pacientes com a síndrome, a gasometria arterial geralmente mostra a pressão parcial de oxigênio (PaO_2) reduzida, acompanhada de pressão parcial normal ou baixa de dióxido de carbono ($PaCO_2$) com alcalose respiratória. Os fatores que contribuem para a hipoxemia incluem edema pulmonar não cardiogênico, atividade surfactante reduzida, fechamento das vias aéreas reflexas, hemorragia alveolar e formação de membrana hialina. Os testes de função pulmonar mostram diminuição da conformidade, ventilação anormal e capacidade de difusão reduzida. Dependendo do agente, a consequente e imediata alteração nas taxas de ventilação-perfusão ocasiona hipoxemia, hipercarbia/hipercapnia (o cloreto de metileno se desdobra em monóxido de carbono – CO –, causando intoxicação) e hipóxia tecidual galopantes. Em decorrência do quadro súbito aparecem arritmias cardíacas, depressão do SNC e falência renal. Hipóxia e depressão dos centros respiratórios bulbares podem potencializar os efeitos de hidrocarbonetos no sistema nervoso central (estupor inicial, coma e convulsão). Já as propriedades lipofílicas de certos compostos facilitam sua deposição no tecido nervoso central e periférico. Polineuropatias podem ser detectadas em pacientes que ocupacional ou intencionalmente se expõem regularmente a alguns desses agentes (p. ex.: n-hexano). No caso de uso crônico agudizado, observam-se alterações neuropsíquicas de caráter permanente, como neuropatia periférica, perda de memória, dificuldade de concentração, distúrbios da visão, encefalopatia e demência.

ALERTA IMPORTANTE

Em caso de abuso (uso intencional), a sensibilização miocárdica a adrenérgicos circulantes (catecolaminas) e exógenos (anfetaminoides) potencializados pela inalação de hidrocarbonetos halogenados insaturados (p. ex.: tri e tetraclorados e/ou fluorados) tem sido responsável por arritmias ventriculares (taquicardia ou fibrilação) e assistolias, podendo levar à morte súbita, em parte pela suscetibilidade miocárdica induzida pela hipóxia tecidual explicada pela redução da condução elétrica por meio de junções comunicantes das membranas das células cardíacas. O mesmo ocorre quando o uso inalatório desses hidrocarbonetos se associa a situações de estresse intenso, alarme brusco, exercícios extenuantes, lutas e atividade sexual exaustiva (p. ex.: masturbação), que igualmente podem levar ao aparecimento de arritmias cardíacas.

Convém ao médico assistente se atentar para as repercussões clínicas do uso concomitante de etanol ou isopropanol ou a solventes que os contenham na sua composição (ex.: cheirinho-da-loló, cola de sapateiro, tíner, vernizes, removedores, limpa-telas etc.) com substâncias de abuso, em particular cocaína e *crack*, pois formam-se metabólitos hepáticos transesterificados conhecidos como cocaetileno e cocaisopropileno, respectivamente. Esses compostos neoformados no organismo possuem efeitos mais prolongados ($t_{1/2}$ 2-6 horas) e são mais cardiotóxicos que a cocaína, sendo, por conseguinte, mais letais.

Após a ingestão, hidrocarbonetos alifáticos causam irritação local na orofaringe, esôfago, estomago e intestino delgado, podendo causar edema e ulceração de mucosa com surgimento de hematêmese e hematoquezia. Podem aparecer focos de infiltração gordurosa e congestão hepática, em geral, sem maiores consequências. Entretanto, hidrocarbonetos halogenados (p. ex.: tetracloreto de carbono, clorofórmio, tolueno e tricloroetileno) podem ocasionar danos hepáticos (necrose centrotubular) e renais severos (induzindo à acidose metabólica).

A exposição prolongada dos rins aos hidrocarbonetos pode causar glomerulonefrite, acidose tubular e nefrite tubulointersticial crônica, na medula óssea anemia aplástica e/ou leucemia (p. ex.: benzeno), leucocitose fugaz e ainda ruptura da membrana celular (solubilização lipídica) das hemácias, promovendo hemólise intravascular e hemoglobinúria. Coagulopatia consumptiva pode surgir após ingestão massiva de hidrocarbonetos, ainda que raramente.

QUADRO CLÍNICO

Grande parte dos registros de casos pelos centros de assistência toxicológica e envenenamentos publicados na literatura médica e em outros estudos se refere às intoxicações acidentais em crianças menores de 5 anos de idade, em parte para enfatizar o descuido, a negligência e/ou mesmo o descaso que família e parentes que convivem no mesmo ambiente doméstico demonstram no manuseio, guarda e armazenamento desses produtos, os quais devem estar absolutamente fora de alcance, em locais protegidos e seguros. Não necessariamente adultos, ocupacionalmente expostos, apresentam quadro clínico agudo diverso ou menos severo do que aqueles que ocorrem em crianças – adicione-se o fato de que estas podem apresentar a agudização da exposição crônica, o que pode agravar a situação. Entretanto, idosos, pacientes com comorbidades e dependentes químicos podem ter piores desfechos clínicos.[6]

A gravidade vai depender, seja no caso da exposição acidental ou intencional ao agente, da dose, do local (aberto – diretamente no ar ambiente – do vasilhame ou *spray*, panos ou trapos embebidos no produto) ou em local fechado (ambiente confinado, sacos, balão, recipientes plásticos ou de vidro) da frequência de uso, da duração, da toxicidade do agente e se este foi aspirado, ingerido, injetado ou inalado, casual ou voluntariamente.[7]

Em pacientes suscetíveis (p. ex.: crianças e idosos), a inalação de quantidades inferiores a 1 mL em apenas alguns minutos após a ingestão do produto, em geral, se sucede com episódios de vomito, os quais podem levar à pneumonite química. A broncoaspiração pode ocorrer, não só pela êmese do conteúdo estomacal, mas também pelos próprios gases ou vapores emanados. A irritação da mucosa orogástrica e/ou da árvore traqueobrônquica procede na sensação de queimação, engasgo, asfixia e tosse. Nariz e boca mostram-se flamejantes e avermelhados, tiragens na musculatura do colo (pescoço) e intercostal, dispneia e ofegância (angústia respiratória) se alternam com episódios de taquipneia e broncoespasmo; cianose sobrevém na medida em que a substância se dispersa no trato respiratório. A ausculta demonstra murmúrio vesicular alterado, crepitações, chiado, roncos e sibilos universalmente distribuídos pela rápida e imediata infiltração/inflamação do parênquima pulmonar, resultantes de atelectasia e broncopneumonia, com macicez à percussão. Hálito ou odor típico pode ser percebido, mas esse não é um indicador confiável da quantidade inalada ou ingerida. Também em caso de exposição cutânea, como o embebimento/umedecimento das vestes, deve-se despir o paciente para evitar a persistência de contato do agente com pele e mucosas. Edema pulmonar, febre (30 a 60% dos casos), episódios de tosse hemoptoica ou hematêmeses acontecem e podem evoluir para pneumotórax espontâneo em casos graves. Embora muitos pacientes possam não apresentar sinais de progressão da doença nas primeiras horas após a exposição, se esta ocorrer o pico se estabelece nas próximas 24 a 48 horas, se mantém estável nas 48 horas seguintes e se resolve, em geral, em até 5 dias. Sequelas são esperadas, mas raramente necessitam de intervenção médica, e cuidados fisioterápicos podem ser necessários.[7]

Casos fatais podem ocorrer por parada cardiorrespiratória após a ingestão de 10 a 20 mL de alguns hidrocarbonetos halogenados ou canforados por infecção bacteriana secundária concomitante e por outras complicações respiratórias, enquanto a aspiração/inalação compulsiva e/ou continuada destes pode levar a morte súbita.[11]

Há relatos de que a injeção intradérmica de 1 mL ou menos de solvente contendo hidrocarbonetos possa ocasionar injúria local, e o processo necrótico sobrevir pela presença de ferimento grave com perda funcional do órgão. Por exemplo, a injeção inadvertida do agente em uma extremidade (p. ex.: dedo da mão ou pé) com pistola ou jato de alta pressão gera uma lesão focal e, ainda que o edema local possa parecer diminuto, devido à dispersão (lipofilia) desses compostos para planos mais profundos da derme, pode haver migração para a região palmar (ou plantar) e o antebraço (ou pernas), podendo causar inflamação e lesão disseminadas. Para limites seguros de exposição em ambiente profissional, convém consultar as Normas Regulamentadoras do Ministério do Trabalho e da Fundacentro.

ALERTA IMPORTANTE

O quadro clínico de toxicidade sistêmica causada por ingestão, inalação, injeção intravenosa ou absorção dérmica de hidrocarbonetos é altamente variável, dependente do composto, porém normalmente inclui confusão, ataxia, letargia e dor de cabeça. Após exposição significativa, podem ocorrer síncope, coma e parada respiratória. As arritmias cardíacas podem ser observadas como resultado de sensibilização do miocárdio, especialmente no caso dos compostos aromáticos e halogenados. Fibrilação atrial, fibrilação ventricular e morte abrupta têm sido observadas. Muitos agentes também podem causar insuficiência hepática e renal.

DIAGNÓSTICO

É preciso colher a história da exposição com detalhes sobre produto, local, possível volume (mais comumente) aspirado/inalado ou ingerido, espaço de tempo ocorrido até o atendimento de urgência, presença ou ausência de sinais e/ou sintomas, verificar se foi acidental ou intencional, se já houve ocorrência anterior, entre outras. Fazer anamnese rápida e concisa acompanhada de exame físico dirigido (Figura 2).

Pacientes assintomáticos

Pacientes que permanecem assintomáticos expostos a hidrocarbonetos por aspiração ou ingestão devem fazer radiografia do tórax de 4 a 6 horas após a exposição, para avaliar a ausência de pneumonite química. Achados radiográficos pulmonares podem preceder os desfechos físicos 2 horas antes das manifestações clínicas em 88% dos casos, ainda que, destes, 94% continuem assintomáticos, mesmo tendo apresentado alterações radiográficas iniciais, ou seja, apenas 5 a 6% dos casos evoluem para atendimento de urgência no próprio pronto-socorro sem maiores complicações ou para internação. Esses achados radiológicos têm significado secundário e pouca utilidade prognóstica em comparação aos achados clínicos observados, i.e., a clínica é soberana.

Pacientes sintomáticos

Durante a estabilização, todos os pacientes sintomáticos e, independentemente dos sintomas, aqueles que ingeriram hidrocarbonetos aromáticos ou halogenados devem submeter-se aos seguintes estudos:[4,5]

- Eletrocardiograma: para avaliação de intervalos QT prolongados e monitoramento contínuo para detecção precoce de arritmias ventriculares.
- Radiografia ou TC de tórax: para identificar a extensão da lesão pneumônica que usualmente mostra atelectasia, diminutas opacidades peri-hilares, infiltrado bibasilar, áreas de consolidação particularmente no lobo inferior direito (Figura 1), as quais consistem em múltiplas pequenas condensações com margens pouco definidas, se avolumam e coalescem, culminando com o aparecimento de sintomas respiratórios.
- Gasometria arterial ou venosa associada a oximetria de pulso ou digital: a gasometria tipicamente revela alcalose respiratória moderada com hipoxemia que, se não corrigida, leva o paciente a acidose metabólica.
- Hemograma completo: pode revelar leucocitose que, independentemente da presença de pneumonia, pode perdurar por 1 semana.
- Glicemia.
- Eletrólitos de soro.
- EAS – urinálise.

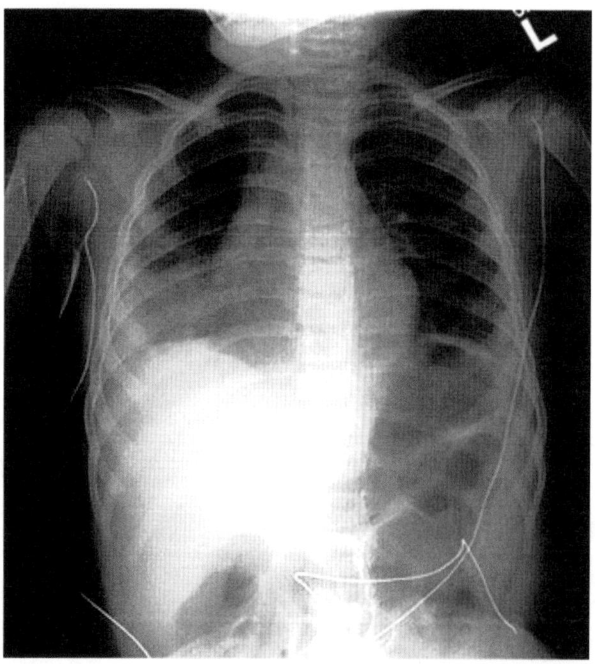

Figura 1. Criança com infiltrado bilateral de base e no lobo médio após aspiração de Thinner.

Pacientes expostos a hidrocarbonetos halogenados, independentemente dos sintomas, também devem ser avaliados laboratorialmente em função do risco hepatotóxico e nefrotóxico:

- Hepatograma completo (aspartato aminotransferase – AST; alanina aminotransferase – ALT; bilirrubina total e frações, fosfatase alcalina e gamaglutamiltransferase – GGT).
- Ureia.
- Creatinina e *clearance* de creatinina, se necessário.

Os achados iniciais de gasometria e oximetria após a aspiração de hidrocarbonetos frequentemente revelam uma alcalose respiratória leve com hipoxemia. Se a hipoxemia não for corrigida, o paciente desenvolverá mais adiante acidose metabólica. A leucocitose ocorre no início do curso clínico de aspiração de hidrocarbonetos não relacionada à pneumonite e pode durar até 1 semana. Hemólise, hemoglobinúria e coagulopatia consumptiva podem ocorrer raramente após grande ingestão.[7]

Alguns hidrocarbonetos, após metabolizados, podem ser detectados no sangue ou na urina, porém são procedimentos demorados, podem estar indisponíveis e não alteram as prioridades de manejo paciente intoxicado (p. ex.: ácido hipúrico, ácido metil-hipúrico, ácido T-T mucônico, ácido mandélico, fenol, metemoglobinas, hexanodiona, entre outros).

ALERTA IMPORTANTE

Deve-se fazer o diagnóstico diferencial da broncopneumonia dos pacientes intoxicados por hidrocarbonetos por aspiração daqueles que normalmente também apresentam febre e taquipneia. Esse é o caso dos pacientes com salicilemia (salicilatos) elevada que apresentam febre (hiperpirexia) e taquipneia, estado confusional e excitação, porém sem achados radiográficos torácicos atípicos após a ingestão. Também, pacientes com pneumonite química exibem odor/hálito peculiar de destilados de petróleo e possuem achados típicos de pneumonite química em raios x de tórax. Há de frisar que a halitose frutada da cetoacidose nesses pacientes se aproxima daquela ocasionada pela ingestão de hidrocarbonetos halogenados.

Agentes tóxicos como ferro, metformina, isoniazida, álcool etílico ou metílico que causam acidose metabólica ou qualquer toxina que cause hipóxia celular como a botulínica, a tetrodotoxina, a saxitoxina, o monóxido de carbono, o cianeto e a teofilina podem causar taquipneia. A gasometria *per se* pode fazer uma distinção entre essas toxinas e a exposição a hidrocarbonetos com sua alcalose respiratória típica e, em casos mais graves, hipoxemia. A cetoacidose diabética geralmente causa taquipneia, respiração de odor frutado e acidose metabólica. A hiperglicemia, glicosúria e cetonuria distinguem essa condição da ingestão de hidrocarbonetos.

TRATAMENTO

Pacientes assintomáticos

A maioria dos pacientes que ingerem hidrocarbonetos não apresenta sintomas imediatos e assim permanece (crianças

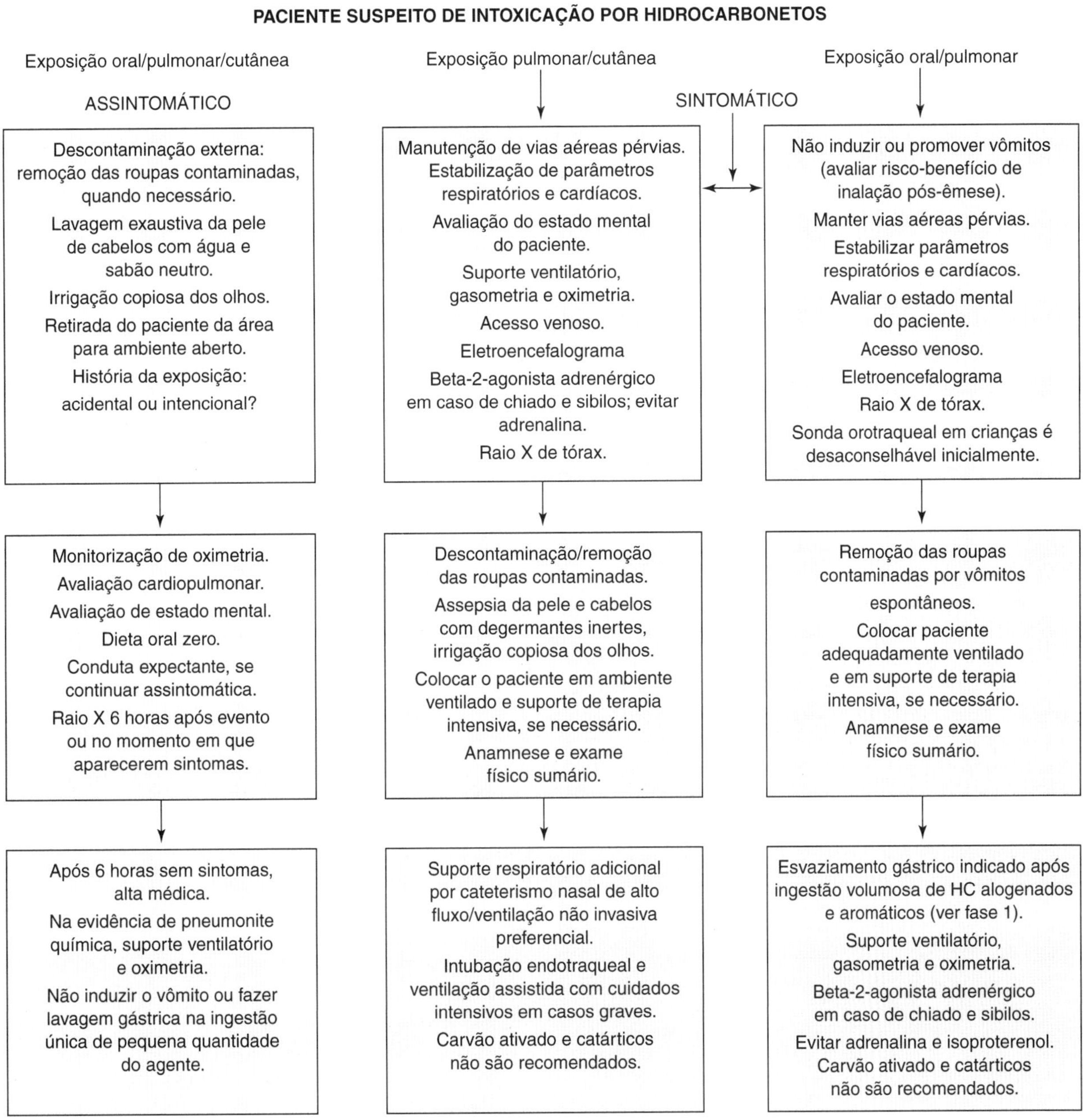

Figura 2. Conduta inicial no paciente com história de intoxicação por hidrocarbonetos.
Fonte: elaborada pelo autor.

formam a maior parte desse grupo), podendo ser realizado atendimento virtual (telefone ou teleatendimento via internet). Em geral, não é necessária a presença de equipe médica, assumindo-se, entretanto, que a história do queixoso (ou seu responsável) é confiável e que a exposição ao agente não trará riscos ou consequências para a vida do paciente. Nesses casos, há de se assegurar que, na ocorrência de sintomas tardios, o transporte para o hospital ou centro médico de urgência estará prontamente disponível. Os pacientes sintomáticos com relatos de episódios singulares de vômito, asfixia, tosse, torpor, ataxia, convulsão, entre outros, que ingeriram (crianças 5-10 mL) ou aspiraram/inalaram hidrocarbonetos, devem ser avaliados imediatamente pelo serviço médico de urgência do pronto-socorro ou hospital. Casos descomplicados requerem apenas observação clínica, ou seja, conduta expectante, para o caso de aparecimento de algum efeito tardio (o que é raro). Exames laboratoriais complementares com monitoramento da oximetria de pulso ou digital são importantes na evolução do quadro clínico. Esses pacientes também devem restringir a zero a ingestão oral de líquidos durante o período inicial de observação. Raios x de tórax de 4 a 6 horas após exposição servem para avaliar a presença ou não de anormalidades; os que permanecerem assintomáticos podem receber alta médica 6 horas pós-exposição. Aqueles com alterações significativas nos filmes radiográficos devem ter sua permanência no serviço estendida.

Paciente sintomáticos

Pacientes com sintomas repetidos, abertos e frequentes devem ser imediatamente admitidos pela equipe de emergência, assim como pacientes cuja substância é potencialmente perigosa em desenvolver sintomas retardados devem ser admitidos pela equipe, particularmente nos casos de exposição intencional, de adultos ou crianças (tentativas de suicídio, negligência, assédio etc.). Nessas situações, as equipes médicas devem estar antecipadamente paramentadas com equipamentos de proteção individual adequados ao perigo representado pela exposição colateral ao agente em tela.

As vestes do paciente devem ser removidas para evitar a exposição contínua à inalação do agente. Para evitar a irritação ou lesão tegumentar, pele, mucosas e pelos embebidos devem ser cuidadosamente asseados. Contato de longo prazo de agentes como gasolina, tíner, nafta, asfalto ou cloreto de metileno) podem causar dermatite eczematosa, queimaduras e lesões locais semelhantes às da necrólise epidérmica tóxica, com áreas eritematosas, maculadas, aparecimento de bolhas e desprendimento da pele. O tratamento da exposição dérmica e ocular consiste inicialmente em controle da dor e irrigação farta de água na pele e nos olhos; everte-se a pálpebra e lava-se abundantemente com solução fisiológica. A exposição prolongada pode desenvolver queimaduras parciais e de espessura significativa semelhantes às do processo de liquenificação (hiperceratose), devido à possível absorção cutânea do composto. A dermatite de contato não é incomum, *a posteriori*.

ALERTA IMPORTANTE

Na grande maioria dos casos, a ingestão avulsa de hidrocarbonetos alifáticos ou terpenos não deve suscitar o emprego da lavagem gástrica ou de carvão ativado, e os riscos de êmese e aspiração/inalação retrógrada são iminentes. Desta feita, a relação risco-benefício desses procedimentos deve ser avaliada pela equipe de assistência, em pacientes críticos. Esse, muitas vezes, é o caso de pacientes que ingeriram grandes volumes de hidrocarbonetos alifáticos, aromáticos ou halogenados (adultos que tentam suicídio) há cerca de 1 hora antes do atendimento. A experiência compartilhada por vários centros de intoxicação e a literatura consagrada aconselham que se deve fazer aspiração nasogástrica; naqueles pacientes com ingestão concomitante de substâncias adsorvíveis pelo carvão ativado, uma dose do antídoto deve ser administrada até 2 horas após a exposição.

Na pneumonite química, o tratamento sintomático e de suporte é fundamental. Para tanto, deve-se fornecer tratamento de apoio básico a todos os pacientes sintomáticos. Deve-se manter uma via aérea pérvia e oferecer ventilação adequada e, quando necessário, administrar oxigênio suplementar. Monitoram-se a gasometria arterial ou a oximetria, as radiografias torácicas e o eletrocardiograma e internam-se pacientes sintomáticos em uma UTI. Por exemplo, a suplementação de oxigênio torna-se imperiosa nos casos de angústia ou falência respiratória (asfixia), com agonistas adrenérgicos beta-2 seletivos (ex.: albuterol) para broncoespasmo e estridor. Na hipoxemia, utiliza-se cateter nasal de alto fluxo (CNAF) de oxigênio até 30 L/min, até que a pO_2 detectada pela gasometria volte ao normal associada ou não a ventilação mecânica não invasiva/invasiva na insuficiência respiratória grave.

O uso de surfactante, particularmente em crianças, é de especial importância quando ocorre falha terapêutica na ventilação mecânica convencional. O uso de surfactante exógeno (alfaporactanto, beractanto, calfactanto), ventilação de alta frequência e oxigenação através de membrana extracorpórea (ECMO) têm sido procedimentos promissores.

ANTÍDOTO

A maioria dos hidrocarbonetos não possui antídotos; apenas o tetracloreto de carbono e o cloreto de metileno nas intoxicações graves podem ser tratados heroicamente com N-acetilcisteína e azul de metileno, respectivamente. Pacientes com pneumonite química não devem receber antibióticos, a menos que existam sinais de infecção secundária. O Quadro 3 enumera as fases que suscitam o uso de antibióticos. Corticosteroides são potencialmente prejudiciais e devem ser evitados.[4,5]

A ingestão e a aspiração/inalação acidental ou intencional de hidrocarbonetos sensibilizam o miocárdio para arritmias ventriculares induzidas por catecolamina. Sugerimos que os pacientes que desenvolvem arritmias ventriculares com parada cardíaca após exposição a hidrocarbonetos recebam suporte avançado de vida pediátrico modificado para incluir a administração precoce de lidocaína no lugar da adrenalina. Nos casos de choque, a adrenalina deve ser evitada porque pode precipitar ainda mais arritmias ventriculares. Para pacientes que persistem com arritmias ventriculares após uso inalador, apesar do uso de protocolos avançados de suporte de vida, a administração de propranolol ou esmolol pode ser benéfica.

As convulsões devem ser tratadas com benzodiazepínicos (diazepam ou lorazepam) e tratamento agressivo de

Quadro 3. Indicações de antibioticoterapia na pneumonite química

Fase inicial	Febre alta após 48 horas da exposição
Fase intermediária	Piora ou aparecimento de leucocitose após 48 horas
Fase tardia	Aumento do infiltrado ou novos infiltrados em imagem pulmonar
Fase recorrente	Cultura positiva em aspirado traqueal – superinfecção?

hipoxemia. Para pacientes com estado de mal epiléptico, anticonvulsivos arritmogênicos (por exemplo, fosfenitoína e fenitoína) devem ser evitados. Nesses pacientes, o médico pode usar levetiracetam ou fenobarbital; a consulta com um neurologista é justificada.

Os desfechos clínicos e os achados radiográficos são fatores determinantes, em grande parte, pela evolução do paciente após a ingestão de destilados de petróleo, terebintina e/ou outros hidrocarbonetos alifáticos. A informação sobre a composição do produto químico é fundamental para ajudar na evolução e no prognóstico do paciente.[9]

A injeção parenteral de hidrocarbonetos pode causar grande destruição tecidual, incluindo necrose tecidual e fasciíte necrosante. Esses pacientes estão indicados para avaliação cirúrgica de emergência e internação hospitalar. Lesões por injeção/pistola de tinta com alta pressão são enganosas, porque a extensão da contaminação química é geralmente muito maior do que o inicialmente aparente na primeira avaliação. O tratamento inicial consiste em profilaxia de tétano, antibióticos profiláticos direcionados a patógenos da pele (incluindo *Staphylococcus aureus* resistente à meticilina em regiões com alta prevalência) e consulta de emergência com um cirurgião especialista.[10]

PROGNÓSTICO

A maioria dos pacientes sobrevive sem complicações ou sequelas. Alguns evoluem rapidamente para falência cardiorrespiratória e óbito. O curso clínico médio é de 2 a 5 dias. O prognostico é afetado pelo volume ingerido ou aspirado, pelas características do agente e pela extensão dano e envolvimento do trato respiratório.

REFERÊNCIAS BIBLIOGRÁFICAS

1. Thundiyil JG, Stober J, Besbelli N, Pronczuk J. Acute pesticide poisoning: a proposed classification tool. Bull World Health Organ. 2008;86(3):205-9.
2. Brasil. Ministério da Saúde. Intoxicação exógena - Notificações registradas no Sinan Net Brasil. 2021.
3. Gummin DD, Mowry JB, Beuhler MC, Spyker DA, Brooks DE, Dibert KW, et al. 2019 Annual Report of the American Association of Poison Control Centers' National Poison Data System (NPDS): 37th Annual Report. Clin Toxicol (Phila). 2020;58(12):1360-541.
4. West JM. Hydrocarbons. In: Viccelio P. Handbook of medical toxicology. 1. ed. Boston: Brown and Company; 1993. 812 p.
5. Lung D. Hidrocarbonetos. In: Olson K, organizador. Manual de toxicologia clínica. 6. ed. Porto Alegre: AMGH; 2014. 830 p.
6. Hernandez EMM, Rodrigues RM, Torres TM, organizadores. Manual de toxicologia clínica: orientações para assistência e vigilância das intoxicações agudas. 1. ed. São Paulo: Secretaria Municipal da Saúde; 2017. 465 p.
7. Rodrigues CG, Cunha VP, Marino LO, Brandão-Neto RA. Intoxicações ambientais (hidrocarbonetos). In: Velasco IT, Brandão-Neto RA, Souza HP, Marchini LO, Alencar JCG, organizadores. Medicina de emergência: abordagem prática. 14. ed. Barueri: Manole; 2020. 1766 p.
8. Aleguas A, Lewander WJ. Acute hydrocarbon exposure: clinical toxicity, evaluation, and diagnosis. Waltham: UpToDate; 2021.
9. Aleguas A, Lewander WJ. Acute Hydrocarbon exposure: management. Waltham: UpToDate; 2021.
10. Sommer C, Johnson AB, Wang GS, Kevin PP. Surfactant for the management of pediatric hydrocarbon ingestion. Am J Emerg Med. 2018;36(12):2260-2.
11. Klompas A. Aspiration pneumonia in adults. Waltham: UpToDate; 2021.
12. Perry H. Inhalant abuse in children and adolescents. Waltham: UpToDate; 2021.
13. Fronza L. Capacidade de liberação de hidrocarbonetos dos sedimentos de áreas contaminadas do estuário da Lagoa dos Patos. Dissertação [Mestrado em Oceanografia Física, Química e Geológica] – Universidade Federal do Rio Grande; 2006.

CAPÍTULO 71

VITAMINAS

Carlos Augusto Mello da Silva

PONTOS-CHAVE

- Apesar de não ser comum, toxicidade aguda pode ocorrer com vitaminas, especialmente as lipossolúveis A e D.
- Vitamina E pode apresentar toxicidade, em doses mais elevadas, em recém-nascidos de baixo peso.
- Os multivitamínicos apresentam maior risco quando a apresentação farmacêutica contém ao mesmo tempo sais de ferro, como sulfato ferroso, pela importante toxicidade destes.
- O conhecimento sobre os efeitos danosos do uso crônico de vitaminas em altas doses tem se tornado importante pelo uso abusivo destas nas últimas décadas.

INTRODUÇÃO

As vitaminas são agentes fundamentais para nossa homeostasia, atuando como cofatores indispensáveis para inúmeros processos bioquímicos e para a fisiologia normal do nosso organismo. Por outro lado, como é de amplo conhecimento médico, sua carência na dieta e déficits nos níveis normais circulantes estão relacionados a um número importante de patologias, diagnosticadas e caracterizadas pela Medicina desde a antiguidade clássica. Porém, muitas dessas deficiências só foram relacionadas a vitaminas específicas em séculos mais recentes, assim como a definição de suas estruturas químicas e funções em mamíferos e no homem.[1,2] Hoje, as vitaminas têm suas necessidades diárias, bem como doses e indicações terapêuticas bem determinadas, o que evita, em grande parte, a ocorrência de muitos episódios de intoxicação aguda.

Uma preocupação crescente tem sido o uso abusivo ou inadequado, sem orientação médica, de vitaminas isoladas ou complexos vitamínicos, levando a manifestações de toxicidade crônica.[3]

A fim de facilitar a leitura e a localização das informações foco desta obra, por parte dos leitores, as diversas vitaminas ou grupos serão comentados quanto a alguma característica química e/ou farmacológica relacionada a sua toxicidade, doses terapêuticas para alguma indicação relevante com limite superior (a partir do qual são relatados efeitos adversos ou intoxicação) e o manejo indicado. Por não ser objetivo deste livro, não serão abordadas a fundo necessidades diárias, deficiência vitamínica ou suas inserções bioquímicas e funções fisiológicas, que são amplamente e melhor abordadas na literatura farmacológica e pediátrica.

VITAMINA A (RETINOL)

Também denominada *retinol*, se apresenta na natureza de duas formas: pré-formada, como derivada de ésteres retinílicos, armazenada em depósitos de origem animal (fígado, peixes, queijos e leite integral), ou como pró-vitamina, nos carotenoides, presentes em vegetais. O β-caroteno é o que é mais eficientemente convertido em retinol.[1]

Fármaco e toxicocinética

É um agente químico altamente lipossolúvel, sendo seus níveis plasmáticos mantidos pela mobilização de depósitos hepáticos. Passa por vários processos metabólicos e de conjugação, sendo os produtos eliminados na bile, fezes e urina. A vida média da vitamina A é longa, de 286 dias.[1]

Mecanismos de ação

Não está bem determinado o mecanismo pelo qual o retinol produz, em sobredosagem aguda, o surgimento de hipertensão endocraniana,[4] mas pode estar relacionado a interferência no fluxo do líquor (líquido cefalorraquidiano, LCR), por danos às membranas celulares no sistema nervoso central (SNC).[1]

A toxicidade crônica costuma comprometer o fígado (acúmulo de depósitos no órgão), com alterações no fluxo sinusoidal e hipertensão porta. O dano pode evoluir para fibrose e cirrose hepática.[1]

Doses tóxicas

Doses agudas acima de 12.000 UI/kg (Unidades internacionais por quilo de peso) são consideradas tóxicas. Ingestão crônica de mais do que 25.000 UI/24 horas (Unidades internacionais por dia), para além de 2 a 3 semanas pode produzir toxicidade.[4]

Interações farmacológicas

Doses altas de vitamina A podem potencializar os efeitos do warfarin. Quando em uso terapêutico, administração simultânea de óleo mineral, colestiramina ou neomicina reduz a absorção da vitamina A.[5]

Quadro clínico

Muitos casos de sobredosagem de multivitaminas estão associados a náusea, vômitos e diarreia.[4] A toxicidade aguda pode se manifestar em lactentes com abaulamento de fontanelas (pelo acúmulo de LCR e hipertensão endocraniana, denominado *pseudotumor cerebri*).[4,5] A toxicidade crônica é acompanhada, além deste quadro já descrito, de papiledema, visão borrada, cefaleia e alterações do estado mental, com irritabilidade. *Rash* cutâneo, com ressecamento, descamação da pele e alopecia também são observados.[4,5] O dano hepático se traduz em icterícia e ascite. Alterações ósseas como hiperostoses, calcificações de ligamentos em adultos e fechamento prematuro de epífises em crianças são relatados.[1] A dor óssea e a recusa em deambular podem se manifestar em crianças pequenas.[3] Podem ser acompanhados de hipercalcemia e baixos níveis de paratormônio.

Diagnóstico

É baseado na história de ingestão da vitamina. A dosagem dos níveis séricos pode ser realizada, porém é importante saber que nas sobredosagens agudas, a ingesta excessiva não se traduz, de imediato, em aumento do nível sérico, pela sua lipossolubilidade, que leva a distribuição para gordura e fígado, com posterior liberação dos depósitos para o plasma.[1] Os níveis normais de retinol no plasma estão na faixa de 30 a 70 μg/dL (microgramas por decilitro). O acúmulo no fígado da vitamina A e sua liberação paulatina são o que mantém os níveis fisiológicos e, também, o aumento destes nas intoxicações crônicas. No caso de administração prolongada de doses altas, os níveis costumam ser maiores que 95 μg/dL, ou 3,49 μmol/L (micromois por litro).[1] Foi relatado que, na vigência de quadros inflamatórios agudos, a dosagem de retinol pode resultar em níveis falsamente baixos.

Tratamento

Suspensão imediata do uso da vitamina A ou multivitamínico. Reposição de perdas hidroeletrolíticas produzidas pelos distúrbios GI (gastrointentinais). A hipertensão endocraniana deve ser corrigida pelas medidas habitualmente preconizadas (elevação de cabeceira do leito, monitoramento do paciente, manutenção das condições circulatórias para garantir boa perfusão do SNC, manitol IV).[5] Casos severos, com papiledema e risco de perda da visão em intoxicados crônicos, têm recebido acetazolamida e topiramato. Diuréticos, como furosemida, são considerados segunda linha no tratamento. Pressões intracranianas mais altas podem exigir drenagem diária do LCR por punção lombar.[1] Se necessário, correção de hipercalcemia com fluidoterapia IV, diuréticos de alça e prednisona 20 mg/24 horas.[1]

VITAMINA B6 (PIRIDOXINA)

Esta é uma vitamina hidrossolúvel, descoberta em 1936, sendo sua deficiência relacionada a dermatite em animais de experimentação. Em humanos, a carência produz também manifestações em pele e mucosas (lesões em face e estomatite, glossite e blefarite) e neurológicas, como convulsões. Como a piridoxina está presente em inúmeros alimentos como carne, fígado, pães contendo grãos de cereais integrais, soja e legumes, suas necessidades são garantidas normalmente por dieta equilibrada.

Curiosamente, a toxicidade por sobredosagem também produz distúrbios neurológicos, só que afetando o SN periférico (envolvendo nervos sensoriais).[1]

Fármaco e toxicocinética

A vitamina B6, na verdade, corresponde a três compostos relacionados que são piridoxina, piridoxal e piridoxamina, com as mesmas propriedades fisiológicas. Todas as formas são bem absorvidas nos intestinos. A piridoxina é rapidamente convertida em piridoxal, piridoxal fosfato (PLP) e ácido 4-piridóxico. O PLP corresponde a maior parte da B6 circulante, que cruza as membranas celulares. A excreção se dá nos rins, na forma de ácido 4-piridóxico. Apenas 7% são eliminados na urina de forma inalterada.

Mecanismo de ação

O PLP é a forma ativa da vitamina B6. Atua como coenzima indispensável para síntese do ácido γ-aminobutírico (Gaba), neurotransmissor inibitório no SNC. Sua produção reduzida, na deficiência, é responsável pelo surgimento de convulsões. Por outro lado, a administração de piridoxina previne danos produzidos pela isoniazida e outras hidrazinas, que tem como efeito adverso a inibição da enzima que transforma piridoxina em PLP, evitando o surgimento de neuropatia periférica. Convulsões, que fazem parte do quadro de intoxicação por isoniazida, são controladas com piridoxina.[1,4,5]

Quanto à toxicologia, o fato de a piridoxina em sobredosagem produzir mais danos ao SN periférico está relacionado a uma possível vulnerabilidade ao agente e a maior permeabilidade da microcirculação que acompanha os nervos aos xenobióticos.[1] A barreira hematoencefálica protegeria o SNC e, além disso, o transporte da piridoxina a este nível é rapidamente saturável, impedindo ingresso maior.

Tendo em vista sua alta hidrossolubilidade e eliminação preferentemente renal, há risco elevado de danos aos nervos periféricos em pacientes nefropatas que recebam altas doses de piridoxina.[1]

Doses tóxicas

Ingestão crônica de 2 a 6 g/24 horas durante muitos meses resultou em neuropatia.[4] Porém, há relatos da ocorrência de neuropatia com doses menores, tão baixas quanto 200 mg/24 horas.[1] Tanto em animais quanto em humanos que receberam altas doses de piridoxina (2g/kg), estes para tratamento de envenenamento por cogumelos, foram observados danos a gânglios paravertebrais dorsais e gânglios de nervos sensoriais.[1]

Interações farmacológicas

A piridoxina deve ser usada com cautela em pacientes que fazem uso de levodopa. No caso de pacientes pediátricos que fazem uso de fenobarbital e fenitoína, o uso de piridoxina pode reduzir os níveis plasmáticos destes anticonvulsivantes.

Quadro clínico

Sinais e sintomas de neuropatia periférica sensorial, como perda de sensibilidade e parestesias. Náuseas, cefaleia e reações alérgicas podem ocorrer.[4,5] A administração de altas doses de forma aguda pode produzir ataxia, incoordenação, convulsões e óbito. O quadro de neuropatia periférica pode persistir por meses, mesmo que seja suspenso o uso da piridoxina.[1]

Diagnóstico

É baseado na história de ingestão crônica ou eventual uso agudo de altas doses com fins terapêuticos. A dosagem do nível sérico não é útil no caso de vitaminas hidrossolúveis para diagnóstico de intoxicação.[4,5] Alterações laboratoriais como aumento de transaminases e redução do nível sérico de ácido fólico são descritas.[5]

Tratamento

Sintomático e de suporte. Mesmo com a suspensão imediata do uso da piridoxina, os sintomas podem progredir ainda por 2 a 3 semanas.

OUTRAS VITAMINAS DO COMPLEXO B

Os aspectos toxicológicos, de algum interesse clínico relevante, das demais vitaminas deste grupo são comentados de forma resumida a seguir.

A **vitamina B3 niacina, ou ácido nicotínico,** pode produzir liberação de histamina, causando rubor, sensação de queimação de pele e prurido. Cefaleia, vertigens e visão borrada podem ocorrer. Alterações laboratoriais como hiperglicemia e hiperuricemia são relatados. O manejo é sintomático, com anti-histamínicos.[4,5]

A **vitamina B12 cianocobalamina,** utilizada no tratamento de anemia perniciosa, pode causar distúrbios eletrolíticos (hipocalemia) e manifestações de hipersensibilidade, como prurido. Complicação grave do uso pode ser trombose vascular. Para tratamento de deficiência ou da anemia perniciosa, usar somente via IM ou SC profunda.[5]

A **vitamina B1 tiamina,** utilizada no manejo do etilismo agudo e no tratamento da deficiência (beribéri), pode produzir manifestações alérgicas e anafilaxia. A administração simultânea de glicose IV aumenta a necessidade de tiamina.[5]

VITAMINA C (ÁCIDO ASCÓRBICO)

O ácido ascórbico recebeu este nome após ter sido identificado como o composto presente em vários alimentos, como frutas cítricas, morangos e tomates, que prevenia o surgimento do escorbuto (gengivite, má cicatrização de lesões, sangramentos, petéquias e equimoses).

Fármaco e toxicocinética

Após ingerida VO é absorvida no nível intestinal, por meio de um sistema de transporte ativo que é saturável. A capacidade de absorção é atingida com uma ingesta diária de 3 g.[1] Quando administrada em dose única, sua taxa de absorção se reduz em 75% com 1 g para apenas 20% com 5 g. Sendo hidrossolúvel, se distribui por meio do plasma para diversos órgãos, onde sua captação também é saturável. A maior parte do ácido ascórbico é biotransformado em oxalato. Apenas uma pequena parte é filtrada inalterada nos glomérulos. Em condições fisiológicas normais, o nível plasmático é mantido em 1 mg/dL, e os rins eliminam o excesso de vitamina C inalterada na urina.[1] Porém, se doses elevadas (acima de 1,5 g) são administradas por via IV podem produzir dano renal.[4]

Mecanismo de ação

A vitamina C é cofator de vários processos de hidroxilação e amidação, funcionando como agente redutor. Exerce papel importante em processos como síntese do colágeno, da carnitina, do ácido fólico e da norepinefrina. Influencia no processamento de hormônios como ocitocina, hormônio antidiurético e colecistocinina. No estomago, reduz o Fe do estado férrico para ferroso, o que aumenta a absorção intestinal do metal.[1]

Quanto a seus efeitos tóxicos em altas doses, estes estão relacionados a produção de oxalato e consequente formação de cristais de oxalato de cálcio nos rins, com possível dano renal. No TGI é descrita ocorrência de esofagite e diarreia osmótica.

Doses tóxicas

Administração aguda IV de mais de 1,5 g e ingestão crônica superior a 4 g por dia produziram nefropatia.

Quadro clínico

Náuseas, vômitos, dor precordial, rubor, cefaleia e tonturas. Insuficiência renal aguda (IRA). O abuso crônico também leva a nefropatia. O achado laboratorial característico é hiperoxalúria.[5] Pode alterar os resultados de certos testes de glicemia (falsos positivos ou negativos). Como nas demais vitaminas hidrossolúveis, a medida do nível plasmático não tem utilidade no manejo. Pacientes com deficiência de G6PD não deveriam receber doses elevadas pelo risco aumentado de hemólise.

Tratamento

Sintomático e de suporte. Acompanhamento nefrológico nos casos de IRA.[4]

VITAMINAS D2 (ERGOCALCIFEROL) E D3 (COLECALCIFEROL)

No início do séc. XX foi identificado no fígado de bacalhau um composto que, associado a uma boa exposição solar, era capaz de prevenir ou recuperar o raquitismo, prevalente em crianças no norte europeu. Além do fígado de peixe, a vitamina D foi também identificada no leite, manteiga e creme, e, mais tarde, passou a ser adicionada para fortificação de cereais.[6]

Ambas as formas de vitamina D apresentariam a mesma potência biológica, mas certos autores consideram a D3 (colecalciferol) mais potente e melhor absorvida.[4,5]

Fármaco e toxicocinética

A vitamina D presente na dieta ou administrada seria, na verdade, a provitamina, que precisa ser ativada no organismo.

A D3 também é sintetizada no organismo, na pele, a partir do 7-dihidrocolesterol na presença de radiação ultravioleta, que atua como catalisador. Liga-se a uma proteína transportadora específica, que também carrega a vitamina D da dieta, circulando até o fígado, em que é metabolizada a 25-hidroxivitamina D. Esta é transportada até o túbulo proximal dos rins, e é hidroxilada a 1,25-hidroxivitamina D (calcitriol), sendo reabsorvida e transportada pela mesma proteína transportadora inicial até os tecidos.

Em condições de sobredosagem, as concentrações muito altas de 25-hidroxivitamina D mimetizam as ações do calcitriol, e por ter maior afinidade pela proteína transportadora e receptores, desloca o calcitriol do transportador, que passa a circular mal, ligado a albumina. Isso ocorre com níveis de 25-hidroxivitamina D 20 vezes acima do normal. O resultado será a ocorrência de hipercalcemia (ver Mecanismo de ação).[1]

Mecanismo de ação

O papel primordial da vitamina D é a homeostasia do cálcio (Ca++), interagindo com mucosa intestinal e ossos. No intestino, o calcitriol aumenta a produção da proteína (bomba) transportadora de Ca++ nas membranas e proteínas que se ligam a ele, aumentando a absorção do Ca++ no duodeno. Nos ossos, o calcitriol estimula precursores dos osteoclastos, formando osteoclastos maduros. Estes, por ação do paratormônio (PTH), mobilizam o Ca++ dos ossos, com consequente aumento do nível plasmático. Em condições fisiológicas, o calcitriol promove também a mineralização dos ossos por parte dos osteoblastos.[1,6]

Ao ligar-se a receptores da vitamina D na paratireoide, diminui a síntese do PTH e sua secreção na circulação. Receptores para calcitriol também se encontram na epiderme, em linfócitos e células tumorais. Ligação a estes pode diminuir proliferação e induzir a diferenciação.

Doses tóxicas

Ingestão crônica, por muitas semanas, de mais de 5.000 UI/24 horas em crianças ou mais de 25.000 UI/24 horas em adultos resulta em toxicidade. A dose diária máxima tolerável em crianças e pessoas a partir de 9 anos seria 4.000 UI/24 horas, equivalentes a 100 µg/dia. Um micrograma de vitamina D equivale a 40 UI.[1,6]

Um paciente adulto evoluiu para insuficiência renal após uso contínuo, por dois anos, de doses diárias de 8.000 a 12.000 UI.[7]

Quadro clínico

No uso crônico de altas doses se detecta hipercalcemia, acompanhada de fraqueza, mialgias, alterações do estado mental, distúrbios GI (náuseas, vômitos, constipação, dor abdominal), anorexia, polidipsia, poliúria e dores ósseas e articulares.[3-5] Dano renal pode ocorrer.

Distúrbios eletrolíticos pela perda de Na+ na urina, com perda importante de água também.

Hipercalcemia elevada pode conduzir a ataxia, confusão mental, psicose, convulsões e coma.

Arritmias cardíacas resultam da redução do período refratário lentificação da condução. No ECG temos aumento de PR, alargamento de QRS, redução do QT e achatamento da onda T.[1,4]

Calcificações de órgãos e tecidos como rins, vasos sanguíneos, miocárdio, pele e pulmões são observadas.

Anemia, por possível interferência na hematopoiese e inibição da eritropoietina, é relatada em vários casos de intoxicação por vitamina D.[1]

Diagnóstico

Intoxicação por vitamina D deve ser considerada em todo paciente que se apresenta com hipercalcemia. Outro dado presente é hiperfosfatemia, pois a vitamina D também aumenta sua absorção no TGI, sua mobilização óssea e diminui eliminação renal.

Crianças com nefrocalcinose e aumento da eliminação de Ca++ na urina devem ser investigadas quanto à possibilidade de intoxicação pela vitamina D também.

ALERTA IMPORTANTE

Aqui a dosagem do nível sérico de 25-hidroxivitamina D, 25(OH)D, deve ser realizada, porém nem sempre o resultado é disponível de imediato. O nível considerado normal varia entre 20 e 50 ng/mL (nanogramas por mililitro). Concentrações acima de 50 ng/mL deve ser motivo de preocupação.

Tratamento

Suspensão imediata do uso da vitamina D e qualquer suplementação de Ca++ que o paciente esteja, porventura, recebendo. Reduzir o teor do cálcio na dieta e aumentar a oferta hídrica. A maior parte dos casos responde ao tratamento de suporte apenas.

Após reidratação adequada, diuréticos de alça (furosemida) devem ser iniciados para auxiliar na eliminação do cálcio.

Corticoides (prednisona 20 mg/dia ou hidrocortisona 100 mg/dia) parecem reduzir absorção intestinal e inibir a liberação do cálcio pelos ossos.

Bifosfonatos, como pamidronato 90 mg IV (adulto), têm sido usados com bom resultado em hipercalcemias severas.[1]

OUTRAS VITAMINAS

A **vitamina E (tocoferol)**, importante para a manutenção da saúde de vários sistemas como nervoso, cardiovascular, muscular, hematopoiético e reprodutivo, tem tido seu uso e suplementação muito propagado em anos recentes, mas não há evidências robustas de seu benefício. Além disso, sua presença na dieta é garantida por inúmeros cereais, nozes, grãos, sementes e óleos vegetais como soja, milho, algodão, não havendo, em geral, necessidade de suplementação. Apesar de ser um antioxidante, em sobredosagens teria efeito paradoxal, atuando como agente pró-oxidante. Uma UI equivale a 1 mg de acetato de α-tocoferol.

As manifestações clínicas são distúrbios GI, com diarreia e cólicas em pacientes que receberam doses acima de 3.200 UI/24 horas (3,2 g/dia). Outras manifestações relatadas em casos de intoxicação seriam fadiga, fraqueza muscular, distúrbios emocionais, aumento da creatinina sérica, tromboflebite e redução do hormônio da tireoide. Porém, algumas séries de casos publicados não reproduzem estas ocorrências.[1]

ALERTA IMPORTANTE

Doses diárias de tocoferol acima de 1.000 UI (1 g/24 horas) antagonizam os efeitos fisiológicos da vitamina K. Podem ocorrer sangramentos principalmente em pacientes anticoagulados com warfarin.[1]

A propósito, encerrando o tema das vitaminas, a **vitamina K (fitonadiona, vitamina K1),** essencial para a fisiologia da coagulação sanguínea (responsável pela síntese dos fatores II, VII, IX e X), tem importantes indicações terapêuticas, incluindo seu uso profilático no recém-nascido (0,5-1 mg IM no a termo, e nos prematuros com menos de 1 kg 0,3-0,5 mg IM, dose única).

Neste contexto, doses elevadas como 10 a 20 mg produzem anemia hemolítica e hiperbilirrubinemia.

Reações adversas mais importantes, até anafilaxia, ficam restritas a administração IV rápida, no tratamento da deficiência de vitamina K (ver Capítulo 72, Varfarina e outros medicamentos anticoagulantes orais, Seção 3).

Nos casos de ingestão de **multivitamínicos**, é importante lembrar que muitos são associações das diversas vitaminas com **sais de Fe (sulfato ferroso, fumarato ferroso e outros), cuja toxicidade é elevada.** Recomendamos a leitura do Capítulo 44 Ferro (sais de), Seção 3.

REFERÊNCIAS BIBLIOGRÁFICAS

1. Ginsburgh BY. Vitamins. In: Hoffman RS, Howland MA, Lewin NA, et al. Goldfrank's Toxicologic Emergencies. 10. ed. Nova Iorque: McGraw-Hill Education; 2015. p 628-42.
2. Lim K, Thadani R. Vitamin D Toxicity. Braz J Nephrol. 2020;42:238-44.
3. Baineni R, Gulati R, Delhi CK. Vitamin A toxicity presenting as bone pain. Arch Dis Child 2017;102:556-8.
4. Irons DL. Vitamins. In: Olson K. Poisoning&Drug Overdose. 5. ed. Nova Iorque: Lange Medical Books/McGraw-Hill; 2007. p. 367-8.
5. Lee CK. Drug dosages. In: Hughes HK, Kahl L (eds.). The Harriet Lane Handbook. 21. ed. Philadelphia: Elsevier; 2018. P. 732-1109.
6. Taylor PN, Davies JS. A review of the growing risk of vitamin D toxicity from inappropriate practice. Br J Clin Pharmacol. 2018;84:1121-7.
7. Bourne AL, Avila-Casado C, Bargman JM. Use of vitamin D drops leading to kidney failure in a 54-year-old man. Can Med J. 2019;191:E390-4.

CAPÍTULO 72

VARFARINA E OUTROS MEDICAMENTOS ANTICOAGULANTES ORAIS

Luísa Mostardeiro Tabajara Franche
Adriano Nori Taniguchi
Liane Esteves Daudt

PONTOS-CHAVE

- Varfarina é um anticoagulante cumarínico antagonista do cofator da vitamina K na síntese de fatores de coagulação. Sua atividade anticoagulante é monitorada pelo padrão INR (International Normalized Ratio).
- Os anticoagulantes orais de ação direta (*Direct oral anticoagulants* - DOACs) são: apixabana, edoxabana e rivaroxabana, que antagonizam a formação do coágulo pela inibição competitiva direta do fator Xa; etexilato de dabigatrana, tem como mecanismo de ação a inibição direta da trombina.
- Os testes TT, TP e TTPa fornecem uma avaliação aproximada do efeito dos DOACs.
- No caso de suspeita de ingestão acidental ou sangramento excessivo associado ao seu uso, solicitar hemograma com plaquetas, fibrinogênio, TP e TTPA e usar carvão ativado em pacientes com ingestão de até 1 hora.
- Para pacientes com sangramento excessivo considerar o uso de complexo protrombínico e antifibrinolíticos.

INTRODUÇÃO

Varfarina

A varfarina é um anticoagulante cumarínico que tem como mecanismo de ação o antagonismo à função de cofator da vitamina K na síntese de fatores de coagulação, tendo sua atividade anticoagulante monitorada pelo padrão INR (*International Normalized Ratio*) a fim de garantir a obtenção de um efeito terapêutico. Inicialmente utilizada como raticida, a varfarina é, atualmente, um anticoagulante oral empregado amplamente na prática clínica (é o anticoagulante mais prescrito no mundo), sendo utilizada na prevenção e no tratamento da trombose venosa profunda e da embolia pulmonar; para a prevenção de acidente vascular encefálico e de embolização sistêmica em pacientes com fibrilação atrial, valvas cardíacas mecânicas ou dispositivos de assistência ventricular.[1,2]

Além do uso médico, o fármaco ainda é empregado como pesticida, tendo, nesse formato, um efeito muito mais potente quando comparado à droga usada em humanos, sendo apelidado de supervarfarina – também deve ser considerado um agente com potencial toxicidade. A varfarina nunca deve ser usada durante a gestação porque é teratogênica, podendo provocar defeitos congênitos e aborto. O fármaco, assim como a sua versão usada como rodenticida, pode ser ingerido acidentalmente por crianças ou, também, por adolescentes com o intuito de suicídio, sendo importante entender a conduta que deve ser tomada nessas situações.[2]

Outros anticoagulantes orais

Em virtude dos desafios impostos pelo uso da varfarina por conta da sua dosagem e do seu acompanhamento, o uso de outros anticoagulantes orais, como dabigatrana, apixabana, edoxabana e rivaroxabana, começou a ser difundido. Os anticoagulantes orais de ação direta (em inglês, *Direct oral anticoagulants* - DOACs) têm eficácia igual ou superior e perfil de segurança melhorado em comparação à varfarina no tratamento do tromboembolismo venoso e da fibrilação atrial. Todavia, os DOACs apresentam algumas diferenças importantes, como tempo de ação menor, testes de monitoramento laboratorial limitados, maiores custos etc.[1-3]

Os anticoagulantes apixabana, edoxabana e rivaroxabana antagonizam a formação do coágulo pela inibição competitiva direta do fator Xa. Enquanto o etexilato de dabigatrana tem como mecanismo de ação a inibição direta da trombina. Na prática clínica, são usados para tratamento do tromboembolismo venoso agudo (após, pelo menos, cinco dias de anticoagulação parenteral), prevenção secundária de tromboembolismo venoso, prevenção de acidente vascular encefálico e embolismo sistêmico em pacientes com fibrilação atrial não valvar, além de ser uma alternativa para a tromboprofilaxia em cirurgias ortopédicas. Assim como ocorre na varfarina, os DOACs podem ser ingeridos acidentalmente por crianças ou por adolescentes com o intuito de causar dano à própria vida; por isso, é importante entender o manejo adequado dos casos de intoxicação por esse fármaco.[2,3]

MECANISMO DE AÇÃO

Fármaco/toxicodinâmica

Varfarina

A varfarina atua inibindo a enzima vitamina K epóxido redutase, a qual converte o epóxido de vitamina K em vitamina K reduzida. A vitamina K reduzida é cofator da carboxilação dos precursores polipeptídicos dos fatores de coagulação II, VII, IX e X e das proteínas C e S no fígado, processo que resulta na formação de resíduos de ácido y-carboxiglutâmico, os quais ligam íons cálcio, essenciais para a interação entre as membranas das plaquetas e os fatores de coagulação. A inibição dessa enzima pela varfarina e consequente alteração na síntese dos fatores de coagulação II, VII, IX e X e das proteínas C e S biologicamente ativos resulta na diminuição de 30 a 70% da quantidade total dessas proteínas.[1]

Os efeitos da ação anticoagulante não são imediatos: o efeito antitrombótico integral pode ocorrer de 4 a 5 dias após a administração do fármaco, visto que é necessário esgotar a reserva do organismo de fatores de coagulação circulantes (a varfarina não atua nos fatores de coagulação totalmente y-carboxilados que já se encontram na circulação). O principal efeito adverso da varfarina são as hemorragias, que podem ser de menor ou maior grau. Além disso, algumas complicações raras incluem lesão de pele, necrose, alopecia, urticária, dermatite, febre, náuseas, diarreia, cólicas abdominais e anorexia, assim como síndrome do dedo roxo ou azul (dedo com coloração violácea ou azulada e, algumas vezes, dolorosa, possivelmente provocada por êmbolos de colesterol liberados a partir de placas ateromatosas).[1,2]

Outros anticoagulantes orais

A dabigatrana é a molécula ativa oriunda do pró-fármaco etexilato de dabigatrana. Ela atua como um inibidor competitivo e reversível da trombina - tanto a trombina livre, quanto a ligada ao coágulo. Portanto, a dabigatrana leva ao bloqueio da conversão de fibrinogênio em fibrina mediada pela trombina, ao bloqueio da ativação da coagulação por retroalimentação e ao bloqueio da ativação plaquetária.

Os inibidores diretos do fator Xa inativam o fator Xa circulante e ligado ao coágulo. São parcialmente excretados pelos rins (aproximadamente 25 a 35%) e metabolizados no fígado, e o comprometimento hepático grave pode resultar no acúmulo desses agentes.[1,2]

O principal efeito adverso desses fármacos são as hemorragias - há risco aumentando em pacientes com comprometimento renal, com idade maior do que 75 anos e que usam o fármaco concomitantemente com agentes antiplaquetários ou anti-inflamatórios não esteroides. Além disso, problemas do trato gastrointestinal são comuns, podendo incluir dispepsia, dor abdominal, esofagite e sangramento gastrointestinal.[2]

Fármaco/toxicocinética

Varfarina

A varfarina apresenta grande biodisponibilidade pelas vias oral, intravenosa e retal. Sua velocidade de dissolução é variável, provocando alterações na taxa e na extensão de absorção. A taxa de absorção pode diminuir também pela presença de alimento no trato gastrointestinal. Em 2 a 8 horas, a droga atinge as concentrações plasmáticas máximas. Na circulação sanguínea, a varfarina liga-se à albumina plasmática, ligação a qual impede a difusão do fármaco para o leite materno, a urina e o líquido cefalorraquidiano. No entanto, a varfarina atravessa a placenta e, por ser teratogênica, não deve ser utilizada durante a gestação.

A meia-vida do fármaco varia de 25 a 60 horas, e sua ação tem uma duração de 2 a 5 dias. A varfarina sofre biotransformação pelo sistema do citocromo P450 (CYP450) - pode ter seu metabolismo induzido ou inibido por outras substâncias que interagem com esse mesmo sistema, resultando em atividade anticoagulante atenuada ou potencializada respectivamente –, sendo convertida em metabólitos inativos, os quais, posteriormente, são conjugados ao ácido glicurônico. A excreção ocorre pela urina e pelas fezes.[1,3]

Outros anticoagulantes orais

O etexilato de dabigatrana é um pró-fármaco sintético de uso oral que é transformado no fármaco ativo - dabigatrana - por várias esterases no plasma. O fármaco tem biodisponibilidade oral de aproximadamente 6% - pode ser alterada se a cápsula for mastigada ou quebrada antes da digestão –, meia-vida de 12 a 14 horas e início máximo de ação em duas horas. Na circulação sanguínea, cerca de 35% da droga está ligada a proteínas plasmáticas. Ao contrário da varfarina, a dabigatrana não sofre biotransformação pelo sistema CYP450. O fármaco é substrato da glicoproteína P (proteína transportadora transmembrana) - pode ter concentração plasmática aumentada ou diminuída por conta de fármacos que inibem ou induzem a glicoproteína P respectivamente –, sendo excretado predominantemente por via renal de forma inalterada (aproximadamente 80%), enquanto o restante é excretado pelo fígado.[1,3,4]

As meias-vidas dos demais DOACs dependem da função renal e em menor grau hepático. Em geral, a anticoagulação é revertida após cinco meias-vidas decorridas da última dose. Em pacientes com com função renal normal se estimam as seguintes meias-vidas: rivaroxaban - 5 a 9 horas, 5 meias-vidas terão decorrido entre os dias 1 e 2 após a última dose; apixaban - 8 a 15 horas, 5 meias-vidas terão decorrido entre os dias 1,5 e 3 e edoxaban - 6 a 11 horas, 5 meias-vidas terão decorrido de 1, 3 a 2 dias após a última dose.[2-4]

DOSES TÓXICAS

Varfarina

São considerados tóxicos níveis plasmáticos superiores a 10 mcg/mL. Enquanto intoxicação crônica apresenta uma fisiopatologia estável semelhante ao uso terapêutico da medicação, a toxicocinética da intoxicação aguda não foi bem descrita na literatura. Como a varfarina tem um T ½ de 36 a 42 horas, com pico de 36 a 72 horas, e duração de 2 a 5 dias após a interrupção do medicamento, a sobredosagem aguda de varfarina tem um potencial atraso na elevação do TP/INR de 12 horas após a ingestão com coagulopatia observada até 9 dias.[1,5]

Outros anticoagulantes orais

Há pouca informação na literatura sobre níveis tóxicos relacionados aos DOACs, entretanto, doses consideradas terapêuticas estão relacionadas a aumento do risco de sangramentos e este efeito é progressivo com doses maiores, uso prolongado, obesidade e insuficiência renal.[2-4]

QUADRO CLÍNICO

Varfarina

Os sangramentos são as principais complicações da superdosagem de varfarina. A relação entre a dose de varfarina e seu nível plasmático varia entre os indivíduos e é modificada por fatores genéticos e ambientais (ingestão alimentar, interações medicamentosas, doença crítica etc.) que podem influenciar na sua farmacocinética e farmacodinâmica. Apesar do INR ser um marcador de coagulopatia, as complicações do uso de varfarina não ocorrem rotineiramente em nível definido; todavia, em geral, considera-se risco maior se valores de INR > 10.[1,4,5]

Outros anticoagulantes orais

Assim como ocorre na superdosagem de varfarina, a ingestão de altas doses de DOACs apresenta, como maior complicação, os sangramentos.[3]

DIAGNÓSTICO

Varfarina

Na suspeita de ingestão acidental ou toxicidade potencial, independentemente da quantidade de varfarina ingerida, realizam-se avaliação de sinais vitais, exame físico completo e inquérito sobre coingestões tanto de alimentos quanto de outras medicações, investigando a quantidade estimada e o tempo de ingestão, assim como realiza-se a análise de quaisquer possíveis queixas apresentadas. É importante buscar por sinais e sintomas de sangramento anormal. A avaliação específica da toxicidade da varfarina deve analisar o coagulograma incluindo TP, INR, TTPa, hemograma com plaquetas e a função hepática.[1,5]

Outros anticoagulantes orais

Quando há suspeita de toxicidade por dabigatrana, assim como ocorre na varfarina, realiza-se avaliação de sinais vitais, exame físico completo e inquérito sobre coingestões de outras medicações, investigando a quantidade estimada e o tempo de ingestão, assim como realiza-se análise de quaisquer possíveis queixas apresentadas. É importante buscar por sinais e sintomas de sangramento anormal. A avaliação da atividade anticoagulante da dabigatrana pode ser realizada por TTd e TCE (avaliação quantitativa). Além disso, pode ser realizada a medida da concentração do fármaco no plasma (avaliação quantitativa). Os testes TT, TP e TTPa somente fornecem uma avaliação aproximada do efeito do fármaco na coagulação (avaliação qualitativa), enquanto o teste INR não é sensível nem confiável para avaliar os níveis plasmáticos do fármaco.[2,3]

TRATAMENTO

Varfarina

Pacientes que ingeriram intencionalmente a varfarina ou a supervarfarina e não estão sob anticoagulação, se apresentarem INR normalizado durante as 36 horas seguintes à ingestão e não apresentarem sinais de sangramento, não precisam receber mais testagens nem realizar tratamento. Os pacientes que apresentarem INR elevado, com evidência de coagulopatia, não precisam receber vitamina K, a não ser que INR > 10 ou haja evidência de sangramento. O uso de carvão ativado pode ser considerado em indivíduos acordados e alertas que realizaram a ingestão dentro de uma hora.[2-4]

Pacientes com toxicidade aguda ou crônica e sangramento ativo devem receber concentrado do complexo de protrombina (CCP) de 4 fatores, se disponível, ou CCP de 3 fatores, juntamente com plasma fresco congelado – se os CCPs de 3 ou 4 fatores não estiverem disponíveis, administra-se somente o plasma fresco congelado. O uso de CCP tem sido discutido por conta do aumento no risco de complicações tromboembólicas associado ao seu uso. Além disso, os pacientes devem receber vitamina K 10 mg por via intravenosa. O uso de ácido tranexâmico deve ser considerado. Em pacientes com hemorragia intracraniana que necessitam de reversão imediata da coagulopatia da varfarina, pode ser usada a transfusão de plasma – foi observado que 15 a 30 ml/kg de plasma restauraram os níveis dos fatores de coagulação para uma linha de base de 30 a 50%. Deve ser consultado um hematologista ou um toxicologista em qualquer caso de sangramento importante provocado pela toxicidade da varfarina.

Pacientes que ingeriram acidentalmente uma dose isolada < 1 mg de varfarina ou supervarfarina e não estão sob anticoagulação não necessitam de qualquer testagem ou avaliação. No caso de pacientes que ingeriram acidentalmente o fármaco e estejam grávidas ou sob anticoagulação, recomenda-se a avaliação de TP/INR e a reavaliação desses testes após 48 horas.

Outros anticoagulantes orais

Em eventos de intoxicação aguda por DOACs, recomenda-se o uso de carvão ativado de 1 a 2 horas após a ingestão da droga. A interrupção da terapia com o fármaco, nos pacientes que estão sob seu uso, pode ser o suficiente para reverter qualquer efeito anticoagulante excessivo, visto que ele apresenta meia-vida curta. Nos pacientes com sangramentos podem ser usados fatores contidos no Complexo Protrombínico (CCP) e/ou agentes antifibrinolíticos como ácido tranexâmico ou aminocapróico. Para reverter os efeitos anticoagulantes da dabigatrana, foi aprovado, em 2015, o uso de idarucizumabe por infusão intravenosa, um fragmento de anticorpo monoclonal humanizado que se liga com a droga livre e com a droga ligada à trombina – o complexo idarucizumabe-dabigatrana é eliminado pelos rins. Como alternativa para situações de superdosagem e sangramentos, também podem ser administrados CCPs (com cautela, tendo em vista o aumento no risco de complicações tromboembólicas), assim como pode ser empregada a hemodiálise de 2 a 3 horas para depurar até 60% do fármaco da corrente sanguínea, tendo em vista que ele apresenta baixa ligação com as proteínas plasmáticas. Além disso, nos casos de sangramento, deve ser realizado tratamento sintomático.[2,4,6]

ANTÍDOTO

Varfarina

A fim de reverter sangramentos associados ao uso de varfarina, administra-se vitamina K por via oral ou via intravenosa. Também podem ser administrados plasma fresco congelado e concentrados plasmáticos dos fatores sanguíneos para reverter a ação da varfarina rapidamente.[1,3,5]

Outros anticoagulantes orais

Com o objetivo de reverter os efeitos anticoagulantes da dabigatrana, foi aprovado o uso de idarucizumabe – um fragmento de anticorpo monoclonal humanizado – por infusão intravenosa. A dose preconizada para adultos é de 5 g divididas em duas infusões de 2,5 g, porém, a segurança e a eficácia de praxbind não foram estabelecidas em crianças.[3,6]

REFERÊNCIAS BIBLIOGRÁFICAS

1. Conway SE, Hwang AY, Ponte CD, Gums JG. Laboratory and clinical monitoring of direct acting oral anticoagulants: what clinicians need to know. Pharmacotherapy. 2017 Feb;37(2):236-248.
2. Alquwaizani M, Buckley L, Adams C, Fanikos J. Anticoagulants: A review of the pharmacology, dosing, and complications. Curr Emerg Hosp Med Rep. 2013 Apr 21;1(2):83-97.
3. Tummala R, Kavtaradze A, Gupta A, Ghosh RK. Specific antidotes against direct oral anticoagulants: A comprehensive review of clinical trials data. Int J Cardiol. 2016;214:292-8.
4. Deaton JG, Nappe TM. Warfarin Toxicity. Treasure Island (FL): StatPearls Publishing; 2021 Jul 21. Disponível em: https://www.ncbi.nlm.nih.gov/books/NBK431112/
5. Whalen K, Finkel R, Panavelil TA. Farmacologia ilustrada. 6. ed. Artmed Editora; 2016. p. 303-5.
6. Brunton LL, Hilal-Dandan R, Knollmann BC. As bases farmacológicas da terapêutica de Goodman & Gilman. 13. ed. Porto Alegre: AMGH; 2019. p. 731-5.

SEÇÃO 4

TOXINAS DE MICRORGANISMOS, TOXINAS DE FUNGOS, ERVAS MEDICINAIS E PLANTAS TÓXICAS, ANIMAIS VENENOSOS E PEÇONHENTOS TERRESTRES, AQUÁTICOS E MARINHOS

SUBSEÇÃO 1 ACIDENTES POR ANIMAIS AQUÁTICOS PEÇONHENTOS E VENENOSOS

73. Acidentes por animais aquáticos peçonhentos e venenosos

SUBSEÇÃO 2 ACIDENTES POR ARTRÓPODOS

ARANHAS

74. Acidentes por aranhas do gênero *Phoneutria* (*Phoneutrismo*)
75. *Latrodectus*
76. Loxoscelismo
77. Outras aranhas

ESCORPIÕES

78. Acidentes por escorpião

LEPIDÓPTEROS

79. Acidentes por lepidópteros

POTÓS

80. Potós

SUBSEÇÃO 3 ACIDENTES POR SERPENTES

81. Acidente botrópico ("jararaca", *Bothrops* sp)
82. Acidente por serpentes do gênero *Crotalus*
83. Acidente por *Lachesis* (surucuru)
84. Acidente por cobras-corais do gênero *Micrurus* (micrurismo)
85. Acidente por outras serpentes "não peçonhentas"

SUBSEÇÃO 4 PLANTAS TÓXICAS E ERVAS MEDICINAIS

86. Plantas tóxicas e ervas medicinais
87. Cogumelos venenosos e alucinógenos

SUBSEÇÃO 5 TOXINAS DE MICRORGANISMOS

88. Botulismo
89. Tétano
90. Toxinas de microrganismos aquáticos

CAPÍTULO 73

ACIDENTES POR ANIMAIS AQUÁTICOS PEÇONHENTOS E VENENOSOS

Vidal Haddad Jr.

PONTOS-CHAVE

- Conceitos, manifestações clínicas e tratamento para acidentes por animais marinhos, como cnidários, ouriços-do-mar e peixes peçonhentos.

INTRODUÇÃO

A ocorrência de acidentes por animais aquáticos em humanos sempre foi subestimada e relatada de forma isolada no país e no mundo. A primeira série prospectiva sobre esses acidentes ocorreu no Brasil, na década de 1990. Com a obtenção dessas informações, foi possível organizar, entender e planejar medidas terapêuticas para acidentes por animais marinhos, o que posteriormente se ampliou para os acidentes por animais fluviais peçonhentos e traumatizantes.[1-5]

Os acidentes foram identificados e relacionados com os animais causadores, principalmente, com descrição das características clínicas, e o estabelecimento das medidas de tratamento inicial realmente efetivas nos pacientes. Além disso, a identificação desses animais permitiu que campanhas de prevenção de determinados acidentes fossem planejadas e implantadas em certos pontos do litoral brasileiro.[1,2]

O Quadro 1 sintetiza os dados mencionados, sendo especialmente útil no controle da dor, constante em todos os envenenamentos e traumas e constituindo um sério agravante nos envenenamentos nas crianças.[1,2]

Com dados acumulados de 1995 até 2022, sabemos que as lesões por animais marinhos em cerca de 3.500 pacientes na costa da região Sudeste do Brasil foram causadas principalmente por ouriços-do-mar (50%), cnidários (25%) e peixes peçonhentos e traumatizantes de várias espécies (25%). Já nos ambientes fluviais, cerca de 2.500 lesões observadas nos rios Tietê, Paraná, Paraguai, Araguaia e Negro foram quase totalmente causadas por peixes peçonhentos e traumáticos.[1,2,5]

QUADRO CLÍNICO

Cnidários (águas-vivas e caravelas)

Os cnidários são arredondados ou cuboides, com tentáculos fixos ao corpo. As cubomedusas, da classe *Cubozoa*, estão associadas a acidentes fatais em vários países, e duas espécies são comuns no Brasil: *Tamoya haplonema* e *Chiropsalmus quadrumanus*.

As caravelas (*Physalia physalis*) são encontradas com maior frequência nas regiões Norte e Nordeste, podendo causar acidentes graves (Figura 1). Pequenas medusas das espécies *Olindias sambaquiensis* e *Chrysaora lactea* são responsáveis por milhares de acidentes na região Sul durante os períodos de veraneio (Figura 1). Larvas da medusa *Linuche unguiculata* causam o prurido do calção de banho (*seabather's eruption*), uma erupção eritematopapulopruriginosa que se desenvolve em áreas cobertas pelos trajes dos de banhistas e que também é comum na região Sul. Os acidentes por corais podem causar ferimentos profundos, os quais se infectam facilmente.

Após um acidente, a dor é intensa e imediata, ainda na praia, e surge uma erupção papuloeritematosa, urticariforme, de linhas entrecruzadas. Crianças são comumente vitimadas. Após 1 ou 2 horas, o local pode apresentar vesículas, bolhas e mesmo necrose superficial. Fenômenos sistêmicos são raros em nosso país, mas podemos observar dificuldade respiratória ocasional. A espécie *Chironex fleckeri* (uma cubomedusa) provoca anualmente centenas de óbitos nos oceanos Índico e Pacífico, mas mortes por acidentes por cnidários não são registradas no Brasil.[1-5]

Ouriços-do-mar

Os ouriços-do-mar fazem parte da paisagem das praias e dos rochedos do litoral brasileiro. Os ouriços-do-mar pretos

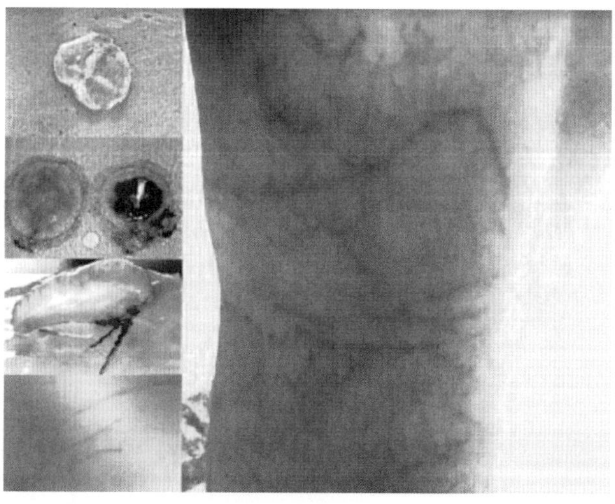

Figura 1. À esquerda, de cima para baixo: os três cnidários mais comuns ligados a acidentes no Brasil (*Olindias sambaquiensis, Chrysaora láctea* e *Physalia physalis*, a caravela). As fotos clínicas representam dois envenenamentos típicos. Fotos: acervo do próprio autor.

(*Echinometra lucunter*) constituem cerca de 90% dos ouriços-do-mar encontrados no Brasil e causam acidentes traumáticos em cerca de 50% dos vitimados por animais marinhos. Algumas espécies de ouriços-do-mar raras no Brasil apresentam veneno com efeito hipotensor, hemolítico, cardiotóxico e neurotóxico (por exemplo, *Diadema* sp.). Os acidentes em crianças podem acontecer quando estas exploram áreas de pedras próximas às praias.

As espículas de ouriços-do-mar penetram na pele e se quebram, provocando dor (quase sempre na região plantar, Figura 2). Pode acontecer infecção secundária bacteriana, incluindo o tétano. Nódulos eritematosos por persistência de fragmentos são granulomas de corpo estranho e têm solução cirúrgica.[1,2,5]

Peixes peçonhentos

Existem diversas espécies de peixes marinhos e fluviais venenosos no Brasil (Figura 3). Os acidentes por bagres são os mais comuns (família *Ariidae* nos mares e *Pimelodidae* na água doce), mas ocorrem envenenamentos por arraias, peixes-escorpião (*Scorpaenidae*), peixes-sapo (*Batrachoididae*), moreias (*Muraenidae*) e outros. Acidentes por peixes venenosos marinhos correspondem a 28,5% dos acidentes no litoral brasileiro.[1,2,4-8]

Crianças sofrem envenenamentos por bagres marinhos atirados nas praias por pescadores e mais raramente por arraias, especialmente em áreas fluviais, como a Amazônia e o Pantanal.

Acidentes por arraias fluviais são registrados nas bacias dos rios Paraná, Paraguai, Tocantins/Araguaia e Amazonas. Apesar de os mecanismos de envenenamento entre arraias marinhas e fluviais serem semelhantes, a dor e principalmente a necrose local é muito mais importante do que a observada nos acidentes provocados por arraias marinhas. Os principais sinais e sintomas são a dor intensa, incapacitante (100%), edema e eritema (100%) e necrose cutânea (96%). As espécies envolvidas foram *Potamotrygon motoro* e *Potamotrygon falkneri*.[9]

Muitos acidentes traumáticos podem ser causados por peixes de água doce, como os que ocorrem com piranhas (*Serrasalmidae*), cujos dentes cortantes provocam lesões laceradas com sangramento importante. Acidentes traumáticos por répteis aquáticos, como as sucuris e os jacarés, são observados raramente nos rios brasileiros e devem ser medicados como lesões traumáticas.[9]

MECANISMOS DE AGRESSÃO

Cnidários

Os cnidários apresentam células de defesa chamados nematocistos, que injetam toxinas com ação miotóxica e álgica e são capazes de desencadear processos alérgicos de gravidade variável.[1,2,4]

Ouriços-do-mar

Os ouriços-do-mar apresentam espículas corporais pontiagudas, constituídas de carbonato de cálcio, que podem penetrar profundamente na pele humana, sendo de difícil retirada. Algumas espécies podem ser venenosas (raras no Brasil), provocando dor intensa quando da entrada dos espinhos.[1,2,4]

Peixes peçonhentos

Venenos de peixes são neurotóxicos (dor intensa) e dermatonecróticos, com efeitos variáveis em cada espécie. Os bagres marinhos e fluviais apresentam ferrões recobertos por uma mucosa de células tóxicas.[7] Arraias marinhas e fluviais também apresentam de 1 a 4 ferrões constituídos

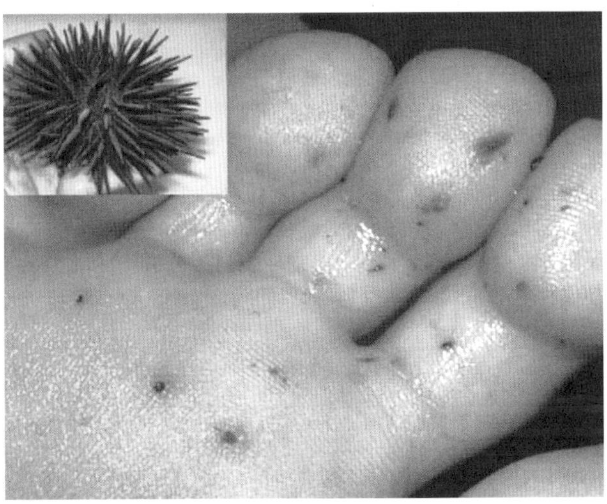

Figura 2. As espículas do ouriço-do-mar preto (*Echinometra lucunter*) aparecem como pontos negros na pele, mas têm fragmentos grandes que penetraram no local.
Fotos: acervo do próprio autor.

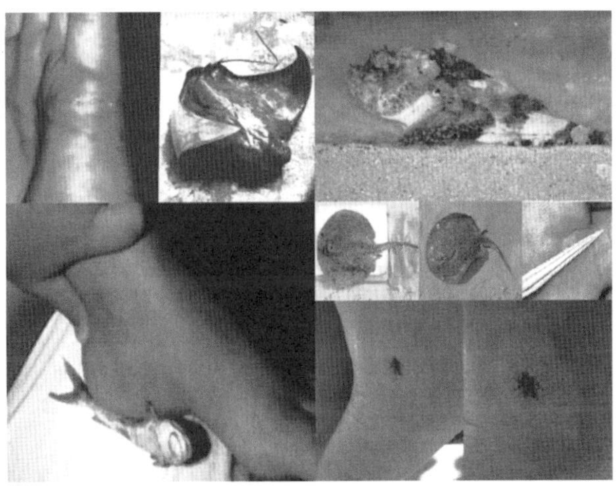

Figura 3. Os principais peixes peçonhentos em nosso país são as arraias e os bagres marinhos (à esquerda), os peixes-escorpião (acima, à direita) e as arraias fluviais (centro, à direita). Note os acidentes causados por estes peixes em humanos.
Fotos: acervo do próprio autor.

Quadro 1. Algoritmo para identificação e tratamento de acidentados por animais aquáticos brasileiros

Ferimentos puntiformes			*Dermatites*		Ferimentos lacerados	
Ferrão pode estar presente**	Espículas presentes no local*	Espículas raramente presentes**	Placas urticariformes, edema, eritema, vesículas, necrose**	Eczema*	Bordas cianóticas ou pálidas, fragmentos de ferrão**	Lacerações simples*
Bagres marinhos, mandis, arraias	Ouriços-do-mar	Peixe-escorpião (mangangá), peixe-sapo (niquim)	Águas-vivas, caravelas, corais, anêmonas	Esponjas, vermes marinhos, pepinos-do-mar	Arraias e bagres marinhos e fluviais, (ocasionalmente ferimentos puntiformes)	Cações, barracudas, moreias, piranhas, peixes-cachorro, traíras e outros peixes vulnerantes
1	1	1	2	2	1	3

* Dor moderada.
** Dor intensa.
1. Imersão em água quente (testar com a mão) por 30-90 minutos (cerca de 50 °C). Retirar espículas ou fragmentos de ferrão ou epitélio glandular e infiltrar anestésico local. Persistência de sintomas em fases tardias: exame radiológico. Fazer profilaxia do tétano.
2. Lavar o local ou fazer compressas com água do mar gelada (não usar água doce!). Aplicar vinagre (lavar o local ou fazer compressas). Analgesia (dipirona 1 ampola intramuscular).
3. Lavagem intensiva e exploração cirúrgica. Antibioticoterapia e prevenção do tétano.
Em todos os casos de ferimentos lacerados, utilizar antibioticoterapia: cefalexina 2 g/dia por 10 dias.
Fonte: adaptado de Haddad Jr V, 2008.[1]

de dentina, serrilhados, cobertos por um muco tóxico liberado quando da entrada do ferrão na pele. Peixes-escorpião apresentam veneno altamente tóxico, de efeito sistêmico, que fica em glândulas nos raios das nadadeiras, especialmente a dorsal.[6]

As arraias apresentam toxinas com polipeptídios de alto peso molecular com ação necrosante local, neurotoxicidade e cardiotoxicidade, enquanto peixes-escorpião provocam miotoxicidade, neurotoxicidade e efeitos lesivos diretos sobre o miocárdio. Envenenamentos por bagres são caracterizados por intensa dor local e necrose ocasional.[1,4,6]

TRATAMENTO

Cnidários

No Brasil, a maioria dos acidentes é controlada por analgesia (dipirona 1 ampola intramuscular), compressas de água marinha gelada ou cubos de gelo recobertos aplicados na pele e compressas de vinagre. Os acidentes graves têm indicação de atendimento de urgência, buscando o controle do choque. Arritmias cardíacas devem ser controladas com verapamil intravenoso. Na Austrália, existe um soro antiveneno para o tratamento de acidentes causados por *Chironex fleckeri*.[1,2,4]

Ouriços-do-mar

As espículas devem ser retiradas o mais brevemente possível, sob anestesia local. Faz-se, então, uma escarificação superficial com agulha hipodérmica de grosso calibre e utiliza-se uma pinça fina para a retirada. Deve-se ainda fazer a prevenção do tétano.[1,2,4]

Peixes peçonhentos

Todo veneno de peixe é termolábil e intensamente vasoconstritor, o que recomenda a imersão do membro afetado em água quente por 30-90 minutos. Deve-se ainda explorar o ferimento, com a retirada de fragmentos de ferrão ou epitélio. Podem ser necessárias medidas auxiliares, como exploração radiológica e vacinação antitetânica. Se houver comprometimento sistêmico importante, o que ocorre por infecções secundárias tardias, deve-se encaminhar a centro de tratamento intensivo, com urgência.[1,2,4,6-9]

ERROS MAIS COMUNS QUE VOCÊ DEVE EVITAR

Não usar álcool, Coca-Cola®, urina ou qualquer outra substância em um acidente por cnidário. As medidas indicadas são testadas e funcionam bem em nosso litoral. Se houver qualquer repercussão sistêmica, encaminhar imediatamente para um pronto-socorro.

Retirar as espículas de ouriço-do-mar no local do acidente é algo comum, mas pode predispor infecções graves e quebra de fragmentos no ferimento, o que causa granulomas de corpo estranho. As espículas devem ser extraídas em ambiente hospitalar.

Água quente é a única medida eficaz no local para controle da dor em um acidentado por peixe peçonhento. A vasodilatação alivia o processo de isquemia e alivia muito a dor, mas não previne a necrose. Qualquer outra medida é intempestiva.

REFERÊNCIAS BIBLIOGRÁFICAS

1. Haddad Jr V. Animais aquáticos potencialmente perigosos do Brasil: guia médico e biológico. São Paulo: Roca; 2008. 268 p.
2. Cardoso JLC, França FOS, Haddad Jr V. Animais peçonhentos no Brasil: biologia, clínica e terapêutica dos acidentes. 2. ed. São Paulo: Sarvier; 2009. 540 p.

3. Gopalakrishnakone P, Haddad Jr V, Tubaro A, Kim E, Kem WR. Marine and Freshwater Toxins. Springer; 2016. 476 p.
4. Haddad Jr V. Medical Emergencies caused by Aquatic Animals. Genebra: Springer Publishers; 2016. 112 p.
5. Reckziegel GC, Dourado FS, Garrone Neto D, Haddad Jr V. Injuries caused by aquatic animals in Brazil: an analysis of the data present in the information system for notifiable diseases. Rev Soc Bras Med Trop. 2015;48(4):460-7.
6. Haddad Jr V, Cardoso JLC, Neto DG. Injuries by marine and freshwater stingrays: history, clinical aspects of the envenomations and current status of a neglected problem in Brazil. J Venom Anim Toxins Incl Trop Dis. 2013;19:16.
7. Haddad V Jr, Martins IA. Frequency and gravity of human envenomation caused by marine catfish (suborder Siluroidei): a clinical and epidemiological study. Toxicon. 2006;47(8):838-43.
8. Haddad V Jr, Martins IA, Makyama HM. Injuries caused by scorpionfishes (Scorpaena plumieri Bloch, 1789 and Scorpaena brasiliensis Cuvier, 1829) in the Southwestern Atlantic Ocean (Brazilian Coast): epidemiologic, clinic and therapeutic aspects of 23 stings in humans. Toxicon. 2003;42(1):79-83.
9. Silva GC, Sabino J, Alho CJ, Nunes VL, Haddad V Jr. Injuries and envenoming by aquatic animals in fishermen of Coxim and Corumbá municipalities, state of Mato Grosso do Sul, Brazil: identification of the causative agents, clinical aspects and first aid measures. Rev Soc Bras Med Trop. 2010;43(5):486-90.

CAPÍTULO 74

ACIDENTES POR ARANHAS DO GÊNERO *PHONEUTRIA* (*PHONEUTRISMO*)

Fábio Bucaretchi
Stephen Hyslop

PONTOS-CHAVE

- Popularmente conhecida no Brasil como aranha "armadeira", com distribuição geográfica restrita à América do Sul e parte da América Central.
- Segunda causa de acidentes por aranhas de importância médica no Brasil, com maiores ocorrências nas regiões Sul e Sudeste, com pico de incidência nos meses de abril e maio.
- A maioria dos casos evolui apenas com dor local, em geral de forte intensidade e irradiada, podendo ser acompanhada de discreto edema, hiperemia, parestesia e sudorese local. Manifestações sistêmicas indicativas de gravidade são incomuns e incluem a evolução para edema pulmonar agudo e choque nos casos críticos, sendo crianças e idosos – os grupos mais vulneráveis.
- O manejo clínico essencial inclui uma sequência racional de procedimentos analgésicos para rápido alívio da dor, além da indicação adequada do antiveneno (soro antiaracnídico) nos casos com manifestações sistêmicas relevantes, e medidas de suporte vital.

INTRODUÇÃO

As aranhas do gênero *Phoneutria* são denominadas como "aranhas armadeiras", pois, ao serem perturbadas, apresentam um comportamento de defesa e de intimidação, apoiando-se sobre as patas traseiras, erguendo as dianteiras, fazendo movimentos de rotação lateral, e abrindo as quelíceras procurando picar. Também são conhecidas como "aranhas das bananas", uma vez que frequentemente são encontradas em bananeiras ou entre os seus cachos, não sendo incomuns acidentes em trabalhadores que transportam ou manipulam bananas, incluindo acidentes ocupacionais em mercados de frutas, tanto no Brasil como no exterior.[1] A Figura 1 mostra uma fêmea adulta de *P. nigriventer* em posição armada para o bote, além de uma foto e esquema da distribuição dos olhos nessas aranhas, que são úteis para identificação do gênero *Phoneutria*.

São animais de hábitos errantes que não constroem teias, e que caçam suas presas principalmente durante à noite. Por causa da capacidade dessas aranhas de adaptação próxima do convívio humano (sinantropismo), a maioria dos acidentes por *Phoneutria* ocorre dentro dos domicílios e suas proximidades, no período diurno, principalmente ao calçar sapatos e ao manusear entulhos, lenhas ou materiais de construção. Embora os acidentes possam ocorrer durante todo o ano, são mais frequentes nos meses de abril e maio, possivelmente relacionados à época de acasalamento do gênero.[1]

Até o momento foram identificadas oito espécies de *Phoneutria*, classificadas como **amazônicas** (*P. fera*, *P. reidyi* e *P. boliviensis*) e **não amazônicas** (*P. keyserlingi*, *P. pertyi*, *P. eickstedtae*, *P. bahiensis* e *P. nigriventer*).[1,2] A maioria dos casos publicados se relaciona à *P. nigriventer*, a espécie predominante nas regiões Sul e Sudeste do Brasil e cujo veneno é o mais estudado.[1,2] No Brasil, onde ocorre a maioria dos acidentes, são notificados ao Sistema de Informação de Agravos e Notificação do Ministério da Saúde (Sinan/MS) cerca de 5 mil casos/ano, com os maiores coeficientes de incidência nos estados da região Sul (8,6 casos/100 mil habitantes), principalmente em Santa Catarina (15 casos/100 mil habitantes) e Paraná (10 casos/100 mil habitantes).[1,3]

MECANISMO DE AÇÃO

A dor local intensa, que é a principal manifestação clínica observada no envenenamento,[1,4,5] envolve diversas vias e uma fisiopatologia complexa.[6-9] Estudos em modelos animais, utilizando toxinas purificadas de *P. nigriventer*, indicam a participação de ações periférica e central na fisiopatologia da dor, possivelmente atuando de forma sinérgica. A **ação periférica** envolve a ativação e retardo da inativação dos canais de sódio dependentes de voltagem, taquicininas (NK1 e NK2), e receptores serotoninérgicos (5-HT4) e de glutamato, enquanto a **ação central (medular)** envolve neurocininas, aminoácidos excitatórios, óxido nítrico, citocinas pró-inflamatórias e prostanoides.[6-9]

Quanto à fisiopatologia das **manifestações sistêmicas**, foi demonstrado em coelhos que os efeitos hemodinâmicos induzidos pelo veneno de *P. nigriventer* decorrem da liberação de catecolaminas das terminações nervosas simpáticas periféricas, além de uma ativação direta dos receptores vasculares α_1-adrenérgicos.[10] Em adição, foi observado que a injeção intraperitoneal, em camundongos adultos, da toxina Tx2-5 de *P. nigriventer*, uma toxina seletiva dos canais de sódio, causou priapismo, sialorreia e morte por edema pulmonar e insuficiência respiratória, similar ao observado nos casos graves em humanos. No mesmo estudo, foi constatado que o pré-tratamento com 7-nitroindazol (inibidor seletivo da óxido nítrico (NO)-sintase neuronal) bloqueou de forma eficaz os efeitos da Tx2-5, indicando o importante envolvimento do NO na fisiopatologia do envenenamento sistêmico grave.[11]

Figura 1. **A,** Fêmea adulta de *P. nigriventer* em posição armada para o bote; **B,** distribuição dos 8 olhos do gênero *Phoneutria* na porção dorsal e anterior do cefalotórax, na sequência 2-4-2.

Fonte: foto e imagens do acervo do Centro de Informação e Assistência Toxicológica (CIATox) de Campinas.

QUADRO CLÍNICO

Podem ser divididas em **locais** e **sistêmicas**.

Locais: dor imediata é observada em mais de 90% dos casos, por vezes excruciante, podendo se irradiar até a raiz do membro acometido. Em decorrência da dor, a maioria dos pacientes procura atendimento médico rapidamente, nas primeiras duas horas após a picada. Outras manifestações locais observadas com relativa frequência incluem edema não endurado, eritema, sudorese local, parestesia e a marca dos dois pontos de inoculação. Mais raramente também pode ser observada a presença de fasciculações musculares locais. Cerca de 1% dos pacientes não apresentam manifestações clínicas de envenenamento (picada seca).[1,4,5]

Tendo em vista que a dor local intensa é o principal motivo de procura de um serviço de saúde, a avaliação objetiva da intensidade da dor utilizando escalas simples validadas e apropriadas, como a escala numérica de notas de dor 0 a 10 e a escala visual analógica de dor (0 = ausência de dor; 10 = dor excruciante, insuportável, incapacitante, ou a pior dor possível já vivida) são muito úteis para auxiliar na indicação de uma analgesia racional visando o rápido alívio da dor, principalmente nos pacientes com dor grave (notas 7 a 10), e na prevenção da recorrência da dor. Essas duas escalas e as escalas de faces de dor 0 a 10 Wong-Baker e FPR-S (*Faces Pain Rating Scale, International Association for the Study of Pain*) são apresentadas na Figura 2. A avaliação da intensidade da dor em crianças com menos de 7 anos de idade, é mais complexa, sendo geralmente aplicadas escalas comportamentais, incluindo as de faces de dor.

Uma análise de 27 casos de foneutrismo admitidos na Unidade de Emergência do Hospital de Clínicas da Unicamp e seguidos pelo Centro de Informação e Assistência Toxicológica (CIATox) de Campinas, onde a escala de notas de dor 0 a 10 foi aplicada na admissão, mostrou que a mediana da nota de dor foi 7 (intervalo interquartil, 6-9; 2016-2018, dados não publicados).

Sistêmicas: são observadas em cerca de 9 a 10% do total de casos, com ~0,5% evoluindo com alterações cardiorrespiratórias e hemodinâmicas ameaçadoras à vida, como choque e edema pulmonar. Os efeitos sistêmicos são essencialmente de origem periférica, com pouco envolvimento central, apesar de estudos em animais mostrarem efeitos centrais.[12] As manifestações sistêmicas já descritas no foneutrismo, de forma isolada ou associada, incluem: visão turva, palidez cutânea, vômitos ocasionais, sialorreia, rinorreia, sudorese profusa, taquicardia/bradicardia, taquipneia/bradipneia, agitação/prostração, dor abdominal, dor torácica, cólicas, diarreia, trismo, hipertonia muscular e priapismo. Nos casos mais graves podem ser observados sinais de choque, como pulso filiforme, extremidades frias, tempo de enchimento capilar prolongado (superior a 2 segundos) e hipotensão arterial; e sugestivos de edema pulmonar, como dispneia, que pode ser acompanhado de sibilância, estertores crepitantes em bases pulmonares e tosse com expectoração rósea.[1,4,5,13] Também há descrição de raros casos graves que evoluíram,

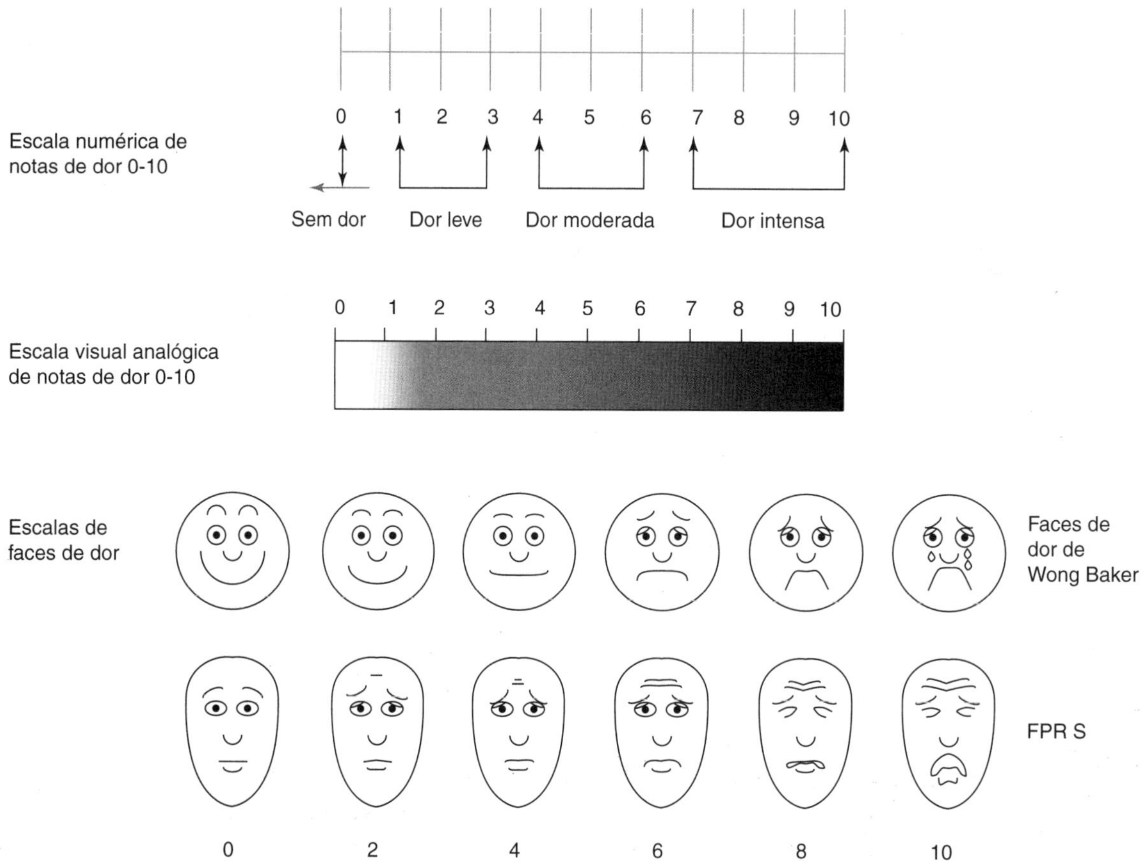

Figura 2. Escalas numérica de notas de dor, analógica visual, e de faces de dor de Wong-Baker e FPR-S (*Faces Pain Rating Scale, International Association for the Study of Pain*).

além do edema pulmonar e choque, com crises convulsivas (menino de 9 meses) e o de um idoso de 75 anos com arritmias cardíacas com baixo débito (fibrilação atrial e taquicardia ventricular), que necessitou de cardioversão elétrica além da soroterapia antiveneno.[1]

DIAGNÓSTICO

Em adição à história clínica e as manifestações descritas, que compõem a síndrome do envenenamento, o foneutrismo também pode ser classificado como **confirmado** ou **suspeito**. Entende-se por **caso confirmado** aquele em que a aranha causadora do acidente foi capturada e trazida para identificação no serviço de emergência, ou fotografada na cena do acidente e, posteriormente, identificada como um espécimen de *Phoneutria,* em geral pelo apoio remoto do CIATox de referência regional, ou por auxílio de um biólogo taxonomista de aranhas. Os **casos suspeitos** são baseados na descrição do acidente pelo paciente ou testemunhas, incluindo a visualização e o comportamento do animal, e pela síndrome clínica de envenenamento, principalmente em áreas de ocorrência de foneutrismo.[1,2,4,5] Outra forma de confirmar o envenenamento seria pela detecção de veneno circulante após a picada, por imunoensaio enzimático (ELISA).[13,14] Pela dificuldade operacional, essa técnica não está disponível na rotina da maioria dos serviços.

São escassas as informações acerca das alterações laboratoriais encontradas no foneutrismo sistêmico grave, com observação de leucocitose com neutrofilia, hiperglicemia, hipoxemia, acidose metabólica e hipocalemia, possivelmente relacionadas ao aumento da atividade adrenérgica.[1,4,5] Em um caso grave de acompanhamento remoto pelo CIATox de Campinas-SP em 2019 (dados não publicados), um menino de 4 anos picado por uma fêmea adulta de *P. nigriventer* evoluiu com priapismo, hipoxemia, choque e edema pulmonar. Nesse caso foi possível confirmar um dano miocárdico agudo, com alterações eletrocardiográficas (infradesnivelamento do segmento ST e aumento do intervalo QTc), aumento de troponinas séricas e diminuição da fração de ejeção do ventrículo esquerdo (FEVE = 43%; valor de referência > 56%). A criança apresentou plena recuperação após tratamento específico com soro antiaracnídico e de suporte com dobutamina e ventilação mecânica não invasiva.

Diagnóstico diferencial

No diagnóstico diferencial, o mais importante é com o escorpionismo, principalmente nas regiões Sul e Sudeste. Todavia, em que pesem manifestações locais e sistêmicas similares, o escorpionismo é muito mais frequente que o foneutrismo (154.812 casos de escorpionismo notificados no Brasil em 2019),[3] além de ser significativamente mais grave, principalmente nas crianças picadas pelo escorpião amarelo (*Tityus serrulatus*).[1,5] Em relação a picadas por outras aranhas, o diagnóstico diferencial mais comum se refere aos acidentes causados por aranhas do gênero *Lycosa*, popularmente conhecidas como aranhas de grama ou de piscina, que eventualmente podem ser confundidas com *Phoneutria* spp. na identificação por pessoal não habilitado. Em relação às manifestações clínicas, a dor local causada por picadas de *Lycosa* spp. costuma ser bem menos intensa que no foneutrismo e remite mais rapidamente.[1,5]

TRATAMENTO

Manejo da dor local

Diferentes formas de analgesia são propostas, seguindo uma indicação racional de acordo com a intensidade da dor, e visando o rápido alívio da dor grave. Como indicado nas Figuras 3 e 4, nos pacientes com dor leve, podem ser utilizados analgésicos como dipirona e/ou paracetamol por VO, respeitando a posologia adequada para idade, peso e condições do paciente. Nos pacientes com dor moderada pode ser indicado o uso de dipirona IV e, nos pacientes com dor intensa, a infiltração anestésica local seguida da administração de dipirona IV constituem o tratamento de primeira linha, lembrando que os anestésicos locais interrompem a condução nociceptiva por bloqueio dos canais de sódio nas terminações nervosas sensoriais. Nos casos de dor intensa sem resposta favorável à primeira infiltração anestésica local, seguida da administração de dipirona IV, pode-se realizar uma segunda infiltração anestésica, além de considerar o uso parenteral de opioides como tramadol IV ou morfina (SC ou IV).[1] Essas medidas estão esquematizadas na Figura 4, medidas essas utilizadas na rotina do CIATox de Campinas para manejo da dor local no foneutrismo, escorpionismo e acidentes por contato com larvas de mariposas (erucismo),[15] com bons resultados. A análise de uma grande série de casos de foneutrismo (N = 422) mostrou que 72% dos pacientes foram tratados com infiltração anestésica local para alívio da dor, a maioria (61%) com necessidade de apenas uma infiltração.[4]

Tratamento específico (soroterapia antiveneno) e de suporte

Apenas Brasil e Argentina produzem soros antiveneno heterólogos específicos contra o veneno de *Phoneutria* spp.[1,16] No Brasil temos o soro antiaracnídico (SAAr), que é produzido pelo Instituto Butantan, em frascos-ampolas de 5 mL que devem ser armazenados em cadeia de frio (2-8 °C). O SAAr é obtido a partir do plasma de equinos hiperimunizados com veneno de escorpiões (*T. serrulatus*) e de aranhas dos gêneros *Phoneutria* e *Loxosceles* (aranha-marrom), e contém imunoglobulinas do tipo Fab'_2, sendo que 1 mL neutraliza 1,5 dose mínima letal (1,5 DL_{100}) de veneno referência de *P. nigriventer* em camundongos.[1]

O SAAr está indicado em todos os casos graves, aliado a medidas de suporte vital, bem como em crianças (geralmente com menos de 7 anos) com envenenamento sistêmico classificado como moderado. Recomenda-se que a administração do SAAr seja realizada preferencialmente na Unidade de Emergência com o paciente monitorizado e sob estrita vigilância médica. Ademais, recomenda-se que todo paciente submetido a tratamento soroterápico deva ficar em observação na unidade de saúde por, no mínimo, 24 horas.[1,4,5]

Como mencionado, as principais causas do foneutrismo grave com risco de morte e de desfecho letal estão relacionadas ao choque e edema pulmonar.[1,4,5] Esses pacientes, além da soroterapia específica, devem ser referenciados para unidades de tratamento intensivo, pois podem necessitar de apoio inotrópico e de vasopressores, além de assistência respiratória incluindo ventilação mecânica (invasiva ou não invasiva). Na Figura 5 consta um fluxograma referente à classificação de gravidade e tratamento sugerido, baseado em diretrizes do Ministério da Saúde do Brasil (2014).[5]

PROGNÓSTICO

De maneira geral, o prognóstico é muito bom, uma vez que são raros os casos graves. Extensa revisão da literatura revelou a presença de 15 óbitos relacionados ao foneutrismo no Brasil desde 1926, sendo disponível a descrição clínica detalhada em apenas três casos. Dentre sete casos fatais com citação da idade, seis ocorreram em crianças com menos de 10 anos.[1]

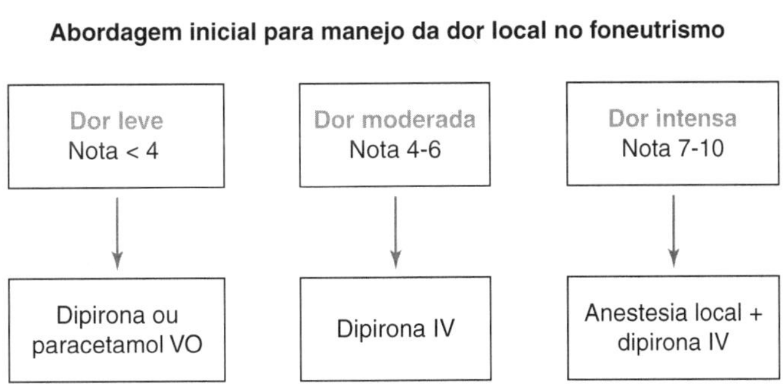

Figura 3. Esquemas propostos para manejo inicial da dor local no foneutrismo.

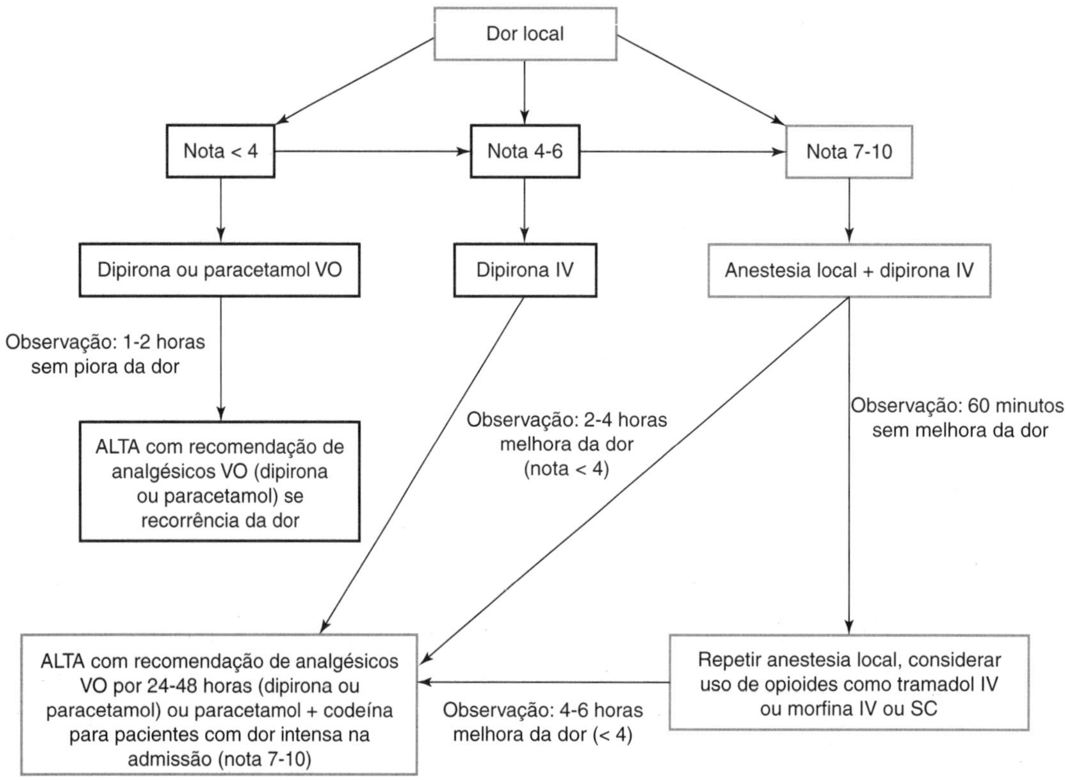

Figura 4. Fluxograma sugerido para manejo da dor local no foneutrismo.

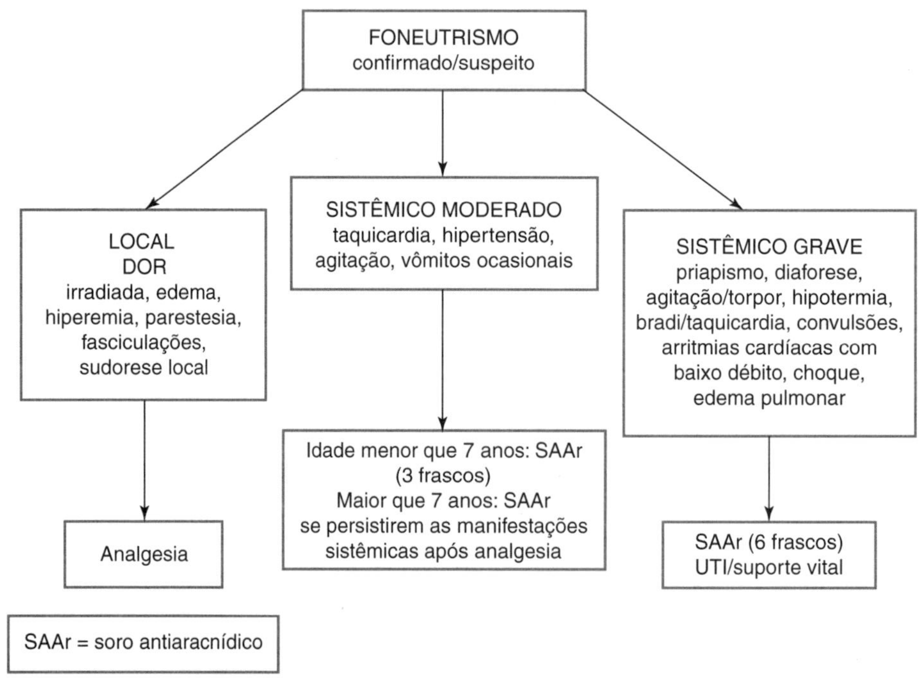

Figura 5. Fluxograma para auxílio diagnóstico de acordo com a gravidade do foneutrismo e orientação geral do tratamento.
Fonte: adaptada do protocolo clínico de foneutrismo do Ministério da Saúde do Brasil (2014).[5]

REFERÊNCIAS BIBLIOGRÁFICAS

1. Bucaretchi F, Bertani R, De Capitani EM, Hyslop S. Envenomation by wandering spiders (genus *Phoneutria*). In: Gopalakrishnakone P, Vogel CW, Seifert S, Tambourgi D (Eds.). Clinical Toxinology in Australia, Europe, and Americas. Toxinology. Springer, Dordrecht. 2018. p.101-154.
2. Martins R, Bertani R. The non-Amazonian species of the Brazilian wandering spiders of the genus *Phoneutria* Perty, 1833 (Araneae: Ctenidae), with the description of a new species. Zootaxa. 2007;1526:1-36.
3. Brasil, Ministério da Saúde. Sistema de Informação de Agravos e Notificação (SINAN). Disponível em: http://tabnet.datasus.gov.br/cgi/deftohtm.exe?sinannet/animaisp/bases/animaisbrnet.def (acesso em 19 de maio de 2021)
4. Bucaretchi F, Deus Reinaldo CR, Hyslop S, et al. A clinico-epidemiological study of bites by spiders of the genus *Phoneutria*. Rev Inst Med Trop São Paulo. 2000;42:17-21.
5. Brasil. Ministério da Saúde. Protocolo Clínico. Acidente por aranha do gênero *Phoneutria* "Aranha armadeira". 2014. Disponivel em: https://portalarquivos.saude.gov.br/images/pdf/2014/marco/13/Protocolo-cl--nico---Acidente-por-aranha-do-g--nero-Phoneutria.pdf (acesso em 18 de maio de 2021)
6. Zanchet EM, Cury Y. Peripheral tachykinin and excitatory amino acid receptors mediate hyperalgesia induced by *Phoneutria nigriventer* venom. Eur J Pharmacol. 2003;467:111-118.
7. Zanchet EM, Longo I, Cury Y. Involvement of spinal neurokinins, excitatory amino acids, proinflammatory cytokines, nitric oxide and prostanoids in pain facilitation induced by *Phoneutria nigriventer* spider venom. Brain Res. 2004;1021:101-111.
8. Costa SKP, Start A, Hyslop S et al. How important are NK1 receptors for influencing microvascular inflammation and itch in the skin? Studies using *Phoneutria nigriventer* venom. Vascul Pharmacol. 2006;45: 209-214.
9. Gewer C, Oliveira SM, Rossato MF et al. Mechanisms involved in the nociception triggered by the venom of the armed spider *Phoneutria nigriventer*. PLOS Negl Trop Dis. 2013;7(4):e2198.
10. Estato V, Antunes E, Machado B et al. Investigation of the haemodynamic effects of *Phoneutria nigriventer* venom in anaesthetized rabbits. Toxicon. 2000;38:841-853.
11. Yonamine CM, Troncone IRP, Camilo MAP. Blockade of neuronal nitric oxide synthase abolishes the toxic effects of Tx2-5, a lethal *Phoneutria nigriventer* spider toxin. Toxicon. 2004;44:169-172.
12. Cruz-Höfling MA, Tavares JC, Rapôso C. *Phoneutria nigriventer* venom: action in the central nervous system. In: Gopalakrishnakone P, Corzo G, Lima ME, Diego-García E (Eds.). Spider venoms. Dordrecht, Springer Science and Business Media. 2016, p. 175-202.
13. Bucaretchi F, Mello SM, Vieira RJ et al. Systemic envenomation caused by the wandering spider *Phoneutria nigriventer*, with quantification of circulating venom. Clin Toxicol (Phila). 2008;46:885-889.
14. Chávez-Olórtegui C, Bohórquez K, Alvarenga LM, et al. Sandwich-ELISA detection of venom antigens in envenoming by *Phoneutria nigriventer* spider. Toxicon. 2001;3:909-911.
15. Branco MMP, Borrasca-Fernandes CF, Prado CC et al. Management of severe pain after dermal contact with caterpillars (erucism): a prospective case series. Clin Toxicol (Phila). 2019;57:338-342.
16. de Roodt AR, Lago NR, Lanari LC, et al. Lethality and histopathological alterations caused by *Phoneutria nigriventer* spider venom from Argentina: neutralization of lethality by experimental and therapeutic antivenoms. Toxicon. 2017;125:24-31.

CAPÍTULO 75

LATRODECTUS

Sony de Freitas Itho
Débora Pereira Galvêas Negri

PONTOS-CHAVE

- Os acidentes por *Latrodectus* ocorrem comumente em áreas externas das residências, como jardins e garagens.
- A gravidade do quadro clínico depende da idade do paciente, presença de comorbidades, quantidade de veneno inoculado e o número de picadas.
- Quadros leves representam quase a totalidade dos casos, cuja apresentação clínica mais comum é apenas dor de pequena intensidade no local da picada que evolui com sensação de queimação; pápula eritematosa e sudorese localizada.
- Manifestações sistêmicas são frequentemente alterações motoras (dor irradiada, agitação motora, contrações espasmódicas dos membros inferiores, contraturas musculares intermitentes, tremores, dor com rigidez abdominal-simulando abdome agudo), gerais (sialorreia, dor torácica, hipertensão arterial e retenção urinária) e fácies latrodectísmica (contratura facial e trismo dos masseteres).
- O tratamento é sintomático com controle da dor com analgésicos, uso de benzodiazepínicos e soro específico (se disponível) nos casos moderados e graves.

INTRODUÇÃO

O gênero de aranha *Latrodectus*, popularmente conhecida como viúva-negra, possui importância mundial por ser a responsável por acidentes clinicamente significativos em todo o mundo. Está presente em todos os continentes, exceto a Antártida, por causa do seu perfil de habitar ambientes quentes.[1] Além disso, possui hábitos sedentários, faz teias irregulares, vive de forma gregária e é não agressiva, exceto quando provocada.[2]

Existem mais de 30 tipos diferentes de espécies de *Latrodectus*, mas nem todos são de importância médica. No Brasil existem as espécies *L. geometricus* (viúva-marrom), *L. curacaviensis* (viúva-negra) e a *L. gr. mactans*, ainda não definida.[2,3,4]

Um levantamento dos casos de acidentes por *Latrodectus* ocorridos no ano de 2020 (Sistema de Informação de Agravos de Notificação – Sinan), mostra uma baixa incidência de ocorrências (270 casos) em relação ao total de acidentes por aranhas distribuídos no país (236.673 casos) embora presentes em todas as regiões da Federação. Os estados de Minas Gerais, São Paulo, Bahia e Pernambuco (nesta ordem) mostram um maior número de notificações. Predominam as regiões Sudeste (74 casos) e Nordeste (59 casos) que diferem no gênero: a Sudeste predomina o sexo masculino e a Nordeste, o feminino. Dos casos de latrodectismo, a faixa etária predominante foi de 20 a 59 anos (57,6%). A maioria dos casos foram classificados como acidentes leves (83,5%) e não houve registro de óbitos.[5]

Comumente encontramos *Latrodectus* ao ar livre, sendo os acidentes predominantemente em locais com entulhos, móveis em jardins, equipamentos de trabalho domésticos que ficam do lado de fora das residências e região peridomiciliar.[1,2]

O termo viúva-negra é popularmente conhecido pelo fato de a fêmea devorar o macho após o acasalamento. A fêmea também desenvolve acidentes com maior potencial de gravidade, pois as glândulas de veneno são mais proeminentes, possui presas mais longas e seu tamanho pode chegar até 20 vezes maior que o macho.[1]

A identificação das aranhas *Latrodectus* é relativamente fácil. Possui abdome globoso e negro com manchas vermelhas com desenho de uma ampulheta vermelha localizada em região ventral. A fêmea pode chegar a 1 cm de tamanho, enquanto o macho não ultrapassa alguns milímetros.[1,2]

MECANISMOS DE AÇÃO

Toxicodimâmica

A aranha viúva-negra possui um veneno de atividade neurotóxica, com combinação de peptídeos, proteínas e proteases biologicamente ativas. O envenenamento é causado quando um grupo de neurotoxinas denominadas de latrotoxinas se ligam a latrofilina e neurexina (proteínas das membranas pré-sinápticas) e ocasiona a liberação maciça de neurotransmissores adrenérgicos e colinérgicos.[6,7]

Toxicocinética

Existem cinco latrotoxinas descritas na literatura (alfa, beta, gama, delta e épsilon), porém a alfa-latrotoxinas é a que atua nos mamíferos. A alfa-latrotoxina se liga irreversivelmente aos receptores de proteínas nos neurônios pré-sinápticos que geram um influxo de cálcio e, consequentemente, exocitose maciça de neurotransmissores (glutamato, norepinefrina, epinefrina, dopamina e acetilcolina). É a liberação desses neurotransmissores responsáveis pelo quadro clínico do paciente.[1,8]

A atividade neurotóxica sobre terminações nervosas promove inicialmente a liberação de neurotransmissores (NT) sobre o sistema nervoso autônomo, seguida da sua depleção. A liberação de NT adrenérgicos e colinérgicos e, na junção neuromuscular pré-sináptica, altera a permeabilidade aos íons sódio e potássio. Alteram, ainda, a permeabilidade de outros cátions, aumentando o influxo de íons cálcio e promovendo a despolarização de membranas. A atuação em canais de cálcio gera um quadro clínico caracterizado principalmente por dor, parestesia nos membros, dor abdominal, tremores e contraturas.[2]

O veneno de algumas espécies de *Latrodectus* possui atividades fibrinogenolíticas e outras proteolíticas, mostrando ações específicas nas proteínas da matriz extracelular, como fibronectina, laminina, colágeno tipo IV e fibrinogênio. Além disso, o veneno dessa aranha é rico em moduladores de canais iônicos.[2]

DOSES TÓXICAS

Por se tratar de acidente com animal peçonhento, é difícil dimensionar a quantidade de veneno inoculado, porém em acidentes por *Latrodectus* sabe-se que a gravidade depende do número de picadas, o sexo do animal (fêmeas inoculam maior quantidade de veneno) e a idade dos pacientes e suas comorbidades.[6]

QUADRO CLÍNICO

Os pacientes geralmente não são atendidos no momento da picada e podem demorar até horas para procurar um serviço de saúde. Classicamente os acidentes ocorrem em extremidades.

Quadro local: há dor aguda, de intensidade variável (sintoma mais característico) inicialmente leve, 15 minutos após a picada podendo progredir para forte intensidade com o passar das horas (1 a 3 horas), podendo persistir até 48 horas. Podem ser visualizados 1 a 2 orifícios, pápula eritematosa, edema, hiperestesia e sudorese local. O ponto de inoculação pode não ser visualizado.[1,7,8]

Quadro sistêmico: são descritos contraturas e dores musculares irradiadas para membros principalmente inferiores, dorso e abdome. Rigidez muscular, dor e desaparecimento do cutâneo-abdominal podem simular quadro de abdome agudo. Acompanham sudorese abundante, excitabilidade, dificuldade de deambulação, ptose e edema palpebral, hiperemia conjuntival, midríase, contratura de face e trismo de masseteres caracterizam a face latrodectísmica. São relatados sintomas como insônia, cefaleia e ansiedade. Ainda referidos sistemicamente: taquicardia e hipertensão, seguidas de bradicardia, dor torácica com sensação de morte iminente e ECG que pode evidenciar arritmias, bloqueios, fibrilação atrial e outras alterações relacionadas ao nível de calcio e potássio.[4]

Nos casos leves, o ponto de inoculação pode apresentar área central pálida com eritema adjacente e associação com edema e dor local. Nos moderados pode ocorrer aparente abdome agudo (abdome em tábua). Nos casos graves, a fácies latrodectísmica compreende: blefaroconjuntivite, edema palpebral bilateral, hiperemia de face e colo, queilite, trismo dos masséteres e midríase.[1,2,3,4,10]

Ocorre que, em gestantes, os espasmos musculares podem desenvolver trabalho de parto prematuro e aborto. Lembrar também que nos casos de dor irradiada para tórax deve-se realizar investigação cardiológica para descartar síndrome coronariana aguda ou miocardite.[1,6,7]

Tabela 1. Classificação dos acidentes quanto à gravidade, manifestações clínicas e tratamento[3,4,6,7]

Classificação	Manifestações clínicas locais e sistêmicas	Tratamento sintomático e específico
Leve	Na maioria, sintomas leves: Dor local Edema local discreto Sudorese local Dor nos membros inferiores Parestesia em membros Tremores e contraturas	Sintomático: analgésicos, gluconato de cálcio, observação
Moderado	Além dos acima: Dor abdominal Sudorese generalizada Ansiedade/agitação Mialgia Dificuldade de deambulação Cefaleia, tontura Hipertermia	Sintomáticos: analgésicos, sedativos Específico: SALatr 1 ampola
Grave	Todos os acima referidos mais: Taqui/bradicardia Hipertensão arterial Taquipneia/dispneia Náuseas e vômitos Priaprismo Retensão urinária Fácies latrodectísmica	Sintomáticos: analgésicos, sedativos Específico: SALatr 1 a 2 ampolas

ALERTA IMPORTANTE

O quadro clínico pode se confundir com acidente por escorpião ou pela aranha *Phoneutria*.

O latrodectismo pode mimetizar um quadro de abdome agudo.

Acidente por *Latrodectus* em grávidas é descrito como causa de aborto secundário aos espasmos musculares.

Realizar eletrocardiograma e dosar marcadores de necrose miocárdica nos casos de dor torácica. Lembre-se do risco de associação com miocardite!

Os sintomas podem perdurar até 3 dias.

DIAGNÓSTICO

É estabelecido, predominantemente, pelo quadro clínico apresentado. Geralmente, a suspeita clínica é quando se visualiza o ponto de inoculação associado a um exame físico e anamnese compatível. Quando o animal consegue ser capturado, é possível a identificação da aranha e fechar o diagnóstico. Entretanto, não visualizar o animal ou não conseguir levá-lo para identificação é comum. Vale lembrar que a equipe de saúde não deve estimular a captura de animais peçonhentos por pacientes em virtude do risco de novos acidentes.[1,10]

As alterações laboratoriais são inespecíficas para o diagnóstico de picada por *Latrodectus*, porém são descritos distúrbios hematológicos (leucocitose, linfopenia, eosinopenia), bioquímicos (hiperglicemia, hiperfosfatemia, elevação de transaminases e creatinoquinase, alteração de desidrogenase lática), do sedimento urinário (albuminúria, hematúria, leucocitúria e cilindrúria) e eletrocardiográficos (arritmias, fibrilação atrial, bloqueios, diminuição de amplitude do QRS e onda T, inversão da onda T, alterações do segmento ST e prolongamento do intervalo QT). É importante realizar um eletrocardiograma de 12 derivações pelo risco de miocardite, principamente nos pacientes com dor torácica e alteração de marcadores de necrose miocárdica. Essas alterações podem persistir por até 10 dias.[2,3,11]

Como diagnóstico diferencial deve-se pensar em picada de outros artrópodes quando não temos a possibilidade de identificação. Avaliar a acidentalidade de picada por escorpião ou outras aranhas peçonhentas. Quando há dor abdominal deve-se pensar em outras causas, como abdome agudo e nos casos de dor torácica, descartar síndrome coronariana aguda principalmente nos pacientes com fatores de risco.[1]

TRATAMENTO

Tratamento sintomático e de suporte: cuidado com a ferida procedendo higienização do local para evitar infecção secundária, assim como está indicada a profilaxia para tétano; compressas de gelo seguidas pelo uso de compressas de água morna são úteis para alívio dos sintomas locais; uso de analgésicos. Pode estar indicado o uso de benzodiazepínicos até de 4 em 4 horas, EV, se necessário (recomendado o diazepan na dose: 5 a 10 mg, para adultos e 1 a 2 mg/dose, para crianças); gluconato de cálcio 10% EV lentamente, até de 4 em 4 horas, se necessário (dose: 10 a 20 mL para adultos e 1 mg/kg para crianças); clorpromazina IM de 8 em 8 horas, se necessário (dose: 25 a 50 mg para adultos e 0,55 mg/kg/dose para crianças).[1,2,11]

A literatura acerca do uso do gluconato de cálcio é controversa em relação a eficácia dessa substância. A literatura internacional não indica protocolarmente sua utilização. No Brasil, ainda há orientação no último manual publicado.[2,3]

Nos casos moderados e graves, a analgesia seria indicada com analgésicos mais potentes, como opioides. Nos casos de espasmos musculares ou rigidez, usar um benzodiazepínico.[1] Nos pacientes pediátricos, deve atentar na coadministração de opioides e benzodiazepínicos pelo risco de rebaixamento do nível de consciência e depressão respiratória.[2]

O soro antilatrodectus (SALatr) é formulado a partir de plasma de equinos hiperimunizados e apresenta via de administração intramuscular. O uso não difere na indicação de adultos ou crianças (Tabela 1).[3,4]

O SALatr é produzido em vários países tendo seu uso regular. Os fabricantes, em produção atual ou não, são da África do Sul, Estados Unidos da América, Austrália, Brasil, Argentina e México. No Brasil já esteve disponibilizado no passado.[13,14]

Diferentes autores afirmam que a soroterapia específica reduz significativamente a permanência do paciente em ambiente hospitalar, pois a remissão dos sintomas do envenenamento, especialmente das manifestações dolorosas, é rápida, e o restabelecimento total do acidentado ocorre em poucas horas, sendo essa a principal vantagem terapêutica observada no tratamento do latrodectísmo humano.[12] Diversos artigos indicam a eficácia do uso do SALatr.[3,4]

A orientação de utilização da soroterapia específica consta no Manual de Diagnóstico e Tratamento de Acidentes por Animais Peçonhentos (2001) para tratamento dos casos graves e moderados envolvendo aranhas do gênero *Latrodectus*.

Na possibilidade da administração do SALatr, ela deve ser cautelosa, visto que já foi associada a várias reações alérgicas graves como anafilaxia, sendo descritos em literatura dois casos fatais.[1,6,8] O tempo mínimo de observação é de 24 horas no serviço de saúde.[10]

ANTÍDOTO

A utilização do gluconato de cálcio atuaria como um "antídoto" para a alfa-toxina presente no veneno da aranha *Latrodectus*; contudo a literatura é controversa com relação à eficácia dessa substância.[2,3,11]

ERROS COMUNS QUE VOCÊ DEVE EVITAR

Tratar como acidente não peçonhento por não visualizar o animal.

Administração conjunta de opioides e benzodiazepínicos para tratamento da dor, especialmente em crianças – risco de rebaixamento do nível de consciência e insuficiência respiratória.

Solicitar exames complementares desnecessários quando o diagnóstico está confirmado.

Não realizar investigação cardiológica nos pacientes com dor torácica.

REFERÊNCIAS BIBLIOGRÁFICAS

1. Williams M, Anderson J, Nappe TM. Black Widow Spider Toxicity. Treasure Island (FL): StatPearls Publishing; 2020.
2. Petri GE, Freitas AA, de Carvalho Filho RO, Miranda KG, Pinto EMH. Principais medidas de tratamento para acidentes envolvendo aranhas das espécies latrodectus, loxosceles e phoneutria: uma revisão de literatura. Ver Educ Saúde. 2021;9(1):169-80.
3. Brasil. Ministério da Saúde. Manual de diagnóstico e tratamento de acidentes por animais peçonhentos. 2. Ed. – Brasília: Fundação Nacional de Saúde. 2001. [acesso em 27 de julho de 2021]. Disponível em: https://www.icict.fiocruz.br/sites/www.icict.fiocruz.brfiles/Manual-de-Diagnostico-e-Tratamento-de-Acidentes-por-Animais-Pe--onhentos.pdf
4. Cardoso JLC, França FOS, Fan HW, Málaque CM, Haddad Jr V. (eds.). Animais peçonhentos no Brasil: biologia, clínica e terapêutica dos acidentes. São Paulo: Savier; 2003. P. 175-8.
5. Ministério da Saúde/SVS – Sistema de Informação de Agravos de Notificação – Sinan Net. [acesso em 27 de julho de 2021]. Disponível em: http://tabnet.datasus.gov.br/cgi/deftohtm.exe?sinannet/cnv/animaisbr.def
6. Glatstein M, Carbell G, Scolnik D, Rimon A, Hoyte C. Treatment of pediatric black widow spider envenomation: A national poison center's experience. Am J Emerg Med. 2018 Jun;36(6):998-1002.
7. de Roodt AR, Lanari LC, Laskowicz RD, Costa de Oliveira V, Irazu LE, González A, et al. Toxicity of the venom of Latrodectus (Araneae: Theridiidae) spiders from different regions of Argentina and neutralization by therapeutic antivenoms. Toxicon. 2017 May;130:63-72.
8. Porras-Villamil JF, Olivera MJ. Análisis de casos de araneísmo a nivel global en el período 2000-2020. Rev Argent Salud Pública. 2020;12:24-24.
9. Al Bshabshe A, Alfaifi M, Alsayed AF. Black widow spider bites experience from tertiary care center in Saudi Arabia. Avicenna J Med. 2017;7(2):51-3.
10. Keyler DE, Ahmad M, Rodriguez A, De Silva PMK. Latrodectus geometricus (Aranea: Theridiidae) envenoming: Rapid resolution of symptoms following $F(ab')_2$ antivenom therapy. Toxicon. 2020;188:76-9.
11. Dart RC, Bush SP, Heard K, Arnold TC, Sutter M, Campagne D, et al. The Efficacy of Antivenin Latrodectus (Black Widow) Equine Immune F(ab′)2 Versus Placebo in the Treatment of Latrodectism: A Randomized, Double-Blind, Placebo-Controlled, Clinical Trial. Ann Emerg Med. 2019;74(3):439-49.
12. Souza CMV. Notas sobre o latrodectismo no Brasil. Gazeta Médica da Bahia. 2012;82(1):90-6.
13. Laustsen AH, Solà M, Jappe EC, Oscoz S, Lauridsen LP, Engmark M. Biotechnological Trends in Spider and Scorpion Antivenom Development. Toxins. 2016;8(8):226.
14. Ryan NM, Buckley NA, Graudins A. Treatments for latrodectism - A Systematic Review On Their Clinical Effectiveness. Toxins. 2017; 9(4):148.

CAPÍTULO 76

LOXOSCELISMO

Mario Octávio Thá Marques

PONTOS-CHAVE

- Reconhecer aranhas do gênero *Loxosceles*, sua distribuição e seu mecanismo de acidentes envolvendo-as.
- Classificar os acidentes loxoscélicos quanto a sua apresentação e gravidade.
- Conhecer o quadro clínico do loxoscelismo, desde sua apresentação inicial até sua evolução.
- Dominar as indicações do soro antiveneno no acidente loxoscélico.
- Conhecer as opções terapêuticas aprovadas para manejo dos casos de loxoscelismo.
- Reconhecer as possíveis complicações dos acidentes com aranhas *Loxosceles*.

INTRODUÇÃO

As aranhas do gênero *Loxosceles* são, de modo geral, animais pouco agressivos, que possuem comportamento sedentário e hábitos noturnos.[1] São pequenas, não possuindo em geral mais do que 4 centímetros no seu comprimento total, incluindo as pernas, que costumam ser maiores que o cefalotórax. Apresentam 3 pares de olhos, dispostos em semicírculo, sua cor característica é o marrom-escuro e pode ser identificável uma pequena mancha hipercrômica em seu dorso, por vezes descrita como em forma de violino[2] (Figura 1).

As aranhas do gênero *Loxosceles* são nativas da África e Américas, porém com a urbanização tornaram-se endêmicas nos 5 continentes. Embora possam ter hábitat silvestre, onde se encontram sob troncos de árvores e pedras, são comumente achadas no ambiente urbano, principalmente sob caixas, telhas e frestas, em sótãos e porões.[3] No Brasil são descritas 19 espécies, sendo as mais prevalentes e de importância médica as especies *L. gaucho, L. intermedia* e *L. laeta,* endêmicas nas regiões Sul e Sudeste.[4]

Os acidentes causados por picada de aranhas do gênero causam um quadro clínico denominado loxoscelismo. Segundo dados do Sistema de Informação de Agravos de Notificação (Sinan), em 2019 houve registro de 8.391 casos no Brasil, sendo a maioria (92%) nas regiões Sul e Sudeste do país.[5]

MECANISMO DE AÇÃO

O principal mecanismo de ação do veneno das *Loxosceles* se dá por meio da esfingomielinase-D,[6] uma metaloproteinase capaz de induzir apoptose celular do tecido cutâneo e subcutâneo, e mais raramente causar hemólise intravascular, que parece ter também ação direta no epitélio tubular renal justificando o dano renal que os pacientes vítimas de acidentes loxoscélicos por vezes apresentam.

QUADRO CLÍNICO

O quadro clínico do loxoscelismo pode ser classificado de acordo com sua severidade,[7] conforme a Tabela 1.

O acidente loxoscélico é, na maioria das vezes, despercebido pelo paciente, uma vez que a picada pode ser indolor ou gerar apenas um leve desconforto na ocasião do seu acontecimento. Em geral ocorre em situações em que o paciente vai vestir a roupa

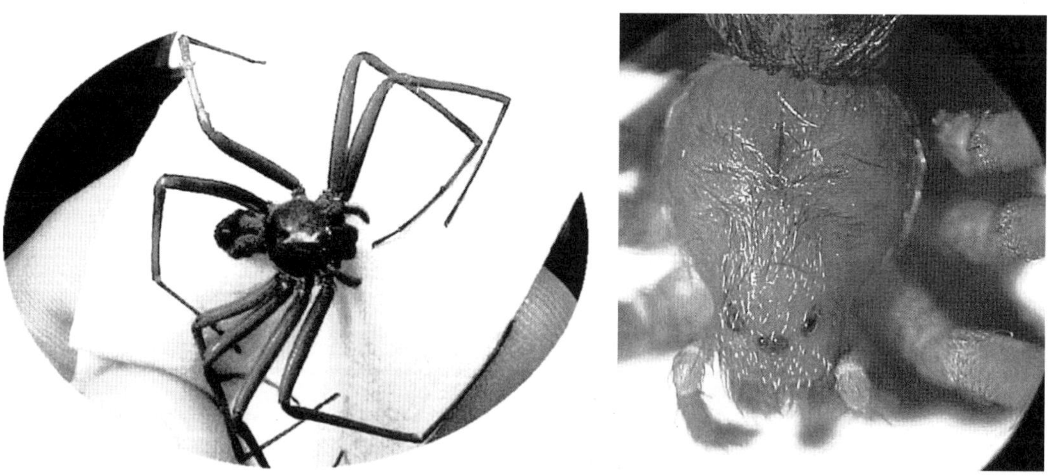

Figura 1. Aranha do gênero *Loxosceles* sp.
Fonte: CIATox-SC, com permissão.

Tabela 1. Classificação dos acidentes loxoscélicos

	Cutâneo	Cutâneo-visceral
Leve	• Lesão incaracterística • Sem manifestações sistêmicas • Sem alterações sugestivas de hemólise • Necessário identificação da aranha para confirmação	• Com ou sem presença de lesão característica, independente do tamanho • Sinais clínicos e laboratoriais compatíveis com hemólise intravascular, não justificados por outro diagnóstico • Sempre considerado grave
Moderado	• Lesão provável ou característica, com placa marmórea menor que 3 cm de diâmetro na sua maior extensão • Com ou sem manifestações sistêmicas • Sem alterações sugestivas de hemólise	
Grave	• Lesão característica com placa marmórea maior que 3 cm de diâmetro na sua maior extensão • Acompanhada ou não de manifestações sistêmicas • Sem alterações sugestivas de hemólise	

Adaptada de Sams, 2001.[7]

ou durante o sono, ao comprimir a aranha que se encontra na roupa de cama. As manifestações surgem algumas horas após, com surgimento de dor e eritema, por vezes associado a pequeno edema endurado no local da picada. A seguir, normalmente cerca de 12 a 24 horas após o acidente, surgem as manifestações cutâneas mais características do loxoscelismo. Há a formação de uma lesão com centro pálido, mesclado com áreas equimóticas – a chamada placa marmórea – e circundadas por halo eritematoso (Figura 2). Uma característica interessante dessa lesão é que ela pode evoluir gravitacionalmente, ou seja, estender-se de acordo com a ação da gravidade no tecido. Outros achados, embora não descritos como característicos, podem ser apresentados, como formação de bolhas e vesículas com conteúdo hemorrágico. Essa lesão tende a evoluir para a formação em alguns dias de uma área de necrose seca, que pode demorar semanas para completa cicatrização e apresentar complicações secundárias, como infecção bacteriana sobreposta e necessidade de debridamento cirúrgico.

Além das manifestações cutâneas, os pacientes podem reportar sintomas inespecíficos sistêmicos, como febre, mialgia, cefaleia, náuseas e vômitos.

Já os casos cutâneo-viscerais são definidos pela presença de hemólise intravascular,[8] que é mais comum em crianças e idosos. Esses achados são clínicos – sinais e sintomas de síndrome anêmico, associado a palidez cutâneomucosa, icterícia e urina escura – e laboratoriais, notadamente a queda dos índices hematimétricos, presença de hiperbilirrubinemia às custas de bilirrubina não conjugada, elevação de LDH, queda da haptoglobin e presença de hemoglobinúria no exame simples de urina.

ALERTA IMPORTANTE

Muitas vezes, pela impossibilidade de identificação do animal e pela inexistência de um exame diagnóstico confirmatório, o diagnóstico passa a ser presuntivo. Para isso, devemos nos basear na epidemiologia da região (se há ou não presença de *Loxosceles* no local), no mecanismo provável do acidente (local em que ocorreu, momento em que o paciente notou) e nos achados clínicos, bem como no aspecto da lesão.

DIAGNÓSTICO

O diagnóstico do loxoscelismo na maioria das vezes é clínico, considerando a inexistência de um exame confirmatório para tal. Para tanto, costuma-se classificar os acidentes como (Sams, 2001):[7]

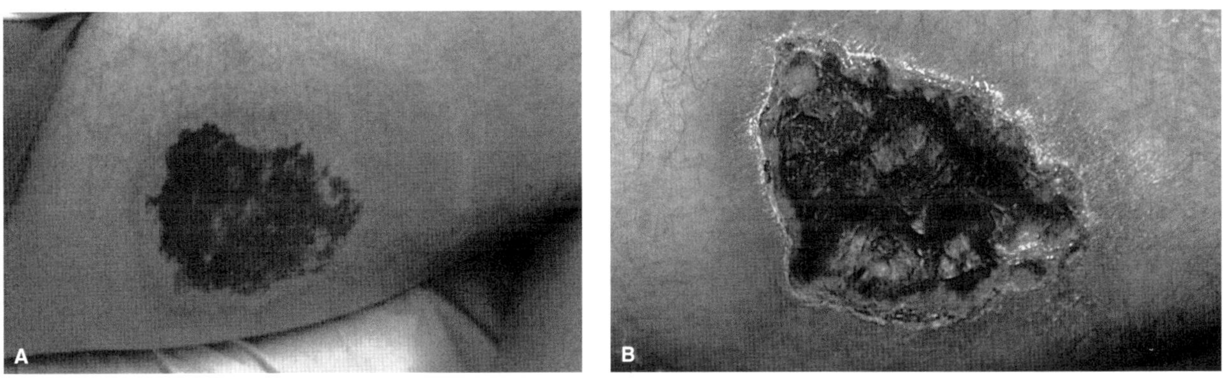

Figura 2. Lesão causada por acidente Loxoscélico. (**A**) 48 horas de evolução. (**B**) 24 dias de evolução.
Fonte: CIATox-SC, com permissão.

- Documentado: quando a aranha é capturada e identificada por profissional qualificado após a picada, sendo sua apresentação e evolução em geral típicas.
- Provável: quando a região onde ocorreu o acidente é sabidamente habitada por aranhas do gênero, o mecanismo da lesão é compatível e a evolução é típica. A aranha foi avistada, embora não identificada por profissional qualificado.
- Presumido: semelhante a provável, porém sem visualização do animal.
- Putativo: região não conhecida pela presença de aranhas, lesão de apresentação atípica. Devem ser considerados sempre diagnósticos diferenciais.

Em relação aos diagnósticos diferenciais, embora o loxoscelismo compreenda a imensa maioria do quadro de dermonecrose secundária a picada de artrópodes, a lesão pode ser semelhante a diversas outras condições, como as listadas no Quadro 1.

Os exames complementares são particularmente úteis para confirmar ou afastar a presença de quadro visceral, quando devem ser solicitados em busca de sinais de hemólise intravascular. Devem ser solicitados hemograma, com especial atenção aos níveis hematimétricos, em que é esperado queda de hematócrito e hemoglobina de maneira abrupta nos casos de hemólise, dosagem de bilirrubinas séricas (esperamos encontrar elevação dos níveis às custas de bilirrubina indireta), lactato desidrogenase (LDH – elevado em situações de hemólise), haptoglobina, que na hemólise se apresenta diminuída, e exame simples de urina, podemos encontrar hemoglobinúria.

Também devem ser solicitados exames complementares quando na suspeita de complicações ou para realização de diagnóstico diferencial do quadro, com especial atenção a função renal, que pode estar prejudicada, proteína C-Reativa e culturas em caso de suspeita de sepse secundária a infecção local e exames de imagem (ultrassonografia ou tomografia computadorizada), se suspeita de complicação local, como formação de abscessos.

TRATAMENTO

O tratamento do loxoscelismo é iminentemente de suporte. Medidas analgésicas devem ser iniciadas, incluindo as não farmacológicas como compressas geladas sobre a lesão, além do uso de analgésicos e anti-histamínicos. O Ministério da Saúde recomenda também o uso de corticoterapia sistêmica, com prednisona 0,5-1,0 mg/kg/dia até um máximo de 40 mg, que deve ser mantido por 5 a 7 dias.

O soro antiveneno, que pode ser tanto o soro anti-loxoscélico quanto o anti-aracnídico, está indicado em caso de lesão dermonecrótica (placa marmórea) maior que 3 cm de diâmetro na sua maior extensão e com evolução de até 36 horas do momento da picada. Nessa situação, é recomendado o uso de 5 ampolas do soro antiveneno, embora alguns autores já considerem sua indicação apenas se o intervalo de tempo entre a picada e a aplicação do soro for ainda menor (24 horas) devido a baixa eficácia do soro antiveneno em impedir a evolução da lesão cutânea.

O soro antiveneno também está indicado em todos os casos de comprometimento visceral, com hemólise confirmada clínica e laboratorialmente, independente do tempo entre a picada e sua aplicação. Estes casos também necessitam de hidratação endovenosa e, eventualmente, de transfusão de hemocomponentes.

Antimicrobianos devem ser indicados por via oral e/ou intravenosa apenas em caso de infecção secundária comprovada. Não há no momento qualquer evidência de benefício no seu uso profilático.

O uso de medicações tópicas até o momento não é recomendado, uma vez que a aplicação/manipulação do local da picada, especialmente quando utilizado um veículo como a lanolina, tem o poder de difundir ainda mais o veneno pelo tecido. Um estudo realizado em parceria entre o Instituto Butantan e o Centro de Informação e Assistência Toxicológica do estado de Santa Catarina (CIATox/SC) vem analisando a eficácia da tetraciclina tópica nas lesões causadas por aranhas *Loxosceles*, pois esta substância tem efeito na inativação da esfingomielinase-D como já demonstrado em estudos *in vitro* e em modelos animais, porém ainda não há indicação para seu uso de forma disseminada.

ALERTA IMPORTANTE

Em decorrência da reação adversa ao soro, após a aplicação deste, o paciente deve ser mantido em observação por, pelo menos, 24 horas e orientado sobre sinais e sintomas de reação tardia a soroterapia. Esta reação, comum a aplicação de qualquer soro heterólogo, se manifesta após 5 a 14 dias de sua aplicação, e cursa com sintomas sistêmicos (febre, mialgia), artralgia e erupções cutâneas difusas.

Quadro 1. Diagnósticos diferenciais do loxoscelismo

Grupo	Causa
Outras mordeduras de artrópodes	Pulgas, percevejos, ácaros, outras aranhas
Infecções bacterianas	*Bacillus anthracis, Staphylococcus aureus, Streptococcus spp.*, sífilis, ricketsioses, tularemia
Infecções virais	Herpes simplex, herpes zóster
Infecções fúngicas	Esporotricose
Plantas venenosas	Dermatite toxicodendrônica (hera venenosa, carvalho)
Miscelânia	Queimadura, vasculites, pioderma gangrenoso, câncer de pele (melanoma e não melanoma), síndrome de Stevens-Johnson

Fonte: elaborador pelo autor.

REFERÊNCIAS BIBLIOGRÁFICAS

1. Gonçalves DE, Andrade RM, De Oliveira KC, Giusti AL, Dias Da Silva W, Tambourgi DV. Ontogenetic development of *Loxosceles intermedia* spider venom. Toxicon. 1999;37(4):627-32.
2. Swanson DL, Vetter RS. Loxoscelism. Clin Dermatol. 2006;24(3):213-21.
3. Gonçalves DE, Andrade RM, Tambourgi DV. First record on *Loxosceles laeta* (Nicolet, 1849) (Araneae, Sicariidae) in the West Zone of São Paulo City, São Paulo, Brazil, and considerations regarding its geographic distribution. Rev Soc Bras Med Trop. 2003;36(3):425-526.
4. Malaque CMSA, Castro-Valencia JE, Cardoso JLC, França FOS, Barbaro KC, Fan HW. Clinical and epidemiological features of definitive and presumed loxoscelism in São Paulo, Brazil. Rev Inst Med Trop Sao Paulo. 2002; 44(3):139-43.
5. SINAN. Disponível em http://tabnet.datasus.gov.br/cgi/tabcgi.exe?sinannet/cnv/animaisbr.def [acesso em 14 de março de 2022].
6. Tambourgi DV, Gonçalves de Andrade RM, Van Den Berg CW. Loxoscelism: From basic research to the proposal of new therapies. Toxicon. 2010; 56(7):1113-9.
7. Sams HH, Dunnick CA, Smith ML, King LE. Necrotic arachnidism. J Am Acad Dermatol. 2001;44:561-76.
8. De Souza AL, Malaque CM, Sztajnbok J, Romano CC, Duarte AJ, Seguro AC. Loxosceles venom-induced cytokine activation, hemolysis, and acute kidney injury. Toxicon. 2008;51(1):151-6.

CAPÍTULO 77

OUTRAS ARANHAS

Maria da Graça Boucinha Marques
Carlos Augusto Mello da Silva

PONTOS-CHAVE

- No Brasil, as aranhas de importância médica distribuem-se entre três gêneros (*Latrodectus*, *Loxosceles* e *Phoneutria*), perfazendo um total de 20 espécies. Porém, há um número expressivo de outras espécies que podem causar acidentes com crianças e adultos, de pequena repercussão clínica, mas que podem demandar atendimento.
- É importante ressaltar que, sempre que possível, o animal causador do acidente é capturado e levado ao atendimento, para auxiliar no diagnóstico etiológico.
- O diagnóstico diferencial correto entre os gêneros e espécies de maior risco à saúde (como *Loxosceles* sp. e *Phoneutria* sp.) e outras responsáveis por quadros mais benignos (como *Lycosa* sp. – aranha-de-jardim – e *Grammostola* – caranguejeiras) diminui a ansiedade do paciente e da família e evita abordagens inadequadas ou tratamentos agressivos e desnecessários.
- Os centros de informação e assistência toxicológica são um auxílio fundamental no diagnóstico e no manejo dos acidentes aracnídicos pelos serviços de emergência em todo o país.

INTRODUÇÃO

As aranhas pertencem ao filo Arthropoda, classe Arachnida, ordem Araneae. As que pertencem à infraordem Mygalomorphae, conhecidas como caranguejeiras, são consideradas falsas aranhas, em virtude do posicionamento paralelo de suas garras inoculadoras de veneno. As aranhas da infraordem Araneomorphae (aranhas verdadeiras) apresentam as garras inoculadoras perpendiculares ao eixo do corpo.[1]

As espécies de aranhas descritas são, em sua maioria, peçonhentas, isto é, dotadas de um par de glândulas de veneno, de um ducto condutor e de aparelho inoculador. No entanto, há exceções, como as espécies das famílias Uloboridae e Holoarchaeidae, que não apresentam essas características.[1,2]

A Organização Mundial da Saúde (OMS) considera apenas quatro gêneros de aranhas como espécies capazes de causar envenenamento grave no ser humano, a saber: *Latrodectus*, *Loxosceles* e *Phoneutria* (da infraordem Araneomorphae) e *Atrax* (da infraordem Mygalomorphae). No Brasil, as aranhas perigosas pertencem aos três primeiros gêneros, totalizando cerca de 20 espécies.[1]

Muitas espécies de aranhas são animais sinantrópicos, isto é, que se adaptaram a viver junto ao homem. Raramente causam acidentes, porém normalmente são casos benignos de manifestações no local da picada.[1,2]

A maioria dos diagnósticos de empeçonhamento é presuntiva. Uma picada de aranha só pode ser diagnosticada quando uma aranha (vista no momento da picada) é coletada e identificada por um especialista, uma vez que a maioria dos médicos e pacientes é incapaz de reconhecer determinada espécie ou de distinguir aranhas de outros artrópodes.[3]

Lesões de pele de etiologia incerta são muitas vezes atribuídas a picadas de aranha. Na maioria dos casos, trata-se, na verdade, de infecções de pele e tecidos moles, reações alérgicas, dermatites etc. O eventual diagnóstico incorreto dessas lesões pode levar a atraso no atendimento e tratamento inadequado. Nos casos de suspeita de picada de aranha, deve-se realizar um tratamento conservador baseado na limpeza da ferida, elevação da extremidade picada, aplicação de compressas frias, profilaxia do tétano e administração de analgésicos e anti-histamínicos. A antibioticoterapia deve ser indicada apenas em casos de sinais claros de infecção, com base em cultura e teste de sensibilidade.[3,4]

De acordo com dados do Núcleo de Toxinas Naturais (NTOX), do Centro de Informação Toxicológica do Rio Grande do Sul (CIT/RS), que identifica animais e plantas de interesse toxicológico envolvidos ou não em acidentes, entre os anos de 2016 e 2020, foram registrados 1.367 espécimes de aranhas.

Entre os gêneros e/ou espécies de aranhas comuns em nosso meio, identificadas pelo NTOX/CIT e consideradas de menor potencial em saúde pública, incluímos os gêneros *Grammostola* (caranguejeira), pertencente à família Theraphosidae, com 46 espécimes; a *Lycosa* (aranha-de-jardim), da família Lycosidae, com 304; a *Steatoda* (falsa viúva-negra), da família Theridiidae, com 211; a *Cheiracanthium* (aranha das uvas), da família Miturgidae, com 51; a *Pholcus* (aranha das pernas longas/das cortinas), da família *Pholcidae*, com 31; a *Scytodes*, família Scytodidae, com 49; a *Trichonephila* (*Nephila*), da família Nephilidae, com 25; e aranhas da família Salticidae (papa-moscas), com 46 identificações no período de janeiro de 2016 a dezembro de 2020. Na Figura 1, encontram-se imagens referentes a esses gêneros.

GÊNERO *GRAMMOSTOLA* (CARANGUEJEIRA)

As aranhas do gênero *Grammostola* pertencem à família Theraphosidae e apresentam quelíceras em posição

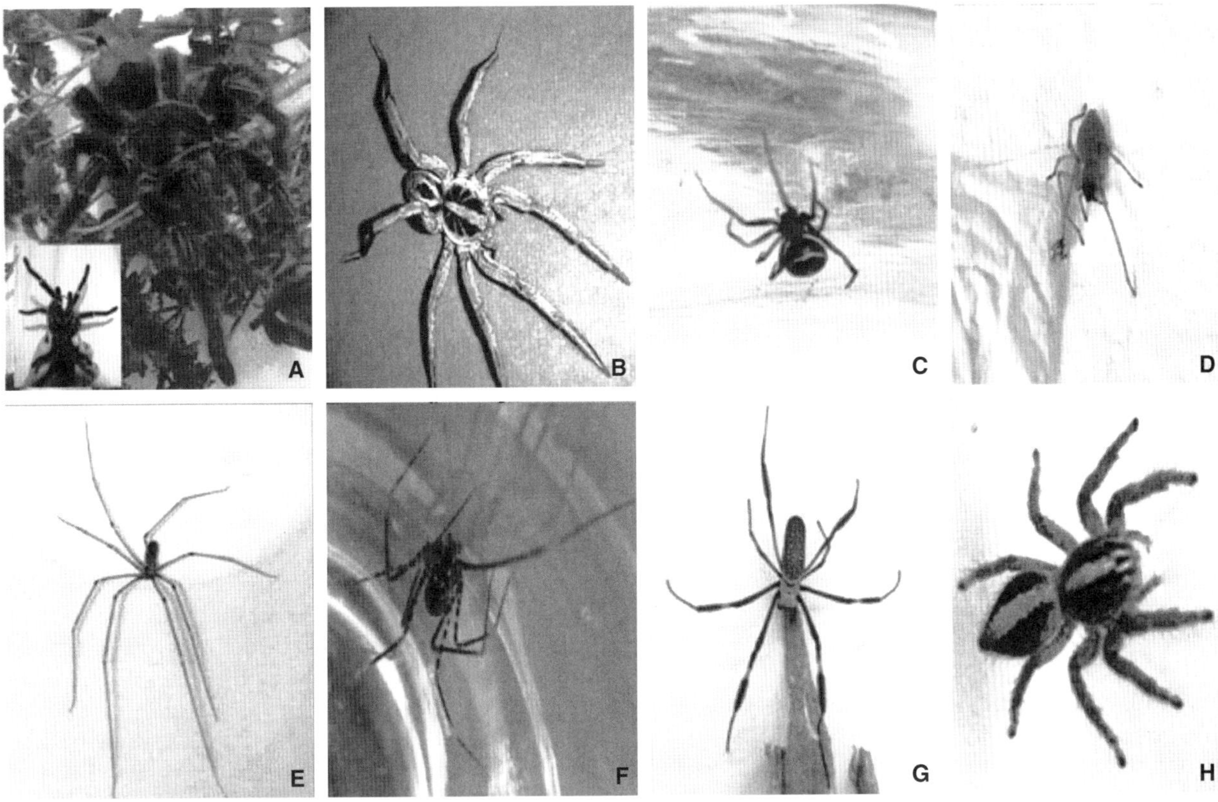

Figura 1. (**A**) *Grammostola* sp. e, no detalhe, o posicionamento paralelo de suas quelíceras inoculadoras de veneno. Medem cerca de 150 mm de comprimento e podem atingir 250 mm de envergadura de patas; (**B**) *Lycosa* sp., com "seta" característica no abdome, medindo de 30 a 45 mm de envergadura de patas; (**C**) *Steatoda* sp. medem cerca de 7 a 11 mm de corpo; (**D**) *Cheiracanthium* sp. medem em média de 3 a 15 mm; (**E**) o corpo de *Pholcus* sp. pode medir 10 mm, e suas patas, até 60 mm; (**F**) *Scytodes* sp. são aranhas pequenas, de 10 a 13 mm; (**G**) *Nephila* sp. medem cerca de 20 mm de corpo e até 45 mm de envergadura das patas; (**H**) *Salticidae* (*Breda* sp.), de 2 a 15 mm.

Fonte: fotos de Maria da Graça Boucinha Marques (acervo da própria autora).

para-axial em relação ao maior comprimento do corpo, movendo-se verticalmente.[1] Essas aranhas em geral são grandes, com corpo de até 15 cm de comprimento, e podem atingir 25 cm de envergadura de patas. De coloração castanha ou negra uniforme, todo o seu corpo é coberto por fartos e longos pelos de coloração escura ou avermelhada. Não constroem teias, são pouco agressivas e não costumam viver em lugares próximos ao homem. Para o ato de picar, a caranguejeira tem de levantar o cefalotórax, abrir os ferrões e, em seguida, abaixar o corpo – mecanismo menos eficiente do que aquele apresentado pelas denominadas aranhas verdadeiras.

Existem cerca de 1.500 espécies descritas de caranguejeiras. As maiores aranhas conhecidas pertencem a esse grupo. A espécie *Theraphosa blondi*, da região Amazônica, chega a atingir 10 cm de corpo, e a *Grammostola mollicoma* atinge 30 cm de comprimento. Podem ser encontradas em quintais, em terrenos baldios e, eventualmente, dentro de moradias.[1,2] O veneno contém hialuronidase e proteínas tóxicas para insetos e pequenos animais.[2] No dorso do abdome, apresentam-se milhares de pelos urticantes, com altos níveis de IgE, demonstrando que, além do fator mecânico, a reação de hipersensibilidade aguda contribui para o quadro inflamatório. Com esses pelos urticantes, as aranhas afugentam os predadores e provocam reações alérgicas intensas no homem, como irritação de pele ou de mucosas.[1]

QUADRO CLÍNICO

As caranguejeiras provocam acidentes de pequena repercussão. Quando manipuladas ou irritadas, liberam pelos que, atingindo a pele humana, provocam quadros dermatológicos irritativos e/ou alérgicos. Em casos específicos, causam dermatites e conjuntivites. Os sintomas são de dor leve no local, eritema e edema pouco exuberante, prurido, exantema e eventualmente tosse, broncoespasmo, principalmente em pessoas atópicas.[1,5,6]

Embora sejam relativamente infrequentes, picadas com marcas de presas presentes variam de indolores a uma dor latejante profunda que, segundo relatos, duram várias horas. Em indivíduos hipersensíveis, podem ocorrer reações mais graves e, menos comumente, efeitos sistêmicos leves, como náuseas e vômitos.[2] Os sintomas são principalmente leves e restritos ao local da picada. Conforme a quantidade de veneno injetada, pode-se correlacionar a prevalência de cãibras musculares.[7]

ALERTA IMPORTANTE

Os pacientes devem ser aconselhados sobre segurança ao manusear caranguejeiras, independentemente de o animal ser de estimação ou encontrado na natureza. Deve-se usar proteção para os olhos, como óculos de proteção, luvas, se possível, e a lavagem das mãos deve ser sempre feita imediatamente após seu manuseio.[6]

Tratamento/prognóstico

O tratamento, em geral, é de limpeza no local da picada, com água e sabão neutro e aplicação de antissépticos. Eventualmente, a dor pode ser controlada com analgésicos locais e, mais raramente, com anestésicos locais. Na presença de alergia, o tratamento depende da intensidade da manifestação: casos leves regridem espontaneamente; processos mais intensos devem ser tratados com anti-histamínicos, corticosteroides e adrenalina, além de revisão da vacina antitetânica. A regressão do quadro ocorre no intervalo de 1 a 2 horas, não sendo relatados acidentes humanos graves.[1,5]

GÊNERO *LYCOSA* (ARANHA-DE-JARDIM)

As aranhas do gênero *Lycosa* são conhecidas pelos nomes populares de aranha-lobo, aranha-de-grama, aranha-de-jardim, tarântula ou *wolfspider.* As fêmeas adultas atingem o tamanho de 3 a 4,5 cm de envergadura das pernas. Os machos apresentam o corpo menor e as pernas relativamente mais longas. A coloração geral é acinzentada, e no dorso do abdome há um desenho negro em forma de seta. Seu veneno é pouco potente, composto por peptídios com propriedades proteolíticas, podendo ocorrer necrose superficial no local da picada.[5]

Quadro clínico

Os acidentes causados por *Lycosa* provocam dor discreta e transitória no local atingido que, na maioria das vezes, evidencia apenas as marcas da picada. Edema e eritema leves são descritos em menos de 20% dos casos. Relata-se necrose superficial de pele em 3% dos casos. Sua importância se deve ao número de acidentes provocados e ao diagnóstico diferencial dos acidentes causados por *Phoneutria* sp. e *Loxosceles* sp.[1,5]

Tratamento/prognóstico

O tratamento é apenas sintomático e de suporte, incluindo cuidados locais e combate à dor. Na presença de manifestações alérgicas, o tratamento depende da intensidade. Casos mais leves podem regredir espontaneamente, e processos mais intensos devem ser tratados com anti-histamínicos, corticosteroides e adrenalina, sempre precedidos de revisão da vacina antitetânica.[1,5]

GÊNERO *STEATODA* (FALSA VIÚVA-NEGRA)

Aranhas do gênero *Steatoda* (comumente chamadas de aranhas de armário ou falsas viúvas-negras) são cosmopolitas e podem ser encontradas dentro e ao redor da maioria das casas. Pertencem à família Theridiidae, que inclui o gênero *Latrodectus* (viúva-negra), espécie com que são facilmente confundidas por não especialistas.[3]

Quadro clínico

A picada pode produzir dor regional moderada, eritema e inchaço ao redor do local da picada, que desaparece em 2 a 3 dias sem complicações. Sintomas sistêmicos (incluindo náuseas, vômitos, cefaleia, letargia, mal-estar) estão presentes em 30% dos casos; esse conjunto de manifestações é conhecido como "esteatodismo", forma branda de latrodectismo induzido por seus parentes. Notavelmente, a diaforese regional está ausente no esteatodismo (característica clínica que pode ajudar a diferenciá-la do latrodectismo). Já que as aranhas do gênero *Steatoda* são animais sinantrópicos, as picadas em geral ocorrem em ambientes fechados durante todo o ano, também durante o inverno (essa informação pode ser útil no diagnóstico diferencial com picadas de *Latrodectus*, que geralmente acontecem ao ar livre durante o verão).[3] Os sintomas de envenenamento das picadas de *Steatoda nobilis* incluem dor prolongada de moderada a intensa, edema e eritema, piloereção, diaforese, rubor facial, febre, vasodilatação e necrose leve.[4]

CHEIRACANTHIUM (ARANHA-DE-SACO-AMARELO)

As espécies do gênero *Cheiracanthium* são aranhas que se movem rapidamente e, às vezes, podem ser vistas em ambientes fechados. Elas usam sua teia para construir sacos típicos onde se escondem durante o dia. Esses sacos são comumente encontrados sob as folhas, nos cantos, em prendedores de roupa e roupas (especialmente se deixadas do lado de fora em áreas rurais ou perto de vegetação rasteira).[3]

Quadro clínico

A picada de *Cheiracanthium*, especialmente a de *C. punctorium*, a maior espécie desse gênero, pode causar dor aguda e ardente, às vezes descrita como tão forte quanto a causada por uma vespa ou picada de abelha. A dor geralmente atinge sua intensidade máxima após cerca de 10 minutos e pode durar algumas horas, com sintomas que incluem eritema, inchaço, prurido, dormência e parestesia. As manifestações sistêmicas são raras e não representam risco à vida.

Aranhas do gênero *Cheiracanthium* são frequentemente relatadas em artigos científicos como causa de dermonecrose em humanos, mas, em 20 casos verificados nos Estados Unidos e na Austrália e em 39 casos verificados e internacionalmente revisados, apenas um apresentou sinais leves de necrose. Portanto, essas aranhas não devem ser consideradas de importância médica.[3]

PHOLCUS (ARANHA DE PERNAS LONGAS)

As aranhas do gênero *Pholcus* (Araneae: Pholcidae) apresentam corpo relativamente pequeno em relação às suas pernas, cinco ou seis vezes mais longas do que o corpo,[5] e são um exemplo de desconexão entre a percepção pública e o entendimento científico. Comumente chamadas de aranhas de pernas longas, aranhas das cortinas e aranhas de porão, foram difamadas na cultura popular por terem venenos com a maior potência em mamíferos, de todas as aranhas, os quais seriam letais se tivessem apenas presas que pudessem penetrar a pele humana. Relatos de alta potência em mamíferos emergem de boatos e anedotas não científicas. Não há conhecimento de nenhum trabalho científico até o momento que tenha tentado caracterizar a composição do veneno de qualquer uma das espécies.[8]

Quadro clínico

O veneno das aranhas *Pholcus* é fonte de peptídios e proteínas, e seus efeitos em humanos e outros mamíferos são irrelevantes, leves e pouco duradouros. Embora sejam pequenas, suas presas podem certamente penetrar na cutícula de muitos insetos e perfurar a pele humana.[8]

SCYTODES (ARANHA TIGRE OU ARANHA CUSPIDEIRA)

As aranhas da família Scytodidae têm uma técnica única de captura de presas: expelem uma cola de seda em ziguezague para amarrar a presa a uma superfície por meio de quelíceras e presas diminutas. O veneno da *Scytodes thoracica* é composto de peptídios, metaloproteases e proteínas potencialmente tóxicas, incluindo substâncias alergênicas (longistatina). O veneno é produzido na parte anterior da glândula, e a substância adesiva é produzida na parte posterior da glândula, mas ambos são eliminados através do mesmo duto.[10,11]

Quadro clínico

Pela semelhança com o veneno de outras aranhas sem interesse médico, provavelmente seus efeitos em humanos e outros mamíferos são irrelevantes, locais, leves e pouco duradouros.[8]

TRICHONEPHILA (*NEPHILA*)

As aranhas do gênero *Trichonephila* tecem e usam uma teia altamente forte, pegajosa e elástica para capturar suas presas. Essas propriedades da teia por si sós seriam suficientes para capturar a presa. No entanto, essas aranhas podem estar escondendo segredos venenosos na teia, com a presença de proteínas semelhantes a neurotoxinas e enzimas proteolíticas, como na teia de seda da aranha *Trichonephila clavipes*. Esse fato sugere que a teia de *T. clavipes* não seja somente uma armadilha mecânica passiva para a captura de presas, mas que exerça um papel ativo na paralisia/morte de presas, usando uma série de neurotoxinas.[12,13]

A seda das teias de *Trichonephila clavipes* é um dos materiais biológicos mais resistentes conhecidos. São teias leves e virtualmente imperceptíveis ao sistema imunológico humano e, portanto, têm um potencial revolucionário para a medicina e a indústria.[9,13]

Quadro clínico

Pela semelhança com o veneno de outras aranhas sem interesse médico, provavelmente seu efeito em humanos e outros mamíferos é irrelevante, havendo efeitos locais leves e pouco duradouros.[8]

FAMÍLIA *SALTICIDAE* (ARANHA PAPA-MOSCAS)

Nesta família, encontramos o maior número de espécies descritas. São hábeis saltadoras, vivem frequentemente nas residências, escondem-se atrás de moveis, quadros etc. e medem cerca de 15 mm.[5] A família Salticidae (saltadoras) é muito numerosa, com cerca de 600 gêneros e 6 mil espécies. Elas podem ser facilmente identificadas por seu cefalotórax retangular, seu grande par de olhos mediano anterior, suas faces planas e espinhos ausentes nas pernas.[14]

Quadro clínico

Pela semelhança com o veneno de outras aranhas sem interesse médico, provavelmente seu efeito em humanos e outros mamíferos é irrelevante, havendo efeitos locais leves e pouco duradouros.[8] Em relato de caso, foi descrita uma reação inicial de sensação relativamente dolorosa, semelhante a uma picada, seguida pelo aparecimento de duas marcas de picada e uma pápula urticariforme. Os sintomas desapareceram após 72 horas, e o paciente não teve mais problemas dermatológicos.[15]

TRATAMENTO GERAL NOS ACIDENTES DAS ARANHAS DE MENOR POTENCIAL TOXICOLÓGICO

O tratamento para os acidentes causados pela maioria das aranhas de menor interesse médico é sintomático e de suporte, incluindo descontaminação com água e sabão neutro, cuidados locais e de combate à dor. Na presença de manifestações alérgicas, o tratamento depende da intensidade: casos mais leves podem regredir espontaneamente, e processos mais intensos devem ser tratados com anti-histamínicos e/ou corticosteroides, quando necessário.

REFERÊNCIAS BIBLIOGRÁFICAS

1. Cardoso JL, França FOS, Wen FH, Málaque CMS, Haddad Jr V. Animais peçonhentos no Brasil: biologia, clínica e terapêutica dos acidentes. 1. ed. São Paulo: Sarvier; 2003. 468 p.
2. Goldfrank's Toxicologic Emergencies. 11. ed. Stanford: Appleton & Lange; 2019. 2074 p.
3. Fusto G, Bennardo L, Duca ED, Mazzuca D, Tamburi F, Patruno C, et al. Spider bites of medical significance in the Mediterranean area: misdiagnosis, clinical features and management. J Venom Anim Toxins incl Trop Dis. 2020.
4. Dunbar JP, Khan NA, Abberton CL, Brosnan P, Murphy J, Afoullouss S, et al. Synanthropic spiders, including the global invasive noble false widow Steatoda nobilis, are reservoirs for medically important and antibiotic resistant bacteria. Sci Rep. 2020;10(1):20916.
5. Andrade Filho A, Campolina D, Dias MB. Toxicologia na prática clínica. 2. ed. Belo Horizonte: Folium; 2013. 700 p.
6. Kong EL, Hart KK. Tarantula Spider Toxicity. In: StatPearls [Internet]. Treasure Island: StatPearls Publishing; 2021.
7. Hauke TJ, Herzig V. Muscle spasms - A common symptom following theraphosid spider bites? Toxicon. 2021;192:74-7.
8. Zobel-Thropp PA, Mullins J, Kristensen C, Kronmiller BA, David CL, Breci LA, et al. Not so Dangerous After All? Venom Composition and Potency of the Pholcid (Daddy Long-Leg) Spider *Physocyclus mexicanus*. Front Ecol Evol. 2019.
9. Allmeling C, Jokuszies A, Reimers K, Kall S, Vogt PM. Use of spider silk fibres as an innovative material in a biocompatible artificial nerve conduit. J Cell Mol Med. 2006;10(3):770-7.
10. Zobel-Thropp PA, Correa SM, Garb JE, Binford GJ. Spit and venom from scytodes spiders: a diverse and distinct cocktail. J Proteome Res. 2014;13(2):817-35.
11. Ariki NK, Muñoz LE, Armitage EL, Goodstein FR, George KG, Smith VL, et al. Characterization of Three Venom Peptides from the Spitting Spider Scytodes thoracica. PLoS One. 2016;11(5):e0156291.
12. Esteves FG, Dos Santos-Pinto JRA, Ferro M, Sialana FJ, Smidak R, Rares LC, et al. Revealing the Venomous Secrets of the Spider's Web. J Proteome Res. 2020;19(8):3044-59.
13. Babb PL, Lahens NF, Correa-Garhwal SM, Nicholson DN, Kim EJ, Hogenesch JB, et al. The Nephila clavipes genome highlights the diversity of spider silk genes and their complex expression. Nat Genet. 2017;49(6): 895-903.
14. Plesker R, Berger J. Unintended importation of tropical jumping spiders (Salticidae) into a laboratory monkey colony via banana supply. Primate Biol. 2020;7(2):13-7.
15. Derraik JG, Sirvid PJ, Rademaker M. The first account of a bite by the New Zealand native spider Trite planiceps (Araneae: Salticidae). N Z Med J. 2010;123(1314):112-8.

CAPÍTULO 78

ACIDENTES POR ESCORPIÃO

Délio Campolina
Ana Carolina da Silva Sousa Costa

PONTOS-CHAVE

- Em crianças com menos de 7 anos, de baixo peso ou com comorbidades, o escorpionismo deve ser sempre avaliado como um caso de emergência ou potencialmente grave, mesmo apresentando-se no primeiro atendimento como caso leve ou moderado.
- Em geral, apesar de cerca de 90% dos casos de acidentes, no Brasil, serem leves e não necessitarem de soroterapia, entre as crianças esta porcentagem é diferente, sendo cerca de 85% dos casos notificados junto ao Sistema Nacional de Agravos de Notificação (Sinan). Deve-se ter muito cuidado, por causa da possível gravidade que eles oferecem, especialmente se forem causados pelas espécies que têm veneno mais potente, como *Tityus serrulatus*, *T. stigmurus*, *T. confluens* e *T. obscurus*.
- Mesmo não tendo sido reconhecido o animal, deve-se ter cautela quando ocorrerem em regiões onde estas espécies são prevalentes.
- Lembrar que o quadro clínico pode alterar após a primeira avaliação em decorrência da dinâmica do escorpionismo. Apesar da administração do soro específico, pode haver piora e complicações até algumas horas após a primeira abordagem, portanto, cuidado para não negligenciar os cuidados intensivos sequenciais após a soroterapia. Lembrar que o objetivo do soro é neutralizar o veneno e não tratar os sintomas e complicações. Geralmente, os casos muito graves necessitam de cuidados especiais em unidades de tratamento intensivo, onde o complexo mecanismo do envenenamento pode ser melhor manejado, com as devidas medicações.
- A soroterapia deve ser realizada o mais precocemente possível. Não postergar a administração do soro antiescorpiônico (SAE) com a realização de pré-medicação ou teste de sensibilidade.
- A quantidade de veneno injetada implicará em maior ou menor concentração no organismo, dependendo da superfície corporal da vítima, influindo na gravidade.

INTRODUÇÃO

No Brasil, são comuns os acidentes provocados por animais peçonhentos, mesmo em áreas metropolitanas, onde são frequentes os acidentes por escorpiões e aranhas. O acidente escorpiônico ocorre predominantemente no domicílio e peridomicílio. Na maioria das vezes, estes acidentes estão associados à pobreza e às más condições de higiene, onde o seu alimento é abundante, pois se alimentam de insetos. Entretanto, ocorrem acidentes mesmo em locais de alto nível social e econômico, assim como em ambientes de trabalho, seja em cemitérios, madeireiras, construções, galerias de esgoto, no campo e dentro ou no entorno das casas. Possuem hábito noturno, algumas espécies são partenogenéticos e possuem capacidade de sobreviver sem alimentos e água por mais de um ano, o que explica sua predominância e dispersão, associado à maior potência de sua peçonha.

Por definição, todo animal peçonhento é venenoso, mas nem todo venenoso é peçonhento. Animal peçonhento é considerado como aquele capaz de inocular a peçonha ativamente na presa, enquanto o não peçonhento (venenoso) produz a substância tóxica, mas não a inocula ativamente pela ausência de aparelho inoculador eficiente. O conhecimento sobre qual o tipo de animal provocou acidente e sua frequência é importante para que os serviços que atendem essas ocorrências possam se orientar no momento de diagnóstico, propedêutica e prognóstico.

Em virtude da subnotificação, especialmente em casos mais leves, os números apresentados nas estatísticas oficiais não representam a realidade, podendo ser maior, principalmente nas localidades do interior, mais distantes das grandes cidades, onde o tratamento para esses casos costuma ser por meio de métodos caseiros ou crenças.

No Brasil, os acidentes com escorpiões são os mais frequentes e com maior número de óbitos entre os acidentes por animais peçonhentos, em todas as faixas etárias infantis, mas principalmente em crianças com menos de 7 anos, ou desnutridas, ou de baixo peso, ou com comorbidades.

Tem sido verificado, nos primeiros 19 anos deste século, um grande aumento das notificações de picadas por escorpião, que foram 18.106 notificações anuais no primeiro ano deste século XXI (2001). No ano de 2019, foram notificados ao Sinan 265.701 acidentes por animais peçonhentos. Destes, 154.812 foram por escorpiões, representando o maior número de acidentes por animais peçonhentos no Brasil, cerca de 60%. Este aumento pode estar influenciado pela melhoria da notificação com informações e campanhas educativas realizadas pelos órgãos de saúde, urbanização das zonas rurais e alterações climáticas observadas nos últimos anos. O maior número de notificações é proveniente do estado de Minas Gerais, seguido de São Paulo, Bahia e Pernambuco e outros estados do Nordeste e Centro-Oeste.

Quanto aos óbitos por acidentes escorpiônicos, em 2019 foram notificados 169 óbitos, representando cerca de 40% dos óbitos gerais por animais peçonhentos, principalmente no Sudeste e Nordeste, onde predominam as espécies *T. serrulatus* e *T. stigmurus*, também conhecidos como escorpião amarelo e escorpião amarelo do nordeste.[1-8]

A maioria dos casos são leves, com letalidade média nacional em 0,11% em 2019, com variações para cima nas regiões onde predominam os escorpiões amarelos, podendo ser nestas regiões até 10 vezes vezes maior em crianças nas faixas etárias mais baixas, como, por exemplo, no estado de Minas Gerais, onde aconteceram 22,4% das notificações de picadas por escorpiões no Brasil neste ano de 2019 (34.617 casos) (Sinan). Destes casos de Minas Gerais, 793 pacientes foram atendidos presencialmente e 1.044 foram discutidos ao telefone no Serviço de Toxicologia de Minas Gerais (Ciatox-MG – Hospital João XXIII, em Belo Horizonte), onde, historicamente, quase todos os escorpiões trazidos junto aos pacientes tratavam-se de *T. serrulatus* e *T. stigmurus*, com raros casos de *T. bahiensis*, *T. confluens* e *T. adrianoi*, entre outros.

Os escorpiões de real importância médica no mundo pertencem à família Buthidae, sendo que, no Brasil, o acidente pelo *Tityus serrulatus* é responsável pela maior parte dos casos graves e óbitos. Sua origem não é certa, mas registros antigos indicam que sejam provenientes do estado brasileiro de Minas Gerais, porém, essa espécie hoje pode ser encontrada em 19 dos 27 estados brasileiros.[8]

A identificação das espécies é importante, seja por meio de captura ou fotografia, especialmente se for uma das espécies do gênero *Tityus*, que tem grande importância médica. Na região amazônica, *Tityus obscurus* requer destaque porque esta espécie pode causar sintomas neurológicos agudos e disfunção cerebelar.[6,7,8]

As principais espécies potenciais ou reais causadoras de envenenamento humano no gênero *Tityus* são: *T. serrulatus*, *T. stigmurus*, *T. confluens*, *T. bahiensis*, *T. obscurus*, *T. costatus*, *T. trivitattus*, *T. metuendus*, *T. brazilae*, *T. mattogrossensis*, *T. fasciolatus*, *T. charreyroni* e *T. adrianoi*. Embora geralmente leves, acidentes podem ocorrer ainda com as espécies dos gêneros *Ananteris* e *Rhopalurus* (família Buthidae), e *Bothriurus* (família Bothriuridae).[1-5]

Na Figura 1 podem ser observadas as características das espécies de maior interesse médico no Brasil e outras mais comuns. É importante conhecer também as espécies menos perigosas para auxiliar no diagnóstico diferencial e propedêutica. O *T. confluens* pode ser confundido com *T. serrulatus*, embora não possua a serrinha na cauda, característica do *T. serrulatus*, assim como entre outras espécies, pois a identificação pode ser difícil, necessitando do apoio de um especialista na área.

Mais detalhes sobre as espécies mais importantes e das outras mais comuns, sem importância médica por causarem acidentes leves, geralmente apenas com dor local, podem ser verificados nas referências, especialmente no "Manual de Controle de Escorpiões" do MS, em que são descritas suas características.[1-6]

MECANISMO DE AÇÃO TÓXICA

Composição do veneno: pode-se, grosso modo, separar as peçonhas em dois grupos: o grupo do *Tityus serrulatus* e o grupo do *Tityus obscurus*. A peçonha do *T. serrulatus* é complexa, composta de proteases, hialuronidases, proteínas neurotóxicas, hipotensinas, carboidratos, mucopolissacarídeos, cardiotoxinas e diversos sais. Possui proteínas com atividades hialuronidásicas e fosfolipase A_2. As neurotoxinas são predominantemente sódio dependentes (β NaScTx e α NaScTx); provocam liberação de: fosfodiesterases, endotelina, peptídeo natriurético, serotonina, citocinas, fatores necróticos tumorais (TNF), prostaglandinas, bradicinina, fatores de ativação plaquetária e histaminas.

A peçonha do escorpião *T. obscurus* (*paraensis*) contém cerca de 18 peptídeos bem conhecidos; alguns deles são específicos para canais de potássio e o restante para canais de sódio, com grande diferença entre as peçonhas de regiões diferentes na Amazônia. Pode provocar um quadro com exacerbação de sintomas neurológicos como: mioclonias, disestesias, "sensação de choque elétrico", dismetria, disartria, ataxia, agitação e hiperreflexia.[8]

Ação do veneno/fisiopatologia

Neste capítulo, o *T. serrulatus* é enfatizado por possuir a peçonha mais potente e causar a maioria dos acidentes graves e óbitos no Brasil, assim como o *T. stigmurus*. A peçonha age geralmente nos canais iônicos, principalmente de sódio, por meio de seus neuropeptídeos, provocando maior gravidade nos grupos de baixa idade e peso. Provoca a despolarização das terminações nervosas pré-ganglionares, com liberação de significativa quantidade de neurotransmissores adrenérgicos e colinérgicos especialmente adrenalina e acetilcolina. Ocorrem rapidamente as manifestações clínicas, dependente do predomínio do neurotransmissor. Podem ocorrer diversos eventos, com a participação de interleucinas, fatores tumorais necróticos (TNF), fator ativador de plaquetas (PAF), ativação do sistema de complemento e de substâncias como endotelina -1, neuropeptídio Y, entre outras. A presença e concentrações dessas substâncias liberadas no organismo variam de acordo com a espécie do escorpião, em maior ou menor intensidade. O processo inflamatório envolve liberação de leucotrienos, prostaglandinas e fator de ativação plaquetário sugerindo uma síndrome semelhante a resposta inflamatória sistêmica. A bradicinina libera óxido nítrico com vasodilatação e diminuição da pressão arterial, contribuindo no choque. A gravidade dos casos está relacionada com a concentração dessas substâncias, como também com a concentração do veneno no sangue da vítima. Toda essa "descarga" de substâncias ativas produzirá um quadro amplo, com intensidade definida pela predominância de suas ações, que podem ser: adrenérgicas, colinérgicas, metabólicas, hemodinâmicas com desequilíbrio hidroeletrolítico e de trocas gasosas, com as complicações desses mecanismos.

Pode ocorrer alteração da permeabilidade capilar, semelhante ao que ocorre na síndrome do desconforto respiratório agudo (SARA). Observam-se casos de edema pulmonar agudo sem evidência de lesão miocárdica ou comprometimento da função sistólica esquerda. Constata-se, ainda, aumento de permeabilidade alvéolo-capilar e edema unilateral e/ou periférico, com alterações histológicas compatíveis com

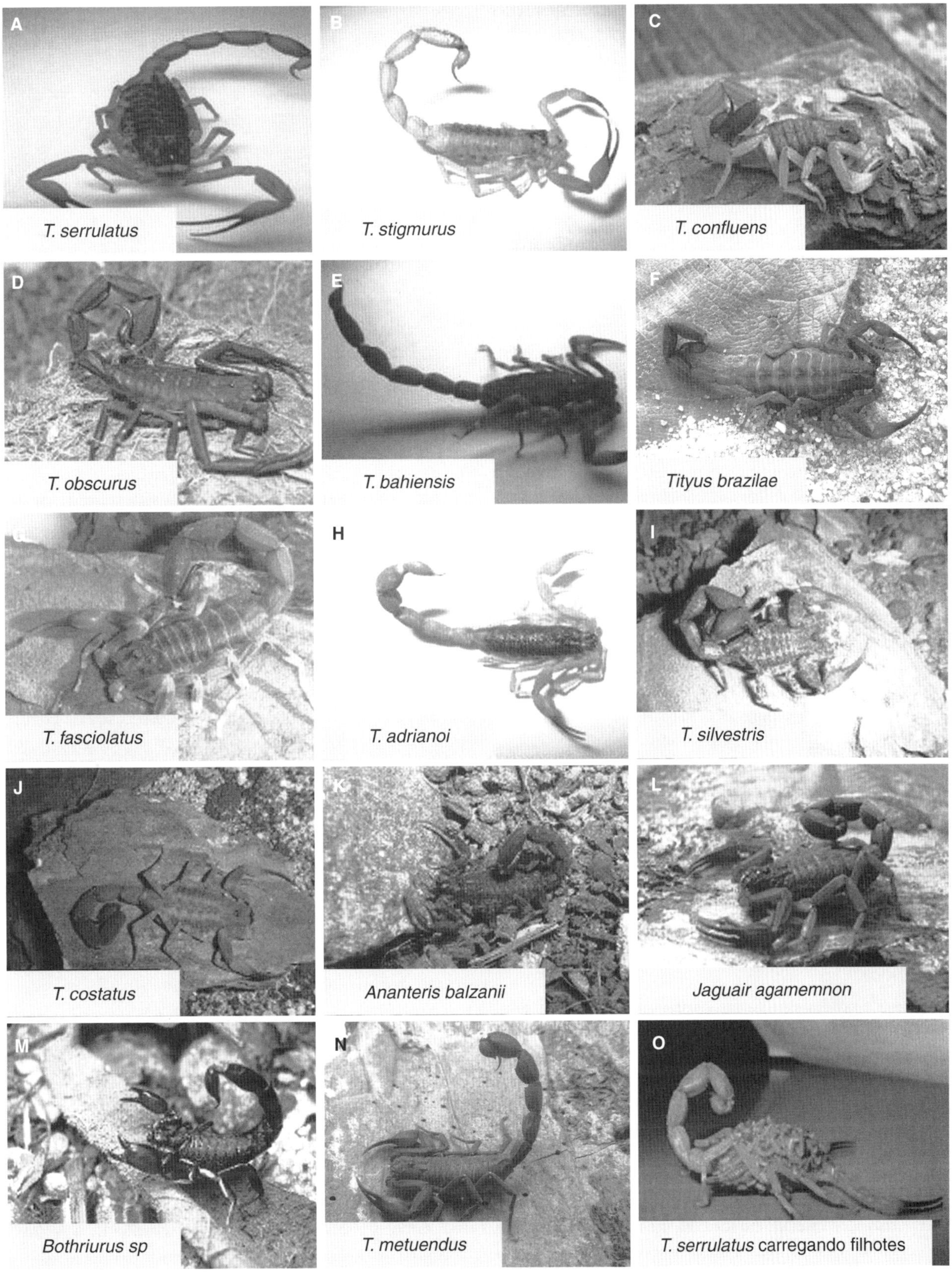

Figura 1. Espécies de maior interesse médico no Brasil e outras mais comuns.

Fonte: (A), (B), (E), (H), (O): acervo do próprio autor; (C), (D), (F), (G), (I), (J), (K), (L), (M), (N): fotos cedidas por Denise Mari Cândido, com permissão.

mecanismo não cardiogênico. Podem ocorrer alterações respiratórias: por estimulação de fibras vagais aferentes (taquipneia → hiperpneia → respiração de Cheyne-Stokes → parada respiratória).

Acredita-se que a alteração de permeabilidade capilar ocorra em todo o organismo, levando ao extravasamento generalizado de líquido. Isso explicaria o fato de muitos pacientes, que chegam em poucos minutos à sala de emergência, se apresentarem em edema agudo de pulmão e, ao mesmo tempo, hipovolêmicos. Nestes, as perdas por vômito ou sudorese não justificam essa gravidade. Ocorre também no tecido nervoso.

No coração produz efeito cronotrópico positivo, alterando a contratilidade miocárdica e o fluxo coronariano. Poderá ocorrer alteração da microcirculação e espasmo coronariano. A endotelina e o neuropepitídio "y" podem provocar hipoperfusão por isquemia. Técnicas de monitoração (como o cateter de Swan-Ganz), exames complementares (como cintilografia, ecocardiograma e troponina) e achados de necropsia demonstraram, ao longo dos anos, o acometimento cardíaco nos casos mais graves de escorpionismo. Foram descritas elevação da pressão de capilar pulmonar, necrose miocárdica, focal e segmentar, alteração da perfusão, e da função, miocárdica e elevação de troponina. Muitas das alterações foram atribuídas principalmente a espasmos das coronárias pela descarga adrenérgica.

Nos rins, as toxinas do *Tityus* provocaram, em estudos *in vitro*, redução do fluxo renal da excreção do sódio e do volume urinário, também por liberação de catecolaminas. Pode haver aumento da agregação plaquetária, inibição de enzima conversora de angiotensina e leucocitose, por mecanismos ainda não muito bem definidos.

O tamanho e a espécie do escorpião, a quantidade de veneno inoculada, o local da picada, a sensibilidade individual, doenças prévias, desnutrição, anemia e a massa corporal da vítima influenciam na gravidade do quadro clínico. Pensemos, por exemplo, que a mesma quantidade de veneno inoculado em um adulto de 90 kg, é 10 vezes maior, proporcionalmente, se inoculado em uma criança de 9 kg.

QUADRO CLÍNICO

A picada produz sinais locais e sistêmicos. Ocorre dor local em quase 100% dos casos. O quadro leve e inicial cursa com dor local intensa que irradia para a raiz do membro, em ardor ou queimação, assim como a sensação de parestesia local.[3] A lesão muitas vezes não apresenta ponto de inoculação evidente, tem aspecto discreto, não gera sinais flogísticos exuberantes locais. É possível visualizar piloereção e sudorese no local da picada em alguns casos. O aparelho inoculador do veneno, o ferrão que se encontra na porção distal da cauda do escorpião, não permanece inserido no local da picada, diferentemente do acidente apílico. A lesão apresenta discreta hiperemia, ponto de inoculação quase imperceptível e sudorese local são sugestivos de acidente escorpiônico (Figura 2).

O surgimento de manifestações nos diversos órgãos e sistemas orgânicos depende do predomínio dos efeitos simpáticos

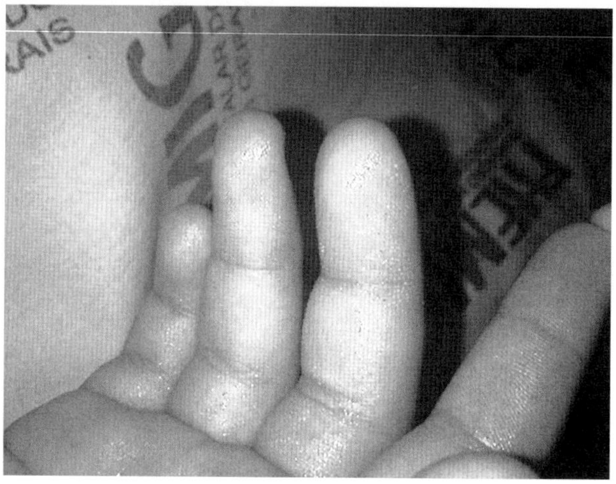

Figura 2. Região da picada com sudorese nos dedos.
Fonte: acervo do próprio autor.

ou parassimpáticos e são preditores de gravidade. Os sintomas digestivos são precoces, como náuseas, sialorreia, diarreia e dor abdominal. Tremores, espasmos musculares ou mesmo convulsões podem ocorrer em casos mais graves. Podem ocorrer arritmias, alterações pressóricas e choque. Os distúrbios neurológicos também são comuns, desde cefaleia, escurecimento de visão, tonturas até o coma.

O quadro pode evoluir com edema agudo de pulmão (EAP), que, em alguns pacientes, é acompanhado de alterações no miocárdio, sugerindo a participação de mecanismos cardiogênicos. Trabalhos demonstraram casos de edema pulmonar agudo sem alterações sugestivas de lesão miocárdica ou comprometimento da função sistólica esquerda, apresentando, contudo, alterações pulmonares, com predominância unilateral e/ou periférica, e alterações histológicas compatíveis com o mecanismo não cardiogênico, explicado por meio da resposta exacerbada inflamatória desencadeada pelas bradicininas e em decorrência da liberação maciça de noradrenalina nos terminais nervosos simpáticos eferentes que afetam a resistência vascular, permeabilidade da membrana alvéolo-capilar e agregação plaquetária, cursando com o extravasamento do volume para o interstício[3,6,9,10].

DIAGNÓSTICO

Caso o paciente traga o animal causador do acidente, a sua identificação morfológica poderá auxiliar na conduta médica. Os escorpiões que apresentam, na porção distal de sua da cauda, uma espícula próxima do ferrão (subaculear) são animais da família Buthidae. Têm importância médica por causarem acidentes potencialmente graves. Os escorpiões que apresentam protuberância semelhante a "serras" no dorso de suas caudas são os da espécie *Tityus serrulatus*, responsável pela maioria dos acidentes graves no nosso país. O veneno encontra-se dentro da vesícula conhecida com telson, localizada na porção distal da cauda, juntamente com o ferrão inoculador (Figura 3).

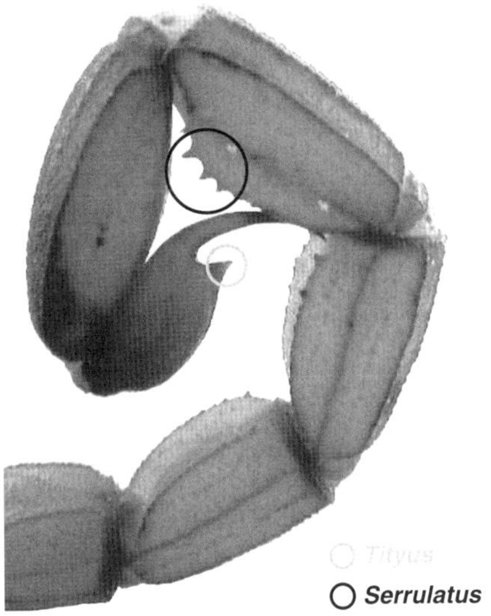

Figura 3. Detalhes morfológicos da espécie evidenciando espícula (cinza) e serras (preto) no dorso da cauda do animal.
Fonte: acervo do próprio autor.

O diagnóstico clínico é realizado por meio de cautelosa coleta de dados sobre o evento e de minucioso exame físico. Crianças pequenas, que não têm idade para relatar o acidente, geralmente iniciam o quadro com choro súbito e localizam a dor. Entre os diagnósticos diferenciais encontram-se as picadas por aranhas e por insetos.

É imprescindível rigorosa avaliação clínica na identificação precoce dos sintomas que sugerem gravidade. As descargas autonômicas parassimpática e simpática são indicativos de gravidade e se não abordadas a tempo causará insuficiência cardiorrespiratória.

O exame de sangue cursa com aumento da amilase e lipase (pancreatite), hiperglicemia, hipocalemia, leucocitose, plaquetocitose, elevação dos marcadores cardíacos e lesão muscular (Troponina, CK total e CK-MB). Essas são irregularidades frequentemente encontradas no escorpionismo grave, que tendem a melhorar em poucos dias, conforme resolução do quadro.[3,9] A normalização das enzimas cardíacas pode ocorrer nas primeiras 24 horas, portanto, não são um bom exame para condução do tratamento.

Nos pacientes abordados tardiamente, em que o envenenamento evolui com maior gravidade, há alteração pulmonar diagnosticada à ultrassonografia como linhas B sugestivas de alteração parenquimatosa e na radiografia de tórax, como infiltrados difusos e atelectasias. Não é raro o infiltrado pulmonar ocorrer unilateralmente, por causa da fisiopatologia de edema não cardiogênico (Figura 4).

O eletrocardiograma pode apresentar sinais de arritmia, como intervalo QT corrigido (QTc) prolongado e intervalo QRS alargado, assim como sinais de isquemia (Figura 5).

ALERTA IMPORTANTE

O ecocardiograma identifica hipocinesia ventricular e disfunção da bomba, com redução na fração de ejeção. A ultrassonografia é um excelente exame não invasivo, sem efeitos adversos ao paciente, que pode ser realizado à beira do leito. A ultrassonografia é o exame de escolha para auxiliar no diagnóstico na resposta ao tratamento, pois identifica e quantifica a falência ventricular, além de avaliar a causa do edema pulmonar e o estado de volemia do paciente.[3]

Embora úteis, os exames laboratoriais e de imagem são complementares, mas não definem a necessidade de tratamento inicial, que é baseado nos sinais e sintomas manifestados pelo paciente.

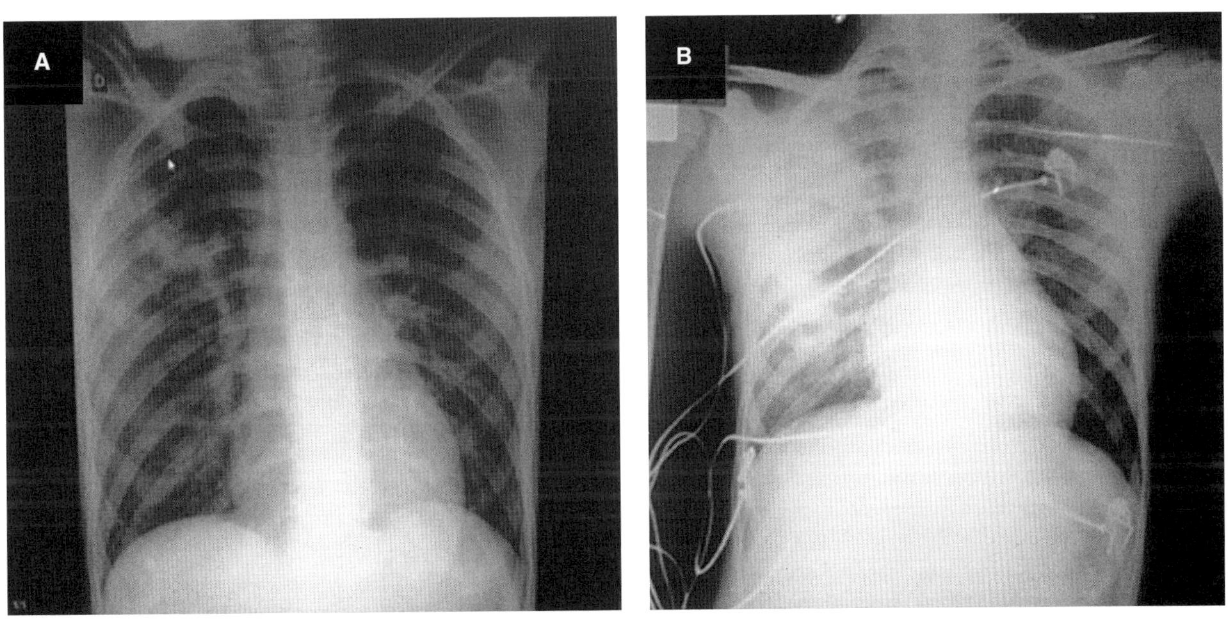

Figura 4. Edema agudo pulmonar 6 horas (**A**) e 20 horas (**B**) após escorpionismo grave em criança de 11 anos, que não recebeu SAE.
Fonte: acervo do próprio autor.

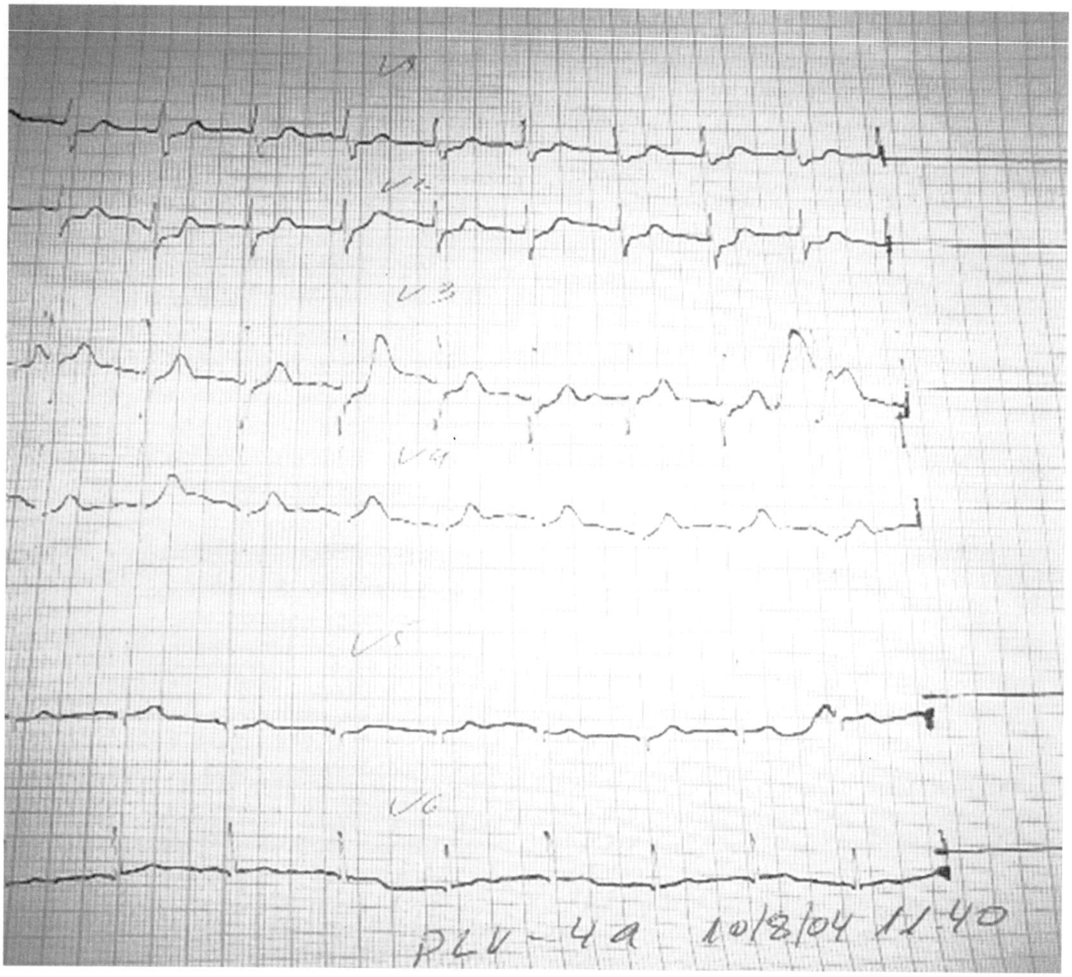

Figura 5. Eletrocardiograma de um paciente de 4 anos de idade após escorpionismo grave. Apresenta infra desnivelamento nas derivações V1, V2 e V3.

Fonte: acervo do próprio autor.

TRATAMENTO

Os quadros que cursam apenas com dor e demais sinais locais são classificados como leve, têm bom prognóstico e são responsáveis por mais de 90% dos acidentes. Trata-se de dor que piora ao contato com o frio e melhora com analgésicos simples, porém, em alguns casos, com necessidade de associação de outros medicamentos, como opioides e anti-inflamatórios, assim como bloqueio nervoso local. Esses pacientes deverão ser liberados para o domicílio após o tempo de observação estabelecido, com receita de analgésicos simples. Nesses casos, os exames laboratoriais são dispensáveis. Parestesia ou hiperestesia podem permanecer por alguns dias.

Sinais sistêmicos além da dor, como sintomas autonômicos parassimpáticos, são indicação de soro antiescorpiônico (SAE), e a quantidade de ampolas está diretamente proporcional à intensidade dos sintomas apresentados. O volume de soro a ser infundido não tem correlação com o peso do paciente. As manifestações clínicas iniciais que cursam com sinais colinérgicos pouco exacerbados são classificadas como moderadas e têm a indicação de receberem 2 ampolas de SAE ou de soro antiaracnídico (SAAr).

ALERTA IMPORTANTE

Apesar de não haver recomendação formal pelo Ministério da Saúde, é recomendado que crianças menores de 3 anos, sabidamente picadas por escorpião *T. serrulatus*, admitidas há menos de 2 horas do acidente, mesmo que pouco sintomáticas, recebam 2 ampolas da soroterapia antiescorpiônica, a fim de prevenir o envenenamento complicado.[3] Essa sugestão é baseada na maior morbimortalidade desta faixa etária, principalmente em serviços que têm dificuldades para oferecer rigorosa monitorização ao paciente, ou naqueles distantes de cuidados intensivos. A progressão clínica do escorpionismo, nessas crianças menores, ocorre minutos após o envenenamento, em decorrência do seu menor peso corporal, gerando pior prognóstico, especialmente quanto ao desenvolvimento do edema agudo pulmonar.[3,6,9]

As manifestações classificadas como grave são os quadros de vômitos incoercíveis, sudorese profusa, sonolência e sinais de acometimento cardiopulmonar. Pacientes com esses sintomas devem receber 4 ampolas de SAE ou de SAAr, via endovenosa.

O SAE e o SAAr são fabricados pelos laboratórios brasileiros Butantan (SP), Funed (MG) e Vital Brasil (RJ). A dose preconizada por esses institutos são 2 ampolas (5 mL/ampola) nos casos moderados e 4 ampolas nos quadros graves. Segundo a ficha técnica do medicamento, cada 5 mL de imunoglobulina é capaz de neutralizar, no mínimo, 5 mg de veneno de *T. serrulatus*, ou seja, quantidade que um escorpião adulto é capaz de inocular.

A administração do soro específico deve ser pela via endovenosa, em 5 a 15 minutos. Não é recomendado a diluição do antiveneno em soro fisiológico e glicosado a fim de não retardar a administração do antídoto e de não oferecer maior aporte de volume ao paciente. Apesar de se tratar de soro heterólogo, o acidente escorpiônico, por si mesmo, protege o paciente de efeitos de hipersensibilidade ao medicamento ou de anafilaxia, pois o envenenamento cursa com descarga adrenérgica circulante;[7] portanto, medidas de dessensibilização ao soro com anti-histamínicos e corticoides não têm necessidade, além de postergar o tratamento, que deverá ser o mais precoce possível. Todo paciente que receber soroterapia deve ficar em observação por, no mínimo, 24 horas. Para melhor visibilidade, o esquema da classificação e soroterapia são apresentados na Tabela 1.

O paciente classificado como grave, após receber o antídoto, deverá ser encaminhado aos cuidados intensivos para manejo da insuficiência cardiorrespiratória.[3,10] Inicialmente, a dieta do paciente deverá ser suspensa, até que os sintomas sejam controlados e o suporte ventilatório seja definido.

Analgésicos devem ser escolhidos a partir do limiar da dor do paciente. O controle álgico tem importante papel no tratamento da taquicardia. Analgésicos opioides, como a morfina, podem ser bem empregados nos casos leves de dor intensa, porém não são recomendados para analgesia nos casos graves, por causarem inibição da recaptação de noradrenalina, já exacerbada.

A clonidina, sedativo e analgésico de efeito alfa-2 agonista, tem bom emprego no escorpionismo por meio da sua ação simpaticolítica, que impede a liberação da noradrenalina pré-sináptica, diminuindo a pós-carga, com efeito hipotensor. A dexmedetomidina, outro agonista do receptor alfa-2 adrenérgico, também proporciona benefícios de sedação e analgesia, além de estar associada à depressão respiratória mínima. Os benzodiazepínicos são outra opção para sedação, porém, nos casos de crianças graves em cuidados intensivos, não são a primeira escolha, pelo efeito na depressão miocárdica.

A oferta hídrica ao paciente grave deve ser administrada de maneira cautelosa. A expansão volêmica sugerida para o paciente pediátrico é de 5 a 10 mL/kg a fim de não sobrecarregar a função cardíaca e piorar o edema pulmonar instalados. Atentar para a piora súbita da função pulmonar, que indica sobrecarga volêmica. Em caso de hipervolemia, o uso de diuréticos de alça está indicado, como a furosemida por via oral ou EV, na dose de 0,5 a 1 mg/kg/dose a cada 6 a 12 horas.

Intubação e ventilação mecânica são indicados quando a insuficiência respiratória aguda está associada ao comprometimento neurológico e podem diminuir a pressão transmural ventricular e o trabalho respiratório, reduzindo o consumo de oxigênio.

O objetivo inicial do tratamento do edema pulmonar é manter a saturação de oxigênio igual ou superior a 92%. Oferecer pressão expiratória positiva final (PEEP), por métodos não invasivos ou no paciente intubado, pode ser uma medida protetiva ao EAP, pois a pressão intratorácica mantém o acúmulo de sangue no intravascular, reduzindo assim o

Tabela 1. Classificação do escorpionismo

Classificação	Situação	Conduta
Inferior a 3 anos	Assintomático ou dor evidenciada pelo choro. Acidente confirmado há menos de 2 horas. Dificuldade de observação e monitorização rigorosa do paciente.	SAE ou SAAr: 2 ampolas. Observação por, no mínimo, 24 horas após administração do soro.
Leve	Apenas dor local (ardor, queimação, ferroadas), hiperemia e edema discretos, parestesia. Náuseas e taquicardia, iniciadas logo após o acidente, podem estar relacionadas a dor.	Analgesia, observação hospitalar de 6 a 12 horas.
Moderado	Sudorese, sialorreia, lacrimejamento, taquipneia, dor abdominal, hipertensão arterial leve.	SAE ou SAAr: 2 ampolas.* Observação por, no mínimo, 24 horas após administração do soro.
Grave	Sudorese profusa, vômitos incoercíveis, sialorreia abundante, alternância de agitação e prostração, taquiarritmias, bradicardia, hipotermia, broncorreia, dispneia, EAP, hipotensão, choque, espasmos musculares, convulsões, pancreatite aguda, sinais de insuficiência cardiopulmonar.	SAE ou SAAr: 4 ampolas.* Observação por, no mínimo, 24 horas após administração do soro. Observação hospitalar em unidade de terapia intensiva.

*Observação: o número de ampolas preconizado para casos moderados e graves pode ser ampliado para 3 e 6, em casos de incerteza de acondicionamento e aplicação corretas, em casos de picadas múltiplas, ou conforme orientação mais recente do Ministério da Saúde.

extravasamento de líquido alveolar.[3,10] Baseado nessas informações, a suspensão da PEEP deve ser cautelosa, principalmente naqueles pacientes hipervolêmicos ou naqueles que não estão em uso de medicamentos inotrópicos, pelo risco de piora do baixo débito cardíaco, pois poderá haver piora do choque cardiogênico ou vasoplégico.

A contratilidade miocárdica pode ser melhorada com a dobutamina, pelo seu efeito inotrópico associado a vasodilatação periférica (discreta).[3] A dobutamina, agonista adrenérgico, é a catecolamina de escolha para recuperação do baixo débito, na dose de 2,5 a 15 mcg/kg/min, EV, em acesso central. A milrinona, inibidora da fosfodiestrase III, tem boa resposta ao choque cardiogênico devido a sua ação vasodilatadora, redutora da pós-carga, na dose de 0,25 a 0,75 mcg/kg/min, EV, infundida em 15 minutos, seguida de dose de manutenção de 0,5 mcg/kg/min, dose ajustada de acordo com a resposta hemodinâmica e clínica. Este medicamento tem efeito inotrópico maior, em relação ao seu efeito cronotrópico, reduzindo os efeitos deletérios da taquicardia e dos efeitos arritmogênicos.

Vasodilatadores, como o nitroprussiato de sódio na dose de 0,5 a 10 mcg/kg/min,[10] devem ser considerados diante do escorpionismo grave, nos pacientes que apresentam tônus vascular alto (descarga adrenérgica) e baixo débito cardíaco, refratários ao tratamento inicial. Estes medicamentos têm boa resposta sobre o edema agudo pulmonar ao reduzirem a pressão de enchimento das câmaras cardíacas e ao reduzirem a pós-carga no ventrículo esquerdo, melhorando o vasoespasmo coronariano (dilatação arterial).[3]

O prazosin, bloqueador alfa adrenérgico, promove vasodilatação e é o medicamento de escolha para a redução da pré e da pós-carga. Apesar de amplamente discutido na literatura, não está disponível no Brasil.[9,10]

O captopril, inibidor da enzima conversora de angiotensina, atua melhorando a vasoconstrição periférica, reduzindo a frequência cardíaca, assim como no controle da hipertensão, na dose de 0,3 a 0,5 mg/kg/dose, divididos de 2 a 3 vezes ao dia, via oral. Alguns pacientes recebem alta hospitalar em uso deste medicamento para tratamento ambulatorial.

Quanto às arritmias cardíacas, o foco deve estar na prevenção e tratamento das isquemias miocárdicas, que estão relacionadas com o aumento da frequência cardíaca, vasoespasmo coronariano, vasoconstrição microvascular e ao influxo de cálcio ao intracelular.

O desafio do tratamento do escorpionismo grave é individualizar o tratamento. Identificar se o envenenamento está causando predominantemente o EAP ou na falência ventricular, auxilia a condução terapêutica. Nos casos em que a insuficiência pulmonar é a principal alteração clínica, o uso de furosemida pode ser benéfico, em caso de hipotensão leve e hipervolemia. Já nos casos em que a falência da bomba predomina, cursando com hipotensão grave, é indicada a administração do inotrópico, além de avaliar oferta hídrica. A hipotensão refratária ao uso de dobutamina e volume, pode ter resposta a administração de adrenalina e noradrenalina. A hipotensão e o baixo débito cardíaco associados ao aumento da pós-carga podem ter boa resposta ao uso de nitroprussiato.[3]

PROGNÓSTICO

O escorpionismo grave tem bom prognóstico quando o paciente tem a chance de ser abordado precocemente e manejado em cuidados intensivos.

MEDIDAS PROFILÁTICAS

- Manter jardins e quintais bem limpos. Manter a grama aparada; evitar bananeiras e grandes folhagens próximas à residência. Evitar acúmulo de entulhos de construção no peridomicílio.
- Eliminar insetos caseiros (alimentos de aracnídeos).
- Vedar possíveis passagens dos aracnídeos para o interior da casa (telas, vedadores de frestas).
- Manipular com cuidado cachos de banana, folhas caídas; utilizar EPI ao trabalhar em plantações, jardins ou com entulhos e madeiras.
- Observar o interior de calçados e roupas antes de vestir. Manter as camas afastadas da parede.

ERROS COMUNS QUE VOCÊ DEVE EVITAR

Confundir os sintomas do escorpionismo grave (vômitos, taquipneia, acidose metabólica, hiperglicemia) com o diagnóstico de cetoacidose diabética (pródromos) e iniciar o tratamento com expansão hídrica vigorosa.

Demorar para aplicar o soro antiescorpiônico (SAE).

Administrar muito líquido nos casos graves sem avaliar os pulmões.

Diluir o SAE com volume grande, principalmente em crianças de pouco peso.

Dar volume de SAE em volume menor por se tratar de criança.

Confundir edema por hiper-hidratação com pneumonia ou edema agudo de pulmão.

Negligenciar cuidados após soroterapia considerando que já está resolvido o problema.

Não deixar em observação por, pelo menos, 24 horas após a soroterapia em casos moderados e tempo maior nos casos graves, de acordo com a evolução.

REFERÊNCIAS BIBLIOGRÁFICAS

1. Ministério da Saúde (MS). Fundação Nacional de Saúde (Funasa). Manual de Diagnóstico e Tratamento de Acidentes por Animais Peçonhentos. 2. ed. Brasília: MS Brasil; 2001. 112p. Disponível em: http://www.saude.gov.br/bvs [acesso em abril de 2021].
2. Ministério da Saúde. Secretaria de Vigilância em Saúde. Departamento de Vigilância Epidemiológica. Manual de controle de escorpiões / MS/SVS. Brasília: Ministério da Saúde, Brasil; 2009. Disponível em: https://bvsms.saude.gov.br›bvs ›publicações [acesso em abril de 2021].
3. Campolina D, Guerra CMN, Guerra SD, et al. Escorpionismo. In: Andrade FA, Campolina D, Dias MB. Toxicologia na Prática Clínica. 2. ed. Reimp Edit Folium. 2017;295-319.
4. Ministério da Saúde (MS). Secretaria de Vigilância em Saúde (SVS). Sistema de Informação de Agravos de Notificação (SINAN). Saúde de A a Z. Acidentes por animais peconhentos. Brasília: MS; 2021 (dados atualizados em 24/01/2019, última atualização até abril 2021). [acesso em: abril 2021]. Disponível em: http://portalms.saude.gov.br/saude-de-a-z/acidentes-por-animais-peconhentos.

5. Lourenço WR, Eicksted VRDV. Escorpiões de importância médica. *In*: Cardoso JLC, et al. Animais Peçonhentos no Brasil. Biologia, Clínica e Terapêutica dos Acidentes. São Paulo: Sarvier, FAPESP; 2003. p. 182-97.
6. Campolina D, Sato AS. Acidentes provocados por contatos com animais peçonhentos. Cap. 57; parte 11 – Meio ambiente e Toxicologia. In: Prado FS, Ramos JA, Valle JR. Atualização Terapêutica – Urgências e Emergências, 3. ed. Edit. Artes Médicas; 2018. p. 341-58.
7. Amaral CFS, Dias MB, Campolina D, et al. Children with adrenergic manifestations of envenomation after *Tityus serrulatus* scorpion stings are protected from early anaphylactic antivenom reactions. Toxicon. 1994;32(2):211-5.
8. Torrez PPQ, Dourado FS, Bertani R, et al. Scorpionism in Brazil: exponential growth ofaccidents and deaths from scorpion stings. Rev Soc Bras Med Trop. 2019;52:e20180350.
9. El-Deek SEM, Sayed AA, Nassar AY, et al. Role of some vasoactive mediators in scorpion envenomed children: possible relation to envenoming outcome. Toxicon. 2017 1;127:77-84. Disponível em: http://dx.doi.org/10.1016/j.toxicon.2017.01.006.
10. Bosnak M, Yilmaz HL, ECE A, et al. Severe scorpion envenomation in children: management in pediatric intensive care unit. Hum Exp Toxicol. 2009 Nov;28(11):721-8. Disponível em: http://dx.doi.org/10.1177/0960327109350667.

CAPÍTULO 79

ACIDENTES POR LEPIDÓPTEROS

Carlos Augusto Mello da Silva
Marlene Zannin
Roberto Henrique Pinto Moraes

INTRODUÇÃO E DEFINIÇÕES

Lepidópteros de importância médica

Mais de 150 mil espécies de lepidópteros foram descritas até os dias atuais. São insetos conhecidos na fase alada pelos nomes populares de "Mariposa" (noturnos) e "Borboleta" (diurnos) e tem como principal característica, as asas recobertas por escamas (*lepis, idos* = escama; *pteron* = asa). Quase todas as espécies de mariposas e borboletas são inofensivas para os humanos. Entretanto, algumas espécies de mariposas do gênero *Hylesia*, constituem exceção por causarem dermatites. Microscópicas cerdas do abdome das fêmeas dessas mariposas desprendem-se do corpo quando voam e chocam-se contra focos luminosos, entrando em contato com a pele humana, causando dermatites papulopruriginosas (Figuras 1 a 3).

A quase totalidade dos acidentes por lepidópteros são decorrentes do contato com as lagartas (fase larval), conhecidas popularmente pelos nomes de taturana, oruga, bicho-cabeludo, entre outros. Esses acidentes são causados pelas cerdas do corpo das lagartas, as conhecidas "queimaduras por taturanas". A denominação correta dos contatos com as lagartas é erucismo, enquanto os contatos com as mariposas é lepidopterismo.[1]

Os erucismos são geralmente dermatológicos, causando no local do contato sensação de queimação, vermelhidão, dor e edema. Os sintomas regridem, após algum tempo, sem deixar sequelas.

A exceção no acidente tipo erucismo se dá através dos contatos com lagartas de espécies do gênero *Lonomia*, que, além do quadro dermatológico, causam também distúrbios hemorrágicos – brandos ou graves –, podendo levar o acidentado ao óbito.

Em virtude da importância dos acidentes hemorrágicos por *lonomias*, aspectos mais detalhados serão comentados na sequência, ainda neste capítulo.

Classificação dos principais lepidópteros venenosos no Brasil

Ordem *Lepidoptera*
Família ***Megalopygidae***
Principais gêneros e espécies: *Megalopyge lanata, Megalopyge albicolis* e *Podalia* sp. (Figuras 4 a 6).

Ordem Lepidoptera
Família ***Saturniidae***
Subfamília *Hemileucinae*
Principais gêneros e espécies: *Automeris* sp., *Dirphia* sp., *Hylesia* sp. e *Lonomia* (*L. obliqua* e *L. achelous*) (Figuras 7 a 11).

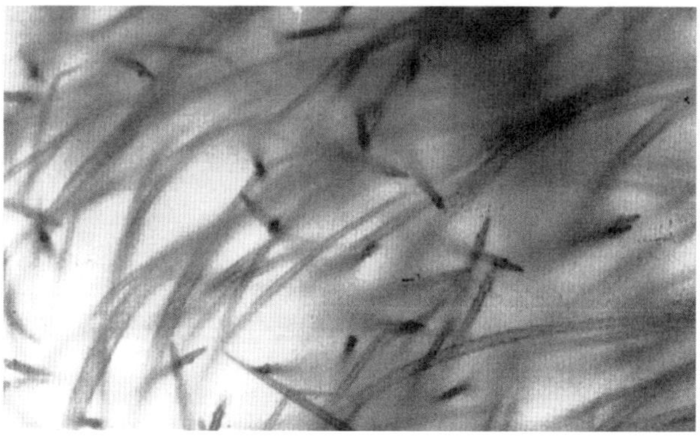

Figura 2. Cerdas de *Hylesia* sp.

Figura 1. *Hylesia* sp.

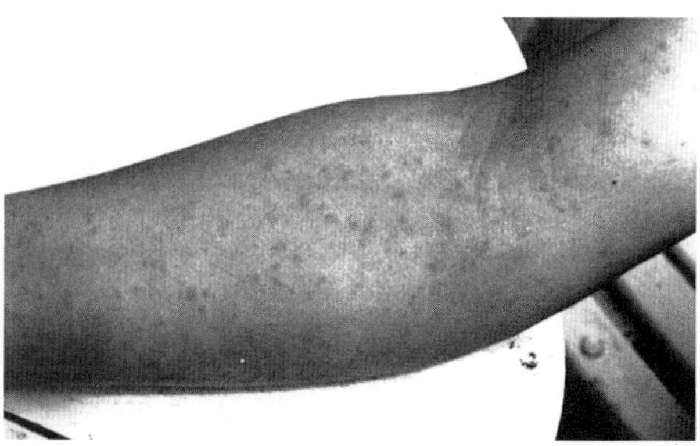

Figura 3. Dermatite por *Hylesia* sp.

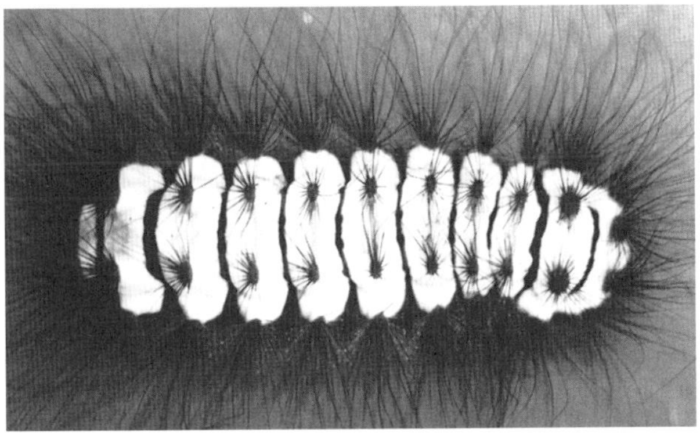

Figura 4. *Megalopyge lanata*.

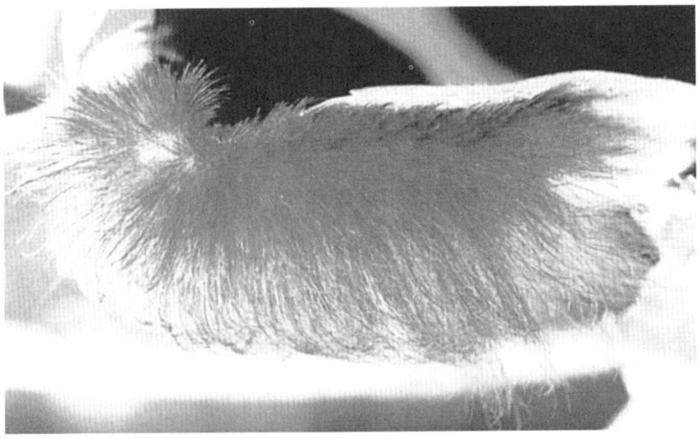

Figura 5. *M. albicolis*.

Figura 6. *Podalia* sp.

Figura 7. *Automeris naranja*.

Figura 8. *Dirphia* sp.

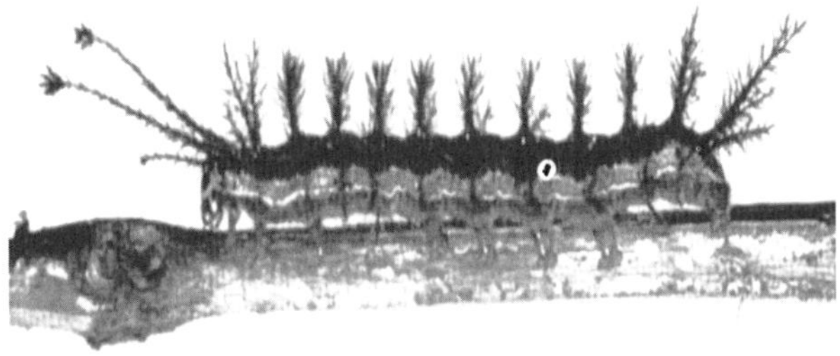

Figura 9. *Hylesia* sp.

Figura 10. *Lonomia obliqua*.

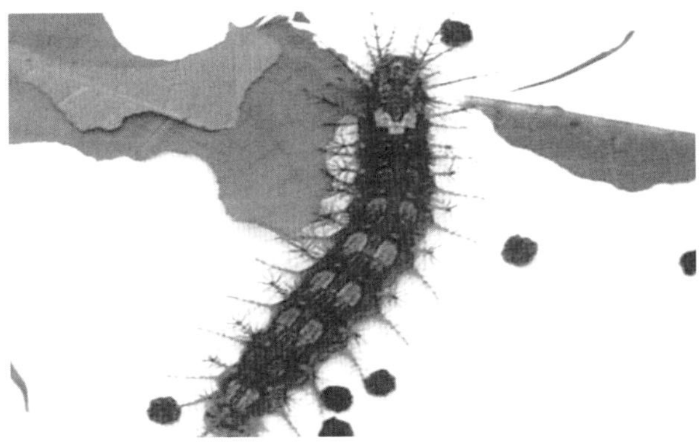

Figura 11. *Lonomia achelous*.

Lagartas de outras famílias podem também causar erucismo, porém, o número de acidentes é baixo e de pouca gravidade. São espécies da família *Limacodidae*, gênero *Acharia* sp. (= *Sibine* sp.) (lagarta lesma) (Figura 12).

Algumas espécies da família *Erebidae* (= *Arctiidae*) têm cerdas que se desprendem facilmente do tegumento, causando irritações na pele por contato mecânico. Ainda nesta família, exemplares de *Premolis semirufa* (Pararama) (Figura 13) são responsáveis por uma moléstia de nome **pararamose**. Bastante conhecida entre seringueiros do norte do Brasil, a pararamose teve seu auge na época em que o cultivo de seringueiras (*Hevea brasiliensis*), para a exploração do látex, tinha alto valor comercial. As lagartas se alimentam das folhas de *H. brasiliensis* e os seringueiros, na lida para a extração do látex, têm constantes contatos com as cerdas que atingiam principalmente os dedos das mãos, causando problemas reumatológicos deformantes, tornando o indivíduo inapto para o trabalho[2]. Atualmente são raros os casos de pararamose.

Lagartas inofensivas por não possuírem estruturas de inoculação de veneno estão representadas por espécies da família *Sphingidae*. Em virtude do aspecto grotesco, repugnante ou mesmo assustador - que lhes confere proteção contra seus inimigos naturais -, essas lagartas têm colorido exuberante, tamanho expressivo (10 cm) e desenhos variados (Figura 14).

Figura 12. *Acharia* sp.

Algumas lagartas de mariposas e borboletas, apesar de possuírem cerdas, não produzem toxinas. Neste caso, as cerdas são irritantes para pessoas mais sensíveis. O exemplo mais comum é a lagarta de *Phobetrom* sp., conhecida popularmente como lagarta-aranha (Figura 15).

MORFOLOGIA, BIOLOGIA E HÁBITOS DAS LAGARTAS VENENOSAS

Os acidentes com "taturanas" ocorrem quando as cerdas dorsolaterais perfuram a pele humana.[3] Isto é comum, por exemplo, no manuseio de plantas, nos "escorregões" em declives nas matas – ocasião em que, na tentativa de apoio, o acidentado "abraça" o tronco da árvore –, ou ainda quando ocorre o apoio das mãos nos troncos, para descanso. É necessária uma compressão sobre as cerdas (que são as verdadeiras estruturas causadoras dos acidentes), para que ocorra a introdução do veneno. Essas cerdas têm aspecto, inserção e posição diferentes. São estruturas quitinosas, pontiagudas e portadoras de glândulas, onde a toxina é produzida (Figura 16).

Nos megalopigídeos, as estruturas inoculadoras são compostas por um conjunto de cerdas semelhantes a espinhos, inseridas em verrugas. Cada cerda contém uma única glândula de veneno basal. Também originadas da mesma verruga, há outras cerdas maiores, semelhantes a "pelos" (Figura 17), que não perfuram a pele e são desprovidas de glândulas.[4] O aspecto característico dessas estruturas faz com que essas lagartas sejam conhecidas por nomes populares, como: Taturana-cachorrinho, Taturana-gatinho e Taturana-de-flanela. Convencionou-se chamar as lagartas de megalopigídeos de "lagartas cabeludas".

Nos saturnídeos, as estruturas inoculadoras de veneno são diferentes do grupo anterior. Semelhantes a pequenas "árvores", essas estruturas são compostas por um eixo central com ramificações laterais que recebem o nome de *scolus* (Figura 18). As glândulas produtoras de toxina estão no ápice de cada espinho.[5,6] Os *scolli* estão dispostos em todos os segmentos

Figura 13. *Premolis semirufa.*

Figura 14. Lagarta mimética de *Sphyngidae*.

Figura 15. *Phobetron* sp.

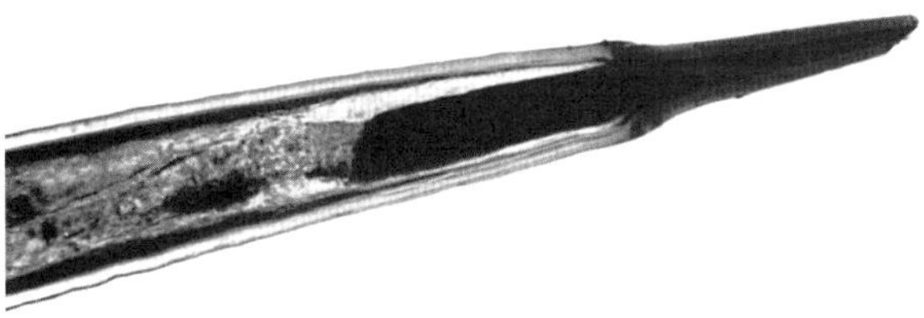

Figura 16. Cerda venenosa.

Figura 17. Cerda de megalopigídeo.

Figura 18. *Scolus* (cerda de saturnídeo).

da lagarta, em posição dorsolateral. Para o leitor que desejar se aprofundar na identificação de lagartas é imprescindível o estudo da quetotaxia (forma e posição das cerdas). Para isso recomendamos os trabalhos de Sther[7] e Costa.[8]

Os lepidópteros se desenvolvem por holometabolia (desenvolvimento completo), composto pelas fases de: ovo – lagarta (larva) – pupa (crisálida) e imago (adulto alado macho ou fêmea). Nos "venenosos", a fase de lagarta é aquela que oferece perigo. As pequenas taturanas, quando eclodem, já possuem cerdas que se modificam em forma e número durante o ciclo biológico.

Lagartas de lepidópteros venenosos são polífagas e habitam tanto áreas rurais como urbanas, podendo ser atualmente consideradas como animais sinantrópicos.[9]

Em virtude da importância das *lonomias* na saúde pública, decorrente dos acidentes hemorrágicos, se faz necessária maior atenção quanto à sua identificação, hábitos e distribuição geográfica.

PRINCIPAIS CARACTERÍSTICAS DE *LONOMIA OBLIQUA*

As lagartas de *L. obliqua* eclodem, em média, após 18 dias de desenvolvimento embrionário. Seu primeiro alimento são as cascas dos próprios ovos; em seguida, iniciam os repastos das folhas das plantas hospedeiras (que podem ser plantas de matas, como cedro ou aroeira, e, também, frutíferas comestíveis comuns, como abacateiro ou ameixeira), alimentando-se intensamente à noite. Durante o dia "descansam" nos troncos. O período médio da fase larval é de 85 dias, em que as lagartas trocam de pele (ecdises) por 6 vezes. O final do período larval é caracterizado pela dificuldade de locomoção dos exemplares, curvamento do corpo, perda das cerdas e início do crescimento do cremaster (estrutura pontiaguda caudal). Nesse momento, o inseto está na fase de pré-pupa. Na fase de pupa, não se alimentam; permanecem imóveis na base das árvores cobertas pelo húmus por cerca de 30 dias, transformando-se em mariposas macho ou fêmea. Os alados, após emergirem, "esticam as asas" e estão agora prontos para a cópula que ocorrerá em poucos dias. As fêmeas fecundadas fazem as posturas de centenas de ovos nas plantas hospedeiras, reiniciando o ciclo biológico. As mariposas de lonomias são efêmeras; não se alimentam por causa do aparelho bucal atrofiado, e vivem em média 15 dias.

Os acidentes com *lonomias* ocorrem com lagartas de 5º e 6º instares, ocasião em que elas permanecem durante o dia nos troncos das árvores, próximas ao solo, onde há maior chance de contatos com humanos. O único fármaco capaz de reverter os efeitos hemorrágicos do veneno de *lonomias* é o soro antilonômico (SaLon) produzido no Instituto Butantan, a partir das cerdas das lagartas de 5º e 6º instares.

O reconhecimento das lagartas nestes instares é possível pelas seguintes características: hábito gregário (Figura 19); comprimento de aproximadamente 7 cm; tegumento marrom; cerdas verde-musgo e manchas dorsais em semicírculos, destacando-se uma maior branca, próxima à cabeça, semelhante a uma letra "V" ou "U" ou mesmo semelhante a um "rosto" (Figuras 20 e 21).

DISTRIBUIÇÃO GEOGRÁFICA DE *LONOMIA* SPP. E OUTRAS LAGARTAS VENENOSAS

Em relação ao gênero *Lonomia* são conhecidas 11 espécies, com distribuição Neotropical. A lista completa das espécies americanas está contida em Lemaire.[10]

No Brasil, *L. obliqua* pode ser encontrada nas regiões Sul e Sudeste, enquanto a *L. achelous* habita a região Norte. Em 1994, registrou-se a presença de *L. achelous* também em Minas Gerais. Nesse mesmo ano ocorreram acidentes hemorrágicos por contato com lagartas em Mato Grosso, Goiás e Maranhão, Distrito Federal, porém as espécies de *Lonomia* não puderam ser identificadas.

Novos estudos empregando técnicas de DNA vêm sendo realizados na tentativa de se conhecer melhor as espécies já descritas, bem como para a descrição de novas espécies.

Os gêneros *Automeris, Dirphia* e *Hylesia* abrigam várias espécies venenosas e estão presentes também na região Neotropical.

Embora megalopigídeos, erebídeos e limacodideos apresentem ocorrência mundial, é na região Neotropical sua maior ocorrência. No Brasil, são encontrados em todo o território nacional.

ACIDENTES PROVOCADOS POR LAGARTAS DO GENERO *LONOMIA*

O aparecimento de pacientes com síndrome hemorrágica após contato com lagartas, às vezes, seguido por complicações graves como sangramento intracerebral ou insuficiência renal, nas últimas décadas do século 20, mudou o padrão dos envenenamentos humanos, envolvendo o contato com lagartas. O **acidente** provocado pelo contato com **lagartas** do **gênero *Lonomia*** é atualmente reconhecido como um agravo de saúde pública com potencial **risco** de **vida** em países da América do Sul e Central.

O primeiro caso de hemorragia grave atribuído ao contato com as lagartas foi descrito em 1912 por Alvarenga.[11] Naquela época, o médico mineiro descreveu o caso de um agricultor que teve contato com várias lagartas e, após 24 horas do acidente, começou a apresentar saliva sanguinolenta e hematúria macroscópica. Até o 4º dia após o incidente, o agricultor continuava com hematúria franca e, depois de 10 dias de observação, foi considerado recuperado. A imprensa leiga[12] relatou um caso semelhante no estado do Pará com um menino de 14 anos, após contato acidental com lagartas.

Uma **síndrome hemorrágica** produzida por contato com lagartas do gênero *Lonomia* foi descrita em 1969, na Venezuela, por Arocha-Piñango.[13] Estas lagartas foram classificadas por Lemaire[14] como *Lonomia achelous,* e ao longo

Figura 19. Gregarismo.

Figura 20. *Lonomia obliqua.*

Figura 21. *Lonomia* sp.

de quarenta anos, 1960 a 2000, foram relatados 34 casos de acidente em humanos nesse país.[13,15-17]

No Norte do Brasil, um estudo retrospectivo de 5 anos (1978-1982), realizado do sudeste do Amapá ao oeste da Ilha de Marajó, constatou a ocorrência de 36 casos, com mortalidade de 38%. As lagartas que causaram esses acidentes eram as mesmas da Venezuela: *Lonomia achelous*. A frequência desses acidentes é comum entre os coletores de látex, e sua severidade potencial caracteriza-os como um risco de trabalho.[18-19]

A partir da década de 1980, estes acidentes começaram a ser relatados no Sul do Brasil, nas áreas rurais dos estados de Santa Catarina, Rio Grande do Sul e Paraná. As lagartas responsáveis por esses acidentes foram classificadas por Lemaire[10] como *Lonomia obliqua* Walker, espécie diferente daquela da Venezuela e do Norte do Brasil, mas que provocava quadro semelhante de **incoagulabilidade sanguínea** acompanhada ou não por manifestações hemorrágicas.

No Rio Grande do Sul, 1.839 casos de acidente provocados por lagartas do gênero *Lonomia*, com 13 mortes, foram registrados no Centro de Informações Toxicológicas (CIT) desse Estado, no período de 1989 a 2005, e 1.172 acidentes com duas mortes no período de 2006 até 2020.[20-24] Em Santa Catarina, de janeiro de 1990 a dezembro de 2010, foram registrados aproximadamente três mil acidentes provocados pelo contato com *Lonomia obliqua*; deste total, 45 pacientes (1,5%) desenvolveram insuficiência renal aguda. Seis óbitos foram oficialmente registrados no período de 1990 a 1995, e as complicações responsáveis por esses **óbitos** foram **insuficiência renal aguda e hemorragia intracraniana.**[25-27] No período de 2014 a 2020 foi registrado no Centro de Informação e Assistência Toxicológica de Santa Catarina (Ciatox/SC), no Sistema Datatox, 806 casos com dois óbitos.[28] No Estado do Paraná, no período de 1989 a 2004, foram registrados 337 casos com 9 óbitos.[29-30]

Nas primeiras décadas do século 21 foram registrados acidentes por *Lonomia* nos Estados de São Paulo, Rio de Janeiro, Minas Gerais, Mato Grosso, Goiás – Distrito Federal e Maranhão.[25,31-32] Acidentes hemorrágicos causados por *Lonomia* também foram relatados na Argentina, Uruguai, Peru, Colômbia e Guianas, América do Sul e Central.[33-38]

Até esta data, apenas as espécies *Lonomia obliqua* e *L. achelous* foram descritas como responsáveis por acidentes severos, levando à síndrome hemorrágica.[17,26,39-40]

Os acidentes provocados pelo contato com lagartas ocorrem com maior frequência no verão. Aspectos climáticos, relacionados ao calor e às chuvas, têm sido considerados determinantes para a proliferação destas lagartas nessa época do ano. Assim, o predomínio de acidentes nos meses quentes estaria relacionado ao início da estação quente e chuvosa, ideal para a eclosão dos ovos e para o desenvolvimento das lagartas. A explosão populacional destes insetos, a partir da década passada, na região Sul do Brasil, segundo Lorini,[41] pode estar relacionada ao desmatamento e à destruição dos inimigos naturais, consequência do uso extensivo e intensivo de agrotóxicos. O **contato** com a **lagarta** pode ser considerado um risco ocupacional principalmente na zona rural, com repercussões de ordem social e econômica. Os acidentes são comuns em árvores frutíferas situadas próximas às residências rurais.

Diferente dos acidentes ofídicos, em que 70,8% das picadas ocorrem nos membros inferiores,[34] os acidentes provocados pelo contato com lagartas ocorrem predominantemente nos **membros superiores** (88%).[26,42] Ao subirem em **árvores** para colher frutas, ao amarrar animais em troncos, os indivíduos encostam as mãos e os braços nas lagartas que, muitas vezes, se encontram dispostas em grupos, formando os chamados "ninhos de taturana".

ETIOLOGIA E FISIOPATOLOGIA DOS ACIDENTES PROVOCADOS POR *LONOMIA*

Os envenenamentos ocorrem quando as cerdas das lagartas acidentalmente entram em contato com a pele humana. Seus venenos afetam principalmente o sistema de coagulação.

O **veneno** das duas espécies de *Lonomia* envolvidas em acidentes com humanos, ***Lonomia obliqua*** **Walker** e ***Lonomia achelous*** **Cramer**, causam efeitos similares, mas os mecanismos pelos quais estes efeitos adversos aparecem são diferentes: o veneno da *L. obliqua* apresenta atividade pró-coagulante, enquanto o veneno da *L. achelous* apresenta ambas as atividades pró-coagulante e anticoagulante. As principais atividades tóxicas identificadas no veneno da *L. achelous* são Lonomin II, que tem atividade fibrinolítica direta, e lonomin V, que degrada o fator XIII da coagulação. No extrato das cerdas da *L. obliqua*, duas **toxinas pró-coagulantes** foram identificadas: um ativador de Fator X, denominado Losac (*L. obliqua Stuart-factor activator*) e um ativador de protrombina, denominado Lopap (*L. obliqua prothrombin activator protease*). O Lopap mostrou ser um importante fator na síndrome hemorrágica causada pelo contato com a lagarta *L. obliqua.*[43]

Uma das principais manifestações do envenenamento por *L. obliqua* é a **coagulopatia de consumo** em decorrência da severa depleção dos fatores de coagulação, com ativação de **fibrinólise secundária**, seguida de sangramentos de pele, mucosas e vísceras, como mencionado previamente.

A síndrome hemorrágica observada em paciente exposto ao contato com *L. obliqua* resulta de um quadro semelhante ao da Coagulação Intravascular Disseminada (CIVD). O primeiro estudo clínico envolvendo grande número de pacientes com contato acidental por *L. obliqua* foi relatado por Zannin e col.[26] Os parâmetros plasmáticos de coagulação e fibrinólise, medidos em 105 pacientes, demonstraram que os testes globais de coagulação, tempo de coagulação (TC), tempo de protrombina /atividade da protrombina (TP/AP), tempo de tromboplastina parcial ativada (TTPA) e tempo de trombina (TT) apresentavam-se prolongados ou incoaguláveis na maioria dos casos e foram correlacionados à intensa redução de fibrinogênio. A redução nos níveis de Fator de Von Willebrand (FWv), proteína S, ativador do plasminogênio tecidual (t-PA) e uroquinase não foram detectados. Os níveis de fator V, VIII, e pré-calicreína (PK) estavam reduzidos, o que pode ser atribuído ao consumo durante a ativação da coagulação. No entanto, não houve redução dos fatores XII, II e X. Isto indica, provavelmente, que a coagulopatia de consumo, associada a este tipo de envenenamento, é diferente daquela observada na CIVD associada a outras condições clínicas, nas quais estes fatores estão marcadamente reduzidos.[44,45] A ativação da fase de coagulação por contato é pouco provável, uma vez que os níveis de fator XII estão normais, apesar dos níveis de PK estarem reduzidos. É possível que a PK esteja diretamente ativada no plasma por alguns componentes do veneno. Leve redução do fator XIII foi observada, demonstrando contraste com os envenenamentos causados por *L. achelous*, em que há relato de drástica redução do fator XIII devido a um fator de degradação de fator XIII presente na hemolinfa.[46] Alta produção dos marcadores da ativação da coagulação **F1+2** (fragmento 1+2 de protrombina) e **TAT** (complexo trombina anti-trombina), semelhantes aos casos de CIVD, confirmam a **geração de trombina** nos pacientes envenenados por *L. obliqua*. A contagem plaquetária foi normal na maioria dos pacientes, mesmo com evidências de formação de trombina demonstrada pela elevação de F1+2 e TAT.

Com relação aos níveis de inibidores da coagulação, a proteína C apresentava-se reduzida e não houve consumo significativo de AT (antitrombina), apesar da grande produção de trombina e TAT, particularmente naqueles pacientes com coagulopatia severa. Proteínas envolvidas no mecanismo fibrinolítico, como plasminogênio, inibidor do ativador de plasminogênio (PAI) e alfa-2 antiplasmina (alfa-2 AP), estavam diminuídas no plasma dos pacientes, enquanto níveis de **D-Dímero** apresentavam-se extremamente altos. D-Dímero é gerado pela ação da plasmina sobre a **fibrina polimerizada**, em vez da degradação da molécula solúvel de fibrinogênio, que gera outro tipo de produto de degradação de fibrinogênio (PDF). Deste modo, o aumento abrupto de D-Dímero, em pacientes envenenados por *L. obliqua*, sugere que a fibrinólise observada é secundária à formação intravascular de fibrina.

Em suma, o veneno da ***L. obliqua*** induz, em pacientes, uma forma especial de CIVD com **coagulopatia de consumo**, depleção de certos fatores de coagulação e de inibidores, e **fibrinólise secundária**. O **tratamento** dos pacientes está fundamentado na administração do **soro anti-lonômico**, forma efetiva de reverter distúrbios hemostáticos e sangramentos. Arocha-Piñango e colaboradores sugeriram que a síndrome hemorrágica resultante do contato com a lagarta *L. achelous* é primeiramente causada pela ativação da fibrinólise e discreta coagulação intravascular disseminada.

QUADRO CLÍNICO DOS ACIDENTES PROVOCADOS POR *LONOMIA*

Síndrome hemorrágica

O contato com as cerdas das lagartas da espécie *Lonomia obliqua* provoca, no local, uma reação imediata, caracterizada por **dor** em **queimação**, hiperemia e prurido. Mais raramente podem ser verificados edema local leve e bolhas, que podem ser acompanhados por cefaleia, mal-estar geral, náuseas e vômitos, dores abdominais e mialgia (Figura 22). O envenenamento é caracterizado por **alterações da coagulação sanguínea,** com ou sem **sangramentos** em feridas recentes, mucosas (gengivorragia ou epistaxe) e hematêmese, que podem ocorrer algumas horas após o contato. Se não tratado precocemente, o paciente pode desenvolver equimoses, hematúria, insuficiência renal aguda, hemorragias abdominal, pulmonar, glandular ou intracerebral,

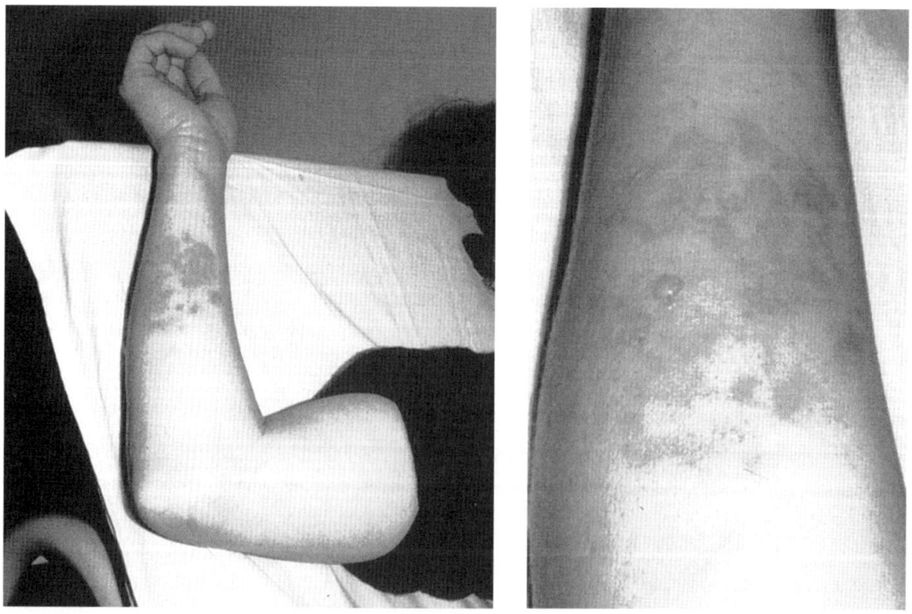

Figura 22. Bolhas em paciente atendido 8 horas após o contato na mão com *lonomia obliqua*.

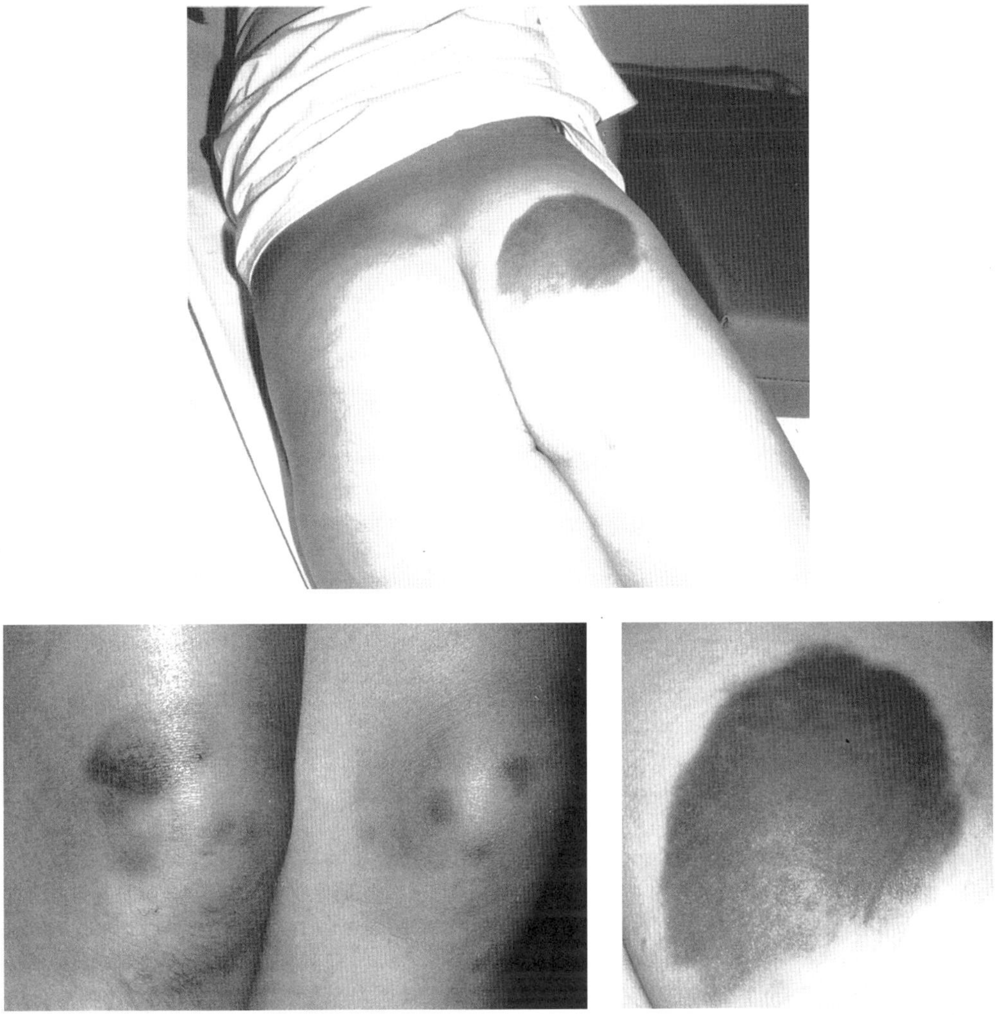

Figura 23. Equimoses em paciente atendido 5 dias após contato com *Ionomia obliqua*.

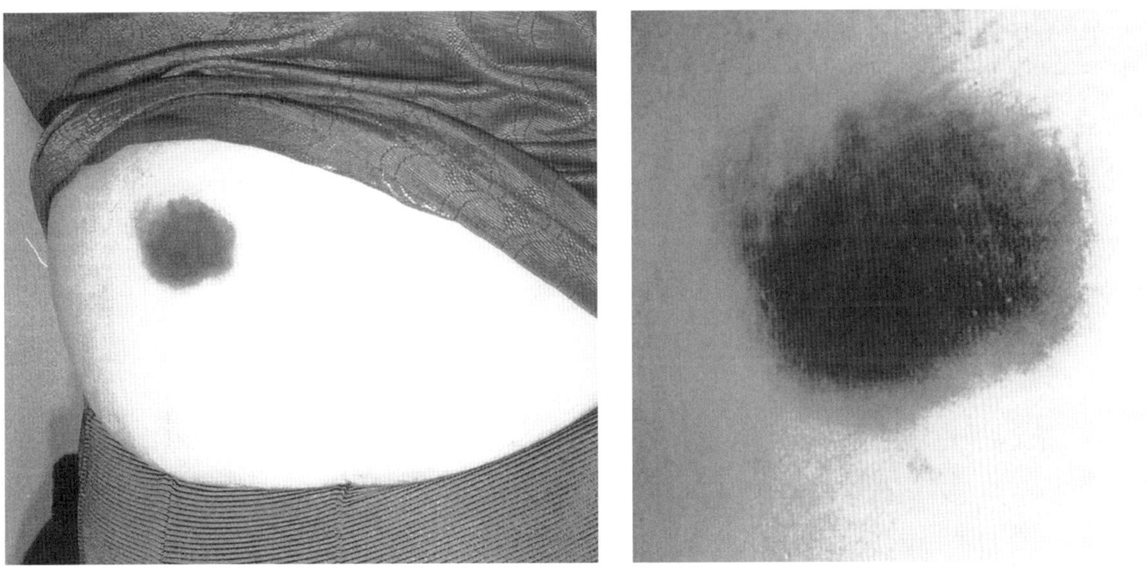

Figura 24. Equimose em paciente atendido 76 horas após contato com *Ionomia obliqua*.

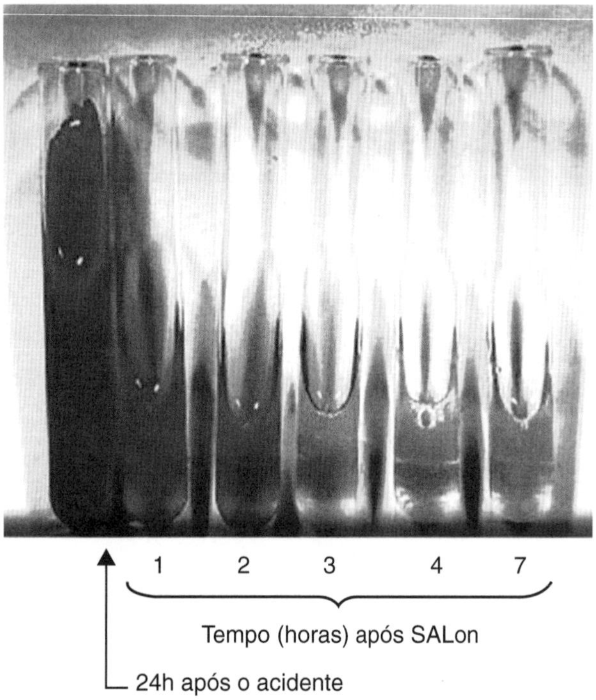

Figura 25. Hematúria em paciente de 39 anos atendido 24 horas após contato com, aproximadamente, 30 lagartas.

que podem culminar em óbito (Figuras 23 a 25). As principais complicações são **hemorragia intracerebral** e **insuficiência renal aguda** que podem ser letais.[20,26,31,33,39-40,47] O quadro clínico provocado pelo contato com lagartas da espécie *Lonomia achelous*, descrita na Venezuela por Arocha-Piñango[16], e no Norte do Brasil, por Fraiha e col.[18], apresenta características semelhantes.

Considerando que o contato com lagartas do gênero *Lonomia* não provoca alterações da coagulação em 100% dos pacientes, a confirmação do diagnóstico de síndrome hemorrágica é feita por meio da **investigação laboratorial** com os **testes globais da coagulação**. Estudos demonstram que as alterações severas na hemostasia, com intensa redução dos níveis de fibrinogênio, neste tipo de acidente, ocorrem nas primeiras 6 horas após o contato.[43] Os parâmetros laboratoriais mais sensíveis para o diagnóstico são os níveis de fibrinogênio, seguidos pelo tempo de protrombina, tempo de tromboplastina parcial ativada e o tempo de coagulação. Pacientes com alterações nos testes globais de coagulação devem ser internados para receber tratamento específico com o soro antilonômico (SALon). As complicações mais graves do acidente lonômico são IRA e hemorragia intracerebral, tratados tardiamente ou de forma inadequada. Assim, o **monitoramento da função renal**, por meio de exames laboratoriais e controle rigoroso da diurese, são importantes para o diagnóstico precoce. Achado laboratorial, como elevação dos níveis de bilirrubina indireta.[42] Pacientes com níveis de bilirrubina indireta aumentada foi detectado a presença de esquizófitos na análise do sangue, o que também sugere efeito mecânico de microtrombos sobre as hemácias em vasos periféricos. Por outro lado, Seibert e col.[48] mostraram que o veneno da *L. obliqua* causa hemólise intravascular em ratos. Vale ressaltar que a investigação laboratorial dos parâmetros globais da coagulação e da função renal neste tipo de acidente são importantes para o diagnóstico e para o monitoramento do tratamento dos pacientes.

TRATAMENTO DOS ACIDENTES PROVOCADOS POR *LONOMIA*

O acidente lonômico, a exemplo dos outros acidentes por animais peçonhentos, deve ser considerado emergência médica, pois o tratamento tem como base a neutralização das toxinas circulantes por meio de soro antiveneno específico, **soro antilonômico** (SALon) e a precocidade é fator fundamental para a evolução favorável do paciente.[26,49-51] O soro antilônomico é comprado e distribuído aos estados pelo Programa Nacional de Controle de Acidentes por Animais Peçonhentos (PNCAAP) do Ministério da Saúde.

A quantidade (nº de ampolas) de soro antilonômico indicada deve ser estabelecida de acordo com a gravidade do acidente. A dose administrada deve ser a mesma em adultos e crianças, considerando que o tratamento objetiva neutralizar a maior quantidade de veneno circulante, independente do peso do paciente. A via de administração recomendada é a **intravenosa** (IV), puro ou diluído na proporção de 1:2 a 1:5 em solução fisiológica, e a infusão deve ser feita em 30 a 60 minutos, sob estrita vigilância médica e da enfermagem.

Com base nas **alterações laboratoriais** e **manifestações clínicas**, o envenenamento lonômico pode ser classificado em leve, moderado e grave.

- **Leve**: presença de quadro local (dor em queimação, eritema, edema discreto, bolhas), exames de coagulação normais (TC, TAP e TTPA) e ausência de sangramento. Tratamento sintomático.
- **Moderado**: presença ou ausência de sintomas locais, exames da coagulação prolongados ou incoaguláveis, ausência ou presença de sangramento leve (gengivorragia, equimose). Tratamento sintomático e específico com 5 ampolas de SALon.
- **Grave**: presença ou ausência de sintomas locais, exames da coagulação prolongados ou incoaguláveis, manifestações hemorrágicas em vísceras (hematêmese, sangramento pulmonar, hemorragia intracraniana) e/ou com alterações hemodinâmicas. Tratamento sintomático, suportivo e específico com 10 ampolas de SALon.

Casos graves podem evoluir com insuficiência renal, hemorragia intracraniana, hipotensão, falência de múltiplos órgãos e choque. O Protocolo foi resumido no Fluxograma para diagnóstico e tratamento (Figura 26 e Tabela 1). A hidratação adequada, nas primeiras 24 horas, é importante para a prevenção da IRA e os pacientes devem ser mantidos em repouso para evitar traumas mecânicos. Os exames de

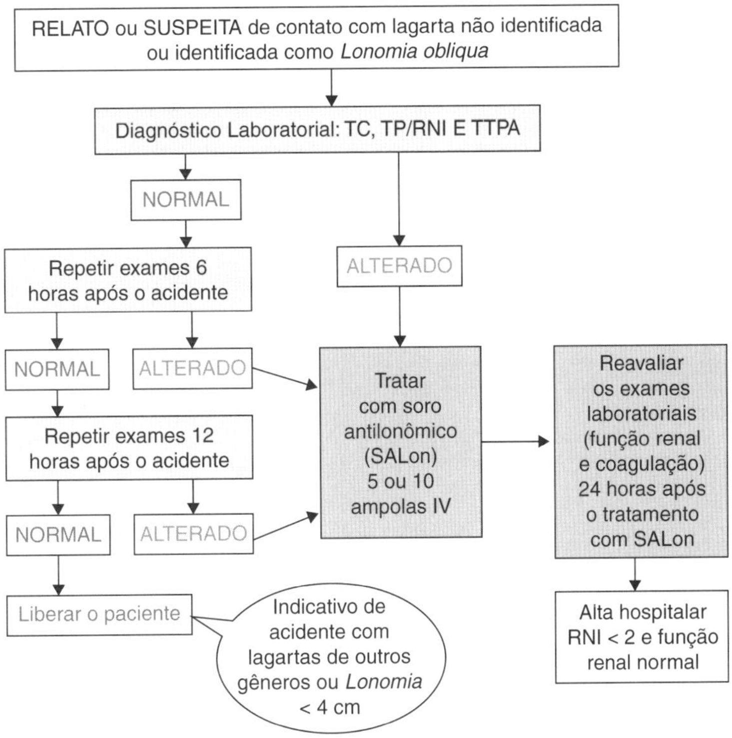

Figura 26. Fluxograma para diagnóstico e tratamento.

Tabela 1. Classificação quanto à gravidade e soroterapia recomendada

Classificação	Manifestações clínicas	Tratamento
Leve	Sintomas locais. Ausência de alteração da coagulação e/ou sangramentos até 12 horas após o contato.	Sintomático. Não necessitam soroterapia antiveneno. PACIENTES PODEM SER LIBERADOS.
Moderado	Sintomas locais, alteração da coagulação com e sem manifestações hemorrágicas na pele e/ou em mucosas (gengivorragia, equimose).	Sintomático e tratamento específico com 5 ampolas de SALon 5 amp de SALon/250 ml de SF IV/30 min
Grave	Alteração da coagulação, manifestações hemorrágicas em vísceras (hematêmese, hematúria, sangramento pulmonar, hemorragia intracraniana) e com alterações hemodinâmicas e/ou falência de múltiplos órgãos ou sistemas.	Sintomático e tratamento específico com 10 ampolas de SALon 10 amp de SALon/250 ml de SF IV/30 min

função renal e coagulação devem ser reavaliados 24 horas após a administração do SALon.

O diagnóstico precoce e o tratamento adequado com o soro, particularmente nas primeiras 6 a 12 horas após o contato, podem prevenir a ocorrência de coagulopatia severa, hemorragias e complicações em grande número de pacientes.

O prognóstico pode ser mais reservado nos acidentes com elevado número de lagartas, em contatos com esmagamento, nos pacientes com patologias prévias como hipertensão arterial e úlcera péptica, dentre outras, assim como nos casos de traumatismos mecânicos pós-contato.

Agentes antifibrinolíticos não são recomendados nos envenenamentos por *L. obliqua*, uma vez que este veneno apresenta como principal propriedade a atividade pró-coagulante.

REFERÊNCIAS BIBLIOGRÁFICAS

1. Haddad Jr. V, Cardoso JLC. Erucismo e lepidopterismo. In: Cardoso JLC, França FOS, Wen FH, et al., editores. Animais peçonhentos no Brasil: biologia, clínica e terapêutica dos acidentes. São Paulo: Sarvier; 2003. p. 220-3.
2. Costa RM. Pararamose. In: Cardoso JLC, França FOS, Wen FH, et al., editores. Animais peçonhentos no Brasil: biologia, clínica e terapêutica dos acidentes. São Paulo: Sarvier; 2003. p. 233-6.
3. Moraes RHP. Lepidópteros de importância médica. In: Cardoso JLC, França FOS, Wen FH, et al. Animais peçonhentos no Brasil: biologia, clínica e terapêutica dos acidentes. São Paulo: Sarvier; 2003. p. 211-9.
4. Barth R. Estudos histológicos nas células glandulares dos insetos peçonhentos: II. Os órgãos urticantes da lagarta de Megalopyge albicolis superba Edwards (Lepidóptera, Megalopygidae). Mem. Inst. Oswaldo Cruz. 1954; 52(1):125-39.
5. Barth R. Estudos histológicos das células glandulares dos insetos peçonhentos: I. Os órgãos urticantes da lagarta de Automeris incisa Walker (Lepidoptera, Hemileucidae). Mem Inst Oswaldo Cruz. 1954; 52(1):93-108.

6. Spadacci-Morena DD, Soares MAM, Moraes RHP et al. The urticating apparatus in the caterpillar of *Lonomia obliqua* (Lepidoptera-Saturniidae). Toxicon. 2016; 119:218-24. doi: 10.1016/j.toxicon.2016.06.008.
7. Stehr FW. Imature insects. Dubuque (Iowa): Kendall/Hunt. Publishing Company; 1987.
8. Costa C, Ide S, Simonka CE. Insetos imaturos: metamorfose e identificação. Ribeirão Preto (SP): Holos; 2006.
9. Moraes RHP. Manejo de lagartas urticantes em áreas urbanas. In: Pinto AS, Rossi MM, Salmeron E, editores. Manejo de pragas urbanas. Ribeirão Preto: CP2; 2007. p. 105-7.
10. Lemaire C. The Saturnidae of America: Hemileucinae. Keltern: Antiquariat Goecke & Evers; 2002. 1388p.
11. Alvarenga Z. A taturana. In: VII Congresso Brasileiro de Medicina Cirúrgica: Anais; 1912. II; Belo Horizonte; 1912. p. 132-5.
12. Editorial. Lagartas urticantes. Chácaras e Quintais. 1952;85:75.
13. Arocha-Piñango CL, Layrisse M. Fibrinolysis produced by contact with a caterpillar. Lancet. 1969;I(7599):810-12.
14. Lemaiere C. Revision du genre Lonomia Walker, (Lepidoptera, Attacidae). Ann Soc Entomol Fr. 1972;8(4):767-861.
15. Arocha-Piñango CL, Blumenfeld-Bosch N, Nouel AL, et al. Fibrinolytic and procoagulant agents from a saturnidae moth caterpillar. In: Pirkle H, Markland Jr Fs, Editors. Hemostasis and animal venoms. Hematology, v. 7. Nova Iorque: Marcel Dekker; 1988. p. 223-40.
16. Arocha-Piñango CL. Fibrinolisis producida por contacto con orugas: comunicación preliminar. Acta Cient Venez. 1967;18:136-9.
17. Arocha-Piñango CL, Bosch NB, Torres A, et al. Six new cases of a caterpillar: induced bleeding syndrome. Thromb Haemost. 1992;67:402-7.
18. Fraiha H, Ballarini AJ, Leão RNQ, et al. Síndrome hemorrágica por contato com larvas de mariposa (Lepdoptera, Saturnidae). Instituto Evandro Chagas. 50 anos de contribuição às ciências biológicas e à medicina tropical. 1986;2:811-20.
19. Fraiha Neto H, Costa Junior D, Leao RNQ. Acidentes por contato com larvas de Lonomia. In: Leao RNQ, Coord. Doenças infecciosas e parasitárias: enfoque Amazônico. Belém: Cejup: UEPA: Instituto Evandro Chagas; 1997. p. 800-4.
20. Abella HB, Ramos CJ, Marques MG et al. Acidentes por larvas de lepidópteros do gênero Lonomia no Rio Grande do Sul. Rev Bras Toxicol. 1999; 12(2-Supl):81.
21. Baldasso E, Souza TB, Boff GB, et al. Relato de três casos de óbito após contato com Lonomia sp. Rev Bras Toxicol. 1999;12(2 – Supl):173.
22. Ramos CLJ, Marques MGB, Boff GSJ, et al. Ocorrência de acidentes por lagartas do gênero Lonomia nas cidades do Estado do Rio Grande do Sul. In: 1º Congresso Panamericano de Centros de Informação e Controle Toxicológico: Anais; 2001; Porto Alegre: Sociedade de Toxicologia Aplicada; 2001. p. 34;117.
23. Gavioli IL, Nicolella A. Medicamento controlado: o personagem clandestino das intoxicações. In: Rio Grande do Sul. Secretaria da Saúde. Centro de Informação Toxicológica. Toxicovigilância – Toxicologia Clínica: dados e indicadores selecionados, Rio Grande do Sul – 2006. Porto Alegre: CIT/RS, 2007. p. 31-40.
24. Centro de Informação e Assistência Toxicológica do Rio Grande do Sul (CIT/RS). CITONLINE [Internet]. Acidentes por Lonômia: Período 2006 a 2020. Porto Alegre, 2021. [acesso restrito].
25. Centro de Informações Toxicológicas de Santa Catarina (CIT/SC). Sistema de Automação do CIT/SC (SACIT): Sacit Análises [computer program]. Florianópolis; 2007.
26. Zannin M, Lourenço DM, Motta G, et al. Blood coagulation and fibrinolytic factors in 105 patients with hemorrhagic syndrome caused by accidental contact with Lonomia obliqua caterpillar in Santa Catarina, Southern Brazil. Thromb Haemost. 2003;89:355-64.
27. Gamborgi GP, Metcalf EB, Barros EJ. Acute renal failure provoked by toxin from caterpillars of the species Lonomia obliqua. Toxicon. 2006 Jan;47(1):68-74.
28. Centro de Informação e Assistência Toxicológica de Santa Catarina (CIATox/SC). DATATOX – BI – Sistema de extração de dados do DATATOX [Internet]. Acidentes por Lonômia: Período 2014 a 2020. Florianópolis; 2021. [acesso restrito].
29. Rublo GBG. Vigilância epidemiológica da distribuição da lagarta Lonomia obliqua Walker, 1955, no Estado do Paraná, Brasil. Cad Saúde Pública. 2001;17(4):1036.
30. Governo do Estado do Paraná. Secretaria de Estado da Saúde do Paraná (SESA/PR). Vigilância em Saúde. Ambiental. Divisão de Zoonoses e Animais Peçonhentos [Internet]. Curitiba; 2005. Disponível em: https://www.saude.pr.gov.br/Pagina/Acidentes-por-animais-peconhentos#
31. Burdmann EA, Antunes I, Saldanha LB, Abdulkader RCMR. Severe acute renal failure induced by the venom of Lonomia caterpillars. Clin Nephrol. 1996;46:337-9.
32. Fan HW, Cardoso JLC, Olmos RD, et al. Hemorrhagic syndrome and acute renal failure in a pregnant woman after contact with Lonomia caterpillars: a case report. Rev Inst Med Trop São Paulo. 1998;40(2):1-5.
33. Brasil. Ministério da Saúde, Fundação Nacional de Saúde (FUNASA). Acidentes por Lepidópteros. In: Manual de diagnóstico e tratamento de acidentes por animais peçonhentos. Brasília: FUNASA; 2001. p. 66-76.
34. Roodt AR, Salomón OD, Orduna TA. Accidentes por lepidópteros con especial referencia a Lonomia sp. Medicina (B. Aires). 2000;60(6):964-72.
35. Pineda D, Amarillo A, Becerra J, Montenegro G. Síndrome hemorrágico por contacto conorugas del género Lonomia (Saturniidae en Casanare, Colombia: informe de dos casos. Biomédica (Bogotá). 2001;21(4):328-32.
36. Cárdenas P, Arbelbide J, Nucifora E, et al. Coagulopatía grave por Lonomia. Hematología (B. Aires). 2002;26(2):36-41.
37. Centro de Informações Toxicológicas de Santa Catarina (CIT/SC). Sistema SACIT. Sacit Análise: Dados estatísticos [Programa de Computador]. Florianópolis; 2008.
38. Casafús MG, Favalesso MM, Gritti MA, et al. A hidden deadly venomous insect: First eco-epidemiological assessment and risk mapping of lonomism in Argentina. PLoS Negl Trop Dis. 2021 Jul;15(7):e0009542.
39. Kelen EMA, Picarelli ZP, Duarte AC. Hemorrhagic syndrome induced by contact with caterpillars of the genus Lonomia (saturnidae, hemileucinae). J Toxinol Toxin Rev. 1995;14(3):283-308.
40. Duarte ACL, Crusius PS, Pires CAL, et al. Intracerebral haemorrhage after contact with Lonomia caterpillars. Lancet. 1996 Oct;348(9033):1033.
41. Lorini I. Aspectos biológicos e habitat de Lonomia obliqua Walker, 1855 (Lepidoptera, Saturniidae). In: 14º Congresso Brasileiro de Entomologia; Piracicaba. Resumos. Piracicaba; 1993. p.740.
42. Zannin M. Avaliação dos Parâmetros de Coagulação e Fibrinólise no Plasma de Pacientes Acidentados por Contato com Lagartas da Espécie Lonomia obliqua [Tese – Doutoramento em Ciências Médicas]. São Paulo: Escola Paulista de Medicina, Universidade Federal de São Paulo (UNIFESP); 2002. 127 p.
43. Carrijo-Carvalho LC, Chudzinski-Tavassi AM. The venom of the Lonomia caterpillar: an overview. Toxicon. 2007 May;49(6):741-57.
44. Spero JA, Lewis JH, Hasiba U. Disseminated intravascular coagulation. Findings in 346 patients. Thromb Haemost. 1980;43(1):28-33.
45. Wada H, Sakuragawa N, Mori Y, et al. Hemostatic molecular markers before the onset of disseminated intravascular coagulation. Am J Hematol. 1999 Apr;60(4):273-8.
46. Guerrero Guerrero BA, Arocha-Piñango CL, San Juan AG. Lonomia achelous caterpillar venom (LACV) selectively inactivates blood clotting factor XIII. Thromb Res. 1997 Jul;87(1):83-93.
47. Duarte AC, Crusius PS, Pires CAL, et al. Insuficiência renal aguda nos acidentes com Lonomia obliqua. Nefrol Latinoam. 1994;1(1):38-40.
48. Seibert CS, Shinohara EMG, Sano-Martins IS. In vitro hemolytic activity of Lonomia obliqua caterpillar bristle extract on human and Wistar rat erythrocytes. Toxicom. 2003;41(7):831-9.
49. Rocha-Campos AC, Gonçalves LR, Higasshi HG, et al. Specific heterologous F(ab')2 antibodies revert blood incoagulability resulting from envenoming by Lonomia obliqua caterpillars. Am J Trop Med Hyg. 2001 May-Jun; 64(5-6):283-9.

Zannin M, Lourenço DM, Moritz P, et al. Efficacy of a specific antivenom to reverse the hemostatic disorder induced by contact with caterpillars of the genus lonomia. In: XVIIth Congress of the International Society on Thrombosis and Haemostasis: Proceedings August 1999; Washington, DC; 1999 14-21. p. 620 (nº 1952).

50. Caovilla JJ, Barros EJG. Efficacy of two different doses of antilonomic serum in the resolutions of hemorrhagic syndrome resulting from envenoming by Lonomia obliqua caterpillars: a randomized controlled trial. Toxicon. 2004 Jun;43(7):811-8.

CAPÍTULO 80

POTÓS

Carlos Augusto Mello da Silva
Kátia Rosana Lima de Moura da Silva
Maria da Graça Boucinha Marques

PONTOS-CHAVE

- Os "potós", coleópteros cujo gênero mais proeminente no Brasil é o *Paederus*, são besouros que produzem acidentes caracterizados por lesões vesicantes de pele (dermatite vesicular).
- Possuem em sua hemolinfa toxinas (como pederina, uma amida) que são liberadas quando o animal é esmagado ou comprimido contra a pele.
- São insetos muito comuns em plantações de tomate, batata, milho e feijão, causando acidentes e desconforto em pequenos produtores rurais e crianças e adolescentes envolvidos nessas atividades.
- Acidentes predominam em meses quentes do ano e, no peridomicílio, também ao entardecer e à noite, pela atração das luzes artificiais.
- Alguns casos podem apresentar manifestações sistêmicas, como náuseas, vômitos e febre, ou complicações oculares, no contato com as pálpebras e os olhos.
- O tratamento é sintomático, com cuidados locais (compressas de permanganato de potássio, corticoides tópicos) e manejo de complicações, como antibióticos para infecções secundárias.

INTRODUÇÃO

São insetos da ordem *Coleoptera* (grupo dos besouros), conhecidos como "coleópteros vesicantes" por causarem a chamada dermatite linear ou dermatite vesicular. Duas famílias estão envolvidas nessa dermatite, a família *Staphylinidae* com o gênero *Paederus*, e a família *Meloidae*, com os gêneros *Epicauta* e *Lytta*.[1-4] São considerados cosmopolitas, apenas não encontrados nas regiões polares.[1-3] O Quadro 1 apresenta gêneros, famílias, nomes populares, tamanho e substância produzida pelos potós encontrados no Brasil.

O gênero *Paederus* é o mais conhecido no Brasil e possui cerca de 600 espécies distribuídas em diversos países[2,3] – 48 ocorrem na América do Sul.[4] São insetos de hábitos noturnos que acabam sendo atraídos pelas luzes artificiais, entrando nas casas ou se reunindo em grandes quantidades sob postes de iluminação. São encontrados também nas plantações de milho e feijão.[1-3] O acidente ocorre geralmente nos meses quentes e chuvosos,[1-3] que coincide com a época em que a população desses insetos aumenta.[1,2,3,5]

O potó, gênero *Paederus*, produz a pederina (uma amida cristalina) com ação cáustica, potente irritante para a pele e as mucosas.[1-8] As fêmeas contêm mais secreção tóxica do que os machos.[1-3]

O inseto conhecido por potó-grande, potó-pimenta ou burrinho, gênero *Epicauta*, produz a cantaridina e pode ser encontrado no cultivo de tomate e batata.[1-4]

Os sintomas de queimação e coceira do envenenamento pelo gênero *Paederus* são mais intensos do que os causados pelo besouros do gênero *Epicauta*.[1-3]

QUADRO CLÍNICO

O acidente em geral acontece quando a pessoa tenta espantar o animal e acaba comprimindo-o contra a pele, causando a liberação de secreções (pederina ou cantaridina) presentes na hemolinfa do inseto e utilizadas como defesa do animal.[1-4] Após o contato aparecem eritema, edema, prurido e sensação de queimação, e perduram por 24-48 horas. Na sequência, surgem as vesículas e são pequenas (gênero *Paederus*) ou grandes (gênero *Epicauta*).[1,3] As vesículas evoluem para pústulas estéreis, ulcerações e crostas. As manifestações se resolvem em cerca de 1 semana, deixando máculas eritematosas hipercrômicas residuais, alongadas ou lineares, resultado do ato de esfregar o inseto contra a pele. Quando o contato ocorre em áreas de flexão, pode ocorrer lesão "em espelho".[1-3] Alguns casos podem apresentar sintomas sistêmicos, como náuseas, vômitos e febre.[1-4] Embora a gravidade dos

Quadro 1. Gêneros, famílias e algumas características dos potós que ocorrem no Brasil

Gêneros	*Paederus*	*Epicauta*
Família	*Staphylinidae*	*Meloidea*
Nome popular	Potó, fogo-selvagem, cumpade-potó, trepa-moleque ou pela-égua	Potó-grande, burrinho, potó-pimenta
Tamanho	7-10 mm	15-30 mm
Substância produzida	Pederina	Cantaridina

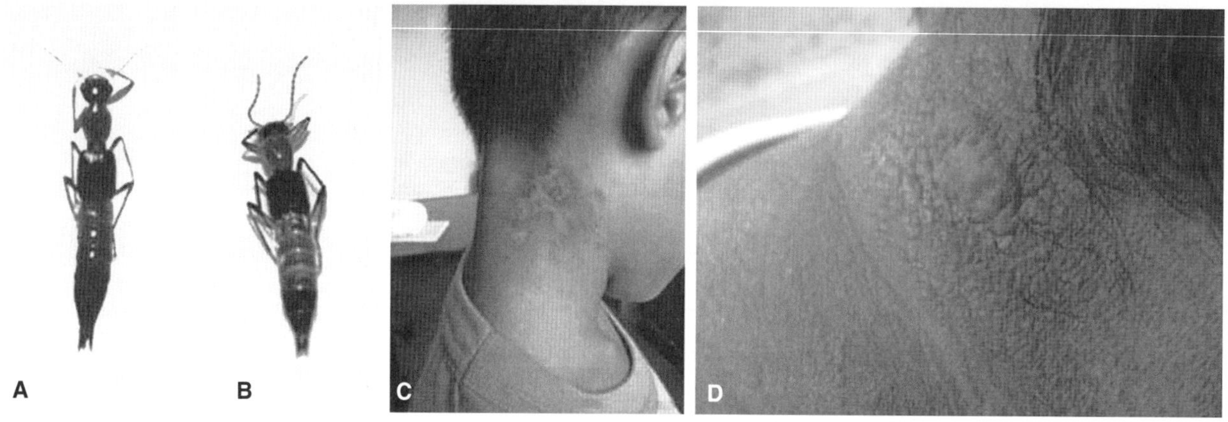

Figura 1. Gênero *Paederus* e lesões decorrentes do contato com o inseto: (**A**) tamanho; (**B**) exemplar; (**C**) lesão logo após o contato; (**D**) lesão com alguns dias de evolução.
Fonte: Fotos das lesões por Dr. Pedro Pardal, com permissão.

sintomas tenha relação com a concentração de pederina e a duração do contato no corpo, geralmente, em 1 semana ou mais, os sintomas desaparecem. Logo após o contato com o inseto, as mãos podem espalhar a secreção (pederina ou cantaridina) para outras áreas, como a mucosa conjuntival, podendo ocorrer conjuntivite, blefarite, ceratite esfoliativa, irite,[4] alergias respiratórias, oculares ou cutâneas.[6]

No Quadro 2, encontram-se o quadro clínico e a gravidade dos acidentes causados pelos potós dos gêneros *Paederus* e *Epicauta*.

Embora os acidentes com esses insetos ocorram mais nas regiões tropicais, há registros de atendimentos de dermatoses causadas por *Epicauta excavata* no sul do Rio Grande do Sul. Foram onze atendimentos, no período de 1999 a 2004, com manifestações leves a moderadas.[9]

DIAGNÓSTICO

A dermatite de contato por *Paederus sp.* é caracterizada pelo início súbito de lesões eritematosas e vesiculares com sensação de queimadura nas áreas expostas do corpo. O diagnóstico é apoiado por padrões característicos de lesão linear ou lesão "em espelho" e pelo início súbito de uma sensação de queimação, acompanhada pelo contexto epidemiológico do paciente. Podem ocorrer lesões oculares como conjuntivite e ceratite.[2,4,6]

Diagnóstico diferencial

Os sintomas podem ser confundidos com herpes-simples, herpes-zóster, fitofotodermatoses, pênfigos,[3] larva *migrans*, erucismo,[4] queimaduras por líquido, dermatite de contato alérgica ou irritante aguda[5] e piodermite.[6] É possível chegar ao diagnóstico correto observando-se as características epidemiológicas (ocorrência de casos semelhantes em determinada área, incidência sazonal e identificação do agente.[5]

TRATAMENTO

Devem-se lavar as lesões com sabão e água em abundância para evitar a propagação das lesões.[1-5] Em lesões recentes, pode-se usar tintura de iodo, que poderia ter efeito de solvente para pederina e cantaridina.[1-4] Entretanto, sua aplicação pode não ser suficiente para interromper o avanço das lesões.[4] Nas lesões vesicopustulocrostosas, utilizam-se compressas de permanganato de potássio (1 comprimido em 4 L de água) 2 ×/dia e cremes de costicosteroides.[1-4] Em caso de infecção secundária, utilizar antibióticos sistêmicos.[1-6]

Se houver contato com os olhos, após lavagem com água em abundância, gotejam-se antibióticos para prevenir a purulência. Em caso de ocorrência de irite, pode ser feito o uso de colírio de atropina, mas sugerimos avaliação oftalmológica para indicação da melhor conduta diante do quadro.[5]

Quadro 2. Gravidade e quadro clínico dos acidentes causados por *Paederus* sp. e *Epicauta* sp.

Gravidade	Quadro clínico
Leve	Eritema discreto, podendo persistir por até 48 horas
Moderada	Eritema, edema, ardor e prurido intenso. Vesículas umbilicadas que vão secando por um período de até 8 dias e acabam esfoliando, deixando manchas pigmentadas por mais ou menos um mês. Ulceração na pele
Grave	Além dos sintomas de um quadro moderado, o paciente apresenta dor local, tremores, febre, artralgia e vômitos. Geralmente ocorre no contato com vários exemplares

REFERÊNCIAS BIBLIOGRÁFICAS

1. Haddad Jr. V, Amorim PCH, Haddad Jr. WT, Cardoso JLC. Venomous and poisonous arthropods: identification, clinical manifestations of envenomation, and treatments used in human injuries. Rev Soc Bras Med Trop. 2015;48(6):650-7.
2. Haddad V, Cardoso JLC, Lupi O, Tyring SK. Tropical dermatology: Venomous arthropods and human skin: Part, I. Insecta. J Am Acad Dermatol. 2012;67(3):347.e1-9; quiz 355.
3. Cardoso JLC, Haddad Jr V. Acidentes por coleópteros vesicantes e outros artrópodes. In: Cardoso JLC, França FOS, Wen FH, Málaque CMA, Haddad Jr V. Animais peçonhentos no Brasil: biologia, clínica e terapêutica dos acidentes. São Paulo: Sarvier; 2003. p. 274-80.
4. Brasil. Ministério da Saúde. Fundação Nacional de Saúde. Manual de diagnóstico e tratamento de acidentes por animais peçonhentos. 2. ed. Brasília, DF: Fundação Nacional de Saúde; 2001.
5. Nasir S, Akram W, Khan RR, Arshad M, Nasir I. Paederus beetles: the agent of human dermatitis. J Venom Anim Toxins Incl Trop Dis. 2015;21:5.
6. Cáceres L, Suarez JA, Jackman C, Galbster A, Miranda R, Murgas I, et al. Dermatitis Due to Paederus Colombinus: Report of an Epidemic Outbreak of 68 Cases in the Province of Darien, Panama. Cureus. 2017;9(4): e1158.
7. Fonseca JMV, De Oliveira CMN, Peluzio RJE, Zanúncio JC, Fiorezi JMS. Dermatite vesicante pelo *Paederus* sp.: relato de 19 casos em Viçosa, Minas Gerais, Brasil. Rev Bras Med Fam Comunidade. 2012;7(25):255-8.
8. De Oliveira Pardal PP, Da Costa Gadelha MA. Pederismo e animais aquáticos. In: Andrade Filho A, Campolina D, Dias MB. Toxicologia na prática clínica. 2. ed. Belo Horizonte: Folium; 2013.
9. Vianna EES, Brandão RK, Brum JGW. Ocorrência de acidentes em humanos causados por Epicauta Excavata Klug, 1825 (Coleoptera, Meloidae) no Sul do Rio Grande do Sul, Brasil. Arq Inst Biol. 2007;74(1):47-8.

CAPÍTULO 81

ACIDENTE BOTRÓPICO ("JARARACA", *BOTHROPS* SP)

Carlos Roberto de Medeiros

PONTOS-CHAVE

- As serpentes do gênero *Bothrops* encontram-se distribuídas em todo o país, em um total de 27 espécies descritas atualmente, e são responsáveis por cerca de 85% dos acidentes por serpentes peçonhentas no Brasil.
- O diagnóstico é eminentemente clínico-epidemiológico, sendo essencial o reconhecimento das síndromes clínicas decorrentes das atividades dos venenos (1 – *ação inflamatória aguda*; 2 – *ação coagulante e sobre plaquetas*, e 3 – *ação hemorrágica*), pois nem sempre é possível a identificação da serpente causadora do acidente.
- Na vigência do envenenamento, o tratamento consiste na administração, o mais precocemente possível, do soro antibotrópico (SAB) por via intravenosa e, na falta deste, das associações antibotrópico-crotálico (SABC) ou antibotrópico-laquético (SABL), sendo a dosagem dependente da classificação da gravidade do acidente: *leve* (3 ampolas), *moderado* (6 ampolas) ou *grave* (12 ampolas).
- Coagulograma, hemograma e função renal são importantes para o monitoramento da soroterapia e acompanhamento das complicações.
- As crianças parecem correr maior risco de efeitos graves em decorrência da menor massa corporal do que os adultos.

INTRODUÇÃO

Segundo a Organização Mundial da Saúde (OMS), os acidentes ofídicos constituem-se em uma doença tropical negligenciada que acomete cerca de 5,4 milhões de pessoas no mundo a cada ano, resultando em 1,8 a 2,7 milhões de envenenamentos.[1] Entre 81 e 138 mil desses pacientes morrem e cerca de três vezes mais sofrem amputações ou ficam com outras incapacidades permanentes.[1] No Brasil, aproximadamente 30 mil acidentes causados por serpentes são notificados a cada ano e a maioria deles (pelo menos 68%) são causados por espécies do gênero *Bothrops*, cerca de 12% por outros gêneros de serpentes venenosas (*Crotalus, Lachesis, Micrurus* e *Leptomicrurus*), 12% por "serpentes não identificadas" e 8% por serpentes "não peçonhentas".[2] Se considerarmos apenas os acidentes por serpentes peçonhentas, 85% são causados pelo gênero *Bothrops*, com letalidade em torno de 0,45%.[2]

O gênero *Bothrops* contém 45 espécies amplamente distribuídas em uma gama de ecorregiões climaticamente distintas na América Latina.[3] Conhecidas popularmente como jararacas, as serpentes do gênero *Bothrops* são representadas por 27 espécies distribuídas em todo o país.[3] Algumas são raras, pouco comuns ou restritas a áreas geográficas limitadas, como é o caso da *Bothrops insularis* (Jararaca Ilhoa), encontrada apenas na Ilha da Queimada Grande, 35 km do litoral de Itanhaém, em São Paulo, enquanto outras são muito abundantes, com ampla distribuição geográfica e responsáveis por acidentes em diversas regiões do país (Quadro 1).[4]

MECANISMO DE AÇÃO

A composição dos venenos das diversas espécies do gênero *Bothrops* tem sido muito estudada e, embora complexa, algumas famílias bioquímicas de toxinas, incluindo metaloproteinases de veneno de serpente (SVMs), serino proteases de veneno de serpente (SVSPs), L-aminoácido oxidases (L-AAOs) e fosfolipases A^2 (PLA_2s), têm sido apontadas como sendo as mais abundantes e frequentemente correlacionadas com a sintomatologia clínica do envenenamento.[6,7] As SVMs degradam proteínas da matriz extracelular, ativam quimiocinas e citocinas, clivam os receptores da superfície celular e induzem a apoptose das células de adesão vascular. As SVMs classe P-III, além de induzirem hemorragia, ativam fatores de coagulação, inibem a agregação plaquetária e provocam sintomas locais, com a reação inflamatória local. As SVSPs possuem ação semelhante à trombina com atividade fibrinolítica levando a distúrbios de coagulação, vasodilatação e hipotensão. PLA_2s têm papel fundamental na inflamação, ativando o ácido araquidônico que leva à geração de eicosanoides (prostaglandinas e leucotrienos), estimulam o eixo hipotálamo-pituitária-adrenal para produzir hormônio adrenocorticotrópico, corticosteroides, vasopressina e proteínas de fase aguda, causando manifestações no local da picada e alterações hemodinâmicas. As L-AAOs causam lesão endotelial, agregação de plaquetas, apoptose celular a danos no DNA e nefrotoxicidade.[6,7]

Apesar da complexidade observada no veneno das espécies *Bothrops*, e com intuito de facilitar a compreensão da sintomatologia observada na maioria dos acidentes, suas atividades fisiopatológicas são classicamente resumidas em: 1) proteolítica ou necrosante, melhor definida como *inflamatória aguda*, responsável pelo edema inflamatório na região da picada; 2) *coagulante e sobre plaquetas*, que promove o consumo dos fatores de coagulação, com consequente incoagulabilidade sanguínea, e a agregação e aglutinação plaquetária, podendo

Quadro 1. Distribuição das principais espécies de serpentes do gênero *Bothrops* causadoras de acidentes no Brasil[5]

Espécie (nomes populares)	Distribuição
Bothrops alternatus (Boicoatiara, Boicotiara, Coatiara, Cotiara, Cruzeira, Cruzeiro, Jararaca-de-Agosto, Jararaca-do-Rabo-de-Porco, Jararaca-Rabo-de-Porco, Rabo-de-Mulita, Urutu, Urutu-Cruzeira, Urutu-Cruzeiro)	Pampas, Floresta de Araucária e na porção sul da Mata Atlântica e Cerrado: RS, SC, PR, SP, MG, GO, MS, RJ
Bothrops atrox (Acuamboia, Boca-Podre, Cambéua, Caiçaca, Comboia, Cuamboia, Japoboia, Jaracuçu, Jararaca, Jararaca-Açu, Jararaca-da-Amazônia, Jararaca-do-Amazonas, Jararaca-do-Norte, Jararaca-do-Rabo-Branco, Jararaca-Grão-de-Arroz, Jararacarana, Mapanare, Surucucu, Surucucu-da-Várzea, Surucucu-do-Barranco, Surucucurana)	Difundida na região Amazônica, principalmente em elevações baixas
Bothrops erythromelas (Cabeça-de-Capanga, Jararaca, Jararaca-Avermelhada, Jararaca-Malha-de-Cascavel, Jararaca-da-Seca, Jararaca-da-Caatinga, Jararaca-do-Sertão, Jararaca-Rosada, Jararaca-Vermelha, Jararaquinha, Jararacussu, Jararaca-da-Folha-Seca)	Endêmica no Brasil. Difundida na Caatinga, com registros marginais na Mata Atlântica e Cerrado em altitudes baixas a altas. AL, BA, CE, PB, PE, PI, RN, SE
Bothrops jararaca (Figura 1) (Boca-Podre, Cabeça-de-Patrona, Caiçaca, Caissaca, Cola-Branca, Jaraca, Jaracá, Jaracuçu, Jaracuçu-Quatro-Ventas, Jaracuçu-Venenoso, Jararaca, Jararaca-Comum, Jararaca-da-Mata-Virgem, Jararaca-do-Campo, Jararaca-do-Mato, Jararaca-do-Rabo-Branco, Jararaca-Dormideira, Jararaca-Dorminhoca, Jararaca-Preguiçosa, Jararaca-Rabo-de-Osso, Jararaca-Verdadeira, Malha-de-Sapo, Patrona, Preguiçosa, Quatro-Ventas, Urutu, Urutu-Amarelo, Urutu-Preto)	Endêmica no Brasil. Distribuída na Mata Atlântica e Floresta de Araucária de altitudes baixas a altas. BA, ES, RJ, MG, SP, PR, SC, RS, MS
Bothrops jararacussu (Cabeça-de-Sapo, Jaracuçu-Malha-de-Sapo, Jaracuçu-Tapete, Jaracuçu-Venenoso, Jaracuçu-Verdadeiro, Jararaca, Jararacuçu, Jararacuçu-Cabeça-de-Sapo, Jararacuçu-Tapete, Jararacuçu-Verdadeira, Patrona, Surucucu-Cabeça-de-Patrona, Surucucu-Cabeça-de-Sapo, Surucucu-Dourado, Surucucu-Tapete, Urutu, Urutu-Amarelo, Urutu-Dourado, Urutu-Estrela, Urutu-Preta, Urutu-Preto)	Distribuída na Mata Atlântica em elevações baixas a intermediárias. BA, ES, RJ, MG, SP, PR, SC, RS, MS
Bothrops leucurus (Boca-Podre, Cabeça-de-Patrona, Caissaca, Capangueiro, Cobra-de-Quatro-Ventas, Cobra-do-Rabo-Branco, Jaracuçu, Jaracuçu-de-Quatro-Ventras, Jararaca, Jararaca-Baiana, Jararaca-Bahiana, Jararaca-da-Cauda-Branca, Jararaca-do-Rabo-Branco, Malha-de-Sapo, Quatro-Ventas)	Endêmica no Brasil. Muito difundida na porção norte da Mata Atlântica, incluindo enclaves próximos de planalto na Caatinga, principalmente em elevações baixas a intermediárias. ES, BA, SE, AL, PE, PB
Bothrops moojeni (Boipeva, Bopeva, Caiçaca, Caiçara, Caissaca, Jaracuçu, Jararaca, Jararaca-de-Vereda, Jararaca-do-Cerrado, Jararacão, Jararaquinha-do-Rabo-Branco)	Difundida no Cerrado e Pantanal, com registros marginais em ecorregiões vizinhas, de baixas a altas elevações. PI, PR, SP, MT, MS, MG, GO, DF, TO, MA, BA
Bothrops neuwiedi (Boca-de-Sapo, Bocuda, Jararaca, Jararaca-Cruzeira, Jararaca-do-Rabo-Branco, Jararaca-Pintada, Jararaca-Pintada-Rabo-de-Osso, Malha-de-Sapo, Rabo-de-Osso, Tire-Peia)	Endêmica no Brasil. Registrada na Mata Atlântica, Floresta com Araucária e porção sudeste do Cerrado, com registro isolado na Caatinga, principalmente em altitudes elevadas. BA, ES, GO, MG, PR, RJ, RS, SC, SP

levar à trombocitopenia; 3) *hemorrágica*, cuja atuação no endotélio vascular propicia hemorragias espontâneas, seja na região da picada, como à distância.[7-9]

QUADRO CLÍNICO

Locais

São caracterizadas pela dor e edema no local da picada, de intensidade variável e, em geral, de instalação precoce e caráter progressivo, sobretudo, nas primeiras 24 horas após a picada, mesmo depois do término da infusão do antiveneno. Eritema, equimoses e sangramentos no ponto da picada são frequentes (Figura 2). Adenopatia regional e bolhas com conteúdo seroso e/ou necro-hemorrágico podem aparecer na evolução, acompanhados ou não de necrose.[7-9]

Sistêmicas

A coagulopatia por consumo de fibrinogênio, que resulta na incoagulabilidade sanguínea, é a manifestação sistêmica mais comum. Também podem ocorrer sangramentos em ferimentos cutâneos preexistentes, equimoses regionais, hemorragias à distância como gengivorragias (Figura 3), epistaxes e hematúria. Sangramentos mais graves, embora de ocorrência mais rara, já foram descritos como hematêmese, hematoquezia, hemoptise e sangramento em sistema nervoso central. Em gestantes, há risco de hemorragia uterina. Podem ocorrer náuseas, vômitos, sudorese, hipotensão arterial e, mais raramente, choque (secundário à hipovolemia ou vasodilatação), além de insuficiência renal, cuja patogênese multifatorial pode decorrer da ação direta do veneno sobre os rins, isquemia renal secundária à deposição de microtrombos nos capilares, desidratação ou hipotensão arterial e choque.[7-9]

Figura 1. *Bothrops jararaca*. Comum nos estados da BA, ES, RJ, MG, SP, PR, SC, RS e MS.

Fonte: foto de Otavio Augusto Vuolo Marques, com permissão.

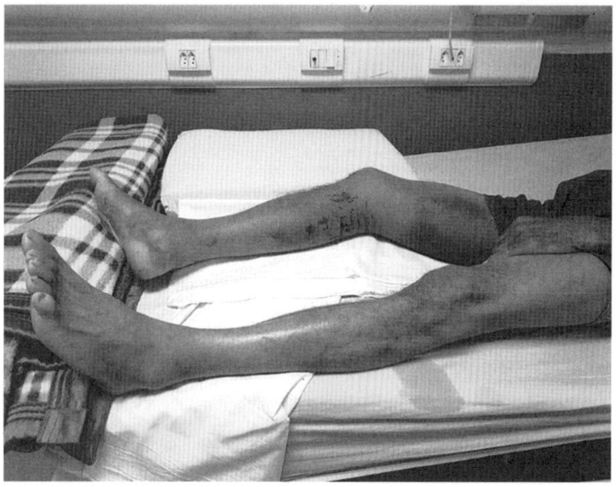

Figura 2. Acidente botrópico em membro inferior direito, com presença de edema, equimoses e bolhas (rotas).

Fonte: acervo do próprio autor.

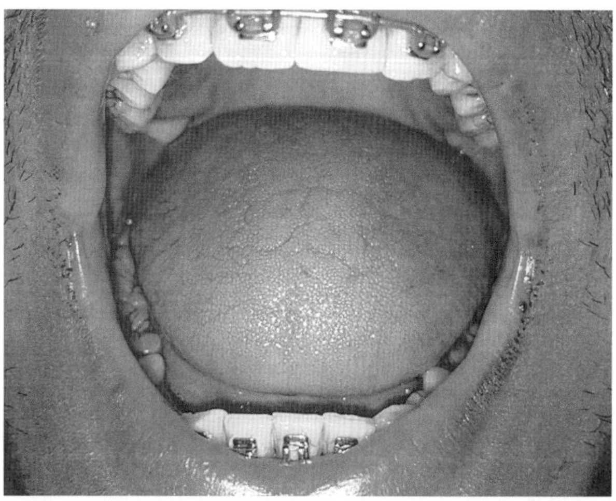

Figura 3. Acidente botrópico com presença de gengivorragia.

Fonte: acervo do próprio autor.

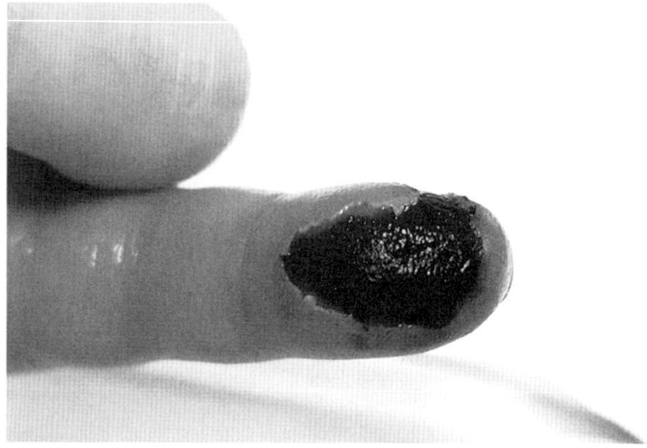

Figura 4. Acidente botrópico em falange distal com evolução com necrose.

Fonte: acervo do próprio autor.

ALERTA IMPORTANTE

Em virtude das variações ontogenéticas entre os venenos de algumas espécies de *Bothrops*,[6] picadas decorrentes de serpentes jovens podem produzir alterações locais mínimas, embora essas picadas frequentemente resultem em coagulopatia significativa!

Complicações

Locais

A. **Síndrome compartimental**: embora rara, pode ocorrer quando o edema intenso que se desenvolve no membro picado comprime o feixe vásculo-nervoso, levando à isquemia de extremidades. As manifestações mais importantes são a dor intensa, parestesia, diminuição da temperatura do segmento distal, cianose e déficit motor.[9]

B. **Abscesso**: a ação inflamatória do veneno botrópico favorece o aparecimento de infecções locais. Os germes patogênicos podem provir da boca do animal, da pele do acidentado ou do uso de contaminantes sobre o ferimento. As bactérias isoladas desses abscessos são bacilos Gram-negativos, anaeróbios e, mais raramente, cocos Gram-positivos.[9]

C. **Necrose**: por causa da ação do veneno, associada à isquemia local decorrente de lesão vascular e de outros fatores como infecção, trombose arterial, síndrome compartimental ou uso indevido de torniquetes. Picadas em extremidades (Figura 4) possuem risco maior para gangrenas e amputações.[8,9]

Sistêmicas

A. **Choque**: é raro e sua patogênese é multifatorial, podendo decorrer da liberação de substâncias vasoativas, do sequestro de líquido na área do edema e de perdas por hemorragias.[9]

B. **Insuficiência Renal Aguda (IRA)**: o principal mecanismo patogênico é atribuído à coagulopatia induzida pelo veneno, porém é provável que a ação direta do veneno nos rins e seus efeitos hemodinâmicos, mioglobinúria, hemoglobinúria e mecanismos imunológicos também estejam envolvidos.[7]

> **ALERTA IMPORTANTE**
>
> As crianças parecem correr maior risco de efeitos graves por causa da menor massa corporal do que os adultos.[11]

DIAGNÓSTICO

As histórias clínica e epidemiológica e o reconhecimento das síndromes clínicas decorrentes das atividades dos venenos botrópicos (inflamação local, hemorragias e incoagulabilidade sanguínea) permitem a diferenciação dos tipos de envenenamentos decorrentes das picadas por serpentes de outros gêneros (*Crotalus*, *Lachesis*, *Micrurus* e *Leptomicrurus*), mesmo que a serpente não seja identificada. Não existe exame laboratorial específico para determinar o tipo de envenenamento ofídico, porém exames de coagulação devem ser realizados para a confirmação diagnóstica e avaliação da eficácia da soroterapia.

> **ALERTA IMPORTANTE**
>
> Quando a serpente causadora do acidente (ou sua foto) for conduzida à unidade de saúde, sua identificação deve ser realizada por profissional experiente. Em áreas onde há sobreposição na distribuição geográfica de serpentes dos gêneros *Bothrops* e *Lachesis* (Amazônia, algumas áreas de Mata Atlântica da região Nordeste ao estado do Rio de Janeiro), o diagnóstico diferencial de acidente botrópico e laquético somente é possível com a identificação do animal ou a presença de manifestações vagais (que podem estar presentes nos acidentes laquéticos)!

Exames laboratoriais complementares

A. **Coagulação**: o coagulograma (tempo de atividade de protrombina, tempo de tromboplastina parcial ativada e INR) é fundamental para o diagnóstico da coagulopatia por consumo de fibrinogênio, presente na maioria dos envenenamentos botrópicos, e essencial para avaliar a eficácia da soroterapia, devendo ser realizado na admissão, 12 e 24 horas após a infusão do antiveneno. O tempo de coagulação (TC), embora de menor sensibilidade, é de fácil execução e pode ser realizado à beira do leito, permitindo o diagnóstico rápido da coagulopatia. Na vigência da coagulopatia, ocorre diminuição do nível sérico de fibrinogênio e elevação dos produtos de degradação da fibrina e D-dímero.

B. **Hemograma completo:** geralmente revela leucocitose com neutrofilia e desvio à esquerda, hemossedimentação elevada nas primeiras horas do acidente e plaquetopenia de intensidade variável.[9] O hematócrito pode estar elevado em decorrência de perda de volume para o terceiro espaço e/ou desidratação. Pode haver anemia na vigência de hemorragias significativas ou hemólise (presente nos envenenamentos por algumas espécies).

C. **Urina 1:** pode haver proteinúria, hematúria e leucocitúria.[9]

D. **Função renal:** ureia, creatinina e eletrólitos devem ser solicitados por causa da possibilidade de insuficiência renal aguda.[9]

E. **Outros exames:** eventualmente a desidrogenase lática (DHL), assim com as bilirrubinas (total e indireta), podem estar alteradas na vigência de hemólise intravascular. A creatinofosfoquinase (CPK) pode estar elevada nos envenenamentos por algumas espécies com venenos que possuem ação miotóxica (mas não tão elevados como os observados nos acidentes crotálicos) ou em decorrência de síndrome compartimental.

Classificação da gravidade

Uma vez que, no momento do atendimento, não há a possibilidade de saber a quantidade de veneno injetada pela serpente, a classificação da gravidade é essencial para orientar a quantidade de antiveneno a ser administrada. Os acidentes botrópicos são classificados, baseados nas manifestações clínicas, em:

A. **Leve**: forma mais comum do envenenamento, caracterizada por dor e edema local pouco intenso (restrito ao seguimento anatômico picado) ou ausente, manifestações hemorrágicas discretas ou ausentes, com ou sem alteração da coagulação.[9]

B. **Moderado**: caracterizado por dor e edema evidente que ultrapassa o segmento anatômico picado, acompanhados ou não de alterações hemorrágicas locais ou sistêmicas como gengivorragia, epistaxe e hematúria.[9]

C. **Grave**: caracterizado por edema local intenso e extenso, podendo atingir todo o membro picado, geralmente acompanhado de dor intensa e, eventualmente, com presença de bolhas. Em decorrência do edema, podem aparecer sinais de isquemia local por causa da compressão dos feixes vásculo-nervosos. Manifestações sistêmicas como hipotensão arterial, choque, insuficiência renal ou hemorragias intensas definem o caso como grave, independentemente do quadro local.[9]

> **ALERTA IMPORTANTE**
>
> Para quantificação do edema de forma prática, divide-se o membro picado em 3 segmentos: membro superior: 1) mão e punho, 2) antebraço e cotovelo, e 3) braço; membro inferior: a) pé e tornozelo, b) perna e joelho, e c) coxa. Nos acidentes leves, o edema está restrito a 1 segmento, nos moderados, atinge 2 segmentos, e nos graves, 3 segmentos.

TRATAMENTO

Tratamento específico

Na vigência do envenenamento, o tratamento consiste na administração, o mais precoce possível, do soro antibotrópico (SAB) por via intravenosa e, na falta deste, das associações antibotrópico-crotálico (SABC) ou antibotrópico-laquético (SABL), sendo a dosagem dependente da classificação da gravidade do acidente, conforme mostrado no fluxograma apresentado na Figura 5.[10] O

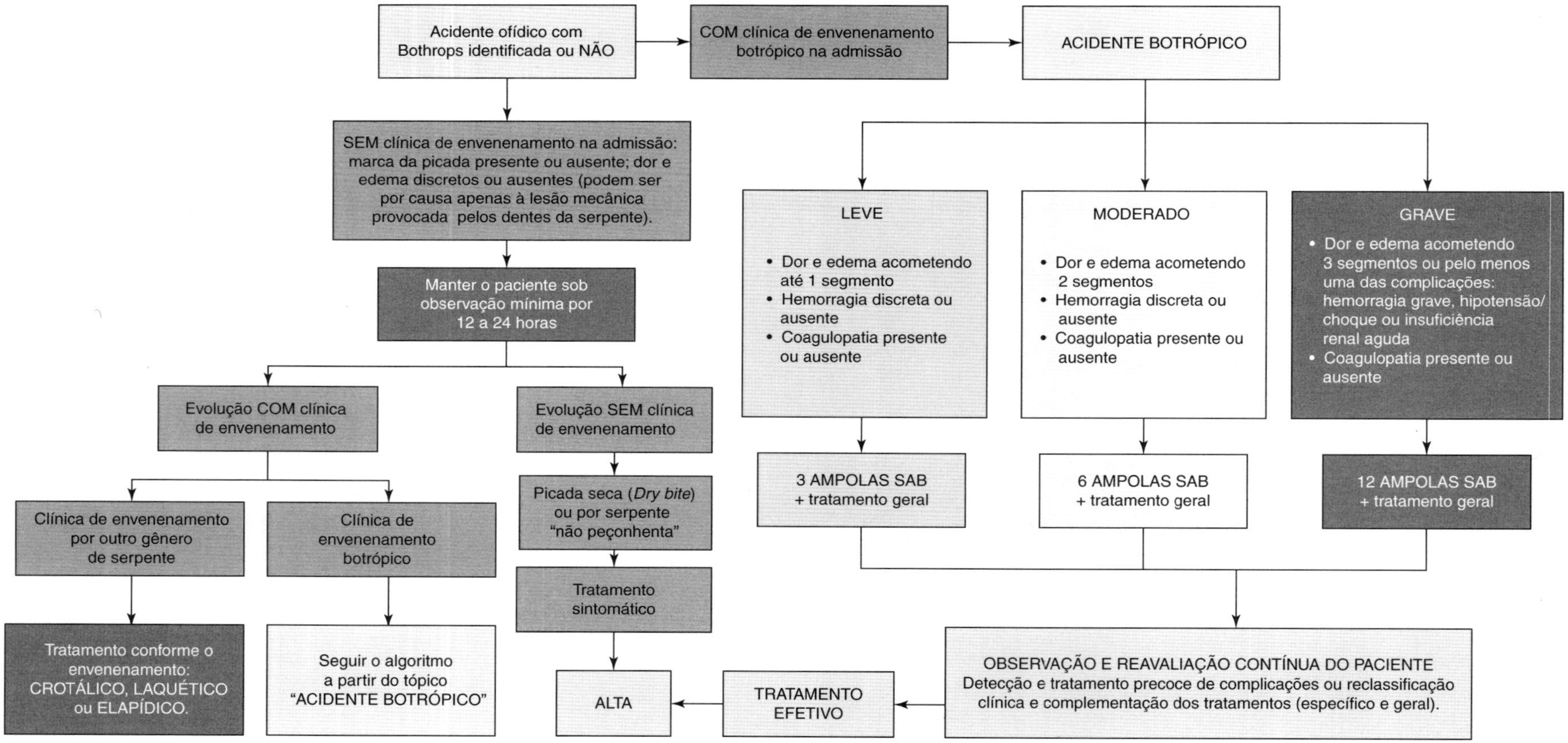

Figura 5. Fluxograma para atendimento de acidente ofídico com suspeita de envenenamento botrópico, classificação quanto à gravidade e soroterapia recomendada.

Fonte: com base na nota informativa nº 25 de 2016 do Ministério da Saúde.[10]

soro antiveneno é o único tratamento capaz de inativar as toxinas presentes no veneno e consiste em anticorpos produzidos a partir da imunização de cavalos. Por tratar-se de um produto heterólogo, pode causar reações adversas do tipo anafilático (reações de hipersensibilidade imediata, tipo I), durante a sua infusão e até nas 24 horas seguintes. Essas reações possuem um espectro de gravidade que vão desde sintomatologia restrita à pele (prurido, exantema e urticária) até o acometimento cardiorrespiratório, com broncoespasmo, edema de glote e choque. Dessa forma, o tratamento deve ser realizado sob monitorização contínua e, na vigência da reação, suspende-se temporariamente a infusão e realiza-se o tratamento conforme indicado nos protocolos de abordagem da anafilaxia, com uso de adrenalina, anti-histamínicos e corticoides, conforme necessário. Controlada a reação, a infusão deve ser reinicializada com diminuição da velocidade de infusão.

ALERTA IMPORTANTE

O SAB pode ser diluído, ou não, porém a frequência de reações à soroterapia parece ser menor quando o antiveneno é administrado diluído. A diluição pode ser feita, a critério médico, na razão de 1:2 a 1:5, em soro fisiológico ou glicosado 5%, infundindo-se na velocidade de 8 a 12 mL/min, observando, entretanto, a possível sobrecarga de volume em crianças e em pacientes com insuficiência cardíaca.[9]

Embora controversa, a pré-medicação com anti-histamínicos e corticoides tem sido preconizada por alguns autores, com uso de antagonistas dos receptores H_1 (difenidramina) e H_2 (cimetidina) da histamina e corticosteroides (hidrocortisona). Embora essas drogas não previnam a liberação de histamina e ativação do sistema complemento, poderiam antagonizar o efeito da histamina nos órgãos-alvo, bem como diminuir a frequência de reações tardias à SAV.[9]

Se o coagulograma permanecer alterado 24 horas após a soroterapia, está indicada dose adicional de duas ampolas de antiveneno.[9]

Reações tardias, também denominada "Doença do soro" (reações de hipersensibilidade do tipo III), podem ocorrer uma a quatro semanas após a soroterapia. De frequência subestimada, pois muitos pacientes não retornam ao serviço, caracteriza-se pela presença de febre, artralgia, linfoadenomegalia, urticária e proteinúria.[9] Dependendo da intensidade das manifestações clínicas, pode-se utilizar corticosteroides, como a prednisona, por 5 a 7 dias.[9]

Tratamento geral

Compreende o tratamento de suporte, com o emprego de analgésicos para o alívio da dor, hidratação adequada e o uso de antibióticos na vigência de infecção secundária.

Tratamento das complicações locais

Firmado o diagnóstico criterioso de síndrome compartimental, a fasciotomia não deve ser retardada, desde que as condições de hemostasia do paciente o permitam. Antes da reversão da coagulopatia, pode ser necessária a transfusão de sangue, plasma fresco, crioprecipitado ou plaquetas. O desbridamento de áreas necrosadas delimitadas e a drenagem de abscessos devem ser efetuados. A necessidade de cirurgia reparadora deve ser considerada nas perdas extensas de tecidos e todos os esforços devem ser feitos no sentido de se preservar o segmento acometido.[9]

PROGNÓSTICO

Geralmente é bom, entretanto óbito pode ocorrer por causa da insuficiência renal aguda, hemorragia grave, choque ou septicemia. A letalidade nos casos tratados é baixa (da ordem de 0,4%).[2] Há possibilidade de ocorrer sequelas locais anatômicas ou funcionais.[9]

ERROS COMUNS QUE VOCÊ DEVE EVITAR

Administração de antiveneno inapropriado, por erro no diagnóstico do tipo de envenenamento.

Administrar quantidade de antiveneno insuficiente, por erro na avaliação da gravidade.

Plasma fresco, crioprecipitado ou plaquetas não são indicados para correção dos distúrbios de hemostasia (exceto no caso de procedimentos cirúrgicos). O sangramento espontâneo cessa pouco após o início da soroterapia.

Dar alta ao paciente antes de 24 horas após a soroterapia.

REFERÊNCIAS BIBLIOGRÁFICAS

1. WHO, 2021. World Health Organization [document on the Internet]. Snakebite envenoming [2021 Jul 10]. Disponível em: https://www.who.int/news-room/fact-sheets/detail/snakebite-envenoming (acesso em 10 de julho de 2021).
2. SINAN, 2021. Sistema de Informação de Agravos de Notificação [document on the Internet]. Animais peçonhentos [Acesso em: julho de 2021]. Disponível em: http://tabnet.datasus.gov.br/cgi/tabcgi.exe?sinannet/cnv/animaisbr.def.
3. Uetz P, Freed P, Hošek J, 2021. The Reptile Database [document on the Internet]. [2021 Jul 10]. Disponível em: http://www.reptile-database.org/ (acesso em 10 de julho de 2021).
4. Melgarejo AR. Serpentes peçonhentas do Brasil. In: Cardoso JLC, França FOS, Wen FH, et al. eds. Animais peçonhentos no Brasil: biologia, clínica e terapêutica dos acidentes. 2. ed. São Paulo: Savier; 2009. p. 42-70.
5. Nogueira CC, Argôlo AJS, Arzamendia V, et al. Atlas of Brazilian Snakes: Verified Point-Locality Maps to Mitigate the Wallacean Shortfall in a Megadiverse Snake Fauna. South Am J Herpetol. 2019;14(sp1):1-274.
6. Sousa LF, Nicolau CA, Peixoto OS, et al. Comparison of Phylogeny, Venom Composition and Neutralization by Antivenom in Diverse Species of *Bothrops* Complex. PLoS Negl Trop Dis. 2013;7(9):e2442.
7. Albuquerque PLMM, Paiva JHHGL, Martins AMC, Meneses GC, da Silva GB, Buckley N, Daher EF. Clinical assessment and pathophysiology of *Bothrops* venom-related acute kidney injury: a scoping review. J Venom Anim Toxins Incl Trop Dis. 2020 Jul 10;26:e20190076. doi: 10.1590/1678-9199-JVATITD-2019-0076. PMID: 32704246; PMCID: PMC7359628.
8. Ribeiro LA, Jorge MT. Acidente por serpentes do gênero *Bothrops*: série de 3.139 casos. Rev Soc Bras Med Trop. 1997;30:475-80.
9. Brasil. Manual de diagnóstico e tratamento de acidentes por animais peçonhentos. 2. ed. Brasília: Fundação Nacional de Saúde; 2001. p. 21-5.
10. Ministério da Saúde. Nota informativa n. 25, de 2016-CGDT/DEVIT/SVS/MS [document on the Internet]. [2021 Jul 10]. Disponível em: https://www.gov.br/saude/pt-br/media/pdf/2021/junho/22/4-of-no-04_2016-cgdt_devit_svs_ms-2016-protocolos-bothrops-e-escorpiao.pdf/view (acesso em 10 de julho de 2021).
11. Santiago AMM, Ribeiro LA, Jorge MT. Envenenamento por serpentes do gênero *Bothrops* em crianças: diferenças segundo faixas etárias e em comparação com adultos. Rev Med Minas Gerais. 2006;16(1):9-12.

CAPÍTULO 82

ACIDENTES POR SERPENTES DO GÊNERO *CROTALUS*

Camila Carbone Prado

PONTOS-CHAVE

- Os acidentes por serpentes do gênero *Crotalus* são os que apresentam a maior mortalidade dentre acidentes causados por serpentes peçonhentas notificados no Brasil.
- O envenenamento crotálico apresenta efeitos neurotóxicos, miotóxicos e coagulantes. As manifestações clínicas são fraqueza muscular com fácies miastênica, mialgia, mioglubiúria, secundária a rabdomiólise e alterações de coagulação sanguínea.
- O manejo clínico inclui a administração precoce de antiveneno, além de cuidados de suporte, com atenção especial para a hidratação do paciente visando prevenir dano renal agudo.

INTRODUÇÃO

A maioria dos acidentes ofídicos no Brasil é ocasionada por serpentes do grupo *Bothrops*, seguido pelo grupo *Crotalus*. As regiões brasileiras onde há maior incidência são a Norte e Centro-Oeste. Os meses de maior frequência de acidentes são os quentes e chuvosos, períodos de maior atividade em áreas rurais. Os acidentes ofídicos são mais frequentes na população rural, no sexo masculino e em faixa etária economicamente ativa. A maioria dos acidentes é classificada clinicamente como leve, porém, a demora no cuidado pode levar a evolução para gravidade e aumento do risco de complicações.[1]

As serpentes do gênero *Crotalus* são encontradas principalmente em regiões semiáridas e arenosas. No Brasil, apresentam ampla distribuição geográfica poupando áreas de florestas e o Pantanal. Na Amazônia são encontradas em algumas regiões do Estado do Pará, Amapá e Roraima. São popularmente chamadas de cascavel, cascavel-de-quatro-ventas, boicininga, boiçununga, cobra de guizo, maracá, maracamboia.[2-5]

As cascavéis são serpentes de pequeno a médio porte, escamas pequenas na cabeça, dentição solenóglifa (presas anteriores e retráteis), que possuem fosseta loreal e cauda com chocalho ou guizo.[2-5] O chocalho é constituído de segmentos córneos, que se acumulam de acordo com o número de mudas de pele. Apresentam coloração marrom-amarelada com desenhos geométricos ao longo do corpo que lembram losangos bem traçados. São as serpentes menos agressivas da família *Viperidae*.[6] Não têm por hábito atacar e quando excitadas denunciam sua presença pelo ruído característico do guizo[2] (Figura 1).

Todas as representantes desse gênero encontradas no Brasil pertencem à espécie *Crotalus durissus*, mas em decorrência da ampla distribuição da espécie, as populações de *C. durissus* podem apresentar uma quantidade considerável de variações.[7,8]

Alguns autores consideram a separação nas subespécies *C.d. cascavella* e *C.d. collilineatus*. Estas duas subespécies são distinguidas uma da outra principalmente por sua distribuição geográfica e traços morfológicos, como o padrão de faixas longitudinais no pescoço. No centro e nordeste do Brasil, incluindo partes de Rondônia, Mato Grosso, Goiás, sudoeste da Bahia, oeste de Minas Gerais e provavelmente estendendo-se ao sul do Paraná encontramos *C.d. collilineatus* e no sudeste do Brasil, a partir do Rio Grande do Sul e Mato Grosso do Sul ao norte até Minas Gerais é encontrado *C.d. terrificus*. No estado de São Paulo, as duas subespécies são encontradas e a diferenciação não pode ser alcançado de forma precisa, por causa da possibilidade de cruzamentos entre as duas subespécies e o fluxo de gene entre elas.[7]

Estudos de polimorfismos de DNA mostram que na América do Sul as populações do complexo *C. durissus* se relacionam filogeneticamente de forma muito próxima e análises das proporções das toxinas presentes no veneno sugerem que *C.d. collilineatus* e *C.d. terrificus* representam variações geográficas da mesma espécie uma vez que as diferenças se relacionam mais com a distribuição regional do que com separação em subespécies.[9-12]

Os acidentes por *Crotalus durissus* ssp. são os com maior letalidade dentre os acidentes ofídicos no Brasil. Segundo o Ministério da Saúde, em 2018 ocorreram aproximadamente 2.513 acidentes crotálicos (1,2 casos/100.000) com uma letalidade de 0,76% (mortalidade 0,01/100.000).[13]

MECANISMO DE AÇÃO

O veneno das cascavéis contém uma variedade de proteínas e polipeptídeos tóxicos incluindo a crotoxina, crotamina, giroxina, convulxina e enzima trombina-simile que acarretam principalmente efeitos neurotóxicos, miotóxicos e coagulantes.[14,15]

A crotoxina é uma potente toxina pré-sináptica que age na junção neuromuscular inibindo a liberação de acetilcolina na fenda sináptica. Essa inibição leva a bloqueio neuromuscular e paralisia flácida de variadas intensidades.[14] Essa toxina é o principal componente do veneno de *C. durissus* ssp.

Figura 1. *Crotalus durissus.*

Fonte: Pixabay. https://pixabay.com/pt/photos/cobra-cascavel-chocalho-deserto-2799909/ e https://pixabay.com/pt/photos/cascavel-cobra-r%3%a9ptil-t%c3%b3xico-6371586/

Trata-se de um complexo heterodimérico composto por fosfolipase A_2, proteína básica com atividade neurotóxica e enzimática e a crotapotina, uma proteína ácida não tóxica que aumenta o potencial letal e neurotóxico da fosfolipase A_2. A crotoxina também pode causar lesão seletiva na musculatura esquelética (rabdomiólise) em que apenas músculos ou grupos musculares compostos por fibras tipo I e IIA são acometidas.[14,16-18]

A atividade pró-coagulante exercida pelo veneno de *C. durissus* ssp. é principalmente em decorrência da ação da giroxina, uma serina proteinase, embora lectinas do tipo C e metaloproteinases também podem estar envolvidas.[12,17-20] A giroxina promove quebra incomum de fibrinogênio para fibrinopeptídeo A, resultando em uma forma solúvel de fibrina que é mais suscetível à ação de agentes fibrinolíticos.[12] A ação desta enzima semelhante à trombina pode resultar em uma incoagulabilidade do sangue em casos de envenenamento grave devido ao consumo de fibrinogênio.[14]

Crotoxina, convulxina e crotamina de *Crotalus durissus* podem induzir agregação e aglutinação plaquetária, porém a ocorrência de trombocitopenia nos pacientes envenenados é pequena.[14,18]

QUADRO CLÍNICO

Local: o envenenamento por *Crotalus durissus* pode apresentar apenas parestesia local ou regional. Edema, eritema e dor podem estar presentes, mas geralmente de forma menos intensa do que observamos nos acidentes por serpentes do gênero *Bothrops* sp.[2,15] A marca das presas no local da picada é visível na maioria dos acidentes como dois pontos de inoculação. A distância entre esses dois pontos tem relação com o tamanho do animal.

Sistêmico: os sintomas sistêmicos são mal-estar, sudorese, náuseas, vômitos, cefaleia, prostração e sonolência.

As manifestações neurológicas apresentam-se nas primeiras 6 horas após a picada na maioria dos pacientes envenenados. Manifestam-se como fraqueza/paralisia muscular com progressão craniocaudal. São encontradas fácies miastênica com ptose palpebral bilateral e flacidez da musculatura facial, que leva a boca ficar entreaberta. A tentativa de abertura da fenda palpebral exige inclinação posterior da cabeça e contração da musculatura da fronte, enrugando a testa. Pode haver alterações no diâmetro pupilar, queixas visuais, como oftalmoplegia, visão turva e diplopia. Como manifestações menos frequentes, pode-se encontrar paralisia velopalatina, com dificuldade à deglutição, diminuição do reflexo do vômito, fasciculações e alterações do paladar e olfato. Raramente, a musculatura da caixa torácica é acometida, o que ocasiona insuficiência respiratória aguda. Essas manifestações neurotóxicas regridem lentamente, porém são reversíveis.[1,2,15,21]

As manifestações clínicas resultantes da ação miotóxica são a mialgia, e urina escura em razão da rabdomiólise com liberação maciça de mioglobina na circulação. A mioglobina é filtrada pelos glomérulos renais e alcança os túbulos, onde pode provocar obstrução e insuficiência renal aguda. A mioglobina também pode promover vasoconstrição intrarrenal eliminando o vasodilatador óxido nitroso da microcirculação, o que contribui para o dano renal agudo.[2,8,14,22]

A insuficiência renal é a principal complicação e causa de morte nas picadas por cascavéis. Sua instalação ocorre geralmente entre 18 e 72 horas da picada e não se deve exclusivamente à toxicidade da mioglobina, mas também pela nefrotoxicidade direta do veneno e pelo componente pré-renal. O edema muscular "sequestra" parte da volemia, levando à hipoperfusão renal. Outros fatores como desidratação, hipotensão arterial, acidose metabólica e choque podem estar associados a rabdomiólise e contribuem para a instalação da lesão renal.[6,22]

A ação coagulante pode produzir aumento do tempo de coagulação, mas os sangramentos são raros.[2,8,15]

Alguns pacientes podem não apresentar nenhuma manifestação clínica de envenenamento, sendo classificados como assintomáticos ou picada seca.[23]

DIAGNÓSTICO

Em adição à história clínica e às manifestações, o diagnóstico de envenenamento por *C. durissus* se dá quando a serpente causadora do acidente é levada para identificação no serviço de emergência ou fotografada na cena do acidente e posteriormente identificada como um espécime de *Crotallus durissus*, em geral pelo apoio remoto do Centro de Informação e Assistência Toxicológica (CIATox) de referência regional. Os casos em que não é possível a identificação do animal, o diagnóstico de acidente crotálico pode ser feito baseado na descrição do acidente pelo paciente ou testemunhas, incluindo ou não a visualização do animal e pela síndrome de envenenamento. Outra forma de confirmar o envenenamento seria pela detecção de veneno circulante após a picada, por imunoensaio enzimático (Elisa). Pela dificuldade operacional, essa técnica não está disponível na rotina dos serviços.[15,23]

Os exames laboratorias que auxiliam o diagnóstico e condução dos acidentes crotálicos são creatinoquinase (CK) e desidrogenase lática (LDH), aspartase-amino-transferase (AST), aspartase-alaninò-transferase (ALT), coagulograma, hemograma, ureia, creatinina, sódio, potássio e cálcio séricos e a análise do sedimento urinário (urina 1) (Figura 2).

A elevação dos níveis de CK e LDH confirmam a ocorrência de rabdomiólise. A CK tem aumento mais precoce e pico em torno de 24 horas após o acidente, enquanto o LDH aumenta de forma mais lenta e gradual. O aumento da AST decorre da lesão muscular e a elevação também da ALT, demostra o acometimento hepático que o veneno crotálico também pode causar. No hemograma pode haver leucocitose, com neutrofilia e desvio à esquerda. As plaquetas, em geral, são normais em número na maioria dos acidentes, embora ocorram sua redução em alguns casos. Os fatores de coagulação podem estar diminuídos, com alterações dos tempos de protrombina (TP) e de tromboplastina parcial ativado (TTPA) e diminuição dos valores de fibrinogênio. Quando for realizado apenas o tempo de coagulação (TC), valores acima de 10 minutos indicam anormalidades da coagulação. No exame de urina pode-se encontrar mioglobinúria, proteinúria e hematúria, sendo a última menos frequente. As escórias renais começam a se elevar geralmente 36 a 48 horas após o acidente e na fase oligúrica da insuficiência renal, são observadas, além da elevação de ureia e creatinina, valores aumentados de potássio e diminuição da calcemia. O eletrocardiograma pode apresentar alterações do segmento ST indicando comprometimento da musculatura cardíaca[2,6,15]

Figura 2. Coleta de urina sequencial entre a admissão e 48 horas após o acidente: diurese escurecida com mioglobinuria.
Fonte: Foto de Fábio Bucaretchi, com permissão.

TRATAMENTO

Atualmente, a imunoterapia com antivenenos é o único tratamento disponível e eficaz para picadas de cobra. No Brasil, o antiveneno crotálico F(ab')$_2$ produzido pelo Instituto Butantan é obtido por hiperimunização de cavalos com um *pool* de duas subespécies de *C. durissus*, *C.d. collilineatus* (50%) e *C.d. terrificus* (50%), nomenclatura ainda adotada, apesar de discussões sobre esses dois representantes pertencerem a mesma subespécie.[12] A apresentação do antiveneno é líquida, em frasco/ampolas de 10 mL contendo anticorpos da classe F(ab')$_2$, devendo ser conservado em cadeia de frio (+2 °C a + 8 °C), sendo que 10 mL de soro anticrotálico (SACr) neutralizam 1,5 mg de veneno referência de *C. durissus terrificuss*.[24] Na indisponibilidade do soro anticrotálico, pode ser utilizado o soro antibotrópico/crotálico.[2]

A disponibilidade do antiveneno em quantidade suficiente e em locais oportunos é de fundamental importância para diminuir o tempo decorrente entre o acidente e o atendimento médico adequado. Mensalmente, o Ministério da Saúde distribui as cotas de antivenenos aos Estados, levando em consideração critérios epidemiológicos, que são as notificações de acidentes por animais peçonhentos no Sistema de Informação de Agravos de Notificação (Sinan).[1]

A dose do antiveneno é estipulada em número de ampolas de acordo com a gravidade do acidente e a classificação é feita segundo critérios clínicos, como mostra na Tabela 1. A idade e peso do paciente não modificam a quantidade de soro indicada.[2,6]

Além da terapia antiveneno precoce, atenção especial deve ser dada à hidratação, com administração de cristaloides buscando manter um débito urinário maior do que 2 mL/kg/h em crianças e 90 mL/h em adultos com a finalidade de prevenir a insuficiência renal aguda.[15,24] Para manter o fluxo urinário, pode ser necessário associar o uso de diuréticos de alça tipo furosemida. A alcalinização da urina, com uso de bicarbonato de sódio é controversa. Em teoria, o ph alcalino dificultaria a formação de precipitados de mioglobina nos túbulos renais reduzindo o risco de obstrução deles, porém, os riscos de distúrbios eletrolíticos associados a alcalinização podem suplantar os benefícios. Pode haver necessidade de diálise nos casos de IRA com hipovolemia e hipercalemia.[6,22]

Suporte ventilatório mecânico pode ser necessário nos casos de depressão do nível de consciência ou insuficiência respiratória aguda.[6]

ALERTA IMPORTANTE

Embora ocorram picadas secas, isto é, sem envenenamento, todo acidente crotálico deve ser considerado como potencialmente grave por causa dos riscos de complicações potencialmente fatais, especialmente a insuficiência renal aguda. Assim, todas as vítimas de acidentes, ainda que assintomáticas, devem ser hospitalizadas e observadas de perto por, pelo menos, 12 a 24 horas. Se o paciente desenvolver qualquer evidência de envenenamento durante este período, deve receber terapia antiveneno junto com outro tratamento de suporte ou sintomático que seja necessário.[23]

Tabela 1. Classificação clínica de gravidade do acidente crotálico e tratamentos propostos

Classificação	Manifestações clínicas	Tratamento
Leve	Alterações neurológicas discretas, sem mialgia, escurecimento da urina ou oligúria.	SACr ou SABC: 5 ampolas
Moderado	Alterações neuroparalítica evidentes, mialgia e mioglobinúria (urina escura) discretas.	SACr ou SABC: 10 ampolas ·
Grave	Alterações neuroparalítica evidentes, mialgia e mioglobinúria intensas, oligúria.	SACr ou SABC: 20 ampolas

SACr = soro anticrotálico; SABC = soro antibotrópico (pentavalente) e crotálico.

Complicações

Em decorrência da natureza heteróloga, a administração dos antivenenos pode causar reações adversas precoces ou tardias. No entanto, testes de sensibilidade cutânea não são recomendados, pois, além de terem baixo valor preditivo, retardam o início da soroterapia.[1]

Como os soros são produtos cada vez mais purificados, é rara a possibilidade de causarem complicações graves, como o choque anafilático e a doença do soro. Mesmo assim, a sua administração só deve ser feita em Unidade de Saúde preparada para o tratamento dessas complicações, o que implica a disponibilidade de equipamentos e medicamentos de urgência e/ou emergência, além da presença de um médico. Quando o serviço não dispõe das condições mínimas de atendimento de emergência, a vítima do acidente deve ser encaminhada de imediato a outra Unidade capaz de garantir a administração do soro com segurança.[25]

As reações que podem ocorrer após a administração dos soros são: 1) reações imediatas, que se manifestam logo após a administração do soro até 2 horas após; 2) reações precoces, que se manifestam nas primeiras 24 horas após a administração do soro; 3) reações tardias, que se manifestam de 6 a 12 dias após a administração do soro (doença do soro).[25]

A insuficiência renal aguda é a principal complicação dos acidentes crotálicos. São considerados fatores de risco para IRA o tempo entre a picada e a administração do antiveneno maior que 2 horas, idade da vítima menor do que 12 anos e valor de CK total à admissão maior que 2.000 U/l.[24]

Infecções no local da picada e desenvolvimento de síndrome compartimental são incomuns nesses acidentes. Sangramentos também são raros e quando presentes, normalmente se restringem a gengivorragia.[1,6]

PROGNÓSTICO

O prognóstico é bom nos acidentes leves e moderados e nos pacientes atendidos nas primeiras 6 horas após a picada, em que se observa a regressão total de sintomas e sinais

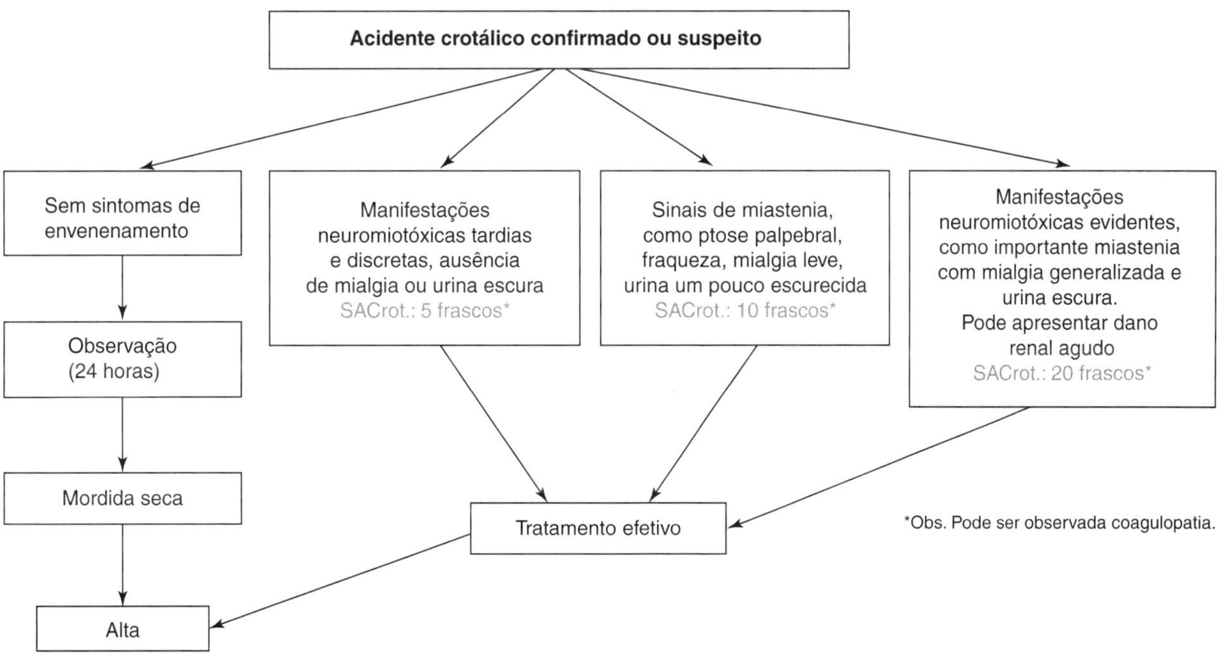

Figura 3. Fluxograma de tratamento dos acidentes crotálicos no Brasil.

SACr = soro anticrotálico; SABC = soro antibotrópico (pentavalente) e crotálico.
Fonte: adaptado do protocolo clínico do Ministério da Saúde do Brasil.

após alguns dias. Nos acidentes graves, o prognóstico está vinculado à existência de insuficiência renal aguda e, na necessidade de processo dialítico, que esse seja eficiente e em tempo hábil.[2]

ERROS COMUNS QUE VOCÊ DEVE EVITAR

Não caracterizar corretamente o acidente em relação ao gênero da serpente, especialmente quando o animal agressor não é capturado ou fotografado para idenficação. Dessa forma, a terapia antiveneno específica pode não ser a adequada.

Não classificar corretamente o acidente em relação à gravidade e, consequentemente, não administrar a quantidade adequada de antiveneno.

Atrasar a administração do antiveneno, o que pode acarretar agravamento do acidente.

REFERÊNCIAS BIBLIOGRÁFICAS

1. Brasil. Ministério da Saúde. Secretaria de Vigilância em Saúde. Coordenação-Geral de Desenvolvimento da Epidemiologia em Serviços. Guia de Vigilância em Saúde : volume único - 3. ed. - Brasília: Ministério da Saúde; 2019.
2. Brasil. Ministério da Saúde. Fundação Nacional de Saúde. Manual de diagnóstico e tratamento de acidentes por animais peçonhentos. 2. ed. - Brasília: Fundação Nacional de Saúde; 2001.
3. Pardal PPO, Yuki RN. Acidentes por animais peçonhentos. Manual de Rotinas. Belém-Pará: Editora universitária; 2000. p. 40.
4. Melgarejo AR. Serpentes peçonhentas do Brasil. In: Cardoso JL, França FOS, Wen FH, Málaque CMSA, Júnior VH. Animais peçonhentos no Brasil. Biologia, Clínica e Terapêutica dos Acidentes. São Paulo: Sarvier; 2003. p. 33-61.
5. Pardal PPO, Silva CLQ, Hoshino SSN, Pinheiro FR. Acidentes por cascavel (*Crotalus* sp.) em Ponta das Pedras, Ilha do Marajó, Pará-Relato de caso. Rev Para Med. 2007 Jul-Set; 21(3):69-73.
6. Adebal AF, Campolina D, Dias MB. Toxicologia na prática clínica. 2. ed. Belo Horizonte: Folium; 2013. p. 491-510.
7. Campbell JA, Lamar WW, Brodie Editor's. The venomous reptiles of the western hemisphere. Comstock Pub. Associates Ithaca; 2004.
8. Jorge MT, Ribeiro LA. Epidemiologia e quadro clínico do acidente por cascavel sul-americana (*Crotalus durissus*). Inst Med Trop. São Paulo. 1992;34(4):347-54.
9. Echeverrigaray S, Grazziotin G, Grazziotin F, Agostini G. Random amplified polymorphisms between two South American subspecies of rattlesnakes (*Crotalus durissus collilineatus* and *Crotalus durissus terrificus*). Braz Arch Biol Technol. 2001;44(3):313-7.
10. Wüster W, Ferguson JE, Quijada-Mascareñas JA, Pook CE, Salomão MDG, Thorpe RS. Tracing an invasion: Landbridges, refugia, and the phylogeography of the Neotropical rattlesnake (Serpentes: *Viperidae: Crotalus durissus*). Mol Ecol. 2005 Apr;14(4):1095-108.
11. Oliveira IS, Pucca MB, Sampaio SV, Arantes EC. Antivenomic approach of different *Crotalus durissus collilineatus* venoms. J Venom Anim Toxins Incl Trop Dis. 2018 Nov 26;24:34.
12. Silva-Júnior LN, Abreu LS, Rodrigues CFB, et al. Geographic variation of individual venon profile of *Crotalus durissus* snakes. J Venom Anim Toxins Incl Trop Dis. 2020 Aug 26;26:e20200016.
13. Ministério da Saúde. Sistema de Informação de Agravos de Notificação. Acidente por animais peçonhentos, serpentes peçonhentas. Notificações registradas: banco de dados, 2019.
14. Bucaretchi F, Herrera SRF, Hyslop S, Baracat ECE, Vieira RJ. Snakebites by *Crotalus durissus* ssp. in children in Campinas, São Paulo, Brazil. ver Inst Med Trop Sao Paulo. 2002; 44(3):133-8.
15. Azevedo-Marques MM, Hering SE, Cupo P. In: Cardoso JLC, França FOS, Wen FH, Málaque CMSA, Júnior VH. Animais peçonhentos no Brasil. Biologia, Clínica e Terapêutica dos Acidentes. São Paulo: Sarvier; 2003. p. 91-8.
16. Salvini TF, Amaral AC, Miyabara EH, et al. Systemic skeletal muscle necrosis induced by crotoxin. Toxicon. 2001;39:1141-1149.
17. Sousa IDL, Barbosa AR, Salvador GHM, Frihling BEF, Santa-Rita PH, Soares AM, et al. Secondary hemostasis studies of crude venom and isolated proteins from the snake *Crotalus durissus terrificus*. Int J Biol Macromol. 2019 Jun 15;131:127-33.
18. Georgieva D, Ohler M, Seifert J, Bergen M, Arni RK, Genov N, Betzel C. Snake Venomic of *Crotalus durissus terrificuss* – Correlation with Pharmacological Activities. J Proteome Res. 2010;9:2302-2316.
19. Boldrini-França J, Corrêa-Netto C, Silva MMS, Rodrigues RS, De La Torre P, Pérez A, et al. Snake venomics and antivenomics of *Crotalus durissus* subspecies from Brazil: Assessment of geographic variation and its implication on snakebite management. J Proteomics. 2010 Aug 5;73(9):1758-76.
20. Wiezel GA, Shibao PYT, Cologna CT, Morandi Filho R, Ueira-Vieira C, De Pauw E, et al. In-depth venome of the brazilian rattlesnake *Crotalus durissus terrificus*: An integrative approach combining its venom gland transcriptome and venom proteome. J Proteome Res. 2018 Nov 2;17(11):3941-58.
21. Brooks DE, Graeme KA, Ruha AM, Tanen DA. Respiratory compromisse in patientes with rattlesnake envenomation. J Emerg Med. 2002;23(4):329-32.
22. Rodríguez E, Soler MJ, Rap O, Barrios C, Orfila MA, Pascual J. Risk Factors for Acute Kidney Injury in Severe Rhabd Plos One. 2013 Dec;8(12):e82992.
23. Naik BS. "Dry bite" in venomous snakes: A review. Toxicon. 2017;133:63-7.
24. Pinho FMO, et al. Acute renal failure after *Crotalus durissus* snakebite: A prospective survey on 100 patients. Kidney Int. 2005;67:659-67.
25. Brasil. Ministério da Saúde. Secretaria de Vigilância em Saúde. Departamento de Imunizações e Doenças Transmissíveis. Manual de vigilância epidemiológica de eventos adversos pós-vacinação – 4. ed. atual. – Brasília: Ministério da Saúde; 2021.

CAPÍTULO 83

ACIDENTES POR *LACHESIS* (SURUCUCU)

Andrea Franco Amoras Magalhaes
Pedro Pereira de Oliveira Pardal

PONTOS-CHAVE

- Os acidentes causados por *Lachesis* (surucucu) são raros e seu hábitat são as florestas primárias da Amazônia e a Mata Atlântica.
- Na *Lachesis*, sua cabeça mostra a fosseta loreal, uma lista escura pós-ocular, dentição solenóglifa, no final da cauda, escamas quilhadas e eriçadas e um espinho terminal.
- Os acidentes causados pelos gêneros *Bothrops* (jararaca) e *Lachesis* (surucucu) desenvolvem nas vítimas envenenadas uma clínica semelhante, com dor, edema e sangramentos, o que pode causar erros no diagnóstico e tratamento.
- As vítimas destes acidentes não apresentam quadros leves de envenenamento só moderados e graves.
- A dosagem ou número de ampolas do soro específico depende da gravidade do envenenamento, nos acidentes moderados, indicado 10 ampolas e nos graves, 20 ampolas de antibotrópico pentavalente e antilaquético (SABL).

INTRODUÇÃO

Os acidentes ofídicos no Brasil são um problema de saúde pública em virtude do elevado número de casos e da gravidade das ocorrências. No Brasil, as serpentes consideradas peçonhentas são as do gênero *Bothrops* (jararaca), *Crotalus* (cascavel), *Lachesis* (surucucu) e *Micrurus* (coral). Destas, a *Bothrops* e *Lachesis* desenvolvem nas vítimas envenenadas uma clínica semelhante, com dor, edema e sangramentos, o que pode causar erros no diagnóstico e tratamento. Entre estas duas serpentes, a *Bothrops* é a mais frequente causadora de envenenamento e é encontrada em todo ambiente no Brasil, enquanto a *Lachesis*, seus acidentes são raros e poucas referências mencionam este envenenamento.[1-8] E seu hábitat são as florestas primárias da Amazônia e a Mata Atlântica.[9]

GÊNERO *LACHESIS*

A serpente do gênero *Lachesis* pertence à família *Viperidae*, espécie *Lachesis muta* (Linnaeus, 1766), sendo a maior espécie peçonhenta do Novo Mundo, chegando a medir 3,5 m de comprimento,[10] sendo incomum o envenenamento em humanos. Seu hábitat são as florestas primárias úmidas, mas atualmente, pelo desmatamento, estão sendo encontradas em florestas secundárias, pastagem e plantação de cacau.[11,12] Esta espécie é amplamente distribuída nas florestas tropicais do Brasil, Guianas, Venezuela, Trinidad e Tobago, Bolívia, Peru, Equador e Colômbia.[13] No Brasil, duas subespécies são registradas, a *Lachesis muta muta* na floresta Amazônica, nos estados de Roraima, Amapá, Acre, Rondônia, Amazonas, Pará, Tocantins, Mato Grosso e Goiás e *Lachesis muta rhombeata*, na Mata Atlântica, nos estados do Maranhão, Ceará, Paraíba, Pernambuco, Alagoas, Bahia, Espírito Santo, Minas Gerais e Rio de Janeiro[9,14] (Figura 1), e são denominadas de surucucu, surucutinga, surucucu pico-de-jaca, surucucu-cospe-fogo ou surucucu-apaga-fogo.[10,11] Na *Lachesis*, sua cabeça mostra a fosseta loreal (um orifício localizado entre o olho e a narina, que funciona como um sensor térmico), uma lista escura pós-ocular (Figura 2) e uma dentição solenóglifa, cujos dentes são grandes e canaliculados, localizando-se na região anterior do maxilar superior e que servem para introduzir peçonha (= veneno) nas vítimas. No corpo, são vistos desenhos na forma de losangos que alternam entre as cores que variam do marrom-escuro ao preto e o colorido de fundo do corpo é creme ou bege (Figura 3). Enquanto no final da cauda mostram escamas quilhadas e eriçadas, além de apresentar um espinho terminal.[10,11]

Epidemiologia

No Brasil, no período de 2015 a 2019 foram notificados ao Sistema de Informações de Agravos de Notificações, do Ministério da Saúde,[15] 1.102.642 acidentes por ofídios peçonhentos e não peçonhentos, com média de 220.528 casos/ano. Entre as serpentes peçonhentas, as *Bothrops* (jararacas) foram responsáveis por 86,12% dos envenenamentos, seguidos da *Crotalus* com 10,23%, *Lachesis* (surucucu) com 2,49% e *Micrurus* (coral verdadeira) com 1,14%, entretanto, os casos de acidentes laquéticos documentados são raros e têm sua maior ocorrência na região Norte, com notificação de 90,3%, seguidas pelo Nordeste com 5,5%, Oeste com 2,7%, Sudeste com 1,4% e Sul com 0,1% (não sendo notificados casos no Paraná) (Figura 1). Na região Norte, os estados com maiores frequências de notificações foram o Amazonas com 47,9%, seguido do Pará com 22,6%, estes são os maiores em extensão territorial da região e com maior densidade de florestas primárias. No Nordeste, os estados com maiores frequências foram Bahia 2,14% e Pernambuco com 0,69%, onde se encontram fragmentos da Mata Atlântica.[16]

Quanto à faixa etária dos acidentes por *Lachesis* nos cincos anos, a mais acometida foi a de 15 a 59 anos de idade com 75,1%, em que se encontra a maior força de trabalho do País, seguidos pelas crianças de 1 a 14 anos (16,0%) e idosos acima de 60 anos (8,9%). Quanto ao gênero do acidentado, o masculino foi o mais frequentemente acometido com 81,57% e o feminino em 18,43%, possivelmente decorrente a maior

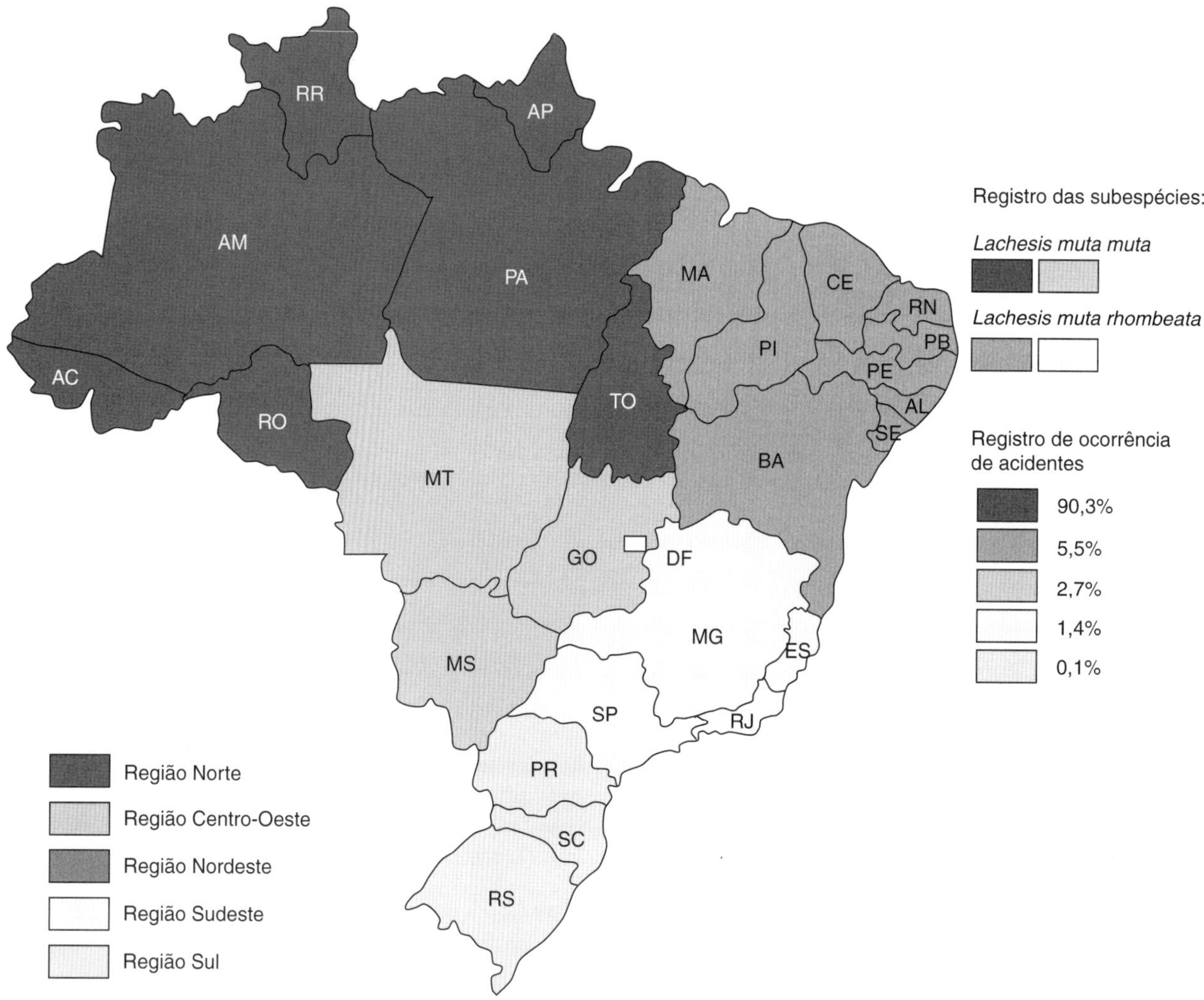

Figura 1. Mapa do registro da ocorrência das subespécies de *Lachesis* no Brasil e a frequência de envenenamentos nas regiões do Brasil.[14,15]

Figura 2. Aspecto da *Lachesis*: cabeça mostra a fosseta loreal e uma lista escura pós-ocular.

Fonte: foto de Breno Almeida – Centro de Herpetologia da Amazônia, com permissão.

participação do homem nas atividades agrícolas. Estes envenenamentos ocorrem em todos os meses do ano (Figura 4), com maior frequência nos meses de janeiro a março (32,47%) que são os de maior densidade pluviométrica.[15]

Os registros da gravidade dos envenenamentos por *Lachesis* no período mostram que o acidente leve foi de 28,6% (Manual do Ministério da Saúde do Brasil, não classifica acidente leve nos acidentes por *Lachesis*), moderado em 58,1% e grave em 13,3%, com uma letalidade pelo agravo de 1.0%. Estes resultados demonstram que o gênero *Lachesis* é a segunda causa de óbitos, sendo o gênero *Crotalus* o que causa maioria dos óbitos.[15,17]

Peçonha da *Lachesis*

A peçonha ou veneno das *Lachesis* são produzidas e armazenadas nas glândulas de veneno, localizada na parte lateral da cabeça da serpente,[10] cuja composição do veneno é constituído principalmente por oito famílias de toxinas, como os peptídios potenciadores da bradicinina (BPPs),

Figura 3. Aspecto da *Lachesis*: o corpo com escamas quilhadas, parecendo com cascas de jaca, por isso o nome "pico-de-jaca", sendo as manchas dorsais losangulares ao longo do corpo, com cores que variam do marrom-escuro ao preto e o colorido de fundo do corpo é creme ou bege.

Fonte: foto de Breno Almeida – Centro de Herpetologia da Amazônia, com permissão.

fosfolipase A2 (FLA2), serina protease, proteínas secretórias ricas em cisteína (CRISP), lectina específica de galactose (Gal-C-lectina), L-aminoácido oxidase (LAO), metaloproteinases (SVMP) e os fator de crescimento do nervo (NGF),[18] que dependendo da quantidade injetada levam a manifestações clínicas decorrentes das ações inflamatória aguda ou proteolítica, coagulante, hemorrágica, essas são similares aos do veneno botrópico e, ainda, a uma ação neurotóxica, responsável pela excitação do nervo vago.[19]

A ação inflamatória é responsável pelas manifestações clínicas como a dor local, edema, eritema, bolhas e necrose tecidual. A ação coagulante e a hemorrágica causam alteração da coagulação sanguínea e plaquetária que pode levar a sangramentos no local da picada e ou sistêmica (gengivorragia, equimoses, hemoptises, hematêmeses e trombocitopenia).[19] Enquanto as manifestações de neurotoxidade nos envenenamentos, as vítimas apresentam cólicas abdominais, diarreia, bradicardia e hipotensão, estas são decorrentes do estímulo do sistema nervoso autônomo do nervo vago, porém, o seu mecanismo não está bem esclarecido.[20,21]

ALERTA IMPORTANTE

As serpentes do gênero *Lachesis* são as maiores serpentes peçonhentas das Américas, chegando a atingir mais de 3 metros de comprimento e podem inocular uma grande quantidade de veneno, que tem atividade proteolítica, coagulante, hemorrágica e neurotóxica.

QUADRO CLÍNICO

A manifestação clínica da *Lachesis* são consequências das ações da peçonha.[18,19] A ação inflamatória leva ao surgimento de dor local, edema, eritema, bolhas, abscesso e necrose tecidual, e as causadas pelas ações coagulante e hemorrágica levam ao sangramento no local da picada e ou sistêmica, como gengivorragia, equimoses, hemoptises, hematêmeses, podendo ocorrer alterações da coagulação sanguínea e das plaquetas. Esses achados são semelhantes aos acidentes por *Bothrops*, porém, nos acidentes por *Lachesis*, as vítimas apresentam ainda manifestações clínicas de uma síndrome de excitação do nervo vago, com dor abdominal tipo cólica, diarreia, bradicardia e hipotensão,[19,20] e geralmente estes acidentes ocorrem na floresta da Amazônia ou na Mata Atlântica.

A gravidade dos acidentes por *Lachesis* é dependente da quantidade da peçonha inoculada e se classifica em moderado e grave[17] (nunca descritos casos leves). No moderado, a vítima apresenta dor local, sangramento local, edema local e ascendente, sangramento sistêmico discreto (gengivorragia, epistaxe) e síndrome vagal, com cólicas e diarreia. O tempo de coagulação (TC), tempo de protrombina (TP),

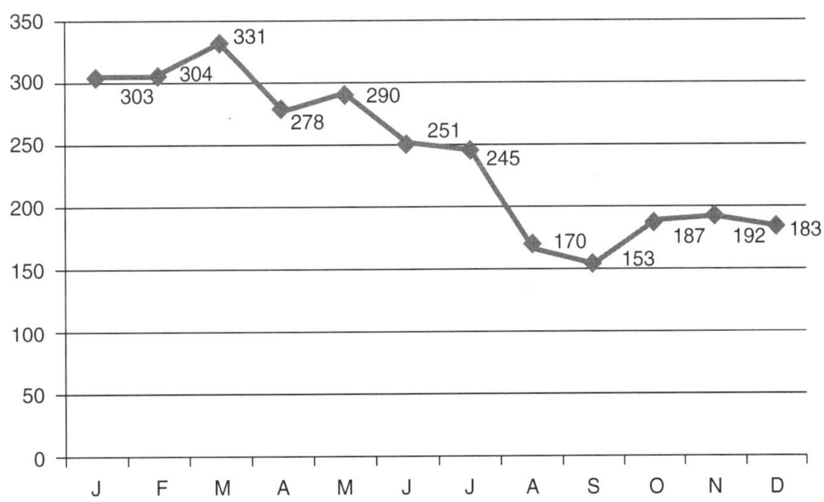

Figura 4. Sazonalidade dos acidentes por *Lachesis* notificados no Brasil, no período de 2015 a 2019.

INR (*international normalized ratio*), Tempo de Tromboplastina Parcial Ativada (TTPA) e plaquetas pode estar normal ou alterado. No envenenamento grave, se caracteriza por dor local, sangramento local, edema local, edema ascendente intenso, bolhas, necroses, sangramento sistêmico abundante (hemoptise, hematêmese, hematúria etc.), choque, oligúria, anúria, injúria renal aguda, síndrome vagal com cólicas abdominal, diarreia, bradicardia, hipotensão e o TC, TP, INR, TTPA e plaquetas podem estar normal ou alterado (Figura 5).

Complicações no acidente por *Lachesis*

As complicações nos envenenamentos por laquéticos podem ser locais ou sistêmicos. Os locais são principalmente abscessos, necrose, síndrome compartimental; entre os sistêmicos, choque, sepse e injúria renal aguda.[22]

DIAGNÓSTICO DIFERENCIAL

Pode ser feito diagnóstico diferencial com acidentes com outras serpentes peçonhentas como *Bothrops*, *Crotalus* e *Micrurus*. De todas, é o acidente por *Bothrops* que pode trazer dúvidas quanto ao diagnóstico etiológico, por ser a clínica da *Lachesis* similar ao da jararaca.[1] Outro complicador é a denominação de surucucu, que, principalmente na Amazônia, também são denominadas as jararacas adultas, que pode trazer dúvida etiológica, quando não comprovem a serpente durante o atendimento médico.[23] Nesses casos, deve-se observar se as vítimas apresentam ou não os sintomas da síndrome vagal e se tenha ocorrido na floresta Amazônica ou na Mata Atlântica, que é o hábitat natural da *Lachesis*.

ALERTA IMPORTANTE

Nos acidentes ocorridos na floresta Amazônica ou na Mata Atlântica, o diagnóstico diferencial entre acidente laquético ou botrópico deve ser realizado observando-se se as vítimas apresentam ou não os sintomas da síndrome vagal. Tendo em vista que raramente ocorrem a captura e a identificação da serpente causadora do acidente.

Exames complementares

Exames específicos

A certeza diagnóstica da etiologia é quando a vítima leva a serpente durante o atendimento médico e sua identificação é realizada; porém, o diagnóstico, do gênero da serpente, poderá ser feito pelo imunodiagnóstico, pela técnica de ELISA (*Enzyme Linked Immuno Sorbent Assay*), que detectar qualitativamente e quantitativamente o antígeno e anticorpos circulantes no sangue das vítimas, contudo está limitado em pesquisa.[24]

As provas inespecíficas poderão ser realizadas, para avaliar a evolução da clínica da vítima, dentre eles, temos: hemograma: que geralmente apresenta leucocitose à custa de segmentados com desvio para esquerda, já nas primeiras horas do acidente, decorrente ao trauma agudo e não de infecção.[25] Os fatores de coagulação podem estar alterados, como o TC, TP, INR e TTPA, demonstrando o consumo do fibrinogênio. Observa-se também que as plaquetas podem estar normais ou diminuídas; deve ser também avaliada a função renal com a dosagem da ureia, creatinina e da urina de rotina.[26]

TRATAMENTO

Os cuidados com o paciente acidentado por animais peçonhentos, entre esses, o envenenamento por *Lachesis*, devem ser iniciados logo após o acidente, com o tratamento pré-hospitalar e o hospitalar.[17]

Tratamento pré-hospitalar

Deve-se acalmar a vítima; lavar o local com água ou com sabão; estender o membro picado e elevar em torno de 45⁰; não fornecer nenhum medicamento caseiro, somente administrar água; transportar a vítima imediatamente para uma unidade hospitalar, para atendimento médico. Outras medidas como: garrotear ou amarrar; fazer incisões ou perfurações e sucções no local picado e colocar substâncias estranhas como café, ervas e outras, no local picado, são contraindicadas.[17]

Tratamento hospitalar

Consiste das seguintes medidas: Tratamento geral e tratamento específico.[17,27]

O tratamento geral consiste em:

1. Verificar sinais vitais e manter o paciente estável hemodinamicamente.
2. Realizar limpeza do local picado, com soluções antissépticas ou soro fisiológico.
3. Drenar os conteúdos das bolhas.
4. Estender e elevar o membro picado em torno de 45°.
5. Manter a vítima hidratada, com diurese entre 30 e 40 mL/hora nos adultos, e 1 a 2 mL/kg/hora nas crianças.
6. Indicar sintomáticos, se necessário.
7. Realizar profilaxia do tétano.
8. O uso de antibióticos deverá ser indicado quando houver evidência de infecção. Quando indicado usar clindamicina com aminoglicosídeo.
9. Na síndrome compartimental, a fasciotomia deve ser indicada, desde que as condições de hemostasia do paciente o permitam.
10. Nas áreas necrosadas realizar debridamento e nos abscessos a drenagem deve ser efetuada. Procurar sempre preservar o segmento atingido.

Tratamento específico

O tratamento dos envenenamentos por *Lachesis* deve ser realizado com antiveneno específico,[17,28] pois é a única medicação eficaz contra o veneno, devendo seguir os seguintes princípios:

1. No acidente por surucucu (*Lachesis*), o soro específico utilizado atualmente e disponibilizado é o antibotrópico pentavalente + antilaquético (SABL), disponível em ampolas de 10 mL.

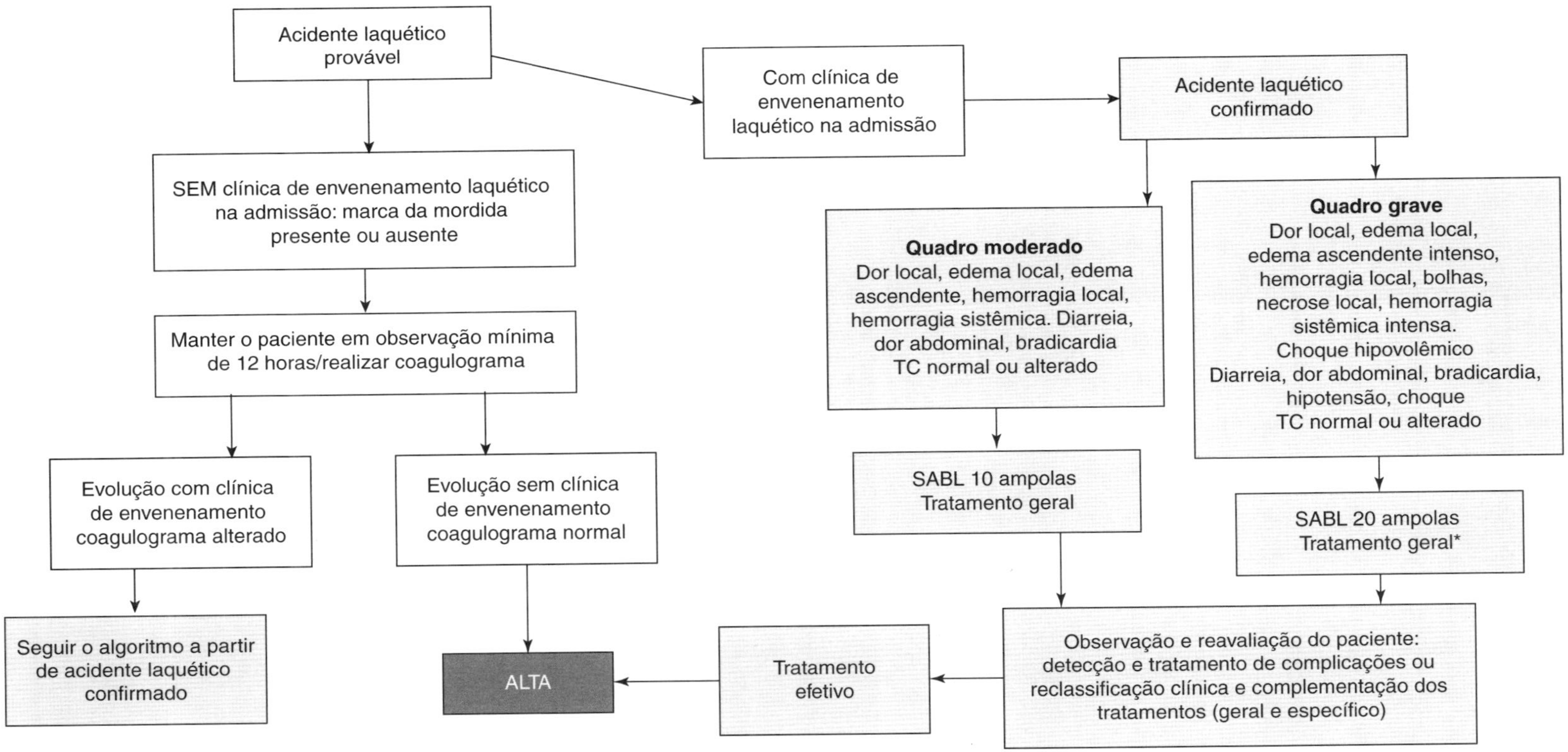

Figura 5. Acidente laquético.

*Tratamento geral: suporte clínico, abordagem da dor, hidratação adequada, drenagem postural, profilaxia do tétano e coagulograma. Todo paciente submetido a tratamento soroterápico deve ficar em observação por 24 horas. SABL: Antibotrópico pentavalente e Antilaquético, com ampolas de 10 ml, infundir Intravenoso em gotejamento.

Fonte: fluxograma adaptado do Ministério da Saúde.

2. A dosagem ou número de ampolas do soro específico depende da gravidade do envenenamento. Nos acidentes moderados, indicado 10 ampolas e nos graves 20 ampolas.
3. O número de ampolas do antiveneno para crianças é a mesma que para os adultos.
4. Não existe contraindicação para gestantes.
5. A via de administração da soroterapia deve ser sempre a venosa.
6. Antiveneno pode ser administrado puro ou diluído em 50 ou 100 mL de solução glicosada ou fisiológica, em gotejamento, 30 a 40 gotas/minuto.
7. Sempre administrar o antiveneno (soro) em dose única, nunca fracionada.
8. A soroterapia deve ser realizada o mais breve possível.
9. Se os fatores de coagulação permanecerem alterados 24 horas após a soroterapia, está indicada dose adicional de duas ampolas de SAB.

ALERTA IMPORTANTE

O prognóstico do paciente está diretamente relacionado à gravidade do acidente, ao tratamento adequado e ao tempo entre o acidente e a aplicação da soroterapia.

ERROS COMUNS QUE VOCÊ DEVE EVITAR

Achar que a vítima conhece serpentes e acreditar no nome popular que ele se referiu.

Não identificar ou não solicitar identificação do animal agressor.

Tratar como *Lachesis* acidentes ocorridos fora de mata primária e que não tenha síndrome vagal.

Não solicitar coagulograma (TC, TP, INR e TTPA).

Não classificar a gravidade do envenenamento.

Demorar na infusão do antiveneno.

Usar o antiveneno não especifico (SABL).

Diluir o antiveneno em grandes quantidades de soros fisiológico ou glicosado.

REFERÊNCIAS BIBLIOGRÁFICAS

1. Pardal PPO, Souza SM, Monteiro MRCC, Fan HW, Cardoso JLC, França FOS, et al. Clinical trial of two antivenoms for the treatment of Bothrops and Lachesis bites in the north eastern Amazon region of Brazil. Trans R Soc Trop Med Hyg. 2004;98(1):28-42.
2. Pardal PPO, Bezerra IS, Rodrigues LS, Pardal JSO, Farias PHS. Acidente por surucucu (Lachesis muta muta) em Belém-Pará: relato de caso. Rev Paraense de Med. 2007;21(1).
3. Jorge MT, Sano-Martins IS, Tomy SC, Castro SC, Ferrari RA, Ribeiro LA, Warrell DA. Snakebite by the bushmaster (Lachesis muta) in Brazil: case report and review of the literature. Toxicon. 1997;35(4):545-54.
4. Souza ARB, Buhrnheim PF. Dez casos de acidente laquético atendidos no IMT-AM e 1986 a 1996. Rev Soc Bras Med Tropical. XXXV congresso da SBMT. 1999;32(suplemento I):268.
5. Carvalho Junior AM, Alencar VP, Costa FG, Cabral B, Dias EPF, Arruda Junior ER. Acidentes ofídicos por surucucu (Lachesis muta rhombeata): relato de dois casos atendidos no HU. Rev Centro Ciênc Saúde. 1994,13(3):11-4.
6. Lima PHS, Junior VH. A snakebite caused by a bushmaster (Lachesis muta): report of a confirmed case in State of Pernambuco, Brazil. Rev Soc Bras Med Tropical. 2015;48(5):636-7.
7. Souza RCG, Nogueira APB, Lima T, Cardoso JLC. The Enigma of the North Margin of the Amazon River: Proven Lachesis Bites in Brazil, Report of Two Cases, General Considerations about the Genus and Bibliographic Review. Bull. Chicago Herp Soc. 2007;42(7):105-15.
8. Malveira SKM, Salis CR, Correia JM, Albuquerque PLMM, Romeu GA. Acidente por Surucucu (Lachesis sp.) no Estado do Ceará: Relato de caso. Rev Casos Consul. 2021;12(1): e23909.
9. Melgarejo, AR. Serpentes Peçonhentas do Brasil. In: CARDOSO, João Luiz Costa et al. Animais peçonhentos no brasil: Biologia, Clínica e Terapêutica dos Acidentes. São Paulo: Sarvier; 2009. p. 42-68.
10. Campbell JA, Lamar WW. Venomous reptiles of the western hemisphere. v. 2. Ithaca: Comstock Publishing Associates, 2004. 962 p.
11. Argôlo, AJS. As serpentes dos cacauais do sudeste da Bahia. Ilhéus: Editus; 2004. p.260.
12. Bernarde PS, Abe AS. A snake community at Espigão do Oeste, Rondônia, Southwestern Amazon, Brazil. *South American. Journal of Herpetology*. 2006;1:102–113.
13. Nogueira CC, Argôlo AJS, Arzamendia V, Azevedo JA, Barbo FE, Bérnils RS, Bolochio BE, Borges-Martins M, Brasil-Godinho M, Braz H, Buononato MA, Cisneros-Heredia DF, Colli GR, Costa HC, Franco FL, Giraudo A, Gonzalez RC, Guedes T, Hoogmoed MS, Marques OAV, Montingelli GG, Passos P, Prudente ALC, Rivas GA, Sanchez PM, Serrano FC, Silva Jr. NJ, Strüssmann C, Vieira-Alencar JPS, Zaher H, Sawaya RJ, Martins M. Atlas of Brazilian Snakes: Verified Point-Locality Maps to Mitigate the Wallacean Shortfall in a Megadiverse Snake Fauna. South American Journal of Herpetology. 2019;14(Special Issue, 1), 1–274.
14. Costa HC, Bérnils RS. Répteis do Brasil e suas Unidades Federativas: Lista de espécies. Herpetologia Brasileira. 2018;7(1):11-57.
15. Brasil. Ministério da Saúde do Brasil. 2021. Acidente por animais peçonhentos – Notificações registradas no Sistema de Informação de Agravos de Notificação [acesso em: 31 de março de 2021]. – Brasil. Disponível em: http://tabnet.datasus.gov.br/cgi/tabcgi.exe?sinannet/cnv/animaisbr.def
16. Rodrigues R, Albuquerque RL, Santana DJ, Laranjeiras DO, Protázio AS, França FGR, Mesquita DO. Record of the occurrence of Lachesis muta (Serpentes, Viperidae) in an Atlantic Forest fragment in Paraíba, Brazil, with comments on the species' preservation status. Biotemas. 2013;26(2):283-6.
17. Brasil, Fundação Nacional da Saúde. Manual de diagnóstico e tratamento de acidentes por animais peçonhentos. Brasília: Ministério da Saúde do Brasil; 2001, p. 37-44.
18. Sanz L, Escolano J, Ferretti M, Biscoglio MJ, Rivera E, Crescenti EJ, et al. Snake venomics of the South and Central American Bushmasters. Comparison of the toxin composition of Lachesis muta gathered from proteomic versus transcriptomic analysis. J Proteomics. 2008;7(1):46-60.
19. Gutiérrez JM. Comprendiendo los venenos de serpientes: 50 años de investigaciones en América Latina. Rev Biologia Tropical. 2002;50:377-94.
20. Haad JS. Accidentes humanos por las serpientes de los gêneros Bothrops e Lachesis. Mem Inst Butantan. 1981;44/45:403-23.
21. Diniz MR, Oliveira EB. Purification and properties of a kininogenin from the venom of Lachesis muta (bushmaster). Toxicon. 1992;30(3):247-58.
22. Souza AS, Sachett JAG, Alcântara JA, Freire M, Alecrim MGC, Lacerda M, et al. Snakebites as cause of deaths in the Western Brazilian Amazon: Why and who dies? Deaths from snakebites in the Amazon. Toxicon. 2018;15(24):145.
23. Silva AM, Monteiro WM, Bernarde PS. Popular names for bushmaster (Lachesis muta) and lancehead (Bothrops atrox) snakes in the Alto Juruá region: repercussions for clinical-epidemiological diagnosis and surveillance. Rev Soc Med Trop.2019;52:e-20180140.
24. Felicori LF, Chávez-Olórtegui C, Sánchez EF. Specific identification of Lachesis muta muta snake venom using antibodies against the plasminogen activator enzyme, LV-PA. Toxicon. 2005;45(6):803-6.
25. Barraviera BA. As reações agudas nos acidentes ofídicos. In: Veneno animais: uma visão integrada. Rio de Janeiro: EPUC; 1994. 91-96 p.
26. Barraviera B. Acidentes ofídicos. In: Veronesi R, Focaccia R. Tratado de infectologia. São Paulo: Editora Atheneu; 1996. 561-1577p.
27. Pardal PPOP, Cardoso BS, Dourado HV. Acidentes ofídicos. In: Leão, RNQ. Medicina Tropical e Infectologia na Amazônia. v. 2. Belém: Samauma; 2013. 1515-1532 p.
28. Colombini M, Fernandes I, Cardoso DF, Moura-da-Silva AM. Lachesis muta muta venom: immunological differences compared with Bothrops atrox venom and importance of specific antivenom therapy. Toxicon. 2001;39,711-9.

CAPÍTULO 84

ACIDENTES POR COBRAS-CORAIS DO GÊNERO *MICRURUS* (MICRURISMO)

Fábio Bucaretchi
Stephen Hyslop

PONTOS-CHAVE

- Os acidentes por cobras-corais do gênero *Micrurus* (micrurismo) são raros, correspondendo a menos de 1% dos acidentes causados por serpentes peçonhentas notificados no Brasil, com maiores ocorrências nas regiões Sul e Sudeste.
- A maioria dos pacientes envenenados refere parestesia e dor no local da picada, de intensidade variável. Os acidentes graves são pouco frequentes, caracterizados por uma síndrome miastênica aguda de progressão craniocaudal (descendente) com sinais de intensa fraqueza muscular, podendo evoluir para falência respiratória aguda com necessidade de assistência ventilatória mecânica.
- O manejo clínico inclui a administração de antiveneno (soro antielapídico) nos casos com manifestações sistêmicas neurotóxicas, além do tratamento de suporte nos pacientes com falência respiratória.

INTRODUÇÃO

As cobras-corais dos gêneros *Micrurus*, *Micruroides* e *Leptomicrurus* constituem os únicos representantes da família *Elapidae* nas Américas, com ampla distribuição desde o sul dos Estados Unidos até o norte da Argentina.[1-5] No Brasil, foram identificadas 32 espécies de *Micrurus* e três de *Leptomicrurus*,[1] todavia, até o momento, constam apenas registros de casos de envenenamento por 11 espécies de *Micrurus* (*M. annellatus*, *M. averyi*, *M. corallinus*, *M. decoratus*, *M. frontalis*, *M. filiformis*, *M. lemniscatus*, *M. hemprichii*, *M. ibiboboca*, *M. spixii* e *M. surinamensis*), sendo *M. corallinus*, *M. frontalis* e *M. lemniscatus* relacionadas à maioria dos acidentes, principalmente nas regiões Sul e Sudeste do país (Figura 1).[2-6]

As cobras-corais são serpentes de pequeno ou médio porte, com hábitos semifossoriais, de baixa agressividade, com presas inoculadoras pequenas, com cinética craniana limitada e pequeno ângulo de abertura da boca, o que dificulta a injeção do veneno.[1-5] Por outro lado, têm o hábito de morder e fazer movimentos mastigatórios sem se desprender da presa, o que pode prolongar o tempo de inoculação do veneno. Esse comportamento pode variar em acidentes com humanos, em que a picada, sem a mordida prolongada, é o mais comum. A maioria das picadas ocorre nas mãos ou nos dedos, ao manusear a serpente de forma inadequada e imprudente, incluindo em crianças, possivelmente atraídas pelo belo colorido vivo e contrastante desses animais, havendo, inclusive, registros de picada acidental na boca.[1-5]

Embora ocorram picadas secas, isto é, sem envenenamento, todo acidente micrúrico deve ser considerado como potencialmente grave, em decorrência da demora no início das manifestações sistêmicas de envenenamento observadas em alguns casos, que podem ocorrer até 12 a 18 horas pós-picada, incluindo manifestações paralíticas.[2-5,7,8] Embora boa parte dos acidentes seja causada por serpentes adultas, há descrição de envenenamento grave causado por exemplares juvenis, como no caso de um menino de 1 ano que evoluiu com falência respiratória necessitando de ventilação mecânica por 3 dias, após picada por uma *M. corallinus* com 15 cm de comprimento, na cidade de Florianópolis, Santa Catarina.[9] Outras situações não usuais reportadas incluem envenenamentos com gravidade similar em dois indivíduos picados em sequência pela mesma cobra-coral, conforme descrito em acidentes causados por *M. frontalis* (HVB),[4] *M. corallinus*,[10] e por uma *Micrurus spp*. em Manaus, Amazonas.[11]

Extensa revisão da literatura brasileira sobre micrurismo (1867 a 2020) revela que de 238 casos em que foram reportadas as manifestações clínicas de envenenamento, 38 (16%) ocorreram em crianças menores de 15 anos, com 3 crianças necessitando de assistência ventilatória mecânica (1, 4 e 10 anos de idade).[2-6,11]

MECANISMO DE AÇÃO

Experimentos em animais mostram que os venenos de *Micrurus* são neurotóxicos, miotóxicos, hemolíticos, nefrotóxicos, hemorrágicos e edematogênicos. Em acidentes com humanos, predominam as manifestações neurotóxicas, além de efeitos miotóxicos discretos.[12] Ainda que não reportada em humanos, hemólise intravascular grave tem sido descrita na clínica veterinária, em cães mordidos por *M. fulvius* nos EUA.[13]

As manifestações neurotóxicas sistêmicas decorrem, basicamente, de bloqueio neuromuscular por neurotoxinas (NTX) classificadas como pré e pós-sinápticas.[12,14,15] Baseado em estudos derivados de venenos de espécies de elapídeos da África, Ásia e Austrália, foi identificado que a maioria das NTX pré-sinápticas, também denominadas como β-NTX, têm atividade fosfolipase A_2 (PLA_2), determinando bloqueio da liberação de acetilcolina (ACh) na junção neuromuscular (JNM), [12,14,15] que seguiria três fases: 1. Depressão da liberação de ACh; 2. Aumento da liberação de ACh seguido de depleção das vesículas sinápticas; 3. Completa inibição da transmissão na JNM, com subsequente degeneração da

M. corallinus ***M. frontalis***

M. lemniscatus

Figura 1. As três espécies de *Micrurus* associadas à maioria dos acidentes descritos no Brasil.
Fonte: fotos do Prof. Dr. Nelson Jorge da Silva Júnior, com permissão.

terminação nervosa motora (hidrólise da membrana fosfolípide pela PLA_2), e posterior reinervação.[15] Essas observações indicam, baseado em estudos com elapídeos da África, Ásia e Austrália, que em pacientes envenenados em que predomina a atividade da NTX pré-sináptica a recuperação clínica pode ser lenta, dependente da regeneração da terminação nervosa e da formação de uma nova JNM.[15]

As NTX pós-sinápticas (α-NTX) fazem parte da família de toxinas de três dígitos (3FTx) e são classificadas como de cadeia curta (61-62 aminoácidos, com quatro pontes de dissulfeto), cadeia longa (66-75 aminoácidos, com cinco pontes de dissulfeto), e não convencionais.[12,14,15] As NTX pós-sinápticas não têm atividade enzimática, e causam bloqueio neuromuscular não despolarizante com ação similar ao curare e derivados, atuando como antagonistas competitivos dos receptores nicotínicos da ACh na JNM (nAChR), com potencial resposta terapêutica favorável aos inibidores da acetilcolinesterase (AChase). Todavia, podem ocorrer diversas variações nos efeitos das NTX pós-sinápticas, incluindo bloqueio "irreversível" dos nAChR, que podem atenuar ou abolir a resposta terapêutica à soroterapia com antiveneno e aos inibidores da AChase.[12,14,15]

Análises proteômicas indicam que os venenos de espécies de *Micrurus* das Américas do Norte e Central apresentam, de maneira geral, maiores concentrações de PLA_2 do que de 3FTx, enquanto as espécies da América do Sul tendem a mostrar uma relação inversa, com maiores concentrações de 3FTx do que PLA_2.[16,17]

Em relação à miotoxicidade causada por venenos de *Micrurus* nos modelos animais, observa-se uma correlação positiva entre a atividade PLA_2 e o dano muscular.[12] A dor local de intensidade variável é uma manifestação comum no envenenamento micrúrico, havendo relato de caso de pacientes que evoluem com dor excruciante após a picada, com necessidade do uso de opioides para alívio da dor, principalmente por *M. tener*, espécie predominante no Texas, EUA,[18] e *Micrurus lemniscatus ssp.*, na América do Sul, incluindo Brasil.[2-5,19] A hiperalgesia pode estar relacionada a toxinas heterodiméricas nociceptivas, como as isoladas do veneno de *M. tener*.[20]

QUADRO CLÍNICO

Podem ser divididas em **locais** e **sistêmicas**.

Locais: a marca das presas no local da picada pode ser variável, desde o encontro de dois ou mais pontos de inoculação, às vezes com o aspecto de arranhadura ou, ainda, não ser identificada nenhuma marca. Deve ser salientado, porém, que a ausência de marca das presas é comum (50% dos casos) e não afasta a possibilidade de inoculação do veneno e do desenvolvimento de envenenamento sistêmico.[2-5]

A maioria dos pacientes envenenados refere parestesia ou sensação de dormência no local da picada, além de dor, de intensidade variável, com tendência à progressão proximal.[2-5,11] Como já mencionado, há relatos de pacientes que evoluem com dor muito intensa, além da diminuição transitória da sensibilidade local.[2-5,19] O edema local não é comum, e, quando presente, costuma ser discreto.[2-5,11] Todavia, consta observação de raros casos onde é possível notar um edema local mais intenso, como no caso de um paciente picado no pé por uma *M. lemniscatus carvalhoi* que evoluiu com dor local intensa, edema local que se estendeu até 1/3 médio da perna, miotoxicidade [creatinoquinase (CK) total = 3.819 U/l, valor de referência (VR) < 170 U/l], trombocitopenia (58.000 plaquetas/mm^3), e sem sinais de miastenia aguda (CIATox de Campinas, dados não publicados).

Alguns pacientes podem não apresentar nenhuma manifestação clínica de envenenamento, sendo classificados como assintomáticos ou picada seca.[2-5] Mesmo assim, devem ser mantidos em observação clínica no serviço de saúde por, pelo menos, 24 horas. Não há dados precisos da real frequência de picadas secas em casos confirmados de micrurismo. Na revisão dos 238 casos de micrurismo reportados no Brasil, 11,7% foram classificados como assintomáticos.[2-6,11]

Sistêmicas: são caracterizadas pela atividade neurotóxica na JNM, ocasionando o aparecimento de uma síndrome miastênica aguda de evolução craniocaudal (descendente).[2-5,7-11,15] De maneira geral, essas manifestações se iniciam poucas horas após o acidente (1 a 3 horas) e, uma vez iniciadas, tendem a progredir e se agravar caso não se institua o tratamento adequado. Há descrição, no entanto, de casos com quadro miastênico de início tardio (7 a 18 horas da picada), [2-5,7-8] inclusive com evolução para paralisia respiratória.[8]

As manifestações neurológicas indicativas de uma síndrome miastênica aguda incluem ptose palpebral bilateral (simétrica ou assimétrica), oftalmoplegia, ptose mandibular, salivação por dificuldade de deglutição, disartria, disfagia, dificuldade para se manter na posição ereta e/ou deambular, dispneia (padrão restritivo), e apneia.[2-5,7-11,15] Outras manifestações sistêmicas descritas incluem a presença de parestesias generalizadas, disestesias, fasciculações musculares, mialgia localizada ou generalizada, convulsões, disfonia, afonia, paralisia facial, perda transitória do sentido da gustação (disgeusia), nistagmo horizontal, hiperemia conjuntival, náuseas, vômitos, cefaleia, tonturas, euforia, incontinência urinária transitória, dor abdominal, dor torácica, dor testicular e sudorese profusa.[2-5,10]

A presença de mialgia localizada ou generalizada está, possivelmente, associada ao efeito miotóxico do veneno. Relatos isolados de casos no Brasil indicam atividade miotóxica discreta, confirmada pelo aumento da atividade da CK total sérica acima dos valores de referência (VR).[2-5,11] Em adição à miotoxicidade, há descrição de raros casos de micrurismo na Amazônia brasileira que evoluíram com trombocitopenia e coagulopatia, sem manifestações sistêmicas neurotóxicas,[6,11] além do caso acima descrito, picado por *M. lemniscatus carvalhoi* e que também evoluiu com trombocitopenia, cujo acidente ocorreu na cidade de Bragança Paulista, São Paulo.

DIAGNÓSTICO

Em adição à história clínica e às manifestações descritas, que compõem a síndrome do envenenamento, o micrurismo também pode ser classificado como *confirmado* ou *suspeito*. Entende-se por *caso confirmado* aquele em que a serpente causadora do acidente foi capturada e trazida para identificação no serviço de emergência, ou fotografada na cena do acidente e, posteriormente, identificada como um espécime de *Micrurus*, em geral pelo apoio remoto do Ciatox de referência regional, ou por auxílio de um herpetologista, lembrando que a distinção entre uma falsa coral e uma coral verdadeira pode ser muito difícil para profissionais não habilitados. Os *casos suspeitos* são baseados na descrição do acidente pelo paciente ou testemunhas, incluindo a visualização da cobra-coral e o comportamento do animal, e pela síndrome de envenenamento. Outra forma de confirmar o envenenamento seria pela detecção de veneno circulante após a picada, por imunoensaio enzimático (Elisa).[21] Pela dificuldade operacional, essa técnica não está disponível na rotina dos serviços.

Como mencionado, dentre as alterações laboratoriais pode ser observado um aumento discreto da CK total indicativo de miototoxicidade, que em geral não ultrapassa o valor de 10 vezes acima dos VR.[2-5,11] Após picadas por *M. fulvius*, principal espécie causadora de envenenamentos na Flórida, sul dos EUA, e cujo veneno é rico em PLA_2,[12,16] há descrição de casos com miotoxicidade mais intensa, incluindo valores próximos a 100 vezes acima do VR.[7] Embora incomum, como citado, também há descrição de trombocitopenia em três casos de acidente micrúrico no Brasil,[11] incluindo o descrito causado por *M. l. carvalhoi*; e um caso de coagulopatia em um acidente causado por *M annellatus bolivianus*, na cidade de Cruzeiro do Sul, Acre.[6] As alterações da hemostasia detectadas podem estar associadas à presença de lectinas tipo C, que já foram detectadas nos venenos de algumas espécies de *Micrurus*.[14]

DIAGNÓSTICO DIFERENCIAL

Deve ser considerado principalmente nos casos com quadro de miastenia ou paralisia flácida de instalação aguda e evolução craniocaudal, como na síndrome de Miller-Fisher, que é uma polirradiculoneurite variante da síndrome de Guillain-Barré, e no botulismo.[2,3,5] Acidentes causados por falsas cobras-corais dos gêneros *Erythrolamprus*, *Liophis* e *Oxyrhopus*, podem, eventualmente, evoluir com manifestações locais como eritema, edema, dor e parestesia/hipoestesia,[22] que podem ser confundidas com as manifestações locais do envenenamento micrúrico.

TRATAMENTO

Específico: soroterapia antiveneno

O soro antielapídico (SAE) bivalente produzido no Brasil representa o tratamento de primeira linha nos pacientes com sinais clínicos de envenenamento micrúrico, com resposta clínica aparentemente mais favorável antes da instalação do quadro paralítico.[2-5,23] O SAE no Brasil é produzido pelo Instituto Butantan e pela Fundação Ezequiel Dias (Funed, Belo Horizonte, MG). É obtido da imunização de cavalos com os venenos de *M. frontalis* (50%) e *M. corallinus* (50%); sua apresentação é líquida, em ampolas de 10 ml contendo anticorpos da classe $F(ab')_2$, devendo ser conservado em cadeia de frio (+2ºC a +8ºC), sendo que 10 ml de SAE neutralizam 15 mg de veneno referência de *M. frontalis* em camundongos.[2-5] De acordo com o último protocolo clínico do Ministério da Saúde do Brasil (2014), o SAE estaria indicado em todos os pacientes picados por cobras-corais-verdadeiras com manifestações clínicas sistêmicas de envenenamento, nas doses de cinco ampolas para os casos de miastenia aguda sem sinais de paralisia (moderado) e de dez ampolas para os casos graves, com miastenia intensa e sinais clínicos de paralisia, além das medidas de suporte.[23] No Quadro 1 consta a classificação clínica de gravidade e os tratamentos indicados pelo Ministério da Saúde do Brasil para o acidente micrúrico e, na Figura 1, o fluxograma de tratamento. Seguindo essas recomendações, o SAE deve ser administrado IV, em infusão lenta, em 20 a 40 minutos, sob supervisão médica e de enfermagem, podendo ser diluído em solução salina a 0,9% ou soro glicosado a 5%, na razão de 1:2 a 1:5, e infundido na velocidade de 8-12 ml/min.[23]

Embora *M. corallinus* e *M. frontalis* determinem a maioria dos acidentes reportados no Brasil,[2-5] o que historicamente tem subsidiado a inclusão do veneno dessas duas espécies na produção do SAE brasileiro, os resultados em modelos experimentais indicam que o SAE reconhece vários, mas não todos os componentes presentes nos venenos de outras espécies de *Micrurus*.[24] Esses resultados indicam uma ampla variação (qualitativa e quantitativa) dos venenos de *Micrurus*, refletindo, provavelmente, a adaptação de serpentes desse gênero em diferentes hábitats.[24] Isto posto, mudanças nos esquemas de imunização deveriam ser consideradas, incluindo outros venenos na mistura antigênica, com o objetivo de produzir um antiveneno mais efetivo.

Além dessas considerações, um dilema clínico deve ser considerado nos pacientes admitidos com acidente micrúrico confirmado apenas com sinais/sintomas locais de envenenamento.[2,3,5] Um exemplo importante para esse questionamento consta em uma série de casos seguidos pelo Centro de Controle de Intoxicações da Flórida (EUA), em que os autores descrevem o caso de um paciente admitido assintomático, iniciando os sintomas de envenenamento 12 horas pós-picada, evoluindo para um quadro grave, necessitando de suporte respiratório com ventilação mecânica por 24 dias, mesmo tendo recebido seis ampolas de antiveneno quando se iniciaram as manifestações de envenenamento sistêmico.[8] Esse caso mostra que, uma vez instalado o quadro paralítico, mesmo que tardio, a soroterapia não parece ter grande eficácia na reversão da neurotoxicidade sistêmica grave,[7,9,15] principalmente quando se trata de NTX com predomínio da atividade pré-sináptica.[15]

Tratamento de suporte e teste terapêutico com inibidores da acetilcolinesterase (neostigmina)

Como mencionado, a principal complicação do envenenamento micrúrico é a falência respiratória.[2-5,7,8] Nessas situações, é essencial o referenciamento desses pacientes para uma unidade de cuidados intensivos tendo em vista a possível necessidade de ventilação mecânica invasiva.

Ensaios clínicos breves,[25] e relatos de casos isolados bem-sucedidos[26,27] suportam, além de doses adequadas de

Quadro 1. Classificação clínica de gravidade do micrurismo e tratamentos propostos.[21]

Classificação	Manifestações clínicas	Tratamento
Leve	Presença de manifestações locais como parestesia e dor de intensidade variável com ou sem irradiação.	Analgesia, dependendo da intensidade da dor. **Observação clínica pelo menos por 24 horas.** Considerar a soroterapia caso o paciente evolua com sinais de miastenia.
Moderado	Além das manifestações locais, que podem estar ausentes, manifestações indicativas de uma miastenia aguda, como ptose palpebral, diminuição objetiva da força muscular, porém sem sinais de paralisia.	**SAE IV: 5 ampolas** Analgesia dependendo da intensidade da dor.
Grave	Sinais de fraqueza muscular intensa e paralisia evidentes, como dificuldade para se levantar da cama e para deambular; disfagia e salivação; respiração superficial até paralisia respiratória.	**SAE IV: 10 ampolas** Medidas de suporte vital; assistência ventilatória nos casos de insuficiência respiratória; considerar teste terapêutico com neostigmina IV, precedido de atropina IV.

SAE = soro antielapídico bivalente.

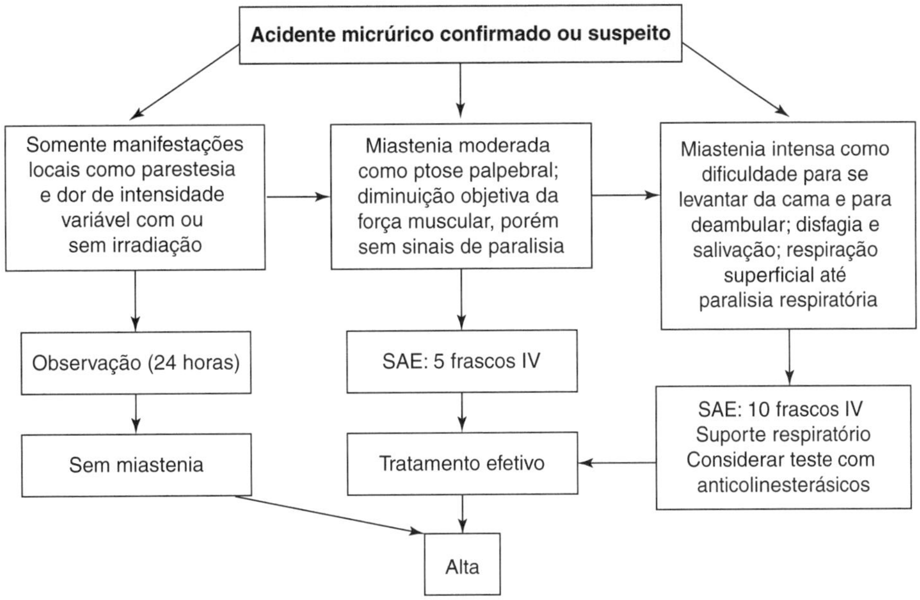

Figura 2. Fluxograma de tratamento do micrurismo no Brasil.
Fonte: adaptada do protocolo clínico do Ministério da Saúde do Brasil (2014).[21]

SAE e das medidas de suporte vital, o teste terapêutico com drogas anticolinesterásicas nos acidentes micrúricos com miastenia intensa, expostos a venenos com ação exclusiva ou predominantemente pós-sináptica na JNM, como, por exemplo, *M. frontalis*.[28] A grande vantagem desse procedimento, quando a resposta ao teste é favorável, é a de promover uma rápida melhora do quadro paralítico quando comparado à soroterapia.[27] Tendo em vista que o cloridrato de edrofônio não está disponível no Brasil, o teste terapêutico pode ser realizado com neostigmina (metilsulfato de neostigmina; solução injetável, 1 ml = 0,5 mg; início da ação após injeção IV em 1-20 min; $t_{1/2}$ = 0,5-2 horas), na dose de 1-2 mg (crianças 0,01-0,04 mg/kg).[23,27] Em determinados casos, apenas uma dose é suficiente para a reversão completa dos sintomas.[27] Caso haja recorrência dos sintomas paralíticos, pode-se repetir a mesma dose a cada 2-4 horas ou em intervalos menores, ou por infusão contínua, na dose inicial de 12 µg/kg/hora, adequando-se as doses de acordo com a resposta clínica de cada paciente.[23,27] A atropina deve ser sempre empregada antes da administração da neostigmina, tendo como objetivo antagonizar os efeitos muscarínicos da ACh, principalmente broncorreia e bradicardia.[23] A dose recomendada pode ser na razão de 0,25 mg de atropina intravenosa (0,01-0,02 mg/kg para crianças) para cada 0,5 mg de neostigmina.[23]

PROGNÓSTICO

Embora raros, todos os acidentes por *Micrurus* devem ser considerados como potencialmente graves, pelo risco do desenvolvimento de falência respiratória de padrão restritivo, mesmo que tardia.[2-5] Considerando a eficiência do tratamento de suporte nos pacientes com falência respiratória, a evolução letal, atualmente, é pouco provável. No Brasil (1867-2020), há o relato de sete mortes atribuídas ao envenenamento micrúrico.[2-5] Nos casos letais onde há descrição da evolução clínica, estas decorreram de asfixia por paralisia respiratória, em situações em que o tratamento de suporte com ventilação mecânica ainda não era disponível.[2-5]

REFERÊNCIAS BIBLIOGRÁFICAS

1. Silva Jr NJ, Pires MG, Feitosa DT. Diversidade das cobras-corais no Brasil. In: Silva Jr NJ. (Ed.). As cobras-corais do Brasil. Goiânia: Editora da PUC Goiás; 2016. p. 78-167.
2. Bucaretchi F, De Capitani EM, Vieira RJ, et al. Coral snake bites (*Micrurus* spp.) in Brazil: a review of literature reports. Clin Toxicol (Phila). 2016;54:222-34.
3. Bucaretchi F, De Capitani EM, Hyslop S. Aspectos clínicos do envenenamento causado por cobras-corais no Brasil. In: Silva Jr NJ. (Ed.). As cobras-corais do Brasil. Goiânia: Editora da PUC Goiás; 2016. p. 346-79.
4. Risk JY, Cardoso JLC, Sueiro LR, Almeida-Santos SM. Acidentes com cobras-corais e o Instituto Butantan. In: Silva Jr NJ. (Ed.). As cobras-corais do Brasil. Goiânia: Editora da PUC Goiás; 2016. p. 381-413.
5. Bucaretchi F, De Capitani EM, Hyslop S. Clinical aspects of envenomation by coralsnakes in Brazil. In: Silva Jr NJ, Porras LW, Aird SD, Prudente ALC (eds.). Advances in Coralsnake Biology with an Emphasis on South America. Eagle Mountain Publishing, Eagle Mountain, UT, USA; 2021. p.703-44 (in press).
6. da Silva AM, da Fonseca WL, de Araujo Valente Neto E, et al. Envenomation by *Micrurus annellatus bolivianus* (Peters, 1871) coral snake in the western Brazilian Amazon. Toxicon. 2019;166:34-8.
7. Kitchens CS, Van Mierop LHS. Envenomation by the Eastern coral snake (*Micrurus fulvius fulvius*). A study of 39 victims. J Am Med Assoc. 1987;258:1615-1618.
8. Wood A, Schauben J, Thundiyil J, et al. Review of Eastern coral snake (*Micrurus fulvius fulvius*) exposures managed by the Florida Poison Information Center Network: 1998-2010. Clin Toxicol (Phila). 2013;51:783-8.
9. Torres JL, Gasparelo KR, Muelhbauer E, et al. Envenenamento grave por serpente *Micrurus corallinus* em criança: relato de caso. Resumos do XVIII Congresso Brasileiro de Toxicologia, Porto Alegre, RS, 2013. Disponível em: http://www.cbtox2013.com.br/docs/trab-7554-923.pdf. [acesso em 18 de maio de 2021].
10. Bucaretchi F, Borrasca-Fernandes CF, De Capitani EM, Hyslop S. Consecutive envenomation of two men bitten by the same coral snake (*Micrurus corallinus*). Clin Toxicol (Phila). 2020;58(2):132-5.

11. Bisneto PF, Araújo BDS, Pereira HDS, et al. Envenomations by coral snakes in an Amazonian metropolis: ecological, epidemiological and clinical aspects. Toxicon. 2020;185:193-202.
12. Gutiérrez JM, Lomonte B, Aird S, Silva Jr NJ. Mecanismo de ação dos venenos das cobras corais. In: Silva Jr NJ. (Ed.). As cobras-corais do Brasil. Goiânia: Editora da PUC Goiás; 2016, p. 302-29.
13. Pérez ML, Fox K, Schaer M. A retrospective evaluation of coral snake envenomation in dogs and cats (20 cases) (1996-2011). J Vet Med Crit Care. 2012;22:682-9.
14. Aird S, Silva Jr NJ. Química dos venenos de cobras-corais. In: Silva Jr NJ. (Ed.). As cobras-corais do Brasil. Goiânia: Editora da PUC Goiás; 2016, p. 242-301.
15. Ranawaka UK, Lalloo DG, de Silva HJ. Neurotoxicity in snakebite – the limits of our knowledge. PLoS Negl Trop Dis. 2013;7(10):e2302.
16. Lomonte B, Rey-Suárez P, Fernández J, et al. Venoms of *Micrurus* coral snakes: Evolutionary trends in compositional patterns emerging from proteomic analyses. Toxicon. 2016;122:7-25.
17. Sanz L, Quesada-Bernat S, Ramos T, et al. New insights into the phylogeographic distribution of the 3FTx/PLA2 venom dichotomy across genus *Micrurus* in South America. J Proteomics. 2019;200:90-101.
18. Morgan DL, Borys DJ, Stanford R, et al. Texas coral snake (*Micrurus tener*) bites. South Med J. 2007;100:152-6.
19. Nishioka SA, Silveira PV, Menzes LB. Coral snake bite and severe local pain. Ann Trop Med Parasitol. 1993;8:429-31.
20. Bohlen CJ, Chesler AT, Sharif-Naeini R, et al. A heteromeric Texas coral snake toxin targets acid-sensing ion channels to produce pain. Nature. 2011;479(7373):410-414. doi: 10.1038/nature10607.
21. Norris RL, Pfalzgraf RR, Laing G. Death following coral snake bite in the United States – first documented case (with ELISA confirmation of envenomation) in over 40 years. Toxicon. 2009;53:693-7.
22. Salomão MG, Albolea ABP, Almeida-Santos SM. Colubrid snakebite: a public health problem in Brazil. Herpetol Rev. 2003;34:307-312.
23. Brasil. Ministério da Saúde. Protocolo Clínico. Acidente por Serpente da Família Elapidae, Gêneros *Micrurus* e *Leptomicrurus* "Coral Verdadeira". 2014. Disponível em: http://portalsaude.saude.gov.br/images/pdf/2014/marco/13/Protocolo-cl--nico---Acidente-por-serpente-da-fam--lia-Elapidae.pdf. [acesso em 18 de maio de 2021].
24. Tanaka GD, Furtado MFD, Portaro FCV, et al. Diversity of *Micrurus* snake species related to their venom toxic effects and the prospective of antivenom neutralization. PLoS Negl Trop Dis. 2010;4:e622.
25. Watt G, Theakston RD, Hayes CG, et al. Positive response to edrophonium in patients with neurotoxic envenoming by cobras (*Naja naja philippinensis*). A placebo-controlled study. N Engl J Med. 1986;315:1444-1448.
26. Coelho LK, Silva E, Espositto C, et al. Clinical features and treatment of Elapidae bites: report of three cases. Hum Exp Toxicol. 1992;11:135-7.
27. Vital Brazil O, Vieira RJ. Neostigmine in the treatment of snake accidents caused by *Micrurus frontalis*: report of two cases. Rev Inst Med Trop São Paulo. 1996;38:61-7.
28. Vital-Brazil O. Venenos ofídicos neurotóxicos. Rev Ass Med Bras. 1980;26:212-5.

CAPÍTULO 85

ACIDENTES POR OUTRAS SERPENTES "NÃO PEÇONHENTAS"

Kátia Rosana Lima de Moura da Silva
Carlos Augusto Mello da Silva

PONTOS-CHAVE

- Além das serpentes classificadas como peçonhentas (famílias Viperidae e Elapidae), o Brasil, pela grande diversidade de espécies encontradas, também registra acidentes causados por outras famílias: *Dipsadidae*, *Colubridae* e *Boidae*.
- São distinguíveis das peçonhentas, como jararacas e cascavéis, por características morfológicas, como ausência de fosseta loreal e dentição áglifa ou opistóglifa.
- Quanto à dentição e coloração, merecem destaque as "falsas corais", que podem causar confusão no diagnóstico diferencial com as corais verdadeiras (*Micrurus* sp.).
- Os acidentes com serpentes destas três famílias costumam ser de repercussão clínica leve a moderada, mas são significativos os relatos de acidentes associados a complicações por serpentes do gênero *Philodryas* sp. (cobra-cipó).

INTRODUÇÃO

Os acidentes causados por serpentes estão na lista das "doenças tropicais negligenciadas (DTN)", da Organização Mundial da Saúde (OMS), e resultam em mais de 100 mil mortes por ano, principalmente nas áreas rurais das regiões tropicais e subtropicais de vários países.[1-3]

No Brasil, as serpentes responsáveis pela maioria dos acidentes de importância médica pertencem à família *Viperidae*, grupo que compreende os gêneros *Bothrops*, *Crotalus* e *Lachesis*. Além de possuírem fosseta loreal, órgão termorreceptor que permite a esses animais rastrear com precisão suas presas, contam com uma dentição altamente especializada para inocular veneno (dentição solenóglifa). Também responsável por acidentes graves, embora não tão comuns, a família *Elapidae* é representada principalmente pelo gênero *Micrurus*.[4-6] Além de o comportamento desses animais ser caracterizado como de baixa ou nenhuma agressividade, possuem dentição proteróglifa, apresentando dificuldade na inoculação do veneno.

As demais famílias, consideradas "não peçonhentas", possuem exemplares com dentição tanto áglifa quanto opistóglifa.[7]

Na dentição áglifa (Figura 1), os dentes do maxilar apresentam aproximadamente o mesmo tamanho, são sólidos e não apresentam sulcos. Já na dentição opistóglifa, os dentes apresentam quase o mesmo tamanho, no entanto, na região posterior da boca, encontram-se um ou mais pares de dentes modificados, maiores e sulcados. Esses dentes estão ligados às glândulas de Duvernoy, estrutura com função secretora localizada na região temporal, pós-orbital, próxima à glândula supralabial.[4,7,8] As serpentes áglifas e opistóglifas pertencem, principalmente, às famílias *Dipsadidae*, *Colubridae* e *Boidae*.[8-10] Na Tabela 1, alguns dos gêneros de serpentes mais comuns em todo o Brasil[9-13] estão separados quanto à dentição.

É importante não se restringir aos nomes populares. Várias serpentes compartilham o mesmo nome, além das variações regionais, causando confusão e possível identificação errônea do gênero envolvido no acidente. Segundo dados do Centro de Informação Toxicológica do Rio Grande do Sul (CIT/RS),

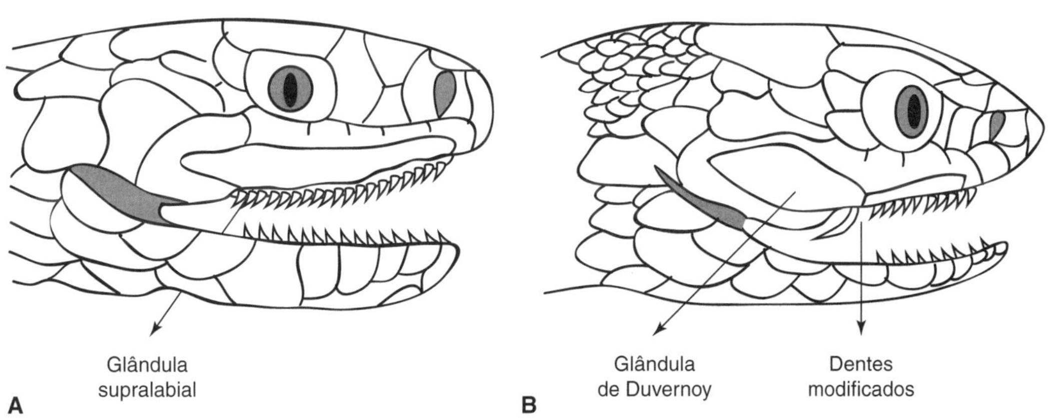

Figura 1. (**A**) Dentição áglifa; (**B**) dentição opistóglifa.

Tabela 1. Gêneros das serpentes áglifas e opistóglifas mais comuns no Brasil

	Gêneros	Nome popular	Famílias		
			Dipsadidae	Colubridae	Boidae
Áglifas	*Atractus*	Cobra-da-terra, cobra-coral	X		
	Boa	Jiboia			X
	Corallus	Cobra-papagaio, cobra-veadeira		X	
	Dipsas	Caninana-verde, caninana-marrom	X		
	Echinanthera	Dormideiras, come-lesmas	X		
	Epicrates	Salamanta			X
	*Erythrolamprus**	Cobra-do-capim, cobra-verde	X		
	Eunectes	Sucuri			X
	Helicops	Cobra d'água	X		
	Hydrodynastes	Surucucu-do-pantanal, boipevaçu	X		
	Lygophis	Cobra-do-capim, cobra-verde	X		
	Mastigodryas	Jararaca-do-banhado		X	
	Spilotes	Caninana, caninana-preta		X	
	Xenodon	Boipeva, nariguda, jararaquinha	X		
Opistóglifas	*Boiruna*	Muçurana-comum	X		
	Clelia	Muçurana, boiru, coral	X		
	*Erythrolamprus**	Cobra-do-capim, cobra-verde	X		
	Oxyrhopus	Falsa-coral	X		
	Phalotris	Cabeça-preta	X		
	Philodryas	Cobra-cipó, cobra-verde, boiubu, boiubi	X		
	Pseudablabes	Parelheira, papa-pinto	X		
	Tantilla	Falsa-cabeça-preta, cobra-da-terra		X	
	Thamnodynastes	Corredeira-do-campo, corredeira-lisa	X		
	Tomodon	Cobra-espada	X		
	Tropidodryas	Cobra-cipó, jararaquinha, jiboinha	X		

* O gênero *Erythrolamprus* possui espécies tanto áglifas quanto opistóglifas.

no período de 2016-2020 ocorreram aproximadamente 4.175 registros de acidentes e/ou solicitação de identificação de serpentes. Desse total, 1.259 foram serpentes áglifas (Figura 2) ou opistóglifas (Figura 3). As serpentes responsáveis pelo maior número de solicitações foram: *Thamnodynastes strigatus* (186), *Tomodon dorsatus* (180), *Dipsas* spp. (173), *Helicops infrataeniatus* (166), *Erythrolamprus* spp. (107), *Pseudablabes patagoniensis* (97), *Oxyrhopus rhombifer* (88), *Philodryas olfersii* (65) e *Xenodon merremii* (52).

As serpentes são encontradas e estão adaptadas para viver nos mais diversos ambientes, podendo ser aquáticas, arborícolas ou semiarborícolas, terrícolas ou fossoriais.[14] Alguns exemplares podem ser pequenos, medindo até 40 cm, outros grandes, podendo ultrapassar os 2 metros de comprimento.

Todas as serpentes são carnívoras e ingerem suas presas inteiras.[14] Os representantes das famílias *Viperidae* e *Elapidae* aproveitam-se da sua dentição e venenos para a eficiência de sua caça.[4] Já as demais famílias utilizam principalmente a constrição para apreender e imobilizar suas presas.[14] No entanto, a secreção tóxica produzida pelas glândulas de Duvernoy possibilita que as serpentes opistóglifas se utilizem também do "envenenamento", resultando em maior eficácia para imobilizar e digerir suas presas.[15]

Sendo assim, é necessária uma atenção especial aos acidentes causados por serpentes com dentição opistóglifa, pois em alguns casos, dependendo da espécie e das circunstâncias do acidente (a serpente conseguir implantar os dentes posteriores), os sintomas podem ser mais intensos. Há relatos de acidentes causados pelo gênero *Thamnodynastes* com manifestação de dor leve, eritema e parestesia. Edema e equimose, embora não sejam muito intensos, permaneceram por mais de 30 horas.[16,17] Foram analisados 297 acidentes causados por *Philodryas patagoniensis* (recentemente teve o gênero alterado, passando a ser *Pseudablabes patagoniensis*[11]), cujas principais manifestações clínicas foram dor, sangramento no local da picada, eritema e edema. Equimose não foi observada. [18]

Figura 2. Serpentes áglifas: (**A**) *Xenodon merremii* (boipeva), exibindo padrão de desenhos que mimetizam os viperídeos; (**B**) *Helicops infrataeniatus* (cobra d'água) – ventre; (**C**) *Helicops infrataeniatus* (dorso); (**D**) *Dipsas ventrimaculata* (dormideira); (**E**) *Erythrolamprus poecilogyrus schotti* (cobra-do-capim); (**F**) *Erythrolamprus poecilogyrus* (cobra-verde); (**G**) *Spillotes pullatus* (caninana).

Entretanto, a serpente opistóglifa que requer um acompanhamento e atenção diferenciados é a *Philodryas olfersii*, conhecida como cobra-cipó, cobra-verde, boiubu, boiubi. Apresenta coloração verde, com as escamas cefálicas marrom-claras, seguidas de uma linha dorsal ao longo do corpo na mesma cor. Serpente com ampla distribuição no Brasil, de hábitos diurnos, arborícola, muito ágil, pode atingir mais de 1,5 metro de comprimento. Quando se sente ameaçada, se defende, mordendo com facilidade (Figura 3).

Estudos com o veneno desse animal demonstraram atividades hemorrágica, fibrinogenolítica e edematogênica.[7,19,20-24] Relatos de casos demonstram que, além de dor e eritema, de baixa ou média intensidade, há edema e equimose, mais intensos, semelhantes aos acidentes causados por serpentes do gênero *Bothrops*, porém sem as alterações dos fatores de coagulação.[7,21-24] Há relatos de utilização inadequada de soro antibotrópico (SAB) para o tratamento de acidentes causados por *Philodryas olfersii*.[7,22]

QUADRO CLÍNICO

A maioria dos acidentes causados por serpentes com dentição áglifa e opistóglifa resulta em ferimentos com marcas puntiformes, em formato de arco ou lesões lineares semelhantes a arranhaduras (Figura 4).[7] Podem ocorrer dor, edema, eritema e sangramentos discretos pela ação mecânica dos dentes. Geralmente esses acidentes evoluem sem complicações. É importante ficar alerta à possibilidade de infecção secundária.

Acidentes com algumas serpentes opistóglifas, sobretudo *Philodryas olfersii*, podem ter manifestações mais severas, como edema e equimose mais intensos e extensos (Figura 5). Fatores de coagulação não sofrem alterações.[7,22,24]

DIAGNÓSTICO

O diagnóstico dos acidentes é realizado por meio da identificação do animal. É essencial para o início do atendimento, pois, dependendo do resultado, o paciente pode ser liberado, sem a necessidade de ficar em observação, realizar exames laboratoriais ou soro inadequado. Por outro lado, se for uma serpente que necessite de soroterapia, a administração de ampolas já poderia ser iniciada, reduzindo efeitos locais e sistêmicos e possíveis complicações.

Figura 3. Serpentes opistóglifas: (**A**) *Tomodon dorsatus* (cobra-espada), com a boca aberta, exibindo a mucosa oral escura (característica desse gênero); (**B**) *Philodryas olfersii* (cobra-cipó). Detalhe da cabeça marrom e a linha vertebral marrom ao longo do corpo; (**C**) *Oxyrhopus rhombifer* (falsa-coral); (**D**) *Thamnodynastes strigatus* (corredeira-do-campo); (**E**) *Pseudablabes patagoniensis* (parelheira).

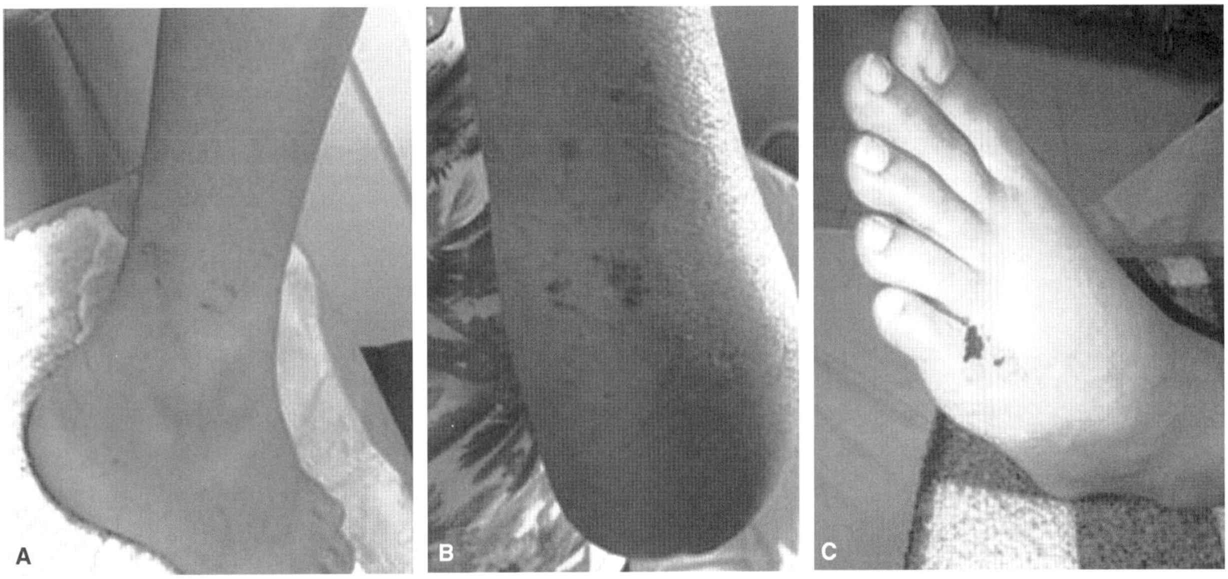

Figura 4. Lesões causadas por serpentes áglifas e opistóglifas: (**A-B**) marcas da "mordedura" em formato de arco; (**C**) sangramento no local da picada.

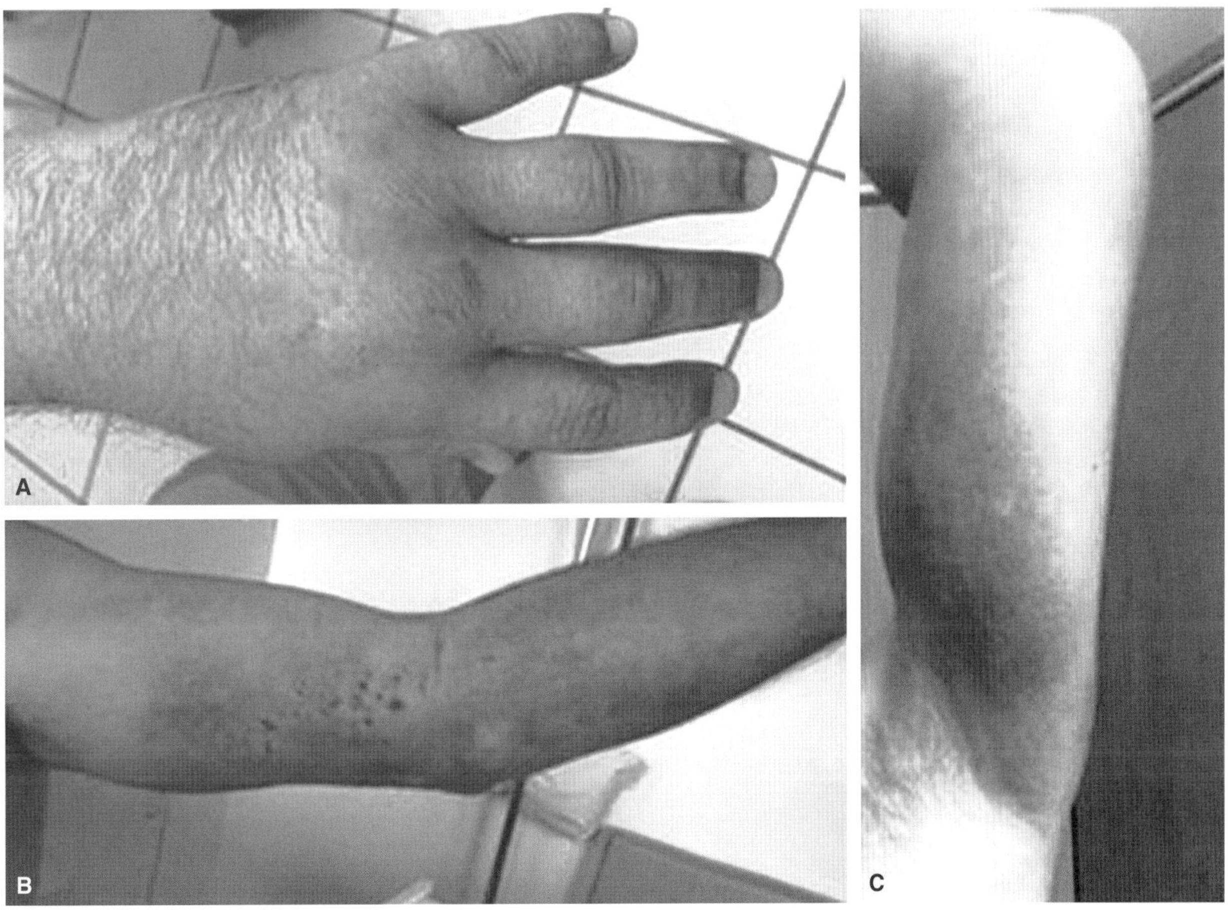

Figura 5. Lesões causadas por *Philodryas olfersii*: (**A**) escoriações no local da mordedura e edema intenso; (**B**) equimose extensa ao longo do membro superior; (**C**) edema e equimose ao longo do membro superior.

Fonte: foto cedida por Roberto Baptista de Oliveira, com permissão.

ALERTA IMPORTANTE

Quando a identificação não é possível (não há exemplar nem imagens), é necessário realizar diagnóstico diferencial, por meio dos sintomas e resultado de exames laboratoriais para descartar acidentes por serpentes peçonhentas dos gêneros *Bothrops*, *Crotalus*, *Lachesis* ou *Micrurus*.[7] Para diagnóstico diferencial de acidente botrópico (e laquético), realizar exames de coagulação (em cerca de 1h30 a 2 horas após a picada). Em caso de resultados normais, repetir após 6 horas da picada. Para o diagnóstico diferencial de acidentes crotálicos ou elapídicos, observar os sinais de alteração neurológica. Se os fatores de coagulação estiverem dentro dos parâmetros normais e o paciente não apresentar outras manifestações clínicas características de acidentes causados por serpentes peçonhentas, a conduta deve ser a mesma dos casos de acidente com serpente áglifa/opistóglifa.

TRATAMENTO

- Limpar o local da lesão com água e sabão e antisséptico tópico.
- Tratar lesões ulcerativas.
- Recorrer a analgésicos para controle da dor.
- Utilizar anti-inflamatórios na evidência de infecção secundária.
- Fazer revisão antitetânica.
- Não há indicação de SAB para o tratamento de acidentes causados por serpentes áglifas ou opistóglifas.

REFERÊNCIAS BIBLIOGRÁFICAS

1. Sant'Ana Malaque CM, Gutiérrez JM. Snakebite envenomation in Central and South America. Crit Care Toxicol. 2016;1-22.
2. Gutiérrez JM, Calvete JJ, Habib AG, Harrison RA, Williams DJ, Warrell DA. Snakebite envenoming. Nat Rev Dis Primers. 2017;3:1-21.
3. Chippaux JP. Snakebite envenomation turns again into a neglected tropical disease!. J Venom Anim Toxins Incl Trop Dis. 2017;23:38.
4. Melgarejo AR. Serpentes peçonhentas do Brasil. In: Cardoso JL, França HW, Málaque CM, Haddad Jr. V, editores. Animais peçonhentos no Brasil: biologia, clínica e terapêutica dos acidentes. 2. ed. São Paulo: Sarvier; 2009. p. 42-70.
5. Brasil. Ministério da Saúde. Manual de Diagnóstico e Tratamento dos Acidentes por Animais Peçonhentos. Brasília, DF: Ministério da Saúde; 2001. 131 p.
6. Salomão MG, Albolea ABP, Almeida-Santos SM. Colubrid snakebite: a public health problem in Brazil. Herpetol Rev. 2003;34:307-12.
7. Puorto G, França FO. Serpentes não peçonhentas e aspectos clínicos dos acidentes. In: Cardoso JL, França HW, Málaque CM, Haddad Jr. V, editores. Animais peçonhentos no Brasil: biologia, clínica e terapêutica dos acidentes. 2. ed. São Paulo: Sarvier; 2009. p. 125-31.
8. Franco FL. Origem e diversidade das serpentes. In: Cardoso JLC, França FOS, Fan HW, Málaque CMS, Haddad Jr. V, editores. Animais peçonhentos no Brasil: biologia, clínica e terapêutica dos acidentes. 2. ed. São Paulo: Sarvier; 2009. p. 22-41.
9. Zaher H, Grazziotin FG, Cadle JE, Murphy RW, De Moura-Leite JC, Bonatto SL. Molecular phylogeny of advanced snakes (Serpentes, Caenophidia) with an emphasis on South American Xenodontines: a revised classification and description of new taxa. Pap Avulsos Zool. 2009;49(11):115-53.
10. Grazziotin FG, Zaher H, Murphy RW, Scrocchi G, Benavides MA, Zhang Y-P, et al. Molecular phylogeny of the New World Dipsadidae (Serpentes: Colubroidea): a reappraisal. Cladistics. 2012;28(50):437-59.
11. Melo-Sampaio PR, Passos P, Martins AR, WB Jennings, Moura-Leite JC, Morato SAA, et al. A phantom on the trees: integrative taxonomy supports a reappraisal of rear-fanged snakes classification (Dipsadidae: Philodryadini). Zool Anz. 2021;290:19-39.
12. Costa HC, Bérnils RS. Répteis do Brasil e suas unidades federativas: lista de espécies. Herpetol Bras. 2018;7:11-57.
13. Nogueira CC, Argôlo AJS, Arzamendia V, Azevedo JA, Barbo FE, Bérnils RS, et al. Atlas of Brazilian snakes: verified point-locality maps to mitigate the Wallacean shortfall in a megadiverse snake fauna. South American J of Herpetol. 2019;14(sp1):1-274.
14. Marques OAV, Sazima I. História natural das serpentes. In: Cardoso JLC, França FOS, HW Fan, Málaque CMS, Haddad Jr V, editores. Animais peçonhentos no Brasil: biologia, clínica e terapêutica dos acidentes. 2 ed. São Paulo: Sarvier; 2003. p. 71-80.
15. Serapicos EO, Merusse JLB. Morfologia e histoquímica das glândulas de Duvernoy e supralabial de seis espécies de colubrídeos opistoglifodontes (serpentes, Colubridae). Pap Avulsos Zool. 2006;46(15):187-95.
16. De Araújo PF, Da Silva WM, De França RC, Rodrigues França RG. A case of envenomation by neotropical Opisthoglyphous snake Thamnodynastes pallidus (Linnaeus, 1758) (Colubridae: Dipsadinae: Tachymenini) in Brazil. Rev Inst Med Trop São Paulo. 2018.
17. Rebelato MM, Kingeski Ferri VY, Dalmolin DA, Tozetti AM, Verrastro L. Envenomation by opisthoglyphous snake Thamnodynastes hypoconia (Cope, 1860) (Dipsadinae: Tachymenini) in southern Brazil. Toxicon. 2021;189:1-6.
18. Medeiros CR, Hess PL, Nicoleti AF, Sueiro LR, Duarte MR, Almeida-Santos SM, et al. Bites by the colubrid snake Philodryas patagoniensis: A clinical and epidemiological study of 297 cases. Toxicon. 2010;56(6):1018-24.
19. Assakura MT, Salomão MG, Puorto G, Mandelbaum FR. Hemorrhagic, fibrinogenolytic and edema-forming activities of the venom of the colubrid snake Philodryas olfersii (green snake). Toxicon. 1992;30(4):427-38.
20. Rocha MMT, Furtado MFD. Análise das atividades biológicas dos venenos de Philodryas olfersii (Lichtenstein) e P. patagoniensis (Girard) (Serpentes, Colubridae). Rev Bras Zool. 2007;24(2):410-8.
21. Ribeiro LA, Puorto G, Jorge MT. Bites by the colubrid snake Philodryas olfersii: a clinical and epidemiological study of 43 cases. Toxicon. 1999;37(6):943-8.
22. Correia JM, Santana Neto PL, Pinho MSS, Silva JA, Amorim MLP, Escobar JAC. Poisoning due to Philodryas olfersii (Lichtenstein, 1823) attended at Restauração Hospital in Recife, State of Pernambuco, Brazil: case report. Rev Soc Bras Med Trop. 2010;43(3):336-8.
23. Barbosa VDN, Amaral JMDS, Alves ÁAA, França FGR. A new case of envenomation by neotropical opisthoglyphous snake Philodryas olfersii (Lichtenstein, 1823) in Recife, State of Pernambuco, Brazil. Rev Soc Bras Med Trop. 2020;53:20200151.
24. Castro FC, De Souza SN, De Almeida-Santos SM, Miyaji KT, De Medeiros CR. Bites by Philodryas olfersii (Lichtenstein, 1823) and Philodryas aestiva (Duméril, Bibron and Duméril, 1854) (serpentes, dipsadidae) in São Paulo, Brazil: A retrospective observational study of 155 cases. Toxicon. 2021;197:55-64.

CAPÍTULO 86

PLANTAS TÓXICAS E ERVAS MEDICINAIS

Carlos Augusto Mello da Silva
Raísa Dallagnol Fiorentin
Maria Gorete Rossoni

PONTOS-CHAVE

- Entre as incontáveis espécies de plantas com as quais a humanidade convive desde a Pré-História, há um número significativo com propriedades nocivas para o homem e os demais seres vivos.
- Os agentes químicos presentes nas plantas, em geral produtos de seu metabolismo, podem ser capazes de produzir, em humanos expostos, de manifestações cutâneas leves a moderadas e reações de hipersensibilidade local e sistêmica a distúrbios graves em todos os órgãos e sistemas (tubo digestivo, sistema nervoso central, sistemas respiratório e cardiovascular, aparelho urinário), às vezes potencialmente letais.
- A maioria dos acidentes com plantas tóxicas no Brasil envolve crianças de 0 a 14 anos.
- O tratamento da maior parte dos casos de intoxicações por plantas é sintomático e de suporte, havendo situações em que se dispõe de antídotos específicos (glicosídeos cardíacos, cianogênicos, vegetais beladonados).

INTRODUÇÃO (PANORAMA DOS ACIDENTES)

As interações do homem com o reino vegetal datam da Pré-História, na permuta do hábito nômade e caçador pelo sedentarismo, ocasião em que a espécie humana teve de, por tentativa e erro, aprender sobre quais plantas poderia consumir, quais eram tóxicas e quais eram medicinais. A partir de estudos científicos baseados no uso popular, muitos vegetais tornaram-se matérias-primas para medicamentos contra diversas enfermidades, como neoplasias (*Taxus baccata*, *Catharanthus roseus*, *Colchicum*), malária (*Cinchona ledgeriana*, *Coutarea hexandra*), *influenza* (*Illicium verum*), problemas cardíacos (*Digitalis purpurea*) etc. Dessa forma, conhecer os princípios ativos presentes nos vegetais e suas propriedades biológicas (tóxicas ou não) é de fundamental importância para a abordagem das intoxicações por plantas.

As plantas tóxicas apresentam metabólitos secundários, substâncias biodisponíveis que, por suas propriedades físicas, químicas ou físico-químicas, são capazes de causar alterações metabólicas, desde alergias na pele e mucosas a distúrbios cardiovasculares, respiratórios, gastrintestinais, neurológicos e, em alguns casos, óbito.[1] O grau de intoxicação depende de vários fatores, como espécie vegetal, dose, histórico individual do paciente, via de exposição (inalação, ingestão, contato dérmico, contato de mucosas) e tipo de intoxicação (aguda ou crônica). A American Association of Poison Control Centers (AAPCC) registra todo ano 50 mil ligações telefônicas, com 8% de exposição a plantas, a maioria não letal e ingerida por crianças.[2]

De acordo com a casuística, no Brasil, durante o período de 1999 a 2017, ocorreram 37.838 registros de acidentes com plantas, 70% em crianças, abrangendo a faixa etária de 0 meses a 14 anos, segundo dados compilados do Sistema Nacional de Informações Tóxico-Farmacológicas – Sinitox (2020).[3] Os acidentes são individuais e ocorrem principalmente no domicílio e peridomicílio do paciente. Vasos com folhagens e canteiros com plantas com flores e frutos chamativos atraem as crianças, na fase oral ou, posteriormente, por curiosidade. Elas acabam por levá-las a boca, ou têm contato dérmico ou ocular direto com a seiva ou o látex tóxico que contém os princípios ativos.

Durante os seis primeiros meses da vida da criança, há total dependência dos adultos para ingerir qualquer produto, de maneira que os envenenamentos nessa população se devem, sobretudo, ao mau uso ou à superdosagem de medicamentos. Depois dos 6 meses, a grande oralidade da criança converte-se na maior fonte de risco. Do segundo ano ao sexto ano, a independência e a mobilidade das crianças aumentam; o infante explora o meio, e sua curiosidade excede sua habilidade para detectar riscos, por isso a importância da supervisão de um adulto e a garantia de um ambiente seguro. As crianças em idade escolar já têm condições de diferenciar quais são as plantas tóxicas, fato que pode diminuir os riscos de envenenamento. No caso de adolescentes menores de 15 anos, os eventos podem ser não intencionais ou intencionais (suicídios), decorrente da exposição a um ambiente hostil e difícil de manejar e diante do qual buscam adotar atitudes próprias dos adultos.[4]

Além dos casos acidentais com plantas tóxicas, há relatos de uso recreacional, tentativas de aborto, uso indevido como alimento, como medicamento (chás), exposição laboral (jardineiros, floristas, trabalhadores da indústria alimentícia, cozinheiros), em tentativas de suicídio e assassinatos.[2]

A importância das plantas tóxicas é bastante visível na Ciência Forense, pois são utilizadas como arma de crimes, prejudicando e causando a morte das vítimas e em tentativas de suicídio.[5] Um estudo foi realizado com plantas e seus constituintes químicos envolvidos em tentativas de assassinatos e suicídio, na Índia, onde a incidência de intoxicações é uma das mais altas do mundo. Além disso, descreveram-se testes químicos laboratoriais para a detecção dos princípios ativos na matéria vegetal colhida em autópsias ou em cenas de crimes, possibilitando aos investigadores forenses inferir se foi suicídio, homicídio ou intoxicação acidental. A morte por envenenamento ou estrangulamento é considerada, por muitas pessoas, menos violenta que aquela com derramamento de sangue, por isso o envenenamento com plantas é preferido, além da facilidade de acesso e coleta, uma vez que crescem em diversos locais de forma espontânea.[5]

Em geral, os artigos científicos agrupam as plantas tóxicas pelos seus constituintes químicos ou pelos sintomas que acarretam. Segundo Alsop,[6] as intoxicações por plantas em crianças ficam na quinta posição como causa das ligações aos centros de controle de intoxicações nos Estados Unidos, porém são quadros mais leves. Já as intoxicações graves e os óbitos por ingestão de plantas resultam do uso intencional, uso indevido ou tentativa de suicídio. Esse autor classifica as plantas em quatro grupos, conforme o potencial toxicológico:

- **Grupo 1:** plantas com venenos ativos causando envenenamentos sérios (*Aconitum*, *Brugmansia*, *Conium*, *Cicuta*, *Atropa belladonna*, *Thevetia peruviana*, *Manihot esculenta*, *Senecio*, *Prunus*, *Nerium*).
- **Grupo 2a:** plantas com cristais (insolúveis) de oxalato de cálcio (*Alocasia*, *Colocasia*, *Dieffenbachia*, *Caladium*, *Syngonium*, *Begonia*, *Schefflera*).
- **Grupo 2b:** plantas que contêm sais inorgânicos solúveis de oxalato (Na, K) (*Rumex*, *Rheum*, *Oxalis*, *Parthenocissus*, *Portulaca*).
- **Grupo 3:** plantas que contêm toxinas que causam de leve a moderada irritação gastrintestinal após a ingestão ou dermatite após contato dérmico (*Ligustrum*, *Capsicum*, *Hedera*, *Euphorbia*).

Estudos atuais propõem uma classificação toxindrômica,[2] conforme o conjunto de sinais e sintomas (síndrome) ocasionados pela planta tóxica ingerida, o que permite um rápido diagnóstico entre plantas altamente tóxicas, de baixa toxicidade e as praticamente atóxicas. Isso propicia um gerenciamento antecipado direto do atendimento nos casos graves e reduz os custos gerados pela internação desnecessária de pacientes que ingeriram plantas sem grandes consequências. São citadas quatro toxíndromes, cujas palavras-chaves são:

1. Cardiotóxica (*Nerium oleander*, *Digitalis purpurea*, *Thevetia peruviana*, *Taxus*, *Aconitum*, *Zigadenus*, *Rhododendron*).
2. Neurotóxica (*Nicotiana*, *Salvia divinorum*, *Abrus precatorius*, *Ricinus communis*).
3. Citotóxica (*Catharanthus roseus*, *Prunus*, *Manihot esculenta*, *Hydrangea*, *Senecio*, *Crotalaria*).
4. Gastrintestinal-hepatotóxica (*Caladium*, *Epipremnum*, *Dieffenbachia*, *Philodendron*, *Schefflera*).

Algumas espécies de fungos também causam intoxicações (micetismos) quando ingeridas confundidas com cogumelos comestíveis como *Chlorophyllum molybdites*, ou com uso intencional, recreacional, como droga de abuso (*Amanita muscaria*, *Amanita pantherina* e *Psilocybe cubensis*).

ALERTA IMPORTANTE

É importante, para pais/babás, cuidadoras, professores e profissionais da saúde, conhecer o potencial de toxicidade das plantas presentes no domicílio e no entorno de onde habitam e trabalham.

PRINCIPAIS PLANTAS TÓXICAS, ERVAS MEDICINAIS E COGUMELOS CAUSADORES DE ACIDENTES

O texto aborda as plantas de acordo com o princípio ativo que apresentam, conforme listado no Quadro 1. Os grupos de plantas que causam mais acidentes em crianças e adolescentes são os que contêm oxalato de cálcio e látex cáustico. Conforme listadas no Quadro 1, destacam-se as espécies da família *Araceae*, como "comigo-ninguém-pode", antúrio, lírio-da-paz, jiboia, inhame, orelha-de-elefante, zamioculca, que apresentam ráfides – cristais de oxalato de cálcio em forma de agulhas, liderando os registros com maior número de acidentes (Figura 1).

Nas plantas latescentes, destacam-se acidentes com espécies da família *Euphorbiaceae*, como a coroa-de-cristo, o bico-de-papagaio (Figura 1), avelós e planta candelabro. O látex irritativo das euforbiáceas contém ésteres de diterpenos e forbol, causando dermatites agudas vesicantes. O látex das moráceas (figueiras) contém furocumarinas, os psoralenos, os quais produzem na pele reações fototóxicas por estimulação da luz ultravioleta (UV). As furanocumarinas são substâncias que absorvem fortemente energia na região UV, por isso são altamente reativas na incidência da luz, formando radicais superóxido e hidróxi que reagem com o DNA, RNA, proteínas e lipídios, ocasionando injúrias celulares. Essas substâncias podem unir-se às bases pirimídicas do DNA e causar mutações citoplasmáticas.[7]

Tais reações são conhecidas como fitofotodermatoses, ocorrendo em áreas de contato com a planta e expostas à irradiação solar. Outras famílias, não latescentes, que contêm furanocumarinas são as *Rutaceae*, que compreendem o limão, a laranja, a bergamota (*Citrus* spp.) e a arruda (*Ruta graveolens*), e as *Apiaceae*, que compreendem o aipo (*Apium graveolens*), o funcho (*Anethum foeniculum*), a salsinha (*Petroselinum crispum*), o coentro (*Coriandrum sativum*) e a erva-doce ou anis (*Pimpinella anisum*).[8,9]

Os acidentes são ocasionados, geralmente, por contato dérmico ou ocular com o látex, seiva ou outra secreção, quando essas plantas são manuseadas ou podadas. Já os adolescentes e adultos jovens costumam ingerir chá de datura (*Brugmansia suaveolens*), espécie com alcaloides que produzem efeitos alucinógenos, o que geralmente acarreta internações hospitalares (Figura 2).

As daturas (*Datura stramonium* e *Brugmansia suaveolens*), da família *Solanaceae*, contêm alcaloides beladonados ou tropânicos, como atropina e escopolamina, distribuídos por todas as partes da planta. Os meimendros (*Hyoscyamus* spp.), a beladona (*Atropa belladonna*) e a mandrágora (*Mandragora autumnalis*) também apresentam alcaloides tropânicos.[2,10]

Quadro 1. Exemplos de plantas tóxicas que causam acidentes

Grupo	Espécie	Nome popular
Plantas com cristais de oxalato de cálcio	*Alocasia cucullata*	Inhame-chinês
	Anthurium spp.	Antúrio
	Caladium bicolor	Caládio
	Calla aethiopica	Copo-de-leite
	Colocasia esculenta	Inhame
	Dieffenbachia spp.	Comigo-ninguém-pode
	Epipremnum aureus	Jiboia
	Spathiphyllum wallisii	Lírio-da-paz
	Syngonium podophyllum	Singônio
	Zamioculcas zamiifolia	Zamioculca
Plantas com látex	*Euphorbia splendens*	Coroa-de-cristo
	Euphorbia pulcherrima	Flor-de-natal, bico-de-papagaio
	Euphorbia tirucalli	Avelós
	Euphorbia trigona	Candelabro
	Ficus carica	Figo
Plantas com glicosídeos	*Hedera helix*	Hera
	Ligustrum spp.	Ligustro
	Manihot esculenta	Mandioca
Plantas com proteínas tóxicas (toxalbuminas)	*Ricinus communis*	Mamona
	Jatropha curcas	Pinhão-de-purga
Plantas com alcaloides	*Brugmansia suaveolens*	Datura
	Capsicum	Pimenta-de-vaso
	Nicotiana glauca	Couve-do-mato
	Solanum americanum	Maria-pretinha
Plantas com alcaloides pirrolizidínicos	*Senecio brasiliensis*	Flor-das-almas
	Crotalaria spp.	Crotalária
	Heliotropium spp.	Gervão, fedegoso
Plantas com glicosídeos cardiotóxicos	*Allamanda* spp.	Alamanda
	Asclepias curassavica	Oficial-de-sala
	Nerium oleander	Espirradeira
	Thevetia peruviana	Chapéu-de-napoleão
Plantas com urushióis (alergênicas)	*Lithraea brasiliensis*	Aroeira-brava
	Lithraea molleoides	Aroeira-brava
Cogumelos tóxicos	*Amanita muscaria*	Amanita, mata-boi
	Amanita pantherina	Amanita-pantera
	Chlorophyllum molybdites	Cogumelo-de-esporos-verdes
	Psilocybe cubensis	Cogumelo-mágico

Fonte: baseado em Sinitox, 2020.[3]

Figura 1. Plantas tóxicas: (**A**) *Dieffenbachia* sp.; (**B**) *Anthurium andraeanum*; (**C**) *Zamioculca zamiifolia*; (**D**) *Euphorbia splendens*; (**E**) *Euphorbia pulcherrima*; (**F**) *Allamanda cathartica*.

Fonte: acervo dos próprios autores.

As plantas que possuem alcaloides, as mais utilizadas em tentativas de suicídio e homicídios, em geral produzem reações desagradáveis e perigosas no sistema nervoso, como paralisias (cicuta), alucinações (daturas) e parada cardíaca (teixos).[2,5,10]

A planta couve-do-mato (*Nicotiana glauca*) apresenta o alcaloide anabasina, altamente tóxico, sendo confundida com planta comestível e introduzida como alimento em refeições familiares, causando intoxicações coletivas, muitas vezes graves, inclusive com registro de óbitos.[11] Os sintomas após a ingestão incluem vômitos, cefaleia, fraqueza, pupilas dilatadas, perda da consciência, bradicardia, paciente ofegante, mialgia, dificuldade respiratória, paralisia muscular e colapso cardiovascular.

Muitas intoxicações ocorrem com a ingestão de plantas da família *Solanaceae*, que contém glicoalcaloides solanínicos (solanina), como batata-inglesa em brotação ou esverdeada, frutos verdes ou imaturos de tomates, fisális (bagas andinas) e berinjela.[12]

A carambola, fruta comestível, deve ser consumida com cautela, pois contém ácido oxálico e carambotoxina (neurotoxina), causando intoxicações em pessoas com alergia ao ácido oxálico e doenças urinárias (cálculos, nefrites). Da mesma forma, deve-se ter cuidado com o consumo de caju (*Anacardium occidentale*) e manga (*Mangifera indica*), espécies da família *Anacardiaceae*, que contêm compostos fenólicos, sensibilizantes e capazes de ocasionar dermatite por contato. Nas folhas, talos e casca do fruto da mangueira, encontra-se o mangol, fenol de cadeia longa. Já na casca do caju, encontram-se fenóis como o cardanol e cardol e o ácido anacárdico, que são cáusticos e causam dermatite irritativa de contato.[1,8,9] Portanto, antes do consumo dessas frutas, deve-se retirar com cuidado a casca e não utilizar a mesma faca para cortar a polpa.

No consumo de frutos das espécies frutíferas da família *Rosaceae*, como pera (*Pyrus communis*), maçã (*Malus* sp.), catárti (*Eriobotrya cathartica*), é preciso se atentar para a não ingestão de sementes, que contêm glicosídeos cianogênicos.[2] Esses compostos estão presentes em grandes quantidades nas raízes de mandioca ou aipim (*Manihot* spp.), principalmente na entrecasca. Como esses princípios tóxicos são termolábeis,

Figura 2. (**A**) *Thevetia peruviana* – aspecto da planta; (**A1**) detalhe do fruto; (**B**) *Nerium oleander* (espirradeira); (**C**) *Brugmansia suaveolens* (datura); (**D**) *Ricinus communis* (mamona) ; (**D1**) sementes da mamona.
Fonte: acervo dos próprios autores.

as raízes devem ser bem cozidas antes do consumo, para que haja a destruição do composto tóxico.

As intoxicações com *Nerium oleander* (espirradeira) e *Thevetia peruviana* (chapéu-de-napoleão), plantas com glicosídeos cardiotóxicos (Figura 2), são frequentes em tentativas de suicídio no sul da Ásia.[13] Além disso, na forma de chá, o oleandro ou espirradeira é utilizado como abortificante.[12]

Acidentes mais graves podem ocorrer, também, com a ingestão de sementes da mamona (*Ricinus communis*) (Figura 2), jequiriti ou ervilha-do-rosário (*Abrus precatorius*) e do pinhão-de-purga (*Jatropha curcas*). Essas espécies contêm toxalbuminas (ricina, abrina e curcina, respectivamente), proteínas extremamente tóxicas. Se as sementes forem trituradas ou mastigadas antes da ingestão, ou se forem consumidas em grande quantidade ou administradas por via parenteral (pulverizadas e inaladas ou injetadas), os sintomas tendem a ser mais graves. A ingestão de sementes intactas pode não causar qualquer sintoma, em virtude de seu tegumento duro e impermeável.[2,12,14-17] A ricina é uma substância quimicamente estável, que pode ser armazenada por longo período, mesmo sem refrigeração, sem perda de sua atividade, e é conhecida por seu uso como arma biológica, em tentativas de assassinato e suicídio em adultos.

Algumas plantas "medicinais" (Quadro 2) têm seu uso restrito, pelos efeitos tóxicos de seus princípios ativos. A babosa, que contém o glicosídeo antraquinônico (catártica), causa séria irritação gastrintestinal. O látex, armazenado abaixo da epiderme nas folhas suculentas, pode causar reações alérgicas e dermatite por contato. O gel mucilaginoso no interior da folha da babosa deve ser utilizado apenas externamente, como hidrante dérmico, cicatrizante e alívio de queimaduras.[14,15]

Da mesma forma, o confrei (Quadro 2) deve ser usado só externamente, em razão dos alcaloides pirrolizidínicos que são carcinogênicos e hepatotóxicos e podem acumular-se no organismo, trazendo a síndrome hepática sinusoidal-obstrutiva (campos).[1]

A buchinha-do-norte (*Luffa operculata – Cucurbitaceae*), muito utilizada em tentativas de aborto, contém cucurbitacinas que causam hemorragias, contrações uterinas e aumento do peristaltismo intestinal.[1] Outras plantas são utilizadas com a mesma finalidade, como arruda (*Ruta graveolens*), canela (*Cinnamomum verum*) e salsa (*Petroselinum crispum*).

A losna (*Artemisia absinthium*), erva medicinal aromática e de gosto amargo, cujo uso científico foi confirmado para problemas digestivos e hepáticos e como anti-helmíntica, contém absintina e alfa tujona, entre outros compostos.[18,19] A tujona, substância psicoativa de efeito semelhante ao THC (tetra-hidrocanabinol) da maconha, *Cannabis sativa*, tem atividade neurocitotóxica em altas concentrações, afetando o sistema nervoso central (SNC) e alterando a percepção sensorial, além de causar alucinações, hiperatividade, delírios e demência. A comercialização do licor de absinto (fada-verde), produzido a partir da losna, foi proibido na Europa, em virtude dos efeitos tóxicos de uso contínuo (cefaleia, úlceras gástricas, hipotensão, bradicardia, convulsões).

O hipérico ou erva-de-são-joão tem hipericina (naftodiantrona) e hiperforina (floroglucinol), que atuam como inibidores seletivos da recaptação da serotonina (ISRS). O uso dessa erva medicinal como antidepressivo foi comprovado cientificamente. A hipericina é fotossensibilizante e pode causar lesões eritematosas, fototoxicidade cutânea severa, polineuropatia subaguda após exposição solar e danos à retina e ao cristalino.[1,20,21]

Algumas espécies vegetais causam reações alérgicas, como as aroeiras, pertencentes à família *Anacardiaceae*. No Brasil, temos as aroeiras-bravas (*Lithraea brasiliensis*, *Lithraea molleoides*), que contêm urushióis, compostos fenólicos (o pentadecilcatecol é o principal agente sensibilizador) que, em contato com a pele, acarretam uma série de sintomas alérgicos. Os urushióis se desprendem da árvore e, quando uma pessoa passa perto da planta, eles se depositam na epiderme das áreas expostas, principalmente face, braços e pernas. A "aroeirite" é provocada em pessoas sensibilizadas aos fenóis produzidos pela planta apenas por passar ou deitar-se sobre a sombra da árvore, sem contato direto com o vegetal, já que ocorre dispersão pelo ar de gotículas de aerossóis oleosos liberadas pelas folhas e caule, contendo a substância alergênica.[8,22] Outra forma de exposição à espécie é o manuseio da madeira para a construção de cercas e fornecimento de lenha para combustão em fornos.[22]

Algumas espécies de cogumelos são utilizadas como droga de abuso, com finalidade lúdica, podendo acarretar acidentes graves. As conhecidas amanitas (Figura 3 A e B), *Amanita muscaria* (amanita, mata-boi) e *Amanita pantherina* (amanita-pantera) contêm muscimol e ácido ibotênico, o que acarreta sintomas gastrintestinais e neurológicos e alucinações.[10,23]

O cogumelo-mágico, *Psilocybe cubensis* (Figura 3 C) contém psilocibina e psilocina (triptaminas) e, na forma de chá, exibe efeitos psicotrópicos semelhantes ao LSD. É o mais comercializado nos Países Baixos (Holanda, Bélgica) e na forma dessecada, além de apresentar 10 vezes mais concentração do princípio ativo.[10] Têm-se registros de muitas intoxicações com sintomas gastrintestinais severos, com o consumo de *Chlorophyllum molybdites*, cogumelo-de-esporos-verdes (Figura 3 D), confundido com cogumelo comestível.[12] O Centro de Informação Toxicológica do Rio Grande do Sul (CIT/RS) registrou 10 intoxicações com essa espécie entre 2005 e 2019 (informação pessoal).

SINTOMATOLOGIA

Os sintomas no caso de intoxicações por ingestão de plantas tóxicas com oxalato e cálcio comprometem a saúde oral e o trato gastrintestinal. Os cristais em forma de agulhas penetram nas membranas mucosas e induzem a liberação de histamina e outros mediadores inflamatórios. Podem causar dor e irritação na cavidade oral, edema de lábios, língua e glote, hiperemia na orofaringe, sialorreia, disfagia, disfonia, náuseas, vômitos, dificuldade de respirar, dor esofágica, cólicas abdominais e diarreia. Nesses casos, é preciso se atentar para o edema de glote, que pode causar asfixia, comprometendo a respiração.

A exposição ocular à seiva das plantas produz dor extrema, ceratoconjuntivite e quemose, com potencial para severos danos oculares e perda de visão, assim como o contato dérmico produz dor e sinais de irritação.[15] No contato dérmico com a seiva e/ou látex ocorrem dor, hiperemia, edema, prurido e formação de bolhas. Nas fitofotodermatoses, as reações surgem dentro de 24 horas após o contato e caracterizam-se por eritema como queimadura, formação de vesículas e bolhas; pode haver contaminação secundária na evolução e pigmentação, que pode se estender por várias semanas.[8,9]

Quadro 2. Algumas plantas medicinais com risco de acidentes tóxicos

Nome popular	Espécie	Princípios ativos
Babosa	*Aloe* spp.	Antraquinonas
Buchinha-do-norte	*Luffa operculata*	Cucurbitacinas
Confrei	*Symphytum officinale*	Alcaloides pirrolizidínicos
Losna	*Artemisia absinthium*	Absintina, tujona
Erva-de-são-joão	*Hypericum perforatum*	Hipericina

Figura 3. Fungos alucinógenos: (**A**) *Amanita muscaria*; (**B**) *Amanita pantherina*; (**C**) *Psilocybe cubensis*; (**D**) fungo que causa sintomas gastrintestinais severos: *Chlorophyllum molybdites* (cogumelo-de-esporos-verdes).

Fonte: fotos de Larissa Trierveiler Pereira, com permissão.

ALERTA IMPORTANTE

Na ingestão de plantas com oxalato de cálcio, cuidado com o risco de edema de glote e asfixia!

As saponinas (glicosídeos) são irritantes de mucosas, laxativas e atuam na desorganização das membranas celulares, alterando sua permeabilidade. Têm ação hemolítica, pois esses glicosídeos têm capacidade de se ligar às membranas dos eritrócitos, promovendo a ruptura da célula e a liberação de hemoglobina (hemólise).

A formação de complexos entre as saponinas e o colesterol das membranas das células da mucosa intestinal acarretaria uma esfoliação com perda da função e redução da área de absorção. A atividade diurética é atribuída à irritação do epitélio renal causada pelas saponinas.

Na ingestão de partes da planta com saponinas, podem ocorrer problemas gastrintestinais como náuseas, vômitos com sangue, hemorragias gástricas e intestinais, diarreia, distúrbios hidroeletrolíticos, cefaleia, tontura, melena, sonolência, febre, midríase, taquicardia, convulsões, inchaço de lábios e das pálpebras.[2,15-17]

As toxalbuminas (proteínas tóxicas) bloqueiam a síntese proteína, por ligarem-se, intracelularmente, com a subunidade ribossomal 60S.[2] A inibição é irreversível e causa a morte celular. Os sintomas gastrintestinais são mais severos, com dor abdominal, hematêmese, hemólise, diarreia intensa e mucossanguinolenta, hemorragias digestivas e hipoglicemia. Ocorrem desidratação e distúrbios hidroeletrolíticos. A morte pode ocorrer por choque hipovolêmico. Se a proteína ricina for inalada, quanto menor o tamanho do aerossol ou partícula, maior a penetração pulmonar e maiores os danos, como necrose e inflamação, edema pulmonar não cardiogênico e infiltração de células do sistema imunológico. Nesse caso, a morte resulta de insuficiência respiratória. A inalação da ricina (aerossol) é a forma de intoxicação mais séria, pois causa dano e morte em um número maior de pessoas em um único evento.

Se a ricina for injetada, ocorrem necrose tecidual e dor imediata no local da aplicação. Depois de algumas horas, manifesta-se resposta inflamatória sistêmica, com febre, hipotensão, intensa necrose linfoide local, hemorragia gastrintestinal, necrose hepática, nefrite e esplenite difusa, com rápida falência múltipla de órgãos.[2,15,24]

Nas plantas com glicosídeos cardiotóxicos, podem ocorrer sintomas gastrintestinais como irritação da mucosa oral, sialorreia, parestesias na língua, dor em queimação, náuseas, vômitos, dor abdominal, diarreia e outros específicos, como disritmias cardíacas e hipercalemia.[13] Os glicosídeos cardíacos têm efeito inibidor no sistema enzimático NA^+/K^+ ATPases e quebram as porções extracelulares dessa enzima, com aumento das concentrações intracelulares de cálcio, interrupção da condução cardíaca, arritmias ventriculares, choque cardiogênico, fibrilação ventricular e colapso cardiovascular.[12]

Nas intoxicações leves por glicosídeos cianogênicos, os pacientes podem apresentar náuseas, vômitos, cefaleia, cianose, confusão mental e tonturas. Em intoxicações moderadas a graves, ocorrem alterações proeminentes do SNC e disfunção do sistema cardiovascular. Os glicosídeos cianogênicos são transformados no organismo em ácido cianídrico, e este inibe a etapa final da cadeia transportadora de elétrons na mitocôndria, resultando em rápida queda de energia celular.[2]

As daturas contêm alcaloides beladonados ou tropânicos, como atropina e escopolamina distribuídos por todas as partes da planta. Ocasionam quadro anticolinérgico, com bloqueio dos receptores muscarínicos e efeitos fisiológicos no SNC e no sistema nervoso parassimpático.[2,10] No caso das plantas com alcaloides, o paciente pode apresentar sintomas gastrintestinais como náuseas, vômitos, dor abdominal e outros, como pele quente, rubor facial, boca seca, febre, cefaleia, midríase, taquicardia. Nos acidentes com alcaloides, são registrados sintomas neurológicos como alucinações, paralisia, confusão mental e delírios.

A intoxicação aguda por alcaloides pirrolizidínicos com doença veno-oclusiva induz rápida progressão para necrose hepática, hipertensão portal, elevação dos níveis séricos de aminotransferases hepáticas e falência hepática. A clínica exibida inclui vômitos, hiperpneia e encefalopatia. Já a forma subaguda envolve o desenvolvimento gradual de ascite, hepatomegalia e sintomas gastrintestinais (vômitos, dor abdominal, diarreia e edema pedal). A intoxicação crônica inclui fadiga de início insidioso, dor abdominal no quadrante superior direito, anorexia, fraqueza generalizada, perda de peso, sintomas gastrintestinais (vômitos, diarreia), ascites, hepatomegalia e cirrose progressiva. Não há antídotos para toxicidade pirrolizidínica; as medidas de suporte podem permitir tempo para regeneração hepática, e o transplante hepático pode ser indicado para falência hepática aguda ou crônica.[1,2]

As aroeiras (*Lithraea*) apresentam urushióis, compostos fenólicos, lipofílicos, de cadeia longa, alergênicos que interagem com as proteínas das membranas celulares, causando dermatite eczematosa típica aguda ou crônica, prurido intenso, lesões vesiculosas, pápulas eritematosas, coriza, lacrimejamento, vermelhidão na pele e edema.[8,9,22] O tempo para a descontaminação cutânea é um fator importante, pois em 10 minutos a pele humana pode absorver até 50% do urushiol.

A dermatite ocorre por meio de uma reação de hipersensibilidade do tipo IV, na qual os urushióis atuam como haptenos, isto é, um antígeno que só pode induzir a produção de anticorpos quando combinado com uma proteína carreadora. Os haptenos são reconhecidos pelas células de Langerhans, que migram para os linfonodos e apresentam os antígenos aos linfócitos T, que por sua vez são recrutados de volta à pele onde induzem a lesão e a citotoxicidade induzidas por citocinas B.[22]

Alguns autores[25] lembram, também, que algumas plantas utilizadas como aromatizante, tempero e condimento causam reações de hipersensibilidade com dermatite por contato (cravo-da-índia, cúrcuma, coentro, cominho, cardamomo, canela), crise asmática (cúrcuma, coentro, cenoura), anafilaxia (coentro, cominho, camomila, aipo), urticárias (cenoura, canela) e rinoconjuntivite (cenoura, aneto).

As intoxicações por cogumelos do gênero *Amanita* causam, além de sintomas gastrintestinais (enjoo, vômitos, náuseas, dor abdominal), a síndrome delirante. Os sintomas aparecem de 30 a 60 minutos após a ingestão com síndrome anticolinérgica (antagonismo da acetilcolina nos receptores muscarínicos). Os pacientes apresentam euforia, ataxia, incoordenação, pele seca e quente, midríase, taquicardia, confusão, espasmos musculares, delírios, transtornos visuais, alterações de conduta, sonolência e alucinações.[10,23,26]

Nas intoxicações por *Psilocybe* (cogumelo-mágico), o efeito é rápido, cerca de 30 minutos após a ingestão, e observam-se sintomas fisiológicos como náuseas, enjoo, debilidade, dor muscular, calafrios, dor abdominal, midríase, taquicardia e hipertensão arterial. Os efeitos no SNC podem durar de 4 a 6 horas, com euforia, transtornos visuais, alucinações, percepção alterada dos acontecimentos, imagens e cores, tempo e distância, despersonalização, ansiedade e reações de pânico.[9,26]

A intoxicação por *Chlorophyllum molybdites* resulta da ingestão como alimento confundido com espécies de *Agaricus* comestíveis. Os sintomas gastrintestinais são severos e dependem da quantidade de cogumelos e se ingeridos crus ou mal cozidos, podendo surgir 2 horas após o consumo. Ocorrem náuseas, vômitos, dor abdominal (cólica), abundante diarreia cor de café, fraqueza geral, visão borrada, fotofobia, calafrios, febre, sudorese e palidez cianótica.[12,26,27]

TRATAMENTO

O tratamento tem como objetivo estabilizar as funções vitais alteradas pelo contato com o agente tóxico, levando em consideração a via de exposição. Visa, também, evitar a absorção do agente tóxico, anular seu efeito, aumentar a eliminação (excreção) e prevenir o aparecimento de sequelas. O tratamento inclui medidas abordadas em várias bibliografias consultadas e mencionadas ao longo do capítulo.[2,5,6,10-17,28,29]

Descontaminação

Descontaminação oral

Deve-se proceder à lavagem da cavidade oral com água e uso de demulcentes ou protetores de mucosa (sorvete, leite, clara de ovo, gelatina diluída) em doses pequenas, para não provocar êmese e para aliviar a dor.

Descontaminação cutânea

Como medidas de contaminação cutânea, efetua-se, de imediato, a lavagem com água corrente, sem atritar, no local de contato com a seiva ou o látex da planta. Evitar sabão em locais que se encontram irritados, lesados ou queimados com látex. Aplicar compressas de água fria ou solução de Bürow (acetato de alumínio + água), de 15 a 20 minutos várias vezes ao dia, para alívio da dor.

Descontaminação ocular

No caso de contato ocular com a seiva ou látex de plantas tóxicas, efetua-se a lavagem ocular com as pálpebras abertas, no sentido mediolateral, com água corrente, durante 10 a 30 minutos. Se necessário, fazer eversão da pálpebra. Além disso, convém procurar o oftalmologista e evitar o uso de colírios anestésicos/neutralizantes.

Descontaminação gastrintestinal

Para a descontaminação gastrintestinal, são utilizados procedimentos de lavagem gástrica e carvão ativado. O uso de êmese e catárticos salinos é controverso e não mais recomendado pela maioria dos centros de intoxicação, nem pelas normas (*guidelines* e *statements*) das sociedades científicas especializadas dos Estados Unidos, Europa e Austrália (ver também Abordagem Inicial do Paciente (Primeiro Atendimento), Medidas de Descontaminação e Depuração, Capítulo 2, Seçao 1).

O tempo decorrido desde a ingestão da planta tóxica é determinante para a tomada de decisão sobre medidas de descontaminação gastrintestinal. Outras informações são ligadas à parte da planta tóxica ingerida, quantidade ou dose. Recomenda-se até 30 minutos após a ingestão de substâncias líquidas, e até 1 hora para partes sólidas.

A lavagem gástrica é um método muito discutido e usado com cada vez menos frequência, por ser invasivo e potencialmente lesivo (trauma, perfuração, laringoespasmo, pneumonia aspirativa, arritmia cardíaca, falsa via [inserção traqueal], enovelamento da sonda no estômago, hipotermia. Deve ser realizada em ambiente hospitalar por profissional capacitado. A lavagem atrasa o uso do carvão ativado.[28,29]

Para a retirada de partes de planta, deve ser utilizada uma sonda mais calibrosa. O procedimento deve ser explicado para o responsável pela criança e ter a autorização dele. O carvão ativado adsorve as moléculas dos princípios ativos tóxicos, diminuindo a absorção intestinal. Seu uso em dose única é tão eficiente quanto a sequência de lavagem gástrica + carvão ativado, adequado em pacientes assintomáticos. A dose para crianças é de 1 g/kg de peso, por via oral ou sonda oro ou nasogástrica. A dose única de carvão ativado é usada para descontaminação, e a administração seriada é usada para aumento de excreção de princípios ativos da planta.

O carvão ativado deve ser utilizado dentro da primeira hora da intoxicação. Mais tarde, em virtude da diminuição da motilidade intestinal (mesmo com a consequente presença de partes da planta ainda no tubo digestivo), pode não ser útil, tendo em vista que já tenha sido absorvida quantidade significativa do princípio ativo tóxico. Além disso, a diminuição do peristaltismo, junto com a administração do carvão ativado, poderá dar lugar à obstrução intestinal junto ao íleo paralítico.[10]

Um procedimento teoricamente útil para o caso de ingestão de sementes ou frutos de plantas, que possam se acumular no tubo digestivo, seria a irrigação intestinal total, que auxiliaria na eliminação do material junto com as fezes, e a solução de polietilenoglicol e eletrólitos administrada (ver também Abordagem Inicial do Paciente (Primeiro Atendimento), Medidas de Descontaminação e Depuração, Capítulo 2, Seção 1). Porém, não há estudos experimentais ou relatos de casos publicados que indiquem a eficácia da medida no contexto de intoxicação por plantas.[16]

ALERTA IMPORTANTE

Em acidentes com plantas com oxalato de cálcio ou látex cáustico, não convém fazer lavagem gástrica nem provocar vômitos.

Descontaminação respiratória

Remover o paciente para ambiente ao ar livre e verificar a necessidade de oxigenação/intubação. Após a exposição à ricina, por exemplo, na forma de aerossol, pode ser necessário suporte respiratório, com emprego de oxigênio suplementar e ventilação assistida.

Terapia de suporte/sintomática

A terapia de suporte é a etapa mais importante do tratamento do paciente intoxicado grave, o que permite uma rápida evolução para alta e cura. Nessa etapa, garantir a manutenção de vias aéreas desobstruídas/pérvias é o primeiro passo. Realizam-se avaliação constante e manutenção da função respiratória (com ventilação mecânica, se necessário), monitoramento cardíaco e eletrocardiograma (ECG) quando indicado, e do estado neurológico (avaliar nível de consciência, suporte ao coma). Além disso, convém avaliar a necessidade de reposição hídrica e de eletrólitos e se atentar para o conforto ambiental do paciente (temperatura, ventilação, umidade do ar).

Os medicamentos prescritos, para mitigar as manifestações decorrentes da exposição aos princípios ativos tóxicos, podem abranger analgésicos, anti-histamínicos, corticosteroides tópicos ou sistêmicos, antieméticos, antiespasmódicos, benzodiazepínicos, vasopressores, anticonvulsivantes e sedativos.

ANTÍDOTOS

Em intoxicações agudas graves causadas por plantas com glicosídeos cardíacos, podem ser administrados como antídoto fragmentos FAB purificados de anticorpos policlonais (DigiFab® formato FAB, não comercializado no Brasil).[13,16] A dose recomendada é de 10 frascos de 40 mg de DigiFab® (total 400 mg). Podem ser administrados em intoxicações com outros glicosídeos cardioativos que não a digoxina. Recomenda-se nas arritmias não responsivas ao tratamento (atropina, lidocaína, fenitoína), taquicardia ou fibrilação ventricular, bradicardia progressiva e potássio > 5 mEq/L.

Para a intoxicação por plantas com glicosídeos cianogênicos, o uso de antídotos deve ser iniciado se possível no ambiente pré-hospitalar, com a administração de 5 g de hidroxicobalamina (70 mg/kg de peso em crianças); em caso de parada cardiorrespiratória, a dose é de 10 g. Nos pacientes não responsivos, pode-se repetir a hidroxicobalamina até a dose máxima de 10 g, e deve-se realizar a infusão de tiossulfato de sódio 25% 1,65 mL/kg (dose máxima de 12,5 g).

A hidroxicobalamina, precursor da vitamina B12, contém uma porção de cobalto que se liga avidamente ao cianeto intracelular (com maior afinidade que a citocromo oxidase), formando cianocobalamina. Esta molécula é estável e prontamente excretada na urina. Como a hidroxicobalamina age de forma rápida, não afeta negativamente a oxigenação do tecido e é relativamente segura.

A meia-vida é de 24 a 48 horas. A hidroxicobalamina, administrada na dose recomendada, pode causar descoloração avermelhada temporária da pele, plasma, urina e membranas mucosas, alterações que duram cerca de 2 a 3 dias. A medicação pode causar erupção cutânea, cefaleia, náusea, desconforto torácico e disfagia, mas a medicação é, em geral, considerada segura e eficaz.

Na indisponibilidade da hidroxicobalamina, uma opção é o uso dos chamados Cyanokit ou Cyanide Antidote Kit®. O *kit* tradicional inclui nitrito de amila e nitrito de sódio para induzir metemoglobinemia e tiossulfato de sódio para atuar como doador de enxofre. Esse *kit* é projetado para tratar dois pacientes adultos ou um paciente adulto duas vezes. Um *kit* alternativo contendo nitrito de sódio e tiossulfato de sódio pode ser utilizado, mas a hidroxicobalamina é o tratamento preferido. O tratamento com nitrito de amila ou nitrito de sódio é contraindicado em casos de toxicidade concomitante por monóxido de carbono.[15,16]

O antídoto para intoxicação com alcaloides beladonados ou tropânicos é a fisostigmina, que atua bloqueando a acetilcolinesterase, revertendo a toxicidade periférica. Além disso, a fisiostigmina atravessa a barreira hematoencefálica, revertendo também efeitos centrais. A meia-vida da fisiostigmina é de 1 a 2 horas; já a meia-vida da atropina é de 2 a 3 horas, e da escopolamina, de 9 a 10 horas, portanto devem-se administrar doses repetidas ou de manutenção do antídoto ao longo do tratamento.[10]

No caso da toxalbumina ricina, a imunização com uma vacina poderia prevenir intoxicações em unidades militares, caso o inimigo possua a toxina em seu arsenal. Vários estudos com imunização passiva (imunoglobulinas) e imunização ativa (vacinação) estão em desenvolvimento. No entanto, não existem, ainda, antídotos aprovados para uso.[30]

CONCLUSÃO

A maioria dos acidentes com plantas tóxicas pode ser prevenida, principalmente em crianças, com a adoção de medidas simples. Para evitar acidentes, devemos conhecer as plantas da residência (domicílio) e arredores (peridomicílio) pelos nomes e características e obter informações sobre o seu potencial toxicológico em *sites* confiáveis e serviços públicos especializados em intoxicações (centros de informações e assistência toxicológica – CIT e Ciatox). No caso da presença de plantas tóxicas em casa, convém colocá-las em locais de difícil acesso às crianças e animais de companhia.

Outra medida preventiva é ensinar as crianças a não colocar partes de plantas na boca nem utilizá-las em brincadeiras infantis. E, também, não oferecer e utilizar folhas, frutos ou raízes desconhecidas como alimento. Evitar o uso inadequado de plantas medicinais, sem orientação médica, incorrendo no risco de superdosagem e intoxicação, já que todas as plantas medicinais também têm princípios ativos. Quando se realizar serviço de jardinagem, além de manusear as plantas utilizando os equipamentos de proteção individual (luva, tesoura, podão), devem-se descartar as partes podadas de forma segura, para que as crianças não tenham acesso.

Em caso de acidente, solicitar informações e orientações para os CIT e CIATox e conduzir o paciente para a unidade de saúde mais próxima, levando partes da planta causadora do acidente, se possível um ramo completo, o que facilita muito a identificação correta. A identificação da planta e o consequente conhecimento do(s) princípio(s) ativo(s) podem conduzir ao atendimento e à adoção de medidas terapêuticas corretas.

REFERÊNCIAS BIBLIOGRÁFICAS

1. Campos SC, Silva CG, Campana PRV, Almeida VL. Toxicidade de espécies vegetais. Rev Bras Pl Med. 2016;18(1):373-82.
2. Diaz JH. Poisoning by herbs and plants: rapid toxidromic classification and diagnosis. Wilderness Environ Med. 2016;27(1):136-52.
3. SINITOX – Sistema Nacional de Informações Tóxico-Farmacológicas. [acesso em fevereiro de 2022]. Disponível em: https://sinitox.icict.fiocruz.br/
4. Hijar M, Blanco J, Carrillo C, Rascón A. Mortalidad por envenenamiento em niños. Salud Pública de México. 1998;40(4):347-53.
5. Gupta R, Ghrinda V. Plants and their toxic constituents forensic approach: A Review. Eur J Forensic Sci. 2015;2(2):15-26.
6. Alsop J. Plants. In: Olson K, editor. Poisoning & drug overdose. 4. ed. Nova Iorque: Lange Medical Books/McGraw Hill; 2004. p. 309-17.

7. Juan EA, Rideout JA, Ragasa CY. Bioactive furanocoumarin derivates from Ficus pumila (Moraceae). Philippine Journal of Science. 1997;126(2):143-53.
8. Reis VMS. Dermatoses provocadas por plantas (fitodermatoses). An Bras An Bras Dermatol. 2010;85(4): 479-89.
9. Gin JD. Occupational Contact Dermatites to plants. In: Kanerva L, Wahlberg JE, Elsner P, Maibach HI. Handbook of occupational dermatology. Berlim: Springer-Verlag; 2000. p. 730-66.
10. Burrillo-Putze G, Briz EL, Diaz BC, Mas PM, Xaraus SN, Pinillos MA, et al. Drogas emergentes (III): plantas y hongos alucinógenos. Anales Sist San Navarra. 2013;36(3):505-18.
11. Furer V, Hersch M, Silvetzki N, Breuer, GS, Zevin S. Nicotiana glauca (Tree Tobacco) Intoxication —Two Cases in One Family. J Med Toxicol. 2011;7(1):47-51.
12. Barceloux DG. Medical toxicology of natural substances (food, fungi, medicinal herbs, plants and venomous animals). Nova Iorque: John Wiley & Sons; 2008. p. 768-72.
13. Bandara V, Weinstein SA, White J, Eddleston M. A review of the natural history, toxinology, diagnosis and clinical management of Nerium oleander (common oleander) and Thevetia peruviana (yellow oleander) poisoning. Toxicon. 2010;56(3):273-81.
14. Bruneton J. Toxic plants: dangerous to humans and animals. Paris: Tec & Doc; 1999. p. 545.
15. Nelson LS, Shil RD, Balick MJ. Handbook of poisonous and injurious plants. 2. ed. Nova Iorque: Springer; 2007. 340 p.
16. Nelson LS, Goldfrank LR. Plants. In: Nelson LS, Lewin NA, Smith SW, Goldfrank LR, Hoffman RS, Howland MA, editores. Goldsfrank's toxicologic emergencies. 11. ed. McGraw Hill Education; 2019. p. 1597-616.
17. Olson KR, organizador. Manual de toxicologia clínica. 6. ed. Porto Alegre: AMGH; 2014. p. 393-410.
18. Ferraz CV, Chagas JC, Dorigon EB. Artemisia absinthium L.: aplicabilidade na saúde humana. Braz J Health Rev. 2020;3(4):10650-61.
19. Fragoso T. Análise do uso medicinal do gênero Artemisia no Brasil com base em fatores tradicionais, científicos, políticos e patentários para subsidiar o Programa Nacional de Plantas Medicinais e Fitoterápicos. Monografia [Especialização] – Instituto de Tecnologia em Fármacos – Farmanguinhos, Rio de Janeiro; 2014.
20. Nunes A. Utilização da planta medicinal erva-de-são-joão (Hypericum perforatum L.) no tratamento de depressão. Visão Acadêmica. 2018;19(3):80-93.
21. Turolla MSR. Avaliação dos aspectos toxicológicos dos fitoterápicos: um estudo comparativo. [Dissertação - Mestrado em Farmácia]. São Paulo: Universidade de São Paulo; 2004. 145 f.
22. Margato DPB, Olivato GB, Lisboa JRF, Wilker PPOB, Silva CN, Junior VH. Dermatites de contato causadas por aroeiras (Anacardiaceae) no estado de São Paulo, Brasil. Diagn Tratamento. 2019;2(4):153-7.
23. Marquard K. Cogumelos. In: Olson KR, organizador. Manual de toxicologia clínica. 6. ed. Porto Alegre: AMGH; 2014. p. 199-203.
24. CEATOX (Centro de Estudos Toxicológicos). Universidade Federal do Ceará. Ricina, a toxina da mamona. Boletim nº 06. [acesso em fevereiro de 2022]. Disponível em: http://www.cetox.ufc.br/boletins/arquivos%20boletins/Boletim%2006%20Ricina.pdf
25. Coan LM, Knupp PC, Silva AG. Reações de hipersensibilidade a temperos usuais na culinária. Natureza on line. 2008;6(2):102-8.
26. Oliveira P. Intoxicação por ingestão de cogumelos. Revista Medicina Interna. 2009;16(4):257-63.
27. Cajas C, Juárez H, Gaitán E. Intoxicación por Chlorophyllum molybdites: Presentación de dos casos y revisión de la literatura. Rev Med Interna Guatem. 2016;20(1).
28. Leidenz FAB, Fideles Junior WF, Lucciola GR. Lavagem gástrica realmente efetiva? Rev Med Minas Gerais. 2012;22(Supl 8):37-9.
29. Benson BE, Hoppu K, Troutman WG, Bedry A, Erdman R, Höjer J, et al. Position paper update: gastric lavage for gastrointestinal decontamination. Clin Toxicol (Phila). 2013;51(3):140-6.
30. Pincus SH, Smallshaw JE, Song K, Bery J, Vitetta ES. Passive and active vaccination strategies to prevent ricin poisoning. Toxins. 2011;3(9):1163-84.

CAPÍTULO 87

COGUMELOS VENENOSOS E ALUCINÓGENOS

Luisa Fernanda Diaz Velez
Lina Maria Peña Acevedo
Javier Naveros

PONTOS-CHAVE

- O envenenamento por cogumelos geralmente ocorre em razão da dificuldade de diferenciação entre comestível e não comestível.
- Auxílios diagnósticos para identificar as toxinas que causam o quadro clínico geralmente não estão disponíveis.
- A abordagem sindrômica do envenenamento permite, mesmo sem clareza do espécime ingerido, chegar a um diagnóstico precoce.
- As recomendações de gerenciamento baseadas em evidências são escassas pela ausência de informações.
- É geralmente assumido que a lavagem gástrica é inútil na maioria dos casos.

INTRODUÇÃO

Cogumelos e seus extratos têm sido consumidos pela humanidade há milênios, fazendo parte da dieta por sua riqueza proteica, em cosméticos, no campo medicinal e religioso como parte de muitas cerimônias em várias culturas.[1]

O envenenamento por cogumelos, também chamado de micetismo, é uma entidade da qual a verdadeira incidência anual é desconhecida, pois depende de fatores como situação geográfica, condições climáticas propícias ao crescimento de determinadas espécies, ao estilo de vida, às tradições e preferências nutricionais da população; no entanto, a American Association of Poison Control Centers (AAPCC) revela que os fungos representam menos de 0,25% das exposições humanas relatadas, com uma média de 5 casos por 100 mil habitantes por ano, com menos de 100 mortes em 35 anos.[2,3] De acordo com as publicações anuais do National Poison Data System (NPDS), nos últimos 18 anos foram notificados 133.700 casos (7.428/ano), dos quais 83% eram involuntários e crianças < 6 anos representaram 6% dos casos; destes, 704 (39/ano) causaram envenenamento com 59 óbitos (2,9/ano), principalmente por cogumelos ciclopeptídeos (68-89%), com ácido ico e monometil-hidrazina.

A principal causa de envenenamento é involuntária, quando adultos que coletam cogumelos selvagens para consumo os confundem e ingerem cogumelos tóxicos e por crianças que os veem em formas e cores marcantes estão interessados e ingerem-nos; no entanto, para cogumelos alucinógenos ou também chamados de "mágicos", a incidência é muito maior, como relatado pela Pesquisa Nacional sobre Uso de Drogas e Saúde (National Survey on Drug Use and Health – NSDUH) durante 2009-2015, que constatou que o uso da psilocibina, principal componente desses cogumelos, é de 8,1%-8,7% para os entrevistados com 12 anos ou mais.[2]

CLASSIFICAÇÃO

Aproximadamente 140 mil espécies de cogumelos foram descritas no mundo, das quais a maioria não produz nenhum dano após a exposição. Cerca de 2.700 espécies têm sido consideradas seguras para o consumo humano e cerca de 100 espécies foram consideradas tóxicas após a ingestão.[2]

Até recentemente foi utilizada a classificação taxonômica, que considerou 7 grupos definidos pelo tipo de toxina, porém sua relação com a toxicidade é complexa pela grande variação entre as espécies e as toxinas que contêm (Quadro 1).

Quadro 1. Classificação taxonômica de Spoerke e Rumack.

Grupo	Toxinas/clínica	Gênero ou espécie
1	Ciclopeptídeos, amatoxinas/hepatotoxicidade	*Amanita phalloides, Amanita virosa, Galerina* spp.
2	Giromitrinas/sintomas gastrintestinais e neurológicos	*Gyromitra esculenta*
3	Coprinas/reação pseudoantabuse	*Coprinus* spp.
4	Muscarínicos/sintomas muscarínicos	*Amanita muscaria, Clitocybe, Inocybe* spp.
5	Ácido ibotênico, muscimol/sintomas muscarínicos + glutaminérgicos	*Amanita muscaria*
6	Psilocibinas/alucinógenos	*Psilocybe* spp.
7	Diversos, principalmente gastrintestinal	Muitas espécies

Fonte: Brandenburg e Ward, 2018.[2]

Recentemente, White et al.[6] propuseram uma classificação baseada em efeitos clínicos e estabeleceram seis tipos de síndromes, muito mais útil na prática clínica e é descrita a seguir.

GRUPO 1. ENVENENAMENTO FÚNGICO CITOTÓXICO

Este grupo inclui fungos que produzem hepatotoxicidade primária, nefrotoxicidade primária precoce e nefrotoxicidade primária tardia.

Subgrupo 1A: Hepatotoxicidade ou também chamada síndrome faloide ou ciclopeptídica

Quadro clínico

Sintomas gastrintestinais entre 6 e 12 horas de ingestão: náusea, vômitos, diarreia, dor abdominal e desidratação secundária, que podem durar até 36 horas. São seguidos de um período assintomático para após apresentar, no terceiro dia, hepatotoxicidade clara, evidenciada pela elevação de transminases, alteração na produção de fatores de coagulação e icterícia. Pode progredir, em casos graves, para insuficiência hepática (coagulopatia, hemorragia, encefalopatia hepática) e disfunção de múltiplos órgãos, terminando em morte cerca de 7 dias depois[3].

Figura 1. *Amanita phalloides.*
Fonte: fotos pixabay.com.[9]

Cogumelos envolvidos

Aqueles que contêm **amatoxina,** com dose letal de 1 mg/kg. O mais comum é *Amanita phalloides,* também conhecido como "cogumelo da morte" (Figura 1). É causa mais frequente de envenenamento letal por cogumelos. Outros menos comuns são: *A. virosa, A. verna, A. exitialis, A. fuliginea, A. ocreata, A. bisporigera, A. brunnescens, A. elliptosperma, A. magnivelaris, A. magnivelaris* etc.[6] Estes são responsáveis por mais de 95% das mortes em todo o mundo.[7]

Mecanismo de ação

Inibição da polimerase RNA II e transcrição de DNA.

Tratamento

Foi descrito o benefício potencial da administração de doses repetidas de carvão ativado para interromper a recirculação êntero-hepática, em uma dose inicial de 1 g/kg idealmente na primeira hora de ingestão, para continuar com 50 g a cada 4 horas, e hidratação intravenosa adequada. Terapias de remoção extracorpórea têm sido usadas quando disponíveis. Com menor nível de evidência, o uso de N-acetilcisteína com silibinina tem sido relatado, assim como penicilina de altas doses. Em casos de insuficiência hepática, a única conduta que tem mostrado benefício é o transplante de fígado.[4]

Subgrupo 1B: Nefrotoxicidade primária precoce

Quadro clínico

Há um período inicial assintomático de aproximadamente 5 a 6 horas, após o qual aparecem sintomas gerais: náusea, vômito, diarreia, dor abdominal, dor de cabeça, fraqueza, fadiga, mialgia, erupção cutânea que pode durar vários dias. Após 2 a 5 dias da ingestão, desencadeia-se insuficiência renal aguda. Nesse período pode haver elevação transitória de transaminases sem repercussões clínicas.[5]

Cogumelos envolvidos

Aqueles que contêm **ácido amino-hexadienoico (AHDA)** como *Amanita smithiana* e *Amanita pseudoporfiria.*[6]

Mecanismo de ação

Não está claramente identificado.

Tratamento

Não há evidências sobre manejo específico além de medidas de suporte, pois a maioria dos pacientes se recupera dentro de 4 semanas e raramente necessita de terapia dialítica.[7]

Subgrupo 1C: Nefrotoxicidade primária tardia

Quadro clínico

Fase assintomática inicial de 2 a 5 dias em média. Em 8 dias ocorre o aparecimento de sintomas gerais: náusea, vômito, diarreia, dor abdominal, dor de cabeça, fraqueza, fadiga, mialgia e insuficiência renal. Aproximadamente 50% dos pacientes desenvolvem hipertensão e/ou insuficiência renal crônica.[7,6]

Cogumelos envolvidos

Aqueles que contêm orelanina, principalmente do gênero *Cortinarius* spp. (*C. orellanus, C. rubellus*)[11] (Figura 2).

Figura 2. *Cortinarius orellanus.*
Fonte: fotos pixabay.com.[12]

Mecanismo de ação

Formação de radicais livres de oxigênio com inibição na síntese proteica.[7]

Tratamento

O uso de terapia dialítica nas primeiras 24 horas foi relatado para melhorar os resultados, incluindo plasmaférese. Não há evidência de terapia medicamentosa que melhore os resultados clínicos.[7]

GRUPO 2. ENVENENAMENTO NEUROTÓXICO

Subgrupo 2A: Alucinógenos

Quadro clínico

Sintomas do sistema nervoso central começam entre os primeiros 10 a 30 minutos com ilusões auditivas, visuais ou táteis, alucinações, alteração da sensação de tempo e espaço, sinestesias e euforia, com duração aproximada de 5 horas. Em alguns pacientes podem ocorrer agressividade, ansiedade, ataxia, dilatação pupilar, náuseas, vômitos, dor abdominal, parestesias, hiper-reflexia, taquicardia, hipertensão, arritmias cardíacas e isquemia miocárdica.[6] Episódios psicóticos, convulsões e transtorno perceptivo persistente têm sido relatados, geralmente por 24 a 36 horas, mas podem durar mais alguns dias.[7,8]

Fungos envolvidos

Aqueles que contêm **psilocibinas, psilocinas, gymnopilinas** e toxinas relacionadas *Psilocybe* spp., *Conocybe* spp., *Gymnopilus* spp., *Panaeolus* spp., *Copelandia* spp., *Pluteus* spp. e possivelmente *Stropharia* spp.[6]

Mecanismo de ação

A psilocibina é fosforilada à psilocina, que atravessa a barreira hematoencefálica e atua como agonista parcial dos receptores de serotonina 5-HT2A e 5-HT1A, gerando desinibição e superestimulação das áreas cognitiva, emocional e visual.[7]

Tratamento

Pacientes com agitação se beneficiam do atendimento em local tranquilo. Se não houver resposta ou se ocorrerem convulsões, uma boa opção é o manejo com benzodiazepínicos.[7] Caso a agitação não seja controlada com benzodiazepínicos, o uso de antipsicóticos pode ser necessário.[9] Risperidona, um antipsicótico atípico, tem forte afinidade com o receptor 5-HT2A e age como antagonista, impedindo a ligação de substâncias como a psilocina. Em estudo comparando olanzapina intramuscular e ziprasidona com outros agentes no tratamento da agitação aguda na unidade de terapia intensiva, ambos os fármacos se mostraram terapeuticamente eficazes. A ziprasidona mostrou uma melhora significativa na agitação aguda dentro de 30 minutos da administração, enquanto a olanzapina demonstrou um início mais rápido de ação e menos efeitos adversos do que haloperidol ou lorazepam, incluindo prolongamento do QTc. Não há pesquisas em andamento especificamente relacionadas ao tratamento da toxicidade da psilocibina.[15]

Subgrupo 2B: Toxicidade autonômica ou síndrome muscarínica

Quadro clínico

Sintomas de estimulação parassimpática mediada por receptores muscarínicos: diaforese, hipersalivação, ruptura, miose, bradicardia, hipotensão, broncoconstrição, broncorreia, aumento da peristalse, náusea, vômito, diarreia, que geralmente aparecem nos primeiros 15 minutos a 2 horas após a ingestão.[6] Esses efeitos podem durar cerca de 2 horas ou até 24 horas se não forem tratados.[7]

Cogumelos envolvidos

Aqueles que contêm **muscarina** e toxinas relacionadas, como *Inocybe* spp., *Clitocybe* spp., *Mycena* spp., *Rubinoboletus* spp.[6] (Figura 3).

Mecanismo de ação

Muscarina é um agonista específico dos receptores muscarínicos da acetilcolina, gerando uma síndrome muscarínica periférica, porque não tem capacidade para atravessar a barreira hematoencefálica[7].

Figura 3. *Amanita muscaria.*
Fonte: fotos pixabay.com.[16]

Tratamento

É descrito como um antídoto ideal um agente anticolinérgico que melhora a sintomatologia periférica, mas não consegue atravessar a barreira hematoencefálica, como glicopirrolato, em doses intravenosas sequenciais de 0,1 mg em adultos e 0,005 mgs/kg em crianças. Caso não for disponível, atropina pode ser usada (que cruza a barreira hematoencefálica) em doses intravenosas sequenciais de 0,1 mg em adultos e 0,02 mg/kg em crianças. Caso ocorram secreções brônquicas abundantes, pode-se usar anticolinérgico inalado[7].

Subgrupo 2C: Excitação do sistema nervoso central ou síndrome glutaminérgica

Quadro clínico

Entre 30 minutos e 3 horas, surgem, inicialmente, náuseas, vômitos, diarreia, tremores, espasmos mioclônicos, ataxia, parestesias e incoordenação motora, seguidos de uma fase de sonolência que flutua com episódios de excitação com alucinações e agitação. A duração aproximada é de 8 horas, mas pode ser estendida até 48 horas.[7]

Cogumelos envolvidos

Aqueles que contêm **muscimol e ácido onicônico.** Presente em *Amanita muscaria, A. patherina, A. ibotengutak* e *Morchella* spp., também conhecido como cogumelo morel.[10]

Mecanismo de ação

Possuem similaridade estrutural com neurotransmissores, de forma que o muscinol age como um agonista de receptores de ácido gama-aminobutírico (Gaba-A) gerando sonolência. O ácido ionicônico é agonista dos receptores de glutamato N-metil-D-aspartato (NMDA), que causa excitação neuronal.[7]

Tratamento

Nenhum antídoto é descrito. Observação é sugerida em um ambiente tranquilo. Em caso de agitação ou convulsões, uso de benzodiazepínicos, levando em conta que pode potencializar o efeito Gaba do muscimol. Além disso, é necessário lembrar que neste tipo envenenamento **não deve ser utilizada atropina.**[7]

GRUPO 3. ENVENENAMENTO MIOTÓXICO

Subgrupo 3A: Miotoxicidade precoce

Quadro clínico: sintomas gastrintestinais nas primeiras 2 horas de ingestão, com náusea, vômito e diarreia. Subsequentemente ocorrem, mialgia, fadiga e elevação da creatinoquinase (CK > 200.000 UI/l), que pode ou não evoluir para complicações como hipertensão, insuficiência renal, hipercalemia e colapso cardiovascular.[11]

Cogumelos envolvidos

Aqueles que contêm ácido carboxílico e ácido cicloprop-2-enocarboxílico, como *Russula* spp. (principalmente *Russula subnigricans*).

Mecanismo de ação

Toxicidade direta na célula muscular.

Tratamento

Recomenda-se hidratação agressiva e cuidados de suporte. Em caso de complicações renais, terapia dialítica é provavelmente necessária.[7]

Subgrupo 3B: Miotoxicidade tardia

Quadro clínico

Dentro de 1 a 3 dias da ingestão, sintomas de fadiga, mialgia, náusea e elevação da creatinoquinase (CK > 200.000 UI/l), que podem evoluir ou não para complicações como hipertensão arterial, insuficiência renal, hipercalemia e colapso cardiovascular.[6]

Fungos envolvidos

Tricholoma spp.

Mecanismo de ação

Toxicidade direta na célula muscular.

Tratamento

Recomendam-se hidratação agressiva e suporte. Em caso de complicações renais, a terapia dialítica é provavelmente necessária.[7]

GRUPO 4. ENVOLVIMENTO DE VÁRIOS ÓRGÃOS

Subgrupo 4A: Envenenamento bloqueador de Gaba ou síndrome giromitriana

Quadro clínico

As primeiras manifestações, que ocorrem entre 4 e 12 horas da ingestão, são gastrintestinais: náusea, vômito, distensão abdominal, diarreia com sangue e dor abdominal. Posteriormente, aparecem vertigem, diaforese, diplopia, dor de cabeça, disartria, ataxia, hemólise, hipoglicemia, metemoglobinemia, dano hepático e, ocasionalmente, convulsões e coma. Sistemicamente, pode gerar acidose, choque hipovolêmico e colapso circulatório.[7]

Cogumelos envolvidos

Aqueles que contêm giromitrinas, em particular *Gyromitra* spp. (*G. esculenta, G. ambigua, G. gigas, G. infula, Cudonia circinians*).[6]

Mecanismo de ação

A giromitrina é metabolizada para acetaldeído e N-metil-N-formil hidrazina (MFH), que passa então para monometil hidrazina (MMH) e ácido fórmico. O MMH inibe a enzima descarboxilase do ácido glutâmico, diminuindo os níveis de Gaba e aumentando os níveis de glutamato, o que gera aumento de convulsões e excitação do SNC. Além disso, gera intermediários de nitrosamina, um estresse oxidativo acentuado e metemoglobinemia, bem como a inibição da diaminaoxidase, necessária para metabolizar a histamina e chave na redução de di-hidrofolato para folato.[7]

Tratamento

Principalmente suporte e reposição hidroeletrolítica; se for atendido na primeira hora de ingestão, o carvão ativado poderia ser administrado em uma única dose de 1 g/kg. Em caso de metemoglobinemia significativa, é indicado o uso de azul de metileno em doses de 1 a 2 mg/kg por via intravenosa. O uso de ácido folínico, piridoxina e N-acetilcisteína também foi descrito.[7]

Subgrupo 4B: Envenenamento ao dissulfiram ou síndrome pseudoantabuse

Quadro clínico

Após a ingestão de álcool com esse tipo de cogumelos, sintomas semelhantes à reação de dissulfiram, como erupção cutânea no tronco e extremidades, náuseas, vômitos, dor de cabeça, diaforese, taquiarritmias, vertigem e alteração do estado mental que duram entre 30 minutos e 24 horas.

Fungos envolvidos

Aqueles que contêm coprinas, *Coprinus* spp. (*C. atramentarius*) e *Lepiota aspera.*[6]

Mecanismo de ação

Após a ingestão, a coprina é metabolizada para 1-aminociclopropanol (ACP), toxina ativa que inibe a atividade da enzima necessária para o metabolismo do etanol, aldeído desidrogenase, gerando, em caso de ingestão de bebidas alcoólicas, um acúmulo de acetaldeído, responsável pelos sintomas.[7]

Tratamento

Manejo sintomático. O uso de anti-histamínicos para a erupção cutânea não é recomendado. Em decorrência do acúmulo de acetaledeído, fomepizol pode ser utilizado em casos graves.[7]

Subgrupo 4C: Envenenamento polipórico

Quadro clínico

Sintomas gastrintestinais, dentro de 12 horas após a ingestão, como dor abdominal, náusea, vômito, diarreia, urina púrpura. Seguem-se diplopia, visão turva, equilíbrio prejudicado, nistagmo, insuficiência renal e hepatotoxicidade leve que se resolvem em 2 a 7 dias.

Cogumelos envolvidos

Aqueles que contêm ácido polipórico (*Hapalopilus rutilans*).[12]

Mecanismo de ação

Não está claramente estabelecido.

Tratamento

Sem manejo específico, recomendam-se medidas para controle de sintomas e hidratação agressiva.

Subgrupo 4D: Envenenamento por cogumelos hipoglicêmicos

Quadro clínico

Com início rápido após a ingestão, manifestações clínicas de hipoglicemia, como tontura, diaforese, tremor, confusão até convulsões e morte em cerca de 2 horas de ingestão.[6] São relatados muitos casos de óbitos.

Fungos envolvidos

Trogia venenata.

Tratamento

Correção dos níveis de glicose no sangue com infusão de soro glicosado IV, se necessário.

GRUPO 5. ENVENENAMENTO POR COGUMELOS IRRITANTES DO TRATO GASTRINTESTINAL

Este grupo inclui manifestações gastrintestinais que não se acompanham de disfunção de outros órgãos, pois, como já visto, a maioria das síndromes começa com sintomas do trato digestivo. Além disso, alguns dos presentes neste grupo podem não ser necessariamente tóxicos, mas o consumo em grandes quantidades pode levar a sintomas gastrintestinais. Normalmente, o horário de início é inferior a 1 hora para a grande maioria dos compostos.

Fungos envolvidos

Clorofila molybdites, Entoloma sinuatum, Tricholoma pardalotum.

Tratamento

Não há indicação de descontaminação gastrintestinal. Hidratação intravenosa, suplementação de eletrólitos e antieméticos são recomendado, assim como idealmente um agonista receptor 5-HT3, como ondansetrona.[7]

GRUPO 6. ENVENENAMENTO POR COGUMELOS COM VÁRIAS REAÇÕES

Subgrupo 6A: Dermatite por shiitake

Quadro clínico

Após 1 a 2 horas de ingestão, a erupção cutânea intensamente pruritica aparece com um padrão linear de pápulas e papulovesículas em tronco, membros e pescoço (Figura 4).

Fungos envolvidos

Fungos Shiitake (*Edodes lentinola*).

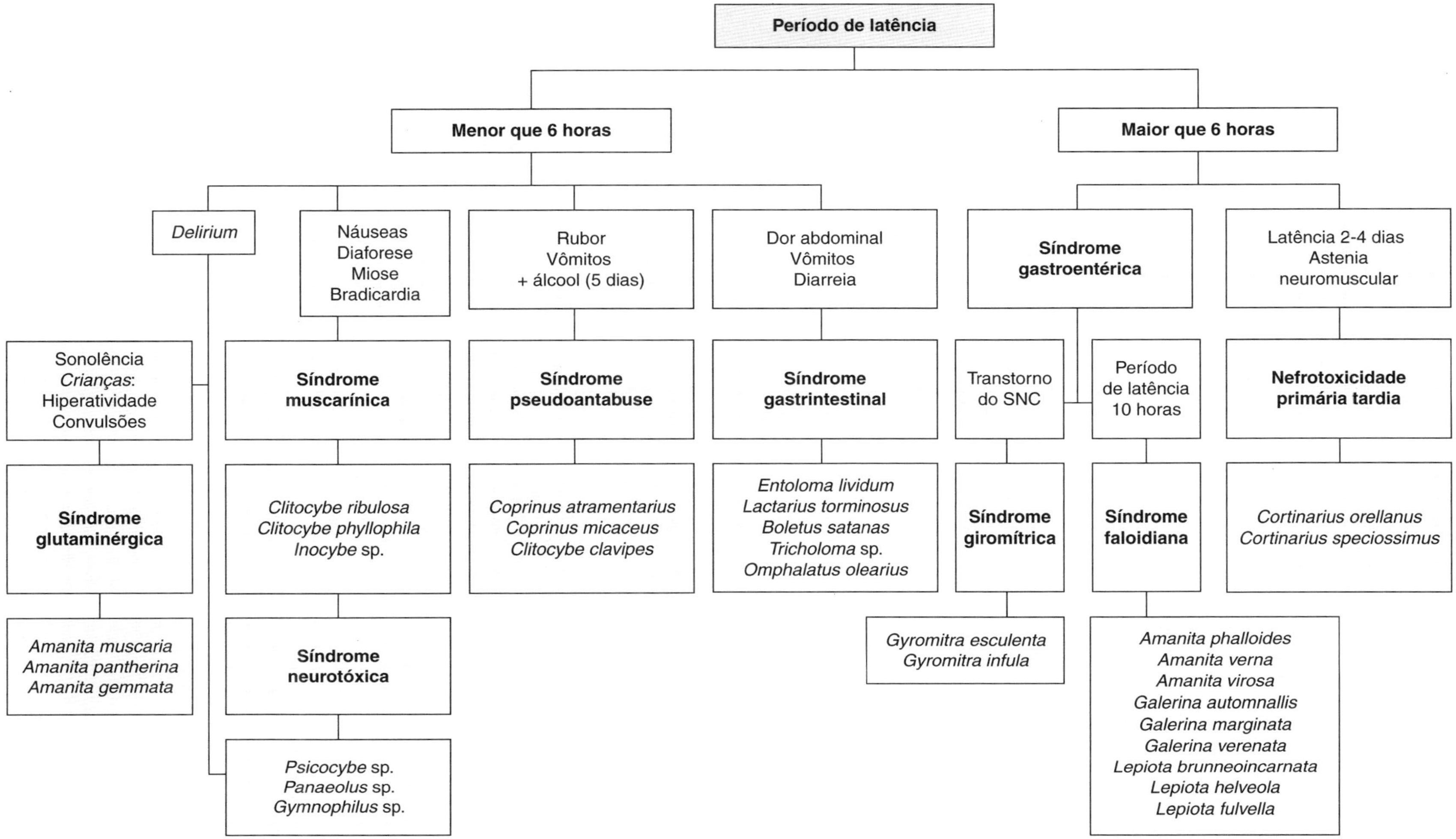

Figura 4. Resumo dos envenenamentos por cogumelos.
Fonte: adaptada de Benítez Macías et al., 2009.[21]

Tratamento

Manejo dos sintomas. Anti-histamínicos e corticosteroides tópicos podem ser usados.[13]

Subgrupo 6B: Eritromelalgia por cogumelos

Quadro clínico

Dias após a ingestão, surge eritrodermia generalizada com calor, dor em queimação das extremidades que se resolve espontaneamente em semanas.

Cogumelos envolvidos

Paralepistopsis (Clitocybe) acromelalga, amoenolens.

Tratamento

Sintomático com anti-histamínicos tópicos e corticosteroides.[6]

ABUSO E VÍCIO EM COGUMELOS ALUCINÓGENOS

A psilocibina tem sido historicamente usada para fins rituais, recreativos e, mais recentemente, medicinais. A literatura científica sugere baixa toxicidade, baixo risco de vício, *overdose* ou outras causas de lesão comumente causadas por outras substâncias de abuso. Há um crescente interesse em sua administração para condições como depressão resistente ao tratamento. No entanto, há resultados negativos relacionados ao uso de psilocibina. Sabemos que qualquer droga alucinógena pode produzir a chamada "viagem ruim" (*bad trip*) em vez dos efeitos desejados. Um estudo recente descreve distorções do pensamento e alterações perceptuais. As "viagens ruins" eram mais frequentes nas mulheres e estavam associadas a distorções de pensamento. O uso de múltiplas doses de psilocibina na mesma sessão, ou sua combinação com outras substâncias, estava relacionado ao aparecimento de resultados negativos a longo prazo. Por outro lado, o uso de cogumelos em doses altas únicas estava relacionado a emergências médicas.[22] Estados agudos de confusão podem ocorrer, enquanto experiências alucinatórias podem evoluir para um estado de transtorno psicótico.

Espera-se que esses estados desapareçam completamente em cerca de 24 horas no máximo, mas o quadro clínico pode ser complicado se outras drogas, como álcool ou *cannabis*, forem usadas.

O uso prolongado de alucinógenos, como cogumelos, pode levar a sérios efeitos colaterais, incluindo uma psicose persistente, na qual a pessoa continua a experimentar alucinações e paranoia mesmo após o efeito da droga ter cessado. Outros efeitos colaterais a longo prazo podem incluir perda de memória, distúrbios de humor, distúrbios e desorganização do pensamento.[23]

Embora não se saiba muito sobre o potencial de vício em cogumelos contendo psilocibina, algumas pesquisas indicam que aqueles que os usam podem desenvolver tolerância ao uso regular. A tolerância à psilocibina geralmente é de curta duração e diminuirá depois de alguns dias sem tomá-la. Os sintomas de abstinência tendem a ser psicológicos e não físicos, e usuários regulares de cogumelos podem ter problemas para diferenciar entre realidade e alucinações, por um breve período, após o consumo de cogumelos ser interrompido.

REFERÊNCIAS BIBLIOGRÁFICAS

1. Govorushko S, Rezaee R, Dumanov J, Tsatsakis A. Poisoning associated with the use of mushrooms: a review of the global pattern and main characteristics. Food Chem Toxicol. 2019; 128:267-79.
2. Brandenburg WE, Ward KJ. Mushroom poisoning epidemiology in the United States. Mycologia. 2018;110(4):637-41.
3. Goldfrank LR. Mushrooms. In: Hoffman RS, Howland MA, Lewin NA, Smith SW, Goldfrank LR, Hoffman LS, editores. Goldfrank's Toxicologic Emergencies. 11. ed. Nova Iorque: McGraw-Hill; 2019. p. 1581-94.
4. Johnson MW, Griffiths RR, Hendricks PS, Henningfield JE. The abuse potential of medical psilocybin according to the 8 factors of the Controlled Substances Act. Neuropharmacology. 2018;142:143-66.
5. Soltaninejad K. Outbreak of mushroom poisoning in Iran: April-May, 2018. Int J Occup Environ Med. 2018;9(3):152-6.
6. White J, Weinstein SA, De Haro L, Bédry R, Schaper A, Rumack BH, et al. Mushroom poisoning: a proposed new clinical classification. Toxicon. 2019;157:53-65.
7. Beuhler MC. Overview of mushrooms poisoning. In: Jeffrey Brent, Senior Editor. Critical care toxicology. Diagnosis and management of the critically poisoned patient. 2. ed. Springer; 2017. p. 2015-23.
8. Ye Y, Liu Z. Management of Amanita phalloides poisoning: a literature review and update. J Crit Care. 2018;46:17-22.
9. Pixabay.com. [acesso em novembro de 2021]. Disponível em: ttps://pixabay.com/es/photos/amanita-phalloides-amanita-champi%c3%b1%c3%b3n-4884120/
10. West PL, Lindgren J, Horowitz BZ. Amanita smithiana mushroom ingestion: a case of delayed renal failure and literature review. J Med Toxicol. 2009;5(1):32-8.
11. Dinis-Oliveira RJ, Soares M, Rocha-Pereira C, Carvalho F. Human and experimental toxicology of orellanine. Hum Exp Toxicol. 2016;35(9):1016-29.
12. Pixabay.com. [acesso em novembro de 2021]. Disponível em: https://pixabay.com/es/photos/champi%c3%b1%c3%b3n-hongo-seta-venenosa-6660554/
13. Satora L, Goszcz H, Ciszowski K. Poisonings resulting from the ingestion of magic mushrooms in Kraków. Przegl Lek. 2005;62(6):394-6.
14. Martinotti G, Santacroce R, Pettorruso M, Montemitro C, Spano MC, Lorusso M, et al. Hallucinogen persisting perception disorder: etiology, clinical features, and therapeutic perspectives. Brain Sci. 2018;8(3):47.
15. Reinert JP, Colunga K, Etuk A, Richardson V, Dunn RL. Management of overdoses of salvia, kratom, and psilocybin mushrooms: a literature review. Expert Rev Clin Pharmacol. 2020;13(8):847-56.
16. Pixabay.com. [acesso em novembro de 2021]. Disponível em: https://pixabay.com/es/photos/seta-venenosa-champi%c3%b1%c3%b3n-venenoso-4569367/
17. Saviuc P, Harry P, Pulce C, Garnier R, Cochet A. Can morels (Morchella sp.) induce a toxic neurological syndrome? Clin Toxicol (Phila). 2010;48(4):365-72.
18. Cho JT, Han JH. A case of mushroom poisoning with Russula subnigricans: Development of rhabdomyolysis, acute kidney injury, cardiogenic shock, and death. J Korean Med Sci. 2016;31(7):1164-7.
19. Villa AF, Saviuc P, Langrand J, Favre G, Chataignerl D, Garnier R. Tender nesting polypore (Hapalopilus rutilans) poisoning: report of two cases. Clin Toxicol (Phila). 2013;51(8):798-800.
20. Stephany MP, Chung S, Handler MZ, Handler NS, Handler GA, Schwartz RA. Shiitake mushroom dermatitis: A review. Am J Clin Dermatol. 2016;17(5):485-9.
21. Benítez-Macías JF, García-Gil D, Brun-Romero FM, Nogué-Xarau S. Acute mushrooms poisoning. Rev Clin Esp. 2009;209(11):542-9.
22. Bienemann B, Ruschel NS, Campos ML, Negreiros MA, Mograbi DC. Self-reported negative outcomes of psilocybin users: A quantitative textual analysis. PLoS One. 2020;15(2):e0229067.
23. Aday J, Mitzkovitz C, Bloesch E, Davoli C, Davis A. Long-term effects of psychedelic drugs: A systematic review. Neurosci Biobeh Rev. 2020;113:179-89.

CAPÍTULO 88

BOTULISMO

Leandro Pereira Monteiro
Alonso Monteiro da Silva

PONTOS-CHAVE

- Doença neuroparalítica grave de origem tóxica, causada por bactéria, porém não transmissível.
- Várias formas de apresentação: botulismo alimentar, botulismo por ferimentos, botulismo intestinal e, mais raramente, botulismo iatrogênico ou inalatório.
- Causada pela toxina do *Clostridium botulinum*, tem sintomas gastrintestinais e neurológicos.

INTRODUÇÃO

O *Clostridium botulinum*, bacilo Gram-positivo, anaeróbio e esporulado, de distribuição mundial, amplamente presente na natureza em sedimentos e água, pode ser encontrado como contaminante de alimentos de origem vegetal e animal: mamíferos, mel, peixes e crustáceos. Em sua forma vegetativa produz uma toxina, um polipeptídio proteico considerado a toxina mais potente isolada até o momento. São conhecidos oito tipos de toxina (A, B, C1, C2, D, E, F e G) e três são mais importantes do ponto de vista epidemiológico para o Brasil (A, B e E).[1-5]

Causa doença grave tanto em adultos como em crianças, com manifestações digestivas e neurológicas importantes cujo diagnóstico pode ser difícil sem uma anamnese minuciosa, exame físico rigoroso e exames laboratoriais específicos. Das formas clínicas apresentáveis, a mais importante por frequência e gravidade é a alimentar, existindo ainda as formas de botulismo por ferimentos, intestinal, iatrogênica e inalatória.

À suspeita clínica, soroterapia específica precoce, medidas de vigilância clínica, suporte em instalações adequadas com assistência ventilatória se necessário e combate às complicações decorrentes de internação prolongada são medidas determinantes no prognóstico e evolução da doença.

MECANISMO DE AÇÃO

A toxina botulínica é formada por duas cadeias, a leve e a pesada. Ela age, inicialmente, ao ligar a cadeia pesada na membrana pré-sináptica dos nervos terminais do neurônio motor e autonômico, permitindo a endocitose da cadeia leve para o citoplasma celular. A cadeia leve tem como alvo vesículas que armazenam complexos polipeptídicos de importante papel na liberação do neurotransmissor acetilcolina para a fenda sináptica, especialmente a junção neuromuscular, uma vez que promovem a fusão da vesícula que armazena acetilcolina com a membrana pré-sináptica. Assim, ao impedir a liberação da acetilcolina na fenda sináptica, a toxina impede a despolarização neuronal e consequentemente o impulso nervoso, inibindo a contração muscular ou a ação dos nervos afetados.[4-6]

TOXICOCINÉTICA

Vai depender da forma clínica:

Botulismo alimentar: ocorre pela ingestão da toxina já produzida pelo *Clostridium botulinum* no alimento em condições ideais existentes naquele meio (anaerobiose, pH alcalino ou próximo de neutro, atividade da água e temperatura ideal). Por não ser neutralizada pelo suco gástrico, é absorvida pelas vilosidades intestinais e, via corrente sanguínea, chega às terminações nervosas onde exercerá sua ação.[1,2,4] Os principais alimentos envolvidos estão discriminados no Quadro 1.

Quadro 1. Principais alimentos envolvidos no botulismo alimentar
Conservas vegetais (palmito, picles, pequi)
Produtos cárneos curados e defumados artesanalmente (salsicha, presunto, "carne de lata")
Pescados conservados (fermentados, salgados ou defumados)
Queijos e derivados
Alimentos enlatados ou produzidos industrialmente (menos frequente)

Botulismo por ferimentos: apesar de raro, ocorre pela contaminação de feridas pelo clostrídeo, que em condições de anaerobiose se transforma em forma vegetativa e começa a produzir toxina botulínica, a qual é continuamente absorvida pela corrente sanguínea chegando às terminações nervosas. No Quadro 2, são exemplificados os ferimentos mais suscetíveis.

Quadro 2. Ferimentos mais suscetíveis de contaminação
Úlceras crônicas com tecido necrótico
Esmagamento de membros
Ferimentos em áreas mal vascularizadas
Abcessos dentários
Lesões por uso de drogas (injetáveis, cartilagens e seios nasais)

Botulismo intestinal: ocorre em condições em que a microbiota intestinal de proteção está ausente, como nos casos de cirurgias que provocam acloridria gástrica, doença de Crohn, uso de antibióticos por tempo prolongado e principalmente em crianças entre 3 e 36 semanas de vida, nas quais essa microbiota naturalmente ainda não existe.

Botulismo iatrogênico: resulta da injeção de *overdose* de toxina enquanto usada para fins terapêuticos. Com a evolução dos processos terapêuticos e estéticos baseados no uso da toxina botulínica, foram relatados casos de injeções acidentais de quantidades maiores que as recomendadas.

Aerolização: a possibilidade teórica de aspersão de toxina botulínica por aerossolização com alto poder letal faz parte do arsenal de guerra biológica. Três tentativas falhas de ataque foram notificadas no Japão entre 1990 e 1995.[2]

DOSES TÓXICAS

Considerada a toxina bacteriana mais potente descoberta, a dose letal mínima para camundongos é de 0,0003 mcg/kg e tem estimações de injeções intravenosas ou intramusculares de 40 UI/kg. Para efeito de bioterrorismo, estima-se que 1 g de toxina botulínica aerossolizada possa matar 1,5 milhão de pessoas.

QUADRO CLÍNICO

O quadro clínico é preponderantemente neurológico, precedido ou não de sintomas gastrintestinais inespecíficos como náuseas, vômitos, diarreia e dor abdominal. Varia também de acordo com a forma clínica.[1,2,4-6]

Botulismo alimentar: com início do quadro clínico entre 12 e 36 horas ou até oito dias após a ingestão de alimento contaminado. O paciente pode apresentar sintomas prodrômicos inespecíficos como cefaleia, vertigens e tonturas. Em geral é caracterizado pelo comprometimento inicialmente dos nervos cranianos (II, IV e VI), com visão turva, diplopia, disfagia, ptose palpebral e disartria. Podem estar presentes xerostomia, íleo paralítico, retenção urinária e hipotensão sem taquicardia.[1,2,4,5]

Os casos mais graves evoluem para quadro de paralisia flácida motora simétrica, descendente, com hipotonia, paresia e paralisia da musculatura cervical, tronco, membros superiores, abdome (induzindo a íleo paralítico e retenção urinária), com evolução até membros inferiores provocando tetraplegia.

O nível de consciência do paciente com botulismo está preservado e a sensibilidade dos segmentos comprometidos geralmente também está presente. Os reflexos pupilares estão lentificados e midríase fixa bilateral é encontrada em cerca de 50% dos casos.

A fase de progressão da doença evolui por 1 a 2 semanas e se estabiliza por mais 2 a 3 semanas antes da recuperação, com evolução de seis meses a um ano, obtendo maiores progressos após os primeiros três meses do início dos sintomas.

Botulismo por ferimentos: com quadro clínico semelhante ao botulismo alimentar, diferencia-se por período de incubação mais longo (em média 10 dias), não ter uma fonte alimentar como fator causal, casos isolados, e os sintomas gastrintestinais geralmente não estarem presentes. Febre, se presente, deve ser atribuída a outro patógeno, apesar das feridas estarem aparentemente limpas ou em focos ocultos (sinusites, mucosa nasal, pequenos abcessos de injeção em usuários de drogas).

Botulismo iatrogênico: raro, com poucos casos relatados, apresenta clínica semelhante ao botulismo alimentar, porém praticamente sem tempo de incubação por ser injeção da toxina no organismo.

Botulismo inalatório: possibilidade teórica, com tentativas relatadas e sem sucesso. Avaliar possibilidade de contaminação conjuntival nestes casos.[2]

Botulismo intestinal ou botulismo do lactente: a criança, como indivíduo, pode estar suscetível a todas as formas de botulismo anteriormente descritas, porém e apesar de adultos em condições muito especiais e raras adquirirem a forma intestinal do botulismo, esta se torna muito importante no infante, principalmente até os 36 meses de vida, justamente porque ele ainda não apresenta uma microflora intestinal desenvolvida.

A oferta de alimentos ou medicamentos (mel e xaropes à base de mel) contaminados com esporos leva a germinação e produção da toxina, que absorvida induz o quadro clínico caracterizado por constipação, irritabilidade, dificuldade de sucção, choro fraco, disfagia, hipoatividade, fraqueza muscular cervical com dificuldade de sustentação da cabeça (síndrome do bebê frouxo)[2] e paralisias simétricas descendentes, podendo chegar à insuficiência respiratória. Pode ocorrer óbito em 24 horas.

DIAGNÓSTICO

Diagnóstico clínico: a instalação de paralisia descendente de forma quase súbita, sem febre e progressiva em adultos ou crianças e a dificuldade de sucção e de sustentação do pescoço em lactentes devem servir de alerta para o botulismo, e os alimentos ingeridos nos últimos dias devem ser investigados exaustivamente. O exame físico inclui pesquisa de desidratação, distensão abdominal e dispneia, além de exame neurológico com avaliação do nível de consciência, déficit de força muscular de membros, musculatura ocular e facial, reflexos profundos, testes de sensibilidade, acuidade visual e audição.[1,2,5-7] No lactente, avaliar movimentação da língua, sucção e tônus muscular cervical.

Diagnóstico laboratorial: o diagnóstico laboratorial é feito por análises bromatológicas com pesquisa do *C. botulinum* e da toxina em fezes, conteúdo gástrico, feridas ou alimentos suspeitos. Estas análises, disponíveis em laboratórios de referência, podem ser de difícil realização e com resultados demorados. O exame de liquor não apresenta alterações, servindo como um diagnóstico diferencial.

Diagnóstico eletrofisiológico: de grande valor para o botulismo, revela um padrão de comprometimento da junção neuromuscular e, na maioria dos casos, com preservação da sensibilidade.

Diagnóstico diferencial: os sintomas listados no Quadro 3 são argumentos contra o diagnóstico de botulismo.

Quadro 3.	
Movimentos involuntários	Diminuição do nível de consciência
Ataxia	Crises convulsivas
Assimetria de força muscular	Déficit sensitivo
Espasticidade	Hiper-reflexia profunda
Sinal de Babinski	Liberação piramidal nos membros acometidos

Para o diagnóstico de botulismo, deve-se ter em mente doenças com comprometimento neurológico, afastando-as (Quadro 4).

TRATAMENTO

Diante da suspeita de botulismo, o tratamento específico e medidas de sustentação devem ser iniciados precocemente, não se aguardando resultados laboratoriais específicos (que podem ser demorados).

Tratamento de suporte

O tratamento de suporte do paciente com botulismo deve ser realizado em Unidade de Terapia Intensiva (UTI) ou em hospital com fácil acesso a esta por se tratar de doença neuroparalisante com comprometimento respiratório podendo levar a êxito letal. A intubação orotraqueal e instalação de ventilação mecânica não devem aguardar a queda de saturação de oxigênio e o aumento da concentração de gás carbônico a níveis críticos. A perda de 30% da capacidade vital (medida por espirômetro) é um bom parâmetro de instalação dessas medidas. Nos casos que necessitam de assistência ventilatória (30 a 50% dos casos), a realização de traqueostomia precoce deve ser avaliada caso a caso, pois o tempo médio de assistência ventilatória dura de 4 (toxina tipo B) a 8 (toxina tipo A) semanas.[1,2,5,6-8]

Cuidados com o risco de broncoaspiração devem ser instituídos precocemente pelo fato de os reflexos de deglutição e de proteção da orofaringe estarem comprometidos.

Nos casos de botulismo alimentar, desde que não esteja presente íleo paralítico, indicam-se lavagens gástricas, enemas e laxantes com o objetivo de eliminar a toxina do aparelho digestivo.

Vigilância de complicações de internação e ventilação mecânica prolongada devem ser constantes, e o tratamento precoce dessas complicações é importante no prognóstico, porém antibióticos aminoglicosídeos e tetraciclinas devem ser evitados por reduzir o influxo de cálcio no neurônio, potencializando o bloqueio neuromuscular.

Tratamento específico

Realizado com a aplicação do soro antibotulínico (SAB) na dose de uma ampola diluída em solução fisiológica 0,9% na proporção de 1:10 e infusão em uma hora. Por ser doença de notificação compulsória, o SAB deve ser solicitado à unidade de vigilância local e devem-se seguir os trâmites de liberação. No Brasil, o soro heterólogo antibotulínico produzido é bivalente (contra os tipos A e B) ou trivalente (A, B e E) e deve ser aplicado o mais precocemente possível, pois atua somente contra a toxina circulante; 7 dias após a instalação do quadro clínico, pode não ser mais efetivo. Por ser soro heterólogo, pode apresentar efeitos adversos em 9 a 20% dos casos, não sendo indicado o teste de sensibilidade subcutâneo, mas pode ser precedido de anti-histamínicos e corticosteroides.[1,2,6-8]

No botulismo por ferimentos, além do debridamento da ferida está indicado o uso de antibióticos, sendo preconizado penicilina cristalina na dose de 10 a 20 milhões de UI/dia para adultos e 300.000 UI/kg/dia em crianças, fracionadas em

Quadro 4. Diagnóstico diferencial do botulismo	
Síndrome de Guillain-Barré	Síndrome de Miller Fisher
Miastenia gravis	Doença de Lyme
Neuropatia diftérica	Neuropatias tóxicas alimentares
Neuropatia por metais pesados	Meningoencefalites
Acidente vascular encefálico	Traumatismo cranioencefálico
Transtornos conversivos	Hipopotassemia
Intoxicação por atropina, beladona, metanol, monóxido de carbono e fenotiazínicos	Envenamento por bloqueadores neuromusculares (p. ex.: curare)

seis tomadas por 7 a 10 dias. Metronidazol na dose de 2 g/dia para adultos e 15 mg/kg/dia para crianças também está indicado como alternativa.

Botulismo infantil

Em menores de 1 ano de idade, o uso de antibióticos está contraindicado em virtude da lise da bactéria na luz intestinal, com consequente aumento de liberação de toxinas. O SAB também não está indicado, sendo necessárias apenas as medidas de suporte.[1,2,10]

O uso de antibióticos ainda não está bem estabelecido no botulismo alimentar.

PROGNÓSTICO

Doença de prognóstico reservado até um passado recente, hoje com a melhoria da assistência em UTI e ventilação mecânica, tem uma mortalidade em torno de 5 a 8%, incluindo lactentes. A presença de insuficiência respiratória na admissão piora esse prognóstico (18% de óbitos).

A remissão total do quadro ocorre em poucos dias, porém alguns casos permanecem com fraqueza muscular por até um ano, a média de recuperação total dos sintomas está estimada em três meses.

Importante ressaltar que a mortalidade é elevada em casos não tratados.

PREVENÇÃO

A destruição dos esporos ocorre por aquecimento a 120 °C por 30 minutos e a destruição da toxina ocorre com aquecimento a 80 °C por, no mínimo, 10 minutos.

A germinação dos esporos pode ser inibida com resfriamento, diminuição do pH, adição de sal, açúcar e nitrito de sódio.

A imunização com toxoide botulínico polivalente está indicada apenas para quem exerce atividade associada à manipulação do microrganismo.

O mel de abelhas não deve ser incluído na dieta de lactentes e crianças menores de 1 ano.

REFERÊNCIAS BIBLIOGRÁFICAS

1. Brasil. Ministério da Saúde. Secretaria de Vigilância em Saúde. Coordenação-Geral de Desenvolvimento da Epidemiologia em Serviços. Guia de Vigilância em Saúde: volume único [recurso eletrônico]/Ministério da Saúde, Secretaria de Vigilância em Saúde, Coordenação-Geral de Desenvolvimento da Epidemiologia em Serviços. 3. ed. Brasília: Ministério da Saúde; 2019. 740 p.
2. Andrade Filho A, Campolina D, Dias MB. Toxicologia na prática clínica. 2. ed. Belo Horizonte: Folium; 2013. p. 199-206.
3. Tiwari A, Nagalli S. Clostridium botulinum. 2020 Aug 10. In: StatPearls [Internet]. Treasure Island (FL): StatPearls Publishing; 2021 Jan –. PMID: 31971722.
4. Van Horn NL, Street M. Infantile Botulism. 2020 Jun 24. In: StatPearls [Internet]. Treasure Island (FL): StatPearls Publishing; 2021 Jan. PMID: 29630230.
5. Jeffery LA, Karim S. Botulism. 2020 Jul 19. In: StatPearls [Internet]. Treasure Island (FL): StatPearls Publishing; 2021 Jan. PMID: 29083673.
6. Ellenhorn MJ, Barceloux DG. Diagnosis and treatment of human poisoning. Nova Iorque: Elsevier; 1988. Med Toxicol. p. 1054-7.
7. Chalk CH, Benstead TJ, Pound JD, Keezer MR. Medical treatment for botulism. Cochrane Database Syst Rev. 2019 Apr 17;4(4):CD008123.
8. Ni SA, Brady MF. Botulism Antitoxin. 2020 Sep 27. In: StatPearls [Internet]. Treasure Island (FL): StatPearls Publishing; 2020 Jan. PMID: 30521228.
9. O'Horo JC, Harper EP, El Rafei A, Ali R, DeSimone DC, Sakusic A, et al. Efficacy of antitoxin therapy in treating patients with foodborne botulism: a systematic review and meta-analysis of cases, 1923-2016. Clin Infect Dis. 2017 Dec 27;66(suppl_1):S43-S56.
10. Schussler E, Sobel J, Hsu J, Yu P, Meaney-Delman D, Grammer LC 3rd, Nowak-Wegrzyn A. Workgroup report by the joint task force involving American Academy of Allergy, Asthma & Immunology (AAAAI); Food Allergy, Anaphylaxis, Dermatology and Drug Allergy (FADDA) (Adverse Reactions to Foods Committee and Adverse Reactions to Drugs, Biologicals, and Latex Committee); and the Centers for Disease Control and Prevention Botulism Clinical Treatment Guidelines Workgroup-Allergic Reactions to Botulinum Antitoxin: A Systematic Review. Clin Infect Dis. 2017 Dec 27; 66(suppl_1):S65-S72.

CAPÍTULO 89

TÉTANO

Izabela Lucchese Gavioli

PONTOS-CHAVE

- O tétano é uma doença infecciosa aguda não contagiosa, endêmica em países considerados em desenvolvimento e prevenível por vacina.[1,2]
- É causado pelo *Clostridium tetani*, bacilo Gram-positivo, anaeróbico, semelhante à cabeça de um alfinete, com 4 a 10 µm, com possibilidade de vida esporulada no ambiente por vários anos.[2,3]
- A neurotoxina do tétano (TeNT) é considerada (junto com a neurotoxina do botulismo) uma das moléculas tóxicas mais potentes conhecidas pela humanidade.[3-6]
- Não há testes definitivos, e o diagnóstico depende apenas de dados de anamnese, da progressão clínica da doença e dos sintomas clássicos, que incluem espasmos musculares intensos, rigidez e instabilidade autonômica.[1,7]
- A mortalidade está estreitamente ligada ao tempo de demora do diagnóstico, ao acesso à terapia intensiva e a outras condições dos pacientes (idade, gravidade da doença, comorbidades respiratórias, renais e metabólicas).[1,7]
- Os princípios básicos do tratamento do tétano são: sedação do paciente, neutralização da toxina tetânica, desbridamento do foco infeccioso para eliminação do *C. tetani*, antibioticoterapia e medidas gerais de suporte.[1,2]

INTRODUÇÃO

O tétano – também conhecido como "paralisia espástica" – é uma doença que afeta os músculos e o sistema nervoso central, levando a espasmos musculares intensos. É causado pela toxina do esporo do *Clostridium tetani*, bacilo Gram-positivo anaeróbico obrigatório, comumente encontrado em solos sujos, fezes, terra, galhos, arbustos, águas putrefatas, poeira das ruas, pele e trato intestinal dos animais (especialmente do cavalo e do homem, sem causar doença). A TeNT (neurotoxina produzida pelo *C. tetani*), juntamente com a toxina botulínica, forma a família de neurotoxina dos clostrídios (CNT, de *clostridial neurotoxins*).[1,4-6,8,9]

Os sintomas clínicos característicos de toxicidade do tétano foram relatados pela primeira vez em documentos egípcios, gregos e indianos datados de 1500 a.C. Foi Hipócrates (460-370 a.C.) quem cunhou o termo *τετανοσ* (traduzido como "tensão" no grego antigo) para descrever esses sinais ao estudar a paralisia espástica progressiva desenvolvida por um marinheiro como consequência de um ferimento causado durante o manuseio da âncora de seu barco. Somente no final do século XIX, graças às pesquisas de Carle e Rattone em Turim, Nicolaier em Göttingen, e Kitasato em Berlim, descobriu-se que o tétano era uma doença transmissível causada por uma bactéria anaeróbia esporogênica presente no solo. Foram Faber (1890), Marie, Meyer e Ranson (1897) que demonstraram a capacidade da TeNT de alcançar o sistema nervoso central (SNC), lançando as bases para todas as pesquisas posteriores. A imunização antitetânica passou a ser desenvolvida somente em meados de 1920, quando a identificação da toxina bacteriana possibilitou o desenvolvimento da vacina usando a toxina desativada (conhecida como toxoide tetânico). A maior parte das informações disponíveis sobre a ação da TeNT na medula espinhal foram adquiridos no período de 1955 a 1975, graças à melhora de especificidade, resolução e sensibilidade das técnicas eletrofisiológicas.[1,4-6,9]

Estima-se que o tétano causa e de 213 mil a 293 mil mortes em todo o mundo a cada ano e seja responsável por 5 a 7% de todas as mortes neonatais e 5% de mortes maternas, com uma taxa de letalidade que varia de 6 a 72%, dependendo da disponibilidade de unidades de terapia intensiva (UTI) bem equipadas. De 2009 a 2017, mais de 60% dos casos relatados ocorreram em pessoas de 20 a 64 anos de idade, e 25% dos casos, em pessoas de 65 anos ou mais, faixa em que a letalidade é maior.[1,5,9]

No Brasil, observa-se um declínio do número de casos de tétano acidental, com mais de mil casos por ano nos anos 1990, caindo para uma média para 460 casos por ano nos anos 2000. A maior ocorrência está na região Nordeste, em homens entre 40 e 59 anos, nas ocupações de trabalhadores agrícolas e da construção civil. Mais de 60% dos ferimentos de inoculação do esporo acontecem nos membros inferiores; 46% ocorrem por perfuração, 16% por laceração, 12% por escoriações, e as demais formas por queimaduras, instrumentos cirúrgicos e outros. A letalidade média anual do tétano acidental é de 31%, sendo considerada elevada quando comparada com os países desenvolvidos, onde se apresenta entre 10 e 17%. A letalidade do tétano neonatal chega a 80%.[2,5,7,8]

O tétano é a doença evitável por vacina menos comum nos países desenvolvidos. A suscetibilidade à doença estende-se a todas as populações, mas, nos países em desenvolvimento, é encontrada quase que exclusivamente na população não vacinada. A vacinação, o tratamento adequado das lesões traumáticas e o vigoroso tratamento de suporte são as únicas formas de combate à doença, já que é muito difícil eliminar o esporo do *C. tetani* do meio ambiente. Como o tétano é uma intoxicação e não uma infecção, não há transmissibilidade diretamente de um indivíduo para o outro, a doença não confere imunidade, e a vacinação não induz um efeito de imunidade coletiva ("de rebanho"). A imunidade protetora diminui com o tempo, por isso as doses de reforço são necessárias a intervalos frequentes, e devem ser estreitamente monitoradas, sobretudo em idosos.[1,2,8,9]

Para a prevenção do tétano, a vacina DTP (cobertura para difteria, tétano e coqueluche) deve ser administrada em 3 doses, aos 2, 4 e 6 meses de vida, com reforços entre 4 e 6 anos de idade, e ainda um reforço a cada dez anos. Sua eficácia varia de acordo com o componente: 80 a 90% para difteria; 75 a 80% para coqueluche; 100% para tétano. A imunidade conferida pela vacina não é permanente e decresce 10% ao ano. Entre cinco e dez anos, em média, após a última dose da vacina, a proteção pode ser pouca ou nenhuma para as três doenças.[8]

No Calendário Básico de Vacinação do Programa Nacional de Imunizações Brasileiro, mencionado no Guia de Vigilância em Saúde, do Ministério da Saúde do Brasil,[2] indica-se a vacina pentavalente (oferece proteção contra difteria, tétano, coqueluche, *Haemophilus influenzae* tipo B e hepatite B), para crianças de 2 meses a 1 ano, e dois reforços com vacina DTP, aos 15 meses e 4 anos de idade. Todos os indivíduos acima de 7 anos de idade com esquema vacinal desconhecido ou incompleto devem realizá-lo ou completá-lo a qualquer momento, em um regime de 3 doses da vacina dT com intervalos de 60 dias, e um reforço a cada 10 anos. Para as gestantes, deve-se aplicar uma dose de dTpa a cada gestação, em qualquer período gestacional, combinada com uma dose de dTpa a partir da 20ª semana gestacional. Os filhos de mães imunes apresentam imunidade passiva e transitória até 2 meses de vida.[2]

A forma de tétano que acomete o recém-nascido nos primeiros 28 dias de vida é chamada de tétano neonatal, também conhecido como tétano umbilical ou "mal dos sete dias". Transmite-se pela manipulação do cordão umbilical em situações de má higiene no parto ou no puerpério, e na cobertura vacinal incompleta da mãe. Ainda representa um problema de saúde pública no continente africano e no Sudeste Asiático. No Brasil, há uma tendência decrescente, com níveis inferiores aos preconizados como controle pela Organização Mundial da Saúde (OMS); os casos registrados concentram-se nas regiões Norte e Nordeste.[2,8,9]

A notificação de casos suspeitos de tétano acidental é obrigatória e deverá ser feita por qualquer profissional da equipe de saúde. A notificação deve ser registrada no Sistema de Informação de Agravos de Notificação (Sinan), por meio do preenchimento da Ficha de Investigação do Tétano Acidental. Nas regiões com risco de tétano neonatal, a busca ativa deverá ser realizada pelas equipes de saúde.[2,8]

MECANISMO DE AÇÃO

A transmissão do tétano ocorre pela introdução de esporos do *C. tetani* em solução de continuidade da pele e mucosas (ferimentos superficiais ou profundos de qualquer natureza). A presença de tecidos desvitalizados, corpos estranhos, isquemia e infecção constituem condições favoráveis ao desenvolvimento do bacilo por diminuir o potencial de oxirredução.[2,9]

Em condições anaeróbias, o esporo do *C. tetani* se transforma em formas vegetativas, que produzem duas exotoxinas: a tetanolisina e a tetanospasmina. A tetanospasmina também é chamada de neurotoxina tetânica (TeNT) e é composta por uma cadeia leve (50 kDa) e uma cadeia pesada (100 kDa), unidas por uma ligação dissulfeto. A TeNT é uma neurotoxina extremamente potente que inibe a liberação de neurotransmissores na membrana pré-sináptica, afetando o SNC, o sistema nervoso autônomo e as junções neuromusculares. As características clínicas da doença dependem do tipo e da localização dos neurônios acometidos, havendo uma particular afinidade da TeNT pelas fibras nervosas simpáticas adrenérgicas.[1,2,3,5,6,9,10]

Depois de entrar na circulação, a TeNT liga-se com alta afinidade à membrana pré-sináptica do neurônio motor na junção neuromuscular, onde é rapidamente internalizada. Em seguida, sofre transcitose (um processo celular que combina endocitose e exocitose, com propósito de reciclagem ou translocação de componentes) em interneurônios inibitórios, onde bloqueia a neuroexocitose por meio da clivagem da sinaptobrevina. A sinaptobrevina é uma proteína sináptica do grupo VAMP (do inglês *vesicle-associated membrane proteins*, ou proteínas de membrana associadas a vesículas), que por sua vez pertence ao grupo SNARE (do inglês *soluble NSF attachment protein, ou* proteína de fixação de NSF solúvel, em que NSF equivale a fator sensível a N-etilmaleimida). A excepcional afinidade da TeNT por neurônios depende substancialmente da composição lipoproteica de seus receptores, que interagem irreversivelmente com polissialogangliosídeos, estruturas de grande mobilidade que permitem a internalização da toxina. Além disso, a TeNT ainda apresenta grande capacidade de ligação a outras estruturas presentes na membrana celular, como colesterol esfingomielina, e os receptores de neurotrofinas TrkB e p75.[3-6,9,10]

Adentrando o neurônio motor, a TeNT segue um fluxo retrógrado, percorrendo o caminho oposto do potencial de ação. Ao transitar do terminal axonal ao corpo do neurônio, inibe a liberação de glicina e ácido gama-aminobutírico (Gaba); esses neurotransmissores inibitórios possibilitam o relaxamento e o controle da atividade dos neurônios motores. O equilíbrio entre as entradas excitatórias e inibitórias é interrompido, e o excesso de disparo dos neurônios motores faz com que os músculos entrem em hipertonia e espasticidade. A recuperação e ressíntese de novos terminais axonais leva tempo, e assim os efeitos da toxina podem manifestar-se por um longo período.[1,3,5,6,8-10]

A TeNT inicia sua jornada no SNC como uma proteína hidrossolúvel, e ao final torna-se uma proteína de membrana. A ligação e internalização de TeNT são altamente sensíveis à temperatura, sendo totalmente funcional a 25 °C; inativa-se na junção neuromuscular a 18 °C, mesmo na presença de estimulação de alta frequência e liberação maciça de neurotransmissores. O pH do endossomo é inicialmente neutro, caindo para 5,8 logo após a endocitose da TeNT.[3-6,9,10]

Além dos efeitos nos interneurônios inibitórios (mediados por Gaba e glicina), os interneurônios excitatórios (glutamatérgicos e colinérgicos) também respondem à ação da TeNT, mas com sensibilidade e efeitos diferentes. Essa preferência por sinapses inibitórias também é observada quando a TeNT é aplicada diretamente no SNC, e explica os efeitos neurodegenerativos e epileptogênicos da TeNT, que podem resultar da liberação desenfreada de glutamato a partir de sinapses centrais excitatórias.[3-6,9]

Após a identificação de fragmentos não tóxicos e de correceptores da TeNT (como o H_CT) supõe-se que eles possam ser usados como agentes de carreamento, e possam ser direcionados para a síntese de produtos terapêuticos, como já acontece na difteria, na doença de Parkinson, na esclerose lateral amiotrófica e em outras doenças do sistema nervoso.[3,4,6]

DOSE TÓXICA

Os parâmetros de toxicidade da TeNT variam grandemente entre espécies, havendo, inclusive, animais imunes ao tétano (como os galináceos). Animais de sangue frio (como lagartos e camaleões) só desenvolvem tétano quando aquecidos acima de 15 °C após a inoculação do esporo. A TeNT é mais potente quando introduzida diretamente no SNC e menos por via oral, sendo a toxicidade por essa via até 1.200.000 menor que a da via parenteral.[4,10]

Doses letais mínimas de TeNT via intramuscular, em diversos animais:

- Camundongos: 0,15 ng/kg.
- Cães: 150 ng/kg.
- Macacos: 0,4 ng/kg.
- Humanos: 0,2 ng/kg.[10]

QUADRO CLÍNICO

O período de incubação da TeNT entre a lesão inicial e o começo dos sintomas clínicos é altamente variável (de dias a alguns meses, com média de 3 a 22 dias), e inclui o tempo necessário para os esporos germinarem em bactérias vegetativas que, após a autólise, liberarão a neurotoxina na corrente sanguínea. Em razão disso, e do fluxo retrógrado da toxina no axônio, o tempo de incubação também depende da distância da lesão até o SNC. Períodos de incubação mais curtos são geralmente associados a quadros de maior gravidade, em que os sintomas atingem seu pico em 7 a 10 dias, estabilizam-se por 1 a 2 semanas e diminuem gradualmente em 1 a 2 semanas, embora a rigidez muscular possa persistir por semanas ou até meses após a recuperação.[1,2,4,9,10]

Classificação clínica do tétano

- **Tétano localizado**: ocorre em apenas 1% dos casos, geralmente em pessoas com imunização parcial. Acomete grupos musculares localizados em um segmento corporal, mais frequentemente nos membros. As contrações podem se expandir para outras áreas durante algumas semanas, e posteriormente, regridem. Em alguns pacientes, pode evoluir para a forma generalizada.[1,5,8,9]
- **Tétano cefálico**: similar ao tétano localizado, envolvendo os nervos cranianos e a área facial. Ocasionalmente ocorre após uma otite média ou lesão de cabeça e pescoço com procedimentos neurocirúrgicos. A incubação e a evolução da doença ocorrem em dias. O prognóstico é semelhante ao da forma generalizada.[1,5,8,9]
- **Tétano generalizado**: tipo mais comum, abrangendo ⅔ dos casos. Apresenta-se com febre (geralmente baixa), taquicardia, sudorese e espasmos musculares. O primeiro grupo de músculos acometidos costuma ser o da mandíbula (principalmente o masseter), em virtude do menor comprimento dos nervos nessa região. Ocorre um característico travamento da articulação temporomandibular denominado trismo (manifestação mais comum, presente em 50% dos casos). O teste da espátula é uma prova simples com grande valor semiológico que evidencia o espasmo dos músculos faríngeos tocando-os com uma espátula de madeira. Pode ser feito à beira do leito, tem sensibilidade de 94% e especificidade de 100%. A doença, então, costuma seguir trajeto descendente, envolvendo os músculos da deglutição e abdominais, e causando disfagia e rigidez abdominal. Os espasmos musculares ocorrem a intervalos regulares e duram minutos. Como o estado de consciência do paciente pode não estar primariamente afetado, os espasmos musculares costumam ser muito dolorosos. A exaustão pode levar à parada respiratória por espasmo diafragmático, causa frequente de óbito.[1,2,5,8,9] As contrações tônico-clônicas causam as manifestações típicas da doença:
  - Rigidez cervical.
  - Posição de opistótono (rigidez total da estatura do paciente em decúbito, com o dorso arqueado e a cabeça em extensão; frequentemente tocam a superfície apenas os calcanhares e a cabeça).
  - Riso sardônico (contrações espasmódicas dos músculos da face dando a impressão de um riso sarcástico).
  - Rigidez abdominal, também denominada "abdome em tábua".
  - Períodos de apneia e obstrução de via aérea superior.
  - Disfagia.

A disautonomia está presente em quase 100% dos casos nesta forma, apresentando-se com diaforese, febre, irritabilidade e manifestações cardiovasculares. O quadro agrava-se ao longo da doença, podendo evidenciar extrema labilidade de pressão arterial e qualquer tipo de arritmia cardíaca; as mais comuns são a fibrilação ventricular e a taquicardia atrial paroxística. Ocorre uma hiper-reatividade ao som, à luz e ao toque, com desencadeamento de espasmos mesmo com estímulos muito débeis.[1,2,5]

No curso da doença, podem ocorrer diversas complicações, destacando-se pneumonia, insuficiência cardíaca, infecção urinária, sepse, asfixia, fratura de vértebras e de costelas. Hemoculturas com *Staphylococcus aureus* e *Serratia marcescens*, e urocultura com *Acinetobacter baumannii* foram relatadas na literatura:[2,7-9]

- **Tétano neonatal:** o quadro descrito na forma generalizada apresenta-se aqui de forma peculiar como choro constante, irritabilidade, dificuldade para mamar e abrir a boca (decorrente do trismo); a contratura de membros superiores faz com que as mãos fiquem fechadas ("atitude de boxeador"); a mímica facial apresenta cerramento dos olhos, fronte pregueada e contratura da musculatura dos lábios, como se o recém-nascido fosse pronunciar a letra U. As contraturas da musculatura abdominal podem ser confundidas com cólica intestinal. A febre, quando presente, costuma ser baixa, e o coto umbilical pode apresentar sinais flogísticos por 2 a 5 dias. O prognóstico é sempre reservado.[2,8,9]

DIAGNÓSTICO

É essencialmente clínico e não depende de um teste laboratorial específico; uma história de exposição compatível, ferimento contaminado ou história vacinal incompleta reforçam a suspeita.[1,2,7]

Os exames complementares auxiliam no monitoramento do tratamento e controle das complicações: o hemograma habitualmente é normal, exceto quando há infecção secundária associada; as aminotransferases e a ureia podem se elevar nas formas graves. Nos casos de insuficiência respiratória, é importante realizar gasometria arterial e dosagem de eletrólitos. As radiografias de tórax e da coluna vertebral devem ser realizadas para o diagnóstico de infecções pulmonares e fraturas de vértebras. As culturas de sangue, secreções e urina são indicadas para avaliação de infecção secundária.[2,7]

O diagnóstico diferencial inclui:

- **Meningites:** há febre alta desde o início, ausência de trismo, presença dos sinais de Kernig e Brudzinski, cefaleia e vômito.[2]
- **Raiva (hidrofobia):** há história de mordedura, arranhadura ou lambedura por animais, convulsões com ausência de trismo, hipersensibilidade cutânea e alterações de comportamento.[2]
- **Distonias induzidas por drogas:** antipsicóticos (como o haloperidol) e antieméticos (como a metoclopramida) podem induzir reações extrapiramidais com torcicolo, espasmos faciais ("caretas") e crises oculógiras. Geralmente cedem com o uso de anticolinérgicos e não duram mais que 30 minutos.[1,2]
- **Síndrome neuroléptica maligna:** quadro clínico muito semelhante ao do tétano (alteração do estado mental, febre, rigidez muscular, distúrbios autonômicos). Geralmente ocorre como efeito adverso ao uso de antipsicóticos típicos e atípicos (como haloperidol e risperidona) que agem como antagonistas dos receptores dopaminérgicos, ou na retirada de drogas dopaminérgicas (como levodopa e tolcapone). O manejo é com bromocriptina, dantroleno, hidratação e resfriamento do paciente nos cuidados intensivos; o diferencial do tétano é a rabdomiólise maciça e insuficiência renal na presença de uma história de uso de antipsicóticos.[1,2]
- **Trismo não tetânico:** pode ocorrer em infecções dentárias, infecções de tecidos profundos no pescoço, abscesso dentário, periostite alvéolo-dentária, erupção viciosa do dente do siso, fratura e/ou osteomielite de mandíbula, abscesso amigdalino e/ou retrofaríngeo.[1,2]
- **Doença do soro:** pode cursar com trismo decorrente da artrite temporomandibular, que se instala após uso de soro heterólogo. Ficam evidenciadas lesões maculopapulares cutâneas, hipertrofia ganglionar, comprometimento renal e outras artrites.[1,2]
- **Envenenamentos por raticidas:** a estricnina, um raticida de uso clandestino, pode causar um quadro clínico idêntico ao do tétano, com insuficiência ventilatória por espasmo da musculatura respiratória em paciente alerta. A diferenciação, muitas vezes, é feita apenas pela história de exposição.[1,2]
- ***Stiff person syndrome*** **("síndrome da pessoa rígida", ou síndrome de Moersch-Woltmann):** doença hereditária imunomediada, associada com outras doenças autoimunes como vitiligo, anemia perniciosa, diabetes e tireoidites. Os episódios iniciais da doença podem simular crises tetânicas. O manejo é com diazepínicos e imunoglobulinas.[1]
- **Outras condições que mais raramente podem simular manifestações específicas do tétano incluem:** osteoartrite cervical aguda com rigidez de nuca; espondilite septicêmica; hemorragia retroperitoneal; úlcera péptica perfurada; outras causas de abdome agudo; epilepsia e outras causas de convulsões.[2]
- **No tétano neonatal, os seguintes diagnósticos diferenciais devem ser considerados:** sepse, encefalopatias, distúrbios metabólicos (hipoglicemia, hipocalcemia, alcalose), epilepsia, lesão intracraniana por traumatismo do parto, peritonites, onfalites e meningites.[2,8]

ALERTA IMPORTANTE

Diabetes descompensada, pé diabético, sepse e outras condições sistêmicas crônicas que comprometam a resposta imune e a cicatrização são situações clínicas de risco aumentado para o tétano.[1,2,7,9]

Apresentam alto risco para o tétano: queimaduras; feridas puntiformes ou por armas brancas e de fogo; mordeduras; tatuagens; procedimentos invasivos realizados em más condições de assepsia (como abortamentos e circuncisões clandestinas); politraumatismos e fraturas expostas; uso de drogas de abuso intravenosas; e quaisquer ferimentos profundos ou superficiais sujos, com corpos estranhos ou tecidos desvitalizados.[1,2,7,9]

A forma chamada tétano criptogênico designa os pacientes com quadro clínico típico, mas sem uma história de qualquer das situações acima. Algumas vezes, até uma simples abrasão pode ser a forma de infecção.[1]

TRATAMENTO

- Admissão em local com o mínimo de estímulos sonoros e luminosos; encaminhamento à UTI o mais breve possível, independentemente da gravidade inicial aparente.[2,7,8]

- Acesso vascular e via aérea permeável.[2,8]
- Manejo do ferimento de entrada: limpar com soro fisiológico ou água e sabão; o desbridamento cirúrgico do foco deve ser precedido do uso da antitoxina tetânica e é de grande relevância a retirada de corpos estranhos e tecidos desvitalizados; em seguida, utilizar água oxigenada ou solução antisséptica (álcool a 70%, clorexidina ou permanganato de potássio a 1:5.000, equivalente a 1 comprimido diluído em meio litro de água). Ferimentos puntiformes e profundos devem ser abertos em cruz, lavados generosamente e mantidos abertos.[2,8]
- Eliminação do *C. tetani*: a antibioticoterapia é controversa, com alguns autores[1] alegando um papel limitado no controle do agente patogênico; pode, entretanto, ser útil para evitar infecção secundária. Em caso de optar-se pelo uso da antibioticoterapia, utiliza-se:
  - Penicilina G cristalina: 2.000.000 – 4.000.000 UI/dose em adultos, e 50.000 – 200.000 UI/kg/dia em crianças, IV, 4/4 horas, por 7 a 10 dias.[1,2]
  - Metronidazol: 500 mg em adultos, e 7,5 mg em crianças, IV, 8/8 horas, por 7 a 10 dias.[1,2]

Não há evidências suficientes de superioridade de uma droga em relação à outra, embora alguns dados mostrem maior benefício com o uso de metronidazol. Na presença de infecção concomitante por outros germes, a antibioticoterapia apropriada deve ser instituída a critério médico (ceftriaxona, cefepima, vancomicina, meropeném, amicacina e polimixina B são relatados na literatura).[1,2,7]

- Utilizar heparina de baixo peso molecular (5.000 UI, 12 a cada 12 horas, subcutânea), em pacientes com risco de trombose venosa profunda e em idosos.[2]
- As internações costumam ser prolongadas (semanas a meses); adotar protocolos de cuidados cutâneos e mudança de decúbito para prevenção de escaras.[2]
- Após a alta hospitalar, referenciar o paciente à unidade básica de saúde para iniciar o esquema de vacinação ou completá-lo até a terceira dose.[2]

Medidas de suporte

Relaxamento muscular e sedação: no tétano grave, a utilização de múltiplas drogas simultaneamente para analgossedação, como benzodiazepínicos, opioides, agonistas alfa centrais, propofol e anestesia epidural, é apresentada na literatura sob a forma de relatos isolados ou séries de casos, não havendo comparação dessas estratégias quanto à eficácia.[1,2,7,8] As drogas mais frequentemente sugeridas são:

- Diazepam 1 a 10 mg/kg/dia IV (infusão contínua) em adultos, e 0,1 a 2 mg/kg/dose IV em crianças; ou
- Midazolam 0,07 a 0,1 mg/kg/dia IV (infusão contínua) em adultos; e 0,15 a 0,2 mg/kg/dia IM em crianças; ou
- Clorpromazina (indicada quando não houver resposta satisfatória com benzodiazepínicos): 25 mg a 50 mg/kg/dia (até 1 g/dia) IV em adultos; e 0,55 mg/kg/dia IV em crianças acima de 6 meses.
- Bloqueadores neuromusculares: podem ser utilizados quando a sedação, isoladamente, não for efetiva. Opções: pancurônio, um agente de ação longa tradicionalmente usado em espasmos, que pode, entretanto, piorar a disfunção autonômica por inibir a recaptação de catecolaminas. O vencurônio pode ser uma opção, apresentando menos efeitos autonômicos, mas deve ser usado em infusão contínua pelo efeito mais curto. O baclofeno, estimulante do Gaba pós-sináptico, pode ser usado por via intratecal (*bolus* de 40 a 200 mcg, seguido de infusão contínua a 20 mcg/hora).
- No tétano neonatal, hidrato de cloral a 10% ou fenobarbital também podem ser considerados.[2]

Disfunção autonômica: o magnésio é fisiologicamente um antagonista do cálcio em âmbito celular, mostrando propriedades vasodilatadoras, bloqueadoras neuromusculares pré-sinápticas e inibidoras da liberação de catecolaminas. Mostrou-se efetivo em controlar os sintomas disautonômicos em diversos ensaios clínicos. O agente preconizado é o $MgSO_4$ (sulfato de magnésio) IV, dose de ataque 40 mg/kg por 30 minutos, seguidos de infusão de 2 g/hora; ou morfina 5 mg IV seguidos de infusão contínua de 0,05 a 0,1 mcg/kg/min, ou 5 mg a cada 3 horas; clonidina e labetolol por IV também foram propostos como opções.[1]

Medidas específicas

Soro antitetânico (SAT): solução que contém imunoglobulinas purificadas, obtidas a partir de plasma de equinos hiperimunizados com toxoide. Dependendo do tipo e das condições do ferimento, o SAT pode ser indicado para prevenção ou tratamento do tétano; as condições vacinais e o uso prévio de SAT também interferem em sua indicação. A imunidade conferida pelo SAT dura cerca de duas semanas.[2,8]

O SAT é apresentado na forma líquida, em ampolas de 2 mL (5.000 UI), 5 mL (5.000 UI) ou 10 mL (10.000 ou 20.000 UI), e tem meia-vida inferior a 14 dias em indivíduos previamente hígidos. A dose profilática é de 5.000 UI, e a dose terapêutica é de 20.000 UI. A via de aplicação é intramuscular ou intravenosa. Se intramuscular, deve ser administrado em dois grupos musculares diferentes. Quando intravenoso, deve ser aplicado em 250 a 500 mL de soro glicosado ou fisiológico, em gotejamento lento (15 a 30 gotas por minuto) com observação permanente pela equipe de saúde até o final da infusão, e na rotina de enfermagem até 24 horas depois, para monitoramento de reações anafiláticas.[2,8]

O SAT tem sido cada vez mais purificado, de modo que a frequência de reações adversas tem sido menor. Entretanto, ainda pode causar reações de hipersensibilidade, como choque anafilático e doença do soro. Por esse motivo, a administração só deve ser feita em serviços de saúde com estrutura adequada, após anamnese contemplando eventos prévios semelhantes. Quando necessário, deve ser adotado o procedimento de prevenção de reações anafiláticas na administração de soros heterólogos (acesso venoso calibroso, disponibilidade de adrenalina, anti-histamínico, soros glicosado e fisiológico, corticosteroide, oxigênio e suporte ventilatório). Em caso de reação durante a infusão, suspender imediatamente o gotejo de SAT, manter somente a soroterapia cristaloide e iniciar o esquema medicamentoso para anafilaxia.[2]

Imunoglobulina humana antitetânica (IGHAT): constituída por imunoglobulinas da classe IgG que neutralizam a toxina produzida pelo *C. tetani*, obtida do plasma de pessoas submetidas à imunização ativa contra o tétano com altos títulos de anticorpos específicos (antitoxina) no soro. A IGHAT tem meia-vida de 21 a 28 dias em indivíduos sem imunização prévia e confere imunidade por cerca de 3 semanas.[2]

Apresenta-se sob a forma líquida ou liofilizada, em frasco-ampola de 1 mL ou 2 mL, contendo 250 UI. A dose profilática é de 250 UI para adultos e 4 UI/kg para crianças. A dose terapêutica tem grande variação: de 500 a 10.000 UI, podendo ser dividida durante 24 horas. A via de aplicação é intramuscular, devendo-se aplicar em grupo muscular diferente daquele no qual for aplicada a vacina que contenha o toxoide tetânico. Alternativamente, também pode ser usada por via intratecal, 200 a 3.000 UI em dose única, mostrando-se mais efetiva no tétano acidental em adultos, em alguns ensaios clínicos.[1,2,8] Está indicada para:

- Indivíduos que apresentaram algum tipo de hipersensibilidade a qualquer soro heterólogo (antitetânico, antirrábico, antidiftérico, antiofídico, entre outros).
- Indivíduos imunodeprimidos, nas indicações de imunoprofilaxia contra o tétano, mesmo que vacinados. Estes deverão receber sempre a IGHAT no lugar do SAT, em razão da meia-vida mais longa dos anticorpos.
- Recém-nascidos em situações de risco para tétano cujas mães sejam desconhecidas ou não tenham sido adequadamente vacinadas; e recém-nascidos prematuros com lesões potencialmente tetanogênicas, independentemente da história vacinal da mãe.[2]

ERROS COMUNS QUE VOCÊ DEVE EVITAR

A prática empírica de instilar imunoglobulina antitetânica no ferimento não tem embasamento na literatura científica, e não deve ser realizada.[1,2]

REFERÊNCIAS BIBLIOGRÁFICAS

1. Bairwa M, Kant R. Tetanus: an update on management. J Ind Med Assoc. 2020;118(12):18-23.
2. Brasil. Ministério da Saúde. Secretaria de Vigilância em Saúde. Coordenação-Geral de Desenvolvimento da Epidemiologia em Serviços. Guia de Vigilância em Saúde: volume único [recurso eletrônico] 3. ed. Brasília: Ministério da Saúde, 2019. p. 170-88. Disponível em: http://bvsms.saude.gov.br/bvs/publicacoes/guia_vigilancia_saude_3ed.pdf.
3. Montal M. Tetanus neurotoxin: conformational plasticity as an adaptive strategy. EMBO Rep. 2017;18(8): e201744500. doi: 10.15252/embr.201744500
4. Surana S, Tosolini AP, Meyer IFG, Fellows AD, Novoselov SS, Schiavo G. The travel diaries of tetanus and botulinum neurotoxins. Toxicon. 2018 Jun 1;147:58-67. doi: 10.1016/j.toxicon.2017.10.008
5. Larrubia ALS, Zafalon B, Bressan EMR, Santos HGN, Cândido KVS, Blaskaz PR, Mesquita Jr F. Accidental tetanus: a review of clinical, epidemiological and neurochemical aspects. Braz J Health Rev. 2021; 4(3):12392-12401. doi: 10.34119/bjhrv4n3-214
6. Dong M, Masuyer G, Stenmark P. Botulinum and tetanus neurotoxins. Annu Rev Biochem. 2019;88:811-37. doi: 10.1146/annurev-biochem-013118-111654
7. Romeiro YEF, Cruz TS, Silveira AES, Oliveira FRPS, Luz EA, Brum VL. Tétano: relato de caso. Acta Biomedica Bras. 2017;8(1):170-4. doi: 10.18571/acbm.132
8. Lajos GJ, Teixeira JC, Maia AF. Difteria, tétano e coqueluche. In: Programa Vacinal para Mulheres. 2. ed. São Paulo: Federação Brasileira das Associações de Ginecologia e Obstetrícia (FEBRASGO); 2021; Cap.5, p. 48-60 (Série Orientações Recomendações FEBRASGO, n. 1 /Comissão Nacional Especializada de Vacinas).
9. Megighian A, Pirazzini M, Fabris F, Rossetto O, Montecucco C. Tetanus and tetanus neurotoxin: from peripheral uptake to central nervous tissue targets. J Neurochem. 2021;158:1244-53. doi: 10.1111/jnc.15330
10. Rossetto O, Montecucco C. Tables of toxicity of botulinum and tetanus neurotoxins. Toxins. 2019;11(12): 686. doi: 10.3390/toxins11120686

CAPÍTULO 90

TOXINAS DE MICRORGANISMOS AQUÁTICOS

Vidal Haddad Jr.

PONTOS-CHAVE

- As ocorrências de envenenamento por toxinas aquáticas e marinhas se dão pelo consumo de peixes e outros frutos do mar, que incorporaram em seus tecidos os agentes produzidos por microalgas e dinoflagelados.
- Algumas toxinas marinhas (como saxitoxinas) estão entre os agentes tóxicos mais potentes encontrados na natureza.
- Manifestações neurológicas importantes, após o consumo de certas espécies de peixes, ostras e mariscos, são um sinal de alerta para a ocorrência desse tipo de envenenamento.
- Na ocorrência do fenômeno conhecido como "maré vermelha", são observadas manifestações respiratórias e oculares, por exposição aos aerossóis veiculando toxinas.
- O tratamento é de suporte, incluindo nos casos mais graves ventilação assistida e cuidados intensivos, e sintomático.

INTRODUÇÃO

Os primeiros registros de envenenamento humano após o consumo de mexilhões ocorreram na Califórnia em 1927: Sommer et al. relataram envenenamentos e mortes com a presença da microalga *Alexandrium catenella* na água do mar.[1,2] No Brasil, já foram identificados vários tipos de toxinas, como tetrodotoxina, microcistinas, ácido ocadaico, palitoxina e similares, saxitoxinas e ácido domoico. Essas toxinas vêm de várias microalgas.[3] Teixeira et al. demonstraram a correlação entre cianobactérias em Itaparica (BA) e a morte de 88 pessoas em 200 intoxicadas pelo consumo de água, entre março e abril de 1988.[4]

MECANISMOS DE ENVENENAMENTO E QUADRO CLÍNICO

Envenenamentos por baiacus

Baiacus acumulam tetrodotoxina, uma das toxinas mais potentes da natureza. É termoestável, inodora e incolor, e seu potente efeito neurotóxico é baseado no bloqueio dos canais de sódio, essenciais para a condução da estimulação elétrica ao longo dos nervos.[5]

No Brasil, as principais espécies causadoras de intoxicações são do gênero *Sphoeroides* (baiacus-pintados) (Figura 1). A intoxicação e o bloqueio neurológico surgem de 5 a 45 minutos após o consumo do peixe, com parestesias periorais, náuseas e vômitos. Em 1 a 6 horas, instala-se a paralisia muscular progressiva, com hipotensão arterial e insuficiência respiratória. As pupilas podem ser dilatadas e fixas, e o paciente apresenta a "síndrome do cárcere", paralisia muscular progressiva e completa com a consciência mantida. Em 24 horas, pode haver paralisia respiratória total, arritmias cardíacas graves e morte. Se o paciente superar esse período crítico, haverá tendência de recuperação sem sequelas em cerca de 48 horas.[6-10]

Em uma série de 27 envenenamentos causados por baiacus do gênero *Sphoeroides* na Bahia e em Santa Catarina (Brasil), as manifestações clínicas foram vômitos em 13 pacientes (48%), parestesias em 12 (44%), náuseas em 9 (41%), tontura, dor abdominal, dispneia, insuficiência respiratória e paralisia muscular em 6 (22%), fraqueza muscular, fasciculação e ataxia em 4 (15%), mal-estar, parada cardiopulmonar e coma em 3 (11%), hipotensão arterial em 2 (7%) e afonia em 1 paciente (4%). Dois pacientes morreram (7%).[8] O único tratamento é o suporte ventilatório, fundamental, principalmente pela alta mortalidade ao instalar paralisia muscular respiratória, com lavagem gástrica até 3 horas após a ingestão e bicarbonato de sódio, que parece reduzir a toxicidade do veneno.[6]

Crianças podem ser vitimadas pelo consumo de carne de baiacus e pela intoxicação por tetrodotoxina: em um caso

Figura 1. Baiacu do gênero *Sphoeroides* (baiacu-pintado ou baiacu-pinima). Esse gênero concentra maiores quantidades de tetrodotoxina e pode causar acidentes graves e até fatais em humanos que consomem sua carne e vísceras.
Fonte: acervo do próprio autor.

descrito em Pernambuco, a avó forneceu vísceras de baiacu para alimentação a uma criança, e esta foi a óbito em menos de 2 horas.[7]

Ciguatera

A ciguatoxina é uma toxina produzida por dinoflagelados, sobretudo pela espécie *Gambierdiscus toxicus*. Inofensiva para os peixes, é termoestável, inodora, incolor e atua nos canais de sódio, bloqueando a atividade muscular. A intoxicação ocorre pela ingestão de grandes peixes carnívoros (garoupas e barracudas), que acumulam maiores quantidades de ciguatoxinas (Figura 2). Ocorrem cerca de 50 mil casos por ano, principalmente no Caribe, mas é muito possível que a doença exista no Brasil.[11-15] Após o consumo da carne contaminada, observa-se em 10 minutos a 36 horas a ocorrência de náuseas, vômitos, diarreia, dores musculares e fraqueza. A parestesia perioral está presente, além de parestesias nas extremidades. A sensação térmica paradoxal é muito característica: o paciente inverte as sensações quente/fria da temperatura da água (ocorre cerca de 2 dias após o consumo).[11-15] A ciguatera pode acometer crianças quando os pais as alimentam com os peixes suspeitos. A conjunção de sinais e sintomas deve orientar o diagnóstico nesses casos, especialmente a sensibilidade paradoxal e o prurido intenso. O tratamento utiliza lavagem gástrica (até 3 horas). O manitol 20% pode ser útil: a dosagem é de 1g/kg IV em 30 minutos.

PARALISIA POR FRUTOS DO MAR E MARÉ VERMELHA (SAXITOXINA E GONIAUTOXINAS)

Ambas as neurotoxinas são absorvidas por mexilhões e ostras, produzidas por dinoflagelados dos gêneros *Alexandrium*, *Gonyaulax*, *Gimnodinium* e *Pyrodinium*.

A saxitoxina e a goniautoxina atuam bloqueando os canais de sódio, inibindo a atividade dos músculos e causando manifestações gastrintestinais e neurológicas. A paralisia por frutos do mar ocorre quando a vítima os ingere contaminados, mas a maré vermelha surge quando há superpopulação de dinoflagelados, causando morte em massa da fauna marinha e intoxicação em humanos, com fenômenos respiratórios e secreção nasal em vítimas próximas à água (Figura 3).

Em 5 a 30 minutos, surgem as parestesias periorais, e em horas é possível observar náuseas, vômitos, dor abdominal, diarreia, disartria, fraqueza muscular, mal-estar, dormência das extremidades, dificuldade de respirar e paralisia muscular grave. Pode haver amaurose temporária, sensação de flutuação no espaço e sede intensa. A paralisia muscular pode levar à morte (raro).

A paralisia por frutos do mar não é comum em crianças, mas os sinais de intoxicação por aerossóis da maré vermelha podem ser observados, causando fenômenos respiratórios e conjuntivite importante quando em proximidade ao florescimento de algas. O tratamento é sintomático: suporte respiratório e gastrintestinal é importante, assim como a lavagem gástrica nas primeiras 3 horas.[16-19]

OUTRAS INTOXICAÇÕES

Há uma grande quantidade de toxinas neurotóxicas e hepatotóxicas em peixes e crustáceos, capazes de causarem várias enfermidades: a neurotoxicidade por frutos do mar (brevetoxinas), a amnésia por toxinas de frutos do mar (ácido domoico), a diarreia por frutos do mar (ácido ocadaico), o envenenamento neurotóxico pelo consumo de polvos comuns crus, o escombroidismo (por níveis elevados de histamina – similar a reações alérgicas, na carne de peixes da família do atum), a clupeotoxicidade (consumo de sardinhas), envenenamentos potencialmente fatais e mal definidos causados por carne de tubarões e tartarugas e, mais recentemente, a síndrome de Haff, pelo consumo de carne de peixes fluviais

Figura 2. Barracudas (*Sphyraena* sp.). São peixes que possuem carne apreciada e estão comumente associados a envenenamentos por ciguatoxina na região do Caribe.

Fonte: acervo do próprio autor.

Figura 3. A maré vermelha é o acúmulo de dinoflagelados que torna a água tóxica, principalmente pela alta concentração de saxitoxina, o que causa a morte da fauna no local.

Fonte: foto cedida por Lisa M. Holm, BC.

e marinhos com o desenvolvimento de mioglobinúria intensa. Todas essas enfermidades podem ser muito graves e apresentar neurotoxicidade e hepatotoxicidade. A doença de Minamata ocorre pelo acúmulo de mercúrio em seres vivos, provocando neurotoxicidade extrema e teratogênese.[20-30]

Todas essas intoxicações podem ser observadas em faixas etárias mais baixas, mas dependem de adultos que forneçam esses peixes e frutos do mar às crianças, o que não é tão comum. Adicionalmente, tais envenenamentos vitimam famílias e populações inteiras, o que orienta o diagnóstico e o tratamento.

ERROS COMUNS QUE VOCÊ DEVE EVITAR

Todas essas intoxicações cursam inicialmente com distúrbios gastrintestinais baixos, náuseas e vômitos, simulando infecções virais ou bacterianas. A falta de resposta após tratamento para as infecções, a ausência de febre e o surgimento de sintomas neurológicos devem orientar o diagnóstico.

Parestesias periorais são um marcador importante de intoxicação neurológica, surgindo precocemente na maioria das doenças citadas. Considerar um marcador importante.

Os sintomas neurológicos podem simular ingestão de álcool e outras substâncias, especialmente nos adultos em período de veraneio. Cuidado com isso, pois pode haver retardo no diagnóstico.

REFERÊNCIAS BIBLIOGRÁFICAS

1. Sommer H, Meyer KF. Paralytic shellfish poisoning. Arch Patol. 1937;24:560-98.
2. Schantz EJ. Historical perspective on paralytic shellfish poison. In: Seafood Toxins American Chemical Society. Washington, D.C.; 1994. p. 99-111.
3. Proença LAO, Mafra LL. Ocorrência de ficotoxinas na costa brasileira. In: SBFIC. Formação de ficólogos: um compromisso com a sustentabilidade dos recursos aquáticos. Rio de Janeiro: Museu Nacional; 2005. p. 57-77.
4. Teixeira MGLC, Costa MCN, de Carvalho CLP, Pereira MS, Hage E. Gastroenteritis epidemic in the area of Itaparica dam, Bahia, Brazil. Bull Paho. 1993;27:244-53.
5. Haddad Jr V, Takehara ET, Rodrigues DS, Lastória JC. Poisonings by pufferfish: a review. Diagnóstico e Tratamento. 2004;9:183-5.
6. Silva CCP, Zannin M, Rodrigues DS, Santos CR, Correa IA, Haddad Jr V. Clinical and epidemiological study of 27 poisonings caused by ingesting puffer fish (Tetrodontidae) in the states of Santa Catarina and Bahia, Brazil. Rev Inst Med Trop Sao Paulo. 2010,52(1):47-50.
7. Santana Neto PL, de Aquino EC M, Silva JA, Porto Amorim ML, Oliveira Junior AE, Haddad Jr V. Fatal poisoning by pufferfish (Tetrodontidae) - a case report in a child. Rev Soc Bras Med Trop. 2010;43(1):92-4.
8. Simões EMS, Mendes TMA, Adão A, Haddad Jr V. Poisoning after ingestion of pufferfish in Brazil: report of 11 cases. J Venom Anim Toxins Includ Trop Dis. 2014;20:54.
9. Chang FC, Spriggs DL, Benton BJ, Keller SA, Capacio BR. 4-Aminopyridine reverses saxitoxin (STX) and tetrodotoxin (TTX) induced cardiorespiratory depression in chronically instrumented guinea pigs. Fundam Appl Toxicol. 1997;38(1):75-88.
10. Scott S, Thomas C. All stings considered: first aid and medical treatment of Hawaii's marine injuries. Honolulu: University of Hawaii; 1997. 248 p.
11. Cameron J, Capra MF. The basis of the paradoxical disturbance of temperature perception in ciguatera poisoning. J Toxicol Clin Toxicol. 1993;31;(4):571-9.
12. Friedman MA, Arena P, Levin B, Fleming L, Fernandez M, Weisman R, et al. Neuropsychological study of ciguatera fish poisoning: a longitudinal case-control study. Arch Clin Neuropsychol. 2007;22(4):545-5.
13. Friedman MA, Fleming LE, Fernandez M, Bienfang P, Schrank K, Dickey R, et al. Ciguatera fish poisoning: treatment, prevention and management. Mar Drugs. 2008;6(3):456-79.
14. Schnorf H, Taurarii M, Cundy T. Ciguatera fish poisoning: a double-blind randomized trial of mannitol therapy. Neurology. 2002;58(6):873-80.
15. Dickey RW, Plakas SM. Ciguatera: a public health perspective. Toxicon. 2010;56(2):123-36.
16. Alonso JF. Mareas rojas y biotoxinas: química y epidemiología. Santiago: Conselleria de Sanidad de la Xunta de Galicia; 1989.
17. CDC. Epidemiologic Notes and Reports Paralytic Shellfish Poisoning - Massachusetts and Alask. MMWR. 1991;40(10):157-61.
18. Gessner BD, Bell P, Doucette GJ, Moczydlowski E, Poli MA, Van Dolah F, et al. Hypertension and identification of toxin in human urine and serum following a cluster of mussel-associated paralytic shellfish poisoning outbreaks. Toxicon. 1997;35(5):711-22.
19. Lee MS, Qin G, Nakanishi K, Zagorski MG. Biosynthetic studies of brevetoxins, potent neurotoxins produced by the dinoflagellate Gymnodinium breve. J Am Chem Soc. 1989;111 (16):6234-41.
20. Watkins SM, Reich A, Fleming LE, Hammond R. Neurotoxic shellfish poisoning. Mar Drugs. 2008;6(3):431-55.
21. Flewelling LJ, Landsberg JH, Naar JP. Karenia brevis red tides and brevetoxin-contaminated fish: a high risk factor for Florida's scavenging shorebirds? Journal of the Botanica Marina. 2012;55(1):31-7.
22. Todd ECD. Domoic acid and amnesic shellfish poisoning - a review. J. Food Protection. 1993;56(1):69-83.
23. Yasumoto T, Oshima Y, Sugawara W, Fukuyo Y, Oguri H, Igarashi T, et al. Identification of Dinophysis fortii as the causative organism of diarrhetic shellfish poisoning. Bull Japan Soc Sci Fish. 1980;46(11):1405-11.
24. Murata M, Shimatani M, Sugitani H, Oshima Y, Yasumoto T. Isolation and structural elucidation of the causative toxin of the diarrhetic shellfish poisoning. Bull Japan Soc Sci Fish. 1982;48(4):549-52.
25. Haddad V Jr, Moura R. Acute neuromuscular manifestations in a patient associated with ingesting octopus (Octopus sp.). Rev Inst Med trop São Paulo. 2007;49(1):59-61.
26. Morrow JD, Margolies GR, Rowland J, Roberts LJ, 2nd. Evidence that histamine is the causative toxin of scombroid-fish poisoning. N Engl J Med. 1991;324(11):716-20.
27. Boisier P, Ranaivoson G, Rasolofonirina N, Andriamahefazafy B, Roux J, Chanteau S, et al. Fatal mass poisoning in Madagascar following ingestion of a shark (*Carcharhinus leucas*): clinical and epidemiological aspects and isolation of toxins. Toxicon. 1995;33(10):1359-64.
28. Hacon SS, Oliveira-da-Costa M, Gama CS, Ferreira R, Basta PC, Yokota D. Mercury exposure through fish consumption in traditional communities in the Brazilian Northern Amazon. Int J Environ Res Public Health. 2020;17:5269.
29. Santos MC, Albuquerque BC, Pinto RC, Aguiar GP, Lescano AG, Santos JHA. Outbreak of Haff disease in the Brazilian Amazon. Am J Public Health. 2009;26(5):469-70.
30. Almeida LKR, Gushken F, Abregu-Diaz DR, Muniz Jr R, Degani-Costa LH. Rhabdomyolysis following fish consumption: a contained outbreak of Haff disease in São Paulo. Braz J Infect Dis. 2019;23(4):278-80.

ÍNDICE REMISSIVO

F

G

H

ENCARTE

FIGURAS COLORIDAS DO LIVRO

CAPÍTULO 3

O PAPEL DO LABORATÓRIO (EXAMES DE ROTINA) E ANÁLISE TOXICOLÓGICA DE EMERGÊNCIA

Figura 3.2 Ensaio colorimétrico para detecção de paraquat em amostras de urina. No tubo mais à esquerda, a amostra é negativa para paraquat, sem alteração de cor. Nos outros dois tubos à direita, as amostras tiveram resultado positivo para o agrotóxico, tendo maior concentração no tubo mais à direita, à direita, pois ao fazer o seu ensaio observará que quanto mais azulada for a coloração, maior será a concentração de paraquat.
Fonte: Bruno Pereira dos Santos (arquivo pessoal).

CAPÍTULO 21

ANTIEMÉTICOS

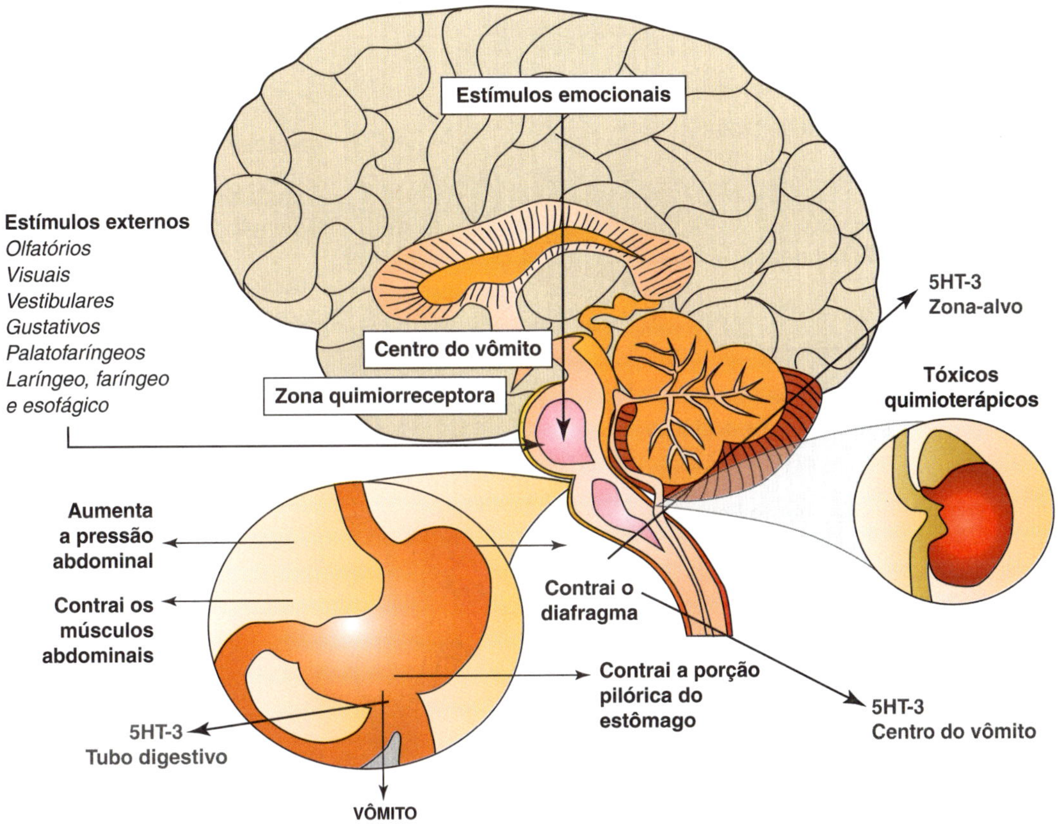

Figura 21.1 Fisiopatologia dos vômitos, com seus mediadores e os receptores para as medicações antieméticas (zonas onde age a 5HT-3).

Fonte: adaptada de Romano et al., 2019.[2]

CAPÍTULO 42

DIURÉTICOS

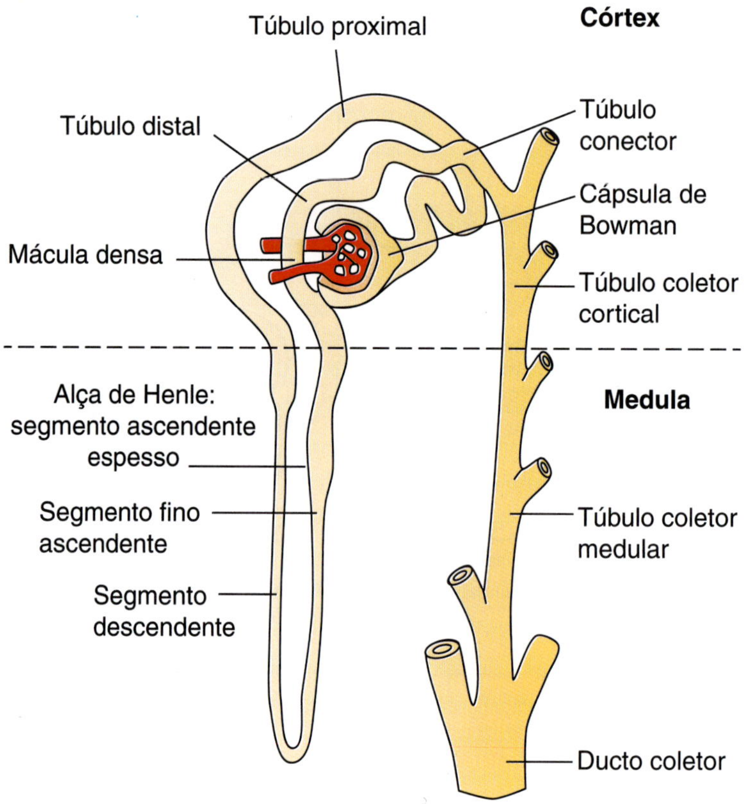

Figura 42.1 Segmentos básicos do néfron.
Fonte: adaptada de Hall, 2006.[2]

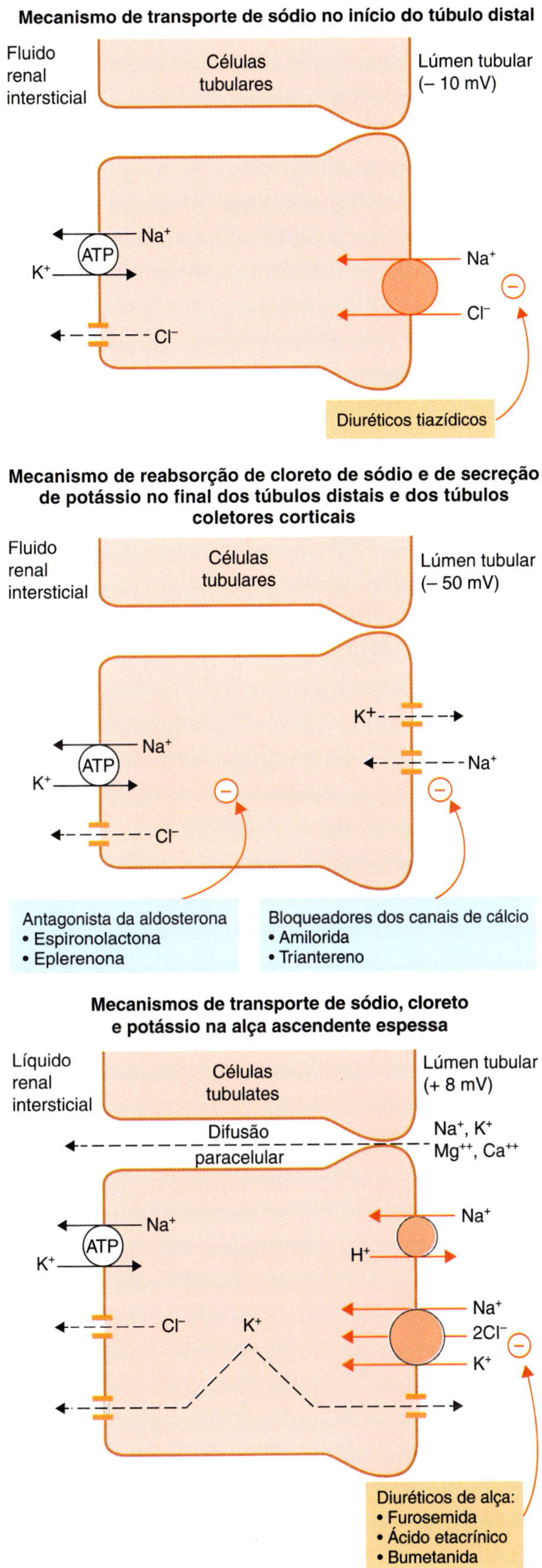

Figura 42.2 Fisiologia tubular e mecanismos de ação dos diuréticos.

Fonte: adaptada de Hall, 2006.[2]

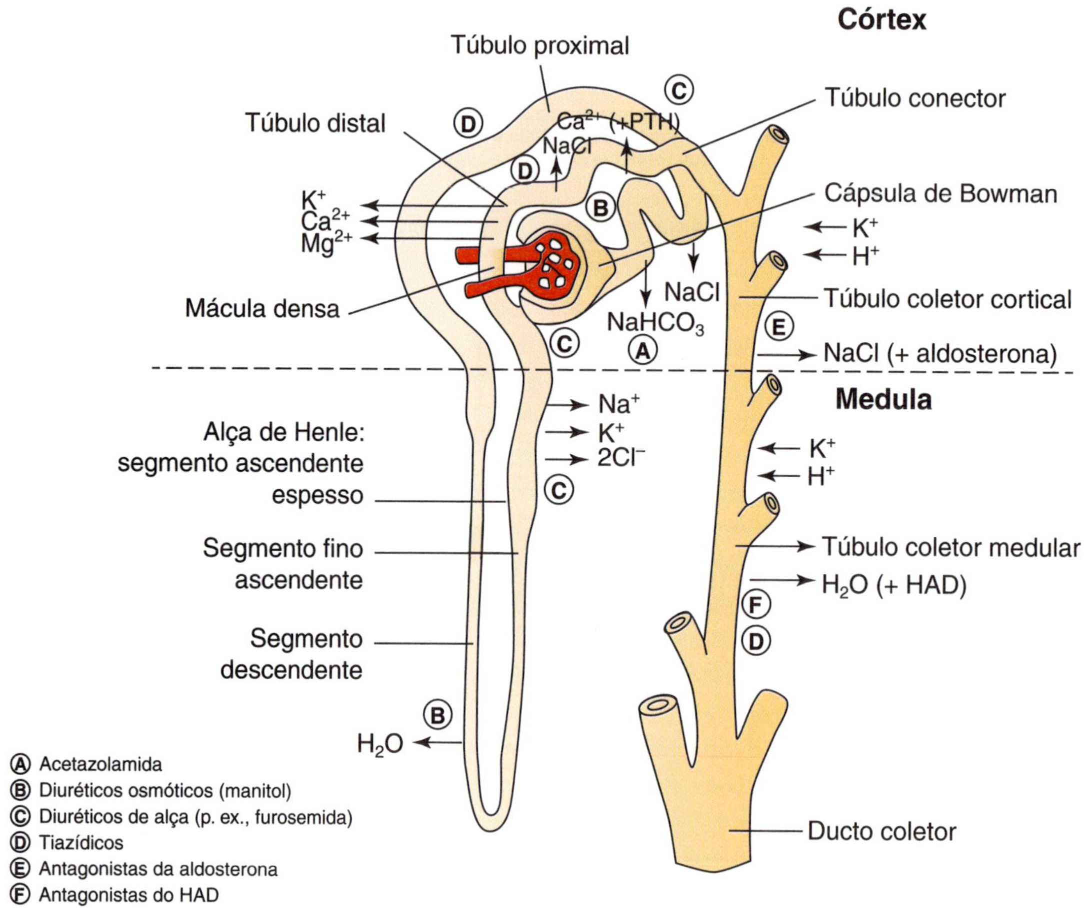

Figura 42.3 Localização anatômica da ação dos diuréticos.

Fonte: adaptada de Hall, 2006.[2]

CAPÍTULO 47

INALAÇÃO DE FUMAÇA DE INCÊNDIOS

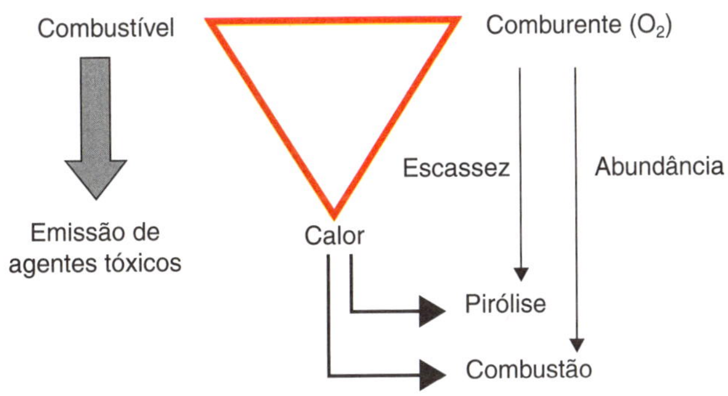

Figura 47.1 Triângulo da fumaça.
Fonte: Madrzykowski, 2003[3]

Emissões tóxicas

Combustíveis	C_0	HCN	HCl, HBr, HF	Nox	SO_2	P_2O_3	Amônia, fosgênio	Acroleína, formaldeído	PAHs	Isocianatos, PCDDs, PCPFs, PFIBs	Material particulado
Polímeros	+++	+++	+++	++	+	+	+	++	++	++	+++
Madeiras	++	–	–	+	–	–	–	++	+	+	+++
Borrachas	+++	+	+	+	+++	+	+	++	++	++	+++
Óleos	++	–	–	–	+	–	–	++	++	++	+++

Concentrações

Muito elevadas	+++
Elevadas	++
Moderadas a leves	+
Inexistentes	–

Figura 47.2 Emissões tóxicas conforme o material em combustão.
Fonte: Wakefield, 2010.[5]

CAPÍTULO 73

ACIDENTES POR ANIMAIS AQUÁTICOS PEÇONHENTOS E VENENOSOS

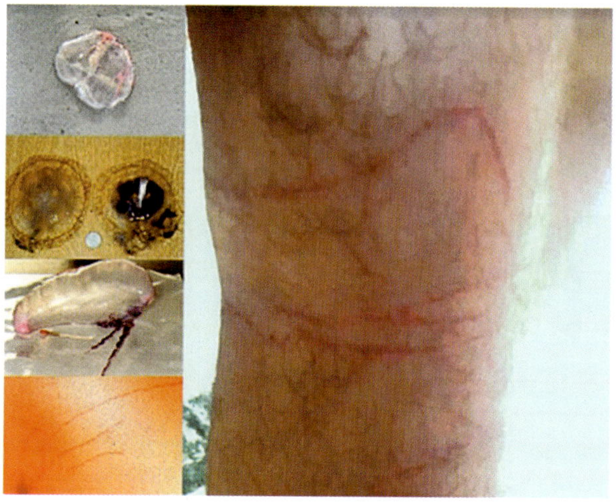

Figura 73.1 À esquerda, de cima para baixo: os três cnidários mais comuns ligados a acidentes no Brasil (*Olindias sambaquiensis, Chrysaora láctea* e *Physalia physalis*, a caravela). As fotos clínicas representam dois envenenamentos típicos.
Fotos: acervo do próprio autor.

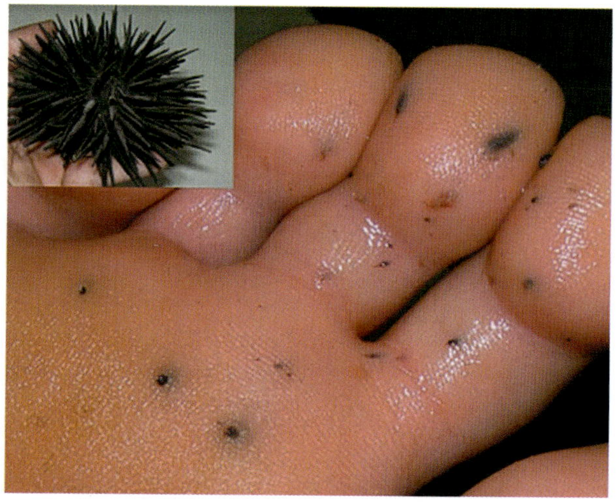

Figura 73.2 As espículas do ouriço-do-mar preto (*Echinometra lucunter*) aparecem como pontos negros na pele, mas têm fragmentos grandes que penetraram no local.
Fotos: acervo do próprio autor.

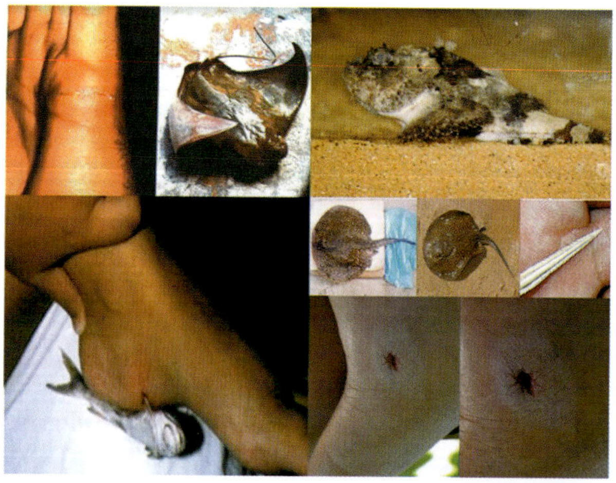

Figura 73.3 Os principais peixes peçonhentos em nosso país são as arraias e os bagres marinhos (à esquerda), os peixes-escorpião (acima, à direita) e as arraias fluviais (centro, à direita). Note os acidentes causados por estes peixes em humanos.
Fotos: acervo do próprio autor.

CAPÍTULO 74

ACIDENTES POR ARANHAS DO GÊNERO *PHONEUTRIA* (*PHONEUTRISMO*)

Figura 74.1 A, Fêmea adulta de *P. nigriventer* em posição armada para o bote; **B,** distribuição dos 8 olhos do gênero *Phoneutria* na porção dorsal e anterior do cefalotórax, na sequência 2-4-2.

Fonte: foto e imagens do acervo do Centro de Informação e Assistência Toxicológica (CIATox) de Campinas.

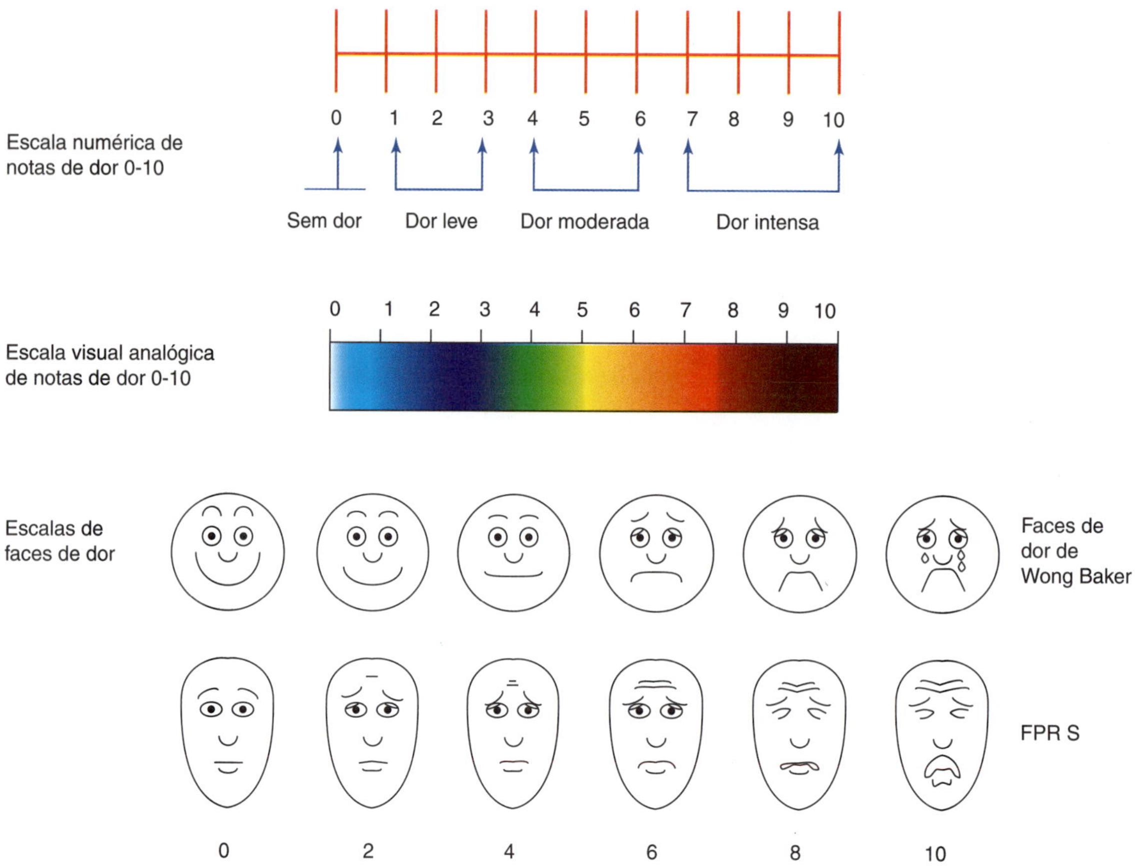

Figura 74.2 Escalas numérica de notas de dor, analógica visual, e de faces de dor de Wong-Baker e FPR-S (*Faces Pain Rating Scale, International Association for the Study of Pain*).

CAPÍTULO 76

LOXOSCELISMO

Figura 76.1 Aranha do gênero *Loxosceles* sp.
Fonte: CIATox-SC, com permissão.

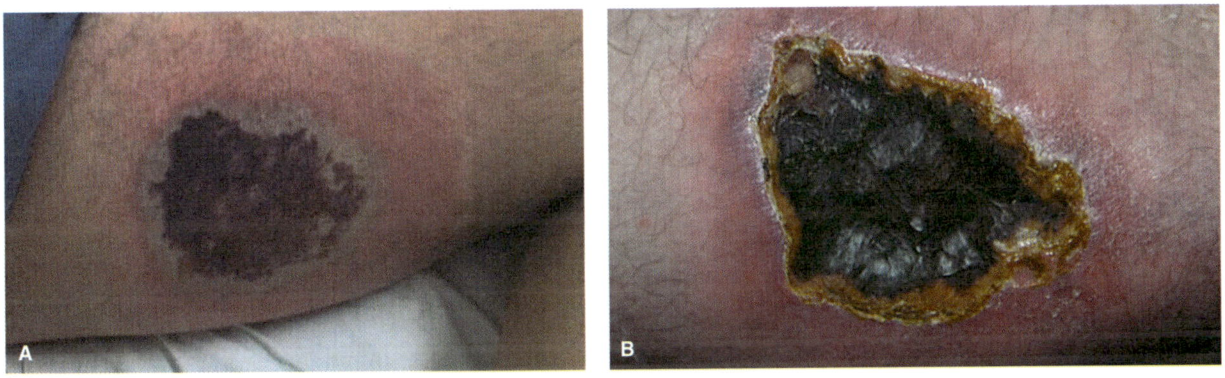

Figura 76.2 Lesão causada por acidente Loxoscélico. (**A**) 48 horas de evolução. (**B**) 24 dias de evolução.
Fonte: CIATox-SC, com permissão.

CAPÍTULO 77

OUTRAS ARANHAS

Figura 77.1 (**A**) *Grammostola* sp. e, no detalhe, o posicionamento paralelo de suas quelíceras inoculadoras de veneno. Medem cerca de 150 mm de comprimento e podem atingir 250 mm de envergadura de patas; (**B**) *Lycosa* sp., com "seta" característica no abdome, medindo de 30 a 45 mm de envergadura de patas; (**C**) *Steatoda* sp. medem cerca de 7 a 11 mm de corpo; (**D**) *Cheiracanthium* sp. medem em média de 3 a 15 mm; (**E**) o corpo de *Pholcus* sp. pode medir 10 mm, e suas patas, até 60 mm; (**F**) *Scytodes* sp. são aranhas pequenas, de 10 a 13 mm; (**G**) *Nephila* sp. medem cerca de 20 mm de corpo e até 45 mm de envergadura das patas; (**H**) *Salticidae* (*Breda* sp.), de 2 a 15 mm.

Fonte: Fotos de Maria da Graça Boucinha Marques (acervo da autora).

CAPÍTULO 78

ACIDENTES POR ESCORPIÃO

Figura 78.1 Espécies de maior interesse médico no Brasil e outras mais comuns.

Fonte: (A), (B), (E), (H), (O): acervo do próprio autor; (C), (D), (F), (G), (I), (J), (K), (L), (M), (N): fotos cedidas por Denise Mari Cândido, com permissão.

CAPÍTULO 79

ACIDENTES POR LEPIDÓPTEROS

Figura 79.1 *Hylesia* sp.

Figura 79.2 Cerdas de *Hylesia* sp.

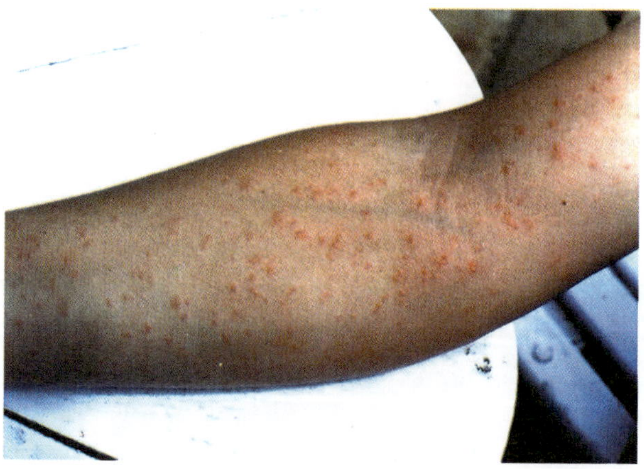

Figura 79.3 Dermatite por *Hylesia* sp.

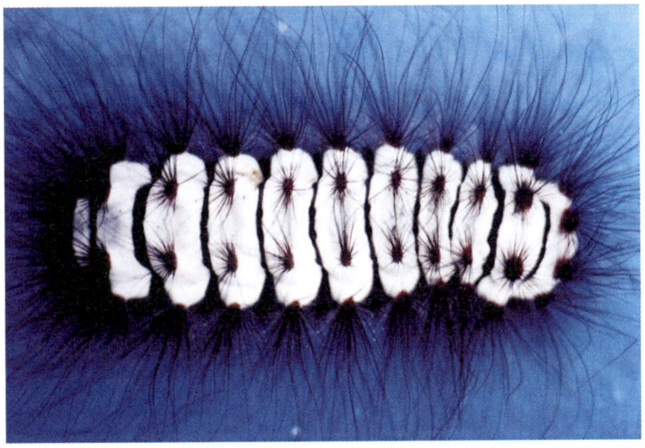

Figura 79.4 *Megalopyge lanata.*

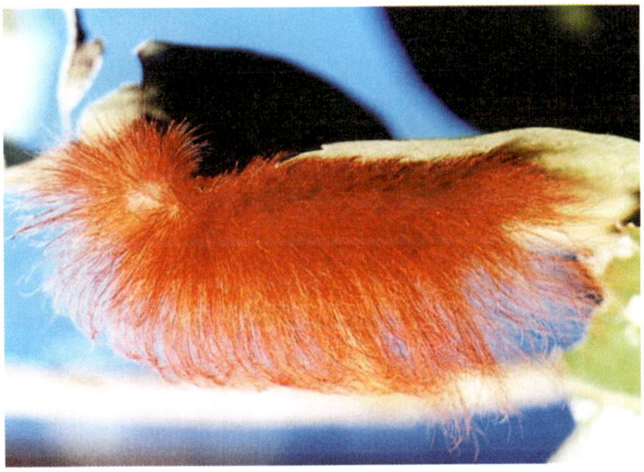

Figura 79.5 *M. albicolis.*

Figura 79.6 *Podalia* sp.

Figura 79.7 *Automeris naranja*.

Figura 79.8 *Dirphia* sp.

Figura 79.9 *Hylesia* sp.

Figura 79.10 *Lonomia obliqua.*

Figura 79.11 *Lonomia achelous.*

Figura 79.12 *Acharia* sp.

Figura 79.13 *Premolis semirufa*.

Figura 79.14 Lagarta mimética de *Sphyngidae*.

Figura 79.15 *Phobetron* sp.

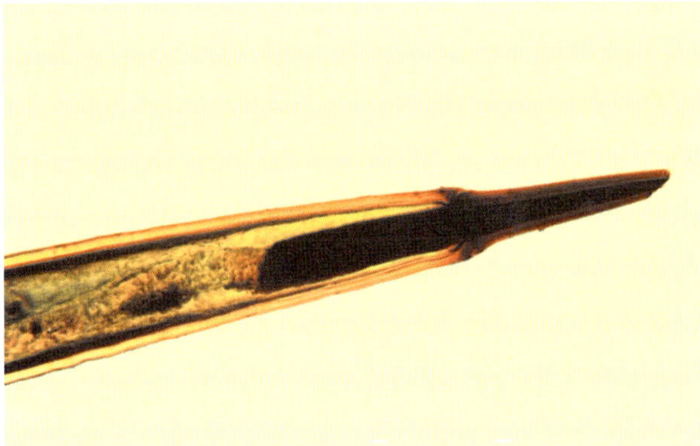

Figura 79.16 Cerda venenosa.

Figura 79.17 Cerda de Megalopigídeo.

Figura 79.18 *Scolus* (cerda de Saturnídeo).

Figura 79.19 Gregarismo.

Figura 79.20 *Lonomia obliqua*.

Figura 79.21 *Lonomia* sp.

CAPÍTULO 81

ACIDENTE BOTRÓPICO ("JARARACA", *BOTHROPS* SP)

Figura 81.1 *Bothrops jararaca*. Comum nos estados da BA, ES, RJ, MG, SP, PR, SC, RS e MS.
Fonte: foto de Otavio Augusto Vuolo Marques, com permissão.

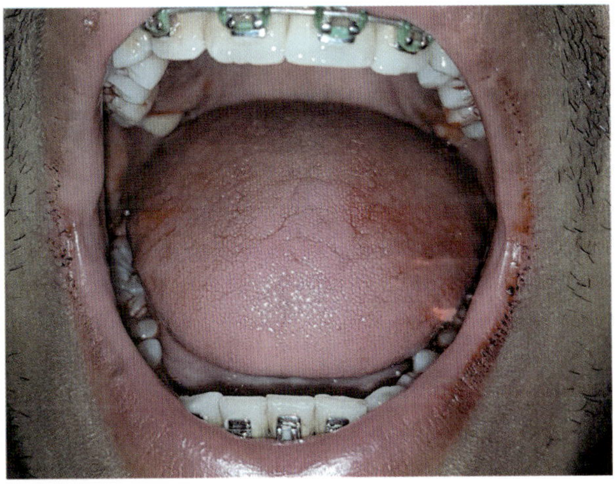

Figura 81.3 Acidente botrópico com presença de gengivorragia.
Fonte: acervo do próprio autor.

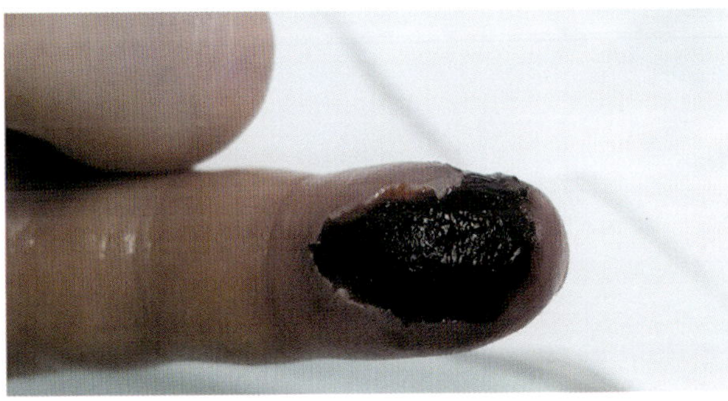

Figura 81.4 Acidente botrópico em falange distal com evolução com necrose.
Fonte: acervo do próprio autor.

CAPÍTULO 82

ACIDENTES POR SERPENTES DO GÊNERO *CROTALUS*

Figura 82.1 *Crotalus durissus.*
Fonte: Pixabay. https://pixabay.com/pt/photos/cobra-cascavel-chocalho- deserto-2799909/
e https://pixabay.com/pt/photos/cascavel-cobra-r%3%a9ptil-t%c3%b3xico-6371586/

CAPÍTULO 83

ACIDENTES POR *LACHESIS* (SURUCUCU)

Figura 83.2 Aspecto da *Lachesis*: cabeça mostra a fosseta loreal e uma lista escura pós-ocular.
Fonte: foto de Breno Almeida - Centro de Herpetologia da Amazônia, com permissão.

Figura 83.3 Aspecto da *Lachesis*: o corpo com escamas quilhadas, parecendo com cascas de jaca, por isso o nome "pico-de-jaca", sendo as manchas dorsais losangulares ao longo do corpo, com cores que variam do marrom-escuro ao preto e o colorido de fundo do corpo é creme ou bege.
Fonte: foto de Breno Almeida – Centro de Herpetologia da Amazônia, com permissão.

CAPÍTULO 84

ACIDENTES POR COBRAS-CORAIS DO GÊNERO *MICRURUS* (MICRURISMO)

M. corallinus

M. frontalis

M. lemniscatus

Figura 84.1 As três espécies de *Micrurus* associadas à maioria dos acidentes descritos no Brasil.
Fonte: fotos do Prof. Dr. Nelson Jorge da Silva Júnior, com permissão.

CAPÍTULO 85

ACIDENTES POR OUTRAS SERPENTES "NÃO PEÇONHENTAS"

Figura 85.2 Serpentes áglifas: (**A**) *Xenodon merremii* (boipeva), exibindo padrão de desenhos que mimetizam os viperídeos; (**B**) *Helicops infrataeniatus* (cobra d'água) – ventre; (**C**) *Helicops infrataeniatus* (dorso); (**D**) *Dipsas ventrimaculata* (dormideira); (**E**) *Erythrolamprus poecilogyrus schotti* (cobra-do-capim); (**F**) *Erythrolamprus poecilogyrus* (cobra-verde); (**G**) *Spillotes pullatus* (caninana).

Figura 85.3 Serpentes opistóglifas: (**A**) *Tomodon dorsatus* (cobra-espada), com a boca aberta, exibindo a mucosa oral escura (característica desse gênero); (**B**) *Philodryas olfersii* (cobra-cipó). Detalhe da cabeça marrom e a linha vertebral marrom ao longo do corpo; (**C**) *Oxyrhopus rhombifer* (falsa-coral); (**D**) *Thamnodynastes strigatus* (corredeira-do-campo); (**E**) *Pseudablabes patagoniensis* (parelheira).

CAPÍTULO 86

PLANTAS TÓXICAS E ERVAS MEDICINAIS

Figura 86.1 Plantas tóxicas: (**A**) *Dieffenbachia* sp.; (**B**) *Anthurium andraeanum*; (**C**) *Zamioculca zamiifolia*; (**D**) *Euphorbia splendens*; (**E**) *Euphorbia pulcherrima*; (**F**) *Allamanda cathartica*.

Fonte: acervo dos próprios autores.

Figura 86.2 (**A**) *Thevetia peruviana* – aspecto da planta; (**A1**) detalhe do fruto; (**B**) *Nerium oleander* (espirradeira); (**C**) *Brugmansia suaveolens* (datura); (**D**) *Ricinus communis* (mamona) ; (**D1**) sementes da mamona.

Fonte: acervo dos próprios autores.

Figura 86.3 Fungos alucinógenos: (**A**) *Amanita muscaria*; (**B**) *Amanita pantherina*; (**C**) *Psilocybe cubensis*; (**D**) fungo que causa sintomas gastrintestinais severos: *Chlorophyllum molybdites* (cogumelo-de-esporos-verdes).

Fonte: fotos de Larissa Trierveiler Pereira, com permissão.

CAPÍTULO 87

COGUMELOS VENENOSOS E ALUCINÓGENOS

Figura 87.1 *Amanita faloides.*
Fonte: fotos pixabay.com[9]

Figura 87.2 *Cortinarius orellanus.*
Fonte: fotos pixabay.com[12]

Figura 87.3 *Amanita muscaria.*
Fonte: fotos pixabay.com.[16]

CAPÍTULO 90

TOXINAS DE MICRORGANISMOS AQUÁTICOS

Figura 90.1 Baiacu do gênero *Sphoeroides* (baiacu-pintado ou baiacu-pinima). Esse gênero concentra maiores quantidades de tetrodotoxina e pode causar acidentes graves e até fatais em humanos que consomem sua carne e vísceras.
Fonte: acervo do próprio autor.

Figura 90.2 Barracudas (*Sphyraena* sp.). São peixes que possuem carne apreciada e são comumente associados a envenenamentos por ciguatoxina na região do Caribe.
Fonte: acervo do próprio autor.

Figura 90.3 A maré vermelha é o acúmulo de dinoflagelados que torna a água tóxica, principalmente pela alta concentração de saxitoxina, o que causa a morte da fauna no local.
Fonte: Foto cedida por Lisa M. Holm, BC.